图灵教育

站在巨人的肩上
Standing on the Shoulders of Giants

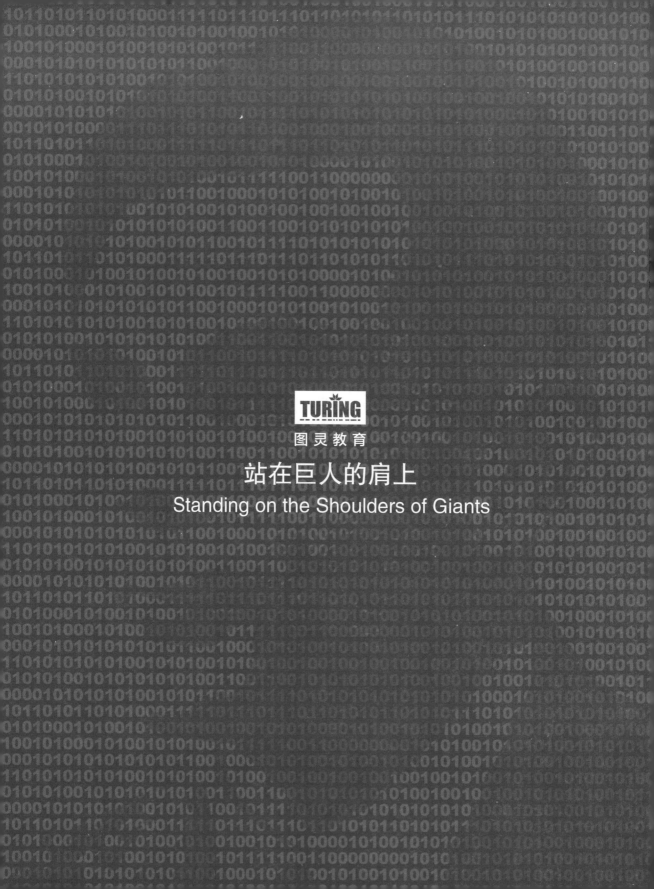

TURING 图灵程序设计丛书

编译器设计
（第2版）

Engineering a Compiler

Second Edition

[美] Keith D. Cooper　Linda Torczon 著　　郭旭 译

人民邮电出版社

北　京

图书在版编目（CIP）数据

编译器设计 ：第2版 /（美）库珀（Cooper,K. D.），
（美）托克森（Torczon,L.）著 ；郭旭译. -- 北京 ：人
民邮电出版社, 2013.1（2022.4重印）
（图灵程序设计丛书）
书名原文：Engineering a Compiler, Second
Edition
ISBN 978-7-115-30194-9

Ⅰ. ①编… Ⅱ. ①库… ②托… ③郭… Ⅲ. ①编译程
序－程序设计 Ⅳ. ①TP314

中国版本图书馆CIP数据核字(2012)第288453号

内 容 提 要

本书是编译器设计领域的经典著作，主要从以下四部分详解了编译器的设计过程。

第一部分涵盖编译器前端设计和建立前端所用工具的设计和构建；第二部分探讨从源代码到编译器中间形式的映射，考察前端为优化器和后端所生成代码的种类；第三部分介绍代码优化，同时包含对分析和转换的进一步处理；第四部分专门讲解编译器后端使用的算法。

本书适合作为高等院校计算机专业本科生和研究生编译课程的教材和参考书，也可供相关技术人员参考。

◆ 著　　　 [美] Keith D. Cooper　　Linda Torczon

译　　　 郭　旭

责任编辑　朱　巍

执行编辑　刘美英　罗词亮

◆ 人民邮电出版社出版发行　　北京市丰台区成寿寺路 11 号
邮编　100164　　电子邮件　315@ptpress.com.cn
网址　https://www.ptpress.com.cn
固安县铭成印刷有限公司印刷

◆ 开本：800×1000　1/16
印张：37　　　　　　　　　 2013 年 1 月第 1 版
字数：990千字　　　　　　　 2022 年 4 月河北第 18 次印刷
著作权合同登记号　图字：01-2012-4880号

定价：119.80元
读者服务热线：(010)84084456-6009　印装质量热线：(010)81055316
反盗版热线：(010)81055315
广告经营许可证：京东市监广登字 20170147 号

谨将本书献给

- 我们的父母，他们教导我们求知若渴，并支持我们努力锤炼学习技能；
- 我们的子女，他们向我们再次展示了学习与成长的奇妙；
- 当然还有我们的爱人，没有他们的支持本书就不会出版。

关 于 封 面

　　本书的封面选自画作 "The Landing of the Ark" 的局部，该画是莱斯大学邓肯楼（Duncan Hall）的天顶画。邓肯楼及其天顶画都是由英国建筑师John Outram设计的，是其在建筑学、装饰艺术及哲学方面所取得的精深造诣的一次完美展示。在邓肯楼的装饰方案中，典礼大厅的天顶画装饰起着重要作用。这种别具一格的天顶画造型彰显了Outram对创世神话的一系列精巧构思。借由巨幅浓色的寓言画表达的思想，Outram成功创造了一个建筑艺术杰作，致使所有步入大厅的参观者都能真切地感受到这幢建筑物的独一无二之处。

　　第2版与第1版使用了同样的封面，作者意在表明，这个作品包含了一些在建筑学中处于核心地位的重要思想。与Outram的建筑和装饰方案类似，本书既是两位作者职业生涯的智慧结晶，也是传递思想的手段。本书也同Outram的天顶画一样，用新的方法表达了重要的思想。

　　我们将编译器的设计构建与建筑物的设计构建相联系，旨在揭示这两种截然不同的活动之间的许多相似性。与Outram的多次长时间讨论，使我们了解了维特鲁威①的建筑理念：有用、坚固、使人愉悦。这些理念适用于许多结构。同样，这些理念在编译器构建领域也演化成了本书始终如一的主旋律：功能、结构和优雅。功能很重要，生成错误代码的编译器是无用的。结构也很关键，工程细节决定了编译器的效率和健壮性。优雅是灵魂所在，设计完善的编译器是美妙之物，其中的算法和数据结构应流畅有序。

　　我们很荣幸能用John Outram的作品来装饰本书的封面。

　　邓肯楼的天顶画是一件有趣的工艺品。Outram在一张纸上画出了图案原稿，然后以1200 dpi的分辨率拍照并扫描，得到大约750 MB数据。该图像被放大，形成234个不同的 2 英尺 × 8英尺栅格，它们共同构成了一幅52英尺 × 72英尺的巨幅图像。这些图像栅格通过12 dpi的丙烯酸喷墨打印机输出到特大号的穿孔乙烯树脂片上。然后这些树脂片被精确地装到2英尺 × 8英尺的吸音面砖上，最终再把这些砖悬挂到大厅拱顶的铝制框架上。

---

① 全名为Marcus Vitruvius Pollio，古罗马建筑师，以建筑学巨著《建筑十章》传世。——译者注

前　　言

构建编译器的实践方法一直在不断变化，部分是因为处理器和系统的设计会发生变化。例如，当我们在1998年开始写作本书初版时，一些同事对书中指令调度方面的内容颇感疑惑，因为乱序执行威胁到了指令调度，很有可能会使其变得不再重要。现在第2版已经付印，随着多核处理器的崛起和争取更多核心的推动，顺序执行流水线再次展现吸引力，因为这种流水线占地较少，设计者能够将更多核心放置在一块芯片上。短期内，指令调度仍然很重要。

同时，编译器构建社区还将继续产生新的思路和算法，并重新发现原本有效但在很大程度上却被遗忘的旧技术。围绕着寄存器分配中弦图（chordal graph）使用（参见13.5.2节）的最新研究颇为令人振奋。该项工作承诺可以简化图着色分配器（graph-coloring allocator）的某些方面。Brzozowski的算法是一种DFA最小化技术，可以追溯到20世纪60年代早期，但却已有数十年未在编译器课程中讲授了（参见2.6.2节）。该算法提供了一种容易的路径，可以从子集构造（subset construction）的实现得到一个最小化DFA的实现。编译器构建方面的现代课程本该同时包括这两种思想。

那么，为了让学习者准备好进入这个不断变化的领域，我们该如何设计编译器构建课程的结构呢？我们相信，这门课应该使每个学生学会建立新编译器组件和修改现存编译器所需的各项基本技能。学生既需要理解笼统的概念，如链接约定中隐含的编译器、链接器、装载器和操作系统之间的协作，也需要理解微小的细节，如编译器编写者如何减少每个过程调用时保存寄存器的代码总共所占的空间。

第2版中的改变

本书提供了两种视角：编译器构建领域中各问题的整体图景，以及各种可选算法方案的详细讨论。在构思本书的过程中，我们专注于该书的可用性，使其既可作为教科书，又可用做专业人士的参考书。为此，我们特别进行了下述改动。

- ❑ 改进了阐述思想的流程，以帮助按顺序阅读本书的学生。每章章首简介会解释该章的目的，列出主要的概念，并概述主题相关内容。书中的示例已经重写过，使得章与章之间的内容具有连续性。此外，每章都从摘要和一组关键词开始，以帮助那些会将本书用做参考书的读者。
- ❑ 在每节末尾都增加了本节回顾和复习题。复习题用于快速检查读者是否理解了该节的要点。
- ❑ 关键术语的定义放在了它们被首次定义和讨论的段落之后。
- ❑ 大量修订了有关优化的内容，使其能够更广泛地涵盖优化编译器的各种可能性。

现在的编译器开发专注于优化和代码生成。对于新雇用的编译器编写者来说，他们往往会被指派去将代码生成器移植到新处理器，或去修改优化趟，而不会去编写词法分析器或语法分析器。成功的编译器编写者必须熟悉优化（如静态单赋值形式的构建）和代码生成领域当前最好的实践技术（如软件流水线）。他们还必须拥有相关的背景和洞察力，能理解未来可能出现的新技术。最后，他们必须深刻理解词法分析、语法分析和语义推敲（semantic elaboration）技术，能构建或修改编译器前端。

　　本书是一本教科书、一门教程，帮助学生接触到现代编译器领域中的各种关键问题，并向学生提供解决这些问题所需的背景知识。从第1版开始，我们就维持了各主题之间的基本均衡。前端是实用组件，可以从可靠的厂商购买或由某个开源系统改编而得。但是，优化器和代码生成器通常是对特定处理器定制的，有时甚至针对单个处理器型号定制，因为性能严重依赖于所生成代码的底层细节。这些事实影响到了当今构建编译器的方法，它们也应该影响我们讲授编译器构建课程的方法。

本书结构

　　本书内容划分为篇幅大致相等的四个部分。

- ❑ 第一部分（第2章～第4章）涵盖编译器前端及建立前端所用工具的设计和构建。
- ❑ 第二部分（第5章～第7章）探讨从源代码到编译器的中间形式的映射，这些章考查前端为优化器和后端所生成代码的种类。
- ❑ 第三部分（第8章～第10章）介绍代码优化。第8章提供对优化的概述。第9章和第10章包含了对分析和转换的更深入的处理，本科课程通常略去这两章。
- ❑ 第四部分（第11章～第13章）专注于编译器的后端所使用的算法。

编译的艺术性与科学性

　　编译器构建的内容有两部分，一是将理论应用到实践方面所取得的惊人成就，一是对我们能力受限之处的探讨。这些成就包括：现代词法分析器是通过应用正则语言的理论自动构建识别器而建立的；LR语法分析器使用同样的技术执行句柄识别，进而驱动了一个移进归约语法分析器；数据流分析巧妙有效地将格理论应用到程序分析中；代码生成中使用的近似算法为许多真正困难的问题提供了较好的解。

　　另一方面，编译器构建也揭示了一些难以解决的复杂问题。用于现代处理器的编译器后端对两个以上的NP完全问题（指令调度、寄存器分配，也许还包括指令和数据安排）采用了近似算法来获取答案。这些NP完全问题，虽然看起来与诸如表达式的代数重新关联这种问题相近（示例见图7-1）。但后者有着大量的解决方案，更糟的是，对于这些NP完全问题来说，所要的解往往取决于编译器和应用程序代码中的上下文信息。在编译器对此类问题近似求解时，会面临编译时间和可用内存上的限制。好的编译器会巧妙地混合理论、实践知识、技术和经验。

　　打开一个现代优化编译器，你会发现各式各样的技术。编译器使用贪婪启发式搜索来探索很大的解空间，使用确定性有限自动机来识别输入中的单词。不动点算法被用于推断程序行为，通过定理证明程序和代数化简器来预测表达式的值。编译器利用快速模式匹配算法将抽象计算映射到机器层次上的操作。它们使用线性丢番图方程和普瑞斯伯格算术（Pressburger arithmetic）来分析数组下标。最后，编译器使用了大量经典的算法和数据结构，如散列表、图算法和稀疏集实现方法等。

　　本书尝试同时阐释编译器构建的艺术和科学这两方面内容。通过选取足够广泛的题材，向读者表明，确实存在一些折中的解决方案，而设计决策的影响可能是微妙而深远的。另一方面，本书也省去了某些长期以来都列入本科编译器构建课程的技术，随着市场、语言和编译器技术或工具可用性方面的改变，这些技术已变得不那么重要了。

讲述方法

编译器构建是一种工程设计实践。每个方案的成本、优点和复杂程度各异，编译器编写者必须在多种备选方案中做出抉择。每个决策都会影响到最终的编译器。最终产品的质量，取决于抉择过程中所做的每一个理性决断。

因而，对于编译器中的许多设计决策来说，并不存在唯一的正确答案。即使在"理解透彻"和"已解决"的问题中，设计和实现中的细微差别都会影响到编译器的行为及其产生的代码的质量。每个决策都涉及许多方面。举例来说，中间表示的选择对于编译器中其余部分有着深刻的影响，无论是时间和空间需求，还是应用不同算法的难易程度。但实际上确定该决策时，通常可供设计者考虑的时间并不多。第5章考察了中间表示的空间需求，以及其他一些应该在选择中间表示时考虑的问题。在本书中其他地方，我们会再次提出该问题，既会在正文中直接提出，也会在习题里间接提出。

本书探索了编译器的设计空间，既从深度上阐释问题，也从广度上探讨可能的答案。它给出了这些问题的某些解决方法，并说明了使用这些方案的约束条件。编译器编写者需要理解这些问题及其答案，以及所作决策对编译器设计的其他方面的影响。只有这样，编写者才能作出理性和明智的选择。

思想观念

本书阐释了我们在构建编译器方面的思想观念，这是在各自超过25年的研究、授课和实践过程中发展起来的。例如，中间表示应该展示最终代码所关注的那些细节，这种理念导致了对底层表示的偏爱。又比如，值应该驻留在寄存器中，直至分配器发现无法继续保留它为止，这种做法产生了使用虚拟寄存器的例子，以及仅在无可避免时才将值存储到内存的例子。每个编译器都应该包括优化，它简化了编译器其余的部分。多年以来的经验，使得我们能够理性地选择书的主题和展现方式。

关于编程习题的选择

编译器构建方面的课程，提供了在一个具体应用程序（编译器）环境中探索软件设计问题的机会，任何具备编译器构建课程背景的学生，都已经透彻理解了该应用程序的基本功能。在多数编译器设计课程中，编程习题发挥了很大的作用。

我们以这样的方式讲授过这门课：学生从头到尾构建一个简单的编译器，从生成的词法分析器和语法分析器开始，结束于针对某个简化的RISC指令集的代码生成器。我们也以另一种方式讲授过这门课程，学生编写程序来解决各个良好自包含的问题，诸如寄存器分配或指令调度。编程习题的选择实际上非常依赖于本课程在相关课程中所扮演的角色。

在某些学校，编译器课程充当高年级的顶级课程，将来自许多其他课程的概念汇集到一个大型的实际设计和实现项目中。在这样的课程中，学生应该为一门简单的语言编写一个完整的编译器，或者修改一个开源的编译器，以支持新的语言或体系结构特性。这门课程可以按本书的内容组织，从头到尾讲授本书的内容。

在另外一些学校，编译器设计出现在其他课程中，或以其他方式呈现在教学中。此时，编译器设计教师应该专注于算法及其实现，比如局部寄存器分配器或树高重新平衡趋这样的编程习题。在这种情况下，可以选择性讲解本书中的内容，也可以调整讲述的顺序，以满足编程习题的需求。例如，在莱斯大学，我们通常使用简单的局部寄存器分配器作为第一个编程习题，任何具有汇编语言编程经验的学生，都可以理解该问题的基本要素。但这种策略，需要让学生在学习第2章之前，首先接触第13章的内容。

不管采用哪种方案，本课程都应该从其他课程取材。在计算机组织结构、汇编语言编程、操作系统、计算机体系结构、算法和形式语言之间，存在着明显的关联。尽管编译器构建与其他课程的关联不那么明显，但这种关联同等重要。第7章中讨论的字符复制，对于网络协议、文件服务器和Web服务器等应用程序的性能而言，都发挥着关键的作用。第2章中用于词法分析的技术可以应用到文本编辑和URL过滤等领域。第13章中自底向上的局部寄存器分配器是最优离线页面替换算法MIN的"近亲"。

补充材料

还有一些补充的资源可用，可帮助读者改编本书的内容，使之适用于自己的课程。这包括作者在莱斯大学讲授这门课程的一套完整的讲义以及习题答案。读者可以联系本地的Elsevier业务代表，询问如何获取这些补充材料[①]。

致谢

许多人参与了第1版的出版工作，他们的贡献也体现在第2版中。许多人指出了第1版中的问题，包括Amit Saha、Andrew Waters、Anna Youssefi、Ayal Zachs、Daniel Salce、David Peixotto、Fengmei Zhao、Greg Malecha、Hwansoo Han、Jason Eckhardt、Jeffrey Sandoval、John Elliot、Kamal Sharma、Kim Hazelwood、Max Hailperin、Peter Froehlich、Ryan Stinnett、Sachin Rehki、Sağnak Taşırlar、Timothy Harvey和Xipeng Shen，在此向他们致谢。我们还要感谢第2版的审阅者，包括Jeffery von Ronne、Carl Offner、David Orleans、K. Stuart Smith、John Mallozzi、Elizabeth White和Paul C. Anagnostopoulos。Elsevier的产品团队，特别是Alisa Andreola、Andre Cuello和Megan Guiney，在将草稿转换成书的过程中发挥了关键作用。所有这些人都以其深刻的洞察力和无私的帮助，从各个重要方面提升了本书的质量。

最后，在过去5年中，无论是从精神方面，还是从知识方面，许多人都为我们提供了莫大的支持。首先，我们的家庭和莱斯大学的同事都在不断地鼓励我们。特别感谢小女Christine和Carolyn，她们耐心容忍了无数次关于编译器构建方面各种主题的长时间讨论。Nate McFadden以其耐心和出色的幽默感，从开始到出版，一直指导着本书的工作。Penny Anderson对于日常行政事务管理方面的帮助对于本书的完成至关重要。对所有这些人，我们表示衷心的感谢。

---

① 讲义和习题答案只提供给使用本教材的教师用户。希望使用此材料的教师需登录网站www.textbooks.elsevier.com进行注册，对方审批之后方可下载。申请人可登录图灵社区http://www.ituring.com.cn/book/851的随书下载部分查看补充材料使用指导附件。——编者注

目　　录

第 1 章

编译概观

本章概述

编译器是一种计算机程序，负责将一种语言编写的程序转换为另一种语言编写的程序。同时，编译器也是一种大型软件系统，包括许多内部组件和算法及其之间复杂的交互。因而，学习编译器构建也就是学习用于转换和改进程序的技术，同时也是一项软件工程实践。本章从概念上概述现代编译器的所有主要组件。

关键词：编译器；解释器；自动转换

1.1 简介

计算机在日常生活中的作用逐年俱增。随着互联网的崛起，计算机及运行于其上的软件提供了通信、新闻、娱乐和安全。嵌入式计算机改变了我们制造汽车、飞机、电话、电视和无线电的方法。从视频游戏到社交网络，计算已经建立了全新的活动范畴。超级计算机预测每日的天气和暴风雨的发展过程。嵌入式计算机可以指挥红绿灯的同步，可以向你的掌上电脑发送电子邮件。

所有这些计算机的应用都依赖软件计算机程序，软件程序基于硬件提供的底层抽象建立了虚拟的工具。几乎所有的软件都是通过称为编译器的工具转换而来。编译器也只是一个计算机程序，它转换其他的计算机程序，并使之准备好执行。本书讲述了用于建立编译器的自动转换的基本技术。本书还描述了编译器构建中出现的许多挑战，以及编译器编写者用于解决这些问题的算法。

编译器
用于转换其他计算机程序的计算机程序。

1. 概念路线图

编译器是一种工具，将一种语言编写的软件转换为另一种语言。为将文本从一种语言转换为另一种语言，该工具必须理解输入语言的形式和内容，或者说语法和语义。它还需要理解输出语言中支配语法和语义的规则。最后，它需要一种方案，以便将内容从源语言映射到目标语言。

典型编译器的结构，通常即衍生于这些简单的观察。编译器有一个前端，用于处理源语言。它还有一个后端，用于处理目标语言。为将前端和后端连接起来，编译器有一种形式化的结构，它用一种中间形式来表示程序，中间形式的语言很大程度上独立于源语言和目标语言。为改进转换，编译器通常包括一个优化器，来分析并重写中间形式。

2. 概述

计算机程序只是用一种程序设计语言编写的抽象操作的序列，程序设计语言是设计用来表示计算的形式语言。不同于自然语言（如中文或葡萄牙文），程序设计语言有着精确的性质和语义。程序设计语言被设计得富有表达力、简洁且清晰，而自然语言允许二义性。程序设计语言应该避免二义性，二义的程序没有语义。程序设计语言应该能指定计算，即可以记录下执行某些任务或产生某些结果所需的行为序列。

一般来说，程序设计语言设计成能允许人类将计算表达为操作的序列。而计算机处理器，下文称为处理器、微处理器或机器，则设计成能执行操作序列。与程序设计语言规定的操作相比，处理器实现的操作在很大程度上是在一个低得多的抽象层次上。例如，程序设计语言通常包括一种将数字输出到文件的简洁方法。在这个单一的程序设计语言语句能够执行前，它必须被逐字地转换为数百个机器操作。

执行这种转换的工具被称为编译器。编译器将以某种语言编写的程序作为输入，产生一个等价的程序作为输出。对于经典意义上的编译器来说，输出程序用某个特定处理器上可用的操作表示，输出程序所针对的处理器通常称为目标机。如果当做一个黑盒子，编译器看起来可以是这样：

通常的"源"语言可能是C、C＋＋、FORTRAN、Java或ML。"目标"语言通常是某种处理器的指令集。

指令集

处理器支持的操作的集合，指令集的总体设计通常称为指令集系统结构（Instruction Set Architecture，ISA）。

一些编译器产生的目标程序是某种面向人类的程序设计语言，而非某种计算机的汇编语言。这些编译器产生的程序需要更进一步的转换，才能在计算机上直接执行。许多研究性编译器产生C程序作为其输出。因为在大多数计算机上都有C编译器可用，这使得目标程序可以在所有这些系统上执行，代价是需要一次额外的编译才能得到最终的目标程序。目标为程序设计语言而非计算机指令集的编译器，通常称为源到源的转换器。

许多其他系统也可视为编译器。例如，可以认为产生PostScript的排版程序是一个编译器。它将文档在印刷纸面上如何布局的规格作为输入，产生PostScript文件作为输出。PostScript只是一种描述图像的语言。因为排版程序的输入是一种可执行的规格，并生成另一种可执行的规格，因此它是一个编译器。

将PostScript转换为像素的代码通常是一个解释器，而不是编译器。解释器将一种可执行规格作为输入，产生的输出是执行该规格的结果。

一些语言，如Perl、Scheme和APL，更多是用解释器实现，而不是编译器。

一些语言采用的转换方案，既包括编译，也包括解释。Java从源代码编译为一种称为字节码的形式，这是一种紧凑的表示，意在减少Java应用程序的下载时间。Java应用程序是通过在对应的Java虚拟机（JVM）上运行字节码来执行的，JVM是一种字节码的解释器。许多JVM的实现包括了一个运行时执行的编译器，有时称为JIT（just-in-time）编译器，它将频繁使用的字节码序列转换为底层计算机的本机码，这使得上文描述的图景进一步复杂化。

> **虚拟机**
>
> 虚拟机是针对某种处理器的模拟器，它是针对该机器指令集的解释器。

解释器和编译器有许多共同之处，它们执行许多同样的任务。二者都要分析输入程序，并判定它是否是有效的程序。二者都会建立一个内部模型，表示输入程序的结构和语义。二者都要确定执行期间在何处存储值。然而，解释代码来产生结果，与输出转换后可以执行的目标程序来产生结果，二者有很大不同。本书专注于构建编译器过程中可能出现的问题。但这里讲述的大部分题材，解释器的实现者可能也会发现有用。

3. 为何研究编译器的构建

编译器是一个庞大、复杂的程序。编译器通常包括数十万行代码（即使没有上百万行），组织为多个子系统和组件。编译器的各个部分以复杂的方式进行交互。对编译器一部分作出的设计决策，对其他部分有着重要的影响。因而，编译器的设计和实现，是软件工程中一项很有分量的实践活动。

一个好的编译器是自成天地的，包含了整个计算机科学的一个映像。编译器实际运用了贪心算法（寄存器分配）、启发式搜索技术（表调度）、图算法（死代码消除）、动态规划（指令选择）、有限自动机和下推自动机（词法分析和语法分析）以及不动点算法（数据流分析）。它处理诸如动态分配、同步、命名、局部性、分级存储结构管理和流水线调度等问题。很少有软件系统能汇集同样多且复杂的组件。处理编译器的内部设计和实现在软件工程方面所获取的难得的实践经验，是那些规模较小、复杂度较低的系统所无法提供的。

在计算机科学的主要活动中，编译器发挥着根本的作用：为通过计算机解决问题而做好准备。大多数软件都需要通过编译，该过程的正确性和结果代码的效率，对我们构建大型系统的能力有着直接影响。大多数学生无法满足于仅仅通过阅读而了解这些思想，其中的许多东西都必须得亲自实现才能肯定其价值。因而，学习编译器构建是计算机科学教育的一个重要部分。

编译器是成功将理论应用到实际问题的范例。自动产生词法分析器和语法分析器的工具应用了形式语言理论的结果。这些工具同样可用于文本搜索、网站过滤、文字处理和命令行语言解释器。类型检查和静态分析应用了格理论、数论和其他数学分支的结果，以理解并改进程序。代码生成器使用了树模式匹配、语法分析、动态规划和文本匹配的算法，来自动化指令选择的过程。

但编译器构建领域出现的一些问题仍然未解决，即当前的最佳解决方案仍有改进的余地。尝试设计高级的通用中间表示的努力因复杂性而宣告失败。用于指令调度的主导算法是一个贪心算法，其中包含了几层不相上下的启发式逻辑。编译器显然应该利用交换性和结合性来改进代码，但大多数试图这样做的编译器都只是将表达式重排为某种规范次序。

构建成功的编译器需要精通算法、工程和计划。好的编译器会对困难问题近似求解，它们强调效率，无论是自身的实现还是生成的代码。它们的内部数据结构和知识表示暴露的细节不多不少，既足够进行强有力的优化，而又不会使编译器沉湎于细节。编译器构建汇集了整个计算机科学领域中的思想和技术，将其应用到受限的环境下，以解决某些真正困难的问题。

4. 编译的基本原则

编译器是庞大、复杂、细致工程化的对象。虽然编译器设计领域中的许多问题有多种解决方案和解释，但编译器编写者必须始终铭记两个基本原则。第一个原则是不能违反的：

> 编译器必须保持被编译程序的语义。

正确性是程序设计中的一个根本问题。编译器必须忠实地实现其输入程序的"语义"，以保持其正确性。这个原则是编译器编写者和编译器用户之间社会契约的核心。如果编译器可以随意处理语义，那么何不直接生成一个nop或return呢？如果不正确的转换是可接受的，那么为何要费力做对呢？

编译器必须遵守的第二个原则是实用：

> 编译器必须以某种可觉察的方式改进输入程序。

传统的编译器通过使输入程序可以在某种目标机上直接执行来进行改进。其他"编译器"对输入程序的改进各有不同的方法。例如，tpic是一个程序，以作图语言pic编写的绘图规格作为输入，将其转换为LATEX，这里的"改进"在于LATEX具有更好的可用性和一般性。而C语言的源到源转换器生成的代码在一定程度上要优于输入程序，否则，谁还会调用它呢？

1.2 编译器结构

编译器是一个庞大、复杂的软件系统。编译器社区自1955年以来一直在构建编译器，多年以来，关于如何设计编译器的结构，我们已经学习了许多经验教训。早期，我们将编译器描述为一个简单的盒子，能够将源程序转换为目标程序即可。当然，现实比这个简单的图景更为复杂。

单盒模型指出，编译器必须理解输入源程序并将其功能映射到目标机。这两项任务截然不同的性质暗示着一种可能的任务划分，并最终导致了一种将编译分解为两个主要部分的设计：前端和后端。

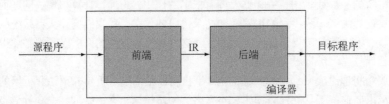

前端专注于理解源语言程序。后端专注于将程序映射到目标机。对于编译器的设计和实现，这种关注点的分离隐含着几个重要结论。

前端必须将其对源程序的认识编码到某种结构中，以供后端稍后使用。中间表示（IR）成为了编译器对所转换代码的权威表示。在编译过程中的每个点，编译器都有一个权威表示。实际上，随着编译过程的进展，可以使用几种不同的IR，但在每个点上，都只有一种表示会成为权威的IR。我们可以将权威IR看做编译器各个独立阶段之间所传递程序的版本，就像是前述图中从前端传递到后端的IR一样。

1

IR

编译器使用一些数据结构来表示它处理的代码，这种形式称为中间表示（Intermediate Representation，IR）。

在一个两阶段编译器中，前端必须确保源程序是良构的，而且必须将输入的代码映射到IR。后端必须将IR程序映射到目标机的指令集和有限的资源上。由于后端仅处理前端生成的IR，因此它可以认为IR不包括任何语法和语义错误。

生在这个时代真好

就编译器的设计和实现而言，这是一个令人激动的时代。在20世纪80年代，几乎所有的编译器都是庞大的单块式系统。它们将一种语言作为输入，产生针对某种特定计算机的汇编代码。生成的汇编代码与其他编译过程产生的代码（包括系统库和应用程序库）粘贴在一起，最终形成一个可执行文件。这个可执行文件存储在磁盘上，最终的可执行代码在适当的时间从磁盘移动到内存并执行。

今天，编译器技术应用于各种不同环境下。随着计算机在各种不同的场合获得应用，编译器必须处理新的不同的限制。速度不再是用于判断编译后代码的唯一标准。当今，判断代码质量的规则很可能是代码"占地"有多小，代码执行时耗能多少，代码能压缩到多小，代码执行时产生多少个缺页异常，等等。

同时，编译技术已经脱离了80年代单块式系统的窠臼，它们出现在许多新场合。Java编译器采用部分编译的程序（Java"字节码"格式）作为输入，并将其转换为目标机的本机码。在这种环境中，成功意味着编译时间加上运行时间的总和必须小于解释执行的代价。分析整个程序的技术正在从编译时转向链接时，链接器可以分析整个应用程序的汇编代码并利用该认识来改进程序。最后，可以在运行时调用编译器生成定制的代码，以利用仅能从运行时得知的事实获利。如果编译花费的时间保持在比较短的水准上，而生成定制代码的获利较大，那么这种策略可以产生显著的改进。

在输出目标程序之前，编译器可以在代码的IR形式上进行多趟迭代。多遍迭代可能会生成更好的代码，因为编译器实际上可以在一个阶段中研究代码并记录相关细节。那么在后续阶段中，编译器可以利用这些记下的知识来提高转换的质量。这种策略要求第一趟获得的知识记录在IR中，后续各趟可以查找并利用这些知识。

最后，两阶段结构可以简化编译器重定目标的过程。我们可以轻易地想象到为单个前端构建多个后端，这样即可产生输入同一语言但输出针对不同目标机器的编译器。类似地，我们可以想象针对不同语言的前端生成同样的IR并使用共同的后端。这两种场景，都假定一种IR可以服务于几种源和目标的组合，实际上，特定于语言和特定于机器的细节通常都会进入到IR。

重定目标

改变编译器使之针对新处理器生成代码的任务，通常称为将该编译器重定目标。

引入IR使得可以向编译增加更多阶段。编译器编写者可以在前端和后端之间插入第三个阶段。这个中间部分，也称为优化器，以IR程序作为其输入，产生一个语义上等价的IR程序作为其输出。通过使用IR作为接口，编译器编写者插入第三个阶段时，可以将对前端和后端的破坏降到最低。这就形成了下述的编译器结构，称为三阶段编译器。

优化器

编译器的中间部分称为优化器，负责分析并转换IR，以改进IR。

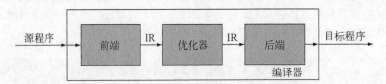

优化器是一个IR到IR的转换器，试图在某些方面改进IR程序。（请注意，依据我们在1.1节中的定义，这些转换器本身就是编译器。）优化器可以对IR处理一遍或多遍，分析IR并重写IR。优化器重写IR可以使后端生成一个可能更快速或更小的目标程序。优化器还可能有其他目标，诸如产生更少缺页异常或耗能较少的程序。

概念上，三阶段结构表示了经典的优化编译器。实际上，每个阶段内部都划分为若干趟。前端由两趟或三趟组成，处理识别有效源语言程序的各种细节，并产生该程序的初始IR形式。中间部分包含执行不同优化的各趟处理。这些趟的数目和目的因编译器而异。后端由若干趟处理组成，每一趟都将输入的IR程序进一步处理，使之更接近目标机的指令集。编译器的三个阶段和其中的各趟处理共享了同一个基础设施，这些结构如图1-1所示。

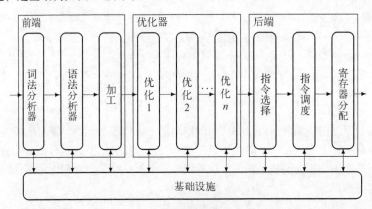

图1-1   典型编译器的结构

将编译器在概念上划分为前端、中间部分（优化器）以及后端在实践中是很有用的做法。这些阶段解决的问题各有不同。前端的工作涉及理解源程序并将其分析结果以IR形式记录下来；优化器部分专注于改进IR形式；后端必须将转换过的IR程序映射到目标机的有限资源上，从而能够有效利用那些资源。

在这三个阶段中，优化器的描述最为模糊不清。优化这个术语，暗含编译器需要找到某个问题的最优解的意思。优化过程中发生的问题是如此之错综复杂，因而这些问题实际上是得不到最优解的。需要进一步澄清的是，编译后代码的实际性能取决于优化器和后端两个阶段中应用的所有技术之间的相互影响。因而，即使单个的某项技术可以被证明是最优的，但它与其他技术的交互可能产生次优的结果。因此，相对于未优化的代码版本而言，良好的优化编译器可以改进代码的质量。但优化编译器通常无法产生最优代码。

中间部分可以是单块式的一趟处理，其中应用一个或多个优化技术来改进代码，也可以从结构上设计为若干趟规模较小的处理过程，其中每趟都读写IR。单体式结构可能更为高效；多趟结构有助于降低实现的复杂度，同时在调试编译器时也相对简单。此外还提高了灵活性，可以在不同情况下采用不同的优化技术组合。这两种方法之间的选择，取决于构建编译器时和编译器实际运行时的约束条件。

1.3 转换概述

在编译器将某种程序设计语言编写的代码转换为适合于在某种目标机上执行的代码时，要运行许多步骤。

符号表示法

本质上，讲解编译器的书是关于符号表示法的。毕竟，编译器是将一种符号表示法编写的程序转换为另一种符号表示法编写的等价程序。在你阅读本书过程中，可能有若干符号表示法方面的问题。有时候，这些问题将直接影响你对书中内容的理解。

阐述算法 我们试图保持算法的简洁。算法的描述是在一个比较高的层次上进行的，假定读者可以提供缺失的实现细节。算法的描述文本以斜体无衬线字体印刷。其中的缩进是作者有意进行，同时具有重要的含义，在if-then-else控制结构中，缩进用处最大。then或else之后缩进的代码形成一个块语句。在下列代码片段中

```
if Action [s,word] = "shift s¡;" then
    push word
    push s¡
    word ← NextWord()
else if ···
```

then和else之间所有的语句都是if-then-else结构中then子句的一部分。当if-then-else结构中的一个子句仅包含一个语句时，我们将关键字then或else与该语句写在同一行。

编写代码 在某些例子中，我们给出以某种选定的语言编写的实际程序文本，以说明特定的要点。实际程序文本以等宽字体印刷。

算术运算符 最终，除了实际程序以外，我们放弃了用*代替×和/代替÷的做法。对读者来说，相关运算符的含义应该是清楚的。

为使这个抽象过程更为具体，考虑为下列表达式生成可执行代码需要的步骤：

$$a \leftarrow a \times 2 \times b \times c \times d$$

其中a、b、c和d都是变量，←表示赋值操作，×运算符表示乘法。在以下各小节中，我们会追溯编译器将这个简单表达式转换为可执行代码所经历的路径。

1.3.1　前端

在编译器能够将表达式转换为可执行的目标机代码之前，它必须理解表达式的形式和内容，或语法和语义。前端根据语法和语义，判断输入代码是否是良构的。如果前端发现代码是有效的，它会以编译器的IR格式来建立该代码的一个表示，否则，它向用户回报诊断错误信息，以标识该代码的问题。

1. 检查语法

为检查输入程序的语法，编译器必须将程序的结构与语言的定义进行比较。这需要一种适当的形式化定义，一种检测输入是否满足该定义的高效机制，和如何继续处理无效输入的相关规划。

数学上，源语言是一个字符串的集合，通常是无限集，由某种规则的有限集定义，后者称为语法。前端中有两趟独立的处理，分别称为词法分析器和语法分析器，来判断输入代码实际上是否属于语法定义的有效程序集合。

程序设计语言语法通常基于词类来引用单词，词类有时称为语法范畴。将语法规则基于词类划分使得单一规则能够描述许多句子。例如在英语中，许多句子有下述形式：

Sentence（句子）→*Subject*（主语）verb（动词）*Object*（宾语）endmark（结束标点符号）

其中verb和endmark是词类，而*Sentence*、*Subject*和*Object*是语法变量。*Sentence*表示任何具有该规则所描述形式的字符串。符号→读做"导出"，意味着右侧的一个实例可以抽象为左侧的语法变量。

考虑形如"Compilers are engineered objects."的句子。理解这个句子的语法时，第一步是标识输入程序中的各个单词，并将每个单词归入对应的词类。在编译器中，该项任务属于称为词法分析器的一趟处理过程。词法分析器以字符流为输入，并将其转换为已归类单词的流，已归类的单词是形如(p, s)的对，其中p是单词的词类，而s是单词的拼写。对应上述例句，词法分析器会将其转换为下述已归类单词的流：

(noun,"Compilers"), (verb,"are"), (adjective,"engineered"),
(noun,"objects"), (endmark,".")

词法分析器

编译器中的一趟，将字符构成的串转换为单词构成的流。

实际上，单词的实际拼写可能保存在散列表中，而(p, s)对中的s可以用一个整数索引表示，以简化相等性测试。第2章将探讨词法分析器构建的理论和实践。

在下一步中，编译器试图根据指定了输入语言语法的规则，来匹配已分类单词的流。例如，实际英语知识可能包括以下语法规则：

1	*Sentence* →	*Subject* verb *Object* endmark
2	*Subject* →	noun
3	*Subject* →	*Modifier* noun
4	*Object* →	noun
5	*Object* →	*Modifier* noun
6	*Modifier* →	adjective
	...	

通过观察，我们可以为前述例句找到下列推导（derivation）：

规则	原型句子
—	*Sentence*
1	*Subject* verb *Object* endmark
2	noun verb *Object* endmark
5	noun verb *Modifier* noun endmark
6	noun verb adjective noun endmark

推导从语法变量*Sentence*开始。在每一步，它都重写原型句子中的一项，将其替换为可以从规则推导出的某个右侧项。第一步使用规则1替换*Sentence*。第二步使用规则2替换*Subject*。第三步使用规则5替换*Object*，而最后一步根据规则6将*Modifier*重写为adjective。此时，通过推导生成的原型句子，可以与词法分析器产生的已分类单词流匹配。

上述推导证明了句子"Compilers are engineered objects."属于由规则1到6描述的语言。该句子的语法是正确的。自动查找推导的过程称为解析（或语法分析，parsing）。第3章给出了编译器用于解析输入程序的技术。

语法分析器
编译器中的一趟，判断输入流是否是源语言的一个句子。

语法正确的句子可能是无意义的。例如，句子"Rocks are green vegetables."与"Compilers are engineered objects."按相同的顺序使用了同样的词类，但前一个句子没有合理的语义。若要理解这两个句子之间的差别，需要关于软件系统、岩石和蔬菜的上下文知识。

编译器用于推断程序设计语言的语义模型比理解自然语言所需的模型要简单。编译器会构建数学模型来检测程序中各种不一致之处。编译器会检查类型一致性，例如，下述表达式

$$a \leftarrow a \times 2 \times b \times c \times d$$

在语法上可能是良构的，但如果b和d是字符串，这个语句仍然可能是无效的。编译器在特定的情况下也检查数字的一致性，例如，引用数组时应该使用与数组声明的阶/秩（rank）相一致的维数，而过程调用指定的参数数目应该与过程的定义一致。第4章探讨了基于编译器的类型检查和语义加工过程中可能发生的一些问题。

类型检查
编译器中的一趟，检查输入程序中对名字的使用在类型方面是否一致。

2. 中间表示

编译器前端处理的最后一个问题是生成代码的IR形式。编译器可以使用各种不同种类的IR，这取决于源语言、目标语言和编译器应用的各种特定的转换。一些IR将程序表示为图。其他的类似于有序的汇编代码程序。右侧的代码给出了我们的示例表达式在底层的顺序IR中可能的表示。第5章概述了编译器使用的各种IR。

$$t_0 \leftarrow a \times 2$$
$$t_1 \leftarrow t_0 \times b$$
$$t_2 \leftarrow t_1 \times c$$
$$t_3 \leftarrow t_2 \times d$$
$$a \leftarrow t_3$$

对于源语言中的每一种结构，编译器都需要一种策略，指定如何用代码的IR形式实现该结构。具体的选择可能会影响到编译器转换和改进代码的能力。因而，我们将花费两章的篇幅来探讨为源代码结构生成IR过程中发生的各种问题。过程链接既是造成最终代码低效的"罪魁祸首"，也是将不同源

文件拼接为应用程序的“黏合剂”。我们在第6章讨论围绕过程调用的一些问题。第7章阐述了对应大多数其他程序设计语言结构的实现策略。

术　语

细心的读者会注意到，书中许多处使用了“代码”这个词，在相应的上下文中，使用“程序”或“过程”也比较适合。我们调用编译器来转换代码的片段，“片段”的范围很广泛，既可以是单个的引用，也可以是很多程序构成的整个系统。我们将沿用意义较模糊但更通用的术语“代码”，而不会为编译设定范围。

1.3.2 优化器

在前端为输入程序产生IR表示时，它按语句在源代码中的顺序，每次处理一个语句。因而，初始IR程序包含了通用的实现策略，在编译器可能产生的任何上下文中都可以工作。但在运行时，代码将在更为受限、也更可预测的上下文中执行。优化器分析代码的IR形式，以发现有关上下文的事实，并利用此项上下文相关知识来重写代码，使之能够以更有效的方式来算得同样的答案。

效率可以有许多含义。优化的经典观念是减少应用程序的运行时间。在其他上下文中，优化器可能试图减少编译后的代码长度，或致力于其他性质的改进，如处理器执行代码的耗能情况。所有这些策略都以效率为目标。

返回到我们的例子，在图1-2a所示的上下文中考虑它。该语句发生在循环内部，在它使用的值中，只有a和d在循环内部改变。2、b和c的值在循环中是不变的。如果优化器发现这个事实，它可以如图1-2b所示重写代码。在这个版本中，乘法操作的数目从4・n下降到2・n+2。对于n>1来说，重写的循环应该执行得更快速。这种优化将在第8章、第9章和第10章讨论。

```
b ← ···
c ← ···
a ← 1
for i = 1 to n
  read d
  a ← a × 2 × b × c × d
  end
```

(a) 上下文中的原始代码

```
b ← ···
c ← ···
a ← 1
t ← 2 × b × c
for i = 1 to n
  read d
  a ← a × d × t
  end
```

(b) 改进过的代码

图1-2　上下文的作用

1. 分析

大多数优化都包括分析和转换两个过程。分析判断编译器可以在何处安全地应用优化技术且有利可图。编译器使用几种分析技术来支持转换。**数据流分析**在编译时推断运行时值的流动。数据流分析器通常需要解一个联立方程组，该方程组是根据被转换代码的结构得出的。**相关性分析**（dependence analysis）使用数论中的测试方法来推断下标表达式的可能值。它用于消除引用数组元素时的歧义。第9章详细地考察了数据流分析及其应用，以及静态单赋值形式的构建，静态单赋值形式是一种IR，可以将值和控制的流动信息直接编码在IR中。

数据流分析

编译时一种对运行时数据值流动的推断。

2. 转换

为改进代码，编译器不能只分析代码。编译器还必须使用分析的结果来将代码重写为一种更高效的形式。此前已经发明了无数的转换技术，用于改进可执行代码的时间或空间需求。其中一些，例如找到循环中不变的计算并将其移动到不那么频繁执行的位置，可以改进程序的运行时间。其他的转换可以使代码更为紧凑。转换的效果、它们能够运作的范围以及支持转换所需的分析技术，都各有不同。有关转换的文献资料十分丰富，主题十分广泛和深入，足以写一本或几本单独的书来进行探讨。第10章涵盖了标量转换的主题，即意在改进单处理器上代码性能的转换。其中给出了一个组织该主题的分类法，并提供了相关的例子，以充实分类法的内容。

1.3.3 后端

编译器的后端会遍历代码的IR形式并针对目标机输出代码。对于每个IR操作，后端都会选择对应的目标机操作来实现它。同时后端会选择一种次序，使得操作能够高效执行。后端还会确定哪些值能够驻留在寄存器中，哪些值需要放置到内存中，并插入代码来实施相应的决策。

关于ILOC

在整本书中，相对底层的例子都是以一种称为ILOC的符号表示法写成的，ILOC是"Intermediate Language for an Optimizing Compiler"的首字母缩写词。多年以来，该符号表示法经历了许多变更。本书中使用的版本在附录A中有详述。

可以将ILOC看做某种简单RISC机器的汇编语言。它有一组标准的操作，大多数操作以寄存器为参数。内存操作如load和store，是在内存和寄存器之间传输数据值。为简化文中的阐述，大多数例子假定所有数据都是整数。

每个操作都有一组操作数和一个结果。操作分为五部分：操作名、操作数列表、分隔符、结果列表和可选的注释。因而，对寄存器1和2作加法，将结果置于寄存器3中，程序员可以这样写：

$$\text{add } r_1, r_2 \Rightarrow r_3 \quad // \text{示例指令}$$

分隔符⇒，先于结果列表。它是一个可视化的提示符，暗示信息从左侧流动到右侧。特别地，这样做消除了阅读汇编代码文本时容易混淆操作数和结果的情况。（参见下表中的loadAI和storeAI。）

图1-3中的例子只使用了四个ILOC操作。

ILOC操作		语　义
loadAI	$r_1, c_2 \Rightarrow r_3$	$\text{Memory}(r_1 + c_2) \to r_3$
loadI	$c_1 \quad \Rightarrow r_2$	$c_1 \to r_2$
mult	$r_1, r_2 \Rightarrow r_3$	$r_1 \times r_2 \to r_3$
storeAI	$r_1 \quad \Rightarrow r_2, c_3$	$r_1 \to \text{Memory}(r_2 + c_3)$

附录A包含了对ILOC更为详细的描述。各个例子都将r_{arp}看做一个包含了当前过程数据存储起始地址的寄存器，也称为**活动记录指针**（activation record pointer）。

1. 指令选择

代码生成的第一阶段会将IR操作重写为目标机操作，这个过程称为**指令选择**（instruction selection）。指令选择将每个IR操作在各自的上下文中映射为一个或多个目标机操作。考虑重写我们的示例表达式a ← a × 2 × b × c × d，将其表示为ILOC虚拟机的代码以说明此过程。（在整本书中我们都将使用ILOC。）右侧再次给出了表达式的IR形式。编译器可以选择如图1-3所示的操作。该代码假定a、b、c和d分别位于从寄存器r_{arp}指定的地址开始，偏移量分别为@a、@b、@c和@d之处。

$$
\begin{aligned}
t_0 &\leftarrow a \times 2 \\
t_1 &\leftarrow t_0 \times b \\
t_2 &\leftarrow t_1 \times c \\
t_3 &\leftarrow t_2 \times d \\
a &\leftarrow t_3
\end{aligned}
$$

```
loadAI    r_arp, @a  ⇒ r_a      // 加载'a'
loadI     2          ⇒ r_2      // 加载常数2到r_2
loadAI    r_arp, @b  ⇒ r_b      // 加载'b'
loadAI    r_arp, @c  ⇒ r_c      // 加载'c'
loadAI    r_arp, @d  ⇒ r_d      // 加载'd'
mult      r_a, r_2   ⇒ r_a      // r_a ← a × 2
mult      r_a, r_b   ⇒ r_a      // r_a ← (a × 2) × b
mult      r_a, r_c   ⇒ r_a      // r_a ← (a × 2 × b) × c
mult      r_a, r_d   ⇒ r_a      // r_a ← (a × 2 × b × c) × d
storeAI   r_a        ⇒ r_arp,@a // 写回r_a到'a'
```

图1-3 对应于a ← a × 2 × b × c × d表达式的ILOC代码

编译器选择了一个很简单的操作序列。它将所有相关的值加载到寄存器中，按顺序执行乘法，并将结果存储到a对应的内存地址。这里假定寄存器的数目是不受限制的，并用符号名来命名寄存器，如r_a包含了a，r_{arp}包含了一个地址，我们例子中所有有名字的值在内存中的数据存储都自该地址开始。指令选择器隐式依赖于寄存器分配器，以便将这些符号寄存器名，或称为虚拟寄存器，映射到目标机的实际寄存器。

虚拟寄存器

一个符号寄存器名，编译器用其表示某个值可以保存在寄存器中。

指令选择器可以利用目标机提供的特殊操作。例如，如果有立即数乘法操作（multI）可用，编译器会将multr_a, r_2⇒r_a替换为multIr_a, 2⇒r_a，这样就不必要进行loadI2⇒r_2操作了，而且减少了对寄存器的使用。如果加法比乘法快速，编译器可以将multr_a, r_2⇒r_a替换为addr_a, r_a⇒r_a，避免对r_2的loadI操作和使用，而且还可以将mult替换为较快速的add。第11章阐述了两种使用模式匹配进行指令选择的技术，为IR操作选择高效的实现。

2. 寄存器分配

在指令选择期间，编译器有意忽略了目标机寄存器数目有限的事实。它反而假定有"足够"的寄存器存在，并使用所谓的虚拟寄存器。实际上，编译的前期对寄存器的要求可能高于硬件的能力。寄存器分配器必须将这些虚拟寄存器映射到实际的目标机寄存器。因而，在代码中的每一个点上，寄存器分配器都必须决定哪些值驻留在目标机寄存器中。它接下来重写代码以反映其决策。例如，寄存器分配器将图1-3中的代码重写为如下形式，可以最小化寄存器的使用。

```
loadAI   rarp, @a ⇒ r1       // 加载'a'
add      r1, r1  ⇒ r1       // r1 ← a × 2
loadAI   rarp, @b ⇒ r2       // 加载'b'
mult     r1, r2  ⇒ r1       // r1 ← (a × 2) × b
loadAI   rarp, @c ⇒ r2       // 加载'c'
mult     r1, r2  ⇒ r1       // r1 ← (a × 2 × b) × c
loadAI   rarp, @d ⇒ r2       // 加载'd'
mult     r1, r2  ⇒ r1       // r1 ← (a × 2 × b × c) × d
storeAI  r1      ⇒ rarp, @a  // 写回ra到'a'
```

这里的指令序列只使用了三个寄存器，而不是原本的六个。

最小化寄存器的使用可能起相反作用。例如，如果已命名的值如a、b、c或d，其中有些已经在寄存器中，代码应该直接引用相应的寄存器。如果所有已命名的值都位于寄存器中，应该在不增加附加寄存器的情况下来实现对应的指令序列。换句话说，如果某些附近的表达式也计算了a×2，应该将该值保留在某个寄存器中，而不是稍后重新计算。这种优化可能会增加对寄存器的需求，但能够消除稍后需要发出的某些多余指令。第13章探讨了寄存器分配过程中发生的问题，以及编译器编写者用于解决相应问题的技术。

3. 指令调度

为产生执行快速的代码，代码生成器可能需要重排操作，以照顾目标机在特定方面的性能约束。不同操作的执行时间可能是不同的。内存访问操作可能需要花费几十甚至数百个CPU周期，但某些算术操作（以除法为例），只需要几个CPU周期。这种延迟较长的操作对编译后代码性能的影响可能是惊人的。

假定目前loadAI或storeAI操作需要三个周期，mult操作需要两个周期，而所有其他操作都只需一个周期。下表说明了在这些假定下，前述代码片段的执行情况。**开始**列给出了每个操作开始执行的周期，**结束**列给出了该操作完成的周期。

开始			结　束	
1	3	loadAI	rarp, @a ⇒ r1	// 加载'a'
4	4	add	r1, r1 ⇒ r1	// r1 ← a×2
5	7	loadAI	rarp, @b ⇒ r2	// 加载'b'
8	9	mult	r1, r2 ⇒ r1	// r1 ← (a×2)×b
10	12	loadAI	rarp, @c ⇒ r2	// 加载'c'
13	14	mult	r1, r2 ⇒ r1	// r1 ← (a×2×b)×c
15	17	loadAI	rarp, @d ⇒ r2	// 加载'd'
18	19	mult	r1, r2 ⇒ r1	// r1 ← (a×2×b×c)×d
20	22	storeAI	r1 ⇒ rarp, @a	// 写回ra到'a'

九个操作的指令序列花费了22个周期执行。最小化寄存器的使用并未导致执行变快。

许多处理器都有一种特性，可以在长延迟操作执行期间发起新的操作。只要新操作完成之前不引用长延迟操作的结果,执行都可以正常地进行。但如果某些插入的操作试图过早地读取长延迟操作的结果,处理器将延缓执行需要该值的操作,直至长延迟操作完成。在操作数就绪之前,操作是不能开始执行的,而操作结束之前,其结果也是无法读取的。

指令调度器重排代码中的各个操作。它试图最小化等待操作数所浪费的周期数。当然,调度器必须确保,新指令序列产生的结果与原来的指令序列是相同的。在很多情况下,调度器可以大幅度改进"朴素"代码的性能。对于我们的例子,好的调度器可能产生下列指令序列。

开始			结　　束		
1	3	loadAI	r_{arp}, @a $\Rightarrow$ r$_1$	// 加载'a'	
2	4	loadAI	r_{arp}, @b $\Rightarrow$ r$_2$	// 加载'b'	
3	5	loadAI	r_{arp}, @c $\Rightarrow$ r$_3$	// 加载'c'	
4	4	add	r$_1$, r$_1$ $\Rightarrow$ r$_1$	// r$_1$ ← a × 2	
5	6	mult	r$_1$, r$_2$ $\Rightarrow$ r$_1$	// r$_1$ ← (a × 2) × b	
6	8	loadAI	r_{arp}, @d $\Rightarrow$ r$_2$	// 加载'd'	
7	8	mult	r$_1$, r$_3$ $\Rightarrow$ r$_1$	// r$_1$ ← (a × 2 × b) × c	
9	10	mult	r$_1$, r$_2$ $\Rightarrow$ r$_1$	// r$_1$ ← (a × 2 × b × c) × d	
11	13	storeAI	r$_1$ $\Rightarrow$ r_{arp}, @a	// 写回r_a到'a'	

编译器构建是工程行为

典型的编译器有许多趟,这些趟共同作用,将某种源语言编写的代码转换为某种目标语言。在转换的过程中,编译器使用许多算法和数据结构。对于该过程中的每一步,编译器编写者都必须选择一种适当的解决方案。

成功的编译器实际执行的次数多到不可想象。考虑GCC编译器总的运行次数。在GCC的生命周期中,即使某些不起眼的低效之处,合计起来也浪费了大量的时间。良好的设计和实现带来的节约,会随着时间而累积。因而,编译器编写者必须注意编译时的成本,如算法的渐近复杂性、实现的实际运行时间和数据结构占用的空间,等等。对于编译器的各个任务都花费多长时间,编译器编写者应该有个预算。

例如,词法分析和语法分析这两个问题有大量的高效算法。词法分析器识别和归类单词所用的时间与输入程序中字符的数目成正比。对于一种典型的程序设计语言,语法分析器构建推导所花费的时间与推导的长度成正比。(程序设计语言的结构限制使高效的语法分析变得可能。)因为词法分析和语法分析存在高效的技术,编译器编写者应该预期仅在这些任务上花费一小部分编译时间。

相形之下,优化和代码生成包含了几个需要更多时间的问题。对于程序分析和优化来说,我们考察的许多算法,其复杂度都超过$O(n)$。因而,与编译器前端相比,优化器和代码生成器中算法的选择对编译时间有更大的影响。编译器编写者可能需要进行一些折中,以分析准确性和优化有效性的下降来阻止编译时间的上升。进行此类决策时,需要进行明智且审慎的考虑。

代码的这一版本仅需要13个周期执行。与最小数目相比,该代码使用的寄存器多出一个。在这一指令序列中,除8、10、12周期之外,每个周期都开始一个操作。其他等价的调度也是可能的,但与之等长的调度一般需要使用更多的寄存器。第12章阐明了几种广泛应用的调度技术。

　　4. 代码生成的各组件间的交互

编译中大多数真正困难的问题出现在代码生成期间。而且这些问题相互影响，使得情况更为复杂。例如，指令调度移动load操作，使之远离依赖load的算术操作。这样做可以增加需要这些值的时间段，但此期间内所需的寄存器的数目也会相应地增加。类似地，将特定的值赋值给特定的寄存器，可以在两个操作之间建立"伪"相关性，从而限制指令调度。（在第一个操作完成之前第二个操作不能调度执行，即使在公用寄存器中的值并无依赖性。重命名该值可以消除这种伪相关性，代价是使用更多的寄存器。）

1.4　小结和展望

　　编译器构建是一项复杂任务。好的编译器合并了来自形式语言理论、算法研究、人工智能、系统设计、计算机体系结构和程序设计语言理论的思想，并将其应用到程序转换的问题上。编译器汇集了贪心算法、启发式技术、图算法、动态规划、DFA和NFA、不动点算法、同步与局部性、分配和命名，以及流水线管理。编译器面临的许多问题很难给出最优解，因此它使用近似算法、启发式技术和经验规则。这样做产生的复杂交互可能导致令人惊奇的结果，好坏兼有。

　　为将这些活动置于一个有条理的框架中，大多数编译器组织成三个主要的阶段：前端、优化器和后端。每个阶段都有一组不同的问题要解决，用于解决这些问题的方法也各有不同。前端专注于将源代码转换为某种IR。前端依赖于形式语言理论和类型理论的结果，以及若干健壮的算法和数据结构。中间部分或优化器，会将一个IR程序转换为另一个，其目标是生成执行更高效的IR程序。优化器分析程序得出关于其运行时行为的知识，而后利用此项知识来变换代码并改进其行为。后端将IR程序映射到特定处理器的指令集。对寄存器分配和指令调度方面的困难问题，后端会近似求解，其近似解的质量对于编译后代码的速度和大小有着直接影响。

　　本书会探讨所有这些阶段。第2章到第4章处理编译器前端所用的算法。第5章到第7章描述讨论优化和代码生成所需的一些背景材料。第8章介绍了代码优化。第9章和第10章更详细地阐述了程序分析和优化，感兴趣的读者可以阅读。最后，第11章到第13章涵盖了后端用于指令选择、调度和寄存器分配的技术。

本章注释

　　第一个编译器出现在20世纪50年代。这些早期系统显示了令人惊讶的复杂性。原始的FORTRAN编译器是一个多趟系统，包括分离的词法分析器、语法分析器和寄存器分配器以及一些优化[26, 27]。Ershov及其同事构建的Alpha system，可以进行局部优化[139]，并使用图着色算法减少数据项所需的内存数量[140, 141]。

　　Knuth回忆了有关20世纪60年代早期编译器构建的一些有趣的往事[227]。Randell和Russell描述了Algol 60语言的早期实现工作[293]。Allen描述了IBM公司内部编译器开发的历史，强调了理论和实践的相互影响[14]。

　　许多有影响力的编译器都构建于20世纪六七十年代。这其中包括经典的优化编译器FORTRANH[252, 307]，

Bliss-11和Bliss-32编译器[72, 356]和可移植的BCPL编译器[300]。这些编译器可以为各种CISC机器产生高质量的代码。另一方面,学生使用的编译器专注于快速的编译、良好的诊断信息和纠错[97, 146]。

20世纪80年代RISC体系结构的问世导致了另一代编译器的出现,这些编译器专注于强有力的优化和代码生成技术[24, 81, 89, 204]。这些编译器带有全功能的优化器,其结构如图1-1所示。现代RISC编译器仍然遵循该模型。

在20世纪90年代期间,编译器构建方面的研究专注于对微处理器体系结构中发生的急剧变化作出反应。从Intel的i860处理器开始的十年间,编译器编写者面临了种种挑战,如直接管理流水线和内存延迟。到90年代末,编译器面临的诸多挑战包括(处理器)多功能部件、长的内存延迟和并行代码生成。事实证明,20世纪80年代RISC编译器的结构和组织仍然具有足够的灵活性来应对这些挑战,因此研究人员构建新的趟插入到其编译器的优化器和代码生成器中。

虽然Java系统混合使用了编译和解释[63, 279],但Java并非第一个采用这种混合的语言。长期以来,Lisp语言系统早已经包含了本机代码编译器和虚拟机实现方案[266, 324]。Smalltalk-80语言系统使用了字节码分发和虚拟机[233],有几个实现添加了JIT编译器[126]。

习题

(1) 考虑一个简单的Web浏览器,其输入是HTML格式的文本串,输出需要在屏幕上显示输入指定的图形。显示的过程是编译或解释吗?

(2) 在设计编译器的过程中,你可能面临许多折中。作为用户,你认为购买编译器最重要的五个特性是什么?如果你转为编译器编写者,上述特性列表会发生变动吗?关于你要实现的编译器,列表能告诉你什么呢?

(3) 编译器用于许多不同环境中。你认为针对下列应用设计的编译器会有哪些差别?

(a) 一个JIT编译器,用于转换通过网络下载而来的用户界面代码。

(b) 一个编译器,其目标机为移动电话中使用的嵌入式处理器。

(c) 一个编译器,用于中学的介绍性程序设计课程。

(d) 一个编译器,用于联编运行在海量并行处理器上(其中所有处理器都是相同的)的风洞模拟程序。

(e) 一个编译器,用于编译针对大量不同目标机的数字计算密集型程序。

第 2 章

词法分析器

本章概述

词法分析器的任务是将字符流变换为输入语言的单词流。每个单词都必须归类到某个语法范畴（syntactic category）中，也叫"词类"。词法分析器是编译器中唯一会接触到输入程序中每个字符的一趟处理。编译器编写者重视词法分析的速度，一方面是因为词法分析器的输入在一定程度上比其他各趟都要大，另一方面是因为高效的技术容易理解和实现。

本章将介绍正则表达式，这是一种用于描述程序设计语言中的有效单词的符号表示法。由此发展出了从正则表达式人工或自动生成词法分析器的形式化机制。

关键词：词法分析器；有限自动机；正则表达式；不动点

2.1 简介

在编译器理解输入程序的三个过程中，词法分析是第一阶段。词法分析器读取字符流，并产生单词流。它聚合字符形成单词，并应用一组规则来判断每个单词在源语言中是否合法。如果单词有效，词法分析器会分配给它一个语法范畴或词类。

在编译器中，词法分析器是唯一一趟会操作输入程序中每个字符的处理过程。因为词法分析器执行的任务相对简单，不过是聚合字符以形成源语言中的单词和标点，它们比较容易有快速的实现。用于生成词法分析器的自动化工具很常见。这些工具处理语言词法的数学描述并产生一个快速的识别器。另外，许多编译器使用手工编写的词法分析器，因为该任务相对简单，这种词法分析器同样可以很快速且健壮。

1. 概念路线图

本章描述通常用于构建词法分析器的数学工具和程序设计技术，其中涵盖了生成的词法分析器和手工编写的词法分析器。本章在2.2节介绍识别器的一种模型，识别器是在字符流中识别单词的程序。2.3节描述了正则表达式，这是一种用于定义词法的形式记号。在2.4节中，我们给出了一组构造方法，用于将正则表达式转换为识别器。最后在2.5节，我们阐明了实现词法分析器的三种不同的方式：表驱动词法分析器、直接编码的词法分析器和手工编码方法。

识别器

可以在字符流中识别特定单词的程序。

生成的和手工的词法分析器都依赖同样的底层技术。虽然大多数教科书和课程都提倡使用生成的词法分析器，但大部分商业和开源编译器都使用手工编写的词法分析器。手工编写的词法分析器可以比生成的词法分析器更快速，因为其实现可以优化掉一部分开销，而这在生成的词法分析器中是不能避免的。由于词法分析器简单而且很少改变，许多编译器编写者认为，手工编写的词法分析器带来的性能优势，超出了自动化生成词法分析器的便利性。我们将探讨这两种方案。

2. 概述

编译器的词法分析器读取由字符组成的输入流，并产生包含单词的输出流，每个单词都标记了其语法范畴，等效于英文单词的词类。为完成这种聚集和分类操作，词法分析器会应用一组描述输入程序设计语言的词法结构（也称微语法，microsyntax）的规则。程序设计语言的微语法规定了如何将字符组合为单词，以及反过来如何分开混合在一起的各个单词。（在词法分析的上下文中，我们认为标点符号及其他符号也是单词。）

语法范畴

　　根据单词的语法用途对单词进行的分类。

微语法

　　语言的词法结构。

西方语言（如英语）的微语法很简单。相邻的字母由左到右聚集在一起，形成一个单词。空格或其他大部分非字母符号，都标记着单词的结束。（构建单词的算法可以处理单词中间的连字符，就像是字母字符一样。）一旦一组字符集合起来形成一个可能的单词，构建单词的算法可以查找字典判断其有效性。

大多数程序设计语言的微语法都同样简单，都只是将字符聚集形成单词。在大多数语言中，空格和标点符号标记着单词的结束。例如，Algol及其衍生语言将标识符定义为：一个字母字符，后接零或多个字母/数字字符。标识符结束于第一个非字母或数字的字符。因而，fee和fle是有效标识符，但12fum不是。请注意，有效单词的集合是由规则规定的，而非需要在字典中枚举。

在典型的程序设计语言中，一些单词称为关键字或保留字，它们符合标识符的定义规则，但有特殊的语义。在C和Java中，while和static都是关键字。关键字（和标点符号）形成了其自身的语法范畴。即使static能够匹配标识符的规则，但C或Java编译器的词法分析器显然会将其归类到另一个语法范畴中，其中只有一个元素，即关键字static。为识别关键字，词法分析器可以查找字典，或将关键字直接编码到其微语法规则中。

关键字

　　为特定语法目的而保留的单词，不能用作标识符。

程序设计语言的简单词法结构有助于实现高效的词法分析器。编译器编写者从语言的微语法规格开始，或者将微语法编码到词法分析器生成器可接受的某种符号表示法中，由生成器接下来构建一个可执行的词法分析器，或者使用该规格构建一个手工编写的词法分析器。无论生成还是手工编写的词法分析器，都可以实现为处理每个字符仅需要O(1)时间，因此其运行时间与输入流中字符的数目成正比。

2.2　识别单词

对识别单词的算法最简单的解释，通常是一个逐字符列出的公式。该代码的结构可以让我们对潜在问题有一些深刻的认识。考虑识别关键字new的问题。假定存在一个NextChar例程，可以返回流中下一个字符，那么识别new的代码会比较类似图2-1给出的代码片段。该代码检验n是否后接e，e是否后接w。在每一步，未能匹配适当的字符都将导致代码拒绝该字符串并“try something else”。如果该程序唯一的目的是识别单词new，那么接下来它应该输出一个错误信息或返回失败。因为词法分析器很少只识别一个单词，我们此时有意对这条“错误路径”含糊其辞。

```
c ← NextChar();
if (c = 'n')
  then begin;
     c ← NextChar();
     if (c = 'e')
        then begin;
           c ← NextChar();
           if (c = 'w')
              then report success;
              else try something else;
        end;
        else try something else;
  end;
  else try something else;
```

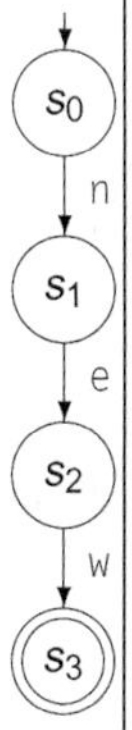

图2-1　识别"new"的代码片段

该代码片段对每个字符执行了一次测试。我们可以使用代码右侧给出的简单的转移图（transition diagram）来表示该代码片段。这个转移图表示了一个识别器。每个圆圈都表示计算中的一个抽象状态。为方便起见，每个状态都标记出来。

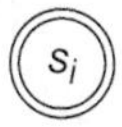

初始状态或起始状态，是s_0，我们始终将起始状态标记为s_0。状态s_3是接受状态，仅当输入为new时，识别器才会到达s_3。接受状态以双层圆圈绘制，如右侧例子所示。箭头表示根据输入字符的不同，所发生的状态之间的转移。如果识别器始于状态s_0，然后读取了字符n、e和w，那么最终会转移到状态s_3。那么，对于其他输入，如n、o和t会发生什么状况呢？n会使识别器转移到状态s_1。o无法匹配从s_1出发的边，因此可以判断出输入单词不是new。在代码中，不相配new的情况归入到try something else的范围。在识别器中，我们可以将这种行为认为是转移到错误状态。在我们绘制识别器的转移图时，通常会省去目标为错误状态的转移。对于每个状态来说，各种非规定输入都将转移到错误状态。

使用同样的方法为while构建一个识别器，将产生下列转移图。

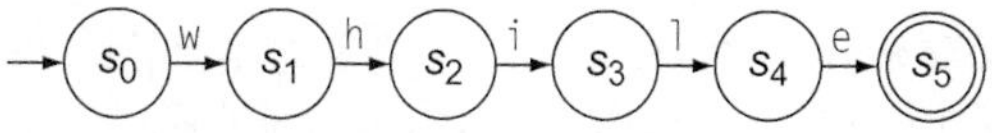

如果识别器从状态s_0开始，最终到达状态s_5，那么它就识别出了单词while。对应的代码片段将涉及五个嵌套的if-then-else结构。

为识别多个单词，我们可以从同一个给定状态发出多条边。（在该代码中，我们将开始细化do

something else路径。）

　　能够识别new和not的识别器，其转移图可能如下所示。

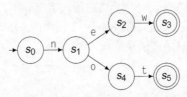

　　对于两个单词共同的首字母n，识别器用了一个检测，n使得状态从s_0转移到s_1，标记为$s_0 \xrightarrow{n} s_1$。如果下一个字符是e，它将引发状态转移$s_1 \xrightarrow{e} s_2$。相反，如果下一个字符是o，它将引发状态转移$s_1 \xrightarrow{o} s_4$。最后，如果在状态s_2遇到下一个字符为w，将导致状态转移$s_2 \xrightarrow{w} s_3$发生，而在状态s_4遇到字符t将产生状态转移$s_4 \xrightarrow{t} s_5$。状态s_3表示输入是new，而状态s_5表示输入是not。对于每个输入字符，识别器都需要花费一次状态转移。

　　通过合并初始状态并重新标记所有的状态，我们可以合并用于new/not的识别器和用于while的识别器。

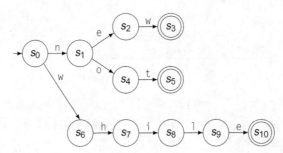

　　状态s_0有对应于输入n和w的转移。识别器有三个接受状态s_3、s_5和s_{10}。如果在任何状态，识别器遇到的输入字符无法匹配到该状态的某个转移，那么识别器将转移到错误状态。

2.2.1　识别器的形式化

　　对于需要实现转移图的代码来说，转移图充当了这些代码的抽象。转移图还可以看做是形式化的数学对象，称为有限自动机，它定义了识别器的规格。形式上，有限自动机（FA）是一个五元组（S, Σ, δ, s_0, S_A），其中各分量的含义如下所示。

- ❑ S是识别器中的有限状态集，以及一个错误状态s_e。
- ❑ Σ是识别器使用的有限字母表。通常，Σ是转移图中边的标签的合集。
- ❑ $\delta(s, c)$是识别器的转移函数。它将每个状态$s \in S$和每个字符$c \in \Sigma$的组合(s, c)映射到下一个状态。在状态s_i遇到输入字符c，FA将采用转移 $s_i \xrightarrow{c} \delta(s_i, c)$。
- ❑ $s_0 \in S$是指定的起始状态。
- ❑ S_A是接受状态的集合，$S_A \subseteq S$。S_A中的每个状态都在转移图中表示为双层圆圈。

有限自动机（finite automaton）

识别器的一种形式化方法，包含一个有限状态集、一个字母表、一个转移函数、一个起始状态和一个或多个接受状态。

举例来说，我们可以将识别new/not/while的FA形式化如下：

$$S = \{s_0, s_1, s_2, s_3, s_4, s_5, s_6, s_7, s_8, s_9, s_{10}, s_e\}$$

$$\Sigma = \{e, h, i, l, n, o, t, w\}$$

$$\delta = \begin{cases} s_0 \xrightarrow{n} s_1, & s_0 \xrightarrow{w} s_6, & s_1 \xrightarrow{e} s_2, & s_1 \xrightarrow{o} s_4, & s_2 \xrightarrow{w} s_3, \\ s_4 \xrightarrow{t} s_5, & s_6 \xrightarrow{h} s_7, & s_7 \xrightarrow{i} s_8, & s_8 \xrightarrow{l} s_9, & s_9 \xrightarrow{e} s_{10} \end{cases}$$

$$s_0 = s_0$$

$$S_A = \{s_3, s_5, s_{10}\}$$

对于状态s_i和输入字符c的所有其他组合，我们定义$\delta(s_i, c) = s_e$，s_e是指定的错误状态。这种五元组与转移图是等价的，给出一种表示，我们可以轻易地重建另一种表示。转移图就像是描绘了对应FA的一幅图画。

当且仅当字符串从s_0开始时，FA接受字符串x，该字符串中的字符序列可以使FA经历一系列状态转移，在处理了整个字符串后FA到某个接受状态。这合乎我们对转移图的直觉。对于字符串new，示例识别器的运行将经历转移$s_0 \xrightarrow{n} s_1$、$s_1 \xrightarrow{e} s_2$、和$s_2 \xrightarrow{w} s_3$。由于$s_3 \in S_A$，此时并无剩余的输入字符，因此FA接受了new。对于输入字符串nut，FA的行为颇有不同。对于输入字符n，FA采用状态转移$s_0 \xrightarrow{n} s_1$。对于输入字符u，FA采用状态转移$s_1 \xrightarrow{u} s_e$。一旦FA进入s_e状态，它会一直停留在该状态中，直至耗尽输入流。

更形式化地讲，如果字符串x由字符$x_1 x_2 x_3 \cdots x_n$组成，那么FA$(S, \Sigma, \delta, s_0, S_A)$接受$x$的充分且必要条件是：

$$\delta(\delta(\cdots \delta(\delta(\delta(s_0, x_1), x_2), x_3) \cdots, x_{n-1}), x_n) \in S_A$$

直观看来，这个定义相当于对S中某个状态s和输入符号x_i组成的对重复应用δ。基本的情况是，$\delta(s_0, x_1)$表示FA的第一次状态转移，即从起始状态s_0处理输入字符x_1所发生的状态转移。$\delta(s_0, x_1)$产生的状态接下来用做输入，该状态连同x_2又输入到δ产生下一个状态；依次类推，直至耗尽所有的输入。最后一次应用δ的结果仍然是一个状态。如果该状态是一个接受状态，那么FA就接受了串$x_1 x_2 x_3 \cdots x_n$。

还有两种可能的情况。FA可能在处理字符串时遇到错误——即某个字符x_j可能使FA转移到错误状态s_e。这种情况表明发生了词法错误，在FA接受的语言中，字符串$x_1 x_2 x_3 \cdots x_j$不是任何单词的有效前缀。如果FA耗尽其输入后，终止于s_e之外的某个非接受状态，此时FA同样会发现输入的一个错误。在这种情况下，输入字符串确实是FA接受的某个单词的前缀。但这同样表明了一个错误。这两种错误都应该报告给最终用户。

请注意，无论上述任一情况，对于每个输入字符，FA都会进行一次状态转移。假定可以高效地实现FA，识别器的运行时间应该与输入字符串的长度成正比。

2.2.2 识别更复杂的单词

上述原始识别器针对not给出的逐字符处理模型可以很轻易地扩展，以处理完全确定的单词所组成的任意集合。我们如何用这种识别器来识别数字？具体的数字如113.4，很容易识别。

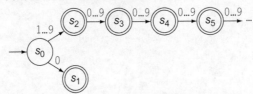

但要让识别器有用，我们需要一个能够识别任何数字的转移图（以及对应的代码片段）。简单起见，我们限定仅讨论无符号整数。一般来说，一个整数或者为零，或者由一个或多个数位组成，其中第一个数位可以是1到9的任意数字，后续的各个数位可以是0到9的任意数字。（这个定义不考虑最高有效位之前的零。）我们如何为这个定义绘制一幅转移图？

状态转移$s_0 \xrightarrow{0} s_1$处理了数字为0的情况。另一条路径，从s_0到s_2，再到s_3，依次类推，用于处理大于零的整数。但这条路径引出了几个问题。第一，它无法终结，这违反了S为有限集的规定。第二，从s_2开始，这条路径上所有的状态都是等价的，即它们的输出转移边上有同样的标签且均为接受状态。

这个FA能够识别一类具有某种共性的字符串（都是无符号整数）。由此，就引发了字符串类和任何特定字符串的文本之间的区别。类"无符号整数"是一个语法范畴，或词类。而一个具体的无符号整数的文本，如113，则是词类下的词素。

词素

对FA识别的一个单词来说，即单词对应的实际文本。

如果我们允许转移图有环，即可显著地简化FA。我们可以将从s_2开始的整个状态链，替换为从s_2回到自身的单个转移。

就FA而言，这种有环的转移图是有意义的。但从实现的视角来看，它比此前给出的无环的转移图更为复杂。我们无法将这种转移图直接转换为一组嵌套if-then-else结构。转换图中环的引入，产生了对循环控制流的需求。我们可以用while循环来实现这种控制流，如图2-2所示，我们可以使用表来高效地定义δ。

δ	0	1	2	3	4	5	6	7	8	9	其他
s_0	s_1	s_2	s_2	s_2	s_2	s_2	s_2	s_2	s_2	s_2	s_e
s_1	s_e	s_e	s_e	s_e	s_e	s_e	s_e	s_e	s_e	s_e	s_e
s_2	s_2	s_2	s_2	s_2	s_2	s_2	s_2	s_2	s_2	s_2	s_e
s_e	s_e	s_e	s_e	s_e	s_e	s_e	s_e	s_e	s_e	s_e	s_e

```
char ← NextChar( );
state ← s₀;

while (char ≠ eof and state ≠ sₑ) do
    state ← δ(state,char);
    char ← NextChar( );
end;

if (state ∈ S_A)
    then report acceptance;
    else report failure;
```

$$S = \{s_0, s_1, s_2, s_e\}$$

$$\Sigma = \{0, 1, 2, 3, 4, 5, 6, 7, 8, 9\}$$

$$\delta = \left\{ \begin{array}{ll} s_0 \xrightarrow{0} s_1, & s_0 \xrightarrow{1-9} s_2 \\ s_2 \xrightarrow{0-9} s_2, & s_1 \xrightarrow{0-9} s_e \end{array} \right\}$$

$$S_A = \{s_1, s_2\}$$

图2-2 用于无符号整数的一个识别器

改变对应的表，即可用同一基本代码框架实现其他的识别器。请注意，这种表还是冗余比较多，很容易压缩的。

对应数字1到9的列是相同的，因此可以只表示一次。这使得表中只剩下三列：0、1~9和其他。仔细考察代码框架，可知代码一进入s_e状态即报错，因此从不引用表的这一行。实际的实现可以省略对这一行的处理，这样表中只留下三行三列。

我们可以对有符号整数、实数和复数开发出类似的FA。在C或Java这种类Algol的语言中，支配标识符名的规则在简化后可能是这样：标识符以一个字母字符开头，后接零或多个字母数字字符。在这个定义下，标识符的集合可以是无穷集，但标识符又可以通过右侧所示的简

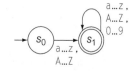

单二态FA来规定。许多程序设计语言扩展了"字母字符"的概念，使之包含了一些指定的特殊字符，如下划线。

FA可以看做是识别器的规格，但这种规格不很简洁。为简化词法分析器的实现，我们需要一种简洁的符号表示法来规定单词的词法结构，还需要一种方法将这种规格转换为FA和实现FA的代码。本章其余各节将进一步说明这些观点。

本节回顾

逐字符的词法分析方法会让算法清晰易懂。我们可以用转移图表示逐字符处理的词法分析器，转移图又相当于一个有限自动机。小的单词集合很容易编码为无环的转移图。而无限集，如整数集或类Algol的语言中标识符的集合，则需要有环的转移图。

复习题

分别构建一个FA，接受下述的每一种语言。

(1) 一个最多包含六个字符的标识符，以一个字母字符开头，后接零到五个字母数字字符。

(2) 一个字符串，其中包含一个或多个对，每个对由一个左括号和一个右括号组成。

(3) Pascal语言中的一个注释，包括一个左花括号{，后接零或多个来自字母表Σ的字符，后接一个右花括号}。

2.3 正则表达式

有限自动机 $\mathcal{F}$ 所接受的单词的集合，形成了一种语言，记作 $L(\mathcal{F})$。FA的转移图详细精确地定义了该语言，但转移图不够直观。对于任一FA，我们还可以使用一种称为正则表达式（Regular Expression，RE）的符号表示法来描述其语言。通过RE描述的语言称为正则语言。

正则表达式等效于前一节中描述的FA。（我们将在2.4节用构造法证明这一点。）简单的识别器有简单的RE规格。

❑ 由单个单词new组成的语言，用RE描述时，可以写作 *new*。在正则表达式中，两个字符彼此相邻，意味着在对应语言的单词中，二者也会以同样顺序出现。

❑ 包括两个单词new和while的语言，用正则表达式可以写作 *new* or *while*。为避免对英文单词or的可能曲解，我们用符号|来表示or。因而，我们可以将该RE写作 *new|while*。

❑ 包括new或not的语言可以写作 *new|not*。其他的RE写法也有可能，例如 *n(ew|ot)*。这两个RE其实都规定了同一对单词。*n(ew|ot)* 这个RE，暗含了本章前面我们为这两个单词绘制的FA的结构。

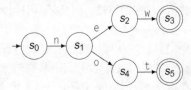

为使这里的讨论具体些，我们可以考虑大多数程序设计语言中都出现的一些例子。标点符号，如冒号、分号、逗号和各种括号，都可以通过对应的字符直接表示。标点符号的RE与其本身的"拼写"相同。因而，下列RE可能出现在程序设计语言的词法规格中：

$$: \quad ; \quad ? \quad => \quad (\quad) \quad \{ \quad \} \quad [\quad]$$

类似地，关键字的RE也比较简单。

if while this integer instanceof

为对更复杂的结构（如整数或标识符）建模，我们需要一种符号表示法，以捕获FA中循环边的本质。

如右侧图所示，用于无符号整数的一个FA，它有三个状态：初始状态 s_0、用于特别的整数零的接受状态 s_1，以及用于所有其他整数的另一个接受状态 s_2。就这个FA的能力而言，其关键在于从 s_2 回到自身的转移，该转移用于处理第一个数位之后每个附加的数位。状态 s_2 使得自动机的规格能够自支撑，即建立了一个规则，能够从一个现存的无符号整数派生一个新的无符号整数：在现存数字的右侧增加一个数位。叙述这个规则的另一种方式是：一个无符号整数或者为零，或者以非零数位开头，后接零或多个数位。为捕获这个FA的本质，我们需要一种符号表示法，来表示RE的"零或多次出现"的概念。对于RE x，我们将其写作 x^*，意味着"x 的零或多次出现"。我们将*运算符称作柯林闭包（Kleene closure），或简称闭包。使用闭包运算符，我们可以为这个FA写出一个RE：

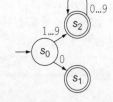

$$0 \mid (1 \mid 2 \mid 3 \mid 4 \mid 5 \mid 6 \mid 7 \mid 8 \mid 9)(0 \mid 1 \mid 2 \mid 3 \mid 4 \mid 5 \mid 6 \mid 7 \mid 8 \mid 9)^*$$

2.3.1 符号表示法的形式化

为了以一种严格的方式使用正则表达式，我们必须更形式化地定义它们。一个RE描述了一个定义在某个字母表Σ上的字符串的集合，外加一个表示空串的字符ϵ。我们将字符串的这种集合称为一种语言。对于一个给定的RE r来说，我们将它规定的语言记作$L(r)$。一个RE由三个基本操作构建而成。

(1) 选择 两个字符串集合R和S的交替或并集，记作$R \mid S$，定义为$\{x \mid x \in R$ 或 $x \in S\}$。

(2) 连接 两个集合R和S的连接记作RS，其中包含了R中任意一个元素后接S中任意一个元素所形成的所有字符串，亦可定义为$\{xy \mid x \in R$ 且 $y \in S\}$。

(3) 闭包 集合R的柯林闭包，记作R^*，定义为$\bigcup_{i=0}^{\infty} R^i$。这只不过是把$R$与自身连接零或多次形成的所有集合取并集。

方便起见，我们有时使用一种符号表示法来表示有限闭包（finite closure）。符号表示法R^i表示R出现一次到i次形成的闭包。有限闭包总是可以替换为对所有可能性的枚举，例如，R^3等价于$(R \mid RR \mid RRR)$。正闭包（positive closure）记作R^+，只不过是RR^*，其中包含了R出现一次或多次形成的连接集。由于所有这些闭包都可以用三个基本操作重写，我们在随后的讨论中将忽略它们。

有限闭包

对任一整数i，RE R^i指定了R出现一次到i次的情形。

正闭包

RE R^+表示R出现一次或多次，通常写作$\bigcup_{i=1}^{\infty} R^i$。

使用选择、连接和柯林闭包三个基本操作，我们可以如下定义字母表Σ上RE的集合。

(1) 如果$a \in \Sigma$，那么a也是一个RE，表示仅包含a的集合。

(2) 如果r和s是RE，分别表示集合$L(r)$和$L(s)$，那么$r \mid s$也是RE，它表示$L(r)$和$L(s)$两个集合的并集或交替，rs也是一个RE，表示$L(r)$和$L(s)$的连接，而r^*也是一个RE，表示$L(r)$的柯林闭包。

(3) ϵ是一个RE，表示仅包含空串的集合。

虚拟生活中的正则表达式

许多应用程序使用正则表达式来指定字符串中的模式。早期将RE转换为代码的一些工作目的是为了提供一种灵活的方式，以便在文本编辑器的"查找"命令中指定目标字符串。自从肇始以来，正则表达式的符号表示法已经悄然蔓延到许多不同应用中。

Unix及其他操作系统使用星号作为查找文件名时匹配子串的通配符。这里，*是RE Σ^*的简写，指定了所有合法字符构成的字母表中的零或多个字符。（由于很少有键盘具备Σ键，这种简写一直持续下来。）许多系统使用?作为通配符，来匹配单个字符。

grep系列工具，及其在非Unix系统中的衍生品，实现了基于正则表达式的模式匹配。（实际上，grep是global regular-expression pattern match and print的首字母缩写词。）

由于容易编写和理解，正则表达式已经得到广泛应用。在程序必须识别固定的词汇表时，正则表达式是首选技术之一。对于落入其限定规则范围内的语言，正则表达式工作良好。正则表达式很容易转换为可执行形式，由此建立的识别器速度很快。

为消除二义性，括号具有最高优先级，接下来顺次为闭包、连接和选择。

作为一个方便的简写，我们指定字符范围时，只给出第一个和最后一个元素，中间用省略号…连接。为突出这种缩写，我们将其用一对方括号包围起来。因而，$[0\cdots9]$表示十进制数位数字的集合。这种表示总是可以重写为$(0|1|2|3|4|5|6|7|8|9)$。

2.3.2   示例

本章的目标是说明我们如何使用形式化技术来使构建高质量词法分析器的过程自动化，以及我们如何将程序设计语言的微语法编码到这种形式化机制中。在更进一步之前，我们准备了一些来自实际的程序设计语言的例子。

(1) 此前针对类Algol语言中的标识符给出的简化规则，所谓一个字母字符后接零或多个字母数字字符，用正则表达式来表示就是$([A\cdots Z]|[a\cdots z])([A\cdots Z]|[a\cdots z]|[0\cdots9])^*$。在大多数语言的标识符中，还允许出现少量的特殊字符，如下划线（_）、百分比符号（％）或"与"符号（＆）。

如果语言限定了标识符的最大长度，我们可以使用适当的有限闭包。因而，如果标识符长度限制在六个字符，那么可以指定为$([A\cdots Z]|[a\cdots z])([A\cdots Z]|[a\cdots z]|[0\cdots9])^5$。如果我们完全展开这个有限闭包，RE将会长得多。

(2) 无符号整数可以描述为零或一个非零数位后接零或多个数位。用RE表示为$0|[1\cdots9][0\cdots9]^*$则更为简洁。实际上，许多实现将更大的一类字符串接纳为整数，即接受语言$[0\cdots9]^+$。

(3) 无符号实数比整数更为复杂。一个可能的RE是$(0|[1\cdots9][0\cdots9]^*)(\epsilon|.[0\cdots9]^*)$。第一部分刚好是表示整数的RE。其余部分或者产生空串，或者产生一个小数点后接零或多个数位。程序设计语言通常将实数扩展为科学记数法，即$(0|[1\cdots9][0\cdots9]^*)(\epsilon|.[0\cdots9]^*)E(\epsilon|+|-)(0|[1\cdots9][0\cdots9]^*)$。这个RE描述了一个实数，后接一个$E$，后接一个整数指数。

(4) 字符串字面量有自身的复杂性。在大多数语言中，任意字符都可以出现在字符串内部。虽然我们可以只使用基本运算符写出用于字符串的RE，但使用求补运算符可以简化这个RE，这是使用求补运算符的第一个例子。使用求补运算，C语言或Java中的字符串可以描述为$"[^"]^*"$。

C和C＋＋不允许源代码中一个字符串跨越多行，即，如果语法分析器到达一行末尾时仍然在某个字符串内部，它将终止该字符串并发出错误信息。如果我们用C风格的转义序列\n表示换行符，那么RE $"(^("|\n))^*"$将可以识别形式正确的字符串，并在字符串包含换行符时转移到错误状态。

求补运算符
　　符号表示法^c表示集合$\{\Sigma-c\}$，即c相对于Σ的补集。求补运算符的优先级高于*、|、＋。

转义序列
　　会被词法分析器转换为另一个字符的两个或更多字符。转义序列用于表示没有字形的字符，如换行符或制表符，以及用于表示语法结构的字符，如引号。

(5) 注释有若干种形式。C＋＋和Java向程序员提供了两种编写注释的方法。分隔符//表示一个到当前输入行末尾结束的注释。表示这种风格注释的RE很简明：$//(^\n)^*\n$，其中\n表示换行符。

C/C＋＋和Java中的多行注释从分隔符/*开始，以*/结束。如果我们可以在注释中禁止使用*字符，对应的RE将比较简单：$/*(^*)^*/$。如果允许*，RE将变得更为复杂：$/*(^*|^{+*}^)^*/$。实现这个RE的一个FA，如下所示。

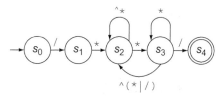

　　此处的RE和FA之间的对应关系，不像本章前文中的例子那么显然。2.4节将提供一些构造方法，以自动化从RE构建FA的过程。用于多行注释的RE和FA的复杂性源于多字符分隔符的使用。从状态s_2到s_3的转移，隐含着下述事实：识别器已经看到了一个*字符，无论下一个字符是否为/，识别器都可以正确地处理。与此相反，Pascal语言使用单字符作为注释分隔符：{和}，因此Pascal语言的注释只需要{^}*即可表示。

　　试图具体给出RE的细节，也可能导致复杂的表达式。例如，考虑通常的汇编语言中的寄存器指定符：以字母r开头，后接一个小的整数。在ILOC中，由于寄存器名的集合是不受限制的，描述寄存器指定符的RE可能是$r[0\cdots9]^+$，对应于下列FA：

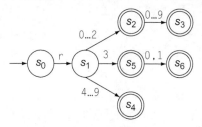

　　这个识别器可以接受r29，但拒绝接受s29。它还接受r99999，不过现有的计算机没有100 000个寄存器。

　　但在实际的计算机上，寄存器名的集合是非常有限的，一般来说，会限定为32、64、128或256个寄存器。词法分析器检查寄存器名有效性的一种方法是，将r后接的各个数位转换为一个数字，测试它是否落入有效寄存器编号的范围内。另一个方案是采用一种更为精确的RE规格，如：

$$r([0\cdots2]([0\cdots9]\,|\,\epsilon)\,|\,[4\cdots9]\,|\,(3(0\,|\,1\,|\,\epsilon)))$$

　　这个RE规定的语言要小得多，寄存器编号限制在0到31，单数位的寄存器编号前有一个可选的0。它可以接受r0 r00、r01和r31，但拒绝接受r001、r32和r99999。对应的FA如下所示：

　　哪个FA更好？　二者对于每个输入字符都只进行一次转移。因而，两个FA的开销是相同的，尽管第二个FA针对更为复杂的规格进行了检查。更复杂的FA有更多的状态和转移，因此其表示需要更多空间。但二者的运行开销是相同的。

　　这一点是关键所在：FA的运行开销与输入长度成正比，和生成FA的RE长度或复杂性无关。更复杂的RE可能产生具有更多状态的FA，而这种FA又需要更多空间。随着RE复杂性的增加，从RE生成FA的代价可能也会上升。但运行FA的代价仍然保持在每个输入字符一次转移。

　　我们可以改进对寄存器指定符的描述吗？前一个RE既复杂，又违背直觉。一个更简单的方案可以是：

r0 | *r00* | *r1* | *r01* | *r2* | *r02* | *r3* | *r03* | *r4* | *r04* | *r5* | *r05* | *r6* | *r06* | *r7* | *r07* |
r8 | *r08* | *r9* | *r09* | *r10* | *r11* | *r12* | *r13* | *r14* | *r15* | *r16* | *r17* | *r18* | *r19* | *r20* |
r21 | *r22* | *r23* | *r24* | *r25* | *r26* | *r27* | *r28* | *r29* | *r30* | *r31*

这个RE在概念上更简单，但比前一个版本长得多。由此生成的FA对每个输入符号仍然需要一次转移。因而，如果我们可以控制状态数目的增长，我们可能更喜欢RE的这个版本，因为它一目了然。但如果我们的处理器突然拥有了256或384个寄存器，枚举可能也会变得乏味。

2.3.3 RE 的闭包性质

正则表达式及其生成的语言已经得到了广泛的研究。它们有许多有趣和有用的性质。在从RE构建识别器的构造过程中，一些性质发挥了关键的作用。

正则语言

任何可以用正则表达式定义的语言都称为正则语言。

程序设计语言与自然语言

词法分析突出了程序设计语言不同于自然语言（如英语或中文）的一个微妙之处。在自然语言中，单词的表示（拼写或字形）与语义之间的关系并不明显。在英语中，are是一个动词而art是一个名词，但它们只有最后一个字符不同。此外，并非字符的所有组合都是合法的单词。例如，arz与are和art仅有一个字符之差，但在标准的英文中并不用做单词。

针对英文的词法分析器也可以使用基于FA的技术来识别可能的单词，因为所有的英语单词都取自一个有限的字母表。但此后，词法分析器还必须在字典中查找目标单词，以判断这个"单词"实际上是否真的是一个单词。如果该单词的词类是唯一的，词典查找也会解决该问题。但许多英文单词可以归类为几种词类，例如buoy和stress，二者均同为名词和动词。对于这些单词，词类取决于相关的上下文。有时候，从语法上理解上下文即可归类该单词。但在有些情况下，对单词及其上下文都需要进行语义上的理解。

相对而言，程序设计语言中的单词几乎总是从词法上就能够规定的。因而，$[1\cdots9][0\cdots9]^*$中的任一字符串都是一个正整数。而$[a\cdots z]([a\cdots z]\,|\,[0\cdots9])^*$定义了Algol标识符的一个子集，arz、are和art都是标识符，无需通过查找进行证实。当然，一些标识符可以保留用做关键字。但这些例外情况也可以从词法上规定。这里不需要上下文。

这种性质是设计程序设计语言时有意作出的决策所致。在设计上使得单词的拼写蕴涵唯一的词类信息，这种决策简化了词法分析和语法分析，而语言的表达力显然也损失甚微。一些语言允许单词有双重词类，例如PL/I没有保留关键字。事实上，较新的语言都放弃了这一思想，这意味着，这种做法的复杂度超出了其在语言学上的灵活性。

正则表达式在许多操作下是封闭的，即如果我们将操作应用到一个RE或一组RE，其结果仍然是RE。显而易见的例子包括连接、并集和闭包操作。x和y的连接是xy。x和y的并集是$x|y$。x的柯林闭包是x^*。根据RE的定义，所有这些表达式也都是RE。

在使用RE构建词法分析器的过程中，这些闭包性质也发挥了关键的作用。假定我们对源语言中的每个语法范畴$a_0, a_1, a_2, \cdots, a_n$都有一个RE。那么，为对该语言中所有有效的单词构建一个RE，我们可以用选择操作将对应所有语法范畴的RE取并集，即$a_0|a_1|a_2|\cdots|a_n$。因为RE对并集运算封闭，结果仍然是RE。对单个语法范畴的RE所能进行的操作，同样适用于识别该语言中所有有效单词的RE。

在并集操作下的闭包性质，意味着任何有限语言都是一种正则语言。我们可以对任何有限单词集合构建一个RE，只需要通过一个大的选择操作将所有单词列出即可。因为RE的集合对并集运算封闭，选择操作的结果是一个RE，而对应的语言也是正则的。

连接操作下的闭包性质，使得我们可以通过连接比较简单的RE而构建复杂的RE。这种性质看起来显而易见且不很重要。但它使得我们能够以系统化的方法来拼凑RE。闭包性质确保了只要a和b都是RE，那么ab必然是RE。因而，任何可以用于a或b的技术，都可以用于ab，这其中也包括从RE自动生成识别器的技术。

在柯林闭包和有限闭包操作下，正则表达式也是封闭的。这种性质使得我们可以用有限的模式，来定义特定种类的庞大乃至于无限的集合。柯林闭包使得我们能够用简洁的有限模式来定义无限集，例子包括整数和长度无限制的标识符。有限闭包使得我们能够同样容易地定义庞大但有限的集合。

下一节将给出一系列构造方法，构建FA来识别RE定义的语言。2.6节给出了一个逆向算法，可以从FA构造出对应的RE。这两个构造法，共同证实了RE和FA的等价性。RE在选择、连接和闭包操作下封闭的事实，对这些构造法是非常关键的。

RE和FA之间的等价性，使人联想起其他的闭包性质。例如，给出一个完全的FA，我们可以构建一个FA，用于识别不在$L(FA)$中的所有单词，即$L(FA)$的补集。要为补集构建这个新的FA，我们可以交换原来的FA中指定的接受和非接受状态。这一结果，暗示着RE在补集操作下是封闭的。许多使用RE的系统确实包含了求补运算符，如lex中的^运算符。

完全FA

显式包含所有错误转移的FA。

本节回顾

正则表达式是一种简洁而强大的符号表示法，用于指定程序设计语言的微语法。RE基于有限字母表上的三个基本操作：选择、连接和柯林闭包。其他的便捷运算符，如有限闭包、正闭包和补集，皆衍生自这三个基本操作。正则表达式和有限自动机是有关联的，任何RE都可以通过FA实现，任何FA接受的语言都可以通过RE描述。下一节将形式化这种关系。

复习题

(1) 回忆用于六字符标识符的RE，当时是用有限闭包写的。

$$([A\cdots Z]\,|\,[a\cdots z])\,([A\cdots Z]\,|\,[a\cdots z]\,|\,[0\cdots 9])^5$$

用三个基本的RE操作：选择、连接和闭包，来重写这个RE。

(2) 在PL/I中，程序员通过在一行连续写两个引号，可以向字符串中插入一个引号字符。因而，

下述字符串

The quotation mark, ", should be typeset in italics

在PL/I程序中将写作：

"The quotation mark, "", should be typeset in italics."

设计一个RE和FA，来识别PL/I字符串。假定字符串以引号开始和结束，只包含取自字母表Σ中的符号。引号是唯一的特例。

2.4　从正则表达式到词法分析器

对于有限自动机来说，我们的目标是，使得从一组RE导出可执行词法分析器的过程自动化。本节将开发一些构造法，以便将RE转换为适合于直接实现的FA，还将设计一种算法，从FA接受的语言推导出对应的RE。图2-3给出了所有这些构造法之间的关系。

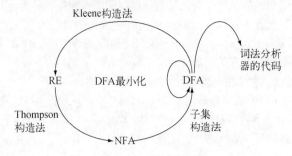

图2-3　构造法的循环

为阐释这些构造法，我们必须区分确定性FA（或称DFA）和非确定性FA（或称NFA），二者的区别在2.4.1节讲述。接下来，我们分三步阐述从RE构建确定性FA的方法。2.4.2节说明Thompson构造法，即从RE导出一个NFA。而2.4.3节中讲述的子集构造法，则构建一个DFA来模拟NFA。Hopcroft算法用于最小化DFA，在2.4.4节给出。为证实RE和DFA的等价性，我们还需要说明任何DFA都等效于一个RE，而Kleene构造法可以从DFA导出RE。但由于该算法与词法分析器的构建没有直接的关系，我们将推迟描述该算法，将其安排在2.6.1节。

2.4.1　非确定性有限自动机

回忆RE的定义，当时我们将空串ϵ规定为RE。我们手工构建的FA都不包含ϵ，但一些RE确实用到了ϵ。在FA中ϵ发挥什么作用？我们可以使用针对ϵ输入的转移来合并FA，并组成用于更复杂RE的FA。例如，假定我们有用于m和n两个RE的FA，分别称为FA_m和FA_n。

在FA_m的接受状态添加一个针对输入ϵ的转移，转移到FA_n的初始状态，把各个状态重新编号，然后使用FA_n的接受状态作为新FA的接受状态，这样将构建用于处理mn的FA。

ϵ 转移

针对空串输入ϵ进行的转移，不会改变输入流中的读写位置。

随着ϵ转移的引入，"接受"的定义必须稍微改变一下，以允许输入字符串中任何两个字符之间出现一次或多次ϵ转移。例如，在状态s_1，该FA会采用转移$s_1 \to s_2$，而不会消耗任何输入字符。这是一个较小的变更，但看来颇为合乎直觉。目测显示我们可以合并s_1和s_2，以消除ϵ转移。

利用ϵ转移合并两个FA，可能会使我们关于FA工作方式的模型复杂化。考虑用于语言a^*和ab的FA。

我们可以用一个ϵ转移合并它们，形成一个处理a^*ab的FA。

实际上，ϵ转移的引入，使得在状态s_0遇到输入字母a时，FA可以选择两种不同的转移。它可以采用转移$s_0 \xrightarrow{a} s_0$，或采用两个转移：$s_0 \xrightarrow{\epsilon} s_1$和$s_1 \xrightarrow{a} s_2$。哪种转移是正确的？考虑字符串aab和ab。这个DFA应该可以接受这两个字符串。对于aab，它应该采用的转移是：$s_0 \xrightarrow{a} s_0$、$s_0 \xrightarrow{\epsilon} s_1$、$s_1 \xrightarrow{a} s_2$和$s_2 \xrightarrow{b} s_3$。对于ab，FA应该采用的转移是：$s_0 \xrightarrow{\epsilon} s_1$、$s_1 \xrightarrow{a} s_2$和$s_2 \xrightarrow{b} s_3$。

正如这两个字符串所说明的，从状态s_0采取的正确转移，取决于a之后的字符。在每一步，FA都会检查当前字符。FA的状态隐含了左上下文（left context），即它已经处理过的那些字符。因为FA必须在检查下一字符之前进行转移，所以诸如s_0这样的状态，背离了我们对顺序算法行为的观念。如果一个FA包含了s_0这样的状态，即对单个输入字符有多种可能的转移，则称为非确定性有限自动机（Nondeterministic Finite Automaton，NFA）。相反，如果FA中的每个状态对任一输入字符都具有唯一可能的转移，则称为确定性有限自动机（Deterministic Finite Automaton，DFA）。

非确定性FA

允许在空串输入ϵ上进行转移的FA，其状态对同一字符输入可能有多种转移。

确定性FA

转移函数为单值的FA称为DFA。DFA不允许ϵ转移。

为澄清NFA的语义，我们需要一组规则来描述其行为。在历史上，针对NFA的行为，已经给出了两个不同的模型。

(1) 每次NFA必须进行非确定性选择时，如果有使得输入字符串转向接受状态的转移存在，则采用这样的转移。使用"全知"NFA的这种模型颇有吸引力，因为它（表面上）维护了DFA那种定义明确的接受机制。本质上，NFA在每个状态都需要猜测正确的转移。

(2) 每次NFA必须进行非确定性选择时，NFA都克隆自身，以追踪每个可能的转移。因而，对于一个给定的输入字符，NFA实际上是处于一个特定的状态集合，其中每个状态都由NFA的某个克隆来处理。在这种模型中，NFA并发地追踪所有转移路径。在任一时刻，存在NFA克隆副本活动状态的那些集合称为NFA的配置。当NFA到达一个配置，此时NFA已经耗尽输入字符串，且配置中的一个或多个克隆副本处于某个接受状态，则NFA接受该输入字符串。

NFA的配置
NFA上并发活动状态的集合。

在上述任一模型中，NFA$(S, \Sigma, \delta, s_0, S_A)$接受一个输入字符串$x_1 x_2 x_3 \cdots x_k$的充分且必要条件是：至少存在一条穿越转移图的路径，起始于状态s_0，结束于某个状态$s_k \in S_A$，且从头至尾沿该路径前进时，其上各个转移边的标签能够与输入字符串匹配。（忽略标签为ϵ的边。）换言之，第i条边的标签必须是x_i。这种定义与NFA行为的两种模型都是一致的。

NFA和DFA的等价性
NFA和DFA在表达力上是等价的。任何DFA都是某个NFA的一个特例。因而，NFA至少像DFA一样强大。任何NFA都可以通过一个DFA模拟，这一事实是通过2.4.3节中的子集构造法确立的。这种思想看起来很简单，但构造过程稍显复杂。

考虑NFA在到达输入字符串中某个点时所处的状态。在NFA行为的第二种模型下，NFA的所有运行克隆副本构成了一个有限集。这种配置的数目是有限的，对于每个状态，配置或者包含一个或多个处于该状态的克隆，或者不包含任何克隆。因而，具有n个状态的NFA，最多会产生$|\Sigma|^n$个配置。

为模拟NFA的行为，我们需要一个DFA，其中每个状态分别对应于目标NFA的每个配置。因此，与NFA等价的DFA包含的状态可能是NFA的指数倍。虽然DFA中状态的集合S_{DFA}可能比较庞大，但它是有限的。此外，这个DFA对每个输入符号仍然只进行一次状态转移。因而，模拟NFA的DFA，其运行时间仍然与输入字符串的长度成正比。在DFA上模拟NFA可能有潜在的空间问题，而不是时间问题。

N的幂集
N所有子集的集合，记作2^N。

因为NFA和DFA是等价的，所以我们可以为$a*ab$构建一个DFA：

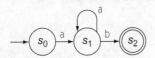

这依赖于下述事实：$a*ab$与$aa*b$所定义的单词集合是相同的。

2.4.2 从正则表达式到NFA：Thompson构造法

要从RE得到实现完成的词法分析器，第一步必须从该RE导出一个NFA。Thompson构造法用一种简明的方法完成了这个目标。它有一个模板，用于构建对应于单字母RE的NFA，还有一种NFA上的转换，模拟了连接、选择和闭包等各个基本RE运算符的效果。图2-4给出了用于a和b的简单NFA，以及从对应于a和b的NFA组成对应于ab、$a|b$和a^*所需的转换。这种转换适用于任意的NFA。

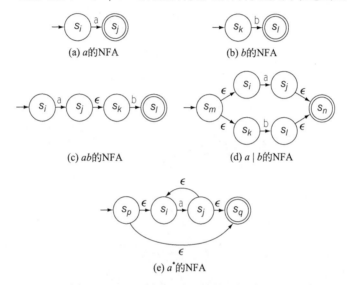

图2-4　用于正则表达式运算符的简单NFA

这个构造法从为输入RE中每个字符构建简单的NFA开始。接下来，它按照优先级和括号规定的顺序，对简单NFA的集合应用选择、连接和闭包等转换。对于$a(b|c)^*$，该构造法首先分别构建对应于a、b和c的NFA。因为括号的优先级最高，接下来为括号中的表达式$b|c$构建NFA。闭包的优先级比连接高，因此接下来为闭包$(b|c)^*$构建NFA。最后，将对应于a和$(b|c)^*$的NFA连接起来。

通过Thompson构造法得出的NFA有几种特定的性质，可用于简化实现。每个NFA都有一个起始状态和一个接受状态。除了进入起始状态的初始转移之外，没有其他转移。没有从接受状态发出的转移。另外，在连接早先构建的对应于一些组件RE的NFA时，总是使用ϵ转移来连接前一个NFA的接受状态和后一个NFA的起始状态。最后，每个状态至多有两个进入该状态和两个退出该状态的ϵ转移，对于字母表中的每个符号，至多有一个进入该状态和一个退出该状态的转移。综合起来，这些性质简化了NFA的表示和操纵。例如，构造过程只须处理单个接受状态，而非遍历NFA中的一组接受状态。

图2-5给出了Thompson构造法为$a(b|c)^*$构建的NFA。与右侧图中由人生成的DFA相比，这个NFA中的状态要多得多。该NFA还包含了许多显然不必要的ϵ转移。在构造法的后续阶段将消除它们。

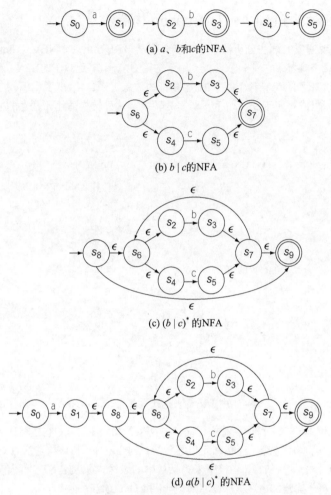

图2-5 对$a(b|c)^*$应用Thompson构造法

2.4.3 从 NFA 到 DFA：子集构造法

Thompson构造法生成一个NFA，来识别通过RE定义的语言。因为与NFA的执行相比，DFA的执行要容易模拟得多，所以在构造法的循环中，下一步是将通过Thompson构造法构建的NFA转换为可以识别同一语言的DFA。由此得到的DFA有一个简单执行模型和几种高效的实现。从NFA构造DFA的算法，称为子集构造法。

如何表示运算符优先级
Thompson构造法必须按照与正则表达式中运算符优先级相符的顺序，来应用它的三个转换。为表示这种顺序，Thompson构造法的实现可以构建一棵树，来表示正则表达式及其内部的优先级。

$a(b|c)^*$可以生成如下所示的树：

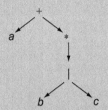

其中+表示连接，|表示选择，*表示闭包。括号通过树的结构来表示，因而无需显式表示。

构造法在以后缀次序遍历树的过程中分别应用各个转换。因为转换对应于操作，后缀次序的遍历会按下述顺序分别构建NFA：a、b、c、$b|c$、$(b|c)^*$、最后是$a(b|c)^*$。第3章和第4章说明了如何构建表达式树。

子集构造法以NFA(N, Σ, δ_N, n_0, N_A)为输入，生成一个DFA(D, Σ, δ_D, d_0, D_A)。NFA和DFA使用同样的字母表Σ。DFA的起始状态d_0和接受状态集D_A是通过构造法逐渐得到的。这个构造法比较复杂的一部分是从NFA的状态集N推导DFA的状态集D，以及DFA的转移函数δ_D的推导。

如图2-6所示，该算法构造了一个集合Q，其每个元素q_i都是N的一个子集，即$q_i \in 2^N$。在该算法停止时，每个$q_i \in Q$都对应于DFA中的一个状态$d_i \in D$。这个构造法通过跟踪NFA针对给定输入所进行的状态转移，来构建Q的各个元素。因而，每个q_i都表示了NFA的一个有效配置。

有效配置

NFA的各个配置中，可以通过某个输入字符串到达的配置。

该算法从一个初始集合q_0开始，其中包含了n_0，以及在NFA中从n_0出发、通过仅包含ϵ转移的路径所能到达的所有状态。这些状态是等价的，因为无需消耗输入字符即可到达这些状态。

```
q₀ ← ε-closure({n₀});
Q ← q₀;
WorkList ← {q₀};

while (WorkList≠∅) do
   remove q from WorkList;
   for each character c∈Σ do
      t ← ε-closure(Delta(q,c));
      T[q,c] ← t;
      if t ∉ Q then
         add t to Q and to WorkList;
      end;
   end;
end;
```

图2-6 子集构造法

为从n_0构建q_0，该算法需要计算ϵ-closure(n_0)。其输入是一个由NFA状态构成的集合S。它返回根据S构造的一组NFA状态，方法如下：ϵ-closure检查每个状态$s_i \in S$，并将从s_i出发通过一个或多个

ϵ 转移所能到达的任何状态都添加到 S 中。如果 S 是从 n_0 出发、跟踪标签为 abc 的路径所能到达的状态的集合，那么 ϵ -closure(S) 是从 n_0 出发、跟踪标签为 abcϵ^* 的路径所能到达的状态的集合。最初，Q 只有一个成员 q_0，WorkList 包含 q_0。

算法每前进一步，就从 WorkList 中删除一个集合 q。每个 q 都表示原来的 NFA 中一个有效的配置。该算法会对字母表 Σ 中的每个字符 c，分别计算从配置 q 中读取输入字符 c 时所能到达的配置。这个计算使用函数 Delta(q, c)，将 NFA 的转移函数应用到 q 的每个元素。它返回 $\cup_{s \in q_i} \delta N(s, c)$。

while 循环不断从 WorkList 中移去配置 q，并使用 Delta 计算从 q 可能发生的转移。它向这个计算得到的配置添加通过跟踪 ϵ 转移可以到达的任何状态，并将用这种方法生成的新配置添加到 Q 和 WorkList。在算法找到从配置 q 处理输入字符 c 所能到达的新配置 t 时，它将该转移记录在表 T 中。内层循环分别对每个配置遍历字母表，进行穷举搜索。

请注意，Q 是单调递增的。while 循环将集合添加到 Q 中，但从不删除。因为 NFA 的配置数目是有限的，每个配置在 WorkList 上只出现一次，所以 while 循环是必定会停止的。在其停止时，Q 包含了 NFA 的所有有效配置，T 包含了这些配置间所有可能的转移。

Q 可能很庞大，其中包含的配置数最大可达 $|2^N|$ 个。NFA 中非确定性的多少，决定了在算法过程中配置集合会膨胀到什么程度。但回想前文可知，算法的结果是一个 DFA，对每个输入字符刚好进行一次状态转移，与 DFA 中状态的数目无关。因而，因子集构造法导致的状态集膨胀，并不影响 DFA 的运行时间。

1. 从 Q 到 D

当子集构造法停止时，它已经构造出了目标 DFA 的一个模型，目标 DFA 模拟了原来的 NFA。从 Q 和 T 来构建 DFA 的过程很简单。每个 $q_i \in Q$ 都需要一个状态 $d_i \in D$ 来表示。如果 q_i 包含 NFA 的某个接受状态，那么 d_i 就是 DFA 的接受状态之一。遵守从 q_i 到 d_i 的映射，我们可以直接从 T 构造出转移函数 δ_D。最后，基于 q_0 构建的状态成为 d_0，即 DFA 的初始状态。

2. 示例

考虑 2.4.2 节中为 $a(b|c)^*$ 构建的 NFA，如图 2-7a 所示，其中的状态已经重新编号。图 2-7b 中的表，概括了子集构造法所遵循的各个步骤。第一个列给出了 while 循环的某次给定迭代中所处理的 Q 中集合的名字。第二列给出了对应状态在新的 DFA 中的名字。第三列给出了 Q 中当前集合包含的 NFA 状态。最后三列给出了在对应状态下对 Σ 中每个字符求 Delta 之后，对 Delta 的结果计算 ϵ -closure 的结果。

该算法步骤如下。

(1) 初始化时，将 q_0 设置为 ϵ -closure($\{n_0\}$)，刚好为 n_0。第一次迭代计算 ϵ -closure(Delta(q_0, a))，其中包含六个 NFA 状态，还计算了 ϵ -closure(Delta(q_0, b)) 和 ϵ -closure(Delta(q_0, c))，二者为空集。

(2) while 循环的第二次迭代考察 q_1。这一次生成了两个配置，分别命名为 q_2 和 q_3。

(3) while 循环的第三次迭代考察 q_2。这一次构造出两个配置，与 q_2 和 q_3 相同。

(4) while 循环的第四次迭代考察 q_3。如同第三次迭代，这一次又构造出了 q_2 和 q_3。

图 2-7c 给出了由此产生的 DFA，其状态对应于表中得出的 DFA 状态，而其转移函数由生成这些状态的 Delta 操作给出。由于集合 q_1、q_2 和 q_3 都包含 n_9（NFA 的接受状态），因此在 DFA 中这三个状态都是接受状态。

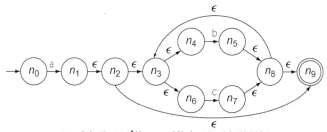

(a) 对应于 $a(b|c)^*$ 的NFA（状态已经重新编号）

集合 名称	DFA 状态	NFA 状态	$\epsilon\text{-}closure(Delta(q,*))$		
			a	b	c
q_0	d_0	n_0	$\{n_1, n_2, n_3,\\ n_4, n_6, n_9\}$	– none –	– none –
q_1	d_1	$\{n_1, n_2, n_3,\\ n_4, n_6, n_9\}$	– none –	$\{n_5, n_8, n_9,\\ n_3, n_4, n_6\}$	$\{n_7, n_8, n_9,\\ n_3, n_4, n_6\}$
q_2	d_2	$\{n_5, n_8, n_9,\\ n_3, n_4, n_6\}$	– none –	q_2	q_3
q_3	d_3	$\{n_7, n_8, n_9,\\ n_3, n_4, n_6\}$	– none –	q_2	q_3

(b) 子集构造法的各次迭代过程

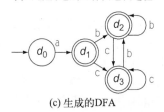

(c) 生成的DFA

图2-7 对图2-5中的NFA应用子集构造法

3. 不动点计算

子集构造法是不动点计算的一个例子，这是一种特定风格的计算，经常在计算机科学出现。这种计算的特点在于，对取自某个结构已知的域中的集族，重复应用一个单调函数。当计算到达某个状态时，如果进一步的迭代只能得出已有的结果，那么计算将终止，这相当于连续的迭代在空间中遇到了一个"不动点"。在编译器构建过程中，不动点计算扮演了重要的角色，且会重复出现。

单调函数

如果函数 f 在域 D 上是单调的，如果 $\forall x, y \in D$，$x \leqslant y \Rightarrow f(x) \leqslant f(y)$。

不动点算法的终止条件，通常取决于域的一些已知的性质。对于子集构造法而言，域 D 为 2^{2^N}，因为 $Q=\{q_0, q_1, q_2, \cdots q_k\}$，其中每个 $q_i \in 2^N$。因为 N 是有限的，所以 2^N 和 2^{2^N} 也是有限的。while循环向 Q 添加元素，它不能从 Q 中删除元素。我们可以将while循环视为一个单调递增函数 f，对于集合 x 来说，

这意味着$f(x) \geqslant x$。（比较运算符$\geqslant$实际上是$\supseteq$。）因为Q至多可以有$|2^N|$个不同的元素，while循环最多迭代$|2^N|$次。当然，与理论上限相比，它可能因更快到达不动点而停止。

4. 离线计算ϵ-closure

子集构造法的实现，可以通过跟踪NFA转移图中的路径来按需计算ϵ-closure()。图2-8给出了另一种方法：这是一个离线算法，对转移图中的每个状态n计算ϵ-closure($\{n\}$)。该算法是不动点计算的另一个例子。

```
for each state n ∈ N do
    E(n) ← {n};
end;
WorkList ← N;
while (WorkList≠∅) do
  remove n from WorkList;
  t ← {n} ∪ ⋃ₙ→ᵖ∈δ_N E(p);
  if t ≠ E(n)
      then begin;
          E(n) ← t;
          WorkList ← WorkList ∪ {m|m→n∈δ_N};
      end;
end;
```

图2-8   用于计算ϵ-closure的一个离线算法

就这个算法的目的而言，可以将NFA的转移图看做有结点和边的图。该算法首先为图中的每个结点创建一个集合E。对于结点n，$E(n)$包含当前对ϵ-closure(n)的近似。最初，算法对每个结点n都将$E(n)$设置为$\{n\}$，并将每个结点都放置在WorkList上。

while循环的每次迭代都从WorkList删除一个结点n，并找到从n出发的所有ϵ转移，并将转移的目标结点添加到$E(n)$。如果计算改变了$E(n)$，那么它会将n在ϵ转移路径上的前趋结点放置到WorkList上。（如果n在其前趋结点的ϵ-closure中，那么向$E(n)$添加结点时，这些结点同样会添加到前趋结点对应的集合E中。）当WorkList变空时，这个过程将停止下来。

对WorkList使用位向量集合可以确保算法不会将同一结点的名字放入WorkList两次。参见附录B.2节。

与图2-6中算法的终止条件相比，这个算法的终止条件更为复杂。该算法在WorkList为空时停止。最初，WorkList包含图中的每个结点。每次迭代都从WorkList中删除一个结点，同时还可能向WorkList添加一个或多个结点。

仅当某结点的后继结点的E集合改变时，算法才将该结点添加到WorkList。$E(n)$集合是单调递增的。对于结点x，其沿ϵ转移路径上的后继结点y，最多可能将x置于WorkList上$|E(y)| \leqslant |N|$次（最坏情况下）。如果x沿ϵ转移路径有多个后继结点y_i，每个后继y_i都可能将x放置到WorkList上$|E(y_i)| \leqslant |N|$次。考虑整个图，算法在最坏情况下的行为会将结点放置在WorkList上$k \cdot |N|$次，其中k是图中ϵ转移的数目。因而，WorkList最终会变空，计算过程也将停止。

2.4.4 从 DFA 到最小 DFA：Hopcroft 算法

作为从RE到DFA转换的最后一步精炼，我们可以增加一个算法来最小化DFA中状态的数目。从子集构造法产生的DFA可能有大量状态。虽然这不会增加扫描字符串所需的时间，但确实会增加识别器在内存中占用的空间。在现代计算机上，内存访问的速度通常决定了计算的速度。更小的识别器可能更适合载入到处理器的高速缓存。

为最小化DFA(D, Σ, δ, d_0, D_A)中的状态数目，我们需要一种技术来检测两个状态是否是等价的，即二者是否对任何输入字符串都产生同样的行为。图2-9中的算法根据DFA状态的行为来找到状态中的各个等价类。从这些等价类出发，我们可以构造一个最小DFA。

```
T ← {D_A, {D − D_A}};          Split(S) {
P ← ∅                              for each c ∈ Σ do
                                      if c splits S into s_1 and s_2
while (P ≠ T) do                         then return {s_1,s_2};
  P ← T;                           end;
  T ← ∅;                           return S;
  for each set p ∈ P do         }
      T ← T ∪ Split(p);
  end;
end;
```

图2-9　DFA最小化算法

这个算法构造出所有DFA状态的一个集合划分$P =\{p_1, p_2, p_3, \cdots p_m\}$。其构造的这个特定的划分$P$，根据DFA状态的行为对状态分组。同属于一个集合$p_s$的两个DFA状态$d_i$、$d_j$，对所有相同的输入字符都具有同样的行为。即，如果$d_i \xrightarrow{c} d_x$，$d_j \xrightarrow{c} d_y$，而$d_i$, $d_j \in p_s$，那么d_x和d_y必定属于同一个集合p_t。对每个集合$p_s \in P$、每个状态对d_i, $d_j \in p_s$和每个输入字符c，这个性质都成立。因而，p_s中的各个状态对同样的输入字符具有同样的行为，P中其他的状态集合也具有同样的性质。

> **集合划分**
> 　　集合S的一个划分也是一个集合，该集合的元素是S的非空不相交子集，且该集合中各个元素的并集刚好是S。

为最小化DFA，在行为等价性的约束下，应该使每个集合$p_s \in P$尽可能大。为构造这样一种划分，该算法从一个初始的粗糙划分开始，该划分遵守行为等价性之外的所有性质。接下来，算法对划分进行迭代精炼，以实施行为等价性约束。初始划分包含两个集合，$p_0 = D_A$和$p_1 = \{D − D_A\}$。这种分割确保了在最终划分中不会有集合同时包含接受和非接受状态，因为算法从不合并两个划分。

该算法重复地考察每个$p_s \in P$，来寻找p_s中对某个输入字符串具有不同行为的状态，来改进初始划分。算法显然不能追溯DFA对每个字符串的行为。但它可以模拟给定状态响应单个输入字符的行为。算法使用一个简单条件来改进划分：给定符号$c \in \Sigma$，c对于每个状态$d_i \in p_s$都必须产生同样的行为。如果不是这样，算法将围绕c来拆分p_s。

这种拆分操作是理解该算法的关键。如果要让d_i和d_j同时保留在p_s中，对每个输入字符$c \in \Sigma$，二者都必须产生等价的转移。即 $\forall\, c \in \Sigma$，$d_i \xrightarrow{c} d_x$ 和 $d_j \xrightarrow{c} d_y$，其中 $d_x, d_y \in p_t$。如果有任何状态 $d_k \in p_s$，$d_k \xrightarrow{c} d_z$，而 $d_z \notin p_t$，那么 d_k 不能像 d_i 和 d_j 那样继续保留在 p_s 中。类似地，如果 d_i 和 d_j 针对 c 有状态转移，而 d_k 对 c 无状态转移，那么 d_k 同样不能与 d_i 和 d_j 待在同一个划分中。

图2-10具体说明了这一点。$p_l = \{d_i, d_j, d_k\}$ 中的各状态是等价的，其充分且必要条件是：$\forall\, c \in \Sigma$，各状态处理输入字符 c 所转移到的各个目标状态也属于同一个等价类。如图所示，每个状态对a都有一个转移：$d_i \xrightarrow{a} d_x$，$d_j \xrightarrow{a} d_y$ 和 $d_k \xrightarrow{a} d_z$。如果如图2-10a所示，d_x、d_y 和 d_z 在当前划分中属于同一个集合，那么 d_i、d_j 和 d_k 仍然应该同时保留在 p_1 中，a不会导致拆分 p_1。

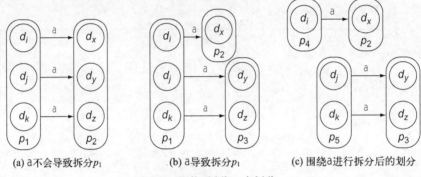

(a) a不会导致拆分 p_1 (b) a导致拆分 p_1 (c) 围绕a进行拆分后的划分

图2-10   围绕a拆分一个划分

另一方面，如果 d_x、d_y 和 d_z 属于两个或更多不同的集合，那么a将导致拆分 p_1。如图2-10b所示，$d_x \in p_2$ 而 d_y 和 $d_z \in p_3$，因此算法必须拆分 p_1 并构造两个新集合 $p_4 = \{d_i\}$ 和 $p_5 = \{d_j, d_k\}$，以反映DFA对符号a开头的字符串的不同输出。结果如图2-10c所示。如果状态 d_i 对a没有转移，也会导致同样的拆分。

为改进划分 P，算法需要考察每个 $p \in P$ 和每个 $c \in \Sigma$。如果字符 c 导致 p 发生拆分，算法会根据 p 构造两个新集合并添加到 P。（算法也可能将 p 拆分为多于两个集合，同处一个集合内部的各个状态，对输入 c 都具有一致的行为。但创建一个一致的状态，把 p 的其余部分归类到另一个状态，实际上就足够了[①]。如果后一个状态在某个输入字符 c 上的行为有不一致之处，算法将在后续迭代中再次拆分它。）该算法将重复这个过程，直至得到的划分中所有集合均无法拆分为止。

为从最终得到的划分 P 构造新的DFA，我们可以分别创建一个状态来表示每个集合 $p \in P$，并在这些新的表示状态之间增加适当的转移。对于表示 p_l 的状态，如果某个 $d_j \in p_l$ 对输入字符 c 转移到某个 $d_k \in p_m$，那么针对输入 c 添加一个转移，目标为表示 p_m 的状态。从构造的过程可知，如果 d_j 有这样的一个转移，那么 p_l 中每个其他状态都有这样的转移，如果事实并非如此，那么算法肯定已经围绕 c 拆分了 p_l。如此生成的DFA是最小的，证明超出了本书的范围。

示例

考虑识别语言 *fee|fie* 的DFA，如图2-11a所示。目测可以看出状态 s_3 和 s_5 的作用是相同的。二者都是接受状态，均只能通过针对输入字母e的转移进入。二者都没有离开该状态的转移。我们预期DFA最小化算法能够发现这一事实，并用单一状态替换它们。

图2-11b给出了最小化这个DFA过程中进行的一些重要的步骤。初始划分，如步骤0所示，将接受

[①] 这一句和下一句中的状态，实际上是指 P 中划分出的不同集合。——译者注

状态与非接受状态分开。假定算法中的while循环按序遍历P中的各个集合，同时也按序遍历$\Sigma=\{\mathrm{e},\mathrm{f},\mathrm{i}\}$中的各个字符，那么它首先会考察集合$\{s_3,s_5\}$。由于两个状态都没有退出自身的转移，这一集合不会因任何字符而进行拆分。在第二个步骤，算法考察$\{s_0,s_1,s_2,s_4\}$，针对输入字符e，算法将$\{s_2,s_4\}$从该集合拆分出来。在第三个步骤中，算法考察$\{s_0,s_1\}$，并将其围绕字符f拆分。在第四个步骤开始时，划分为$\{\{s_3,s_5\},\{s_0\},\{s_1\},\{s_2,s_4\}\}$。算法接下来最后遍历划分中的各个集合一遍，未能进行拆分，算法到此终止。

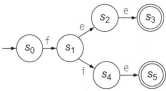

(a) 识别 *fee|fie* 的DFA

步骤	当前划分	所考察的目标和操作		
		集合	字符	操作
0	$\{\{s_3,s_5\},\{s_0,s_1,s_2,s_4\}\}$	—	—	—
1	$\{\{s_3,s_5\},\{s_0,s_1,s_2,s_4\}\}$	$\{s_3,s_5\}$	*all*	*none*
2	$\{\{s_3,s_5\},\{s_0,s_1,s_2,s_4\}\}$	$\{s_0,s_1,s_2,s_4\}$	*e*	*split* $\{s_2,s_4\}$
3	$\{\{s_3,s_5\},\{s_0,s_1\},\{s_2,s_4\}\}$	$\{s_0,s_1\}$	*f*	*split* $\{s_1\}$
4	$\{\{s_3,s_5\},\{s_0\},\{s_1\},\{s_2,s_4\}\}$	*all*	*all*	*none*

(b) 最小化DFA过程中的关键步骤

(c) 最小DFA（状态已经重新编号）

图2-11 应用DFA最小化算法

为构造新的DFA，我们必须分别构建一个状态来表示最终划分中的每个集合，并依据原来的DFA添加适当的转移，并指定初始和接受状态。图2-11c给出了这个例子的结果。

另一个例子，考虑用Thompson构造法和子集构造法产生的用于识别$a(b|c)^*$的DFA，如图2-12a所示。最小化算法的第一步构造了一个初始划分$\{\{d_0\},\{d_1,d_2,d_3\}\}$，如右侧所示。由于$p_1$只有一个状态，它是不能拆分的。在算法考察$p_2$时，它发现$p_2$中任何状态都没有针对输入a的转移。对于b和c，$p_2$中的每个状态都有一个转移，只是转移的目标又回到了$p_2$中。因而，$\Sigma$中任何符号都不会导致$p_2$发生拆分，最终划分就是$\{\{d_0\},\{d_1,d_2,d_3\}\}$。

产生的最小DFA如图2-12b所示。回想一下，可以看出这正是我们认为人类可能会推导出的DFA。在最小化之后，自动化技术产生了同样的结果。

这个算法是不动点计算的另一个例子。P是有限的，它最多可以包含$|D|$个元素。while循环拆分P中的集合，但从不合并它们。因而，$|P|$是单调递增的。当某个迭代未能拆分P中的任何集合时，循环

将停止。当DFA中的每个状态都有不同的行为时，该算法的性能最差，在这种情况下，仅当在P中已经为每个$d_i \in D$都建立了不同的集合时，while循环才停止。当该算法被用于（已经是）最小的DFA时，会出现这种情况。

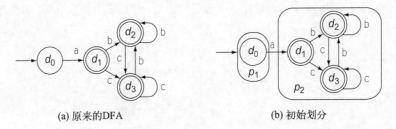

(a) 原来的DFA   (b) 初始划分

图2-12   用于识别$a(b|c)^*$的DFA

2.4.5   将 DFA 用做识别器

到现在为止，我们已经发展出相应的机制，可以根据一个RE构造出对应的DFA实现。要付诸实用，编译器的词法分析器必须能够识别源语言语法中出现的所有语法范畴。那么我们需要的是一个识别器，它能够处理该语言的微语法对应的所有RE。给定各种语法范畴对应的RE：$r_1, r_2, r_3, \cdots, r_k$，我们可以构造一个对应于所有语法范畴的单一的RE，即$(r_1|r_2|r_3 \cdots |r_k)$。

如果我们对这个RE进行上述整个过程：构建一个NFA，构建一个模拟NFA的DFA，最小化DFA并将最小DFA转换为可执行代码，那么产生的词法分析器可以识别出下一个与某个r_i匹配的单词。即当编译器在某些输入上调用词法分析器时，词法分析器将逐个考察输入的字符，如果在耗尽输入时处于接受状态，那么将接受该字符串。词法分析器应该返回字符串文本及其语法范畴（或词类）。由于大多数实际的程序都包含多于一个单词，我们需要对语言或识别器进行转换。

在语言层次上，我们可以要求每个单词都结束于某些容易识别的分隔符，如空格或制表符。表面上，这个想法有一定的吸引力。但直白地说，它要求分隔符环绕所有的运算符，如 + 、 - 、（、）和逗号。

在识别器的层次上，我们可以改变DFA的实现及其对“接受”的定义。为找到与某个RE匹配的最长单词，DFA应该一直运行下去，直至当前状态s对下一个输入字符没有转移可用为止。此时，实现必须判断它到底匹配哪个RE。会发生两种情况，第一种比较简单。如果s是一个接受状态，那么DFA已经发现了该语言中的一个单词，应该报告该单词及其语法范畴。

如果s不是接受状态，事情会较为复杂。这时会出现两种情况。如果在DFA到达s的路径上穿越了一个或多个接受状态，那么识别器应该回转到最近一个接受状态。这种策略可以匹配输入字符串中的最长有效前缀。如果在到达当前状态的路径上，DFA并未经过接受状态，那么输入字符串的任何前缀都不是有效单词，识别器应该报告错误。2.5.1节中的词法分析器实现了这两种想法。

最后一个复杂因素是，DFA中的一个接受状态可能表示了原来的NFA中的几个接受状态。例如，如果词法规格中既包含表示关键字的RE，也包括了表示标识符的RE，那么诸如new这样的关键字可能匹配两个RE。识别器必须判断返回哪个语法范畴：是标识符还是对应于关键字new的单元素范畴（singleton category）。

大多数词法分析器的生成器工具，允许编译器编写者在不同的正则表达式模式之间指定优先级关系。在识别器可以匹配多个模式时，它返回对应最高优先级模式的语法范畴。这种机制用简单的方法解决了问题。词法分析器生成器lex随许多Unix系统分发，lex可以根据正则表达式在RE列表中的位置来分配优先级。第一个RE的优先级最高，最后一个RE优先级最低。

实际上，编译器编写者还必须为输入流中无法构成程序文本中单词的部分指定RE。在大多数程序设计语言中，空格会被忽略，但每个程序都包含空格。为处理空格，编译器编写者通常会加入一个匹配空格、制表符和换行符的RE；这种接受空格的行为，其目的在于可以不断调用词法分析器并返回其结果。如果需要废弃注释，也会以类似方式进行处理。

本节回顾

给定一个正则表达式，我们可以通过下列步骤导出一个最小的DFA来识别RE指定的语言：(1) 应用Thompson构造法构建一个识别该RE的NFA；(2) 使用子集构造法导出一个能够模拟该NFA行为的DFA；(3) 使用Hopcroft算法来识别该DFA中等价的状态，来构建一个最小DFA。对于任何能够通过RE定义的语言，这种三步构造法，都可以产生一个高效的识别器。

子集构造法和DFA的最小化算法都是不动点计算。它们的特点在于重复对某个集合应用一个单调函数，在推断这种算法的终止条件和复杂性时，域的性质发挥了很重要的作用。在后续各章中，我们会看到更多的不动点计算。

复习题

(1) 考虑RE who|what|where。使用Thompson构造法，从这个RE构建一个NFA。使用子集构造法，从生成的NFA构建一个DFA。并最小化这个DFA。

(2) 最小化以下DFA：

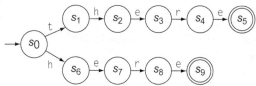

2.5　实现词法分析器

对于构建词法分析器的问题，形式语言的理论已经产生了相关工具，可以使词法分析器的实现自动化。对大多数语言来说，编译器编写者可以直接从一组正则表达式生成一个速度可接受的词法分析器。编译器编写者可以为每个语法范畴建立一个RE，并将这些RE提供给词法分析器生成器作为输入。生成器会为每个RE构建一个NFA，并用ε转移将各个NFA合并起来，而后创建一个对应的DFA，最后最小化DFA。到这里，词法分析器生成器必须将DFA转换为可执行代码。

本节讨论了将DFA转换为可执行代码的三种实现策略：表驱动词法分析器、直接编码词法分析器和手工编码的词法分析器。所有这些词法分析器都通过模拟DFA的方式运转。它们重复读取输入中的下一个字符，并模拟输入字符导致的DFA状态转移。当DFA识别了一个单词时，这个过程会停止。如前一节所述，在当前状态s没有针对当前输入字符的外出转移时就会发生这种情况。

如果s是接受状态，词法分析器识别单词并向调用过程返回一个词素及其语法范畴。如果s不是接受状态，词法分析器必须判断在通往s的路径上，它是否遇到过接受状态。如果词法分析器确实遇到过接受状态，它应该将其内部状态和输入流都回滚到该点，并报告成功。如果没有遇到接受状态，它应该报告失败。

表驱动、直接编码和手工编码三种实现策略在运行时成本的细节上有所不同。但它们都具有同样的渐近复杂度，即处理每个字符的成本为常数，外加回滚的成本。对实现良好的词法分析器来说，其效率差别在于处理每个字符的常量成本，而扫描的渐近复杂度是相同的。

接下来的三节，讨论表驱动、直接编码和手工编码的词法分析器之间在实现上的不同。这些策略的不同之处在于，它们对DFA的转移结构进行建模的方式和模拟DFA操作的方式。这些差别进而又导致不同的运行时成本。最后一节考察用于处理关键字的两种不同策略。

2.5.1 表驱动词法分析器

表驱动的方法使用一个框架词法分析器用于控制，使用一组生成的表来编码特定于语言的知识。如图2-13所示，编译器编写者提供一组以正则表达式指定的词法模式。词法分析器生成器接下来生成用于驱动框架词法分析器的表。

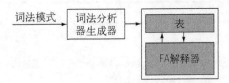

图2-13   生成一个表驱动的词法分析器

图2-14给出了一个用于识别RE $r[0\cdots9]^+$ 的表驱动词法分析器，我们第一次尝试用RE表示ILOC寄存器名时，用的就是这个RE。图的左侧给出了框架词法分析器，而右侧给出了对应于$r[0\cdots9]^+$和潜在的DFA的各个表。请注意这里的代码和2.2.2节中的图2-2中给出的识别器之间的相似性。

框架词法分析器分成四部分：初始化，模拟DFA行为对输入进行扫描的循环，在DFA越过标记末尾时用以处理的回滚循环，最后一部分解释并报告结果。扫描循环重复词法分析器的两个基本操作：读取一个字符并模拟DFA的操作。当DFA进入错误状态s_e时，该循环停止。两个表CharCat和δ编码了关于DFA的所有知识。回滚循环使用一个状态栈，来将词法分析器恢复到最近的接受状态。

框架词法分析器使用变量state来保存被模拟DFA的当前状态。它使用一个两步的查表过程来更新state。首先，它使用CharCat表将字符归类为若干类别之一。用于识别$r[0\cdots9]^+$的词法分析器有三个类别：Register、Digit、Other。接下来，它将当前状态和字符类别作为索引，来索引转移表δ。

这种从字符到类别，然后从状态和类别到新状态的两步转换过程，使得词法分析器可以使用压缩的转移表。在直接访问较大的表和间接访问压缩表之间的折中很简单。一个完整的表可以消除通过CharCat的间接映射，但将增加表的内存占用。未压缩的转移表随DFA中状态数和Σ中字符数的乘积而增长，随着转移表内存占用量的增大，它可能无法完全载入到CPU的高速缓存。

对小的例子，如$r[0\cdots9]^+$，分类器表比完整的转移表大。在实际规模的例子中，关系应该是反过来的。

对于较小的、紧凑的字符集如ASCII，CharCat可以表示为一个简单的查表过程。这样，CharCat的相关部分应该可以驻留在高速缓存中。在这种情况下，表压缩对每个输入字符都增加了一次对高速缓存的访问。随着字符集规模的增长（例如Unicode），CharCat可能需要更复杂的实现。在压缩表和未压缩表的每字符成本之间的精确折中，同时取决于语言和运行词法分析器的计算机的性质。

```
NextWord()
  state ← s₀;
  lexeme ← " ";
  clear stack;
  push(bad);

  while (state≠s_e) do
    NextChar(char);
    lexeme ← lexeme + char;
    if state ∈ S_A
        then clear stack;
    push(state);
    cat ← CharCat[char];
    state ← δ[state,cat];
  end;

  while(state ∉ S_A and
        state≠bad) do
    state ← pop();
    truncate lexeme;
    RollBack();
  end;

  if state ∈ S_A
    then return Type[state];
    else return invalid;
```

r	0,1,2,...,9	EOF	**Other**
Register	*Digit*	*Other*	*Other*

分类器表CharCat

	Register	*Digit*	*Other*
s₀	s₁	s_e	s_e
s₁	s_e	s₂	s_e
s₂	s_e	s₂	s_e
s_e	s_e	s_e	s_e

转移表 δ

s₀	s₁	s₂	s_e
invalid	*invalid*	*register*	*invalid*

标记类型表Type

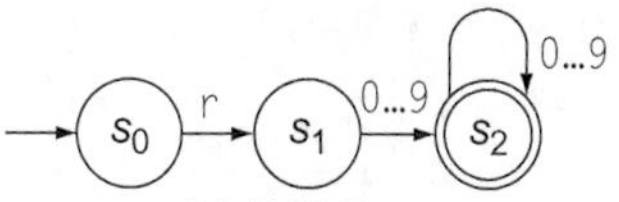

对应的潜在DFA

图2-14 一个用于识别寄存器名的表驱动词法分析器

为提供输入流的逐字符访问接口，框架词法分析器使用了一个宏NextChar，将其唯一的参数设置为输入流中下一个字符。对应的宏RollBack，则将输入流向后移动一个字符（2.5.3节介绍NextChar和RollBack）。

如果词法分析器向前读取太远，state在第一个while循环结束时可能不会包含一个接受状态。在此情况下，第二个while循环回溯状态栈，以便将状态、词素和输入流都回滚到最近的接受状态。在大多数语言中，词法分析器的这种"过度作用"是受限的。但病态行为确实可以导致词法分析器多次考察各个字符，这会显著增加词法分析的总成本。在大多数程序设计语言中，回滚的量相对于单词长度来说总是比较小的。在可能出现超长回滚的语言中，我们有理由用一种更复杂的方法来解决该问题。

1. 避免过度回滚

在图2-14给出的词法分析器中，某些正则表达式可以导致平方级别的回滚调用数目。这个问题源于我们想让词法分析器返回输入流前缀中最长的单词。

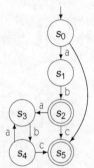

考虑正则表达式 $ab|(ab)^*c$。对应的DFA如右侧图所示，可以识别ab，或是ab重复任意数目后接c。对于输入字符串abababc，根据这个DFA构建的词法分析器将读取所有字符，并返回整个字符串作为一个单词。但如果输入为abababab，在词法分析器能够确定最长前缀为ab之前，它必须扫描所有的字符。下一次调用时，它将扫描ababab，然后返回ab。第三次调用将扫描abab，而后返回ab，最后一次调用直接返回ab即可，无需任何回滚。在最坏情形下，读取输入流花费的时间与单词数目的二次方成正比。

图2-15给出了对图2-14所示词法分析器的一个修改，可以避免该问题。它在三个重要方面不同于早先的词法分析器。首先，它有一个全局计数器InputPos，来记录输入流中的位置。其次，它有一个比特数组Failed，来记录词法分析器发现的"死胡同"转移路径。Failed中，每行对应于一个状态，每列对应于输入流中的一个位置。最后，它有一个初始化例程，必须在调用NextWord()之前调用。该例程将InputPos设置为零，并将Failed数组的元素都设置为false。

```
NextWord()
  state ← s₀ ;
  lexeme ← " " ;
  clear stack ;
  push(⟨bad, bad⟩) ;

  while (state≠sₑ) do
    NextChar(char) ;
    InputPos ← InputPos + 1 ;
    lexeme ← lexeme + char ;
    if Failed[state,InputPos]
        then break ;
    if state ∈ Sₐ
        then clear stack ;
    push(⟨state,InputPos⟩) ;
    cat ← CharCat[char] ;
    state ← δ[state,cat] ;
  end ;

  while(state ∉ Sₐ and state≠bad ) do
    Failed[state,InputPos] ← true ;
    ⟨state,InputPos⟩ ← pop() ;
    truncate lexeme ;
    RollBack() ;
  end ;

  if state ∈ Sₐ
    then return TokenType[state] ;
    else return bad ;


InitializeScanner()
  InputPos = 0 ;
  for each state s in the DFA do
      for i = 0 to |input stream| do
          Failed[s,i] ← false ;
      end ;
  end ;
```

图2-15 最长适配词法分析器

这个词法分析器称为最长适配词法分析器（maximal munch scanner），可以在死胡同转移路径从栈中弹出时将其标记下来，以此避免病态的行为。这样，随着时间的推移，它记录了一些特定的⟨状态,输入位置⟩对，这些是不可能导向接受状态的。在扫描循环即第一个while循环内部，代码测试每个⟨状态,输入位置⟩对,每当发现失败的转移路径时即退出扫描循环。

优化可以急剧减少这个方案的空间需求(例如,参见本章结尾的习题16)。大多数程序设计语言的微语法都足够简单,回滚次数不会达到二次方量级。但如果读者正在为某种呈现此类行为的语言构建词法分析器,那么最长适配词法分析器通过每个字符增加的少量额外开销,可以避免这种病态行为。

2. 生成转移表和分类器表

给定一个DFA,词法分析器生成器可以用一种简单明了的方式生成所需的各种表。初始表的每列对应于输入字母表中的每个字符,每行对应于DFA中的每个状态。生成器按顺序考察每个状态的外出转移,并在状态对应行的各个位置上填充适当的状态。生成器接下来将相同的多列收缩为一列,收缩的过程同时也构建了字符分类器。(两个字符属于同一类的充分必要条件是,它们在δ中对应的列相等。)如果DFA已经最小化,任意两行都不可能相等,因此行压缩并不是问题。

3. 改变语言

为对另一个DFA建模,编译器编写者只需提供新表即可。在本章前文,我们对ILOC寄存器名使用过另一个更具约束力的规格,由下述RE给出:$r([0\cdots2]([0\cdots9]|\,\epsilon)|[4\cdots9]|(3(0|1|\,\epsilon)))$。这个RE对应于以下DFA:

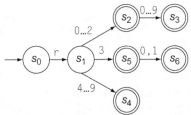

由于与RE $r[0\cdots9]^+$相比,这个DFA有更多的状态和转移,我们预期它会有更大的转移表。

	r	0,1	2	3	4…9	其他
s_0	s_1	s_e	s_e	s_e	s_e	s_e
s_1	s_e	s_2	s_2	s_5	s_4	s_e
s_2	s_e	s_3	s_3	s_3	s_3	s_e
s_3	s_e	s_e	s_e	s_e	s_e	s_e
s_4	s_e	s_e	s_e	s_e	s_e	s_e
s_5	s_e	s_6	s_e	s_e	s_e	s_e
s_6	s_e	s_e	s_e	s_e	s_e	s_e
s_e	s_e	s_e	s_e	s_e	s_e	s_e

考虑最后一个例子,识别RE $a(b|c)^*$的最小DFA有下列表:

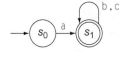

最小DFA

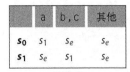

	a	b,c	其他
s_0	s_1	s_e	s_e
s_1	s_e	s_1	s_e

转移表

字符分类器有三个类:a、b或c、所有其他字符。

2.5.2　直接编码的词法分析器

为提高表驱动词法分析器的性能, 我们必须降低其中一或两个基本操作的成本: 即读取一个字符和计算下一个 DFA 转移。直接编码的词法分析器降低了计算 DFA 转移的成本, 它将原本显式表示的 DFA 状态和转移图替换为隐式表示方法。隐式表示简化了原本两步的查表计算过程。它消除了该计算过程中必然伴有的内存访问, 并允许其他专门的优化处理。由此产生的词法分析器与表驱动词法分析器功能相同, 但处理每个字符所需的开销较低。与等价的表驱动词法分析器相比, 直接编码的词法分析器不难生成。

表驱动词法分析器的大多数运行时间都花费在主要的 while 循环内部, 因而, 直接编码词法分析器的核心实际上是这个 while 循环的另一种实现方式。对一些细节抽象化后, 这个循环执行了以下操作:

```
while (state ≠ s_e) do
    NextChar(char);
    cat ← CharCat[char];
    state ← δ[state,cat];
end;
```

表示字符串

词法分析器将输入程序中的单词归类为少数类别。从功能性的视角来看, 输入流中的每个单词变为一个对⟨ word, type⟩, 其中 word 是单词的实际文本, 而 type 表示其语法范畴。

对于许多类别来说, 同时保存 word 和 type 是多余的。单词 +、×、for 只有一种拼写形式。但对于标识符、数字和字符串, 编译器需要不断地保存单词的文本。遗憾的是, 对许多编译器来说, 用于编写编译器本身的语言缺乏适当的机制来表示⟨ word, type⟩ 对的 word 部分。我们需要的表示既要紧凑, 又能够快速测试两个单词的相等性。

解决该问题通常的做法是由词法分析器创建一个散列表 (参见附录 B.4 节), 其中包含输入程序中使用的所有不同的字符串。编译器接下来使用字符串在该表中的索引, 或者是指向字符串在该表中映像的指针, 作为一个代理来表示字符串。从字符串得出的信息, 如字符串字面常数的长度或数值字面常数的值和类型, 都可以只计算一次, 而后通过散列表快速引用。由于大多数计算机对整数和指针都有存储上很高效的表示, 这减少了编译器内部使用的内存数量。通过对整数或指针代理使用基于硬件的比较机制, 这种做法还简化了用于比较字符串的代码。

请注意显式表示 DFA 当前状态的变量 state, 还有表示 DFA 转移图的表 CharCat 和 δ。

1. 查表的开销

对于每个字符, 表驱动的词法分析器执行两次查表操作, 一次是对 CharCat, 另一次是对 δ。虽然两次查找花费的时间在 $O(1)$ 量级, 但表的抽象带来了恒定的开销, 这在直接编码的词法分析器中是可以避免的。为访问 CharCat 的第 i 个元素, 代码必须计算其地址, 由下式给出:

$$@CharCat_0 + i \times w$$

其中 @CharCat$_0$ 是一个常量, 与 CharCat 在内存中的起始地址有关, w 是 CharCat 中每个元素所占的字节数。在计算该地址之后, 代码必须加载内存中该地址处的数据。

对数组寻址代码的详细讨论，从7.5节开始。

因为δ有二维，地址计算更为复杂。对于引用$\delta(state, cat)$，代码必须计算

$$@\delta_0 + (state \times \delta\text{中的列数} + cat) \times w$$

其中$@\delta_0$是一个常量，与δ在内存中的起始地址有关，w是δ中每个元素所占的字节数。词法分析器同样必须执行一个加载操作，才能访问存储在此地址的数据。

因而，表驱动词法分析器对于处理的每个字符，都必须执行两个地址计算和两个加载操作。直接编码词法分析器的速度改进，就在于这些开销的缩减。

2. 替换表驱动词法分析器的while循环

在直接编码词法分析器中，无需显式表示DFA的当前状态和转移图，而是用专门的代码片段来实现每个状态。它将控制流从表示此状态的代码片段直接转移到表示另一个状态的代码片段，以模拟DFA的操作。图2-16给出了用于识别$r[0\cdots9]^+$的直接编码词法分析器，它等价于此前在图2-14给出的表驱动词法分析器。

```
s_init :   lexeme ← " ";              s_2 :   NextChar(char);
           clear stack;                        lexeme ← lexeme + char;
           push(bad);                           if state ∈ S_A
           goto s_0 ;                              then clear stack;
                                                push(state);
s_0 :      NextChar(char);                      if '0' ≤ char ≤ '9'
           lexeme ← lexeme + char;                 then goto s_2 ;
           if state ∈ S_A                          else goto s_out
              then clear stack;
           push(state);                  s_out :  while (state ∉ S_A and
           if (char='r')                           state ≠ bad) do
              then goto s_1 ;                    state ← pop();
              else goto s_out ;                  truncate lexeme;
                                                RollBack();
s_1 :      NextChar(char);                   end;
           lexeme ← lexeme + char;
           if state ∈ S_A                     if state ∈ S_A
              then clear stack;                  then return Type[state];
           push(state);                          else return invalid ;
           if ('0' ≤ char ≤ '9')
              then goto s_2 ;
              else goto s_out ;
```

图2-16 用于识别$r[0\cdots9]^+$的直接编码词法分析器

考虑表示状态s_1的代码。它读取一个字符，将其附加到当前单词，并将字符计数器加1[①]。如果char是数字，它跳转到状态s_2。否则，它跳转到状态s_{out}。该代码无需复杂的地址计算，代码中引用的少量值，可以驻留在寄存器中。其他状态的实现同样简单。

---

① 代码中没有处理字符计数器。——译者注

图2-16中的代码使用与表驱动词法分析器相同的机制来跟踪接受状态，并在"超过范围"之后回滚到最近的接受状态。因为该代码表示了一个特定的DFA，我们可以更进一步使之专门化。特别地，因为该DFA只有一个接受状态，栈是不必要的，从s_0和s_1到s_{out}的转移可以替换为报告失败。如果在DFA中某些转移是从接受状态转向非接受状态的，则需要更为通用的机制。

词法分析器生成器可以直接输出类似图2-16中所示的代码。每个状态包含几个标准的赋值操作，然后通过分支逻辑来实现退出该状态的转移操作。不同于表驱动的词法分析器，对于每个不同的RE集合，代码都需要改变。因为这些代码是从RE直接生成的，代码之间的不同对于编译器编写者应该是无关紧要的。

当然，这些生成的代码违反了结构化程序设计的许多规则。虽然较小的例子可能是可以理解的，但用于识别比较复杂的一组正则表达式的代码，普通人是很难理解的。另外，因为这种代码是生成的，人类无需读取或调试它。直接编码方案带来的速度改进，使得它成为了一个有吸引力的选项，尤其是它不会给编译器编写者带来额外的工作量。任何额外工作都由词法分析器生成器的实现完成。

风格类似图2-16的代码通常称为"意大利细面条式"代码，因其交缠的控制流而得名。

3. 归类字符

继续讨论上文的例子$r[0\cdots9]^+$，它只需要将输入字符的字母表划分为四类。r属于Register类。数字0、1、2、3、4、5、6、7、8、9属于Digit类，NextChar耗尽输入后返回的特殊字符归入EndOfFile类，所有其他字符都属于Other类。

如图2-16所示，这个词法分析器可以轻松高效地归类给定的字符。状态s_0直接测试char是否为'r'，来判断char是否属于Register类。因为在DFA中所有其他类都有等价的操作，词法分析器不必进行进一步的测试。状态s_1和s_2将char归类为Digit或其他。这两个状态的代码，利用了数字0到9在ASCII码值序列中占据相邻位置（对应于整数48到57）的事实。

字符码值序列
字母表中各个字符的"排序顺序"由分配给各个字符的整数值确定。

在字符分类更为复杂的词法分析器中，与直接测试字符相比，表驱动词法分析器使用的转换表方法可能开销较小。特别地，如果一个类包含多个字符且彼此在字符码值序列中不占据相邻位置，查表可能比直接测试更为高效。例如，一个包含算术运算符＋、－、＊、\和＾（ASCII码中的43、45、42、48和94）的类，可能需要有相当长度的一系列比较。通过使用转换表（如表驱动例子中的CharCat），如果转换表能够驻留在处理器的高速缓存中，那么可能比直接编码采用的比较方法更快速。

2.5.3   手工编码的词法分析器

生成的词法分析器，无论是表驱动还是直接编码，处理每个字符所需的时间都是比较少的，保持在常数量级。尽管如此，许多编译器仍然使用了手工编码的词法分析器。在对商业编译器组织的非正式调查中，我们发现有很大比例使用了手工编码的词法分析器，这颇为令人惊讶。类似地，有许多流行的开源编译器依赖手工编码的词法分析器。例如，表面看来构建flex词法分析器生成器是为支持gcc项目，但gcc 4.0在某几个前端中使用了手工编码的词法分析器。

直接编码的词法分析器减少模拟DFA所需的开销，而手工编码的词法分析器可以减少词法分析器和系统其余组件之间的接口的开销。特别地，缜密的实现既可以改进输入端读取和操作字符的机制，也可以改进输出端生成实际词素副本所需的操作。

1. 输入流的缓冲

虽然逐字符I/O可以产生干净的算法形式，但相对于表驱动或直接编码词法分析器模拟DFA的代价来说，每字符需要一次过程调用的开销还是过大了。为减少这种每个字符都有的I/O代价，编译器编写者可以使用缓冲I/O，其中每个读操作返回字符的一个长串或缓冲区，词法分析器接下来对缓冲区进行索引。词法分析器维护一个指向该缓冲区的指针。而填充缓冲区和跟踪缓冲区中当前位置的任务，都归NextChar处理。这些操作可以内联执行，它们通常被编码在宏中，以避免让指针反引用和递增操作弄乱代码。

读取整个字符缓冲区的开销分为两个部分，较大的一次性固定开销和每个字符都会发生的很小一部分开销。利用缓冲区和指针的方案，可以将一次性的固定成本均摊到读取单个字符的多次操作中。使缓冲区变大，可以减少词法分析器从输入流读取整个缓冲区的次数，从而减少每个字符的开销。

使用缓冲区和指针，还能够简单高效地实现在两种生成的词法分析器中出现的RollBack操作。为回滚输入流，词法分析器只需减小输入位置指针。只要词法分析器没有将指针减小到越过缓冲区的起始位置，这种方案都可以工作。但如果出现那种情况，词法分析器则需要访问缓冲区此前的内容。

实际上，编译器编写者可以限定词法分析器的回滚距离。在回滚距离受限的情况下，词法分析器只需使用相邻的缓冲区，并在递增指针时以取模方式进行，如下所示。

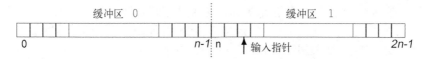

双缓冲

　使用两个输入缓冲区，以取模方式提供有限回滚机制的方案通常称为双缓冲。

为读取一个字符，词法分析器将指针加1，并将其对$2n$取模，然后返回指针所指向位置处的字符。为回滚一个字符，程序只需将输入位置指针减1，并对$2n$取模。程序还必须管理缓冲区的内容，按需从输入流读取字符追加到缓冲区。

NextChar和RollBack都有简单高效的实现，如图2-17所示。每次执行NextChar都加载一个字符，将Input指针加1，并测试是否需要从输入流读取字符来填充缓冲区。每处理n个字符，该函数的实现会填充缓冲区一次。其实现代码足够小，完全可以定义为内联函数，或许还可以定义为宏。这种方案将填充缓冲区的开销均摊到n个字符。通过选择一个大小合理的n，如2048、4096或更多，编译器编写者可以维持很低的I/O开销。

Rollback的开销甚至更低。它首先进行测试，以确保缓冲区内容是有效的，然后将输入位置指针减1。这个实现同样十分简单，完全可以内联展开。（如果我们在生成的词法分析器中使用NextChar和RollBack的这种实现，RollBack需要从lexeme截取掉最后一个字符。）

使用有限缓冲区一个很自然的后果是，RollBack只能在输入流中回滚有限的一段历史。为防止其将指针减1时越过缓冲区的起始地址，NextChar和RollBack需要合作。指针Fence总是标明了有效缓冲区的起始地址。每次NextChar填充缓冲区时，都设置Fence。RollBack每次试图将Input指针减1时，都会检查Fence。

```
Char ← Buffer[Input];                           Input ← 0;
Input ← (Input+1) mod 2n;                        Fence ← 0;
                                                 fill Buffer[0:n];
if (Input mod n = 0)
   then begin;                                       初始化
      fill Buffer[Input:Input+n-1];
      Fence ← (Input+n) mod 2n;                  if (Input = Fence)
   end;                                              then signal roll back error;

return Char;                                      Input ← (Input-1) mod 2n;

      实现NextChar                                      实现RollBack
```

图2-17　实现NextChar和RollBack

在一长串的NextChar操作之后，假设操作数多于n个，RollBack总是可以至少回退n个字符。但一系列对NextChar和RollBack的混合调用，可能使词法分析器在缓冲区中前前后后地移动，从而导致Input和Fence之间的距离小于n。较大的n值，可以降低出现这种情况的可能性。在选择缓冲区大小n时，预期回退距离应该是一个考虑因素。

2. 生成词素

为表驱动和直接编码词法分析器给出的代码，将输入字符累积到一个字符串lexeme中。如果词法分析器输出的语法范畴只是词素的副本，那么这些方案是很高效的。但在某些常见情况下，语法分析器，或者说词法分析器输出的使用者，需要另一种形式的信息。

例如，在许多情况下，寄存器编号的自然表示是一个整数，而非由'r'后接一串数字组成的一个字符串。如果词法分析器构建的是字符表示，那么在接口中某处，字符串必须转换为整数。完成转换通常需要使用一个库例程，如标准C库中的atoi，或使用基于字符串的I/O例程，如sscanf。解决该问题一种更为有效的方式是，每处理一个数位时都累积计算整数值。

在下面的例子中，词法分析器在初始状态下可以将一个变量RegNum初始化为零。每次识别出一个数位时，都可以将RegNum乘10，再加上新的数位。在词法分析器到达接受状态时，RegNum将包含所需的值。为修改图2-16中的词法分析器，我们可以删除所有引用lexeme的语句，向s_{init}状态增加语句RegNum←0;，将状态s_1和s_2中的goto s_2替换为下述语句：

```
begin;
   RegNum ← RegNum × 10 + (char - '0');
   goto s₂;
end;
```

其中char和'0'当做ASCII码值序列中对应的序数值处理。用这种方法累计计算数值，与先构建字符串而后在接受状态转换为数值相比，前者的开销很可能更低。

对于其他单词来说，词素是隐含的，因而也是冗余的。对于"独苗"单词[1]，如标点符号或运算

---

① 属于某个单元素语法范畴。——译者注

符，其语法范畴等效于词素本身。类似地，许多词法分析器可以识别注释和空白并丢弃之。同样，用于识别注释的状态集合不必参与累积词素的操作。尽管单项措施节约的开销比较小，但各项措施总体上带来的效果是建立了一个更快速、更紧凑的词法分析器。

因为许多词法分析器生成器让编译器编写者指定在接受状态执行的操作，而不允许在每次转移时指定对应的操作，这会导致相关的问题。这使得词法分析器必须为每个单词对应的词素累积建立一个字符副本，而不考虑是否真正需要这个副本。如果编译花费的时间长短很重要（应该如此），那么对此类次要算法细节的关注将使得编译器更快速。

2.5.4 处理关键字

我们一贯认为应该向生成DFA和识别器的描述中显式添加对应的RE，来识别输入语言中的关键字。许多作者建议使用另一种策略：使用DFA将潜在的关键字归类为标识符，然后测试每个标识符以判断它是否是关键字。

在手工实现词法分析器的情况下，这种策略会起作用。显式检查关键字增加的复杂性将导致DFA状态的数目显著膨胀。在手工编码的程序中，需要权衡这种增加的实现负担。利用合理的散列表（参见B.4节），每次查找的预期代价应该是常数量级。实际上，这个方案已经是完美散列（perfect hashing）的一个经典应用。在完美散列中，实现者确保对于一个固定的键集合，散列函数生成一个紧凑、无碰撞的整数集。这降低了查找每个关键字的代价。如果散列表的实现考虑了完美散列函数，那么一次探测即足以将关键字从标识符中区分出来。但如果它未命中而需要重试，与关键字的处理相比，这种行为对非关键字来说可能要糟糕得多。

如果编译器编写者使用词法分析器生成器来构建识别器，那么在DFA中识别关键字所增加的复杂性是由工具处理的。此时增加的状态会多消耗内存，但不会导致编译时间延长。使用DFA机制识别关键字，避免了对每个标识符都进行查表。这也避免了实现关键字表及其支持函数的开销。在大多数情况下，与使用单独的查找表相比，将关键字识别功能集成到DFA中更有意义。

本节回顾

基于最小DFA来自动化构建可工作的词法分析器是一项简单的工作。词法分析器生成器可以采用表驱动方法，其中使用通用的框架词法分析器和特定于语言的表；另外也可以生成直接编码的词法分析器，其中为每个DFA状态生成一个对应的代码片段，然后将各个代码片段串连起来。一般来说，直接编码方法可以生成更快速的词法分析器，因为它处理每个字符的开销更低。

尽管所有基于DFA的词法分析器处理每个字符的开销都很小，维持在常数量级，许多编译器编写者仍然选择手工编码来实现词法分析器。这种方法有助于对词法分析器和I/O系统之间的接口、词法分析器和语法分析器之间的接口进行缜密的实现。

复习题

(1) 给定下页右侧的DFA，完成下列作业：

(a) 概略写出在这个DFA的表驱动实现中你将使用的字符分类器；

(b) 根据转移图和你的字符分类器构建转移表；

(c) 编写一个等价的直接编码词法分析器。

(2) 另一种实现可能使用$(a|b|c)(a|b|c)(a|b|c)$的识别器，然后在包含三个单词abc、bca和cab的表进行查找。

(a) 画出识别该语言的DFA的草图。

(b) 给出直接编码词法分析器，要包括用于进行关键字查找的调用。

(c) 对比本方法和问题(1)中方法的开销。

(3) 对DFA最小化过程添加逐转移操作，会有什么影响？（假定我们有一种语言学机制，可以将代码片段附加到转移图中的边上。）

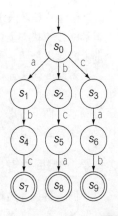

2.6　高级主题

2.6.1　从 DFA 到正则表达式

在如图2-3给出的构造法循环中，最后一步是根据DFA构建对应的RE。Thompson构造法和子集构造法联合起来形成了一个构造性证明，证明了DFA至少和RE一样强大。本节阐述Kleene构造法，该方法将构建一个RE，来描述任意给定DFA所接受的字符串集合。该算法证实了RE至少和DFA一样强大。与前文的两种构造法综合起来，这说明RE和DFA是等价的。

将DFA的转移图看做是边带有标签的图。那么，推导出RE来描述DFA所接受的语言，这个问题就对应于DFA转移图上的一个路径问题。L(DFA)中字符串构成了集合，其中每个字符串都对应着一条从d_0到某个$d_i \in D_A$的路径，字符串实际上相当于这条路径上各条边的标签构成的有序集。如果DFA的转移图有环，那么此类路径的集合是无限的。幸好，RE具有柯林闭包运算符，可以处理这种情形，该运算符能够概括出由环导致的所有子路径的集合。

图2-18给出了一个算法来计算这种路径表达式。该算法假定DFA的状态编号从0到$|D|-1$，d_0为起始状态。算法对于转移图中的每一对结点生成一个表达式，来表示这两个结点之间各路径上标签构成的所有有序集。最后，它将从d_0出发、到达某个接受状态$d_i \in D_A$的所有路径所对应的表达式合并起来。用这种方法，该算法系统化地为所有路径构造出了路径表达式。

该算法为所有相关的值i、j和k计算出一个表达式集合，记做R_{ij}^{k}。R_{ij}^{k}是一个表达式，它描述了转移图中从状态i到状态j、不经由编号大于k的状态的所有路径。这里，经由意味着进入和离开，因此如果有一条边直接从状态1到达状态16，则$R_{1,16}^{2}$为非空集。

最初，算法将所有从i到j的直接路径放置在R_{ij}^{-1}中，如果$i=j$，则将$\{\epsilon\}$添加到R_{ij}^{-1}。算法通过逐次迭代来建立更长的路径：将从i到j且经由k[①]的路径添加到R_{ij}^{k-1}，以生成R_{ij}^{k}。给定R_{ij}^{k-1}，从标号$k-1$递进到k，所需添加的路径均由三条子路径首尾连接：从i到k的子路径，后接从k到自身的子路径，后接从k

---

① 不经由比k编号大的状态。——译者注

到j的子路径，且三条子路径途经的状态编号均不大于$k-1$。即，对k进行的循环中，每次迭代都将经过k路径添加到集合R^{k-1}_{ij}，以生成R^k_{ij}。

> 对该算法的传统陈述通常假定结点名从1到n，而非从0到$n-1$。因而，传统方式下，直接路径通常放置在R^0_{ij}中。

$$
\begin{array}{l}
for\ i\ =\ 0\ to\ |D|-1 \\
\quad for\ j\ =\ 0\ to\ |D|-1 \\
\qquad R^{-1}_{ij}\ =\ \{\,a\mid\delta(d_i,a)=d_j\,\} \\
\qquad if\ (i\ =\ j)\ then \\
\qquad\quad R^{-1}_{ij}\ =\ R^{-1}_{ij}\mid\{\,\epsilon\,\} \\
for\ k\ =\ 0\ to\ |D|-1 \\
\quad for\ i\ =\ 0\ to\ |D|-1 \\
\qquad for\ j\ =\ 0\ to\ |D|-1 \\
\qquad\quad R^k_{ij}\ =\ R^{k-1}_{ik}(R^{k-1}_{kk})^*R^{k-1}_{kj}\ \mid\ R^{k-1}_{ij} \\
L\ =\ \mid_{s_j\in D_A}\ R^{|D|-1}_{0j}
\end{array}
$$

图2-18　从DFA导出对应的正则表达式

当每个循环k结束时，对应的R^k_{ij}表达式已经包含了图中所有合规的路径。最后一步计算从d_0到任一接受状态$d_j\in D_A$的路径的集合，通过对上一步计算出的路径表达式进行选择操作即可完成。

2.6.2　DFA 最小化的另一种方法：Brzozowski 算法

如果我们对NFA应用子集构造法，而该NFA中从起始状态出发有多条路径是对应某一字符串前缀的，那么构造法会将这些重复的前缀路径所涉及的各状态聚合到一组中，并在DFA中为该前缀创建一条单一的路径。子集构造法总是生成不包含重复前缀路径的DFA。Brzozowski利用这种见解，设计了另一种DFA最小化算法，可以直接基于NFA构建最小的DFA。

对于NFA n，设$reverse(n)$是n经过以下操作得到的NFA：反转n中所有转移的方向，将初始状态设置为$reverse(n)$的接受状态，增加一个新的初始状态，将其连接到n中所有的接受状态。更进一步，设$reachable(n)$为一个函数，返回n中从初始状态出发可到达的状态和转移的集合。最后，令$subset(n)$为对n应用子集构造法生成的DFA。

现在，给定NFA n，等价的最小DFA就是下述表达式：

Reachable(*subset* (*reverse* (*reachable* (*subset* (*reverse* (n))))))

内层应用的*subset*和*reverse*，消除了原来NFA中重复的后缀路径。接下来，*reachable*丢弃了所有的无关状态和转移。最后，外层应用的三个运算*reachable*、*subset*和*reverse*，消除了NFA中任何重复的前缀路径。（向DFA应用*reverse*，可以生成一个NFA。）

图2-19中的例子，给出了在一个简单NFA（识别RE *abc* | *bc* | *ad*）上该算法执行的步骤。图2-19a中的NFA，类似于Thompson构造法生成的结果，我们删除了将识别各个字母的诸个NFA"粘合"起来

的 ϵ 转移。图2-19b给出了向该NFA应用 *reverse* 的结果。图2-19c描述了 *subset* 对NFA的 *reverse* 结果构造出的DFA。此时，算法应用 *reachable* 来删除任何不能到达的状态，我们例子中的NFA并无此类状态。接下来，算法对得到的DFA应用 *reverse*，这将生成如图2-19d的NFA。向该NFA应用 *subset*，即可生成图2-19e中的DFA。因为它没有不能到达的状态，这就是用于识别 *abc | bc | cd* 的最小DFA。

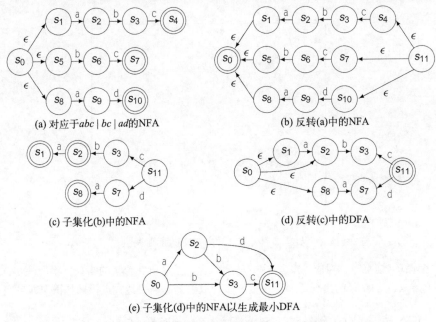

(a) 对应于 *abc | bc | ad* 的NFA

(b) 反转(a)中的NFA

(c) 子集化(b)中的NFA

(d) 反转(c)中的DFA

(e) 子集化(d)中的NFA以生成最小DFA

图2-19   用Brzozowski算法最小化一个DFA

这种技术看起来代价高昂，因为它应用了 *subset* 两次，而我们知道 *subset* 可能构建一个指数量级的大型集合。但是，对各种FA最小化技术运行时间的研究表明，该算法执行得相当好，这或许是因为第一次应用 *reachable(subset(reverse(n)))* 得到的NFA具有某些特殊的性质。从软件工程的视角来看，实现 *reverse* 和 *reachable* 可能比调试划分算法更容易。

2.6.3   无闭包的正则表达式

正则语言的子类在词法分析之外也有实际应用，这个子类是由无闭包正则表达式描述的语言集。这种RE形如 $w_1 | w_2 | w_3 | \cdots | w_n$，其中各个单词 w_i 都是字母表 Σ 中字符连接构成的。这种RE有一个性质，基于此类RE生成的DFA，其转移图是无环的。

我们之所以对这些简单的正则语言感兴趣，是出于两个原因。首先，许多（字符串）模式识别问题能够用无闭包RE描述。这方面的例子包括词典中的单词、应该被过滤的URL和散列表的键。其次，可以用一种特别有效的方式来构建对应于无闭包RE的DFA。

为构建识别无闭包RE的DFA，我们从起始状态 s_0 开始。为向当前DFA增加一个单词，算法沿新单词对应的转移路径前进，直至耗尽输入模式串或到达状态 s_e。在前一种情况下，算法将新单词对应的最终状态指定为一个接受状态。在后一种情况下，算法向DFA添加一条路径，以识别新单词剩余的那部分后缀。生成的DFA可以用表格形式或直接编码形式表示（参见2.5.2节）。无论哪种表示方式，得到的识别器处理输入流中每个字符都只需要常数时间。

　　在这个算法中，向现存DFA增加一个新单词的开销，与新单词的长度成正比。该算法还能够以增量方式工作，应用程序很容易向使用中的DFA增加新单词。这种性质，使得无环DFA成为实现完美散列函数的一种有趣的备选方案。对于只包含少量键值的集合来说，这种技术可以生成一个高效的识别器。随着状态数目增长（在直接编码识别器中）或键的长度增长（在表驱动识别器中），由于缓存大小的限制，实现的识别器可能会逐渐缓慢下来。等达到一定的临界点时，缓存失效的影响，将使得传统散列函数的高效实现超越这种以增量方式构造出的无环DFA。

　　用这种方法生成的DFA不能保证是最小的。考虑识别正则表达式 *deed*、*feed* 和 *seed* 的无环DFA，如右侧所示。其中有三个不同的路径，都识别了后缀eed。这些路径显然可以合并，以减少DFA中状态和转移的数目。最小化过程将分别合并状态(s_2, s_6, s_{10})，状态(s_3, s_7, s_{11})，还有状态(s_4, s_8, s_{12})，最终生成一个包含七个状态的DFA。

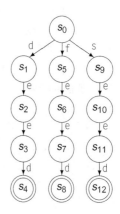

　　上述算法构建的DFA，如果只考虑语言中单词的前缀是符合最小化意义的。转移路径的重复都是因为有多条路径处理了同一后缀。

2.7　小结和展望

　　正则表达式在搜索和词法分析中的广泛应用，是现代计算机科学的成功故事之一。这些思想是形式语言和自动机理论早期发展的一部分。从文本编辑器到Web过滤引擎，再到编译器，正则表达式的应用司空见惯，主要用于简明地规定一组刚好是正则语言的字符串。只要必须识别单词的一个有限集，都有必要认真考虑基于DFA的识别器。

　　正则表达式和有限自动机的理论已经开发出一些技术，使得识别正则语言的时间与输入流长度成正比。从RE自动推导DFA的技术，以及DFA最小化的技术，确保能够构建一些健壮的工具，并通过这些工具来生成基于DFA的识别器。在令人敬畏的现代编译器中，生成的词法分析器和手工的词法分析器均有使用。但不论是哪种情况，缜密的实现都应该可以保证运行时间与输入流长度成正比，且每个字符都只有很小的开销。

本章注释

　　最初，将词法分析（亦称扫描）从语法分析（亦称解析）中分离，主要是从效率方面着眼。因为词法分析的开销随字符数目呈线性增长，而每个字符对应的常数级开销又比较低，因而，将词法分析从语法分析器中分离出来并建立一个独立的词法分析器的做法降低了编译的开销。高效语法分析技术的出现弱化了这种性能方面的考虑，但构建独立词法分析器的惯例却保留下来，因为这样做很清晰地分离了词法结构和语法结构两个方面的不同关注点。

　　在构建实际编译器的过程中，词法分析器的构建发挥的作用很小，我们使本章内容尽可能简短。因此，本章忽略了有关正则语言和有限自动机的许多定理，一些读者可能会对这些内容感兴趣。这方面有许多很好的教科书，对有限自动机和正则表达式以及二者的许多实用性质，进行了非常深入的论述[194, 232, 315]。

Kleene[224]证明了RE和FA的等价性。柯林闭包和从DFA到RE的算法都以他的名字命名。McNaughton和Yamada给出了一个构造法，可以从RE出发生成NFA[262]。本章给出的构造法模仿了Thompson的工作[333]，他的研究受到了早期文本编辑器中的一个文本搜索命令实现的启发。Johnson描述了这种技术在自动化构建词法分析器方面的第一个应用[207]。子集构造法衍生自Rabin和Scott的工作[292]。2.4.4节中阐述的DFA最小化算法由Hopcroft开发[193]。该算法在解决许多不同的问题时均获得了应用，包括检测何时两个程序变量总是具有同样的值[22]。

基于生成代码而不是表的思想来产生直接编码的词法分析器，似乎起源于Waite[340]和Heuring的研究[189]。他们的研究声称这种方法相对于表驱动实现改进了五倍。Ngassam等人描述了一些实验，对手工编码词法分析器中可能的加速技术的特征作出了说明[274]。几位作者考察了词法分析器实现中出现的折中。Jones[208]提倡使用直接编码方法，但他支持的是使用结构化方法来规范控制流，而反对使用2.5.2节中交缠的"意大利细面条式"代码。Brouwer等人比较了12种不同的词法分析器实现的速度，他们发现最快和最慢实现之间的速度差距有70倍之多[59]。

2.6.2节中阐释的另一种DFA最小化技术由Brzozowski在1962年提出[60]。几位作者比较了不同的DFA最小化技术及其性能[328, 344]。许多作者曾考察过无环DFA的构建和最小化[112, 343, 345]。

习题

2.2节

(1) 非正式描述下列FA接受的语言：

(a)

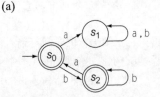

(b)

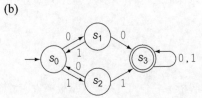

(c)

(2) 分别构建一个FA，识别下述的各种语言：

(a) $\{w \in \{a, b\}^* \mid w$以'$a$'开头，包含子串'$baba$'$\}$

(b) $\{w \in \{0, 1\}^* \mid w$包含子串'$111$'，不包含子串'$00$'$\}$

(c) $\{w \in \{a, b, c\}^* \mid w$中，'$a$'的数目对2取模等于'$b$'的数目对3取模$\}$

(3) 分别创建FA，识别(a)表示复数的单词；(b)表示十进制数的单词，其格式为科学记数法。

2.3节

(4) 不同程序设计语言使用不同的符号表示法来表示整数。分别为下列各种整数构造一个对应的正则表达式。

(a) C语言中的非负整数，基数可能为10或16。

(b) VHDL中的非负整数，其中可能包含下划线（不能作为第一个或最后一个字符）。

(c) 货币，按美元计算，表示为正的十进制数，小数点后有效数字两位，其余数字四舍五入。这种数字以字符$\$$开头，小数点左侧每三个数字用逗号分隔为一组，小数点右侧保留两位数字，例如$\$8,937.43$和$\$7,777,777.77$。

(5) 分别编写一个正则表达式，表示下述各种语言。

(a) 给定字母表$\Sigma = \{0, 1\}$，L是0和1交替出现构成的所有字符串的集合。

(b) 给定字母表$\Sigma = \{0, 1\}$，L是包含偶数个0或偶数个1的所有字符串的集合。

(c) 给定英语的小写字母表，L是字母按词典顺序升序出现的所有字符串的集合。

(d) 给定字母表$\Sigma = \{a, b, c, d\}$，L是字符串$xyzwy$的集合，其中x和w是Σ中一个或多个字符构成的字符串，y是Σ中任一字符，z是字符z（取自字母表Σ之外）。（每个字符串$xyzwy$包含两个单词xy和wy，二者均由Σ中的字母构建而成。两个单词以同一字符y结束。二者通过字符z分隔。）

(e) 给定字母表$\Sigma = \{+, -, \times, \div, (,), \mathrm{id}\}$，L是对$\mathrm{id}$使用加减乘除和括号得到的代数表达式的集合。

提示 并非所有这些规格都描述了正则语言。

---

(6) 分别编写一个正则表达式，来描述下列各种程序设计语言结构：

(a) 制表符和空格的任意序列

(b) C语言中的注释

(c) 字符串常数（没有转义字符）

(d) 浮点数

2.4节

(7) 考虑以下的三个正则表达式：

$(ab \mid ac)^*$

$(0 \mid 1)^* 1100 \ 1^*$

$(01 \mid 10 \mid 00)^* 11$

(a) 使用Thompson构造法，分别为每个RE构建一个NFA。

(b) 将这些NFA转换为DFA。

(c) 最小化DFA。

(8) 证明两个RE等价的一种方法是分别为两者构建对应的最小化DFA，然后比较得到的DFA。如果两个DFA只有状态名不同，那么对应的RE是等价的。使用这种技巧，来检查下列各对RE是否等价。

(a) $(0 \mid 1)^*$ 和 $(0^* \mid 10^*)^*$

(b) $(ba)^+ (a^*b^* \mid a^*)$ 和 $(ba)^* ba^+ (b^* \mid \epsilon)$

(9) 有时候，通过 ϵ 转移连接的两个状态是可以合并的。

(a) 在哪些条件下，通过 ϵ 转移连接的两个状态是可以合并的？

(b) 给出用于消除 ϵ 转移的算法。

(c) 你的算法与用于实现子集构造法的 ϵ -closure函数有何关联？

(10) 请说明，正则语言的集合在交集操作下是封闭的。

(11) 图2-9中给出的DFA最小化算法，是通过while循环的各次迭代来枚举 P 的所有元素和 Σ 中所有的字符。

(a) 重做算法，使用WorkList来保存还需要考察的各个集合。

(b) 重做Split函数，使之围绕 Σ 中所有的字符来划分集合。

(c) 比较修改后算法和原始算法的预期复杂度，结果如何？

2.5节

(12) 为下述的每种C语言结构分别构造一个DFA，然后为各个DFA构建表驱动实现所需的表：

(a) 整数常数

(b) 标识符

(c) 注释

(13) 对前一习题中的每一个DFA，分别构建一个直接编码的词法分析器。

(14) 本章描述了DFA实现的几种风格。实现词法分析器的另一种方法是使用相互递归函数（mutually recursive functions）。讨论这种实现的优点和缺点。

(15) 为减小转移表，词法分析器生成器可以使用一种字符分类方案，但生成分类器表似乎代价颇高。看起来比较直接的算法将需要 $O(|\Sigma|^2 \cdot |states|)$ 时间。推导一个渐近复杂度较低的算法，来得到同样的转移表。

(16) 图2-15给出了一种方案，可以在通过模拟DFA而构建的词法分析器中避免二次方量级的回滚行为。遗憾的是，这种方案要求词法分析器预先知道输入流的长度，且必须维护一个比特矩阵Failed，其规模为 $|states| \times |input|$。设计一种方案，使得无需预先了解输入流的长度。是否可以使用同样的方案，在不出现最坏输入的情况下，来减小Failed表？

第 3 章

语法分析器

3

本章概述

在词法分析器生成已归类单词的流之后，语法分析器的任务是判断单词流表示的输入程序在程序设计语言中是否是一个有效的句子。为达到这个目标，语法分析器使用程序设计语言的语法，以为输入程序构建一个推导。

本章将介绍上下文无关语法（Context-Free Grammar，CFG），这种符号表示法用于规定程序设计语言的语法。上下文无关语法开发了几种技术，在给定语法和输入程序的情况下，可用于查找适用于输入程序的推导。

关键词：语法分析；语法；LL(1)；LR(1)；递归下降

3.1 简介

语法分析是编译器前端中的第二个阶段。语法分析器处理由词法分析器转换生成的程序，从语法分析器的视角来看，输入的程序是一个单词流，其中各个单词都标注了语法范畴（词类）。语法分析器为该程序推导一个语法结构，将各个单词适配到源程序设计语言的语法模型中。如果语法分析器确定输入流是一个有效程序，它将构建该程序的一个具体模型，供编译的后续各阶段使用。如果输入流不是一个有效程序，语法分析器将向用户报告问题和适当的诊断信息。

作为一个问题，语法分析与词法分析有许多相似性。作为形式语言理论的一部分，这个形式化的问题已经被广泛地研究过，这些工作形成了大多数编译器使用的实际语法分析技术的理论基础。速度很重要，我们将研究的所有技术所花费的时间都与程序及其表示的大小成正比。底层细节会影响性能，类似于词法分析，语法分析的实现中，会出现同样的折中策略。本章讲述的技术，从实现上同样可以分类为表驱动语法分析器、直接编码语法分析器和手工编码语法分析器。在词法分析器的实现中，手工编码很常见；但语法分析器不同于词法分析器，与手工编码的语法分析器相比，工具生成的语法分析器更为常见。

1. 概念路线图

语法分析器的主要任务是，确定输入程序在源语言中是否是一个语法上有效的语句。在我们可以构建回答该问题的语法分析器之前，我们既需要一种形式化的机制来规定源语言的语法，又需要一种系统化的方法，来判定输入程序是否属于这种形式化定义的语言（即成员资格问题）。通过将源语言的形式限制到一个称为上下文无关语言（context-free language）的语言集，我们可以确保语法分析器能够高效地回答成员资格问题。3.2节引入了上下文无关语法（CFG），作为规定语法的符号表示法。

人们已经提出了许多算法来回答CFG的成员资格问题。本章考察处理该问题的两种不同方法。3.3节通过递归下降语法分析器（recursive-descent parser）和LL(1)语法分析器，来介绍自顶向下语法分析（top-down parsing）。3.4节以LR(1)语法分析器为例，考察了自底向上语法分析（bottom-up parsing）。3.4.2节阐述了用于生成规范的LR(1)语法分析器的详细算法。最后一节探讨了构建语法分析器过程中可能出现的几个实际问题。

2. 概述

对于编译器的语法分析器来说，其首要职责是识别语法，即确定被编译的程序在程序设计语言的语法模型中是否是一个有效语句。该模型表示为一个形式语法（formal grammar）G，如果某个单词串s属于G定义的语言，我们就说G可以推导出s。对于单词流s和语法G，语法分析器试图构建一个构造性证明，以表明s可以在G中推导出来，这个过程称为**语法分析**。

> **语法分析**
> 　给出单词流s和语法G，找到G中生成s的一个推导。

语法分析算法分为两种通用的类别。自顶向下语法分析器试图通过（在各个点上）预测下一个单词，依照语法的产生式来匹配输入流。对于有限的一类语法而言，这种预测可以做到精确且高效。自底向上语法分析器的工作从底层细节（即实际的单词序列）开始，不断累积上下文信息，直至出现显然的推导为止。同样，也存在有限的一类语法，我们可以为之生成高效的自底向上语法分析器。实际上，这些有限的语法集合是足够大的，完全可以容纳程序设计语言中我们感兴趣的大多数特性。

3.2　语法的表示

语法分析器的任务，是确定某个单词流是否能够与源语言的语法适配。这个描述中隐含的观念是，我们可以描述并检查语法，实际上，我们需要一种符号表示法来描述计算机程序设计语言的语法。在第2章中，我们使用过一种这样的符号表示法，即正则表达式。它们提供了一种简洁的符号表示法来描述语法，还有一种高效的机制用于测试字符串是否属于RE描述的语言（成员资格问题）。遗憾的是，对大多数程序设计语言来说，RE缺乏描述语言完整语法的能力。

大部分程序设计语言的语法都可以通过上下文无关语法的形式表示。本节引入并定义CFG，并探讨其在语法检查中的用途。本节还说明了如何将语义编码到语法和结构中。最后，本节介绍了一些思想，它们是在随后几节描述的高效语法分析技术的基础。

3.2.1　为什么不使用正则表达式

为促进CFG的使用，我们首先考虑识别变量和运算符＋、－、×、÷构成的代数表达式的问题。我们可以将"变量"定义为能够匹配RE $[a\cdots z]([a\cdots z]|[0\cdots9])^*$的任意字符串，这是Algol标识符的简化、小写版本。现在，我们可以如下定义一个表达式：

$$[a\cdots z]([a\cdots z]|[0\cdots9])^* \;\; ((+|-|\times|\div)\,[a\cdots z]([a\cdots z]|[0\cdots9])^*)^*$$

这个RE可以匹配a＋b×c和fee÷fie×foe。但RE中没什么信息表明了运算符优先级的概念，在a＋b×c中，到底哪个运算符首先执行呢，是＋还是×？代数学的标准规则表明，×和÷优先于＋和－。

为实施其他的求值顺序规则，标准的代数表示法中包含了括号。

把括号添加到RE中的适当位置颇有点棘手。表达式可以从字符$\underline{(}$开始，因此我们需要起始$\underline{(}$的选项。类似地，我们还需要终止$\underline{)}$的选项。

> 我们给$\underline{(}$和$\underline{)}$加下划线，使之与RE中用于分组的(和)区分开。

$$((\underline{(}|\epsilon)\,[a\cdots z]\,([a\cdots z]\,|\,[0\cdots 9])^*$$
$$((+|-|\times|\div)\,[a\cdots z]\,([a\cdots z]\,|\,[0\cdots 9])^*\,)^*\,\underline{(}\,)\,|\epsilon)$$

这个RE可以产生一个包围在括号中的表达式，但它并不能用内部的括号来表示优先级。表达式内部的$\underline{(}$实例都出现在变量之前，类似地，表达式内部的$\underline{)}$实例都出现在变量之后。观察到的这一事实启发我们采用以下RE：

$$((\underline{(}|\epsilon)\,[a\cdots z]\,([a\cdots z]\,|\,[0\cdots 9])^*$$
$$((+|-|\times|\div)\,[a\cdots z]\,([a\cdots z]\,|\,[0\cdots 9])^*\,\underline{(}\,)\,|\epsilon)\,)^*$$

请注意，我们只是将最后一个$\underline{)}$移动到闭包内。

这个RE可以匹配a+b×c和(a+b)×c。这个RE可以匹配用变量和四个运算符表达的任何正确的带括号的表达式。遗憾的是，它还可以匹配许多语法上不正确的表达式，如a+(b×c和a+b)×c。实际上，我们无法写出一个RE，来匹配括号左右平衡的所有表达式。（成对结构，如begin和end或是then和else，在大部分程序设计语言中扮演着重要的角色。）这个事实是RE的一个固有的限制，与RE对应的识别器无法进行计数，因为它们只有一个有限状态集。语言$(^m)^n$，其中$m=n$，并非是正则语言。原则上，DFA是无法计数的。虽然它们对微语法处理得很好，但并不适合于描述一些重要的程序设计语言特性。

3.2.2 上下文无关语法

为描述程序设计语言语法，我们需要一种比正则表达式更强大的符号表示法，且仍然有高效的识别器可用。传统的解决方案是使用上下文无关语法（CFG）。幸好，CFG中一些很大的子类，均有高效的识别器可用。

> **上下文无关语法**
> 对于语言L，其CFG定义了表示L中有效语句的符号串的集合。

上下文无关语法G是一组规则，描述了语句是如何形成的。可以从G导出的语句集称为G定义的语言，记作$L(G)$。上下文无关语法定义的语言的集合称为上下文无关语言的集合。这里讲述一个可能有帮助的例子。考虑以下语法，我们称之为SN：

$$\begin{aligned} SheepNoise \;\to\;& \text{baa } SheepNoise \\ |\;& \text{baa} \end{aligned}$$

> **语句**
> 可以从语法规则推导出的一个符号串。

第一个规则（产生式），读作"$SheepNoise$可以推导出单词baa后接更多$SheepNoise$"。这里$SheepNoise$是一个语法变量，表示可以从该语法推导出的符号串的集合。我们将此类语法变量称为非终结符

（nonterminal symbol）。该语法定义的语言中，每个单词都是一个终结符。第二个规则读作 "*SheepNoise*
还可以推导出符号串baa"。

产生式
　　CFG中的每个规则都称为一个产生式。
非终结符
　　语法产生式中使用的语法变量。
终结符
　　出现在语句中的单词。
　　单词包含一个词素及其语法范畴。在语法中，单词通过其语法范畴表示。

为理解*SN*语法和*L*(*SN*)之间的关系，我们需要规定如何运用*SN*中的规则来推导*L*(*SN*)中的语句。开
始，我们必须标识出*SN*的目标符号（goal symbol）或起始符号（start symbol）。目标符号表示了*L*(*SN*)
中所有符号串的集合。因而，目标符号不能是语言中的某个单词。相反，它必须是用于向语言中增加
结构和抽象的非终结符。由于*SN*只有一个非终结符，*SheepNoise*必定是目标符号。

巴科斯–瑙尔范式

　　计算机科学家用于表示上下文无关语法的传统符号表示法称为巴科斯–瑙尔范式（Backus-Naur
Form，BNF）。BNF使用尖括号包围非终结符来标记非终结符，如⟨SheepNoise⟩。终结符带有下划
线。符号::=表示"推导出"，符号|表示"还能推导出"。在BNF中，"绵羊音"语法变为：

　　　　　⟨SheepNoise⟩　::=　<u>baa</u>⟨SheepNoise⟩
　　　　　　　　　　　　　|　<u>baa</u>

这与我们的*SN*语法是完全等价的。
　　BNF起源于20世纪50年代末60年代初[273]。尖括号、下划线、::=和|的语法约定，是当时人们
书写语言描述时有限的排版选项所致。（例如，参见David Gries的书*Compiler Construction for Digital
Computers*，该书完全是在标准行式打印机上输出的[171]。）在本书全文中，我们将使用BNF在排版上
更新后的一种形式。非终结符输出为斜体。终结符输出为typewriter字体。我们使用符号→表示"推
导出"。

为推导语句，我们从只包含目标符号*SheepNoise*的原型符号串开始。在原型符号串中，我们选择
一个非终结符 α，并选择一个语法规则 $\alpha \rightarrow \beta$，然后将原型符号串中的 α 重写为 β。我们会重复这个
重写过程，直至原型符号串不包含非终结符为止，此时它完全由单词（或称终结符）组成，已经变为
语言中的一个语句。

推导
　　推导是一系列重写步骤，从语法的起始符号开始，结束于语言中的一个语句。

在这个推导过程中的每一点上，该符号串都是终结符或非终结符的一个集合。如果这样的一个符
号串出现在某个有效推导过程中的某一步骤，则称为句型（sentential form）。任何句型都可以从起始符
号出发，用零或多个步骤推导出来。类似地，从任何句型出发，我们都可以用零或多个步骤推导出一

个有效的语句。因而，如果我们从*SheepNoise*开始，使用两个规则不断进行重写，在此过程中的每一步，原型符号串都是一个句型。当原型符号串只包含终结符时，该符号串已经变为*L(SN)*中的一个语句。

句型

有效推导中的某个步骤出现的符号串。

上下文无关语法

形式上，上下文无关语法*G*是一个四元组*(T, NT, S, P)*，其中各元素解释如下。

❏ *T* 是终结符或语言*L(G)*中单词的集合。终结符对应于词法分析器返回的语法范畴。

❏ *NT* 是*G*的产生式中出现的非终结符的集合。非终结符是语法变量，引入非终结符用于在产生式中提供抽象和结构。

❏ *S* 是一个非终结符，被指定为语法的目标符号或起始符号。*S*表示*L(G)*中语句的集合。

❏ *P* 是*G*中产生式或重写规则的集合。*P*中的每个规则形如$NT \to (T \cup NT)^+$，即每次将一个非终结符替换为一个或多个语法符号构成的串。

集合*T*和*NT*可以直接从产生式的集合*P*推导出来。起始符号可能是明确的，如*SheepNoise*语法那样，也可能不那么显然，如下述语法：

$$Paren \to (\ Bracket\ ) \qquad Bracket \to [\ Paren\ ]$$
$$|\ (\quad) \qquad\qquad |\ [\quad]$$

在本例中，起始符号的选择决定了外层括号的形状。使用*Paren*作为*S*，确保每个语句最外层都有一对圆括号，而使用*Bracket*作为*S*，则语句的最外层为一对方括号。要同时允许这两种情况，我们还需要引入一个新符号*Start*和产生式*Start→Paren | Bracket*。

一些操纵语法的工具，要求*S*不能出现在任何产生式的右侧，这使得*S*易于被发现。

为在*SN*中推导一个语句，我们从包含一个符号*SheepNoise*的符号串开始。我们可以用规则1或规则2重写*SheepNoise*。如果用规则2重写*SheepNoise*，符号串变为baa，就没有进一步重写的机会了。这个重写过程表明，baa是*L(SN)*中的一个有效语句。另一种选择是用规则1重写初始符号串，得出一个包含两个符号的符号串baa *SheepNoise*。这个符号串仍然有一个非终结符，用规则2重写该符号串将得到符号串baa baa，这是*L(SN)*中的一个语句。我们可以用表格形式表示这些推导。

规则	句型
	SheepNoise
2	baa

用规则2重写

规则	句型
	SheepNoise
1	baa *SheepNoise*
2	baa baa

首先用规则1重写，然后用规则2重写

为符号表示上的便利，我们将使用$\to^+$表示"推导一步或多步"。因而，就有*SheepNoise*$\to^+$ baa和*SheepNoise*$\to^+$ baa baa。

规则1可延长符号串，而规则2可以消除非终结符*SheepNoise*。（符号串绝不可能包含一个以上的

*SheepNoise*实例。） *SN*中所有有效的符号串，都是首先应用规则1零或多次，而后应用规则2，由此推导而来。应用规则1 *k*次，然后应用规则2，将生成一个符号串，包含（*k*+1）个baa。

3.2.3   更复杂的例子

*SheepNoise*语法过于简单，很难展现CFG的强大功能和复杂性。因此，我们再次讨论说明RE缺点的例子：括号表达式的语言。

$$
\begin{array}{lll}
1 & Expr \rightarrow & (\ Expr\ ) \\
2 & | & Expr\ Op\ \text{name} \\
3 & | & \text{name} \\
4 & Op \rightarrow & + \\
5 & | & - \\
6 & | & \times \\
7 & | & \div \\
\end{array}
$$

从起始符号*Expr*开始，我们可以生成两种子项：用规则1生成带括号的子项，或用规则2生成普通的子项。为生成语句(a+b)×c，我们可以使用下列重写序列(2, 6, 1, 2, 4, 3)，如下面的左图所示。请记住，语法处理的是name这样的语法范畴，而不是a、b或c之类的词素。

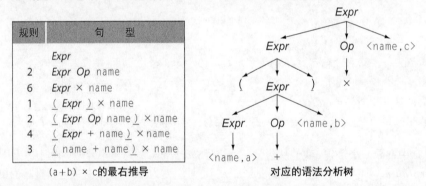

规则	句 型
	Expr
2	*Expr Op* name
6	*Expr* × name
1	(*Expr*) × name
2	(*Expr Op* name) × name
4	(*Expr* + name) × name
3	(name + name) × name

(a+b) × c的最右推导   对应的语法分析树

在右侧将推导过程表示为图的树称为语法分析树（parse tree）。

语法分析树或语法树
表示推导的图。

这个简单的表达式CFG，生成的语句不可能带有左右不平衡或嵌套关系不正确的括号。只有规则1可以生成左括号，它同时还生成了与之匹配的右括号。因而，它无法生成a+(b×c或a+b)×c)这样的符号串，基于该语法构建的语法分析器将不会接受这样的符号串。（3.2.1节中最好的RE也会同时匹配这两个字符串。）显然，CFG向我们提供了某些能力，可以定义一些RE无法描述的结构。

在(a+b)×c的推导过程中，每一步都重写了最右侧剩余的非终结符。这种系统性的行为只是一种选择而已，其他的选择同样是可能的。最容易想到的一种备选方案是在每一步重写最左边的非终结符。对同一语句使用最左选择方式，将产生一个不同的推导序列。(a+b)×c的最左推导是：

规则	句 型
	Expr
2	*Expr Op* name
1	(*Expr*) *Op* name
2	(*Expr Op* name) *Op* name
3	(name *Op* name) *Op* name
4	(name + name) *Op* name
6	(name + name) × name

(a+b) x c的最左推导

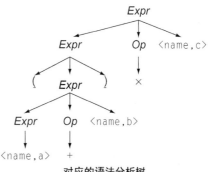

对应的语法分析树

最右推导

　　一种推导，在每个步骤都重写最右侧的非终结符。

最左推导

　　一种推导，在每个步骤都重写最左侧的非终结符。

　　最左和最右推导使用同一组规则，但二者运用规则的顺序不同。因为语法分析树只表示应用了哪些规则，而未指定按何种顺序应用规则，因此，两种推导得出的语法分析树是相同的。

　　从编译器的视角来看，重要的是，在CFG定义的语言中，每个语句都有唯一的最右（或最左）推导。如果某个语句存在多个最右（或最左）推导，那么，在推导过程中的某一点上，对最右（或最左）非终结符的多个不同的重写必定导致生成同一语句。如果在某个语法中，一个语句存在多个最右（或最左）推导，则该语法称为二义性语法。一个二义性语法可以生成多个推导以及多个语法分析树。由于转换过程的后续阶段会将语义关联到语法分析树的细部形状，存在多个语法分析树意味着同一程序有多种可能的语义，对程序设计语言来说，这是一个不良性质。如果编译器无法肯定一个语句的语义，就无法将其转换为一个确定的代码序列。

二义性

　　如果$L(G)$中的某个语句有一个以上最右（或最左）推导，那么语法G就是二义性的。

　　在程序设计语言的语法中，二义结构有一个经典的例子：即许多类Algol语言中的if-then-else结构。下面为if-then-else给出一个简明的语法：

1	*Statement*	→	if *Expr* then *Statement* else *Statement*
2		|	if *Expr* then *Statement*
3		|	*Assignment*
4		|	...*other statements*...

从这个语法片段可以看出，else是可选的。不幸的是，下列代码片段

　　if *Expr*₁ then if *Expr*₂ then *Assignment*₁ else *Assignment*₂

有两种不同的最右推导，二者之间的差别很简单。第一个推导用内层的if控制*Assignment*₂，因此当*Expr*₁为true且*Expr*₂为false时，将执行*Assignment*₂：

　　第二个推导将else子句关联到第一个if，因此当*Expr*₁为false时将执行*Assignment*₂，*Expr*₂的值不起作用：

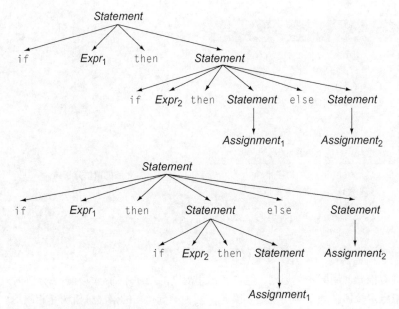

显然，这两种推导将使编译后代码具有不同的行为。

为消除这种二义性，必须修改该语法，引入一个新规则，来确定到底由哪个if来控制特定的else子句。为改正上述的if-then-else语法，我们将其重写为：

1	*Statement*	→	if *Expr* then *Statement*
2		|	if *Expr* then *WithElse* else *Statement*
3		|	*Assignment*
4	*WithElse*	→	if *Expr* then *WithElse* else *WithElse*
5		|	*Assignment*

这个解决方案限制了在if-then-else结构的then部分可以出现哪些语句。它接受的语句集合与原来的语法相同，但可以确保每个else都无歧义地匹配到某个if。它在语法中编入了一条简单的规则：将每个else绑定到最内层、尚未闭合的if。对上述示例代码，它只有一种最右推导。

规则	句　　　型
	Statement
1	if *Expr* then *Statement*
2	if *Expr* then if *Expr* then *WithElse* else *Statement*
3	if *Expr* then if *Expr* then *WithElse* else *Assignment*
5	if *Expr* then if *Expr* then *Assignment* else *Assignment*

重写后的语法消除了二义性。

if-then-else的二义性，是原来语法中的一个缺陷所致。解决这个二义性的办法则是强加一个程序员容易记忆的规则。（为完全避免该二义性，一些语言设计者重新构造了if-then-else结构，引入了所谓的elseif和endif。）在3.5.3节中，我们将考察其他种类的二义性，以及处理二义性的系统化方法。

3.2.4 将语义编码到结构中

if-then-else的二义性道破了语义和语法结构之间的关系。但二义性并非语义和语法结构发生交互的唯一情形。考虑基于简单表达式a+b×c的一个最右推导所构建的语法分析树。

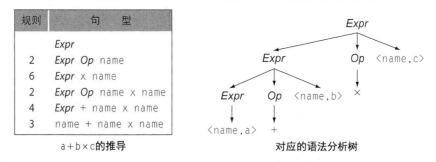

规则	句 型
	Expr
2	*Expr Op* name
6	*Expr* × name
2	*Expr Op* name × name
4	*Expr* + name × name
3	name + name × name

a+b×c的推导　　　　　　　　对应的语法分析树

表达式求值的一种自然方式是简单的后根次序树遍历。它将首先计算a+b，然后将其结果乘以c，生成(a+b)×c的最终结果。这种求值顺序，与代数优先级的经典规则相矛盾，后者要求按a+(b×c)的方式进行求值。由于解析该表达式的终极目标是生成实现表达式的代码，表达式的语法应该具备一种性质，使得对语法分析树进行"自然"的遍历求值即可得出正确结果。

真正的问题在于语法的结构。它以同样的方式处理了所有的算术运算符，没有考虑优先级问题。在(a+b)×c的语法分析树中，带括号的子表达式被强制通过语法中一个额外的产生式进行推导，这一事实使得语法分析树中增加了一个层次。进而，这个额外的层次又使得后根次序树遍历过程在对乘法求值之前首先对带括号的子表达式求值。

我们可以利用这一效应，将运算符优先级级别信息编码到语法中。首先，我们必须判断到底需要多少个优先级级别。在简单的表达式语法中，我们有三级优先级，()为最高优先级，×和÷为中等优先级，+和−优先级最低。接下来，我们将运算符在不同的层次上分组，并使用非终结符来隔离语法中对应的部分。图3-1给出了最终的语法，它包含一个唯一的起始符号*Goal*，以及用于终结符num的一个产生式，我们还会在后续示例中使用这个终结符。

0	*Goal*	→	*Expr*
1	*Expr*	→	*Expr* + *Term*
2		|	*Expr* − *Term*
3		|	*Term*
4	*Term*	→	*Term* × *Factor*
5		|	*Term* ÷ *Factor*
6		|	*Factor*
7	*Factor*	→	(*Expr*)
8		|	num
9		|	name

图3-1　经典的表达式语法

在经典的表达式语法中，*Expr*表示对应于+和−的优先级级别，*Term*表示对应于×和÷的级别，*Factor*表示对应于()的级别。在这种形式下，使用该语法可以为a+b×c推导出符合标准代数优先级的语法分析树，如下所示。

规则	句　　型
	Expr
1	*Expr* + *Term*
4	*Expr* + *Term* × *Factor*
9	*Expr* + *Term* × name
6	*Expr* + *Factor* × name
9	*Expr* + name × name
3	*Term* + name × name
6	*Factor* + name × name
9	name + name × name

a + b × c的推导

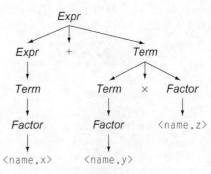

对应的语法分析树

对这个语法分析树的后根次序树遍历，将首先计算b×c，然后将其结果与a相加。这样就实现了算术优先级的标准规则。请注意，为强制实施优先级而添加的非终结符，导致语法分析树也增加了对应的内部结点。类似地，替换掉原来语法中的*Op*，直接使用各个运算符，实际上消除了语法分析树的一部分内部结点。

还有其他操作需要比较高的优先级。例如，数组下标操作应该在标准算术操作之前应用。举例来说，这样做确保了a +b[i]首先对b[i]求值，然后才将其与a相加；而不是反过来先计算出一个数组的位置a +b，而后将i作为下标应用到该数组上。类似地，改变值类型的操作（在C或Java这样的语言中称为类型转换）优先级比算术操作要高，但低于括号或下标操作。

如果语言允许在表达式内进行赋值，赋值运算符应该具有较低的优先级。这样可以确保代码在进行赋值之前，能够完全计算出赋值运算符左右两侧的值。如果赋值（←）的优先级与加法相同，那么举例来说，代码执行表达式a←b +c时，首先会将b的值赋值给a，然后再执行加法（假定表达式从左到右求值）。

上下文无关语法及对应语法分析器的类

我们可以根据语法分析的难度，将所有的上下文无关语法划分为一个层次结构。这个层次结构有许多级别。本章将提其中四个，即任意CFG、LR(1)语法、LL(1)语法和正则语法（RG, Regular Grammar）。这些集合的嵌套关系如右图所示。

与比较受限的LR(1)或LL(1)语法相比，任意CFG需要花费更多的时间进行语法分析。举例来说，Earley算法可以在$O(n^3)$时间内解析任意CFG（最坏情况），其中n是输入流中单词的数目。当然，实际运行时间可能会好一些。历史上，在意识到"通用"技术的低效之后，编译器编写者便远离了此类技术。

LR(1)语法包含了无歧义CFG的很大一个子集。LR(1)语法可以通过从左至右的线性扫描自底向上进行语法分析，任何时候都只需从当前输入符号前瞻最多一个单词。由于有很多工具可以从LR(1)

语法导出语法分析器，这使得LR(1)语法分析器成为"每个人都钟意的语法分析器"。

LL(1)语法是LR(1)语法的一个重要子集。LL(1)语法可以通过从左至右的线性扫描自顶向下进行语法分析，只需前瞻一个单词。利用手工编码的递归下降语法分析器或生成的LL(1)语法分析器，都可以解析LL(1)语法。许多程序设计语言可以用LL(1)语法定义。

正则语法（RG）是生成正则语言的CFG。正则语法的产生式限于两种形式，即$A \to a$或$A \to aB$，其中$A, B \in NT$，$a \in T$。正则语法等价于正则表达式，它们都恰好定义了DFA可以识别的那些语言。在构建编译器过程中，正则语言主要用于定义词法分析器。

几乎所有的程序设计语言结构都可以用LR(1)形式表达，通常也可以用LL(1)形式表达。因而，大多数编译器使用的快速语法分析算法，都是基于这两种CFG的受限类别之一。

3.2.5 为输入符号串找到推导

我们已经看到如何将CFG G用做重写系统，以生成$L(G)$中的语句。与此相反，编译器必须为给定的输入符号串推断出一个推导，或判定不存在这样的推导。从特定输入语句构造推导的过程称为语法分析。

语法分析器的输入是以某种源语言写成的所谓"程序"。

语法分析器看到的"程序"来自于词法分析器的输出：一个单词流，每个单词都标注了对应的语法范畴。因而，对于表达式$a + b \times c$，语法分析器看到的实际是$\langle name, a \rangle + \langle name, b \rangle \times \langle name, c \rangle$。作为输出，语法分析器或者需要生成输入程序的一个推导，或者需要对无效程序给出错误信息。对于无歧义的语言来说，语法分析树等价于推导，因而，我们可以认为语法分析器的输出是语法分析树。

将语法分析器的功能形象化地定义为"为输入程序构建语法树"也是有用的。语法分析树的根是已知的，它表示语法的起始符号。语法分析树的叶子结点也是已知的，它们必须按从左至右的顺序逐一匹配词法分析器返回的单词流。语法分析困难的部分在于要找到叶子结点和根结点之间的语法关联。在脑海中，很自然地就会想到以下两种对立的方法来构建语法树。

(1) 自顶向下语法分析器（top-down parser） 从根开始构建语法树，并使树向叶子的方向增长。在每一步，自顶向下语法分析器都在树的下边缘选择一个表示某个非终结符的结点，用一个子树来扩展该结点；子树表示了重写该非终结符时所用产生式的右侧部分。

(2) 自底向上语法分析器（bottom-up parser） 从叶子结点开始构建语法树，并使树向根的方向增长。在每一步，自底向上语法分析器都在语法分析树的上边缘处识别出一个连续的子串，该子串与某个产生式的右侧匹配，接下来构建一个结点表示该产生式的左侧，并将其连接到树中。

在两种情形下，语法分析器都需要进行一系列的选择，判断应用哪个产生式。语法分析在智力上的复杂性大部分都潜藏在进行这些选择的机制中。3.3节探讨了自顶向下语法分析中出现的问题和算法，而3.4节则深入考察了自底向上语法分析。

3.3 自顶向下语法分析

自顶向下语法分析器从语法分析树的根开始，系统化地向下扩展树，直至树的叶结点与词法分析器返回的已归类单词相匹配。在过程的每一点上，都需要考虑一个部分完成的语法分析树。过程在树的下边缘选择一个非终结符，选定某个适用于该非终结符的产生式，用与产生式右侧相对应的子树来

扩展该结点。终结符是无法扩展的。这个过程会一直持续下去，直到

(a) 语法分析树的下边缘只包含终结符，且输入流已经耗尽；或者

(b) 部分完成的语法分析树的下边缘各结点，与输入流存在着明确的不匹配。

第一种情况，语法分析是成功的。第二种情况下，有两种可能情形。语法分析器可能在过程中此前的某一步选择了错误的产生式，在这种情况下可以回溯，并系统化地重新考虑此前的决策。如果输入符号串是有效语句，回溯将语法分析器导向一个正确的选择序列，并构建出正确的语法分析树。当然，如果输入符号串不是有效语句，回溯将失败，语法分析器应该向用户报告语法错误。

自顶向下语法分析可以高效进行的一个关键点是：上下文无关语法的很大一个子集不进行回溯即可完成语法分析。3.3.1节给出了一些变换，利用这些变换，通常可以将任意的语法转换为适当的形式，使之适合于进行无回溯的自顶向下语法分析。接下来的两节将介绍构建自顶向下语法分析器的两种不同技术：手工编码的递归下降语法分析器和生成的LL(1)语法分析器。

图3-2为构造最左推导的自顶向下语法分析器给出了一个具体的算法。该算法构建了一个语法分析树，根结点位于变量root处。算法使用了栈，通过函数push()和pop()访问，以跟踪语法树下边缘中不匹配的部分。

```
root ← node for the start symbol, S;
focus ← root;
push(null);

word ← NextWord();

while (true) do;
    if (focus is a nonterminal) then begin;
        pick next rule to expand focus (A → β₁,β₂,...,βₙ);
        build nodes for β₁,β₂...βₙ as children of focus;
        push(βₙ,βₙ₋₁,...,β₂);
        focus ← β₁;
    end;
    else if (word matches focus) then begin;
        word ← NextWord();
        focus ← pop()
    end;
    else if (word = eof and focus = null)
        then accept the input and return root;
        else backtrack;
end;
```

图3-2   最左匹配的自顶向下语法分析算法

该语法分析器的主要部分由一个循环组成，循环体专注于处理部分完成的语法分析树下边缘处最左侧的不匹配符号。如果所关注的符号是非终结符，则语法分析器由该符号处向下扩展语法分析树；它选择一个产生式，在语法分析树中构建对应部分，然后转移关注点，来考察树的下边缘新增部分中最左侧的符号。如果关注的符号是终结符，则将其与输入流中的下一个单词进行比较。如果匹配，那

么移动关注点，继续考察树下边缘的下一个符号，同时在输入流中前进一个位置。

如果关注点是终结符，且与输入并不匹配，则语法分析器必须回溯。首先，它需要系统化地考虑最近选择的规则有哪些备选方案。如果所有备选方案都已经用尽，那么需要在语法分析树中继续向上回溯，在树的一个更高的层次上重新考虑产生式的选择。如果这个过程无法匹配输入，语法分析器将报告一个语法错误。回溯增加了语法分析的渐近代价，实际上，这种发现语法错误的方法代价颇为昂贵。

"回溯"的实现简单明了。算法将focus设置为其在部分构建的语法分析树中的父结点，接下来将focus的子结点从树上断开。如果还有左侧为focus且未试过的规则，语法分析器将使用该规则扩展focus。算法为该规则右侧的每个符号构建对应的子结点，将这些符号按从右到左的顺序推入栈中，并将focus设置为指向第一个子结点。如果已经没有未试过的规则，语法分析器将向上移动一层，并再次尝试。当各种可能性都试过不行之后，语法分析器将报告语法错误并退出。

> 为便于找到"下一条"规则，语法分析器可以在扩展非终结符结点时，将所用的规则编号存储在该结点中。

在回溯时，语法分析器还必须将输入流"倒带"。幸好，部分语法分析树中编码了足够的信息，使得这个操作比较高效。语法分析器必须将放弃的产生式中各个匹配的终结符回置到输入流中，在语法分析器从左到右遍历丢弃的子结点并将其从树上断开时，即可顺便进行此操作。

3.3.1 为进行自顶向下语法分析而转换语法

自顶向下语法分析器的效率极其依赖于其在扩展非终结符时选择正确产生式的能力。如果语法分析器总是产生正确的选择，自顶向下语法分析是高效的。如果它作出糟糕的选择，语法分析的代价将直线上升。对于某些语法来说，最坏情况下的行为是语法分析器无法终止。本节考察CFG的两种结构性问题，这些问题将导致自顶向下语法分析器出现问题，并提供相应的变换，编译器编写者可以对语法应用这些变换，以避免相关的问题。

1. 具有"神谕"选择能力的自顶向下语法分析器

作为初始的练习，我们考虑将图3-2中的语法分析器应用到符号串a+b×c时的行为，该语法分析器实现了图3-1中的经典表达式语法。我们暂且假定该语法分析器具有"神谕"，可以在语法分析过程中的每一点选择正确的产生式。在具有"神谕"选择的情况下，语法分析的进行如图3-3所示。右侧一列给出了输入符号串，↑符号表示语法分析器在符号串中当前的位置。规则列中的→符号，表示语法分析器将终结符与输入符号串匹配的一步，此时输入位置将前进一步。在每一个步骤中，句型都表示了部分构建的语法分析树的下边缘。

在具有"神谕"选择的情况下，语法分析器花费的步骤与推导的长度加上输入的长度成正比。对于a+b×c，语法分析器应用了八条规则并匹配了五个单词。

但请注意，这种"神谕"选择意味着不一致的选择。在第一步和第二步，语法分析器都考虑了非终结符 *Expr*。在第一步，它应用了规则1，*Expr→Expr + Term*。在第二步，它应用了规则3，*Expr→Term*。类似地，在展开 *Term* 以匹配a时，它应用了规则6，*Term→Factor*，但是当展开 *Term* 匹配b时，它应用了规则4，*Term→Term × Factor*。在使用这个版本的表达式语法时，很难生成具有一致的算法性选择的自顶向下语法分析器。

规则	句　　型	输　　入
	Expr	↑ name + name × name
1	*Expr + Term*	↑ name + name × name
3	*Term + Term*	↑ name + name × name
6	*Factor + Term*	↑ name + name × name
9	name *+ Term*	↑ name + name × name
→	name *+ Term*	name ↑ + name × name
→	name *+ Term*	name + ↑ name × name
4	name *+ Term* × *Factor*	name + ↑ name × name
6	name *+ Factor* × *Factor*	name + ↑ name × name
9	name *+* name × *Factor*	name + ↑ name × name
→	name *+* name × *Factor*	name + name ↑ × name
→	name *+* name × *Factor*	name + name × ↑ name
9	name *+* name × name	name + name × ↑ name
→	name *+* name × name	name + name × name ↑

图3-3　在具备"神谕"选择的情况下，对a＋b×c的最左匹配、自顶向下语法分析

2. 消除左递归

在同时使用经典表达式语法和最左匹配的自顶向下语法分析器时，语法本身的结构导致出现了一个问题。为弄清楚这个问题，考虑语法分析器的一种实现：总是按规则在语法中出现的顺序来应用规则。此时，语法分析的最初几个操作应该是：

规则	句　　型	输　　入
	Expr	↑ name + name × name
1	*Expr + Term*	↑ name + name × name
1	*Expr + Term + Term*	↑ name + name × name
1	…	↑ name + name × name

它从*Expr*开始，试图匹配a。它应用规则1，在语法分析树的下边缘创建句型*Expr + Term*。现在，语法分析器再次面临非终结符*Expr*和输入单词a。如果选择是一致的，它应该应用规则1，用*Expr + Term*替换*Expr*。当然，接下来仍然面对的是*Expr*和输入单词a。使用该语法和一致选择，语法分析器将持续、无限制地扩展语法分析树的下边缘，因为扩展过程从未在句型的开头生成一个终结符。

之所以会出现这个问题，是因为语法在产生式1、2、4、5中使用了**左递归**。在使用左递归的情况下，自顶向下语法分析器可能会无限循环，而不会生成与输入匹配的起始终结符（也不会前移输入位置）。幸好，我们可以重新表示左递归语法，使之使用右递归：即规则中的递归只涉及最右侧的符号。

左递归

对于CFG中的一个规则来说，如果其右侧第一个符号与左侧符号相同或者能够推导出左侧符号，那么称该规则是**左递归**的。

前一种情况称为**直接左递归**，而后一种情况称为**间接左递归**。

从左递归到右递归的转换是机械性的。对于直接左递归，如下面左侧所示，我们可以分别重写各

个产生式使之使用右递归，结果如下面右侧所示。

$$
\begin{array}{llll}
Fee & \rightarrow & Fee\ \alpha & \qquad Fee & \rightarrow & \beta\ Fee' \\
& | & \beta & \qquad Fee' & \rightarrow & \alpha\ Fee' \\
& & & \qquad & | & \epsilon
\end{array}
$$

转换引入了一个新的非终结符 Fee'，并将递归转移到 Fee' 上。它还添加了规则 $Fee'\rightarrow\epsilon$，其中 ϵ 表示空串。ϵ 产生式要求在语法分析算法中进行缜密的解释。为使用产生式 $Fee'\rightarrow\epsilon$ 进行扩展，语法分析器只是将 focus 设置为 pop()：focus←pop()，即将关注点前移到语法分析树下边缘上的下一个结点（终结符或非终结符）。

在经典的表达式语法中，$Expr$ 和 $Term$ 对应的产生式中都出现了直接左递归。

原来的语法			变换过的语法		
$Expr$	$\rightarrow$	$Expr + Term$	$Expr$	$\rightarrow$	$Term\ Expr'$
	|	$Expr - Term$	$Expr'$	$\rightarrow$	$+\ Term\ Expr'$
	|	$Term$		|	$-\ Term\ Expr'$
				|	ϵ
$Term$	$\rightarrow$	$Term \times Factor$	$Term$	$\rightarrow$	$Factor\ Term'$
	|	$Term \div Factor$	$Term'$	$\rightarrow$	$\times\ Factor\ Term'$
	|	$Factor$		|	$\div\ Factor\ Term'$
				|	ϵ

将这些替换回插到经典的表达式语法中，可以得到该语法的右递归变体，如图3-4所示。它规定的表达式集合与经典表达式语法是相同的。

0	$Goal$	$\rightarrow$	$Expr$	6	$Term'$	$\rightarrow$	$\times\ Factor\ Term'$
1	$Expr$	$\rightarrow$	$Term\ Expr'$	7		|	$\div\ Factor\ Term'$
2	$Expr'$	$\rightarrow$	$+\ Term\ Expr'$	8		|	ϵ
3		|	$-\ Term\ Expr'$	9	$Factor$	$\rightarrow$	$(\ Expr\ )$
4		|	ϵ	10		|	num
5	$Term$	$\rightarrow$	$Factor\ Term'$	11		|	name

图3-4 经典表达式语法的右递归变体

图3-4中的语法消除了不终止的问题，但它无法避免回溯。图3-5给出了使用该语法的自顶向下语法分析器在输入 a+b×c 上的行为。这个例子仍然假定具有"神谕"选择，我们会在下一节考虑"神谕"的问题。它匹配了所有5个终结符，并应用了11个产生式：比使用左递归语法时多3个。增加的规则应用都涉及导出 ϵ 的产生式。

这个简单的转换消除了直接左递归。我们还必须消除间接左递归，这种递归出现在一连串规则中，如 $\alpha\rightarrow\beta$，$\beta\rightarrow\gamma$，$\gamma\rightarrow\alpha\delta$，这就导致了 $\alpha\rightarrow^+\alpha\delta$。此类间接左递归并不总是那么显然，一长串产生式可能使递归变得模糊不清。

为将间接左递归转换为右递归，与前文采用的"目测后应用转换"相比，我们需要一种更系统化的方法。图3-6中的算法通过彻底应用两种技术消除了语法中所有的左递归：前向替换（forward substitution）将间接左递归转换为直接左递归，再重写直接左递归为右递归。算法假定原来的语法没有环（$A\to^+A$）和ϵ产生式。

规则	句　　　型	输　　　入
	Expr	↑ name + name × name
1	*Term Expr'*	↑ name + name × name
5	*Factor Term' Expr'*	↑ name + name × name
11	name *Term' Expr'*	↑ name + name × name
→	name *Term' Expr'*	name ↑ + name × name
8	name *Expr'*	name ↑ + name × name
2	name + *Term Expr'*	name ↑ + name × name
→	name + *Term Expr'*	name + ↑ name × name
5	name + *Factor Term' Expr'*	name + ↑ name × name
11	name + name *Term' Expr'*	name + ↑ name × name
→	name + name *Term' Expr'*	name + name ↑ × name
6	name + name × *Factor Term' Expr'*	name + name ↑ × name
→	name + name × *Factor Term' Expr'*	name + name × ↑ name
11	name + name × name *Term' Expr'*	name + name × ↑ name
→	name + name × name *Term' Expr'*	name + name × name ↑
8	name + name × name *Expr'*	name + name × name ↑
4	name + name × name	name + name × name ↑

图3-5　使用右递归表达式语法时，对a＋b×c的最左匹配、自顶向下语法分析

```
impose an order on the nonterminals, A₁, A₂, ..., Aₙ

for i ← 1 to n do;
    for j ← 1 to i - 1 do;
        if ∃ a production Aᵢ→Aⱼγ
            then replace Aᵢ→Aⱼγ with one or more
                productions that expand Aⱼ
    end;
    rewrite the productions to eliminate
        any direct left recursion on Aᵢ
end;
```

图3-6　间接左递归的消除

　　算法为非终结符强制规定一种任意的顺序。外层循环按该顺序遍历非终结符。内层循环寻找任何满足下述条件的产生式：将A_i扩展为A_j开头的右侧句型，其中$j<i$。这种扩展可能导致间接左递归。为避免这种情况，该算法使用与A_j相匹配的所有可能的产生式，将出现的每个A_j替换为相应产生式的右侧。即如果内层循环发现一个产生式$A_i\to A_j\,\gamma$，且$A_j\to\delta_1\,|\,\delta_2\,\gamma\,|\cdots|\,\delta_k$，那么算法会将$A_i\to A_j\,\gamma$替换为一组产生式$A_i\to\delta_1\,\gamma\,|\,\delta_2\,\gamma\,|\cdots|\,\delta_k\,\gamma$。这个过程最终将每个可能的间接左递归都转换为直接左递归。外层循环体中的最后一步，使用前文给出的简单转换，将A_i上的任何直接左递归都转换为右递归。因为新的非终结符在循环体末尾添加，且只涉及右递归，外层循环可以忽略它们：新生成的非终结符不需要检查和转换。

考虑外层循环的循环不变量，可能使该算法更清楚。在外层循环第i个迭代开始时

$$\forall_k < i,\ 对任意 l < k,\ 都不存在与 A_k 匹配、且右侧包含 A_l 的产生式$$

在此过程结束时（$i = n$），所有间接左递归都已经通过重复应用内层循环而消除，所有直接左递归都已经被外层循环每个迭代中的最后一步消除。

3. 无回溯语法分析

最左匹配的自顶向下语法分析器中，低效的主要原因是回溯。如果语法分析器用错误的产生式扩展语法分析树的下边缘，在语法分析树的下边缘与词法分析器返回的单词（在语法分析能够正确完成的情况下，对应于语法分析树的叶结点）之间，最终会出现不匹配的情况。在语法分析器发现这种不匹配情形时，它必须撤消构建出错误的语法分析树下边缘的操作，并尝试其他产生式。扩展、收缩、再扩展语法分析树下边缘的操作，费时费力。

在图3-5的推导中，语法分析器在每一步都选择了正确的规则。在一致选择的前提下，如按规则在语法中出现的顺序来考虑采用哪一条规则，那么对每个name都需要进行回溯，首先尝试$Factor \rightarrow (Expr)$然后尝试$Factor \rightarrow num$，最终才能推导出name。类似地，利用规则4和8进行的扩展，在推导出ϵ之前，也考虑了其他的备选方案。

对该语法而言，语法分析器可以利用一个简单的修改来避免回溯。在语法分析器去选择下一条规则时，它可以同时考虑当前关注的符号以及下一个输入符号，称为前瞻符号（lookahead symbol）。通过前瞻一个符号，语法分析器可以消除在解析右递归表达式语法时多种选择造成的不确定性。因而，我们说该语法在前瞻一个符号时是无回溯的。无回溯语法也称为预测性语法。

无回溯语法

一种CFG，最左自顶向下语法分析器可以在至多前瞻一个单词的情况下，总是能够预测正确的产生式规则。

对使得右递归表达式语法无回溯的性质，我们可以进行形式化描述。在语法分析过程中的每一点，对扩展所用产生式的选择是显然的，因为对最左非终结符应用的每一个备选产生式，最终都会推导出一个终结符来。将输入流中的下一个单词与备选产生式推导出的终结符进行比较，即可揭示正确的产生式。

这个想法在直觉上很清楚，但形式化则需要某种符号表示法。对每个语法符号α，定义集合FIRST(α)为：从α推导出的每个符号串的第一个单词所对应的终结符的集合。FIRST的定义域是语法符号的集合$T \cup NT \cup \{\epsilon, eof\}$，其值域是$T \cup \{\epsilon, eof\}$。如果$\alpha$是终结符、$\epsilon$或eof，那么FIRST($\alpha$)刚好有一个成员$\alpha$。对于非终结符$A$来说，FIRST($A$)包含$A$推导出的每个句型的第一个符号中所有可能的终结符。

FIRST集合

对于语法符号α，FIRST(α)是从α推导出的语句开头可能出现的终结符的集合。

eof隐含地出现在语法中每个语句的末尾。因而，它同时出现在FIRST的定义域和值域中。

图3-7给出了一个算法，计算了语法中每个符号的FIRST集合。在算法的第一步，先对简单情形设置FIRST集合，包括终结符、ϵ和eof。对于图3-4所示的右递归表达式语法，第一步将生成下列FIRST集合：

接下来，该算法遍历所有产生式，使用产生式右侧各个符号的FIRST集合，来推导其左侧非终结符的FIRST集合。在算法到达不动点时，该过程将停止。对于前述右递归表达式语法，各个非终结符的FIRST集合如下。

	Expr	*Expr'*	*Term*	*Term'*	*Factor*
FIRST	(, name, num	+, -, ϵ	(, name, num	x, ÷, ϵ	(, name, num

我们已经对单个语法符号定义了FIRST集合。将该定义扩展到符号串也是很方便的。对于符号串 $s = \beta_1\beta_2\beta_3\cdots\beta_k$，我们定义FIRST($s$)为$\beta_1$, β_2, $\cdots$, β_n的FIRST集合的并集，其中β_n是FIRST集合不包含ϵ的第一个符号，而$\epsilon \in$ FIRST(s)的充分且必要条件是：对于$1 \le i \le k$，都有$\epsilon \in \beta_i$。图3-7中的算法计算了这个量，并置于变量rhs中。

```
for each α ∈ (T∪eof∪ε) do;
    FIRST(α) ← α;
end;
for each A ∈ NT do;
    FIRST(A) ← ∅;
end;

while (FIRST sets are still changing) do;
    for each p∈P, where p has the form A→β do;
        if β is β₁β₂...βₖ, where βᵢ ∈ T∪NT, then begin;
            rhs ← FIRST(β₁) − {ε};
            i ← 1;
            while (ε ∈ FIRST(βᵢ) and i ≤ k-1) do;
                rhs ← rhs ∪ (FIRST(βᵢ₊₁)−{ε});
                i ← i + 1;
            end;
        end;
        if i = k and ε ∈ FIRST(βₖ)
            then rhs ← rhs ∪ {ε};
        FIRST(A) ← FIRST(A) ∪ rhs;
    end;
end;
```

图3-7   为语法中的各个符号计算FIRST集合

概念上，FIRST集合简化了自顶向下语法分析器的实现。举例来说，考虑右递归表达式语法中用于*Expr'*的规则：

2	*Expr'*	→	+ *Term Expr'*
3				- *Term Expr'*
4				ϵ

在语法分析器试图扩展 *Expr* 时，它使用前瞻符号和 FIRST 集合在规则 2、3、4 之间作出选择。利用前瞻看到的符号＋，语法分析器使用规则 2 进行扩展，因为＋在 FIRST(＋ *Term Expr'*) 中，而不在 FIRST(*–Term Expr'*) 或 FIRST(ϵ) 中。类似地，前瞻符号为–，则确定了使用规则 3。

规则 4，即 ϵ 产生式，向我们提出了一个稍微困难些的问题。FIRST(ϵ) 只是 { ϵ }，无法匹配词法分析器返回的任何单词。直观看来，在前瞻符号不是任何其他备选产生式的 FIRST 集合的成员时，语法分析器应该应用 ϵ 产生式。为区分合法输入和语法错误，语法分析器必须知道在正确地应用了规则 4 之后，哪些单词可能作为第一个符号出现，即跟随 *Expr* 的符号的集合。

为获取此项知识，我们定义集合 FOLLOW(*Expr'*) 为紧跟 *Expr'* 导出的符号串之后的所有可能单词。图 3-8 给出一个算法，为语法中每个非终结符计算了 FOLLOW 集合，该算法假定 FIRST 集合是存在的。这个算法首先初始化每个 FOLLOW 集合为空集，然后遍历各个产生式，计算部分后缀对产生式右侧每个符号的 FOLLOW 集合的贡献。算法在到达不动点时将停止。对于右递归的表达式语法，该算法的输出如下：

```
for each A ∈ NT do;
    FOLLOW(A) ← ∅;
end;

FOLLOW(S) ← {eof};

while (FOLLOW sets are still changing) do;
    for each p ∈ P of the form A → β₁β₂···βₖ do;
        TRAILER ← FOLLOW(A);
        for i ← k down to 1 do;
            if βᵢ ∈ NT then begin;
                FOLLOW(βᵢ) ← FOLLOW(βᵢ) ∪ TRAILER;
                if ε ∈ FIRST(βᵢ)
                    then TRAILER ← TRAILER ∪ (FIRST(βᵢ) − ε);
                    else TRAILER ← FIRST(βᵢ);
            end;
            else TRAILER ← FIRST(βᵢ);    // is {βᵢ}
        end;
    end;
end;
```

图 3-8　为非终结符计算 FOLLOW 集合

FOLLOW 集合

对于非终结符 α，FOLLOW(α) 是在语句中紧接 α 出现的单词的集合。

	Expr	*Expr'*	*Term*	*Term'*	*Factor*
FOLLOW	eof,)	eof,)	eof,+,-,)	eof,+,-,)	eof,+,-,×,÷,)

在语法分析器试图扩展 *Expr'* 时，可以使用 FOLLOW(*Expr'*)。如果前瞻符号为＋，它应用规则 2。如果前瞻符号为–，它应用规则 3。如果前瞻符号在 FOLLOW(*Expr'*) 中，其中包含 eof 和)，它应用规则

4。任何其他符号都将导致语法错误。

使用FIRST和FOLLOW集合，我们可以准确地规定使得某个语法对自顶向下语法分析器无回溯的条件。对于产生式$A \to \beta$，定义其增强FIRST集合FIRST^+，如下：

$$\text{FIRST}^+(A \to \beta) = \begin{cases} \text{FIRST}(\beta) & \text{如果} \epsilon \notin \text{FIRST}(\beta) \\ \text{FIRST}(\beta) \cup \text{FOLLOW}(A) & \text{否则} \end{cases}$$

现在，无回溯的语法必定具有的性质是：对任何匹配多个产生式的非终结符A，$A \to \beta_1 | \beta_2 | \cdots \beta_n$

$$\text{FIRST}^+(A \to \beta_i) \cap \text{FIRST}^+(A \to \beta_j) = \emptyset, \ \forall \ 1 \le i,j \le n, \ i \ne j.$$

任何具有该性质的语法都是无回溯的。

对于右递归的表达式语法来说，只有产生式4和8的FIRST^+集合不同于其FIRST集合。

	产生式	FIRST集合	FIRST$^+$集合
4	$Expr' \to \epsilon$	$\{\epsilon\}$	$\{\epsilon, \text{eof},)\}$
8	$Term' \to \epsilon$	$\{\epsilon\}$	$\{\epsilon, \text{eof}, +, -,)\}$

对语法中每个非终结符都可以定义一个集合，包含各个与之匹配的产生式的右侧句型；在每个集合中，分别应用上述的无回溯条件，判断所有可能的句型对，即可证明语法确实是无回溯的。

4. 提取左因子以消除回溯

并非所有语法都是无回溯的。有回溯语法的例子，可以考虑扩展表达式语法，在其中加入函数调用和数组元素引用，前者表示为括号(和)，后者表示为方括号[和]。为增加这些选项，我们用一组三个规则来替换产生式11，即$Factor \to$ name，外加一组用于参数列表的右递归规则。

11	$Factor$	$\to$	name
12		|	name [$ArgList$]
13		|	name ($ArgList$)
15	$ArgList$	$\to$	$Expr$ $MoreArgs$
16	$MoreArgs$	$\to$	, $Expr$ $MoreArgs$
17		|	ϵ

因为产生式11、12、13都从name开始，其FIRST^+集合是相同的。在语法分析器试图利用前瞻符号name来扩展$Factor$实例时，则无法从11、12和13中进行选择。编译器编写者可以实现这样的语法分析器，即选择其中一个规则，并在该规则出错时回溯。另一种方案是，我们可以转换这些产生式，使之生成不相交的FIRST^+集合。

前瞻两个单词可以处理这种情况。但对于使用任意有限个前瞻符号的情况，都可以设计出一种语法，使得在给定数目的前瞻符号下不足以进行预测。

对产生式11、12和13的下列重写，描述的语言是相同的，但可以生成不相交的FIRST^+集合：

11	$Factor$	$\to$	name $Arguments$
12	$Arguments$	$\to$	[$ArgList$]
13		|	($ArgList$)
14		|	ϵ

重写将*Factor*的推导分为两个步骤。第一步匹配规则11、12和13的公共前缀。第二步识别三个不同的后缀：[*Expr*]，(*Expr*)和ε。重写添加了一个新的非终结符*Arguments*，并将*Factor*的备选后缀推入*Arguments*右侧的句型中。我们将这种转换称为提取左因子（left factoring）。

提取左因子

在一组产生式中，提取并隔离共同前缀的过程。

我们可以对任何规则集提取左因子，只要各个产生式的右侧有公共的前缀即可。这种转换的输入是一个非终结符及其产生式：

$$A \rightarrow \alpha\beta_1 \mid \alpha\beta_2 \mid \cdots \mid \alpha\beta_n \mid \gamma_1 \mid \gamma_2 \mid \cdots \mid \gamma_j$$

其中 α 是公共的前缀，而 γ_i 表示不从 α 开始的右侧句型。转换将引入一个新的非终结符 B，来表示 α 的各种备选后缀，并根据下述模式重写原来的产生式：

$$A \rightarrow \alpha B \mid \gamma_1 \mid \gamma_2 \mid \cdots \mid \gamma_j$$
$$B \rightarrow \beta_1 \mid \beta_2 \mid \cdots \mid \beta_n$$

为对完整的语法提取左因子，我们必须检查每个非终结符，找到公共的前缀，并以系统化的方法应用前述转换。举例来说，在上述的模式中，我们必须考虑进一步分解 B 的右侧各个句型，因为两个或更多的 β_i 可能共享同一个前缀。当所有的公共前缀都已经识别出来并重写之后，这个过程才会停止。

提取左因子通常可以消除回溯。然而，某些上下文无关语言没有无回溯语法。给定任意CFG，编译器编写者都可以系统化地消除左递归，并使用提取左因子的方法消除公共的前缀。这些转换可能会生成一个无回溯的语法。但一般来说，对于任意的上下文无关语言，是否存在无回溯语法是不可判定的。

3.3.2 自顶向下的递归下降语法分析器

借助于称为递归下降（recursive descent）的范型，无回溯语法有助于实现简单高效的语法分析过程。递归下降的语法分析器，在结构上呈现为一组相互递归的过程，语法中的每个非终结符号都对应于一个过程。对应于非终结符*A*的过程可以识别输入流中*A*的一个实例。为识别*A*的某个产生式右侧的非终结符*B*，语法分析器调用对应于*B*的过程。因而，语法自身充当了实现语法分析器的指南。

预测性语法分析器与DFA

将DFA风格的推导自然地扩展到语法分析器即为预测性语法分析（predictive parsing）。DFA从一个状态转移到另一个状态，完全只是基于下一个输入字符。预测性语法分析器根据输入流中的下一个单词，来选择一个产生式进行扩展。因而，对于语法中的每个非终结符，从可接受的输入串中的第一个单词到产生式，一定有一个一一映射，由此可以为该符号串找到一个推导。在DFA和能够以可预测方式解析的语法之间，二者能力上真正的差别可以从下述事实推断出来：一次预测可以导出一个有许多符号的右侧句型，而在正则语法中，只能预测一个符号。这使得预测性语法可以包含诸如 $p \rightarrow (p)$ 这样的产生式，这超出了正则表达式的描述能力。（回想可以识别 $(^+\Sigma^*)^+$ 的正则表达式，但正则表达式无法规定左括号和右括号的数目必须匹配。）

当然，手工编码的递归下降语法分析器可以使用任意的技巧来消除选择产生式时的不确定性。

例如，如果特定产生式的左侧符号无法利用单个前瞻符号来预测，那么语法分析器完全可以使用两个前瞻符号。只要审慎小心，这样做应该不会导致出现问题。

考虑右递归表达式语法中用于*Expr*′的三个规则：

	产 生 式	FIRST+
2	*Expr*′ → + *Term Expr*′	{+}
3	｜ − *Term Expr*′	{−}
4	｜ ε	{ε, eof, ）}

为识别*Expr*′的实例，我们将需要创建一个例程EPrime()。它遵循一种简单的模式：根据三个规则右侧句型的FIRST+集合，来从三个规则中进行选择（或报告语法错误）。对于每个产生式的右侧句型，代码直接测试输入流中接下来是否有任何匹配该句型的符号。

为检验某个非终结符（假定为*A*）的存在性，代码调用对应于*A*的过程。为检验终结符，如name，代码进行直接比较，如果成功的话，则调用词法分析器NextWord()，以便在输入流中前进一个位置。如果匹配ε产生式，则代码并不调用NextWord()。图3-9为EPrime()给出了一个直接的实现。其中合并了规则2和3，因为它们结束于同样的后缀*Term Expr*′。

```
EPrime()
    /* Expr′ → + Term Expr′ | − Term Expr′ */
    if (word = + or word = −) then begin;
        word ← NextWord();
        if (Term())
            then return EPrime();
            else return false;
    end;
    else if (word = ）or word = eof)    /* Expr′ → ε */
        then return true;
        else begin;                     /* no match */
            report a syntax error;
            return false;
        end;
```

图3-9　EPrime()的实现

构建完整的递归下降语法分析器的策略同样比较清楚。对于每个非终结符，我们构建一个过程，来识别与之匹配的各个产生式的右侧句型。这些过程彼此嵌套调用，以识别对应的非终结符。终结符的识别通过直接匹配进行。图3-10给出了一个自顶向下的递归下降语法分析器，用于识别图3-4中给出的经典表达式语法的右递归版本。用于识别各产生式中相似右侧句型的代码已经合并。

对于小型语法来说，编译器编写者可以快速编写出一个递归下降的语法分析器。只需稍加小心，递归下降的语法分析器即可生成精确、详细的错误信息。当语法分析器无法找到预期的终结符时，在相应的代码路径上，很自然地需要生成错误消息：在本例中，错误信息是在EPrime、TPrime和Factor的内部输出。

```
Main( )
    /* Goal → Expr */
    word ← NextWord( );
    if (Expr( ))
        then if (word = eof )
            then report success;
            else Fail();

Fail( )
    report syntax error;
    attempt error recovery or exit;

Expr( )
    /* Expr → Term Expr' */
    if (Term( ))
        then return EPrime( );
        else Fail();

EPrime( )
    /* Expr'→ + Term Expr' */
    /* Expr'→ - Term Expr' */
    if (word = + or word = -)
        then begin;
            word ← NextWord( );
            if (Term())
                then return EPrime( );
                else Fail();
        end;
    else if (word = ) or word = eof)
        /* Expr'→ ε */
        then return true;
        else Fail();

Term( )
    /* Term → Factor Term' */
    if (Factor( ))
        then return TPrime( );
        else Fail();

TPrime( )
    /* Term'→ × Factor Term' */
    /* Term'→ ÷ Factor Term' */
    if (word = × or word = ÷)
        then begin;
            word ← NextWord( );
            if (Factor( ))
                then return TPrime( );
                else Fail();
        end;
    else if (word = + or word = - or
            word = ) or word = eof)
        /* Term'→ ε */
        then return true;
        else Fail();

Factor( )
    /* Factor → ( Expr ) */
    if (word = ( ) then begin;
        word ← NextWord( );
        if (not Expr( ))
            then Fail();
        if (word ≠ ) )
            then Fail();
        word ← NextWord( );
        return true;
    end;
    /* Factor → num */
    /* Factor → name */
    else if (word = num or
            word = name )
        then begin;
            word ← NextWord( );
            return true;
        end;
    else Fail();
```

图3-10 用于识别表达式的递归下降语法分析器

3.3.3 表驱动的 LL(1)语法分析器

遵照FIRST⁺集合所隐含的知识，对于无回溯语法，我们可以自动地生成自顶向下语法分析器。该工具会构建FIRST、FOLLOW和FIRST⁺集合。因为FIRST⁺集合完全支配了语法分析过程中的各项决策，因此该工具接下来即可生成一个高效的自顶向下语法分析器。由此得到的语法分析器称为LL(1)

语法分析器。LL(1)得名于下述事实：这种语法分析器由左（Left，L）到右扫描其输入，构建一个最左推导（Leftmost，L），其中仅使用一个前瞻符号(1)。

以LL(1)模式工作的语法通常称为LL(1)语法。根据定义，LL(1)语法是无回溯的。

```
word ← NextWord( );
push eof onto Stack;
push the start symbol, S, onto Stack;
focus ← top of Stack;
loop forever;
    if (focus = eof and word = eof)
        then report success and exit the loop;
    else if (focus ∈ T or focus = eof) then begin;
        if focus matches word then begin;
            pop Stack;
            word ← NextWord( );
        end;
        else report an error looking for symbol at top of stack;
    end;
    else begin; /* focus is a nonterminal */
        if Table[focus,word] is A → B₁B₂···Bₖ then begin;
            pop Stack;
            for i ← k to 1 by -1 do;
                if (Bᵢ ≠ ε)
                    then push Bᵢ onto Stack;
            end;
        end;
        else report an error expanding focus;
    end;
    focus ← top of Stack;
end;
```

(a) 框架LL(1)语法分析器

	eof	+	−	×	÷	(	)	name	num
Goal	—	—	—	—	—	0	—	0	0
Expr	—	—	—	—	—	1	—	1	1
Expr'	4	2	3	—	—	—	4	—	—
Term	—	—	—	—	—	5	—	5	5
Term'	8	8	8	6	7	—	8	—	—
Factor	—	—	—	—	—	9	—	11	10

(b) 用于识别右递归表达式语法的LL(1)语法分析表

图3-11　用于识别表达式的LL(1)语法分析器

为构建LL(1)语法分析器，编译器编写者需要提供一个右递归、无回溯的语法，和一个用于构建实际语法分析器的语法分析器生成器。LL(1)语法分析器生成器最常见的实现技术使用了一个表驱动的框架语法分析器，如图3-11顶部给出的代码所示。语法分析器生成器会构建表Table，其中整理了语法分析所用的各项决策，该表用于驱动框架语法分析器。图3-11图底部给出了用于识别图3-4所示右递归表达式语法的LL(1)表。

语法分析器生成器

一种工具，可以根据规格来构建语法分析器，规格通常是用类BNF符号表示法写出的一种语法。语法分析器生成器也称为编译器的编译器。

在框架语法分析器中，变量focus包含了部分构建的语法分析树下边缘中的下一个语法符号，该语法符号必须得到匹配。（类似于图3-2，focus在此处发挥了同样的作用。）语法分析表Table，将非终结符和前瞻符号（终结符或eof）的对映射到产生式。给定非终结符A和前瞻符号w，Table[A, w]指定了用于扩展语法树的正确产生式。

构建Table的算法简单且直接。算法假定语法的FIRST、FOLLOW和FIRST$^+$集合都是可用的。它将遍历语法符号并填充Table，如图3-12所示。如果语法满足无回溯条件（参见"无回溯语法分析"一节），构建过程将在$\mathbf{O}(|P| \times |T|)$时间内生成一个正确的表，其中$P$是产生式的集合，而$T$是终结符的集合。

```
build FIRST, FOLLOW, and FIRST+ sets;

for each nonterminal A do;
    for each terminal w do;
        Table[A ,w] ← error;
    end;
    for each production p of the form A → β do;
        for each terminal w ∈ FIRST+(A → β) do;
            Table[A,w] ← p;
            end;
        if eof ∈ FIRST+(A → β)
            then Table[A,eof] ← p;
    end;
end;
```

图3-12　构建LL(1)表的算法

如果语法不是无回溯的，对Table中的某些元素，构建过程将分配多个产生式。

如果构建过程向Table[A, w]分配了多个产生式，那么，与A匹配的多个产生式右侧句型的FIRST$^+$集合中都包含w，这违反了无回溯条件。语法分析器生成器可以检测这种情形，只需对同一Table表项的两次赋值进行简单测试即可。

图3-13中的例子给出了表达式语法的LL(1)语法分析器在解析输入串a+b×c时采取的操作。中间一列显示了语法分析器中栈的内容，其中包含了语法分析树部分完成的下边缘。当语法分析器从栈中弹出$Expr'$、使eof暴露在栈顶时，eof隐含地成为了输入流中的下一个符号，此时语法分析的过程成功结束。

规则	栈	输入
—	eof *Goal*	↑ name + name x name
0	eof *Expr*	↑ name + name x name
1	eof *Expr′ Term*	↑ name + name x name
5	eof *Expr′ Term′ Factor*	↑ name + name x name
11	eof *Expr′ Term′* name	↑ name + name x name
→	eof *Expr′ Term′*	name ↑ + name x name
8	eof *Expr′*	name ↑ + name x name
2	eof *Expr′ Term* +	name ↑ + name x name
→	eof *Expr′ Term*	name + ↑ name x name
5	eof *Expr′ Term′ Factor*	name + ↑ name x name
11	eof *Expr′ Term′* name	name + ↑ name x name
→	eof *Expr′ Term′*	name + name ↑ x name
6	eof *Expr′ Term′ Factor* x	name + name ↑ x name
→	eof *Expr′ Term′ Factor*	name + name x ↑ name
11	eof *Expr′ Term′* name	name + name x ↑ name
→	eof *Expr′ Term′*	name + name x name ↑
8	eof *Expr′*	name + name x name ↑
4	eof	name + name x name ↑

图3-13   LL(1)语法分析器解析a＋b×c时的各项操作

现在，考虑LL(1)语法分析器在非法输入串x＋÷y上的操作，如图3-14所示。在语法分析器试图用前瞻符号÷扩展*Term*时，检测到语法错误。Table[*Term*, ÷]包含的规则为——，这表示语法错误。

另外，LL(1)语法分析器生成器还可以生成直接编码的语法分析器，风格类似于第2章中讨论过的直接编码词法分析器。语法分析器生成器需要构建FIRST、FOLLOW和FIRST⁺集合。接下来，它会遵照图3-12中构建表的算法所用的模式，遍历语法。这种情况下，语法分析器生成器并不生成表项，而是对每个非终结符生成一个过程，用于识别与之匹配的各种产生式的右侧句型。这个过程根据FIRST⁺集合来进行。它仍然具有与直接编码词法分析器和递归下降语法分析器相同的速度和局部性优势，而同时又保持了语法生成系统的优点，如简洁、高级的语法规格和显著减少的实现工作量。

规则	栈	输入
—	eof *Goal*	↑ name + ÷ name
0	eof *Expr*	↑ name + ÷ name
1	eof *Expr′ Term*	↑ name + ÷ name
5	eof *Expr′ Term′ Factor*	↑ name + ÷ name
11	eof *Expr′ Term′* name	↑ name + ÷ name
→	eof *Expr′ Term′*	name ↑ + ÷ name
8	eof *Expr′*	name ↑ + ÷ name
2	eof *Expr′ Term* +	name ↑ + ÷ name
→	eof *Expr′* ⌐*Term*⌐	name + ⌐↑ + ÷⌐ name

此时出现
语法错误

图3-14   LL(1)语法分析器在x＋÷y上的操作

本节回顾

　　预测性语法分析器简单、紧凑且高效。它们可以用许多方法实现，包括手工编码语法分析器、递归下降语法分析器和生成的LL(1)语法分析器（可以是表驱动或直接编码的）。因为在语法分析过程中的每一点，这种语法分析器都知道可以作为有效输入串中下一个符号出现的单词集，因而可以产生精确和有用的错误信息。

　　大多数程序设计语言结构都可以用无回溯语法表达。因而，这种技术有着广泛的应用。至于匹配同一非终结符的多个产生式，其右侧句型的FIRST$^+$集合应该不相交的约束，实际上并不会对LL(1)语法的实用性有严重的限制。在3.5.4节我们会看到，自顶向下预测性语法分析器的主要缺点在于不能处理左递归。与右递归语法相比，左递归语法用一种更自然的方式建立了表达式运算符从左到右结合性（left-to-right associativity）的模型。

复习题

　　(1) 为构建一个高效的自顶向下语法分析器，编译器编写者必须用一种一定程度上受限的形式表达源语言。请解释为进行高效的自顶向下语法分析而对源语言语法施加的限制。

　　(2) 列举手工编码的递归下降语法分析器相对于生成的表驱动LL(1)语法分析器的两个潜在的优点，列举LL(1)语法分析器相对于递归下降实现的两个优点。

3.4　自底向上语法分析

　　自底向上语法分析器从叶结点开始构建语法分析树，自叶结点向根结点的方向前进。语法分析器对词法分析器返回的每个单词分别构建一个叶结点。这些叶结点形成了语法分析树的下边缘。为构建一个推导，语法分析器需要根据语法和语法分析树部分完成的底部，在叶结点之上添加非终结符层。

　　在语法分析过程的任何阶段，部分完成的语法分析树都表示了语法分析的状态。词法分析器返回的每个单词由一个叶结点表示。叶结点之上的结点编码了语法分析器已经推导出的所有知识。语法分析器沿部分完成的语法分析树的上边缘工作，该边缘对应于语法分析器正在构建的推导中的当前句型。

　　为向上扩展语法分析树的上边缘，语法分析器考察当前的边缘，寻找一个与某个产生式$A \to \beta$的右侧句型相匹配的子串。如果在语法分析树的上边缘找到β，其右端位于k，那么语法分析器可以将β替换为A，从而创建新的上边缘。如果在输入串的有效推导中，下一步是在位置k用A替换β，那么$(A \to \beta, k)$对是当前推导中的一个句柄（handle），语法分析器应该用A替换β。这种替换称为归约（reduction），因为它减少了上边缘符号的数目，除非$|\beta| = 1$。如果语法分析器正在构建一个语法分析树，它会为A构建一个结点，并将该结点添加到树中，将表示β的各个结点连接到A作为子结点。

句柄

　　句柄是一个对$\langle A \to \beta, k \rangle$，其中$\beta$出现在语法分析树的上边缘，而其右侧末端位于位置$k$，且将$\beta$替换为$A$是语法分析中的下一步。

归约

在自底向上语法分析器中，利用$A \to \beta$将语法分析树上边缘中的β替换为A，从而缩减语法树上边缘的做法。

在自底向上语法分析中，找到句柄是关键问题。以后几节阐述的技术形成了一种特别高效的句柄查找机制。在整个3.4节中，我们将不断回到该问题进行讨论。但在这里，我们首先从比较高的层次上来描述自底向上语法分析器。

自底向上语法分析器重复了一个简单的过程。它首先在语法分析树上边缘找到一个句柄$\langle A \to \beta, k \rangle$。接下来，它将位置$k$处的$\beta$替换为$A$。这个过程会一直持续下去，直到出现以下两种情况为止：(1) 它将语法分析树的上边缘缩减到只包含一个结点，该结点表示语法的目标符号；(2) 它无法找到句柄。在前一种情况下，语法分析器已经找到了一个推导，同时，如果输入流中所有的单词都已经消耗掉（即下一个单词是eof），那么语法分析过程到此已经成功。在第二种情况下，语法分析器无法为输入流构建推导，它应该报告失败。

成功的语法分析过程会经历推导的每个步骤。在语法分析失败时，语法分析器应该使用部分推导中累积的上下文知识，产生一个有意义的错误信息。在很多情况下，语法分析器可以从错误恢复并继续进行语法分析，这样它可以在一遍语法分析中发现尽可能多的语法错误（参见3.5.1节）。

要确保自底向上语法分析既正确又高效，推导和语法分析之间的关系发挥了关键的作用。自底向上语法分析器从最终的语句开始，向着目标符号的方向工作，而推导从目标符号开始，向着最终语句的方向工作。那么，语法分析器会按照逆向次序发现推导的各个步骤。对于如下的推导：

$$Goal = \gamma_0 \to \gamma_1 \to \gamma_2 \to \cdots \to \gamma_{n-1} \to \gamma_n = sentence$$

自底向上语法分析器首先发现$\gamma_i \to \gamma_{i+1}$，然后才发现$\gamma_{i-1} \to \gamma_i$。这种顺序，是由构建语法分析树的方式所决定的。在匹配γ_i之前，语法分析器必须向语法分析树的上边缘增加对应于γ_i的结点。

词法分析器按从左到右的顺序返回归类后的单词。为使词法分析器从左到右的工作顺序与语法分析器构建的反向推导相一致，自底向上语法分析器将寻找最右推导。在最右推导中，最左叶结点被认为是最后一个。把推导的顺序反转过来，刚好是我们所需要的行为：首先匹配最左叶结点，最后匹配最右叶结点。

在语法分析过程中的每一点，语法分析器都在部分构建的语法分析树的上边缘进行操作，当前的上边缘是推导中对应句型的一个前缀。因为每个句型都出现在一个最右推导中，所以未经考查的后缀部分是完全由终结符组成的。在语法分析器需要更多的右端上下文信息时，它会调用词法分析器。

对于无歧义语法来说，最右推导是唯一的。另外，对于很大一类无歧义语法，γ_{i-1}可以直接通过γ_i（语法分析树的上边缘）并前瞻输入流中有限数量的符号而确定。换言之，给定语法分析树上边缘γ_i，并附加有限数目的已归类单词（前瞻符号），语法分析器可以找到从γ_i到γ_{i-1}的句柄。对于这种语法，我们可以使用一种称为LR语法分析的技术，来构建一个高效的句柄查找器（handle-finder）。本节考察一种特定风格的LR语法分析器，称为表驱动的LR(1)语法分析器。

LR(1)语法分析器从左到右扫描输入，以反向构建一个最右推导。在每一步，语法分析器会根据语法分析的历史和最多一个前瞻符号来作出决策。名称LR(1)得名于下列性质：从左（<u>L</u>eft）到右扫描（L），反向（<u>R</u>everse）最右推导（R），一个前瞻符号（1）。

如果有一种语言可以通过单遍从左到右扫描来反向构建最右推导，同时只使用一个前瞻符号来确定语法分析操作，那么，能通过上述方式进行语法分析的语言，我们（非正式地）称其具有LR(1)性质。实际上，判断一种语法是否具有LR(1)性质最简单的测试方法是，让语法分析器生成器尝试对其构建LR(1)语法分析器。如果该过程失败，那么该语法不具备LR(1)性质。本节其余部分，将介绍LR(1)语法分析器及其操作。3.4.2节讲述了一个构建相关的表的算法，表中编码了LR(1)语法分析器的知识。

3.4.1 LR(1)语法分析算法

自底向上语法分析器（如表驱动的LR(1)语法分析器）中的关键步骤是找到下一个句柄。高效的句柄查找机制是高效的自底向上语法分析的关键。LR(1)语法分析器使用一种句柄查找自动机，该自动机编码在两个表中，称为Action和Goto。图3-15给出了一个简单的表驱动LR(1)语法分析器。

```
push $;
push start state, s₀;
word ← NextWord( );
while (true) do;
    state ← top of stack;
    if Action[state,word] = "reduce A → β" then begin;
        pop 2 ×|β| symbols;
        state ← top of stack;
        push A;
        push Goto[state, A];
    end;
    else if Action[state,word] = "shift sᵢ" then begin;
        push word;
        push sᵢ ;
        word ← NextWord( );
    end;
    else if Action[state,word] = "accept"
        then break;
    else Fail( );
end;
report success;   /* executed break on "accept" case */
```

图3-15 框架LR(1)语法分析器

框架LR(1)语法分析器对Action表和Goto表进行解释，以便在输入串的反向最右推导中找到连续的各个句柄。在语法分析器找到一个句柄⟨A→β, k⟩时，它将当前句型（部分完成的语法分析树的上边缘）中位置k处的β归约为A。框架语法分析器并不构建一个显式的语法分析树，而是通过栈来维护部分构建的树的当前上边缘，其间夹杂着来自句柄查找自动机的各个状态，从而将这些归约操作串联起来，构成完整的语法分析过程。在语法分析过程中的任一点，栈都包含了语法分析树当前上边缘的一个前缀。在前缀之外，语法分析树的上边缘由叶结点组成。语法分析树上边缘不在栈中的部分（即后缀）中的第一个单词，保存在变量word中，它就是前瞻符号。

为找到下一个句柄，LR(1)语法分析器不断将符号移入栈中，直至句柄查找自动机在栈顶找到某个句柄所含产生式的右侧句型为止。在语法分析器找到一个句柄后，就通过句柄中的产生式进行归约。为此，它从栈中弹出 β 中的符号，并将相应产生式的左侧非终结符A压栈。在由语法驱动、查找反向最右推导（如果存在的话）的操作序列中，Action表和Goto表将移进和归约操作串联起来。

利用栈，LR(1)语法分析器使得句柄中的位置 k 变为隐含的常数。

为讲述得具体些，可以考虑如图3-16a所示的语法，该语法描述了正确嵌套的括号所形成的语言。图3-16b给出了该语法的Action表和Goto表。在与框架LR(1)语法分析器协调使用时，就形成了一个识别括号语言的语法分析器。

1	$Goal \rightarrow List$
2	$List \rightarrow List\ Pair$
3	$\vert\ Pair$
4	$Pair \rightarrow (\ Pair\ )$
5	$\vert\ (\ )$

状态	Action表			Goto表	
	eof	(	)	List	Pair
0		s 3		1	2
1	acc	s 3			4
2	r 3	r 3			
3		s 6	s 7		5
4	r 2	r 2			
5			s 8		
6		s 6	s 10		9
7	r 5	r 5			
8	r 4	r 4			
9			s 11		
10			r 5		
11			r 4		

(a) 括号语法 　　　　　　(b) Action表和Goto表

图3-16 括号语法

为理解框架LR(1)语法分析器的行为，考虑其处理输入串 ( ) 时的操作序列。

迭代	状态	单词	栈	句柄	操作
initial	—	(	$ 0	— none —	—
1	0	(	$ 0	— none —	*shift 3*
2	3	)	$ 0 (3	— none —	*shift 7*
3	7	eof	$ 0 (3) 7	( )	*reduce 5*
4	2	eof	$ 0 *Pair* 2	*Pair*	*reduce 3*
5	1	eof	$ 0 *List* 1	*List*	*accept*

第一行给出了语法分析器的初始状态。后续各行给出了其在while循环的各次迭代开始时的状态，及其采取的操作。在第一次迭代开始时，栈并不包含句柄，因此语法分析器将前瞻符号 (移进到栈上。根据Action表，语法分析器知道要进行移进操作并转移到状态3。在第二次迭代开始时，栈仍然不包含句柄，因此语法分析器将) 移进到栈上，以累积更多的上下文信息。然后语法分析器转移到状态7。

在第三次迭代中，情况已经改变。此时栈中包含一个句柄 $\langle Pair \rightarrow ( )\ ,t\rangle$，其中 t 是栈顶。Action表指示语法分析器将(_)归约为*Pair*。栈中*Pair*下面的状态值为0，因而语法分析器转移到状态2（由Goto[0, Pair]规定）。在状态2，因为*Pair*位于栈顶，而前瞻符号为eof，语法分析器找到了句柄 ⟨*List*→*Pair, t*⟩ 并进行归约，这使得语法分析器转到状态1（由Goto[0, List]规定）。最后，在状态1，*List*位于栈顶，而前瞻符号为eof，语法分析器发现了句柄⟨*Goal*→*List,t*⟩。Action表将这种情况标记为接受操作，因此语法分析停止下来。

> 在LR语法分析器中，句柄总是位于栈顶，而各个句柄的链构成了一个反向的最右推导。

这个语法分析过程需要两个移进和三个归约操作。LR(1)语法分析器花费的时间，与输入的长度（词法分析器返回的每个单词都需要一个移进操作）和推导的长度（推导中的每个步骤，都需要一个归约操作）成正比。一般来说，我们不能预期以更少的步骤来找到对应于某个语句的推导。

图3-17给出了语法分析器处理输入串(_())(_)时的行为。在这个输入上，语法分析器执行了6次移进、5次归约、1次接受操作。在图3-18中，给出了语法分析器while循环的每个迭代开始时部分构建的语法分析树的状态。3-18中每幅图的顶部都给出了迭代编号，灰色横条包含了部分语法分析树的上边缘。在LR(1)语法分析器中，这个上边缘呈现在栈上。

迭代	状态	word	栈	句柄	操作
initial	—	(	$ 0	— none —	—
1	0	(	$ 0	— none —	*shift 3*
2	3	(	$ 0 (3	— none —	*shift 6*
3	6	)	$ 0 (3 (6	— none —	*shift 10*
4	10	)	$ 0 (3 (6) 10	( )	*reduce 5*
5	5	)	$ 0 (3 *Pair* 5	— none —	*shift 8*
6	8	(	$ 0 (3 *Pair* 5) 8	(*Pair*)	*reduce 4*
7	2	(	$ 0 *Pair* 2	*Pair*	*reduce 3*
8	1	(	$ 0 *List* 1	— none —	*shift 3*
9	3	)	$ 0 *List* 1 (3	— none —	*shift 7*
10	7	eof	$ 0 *List* 1 (3) 7	( )	*reduce 5*
11	4	eof	$ 0 *List* 1 *Pair* 4	*List Pair*	*reduce 2*
12	1	eof	$ 0 *List* 1	*List*	*accept*

图3-17 LR(1)语法分析器处理(_())(_)时历经的各个状态

1. 查找句柄

语法分析器的操作进一步阐明了查找句柄的过程。考虑语法分析器处理输入串(_)的操作，如图3-15后面的表所示。语法分析器的迭代3、4、5中均找到一个句柄。在迭代3中，(_)语法分析树的上边缘显然匹配了产生式5的右侧句型。根据Action表，我们知道，如果前瞻符号为eof或(，则意味着需要根据产生式5进行归约。那么接下来，在迭代4中，语法分析器看到栈顶为*Pair*，而前瞻符号为eof或(，二者又组成了一个句柄，可以通过产生式*List*→*Pair*进行归约。这个语法分析过程的最后一个句柄在状态1中，此时*List*位于栈顶，而前瞻符号为eof，触发了接受操作。

要理解栈上保存的各个状态是如何改变语法分析器行为的，需要考虑语法分析器处理另一个输入串(_())(_)时的操作，如图3-17所示。起初，语法分析器在迭代1到3中，分别将(、(和)移进到栈上。在迭代4中，语法分析器根据产生式5进行归约，将栈顶两个符号(和)替换为*Pair*，并转移到状态5。

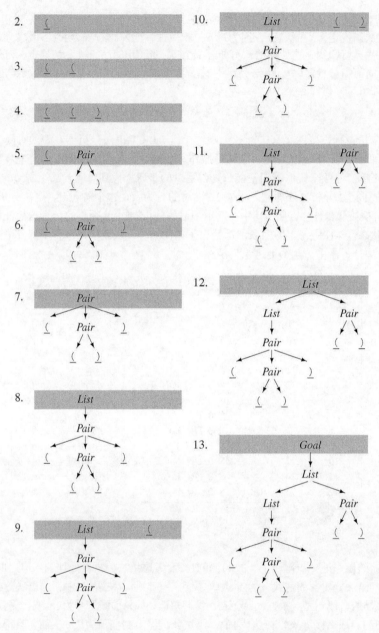

图3-18   解析(( ))( )时，构建的一系列部分语法分析树

在这两个例子中，语法分析器将栈顶的符号串( )三次识别为句柄。在每种情况下，语法分析器的行为有所不同，这是基于栈中此前累积的左侧上下文不同而作出的不同决策。比较这三种情况即可揭示栈中的状态是如何控制语法分析过程的未来方向的。

对于第一个例子<u>( )</u>，语法分析器在找到句柄时处于状态s_7[①]，此时前瞻符号为eof。归约操作使得栈中处于<u>( )</u>之下的s_0浮到栈顶，而Goto[s_0, *Pair*]为s_2。在s_2中，前瞻符号eof又导致发生了另一次归约操作，而后则是接受操作。s_2状态下，前瞻符号)将产生错误。

第二个例子<u>(( )) ( )</u>中，则会两次遇到对应于<u>( )</u>的句柄。第一个句柄出现在迭代4中。此时语法分析器处于状态s_{10}，前瞻符号为)。此前它已经将<u>(</u>、<u>(</u>、<u>)</u>移进到栈上。Action表指示操作为r 5，因此语法分析器通过*Pair*→<u>( )</u>进行归约。这次归约操作，使栈中位于<u>( )</u>之下的s_3到栈顶，而Goto[s_3, *Pair*]为s_5，该状态下，前瞻符号)是合法的。语法分析器第二次发现<u>( )</u>并将其作为句柄是发生在迭代10中。相应的归约操作，使得栈中处于<u>( )</u>之下的s_1浮到栈顶，这使得语法分析器转移到状态s_4。在状态s_4中，前瞻符号eof或<u>(</u>会触发归约操作，将*List Pair*归约为*List*，而前瞻符号)将导致错误。

Action表和Goto表以及栈，使得语法分析器能够跟踪此前的左侧上下文，并根据该上下文采取不同的操作。因而，语法分析器正确地处理了上述两个例子所涉及的三种情况，都为<u>( )</u>找到了句柄。当我们考察Action表和Goto表的构建时将再谈及这个问题。

2. 错误输入串的语法分析

为了解LR(1)语法分析器发现语法错误的方式，可以考虑其解析输入串<u>( )</u>时的操作序列，如下所示：

迭代	状态	word	栈	句柄	操作
initial	—	<u>(</u>	$ 0	— *none* —	—
1	0	<u>(</u>	$ 0	— *none* —	*shift 3*
2	3	<u>)</u>	$ 0 <u>(3</u>	— *none* —	*shift 7*
3	7	<u>)</u>	$ 0 <u>(3) 7</u>	— *none* —	*error*

语法分析过程的前两个迭代过程如同第一个例子<u>( )</u>。语法分析器分别将<u>(</u>和<u>)</u>移进到栈上。在while循环的第三个迭代中，它将检查状态7和前瞻符号)对应的Action表项。该表项不包含移进、归约、接受三种操作中的任何一种，因此语法分析器将其解释为错误。

LR(1)语法分析器通过一种简单的机制检测语法错误：相应表项无效。语法分析器会尽快检测错误，读取尽可能少的单词来证明输入是错误的。这种性质使得语法分析器能够将错误定位到输入中某个具体的位置。利用可用的上下文信息和语法知识，我们可以构建出能提供良好的错误诊断信息的LR(1)语法分析器。

3. 利用LR语法分析器

LR语法分析的关键在于Action表和Goto表的构建。对于给定的语法来说，这两个表中编码了其反向最右推导中可能出现的所有合法的归约序列。虽然这种序列的数目比较庞大，但语法自身限制了归约可能出现的顺序。

编译器编写者可以手工构建Action表和Goto表。但由于构建表的算法需要谨慎地记录诸多信息，因此，这显然是应该委托给计算机自动化处理的那一类任务。有很多程序可以自动化构建表。下一节介绍一个算法，可用于构建LR(1)语法分析表。

利用LR(1)语法分析器生成器，编译器编写者的任务缩减为定义语法并确保该语法具有LR(1)性

---

① s_7即指状态7，从此处起，对状态的引用方式与上文有所不同。——译者注

质。实际上，LR(1)表生成器可以识别具有歧义的产生式，也可以识别因为表示方式的原因而需要前瞻多个单词才能确定到底采用移进操作还是归约操作的产生式。随着我们对表构建算法的学习，我们会看到这些问题是如何出现的、如何解决的以及如何领会LR(1)语法分析器生成器产生的各种诊断信息。

4. 使用更多的前瞻符号

潜藏于LR(1)语法分析器背后的思想实际上定义了一系列语法分析器，只是所用前瞻符号数量各有不同。一个LR(k)语法分析器最多使用k个前瞻符号。增加的一个前瞻符号，使LR(2)语法分析器比LR(1)语法分析系统所能识别的语法集合更大。但几近于矛盾的是，增加的前瞻符号并不能增大这种语法分析器可以识别的语言集合。对$k > 1$，LR(1)语法分析器与LR(k)语法分析器接受的语言集合是相同的。同一语言的LR(1)语法可能比LR(k)语法更复杂。

3.4.2　构建 LR(1)表

为构建Action表和Goto表，LR(1)语法分析器生成器会建立句柄识别自动机的一个模型，并使用该模型来填表。这个模型称为LR(1)项集的规范族（canonical collection of sets of LR(1) items），表示了语法分析器的所有可能状态和这些状态之间的转移。它使人回忆起了2.4.3节中的子集构造法。

为说明这个构建表的算法，我们将使用两个例子。第一个例子是图3-16a给出的括号语法。这个例子足够小，很容易说明其中的运作情况，同时也足够大，能够体现出此过程中的一些复杂性。

$$
\begin{array}{ll}
1 & Goal \rightarrow List \\
2 & List \rightarrow List\ Pair \\
3 & \qquad |\ Pair \\
4 & Pair \rightarrow (\ Pair\ ) \\
5 & \qquad |\ (\ )
\end{array}
$$

我们的第二个例子在3.4.3节，是经典的if-then-else二义性的一个抽象版本。对于这个语法，由于其二义性，构建表的算法将失败。这个例子强调了表构建过程中导致失败的那些情况。

1. LR(1)项

在LR(1)语法分析器中，Action表和Goto表编码了在语法分析过程中的每一步有关潜在句柄的信息。因而，表构建算法对句柄、潜在句柄以及与其关联的前瞻符号，都需要一种具体的表示。每个潜在的句柄，我们都表示为一个LR(1)项。一个LR(1)项$[A \rightarrow \beta \cdot \gamma, a]$包含一个产生式$A \rightarrow \beta\gamma$，一个占位符·表示栈顶在产生式右侧句型中的位置，和一个特定的终结符a作为前瞻符号。

> **LR(1)项**
>
> 　　形如$[A \rightarrow \beta \cdot \gamma, a]$，其中$A \rightarrow \beta\gamma$是一个语法产生式，·表示语法分析器栈顶的位置，而a是语法中的一个终结符。

表构建算法使用LR(1)项，为语法分析器的有效状态集合建立了一个模型，即LR(1)项集的规范族。我们指定规范族为$CC=\{CC_0, CC_1, CC_2, \cdots, CC_n\}$。算法通过跟踪语法中的可能推导来构建$CC$，在最终的集族$CC$中，每个集合$CC_i$都是语法分析器某个可能配置中所有潜在句柄的集合。在我们深入研究表构建过程之前，需要更进一步解释LR(1)项。

对于产生式$A{\rightarrow}\beta\gamma$和前瞻符号a，占位符可以产生三种不同的项，每种各有其解释。在每种情况下，该项出现在规范族中的某个集合CC_i中，都表明了语法分析器已经看到的输入是与语法中A后接a相符合的。三种情况下，项中·的位置是不同的。

(1) $[A{\rightarrow}\cdot\beta\gamma, a]$表示$A$可能是有效的，而接下来，$\beta$的识别将成为到$A$的归约过程中的一步。我们将这样的项称为可能的（possibility），因为对语法分析器已经看到的部分输入来说，该项表示了一种可能的完成方式。

(2) $[A{\rightarrow}\beta\cdot\gamma, a]$表示语法分析器已经从状态$[A{\rightarrow}\cdot\beta\gamma, a]$前进了一步，识别了$\beta$。$\beta$的识别与识别$A$的过程是一致的。因而，如果输入确实能够有效地归约到A，下一步将要识别出γ。这样的项称为部分完成的（partially complete）。

(3) $[A{\rightarrow}\beta\gamma\cdot, a]$表示语法分析器已经在一个上下文中找到了$\beta\gamma$，在这个上下文中，$A$后接a是符合语法的。如果前瞻符号为a，那么该项是一个句柄，语法分析器可以将$\beta\gamma$归约为A。这样的项称为完成的（complete）。

在一个LR(1)项中，·编码了某个局部左侧上下文信息，即产生式中已经被识别的部分。（回想前文的例子，推到栈上的各个状态实际上综述了当前LR(1)项左侧的上下文信息，实质上就是语法分析过程到目前为止的历史。）前瞻符号则包含了合法的右侧上下文中的一个符号。如果语法分析器发现自身所处的状态包含了项$[A{\rightarrow}\beta\gamma\cdot, a]$和前瞻符号a，那么，此时它已经有一个句柄可用，应该将$\beta\gamma$归约为A。

图3-19给出了由括号语法产生的LR(1)项的全集。有两个项特别值得注意。第一个是$[Goal{\rightarrow}\cdot List, eof]$，表示语法分析器的初始状态，此时语法分析器正寻找一个可归约为$Goal$的串，后接eof。每个语法分析过程都从这种状态开始。第二个是$[Goal{\rightarrow}List\cdot, eof]$，表示语法分析器期望的最终状态：即语法分析器已经找到了一个可归约为$Goal$的串，后接eof。该项表示成功完成的语法分析过程。将语法分析器的状态按语法的指引串联起来，形成的所有可能的语法分析过程，都开始于$[Goal{\rightarrow}\cdot List, eof]$，结束于$[Goal{\rightarrow}List\cdot, eof]$。

$[Goal \rightarrow \bullet List, eof]$		
$[Goal \rightarrow List \bullet, eof]$		
$[List \rightarrow \bullet List\ Pair, eof]$	$[List \rightarrow \bullet List\ Pair, \underline{(}\ ]$	
$[List \rightarrow List \bullet Pair, eof]$	$[List \rightarrow List \bullet Pair, \underline{(}\ ]$	
$[List \rightarrow List\ Pair \bullet, eof]$	$[List \rightarrow List\ Pair \bullet, \underline{(}\ ]$	
$[List \rightarrow \bullet Pair, eof]$	$[List \rightarrow \bullet Pair, \underline{(}\ ]$	
$[List \rightarrow Pair \bullet, eof]$	$[List \rightarrow Pair \bullet, \underline{(}\ ]$	
$[Pair \rightarrow \bullet\ \underline{(}\ Pair\ \underline{)}, eof]$	$[Pair \rightarrow \bullet\ \underline{(}\ Pair\ \underline{)}, \underline{)}]$	$[Pair \rightarrow \bullet\ \underline{(}\ Pair\ \underline{)}, \underline{(}\ ]$
$[Pair \rightarrow \underline{(}\ \bullet Pair\ \underline{)}, eof]$	$[Pair \rightarrow \underline{(}\ \bullet Pair\ \underline{)}, \underline{)}]$	$[Pair \rightarrow \underline{(}\ \bullet Pair\ \underline{)}, \underline{(}\ ]$
$[Pair \rightarrow \underline{(}\ Pair \bullet \underline{)}, eof]$	$[Pair \rightarrow \underline{(}\ Pair \bullet \underline{)}, \underline{)}]$	$[Pair \rightarrow \underline{(}\ Pair \bullet \underline{)}, \underline{(}\ ]$
$[Pair \rightarrow \underline{(}\ Pair\ \underline{)} \bullet, eof]$	$[Pair \rightarrow \underline{(}\ Pair\ \underline{)} \bullet, \underline{)}]$	$[Pair \rightarrow \underline{(}\ Pair\ \underline{)} \bullet, \underline{(}\ ]$
$[Pair \rightarrow \bullet\ \underline{(}\ \underline{)}, eof]$	$[Pair \rightarrow \bullet\ \underline{(}\ \underline{)}, \underline{(}\ ]$	$[Pair \rightarrow \bullet\ \underline{(}\ \underline{)}, \underline{)}]$
$[Pair \rightarrow \underline{(}\ \bullet\ \underline{)}, eof]$	$[Pair \rightarrow \underline{(}\ \bullet\ \underline{)}, \underline{(}\ ]$	$[Pair \rightarrow \underline{(}\ \bullet\ \underline{)}, \underline{)}]$
$[Pair \rightarrow \underline{(}\ \underline{)} \bullet, eof]$	$[Pair \rightarrow \underline{(}\ \underline{)} \bullet, \underline{(}\ ]$	$[Pair \rightarrow \underline{(}\ \underline{)} \bullet, \underline{)}]$

图3-19 由括号语法产生的LR(1)项的全集

2. 构建规范族

为构建LR(1)项集的规范族CC，语法分析器生成器必须从语法分析器的初始状态[$Goal→ \cdot List$, eof]开始，构建一个模型，描述所有可能出现的潜在的状态转移。该算法将语法分析器的每个可能配置（或状态），表示为一个LR(1)项集。该算法依赖于LR(1)项集合上的两个基本操作：取闭包和计算转移。

- 闭包运算可以使一个状态完备化：给定一些LR(1)项构成的某个核心项集，该运算将这一项集蕴涵的任何相关LR(1)项都添加到项集中。举例来说，如果在任何位置上$Goal→List$是合法的，那么对$List$进行推导的所有产生式也都是合法的。因而，项[$Goal→ \cdot List$, eof]蕴涵着[$List→ \cdot List\ Pair$, eof]和[$List→ \cdot Pair$, eof]。closure过程实现了这一功能。

- 为模拟语法分析器处于给定状态时针对某个语法符号x进行的转移，算法计算了识别x所产生的项集。为此，该算法以"$\cdot$位于x之前"的条件为约束，来选择当前LR(1)项集的子集，并将其中每个项的$\cdot$向前移动一个位置，置于x之后。goto过程实现了这一功能。

为简化查找目标符号的任务，我们要求语法有一个唯一的目标符号，该符号不会出现在任一产生式的右侧。在括号语法中，目标符号是Goal。

项[$Goal→ \cdot List$, eof]表示语法分析器处理括号语法时的初始状态，每个有效的语法分析过程都应该识别出$Goal$，后接eof。该项形成了CC中第一个状态CC_0的核心项集。如果语法从目标符号出发有多个产生式可用，那么其中每个产生式都会在CC_0初始的核心项集中产生对应的一个项。

3. closure过程

为从核心项集计算出语法分析器初始状态CC_0的完备项集，对于核心项集中的LR(1)项蕴涵的所有其他LR(1)项，算法都必须添加到核心项集中。图3-20给出了用于该计算过程的一个算法。closure遍历集合s中所有的项。如果一个项中，占位符$\cdot$刚好位于某个非终结符C之前，那么closure必须处理从C出发的各个产生式，将一个或多个对应项添加到项集中。在用这种方法构建的各个项中，closure将$\cdot$置于初始位置。

closure的原理很清楚。如果[$A→ \beta \cdot C\delta$, a]$\in s$，那么能够归约到C的串后接δa，将补全左侧上下文。识别出C后接δa，应该产生到A的归约，因为它补全了产生式的右侧($C\delta$)，且其后是一个有效的前瞻符号。

```
closure(s)
   while (s is still changing)
      for each item [A→β•Cδ,a]∈s
         for each production C→γ∈P
            for each b∈FIRST(δa)
               s ← s ∪ {[C→•γ,b]}
   return s
```

图3-20 closure过程

为构建对应于产生式$C→\gamma$的项，closure过程在γ之前插入占位符，并添加适当的前瞻符号（即可以作为δa中初始符号的每个终结符）。这包含了FIRST(δ)中的每个终结符。如果$\epsilon \in$ FIRST(δ)，其中还包含a。算法中的符号表示法FIRST(δa)，就表示了用这种方法将FIRST集合扩展到串的情形。如果δ是ϵ，该表示法将退化为FIRST(a) ={a}。

根据我们的经验，在整个过程中，FIRST(δa)的这种用法是人最可能出错之处。

对于括号语法，初始项是$[Goal \rightarrow \cdot List, \text{eof}]$。将closure应用到对应的核心项集，将添加下列各项：

$$[List \rightarrow \bullet List\ Pair, \text{eof}], [List \rightarrow \bullet List\ Pair, \underline{(}\ ], [List \rightarrow \bullet Pair, \text{eof}],$$

$$[List \rightarrow \bullet Pair, \underline{(}\ ], [Pair \rightarrow \bullet\ \underline{(}\ Pair\ \underline{)}, \text{eof}], [Pair \rightarrow \bullet\ \underline{(}\ Pair\ \underline{)}, \underline{(}],$$

$$[Pair \rightarrow \bullet\ \underline{(}\ \underline{)}, \text{eof}] [Pair \rightarrow \bullet\ \underline{(}\ \underline{)}, \underline{(}]$$

这8项以及$[Goal \rightarrow \cdot List, \text{eof}]$，组成了规范族中的$CC_0$。closure添加这些项的顺序，取决于集合的实现如何管理for each item迭代器和最内层循环中集合并操作之间的交互。

closure是另一个不动点计算的例子。三重嵌套循环或者向s添加项，或者根本不修改s。它绝不会从s中删除任一项。因为LR(1)项集合是有限的，循环必定会停止。三重嵌套循环看起来代价高昂。然而，仔细考察算法的过程，即可看出s中的每个项都只需处理一次。该算法的WorkList版本可以利用这一事实。

4. goto过程

构建规范族过程中使用的第二个基本操作是goto函数。goto的输入是语法分析器某状态的一个模型，表示为规范族中的一个集合CC_i，和一个语法符号x。它根据CC_i和x，来计算在状态i识别出x所产生的语法分析器状态的模型。

goto函数如图3-21所示，其输入为一个LR(1)项集s和一个语法符号x，返回一个新的LR(1)项集。该函数遍历s中的各项。在它找到一个项，其中的·刚好位于x之前时，函数会依照原来的项创建一个新项，并在新项中将·向右移动到x之后。这个新项表示了语法分析器在识别出x之后的配置。goto将这些新的项放置在一个新的集合中，并取其闭包，以补全对应的语法分析器状态，然后返回这个新的状态。

```
goto(s,x)
  moved ← ∅
  for each item i ∈ s
      if the form of i is [α→β•xδ, a] then
          moved ← moved ∪ {[α→βx•δ, a]}
  return closure(moved)
```

图3-21 goto函数

以下给出了括号语法的初始项集：

$$CC_0 = \left\{ \begin{array}{lll} [Goal \rightarrow \bullet List, \text{eof}] & [List \rightarrow \bullet List\ Pair, \text{eof}] & [List \rightarrow \bullet List\ Pair, \underline{(}] \\ [List \rightarrow \bullet Pair, \text{eof}] & [List \rightarrow \bullet Pair, \underline{(}] & [Pair \rightarrow \bullet\ \underline{(}\ Pair\ \underline{)}, \text{eof}] \\ [Pair \rightarrow \bullet\ \underline{(}\ Pair\ \underline{)}, \underline{(}] & [Pair \rightarrow \bullet\ \underline{(}\ \underline{)}, \text{eof}] & [Pair \rightarrow \bullet\ \underline{(}\ \underline{)}, \underline{(}] \end{array} \right\}$$

我们通过计算goto($CC_0, \underline{(}$)，可以推导出语法分析器识别初始$\underline{(}$之后的状态。内层循环找到四个项，符合·位于$\underline{(}$之前的约束。goto对每个项分别创建一个新项，并向前移动·到$\underline{(}$之后。closure添加了另外两个项，是基于·位于$Pair$之前的项生成的。这些项引入了前瞻符号$\underline{)}$。因而，goto($CC_0, \underline{(}$)的返回是：

$$\left\{ \begin{array}{lll} [Pair \rightarrow \underline{(}\ \bullet\ Pair\ \underline{)}, \text{eof}] & [Pair \rightarrow \underline{(}\ \bullet\ Pair\ \underline{)}, \underline{(}] & [Pair \rightarrow \underline{(}\ \bullet, \text{eof}] \\ [Pair \rightarrow \underline{(}\ \bullet\ \underline{)}, \underline{(}] & [Pair \rightarrow \underline{(}\ \bullet\ Pair\ \underline{)}, \underline{)}] & [Pair \rightarrow \underline{(}\ \bullet\ \underline{)}, \underline{)}] \end{array} \right\}$$

为得到从某个状态如CC_0直接推导而来的状态集合，对于CC_0中的各个项，项中·之后可能出现的每个符号x，算法都需要计算goto(CC_0, x)。这样做，就生成了与CC_0"相距"一个符号的所有集合。要计算出完整的规范族，我们只需重复该过程，直至到达不动点为止。

5. 算法

为构建LR(1)项集的规范族，算法首先计算初始集合CC_0，然后系统化地找到所有从CC_0可到达的LR(1)项集。它重复地对CC中的新集合应用goto，goto进而又使用了closure。图3-22给出了该算法。

$$
\begin{aligned}
&CC_0 \leftarrow closure(\{[S' \rightarrow \bullet S, eof]\}) \\
&CC \leftarrow \{CC_0\} \\
&while\ (new\ sets\ are\ still\ being\ added\ to\ CC) \\
&\quad for\ each\ unmarked\ set\ CC_i \in CC \\
&\qquad mark\ CC_i\ as\ processed \\
&\qquad for\ each\ x\ following\ a\ \bullet\ in\ an\ item\ in\ CC_i \\
&\qquad\quad temp \leftarrow goto(CC_i, x) \\
&\qquad\quad if\ temp \notin CC \\
&\qquad\qquad then\ CC \leftarrow CC \cup \{temp\} \\
&\qquad\quad record\ transition\ from\ CC_i\ to\ temp\ on\ x
\end{aligned}
$$

图3-22　构建CC的算法

对于目标产生式为$S' \rightarrow S$的语法，算法首先初始化CC，使之包含CC_0，如前文所述。接下来，算法系统化地扩展CC：寻找从CC中一个状态出发、且目标状态尚未包含于CC中的转移。算法通过构造性的过程来完成这一目标，即构建每个可能的状态temp，然后测试temp在CC中的成员资格。如果temp是新的，则将其添加到CC中。无论temp是否是新的，算法都会将从CC_i到temp的转移记录下来，供以后构建语法分析器的Goto表时使用。

为确保对每个集合CC_i都只处理一次，算法使用了一个简单的标记方案。每个集合在创建时处于无标记状态，算法在处理过某个集合后，就将其标记为处理过的。这大大减少了算法调用goto和closure的次数。

这个构造法仍然是一个不动点计算。就某个语法的所有LR(1)项构成的全集而言，规范族CC是该集合幂集的一个子集。算法中的while循环是单调的，它向CC添加新集合，却从不删除集合。如果所有LR(1)项的全集包含n个元素，那么CC增长的上限是2^n个集合[①]，因此这个计算过程是必定会停止的。

CC大小的上限是相当不精确的。举例来说，括号语法有33个LR(1)项，在CC中只产生了12个项集。但上限却是2^{33}，这是一个非常大的数字。对于更复杂的语法来说，$|CC|$会成为关注点，主要是因为Action表和Goto表的规模会随着$|CC|$而增长。如3.6节所述，编译器编写者和语法分析器生成器的编写者都可以采取措施来减小这些表的规模。

6. 括号语法的规范族

作为第一个完整的例子，我们首先考虑为括号语法构建CC的问题。初始集合CC_0，是通过计算closure($[Goal \rightarrow \cdot List, eof]$)而得到。

$$
CC_0 = \left\{
\begin{array}{lll}
[Goal \rightarrow \bullet List, eof] & [List \rightarrow \bullet List\ Pair, eof] & [List \rightarrow \bullet List\ Pair, \underline{(}] \\
[List \rightarrow \bullet Pair, eof] & [List \rightarrow \bullet Pair, \underline{(}] & [Pair \rightarrow \bullet \underline{(}\ Pair\ \underline{)}, eof] \\
[Pair \rightarrow \bullet \underline{(}\ Pair\ \underline{)}, \underline{(}] & [Pair \rightarrow \bullet \underline{(}\ \underline{)}, eof] & [Pair \rightarrow \bullet \underline{(}\ \underline{)}, \underline{(}]
\end{array}
\right\}
$$

---

① 原文为item，按照上下文译为集合。——译者注

因为对CC_0中每个项来说，·都位于其产生式右侧的起始处，因此CC_0中包含的项都只是可能的。这是合理的，因为CC_0只是语法分析器的初始状态而已。while循环的第一个迭代产生三个集合：CC_1、CC_2和CC_3。第一个迭代中所有其他组合产生的都是空集，如图3-23所示（其中给出了构造CC的过程）。

迭代	项	*Goal*	*List*	*Pair*	(	)	eof
0	CC_0	Ø	CC_1	CC_2	CC_3	Ø	Ø
1	CC_1	Ø	Ø	CC_4	CC_3	Ø	Ø
	CC_2	Ø	Ø	Ø	Ø	Ø	Ø
	CC_3	Ø	Ø	CC_5	CC_6	CC_7	Ø
2	CC_4	Ø	Ø	Ø	Ø	Ø	Ø
	CC_5	Ø	Ø	Ø	Ø	CC_8	Ø
	CC_6	Ø	Ø	CC_9	CC_6	CC_{10}	Ø
	CC_7	Ø	Ø	Ø	Ø	Ø	Ø
3	CC_8	Ø	Ø	Ø	Ø	Ø	Ø
	CC_9	Ø	Ø	Ø	Ø	CC_{11}	Ø
	CC_{10}	Ø	Ø	Ø	Ø	Ø	Ø
4	CC_{11}	Ø	Ø	Ø	Ø	Ø	Ø

图3-23 括号语法的LR(1)规范族构造过程

goto(CC_0, *List*)为CC_1。

$$CC_1 = \left\{ \begin{array}{lll} [Goal \to List \bullet, \texttt{eof}] & [List \to List \bullet Pair, \texttt{eof}] & [List \to List \bullet Pair, \underline{(}] \\ [Pair \to \bullet \underline{(} Pair \underline{)}, \texttt{eof}] & [Pair \to \bullet \underline{(} Pair \underline{)}, \underline{(}] & [Pair \to \bullet \underline{(} \underline{)}, \texttt{eof}] \\ & [Pair \to \bullet \underline{(} \underline{)}, \underline{(}] & \end{array} \right\}$$

CC_1表示在状态CC_0识别*List*所产生的语法分析器配置。除了项$[Goal \to List \cdot, \texttt{eof}]$之外，所有其他项都只是可能的[1]，会导致语法分析器去识别另一对括号。该项表示语法分析器的接受状态，即通过$Goal \to List$进行归约，前瞻符号为eof。

goto(CC_0, *Pair*)为CC_2。

$$CC_2 = \left\{ [List \to Pair \bullet, \texttt{eof}] \quad [List \to Pair \bullet, \underline{(}] \right\}$$

CC_2表示从初始状态出发，识别一个*Pair*之后的语法分析器配置。其中的两个项都是句柄，通过同一个产生式$List \to Pair$进行归约。

goto(CC_0, $\underline{(}$)为CC_3。

$$CC_3 = \left\{ \begin{array}{lll} [Pair \to \bullet \underline{(} Pair \underline{)}, \underline{)}] & [Pair \to \underline{(} \bullet Pair \underline{)}, \texttt{eof}] & [Pair \to \underline{(} \bullet Pair \underline{)}, \underline{(}] \\ [Pair \to \bullet \underline{(} \underline{)}, \underline{)}] & [Pair \to \underline{(} \bullet \underline{)}, \texttt{eof}] & [Pair \to \underline{(} \bullet \underline{)}, \underline{(}] \end{array} \right\}$$

CC_3表示从初始状态出发，识别一个$\underline{(}$之后的语法分析器的配置。当语法分析器进入状态3时，它必将在未来的某个时候识别一个匹配的$\underline{)}$。

while循环的第二个迭代试图基于CC_1、CC_2和CC_3推导新的项集。有5个组合产生了非空的项集，其中4个是新的。

---

[1] 实际上有4项是可能的，2项是部分完成的。——译者注

goto($(CC_1, Pair)$)是CC_4。

$$CC_4 = \left\{ [List \rightarrow List\ Pair \bullet, \text{eof}] \quad [List \rightarrow List\ Pair \bullet, \underline{(}] \right\}$$

该集合的左侧上下文是CC_1，表示语法分析器已经识别了出现的一个或多个$List$。如果从CC_1出发，语法分析器又识别了一个$Pair$，则进入到CC_4状态。两个项都表示了同一个归约，通过产生式$List \rightarrow List\ Pair$进行。

$goto$($CC_1, \underline{(}$)为CC_3，该状态表示将来需要识别一个匹配的$\underline{)}$。

goto($CC_3, Pair$)为CC_5。

$$CC_5 = \left\{ [Pair \rightarrow \underline{(}\ Pair \bullet \underline{)}, \text{eof}] \quad [Pair \rightarrow \underline{(}\ Pair \bullet \underline{)}, \underline{(}] \right\}$$

CC_5包含两个部分完成的项。语法分析器已经识别了一个$\underline{(}$，后接一个$Pair$，它现在必须找到一个匹配的$\underline{)}$。如果语法分析器找到一个$\underline{)}$，它将通过规则4进行归约，即$Pair \rightarrow \underline{(}Pair\underline{)}$。

goto($CC_3, \underline{(}$)为CC_6。

$$CC_6 = \left\{ \begin{array}{ll} [Pair \rightarrow \bullet \underline{(}\ Pair\ \underline{)}, \underline{)}] & [Pair \rightarrow \underline{(} \bullet Pair\ \underline{)}, \underline{)}] \\ {[Pair \rightarrow \bullet\ \underline{(}\ \underline{)}, \underline{)}]} & [Pair \rightarrow \underline{(} \bullet\ \underline{)}, \underline{)}] \end{array} \right\}$$

当栈上至少已经有一个$\underline{(}$时，如果语法分析器遇到$\underline{(}$，则进入到CC_6状态。其中的项表明，接下来是$\underline{(}$或$\underline{)}$，都将转向有效状态。

goto($CC_3, \underline{)}$)为CC_7。

$$CC_7 = \left\{ [Pair \rightarrow \underline{(}\ \underline{)} \bullet, \text{eof}] \quad [Pair \rightarrow \underline{(}\ \underline{)} \bullet, \underline{(}] \right\}$$

如果在状态3，语法分析器遇到$\underline{)}$，它将转移到CC_7。CC_7中的两个项都指定了通过$Pair \rightarrow \underline{(}\ \underline{)}$进行归约。

while循环的第三个迭代试图从CC_4、CC_5、CC_6和CC_7推导新的集合。其中三个组合产生了新集合，有一个组合产生了到现存状态的转移。

goto($CC_5, \underline{)}$)是CC_8。

$$CC_8 = \left\{ [Pair \rightarrow \underline{(}\ Pair\ \underline{)} \bullet, \text{eof}] \quad [Pair \rightarrow \underline{(}\ Pair\ \underline{)} \bullet, \underline{(}] \right\}$$

当语法分析器到达状态8时，它已经识别了规则4即$Pair \rightarrow \underline{(}Pair\underline{)}$的一个实例。$CC_8$中的两个项都指定了对应的归约。

goto($CC_6, Pair$)为CC_9。

$$CC_9 = \left\{ [Pair \rightarrow \underline{(}\ Pair \bullet \underline{)}, \underline{)}] \right\}$$

在CC_9中，语法分析器需要找到一个$\underline{)}$，以补全规则4的右侧部分。

goto($CC_6, \underline{(}$)为CC_6。在CC_6中，如果遇到一个$\underline{(}$，使得语法分析器再次将一个状态6压栈，表示还需要一个匹配的$\underline{)}$。

goto($CC_6, \underline{)}$)为CC_{10}。

$$CC_{10} = \left\{ [Pair \rightarrow \underline{(}\ \underline{)} \bullet, \underline{)}] \right\}$$

该集合只包含一个项，该项规定了到$Pair$的一个归约。

while循环的第四个迭代试图从CC_8、CC_9和CC_{10}推导新的集合。只有一个组合产生了非空集。

goto(CC$_9$,))为CC$_{11}$。

$$CC_{11} = \left\{ [Pair \rightarrow \underline{(}\ Pair\ \underline{)} \bullet, \underline{)}] \right\}$$

状态11要求通过$Pair \rightarrow (Pair)$进行归约。

while循环的最后一次迭代试图基于CC$_{11}$推导新集合。它只找到空集，因此构造过程停止，最终得到12个集合，从CC$_0$到CC$_{11}$。

7. 填表

给出一个语法的LR(1)项集的规范族，语法分析器生成器通过遍历CC并考察每个$CC_i \in CC$中的各个项，即可填充Action表和Goto表。每个CC_i都变为一个语法分析器状态。CC_i中包含的项产生了Action中一行的非空元素，而构造CC期间记录下来的对应转移，则规定了Goto表中非空的元素。在三种情况下，会在Action表中产生表项：

(1) 形如$[A \rightarrow \beta \cdot c\ \gamma, a]$的项，表示在发现非终结符$A$的路径上，下一个有效的步骤将是遇到终结符c。因而，在当前状态下，对输入c算法将产生一个移进项。语法分析器的下一个状态是通过对当前状态和终结符c计算goto而产生的。β或γ都可以是ϵ。

(2) 形如$[A \rightarrow \beta \cdot, a]$的项，表示语法分析器已经识别了$\beta$，如果前瞻符号是a，那么该项是一个句柄。因而，在当前状态下，对于输入a，算法将生成对应于产生式$A \rightarrow \beta$的归约项。

(3) 形如$[S' \rightarrow S \cdot, eof]$的项，其中$S'$是目标符号，表示语法分析器的接受状态；该项表示语法分析器已经识别了一个归约到目标符号的输入流，且前瞻符号为eof。在当前状态下，对于输入eof，该项产生的是接受操作。

图3-24表述得更具体些。对于一个LR(1)语法，它应该唯一地定义Action表和Goto表中的非错误表项。

```
for each cc_i ∈ CC
    for each item I ∈ cc_i
        if I is [A→β●cγ,a] and goto(cc_i,c) = cc_j then
            Action[i,c] ← "shift j"
        else if I is [A→β●,a] then
            Action[i,a] ← "reduce A→β"
        else if I is [S'→S●,eof] then
            Action[i,eof] ← "accept"
    for each n ∈ NT
        if goto(cc_i,n) = cc_j then
            Goto[i,n] ← j
```

图3-24　LR(1)填表算法

请注意，填表算法实质上忽略了·位于非终结符之前的项。在·位于终结符之前时，产生的是移进操作。当·位于产生式右侧的末尾时，将产生归约和接受操作。如果CC包含一个项$[A \rightarrow \beta \cdot \gamma\ \delta, a]$，其中$\gamma \in NT$，那该怎么办？虽然该项自身不会生成任何表项，但它在集合中的存在，使得closure过程相应地向集合中添加一些能够生成表项的项。当closure发现·刚好位于非终结符γ之前时，它添加一些项：其产生式的左侧为γ，而·位于产生式右侧句型之前。这个过程使FIRST(γ)具体化到CC_i中。closure过程将找到每个$x \in$ FIRST(γ)，并向CC_i中添加相应的项，以便对每个x生成移进项。

填表操作可以集成到CC的构造过程中。

对于括号语法，上述构造过程产生的Action表和Goto表如图3-16b所示。正如我们看到的那样，将这两个表与图3-15中的框架语法分析器结合起来，即可为该语言生成一个可工作的语法分析器。

实际上，LR(1)语法分析器生成器还必须生成框架语法分析器所需的其他表。例如，在图3-15中的框架语法分析器通过$A \to \beta$归约时，它从栈中弹出$2 \times |\beta|$个符号，并将A压栈。表生成器必须产生一些数据结构，将来源于Action表中归约表项的产生式（假定为$A \to \beta$）映射到$|\beta|$和 A。此外，为调试和诊断信息等方面的需求，还需要其他的表，如将表示语法符号的整数映射到其文本名称的表，等等。

8. 再论句柄查找

LR(1)语法分析器的效率，来源于Action表和Goto表内蕴的快速句柄查找机制。对语法而言，规范族CC表示了一个句柄查找DFA。图3-25为我们使用的例子，即括号语法，给出了相应的DFA。

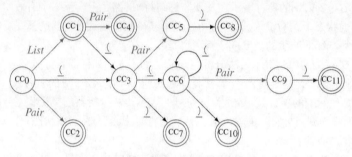

图3-25   括号语法的句柄查找DFA

LR(1)语法分析器如何能够使用DFA来查找句柄？我们是何时知道括号语言不是正则语言的呢？LR(1)语法分析器依赖于一项简单的见解，即句柄的集合是有限的。句柄的集合即"完成的"LR(1)项的集合，所谓"完成的"LR(1)项，即占位符·位于其产生式右侧末尾的项。任何语言，如果其语句集合为有限集，都可以通过DFA识别。因为产生式和前瞻符号的数目都是有限的，所以完成项的数目也是有限的，因而句柄的语言是一种正则语言。

LR(1)语法分析器使得句柄的位置变为隐含的，位于栈顶。这种设计决策大大减少了可能的句柄数目。

在LR(1)语法分析器执行时，两种操作交错进行：移进和归约。移进操作模拟了句柄查找DFA中的步骤。语法分析器对输入流中的每个单词执行一次移进操作。在句柄查找DFA到达一个最终状态时，LR(1)语法分析器执行一个归约操作。归约操作重置了句柄查找DFA的状态，以反映语法分析器已经识别了一个句柄并将其替换为非终结符的事实。为此，语法分析器将句柄及其状态从栈中弹出，使较为陈旧的状态浮到栈顶。语法分析器利用这个旧状态、前瞻符号和Goto表在DFA中找到下一个状态，由此继续进行句柄查找的过程。

归约操作将连续的句柄查找阶段关联起来。归约使用左侧上下文，归约操作揭示的状态综述了语法分析过程此前的历史，而接下来需要在与语法分析器刚识别的非终结符相对应的DFA状态下，重新启动句柄查找DFA。例如，在解析(( ))( )的过程中，语法分析器对遇到的每个(，都将状态3压栈。

这些压栈的状态，使得算法能够匹配开的括号和闭括号。

请注意，句柄查找DFA对终结符和非终结符都存在转移。仅在归约操作中，语法分析器才通过非终结符边进行转移。这些转移中的每一个，如图3-25中的灰色箭头所示，都对应于Goto表中的一个有效表项。终结符和非终结符操作的综合效应，是在每次必须识别非终结符时递归调用DFA。

3.4.3　表构造过程中的错误

作为构建LR(1)表的第二个例子，我们考虑经典的if-then-else结构的二义性语法。将控制表达式和所有语句的细节抽象化，处理为终结符，将产生下述包含4个产生式的语法：

$$
\begin{array}{llll}
1 & Goal & \to & Stmt \\
2 & Stmt & \to & \text{if expr then } Stmt \\
3 & & | & \text{if expr then } Stmt \text{ else } Stmt \\
4 & & | & \text{assign}
\end{array}
$$

其中有两个非终结符Goal和Stmt，6个终结符（if、expr、then、else、assign）和隐含的eof。

构建表的过程，首先将CC_0初始化为项[$Goal \to \cdot Stmt$, eof]，并取其closure生成第一个集合。

$$
CC_0 = \left\{ \begin{array}{ll}
[Goal \to \bullet\, Stmt, \text{eof}] & [Stmt \to \bullet\, \text{if expr then } Stmt, \text{eof}] \\
[Stmt \to \bullet\, \text{assign}, \text{eof}] & [Stmt \to \bullet\, \text{if expr then } Stmt \text{ else } Stmt, \text{eof}]
\end{array} \right\}
$$

根据该集合，构造过程从推导LR(1)项集的规范族的剩余成员开始。

图3-26给出了构造过程各个步骤的进行情况。第一个迭代考察从CC_0出发针对每个语法符号的转移。它根据CC_0为规范族生成三个新的集合：对于Stmt生成CC_1、对于if生成CC_2、对于assign生成CC_3。这些集合如下：

$$
CC_1 = \left\{ [Goal \to Stmt \bullet, \text{eof}] \right\}
$$

$$
CC_2 = \left\{ \begin{array}{l}
[Stmt \to \text{if} \bullet \text{ expr then } Stmt, \text{eof}], \\
[Stmt \to \text{if} \bullet \text{ expr then } Stmt \text{ else } Stmt, \text{eof}]
\end{array} \right\}
$$

$$
CC_3 = \left\{ [Stmt \to \text{assign} \bullet, \text{eof}] \right\}
$$

第二个迭代考察从这三个新集合出发的转移。只有一个组合生成了一个新集合，即从CC_2出发针对符号expr的转移。

$$
CC_4 = \left\{ \begin{array}{l}
[Stmt \to \text{if expr} \bullet \text{ then } Stmt, \text{eof}], \\
[Stmt \to \text{if expr} \bullet \text{ then } Stmt \text{ else } Stmt, \text{eof}]
\end{array} \right\}
$$

下一个迭代计算从CC_4出发的转移，它创建了CC_5，即goto(CC_4, then)。

$$
CC_5 = \left\{ \begin{array}{l}
[Stmt \to \text{if expr then} \bullet Stmt, \text{eof}], \\
[Stmt \to \text{if expr then} \bullet Stmt \text{ else } Stmt, \text{eof}], \\
[Stmt \to \bullet \text{ if expr then } Stmt, \{\text{eof,else}\}], \\
[Stmt \to \bullet \text{ assign}, \{\text{eof,else}\}], \\
[Stmt \to \bullet \text{ if expr then } Stmt \text{ else } Stmt, \{\text{eof,else}\}]
\end{array} \right\}
$$

	项	*Goal*	*Stmt*	if	expr	then	else	assign	eof
0	CC_0	∅	CC_1	CC_2	∅	∅	∅	CC_3	∅
1	CC_1	∅	∅	∅	∅	∅	∅	∅	∅
	CC_2	∅	∅	∅	CC_4	∅	∅	∅	∅
	CC_3	∅	∅	∅	∅	∅	∅	∅	∅
2	CC_4	∅	∅	∅	∅	CC_5	∅	∅	∅
3	CC_5	∅	CC_6	CC_7	∅	∅	∅	CC_8	∅
4	CC_6	∅	∅	∅	∅	∅	CC_9	∅	∅
	CC_7	∅	∅	∅	CC_{10}	∅	∅	∅	∅
	CC_8	∅	∅	∅	∅	∅	∅	∅	∅
5	CC_9	∅	CC_{11}	CC_2	∅	∅	∅	CC_3	∅
	CC_{10}	∅	∅	∅	∅	CC_{12}	∅	∅	∅
6	CC_{11}	∅	∅	∅	∅	∅	∅	∅	∅
	CC_{12}	∅	CC_{13}	CC_7	∅	∅	∅	CC_8	∅
7	CC_{13}	∅	∅	∅	∅	∅	CC_{14}	∅	∅
8	CC_{14}	∅	CC_{15}	CC_7	∅	∅	∅	CC_8	∅
9	CC_{15}	∅	∅	∅	∅	∅	∅	∅	∅

图3-26 对if-then-else语法构建LR(1)规范族的过程

第四个迭代考察从CC_5出发的转移。它为*Stmt*、if和assign创建了新集合。

$$CC_6 = \left\{ \begin{array}{l} [\textit{Stmt} \to \text{if expr then } \textit{Stmt} \bullet, \text{eof}], \\ [\textit{Stmt} \to \text{if expr then } \textit{Stmt} \bullet \text{else } \textit{Stmt}, \text{eof}] \end{array} \right\}$$

$$CC_7 = \left\{ \begin{array}{l} [\textit{Stmt} \to \text{if} \bullet \text{expr then } \textit{Stmt}, \{\text{eof}, \text{else}\}], \\ [\textit{Stmt} \to \text{if} \bullet \text{expr then } \textit{Stmt} \text{ else } \textit{Stmt}, \{\text{eof}, \text{else}\}] \end{array} \right\}$$

$$CC_8 = \{[\textit{Stmt} \to \text{assign} \bullet, \{\text{eof}, \text{else}\}]\}$$

第五个迭代考察CC_6、CC_7和CC_8。虽然大多数组合生成的是空集，其中两个组合产生了新的集合。从CC_6出发针对else的转移生成了CC_9，从CC_7出发针对expr的转移创建了CC_{10}。

$$CC_9 = \left\{ \begin{array}{l} [\textit{Stmt} \to \text{if expr then } \textit{Stmt} \text{ else } \bullet \textit{Stmt}, \text{eof}], \\ [\textit{Stmt} \to \bullet \text{ if expr then } \textit{Stmt}, \text{eof}], \\ [\textit{Stmt} \to \bullet \text{ if expr then } \textit{Stmt} \text{ else } \textit{Stmt}, \text{eof}], \\ [\textit{Stmt} \to \bullet \text{ assign}, \text{eof}] \end{array} \right\}$$

$$CC_{10} = \left\{ \begin{array}{l} [\textit{Stmt} \to \text{if expr} \bullet \text{then } \textit{Stmt}, \{\text{eof}, \text{else}\}], \\ [\textit{Stmt} \to \text{if expr} \bullet \text{then } \textit{Stmt} \text{ else } \textit{Stmt}, \{\text{eof}, \text{else}\}] \end{array} \right\}$$

第六个迭代考察第五个迭代中生成的集合，这一次创建了两个新的集合，从CC_9出发针对*Stmt*生成CC_{11}，从CC_{10}出发针对then创建了CC_{12}。从CC_9出发，这一次还生成了与CC_2和CC_3重复的集合。

$$CC_{11} = \{[\textit{Stmt} \to \text{if expr then } \textit{Stmt} \text{ else } \textit{Stmt} \bullet, \text{eof}]\}$$

$$CC_{12} = \left\{\begin{array}{l} [Stmt \rightarrow \texttt{if expr then} \bullet Stmt, \{\texttt{eof}, \texttt{else}\}], \\ {} [Stmt \rightarrow \texttt{if expr then} \bullet Stmt \texttt{ else } Stmt, \{\texttt{eof}, \texttt{else}\}], \\ {} [Stmt \rightarrow \bullet \texttt{if expr then } Stmt, \{\texttt{eof}, \texttt{else}\}], \\ {} [Stmt \rightarrow \bullet \texttt{if expr then } Stmt \texttt{ else } Stmt, \{\texttt{eof}, \texttt{else}\}], \\ {} [Stmt \rightarrow \bullet \texttt{assign}, \{\texttt{eof}, \texttt{else}\}] \end{array}\right\}$$

第七个迭代从CC_{12}出发针对$Stmt$创建了CC_{13}。它还重复创建了CC_7和CC_8。

$$CC_{13} = \left\{\begin{array}{l} [Stmt \rightarrow \texttt{if expr then } Stmt \bullet, \{\texttt{eof}, \texttt{else}\}], \\ {} [Stmt \rightarrow \texttt{if expr then } Stmt \bullet \texttt{ else } Stmt, \{\texttt{eof}, \texttt{else}\}] \end{array}\right\}$$

第八个迭代找到一个新集合，即从CC_{13}出发针对else的转移创建了CC_{14}。

$$CC_{14} = \left\{\begin{array}{l} [Stmt \rightarrow \texttt{if expr then } Stmt \texttt{ else } \bullet Stmt, \{\texttt{eof}, \texttt{else}\}], \\ {} [Stmt \rightarrow \bullet \texttt{ if expr then } Stmt, \{\texttt{eof}, \texttt{else}\}], \\ {} [Stmt \rightarrow \bullet \texttt{ if expr then } Stmt \texttt{ else } Stmt, \{\texttt{eof}, \texttt{else}\}], \\ {} [Stmt \rightarrow \bullet \texttt{ assign}, \{\texttt{eof}, \texttt{else}\}] \end{array}\right\}$$

第九个迭代从CC_{14}出发针对$Stmt$的转移生成CC_{15}，以及与CC_7和CC_8重复的集合。

$$CC_{15} = \{[Stmt \rightarrow \texttt{if expr then } Stmt \texttt{ else } Stmt \bullet, \{\texttt{eof}, \texttt{else}\}]\}$$

最后一次迭代考察CC_{15}。因为对CC_{15}中的每个项来说，·都位于产生式的末尾，这一次只能生成空集。此时，没有额外的项集能够进一步添加到规范族中，因此算法已经到达了不动点，将停止。

在填表算法执行期间，语法中的二义性将浮出水面。状态CC_0到CC_{12}中的项不会产生冲突。状态CC_{13}包含4个项：

(1) $[Stmt \rightarrow \texttt{if expr then } Stmt \bullet, \texttt{else}]$

(2) $[Stmt \rightarrow \texttt{if expr then } Stmt \bullet, \texttt{eof}]$

(3) $[Stmt \rightarrow \texttt{if expr then } Stmt \bullet \texttt{ else } Stmt, \texttt{else}]$

(4) $[Stmt \rightarrow \texttt{if expr then } Stmt \bullet \texttt{ else } Stmt, \texttt{eof}]$

项1为CC_{13}和前瞻符号else生成一个归约表项。项3在表中同样的位置生成一个移进表项。显然，该表项不能同时包含两个操作。这种移进-归约冲突表明该语法是二义性的。项2和项4对前瞻符号eof，同样会产生类似的移进-归约冲突。在填表算法遇到这种冲突时，构造过程失败。表生成器应该向编译器编写者报告该问题，这是由特定的LR(1)项产生式之间的相互作用所导致的，是语法中固有的二义性问题。

语法分析器生成器输出的典型错误信息中，包含了导致冲突的LR(1)项，这也是我们学习表构造算法的另一个原因。

在本例中，之所以会产生冲突，是因为语法中的产生式2是产生式3的一个前缀。可以通过设计上的变更来解决这种冲突，使得表生成器优先选择移进操作，这使得语法分析器优先识别较长的产生式，将else绑定到最内层的if。

二义性语法还可以产生归约-归约冲突。如果语法包含的两个产生式具有相同的右侧句型，如$A \rightarrow \gamma \delta$和$B \rightarrow \gamma \delta$则会出现这种冲突。如果一个状态包含了项$[A \rightarrow \gamma \delta \bullet, a]$和$[B \rightarrow \gamma \delta \bullet, a]$，那么在该状态下针对前瞻符号a会产生两个冲突的归约操作，分别对应于两个产生式。同样，这种冲突也反映了底层语法中固有的二义性问题，编译器编写者必须重构语法以消除二义性（参见3.5.3节）。

因为有很多语法分析器生成器可以自动化进行上述处理过程，那么判断某个语法是否具有LR(1)性质的首选方法是，对该语法调用某个LR(1)语法分析器生成器。如果处理过程是成功的，那么该语法具有LR(1)性质。

本节回顾

工业界和学术界构建的编译器广泛使用了LR(1)语法分析器。这种语法分析器可以识别一大类语言。它们所用的时间，与其构造的推导长度成正比。生成LR(1)语法分析器的工具有很多，这些工具广泛应用于各种实现语言中。

构建LR(1)表的算法是将理论应用到实践的优雅范例。它以系统化的方法构建了句柄识别DFA的一个模型，然后将该模型转换为两个表，以此驱动框架语法分析器。表的构建是一个复杂的过程，需要对细节有足够的关注。这正是那种应该被自动化的任务，与人类相比，语法分析器生成器更擅长跟踪这种冗长、环环相扣的计算过程。尽管如此，熟练的编译器编写者还是应该理解表的构建算法，因为对于深入理解语法分析器的工作方式、语法分析器生成器可能遇到的各种错误、错误如何出现和纠正等诸多问题，该算法都提供了比较深刻的见解。

习题12给出了一个LR(1)语法，该语法没有等效的LL(1)语法。

作为最后一个例子，经典表达式语法的LR表出现在图3-31和图3-32中。

复习题

(1) 使用括号语法的LR(1)表，请给出框架LR(1)语法分析器处理输入串(( ) ( )) ( )所用的各个步骤。

(2) 为3.2.2节中的*SheepNoise*语法构建LR(1)表，并给出框架语法分析器处理输入baa baa baa时采用的操作。

3.5 实际问题

即使利用自动化的语法分析器生成器，编译器编写者仍然必须要处理好几个问题，才能为真正的程序设计语言生成健壮高效的语法分析器。本节考虑在实践中出现的几个问题。

3.5.1 出错恢复

程序员通常会编译包含语法错误的代码。实际上，编译器被公认为发现此类错误的最快速方式。在这种应用中，编译器必须在对代码的单遍语法分析过程中，发现尽可能多的语法错误。这要求我们关注语法分析器在错误状态下的行为。

本章给出的所有语法分析器，在遇到语法错误时都具有同样的行为模式：报告错误并停止。这种行为可以防止编译器浪费时间转换不正确的程序。但是，这也导致编译器每遍编译至多只能找到一个语法错误。使用这样的编译器来查找程序代码文件中所有的错误，将是一个冗长费力的过程。

语法分析器应该在每次编译时找到尽可能多的语法错误。这需要一种机制，使得语法分析器能够从错误中恢复：转移到另一个状态，从而继续进行语法分析。实现这种机制的常见方式是选择一个或多个单词，语法分析器利用这些单词来同步输入流与其内部状态。在语法分析器遇到一个错误时，它不断丢弃输入符号直至找到一个同步单词（synchronizing word），然后将内部状态重置为与同步单词相一致的某个状态。

在类Algol的语言中，分号作为语句分隔符，因此通常使用分号作为同步单词。在出现错误时，语法分析器重复地调用词法分析器，直至找到一个分号为止。它接下来将状态改变为成功识别完整语句后的目标状态，而非错误状态。

在递归下降语法分析器中，代码只需不断丢弃单词，直至找到分号为止。此时，语法分析器将控制转移到解析语句的例程报告成功的位置。这可能涉及对运行时栈的操控，或者使用像C语言的setjmp和longjmp那样的非局部跳转。

在LR(1)语法分析器中，这种再同步机制更为复杂。语法分析器必须不断丢弃输入，直至找到分号为止。接下来，它向下反向扫描语法分析栈，直至找到一个状态s满足下述条件：Goto[s, *Statement*]是一个有效的非错误表项。栈上第一个这样的状态表示包含错误的语句本身。出错恢复例程接下来丢弃栈中该状态之上的数据项，并将状态Goto[s, *Statement*]压栈，然后恢复通常的语法分析过程。

在表驱动的语法分析器中，无论LL(1)还是LR(1)，编译器都需要一种方式，来告知语法分析器生成器需要同步的位置。这可以使用错误产生式来完成：错误产生式的右侧包含一个表示出错同步点的保留字，以及一个或多个同步标记。利用这样的一个结构，语法分析器生成器可以构建出错恢复例程，以实现预期的行为。

当然，出错恢复例程应该采取措施，确保编译器不会试图为语法上无效的程序生成代码并优化。这要求在出错恢复设施和调用编译器各个部分的高层驱动组件之间，加入简单的握手机制。

3.5.2 一元运算符

经典的表达式语法只包含二元运算符。但代数表示法包含一元运算符，如一元负号和绝对值算符。其他一元运算符出现在程序设计语言中，包括递增、递减、取址、反引用、布尔值取反和类型转换。向表达式语法增加此类运算符时需要比较谨慎。

考虑向经典表达式语法添加一个一元的绝对值运算符‖。绝对值的优先级应该高于×和÷。但它的优先级需要低于*Factor*，以便在应用‖之前对括号表达式求值。编写该语法的一种方式如图3-27所示。添加这些特性后，该语法仍然是LR(1)语法。它使程序员可以写出数字、标识符或括号表达式的绝对值。

图3-27b给出了串‖x-3的语法分析树。该图正确地表明了代码必须在执行减法之前对‖x求值。该语法不允许程序员写出‖‖‖‖x，因为这没什么数学意义。但它确实允许写‖(‖x)，这与‖‖‖‖x同样都是没有数学意义的。

不能写出‖‖‖‖x几乎没有限制该语言的表达力。但对于其他的一元运算符，这个问题似乎更为严重。例如，C程序员可能需要写**p，来反引用一个声明为char **p;的变量。我们也可以为*Value*增加一个反引用产生式：*Value*→**Value*。由此产生的语法仍然是LR(1)语法，即使我们将*Term*→*Term*×*Value*中的×运算符替换为*，像C语言那样重载运算符*也不会改变语法的LR(1)性质。同样的方法，也适用于一元的负号算符。

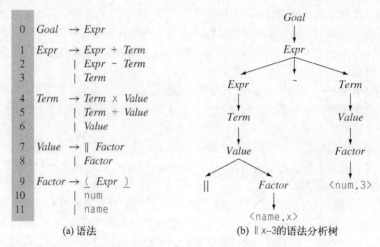

0	*Goal* → *Expr*	
1	*Expr* → *Expr* + *Term*	
2	| *Expr* − *Term*	
3	| *Term*	
4	*Term* → *Term* × *Value*	
5	| *Term* ÷ *Value*	
6	| *Value*	
7	*Value* → ‖ *Factor*	
8	| *Factor*	
9	*Factor* → (*Expr*)	
10	| num	
11	| name	

(a) 语法　　　　　　　　　　　(b) ‖ x−3的语法分析树

图3-27　向经典表达式语法增加一元绝对值算符

3.5.3　处理上下文相关的二义性

使用一个单词表示两种不同语义，可能导致语法二义性。这种问题的一个例子出现在几种早期程序设计语言的定义中，包括FORTRAN、PL/I和Ada。这些语言中，数组引用的下标表达式和子例程或函数的参数列表都是使用括号表示。给出代码文本如fee(i, j)，编译器无法断定fee到底是二维数组还是需要调用的过程。区分这两种情形，要求对fee的声明类型有所了解。这一信息在语法上并不明显。在两种情况下，词法分析器无疑都将fee归类为name。函数调用和数组引用可以在许多相同的场合下出现。

经典表达式语法中没有出现这两种结构。我们可以添加从*Factor*推导出它们的产生式。

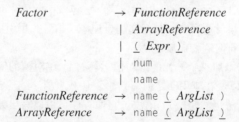

Factor	→ *FunctionReference*
	| *ArrayReference*
	| (*Expr*)
	| num
	| name
FunctionReference	→ name (*ArgList*)
ArrayReference	→ name (*ArgList*)

因为最后两个产生式右侧句型相同，该语法是二义性的，在构建LR(1)表时会导致归约-归约冲突。

解决这种二义性需要语法之外的知识。在递归下降语法分析器中，编译器编写者可以合并处理*FunctionReference*和*ArrayReference*的代码，并添加额外的代码来检查name的声明类型。在利用语法分析器生成器构建的表驱动语法分析器中，解决方案必须在工具提供的框架内工作。

已经有两种方法用于解决该问题。编译器编写者可以重写语法，将函数调用和数组引用合并为一个产生式。在这种方案中，问题被延迟到转换过程中的后续步骤，利用从声明获得的类型信息解决。语法分析器必须构建一种表示，保留两种语法结构所需的全部信息，后续步骤可以将引用重写为适当的形式（数组引用或函数调用）。

另外，词法分析器还可以根据声明类型而不是微语法属性来归类标识符。这种归类需要在词法分析器和语法分析器之间建立某种握手机制，只要语言具有"先定义后使用"的规则，安排二者之间的协调并不困难。因为声明在使用之前被解析，语法分析器可以将其内部符号表提供给词法分析器使用，以便为标识符确定不同的归类，如variable-name和function-name。于是，相关的产生式变为：

$FunctionReference \rightarrow$ function-name ($ArgList$)
$ArrayReference \rightarrow$ variable-name ($ArgList$)

用这种方法重写后，语法是无歧义的。因为词法分析器在在每种情况下都返回不同的语法范畴，语法分析器可以区分两种情形。

3.5.4 左递归与右递归

正如我们所见的那样，自顶向下语法分析器需要右递归语法，而非左递归语法。而自底向上语法分析器可以适应左递归或右递归语法。因而，在为自底向上语法分析器编写语法时，编译器编写者必须在左右递归之间作出选择。这种决策中，需要考虑几个因素。

1. 栈深度

一般来说，左递归导致栈深度较小。对于一个简单的列表结构，考虑两种备选语法，如图3-28a和图3-28b所示。（请注意与$SheepNoise$语法的相似性。）使用这种语法生成一个五元素列表，将分别导致如图3-28c和图3-28d所示的推导。LR(1)语法分析器会反向构建这些推导序列。因而，如果我们阅读推导时从最末一行读到最顶一行，即可跟踪语法分析器处理两种语法时的操作。

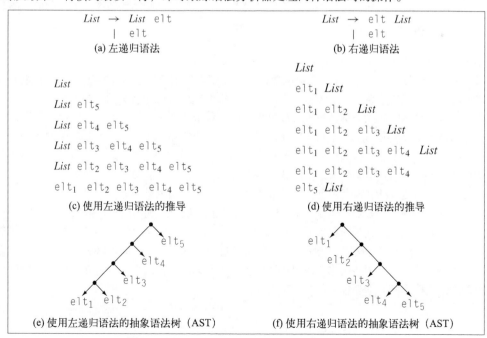

图3-28 左递归和右递归列表语法

(1) **左递归语法**　该语法先将elt₁移进到栈上，然后立即将其归约为*List*。接下来，它将elt₂移进到栈上，并将其归约为*List*。它会一直进行下去，直至所有5个elti都移进到栈上，并归约为*List*。因而，栈的最大深度为2，平均深度为10/6 = 5/3。

(2) **右递归语法**　这个版本会将5个elti全部移进到栈上。接下来，它使用规则2将elt₅归约为*List*，其余的elti使用规则1。因而，其最大栈深度为5，平均深度为20/6 = 10/3。

右递归语法需要更多的栈空间，其最大栈深度只受限于列表的长度。与此相反，左递归语法的最大栈深度取决于语法本身，而非输入流。

对于短列表，这并不是问题。但如果列表表示的是一长串无循环程序中的语句列表，其中可能包含数百个元素。在这种情况下，两种做法的空间占用可能有惊人的差别。如果两者在所有其他问题上都相差无几，那么栈深度小一点也是个好处。

2. 结合性

左递归很自然地产生左结合性，右递归很自然地产生右结合性。有时候，求值的次序会造成差别。考虑两个五元素列表对应的抽象语法树（AST），如图3-28e和图3-28f所示。左递归语法先将elt₁归约到*List*，然后归约*List* elt₂，依次类推。这样做，产生的AST如左图所示。类似地，右递归语法产生的AST如右图所示。

抽象语法树

AST是语法分析树的一种简写方式。参见5.2.1节。

对于列表来说，这两种次序中，没有哪一种是显然不正确的，尽管右递归生成的AST看起来更为自然。但如果像下述语法那样，把列表的构建器替换为算术操作，则需要考虑一下可能的后果。

$$
\begin{array}{llll}
Expr & \rightarrow & Expr + \text{Operand} & \\
& | & Expr - \text{Operand} & \\
& | & \text{Operand} &
\end{array}
\qquad
\begin{array}{llll}
Expr & \rightarrow & \text{Operand} + Expr & \\
& | & \text{Operand} - Expr & \\
& | & \text{Operand} &
\end{array}
$$

对于串$X_1 + X_2 + X_3 + X_4 + X_5$，左递归语法蕴涵了从左到右的求值次序，而右递归语法蕴涵了从右到左的求值次序。在某些数系下，如浮点运算，这两种求值次序可能产生不同的结果。

因为浮点数的尾数相对于指数范围来说是很小的，对于两个绝对值差得很远的数字来说，浮点加法可能变为恒等运算（identity operation）。例如，如果X_4比X_5小很多，处理器计算的结果可能是$X_4 + X_5 = X_5$。对于精心挑选的值来说，这种效应可能级联放大，导致从左到右和从右到左求值得出不同的答案。

类似地，如果表达式中某些项是函数调用，那么求值的次序可能很重要。如果函数调用改变了表达式中某个变量的值，那么改变求值次序可能会改变表达式求值的结果。

在包含减法的串中，如$X_1 - X_2 + X_3$，改变求值次序可能产生不正确的结果。依照左结合性，按后根次序遍历树，对上述表达式的求值等效于$(X_1 - X_2) + X_3$，从而得出预期的结果。另一方面，右结合性蕴涵着$X_1 - (X_2 + X_3)$这样的求值次序。当然，编译器必须遵照语言定义规定的求值次序。编译器编写者或者在表达式语法的编写上做些工作，使得语法分析产生预期的求值次序；或者谨慎地生成中间表示，以反映正确的求值次序和结合性，如4.5.2节所述。

本节回顾

构建编译器涉及的工作不仅仅是转录某种语言定义的语法。在编写语法时，有许多选择会影响到最终产生的编译器的功能和实用性。本节处理了各种问题，从如何进行出错恢复，到左递归和右递归之间的折中，等等。

复习题

(1) C语言使用方括号表示数组下标，使用圆括号表示过程或函数的参数列表。这种语言设计上的选择，是如何简化C语言构建语法分析器的过程的？

(2) 一元绝对值运算的语法引入了一个新的终结符（绝对值运算对应的一元运算符）。考虑向经典的表达式语法增加一个一元的负号算符。同一终结符同时用做一元的负号算符和二元减法算符，这一事实是否使语法和相应的语法分析过程复杂化？请说明你的答案。

3.6 高级主题

为构建一个令人满意的语法分析器，编译器编写者必须理解语法和语法分析器工程设计的基础知识。给出一个可工作的语法分析器，通常有各种方法可以提高其性能。本节考察语法分析器构建过程中的两个特定问题。首先，我们考察语法的转换，以减小推导的长度，从而使语法分析更快速。这种思想可以应用于自顶向下和自底向上的语法分析器。其次，我们探讨对语法和Action表、Goto表的转换，以减小表的大小。这种技术只适用于LR语法分析器。

3.6.1 优化语法

虽然在编译消耗的时间中，语法分析不再占主要成分，但编译器不应该在语法分析上浪费过多时间。语法的实际形式对解析该语法所需的工作量有着直接的影响。自顶向下和自底向上语法分析器都需要构建推导。自顶向下语法分析器对推导中的每个产生式进行扩展。自底向上语法分析器对推导中的每个产生式进行归约。如果语法产生的推导较短，那么语法分析花费的时间也较少。

编译器编写者通常可以重写语法，以降低语法分析树的高度。这样做，减少了自顶向下语法分析器中扩展操作的数目，也减少了自底向上语法分析器中归约操作的数目。优化语法无法改变语法分析器的渐近行为，毕竟，对于输入流中的每个符号，在语法分析树中都必须有一个对应的叶结点。但对语法中大量使用的部分（如表达式语法），减小渐进时间估算中的常数系数，仍然可以产生足够的差异，这证明了优化语法的工作是合理的。

我们在这里再次考虑3.2.4节中的经典表达式语法。（该语法的LR(1)表在图3-31和图3-32中给出。）为在运算符之间实施预期的优先级规则，我们增加了两个非终结符*Term*和*Factor*，并将语法重构为如图3-29a所示的形式。即使对于简单的表达式，这个新语法产生的语法分析树也相当大。例如，表达式a＋2×b的语法分析树有14个结点，如图3-29b所示。这些结点中有5个是叶结点，无法消除。（改变语法无法缩短输入程序。）

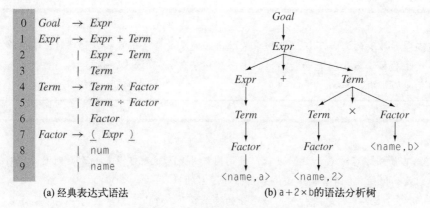

(a) 经典表达式语法   (b) a + 2×b 的语法分析树

图3-29   再论经典的表达式语法

任何只有一个子结点的内部结点都是优化的候选者。从 *Expr* 到 *Term* 到 *Factor* 到 ⟨name, a⟩ 的结点序列，对输入流中的一个单词使用了4个结点。我们至少可以消除一层，即 *Factor* 结点所在的层，将用于 *Factor* 的对应扩展折叠到 *Term* 中即可，如图3-30a所示。它将 *Term* 的备选产生式数目增加到原来的三倍，但却将语法分析树收缩了一层，如图3-30b所示。

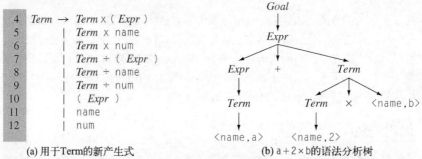

(a) 用于Term的新产生式   (b) a + 2×b 的语法分析树

图3-30   Term的新产生式

在LR(1)语法分析器中，这项改变会消除9个归约操作中的3个，5个移进操作不变。对于识别等价预测性语法的自顶向下递归下降语法分析器，它将消除14个过程调用中的3个。

一般来说，右侧句型只包含一个符号的任何产生式，都是可以折叠起来的。这种产生式有时称为无用产生式（useless production）。有时，无用产生式也有其自身的作用：使得语法更为紧凑或更具可读性，或使得推导采用某种特定的形式进行。（回想前文，表达式语法的最简单形式可以接受 a + 2×b，但其不会将任何优先级概念编码到语法分析树中。）我们将会在第4章看到，编译器编写者加入一个无用产生式，可能只是在推导中创建一个点，以便在该点执行某个特定的操作。

折叠无用产生式是有代价的。在LR(1)语法分析器中，它可能使表变大。就我们的例子而言，消除 *Factor* 会从Goto表中删除一列，但对 *Term* 额外增加的产生式会增大CC的规模（从32个集合到46个集合）。因而，表中少了一列，但会增加额外的14行。由此产生的语法分析器执行较少的归约（运行得更快速），但使用了较大的表。

在手工编码的递归下降语法分析器中，如果语法的规模较大，可能导致在扩展某个左侧语法符号之前必须比较的备选产生式的数目增大。编译器编写者有时可以通过合并多种情况来弥补增大的代价。例如，图3-10中用于*Expr'*的两个复杂扩展的代码是相同的。编译器编写者可以合并这两个分支，并在其中加入一个测试，按照＋或–来匹配单词。另外，编译器编写者也可以将＋和–分配到同一个语法范畴，在必要时让语法分析器查看语法范畴后使用词素来区分两个单词。

3.6.2 减小 LR(1)表的规模

遗憾的是，为相对较小的语法生成的LR(1)表可能比较大。图3-31和图3-32给出了经典表达式语法的规范LR(1)表。有许多技术可用于缩减这些表，包括本节描述的减小表大小的三种方法。

状态	Action表								
	eof	＋	－	×	÷	(	)	num	name
0						s 4		s 5	s 6
1	acc	s 7	s 8						
2	r 4	r 4	r 4	s 9	s 10				
3	r 7	r 7	r 7	r 7	r 7				
4						s 14		s 15	s 16
5	r 9	r 9	r 9	r 9	r 9				
6	r 10	r 10	r 10	r 10	r 10				
7						s 4		s 5	s 6
8						s 4		s 5	s 6
9						s 4		s 5	s 6
10						s 4		s 5	s 6
11		s 21	s 22				s 23		
12		r 4	r 4	s 24	s 25		r 4		
13		r 7	r 7	r 7	r 7		r 7		
14						s 14		s 15	s 16
15		r 9	r 9	r 9	r 9		r 9		
16		r 10	r 10	r 10	r 10		r 10		
17	r 2	r 2	r 2	s 9	s 10				
18	r 3	r 3	r 3	s 9	s 10				
19	r 5	r 5	r 5	r 5	r 5				
20	r 6	r 6	r 6	r 6	r 6				
21						s 14		s 15	s 16
22						s 14		s 15	s 16
23	r 8	r 8	r 8	r 8	r 8				
24						s 14		s 15	s 16
25						s 14		s 15	s 16
26		s 21	s 22				s 31		
27		r 2	r 2	s 24	s 25		r 2		
28		r 3	r 3	s 24	s 25		r 3		
29		r 5	r 5	r 5	r 5		r 5		
30		r 6	r 6	r 6	r 6		r 6		
31		r 8	r 8	r 8	r 8		r 8		

图3-31 经典表达式语法的Action表

状态	Goto表			状态	Goto表		
	Expr	Term	Factor		Expr	Term	Factor
0	1	2	3	16			
1				17			
2				18			
3				19			
4	11	12	13	20			
5				21		27	13
6				22		28	13
7		17	3	23			
8		18	3	24			29
9			19	25			30
10			20	26			
11				27			
12				28			
13				29			
14	26	12	13	30			
15				31			

图3-32   经典表达式语法的Goto表

1. 合并行或列

如果表生成器可以找到两个相同的行或列，它可以合并两者。在图3-31中，状态0和7到10对应的行是相同的，而4、14、21、22、24和25行也是相同的。表生成器可以对重复的集合只实现一次，并据此重新映射状态。这将从表中删除9行，规模减小了28%。为使用新的表，框架语法分析器需要一个从语法分析器状态到Action表行索引的映射。表生成器可以用类似的方式合并相同的列。单独考察Goto表（如图3-32所示），将得出不同的一组状态组合，特别地，所有只包含零的行都应该"浓缩"到一行中。

有时候，表生成器可以证明：比较两行或两列的不同之处，都属于其中一行/列有"错误"表项的情形（在我们的图中表示为空白）。在图3-31中，考察对应eof和num的列，凡两列不相同之处，必有其中之一为空白。合并这样的列，正确的输入仍然会产生正确的行为。但这种做法确实改变了语法分析器对错误输入的行为，可能会有碍于语法分析器提供精确有用的错误信息的能力。

行或列的合并，直接减小了表的大小。如果这种空间上的缩减对每次表访问增加了额外的间接方式，那么必须在内存访问的代价与内存空间的节省之间进行权衡。表生成器还可以使用其他技术来表示稀疏矩阵，实现者同样必须权衡内存空间占用与访问代价之间的利弊。

2. 缩减语法

在很多情况下，编译器编写者可以重新编写语法，以减少其中产生式的数目。这通常会导致生成的LR(1)表变小。例如，在经典表达式语法中，对Goal、Expr、Term和Factor的产生式来说，数字和标识符之间的区别是不相干的事情。将Factor→num和Factor→name这两个产生式替换为Factor→val这样的单个产生式，可以将语法缩减一个产生式。在Action表中，每个终结符都有自身的列。将num和name合为一个符号val，就从Action表删除了一列。实际上，要使这种做法能够奏效，词法分析器必须对num和name返回同样的语法范畴或单词。

基于同样的观点，可以将×和÷合并为一个终结符muldiv，将+和-合并为一个终结符addsub。每个这样的替换，都删除了一个终结符和一个产生式。经过这三个改变之后，生成缩减的表达式语法如图3-33a所示。该语法将产生一个较小的CC，因而从LR(1)表中删除了若干行。因为其中包含的终结符也较少，表中的列也变少了。

```
1    Goal    →  Expr
2    Expr    →  Expr addsub Term
3            |  Term
4    Term    →  Term muldiv Factor
5            |  Factor
6    Factor  →  ( Expr )
7            |  val
```

(a) 缩减后的表达式语法

	Action表					Goto表		
	eof	addsub	muldiv	(	)	val	*Expr*	*Term*	*Factor*
0				s 4		s 5	1	2	3
1	acc	s 6							
2	r 3	r 3	s 7						
3	r 5	r 5			r 5				
4				s 11		s 12	8	9	10
5	r 7	r 7			r 7				
6				s 4		s 5		13	3
7				s 4		s 5			14
8		s 15			s 16				
9		r 3	s 17		r 3				
10		r 5	r 5		r 5				
11				s 11		s 12	18	9	10
12		r 7	r 7		r 7				
13	r 2	r 2	s 7						
14	r 4	r 4			r 4				
15				s 11		s 12		19	10
16	r 6	r 6			r 6				
17				s 11		s 12			20
18		s 15			s 21				
19		r 2	s 17		r 2				
20		r 4	r 4		r 4				
21		r 6	r 6		r 6				

(b) 缩减后表达式语法的Action表和Goto表

图3-33 缩减后的表达式语法及其LR(1)表

由此产生的Action表和Goto表如图3-33b所示。Action表包含132个表项，Goto表包含66个表项，总计198个表项。原来的语法生成的表包含384个表项，相形之下，缩减语法的效果颇好。改变语法使表的大小减小了48%。至此，仍然有机会进一步缩减这些表的大小。例如，Action表中的行0、6和7是相同的，而行4、11、15和17也是相同的。类似地，Goto表也有许多行只包含错误表项。如果表的大小非常关键，在缩减语法之后可以合并行或列。

可能有其他方面的考虑会限制编译器编写者合并产生式的能力。例如，×运算符可能有多种用途，这使得将其与÷合并的做法变得不切实际。类似地，语法可能使用不同的产生式，以便语法分析器使用不同的方法来处理两个语法上类似的结构。

3. 表的直接编码

作为最终的改进方式，语法分析器生成器可以放弃表驱动的框架语法分析器，而采用硬编码的实现。每个状态都变为一个小的case语句，或者一组if-then-else语句，来测试下一个符号的类型，并采取移进、归约、接受或者报告错误等操作。Action表和Goto表的全部内容都可以用这种方法编码。（词法分析器的类似转换已经在2.5.2节讨论过。）

由此产生的语法分析器，避免了直接表示Action表和Goto表中所有的"不关注"表项，即图中的空白部分。这种对内存空间的节省，可能被增加的代码长度抵消，因为每个状态现在都包含更多的代码。但新的语法分析器没有了语法分析表，也不再运行查表操作，框架语法分析器中的外层循环也没有了。虽然其结构使得相应的代码几乎不可能被人类阅读，但与对应的表驱动语法分析器相比，它应该执行得更为快速。利用适当的代码布局技术，生成的语法分析器在指令高速缓存和分页系统中都可以呈现出很强的局部性。例如，我们应该将处理表达式语法的所有例程代码都放置在同一内存页中，以确保在对内存/缓存的访问中，不同的例程不会彼此竞争。

4. 使用其他构造算法

还有其他几种算法，可用于构建LR风格的语法分析器。这些技术中包括SLR(1)构造法，用于简单LR(1)（simple LR(1)），LALR(1)构造法，用于前瞻LR(1)（lookahead LR(1)）。与规范的LR(1)算法相比，这两种构造法都能够生成更小的表。

与规范的LR(1)构造法相比，SLR(1)算法接受的语法类较小。这些语法较为受限，因而不需要LR(1)项中的前瞻符号。算法使用FOLLOW集合来区分需要语法分析器进行移进和归约的情形。这种机制已经足够强大，可以解析许多有实际意义的语法。通过使用FOLLOW集合，算法不再需要前瞻符号。这样，产生的规范族较小，生成的表行数也比较少。

LALR(1)算法基于下述见解：集合中表示状态的一些项是关键项，其余项可以从关键项导出。LALR(1)表的构造法只表示了关键项，同样，这种做法产生的规范族与SLR(1)构造法是等效的。二者的细节有所不同，但最终生成的表大小是相同的。

本章前文讲述的规范LR(1)构造法是这些表构造算法中最通用的。它产生的表最大，但接受的语法类也是最大的。利用适当的缩减表规模的技术，LR(1)表的大小可以接近于上述受限的技术所生成的表。但实际上有一个稍微反直觉的结果，即任何具有LR(1)语法的语言，同样有LALR(1)语法和SLR(1)语法。这些受限形式的语法需要满足一定的形式要求，以使得构建语法分析器的相应算法能够对采取移进和归约操作的场合进行区分。

3.7   小结和展望

几乎每个编译器都包含一个语法分析器。多年以来，语法分析曾经是人们颇感兴趣的主题。研究人员开发出了许多不同的技术，用于构建高效的语法分析器。LR(1)语法族包含了所有能够以确定性方式解析的上下文无关语法。相应的工具可以生成高效的语法分析器，具有很强的错误检测能力。所有这些特性，联同应用广泛的LR(1)、LALR(1)和SLR(1)语法的语法分析器生成器，削弱了人们对其他自动化语法分析技术的兴趣，如运算符优先级语法分析器（operator precedence parser）。

　　自顶向下的递归下降语法分析器有自身的一些优势。可以证明它们是最容易以手工编码方式构建的语法分析器。它们提供了良好的语法错误检测和修改机制。它们也很高效，实际上，构建良好的自顶向下的递归下降语法分析器可以比表驱动的LR(1)语法分析器更快速。（LR(1)的直接编码方案可以胜过递归下降方案的速度优势。）在自顶向下、递归下降的语法分析器中，编译器编写者可以更容易地用技巧处理源语言中的二义性，而这在LR(1)语法分析器中可能带来麻烦，例如在某种语言中，可以用关键字作为标识符。如果编译器编写者想要构建一个手工编码的语法分析器，无论其出发点如何，我们都建议他使用自顶向下的递归下降方法。

　　当需要在LR(1)和LL(1)语法之间作出选择时，选择本身也成为了可用的工具之一。实际上，很少有程序设计语言的结构，是不被LR(1)和LL(1)语法涵盖的。因而，从现成的语法分析器生成器开始，总比从头开始实现一个语法分析器生成器要好。

　　还有更一般性的语法分析算法可用。但实际上，LR(1)和LL(1)语法类对上下文无关语法的约束对大多数程序设计语言不会造成问题。

本章注释

　　最早的编译器使用了手工编码的语法分析器[27, 227, 314]。Algol 60在语法上的丰富性为早期的编译器编写者带来了挑战。他们尝试了各种方案来解析该语言，对于各种Algol 60编译器中使用的诸多方法，Randell和Russell给出了一份非常吸引人的概述[293, Chapter 1]。

　　Irons是将语法的概念从转换中分离出来的先驱之一[202]。Lucas看起来已经引入了递归下降语法分析的概念[255]。Conway将类似的思想应用到一个高效的COBOL单遍编译器中[96]。

　　LL和LR语法分析背后的思想产生在20世纪60年代。Lewis和Stearns引入了LL(k)语法[245]，Rosenkrantz和Stearns更深入地描述了其性质[305]。Foster开发了一种算法，可以将语法转换为LL(1)形式[151]。Wood将提取语法左因子的概念形式化，并探讨了将语法转换为LL(1)形式涉及的理论问题[353, 354, 355]。

　　Knuth奠定了LR(1)语法分析的理论基础[228]。DeRemer等人开发了相应的技术，如SLR和LALR表构造算法，在当时内存受限的计算机上，这使得LR语法分析器生成器的使用实用化[121, 122]。Waite和Goos描述了一种在LR(1)表构造算法中自动消除无用产生式的技术[339]。Penello提议将LR(1)直接编码到可执行代码中[282]。Aho和Ullman的著作是LL和LR语法分析方面的权威参考[8]。Bill Waite提供了习题（7）中的示例语法。

　　解析任意上下文无关语法的几种算法，出现于20世纪60年代和70年代早期。Cocke和Schwartz[91]、Younger[358]、Kasami[212]、Earley[135]等人的算法，都具有类似的计算复杂性。Earley的算法特别值得注意，因为它与LR(1)表构造算法很相似。Earley的算法在语法分析期间推导了所有可能语法分析状态的集合（不是在运行时），而LR(1)技术则在语法分析器生成器中对这些进行了预计算。总体看来，可以将LR(1)算法看做对Earley算法的自然优化。

习题

3.2节

(1) 为正则表达式的语法编写一种上下文无关语法。

(2) 为上下文无关语法的符号表示法巴科斯–瑙尔范式（BNF）编写一种上下文无关语法。

(3) 在一次考试中被问到无歧义上下文无关语法的定义时，两个学生给出了不同的答案。一名学生将其定义为："一种语法，每个句子通过最左推导能得到唯一的语法树。"另一名学生将其定义为："一种语法，每个句子通过任何推导都能得到唯一的语法树。" 哪个定义是正确的？

3.3节

(4) 下列语法不适合于自顶向下的预测性语法分析器。确定其中的问题，并重写语法改正该问题。请说明新语法满足LL(1)条件。

$$
\begin{array}{lll}
L \rightarrow R\,\text{a} & R \rightarrow \text{aba} & Q \rightarrow \text{bbc} \\
\quad |\ Q\,\text{ba} & \quad |\ \text{caba} & \quad |\ \text{bc} \\
& \quad |\ R\,\text{bc} &
\end{array}
$$

(5) 考虑下列语法：

$$
\begin{array}{ll}
A \rightarrow B\,\text{a} & C \rightarrow \text{c}\,B \\
B \rightarrow \text{dab} & \quad |\ A\,\text{c} \\
\quad |\ C\,\text{b} &
\end{array}
$$

这个语法满足LL(1)条件吗？请证明你的答案。如果不满足条件，请将其重写为LL(1)语法，重写前后的语法应该描述同一个语言。

(6) 可以通过从左至右线性扫描方式前瞻 k 个单词，来进行自顶向下语法分析的语法，称为LL(k)语法。在本书中，LL(1)条件是通过FIRST集合描述的。如何定义适当的FIRST集合，来描述LL(k)条件？

(7) 假定电梯通过两个命令控制：↑将电梯向上移动一层，↓将电梯向下移动一层。假定楼足够高，电梯从 x 层出发。

编写一个LL(1)语法，来生成任意的电梯命令序列，满足下列条件：(1)电梯不能下降到低于 x 层；(2)在命令序列末尾，总是使电梯返回到 x 层。例如，↑↑↓↓ 和 ↑↓↑↓ 是有效的命令序列，但 ↑↓↓↑ 和 ↑↓↓ 就是无效的。方便起见，你可以认为空序列是有效的。请证明你的语法是LL(1)的。

3.4节

(8) 自顶向下和自底向上语法分析器按不同次序构建语法树。编写一对程序TopDown和BottomUp，以语法树为输入，分别按构建语法树的顺序输出各个结点。TopDown应该显示自顶向下语法分析器构建语法树的顺序，而BottomUp应该显示自底向上语法分析器构建语法树的顺序。

(9) *ClockNoise*语言（*CN*）由下列语法表示：

$$
\begin{array}{lll}
Goal & \rightarrow & ClockNoise \\
ClockNoise & \rightarrow & ClockNoise\ \text{tick tock} \\
& | & \text{tick tock}
\end{array}
$$

(a) *CN*的LR(1)项有哪些？

(b) *CN*的FIRST集合有哪些？

(c) 为*CN*构建LR(1)项集的规范族。

(d) 推导出Action表和Goto表。

(10) 考虑下列语法：

$$Start \rightarrow S$$
$$S \rightarrow A\ a$$
$$A \rightarrow B\ C$$
$$| \quad B\ C\ f$$
$$B \rightarrow b$$
$$C \rightarrow c$$

(a) 为该语法构建LR(1)项集的规范族。

(b) 推导出Action和Goto表。

(c) 该语法是LR(1)的吗?

(11) 考虑一个可接受两个命令的机械手:▽将一个苹果放在包中,而△从包中取出一个苹果。假定机械手从空包开始运行。

对于机械手来说,有效命令序列的任何前缀,包含的△命令都不应该多于▽命令。举例来说,▽▽△△和▽△▽是有效命令序列,而▽△△▽和▽△▽△△不是有效的。

(a) 编写一个LR(1)语法,表示机械手的所有有效命令序列。

(b) 证明该语法是LR(1)的。

(12) 下列语法没有已知的LL(1)等效形式:

$$0 \quad Start \rightarrow A$$
$$1 \quad | \quad B$$
$$2 \quad A \rightarrow \underline{(}\ A\ \underline{)}$$
$$3 \quad | \quad \underline{a}$$
$$4 \quad B \rightarrow \underline{(}\ B\ \underline{>}$$
$$5 \quad | \quad \underline{b}$$

证明该语法是LR(1)的。

3.6节

(13) 为包含二元运算符(+和×)、一元负号算符(−)、递增算符(++)和递减算符(—)的表达式编写一种语法,请保持各个算符通常的优先级。假定重复的一元负号算符是不允许的,但重复的递增算符和递减算符是允许的。

3.7节

(14) 考虑为程序设计语言Scheme构建语法分析器的任务。对比自顶向下递归下降语法分析器与表驱动LR(1)语法分析器所需的工作量。(假定已经有一个LR(1)表生成器。)

(15) 本书中描述了手工消除语法中无用产生式的技术。

(a) 你能修改LR(1)表构造算法,使之自动消除无用产生式带来的开销吗?

(b) 一个产生式在语法上可能是无用的,但它可能具有实际用途。例如,编译器编写者可以将一个语法制导的操作(参见第4章)关联到无用产生式上。你应该如何修改表构造算法,使之能够处理与无用产生式关联的操作?

上下文相关分析

本章概述

　　语法正确的输入程序仍然可能包含严重的错误，导致编译无法完成。为检测这样的错误，编译器需要进行更深层的检查，其中涉及将每条语句放到实际的上下文中进行考虑。这种检查可以发现类型和约定方面的错误。

　　本章介绍两种用于上下文相关检查的技术。属性语法是一种实用的形式化机制，可用于规定上下文相关的计算。特设的语法制导转换（ad hoc syntax-directed translation）提供了一个简单框架，编译器编写者可以将任意代码片断"挂"在框架上，进行这种检查。

　　关键词：语义推敲；类型检查；属性语法；特设语法制导转换

4.1　简介

　　编译器的最终任务是将输入程序转换为一种可以直接在目标机上执行的形式。为此，它对输入程序的了解要远超过语法这个层次。对于输入程序中编码的计算过程的细节，编译器必须建立一个庞大的知识库。编译器必须了解输入程序表示了哪些值、这些值驻留在何处、值是如何从一个名字流动到另一个名字的。它必须理解计算过程本身的结构。它必须分析程序与外部文件和设备的交互方式。利用上下文知识，所有这些事实都可以从源代码推导出来。因而，与词法分析器或语法分析器通常所做的工作相比，编译器必须进行更深入的分析。

　　这种分析或者与语法分析并行不悖地进行，或者在语法分析之后的一趟处理中进行（遍历语法分析器生成的IR）。我们将这种分析称为"上下文相关分析"（context-sensitive analysis），以区别于语法分析，或者称为"语义推敲"（semantic elaboration），因为它对IR进行了推敲加工。本章探讨了在编译器中组织这种分析的两种技术：基于属性语法的自动化方法和依赖于类似概念的特设方法。

1. 概念路线图

　　为积累进一步转换需要的上下文知识，编译器必须开发出一些方法，从语法之外的视角来考察程序。它使用一些表示了代码某个方面的抽象，如类型系统、存储映射（storage map）或控制流图（control-flow graph）。编译器必须理解程序的命名空间：程序中表示的数据的种类、可以关联到每个名字和表达式的数据的种类、代码中出现的名字到该名字的某个特定实例的映射。它必须理解控制流，无论是过程内还是过程间。对上述每一种知识，编译器都要有一种抽象来表示。

　　本章专注于编译器用来推导上下文相关知识的机制。本章介绍了编译器在语义推敲期间操控的若干抽象之一，即类型系统。（其他抽象在后续各章中介绍。）接下来，本章阐述一种原理性的自动化方法，用于以属性语法形式实现这些计算。然后讲述使用最广泛的技术，即所谓的特设语法制导转换，并比较这两种工具的优势和弱点。4.5节简略描述了在类型推断方面提出更困难的问题的若干情形，另外本节给出了特设语法制导转换方面的最后一个例子。

2. 概述

我们考虑在被编译的程序中使用的某个名字，姑且称之为x。在编译器能够为涉及x的计算输出可执行的目标机代码之前，它必须回答许多问题。

- x中存储了什么种类的值？现代程序设计语言使用大量的数据类型，包括数字、字符、布尔值、指向其他对象的指针、集合（如{red, yellow, green}），等等。大部分语言包含能够聚集多个单值的复合对象，包括数组、结构、集合和串。

- x有多大呢？因为编译器必须操控x，所以它必须知道x在目标机上表示的长度。如果x是一个数字，可能是一个字（整数或浮点数）、两个字（双精度浮点数或复数）或四个字（一个四精度浮点数或双精度复数）。[①] 对于数组和串来说，元素的数目可能在编译时就已经固定了，也可能在运行时才能确定。

- 如果x是一个过程，它需要获得哪些参数呢？如果它有返回值，那么返回什么种类的值呢？在编译器能够为调用一个过程生成代码之前，它必须知道被调用过程本身的代码的预期：有多少个参数输入进来、这些参数存储的位置以及每个参数中预期存储的值的种类。如果过程返回一个值，调用例程到哪里去找这个值，值的数据类型如何呢？（编译器必须确保调用过程能够以一种一致且安全的方式使用该值。如果调用过程假定返回值是一个它能够反引用的指针，而被调用过程返回一个任意串，那么结果未必是可预测、安全或一致的。）

- 对于x的值来说，其生命周期有多长？编译器必须确保，对可以合法引用x的计算过程的任何部分，x的值必须一直保持可以访问的状态。假定x是Pascal中的一个局部变量，只要编译器在声明x的过程被调用期间一直保持x的值可被访问，就很容易高估x的生命周期。如果x是一个可以在任何位置被引用的全局变量，或者是程序显式分配的一个结构实例中的成员，编译器判断其生命周期时会困难得多。当然，编译器可以对全部计算过程一直保持x的值，但有关x生命周期的更精确信息完全可能让编译器重用x的存储空间，使之用于其他生命周期与x并不冲突的值。

- 谁负责为x分配空间（并初始化它）？x的存储空间是隐式分配的吗？还是程序需要为其显式分配空间？如果分配过程是显式的，那么编译器必须假定，在程序运行之前x的地址是未知的。另一方面，如果编译器在其管理的某个运行时数据结构中为x分配空间，那么它对x的地址会有更多的了解。这种认识可以使编译器生成更高效的代码。

编译器必须根据源语言的规则和源程序，推导出这些问题的答案及其他信息。在类Algol语言中，如Pascal或C语言，大部分问题都可以通过考察x的声明而得到答案。如果源语言没有声明机制，如APL，编译器必须通过分析源程序来推导出这种信息，或者生成能够处理任何可能情形的代码。

这些问题中有许多（如果不是全部）都超出了源语言的上下文无关语法。例如，x←y和x←z的语法分析树的不同之处只在于赋值算符右侧标识符的文本名称。如果x和y是整数而z是串，那么编译器

---

① 如果字宽为16位，双字表示整数或单精度浮点数，四字表示长整数或双精度浮点数，因此，作者所指的字宽为32位。——译者注

为x←y输出的代码，可能完全不同于为x←z输出的代码。为区分这些情况，编译器必须深入研究程序的语义。词法分析和语法分析处理的只是程序的形式，而语义分析则进入了上下文相关分析的领域。

要更清楚地看出语法和语义之间的这种差别，可以考虑大多数类Algol的语言中程序的结构。这些语言要求每个变量都必须在使用之前声明，而对变量的每次使用都必须与其声明相一致。编译器编写者可以调整语法的结构，以确保所有的声明语句都出现在可执行语句之前。如下产生式：

$$ProcedureBody \rightarrow Declarations\ Executables$$

其中非终结符的语义很明显，确保了所有声明都出现在可执行语句之前。这种语法上的约束不会检查更深入的规则：即在某个可执行语句中第一次使用变量之前，程序已经声明了该变量。同样，它也没有提供一种显而易见的方法来处理C++中的规则，即要求某些类别的变量在使用之前声明，但允许程序员将声明和可执行语句混合起来。

> 为解决这个特定的问题，编译器通常创建一个名字表。编译器在处理声明时向表中插入一个名字，而在每次引用名字时去表中查找。查找失败表明缺少对应的声明

这种情况下，为实施"先声明后使用"的规则，与可以编码在上下文无关语法中的信息相比，我们需要更深层次的知识。上下文无关语法处理的是语法范畴，而非特定的单词。因而，语法可以规定表达式中变量名可能出现的位置。语法分析器可以识别出语法允许变量名在相应的位置出现，它也可以判断有某个变量名已经出现了。但语法无法将变量名的一个实例匹配到另一个，这要求语法规定一种更深层次的分析：这种分析须得考虑上下文信息，且与上下文无关语法相比，这种分析能够在深得多的层面上考察和操控信息。

> 这种"特设"解决方案"固定"在语法分析器上，但使用的机制超出了上下文无关语言的范围。

4.2　类型系统简介

大多数程序设计语言都将一组性质关联到每个数据值。我们将这些性质的集合称为值的类型。类型规定了属于该类型的所有值共有的一组性质。类型可以通过成员资格规定，例如，整数类型的值可以是$-2^{31} \leqslant i < 2^{31}$范围内的任何整数$i$，red可能是枚举类型colors中的一个值，colors定义为集合{red, orange, yellow, green, blue, brown, black, white}。类型可以通过规则规定，例如，C语言中的一个结构声明定义了一个类型。在这种情况下，该类型包含了按声明次序出现的任何声明字段所对应的对象，而各个字段的类型，则规定了字段值的容许范围及其解释。（我们将结构的类型表示为其成分字段的类型的笛卡尔积（按顺序乘积））。一些类型是程序设计语言预定义的，其他的类型则是程序员构建的。程序设计语言中类型的集合，以及使用类型来规定程序行为的规则，总称为类型系统（type system）。

> **类型**
> 一种抽象范畴，规定了其所有成员共有的性质。
> 常见的类型包括整数、列表和字符等。

4.2.1 类型系统的目标

程序设计语言的设计者引入类型系统的目的是，与上下文无关语法相比，利用类型系统可以在更精确的层次上规定程序的行为。类型系统建立了另一种词汇表来描述有效程序的形式和行为。从类型系统的视角来分析一个程序所得到的信息是利用词法分析和语法分析技术无法获取的。在编译器中，这种信息通常用于三种不同的目的：安全、表达力和运行时效率。

1. 确保运行时的安全性

设计完善的类型系统有助于编译器检测和避免运行时错误。类型系统应该确保程序具有良性的行为，即在病态程序执行导致运行时错误的操作之前，编译器和运行时系统就可以识别出它们。实际上，类型系统无法捕获所有病态程序，病态程序的集合不是可计算的。一些运行时错误，如反引用越界指针，有着显著（且通常是灾难性）的后果。其他的运行时错误，如错误地将整数解释为浮点数，其影响是微妙的，且可能有累积效应。编译器应该利用类型检查技术，尽可能多地消除运行时错误。

为完成该目标，编译器首先必须为每个表达式推断出类型。这些推断出的类型可以揭示未能正确解释某个值的场合，如利用浮点数代替布尔值的情形。其次，编译器必须依照语言定义的规则，来检查每个运算符的操作数的类型。有时候，这些规则可能要求编译器将值从一种表示转换为另一种。在其他情况下，规则可能禁止这样的转换，只是声称程序是病态的，因而不可执行。

> **类型推断**
> 为代码中每个名字和每个表达式确定一种类型的过程。

在多种语言中，编译器可以为每个表达式推断类型。FORTRAN 77有一个特别简单的类型系统，只有少量的类型。图4-1给出了＋运算符可能出现的所有情况。给定表达式a＋b，以及a和b的类型，该表规定了a＋b的类型。对于整数a和双精度浮点数b，a＋b生成一个双精度浮点值结果。反之，如果a是复数，a＋b就是非法的。编译器应该检测这种情形，并在程序执行之前报告，这是类型安全性的一个简单例子。

> **隐式转换**
> 许多语言规定了规则，允许运算符使用不同类型的值，并要求编译器按需插入类型转换操作。另一种备选方案是要求程序员指定显式转换。

+	integer	real	double	complex
integer	integer	real	double	complex
real	real	real	double	complex
double	double	double	double	*illegal*
complex	complex	complex	*illegal*	complex

图4-1　FORTRAN 77中加法的结果类型

对某些语言来说，编译器无法为所有表达式推断类型。例如，APL缺乏声明机制，因而变量的类型可能在任何赋值操作中改变，用户也可以在输入提示符界面上输入任意代码。虽然这确保了APL强大且富有表达力，但它也要求APL的实现必须在运行时执行一定数量的类型推断和检查。当然，另一种备选方案是假定程序行为良好并忽略这种检查。一般来说，在程序出错时，该决策将导致不良的行为。在APL中，许多高级特性严重地依赖于类型和数组维数/大小信息的可用性。

安全性是使用强类型语言的一个重要原因。如果语言的实现能够保证在程序执行之前捕获大多数类型相关的错误，这将简化程序本身的设计和实现。如果一种语言中每个表达式都能够分配一个无歧义的类型，这种语言称为强类型语言。如果每个表达式都可以在编译时确定类型，我们称这种语言为静态类型的（statically typed），如果某些表达式只能在运行时确定类型，称这种语言为动态类型的（dynamically typed）。还有另两种语言：无类型语言，如汇编代码或BCPL语言；和弱类型语言，即类型系统较为贫乏的语言。

2. 提高表达力

与上下文无关规则相比，具有良好结构的类型系统允许语言设计者更精确地规定程序的行为。这种能力使得语言设计者可以加入一些上下文无关语法不可能表示的特性。一个出色的例子就是运算符重载（operator overloading），即赋予运算符上下文相关的语义。许多程序设计语言使用＋表示几种加法。＋的解释取决于其操作数的类型。在强类型语言中，许多运算符是重载的。而在无类型语言中，相应的备选方案则是为每种情形分别提供（词法上）不同的运算符。

运算符重载

如果运算符的语义是根据其参数类型定的，那么该运算符是被"重载"的。

例如，在BCPL语言中，唯一的类型是"单元"（cell）。单元可以包含任何位模式，对位模式的解释，则由应用到单元上的运算符判断。因为单元本质上是无类型的，运算符是不能重载的。因而，BCPL语言使用＋表示整数加法，而使用#＋表示浮点加法。给定两个单元a和b，a＋b和a#＋b都是有效的表达式，两个运算符都不会对操作数进行任何转换。

与此相反，即使最古老的强类型语言也会使用重载来规定复杂的行为。如前一节所述，FORTRAN只有一个加法运算符＋，语言的实现将使用类型信息来判断运算符应该如何实现。标准C语言使用函数原型，即函数参数数目和类型以及返回值类型的声明，原型可用于在调用函数时将实参转换为适当的类型。类型信息确定了C语言中指针递增的实际效果，地址实际增加的量由指针的类型决定。面向对象语言使用类型信息为每个过程调用选择适当的实现。例如，Java通过考察构造函数的参数列表，在默认构造函数和特化的构造函数之间作出选择。

3. 生成更好的代码

设计完善的类型系统为编译器提供了程序中每个表达式的详细信息，通常利用这一信息进行转换可以生成更高效的代码。考虑FORTRAN 77中加法的实现。该编译器可以完全确定所有表达式的类型，因此它可以查阅如图4-2所示的表。右侧的代码给出了用于加法的ILOC操作，以及FORTRAN标准中为每种混合类型表达式规定的转换。完整的表将涵盖图4-1中所有的情况。

如果在某种语言中，类型在编译时不能完全确定，一部分检查可以推迟至运行时进行。为此，编译器需要输出的代码类似于图4-3中的伪代码。该图只给出了用于两种数值类型（整数和实数）的代码。实际实现将需要涵盖所有的可能性。虽然这种方法确保了运行时的安全性，但为每个操作增加了显著的开销。编译时检查的一个目标是，在不增加运行时代价的情况下提供相应的安全性。

请注意，运行时类型检查要求为类型提供一种运行时表示。因而，每个变量不仅要有value字段，还要有tag字段。执行运行时检查的代码（如图4-3中嵌套的if-then-else结构所示）依赖于tag字段，而算术运算符的实现则使用了value字段。随着tag字段的引入，每个数据项都需要更多的存储空间，即在内存中需要更多的字节。如果变量存储在寄存器中，那么其value和tag都需要分配寄存器。最后，tag字段必须在运行时进行初始化、读、比较、写等操作。所有这些活动都使原本简单的加法操作增加了开销。

变量/表达式的类型			代　　码
a	b	a+b	
integer	integer	integer	iADD r_a, r_b $\Rightarrow$ r_{a+b}
integer	real	real	i2f f_a $\Rightarrow$ r_{a_f}
			fADD r_{a_f}, r_b $\Rightarrow$ r_{a_f+b}
integer	double	double	i2d r_a $\Rightarrow$ r_{a_d}
			dADD r_{a_d}, r_b $\Rightarrow$ r_{a_d+b}
real	real	real	fADD r_a, r_b $\Rightarrow$ r_{a+b}
real	double	double	r2d r_a $\Rightarrow$ r_{a_d}
			dADD r_{a_d}, r_b $\Rightarrow$ r_{a_d+b}
double	double	double	dADD r_a, r_b $\Rightarrow$ r_{a+b}

图4-2　FORTRAN 77中加法的实现

在寄存器中保存a的好处主要是访问速度。如果a的tag是在内存中，那么这种好处就不存在了。另一种方案是使用a中空间的一部分来存储tag，并减小a可能包含值的范围。

运行时的类型检查向简单的算术运算和其他操控数据的操作强加了很大的开销。将单个加法操作或数据转换和加法操作替换为图4-3所示的嵌套的if-then-else代码，对性能有严重的影响。图4-3中代码的规模强烈地暗示我们将加法之类的运算符实现为过程，并将每个运算符实例都处理为过程调用。在需要运行时类型检查的语言中，运行时检查的开销可以轻易超出实际操作的代价。

在编译时进行类型推断和检查可以消除这种开销。它可以将图4-3中复杂的代码，替换为图4-2中快速、紧凑的代码。从性能角度来看，编译时检查总是更可取。但语言设计方面的考虑才能确定编译时检查是否是不可能。

4. 类型检查

为避免运行时类型检查的开销，编译器必须分析程序，为每个名字和表达式分配一种类型。它必须检查这些类型，以确保类型在相应上下文中的使用是合法的。总而言之，这些活动通常称为类型检查。不过这是个误称，它将类型推断和识别类型相关错误的不同活动放在了同一个名称下。

程序员应该理解在给定的语言和编译器之下，类型检查是如何执行的。强类型、可进行静态检查的语言可以实现为具有运行时类型检查功能（或完全不进行任何检查）。无类型语言也可以实现为能够捕获某些种类的错误。ML和Modula-3都是可进行静态检查的强类型语言的很好的例子。Common Lisp有一个强类型系统，必须进行动态检查。标准C语言是强类型语言，但某些实现识别类型错误的工作做得很差。

```
// 实现a+b ⇒ c的部分代码
if (tag(a) = integer) then
    if (tag(b) = integer) then
        value(c) = value(a) + value(b);
        tag(c) = integer;

    else if (tag(b) = real) then
        temp = ConvertToReal(a);
        value(c) = temp + value(b);
        tag(c) = real;

    else if (tag(b) = ...) then
        // 处理所有其他类型
    else
        signal runtime type fault
else if (tag(a) = real) then
    if (tag(b) = integer) then
        temp = ConvertToReal(b);
        value(c) = value(a) + temp;
        tag(c) = real;

    else if (tag(b) = real) then
        value(c) = value(a) + value(b);
        tag(c) = real;

    else if (tag(b) = ...) then
        // 处理所有其他类型
    else
        signal runtime type fault
else if (tag(a) = ...) then
    // 处理所有其他类型
else
    signal illegal tag value;
```

图4-3　在具有运行时类型检查的情况下，加法实现的概要方案

作为类型系统基础的相关理论包含了一个庞大复杂的知识体系。本节概述类型系统，并介绍类型检查方面一些简单的问题。后续各节将以类型推断的简单问题为例，来讲述上下文相关计算。

4.2.2　类型系统的组件

典型现代语言的类型系统有四个主要组件：一组基础类型（或内建类型）、根据现存类型构建新类型的规则、用于确定两种类型是否等价或兼容的方法、用于为每个源语言表达式推断类型的规则。许多语言也包括了根据上下文将一种类型的值隐式转换为另一种类型的规则。本节将更详细地描述这些组件，并提供流行的程序设计语言中的例子。

1. 基础类型

大多数程序设计语言都提供了基础类型，用于表示下述数据种类中的一些或全部：数字、字符和

布尔值。大部分处理器都直接支持这些类型。数字通常有几种形式，如整数和浮点数。各种语言还添加了其他的基础类型。Lisp包括有理数类型和递归类型cons。本质上，有理数是一对解释为比例的整数。cons实例或者定义为指定值nil，或者定义为(cons first rest)，其中first是一个对象，rest是一个cons实例，cons用于根据其参数创建一个列表。

基础类型的精确定义以及为基础类型定义的运算符，因语言而异。一些语言细化这些基础类型，创建了更多的类型，例如许多语言在其类型系统中区分了几种不同类型的数字。而一些语言则缺少这些基础类型中的一个或多个。例如，C语言没有字符串类型，因此C程序员代之以字符数组。几乎所有的语言都包含了一些功能，用于根据其基础类型来构建更复杂的类型。

数字

几乎所有的程序设计语言都包含一种或多种数字作为基础类型。通常，它们支持范围受限的整数和近似的实数（通常称为浮点数）。许多程序设计语言会暴露底层的硬件实现，为不同的硬件实现建立不同的类型。例如，C语言、C++和Java会区分有符号和无符号整数。

而FORTRAN、PL/I和C语言则暴露了数字所需存储空间的大小。C语言和FORTRAN都用相对术语规定了数据项的长度。例如，FORTRAN中double是real的两倍长。但两种语言都使编译器可以控制最小的数字类型的长度。与此相反，PL/I声明按比特位宽度规定数据项的长度。编译器将所要求的长度映射到某种硬件表示。因而，IBM 370的PL/I实现将fixed binary(12)和fixed binary(15)类型的变量都映射为16位整数，而fixed binary(31)则映射为32位整数。

一些语言详细规定了实现细节。例如，Java对长度为8、16、32和64位的有符号整数定义了不同的类型。这些类型分别是byte、short、int和long。类似地，Java的float类型规定了一个32位的IEEE浮点数，而其double类型则规定了一个64位的IEEE浮点数。这种方法确保了Java程序在不同体系结构上具有同样的行为。

Scheme采用了一种不同的方法。该语言定义了数字类型的一个层次结构，但允许实现者从中选择一个子集来支持。但该标准缜密地区分了精确和非精确数字，并规定了一组操作，在操作的参数都是精确数时，返回结果也应该是精确数。这为实现者提供了一定程度的灵活性，又允许程序员推断何时何地可能出现近似。

字符

许多语言包含字符类型。抽象地说，一个字符是一个单个的字母。多年来，西方字母表的大小限制了字符采用单字节表示（8比特位），通常映射到ASCII字符集。近来，更多的实现（包括操作系统和程序设计语言）开始支持更大、以Unicode标准格式表示的字符集，这种表示下，每个字符需要16个比特位。大多数语言假定字符集是有序的，因此标准的比较运算符，如<、=和>的工作方式如直观所见，实际上对字符实施了字典排序。一些语言提供了字符和整数之间的转换。很少有其他操作对字符数据有意义。

布尔值

大多数程序设计语言都包含一种布尔类型，该类型只有两个值true和false。为布尔值提供的标准操作包括and、or、xor和not。布尔值，或布尔值的表达式，通常用于决定控制流的走向。C语言将布尔值看作是无符号整数的一个子区间，仅限于0（false）和1（true）。

2. 复合类型和构造类型

虽然程序设计语言的基础类型通常对硬件直接处理的数据提供了足够的抽象，但它们通常不足以表示程序所需的信息。程序通常都需要处理更复杂的数据结构，如图、树、表、数组、记录、列表和栈等。这些结构由一个或多个对象组成，其中每个都有自身的类型。为这些复合或聚合对象构建新类型的能力，是许多程序设计语言的一个基本特性。这使得程序员能够以新的、特定于程序的方法来组织信息。将这些组织方法联系到类型系统提高了编译器检测病态程序的能力。它还使得语言能够表达高级的操作，如整个结构的赋值操作。

以Lisp为例，该语言为处理列表的程序提供了广泛的支持。Lisp的列表是一个构造类型。列表实例或者是指定值nil，或者是(cons first rest)，其中first是一个对象，rest是一个列表实例，而cons是一个构造函数，它能根据两个参数来创建一个列表。Lisp的实现可以检查对cons的每个调用，以确认其第二个参数确实是一个列表实例。

数组

数组是使用最广泛的聚合对象之一。数组聚集了多个同一类型的对象，并赋予每个对象一个不同的名字，当然，这是计算而来的隐式名字，而非由程序员指定的显式名字。C语言中的声明int a[100][200];为$100 \times 200 = 20\ 000$个整数分配了存储空间，并确保这些整数可以通过名字a访问到。引用a[1][17]和a[2][30]分别访问了数组中不同的存储位置。数组的基本性质是，程序可以使用数字下标（或其他有序的离散类型）计算每个数组元素的名字。

不同语言对数组操作的支持变化很大。FORTRAN 90、PL/I和APL都支持整个或部分数组的赋值。这些语言支持逐元素对数组进行算术操作。对于10×10的数组x、y和z，索引值从1到10，语句x=y+z会遍历x、y、z的元素，对所有$1 \leq i, j \leq 10$，将每个x[i, j]替换为y[i, j]+z[i, j]。APL将数组操作的观念推进到远超其他语言的程度，其中包含了用于计算内积、外积和几种归约的运算符。例如，y的和归约写作x←+/y，将y中各元素的标量和赋值给x。

可以将数组看作是一种构造类型，这是因为我们通过指定数组元素的类型来构建一个数组。因而，10×10的整数数组的类型为二维整型数组。一些语言在数组的类型信息中包含了其大小，因而10×10的整数数组与12×12的整数数组相比，二者的类型是不同的。这使得编译器能够捕获大小不兼容的数组操作，将其作为类型错误处理。大多数语言允许数组元素为任何基础类型，一些语言也允许使用构造类型作为数组元素。

串

一些程序设计语言将串处理为构造类型。例如，PL/I既有位串，也有字符串。在这两种类型上定义的性质、属性和操作是类似的，这些都是串的性质。对于串中任何位置允许出现的值的范围，位串和字符串是不同的。因而，将二者分别视为比特的串和字符的串是恰当的。（大多数支持串的语言对内建类型的支持仅限于一种串类型，即字符串。）其他语言，如C语言，对字符串的支持是通过字符数组实现的。

真正的串类型在几个重要的方面不同于数组类型。对串有意义的操作，如连接、转换和计算长度，数组可能没有对应的操作。概念上，串比较应该根据字典顺序进行，因而，有"a" < "boo"和"fee" < "fie"，等等。标准的比较运算符可以重载，以这种自然的方式使用。对字符数组比较的实现，可以启发对数字数组或结构数组比较的等价实现，而这种类比对串来说，可能是不成立的。类似地，串的实际长度可能不同于为其分配的空间大小，而数组的大部分用法都会使用分配的所有元素。

枚举类型

许多语言允许程序员创建某种类型，其中包含常数值的特定集合。Pascal语言中引入的枚举类型允许程序员为小的常数集合设定自明的名字。经典例子包括一周中各天的命名和一年中各月的命名。

用C语言的语法，可声明如下：

```
enum WeekDay {Monday, Tuesday, Wednesday,
              Thursday, Friday, Saturday, Sunday};

enum Month {January, February, March, April,
            May, June, July, August, September,
            October, November, December};
```

编译器将枚举类型的各个成员分别映射为不同的值。枚举类型的各个成员是有序的，因此比较同一枚举类型的成员是有意义的。在上述例子中，Monday < Tuesday而June < July。比较不同枚举类型的值是没有意义的，例如，Tuesday > September应该生成类型错误，Pascal语言确保各个枚举类型的行为等价于整数的一个子区间。例如，程序员可以声明通过枚举类型成员索引的数组。

结构和变体

结构，也称为记录，可以将多个任意类型的对象聚集在一起。结构的元素或成员通常会具有显式的名称。例如，程序员用C语言实现语法分析树时，既需要有一个子结点的结点，也需要有两个子结点的结点。

```
struct Node1 {                  struct Node2 {
  struct   Node1 *left;           struct   Node2 *left;
  unsigned Operator;              struct   Node2 *right;
  int      Value                  unsigned Operator;
}                                 int      Value
                                }
```

结构的类型是其各个成员类型的有序笛卡尔积。因而，我们可以将Node1的类型描述为(Node1 *) × unsigned × int，而将Node2描述为(Node2 *) × (Node2 *) × unsigned × int。这些新类型也应该像基本类型那样，有一些同样的基本性质。在C语言中，递增指向Node1实例的指针，或将指针转换为Node1 *类型能够达到预期效果，亦即其行为与对基本类型进行的操作是类似的。

许多程序设计语言允许通过其他类型的并集建立新类型。例如，某变量x可以同时有类型integer或boolean或WeekDay。在Pascal中，这是利用变体记录（variant record）实现的，记录是Pascal中称呼结构的术语。在C语言中，这可以利用union完成。union的类型可以从其成分类型中选择，因而变量x的类型是integer∪ boolean∪ WeekDay。union还可以包含不同类型的结构，各个成员结构类型长度不同也是可以的。语言本身必须提供相应的机制，以确保无歧义地引用各个字段。

换个角度看结构

经典观点将各个结构视作不同的类型。这种处理结构类型的方法遵循了对其他聚合类型的处理方式，如数组和串。它看起来比较自然，进行了一些对程序员有用的区分。例如，有两个子结点的树结点，其类型应当不同于有三个子结点的树结点，可以假定二者用于不同的场合。程序将三个子结点的结点赋值给两个子结点的结点时，应当导致类型错误，并向程序员显示警告信息。

但从运行时系统的角度来看，将各种结构处理为不同的类型会导致整体图景复杂化。伴随不同结构类型的引入，堆中包含的各个对象集，其类型可能是任意的。这使得很难推断直接处理堆中对象的程序（如垃圾收集器）。为简化此类程序，其作者有时采用一种不同的方法来处理结构类型。

在这种模型中，将程序中的所有结构视作单一的类型。各个结构声明实质上只是建立了类型 structure的一个变体形式。类型structure本身是所有这些变体的并（或联合）。这种方法允许程序将堆看作是同一类型的对象的集合，而非多种类型对象的集合。在这种观点下，要分析优化那些操控堆的代码就简单得多了。

指针

指针是抽象的内存地址，使得程序员可以操控任意数据结构。许多语言包含了指针类型。指针允许程序保存一个地址，而后考察位于该地址的对象。创建对象的过程中也会创建指针（Java中的new，C语言中的malloc）。一些语言提供了运算符来返回对象的地址，如C语言中的&运算符。

地址运算符在应用到类型为t的对象时返回一个值，其类型为指向t的指针。

为防止程序员使用指向类型t的指针引用类型s的结构实例，一些语言限制对指针的赋值，只能使用"等价"类型的地址。在这些语言中，赋值运算符左侧的指针所指向的类型与赋值运算符右侧的表达式本身的类型必须是相同的。在程序中进行赋值操作时，如果源表达式是指向integer的指针，而目标变量声明为指向integer的指针，这种做法是合法的，但如果目标变量声明为指向integer的双重指针或指向boolean的指针，则会造成类型错误。后两种赋值操作或者是非法的，或者需要由程序员进行显式的类型转换。

当然，创建新对象的机制应该返回一个具有适当类型的对象。因而，Java的new显式创建了一个类型化的对象，而其他语言则使用多态例程（polymorphic routine），将返回值作为参数处理。标准C语言处理该问题的方法不同寻常：标准的分配例程malloc返回一个指向void的指针。这迫使程序员对每次调用malloc返回的值进行类型转换。

多态性

可以运作于不同类型参数之上的函数称为多态函数。

如果类型集必须显式规定，该函数使用了非参数化多态性（ad hoc polymorphism），如果函数体并不规定类型，它使用的是参数化多态性（parametric polymorphism）。

一些语言允许直接操纵指针。对指针的算术运算包括递增和递减，允许程序建立新的指针。C语言使用指针的类型来确定递增和递减操作时地址移动的量值。程序员可以将指针设置为指向数组的起始地址，对该指针的递增操作会使指针越过一个数组元素，指向下一个数组元素。

指针的类型安全性依赖于一项隐含的假定，即地址对应于类型化的对象。构建新指针的能力，严重降低了编译器和运行时系统推断基于指针的计算并优化相关代码的能力（例如，参见8.4.1节）。

```
struct Tree {
  struct Tree *left;
  struct Tree *right;
  int value
}

struct STree {
  struct STree *left;
  struct STree *right;
  int value
}
```

3. 类型等价性

对任何类型系统来说，都有一个关键组件，即用于判断两种不同类型声明是否等价的机制。如右侧所示，考虑C语言中的两个声明。Tree和STree是同一类型吗？二者等价吗？任何具有复杂类型系统的程序设计语言，都必须包含一个无歧义的规则，能够对任意类型回答这个问题。

历史上，已经尝试过两种通用的方法。前一种是所谓的名字等价性

（name equivalence），该规则断言两个类型等价的充分且必要条件是二者同名。该规则从哲学上假定，程序员可以为一个类型选择任何名字，如果程序员选择不同的名字，语言及其实现应该认可这种有意的选择。遗憾的是，随着程序规模、作者数目、不同代码文件数目的增长，维护名字一致性的难度激增。

第二种方法是所谓的结构等价性（structural equivalence），该规则断言两个类型等价的充分且必要条件是二者有相同的结构。该规则从哲学上断言，如果两个对象由同一组字段组成，且字段排列顺序相同，且对应的字段具有等价的类型，则两个对象类型是可互换的。结构等价性考察了定义了类型本身的那些基本性质。

类型的表示

类似于编译器必须操控的大部分对象，类型也需要一种内部表示。一些语言，如FORTRAN 77，其类型的集合小且固定。对这些语言来说，使用小的整数标签（tag）既高效也足以表示。但许多现代语言的类型系统是开放性的。对这些语言来说，编译器编写者需要设计一种结构，使之能够表示任意的类型。

如果类型系统基于名字等价性，任何简单表示都是足够的，只要编译器能够使用该表示追溯到类型实际结构的表示即可。如果类型系统基于结构等价性，对类型的表示必须将类型本身的结构编码进来。大多数此类系统都建立了树来表示类型。此种类型系统会为每种类型声明构建一棵树，在检验类型等价性时比较树的结构。

这两种策略各有优势和弱点。名字等价性假定出现相同的名字是有意的选择，在规模较大的程序设计项目中，需要纪律才能避免无意的名字冲突。结构等价性假定可互换的对象彼此交替使用是安全的，如果某些值有"特殊"语义，这种做法可能导致问题。（设想两个假想的、结构上等价的类型，前一个类型包含一个系统I/O控制块，后一个类型包含了屏幕上一幅位图图像的信息。将两者处理为不同的类型使得编译器可以检查到误用：将I/O控制块传递给屏幕刷新例程；而将两者视作同一类型则无法检查该错误。）

4. 用于推断的规则

一般来说，用于推断类型的规则会对每个运算符规定操作数类型和结果类型之间的映射。对一些情形来说，这种映射是简单的。例如，赋值运算符有一个操作数和一个结果。结果（或左值）的类型，必须与操作数（或右值）的类型兼容。（在Pascal中，子区间1..100与integer是兼容的，因为该子区间内的任何成员，都可以安全地赋值给一个integer变量。）该规则允许把整数值赋值给整型变量。它禁止将结构实例赋值给整型变量，除非有显式转换能够使该操作有意义。

操作数类型和结果类型之间的关系，通常定义为表达式树类型上的一个递归函数。该函数将运算的结果类型作为其操作数类型的一个函数，来进行计算。这个函数可以用表格形式定义，类似于图4-1中的表。有时，操作数类型和结果类型之间的关系可以通过一个简单的规则来规定。例如，在Java中，两个不同精度整型变量相加的结果，类型是操作数类型中精度较高（较长）的那一个。

类型推断规则可以指出类型错误。混合类型表达式可能是非法的。在FORTRAN 77中，程序无法对double和complex执行加法操作。在Java中，程序无法将数字赋值给字符。这些组合应该在编译时产生类型错误，同时输出相应的消息，表示程序是病态的并给出具体原因。

一些语言要求编译器执行隐式类型转换。编译器必须识别出某些组合种类的混合类型表达式，并通过插入适当转换的方式进行处理。在FORTRAN中，对整数和浮点数执行加法会在实际执行前将整数强制转换为浮点数。类似地，Java在对精度不同的整数执行加法时，会强制进行隐式转换。在执行加法之前，编译器必须强制将精度较低的值转换为精度较高的类型。在Java中执行整数赋值操作时，会出现类似的情形。如果右值精度较低，那么它会被转换为左值的类型（精度较高）。但如果右值左值精度低于右值的精度，那么赋值运算会产生类型错误，除非程序员插入一条显式的类型转换操作，以改变右值的类型（和值）。

声明和推断

正如前面提到的那样，许多程序设计语言包含一条"先声明后使用"规则。随着强制性声明的引入，每个变量都有定义明确的类型。编译器需要一种方式为常量分配类型。有两种常见的方法，一种是常数本身的形式蕴涵着某种特定的类型，例如2是整数而2.0是浮点数；另一种是编译器从常数的用途推断出其类型，例如sin(2)蕴涵着2是一个浮点数，而对赋值运算x←2来说，如果x是整数，则意味着2也是整数。既然变量有声明的类型，而常量有隐含的类型，外加一套完备的类型推断规则，编译器可以为变量和常数之上定义的任何表达式分配类型。函数调用会让情况更加复杂，我们在后文将会看到。

> 这种方案在不同上下文中用不同语义重载了2。经验表明，程序员擅长理解此类重载。

一些语言允许程序员不写任何声明。在这种语言中，类型推断的问题实质上变得更为复杂。4.5节描述了这种做法所导致的一部分问题，以及编译器用于解决问题的相应技术。

类型系统的分类

有许多术语用于描述类型系统。在本书中，我们引入了强类型的、无类型的和弱类型的语言。不同类型系统及其实现之间其他的区别也很重要。

校验实现与无校验实现　程序设计语言的实现可以选择执行足够的检查，来检测并阻止类型误用导致的所有运行时错误。（这样做实际上可以消除一些特定于值的错误，如除以零。）我们将这种实现称为强校验的（strongly checked）。与强校验实现相对的是无校验实现，即假定程序本身是良构的。在这两种极端情况之间，还有若干弱校验的（weakly checked）的实现，这些实现只进行部分检查。

编译时活动与运行时活动　强类型语言可以有这样的性质：所有推断和检查都可以在编译时完成。如果语言的实现确实在编译时完成了所有这些工作，则称为**静态类型**（statically typed）和**静态检查的**（statically checked）。一些语言包括了某些结构，必须在运行时确定其类型并检查。我们将这些语言称为**动态类型**（dynamically typed）和**动态检查的**（dynamically checked）。更容易令人迷惑的是，编译器编写者可以通过动态检查来实现一种强类型的静态类型语言。Java是这种语言的一个例子，它本可以是静态类型和静态检查的，只是其执行模型导致编译器无法立即看到所有源代码。这迫使编译器在加载类文件时进行类型推断，并在运行时执行一部分类型检查工作。

---

5. 推断表达式的类型

推断类型的目标是为程序中出现的每个表达式分配一个类型。类型推断的最简单情形是编译器可以为表达式中的每个基本元素分配一个类型,亦即,表达式语法分析树中的每个叶结点都可以分配类型。这要求所有变量都有声明,所有的常量都可以推断出类型,而所有函数的类型信息都是可获得的。

概念上,编译器可以在简单的后根次序树遍历期间为表达式中的每个值分配一个类型。这应该可以让编译器检测所有违反类型推断规则的情形,并在编译时报告相应的错误。如果语言本身缺乏若干特性,无法进行这种简单风格的类型推断,编译器则需要使用更为复杂的技术。如果编译时类型推断过于困难,编译器编写者可能需要将一部分分析和检查工作推迟到运行时进行。

在简单情形下,表达式的类型推断可以从表达式的结构直接承袭而来。用于类型推断的规则用源语言描述了这个问题。而表达式求值的策略则在语法分析树上自底向上运行。为此,表达式的类型推断,已经变为了了解上下文相关分析的一个经典示例问题。

6. 类型推断的过程间相关问题

表达式的类型推断固有地依赖于形成可执行程序的其他过程。即使在最简单的类型系统中,表达式也会包含函数调用。编译器必须检查每个调用。它必须确保每个实参(actual parameter)的类型兼容于对应的形参(formal parameter)。它还必须确定返回值的类型,以供进一步推断使用。

为分析并理解过程调用,编译器需要获得每个函数的类型签名(type signature)。例如,C语言标准库中的strlen函数的操作数类型为char*,返回值为int,其中包含了字符串的字节长度(并包含字符串的结束符)。在C语言中,程序员可以利用函数原型来记录这个事实,如下:

$$\text{unsigned int strlen(const char *s);}$$

类型签名
  指定函数形参和返回值类型的规格。

函数原型
  C语言包括一条规定,允许程序员声明当前不存在的函数。程序员需要包含一个框架性的声明,称为函数原型。

该原型声称strlen将获取一个类型为char *的参数,函数不会修改该参数(const属性表明了这一点)。该函数返回一个非负整数。用更抽象的符号表示法来编写strlen的原型,可以是这样:

$$\text{strlen : const char * } \rightarrow \text{ unsigned int}$$

上述描述,可以读做"strlen是一个函数,该函数获取一个常量值的字符串,并返回一个无符号整数"。第二个例子是经典的Scheme函数filter,其类型签名如下:

$$\text{filter: } (\alpha \rightarrow boolean) \times \textit{list of } \alpha \rightarrow \textit{list of } \alpha$$

即filter是一个需要两个参数的函数。第一个参数是一个函数,将某个类型α的值映射为一个布尔值,写作($\alpha \rightarrow boolean$);第二个参数是一个列表,其成员是同一类型$\alpha$的实例。给出这些类型的参数,filter将返回一个列表,其成员的类型为α。函数filter呈现出了所谓的参数化多态性(parametric polymorphism),其结果类型是参数类型的函数。

为执行准确的类型推断,编译器需要每个函数的类型签名。它可以用几种方法获取该信息。编译器可以取消分离编译(separate compilation),要求整个程序作为一个编译单元进行编译。编译器可以要求程序员为每个函数提供一个类型签名,通常呈现为强制性的函数原型。编译器可以将类型检查延迟至链接时或运行时,以便在所有此类信息都可用时才进行检查。最后,编译器编写者可以将编译器嵌入到一个程序开发系统中，该系统能够收集所有必要的信息，并按需提供给编译器使用。所有这些方法都已经在实际系统中使用过。

本节回顾

　　类型系统将某些文本名字关联到程序中的每个值，这就是类型，它表示了所有此类型值共有的一组性质。程序设计语言的定义规定了同一类型对象之间的交互，如对某类型值的合法操作，还规定了不同类型对象之间的交互，如混合类型算术操作的语义。设计完善的类型系统可以增强程序设计语言的表达力，允许安全地利用重载之类的特性。它还能尽早暴露程序中微妙的错误，以免程序给出错误的结果，或者在运行时出现费解的错误。它可以让编译器避免浪费时间和空间的运行时检查。

　　类型系统包含一组基本类型、基于现存类型构建新类型的规则、用于判定两个类型等价性的方法以及用于推断程序中每个表达式类型的规则。使用过高级语言编程的人对基本类型、构造类型和类型等价性等观念都应该很熟悉。在编译器的实现中，类型推断扮演了关键的角色。

复习题

　　(1) 针对你喜爱的程序设计语言，写出其类型系统中的基本类型。该语言允许使用何种规则和结构来构建聚合类型（aggregate type）？它是否提供了相关机制，用于创建参数数目可变的过程（如 C 语言标准 I/O 库中的 printf）。

　　(2) 为确保过程调用的类型安全性，编译器必须具备何种信息？基于函数原型的使用概略勾划出一个方案。另请概述一种方案，以检查这些函数原型的有效性。

4.3　属性语法框架

　　属性语法（attribute grammar）是用于上下文相关分析的一种形式化机制，也称为属性化的上下文无关语法（attributed context-free grammar）。属性语法包括一个上下文无关语法，外加一组规定了某些计算的规则。每个规则都通过其他属性的值定义了一个值或属性。规则将属性关联到一个特定的语法符号，出现在语法分析树中的每个语法符号实例都有一个对应的属性实例。规则是功能性的，它们没有蕴涵特定的求值次序，且唯一地定义了每个属性的值。

属性
　　附加到语法分析树中一个或多个结点的值。

　　为具体说明这些概念，考虑一个用于有符号二进制数的上下文无关语法。图4-4定义了语法 $SBN = (T, NT, S, P)$。SBN可以产生所有有符号二进制数，如–101、＋11、–01和＋11111001100。它不包括无符号二进制数，如10。

$$P = \begin{cases} Number & \rightarrow & Sign\ List \\ Sign & \rightarrow & + \\ & | & - \\ List & \rightarrow & List\ Bit \\ & | & Bit \\ Bit & \rightarrow & 0 \\ & | & 1 \end{cases} \qquad \begin{aligned} T &= \{+,-,0,1\} \\ \\ NT &= \{Number, Sign, List, Bit\} \\ \\ S &= \{Number\} \end{aligned}$$

图4-4 用于有符号二进制数的属性语法

根据*SBN*，我们可以构建一个属性语法，为*Number*标注其表示的有符号二进制数的值。为从上下文无关语法构建属性语法，我们必须判断每个结点需要什么属性，而且必须用这些为属性定义值的规则来加工产生式。对于我们的属性化版本*SBN*来说，需要下列属性：

符号	属性
Number	*value*
Sign	*negative*
List	*position, value*
Bit	*position, value*

在本例中，终结符并不需要任何属性。

图4-5给出了利用属性规则加工后的SBN产生式。每当特定的语法符号在单个产生式中出现多次时，都向语法符号添加了下标。这种做法消除了规则中引用该符号时的二义性。因而产生式5中出现的两个*List*是有下标的，在产生式和对应的规则中都有。

	产生式	属性规则
1	$Number \rightarrow Sign\ List$	$List.position \leftarrow 0$ if $Sign.negative$ 　　then $Number.value \leftarrow -List.value$ 　　else $Number.value \leftarrow List.value$
2	$Sign \rightarrow +$	$Sign.negative \leftarrow false$
3	$Sign \rightarrow -$	$Sign.negative \leftarrow true$
4	$List \rightarrow Bit$	$Bit.position \leftarrow List.position$ $List.value \leftarrow Bit.value$
5	$List_0 \rightarrow List_1\ Bit$	$List_1.position \leftarrow List_0.position+1$ $Bit.position \leftarrow List_0.position$ $List_0.value \leftarrow List_1.value+Bit.value$
6	$Bit \rightarrow 0$	$Bit.value \leftarrow 0$
7	$Bit \rightarrow 1$	$Bit.value \leftarrow 2^{Bit.position}$

图4-5 用于有符号二进制数的属性语法

规则根据结点的名字向语法分析树结点增加属性。规则中提到的属性必须针对相应类型的每个结点分别创建实例。

每个规则都是基于字面常数和产生式中其他符号的属性来规定属性值的。有的规则从产生式的左侧向右侧传递信息，有的从右侧向左侧传递信息。用于产生式4的规则会双向传递信息。第一个规则将*Bit*.position设置为*List*.position，而第二个规则将*List*.value设置为*Bit*.value。要解决例子中这个特定的问题，只需采用更简单的属性语法；我们选择现在这种形式的属性语法，只是为说明属性语法的一些特定的特性。

给出*SBN*语法[①]中的一个串，属性规则将*Number*.value设置为二进制输入串的十进制数值。例如，串–101将导致出现如图4-6a所示的属性值。（图中截断了value、number和position的名字。）请注意，*Number*.value的值为–5。

为对*L*(*SBN*)中某个语句的属性化语法分析树求值，各个规则定义的属性将针对语法分析树中的各个结点实例化。例如，这个过程将为value和position分别在每个*List*结点中创建一个属性实例。各个规则都隐含地定义了一组依赖项，规则所定义的属性取决于该规则的各个参数。从整个语法分析树的视角考虑，这些依赖项形成了一个属性依赖关系图。图中的边跟踪了规则的求值过程中值的流动，从$node_i.field_j$指向$node_k.field_l$的边，表明定义$node_k.field_l$的规则使用了$node_i.field_j$的值作为其输入之一。图4-6b给出了串–101的语法分析树产生的属性依赖关系图。

我们早先注意到的值的双向流动（例如，在产生式4中），显示在了依赖关系图中，其中箭头标示了向上到根结点（*Number*）和向下到叶结点的流动。*List*结点最清楚地说明了这种效果。我们可以基于值流动的方向，来区分属性。综合属性（synthesized attribute）是由自底向上的信息流定义的。如果规则为产生式左侧符号定义了一个属性，则创建了一个综合属性。综合属性可以从结点自身、其在语法分析树中的子孙结点和常量获取值。继承属性（inherited attribute）是由自顶向下和横向的信息流定义的，为产生式右侧某符号定义属性的规则会创建继承属性。因为属性规则可以引用对应产生式中使用的任何符号，所以继承属性可以从结点自身、其在语法分析树中的父结点和兄弟结点以及常量获取值。图4-6b说明了value和negative属性是综合的，而position属性则是继承的。

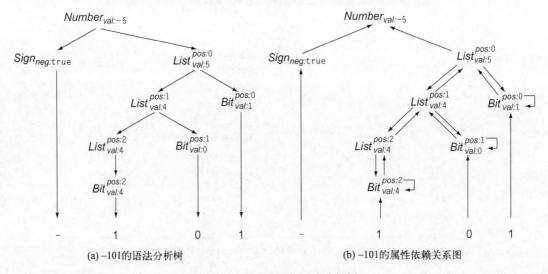

图4-6　–101的属性化语法分析树

① 实际上应该是语言。——译者注

综合属性

完全根据结点本身的属性、其子结点的属性和常量定义的属性。

继承属性

完全根据结点本身的属性、其兄弟结点的属性及其父结点的属性（外加常量）定义的属性。

规则 $node.field \leftarrow 1$ 既可以当做是综合的，也可以当做是继承的。

用于属性求值的任何方案都必须遵守属性依赖关系图中隐含的关系。每个属性都必须由某个规则定义。如果该规则依赖于其他属性的值，在所有依赖项的值都定义完成之前，该属性是不能求值的。如果该规则不依赖于任何其他属性值，那么它必定是根据常量或某个外部来源产生其值。只要没有规则依赖于自身的值，那么属性规则集应该可以唯一地定义每个值。

当然，属性规则的语法允许规则直接或间接引用其自身的结果。包含这种规则的属性语法是病态的。我们说这种规则是有环的，因为它们可以在依赖关系图中形成环。目前，我们忽略环，到4.3.2节再考虑该问题。

环

如果属性语法对某些输入可能产生一个有环的依赖关系图，那么属性语法本身也是有环的。

依赖关系图捕获了属性值的流动规律，求值程序在对属性树实例求值时，必须遵守这种流动规律。如果语法是无环的，它会在属性上建立一个偏序。该偏序确定了定义各个属性的规则何时可以求值。求值次序与规则在语法中出现的次序是无关的。

考虑与最顶部 $List$ 结点关联的规则的求值次序，该结点即 $Number$ 最右侧的子结点。该结点起因于应用产生式5，$List \rightarrow List\ Bit$，应用该产生式向求值过程添加了三条规则。为 $List$ 结点的子结点设置继承属性的两个规则必须首先执行。它们依赖于 $List.position$ 的值，二者会对结点子树设置 position 属性。第三条规则设置 $List$ 结点的 value 属性，在两个子树的 value 属性定义完成前，该规则是无法执行的。因为在 $List$ 结点的前两个规则求值之前，这些子树是无法求值的，所以在求值顺序中，首先将执行前两个规则，而第三个规则的执行将迟得多。

为创建并使用属性语法，编译器编写者需要为语法中的每个符号确定一组属性，并设计一组规则来计算属性值。这些规则对任何有效的语法分析树都规定了一个计算过程。要创建实现，编译器编写者必须创建一个求值程序，这可以通过一个专门的程序进行，也可以使用求值程序生成器获得，后一种方法更吸引人。求值程序生成器的输入是属性语法的规格。而其输出是求值程序的代码。这也是属性语法对编译器编写者的吸引力所在，该工具的输入是一个高级的非过程式规格，还可以自动地生成求值程序的实现。

属性语法的形式化机制基于以下深刻认识：属性规则可以关联到上下文无关语法中的产生式。因为这些规则是功能性的，因此，只要求值次序遵守属性依赖关系图中蕴涵的关系，规则生成的属性值与求值次序是无关的。实际上，对应任何求值次序来说，只要等到规则的输入都已经定义完成后，再对规则本身求值，都是符合依赖关系图的。

4.3.1 求值的方法

仅当我们能够构建出求值程序来自动解释规则，以便对问题实例（例如，一个特定的语法分析树）求值时，属性语法模型才会有实际用途。文献中已经提出了许多属性求值技术。一般来说，它们分为三大类别。

(1) **动态方法**　这种技术使用特定的属性化语法分析树的结构，来确定求值次序。Knuth关于属性语法的原始论文提出了一种求值程序，以类似于数据流计算机体系结构的方式运作，即每个规则在其所有操作数就绪后即"击发"。实际上，这可以使用就绪属性（即可求值的属性）的队列来实现。随着对每个属性的求值，求值程序会检查其在属性依赖关系图中的后继属性，判断后继属性"就绪"与否（参见12.3节）。一种相关的方案是建立属性依赖关系图，对其拓扑排序，使用拓扑次序对属性进行求值。

(2) **无关方法**[①]　在这一类方法中，求值的次序与属性语法和特定的属性化语法分析树都是无关的。大体上，系统的设计者可以从其自身的考虑出发，选择一种他认为适合于属性语法和求值环境的方法。这种风格的求值方法包括：从左到右重复多趟（直至所有属性的值都确定为止）、从右到左重复多趟和从左到右与从右到左交替多趟处理。这些方法有简单的实现，其运行时开销也相对较小。当然，它们也缺乏根据对特定属性语法树的认识进行改进的能力。

(3) **基于规则的方法**　基于规则的方法依赖于对属性语法的静态分析，来构造出一个求值次序。在该框架下，求值程序依赖于语法结构，因而，对规则的应用受到了语法分析树的引导。在有符号二进制数的示例中，对产生式4的求值次序应该使用第一个规则设置 *Bit*.position，递归向下到 *Bit*，返回后，使用 *Bit*.value设置 *List*.value。类似地，对于产生式5，它应该首先对前两个规则求值，以便为产生式的右侧定义position属性，然后递归向下来处理各个子结点。在返回后，就可以对第三个规则求值，来设置父结点 *List* 的 *List*.value字段。如果工具能够离线执行必要的静态分析，那么可以利用这种工具来生成快速的基于规则的求值程序。

4.3.2　环

有环的属性语法会导致有环的属性依赖关系图。在依赖关系图包含环时，我们的求值模型会失败。编译器中的这种失败会导致严重的问题，例如，编译器可能无法对输入生成代码。依赖关系图中的环带来的灾难性影响，提示我们应该密切关注这个问题。

如果编译器使用属性语法，那么它必须以适当的方式处理环。有两种可能的方法。

(1) **避免**　编译器编写者可以限制属性语法的类别，使之无法导致出现有环的依赖关系图。例如，限制语法只使用综合属性和常量属性，可以完全消除有环的依赖关系图。另外，更一般的无环属性语法类也是存在的，其中一些，如强无环属性语法（strongly noncircular attribute grammar），可以在多项式时间内进行成员资格测试。

(2) **求值**　编译器编写者可以使用这样一种求值方法，即为每个属性分配一个值，即使涉及环中的属性也是如此。求值程序可以遍历环，并分配适当或默认的值。这样的求值程序，可以避免未能使树完全属性化所带来的问题。

实际上，大部分属性语法系统都仅关注无环语法。如果属性语法有环，基于规则的求值方法可能无法构建求值程序。无关方法和动态方法将试图对有环的依赖关系图求值，但却无法为其中一部分属性实例定义值。

4.3.3　扩展实例

为更好地理解属性语法这种工具的优势和弱点，我们将从头到尾探讨两个更详细、且在编译器中

---

① 一般译为"忽略规则的方法"，不过oblivious实际上应该是无关的意思，英文版下一句的independent正好解释了这个意思，与其他领域的术语如cache oblivious（缓存无关的）对照，也可以知道。——译者注

可能出现的例子：在一种简单的类Algol语言中为表达式树推断类型；以及（在有环的情况下）估计一个无分支代码序列的执行时间。

1. 推断表达式类型

任何试图为强类型语言生成高效代码的编译器，都必然面临为程序中每个表达式推断类型的问题。这个问题固有地依赖于上下文相关的信息，关联到某个name或num的类型取决于其身份，即其文本名称，而非其语法范畴。

考虑类型推断问题的简化版本，针对从第3章中经典表达式语法得出的表达式来推断类型。假定表达式表示为语法分析树，而表示name或num的任何结点都已经有一个type属性。（在本章后文中，我们将返回讨论如何将类型信息设置到这些type属性中的问题。）对语法中的每个算术运算符，我们需要一个函数，以便将两个操作数类型映射为一个结果类型。我们将这些函数称为$\mathcal{F}_+$、$\mathcal{F}_-$、$\mathcal{F}_\times$和$\mathcal{F}_\div$，它们编码了相应表格（例如图4-1中的表）中的信息。有了这些假设之后，我们可以写出简单的属性规则，为树中的每个结点定义一个type属性。图4-7给出了这些属性规则。

如果a的类型为integer（记作$\mathcal{I}$），而c的类型为real（记作$\mathcal{R}$），那么对输入串a−2×c，该方案将生成下列属性化语法分析树：

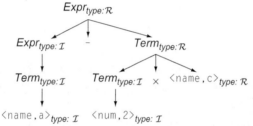

叶结点的type属性都已经适当地初始化完成。剩余的type属性则通过图4-7中的规则定义，这里假定$\mathcal{F}_+$、$\mathcal{F}_-$、$\mathcal{F}_\times$和$\mathcal{F}_\div$反映了FORTRAN 77语言的规则。

产 生 式	属性规则
$Expr_0 \rightarrow Expr_1 + Term$	$Expr_0.type \leftarrow \mathcal{F}_+(Expr_1.type, Term.type)$
$\quad\mid Expr_1 - Term$	$Expr_0.type \leftarrow \mathcal{F}_-(Expr_1.type, Term.type)$
$\quad\mid Term$	$Expr_0.type \leftarrow Term.type$
$Term_0 \rightarrow Term_1 Factor$	$Term_0.type \leftarrow \mathcal{F}_\times(Term_1.type, Factor.type)$
$\quad\mid Term_1 Factor$	$Term_0.type \leftarrow \mathcal{F}_\div(Term_1.type, Factor.type)$
$\quad\mid Factor$	$Term_0.type \leftarrow Factor.type$
$Factor \rightarrow (Expr)$	$Factor.type \leftarrow Expr.type$
$\quad\mid num$	$num.type$ *is already defined*
$\quad\mid name$	$name.type$ *is already defined*

图4-7 用于推断表达式类型的属性语法

仔细考察各项属性规则，可以看出所有属性都是综合属性。因而，在语法分析树中，所有的依赖关系都是从子结点指向父结点。这样的语法有时称为S属性语法（S属性语法）。这种风格的属性化具有简单、基于规则的求值方案。它与自底向上语法分析配合得很好，在语法分析器归约产生式右侧的句型时，可以对各个对应的规则进行求值。属性语法的范型很适合处理这个问题。规则的规格定义很简短，也很容易理解。它能够生成高效的求值程序。

仔细检查属性化表达式树可以发现两个例子，其中运算的操作数类型不同于结果类型。在 FORTRAN 77中，这要求编译器在操作数和运算符之间插入一个转换操作。对于表示2和c乘法的*Term*结点，编译器会将2从整型表示转换为实数表示。对于树的*Expr*根结点，编译器会将a从整型转换为实数。遗憾的是，改变语法分析树，并不是那么符合属性语法的范型。

为在属性化的语法树中表示这些转换，我们可以向每个结点增加一个属性来表示其转换后的类型，另外添加规则来适当地设置该属性。另外，我们也可以依赖从语法分析树生成代码的过程，该过程可以在遍历树期间比较子结点和父结点的类型并插入必要的转换操作。前一种方法在属性求值期间增加了一些工作，但对于单个的语法分析树结点而言，这种做法将转换操作所需的所有信息局部化（在该结点的属性中）。后一种方法将增加转换操作的规则延迟到代码生成期间，但其代价是：需要将类型和转换的相关知识散布到编译器的两个独立的部分中。这两种方法都是可行的，其间的差别很大程度上只是品味问题。

2. 一个简单的执行时间估算器

作为第二个例子，我们考虑估算一系列赋值语句执行时间的问题。通过向经典表达式语法增加三个新产生式，我们可以生成一系列赋值操作。

$$Block \rightarrow Block \; Assign$$
$$| \quad Assign$$

$$Assign \rightarrow \text{name} = Expr;$$

上述产生式中的*Expr*来自于表达式语法。最终得到的结果语法有点过度简单化，它只允许使用简单标识符作为变量，且不包含函数调用。尽管如此，该语法仍然具有足够的复杂度，足以揭示估算运行时行为的过程中出现的问题。

图4-8给出了一个属性语法，用于估算一个赋值语句块的执行时间。属性规则估算了块语句总共所需的周期数，假定只有单个处理器，且每次执行一个操作。类似于推断表达式类型的语法，这个语法同样只使用了综合属性。实际的估算出现在语法分析树最顶层*Block*结点的cost属性中。这种方法很简单。执行时间的代价是自底向上计算的，为理解本例，可以从*Factor*对应的产生式开始，一路向上计算，直至*Block*对应的产生式计算完成为止。函数Cost可以返回给定ILOC操作的延迟。

产 生 式	属 性 规 则
$Block_0 \rightarrow Block_1 \; Assign$	$\{ \; Block_0.cost \leftarrow Block_1.cost + Assign.cost \; \}$
$\quad \mid Assign$	$\{ \; Block_0.cost \leftarrow Assign.cost \; \}$
$Assign \rightarrow \text{name} = Expr;$	$\{ \; Assign.cost \leftarrow Cost(\text{store}) + Expr.cost \; \}$
$Expr_0 \rightarrow Expr_1 + Term$	$\{ \; Expr_0.cost \leftarrow Expr_1.cost + Cost(\text{add}) + Term.cost \; \}$
$\quad \mid Expr_1 - Term$	$\{ \; Expr_0.cost \leftarrow Expr_1.cost + Cost(\text{sub}) + Term.cost \; \}$
$\quad \mid Term$	$\{ \; Expr_0.cost \leftarrow Term.cost \; \}$
$Term_0 \rightarrow Term_1 \times Factor$	$\{ \; Term_0.cost \leftarrow Term_1.cost + Cost(\text{mult}) + Factor.cost \; \}$
$\quad \mid Term_1 \div Factor$	$\{ \; Term_0.cost \leftarrow Term_1.cost + Cost(\text{div}) + Factor.cost \; \}$
$\quad \mid Factor$	$\{ \; Term_0.cost \leftarrow Factor.cost \; \}$
$Factor \rightarrow (Expr)$	$\{ \; Factor.cost \leftarrow Expr.cost \; \}$
$\quad \mid \text{num}$	$\{ \; Factor.cost \leftarrow Cost(\text{loadI}) \; \}$
$\quad \mid \text{name}$	$\{ \; Factor.cost \leftarrow Cost(\text{load}) \; \}$

图4-8 用于估算执行时间的属性语法

3. 改进执行代价估算器

为使得这个例子更具实际意义，我们可以改进其模型，对编译器处理变量的方式进行更有效的建模。我们的代价估算属性语法的初始版本假定编译器对变量的每次引用，都会"幼稚地"生成一个独立的load操作。对于赋值操作x = y+y，该模型将对y计算两次load操作。很少有编译器会对y生成一个多余的load操作。编译器生成的代码序列，更可能是这样：

```
loadAI   r_arp, @y  ⇒ r_y
add      r_y, r_y   ⇒ r_x
storeAI  r_x        ⇒ r_arp, @x
```

其中只加载y一次。为更好地估算编译器的行为，我们可以修改该属性语法，对块中使用的每个变量只计算一次load操作。这需要更复杂的属性规则。

为更精确地计算load操作的数目，规则必须跟踪通过变量名对变量进行的引用。这些名字是超出语法之外的，因为语法只跟踪语法范畴name，而不是各个变量的名字，如x、y和z。用于name的规则应该遵循下述纲要：

$$
\begin{aligned}
&\textit{if (name has not been loaded)} \\
&\quad \textit{then Factor.cost} \leftarrow \textit{Cost(load)}; \\
&\quad \textit{else Factor.cost} \leftarrow 0;
\end{aligned}
$$

上述方法能否工作的关键在于if中的条件判断name has not been loaded（name尚未加载）。

为实现这个条件判断，编译器编写者可以增加一个属性，表示已经加载的所有变量的集合。产生式Block→Assign可以初始化该集合。相关的规则必须贯穿表达式树，以便穿过每个赋值操作来传递该集合。这暗示着我们需要为每个结点增加两个集合Before和After。一个结点的Before集合包含此前在Block中出现的所有name对应的词素，这些变量必定都已经加载。一个结点的After集合包含其Before集合中出现的所有词素（变量名），外加以该结点为根的子树中即将加载的所有name对应的词素。

对应于Factor的扩展规则如图4-9所示。代码假定它可以获取每个name的文本名，即词素。推导出(Expr)的第一个产生式，将Before集合向下复制到Expr的子树中，而将After集合向上复制到Factor结点中。推导出num的第二个产生式只是简单地将其父结点的Before集合复制到After集合中。num必定是树中的叶结点，因而无需进一步的操作。推导name的最后一个产生式要执行关键性的工作。它会测试Before集合，判断是否需要load操作，并相应地更新其父结点的cost和After属性。

产 生 式	属 性 规 则
$\textit{Factor} \rightarrow (\textit{Expr})$	$\{\textit{Factor.cost} \leftarrow \textit{Expr.cost};$ $\textit{Expr.Before} \leftarrow \textit{Factor.Before};$ $\textit{Factor.After} \leftarrow \textit{Expr.After}\}$
$\mid$ num	$\{\textit{Factor.cost} \leftarrow \textit{Cost(loadI)};$ $\textit{Factor.After} \leftarrow \textit{Factor.Before}\}$
$\mid$ name	$\{\textit{if } (\textit{name.lexeme} \notin \textit{Factor.Before})$ $\quad \textit{then}$ $\qquad \textit{Factor.cost} \leftarrow \textit{Cost(load)};$ $\qquad \textit{Factor.After} \leftarrow \textit{Factor.Before}$ $\qquad \quad \cup \{\textit{name.lexeme}\}$ $\quad \textit{else}$ $\qquad \textit{Factor.cost} \leftarrow 0;$ $\qquad \textit{Factor.After} \leftarrow \textit{Factor.Before}\}$

图4-9　用于在Factor产生式中跟踪load操作的规则

为完善该规格，编译器编写者必须添加规则，以便在语法分析树中各处复制Before和After集合。这些规则有时称为复制规则，将各个*Factor*结点的Before和After集合连结起来。因为属性规则只能引用局部属性，即结点的父结点、兄弟结点、子结点中定义的属性，所以属性语法必须在语法分析树中显式复制各个值，以确保相应的属性值是局部的。图4-10给出了该语法中其他产生式所需的规则。其中已经添加了一个额外的规则，该规则将第一个*Assign*语句的Before集合初始化为∅。

产 生 式	属 性 规 则
$Block_0 \rightarrow Block_1\ Assign$	$\{\ Block_0.cost \leftarrow Block_1.cost + Assign.cost;$ $Assign.Before \leftarrow Block_1.After;$ $Block_0.After \leftarrow Assign.After$
$\mid Assign$	$\{\ Block_0.cost \leftarrow Assign.cost;$ $Assign.Before \leftarrow \emptyset;$ $Block_0.After \leftarrow Assign.After\ \}$
$Assign \rightarrow name = Expr;$	$\{\ Assign.cost \leftarrow Cost(\texttt{store}) + Expr.cost;$ $Expr.Before \leftarrow Assign.Before;$ $Assign.After \leftarrow Expr.After\ \}$
$Expr_0 \rightarrow Expr_1 + Term$	$\{\ Expr_0.cost \leftarrow Expr_1.cost + Cost(\texttt{add}) + Term.cost;$ $Expr_1.Before \leftarrow Expr_0.Before;$ $Term.Before \leftarrow Expr_1.After;$ $Expr_0.After \leftarrow Term.After\ \}$
$\mid Expr_1 - Term$	$\{\ Expr_0.cost \leftarrow Expr_1.cost + Cost(\texttt{sub}) + Term.cost;$ $Expr_1.Before \leftarrow Expr_0.Before;$ $Term.Before \leftarrow Expr_1.After;$ $Expr_0.After \leftarrow Term.After\ \}$
$\mid Term$	$\{\ Expr_0.cost \leftarrow Term.cost;$ $Term.Before \leftarrow Expr_0.Before;$ $Expr_0.After \leftarrow Term.After\ \}$
$Term_0 \rightarrow Term_1 \times Factor$	$\{\ Term_0.cost \leftarrow Term_1.cost + Cost(\texttt{mult}) + Factor.cost;$ $Term_1.Before \leftarrow Term_0.Before;$ $Factor.Before \leftarrow Term_1.After;$ $Term_0.After \leftarrow Factor.After\ \}$
$\mid Term_1 \div Factor$	$\{\ Term_0.cost \leftarrow Term_1.cost + Cost(\texttt{div}) + Factor.cost;$ $Term_1.Before \leftarrow Term_0.Before;$ $Factor.Before \leftarrow Term_1.After;$ $Term_0.After \leftarrow Factor.After\ \}$
$\mid Factor$	$\{\ Term_0.cost \leftarrow Factor.cost;$ $Factor.Before \leftarrow Term_0.Before;$ $Term_0.After \leftarrow Factor.After\ \}$

图4-10   用于跟踪load操作的复制规则

与前文中的简单模型相比，这个模型要复杂得多。其规则数是前者的三倍多，每个规则都必须写出来，理解，而后进行求值。其中同时使用了综合属性和继承属性，因此简单的自底向上求值策略将不再可行。最后，操控Before和After集合的规则需要大量关注，这正是我们希望通过使用基于高级规格的系统而避免的那类底层细节。

4. 回到表达式类型推断的主题

在最初关于推断表达式类型的讨论中，我们假定属性name.type和num.type已经通过某种外部机制定义。为使用属性语法填充这些值，编译器编写者需要开发一组规则，以便用于语法中处理声明的那部分。

这些规则需要记录与声明语法关联的产生式中每个变量的类型信息。这些规则需要收集并聚合此类信息，以使得一个小的属性集就能够包含有关所有已声明变量的必要信息。同时，这些规则还需要将该信息在语法分析树向上传播到一个结点（所有可执行语句的祖先结点），然后将其向下复制到每个表达式。最终，在语法范畴为name或num的每个叶结点上，这些规则都需要从聚合后的信息中提取出有关该结点的适当信息。

最终得到的规则集合类似于我们开发出来跟踪load操作的那些规则，但在细节层面上将更为复杂。这些规则还会生成庞大而复杂的属性，且（这些属性）需要复制到语法分析树各处。在"幼稚"的实现中，复制规则的每个实例都会创建一个新的（属性）副本。这些副本中的一些是可以共享的，但通过合并来自多个子结点的信息而创建的各个属性版本中，有许多版本是不同的（因而不能共享，需要不同的属性副本来表示）。对于前一个例子中的Before和After集合，也会出现同样的问题。

5. 对执行代价估算器的最终改进

虽然我们已经通过跟踪load操作改进了估算执行成本时的准确度，仍然有许多进一步的改进是可能的。例如，考虑有限的寄存器集合对该模型的影响。到目前为止，我们的模型假定目标计算机提供的寄存器数量是不受限制的。但实际上，计算机只能提供较小的寄存器集合。为对寄存器集合的容量建模，估算器需要限制Before和After集合的容量。

第一步，我们必须替换Before和After的实现。此前的实现中，这两个集合的规模是不受限的，在改进后的模型中，集合最多只能包含k个值，其中k是可用于容纳变量值的寄存器的数目。接下来，我们必须重写用于产生式*Factor→name*的规则，以便对寄存器的占用情况进行建模。如果某个值没有加载，而且有一个寄存器可用，那么将计入一次load操作。如果需要进行load操作，而没有可用的寄存器，则将收回被其他值占用的某个寄存器，并将新的load操作计入执行成本。选择哪个值来收回被其占用的寄存器，这个决策过程相对复杂，我们会在第13章讨论该主题。因为用于*Assign*的规则总是会执行store操作（并计入执行成本），内存中的值总是当前最新的。因而，当某个值占用的寄存器被收回时，并不需要执行store操作。最后，如果值已经加载且仍然在某个寄存器中，那么不会计入执行成本。

这个模型使得用于*Factor→name*的规则集合更加复杂，并需要一个稍微复杂些的初始条件（在用于*Block→Assign*的规则中）。但它不会使其他产生式的复制规则复杂化。因此，改进模型的准确性并不会显著增加使用属性语法的复杂度。所有增加的复杂性都归因于直接操控模型的少量规则。

4.3.4 属性语法方法的问题

前述的各个例子说明了使用属性语法在语法分析树上执行上下文相关计算的过程中可能出现的许多计算性问题。其中的一些问题对编译器中属性语法的使用提出了特定的问题。特别是编译器前端中属性语法的大部分应用都假定属性化过程的结果必须保留，通常以属性化语法分析树的形式出现。本节将详细阐述我们在前述各个例子中看到的问题所带来的影响。

1. 处理非局部信息

一些问题可以干净地映射到属性语法范型上，特别是所有信息流向都相同的那一类问题。但是，信息流模式比较复杂的问题很难用属性语法表达。属性规则只能引用与同一产生式中语法符号关联的属性值，这限制了规则只能使用"附近的"信息，或者说局部信息。如果计算过程需要一个非局部的值，属性语法必须包含相应的复制规则，以便将属性值移动到需要使用它们的位置。

复制规则可能使属性语法的规模发生膨胀，比较图4-8、图4-9和图4-10可知这一点。实现者必须写出这些规则中的每一条。在求值程序中，这些规则中的每一条都必须执行，这产生了新的属性，并带来了额外的工作。在信息发生聚合时，如"先声明后使用"规则或用于估算执行时间的框架，每次某个规则改变聚合属性的值时都必须创建一个新的副本。这些复制规则向属性语法编写和求值的任务增加了另外一层工作。

2. 存储管理

对于实际例子来说，求值过程会产生大量属性。而使用复制规则将信息在语法分析树各处移动的做法，可能使求值过程创建的属性实例数目以乘积效应放大。如果语法将信息聚合到复杂的结构中，例如将声明信息传递到语法分析树各处，将导致对应的各个属性本身变得比较大。求值程序必须管理属性存储，而糟糕的存储管理方案可能对求值程序的资源需求造成巨大的负面影响。

如果求值程序能够确定哪些属性值可能在求值之后使用，那么通过回收不再使用的属性值占用的空间，可以重用属性的一部分存储空间。例如，计算表达式树求单个值的属性语法，可以将该值返回给调用求值程序的过程。在这种情况下，内部结点计算的中间值可能是"死"的，即不再使用，因而将成为回收存储空间的候选对象。此外，如果属性化过程产生的树是持久的，且可能被后续过程继续考察，就像是用于类型推断的属性语法的情形，那么求值程序必须假定编译器的后续阶段可能会遍历树并考察任意属性。在这种情况下，求值程序无法回收任何属性实例的存储空间。

这个问题反映了属性语法范型的功能本质与其在编译器中用途的固有冲突。在编译器后续阶段对某个属性的使用，增加了该属性对属性语法中未明确规定的用法的依赖关系。这种做法扭曲了属性语法的功能范型，并消除了它的一个优势：自动管理属性存储的能力。

3. 语法分析树的实例化

对属性语法来说，它是针对潜在语法中一个有效语句的语法分析树来规定某种计算过程的。这种范型固有地依赖于语法分析树的可用性。求值程序可以模拟语法分析树，但它的行为必须表现得如同语法分析树真实存在一样。虽然语法分析树对语法分析相关的讨论很有用，但很少有编译器会真正建立语法分析树。

一些编译器使用抽象语法树（Abstract Syntax Tree，AST）来表示正在编译的程序。AST保持了语法分析树的基本结构，但许多表示语法中非终结符的内部节点被消除掉了（参见5.2.1节）。如果编译器建立了AST，它可以使用关联到AST语法的属性语法。但如果编译器对AST没有其他用途，那么我们必须在建立和维护AST所需的程序设计工作和编译时代价，与属性语法形式所能带来的好处之间进行一番权衡。

4. 确定答案

利用属性语法进行上下文相关分析的最后一个问题更为微妙。属性求值的结果是一个属性化的语法分析树。分析的结果以属性值的形式散布在树中。为在后续各趟处理中使用这些结果，编译器必须遍历该树，以定位所需的信息。

编译器可以使用谨慎地构造出来的遍历方法来定位特定的结点，这需要从语法分析树的根结点向下移动至适当的位置（每次访问相应的结点，均须如此）。这使得代码运行缓慢且难于编写，因为编译器必须执行每一次遍历，而编译器编写者同样必须构造出每一次遍历。另一种方案是将重要的答案复制到树中某个方便找到的地方，通常是根结点。这将引入更多的复制规则，恶化原本就有的问题。

5. 对功能范型的突破

解决所有这些问题的一种方法是为属性增加一个中央存储库。在这种场景下，属性规则可以直接记录信息到全局表中，其他规则可以从中读取该信息。这种混合方法可以消除非局部信息导致的许多问题。因为该全局表可以从任何属性规则访问，这相当于可以在局部访问任何已经推导出的信息。

增加属性的中央存储库会以另一种方式使事情复杂化。如果两个规则通过属性规则之外的机制通信，那么两者之间隐含的依赖关系将从属性依赖关系图中删除。缺失的依赖关系本来可以限制求值程序按正确顺序处理这两个规则，但现在删除掉之后，求值程序构造出的求值顺序对语法来说虽然是正确的，但因为没有考虑到删除的依赖关系约束从而可能导致非预期的行为。例如，通过表在声明语法和可执行的表达式之间传递信息，可能允许求值程序在某些或全部表达式使用声明变量之后才处理声明。如果语法使用复制规则来传播同一信息，这些规则会约束求值程序，使之得出的求值顺序遵守复制规则蕴涵的依赖关系。

本节回顾

属性语法提供了一种功能规格可用于解决各种问题，包括上下文相关分析过程中出现的许多问题。在属性语法方法中，编译器编写者产生简明扼要的规则来描述所需进行的计算过程，属性语法求值程序接下来提供执行实际计算过程的机制。高质量的属性语法系统将简化编译器语义推敲部分的构建工作。

由于若干现实原因，属性语法方法从未得到广泛应用。大的问题，诸如执行非局部计算的难度和为找到简单问题的答案需要遍历语法分析树等，阻止了对这种思想的采用。小的问题，诸如对临时属性的存储空间管理、求值程序的效率和缺乏广泛可用的开源属性语法求值程序等，也使得此类工具和技术不那么有吸引力。

复习题

(1) 根据右侧给出的"四函数计算器"语法，构建一种属性语法方案，用指定的计算过程为每个Calc结点设置属性，并在每次归约到Expr时显示答案。

(2) "先定义后使用"（define-before-use）规则规定，过程中使用的每个变量，在其出现在代码文本中之前都必须声明。概略描述一种属性语法方案，用于检查一个过程是否符合该规则。如果语言要求所有声明都必须出现在任何可执行语句之前，那么该问题是否更容易解决？

$$
\begin{aligned}
Calc &\rightarrow Expr \\
Expr &\rightarrow Expr + Term \\
&\mid Expr - Term \\
&\mid Term \\
Term &\rightarrow Term \times num \\
&\mid Term \div num \\
&\mid num
\end{aligned}
$$

四函数计算器

4.4　特设语法制导转换

属性语法的基于规则的求值程序引入了一种强大的思想，许多编译器中用于上下文相关分析的特设技术就是在此基础上发展而来的。在基于规则的求值程序中，编译器编写者规定一系列操作，关联到语法中的产生式。其本质是上下文相关分析所需的操作可以围绕着语法的结构进行组织，由此产生了一种强大的特设方法，用以将此类分析集成到解析上下文无关语法的过程中。我们将这种方法称为特设语法制导转换（ad hoc syntax-directed translation）。

在这种方案中，编译器编写者提供在语法分析时需要执行的代码片断。每个片断，也就是操作都直接关联到语法中的某个产生式。每次语法分析器发现自身处于语法中的特定位置时，都会调用对应的操作，以完成相应的任务。为在自顶向下、递归下降的语法分析器中实现这种方案，编译器编写者只需向语法分析例程添加适当的代码。编译器编写者可以完全控制操作执行的时机。在自底向上的移进归约语法分析器中，这种操作在语法分析器每次执行归约操作时进行。这更为受限，但仍然是可行的。

为更具体地说明该方案，我们考虑在特设语法制导转换的框架下重新阐述有符号二进制数的例子。图4-11给出了一个这样的框架。每个语法符号都有单一值与之关联，在代码片断中记作val。对应于每条产生式规则的代码片断，都定义了与产生式左侧语法符号关联的值。规则1只是将$Sign$的值设置为$Sign$值与$List$值的乘积。规则2和规则3会适当地设置$Sign$的值，正如规则6和规则7会设置每个Bit实例的值。规则4只是将值从Bit复制到$List$。实际工作发生在规则5中，其中将前导比特位的累积值（$List.val$）乘以2，然后将下一比特位的值加到累积值上。

	产　生　式		代 码 片 段
1	$Number$	$\rightarrow$　$Sign$ $List$	$Number.val \leftarrow Sign.val \times List.val$
2	$Sign$	$\rightarrow$　$+$	$Sign.val \leftarrow 1$
3	$Sign$	$\rightarrow$　$-$	$Sign.val \leftarrow -1$
4	$List$	$\rightarrow$　Bit	$List.val \leftarrow Bit.val$
5	$List_0$	$\rightarrow$　$List_1$ Bit	$List_0.val \leftarrow 2 \times List_1.val + Bit.val$
6	Bit	$\rightarrow$　0	$Bit.val \leftarrow 0$
7	Bit	$\rightarrow$　1	$Bit.val \leftarrow 1$

图4-11　用于有符号二进制数的特设语法制导转换

到现在为止，这种做法看起来与属性语法相当类似。但它有两个关键的简化。值只向一个方向流动，即从叶结点到根结点。每个语法符号只允许关联一个值。即使如此，图4-11中的方案仍然可以正确地计算有符号二进制数的值。它将该值放在树的根结点上，正如有符号二进制数的属性语法那样。

这两个简化确保了求值方法也能够与自底向上语法分析器（如第3章描述的LR(1)语法分析器）良好协作。因为每个代码片断关联到特定产生式的右侧句型，语法分析器可以在每次通过产生式进行归约时调用对应的代码片断。这要求对如图3-15所示的框架LR(1)语法分析器中的归约操作进行较小的修改。

```
else if Action[s,word] = "reduce A→β" then
    invoke the appropriate reduce action
    pop 2 ×|β| symbols
    s ← top of stack
    push A
    push Goto[s,A]
```

语法分析器生成器可以将语法制导操作收集起来，将其嵌入到switch...case语句中，根据用于归约的产生式编号来调用；且会先执行该switch...case语句，紧接着才从栈中弹出产生式的右侧句型。

如图4-11所示的转换方案比用于解释属性语法的方案要简单。当然，我们可以写出应用同一策略的属性语法。即属性语法中只使用综合属性。与如图4-5所示的属性语法相比，其中包含的属性规则和属性都会比较少。我们选择比较复杂的属性化方案，主要是为了同时说明综合属性和继承属性的使用。

4.4.1 特设语法制导转换的实现

为使特设语法制导转换能够工作，语法分析器必须包括一些机制，以便将值从定义它的操作传递到使用它的操作，提供便捷一致的引用方式，并允许在语法分析中其他位置处执行操作。本节描述了在自底向上的移进归约语法分析器中处理这些问题的机制。类似的思想同样适用于自顶向下语法分析器。我们采用Yacc系统中引入的一种符号表示法，Yacc是一种出现得很早且比较流行的LALR(1)语法分析器生成器，随Unix操作系统发布。许多后来的系统都采用了Yacc的符号表示法。

1. 操作之间的通信

为在操作之间传递值，语法分析器必须有一种用于分配空间的方法学，分配的空间用来容纳各个操作产生的值。该机制必须让使用值的操作能够找到值。属性语法将值（属性）关联到语法分析树中的结点，将属性的存储关联到树结点的存储，使得后续的处理过程能够用一种系统化的方式找到属性值。在特设语法制导转换中，语法分析器可能不构建语法分析树。相反，语法分析器可以将值的存储集成到其自身用于跟踪语法分析状态的机制中，即其内部栈。

回想框架LR(1)语法分析器，它为每个语法符号在栈上存储了两个值，即符号本身和对应的状态。在它识别出句柄时，如可以匹配规则5右侧句型的序列 *List Bit*，栈上的第一个符号/状态对表示 *Bit*。接下来是表示 *List* 的对。我们可以将二元组 ⟨ *symbol, state* ⟩ 替换为三元组 ⟨ *value, symbol, state* ⟩。这为每个语法符号提供了一个单值属性，这正是简化后的方案所需的。为管理栈，语法分析器需要推入并弹出更多的值。现在，通过$A→β$归约时，语法分析器从栈中弹出$3 ×|β|$个项，而不是像原来那样弹出$2 ×|β|$个项。在压栈时，语法分析器会将属性值联同符号和状态一起压栈。

这种方法将值存储在栈中易于计算的位置上（相对于栈顶）。每次归约时，都将值的计算结果作为三元组（表示产生式左侧符号）的一部分推入到栈上。归约操作会从栈中对应的位置读取产生式右侧句型中各符号的值，右侧句型中第i个符号的值存储在从栈顶算起第i个三元组中。属性值仅限于固定长度者，实际上，这种限制意味着更为复杂的值需要使用指向结构的指针传递。

为节省存储空间，语法分析器可以在栈中忽略实际的语法符号。语法分析必需的信息则在状态中编码。这可以缩减栈的长度，并利用消除符号入栈和出栈的操作来加速语法分析。在另一方面，语法符号有助于错误报告和语法分析器本身的调试。这种折衷一般会倾向于不修改工具生成的语法分析器，以避免在每次重新生成语法分析器时都必须重新进行修改。

2. 值的引用

为简化对基于栈的值的使用，编译器编写者需要一种符号表示法来引用他们。Yacc引入了一种简洁的符号表示法来解决该问题。符号$$指的是当前产生式的结果位置。因而，赋值$$ = 0会将整数值零作为当前归约的结果入栈。该赋值可以实现图4-11中用于规则6的操作。对于产生式的右侧，可使用符号$1, $2, …, $n分别引用右侧产生式中第一个, 第二个, …, 直至第n个符号的位置。

用这种符号表示法重写图4-11中的例子，将产生下述规格：

	产生式	代码片段
1	$Number \rightarrow Sign\ List$	$$ \leftarrow $1 \times $2
2	$Sign \rightarrow +$	$$ \leftarrow 1
3	$Sign \rightarrow -$	$$ \leftarrow -1
4	$List \rightarrow Bit$	$$ \leftarrow $1
5	$List_0 \rightarrow List_1\ Bit$	$$ \leftarrow 2 \times $1 + $2
6	$Bit \rightarrow 0$	$$ \leftarrow 0
7	$Bit \rightarrow 1$	$$ \leftarrow 1

请注意新的代码片段的紧凑程度。这种方案具有高效的实现，这些$符号可以直接转换为相对于栈顶的偏移量。$1表示的位置低于栈顶$3 \times |\beta|$个槽位，而$$i指定了一个低于栈顶$3 \times (|\beta| - i + 1)$个槽位的位置。因而，这种位置表示法使得操作代码片段可以直接读写栈中的位置。

3. 语法分析过程中其他位置处执行的操作

编译器编写者可能还需要在产生式当中或遇到移进操作时执行某种操作。为完成这种目标，编译器编写者可以转换语法，以便在需要操作之处都进行一次归约。为在产生式中间进行归约，可以在需要执行操作的点上将产生式划分为两部分。由此需要增加一个高级产生式，两个部分产生式的左侧语法符号在高级产生式的右侧句型中顺次列出。在第一个部分产生式归约时，语法分析器调用需要执行的操作。为强制在移进时执行操作，编译器编写者可以将操作移动到词法分析器中执行，或者添加一个产生式以执行该操作。例如，为在语法分析器每次移进终结符Bit时执行一个操作，编译器编写者可以添加一个产生式，并将原本出现的每个Bit都替换为$ShiftedBit$。

$ShiftedBit \rightarrow Bit$

这样做对每个终结符都增加了一次额外的归约。因而，增加的执行代价正比于程序中终结符的数目。

4.4.2 例子

为理解特设语法制导转换的工作方式，我们考虑使用这种方法重写执行时间估算器。属性语法解决方案的主要缺点在于，为在树中各处复制信息而衍生出大量的规则。这在规格中产生了许多附加规则，并使得许多结点中出现了很多重复的属性值。

为在特设语法制导转换方案中解决这些问题，编译器编写者通常引入一个中央存储库，用于保存有关变量的信息，前文已经提到了。这消除了在树中各处复制属性值的必要性。同时也简化了继承属性值的处理。因为语法分析器会确定求值顺序，我们无需担心破坏属性之间的依赖关系。

大部分编译器都会建立并使用这样的存储库，称为符号表（symbol table）。符号表将名字映射到各种附注，如其类型、其运行时表示的长度，生成运行时地址所需的信息等。该表还可能存储若干类型相关的字段，如函数的类型签名或数组的维数和各维的边界信息。5.5节和附录B.4节更深入地研究了符号表的设计。

1. 再论对加载操作的跟踪

在这里，我们再次考虑跟踪load操作的问题，该问题是估算执行代价的一部分。使用属性语法方法处理该问题所涉及的大部分复杂性都起因于需要在树中各处传递信息。在使用符号表的特设语法制导转换方案中，该问题很容易处理。编译器编写者可以在符号表中保留一个布尔值字段，表示是否已经将对该标识符的load操作计入执行成本。该字段初始化为false。与此相关的关键代码关联到产生式 *Factor*→name。如果查询name对应的符号表项，确定尚未将该标识符的load操作计入执行成本，那么将更新执行成本统计量，并将该字段设置为true。

图4-12说明了这个例子，并给出了所有其他操作。因为操作可以包含任意代码，所以编译器可以在单个变量中累计cost，而不是对语法分析树中的每个结点创建一个cost属性。虽然这种方案能够达到复杂模型的准确性，但所需的操作却使用最简单的执行模型的属性规则数目还少。

产 生 式	语法制导操作
Block$_0$ → *Block*$_1$ *Assign*	
| *Assign*	
Assign → name = *Expr*;	{ *cost = cost + Cost(store)* }
Expr → *Expr* + *Term*	{ *cost = cost + Cost(add)* }
| *Expr* − *Term*	{ *cost = cost + Cost(sub)* }
| *Term*	
Term → *Term* × *Factor*	{ *cost = cost + Cost(mult)* }
| *Term* ÷ *Factor*	{ *cost = cost + Cost(div)* }
| *Factor*	
Factor → (*Expr*)	
| num	{ *cost = cost + Cost(loadI)* }

| name	{ *if name's symbol table field
	    indicates that it has not been loaded
	    then
	      cost = cost + Cost(load)
	      set the field to true* }

图4-12 利用特设语法制导转换跟踪load操作

请注意，有几个产生式没有操作。而除了通过name进行归约时执行的操作以外，其余的操作也比较简单。跟踪load操作所引入的所有的复杂性，都体现在通过name进行归约时执行的操作中；对比利用属性语法进行处理的版本，在那个方案中，来回传递Before和After集合的任务支配了整个规格。这个特设版本更为整洁简单，部分是因为这个问题与移进归约语法分析器的归约操作确定的求值顺序很是匹配。当然，编译器编写者必须实现符号表，或从某些数据结构库的实现导入符号表。

显而易见，这些策略中的一部分也可以用于属性语法框架。但是，它们违反了属性语法的功能本质。它们强制将关键工作移出属性语法框架，而以特设方式处理。

图4-12中的方案忽略了一个关键问题：cost的初始化。按照该语法的写法，目前其中并不包含能够将cost初始化为零的产生式。如前文所述，对该问题的解决方案是修改语法，引入进行初始化的产生式。初始产生式，如 $Start \rightarrow CostInit\ Block$ 以及 $CostInit \rightarrow \epsilon$，即可完成该任务。框架可以在归约到 $CostInit$ 时，完成 $cost \leftarrow 0$ 的赋值操作。

2. 再论表达式的类型推断

推断表达式类型的问题能够很好地匹配到属性语法框架，只要我们假定叶结点已经有类型信息。图4-7中解决方案的简单性来源于两个主要的事实。首先，因为表达式类型是在表达式树上递归定义的，信息流动很自然是自底向上、从叶结点到根结点的。这使得解决方案偏向于S属性语法（ S-attributed grammar）。其次，表达式类型是通过源语言语法定义的。这能够很好地匹配属性语法框架，该框架隐含地要求有语法分析树存在。所有类型信息都可以关联到语法符号实例，这些实例正好对应到语法分析树中的结点。

我们可以在特设框架下重新阐述该问题，如图4-13所示。其中使用了图4-7引入的类型推断函数。由此得到的框架看起来与图4-7中用于同一目的的属性语法很相似。特设框架对于处理这个问题没有什么真正的优势。

产 生 式	语法制导操作
$Expr \rightarrow Expr - Term$	{ $\$\$ \leftarrow \mathcal{F}_+(\$1,\$3)$ }
$\mid Expr - Term$	{ $\$\$ \leftarrow \mathcal{F}_-(\$1,\$3)$ }
$\mid Term$	{ $\$\$ \leftarrow \$1$ }
$Term \rightarrow Term \times Factor$	{ $\$\$ \leftarrow \mathcal{F}_\times(\$1,\$3)$ }
$\mid Term \div Factor$	{ $\$\$ \leftarrow \mathcal{F}_\div(\$1,\$3)$ }
$\mid Factor$	{ $\$\$ \leftarrow \$1$ }
$Factor \rightarrow (\ Expr\ )$	{ $\$\$ \leftarrow \$2$ }
$\mid num$	{ $\$\$ \leftarrow$ *type of the* num }
$\mid name$	{ $\$\$ \leftarrow$ *type of the* name }

图4-13   用于推断表达式类型的特设框架

3. 建立抽象语法树

编译器前端必须建立程序的一种中间表示，以供编译器的中间部分和后端使用。抽象语法树是树形结构IR的一种常见形式。建立AST的任务与特设语法制导转换方案颇为匹配。

假定编译器有一系列名为 $MakeNode_i$ 的例程，$0 \leq i \leq 3$。例程的第一个参数是一个常量，唯一地标识了新结点所表示的语法符号。余下的 i 个参数分别是 i 个子树的根结点。因而，$MakeNode0(number)$ 将构建一个叶结点，并将其标记为表示一个num。类似地建立一个AST，其根结点为plus，有两个子结点，二者均为表示num的叶结点。

$$MakeNode_2(Plus, MakeNode_0(number,)\ MakeNode_0(number))$$

MakeNode例程可以用任何适当的方法实现该树。例如，它们可以将树的结构映射到一个二叉树上，就像B.3.1节讨论的那样。

为建立抽象语法树，特设语法制导转换方案遵循两个总则。

(1) 对于运算符，建立一个结点表示运算符本身，对每个操作数分别建立一个子结点。因而，2+3

将为+建立一个二叉结点，而表示2和3的结点是前者的子结点。

(2) 对于无用产生式，如 *Term→Factor*，将重用来自 *Factor* 操作的结果，作为其自身的结果。

用这样的方式，算法避免了为语法变量建立树结点，如 *Factor*、*Term* 和 *Expr*。图4-14给出了一个将这些思想融合进来的语法制导转换方案。

产 生 式	语法制导操作
Expr → *Expr* + *Term*	{ $\$\$ \leftarrow MakeNode_2 (plus, \$1, \$3)$; $\$\$.type \leftarrow \mathcal{F}_+(\$1.type, \$3.type)$ }
| *Expr* − *Term*	{ $\$\$ \leftarrow MakeNode_2(minus, \$1, \$3)$; $\$\$.type \leftarrow \mathcal{F}_-(\$1.type, \$3.type)$ }
| *Term*	{ $\$\$ \leftarrow \$1$ }
Term → *Term* × *Factor*	{ $\$\$ \leftarrow MakeNode_2(times, \$1, \$3)$; $\$\$.type \leftarrow \mathcal{F}_\times(\$1.type, \$3.type)$ }
| *Term* ÷ *Factor*	{ $\$\$ \leftarrow MakeNode_2(divide, \$1, \$3)$; $\$\$.type \leftarrow \mathcal{F}_\div(\$1.type, \$3.type)$ }
| *Factor*	{ $\$\$ \leftarrow \$1$ }
Factor → (*Expr*)	{ $\$\$ \leftarrow \$2$ }
| num	{ $\$\$ \leftarrow MakeNode_0(number)$; $\$\$.text \leftarrow$ scanned text; $\$\$.type \leftarrow$ type of the number }
| name	{ $\$\$ \leftarrow MakeNode_0(identifier)$; $\$\$.text \leftarrow$ scanned text; $\$\$.type \leftarrow$ type of the identifier }

图4-14 建立抽象语法树并推断表达式类型

4. 为表达式生成ILOC

作为表达式操控的最后一个例子，我们考虑能够生成ILOC而非AST的特设框架。在此我们需要作出几个简化假设。本例限制只关注整数，处理其他类型会增加复杂度，但问题的实质不会改变。例子还假定所有的值都可以保存在寄存器中，即单个值的长度不超出寄存器的位宽，另外ILOC的实现提供了足够的寄存器供计算使用。

代码生成要求编译器跟踪许多微小的细节。为抽象掉大部分这种"簿记"细节（并将对一些更深入问题的讨论延迟到后续各章），例子的框架使用了四个支持例程。

(1) Address以一个变量名作为其参数。它返回一个寄存器编号，该寄存器包含了name指定的值。如有必要，它将生成代码来加载该值。

(2) Emit处理为ILOC操作创建具体表示的细节。它可以将其格式化并输出到文件。另外，它还可以建立一种内部表示供后续使用。

(3) NextRegister返回一个新的寄存器编号。简单的实现可以直接对一个全局计数器加1。

(4) Value以一个数字作为其参数，返回一个寄存器编号。它确保该寄存器将包含其参数值。如有必要，它将生成代码将该数值移动到相应的寄存器中。

图4-15给出了处理该问题的语法制导框架。各个操作之间通过在语法分析栈中传递寄存器名来进行通信。在需要时,操作将这些名字传递给Emit,以创建实现输入表达式所需的各个操作[①]。

产 生 式	语法制导操作
$Expr \rightarrow Expr + Term$	{ $\$\$ \leftarrow NextRegister$; $Emit(add, \$1, \$3, \$\$)$ }
$\mid Expr - Term$	{ $\$\$ \leftarrow NextRegister$; $Emit(sub, \$1, \$3, \$\$)$ }
$\mid Term$	{ $\$\$ \leftarrow \$1$ }
$Term \rightarrow Term \times Factor$	{ $\$\$ \leftarrow NextRegister$; $Emit(mult, \$1, \$3, \$\$)$ }
$\mid Term \div Factor$	{ $\$\$ \leftarrow NextRegister$; $Emit(div, \$1, \$3, \$\$)$ }
$\mid Factor$	{ $\$\$ \leftarrow \$1$ }
$Factor \rightarrow (Expr)$	{ $\$\$ \leftarrow \$2$ }
$\mid$ num	{ $\$\$ \leftarrow Value(scanned\ text)$; }
$\mid$ name	{ $\$\$ \leftarrow Address(scanned\ text)$; }

图4-15   输出表达式对应的ILOC

5. 处理声明

当然,编译器编写者可以使用语法制导的操作来填写大部分位于符号表中的信息。例如,如图4-16所示的语法片段描述了C语言中的变量声明语法的一个受限子集。(其中忽略了typedef、struct、union、类型限定符const、restrict和volatile以及初始化语法的细节。其中还有几个非终结符没有进行细化加工。考虑为每个声明变量建立符号表项所需的操作。每个声明都以一组(一个或多个)限定符开始,这些限定符规定了变量的类型和存储类别(storage class)。这些限定符后接一个变量名列表(一个或多个变量名),每个变量名可以包含有关间接寻址(一个或多个*)、数组维数、变量初始值等方面的规格。

例如,StorageClass产生式使得程序员可以规定有关变量值生命周期的信息,auto变量的生命周期与声明该变量的块语句生命周期相匹配,而static变量的生命周期将横跨程序的全部执行时间。register限定符建议编译器将相应的值放置到可以快速访问之处(历史上,一般是硬件寄存器中)。extern限定符告知编译器,同一名字在不同编译单元中的声明到链接时将合并为单一目标。

编译器必须确保每个声明的名字至多有一种存储类属性。该语法将限定符放置在名字列表之前。编译器在处理限定符的同时必须将其记录下来,以便在遇到变量名时将相应的限定符应用到该变量。语法本身允许任意数目的StorageClass和TypeSpecifier关键字,而C语言标准本身则限制了实际的关键字混合联用的方式。例如,标准限制每个声明只有一个StorageClass。编译器必须通过上下文相关的检查来实施该约束。类似的限制也应用到TypeSpecifier上。例如,short与int联用是合法的,但与float联用是无效的。

---

① 前一个操作是action,后一个是operation。——译者注

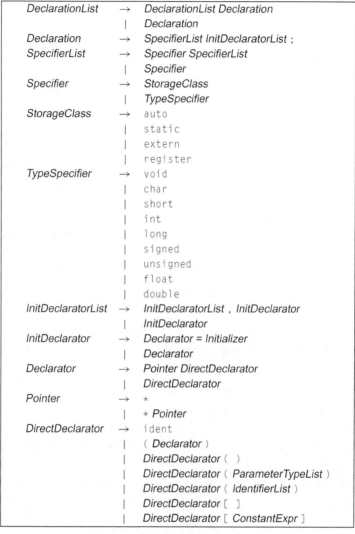

图4-16 C语言声明语法的一个子集

　　虽然这种约束可以编码到语法中，但作者的标准选择是将其留给语义推敲阶段进行检查，而不是使本来就比较庞大的语法继续膨胀。

上下文相关语法又如何

　　从前几章中的思想进展情况来看，使用上下文相关语言来执行上下文相关的检查（如类型推断）看起来很自然。毕竟，我们使用正则语言来进行词法分析，使用上下文无关语言进行语法分析。这种自然进展暗示着我们应该研究上下文相关语言及其语法。与上下文无关语法相比，上下文相关语法可以表达更大一类语言。

　　但上下文相关语法并非正确答案，这有两个原因。首先，解析上下文相关语法的问题，在P空间中是完全的（P-Space complete）。因而，使用这种技术的编译器可能运行得非常慢。其次，有许多重要的问题难以用上下文相关语法表达（即便有可能）。例如，考虑"先声明后使用"的问题。在上下文相关语法中写出该规则，要求语法能够表示出已声明变量的各种不同组合。如果命名空间足够小（例如，Dartmouth BASIC限制程序员只能使用单字母名字，后接一个可选的单数字位），还是可以管理的；但在命名空间足够大的现代语言中，名字的集合过于庞大，很难在上下文相关语法中编码表示出来。

　　为处理声明，编译器必须收集限定符设置的属性、并添加间接寻址、数组维数或初始化属性，并最终将变量录入到符号表中。编译器编写者可以建立一个属性结构，其各个字段对应于符号表项的各属性。在*Declaration*结束时，可以初始化该结构中各个字段的值。随着语法分析器归约声明语法中的各个产生式，它可以相应地调整该结构中的各个字段值。

- 在将auto归约为*StorageClass*时，语法分析器可以检查确认此前尚未设置表示存储类别的字段，然后将其设置为auto。对static、extern和register执行的类似操作，完备了对变量名各种属性的处理。
- 类型限定符产生式将设置该结构中的其他字段。相应的操作必然包含一定的检查，以确保只会出现限定符的有效组合。
- 从ident到*DirectDeclarator*的归约，应该触发一个操作，该操作为变量名创建一个新的符号表项，并将属性结构中的当前设置复制到该表项中。
- 通过下列产生式进行的归约

$$InitDeclaratorList \rightarrow InitDeclaratorList , InitDeclarator$$

　　　　可以重置与特定变量名相关的属性字段，包括被*Pointer*、*Initializer*和*DirectDeclarator*产生式设置的那些字段。

　　通过协调声明语法中跨越各产生式的一系列操作，编译器编写者通过一定的安排，可以使每次处理名字时属性结构包含适当的设置。

　　在语法分析器建立*DeclarationList*完毕后，它已经为当前作用域中声明的各个变量分别建立了一个符号表项。此时，它可能需要进行一些辅助性的"内务"处理，如为声明的变量分配存储位置等。这些可以在归约到*DeclarationList*的产生式对应的操作中进行。如有必要，可以拆分该产生式，以便建立一个执行操作的适当位置。

本节回顾

　　语法分析器生成器的引入需要有一种机制，能够将上下文相关操作关联到编译器的解析时行为。如本节所述的特设语法制导转换，历经演变后满足了该需求。它利用了属性语法方法的一部分直观见解。它只允许一种求值顺序。它有一个受限的命名空间，供形成语义操作的代码片断使用。

　　尽管有这些限制，允许在语义操作中使用任意代码的能力，联同广泛使用的语法分析器生成器对该技术的支持，导致了特设语法制导转换的广泛应用。它与全局数据结构协作良好，如符号表（用于进行非局部通信）。它用高效的方法切实解决了建立编译器前端时出现的一类问题。

复习题

(1) 考虑先LL(1)语法分析器生成器添加特设语义操作的问题。如何修改LL(1)框架语法分析器，以便为每个产生式加入用户定义的语义操作？

(2) 在4.3节的复习题(1)中，读者已经建立了一个属性语法框架，来计算"四函数计算器"语法中的属性值。现在，请读者考虑实现一个计算器小程序，在你的个人电脑桌面上使用。针对该计算器实现，请对比属性语法和特设语法制导转换两种方案的实用性。

$$Calc \rightarrow Expr$$
$$Expr \rightarrow Expr + Term$$
$$| \ Expr - Term$$
$$| \ Term$$
$$Term \rightarrow Term \times num$$
$$| \ Term \div num$$
$$| \ num$$

四函数计算器

提示 回想一下，属性语法没有规定求值顺序。

4.5 高级主题

本章引入了类型理论的基本概念，并将其作为属性语法框架和特设语法制导转换的启发性例子。若想更深入地论述类型理论及其应用，那得专门写一本书了。

4.5.1节列出了一些语言设计方面的问题，这些问题会影响编译器进行类型推断和类型检查的方式。4.5.2节考察实际上可能出现的一个问题：在对计算过程建立中间表示的过程中重排计算。

4.5.1 类型推断中更困难的问题

强类型、静态检查的语言通过检测大量各类错误的程序，有助于程序员产出有效的程序。这一特性同样可以提高编译器生成高效代码的能力：即消除（不必要的）运行时检查，同时揭示出一些特定的位置，在这些位置上编译器可以针对某些结构进行特化处理，以消除处理运行时不可能出现的情况的代码。这些事实部分地解释了类型系统在现代程序设计语言中不断增长的作用。

但我们的例子作出的一些假设并不是在所有程序设计语言中都成立。例如，我们假定变量和过程是声明的，即程序员为各个名字写出了简洁、界定明确的规格。改变这些假定，会根本性地改变类型检查问题的本质和编译器可用于实现语言的策略。

一些程序设计语言会忽略声明，或者将其处理为可选的信息。Scheme语言缺少变量声明。Smalltalk程序会声明类，但直到程序实例化对象时才能确定对象所属的类。在支持分离编译（separate compilation，又译为独立编译）的语言中，对各个过程的编译是独立的，各个编译后的过程在链接时合并形成程序，这种语言并不要求对分别编译的各个过程提供声明。

在缺少声明时，类型检查变得更为困难，因为编译器必须依赖上下文线索来为每个名字确定适当的类型。例如，如果i用做某个数组a的索引，这一事实可能限制i只能是数字类型。语言可能只允许使用整数下标，当然，它也可以允许将任意类型值转换为整数。

类型化规则是语言定义规定的。这些规则的具体细节决定了为各个变量推断类型的难度。这一点，进而又对编译器可用于实现语言的策略有着直接影响。

1. 类型一致的用法和恒定类型函数

我们考虑一种无声明语言，该语言要求对变量和函数的使用具有一致性。在这种情况下，编译器可以为各个名字分配一种一般类型，而后通过考察该名字在各种上下文中的用法，对一般类型进行限定，使之"狭窄化"。例如，语句（如a←b×3.14159）提供的证据表明，a和b是数值，且a的类型必然可以容纳一个十进小数。如果b还出现在预期为整数类型的上下文中，如数组引用c(b)，编译器必须对b的类型作出选择（b×3.14159是非整数数值类型，c(b)是整数类型）。无论采用哪种选择，编译器都需要为另一种用法进行类型转换。

如果函数的返回值类型是已知和恒定的，即函数fee总是返回同一类型值，那么编译器通过在类型格（lattice of type）上运行迭代不动点算法，即可解决类型推断的问题。

2. 类型一致的用法和未知类型函数

如果函数的返回值类型随函数的参数而变，那么类型推断的问题变得更为复杂。例如，Scheme语言中就会出现这种情形。Scheme的库过程map的参数包括一个函数和一个列表。它会返回将参数中的函数应用到列表中每个元素而得到的结果。因而，如果参数中的函数获取类型α的值、返回为类型β的值，那么map会将α类型值的列表转换为β类型值的列表。我们将map的类型签名写为：

$$map: (\alpha \to \beta) \times list\ of\ \alpha \to list\ of\ \beta$$

map也可以处理具有多个参数的函数。为此，它需要获取多个列表参数，并像单个列表参数的情形那样，对多个列表依次应用变换。

因为map的返回类型取决于其参数的类型，这种性质称为参数化多态性（parametric polymorphism），类型推断规则中必定包含类型空间上的方程式。（如果返回值是已知、恒定的类型，那么函数返回值类型是类型空间中的特定值。）增加这种情况之后，使用简单的迭代不动点算法进行类型推断已经不够了。

对这些更复杂的类型系统进行检查的经典方法依赖于一致化（unification）算法，当然，巧妙的类型系统设计和类型表示确保能够运用更简单或更高效的技术。

3. 类型的动态改变

如果变量的类型可以在执行期间改变，可能需要其他策略来找到类型发生改变的位置并推断出适当的类型。原则上，编译器可以重命名变量，以便变量的各个定义位置都分别对应到各不相同的变量名。接下来编译器可以根据定义各个名字的操作提供的上下文信息，来推断这些名字的类型。

为成功地推断类型，这样的系统必须要处理因不同控制流路径交汇而导致必须合并变量不同定义的代码位置，类似于静态单赋值形式（参见5.4.2节和9.3节）中的ϕ函数。如果语言包含参数化多态性，类型推断机制也必须能够处理。

实现具有动态可变类型的语言，经典的方法是回退到解释执行。Lisp、Scheme、Smalltalk和APL都有类似的问题。这些语言的标准实现惯例涉及解释执行运算符、对数据标记类型、在运行时检查类型错误等。

在APL中程序员很容易写出这样的程序：a×b在第一次执行时执行整数乘法，而下一次则执行多维浮点数组的乘法。这引发了校验消除（check elimination）和校验移动（check motion）方面的大量研究。最好的APL系统能够避免"朴素"的解释器所需执行的大部分类型检查。

4.5.2 改变结合性

我们在3.5.4节中讲过，在数值计算方面结合性是颇有影响的。同样，它也可以改变构建数据结构的方式。我们可以使用语法制导操作来建立一种表示，其中反映的结合性不同于语法自然产生的结合性。

一般来说，左递归语法自然地产生左结合性，而右递归语法自然地产生右结合性。要看清楚这一点，可以考虑左递归和右递归的列表语法，另外增加建立列表的语法制导操作，如图4-17顶部所示。与各个产生式关联的操作建立了一个列表的表示。假定L(x, y)是一个列表构造函数，它可以实现为MakeNode2(cons, x, y)。图的下半部说明了对包含5个elt的输入应用两种转换方案的结果。

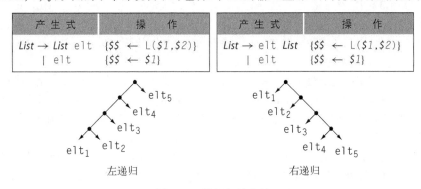

图4-17 递归与结合性

在许多方面，这两个树的表示是等价的。对两个树的顺序遍历将按相同的顺序访问各个叶结点。如果我们添加括号以反映树的结构，左递归树变为$((((elt_1, elt_2), elt_3), elt_4), elt_5)$，而右递归树变为$(elt_1, (elt_2, (elt_3, (elt_4, elt_5))))$。左递归产生的顺序对应于代数运算符从左到右的经典结合顺序。而右递归产生的顺序对应于Lisp和Scheme中列表的观念。

有时，对递归和结合性使用不同的方向会比较方便。为从左递归语法建立右递归树，我们可以使用一个构造函数，连续向列表末尾添加元素。对该思想的一个直截了当的实现是在每次归约时遍历列表，这使得构造函数自身需要花费$O(n^2)$时间，其中n是列表的长度。为避免这项开销，编译器可以创建一个列表头结点，其中包含指向列表中第一个和最后一个结点的指针。这样做向列表中引入了一个额外的结点。如果系统需要构建许多短列表，这种开销可能会成为一个问题。

我们发现特别有吸引力的一个解决方案是，在构建列表期间使用一个列表头结点，而在列表建立之后即丢弃它。使用一个ϵ产生式重写语法来达到这个目的，这种做法非常干净利落。

语　　法	操　　作
$List \rightarrow \epsilon$	{ $\$\$ \leftarrow MakeListHeader( )$ }
∣ $List$ elt	{ $\$\$ \leftarrow AddToEnd(\$1, \$2)$ }
$Quux \rightarrow List$	{ $\$\$ \leftarrow RemoveListHeader(\$1)$ }

对ϵ产生式的归约会创建临时的列表头结点，而在移进归约语法分析器中，首先会发生该归约。$List \rightarrow List$ elt产生式将调用一个构造函数，该函数依赖于临时列表头结点的存在性。当$List$在任何其他产生式的右侧被归约时，对应的操作将调用一个函数，丢弃临时的列表头结点，并返回列表的第一个元素。

这种方法使得语法分析器能够逆转结合性，但代价是在空间与时间方面都付出一点小的恒定开销。对每个列表，因为额外引入的 ϵ 产生式，这种做法需要多出一个归约操作。修改后的语法允许空列表，而原来的语法不允许。为纠正这个问题，RemoveListHeader 可以明确地针对空列表的情形进行检查并相应地报告错误。

4.6　小结和展望

在第2章和第3章中，我们已经知道，编译器前端中的大部分工作都可以自动化。正则表达式对词法分析工作良好。而上下文无关语法对语法分析工作良好。在本章中，我们考察了两种进行上下文相关分析的方法：属性语法形式和特设方法。不同于词法分析和语法分析，对于上下文相关分析，形式化方法并没有替代特设方法。

形式化方法使用了属性语法，利用属性语法，我们有希望编写高级规格并由此生成相当高效的可执行代码。虽然属性语法并非上下文相关分析中所有问题的解决方案，但它们在几个领域都有应用，从定理证明程序到程序分析等。如果问题中属性值的流动大多是局部性的，那么属性语法工作得很好。如果问题可以完全用一种类型的属性（继承属性或综合属性）表述，那么在转换为属性语法时，通常会产生干净、直观的解决方案。通过复制规则来指引属性值在语法分析树中各处流动的问题支配语法之后，此时很可能需要跳出属性语法的功能范型，另行引入中央存储库来保存各种知识/信息。

而特设语法制导转换技术，可以将任意代码片断集成到语法分析器中，并让语法分析器来确定各个语义操作执行的顺序，以及在各个语义操作之间传递值。这种方法得到了广泛的应用，主要是因为其灵活性，以及大多数语法分析器生成器系统都支持这种方法。特设方法规避了非局部属性流动和必须管理属性存储所导致的实际问题。属性值沿语法分析器的内部状态表示单向流动（自底向上语法分析器中的综合属性值，自顶向下语法分析器中的继承属性值）。这种方案使用全局数据结构在另一个方向传递信息，并处理非局部属性流动。

实际上，编译器编写者通常试图一次性解决几个问题，如建立中间表示、推断类型和分配存储位置等。这种做法很容易在两个方向上均产生大量的属性流动，导致将实现者推向所谓的特设解决方案，即使用某个中央存储库来保存信息/知识，符号表就是这样一种存储库。在一趟处理中解决许多问题，驱动力通常是编译时的效率。但用独立的各趟处理来分别解决各个问题，通常会产生易于理解、实现和维护的解决方案。

本章介绍了类型系统背后的思想，作为编译器必须执行的那类上下文相关分析工作的范例。对类型理论和类型系统设计的研究是一种重要的学术活动，研究者对该领域已经有了深入的理解，积累了大量文献资料。本章只对类型推断和类型检查进行了简单的探讨，而对这些问题更深入的论述已经超出了本书的范围。实际上，编译器编写者必须彻底地研究源语言的类型系统，并在工程上审慎地实现类型推断和类型检查功能。本章中的指导不过是开始而已，实际的实现需要更多的研究。

本章注释

自从最初的FORTRAN编译器以来，类型系统就已经成为程序设计语言的一个不可分割的部分。虽然最初的类型系统只是反映了底层机器的资源情况，不久以后在诸如Algol 68和Simula 67等语言的类型系统中就出现了更深层次的抽象。对类型系统理论的活跃研究已经持续数十年之久，其间产生了一连串包含了重要原理的语言。这些研究包括Russell[45]（参数化多态性），CLU[248]（抽象数据类型），Smalltalk[162]（通过继承实现的子类型），和ML[265]（将类型作为"一等"对象进行完备处理①）Cardelli对类型系统进行了优秀的概述[69]。APL社区推出了一系列经典论文，阐述了消除运行时检查的技术[1, 35, 264, 349]。

类似于计算机科学中的许多其他思想，属性语法同样是由Knuth首先提出的[229, 230]。属性语法方面的文献专注于求值程序[203, 342]、对环的检测[342]和属性语法的应用[157, 298]。属性语法是几个成功系统的基础，包含Intel为80286提供的Pascal编译程序[142, 143]、Cornell Program Synthesizer[297]和Synthesizer Generator[198, 299]。

特设语法制导转换一直以来都是实际语法分析器开发的一部分。Irons描述了语法制导转换背后的基本思想，即将语法分析器的操作与对其语法的描述分离[202]。毋庸置疑，同一基本思想已经用在手工编码的优先级语法分析器中。我们描述的这种编写语法制导操作的风格，是Johnson在Yacc中引入的[205]。同样的符号表示法已经传承至较新的系统中，包括来自GNU项目的bison。

习题

4.2节

(1) 在Scheme中，+运算符是重载的。我们已经知道Scheme是动态类型的，请描述一种方法，对形如(+ a b)的操作进行类型检查，其中a和b是适用于+运算符的任何类型数据。

(2) 一些语言，如APL或PHP，既不需要变量声明，也不对同一变量的多次赋值强制要求一致性。（程序可以将整数10赋值给x，而稍后在同一作用域中可以将字符串值"book"赋值给x。）这种程序设计风格有时称为类型戏法（type juggling）。

假如读者有某种语言的一个实现，该语言没有声明，但要求对变量的使用是类型一致的。如何修改该语言，使之允许类型戏法？

4.3节

(3) 根据下列求值规则，绘制带注释的语法分析树，说明a − (b + c)的语法树是如何构建的。

产 生 式	求值规则
$E_0 \rightarrow E_1 + T$	{ $E_0.nptr \leftarrow mknode(+, E_1.nptr, T.nptr)$ }
$E_0 \rightarrow E_1 - T$	{ $E_0.nptr \leftarrow mknode(-, E_1.nptr, T.nptr)$ }
$E_0 \rightarrow T$	{ $E_0.nptr \leftarrow T.nptr$ }
$T \rightarrow (E)$	{ $T.nptr \leftarrow E.nptr$ }
$T \rightarrow id$	{ $T.nptr \leftarrow mkleaf(id, id.entry)$ }

(4) 使用属性语法范型，为经典的表达式语法编写一个解释器。假定每个name都有一个value属性和一个lexeme属性。假定所有属性都已经定义，且所有值总是具有同一类型。

(5) 编写一种语法，描述是4的倍数的所有二进制数。向该语法添加属性规则，使得语法树起始符号的属性value中包含二进制数对应的十进制值。

---

① 即类型本身也成为了语言中普通的数据。——译者注

(6) 使用前一习题中定义的语法，建立对应于二进制数11100的语法树。

  (a) 给出树中所有的属性及其值。

  (b) 对该语法树绘制属性依赖关系图，并将所有属性归类为综合属性或继承属性。

4.4节

(7) Pascal程序可以用下述语法声明两个整型变量a和b

$$\text{Var a, b: int}$$

该声明可以用下列语法描述：

$$
\begin{aligned}
VarDecl &\rightarrow \text{var } IDList : TypeID \\
IDList &\rightarrow IDList, ID \\
&\mid ID
\end{aligned}
$$

其中*IDList*推导出一个由逗号分隔的变量名列表，而*TypeID*推导出一个有效的Pascal类型。读者可能会发现有必要重写该语法。

  (a) 编写一个属性语法，为每个声明的变量指定正确的数据类型。

  (b) 编写一种特设语法制导转换方案，将正确的数据类型指派给各个声明的变量。

  (c) (a)或(b)方案是否能在对语法树的单趟处理中完成？

(8) 有时，编译器编写者可以移动问题，使之跨越上下文无关分析和上下文相关分析的界限。例如，考虑FORTRAN 77（及其他语言）中函数调用和数组引用之间经典的二义性。可以使用下述产生式，将这些结构添加到经典的表达式语法中：

$$
\begin{aligned}
Factor &\rightarrow \text{name}(ExprList) \\
ExprList &\rightarrow ExprList , Expr \\
&\mid Expr
\end{aligned}
$$

这里，函数调用和数组引用之间唯一的差别在于name声明的方式。

在前几章中，我们已经讨论过借助词法分析器和语法分析器之间的协作来消除这些结构的二义性。该问题是否可以在上下文相关分析期间解决呢？哪种解决方案更可取些？

(9) 有时，语言规格说明使用上下文相关机制检查可以用上下文无关方法测试的性质。考虑图4-16中的语法片段。该语法允许任意数目的*StorageClass*限定符，但在实际上，标准本身限制声明使用一个*StorageClass*限定符。

  (a) 重写该语法，从语法层面实施该约束。

  (b) 类似地，语言本身只允许*TypeSpecifier*的有限组合。long只能与int或float联用，而short只允许与int联用。signed或unsigned可以出现在任何形式的int之前。signed还可以出现在char之前。这些约束可以写入语法中吗？

  (c) 对语法原作者设计语法结构的方式，提出一种解释。

  (d) 你对语法的修改是否改变了语法分析器的整体速度？在为C语言建立语法分析器时，你会使用图4-16所示的语法，还是选用修改后的语法？请说明你的答案。

提示 对任何*StorageClass*值，词法分析器都返回同一个标记类型，而对任何*TypeSpecifier*值，词法分析器都返回另一个标记类型。

4.5节

(10) 面向对象语言允许运算符和函数重载。在这些语言中的，函数名并不总是唯一标识符，因为可以有多个与之相关的定义，如：

```
void Show(int);
void Show(char *);
void Show(float);
```

出于查找的目的，编译器必须为各个函数构造出不同的标识符。有时，这种重载的函数也会有不同的返回值类型。你如何为这种函数创建不同的标识符？

(11) 在实现面向对象语言时，继承可能会导致问题。当对象类型 A 是对象类型 B 的父类型时，程序可以将"指向 B 的指针"赋值给"指向 A 的指针"，使用的语法如a←b。因为 A 能做的一切，B 也可以完成，这不应该产生问题。但程序员不能将"指向 A 的指针"赋值给"指向 B 的指针"，因为类 B 可能实现了类 A 没有提供的方法。设计一种机制，使用特设语法制导转换来判断此类指针赋值是否是允许的。

4

第 5 章

中间表示

本章概述

编译器的核心数据结构是被编译程序的中间形式。编译器中的大多数处理趟都读取并操纵代码的 IR 形式。因而，在编译的代价及其有效性两方面，有关中间表示要表示什么和如何表示的决策都扮演了关键的角色。本章系统阐述了编译器使用的各种 IR 形式，包含图 IR、线性 IR 和符号表。

关键词： 中间表示；图 IR；线性 IR；静态单赋值形式；符号表

5.1 简介

编译器通常组织为一连串的处理趟。随着编译器不断推导有关被编译代码的知识，它必须将这些信息从一趟传递到另一趟。因而，对于推导出的有关程序的全部事实，编译器需要一种表示，我们将这种表示称为中间表示（intermediate representation），简称为 IR。编译器可能有有唯一的 IR，也可能在将代码从源语言转换为目标语言的过程中使用一系列的 IR。在转换期间，输入程序的 IR 形式是该程序的权威表示形式。编译器不会回头查阅源程序文本，相反，它只考察代码的 IR 形式。编译器所用 IR 的性质，对编译器能够对代码进行的处理有着直接的影响。

几乎编译器的每个处理阶段都会操控 IR 形式的程序。因而，IR 的性质，如读写特定字段的机制、查找特定事实或注释的机制、在 IR 形式的程序中定位导航的机制，对减轻编写编译器各个处理趟的负担，以及对执行这些处理趟的代价，都有着直接的影响。

1. 概念路线图

本章重点关注与 IR 的设计和 IR 在编译中的使用相关的问题。5.1.1 节概述了 IR 的分类及其性质。许多编译器编写者认为树和图是程序的自然表示，例如，语法分析树很容易描述语法分析器建立的推导。5.2 节描述了几种基于树和图的 IR。当然，编译器面向的大多数处理器的本机语言都是线性的汇编语言。相应地，一些编译器使用线性 IR，其理由在于这种 IR 能够暴露目标机的一些性质，而这些是编译器应该明确得知的。5.3 节考察了线性 IR。

本章的最后几节处理与 IR 有关、但（严格来说）不属于 IR 设计范畴的问题。5.4 节探讨了一些与命名有关的问题：为特定的值选择特定的名字。命名对编译器能够生成的代码种类有着巨大的影响。本节详细讲述了一种特别的、广泛使用的 IR，这种 IR 称为静态单赋值形式。5.5 节整体概述了编译器建立、使用和维护符号表的方式。大多数编译器都会建立一个或多个符号表，以容纳有关名字和值的信息，并提供对此信息的高效访问能力。

附录B.4节提供了符号表实现方面的更多内容。

2. 概述

为在各趟之间传递信息，对于推导出的被编译程序的全部知识，编译器需要一种表示。因而，几乎所有编译器都使用某种形式的中间表示，来对被分析、转换和优化的代码进行建模。编译器中的大多数趟输入都是IR，词法分析器除外。编译器中的大多数趟都输出IR，代码生成器中的各趟是例外。许多现代编译器在单次编译过程中使用多种IR。在趟结构的编译器中，IR充当了代码的主要和权威表示。

编译器的IR必须有足够的表达力，才能记录各趟之间传递的所有有用事实。源代码不足以达到该目的，编译器推导出的许多事实无法用源代码表示，诸如变量和常量的地址、给定参数用哪个寄存器传递，等等。为记录编译器必须编码的所有细节，大多数编译器编写者都向IR添加了表和集合，以记录额外的信息。我们认为这些表是IR的一部分。

为编译器项目选择一种适当的IR，要求对源语言、目标机和编译器将转换的应用程序的性质都有深入的理解。例如，源到源的转换器可以使用与源代码非常相似的IR，而针对微控制器输出汇编代码的编译器使用类似于汇编代码的IR可能会有更好的结果。类似地，用于C语言的编译器可能需要有关指针值的注释，而这对Perl编译器无关紧要，Java编译器需要保存有关类层次结构的记录，而C语言编译器则不需要。

IR的实现迫使编译器编写者专注于实际问题。编译器需要廉价的方法来执行那些频繁进行的操作。其中需要简洁的方法来表示编译期间可能出现的所有结构。编译器编写者还需要一些机制，以方便人类轻易、直接地考察IR程序。利己主义应该能够确保编译器编写者注意到上一点。最后，对于使用IR的编译器来说，编译器总是会在程序的IR上进行多趟处理。在一趟处理中收集信息，而在另一趟处理中使用的能力提高了编译器生成的代码的质量。

ILOC中的⇒符号除了提高可读性，没有其他用处。

中间表示的分类

编译器已经使用过许多种IR。我们对IR的讨论将沿三个"坐标轴"组织：结构性的组织、抽象层次和命名规范。一般来说，这三个属性是独立的；组织、抽象和命名的大部分组合都已经在某些编译器中使用过。

泛泛而言，IR从结构上分为三类。

❑ 图IR 将编译器的知识编码在图中。算法通过图中的对象来表述：结点、边、列表、树。第3章中用于描述推导的语法分析树就是一种图IR。

❑ 线性IR 类似某些抽象机上的伪代码。相应的算法将迭代遍历简单的线性操作序列。本书中使用的ILOC代码是一种线性IR。

❑ 混合IR 结合了图IR和线性IR的要素，为的是获取两者的优势而避免其弱点。一种常见的混合表示使用底层的线性IR来表示无循环代码的块，使用图来表示这些块之间的控制流。

IR的结构性组织对编译器编写者思考分析、优化和代码生成等编译阶段的方式，有着巨大的影响。例如，基于树型IR得出的处理趟在结构上很自然地设计为某种形式的树遍历。类似地，从线性IR得出的处理趟一般按顺序迭代遍历各个操作。

我们的IR分类法中，第二个坐标轴是IR在何种抽象层次上表示操作。IR所处的抽象层次比较宽泛，比如接近源代码的表示中，单个结点可能表示一次数组访问或一个过程调用；而在较为底层的表示中，需要合并几个IR操作才能形成一个目标机操作。

为说明这些可能性，假定A[1..10, 1..10]是一个四字节元素的数组，按行主序存储，我们分别考虑在源代码层次的IR树中和ILOC中，编译器如何表示数组引用A[i, j]。

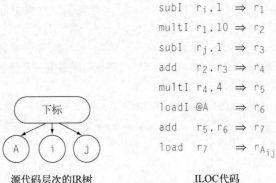

源代码层次的IR树	ILOC代码

在源代码层次的树中，编译器可以轻易识别出该计算是一个数组引用；而ILOC代码则很好地掩盖了该事实。如果编译器试图确定两个不同的引用何时会访问同一内存地址，使用源代码层次上的树更容易发现并比较两个引用。与此相反，ILOC代码使得这些任务很难进行。优化只会使情况变得更坏；在ILOC代码中，优化可能将地址计算的一部分移动到别处。而在优化过程中，树结点则不会发生变动。

此外，如果目标是优化针对数组访问生成的目标机代码，ILOC代码将使编译器能够优化在源代码层次的树中隐含的一些细节。为此，采用底层IR可能更好。

并非所有基于树的IR都使用了接近源代码层次的抽象。当然，语法分析树隐含地关联到源代码，但在许多编译器中也使用过很多其他抽象层次上的树型IR。例如，许多C语言编译器使用过底层的表达式树。类似地，线性IR可能具有比较高级的结构，如max或min运算符，或字符串复制操作。

我们的IR分类法中，第三个坐标轴研究代码中用于表示值的命名空间。在将源代码转换为底层形式的过程中，编译器必须为各种不同的值选择名字。例如，为在底层IR中对$a-2\times b$求值，编译器可能会生成如右侧所示的操作序列。在这里，编译器使用了四个名字：t_1到t_4。在一个同样有效的方案中，可以将出现的t_2和t_4替换为t_1，从而将名字的数目削减到原来的一半。

$$
\begin{aligned}
t_1 &\leftarrow b \\
t_2 &\leftarrow 2 \times t_1 \\
t_3 &\leftarrow a \\
t_4 &\leftarrow t_3 - t_2
\end{aligned}
$$

命名方案的选择对可改进代码的优化程度有着很大的影响。如果子表达式2-b有唯一的名字，编译器可能会发现其他处对2-b的求值，并将此处产生的值替换为指向该值的引用。如果该名字被重用，当前值在后续的、冗余的求值操作中可能是不可用的。命名方案的选择还会影响到编译所用的时间，因为它决定了许多编译时数据结构的大小。

生成和操控IR的代价是一个实际问题，编译器编写者应该关注该问题，因为它会直接影响编译器的速度。不同IR的数据空间需求变化颇为宽泛。因为编译器通常会访问它分配的所有空间，数据空间通常和编译器运行时间成正比。为使这里的讨论具体些，考虑我们在莱斯大学建立的在两个不同的研究系统中使用的IR。

- ❑ *R*程序设计环境为FORTRAN建立抽象语法树。树中的每个结点占用92字节。语法分析器平均为每行FORTRAN源代码建立11个结点，即对每行源代码分配的内存空间稍微超过1000字节。
- ❑ MSCP研究编译器使用ILOC的一个完全实现。（本书中的ILOC是一个简单的子集。）每个ILOC操作占用23到25字节。编译器平均为每行源代码生成大致15个ILOC操作，也就是说为每行源代码分配375字节内存。优化可以将IR表示的大小缩减到平均每行源代码3个操作多一点，也就是说每行源代码分配的内存空间少于100字节。

最后，编译器编写者应该考虑IR的表达力，即其表示编译器需要记录的所有事实的能力。表示过程的IR可能包含定义了过程本身的代码、静态分析的结果、来自前一次执行的剖析数据以及使得调试器能够理解代码及其数据的映射[①]。所有这些事实的表示方式，都应该澄清它们与IR中特定位置的关系。

5.2 图 IR

许多编译器使用的IR将底层的代码表示为图。虽然所有的图IR都包含结点和边，但在抽象层次、图与底层代码之间的关系、图的结构等方面，各种图IR均有所不同。

5.2.1 与语法相关的树

第3章给出的语法分析树是一种表示了程序的源代码形式的图。语法分析树是树型IR的一种特定形式。在大多数树型IR中，树的结构对应于源代码的语法。

1. 语法分析树

如3.2.2节所见，语法分析树是对输入程序的推导或语法分析的图表示。图5-1给出了经典表达式语法以及表达式a×2+a×2×b的语法分析树。相对于源程序文本，语法分析树比较大，因为它表示了完整的推导过程，树中每个结点分别对应于推导过程中的各个语法符号。编译器必须为每个结点和边分配内存，并必须在编译期间遍历所有的结点和边，因此，有必要考虑一些方法来缩减语法分析树的规模。

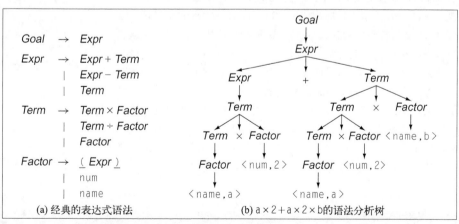

图5-1　使用经典表达式语法时，对应于a×2+a×2×b的语法分析树

---

① 调试符号等。——译者注

对该语法稍做变换，如3.6.1节所述，即可消除推导过程中的一部分步骤和对应的语法树结点。一种更有效的技术是将对编译器其余部分没有实际用途的那些结点抽象掉。这种方法产生了语法分析树的一种简化版本，称为抽象语法树。

语法分析树主要用于语法分析的讨论中和属性语法系统中，在这些场合下，它们是主要的IR。在需要源代码层次树的大多数其他应用中，编译器编写者倾向于从更简洁的备选方案中选择一种使用，如本节余下部分所述。

2. 抽象语法树

抽象语法树（Abstract Syntax Tree，AST）保留了语法分析树的基本结构，但剔除了其中非必要的结点。表达式的优先级和语义仍然保持原样，但无关的结点已经消失了。这里是$a \times 2 + a \times 2 \times b$的AST：

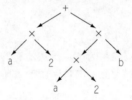

AST是一种接近代码层次的表示。因为它与语法分析树大致对应，语法分析器可以直接建立AST（参见4.4.2节）。

抽象语法树

　　AST是语法分析树的简写，其中忽略了表示非终结符的大部分结点。

AST已经用于许多实际的编译器系统。源代码到源代码的转换系统（包括语法制导编辑器和自动并行化工具）通常使用AST，根据AST可以轻易地重新生成源代码。Lisp和Scheme中的S-表达式本质上就是AST。

即使在AST用做接近源代码层次的表示时，表示的选择仍然会影响到可用性。例如，$\mathcal{R}^n$程序设计环境中的AST使用右侧所示的子树来表示FORTRAN中的复数常数，写作(c_1, c_2)。这种选择适用于语法制导编辑器，其中程序员能够独立地改变c_1和c_2；pair结点则对应于括号和逗号。

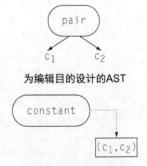

为编辑目的设计的AST

为编译目的设计的AST

但这种数对格式用于编译器被证实是有问题的。编译器中处理常数的每个部分都需要针对复数常数添加相应的处理代码。而所有其他常数都是用单一结点表示，其中包含一个指针，指向常数对应的实际文本。对复数常数使用类似的格式可能会使某些操作变得复杂，如编辑复数常数或将其加载到寄存器中。但这种做法也会简化其他的操作，如两个常数的比较。从整个系统的角度考虑，由此带来的简化还是超出了可能引入的复杂性。

存储效率和图表示法

　　许多实际系统已经使用抽象语法树来表示被转换的源程序文本。这些系统中常见的一个问题是，相对于输入文本，AST的大小过大。庞大的数据结构可能会限制这些工具能够处理的程序的规模。

$\mathcal{R}^n$程序设计环境中的AST结点太大，它们对20世纪80年代工作站上有限的内存系统提出了一个问题。为此，针对树表示而引入的磁盘I/O降低了所有$\mathcal{R}^n$工具的速度。

AST的规模膨胀并非由单一问题所致。$\mathcal{R}^n$只有一种结点，因此该结构中包含了任何结点所需的所有字段。这种简化的内存分配策略只会增加结点的大小。（大约一半的结点是叶结点，并不需要指向子结点的指针。）在其他的系统中，由于编译器中一趟或另一趟处理所需的无数次要字段的添加，同样导致了结点大小的增长。有时，因为新的特性和处理趟的增加，结点的大小会随着时间而增长。

对AST的形式和内容的缜密考虑可以缩减其大小。在$\mathcal{R}^n$中，我们建立了一些程序来分析AST的内容和使用方式。我们合并了一些字段，剔除了其他的字段。（有时候，重新计算某些信息比将其写入磁盘再读取代价更低。）在少量情况下，我们使用散列链接来记录不常见的事实，即利用表示结点类型的字段的一个比特位，来表示有额外信息存储在散列表中。（这种方案缩减了很少使用的字段占用的空间。）为在磁盘上记录AST，我们利用先根次序树遍历将其转换为一种线性表示，这个过程消除了在磁盘表示中记录内部指针的必要性。

在$\mathcal{R}^n$中，这些改变使AST在内存中减小了大约75%。在磁盘上，删除指针后，文件长度变为其内存表示的一半左右。这些改变使$\mathcal{R}^n$能够处理更大型的程序，也使得这些工具的响应性更好。

抽象语法树有广泛的应用。许多编译器和解释器都使用它们；这些系统所需的抽象层次各有不同。如果编译器生成源代码作为输出，AST通常表示源代码层次上的抽象。如果编译器生成汇编代码，AST的最终版本所在的抽象层次通常不高于机器的指令集。

3. 有向非循环图

虽然AST与语法树相比更为简洁，但它仍然忠实地保留了原来的源代码结构。例如，$a \times 2 + a \times 2 \times b$的AST包含了表达式$a \times 2$的两个不同副本。有向非循环图（Directed Acyclic Graph，DAG）是AST避免这种复制的一种简写。在DAG中，结点可以有多个父结点，相同子树可以被重用。与对应的AST相比，这种共享使得DAG更为紧凑。

有向非循环图

DAG是具有共享机制的一种AST。相同子树只实例化一次，它可能有多个父结点。

对于没有赋值操作的表达式，字面上相同的表达式必定产生相同的值。$a \times 2 + a \times 2 \times b$的DAG如右侧所示，其中通过对$a \times 2$对应子树的共享反映了这一事实。对于这个表达式的求值，该DAG给出了一个明显的提示。如果a的值在a的两次使用之间不能改变，那么编译器应该生成代码对$a \times 2$只求值一次，而后使用其结果值两次。这种策略可以降低求值过程的代价。但编译器必须证明a的值在此期间不能改变。如果表达式既不包含赋值操作，也不包含对其他过程的调用，该证明是很容易的。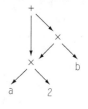
因为赋值或过程调用可能改变与名字关联的值，在子树操作数的值改变时，DAG构造算法必须将子树设置为无效[①]。

在实际系统中使用DAG有两个原因。如果内存约束限制了编译器能够处理的程序的大小，使用DAG可能有助于减少内存占用。其他系统使用DAG是为了暴露出冗余之处。这里，使用DAG的好处

---

① 即需要重新计算。——译者注

在于能够生成更好的编译后代码。后一种系统倾向于将DAG作为衍生IR使用，即建立DAG，将权威IR转换为DAG以反映其中的冗余，而后丢弃DAG。

4. 抽象层次

到现在为止，我们的示例树给出的都是接近源代码的IR。编译器也使用比较底层的树。实际上，在优化和代码生成方面，基于树的技术可能需要这种细节。举例来说，考虑语句w←a－2×b。源代码层次的AST可以产生一种简洁的形式，如图5-2a所示。但这种源代码层次的树中缺少了将该语句转换为汇编代码所需的大部分细节。而如图5-2b所示的底层树则明确给出了这些细节。这个树引入四种新的结点类型：val结点表示一个值已经加载到某个寄存器；num结点表示已知的常数；lab结点表示汇编层次的标号，通常是一个可重定位符号；最后，◆是一个运算符，它反引用一个值，该运算符将值作为内存地址处理，返回该地址处内存中的内容。

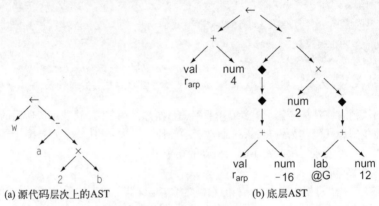

(a) 源代码层次上的AST   (b) 底层AST

图5-2   不同抽象层次上的抽象语法树

较为底层的树揭示了对三个变量的地址计算。w存储在与r_{arp}中的指针偏移量为4处，r_{arp}中的指针指向当前过程数据区的地址。对a的双重反引用表明a是一个传引用的形参，参数值本身是一个指针，存储在r_{arp}之前16字节处。最后，b存储在标号@G之后偏移量12字节处。

> **数据区**
> 编译器将具有相同生命周期和可见性的值存储在一起。我们将这些存储区块称为数据区。

抽象层次之所以重要，是因为一般来说编译器只能优化IR中暴露的细节。IR中隐含的性质是很难改变的，部分是因为编译器必须用不同的、特定于实例的方法来转换隐含的事实。例如，为定制针对数组引用生成的代码，编译器必须重写相关的IR表达式。在实际的程序中，不同的数组引用都是根据各自所在的上下文环境，以不同的方法优化。要让编译器调整这些引用，它必须能够把相应的改进写入到IR中。

最后一点，请注意底层树中对变量引用的各种表示，这些表示实际上反映了赋值运算符左右两侧所发生的各种不同解释。在运算符左侧，计算w求得其地址，而右侧计算a和b求得其值，这是因为运算符的语义所致。

5.2.2   图

对语法分析发现的源代码语法结构，虽然树提供了一种自然的表示，但其刚性结构导致它们不太适合表示程序的其他性质。为对程序行为的这些方面建模，编译器通常使用更为通用的图作为IR。前一节引入的DAG是图的一种。

1. 控制流图

程序中最简单的控制流单位是一个基本程序块，即（最大长度的）无分支代码序列。基本程序块是一个操作序列，其中的各操作总是按序全部执行，除非某个操作引发了异常。控制总是从第一个操作进入基本程序块，在完成最后一个操作后退出基本程序块。

基本程序块

（具有最大长度的）无分支代码序列。

它开始于一个有标号的操作，结束于一个分支、跳转或条件判断操作。

控制流图（Control-Flow Graph，CFG）对程序中各个基本程序块之间的控制流建立了模型。一个CFG是一个有向图$G=(N, E)$。每个结点$n \in N$对应于一个基本程序块。每条边$e = (n_i, n_j) \in E$对应于从块n_i到块n_j的一个可能的控制转移。

为简化第8章和第9章中对程序分析的讨论，我们假定每个CFG有一个唯一的入口结点n_0，和一个唯一的出口结点n_f。在对应于一个过程的CFG中，n_0对应于过程的入口点。如果一个过程有多个入口点，编译器可以插入一个唯一的n_0，并添加n_0到各个实际入口点的边。类似地，n_f对应于过程的出口点。多出口点的情形比多入口点更为常见，但编译器可以轻易地添加一个唯一的n_f，并增加各个实际出口点到n_f的边。

控制流图

CFG用一个结点表示每个基本程序块，用一条边表示块之间的每个可能的控制转移。

对于上下文无关语法（参见3.2.2节）和控制流图，我们都使用首字母缩写词CFG。根据上下文判断，其含义应该是清楚的。

CFG对各种可能的运行时控制流路径提供了一种图表示法。CFG不同于面向语法的IR（如AST），后者的边表明了语法结构。考虑下列用于while循环的CFG：

```
while(i<100)        while i<100
    begin
        stmt₁                  stmt₁
    end
stmt₂               stmt₂
```

从$stmt_1$回到循环入口边产生了一个环；而表示该代码片段的AST是无环的。对于if-then-else结构，CFG是无环的：

```
if (x=y)            if (x=y)
    then stmt₁
    else stmt₂     stmt₁       stmt₂
stmt₃
                        stmt₃
```

它说明控制总是从$stmt_1$和$stmt_2$流向$stmt_3$。在AST中，这种关联是隐式的，而不像CFG中这样是显式的。

编译器通常把CFG与另一种IR联用。CFG表示了块之间的关系，而块内部的操作则用另一种IR表示，如表达式层次上的AST、DAG或某种线性IR。由此得到的组合是一种混合IR。

在一些作者推荐建立的CFG中，其中的各个结点表示一个比基本程序块更短的代码片段。最常见的备选块是单语句块。使用单语句块可以简化用于分析和优化的算法。

单语句块

对应于源代码层次上单一语句的代码块。

利用单语句块和基本程序块建立CFG两种选择的权衡主要在于时间和空间。相比基于基本程序块的CFG，基于单语句块建立的CFG有更多的结点和边。与CFG的基本程序块版本相比，单语句块版本会使用更多的内存，需要花费更长的时间遍历。更重要的是，在编译器注释CFG中的结点和边时，单语句块CFG会比基本程序块CFG多出很多集合。构建和使用这些注释花费的时间和空间，无疑使构建CFG本身的代价相形见绌。

编译器的许多部分显式或隐式地依赖于CFG。为支持优化而进行的分析通常从控制流分析和CFG构建开始（第9章）。而指令调度也需要CFG才能理解各个块的被调度代码是如何汇流的（第12章）。全局寄存器分配也依赖于CFG，才能理解各个操作执行频度如何，以及在何处插入对特定值的load和store指令（第13章）。

2. 依赖关系图

编译器还使用图来编码表示值从创建之处（定义）到使用之处（使用）的流动。数据依赖关系图包含了这种关系。数据依赖关系图中的结点表示操作。大多数操作既包含定义，也包含使用。数据依赖关系图中的边连接两个结点，一个结点定义了一个值，而另一个结点使用该值。绘制依赖关系图时边从定义处指向使用处。

数据依赖关系图

模拟代码片段中值从定义到使用之间流动的图。

为说得具体些，图5-3复制了图1-3中的例子，并给出了其数据依赖关系图。对块中的每个语句，该图分别使用一个结点表示。每条边分别给出某个值的流动。例如，从结点3指向结点7的边反映了r_b在语句3中的定义，及其在语句7中的使用。r_{arp}包含了过程局部数据区的起始地址。对r_{arp}的使用隐含地引用了其在过程起始处的隐式定义，这些边用虚线给出。

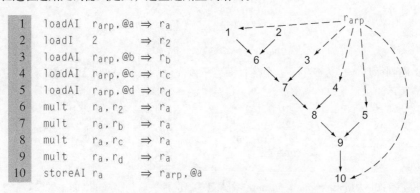

1	loadAI	r_{arp},@a	$\Rightarrow$	r_a
2	loadI	2	$\Rightarrow$	r_2
3	loadAI	r_{arp},@b	$\Rightarrow$	r_b
4	loadAI	r_{arp},@c	$\Rightarrow$	r_c
5	loadAI	r_{arp},@d	$\Rightarrow$	r_d
6	mult	r_a,r_2	$\Rightarrow$	r_a
7	mult	r_a,r_b	$\Rightarrow$	r_a
8	mult	r_a,r_c	$\Rightarrow$	r_a
9	mult	r_a,r_d	$\Rightarrow$	r_a
10	storeAI	r_a	$\Rightarrow$	r_{arp},@a

图5-3   一个ILOC基本程序块及其依赖关系图

图中的各条边表示了对操作序列的实际约束：即一个值不能在定义前使用。但这个依赖关系图未能完全捕获程序的控制流。例如，该图要求语句1和2在6之前执行。但并未要求1或2在3之前执行。许多执行序列保持了代码所示的依赖关系，包括⟨1, 2, 3, 4, 5, 6, 7, 8, 9, 10⟩和⟨2, 1, 6, 3, 7, 4, 8, 5, 9, 10⟩。这种偏序中的自由度正是“乱序”处理器所要利用的。

从一个比较高的层次上，考虑图5-4给出的代码片段。对a[i]的引用，其值取自此前定义a的结点。这样，通过一个结点，将对a的所有使用都关联起来。如果没有对各个下标表达式的精密分析，编译器是无法区分对各个数组元素的引用的。

```
1   x ← 0
2   i ← 1
3   while (i < 100)
4     if (a[i] > 0)
5       then x ← x + a[i]
6     i ← i + 1
7   print x
```

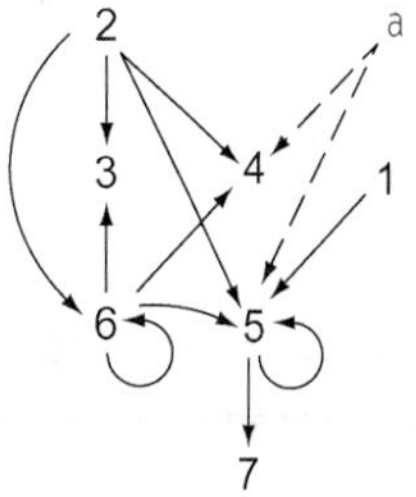

图5-4　控制流图和依赖关系图之间的交互

这里的依赖关系图比前一个例子更为复杂。结点5和6都依赖于自身；结点使用的值可能是结点本身在前一次迭代中定义的。例如，结点6使用的i值可能取自结点2（在第一次迭代中），也可能取自其本身（在后续的各次迭代中）。结点4和5中使用的i值，也有两个不同的来源：结点2和6。

数据依赖关系图通常用作衍生IR，即针对特定的任务从权威IR构建依赖关系图，使用依赖关系图完成任务，而后丢弃。在指令调度领域，数据依赖关系图发挥了核心作用（第12章）。它们在各种优化中都有应用，特别是在某些重排循环以揭示并行性和提高内存访问效率的转换中，这些转换通常需要对数组下标精密分析以便更精确地确定对数组的访问模式。在对数据依赖关系图的更复杂的应用中，编译器可能需要对数组下标值进行彻底的分析，以确定哪些时候对同一数组的引用可能是重叠的。

3. 调用图

为解决跨越过程边界的效率低下问题，一些编译器需要进行过程间分析和优化。为表示运行时过程之间的控制转移，编译器使用调用图。调用图用结点表示每个过程，用一条边表示每个不同的过程调用位置。因而，p中的代码在三个不同的源代码位置调用q，调用图有三条边(p, q)，每条边对应于一个调用位置。

过程间

任何技术，如果其考察了跨越多个过程的交互，则称为过程间的。

过程内

任何技术，如果只关注单一过程，则称为过程内的。

调用图

表示程序中过程间调用关系的图。

调用图用一个结点表示每个过程，用一条边表示每个调用位置。

软件工程方面的惯例和语言特性都使调用图的构建变得复杂。

- 分离编译，即分别独立编译程序的若干小子集的惯例，限制了编译器建立调用图并进行过程间分析和优化的能力。一些编译器对一个编译单元中的所有过程建立部分调用图，并跨越该集合进行分析和优化。为在这样的系统中分析并优化整个程序，程序员必须将其一次性全部提供给编译器。

❑ 如果参数是过程[①]，无论是输入参数还是返回值，都会引入具有二义性的调用位置，使得调用图的构建复杂化。如果fee有一个参数为过程，且fee中调用了该参数，那么在每次调用fee时，该参数很可能指向了不同的过程，从而导致了在同一调用位置调用不同过程的事实。编译器必须进行过程间分析，以限制这样的调用向调用图引入的边集合。

❑ 具有继承特性的面向对象程序通常会产生具有二义性的过程调用，只能通过附加的类型信息来解析。在某些语言中，对类层次结构的过程间分析可能提供消除此类调用二义性所需的信息。在其他语言中，这些信息可能直至运行时才能获知。二义性调用的运行时解析对调用图构建提出了一个严重的问题；它还使二义性调用的执行产生了显著的运行时开销。

9.4节探讨用于构建调用图的实用技术。

本节回顾

图IR提供了被编译代码的一种抽象视图。各种图IR赋予各个结点和边的语义方面各有不同之处。

❑ 在语法分析树中，结点表示源语言语法中的语法元素，而边将这些语法元素关联到一个推导中。

❑ 在抽象语法树或DAG中，结点表示源语言程序中的具体项，而边将这些项关联起来，以表明控制流关系和数据的流动。

❑ 在控制流图中，结点表示代码块，而边表示块之间的控制转移。块的定义可能会有变化，可以从单语句块变动到基本程序块。

❑ 在依赖关系图中，结点表示计算，而边表示值从定义到使用之间的流动，边也蕴涵着各个计算之上的一个偏序关系。

❑ 在调用图中，结点表示各个过程，而边表示各个不同的调用位置。每个调用位置都对应于一条不同的边，这种表示提供了特定于调用位置的知识，如参数绑定等。

图IR可以编码线性IR中很难表示的关系。图IR向编译器提供了一种高效的方式，使之能够在程序中各个逻辑相关的位置之间移动，如变量的定义和使用位置，或条件分支的源和目标，等等。

复习题

(1) 比较为语法分析树、AST和DAG编写prettyprinter的难度。如果要精确复制原始代码的格式，还需要哪些额外的信息？

> **prettyprinter**
> 一种遍历语法树并输出原来代码的程序。

(2) 依赖关系图中边数目的增长与输入程序大小是何种函数关系？

---

① 即函数指针。——译者注

5.3 线性 IR

图IR的备选方案是线性IR。汇编语言程序是一种线性代码。它包含一个指令序列，其中的各个指令按出现顺序执行（或按与该顺序相一致的某种顺序执行）。指令可能包含多个操作，倘若如此，这些操作是并行执行的。编译器中使用的线性IR类似抽象机的汇编代码。

使用线性形式背后的逻辑很简单。充当编译器输入的源代码是一种线性形式，而编译器输出的目标机代码也是线性形式。几个早期的编译器使用了线性IR，对其作者而言，这是一种自然的符号表示法，因为他们此前使用汇编代码编程。

线性IR对操作序列规定了一种清晰且实用的顺序。例如在图5-3中，对比ILOC代码与数据依赖关系图。ILOC代码蕴涵了一种隐式顺序；而依赖关系图则规定了一种偏序，从而允许很多不同的执行次序。

如果一种线性IR在编译器中用做权威表示，它必须包含一种机制，以编码表达程序中各个位置之间的控制转移。线性IR中控制流通常模拟了目标机上控制流的实现。因而，线性代码通常包括条件分支和跳转。控制流将线性IR中的基本程序块划分开来，块结束于分支、跳转或有标号的操作之前。

在本书中使用的ILOC中，我们在每个块的末尾包含了一个分支或跳转指令。在ILOC中，分支操作对采纳路径和非采纳路径分别指定了标号。这种做法，消除了块末尾处可能出现的"落空"路径。在这些规定的共同作用下，很容易发现基本程序块并对其进行重排。

采纳分支

在大多数ISA中，条件分支使用一个标号。控制流转移到该标号称为采纳分支（taken branch），转移到标号之后的操作称为非采纳或落空（fall-through）分支。

编译器中已经使用了许多种线性IR。

- 单地址代码模拟了累加器机器和堆栈机的行为。这种代码暴露了机器对隐式名字的使用，因此编译器能够相应地调整代码。由此得出的代码相当紧凑。
- 二地址代码模拟了具有破坏性操作的机器。随着内存的限制变得不那么重要，这种代码废而不用了；而三地址代码可以显式模拟破坏性操作。

破坏性操作

一种操作，总是用操作的结果重新定义其中一个操作数。

- 三地址代码模拟的是这样一种机器，其中大多数操作有两个操作数并生成一个结果。20世纪80年代和90年代RISC体系结构的崛起，使得这种代码流行起来，因为它们与简单的RISC机器非常相似。

本节其余部分将描述两种仍然比较流行的线性IR：堆栈机代码和三地址代码。堆栈机代码提供了一种紧凑的、存储高效的表示。在某些应用中IR的大小颇为重要，例如执行之前通过网络传输的Java小应用程序，这时堆栈机代码很有用。三地址代码模拟了现代RISC机器的指令格式，它对指令的两个操作数和一个结果有不同的名字。读者可能已经熟悉了一种三地址代码：本书中使用的ILOC。

5.3.1 堆栈机代码

堆栈机代码是一种单地址代码，假定操作数存在一个栈中。大多数操作从栈获得操作数，并将其

结果推入栈。例如，整数减法操作会从栈顶移除两个元素，并计算其差值，将结果
推入栈。栈的存在产生了对某些新操作的需求。栈IR通常包括一个swap操作，该操
作互换栈顶两个元素的值。历史上建立过几种基于栈的计算机，这种IR的出现，看
起来响应了对这类机器进行编译的需求。右侧给出了表达式a−2×b的堆栈机代码。

```
push    2
push    b
multiply
push    a
subtract
```
栈机代码

堆栈机代码比较紧凑。栈本身建立了一个隐式的命名空间，从而消除了IR中的
许多名字。这缩减了IR形式下程序的大小。但使用栈意味着所有的结果和参数都是暂态的，除非代码
将其显式移入内存中。

堆栈机代码非常简单，易于生成和使用。Smalltalk 80和Java都使用了字节码，这是一种紧凑的IR，
在概念上类似于堆栈机代码。这种字节码在解释器中运行，或者先转换为目标机代码而后执行。这种
做法产生的系统中，用于分发的程序具有紧凑的形式，而将语言移植到新目标机（实现解释器）的方
案又相当简单。

字节码

为具有紧凑的形式而特地设计的IR；通常是针对抽象堆栈机的代码。

字节码得名于其受限的大小；其操作码通常是一个字节或更小。

5.3.2   三地址代码

在三地址代码中，大多数操作形如i←j op k，其中包括一个运算符op，两个
操作数j和k，一个结果i。一些运算符，如加载立即数或跳转，所需的参数较少。
有时，一个操作需要多于三个地址。右侧图中给出了a−2×b的三地址代码。ILOC
是三地址代码的另一个例子。

$$t_1 \leftarrow 2$$
$$t_2 \leftarrow b$$
$$t_3 \leftarrow t_1 \times t_2$$
$$t_4 \leftarrow a$$
$$t_5 \leftarrow t_4 - t_3$$
三地址代码

因为几个原因，三地址代码比较有吸引力。首先，三地址代码相当紧凑。大
多数操作包含四个项：一个操作和三个名字。操作和名字都取自有限集。操作通常占1或2个字节。名
字通常由整数或表索引表示，但不论是哪种情况，4个字节通常就足够了。其次，对操作数和目标分
别指定名字给编译器提供了自由度，以控制名字和值的重用；三地址代码没有破坏性操作。三地址代
码引入一个新的名字集合（由编译器产生），这些名字包含了各个操作的结果。谨慎选择的名字空间
代表存在改进代码的新机会。最后，因为许多现代处理器实现了三地址操作，三地址代码能够很好地
模拟这些处理器的性质。

对不同的三地址代码来说，具体支持的运算符集合及其抽象层次可能具有很大差异。通常，三地
址代码IR会包含大部分底层操作，如跳转、分支和简单的内存操作，同时也有更为复杂、内部封装了
控制流的操作，如max或min。直接表示这些复杂操作，使得IR更容易分析和优化。

例如，mvcl（move characters long）的参数包括一个源地址、一个目标地址和一个字符计数。它
将指定数目的字符从源地址指定的内存位置开始，复制到目标地址指定的内存地址。一些机器，像IBM
370，用单个指令实现了该功能（mvcl是一个370操作码）。在未能用硬件实现该操作的机器上，可能
需要许多操作来执行这样的一次复制。

向三地址代码添加mvcl，使得编译器能够对这个复杂的操作使用一种紧凑的表示。它允许编译器
在不关注该操作内部工作机理的情况下，即可分析、优化、移动该操作。如果硬件支持类mvcl操作，
那么代码生成会将相应的IR结构直接映射到硬件操作。如果硬件不支持类mvcl操作，那么编译器在最

终优化和代码生成之前，会将其转换为一个底层IR操作序列或一个过程调用。

5.3.3 线性代码的表示

许多数据结构已经用于实现线性IR。编译器编写者的选择会影响到对IR代码的各种操作的代价。由于编译器的大部分时间花费在操控IR形式的代码上，这些代价是值得关注的。虽然这里的讨论专注于三地址代码，但大部分观点同样适用于堆栈机代码（或任何其他线性形式的IR）。

三地址代码通常实现为一组四元组。每个四元组表示为四个字段：一个运算符、两个操作数（或源）、一个目标。为形成基本程序块，编译器需要一种将各个四元组连接起来的机制。编译器可以用各种方法实现四元组。

图5-5给出了三种不同的方案，用于实现a−2×b的三地址代码（又在右侧给出了一遍）。最简单的方案是图5-5a，其中使用一个短数组来表示各个基本程序块。通常，编译器编写者会将该数组放置到CFG中一个结点的内部。（这可能是混合IR最常见的形式。）图5-5b中的方案使用指针数组将四元组分组到基本程序块中；该指针数组可包含在CFG结点中。图5-5c是最后一个方案，其中将各个四元组连接起来形成一个链表。这种方案在CFG结点中不需要太多存储，但代价是只能顺序遍历各个四元组。

$$
\begin{aligned}
t_1 &\leftarrow 2 \\
t_2 &\leftarrow b \\
t_3 &\leftarrow t_1 \times t_2 \\
t_4 &\leftarrow a \\
t_5 &\leftarrow t_4 - t_3
\end{aligned}
$$

三地址代码

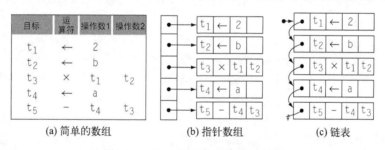

(a) 简单的数组　　　　(b) 指针数组　　　　(c) 链表

图5-5　a−2×b的三地址代码的实现

考虑重排该块中代码产生的代价。第一个操作将一个常数加载到一个寄存器中；在大多数机器上该操作将转换为一个立即数加载操作。第二和第四个操作从内存加载值，这在大多数机器上将导致多个CPU周期的延迟，除非该值已经在CPU的主缓存中。为掩藏一部分延迟，指令调度器可以将b和a的加载移动到立即数2的加载之前。

在简单的数组方案中，将b的加载移动到立即数加载之前需要保存第一个操作的四个字段，将第二个数组元素的对应字段复制到第一个数组元素中，然后用保存的第一个操作的四个字段（立即数加载）覆写第二个数组元素中的对应字段。指针数组需要同样的三步方法，当然，其中只需要改变指针值。因而，编译器保存指向立即数加载操作的指针，将指向加载b操作的指针复制到数组的第一个元素，然后用此前保存的指针（立即数加载）覆写数组的第二个元素。对于链表来说，所需的操作是类似的，但编译器必须保存足够的状态，以便遍历链表。

现在，考虑在前端生成最初的IR时究竟发生了什么？对于简单的数组形式和指针数组形式，编译器必须为该数组选择一个长度，实际上，这个长度也就是编译器预期基本程序块中所包含四元组的数目。随着编译器生成四元组，它同时会填写数组。如果数组过大，将浪费空间。如果数组太小，编译器必须重新分配以获得一个较大的数组，并将"过小"数组的内容复制到新的较大的数组，然后释放较小的数组。但链表可以避免这些问题。扩展链表只需要分配一个新的四元组，并设置链表中适当的指针即可。

实际使用的中间表示

实际上，编译器会使用各种IR。以前的FORTRAN编译器，如IBM的FORTRAN H编译器，使用了四元组和控制流图的组合，来表示即将进行优化的代码。由于FORTRAN H本身是用FORTRAN编写的，它将IR保存在数组中。

长期以来，GCC依赖于一个非常底层的IR，称为寄存器传输语言（Register Transfer Language，RTL）。近年来，GCC已经转移到一系列的IR上。其语法分析器最初产生一个接近源代码的树，这些树可以是特定于语言的，但要求它们实现一个公用接口的一部分。该接口包含了一种设施，用于降低树的抽象层次，使之变为第二个IR，即所谓的GIMPLE。概念上，GIMPLE由一种独立于语言、类似于树的结构组成，该结构表示了控制流，同时用表达式和赋值的三地址代码对树结构进行了注释。它的设计部分是为了简化分析。GCC的新优化器中大部分使用了GIMPLE；例如，GCC将基于GIMPLE建立静态单赋值形式。最终，GCC将GIMPLE转换为RTL，以便进行最终的优化和代码生成。

LLVM编译器使用一种单一的底层IR；实际上，LLVM这个名字代表Low-Level Virtual Machine。LLVM的IR是一种线性三地址代码。该IR是完全类型化的，对数组和结构地址提供了显式支持。它提供了对向量或SIMD数据和操作的支持。标量值在该编译器中始终用静态单赋值形式维护。LLVM环境使用了GCC的前端，因此LLVM IR是通过GIMPLE到LLVM转换的一趟处理产生的。

Open64编译器是用于IA-64体系结构的一个开源编译器，它使用了一组相关的IR（共有5个），称为WHIRL。语法分析器中最初的转换产生一个接近源代码层次的WHIRL。编译器的后续各阶段向WHIRL程序引入更多的细节，并降低其抽象层次，使之逐渐接近实际的机器代码。这使得编译器可以使用一个源代码层次上的AST，来对源代码文本进行基于依赖性的转换，而后又可以利用一个底层的IR来进行后续的优化和代码生成阶段。

一个多趟编译器可能在编译过程中的不同位置，使用不同的实现来表示IR。在前端，其关注点是生成IR，链表既可以简化实现，又可以降低总体代价。在指令调度器中，其关注点是操作的重排，因而两种基于数组的实现可能更有意义。

请注意，图5-5中遗漏了一些信息。例如，其中没有给出标号，因为标号是基本程序块的一个属性，而非各个四元组的属性。在基本程序块中保存标号列表还可以节省各个四元组中的空间；另外，这还使下述性质变得显而易见：即标号只发生在基本程序块中的第一个操作上。将标号附加到基本程序块之后，编译器在重排块内部操作时可以忽略标号，避免另一种复杂性。

5.3.4 根据线性代码建立控制流图

编译器通常必须在不同IR之间进行转换（通常是不同风格的IR）。一种例行转换是根据线性IR（如ILOC）建立CFG。CFG的基本特性是它标识各个基本程序块的开始和结束，并将各个块用边连接起来，以描述块之间可能的控制转移。通常，编译器必须根据表示过程的简单线性IR来建立CFG。

第一步，编译器必须找到线性IR中各个基本程序块的开始和结束。我们将块中第一个操作称为前导指令（leader）。如果一个操作是过程中的第一个操作，或者它有标号（即可能是某个分支指令的目标），那么它就是前导指令。编译器可以通过对IR的单趟遍历标识出前导指令，如图5-6a所示。它会按序遍历程序中的各个操作，找到有标号的语句，并将其记录为前导指令。

```
                                    for i ← 1 to next - 1
                                      j ← Leader[i] + 1
                                      while (j ≤ n and op_j ∉ Leader)
                                        j ← j + 1
                                      j ← j - 1
                                      Last[i] ← j

                                      if op_j is "cbr r_k → l_1, l_2" then
                                        add edge from j to node for l_1
                                        add edge from j to node for l_2
    next ← 1
    Leader[next++] ← 1                else if op_j is "jumpI → l_1" then
    for i ← 1 to n                      add edge from j to node for l_1
      if op_i has a label l_i then     else if op_j is "jump → r_1" then
        Leader[next++] ← i               add edges from j to all labelled statements
        create a CFG node for l_i
        (a) 找到前导指令                       (b) 找到结尾操作并添加边
```

图5-6　建立控制流图

如果线性IR包含并非分支指令目标的标号，那么将标号处理为前导指令，可能导致块发生不必要的分裂。该算法可以跟踪哪些标号是跳转的目标。但如果代码包含任何具有二义性的跳转，那么它无论如何都必须将所有有标号语句处理为前导指令。

具有二义性的跳转

指分支或跳转指令的目标无法在编译时确定；通常是跳转到寄存器指定的某个地址。

CFG构建过程中的复杂性

IR、目标机和源语言的特性可能使CFG的构建过程复杂化。

具有二义性的跳转可能迫使编译器对运行时从不发生的跳转添加对应的边。编译器编写者可以改进这种情形，只需向IR添加一些特性，记录潜在的跳转目标即可。ILOC包含了tbl伪操作，使编译器能够记录具有二义性的跳转的潜在目标。任何时候编译器生成跳转指令时，其后都应该有一组tbl操作，以记录可能的分支目标。CFG的构建过程可以利用这些提示信息来避免添加不合逻辑的边。

如果编译器根据目标机代码建立CFG，目标机体系结构的特性可能会使构建CFG的过程复杂化。图5-6中的算法假定，所有的前导指令（第一个除外）都是有标号的。如果目标机具有"落空"分支，那么必须扩展该算法，使之能够识别"落空"路径上控制转移的目标语句（无标号）。相对于程序计数器（即指令指针）的分支指令也会产生类似的问题。

分支延迟槽（branch delay slot，也译为分支指令延时间隙）又引入了另外几个问题。位于分支延迟槽中的有标号语句是两个不同块的成员。编译器可以通过复制解决该问题，即在延迟槽中创建相应操作的新副本（无标号）。延迟槽也使得查找块末尾的工作复杂化。编译器必须将位于延迟槽中的操作放置到分支或跳转指令之前的块中。

如果分支或跳转指令出现在分支延迟槽中，构建CFG的程序必须从前导指令开始向前遍历，直至找到块结束处的分支指令，实际上是遍历过程遇到的第一个分支/跳转指令。如果在块末尾分支指令的延迟槽中出现了分支/跳转指令，那么在进入目标块（块末尾分支指令的跳转目标）之前的时间，延迟槽中的这些指令处于待决状态。它们可能导致目标块的分裂，从而迫使构建CFG的程序建立新的块和新的边。这种行为大大复杂化了CFG的构建过程。

一些语言允许跳转到当前过程以外的标号。在包含这种分支指令的过程中，分支指令的目标可以用一个新的、专门为此创建的CFG结点模拟。而复杂性则出现在分支指令的目标一端。编译器必须知道，这个目标标号是一个非局部分支/跳转的目标，否则后续的分析过程可能会产生似是而非的结果。为此，诸如Pascal或Algol之类的语言对非局部goto进行了限制，只允许其目标标号出现在词法上可见的外层作用域中。C语言则要求使用函数setjmp和longjmp来披露此类控制转移的存在。

如图5-6b所示的第二趟处理，会找到每个基本程序块结尾的操作。算法假定每个块都结束于一个分支/跳转指令，且分支指令对采纳分支和非采纳分支分别规定了标号。这简化了对基本程序块的处理，而且允许编译器的后端选择以哪条代码路径作为分支指令的"落空"路径。（目前，我们假定分支指令没有延迟槽。）

为找到各个基本程序块的末尾，算法按照块在Leader数组中出现的顺序，分别遍历各个块中的指令。它在IR中向前遍历，直至找到下一个块的前导指令。紧接该前导指令之前的操作，刚好是当前块的结束指令。算法将该操作的索引记录在Last[i]中，因此〈Leader[i],Last[i]〉对描述了块i。算法会按需向CFG中添加边。

由于种种原因，CFG应该有一个唯一的入口结点n_0和唯一的出口结点n_f。底层的代码应该具有这种形式。如果代码不具备这种形式，那么对CFG图的后续一趟处理很容易创建n_0和n_f结点。

本节回顾

线性IR将被编译的代码表示为操作的有序序列。不同线性IR的抽象层次不同，以纯文本文件形式出现的程序源代码是一种线性形式，而对应于同一程序的汇编代码也是线性形式。线性IR支持紧凑、人类可读的表示。

两种广泛使用的线性IR是字节码和三地址代码，前者通常实现为单地址代码，其许多操作附带了隐含的名字，后者通常实现为一组二元操作，分别使用不同的名字字段表示两个操作数和一个结果。

复习题

(1) 考虑表达式$a \times 2 + a \times 2 \times b$，将其转换为堆栈机代码和三地址代码。比较两种形式下操作和操作数的数目。将二者与图5-1中的树比较，结果如何？

(2) 概略勾划出一个算法，根据程序的ILOC代码建立控制流图，注意：其中可能包含不合逻辑的标号和具有二义性的跳转。

5.4　将值映射到名字

对特定IR和抽象层次的选择有助于确定编译器能够操控和优化的操作。例如，源代码层次上的AST使得编译器很容易找到所有对数组x的引用。同时，这种表示隐藏了访问x中某个元素所需地址计算的细节。与此相反，底层的线性IR（如ILOC）暴露了地址计算的细节，其代价是对x的具体引用变得模糊。

类似地，编译器用来为执行期间计算出的各种值分配内部名字的规则，也对它能够生成的代码有所影响。命名方案可能会揭示优化的机会，也可能使优化的机会变得模糊不清。编译器必须为程序执行时产生的许多中间结果（如果不是全部的话）创建名字。编译器所作的与名字相关的选择在很大程度上决定了哪些计算过程是可以分析和优化的。

5.4.1　临时值的命名

程序的IR形式通常比源代码版本包含更多的细节。其中一些细节在源代码中是隐含的；而其他的细节则来自转换过程中有意的选择。要明白这一点，可以考虑如图5-7a所示源代码中四行的基本程序块，假定其中的名字引用的是不同的值。

该块只涉及四个名字{a, b, c, d}。它引用的值多于四个。在第一个语句执行之前，b、c和d都已经有值。第一个语句计算一个新值$b+c$，第二个语句同样计算一个新值$a-d$。第三个语句中的表达式$b+c$与前面第一个语句中的$b+c$计算的值是不同的，除非c和d的初始值相等。最终，最后一个语句计算了$a-d$；其结果总是等同于第二个语句产生的结果。

$$
\begin{array}{lll}
& t_1 \leftarrow b & t_1 \leftarrow b \\
& t_2 \leftarrow c & t_2 \leftarrow c \\
& t_3 \leftarrow t_1 + t_2 & t_3 \leftarrow t_1 + t_2 \\
& a \leftarrow t_3 & a \leftarrow t_3 \\
& t_4 \leftarrow d & t_4 \leftarrow d \\
& t_1 \leftarrow t_3 - t_4 & t_5 \leftarrow t_3 - t_4 \\
& b \leftarrow t_1 & b \leftarrow t_5 \\
a \leftarrow b+c \quad & t_2 \leftarrow t_1 + t_2 & t_6 \leftarrow t_5 + t_2 \\
b \leftarrow a-d \quad & c \leftarrow t_2 & c \leftarrow t_6 \\
c \leftarrow b+c \quad & t_4 \leftarrow t_3 - t_4 & t_5 \leftarrow t_3 - t_4 \\
d \leftarrow a-d \quad & d \leftarrow t_4 & d \leftarrow t_5 \\
\text{(a) 源代码} & \text{(b) 源代码中的名字} & \text{(c) 值的名字}
\end{array}
$$

图5-7　命名所致的不同转换

源代码中的名字几乎没有向编译器提供什么有关其中值的信息。例如，第一个和第三个语句中使用的b，引用的其实是不同的值（除非c=d）。对名字b的重用没有传达出什么信息，实际上，它可能误导马虎的读者，使之认为代码将a和c设置为同一个值。

当编译器为上述各个表达式命名时，它可以用一些特定的方法来选择名字，从而将有关值的有用信息编码到名字中。例如，考虑如图5-7b和图5-7c所示的转换。这两种变体是用不同的命名规范生成的。

图5-7b中的代码比5-7c中的代码使用的名字要少。它沿袭了源代码中的名字，因此阅读者可以轻松地将该代码反向关联到图5-7a中的代码。与图5-7b中的代码相比，图5-7c中的代码使用了更多的名字。其命名规范反映了计算得出的各个值，并确保了文本相同的表达式会产生同样的结果。这种方案可以显而易见地反映a和c会接收不同的值，而b和d必定接收同一个值。

为说明名字的影响，此处再举一个例子，考虑对数组引用A[i, j]的表示。图5-8给出了两种IR片段，在颇为不同的抽象层次上表示了同一计算。图5-8a中所示的是高级IR，其中包含了所有必要的信息，很容易识别出这是一个下标引用。如图5-8b的底层IR向编译器暴露了许多细节，而这些在高级的AST片段中是隐含的。底层IR中的所有细节都可以从源代码层次上的AST推断出来。

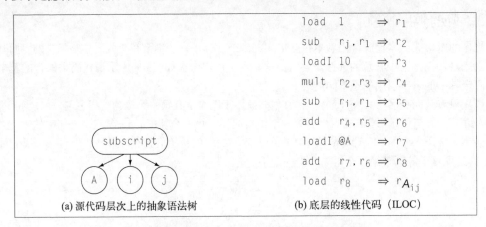

load	1	$\Rightarrow r_1$
sub	r_j, r_1	$\Rightarrow r_2$
loadI	10	$\Rightarrow r_3$
mult	r_2, r_3	$\Rightarrow r_4$
sub	r_i, r_1	$\Rightarrow r_5$
add	r_4, r_5	$\Rightarrow r_6$
loadI	@A	$\Rightarrow r_7$
add	r_7, r_6	$\Rightarrow r_8$
load	r_8	$\Rightarrow r_{A_{ij}}$

(a) 源代码层次上的抽象语法树　　　　(b) 底层的线性代码（ILOC）

图5-8　用抽象层次不同的IR来表示数组下标引用

在底层IR中，各个中间结果都有自身的名字。使用不同的名字会将这些结果暴露给分析和变换的过程。实际上，编译器实现的大多数改进都来自对上下文的利用。为使改进变得可能，IR必须得暴露上下文信息。命名可能会隐藏上下文信息，因为其中可能将一个名字用于表示许多不同的值。命名也可能暴露上下文信息，只要它能够在名字和值之间建立对应关系。这个问题并不是线性代码的专有性质，编译器完全可以使用底层的AST来暴露地址计算的全部信息。

5.4.2　静态单赋值形式

静态单赋值形式（Static Single-Assignment Form，SSA）是一种命名规范，许多现代编译器使用SSA将程序中控制流和数据值流动的信息编码到名字中。在静态单赋值形式中，名字唯一地对应到代码中特定的定义位置；每个名字都是通过单个操作定义的，这也是静态单赋值形式名称的来历。由此推断，每次在操作中使用某个名字作为参数时，这个名字都编码了对应值的来源地信息；文本化的名字实际上指向了一个特定的定义位置。为使这种名字指派具有唯一性的命名规范与控制流的效应相一致，静态单赋值形式会在控制流路径满足相应条件的位置上插入一些特殊操作，称为 ϕ 函数。

静态单赋值形式

一种IR，具有基于值的命名系统，是通过重命名和使用称为 ϕ 函数的伪操作产生的。

静态单赋值形式中编码了控制的转移和值的流动，它广泛用于优化中（参见9.3节）。

程序满足两种约束则为静态单赋值形式：(1) 每个定义都有一个不同的名字；(2) 每次使用引用一个定义。为将IR程序转换为静态单赋值形式，编译器需要在不同控制流路径合并的位置插入 ϕ 函数，然后重命名变量，使之满足名字分派的唯一性。

ϕ 函数

ϕ 函数获取几个名字并将其合并，以定义一个新的名字。

为澄清这些规则的影响，考虑图5-9左侧所示的很小的循环。图中右侧给出了同一代码的静态单赋值形式。变量名包含了下标，这使得每次定义产生一个不同的名字。在多个不同的值可能到达基本程序块起始处的位置上，已经插入了 ϕ 函数。最后，while循环结构已经重写为两个不同的条件判断，以反映初始条件判断引用x_0、而循环结束处的条件判断引用x_2的事实。

```
                              x₀ ← ···
                              y₀ ← ···
                              if (x₀ ≥ 100) goto next
                       loop:  x₁ ← φ(x₀,x₂)
                              y₁ ← φ(y₀,y₂)
   x ← ···                    x₂ ← x₁ + 1
   y ← ···                    y₂ ← y₁ + x₂
   while(x < 100)             if (x₂ < 100) goto loop
     x ← x + 1         next:  x₃ ← φ(x₀,x₂)
     y ← y + x                y₃ ← φ(y₀,y₂)

   (a) 原来的代码              (b) 静态单赋值形式代码
```

图5-9　用静态单赋值形式表示的一个小的循环

ϕ 函数的行为取决于上下文。它选择其中一个参数的值来定义其目标SSA的名字，该参数对应于CFG中控制流进入当前块的边。因而，当控制流从循环上面的块进入循环时，循环体顶部的 ϕ 函数分别将x_0和y_0的值复制到x_1和y_1中。当控制流从循环底部的条件判断进入循环时，两个 ϕ 函数都会选择另一个参数，即x_2和y_2。

在基本程序块的入口处，其所有 ϕ 函数都将在任何其他语句之前并发执行。首先，它们都会读取适当参数的值，然后定义其目标SSA名字。用这种方法定义 ϕ 函数的行为，允许操控静态单赋值形式的算法在处理基本程序块的顶部时可以忽略 ϕ 函数的顺序，这是一项重要的简化。但它可能使将静态单赋值形式反向转回可执行代码的过程复杂化，这一点我们将在9.3.5节探讨。

引入静态单赋值形式意在代码优化。静态单赋值形式中 ϕ 函数的放置包含了值的产生与使用两方面的信息。命名空间的单赋值特性，使得编译器可以规避许多与值的生命周期有关的问题。例如，因为名字从不重新定义或销毁，所以在定义名字的操作之后，从该操作出发的任意代码路径上都可以使用其值。这两种性质简化并改进了许多优化技术。

上文的例子揭示了静态单赋值形式的一些奇怪之处，需要进行解释。考虑定义 x_1 的 ϕ 函数。其第一个参数 x_0 定义在循环之前的块中。其第二个参数 x_2，定义在标号为 loop 的基本程序块中。因而，当 ϕ 第一次执行时，有一个参数是未定义的。在许多程序设计语言中，这会产生问题。因为 ϕ 函数只读取一个参数，该参数对应于控制流最近在 CFG 中经过的边，因而 ϕ 函数不可能读取未定义值。

命名的影响

在 20 世纪 80 年代末期，我们用一个 FORTRAN 编译器对各种命名方案进行过试验。第一个版本对每个计算通过增加计数器来产生一个新的临时寄存器。这样做产生了很大的命名空间，例如，对进行奇异值分解（Singular Value Decomposition，SVD）的 210 行实现代码，就产生了 985 个名字。相对于程序的大小，命名空间似乎大了点。它还导致寄存器分配器出现了速度和空间问题；因为在寄存器分配器中，命名空间的大小决定了许多数据结构的大小。（如今，我们有了更好的数据结构和带有更多内存的更快速的计算机。）

第二个版本使用了一种分配/释放协议来管理名字。前端会按需分配临时的名字，用过之后就释放该名字。这种方案使用的名字比较少；例如，对于 SVD 的实现，产生了大约 60 个名字。它可以加速寄存器的分配，并将编译器查找 SVD 实现中活动变量所用的时间减少 60%。

遗憾的是，将单个临时名字关联到多个表达式的做法使数据的流动变得模糊，并降低了优化的质量。代码质量的下降使其为编译时带来的好处失色。

进一步的试验得出了几个规则，只要遵循这些规则，就能进行很强的优化，同时也会限制命名空间的增长。

(1) 每个文本形式的表达式都会得到一个唯一的名字，这是通过将运算符和操作数输入到一个散列表中确定的。因而，一个表达式（例如，$r_{17} + r_{21}$）每次出现时都会分配同一寄存器。

(2) 在 $\langle op \rangle\ r_i, r_j \Rightarrow r_k$ 中，k 的选择要满足 $i, j < k$。

(3) 寄存器复制操作（ILOC 中的 i2i $r_i \Rightarrow r_j$）是允许 $i > j$ 的，但条件是 r_j 对应于程序中的一个标量变量。此类变量对应的寄存器只能通过复制操作定义。计算表达式求得的值，首先进入按规则"自然"规定的寄存器，然后再移动到对应该变量的寄存器中。

(4) 每个 store 操作（ILOC 中的 store $r_i \Rightarrow r_j$）都后接一个复制操作，将 r_i 的值复制到变量（按规则）对应的寄存器中。（规则 1 确保对该内存位置执行的 load 操作，总是会将值加载到同一寄存器中。规则 4 确保虚拟寄存器和对应内存位置包含的是相同的值。）

对于 SVD，这种命名空间方案使用了大约 90 个名字，但同样暴露了第一种命名空间方案中可以找到的所有优化。该编译器一直使用这些规则，直至我们采用了静态单赋值形式及其命名规范。

建立静态单赋值形式

在我们描述的各种 IR 中，唯独静态单赋值形式没有明显的构造算法。9.3 节详细阐述了其构造算法。但对构建过程的概略描述，同样可以澄清一部分问题。假定输入程序已经是 ILOC 形式，为将其转换为静态单赋值形式下的等价线性形式，编译器必须首先插入 ϕ 函数然后重命名 ILOC 虚拟寄存器。

用于插入 ϕ 函数的最简单的方法是，对控制流图中有多个前趋块的每个基本程序块，在其起始处为每个ILOC虚拟寄存器添加一个ϕ函数。这样做会插入许多不必要的ϕ函数，而在完备的算法，其复杂性大多在于减少非必要ϕ函数的数目。

为重命名ILOC虚拟寄存器，编译器可以按照深度优先的顺序处理各个基本程序块。它会对每个虚拟寄存器维持一个计数器。在编译器遇到r_i的定义时，它对r_i的计数器加1（假定计数器变为k），并将该定义用名字r_{ik}重写。随着编译器遍历块中各条指令，它会用r_{ik}重写对r_i的各次使用，直至遇到对r_i的另一个定义为止（该定义将计数器增加到k+1）。在基本程序块的结束处，编译器沿CFG图中的控制流边前瞻，在每个具有多个前趋块的块中，在对应于r_i的ϕ函数中重写适当的参数。

在重命名之后，代码将符合静态单赋值形式的两种规则。每个定义都产生唯一的名字。而每次使用都引用单一的定义。当然，还有几种更好的构造静态单赋值形式的算法，与上述的简单方法相比，它们插入的ϕ函数更少。

ϕ函数并不符合三地址模型。ϕ函数可以有任意数目的操作数。为将静态单赋值形式与三地址IR匹配，编译器编写者必须加入一种机制，以表示具有较长操作数列表的操作。考虑位于switch...case语句结束处的基本程序块，如右侧所示。

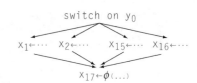

对switch...case语句中的每种情形，用于x_{17}的ϕ函数必定有一个对应的参数。ϕ函数中的每个参数分别对应于一条进入当前块的控制流路径；因而，它并不符合操作数数目固定的三地址方案。

在三地址代码的简单的数组表示中，编译器编写者使用多个数组槽位来表示每个ϕ函数，或者另行使用一个数据结构来保存ϕ函数的参数，别无它途。在图5-5中，用于实现三地址代码其他两种方案中编译器可以插入大小可变的元组。例如，表示从内存加载数据或加载立即数的元组，只需要表示两个名字的空间，而表示ϕ函数的元组则必须足够大，才能容纳所有的操作数。

5.4.3 内存模型

正如命名临时值的机制会影响到程序的IR版本中能够表示的信息，而编译器对每个值的存储位置的选择也有类似的影响。对于代码中计算的每个值，编译器必须确定该值将驻留在何处。对于将执行的代码，编译器必须分配一个特定的位置，如寄存器r_{13}，或从标号L0089起偏移量16字节处。但在代码生成的最后阶段之前，编译器可以使用符号地址来编码内存层次结构中的某个层次，例如，可以指定寄存器或内存，而不是该层次内部的某个特定位置。

考虑本书中一直使用的ILOC例子。符号内存地址通过加前缀字符@标记。因而，@x是指以其所在的存储区起始处为基准、偏移量为x之处。因为r_{arp}包含了活动记录指针，因此，如果变量x位于为当前过程活动记录分配的内存中，而其地址因隐式依赖于编译器的相关决策而处于待决状态，那么与x相关的操作可以使用@x和r_{arp}来计算x的地址。

一般来说，编译器会使用以下两种内存模型之一。

(1) 寄存器到寄存器的模型（Register-to-Register Model） 在此模型之下，编译器采取激进策略将值保存在寄存器中，而忽略机器的物理寄存器集合规定的任何限制。对任何值来说，如果它在大部分生命周期中可以合法地保存在寄存器中，那么编译器就选择将其置于寄存器中。仅当程序的语义要求将值存储到内存时，编译器才采取相应的操作，例如，在进行过程调用时，如果任何局部变量的地址被作为参数传递给被调用过程，那么这些局部变量必须存储到内存中。如果值在大部分生命周期中无法存放在寄存器中，则将其存储在内存中。编译器会生成相应的代码，在每次计算出值时，将存储到内存，而每次使用值时，将其从内存加载进来。

(2) 内存到内存的模型（Memory-to-Memory Model） 在此模型之下，编译器假定所有值都保存在内存中。值在临到使用之前，从内存加载到寄存器。在值定义完毕后，即从寄存器写出到内存。与寄存器到寄存器的模型比较，这种模型下代码的IR版本中引用的寄存器数目要小一些。在这种模型中，设计者可能会发现有必要向IR添加内存到内存的操作，如内存到内存的加法。

在大多数情况下，内存模型的选择与IR的选择是正交的。编译器编写者完全可以建立内存到内存的AST或ILOC，就像建立这些IR的寄存器到寄存器版本那样简单。（堆栈机代码和用于累加器机器的代码可能是例外，它们包含了自身独特的内存模型。）

ILOC 9X中内存操作的层次

本书中使用的ILOC是抽象自一个名为ILOC 9X的IR，ILOC 9X曾在莱斯大学的一个研究性编译器项目中使用过。ILOC 9X包含的内存操作有一定的层次，编译器可利用这一层次来编码有关值的知识。在层次结构的底部，编译器对值几乎没什么了解，在层次的顶部，编译器知道实际值。这些操作如下：

操 作	语 义
立即数加载	加载一个已知的常量值到寄存器
不变加载	加载一个执行期间不会改变的值。 编译器并不知道实际值，但可以证明该值不是通过程序操作定义的
标量加载和存储	操作标量值，而非数组元素、结构成员或基于指针的值
通用加载和存储	操作的值可能是数组元素、结构成员或基于指针的值。 这是一般情形的操作

通过使用这种层次结构，前端可以将有关目标值的知识直接编码到ILOC 9X代码中。随着其他各趟处理发现额外的信息，它们可以重写操作，将使用通用加载操作的值改为使用更受限的加载操作。如果编译器发现某些值是一个已知的常数，它可以将通用加载或标量加载替换为立即数加载。如果对定义和使用的分析发现，某个内存位置不可能通过任何可执行的存储操作定义，那么对该值的加载可以重写为使用不变加载。

优化可以利用以这种方式编码的知识。例如，对不变加载的结果和常数的比较，其结果也是一个不变量，而对于标量加载或通用加载，则很难或不可能证明这一点。

内存模型的选择会影响到编译器其余的部分。如果使用寄存器到寄存器的模型，编译器使用的寄存器通常比目标机提供的寄存器更多。因而，寄存器分配器必须将IR程序中使用的虚拟寄存器集合映射到目标机提供的物理寄存器上。这通常要求插入额外的加载、存储和复制操作，使得代码更大和更慢。但如果使用内存到内存的模型，代码的IR版本使用的寄存器通常少于现代处理器提供的寄存器。

这种情况下，寄存器分配器需要寻找基于内存的值，并在可能情况下使之长时间驻留在寄存器中。在这种模型中，分配器通过删除加载和存储操作，使代码变得更快且更小。

由于两种原因，用于RISC机器的编译器倾向于使用寄存器到寄存器的模型。第一，寄存器到寄存器的模型更严密地反映了RISC体系结构的指令集。RISC机器上，内存到内存操作的集合是不完备的；相反，它们隐含地假定值可以保存在寄存器中。第二，寄存器到寄存器的模型，允许编译器将其推导出的一部分微妙的事实直接编码在IR中。值保存在寄存器中的事实，意味着编译器已经在先前的某个位置上证明了将其保存在寄存器中是安全的。除非编译器将该事实编码到IR中，否则它将必须反复地证明这一点。

说得细致些，如果编译器能够证明只有利用某个名字才能访问某个值，那么它可以将该值保存在寄存器中。如果有多个名字能够访问同一个值，那么编译器必须作出保守的决策，将该值保存在内存中。例如，局部变量x可以保存在寄存器中，除非它可能在另一个作用域中被引用。在支持嵌套作用域的语言中（如Pascal或Ada），这种引用可能出现在嵌套过程中。在C语言中，除非程序获取的是x的地址&x并通过该地址来访问x的值，才可能发生这种情况。在Algol或PL/I中，程序可以将x作为引用参数传递给另一个过程。

5

本节回顾

编译器的IR中用于命名值的方案，会直接影响到编译器优化IR和从IR生成高质量汇编代码的能力。编译器必须为所有值生成内部字，从源语言程序中的变量，到各种中间值（例如，数组下标引用的计算过程中会出现地址表达式，为表示地址表达式的一部分可能会引入中间值），都必须如此。对名字的缜密使用可以将一些事实编码到IR中，并暴露给后续的优化阶段使用；同时，名字数量的快速增长也可能迫使编译器使用较大的数据结构，从而降低编译器的运行速度。

静态单赋值形式下产生的命名空间比较流行，因为其中编码了一些实用的性质，例如，每个名字都对应于代码中唯一的定义。这种精确性可能有助于优化，我们将在第8章看到这一点。

该命名空间还可以编码内存模型的知识。内存模型和目标机指令集之间的不匹配，可能使后续的优化和代码生成过程复杂化；而如果两者之间高度匹配，编译器就能够针对目标机进行细致的调整。

复习题

(1) 考虑右侧给出的函数fib。分别写出编译器前端在寄存器到寄存器的模型和内存到内存的模型下可能为该代码生成的ILOC表示。两者比较的结果如何？每种内存模型分别在何种情形下是可取的？

(2) 将前一问题中生成的寄存器到寄存器代码转换为静态单赋值形式。是否有一些ϕ函数的输出值从来都不会用到？

```
int fib(int n) {
  int x = 1;
  int y = 1;
  int z = 1;
  while(n > 1)
    z = x + y;
    x = y;
    y = z;
    n = n - 1;
  return z;
}
```

5.5　符号表

　　作为转换过程的一部分，编译器需要推导与被转换程序操控的各种实体有关的信息。它必须发现并存储许多不同种类的信息。它会遇到各式各样的名字：变量、已定义常数、过程、函数、标号、结构和文件。正如前一节的讨论，编译器也会生成许多名字。对于一个变量，它需要的信息包括数据类型、存储类别、声明变量的过程的名字和词法层次以及变量在内存中所处的位置（基地址和偏移量）。对于数组，编译器还需要数组的维数和各维度上索引的上下界。对于记录或结构而言，编译器需要成员字段的列表以及每个字段的相关信息。对于函数和过程，编译器需要参数的数目及各参数的类型，以及可能的返回值的类型；在更复杂的转换过程中，可能会记录过程可能引用或修改的变量的相关信息。

　　编译器需要在IR中记录这些信息，或者按需重新推导，别无它法。为效率起见，大多数编译器都选择记录事实，而非在需要时重新计算。这些事实可以直接记录在IR中。例如，建立AST的编译器可以将有关变量的信息，记录为表示各变量声明的结点的注释（或属性）。这种方法的优势在于，它对被编译的代码使用了单一的表示，它提供了一种统一的访问方法和单一的实现。这种方法的不利之处在于，它提供的单一访问方法可能是低效的，在AST中定位找到适当的声明是有代价的。为消除这种低效性，编译器可以使IR线索化，这样对变量的每次引用都有一个链接指向对应的声明。这样做，增加了IR占用的空间，建立IR也需要更多的开销。

　　如果编译器需要将IR写入磁盘，那么重新计算相关的事实，可能比将其写入磁盘再读取的代价要低。

　　备选方案（正如我们在第4章所见）是为这些事实建立一个中央存储库，以提供对相关信息的高效访问能力。这种中央存储库称为符号表，成为了编译器IR不可分割的一部分。符号表使从源代码中相距颇远之处推导出的信息局部化。有了符号表，可以轻易且高效地访问到这些信息，而且，如果编译器中的某些代码必须访问编译过程中此前推导出的关于变量的信息，符号表也简化了此类代码的设计和实现。它避免了在IR中搜索表示变量声明的部分所需的代价，而且通常也消除了在IR中直接表示声明的必要性。（例外情况出现在源代码到源代码的转换过程中。编译器可能会因为效率原因而建立符号表，但同时也会在IR中保留声明语法，以便它能够产生与输入程序非常相似的输出程序。）符号表消除了在使用变量的各个位置加入指向声明的指针而带来的开销。它将这些规避性的技巧，统统替换为一个从文本名称到已存储信息的计算而来的映射。因而，在某种意义上，符号表只是一种提高效率的技巧。

　　在本书中的许多处，我们引用的"符号表"是特指的、单数的。但在5.5.4节我们将会看到，编译器可能包含几个不同的、专门化的符号表。通过缜密的实现，可以对这些表使用同样的访问方法。

　　符号表的实现需要对细节的关注。因为几乎转换过程的每个方面都会引用符号表，所以对符号表的访问效率是个关键问题。由于编译器无法在转换之前预测它将遇到的名字的数目，这要求对符号表规模的扩展是优雅且高效的。本节从较高层面上论述符号表设计过程中出现的各个问题。其中阐述了符号表的设计和使用中与编译器相关的各个方面。对于更深入的实现细节和设计选择，可以参见附录B.4节。

5.5.1 散列表

编译器会频繁访问其符号表。因而，在符号表的设计中效率是一个关键的问题。因为散列表对预期情形下的查找操作提供了常数时间的访问能力，故此成为了实现符号表的首选方法。散列表在概念上是优雅的。它们使用散列函数h将名字映射到小整数，使用得到的小整数来索引表。使用散列符号表，编译器可以将其推导出的有关名字n的全部信息，存储在表中的槽位$h(n)$处。右侧的图给出了一个简单的十槽位散列表。它是一个由记录组成的向量，每个记录都保存了编译器对某个名字生成的描述。表中已经插入了名字a、b、c。名字d正在插入，位置是$h(d) = 2$。

使用散列表的主要原因，是为预期情形下以文本名字作为键值的查找操作提供常数时间的访问能力，为实现这一点，计算h的代价必须足够低。给定适当的函数h，访问对应名字n的记录时，只需要计算$h(n)$，并索引表中$h(n)$处的记录即可。如果h将两个或更多符号映射到同一个小整数，那么就出现了"碰撞"。（在右上侧的图中，如果$h(d) = 3$，则会出现碰撞。）实现必须优雅地处理这种情形，既要保持表中（和新增的）信息，又要保证查找时间不会因此变慢。本节中，我们假定h是一个完美散列函数，即它从不产生碰撞。此外，我们假定编译器预先知道为散列表分配多大的空间。附录B.4节更详细地描述了散列表的实现，包括散列函数、碰撞处理和散列表扩展方案等。

散列表可以用作稀疏图的一种高效表示。给定两个结点x和y，对应于键xy的表项存在，则表明边(x, y)是存在的。（这种方案要求散列函数对一对小整数生成的结果具有良好的分布；附录B.4.1节中描述的乘法散列函数和通用散列函数都工作得很好。）实现良好的散列表可以提供快速插入能力，也可以快速判断特定的边是否存在。如果要回答诸如"哪些结点与x相邻"的问题，还需要额外的信息。

5.5.2 建立符号表

符号表为编译器其余部分定义了两个接口例程。

(1) LookUp(name)　如果表中h(name)处存在一个记录，则返回该记录。否则，函数返回一个值，表明没有找到name。

(2) Insert(name, record)　将record中的信息存储在表中h(name)处。该函数可能扩展散列表，以容纳为name添加的记录。

编译器可以对LookUp和Insert使用独立的函数，也可以将二者合并起来，并向LookUp传递一个标志，指定是否要向散列表插入名字。例如，这确保了对未声明变量的LookUp操作将失败：这个性质对于语法制导转换方案中检测违反"先声明后使用"规则的情况，或支持嵌套的词法作用域，都是很有用处的。

这种简单的接口能够很好地配合第4章描述的特设语法制导转换方案。在处理声明语法时，编译器会为各变量分别建立一组属性。在语法分析器识别出声明了某个变量的产生式时，它可以使用Insert将变量名和相关属性输入到符号表中。

散列方法的备选方案

在组织编译器的符号表时，散列方法是使用最广泛的。多重集鉴别（multiset discrimination）是散列方法的一个有趣的备选方案，它能够消除任何可能的最坏情况下的行为。多重集鉴别方法背后的关键思想是索引[①]可以在词法分析器中离线构建。

为使用多重集鉴别方法，编译器编写者必须采用不同方法来进行词法分析。这种情况下，编译器不能渐增式地处理输入，而必须扫描整个程序以找到所有标识符的全集。在编译器发现各个标识符时，会随之建立一个元组〈name, position〉，其中name标识符的文本表示，而position是其在已归类单词或标记列表中的序数位置。编译器将所有这些元组输入到一个大型集合中。

下一步按照字典顺序排序该集合。实际上，这产生了一组子集，每个子集对应于一个标识符。每个这样的子集包含的元组，表示了同一标识符出现的所有场合。因为每个元组都引用了一个特定的标记，编译器通过元组的position值，可以使用排序后的集合来修改标记流。编译器对集合进行线性扫描，分别处理每个子集。它会为整个子集分配一个符号表索引，然后重写该标记，使之包含该索引值。这样做，向标识符的标记添加了其对应的符号表索引。如果编译器需要查找文本名字的函数，最终生成的表是按字母顺序排序的，可以进行二分查找。

使用这种技术的代价是，需要对标记流进行一趟额外的处理，以及按字典顺序排序所需的代价。从计算复杂性的视角来看，其优势在于避免了散列方法的最坏情况下的行为，而且它使得符号表的初始大小显而易见（在语法分析之前，就已经如此）。只要离线解决方案是可行的，那么这种技术几乎可用于替换任何应用程序中的散列表。

如果变量名只能出现在一个声明中，语法分析器可以首先调用LookUp，来检测是否重复使用了某个名字。当语法分析器在声明语法以外遇到变量名时，它使用LookUp来从符号表中获取适当的信息。对于任何未声明的名字，LookUp都会失败。当然，编译器编写者可能必须添加相应的函数，来初始化符号表、将其存储到外部介质、从外部介质读取符号表、最终释放符号表占用的资源。对于只有单一命名空间的语言来说，这个接口足够了。

5.5.3　处理嵌套的作用域

很少有程序设计语言提供单一的统一命名空间。大多数语言允许程序在多个层次上声明名字。这些层次中，每个层次都在程序的文本中有一个作用域或区域，声明的名字将在作用域中使用。这些层次中，每个层次在运行时都有相应的生命周期，即其中的值在运行时会一直保存一段时间。

如果源语言允许嵌套的作用域，那么前端需要一种机制将特定的引用（如x）转换为正确的作用域和生命周期。编译器进行这种转换的主要机制是一种作用域化的符号表。

就目前讨论的目的而言，我们假定程序能产生任意层数的嵌套作用域。我们将对词法作用域的深入讨论推迟到6.3.1节，但大多数程序员对讨论的概念实际上有足够的经验。图5-10给出了一个C语言程序，其中创建了5个不同的作用域。我们用数字标记各个作用域，以标明它们之间的嵌套关系。层次0的作用域是最外层的作用域，而层次3的作用域是最内层的。

[①] 也就是符号表。——译者注

```
static int w;        /* 层次0 */
int x;

void example(int a, int b) {
  int c;             /* 层次1 */
  {
    int b, z;        /* 层次2a */
      ...
  }
  {
    int a, x;        /* 层次2b */
      ...
    {
      int c, x; /* 层次3 */
      b = a + b + c + w;
    }
  }
}
```

层次	名　字
0	w, x, example
1	a, b, c
2a	b, z
2b	a, x
3	c, x

图5-10　C语言中简单的词法作用域例子

图中右侧的表，给出了各个作用域中声明的名字。在层次2a声明的b隐藏了层次1声明的b，使得在创建层次2a的块语句内部，任何代码都无法看到层次1上声明的b。在层次2b内部，对b的引用又再次指向了层次1中的参数b。同理，层次2b中声明的a和x，隐藏了两者在更外层作用域中的声明（分别在层次1和层次0）。

这种上下文产生了一个命名环境，而赋值语句就在该环境中执行。给名字加下标来表明其所处的层次，我们发现最内层的赋值操作实际上等效于：

$$b_1 = a_{2b} + b_1 + c_3 + w_0$$

请注意，这里的赋值操作无法使用层次2a中声明的名字，因为在层次2b打开之前，2a对应的块语句连同对应的作用域都已经关闭。

为编译包含嵌套作用域的程序，编译器必须将每个变量引用映射到与之对应的特定声明。这个过程称为名字解析（name resolution），将各次引用映射到其声明所在的词法层次。编译器用于完成这个名字解析过程的机制，是一个（词法上）作用域化的符号表。本节其余部分将描述（词法上）作用域化的符号表的设计和实现。对应的运行时机制会将引用的声明所在的词法层次转换为一个地址，将在6.4.3节描述。作用域化的符号表在代码优化中也有直接的应用。例如，8.5.1节描述的超局部值编号算法（super local value-numbering algorithm）就依赖于作用域化的散列表来提高效率。

1. 概念

为管理嵌套作用域，语法分析器必须稍微改变一下其管理符号表的方法。语法分析器每次进入一个新的词法作用域时，它将为该作用域建立一个新的符号表。这种方案将创建一"束"符号表，按词法作用域层次的嵌套关系连接在一起。当语法分析器在当前作用域中遇到声明时，就将相应的信息输入到当前符号表中。Insert只操作当前作用域的符号表。当遇到变量引用时，LookUp必须首先检查当前作用域的符号表。如果当前符号表并不包含对该名字的声明，则在嵌套作用域层次中向外一层，检查该层次的符号表。整个过程依次类推，在词法作用域的嵌套层次中不断向外，检查编号不断变小的层次对应的符号表；这个过程或者在最接近的作用域中找到名字的声明，或者一直到最外层的作用域也未能找到声明，后一种情况表明该变量没有在当前作用域可见的声明。

图5-11给出了用这种方式为我们的示例程序建立的符号表，图中所示是语法分析器已经到达赋值语句时的情形。当编译器对名字b调用修改过的LookUp函数时，函数在层次3、层次2都将失败，而会在层次1找到名字b。这刚好对应于我们对该程序的理解，在示例中，最接近当前作用域（且可见）的b的声明是层次1中的参数b。因为层次2上的第一个块语句2a已经关闭了，其符号表不在查找链上。找到符号的层次（在本例中是层次1）形成了b的地址中的第一部分。如果符号表记录包含了每个变量在相应存储区中的偏移量，那么对⟨ *level*, *offset* ⟩就规定了b在内存中的位置，即从 *level* 作用域的存储区起始处开始、偏移量 *offset* 处。我们将该对称为b的静态坐标（static coordinate）。

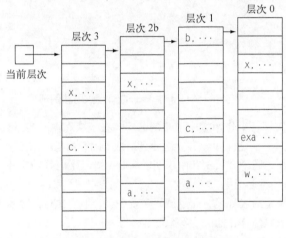

图5-11　简单的"表束"实现

静态坐标

一个对⟨ *l*, *o* ⟩，记录了有关某个变量x的地址信息。

l 指定了声明x的词法层次；而 *o* 规定了x在该层次数据区内部的偏移量。

2. 细节

为处理这种方案，需要两个额外的调用。编译器需要一个调用来为作用域初始化一个新的符号表，还需要另一个调用为作用域释放符号表。

(1) InitializeScope()将当前层次加1，并为该层次创建一个新符号表。它将新的符号表连接到上一层次的符号表，并更新LookUp和Insert使用的当前层次指针。

(2) FinalizeScope()改变当前层次指针，使之指向上一层次作用域的符号表，然后将当前层次减1。如果编译器必须保留各个层次上的符号表供后续使用，那么FinalizeScope或者将符号表留在内存中不动，或者将其写出到外部介质并回收其内存空间。

为解决词法作用域的问题，语法分析器每次进入一个新的词法作用域时调用InitializeScope，每次退出一个词法作用域时调用FinalizeScope。对图5-10中的程序，这种方案将产生以下调用序列：

1. *InitializeScope*	10. *Insert(b)*	19. *LookUp(b)*
2. *Insert(w)*	11. *Insert(z)*	20. *LookUp(a)*
3. *Insert(×)*	12. *FinalizeScope*	21. *LookUp(b)*
4. *Insert(example)*	13. *InitializeScope*	22. *LookUp(c)*
5. *InitializeScope*	14. *Insert(a)*	23. *LookUp(w)*
6. *Insert(a)*	15. *Insert(×)*	24. *FinalizeScope*
7. *Insert(b)*	16. *InitializeScope*	25. *FinalizeScope*
8. *Insert(c)*	17. *Insert(c)*	26. *FinalizeScope*
9. *InitializeScope*	18. *Insert(×)*	27. *FinalizeScope*

编译器在进入每个作用域时都调用InitializeScope。它使用Insert将当前作用域中声明的每个名字添加到当前符号表。在它离开给定的作用域时将调用FinalizeScope，以丢弃该作用域中的声明。对于赋值语句，编译器将分别查找遇到的每个名字。（调用LookUp的顺序是可变的，这依赖于编译器如何遍历赋值语句中的各个标识符。）

如果FinalizeScope将已退出作用域的符号表保留在内存中，那么这些调用的最终结果是如图5-12所示的符号表。当前层次指针设置为空值。对应于所有层次的符号表都留在内存中，这些表连接起来反映了词法上的嵌套关系。如果编译器需要使后续各趟处理能够访问到相关的符号表信息，可以在IR中每个新层次的起始处存储指向对应符号表的指针。另外，IR中的标识符也可以直接指向对应的符号表项。

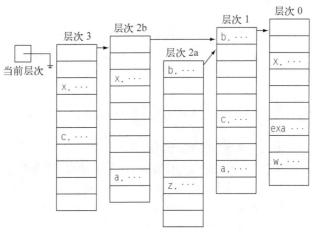

图5-12　对应示例程序的最终的符号表

5.5.4　符号表的许多用途

前文的讨论专注于中枢性的符号表，当然该表可能由几个子表组成。实际上，编译器会建立多个符号表，用于不同的目的。

1. 结构表

用于指定结构或记录中字段的文本串，存在与变量和过程不同的命名空间中。像size这样的名字可以出现在单一程序的几个不同的结构中。在许多程序设计语言中，如C语言或Ada，使用size作为结构字段与将其用做变量名或函数名的做法，是并行不悖的。

对于结构中的每个字段，编译器必须记录其类型、大小及其在记录内部的偏移量。编译器根据结构声明来收集这种信息，该过程中使用了与处理变量声明相同的机制。它还必须确定结构的总长度，通常是各个字段长度之和，外加运行时系统所需的一些额外的空间开销。

管理字段名的命名空间有几种方法。

(1) 独立表   编译器可以为每个记录定义维护一个独立的符号表。在概念上，这种思想最为干净纯粹。如果使用多个表的开销比较小，就像大多数面向对象的实现那样，那么对每个结构定义建立一个独立的符号表，并将其关联到结构名在主符号表中对应的表项，是有意义的做法。

(2) 选择符表   编译器可以为所有字段名维护一个独立的表。为避免不同结构中同名字段之间的冲突，编译器必须使用修饰名：即为字段名添加一个前缀，前缀可以是结构名，也可以是能够唯一一映射到结构的其他数据，如结构名在符号表中对应的索引值。使用这种方法，编译器必须将来自每个结构的多个字段设法关联起来。

(3) 统一表   通过使用修饰名，编译器可以将字段名存储在其主符号表中。这减少了表的数目，但这意味着在主符号表的表项中，除了原本支持变量和函数所需的字段之外，还需要增加一些字段，以支持结构中的各个字段选择符（field-selector）。在三种选项中，这可能是最没有吸引力的。

独立表的好处在于：任何与作用域相关的问题（如回收与结构关联的符号表），都可以很自然地匹配到主符号表的作用域管理框架中。当结构本身在作用域中可见时，其内部符号表可以通过结构在主符号表中对应的表项访问。

在后两种方案中，编译器编写者必须谨慎地关注作用域问题。例如，如果当前作用域声明了一个结构fee，而其外层作用域已经定义了fee，那么作用域机制必须将fee正确地映射到（当前作用域中的）fee结构（及其对应的字段）所对应的符号表项。对于修饰名的创建，这也会引入相应的复杂性。如果代码包含fee的两个定义，二者都有一个size字段，那么在访问两个size字段的符号表项时，fee.size就不是一个唯一的键值。通过全局计数器生成唯一的整数，并分别关联到每个结构名，即可解决这个问题[①]。

2. 使用链接表解决面向对象语言中的名字解析问题

在面向对象语言中，名字的作用域规则同时取决于数据的结构和代码的结构。这产生了一组更复杂的规则，也导致出现了更复杂的一组符号表。例如，在Java中，对于正在被编译的代码、代码中已知和引用的任何外部类、包含代码的类之上的继承层次，都分别需要相应的符号表。

简单的实现分别对每个类附加一个符号表，其中涉及两个嵌套的层次结构：一个用于类中各个方法内部的词法作用域，另一个跟踪了类的继承层次结构。因为一个类可以充当几个子类的超类，后一种层次结构比简单的"表束"更复杂。但它很容易管理。

在编译类C中的方法m时，如果要解析一个名字fee，编译器首先查询（对应于m的）词法上作用域化的符号表。如果在该表中没有找到fee，编译器接下来查找继承层次中类的作用域，从C开始向上逐个查找C的各个超类的作用域。如果这种查找无法找到fee，那么查找过程接下来会检查全局符号表查找名为fee的类，或查找该包的符号表。全局表必须包含当前包和任何已经引入的包的相关信息。

因而，编译器对每个方法都需要一个词法上作用域化的符号表，在编译该方法时建立。它对每个

---

① 作用域化的符号表，也可以解决这里提及的各个问题。——译者注

类都需要一个符号表，这种符号表应该包含一个链接，指向继承层次中父类的符号表。编译器还需要指向包中其他类的符号表的链接，以及指向包层次变量的符号表的链接。编译器需要访问每个使用到的类的符号表。查找过程变得更为复杂，因为其中必须按正确的顺序跟踪上述链接进行查找，并只检查可见的名字。但实现和操控符号表所需的基本机制，仍然是我们已经熟悉的那些。

5.5.5 符号表技术的其他用途

符号表实现的基本思想有着广泛的应用，无论是在编译器内部还是其他领域。散列表可用于实现稀疏数据结构，例如，实现稀疏数组时可使用索引值作为散列键值，在散列表中仅存储非零数组元素。类lisp语言的运行时系统通过让cons运算符对其参数进行散列，降低了对内存空间的需求。实际上等同于实施了这样的一条规则：即文本表示相同的对象在内存中共享同一个实例。纯函数（pure function），即对同样的输入参数总是返回相同值的函数，可使用散列表实现（其行为仿佛是一个备忘录函数）。

> **备忘录函数**
> 一种将结果存储在散列表中的函数，其中对应的键由参数计算而来；这种函数可以使用散列表来避免重新计算此前得出的结果。

本节回顾

编译器内部的几种任务都需要将非整数数据高效地映射到整数的紧凑集合。符号表技术提供了一种高效且有效的方法，来实现许多这种映射。经典例子是将一个文本串（如变量或临时值的名字）映射到一个整数。符号表实现中需要考虑的关键问题包括可伸缩性、空间效率、以及创建/插入/删除/销毁的代价（插入/删除操作是针对各个表项，而创建/销毁是针对进入/退出作用域而言）。

本节阐述了实现符号表的一种简单且直观的方法：链接散列表束（附录B.4节阐述了几种备选的实现方案）。实际上，在编译器内部的许多应用中，这种简单的方案工作得很好，从语法分析器的符号表，到超局部值编号算法（参见8.5.1节），都是如此。

复习题

(1) 使用"表束"方案，在当前作用域向符号表插入一个新名字的算法复杂度如何？在任意作用域中查找一个声明的名字，其算法复杂度如何？就读者的经验而言，在你编写的程序中，词法作用域嵌套的层次最大有多少层？

(2) 在编译器初始化一个作用域时，它可能必须为符号表指定初始大小。在语法分析器中如何估算符号表的初始大小？在编译器后续各趟处理中，如何估算呢？

5.6 小结和展望

中间表示的选择对编译器的设计、实现、速度和有效性都有着重大影响。本章中描述的各种中间形式，没有哪一种肯定会成为所有编译器的正确选择或适用于给定编译器内部的所有任务。在为编译器项目选择中间形式、设计IR的实现、添加辅助数据结构如符号表和标号表时，设计者都必须考虑项目的总体目标。

现代的编译器系统使用各式各样的中间表示，从语法分析树和抽象语法树（通常用于源代码到源代码的系统）到比目标机层次更低的线性代码（例如，GNU编译器系统使用的RTL）。许多编译器使用多个IR，建立第二个或第三个IR以进行特定的分析或变换，然后修改原来的权威IR，以反映分析变换的结果。

本章注释

中间表示方面的文献和经验颇为稀少，这有点令人诧异，因为关于IR的决策对编译器的结构和行为有着重大影响。若干教科书已经描述了几种经典的IR形式。[7, 33, 147, 171]更新的IR形式，如静态单赋值形式[50, 110, 270]，则出现在分析和优化方面的文献中。Muchnick对这一主题提供了较为现代的论述，并突出了在单一编译器中多级IR的使用[270]。

使用散列函数识别文本表示相同的操作，其思想可以追溯到Ershov[139]。它在Lisp语言系统中的具体应用似乎出现在20世纪70年代早期[124, 164]；到1980年，这种做法已经非常常见，McCarthy在提到它时已经无需引用了[259]。

Cai和Paige引入了多重集鉴别作为散列方法的备选方案[65]。他们意在提供一种高效的查找机制，以确保查找的常数时间行为特性。请注意，2.6.3节描述的无闭包正则表达式可用于实现类似的效果。而缩减 $\mathcal{R}^n$ 的AST表示规模的工作，是由David Schwartz和Scott Warren完成的。

实际上，IR的设计和实现对完成后的编译器最终的特性，有着非常大的影响。庞大复杂的IR似乎把系统塑造成了其本身的映像。例如，20世纪80年代早期的程序设计环境（如 $\mathcal{R}^n$ ）使用的庞大的AST，限制了它们能分析的程序的规模。GCC中使用的RTL形式，采用了底层的抽象。相应地，该编译器在管理细节方面做得很好（如代码生成所需的细节知识），但其中很少有转换需要源代码层次的知识（如采用循环分块以改进访问内存层次结构的行为）。

习题

5.2节

(1) 语法分析树包含的信息比抽象语法树多得多。

　(a) 在什么环境下，你可能需要在语法分析树中找到的信息，而非抽象语法树中找到的信息？

　(b) 输入程序的规模与其语法分析树规模的关系如何？与抽象语法树呢？

　(c) 提出一种算法，从程序的抽象语法树恢复其语法分析树。

(2) 编写一种算法，将表达式树转换为DAG。

5.3节

(3)

说明如何用抽象语法树、控制流图、四元组表示下面的代码片段。讨论每种表示的优势。对何种应用来说，某种表示会胜过其他两种？

```
              if (c[i] ≠ 0)
                  then a[i] ← b[i] ÷ c[i];
                  else a[i] ← b[i];
```

(4) 考察如图5-13所示的代码片段。绘制其CFG图，并给出其符合静态单赋值形式的线性代码。

```
              ...
              x ← ...
              y ← ...
              a ← y + 2
              b ← 0
              while(x < a)
                  if (y < x)
                      x ← y + 1
                      y ← b × 2
                  else
                      x ← y + 2
                      y ← a ÷ 2;
                  w ← x + 2
                  z ← y × a
                  y ← y + 1
```

图5-13   习题(4)的代码片段

(5) 说明表达式x−2×y如何转换为抽象语法树、单地址代码、二地址代码和三地址代码。

(6) 给出ILOC操作的线性列表，开发一种算法，找到ILOC代码中的基本程序块。扩展你的算法，建立一个控制流图表示各个基本程序块之间的关联。

5.4节

(7) 对于如图5-14所示的代码，找到各基本程序块并构建CFG。

(8) 考虑如图5-15所示的三个C语言过程。

(a) 假定编译器使用寄存器到寄存器的内存模型。那么编译器不得不将过程A、B、C中的哪些变量存储到内存中？请证明你的答案。

(b) 假定编译器使用内存到内存的模型。考虑if-else结构的if子句中两个语句的执行。如果编译器在此时有两个寄存器可用，那么在这两个语句执行期间，编译器需要发出多少个load/store指令，才能将相应的值加载到寄存器和写回内存？如果编译器有三个寄存器可用，情况又如何？

(9) 在FORTRAN中，equivalence语句可以迫使两个变量处于同一内存位置。例如，下列语句将迫使a和b共享内存空间：

```
              equivalence (a,b)
```

如果局部变量出现在equivalence语句中，编译器是否能够在过程执行期间使该变量一直保存在寄存器中。请证明你的答案。

```
L01: add      ra,rb    ⇒ r1        L05: add      r9,rb    ⇒ r11
     add      rc,rd    ⇒ r2             add      ra,rb    ⇒ r12
     add      r1,r2    ⇒ r3             add      rc,rd    ⇒ r13
     add      ra,rb    ⇒ r4             i2i      ra       ⇒ r13
     cmp_LT   r1,r2    ⇒ r5             add      r13,rb   ⇒ r14
     cbr      r5       → L02,L04        multI    r12,17   ⇒ r15
L02: add      ra,rb    ⇒ r6             jumpI             → L03
     multI    r6,17    ⇒ r7        L06: add      r1,r2    ⇒ r16
     jumpI             → L03            i2i      r2       ⇒ r17
L03: add      ra,rb    ⇒ r22            i2i      r1       ⇒ r18
     multI    r22,17   ⇒ r23            add      r17,r18  ⇒ r19
     jumpI             → L07            add      r18,r17  ⇒ r20
L04: add      rc,rd    ⇒ r8            multI    r1,17    ⇒ r21
     i2i      ra       ⇒ r9            jumpI             → L03
     cmp_LT   r9,rd    ⇒ r10       L07: nop
     cbr      r10      → L05,L06
```

图5-14   习题(7)的代码片段

```
static int max = 0;              int B(int k)
void A(int b, int e)             {
{                                  int x, y;
  int a, c, d, p;                  x = pow(2, k);
  a = B(b);                        y = x * 5;
  if (b > 100) {                   return y;
    c = a + b;                   }
    d = c * 5 + e;
  }
  else                           void C(int *p)
    c = a * b;                   {
  *p = c;                          if (*p > max)
  C(&p);                             max = *p;
}                                }
```

图5-15   习题(8)的代码

5.5节

(10) 编译器的某个部分必须负责将各个标识符输入到符号表中。

 (a) 将标识符输入符号表的工作应该由词法分析器还是语法分析器完成？二者都有完成此任务的时机。

 (b) 考虑这个问题、"先声明后使用"规则、消除下标引用与函数调用之间的歧义（如FORTRAN 77语言），这三者之间是否有交互？

(11) 编译器必须在程序的IR版本中存储信息，以便返回到各个名字对应的符号表项。编译器编写者可用的选项包括指向原始字符串的指针，以及在符号表中对应的下标。当然，聪明的实现者可能会发现其他选项。用上述两种方法表示名字，其优点和缺点各自如何？读者自行选择的话将如何表示名字？

```
1    procedure main
2       integer a, b, c;
3       procedure f1(w,x);
4          integer a,x,y;
5          call f2(w,x);
6          end;
7       procedure f2(y,z)
8          integer a,y,z;
9          procedure f3(m,n);
10            integer b, m, n;
11            c = a * b * m * n;
12            end;
13         call f3(c,z);
14         end;
15      ...
16      call f1(a,b);
17      end;
```

图5-16   习题(12)的程序

(12) 假定读者正在为一种简单的、具有词法作用域的语言编写编译器。考虑如图5-16所示的例子程序。

(a) 编译器处理到11行时，请绘制对应的符号表及其内容。

(b) 在语法分析器进入一个新的过程和退出一个过程时，需要哪些操作来管理符号表？

(13) 最常见的符号表实现技术是使用散列表，其中插入和删除的预期代价是$O(1)$。

(a) 散列表中插入和删除操作在最坏情况下的代价如何？

(b) 提议一种备选实现方案，以保证$O(1)$时间内完成插入和删除操作。

第 6 章

过程抽象

本章概述

在软件系统的开发中，过程扮演了关键的角色。它们为控制流和命名提供了抽象。它们还提供了基本的信息隐藏能力。它们是构建系统的"积木块"，系统基于过程来向外提供接口。在类Algol的语言中，过程是一种主要的抽象形式，而面向对象语言则依赖于过程来实现其方法或"代码"成员。

本章从编译器编写者的视角，深入考察了过程和过程调用的实现。在此过程中，本章重点论述了类Algol语言和面向对象语言之间过程实现的异同。

关键词：过程调用；参数绑定；链接约定

6.1 简介

过程是大多数现代程序设计语言中的核心抽象之一。过程建立了一个受控的执行环境，每个过程都具有自身私有的命名化存储空间（即局部变量）。过程帮助定义了系统组件之间的接口，跨组件交互通常以过程调用的形式建立。最后，过程是大多数编译器工作处理的基本单位。典型的编译器会处理一组过程的集合并为之生成代码，而后与其他已编译过程的代码链接起来，最终正确地执行。

后一种特性通常称为分离编译，使得我们能够建立大型的软件系统。如果每次编译时编译器都需要程序的全部代码文本，那么大型软件系统将是无法建立的。设想一下，如果开发期间进行的每次编辑改动，都将导致编译一个数百万行的应用程序，其后果将如何！因而，过程在系统的设计和工程实现中扮演了关键的角色，就像是在语言设计和编译器实现中那样。本章专注于探讨编译器如何实现过程抽象。

1. 概念路线图

为将源语言程序转换为可执行代码，编译器必须将程序使用的所有源语言结构映射为目标处理器上的操作和数据结构。对于源语言支持的每种抽象，编译器都需要一种对应的转换策略。这些策略包含将嵌入到可执行代码中的算法和数据结构。这些运行时算法和数据结构联合起来，实现了对应的抽象所规定的行为。这些运行时策略也需要编译时的支持，即编译器内部运行的算法和数据结构。

本章解释了用于实现过程和过程调用的技术，具体考察了控制、命名、调用接口的实现。这些抽象中封装了许多特性，这些特性不仅使程序设计语言变得可用，而且也支撑了大型系统的构建。

2. 概述

过程是大多数现代程序设计语言底层的核心抽象之一。过程建立了一种受控的执行环境，每个过程都有其自身私有的命名化存储（即局部变量）。在过程内部执行的语句可以访问过程私有存储区中的私有或局部变量。过程在其被另一个过程（或操作系统）调用时执行。被调用者可以向调用者返回一个值，在这种情况下过程被称为函数。过程之间的这种接口，使得程序员可以单独开发并测试程序的一部分；过程之间的这种分隔对其他过程中出现的问题，可以算某种程度的"绝缘"。

被调用者
在一次过程调用中，我们称被调用的过程为被调用者（callee）。

调用者
在一次过程调用中，我们称发起调用的过程为调用者（caller）。

在程序员开发软件的方法和编译器转换程序的方式中，过程都发挥了重要的作用。过程提供了三个关键的抽象，使得我们能够构建重要的程序。

(1) 过程调用抽象　过程化语言支持过程调用抽象。每种语言都有一种标准的机制用于调用过程，还会将一组参数从调用者的命名空间映射到被调用者的命名空间。这种抽象通常包括一种机制，用于在调用完毕后立即将控制返回给调用者并继续执行。大多数语言允许过程向调用者返回一个或多个值。标准链接约定（linkage convention）的使用有时称为调用序列（calling sequence），使得程序员可以调用其他人在其他时候编写编译的代码；它还使得应用程序可以调用库例程和系统服务（即系统调用）。

链接约定
编译器和操作系统之间的一个约定，定义了调用过程或函数需要采取的操作。

(2) 命名空间　在大多数语言中，每个过程都会建立一个新的、受保护的命名空间。程序员可以声明新的名字，如变量和标号，而无需关注过程周围的上下文如何。在过程内部，这些局部声明优先于外层作用域中任何针对同一名称的早先的声明。程序员可以为过程增加参数，从而调用者可以将其命名空间中的值和变量，映射到被调用者命名空间中的形参。因为过程具有已知且独立的命名空间，在从不同上下文中调用过程时，过程都可以正确且一致地运行。执行一个调用即实例化了被调用者的命名空间。调用必须为被调用者声明的对象建立存储区。这种内存分配必须是自动化和高效的，调用过程必然会导致这样的内存分配。

实参
在调用位置处作为参数传递的值或变量是此次调用的实参。

形参
一个名字声明为某个过程p的参数，则是p的一个形参。

(3) 外部接口　过程定义了大型软件系统各个部分之间的关键接口。链接约定定义的规则将名字映射到值和位置，这些规则在保持调用者运行时环境的同时建立了被调用者的环境，这些规则还将控制从调用者转移到被调用者（调用完成后，还会进行反向转移）。链接约定实际上建立了一种上下文环境，程序员在其中可以安全地调用其他人编写的代码。统一的调用序列的存在允许开发并使用库和系统调用。没有链接约定，程序员和编译器在进行每次过程调用时，都需要有关被调用者实现的细节知识。

因而，在许多方面，过程是类Algol语言底层的基本抽象。它是由编译器和底层硬件在操作系统的协助下，合力建立的精致外观。过程会创建有名字的变量并将其映射到虚拟地址；操作系统将虚拟地址映射到物理地址。过程确立了与名字的可见性和可寻址性相关的规则；硬件通常提供load和store操作的几种变体形式。过程使得我们能够将大型软件系统分解为多个组件；链接器和装载器将这些组件接合起来形成一个可执行程序，硬件只需递进其程序计数器并跟踪分支指令，即可执行该程序。

关于时间

本章讨论的内容既涉及编译时机制，也涉及运行时机制。出现在编译时和运行时的事件之间的区别可能令人迷惑。编译器会生成所有在运行时执行的代码。作为编译过程的一部分，编译器会分析源代码，并建立相应的数据结构来编码表示分析的结果（回想前文5.5.3节讨论的词法上作用域化的符号表）。编译器会确定存储布局的大部分设置，而程序在运行时将使用这些设置。编译器接下来生成代码，这些代码用于在运行时建立/维护存储布局，以及在运行时访问内存中的数据对象和代码，在编译后的代码运行时，它会访问数据对象并调用过程或方法。所有这些代码都是在编译时生成的；而所有的"访问"都发生在运行时。

编译器的任务中很大的一部分就是将实现过程抽象各个方面所需的代码放置到正确的位置上。编译器必须规定内存的布局，并将布局的相关信息编码到生成的程序中。因为编译器必须在不同的时间编译程序的不同组件，而事先无法得知各组件彼此的关系，内存布局和所有约定都必须是标准化的，并一致地应用到各个组件上。编译器还必须使用操作系统提供的各种接口，以处理输入/输出、管理内存，并与其他进程通信。

本章内容专注于将过程视做抽象，以及编译器用于建立控制转移抽象化、命名空间和外部接口的机制。

6.2　过程调用

在类Algol语言（ALL）中，过程具有简明的调用/返回规范。过程调用将控制从调用者中的调用位置转移到被调用者的开始处；在从被调用者退出时，控制返回到调用者中紧接调用位置之后的下一个位置。如果被调用者又进一步调用了其他过程，后者执行完毕时，控制以同样的方式返回。图6-1a给出了一个Pascal程序，其中有几个嵌套的过程，而图6-1b和图6-1c分别给出了该程序的调用图及其执行历史。

调用图给出了各过程之间可能发生的潜在调用的集合。执行Main可能导致两次调用Fee：一次是在Foe中，另一次是在Fum中。执行历史表明，这两次调用都发生在运行时。这些调用中的每一个都建立了Fee的一个不同实例，也称为激活。等到调用Fum时，Fee的第一个实例已经不再处于活动状态。该实例是由Foe中的调用创建的（执行历史中的事件3），在其将控制返回到Foe之后，对应的实例即销毁（事件4）。在控制从Fum中的调用进入到Fee时（事件6），会建立Fee的一次新的激活。从Fee返回到Fum将销毁这一次激活。

激活

对过程的一次调用会激活该过程。因而，我们将过程处于执行状态下的一个实例称为**激活**(activation)。

```
program Main(input, output);
    var x,y,z: integer;
    procedure Fee;
        var x: integer;
        begin { Fee }
            x := 1;
            y := x * 2 + 1
        end;

    procedure Fie;
        var y: real;
        procedure Foe;
            var z: real;
                procedure Fum;
                    var y: real;
                    begin { Fum }
                        x := 1.25 * z;
                        Fee;
                        writeln('x = ',x)
                    end;
            begin { Foe }
                z := 1;
                Fee;
                Fum
            end;
        begin { Fie }
            Foe;
            writeln('x = ',x)
        end;
    begin { Main }
        x := 0;
        Fie
    end.
```

(a) Pascal示例程序

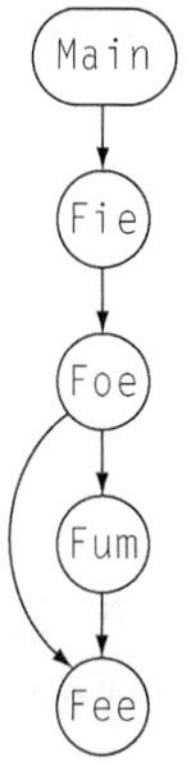

(b) 调用图

1. Main calls Fie
2. Fie calls Foe
3. Foe calls Fee
4. Fee returns to Foe
5. Foe calls Fum
6. Fum calls Fee
7. Fee returns to Fum
8. Fum returns to Foe
9. Foe returns to Fie
10. Fie returns to Main

(c) 执行历史

图6-1 非递归的Pascal程序及其执行历史

当程序在第一次调用Fee执行赋值x:= 1时，活动的过程有Fee、Foe、Fie和Main。这些过程都处于调用图中从Main到Fee的一条路径上。类似地，当程序执行对Fee的第二次调用时，活动过程（Fee、Fum、Foe、Fie和Main）也都处于从Main到Fee的一条路径上。Pascal的调用和返回机制确保了在执行期间任一时刻，过程激活都实例化了调用图中某条从根开始的路径。

在编译器为调用和返回生成代码时，代码中必须保留足够的信息，确保调用和返回能够正确地运转。因而，在Foe调用Fum时，编译器针对调用生成的代码必须记录Foe中的地址，Fum执行完毕后将控制返回到该地址。Fum可能因为运行时错误、无限循环或其调用的另一个过程没有返回等原因而不返回，也就是发散。但是，调用机制仍然必须保留足够的信息，确保在Fum能够返回的情况下，利用预先设定的信息，在Foe中恢复执行。

> **发散**
>
> 一个计算不能正常终止就称为发散（diverge）。

类Algol语言的调用和返回行为可以利用栈模拟。在Fie调用Foe时，会将Foe在Fie中的返回地址压栈。在Foe返回时，它会才从栈中弹出该地址，并跳转到该地址执行。如果所有过程都使用同一栈，弹出返回地址后即暴露出上一个过程调用在栈中保存的返回地址。

栈机制还可以处理递归。调用机制实际上展开了调用图中的有环路径，并对过程的每次调用都建立一个不同的激活实例。只要递归能够结束，这条路径将是有限长的，返回地址的栈必定能够正确描述程序的行为。

为描述得具体些，考虑如图6-2所示的递归阶乘计算。在调用计算(fact 5)时，它会生成一系列的递归调用：(fact 5)调用(fact 4)，(fact 4)调用(fact 3)，(fact 3)调用(fact 2)，(fact 2)调用(fact 1)。此时，条件语句执行了对应于(<=k 1)的子句，结束了递归。递归按照与调用相反的顺序展开，对(fact 1)的调用将值1返回给(fact 2)。它进而将值2返回给(fact 3)，后者将6返回给(fact 4)。最后，(fact 4)将24返回给(fact 5)，后者将24乘以5返回答案120。递归程序呈现出后进先出的行为，因此栈机制正确地跟踪了所有的返回地址。

```
(define (fact k)
  (cond
    [(<= k 1) 1]
    [else (* (fact (sub1 k)) k)]
  ))
```

图6-2　Scheme中递归的阶乘程序

1. 面向对象语言中的控制流

从过程调用和返回的视角来看，面向对象语言（OOL）类似于类Algol语言。面向对象语言和类Algol语言中的过程调用的主要差别在于用于指定被调用者和在运行时定位被调用者的机制。

2. 更复杂的控制流

追随Scheme的做法，许多程序设计语言允许程序将一个过程及其运行时上下文封装到一个对象中，称为闭包。在调用闭包时，过程在封装的运行时上下文中执行。使用简单的栈不足以实现这种控制抽象。相反，控制信息必须保存在某种更通用的结构中，该结构必须能够表示更复杂的控制流关系。如果在语言中，对局部变量引用的生命周期可能超过过程的激活，那么会出现类似的问题。

> **闭包**
>
> 一个过程与定义了其自由变量（free variable）的运行时上下文。

> **本节回顾**
>
> 在类Algol语言中，过程因调用而执行，因返回而终结，除非过程本身"发散"而不返回。为转换源语言中过程的调用和返回，编译器在每次调用时都必须安排相应的代码来记录适当的返回

地址，而在被调用过程返回时，将使用调用时设置的返回地址。使用栈来保存返回地址，正确地模拟了返回地址的后进先出行为。

用于分析调用者–被调用者关系的一个关键数据结构是调用图。它表示了过程之间发生的各次调用，比如，对Foe中每个调用Fum的位置，都在调用图中添加一条从Foe到Fum的边。因而，调用图捕获了调用者和被调用者之间由源代码定义的静态关系。但它未能捕获过程之间的动态/运行时关系，例如，它无法断定图6-2中递归阶乘程序调用自身的次数。

复习题

(1) 许多程序设计语言都包含直接控制转移机制，通常称为goto。请比较过程调用和goto。

(2) 考虑如图6-2所示的阶乘程序。写下调用(fact 5)的执行历史。请对各次调用和对应的返回进行明确的匹配。给出k值和返回值。

6.3 命名空间

在大多数过程化语言中，一个完整程序会包含多个命名空间。每个命名空间（也称为作用域）将一组名字映射到代码中某些语句上定义的一组值和过程。所述范围可以是整个程序、过程的某种集合、单个过程或一些语句的一个小集合。作用域可以从其他作用域继承一些名字。在作用域内部，程序员可以创建作用域以外无法访问的名字。在作用域内部创建一个名字fee将隐藏fee在外层作用域中的定义，使之无法被内层作用域访问。因而，作用域规则使得程序员可以控制对信息的访问。

作用域

在类Algol的语言中，作用域指的是一个命名空间。该术语经常用于名字可见性的讨论中。

6.3.1 类 Algol 语言的命名空间

大多数程序设计语言都继承了Algol 60定义的许多惯例。对于控制名字可见性的规则来说，这一点特别正确。本节探讨类Algol语言中流行的命名观念，特别强调在此类语言中应用的层次化作用域规则。

1. 嵌套的词法作用域

大多数类Algol语言允许程序员建立嵌套作用域。作用域的范围通过程序设计语言中特定的终结符标记。通常，每个新的过程都定义了一个涵盖其整个定义的作用域。Pascal用begin和end来标记作用域的起始和结束。C语言使用大括弧{和}来标记块语句的起始和结束，每个块语句都定义了一个新的作用域。

词法作用域

按程序中出现的顺序嵌套的作用域通常称为**词法作用域**。

在词法作用域中，一个名字引用的是与使用在词法上最接近的定义，即在环绕使用处的各个嵌套作用域中，最接近使用处的定义。

Pascal推广了嵌套过程。每个过程定义了一个新的作用域,程序员可以在每个作用域中声明新的变量和过程。它使用了最常见的作用域规范,称为词法作用域(lexical scoping)。词法作用域背后的一般原理很简单:

在一个给定的作用域中,每个名字引用在词法上(位置)与之最接近的声明。

因而,如果s在当前作用域中使用,它将引用当前作用域中声明的s(如果有的话)。否则,它引用最接近的外层作用域中声明的s。最外层的作用域包含全局变量。

为把词法作用域讲述得具体些,可以考虑如图6-3所示的Pascal程序。其中包含5个不同的作用域,一个对应于程序Main,其余4个分别对应于过程Fee、Fie、Foe和Fum。每个过程都声明了一组变量,变量的名字均取自x、y和z。

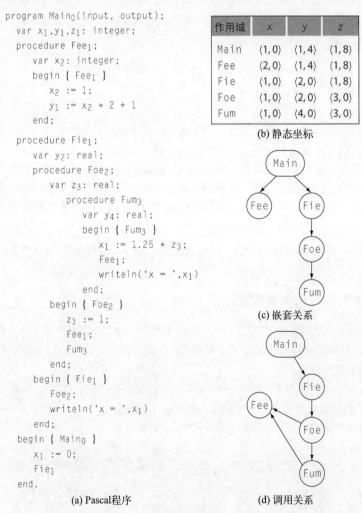

图6-3　Pascal中嵌套的词法作用域

图中给出的每个名字都带有一个下标，表明了其所处作用域的层次编号。过程中声明的名字，其所处的层次等于过程名所处的层次加1。因而，如图所示，如果Main的层次为0，Main中直接声明的名字的层次都为1，如x、y、z、Fee和Fie。

为在词法上作用域化的语言中表示名字，编译器可以使用每个名字的静态坐标。静态坐标是一个对$\langle l, o \rangle$，其中l是名字的词法嵌套层次，而o是其在层次l的数据区中的偏移量。为获取l，前端使用一个词法上作用域化的符号表，如5.5.3节所述。偏移量o应该与名字及其层次存储在符号表中（偏移量可能是上下文相关分析期间处理声明时分配的）。图6-3右侧的表给出了各个过程中每个变量名的静态坐标。

静态坐标

对于作用域s中声明的名字x，其静态坐标是一个对$\langle l, o \rangle$，其中l是s的词法嵌套层次，而o是x在作用域数据区中的偏移量。

动态作用域

词法作用域的备选方案是动态作用域。词法作用域和动态作用域之间的区别，只出现在过程引用在自身作用域之外声明的变量时，这种变量通常称为**自由变量**（free variable）。

使用词法作用域，规则简单且一致：自由变量绑定到词法上与使用位置最接近的同名声明。如果编译器从包含使用处的作用域开始处理，并连续检查外层的作用域，变量将绑定到找到的第一个声明。声明总是来自包含引用处的一个作用域中。

使用动态作用域，规则同样简单：自由变量绑定到在运行时最近创建的同名变量。因而，在执行遇到自由变量时，即将其绑定到该名字最新创建的实例。早期实现会创建一个运行时名字栈，在处理每个声明时，将相应的各个名字压栈。为绑定一个自由变量，运行时代码自栈顶向下查找名字栈，直至找到一个具有正确名字的变量。而新近的实现则更为高效。

虽然许多早期的Lisp系统使用了动态作用域，但词法作用域已经成为主要的选择。动态作用域在解释器中易于实现，但在编译器中的高效实现则较为困难。它可能产生难以检测和难以理解的bug。动态作用域仍然出现在一些语言中，例如Common Lisp仍然允许程序指定动态作用域。

名字转换的第二部分出现在代码生成期间。编译器必须使用静态坐标来定位运行时的值。给定坐标$\langle l, o \rangle$，代码生成器必须输出相应的代码，将l转换为适当数据区的运行时地址。接下来，它可以使用偏移量o来计算对应于$\langle l, o \rangle$的变量的地址。6.4.3节描述了完成该任务的两种不同的方法。

2. 各种语言的作用域规则

程序设计语言的作用域规则彼此间变化颇大。编译器编写者必须理解源语言的特定规则，并对通用的转换方案进行改编，以适应这些特定规则。大多数类Algol语言都有类似的作用域规则。考虑FORTRAN、C语言和Scheme的规则。

❑ FORTRAN有一个简单的命名空间。FORTRAN程序会创建单一的全局作用域，并对每个过程或函数建立局部作用域。全局变量聚集在所谓的"公用块"（common block）中，每个公用块包括一个名字和一个变量列表。全局作用域包含过程和公用块的名字。全局名字的生命周期与程序本身相同。过程的作用域包含参数名、局部变量和标号。局部名字如果和全局名字冲突，会在相应的局部作用域中掩盖后者。默认情况下，局部作用域中的名字的生命周期与对应的过程调用匹配，程序员可以使局部变量具有全局变量的生命周期，只要将其列入 save 语句中。

> 分离编译使 FORTRAN 编译器很难检测不同文件中对一个公用块的不同声明。因而，编译器必须将对公用块的引用转换为 $\langle block, offset \rangle$ 这样的对，以产生正确的行为。

❑ C 语言有更复杂的规则。C 语言程序有一个全局作用域，用于过程名字和全局变量。每个过程有一个局部作用域，用于变量、参数和标号。语言定义不允许嵌套过程，不过一些编译器已经实现了这种特性作为扩展。过程可以包含块语句（通过左右大括弧标记），块语句可以建立独立的局部作用域，块语句可以是嵌套的。程序员通常使用块层次的作用域来为预处理器宏产生的代码分配临时存储区，或在循环体中创建一个局部变量（其作用域是循环体本身）。C 语言引入了另一种作用域：文件层次的作用域。该作用域包括声明为 static、但并非声明于过程内的名字。因而，静态过程和函数处于文件层次的作用域中，文件中最外层作用域声明的静态变量也是如此。如果没有 static 属性，这些名字将是全局变量。在文件层次的作用域中，声明的名字对文件中的任一过程都是可见的，但在该文件外部是不可见的。变量和过程都可以声明为静态的。

> **静态名字**
>
> 　　声明为静态的变量，在多次调用定义变量的过程时，静态变量的值可以跨越多次调用而保持连续性。
> 　　非静态的变量称为自动的（automatic）。

❑ Scheme 有一套简单的作用域规则。Scheme 中几乎所有的对象都处于单一的全局空间中。对象可以是数据或可执行的表达式。系统提供的函数（如 cons）与用户编写的代码和数据项同时存在。代码由一个可执行的表达式组成，代码通过使用 let 表达式可以创建私有对象。彼此嵌套的 let 表达式可以产生任意深度的嵌套词法作用域。

6.3.2　用于支持类 Algol 语言的运行时结构

为实现过程调用和作用域化的命名空间这两个"孪生"抽象，编译器在转换时必须建立一组运行时结构。在控制和命名两方面都涉及的一个关键数据结构是活动记录（Activation Record，AR），这是与对特定过程的特定调用相关联的一块私有内存区。原则上，每次过程调用都会产生一个新的 AR。

❑ 编译器必须妥善安排每次调用，将返回地址存储到被调用者可以找到之处。返回地址一般存储在 AR 中。

❑ 编译器必须将具体调用位置处的实参映射到过程声明的形参名字，而后者才是被调用者已知的。为此，编译器会将排好序的参数信息存储在 AR 中。

❑ 编译器必须为被调用者局部作用域中声明的变量创建存储空间。因为这些值的生命周期与对应返回地址的生命周期是相同的，将其存储在AR中很方便。
- 被调用者还需要其他信息才能与调用者建立关联，并与其他过程安全地交互。编译器会将这些信息安排存储在被调用者的AR中。

活动记录

一个分配的内存区，用于保存与单个过程的单次激活实例相关联的控制信息和数据存储。

因为每次调用都产生一个新的AR，当一个过程有多个实例处于活动状态时，每个实例都有自身的AR。因而递归调用将产生多个AR，每个AR都包含了对递归过程的一次不同调用的局部状态。

图6-4给出了AR中内容可能的布局方式。整个AR都是通过一个活动记录指针（Activation Record Pointer，ARP）寻址，AR中的各个字段可以通过与ARP之间的（正/负）偏移量来找到。图6-4中的AR有若干字段。

- 参数区包含了来自调用位置的各个实参，排列次序对应于其在调用中出现的次序。
- 寄存器保存区包含足够的空间，可以保存因为发生过程调用而必须保存的寄存器。
- 返回值槽位为从被调用者向调用者返回数据提供了空间（如果有返回值）。
- 返回地址槽位包含了一个运行时地址，在被调用者终止后，应该从该地址恢复执行。
- "可寻址性"槽位包含的信息允许被调用者访问外层词法作用域（不一定是调用者）中的变量。
- 被调用者的ARP指向的槽位存储了调用者的ARP。被调用者执行结束时，需要用这个指针才能恢复调用者的执行环境。
- 局部数据区包含了被调用者的局部作用域中声明的变量。

活动记录指针

为定位当前AR，编译器需要设法在一个指定的寄存器中维持一个指向AR的指针，即活动记录指针（activation record pointer）。

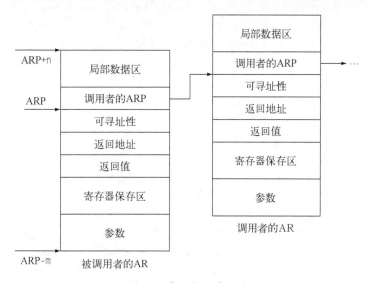

图6-4 典型的活动记录

为效率起见，如图6-4所示的一部分信息应该保存在专用的寄存器中。

1. 局部存储

对过程q的一次调用中，其AR包含了该次调用的局部数据和状态信息。对q的每一次调用都产生一个独立的AR。AR中所有的数据都通过ARP访问。因为过程通常会频繁访问其AR，大多数编译器会专门用一个硬件寄存器保存当前过程调用的ARP。在ILOC中，我们用r_{arp}来引用该寄存器。

ARP总是指向AR中一个指定的位置。AR中间部分的布局是静态的；所有的字段都是定长的。这确保了所有编译后的代码都能够通过与ARP之间的定长偏移量来访问相应的数据项。AR的两端则用于分配变长存储区，其长度在（同一过程）的不同调用可能是不同的；通常一段保存局部数据，另一端保存参数。

为局部数据分配空间

每个局部数据项在AR中都需要空间。编译器应该为每个这样的数据项分配一个长度合适的内存区，并将当前词法作用域层次及其与ARP之间的偏移量记录到符号表中。词法作用域层次与偏移量的对，就成为了该数据项的静态坐标。接下来，该变量可以使用像loadAO这样的操作访问，将r_{arp}和偏移量作为操作的参数，以提供对局部数据的高效访问。

编译器在编译时可能不知道某些局部变量的大小。例如，程序可能从外部介质读取数组的长度，或根据早期阶段的计算结果来确定数组的长度。对这样的变量，编译器可以为指向真实数据的指针或数组的描述符在局部数据区预留空间（参见7.5.3节）。而编译器则在运行时于其他地方分配实际存储，并用动态分配的内存的地址来填充预留的槽位。在这种情况下，编译器可以根据静态坐标找到指针在局部数据区中的位置，实际的访问可以直接使用指针，也可以使用该指针计算得到变长数据区中的一个适当地址。

初始化变量

如果源语言允许程序为变量指定初始值，编译器必须安排执行相应的初始化。如果变量是静态分配的，也就是说它的生命周期独立于任何过程，且其初始值在编译时是已知的，那么装载器可以直接将该数据插入到适当的位置上。（静态变量通常存储在所有AR以外。对这样的一个变量来说，只要一个实例即提供了所需的语义，即跨越所有过程调用都只需要一个数据实例。使用独立的静态数据区，或者是每个过程分配一个静态数据区，或者是整个程序分配一个静态数据区，这些情况下编译器都能够利用装载器中常见的初始化特性。）

此外，局部变量必须在运行时初始化。因为一个过程可能被调用多次，设置初始值唯一可行的方法是在过程本身的代码中生成相应的指令，将必要的值存储到适当的位置。实际上，这种初始化是一些赋值操作，每次调用过程时，在过程的第一个语句之前执行。

用于保存寄存器值的空间

在p调用q时，两者之一必须负责保存寄存器值，供完成对q的调用后p继续执行时使用。有可能必须保存所有的寄存器值，当然，保存全部寄存器的一个子集可能就足够了。在返回到p时，这些保存的值必须恢复到对应的寄存器中。因为p的每次激活都存储了一组不同的值，因此将这些需要保存的寄存器存储在p或q（或两者）的AR中是有意义的。如果被调用者保存了一个寄存器，其值存储在被调用者的寄存器保存区中。类似地，如果调用者保存了一个寄存器，其值存储在调用者的寄存器保存区中。对于调用者p，在任意时刻，p内部仅有一个调用是活动的。因而，在p的AR中分配一个寄存器保存区就足以完成p中进行的所有调用。

2. 分配活动记录

当p在运行时调用q时，实现调用的代码必须为q分配一个AR，并用适当的值初始化它。如果图6-4中的所有字段都存储在内存中，那么这个AR对调用者p必须是可用的，以便p向其中存储实参、返回地址、调用者的ARP、可寻址性信息等。这迫使在p中分配q的AR，但此时q的局部数据区的长度未必是已知的。此外，如果这些值通过寄存器传递，AR的实际分配可以在被调用者q中进行。这使得q可以分配AR，包括局部数据区所需的空间。在分配AR之后，它可以将一部分通过寄存器传递的值存储到AR中。

对于分配活动记录来说，编译器编写者有几种选项。这项决策不仅会影响到过程调用的代价，也会影响到实现高级语言特性的代价（如建立闭包）。它还影响到活动记录所需内存的总量。

活动记录的栈分配方式

在很多情况下，只有被调用过程在激活期间，我们才会关注其创建的AR的内容。简言之，大多数变量的生命周期都内含于创建变量的过程激活期间，大多数过程的激活期也内含于其调用者的激活期。在这些约束下，调用和返回是平衡的，它们遵循后进先出规范。从p中对q的调用最终会返回，而在p调用q、q返回到p这两个时间点之间，任何返回操作都来源于q（直接或间接）进行的调用。在这种情况下，活动记录也遵循后进先出顺序，因而，它们可以在栈上分配。Pascal、C语言和Java通常的实现都采用了基于栈分配的AR。

将活动记录保存在栈上有几个好处。分配和释放操作比较廉价，每次都只需要对标记栈顶的值进行一次算术操作。为被调用者设置AR的工作，可以从调用者开始。调用者可以分配不包括局部数据区在内的所有空间。被调用者通过递增栈顶指针，可以扩展AR使之包括局部数据区。它可以使用同样的机制，来渐增式地扩展AR，以容纳变长对象，如图6-5所示。在这里，被调用者已经将栈顶指针复制到局部数据区中对应于A的槽位，而后使栈顶指针按A的长度递增。最终，利用在栈上分配的AR，调试器可以自栈顶向下遍历栈，生成当前活动过程的一个快照。

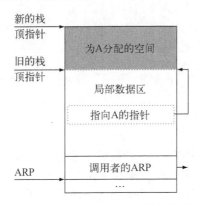

图6-5　在栈上分配动态长度的数组

活动记录的堆分配方式

如果过程的激活期超出其调用者的激活期，那么在栈上分配AR的规范就被破坏了。类似地，如果过程可能返回一个对象（如闭包），其中显式或隐式引用了已返回过程的局部变量，那么在栈上分配活动记录是不合适的，因为这将留下悬挂指针。在这种情况下，AR可以保存在堆中（参见6.6节）。

Scheme和ML的实现通常使用堆上分配的AR。

现代的内存分配器可以将堆分配的代价维持在比较低的水准上。在堆分配的AR中，变长对象可以分配为堆上独立的对象。如果堆中的对象需要显式释放，那么处理过程返回的代码必须释放AR本身以及额外分配的变长对象。在具有隐式释放机制的情况下（参见6.6.2节），垃圾收集器会在内存不再使用时自动释放堆上分配的内存。

活动记录的静态分配[①]

如果过程q不调用其他过程，那么在q激活期间，不需要处理其他过程的活动记录。我们称q为叶过程（leaf procedure），因为它终止了调用图中的一条调用路径。编译器可以为叶过程静态分配活动记录。这样做消除了运行时分配AR的代价。如果调用约定要求调用者保存自身的寄存器，那么q的AR不需要寄存器保存区。

叶过程

不包含过程调用的过程。

如果语言不允许闭包，那么，与为每个叶过程分配一个静态AR相比，编译器还可以做得更好。在执行期间任一时刻，只有一个叶过程是活动的。（如果有两个叶过程是活动的，那么第一个必定要调用第二个过程，因此第一个过程就不会是叶过程。）因而，编译器可以为所有叶过程分配单一静态AR。该静态AR必须足够大，以容纳程序中任一叶过程。任何叶过程中声明的静态变量都可以分配在这个单一的AR中。对叶过程使用单一的静态AR，节省了为每个叶过程分配独立静态AR的空间开销。

合并活动记录

如果编译器发现一组过程总是按固定的序列调用，那么编译器可以合并其活动记录。例如，如果从p调用q总是会导致调用r和s，那么编译器同时为q、r和s分配AR可能比较有利。合并AR可以节省分配操作的代价，这种做法的收益与分配操作的代价成正比。实际上，这种优化受到了分离编译和函数值参数的限制。二者都限制了编译器确定运行时实际调用关系的能力。

6.3.3　面向对象语言的命名空间

关于面向对象设计、面向对象编程和面向对象语言，已经有了大量的著述。诸如Simula、Smalltalk、C++和Java这样的语言，都支持面向对象编程。许多其他语言也有相应的扩展特性，使之能够支持面向对象编程。遗憾的是，面向对象这个术语已经被赋予了太多不同的语义和实现，实际上它表示了多种语言特性和程序设计范型。

我们将会看到，如果考虑传统的转换，即收集可执行程序的全部最终细节的处理过程，那么并非所有的面向对象语言都是可编译的。一些面向对象语言的特性，会产生直至运行时才能彻底推断的命名空间。这些语言的实现依赖于运行时机制，从解释到运行时编译（即所谓的JIT编译器）。因为解释器和JIT编译器使用许多与编译器相同的数据结构，我们描述此问题时将临时假定此类语言也可以在传统编译器上实现（实际上不行）。

---

① 这一小节隐含的假定是，编译生成的程序是单线程的，或者静态AR需要按线程分配。——译者注

JIT编译器

在运行时执行传统编译器的一部分任务，这样的方案通常称为JIT编译器或JIT。

在JIT中，编译时间成为运行时间的一部分，因此JIT强调编译时效率。

从编译器的视角来看，面向对象语言重组了程序的命名空间。大多数面向对象语言保持了类Algol语言面向过程的词法作用域惯例，用于过程化代码内部。它们向这种经典的命名方案添加了另一组命名惯例，围绕数据的布局（特别是对象的定义）展开。这种以数据为中心的命名规范产生了另一个作用域层次结构，和另一种解析名字的机制，即将源语言名字映射到运行时地址，使得编译后代码可以访问与名字关联的数据。

面向对象语言的术语

面向对象语言的多样性，已经在我们用于讨论它们的术语中引起了一些二义性。为使本章的讨论具体些，我们将使用下列术语。

(1) **对象** 对象是一个抽象，具有一个或多个成员。这些成员可以是数据项、操纵数据项的代码或其他对象。具有代码成员的对象称为类。每个对象都有内部状态，即生命周期等同于该对象的数据。

(2) **类** 类是具有相同抽象结构和特征的对象的集合。类的数据成员分别定义在类的每个实例中，类的代码成员（**方法**）定义在类本身中。一些方法是**公有的**，即从外部可见，另外一些是私有的，从类外部不可见。

(3) **继承** 继承指类之间的一种关系，在类的名字作用域上定义了一个偏序。每个类可以有一个**超类**，类从超类继承代码和数据成员。如果a是b的超类，则b是a的子类。一些语言允许类有多个超类。

(4) **接收器** 方法是相对于某个对象调用的，该对象称为方法的**接收器**。在方法内部，接收器通过特指的名字为人所知，如this或self。

面向对象语言的复杂性和能力，在很大程度上来源于多个命名空间在组织方面提供的大量可能性。

继承在应用程序中的类上添加一个祖先关系。按照声明，每个类都有一个或多个父类/超类。继承既改变了应用程序的命名空间，又改变了从方法名到实现的映射。如果 α 是 β 的一个超类，那么 β 是 α 的一个子类，α 中定义的任何方法（如果在 β 中可见）都必须能够在类 β 的对象上正确地运行。反之则不真，在类 β 中声明的一个方法不能应用到其超类 α 的对象上，因为 β 中的方法可能需要使用类 β 才存在的某些字段（类 α 的对象中没有）。

不同语言指定子类的语法和术语各不相同。在Java中，子类扩展其超类，而在C++中，子类派生自其超类。

可见性

在运行方法时，它可以引用多个作用域层次中定义的名字。方法是一个过程，有其自身的命名空间，由过程的嵌套词法作用域定义。方法可以使用类Algol语言定义的常用惯例，访问这些作用域中的名字。方法是相对于某个接收器调用的，它可以访问该对象自身的成员。方法定义在接收器对应的类中，方法可以访问该类的成员，通过继承还可以访问其超类的成员。最终，程序会建立某个全局命名空间，并在其中执行。运行的方法可以访问该全局命名空间中包含的任何名字。

为具体说明这些问题，考虑如图6-6所示的抽象例子。其中定义了一个类Point，该类的对象有整数字段x和y，以及方法draw和move。ColorPoint是Point的一个子类，它对Point进行了扩展，添加了一个类型为Color的字段c。它使用Point的方法move，覆盖了其方法draw，定义了一个新方法test，该方法在进行某些计算后调用draw。最后，类C定义了本身的一些字段和方法，它使用了ColorPoint。

```
class Point {
    public int x, y;
    public void draw() {...};
    public void move() {...};
}

class ColorPoint extends Point {        // inherits x, y, & move()
    Color c;                            // local field of ColorPoint
    public void draw() {...};           // hide Point's draw()
    public void test() {...; draw();};  // local method
}

class C {
    int x, y;                           // local fields
    public void m() {                   // local method
        int y;                          // local variable of m
        Point p = new ColorPoint();     // uses ColorPoint and, by
        y = p.x                         // inheritance, Point
        p.draw()
    }
}
```

图6-6　Point和ColorPoint的定义

现在，考虑在类C的方法m内部可见的名字。方法m将x和y映射到其在类C中的声明。方法中明确地引用了类名Point和ColorPoint。赋值操作y = p.x中，右侧是来自于对象p的字段x，p的x字段继承自类Point。赋值操作的左侧引用了m的局部变量y。对draw的调用映射到ColorPoint中定义的方法。因而，m引用了来自例子中所有三个类的定义。

为转换这个例子，编译器必须跟踪方法内部和类内部的作用域规则建立的名字/作用域层次结构，同样还需要跟踪通过extends建立的类与超类的继承层次结构所产生的名字/作用域层次结构。在该环境下的名字解析不仅取决于代码定义的细节，也取决于数据定义所形成的类的结构。为转换面向对象语言的程序，编译器必须同时对代码的命名空间和与类层次结构相关联的命名空间进行建模。相应模型的复杂度取决于特定的面向对象语言的细节。

另外，一些面向对象语言对各个名字提供了属性，可以改变其可见性，这又增加了最后一个复杂性。例如，Java名字可以有属性public或private。类似地，一些面向对象语言提供了一种机制，可以引用因作用域嵌套而被隐藏的名字。在C++中，::运算符允许代码指定一个作用域，而在Java中程序员可以使用全名（fully qualified name）。

> 在Java中，public使得一个名字处处可见，而private使得名字只在其自身所属的类内部可见。

类层次结构中的命名

类层次结构定义了一组嵌套的名字作用域，正如类Algol语言中嵌套过程和块语句那样。在类Algol语言中，词法上的位置定义了这些名字作用域之间的关系：如果过程*d*声明在过程*c*内部，那么*d*的命名空间嵌套在*c*的命名空间内部。在面向对象语言中，类的声明在词法上可以是分离的，而子类/超类关系是通过显式声明规定的。

为找到一个名字的声明，编译器必须查找词法作用域层次、类层次结构和全局命名空间。对于方法m中的名字x，编译器首先查找包围m中引用x之处的各个词法作用域。如果这一查找失败，编译器将查找包含方法m的类所在的类层次结构。概念上，编译器首先查找声明m的类，接下来查找该类的直接超类，接下来查找超类的直接超类，依次类推，直至找到名字或穷尽类层次结构为止。如果词法作用域层次或类层次结构都无法找到该名字，编译器将查找全局命名空间。

直接超类

> 如果类α扩展了β，那么β是α的直接超类（direct superclass）。如果β有一个超类γ，那么根据传递性，γ是α的超类，但它不是α的直接超类

为支持面向对象语言的更复杂的命名环境，编译器编写者使用处理类Algol语言所用的同一套基本工具：即符号表的链接集合（参见5.5.3节）。在面向对象语言中，编译器只是使用比类Algol语言中更多的表，且使用这些表的方式必须反映实际的命名环境。编译器可以将这些表按适当的顺序链接在一起，当然，它也可以分别维持三种表，并按适当的顺序来查找表。

某些面向对象语言的主要复杂性并不在于类层次结构的存在，而是从何时起定义了该层次结构。如果面向对象语言要求类定义出现在编译时且编译后不能发生改变，那么方法内部的名字解析可以在编译时进行。我们说这样的语言有封闭的类结构（closed class structure）。在另一方面，如果语言允许运行的程序改变类结构，或者像Java那样在运行时导入类，或者像Smalltalk那样允许在运行时编辑类，那么，这样的语言有开放的类结构（open class structure）。

封闭的类结构

> 如果应用程序的类结构在编译时就已经固定下来，那么这种面向对象语言具有封闭的类层次结构。

开放的类结构

> 如果应用程序可以在运行时改变其类结构，那么语言具有开放的类层次结构。

Java转换

Java程序设计语言设计为可移植、安全、具有紧凑的表示，从而可供网络传输使用。这些设计目标直接导致了二阶段的转换方案，几乎所有的Java实现都遵循该方案。

在传统意义上，Java代码首先从Java源代码编译为一种IR，称为Java字节码。Java字节码很紧凑，形成了Java虚拟机（Java Virtual Machine，JVM）的指令集。JVM能利用几乎可以在任何目标平台上编译的解释器来实现，这提供了可移植性。因为Java代码在JVM内部执行，JVM可以控制Java代

码和系统之间的交互，限制Java程序非法访问系统资源的能力，这是一个很强的安全特性。

这种设计隐含了一种特定的转换方案。Java代码首先编译为Java字节码。字节码接下来通过JVM解释执行。因为解释执行会增加运行时开销，许多JVM实现包含了一个JIT编译器，可以将频繁使用的字节码序列转换为针对底层硬件的本机码。因此，Java转换是编译和解释的组合。

编译器可以将给定方法m中出现的一个名字映射到m的某个嵌套作用域中的一个声明，或者映射到包含m的类定义。如果该名字在一个超类中声明，编译器确定哪个超类声明了这一名字的能力取决于类结构是开放的还是封闭的。在封闭的类结构下，编译器具有完备的类层次结构信息，因此它可以将所有的名字解析到其声明，而且利用支持命名的适当的运行时结构，编译器可以生成访问任意名字的代码。在开放的类结构下，编译器在运行时之前可能不知道某些类结构信息。这样的语言需要运行时机制解析类层次结构中的名字，这一需求进而又导致了依赖于解释或运行时编译的实现。在具有封闭的类结构的语言中，显式或隐式转换有可能导致类似的情形，例如，C++中的虚函数可能需要运行时支持。

C++具有封闭的类结构。任何虚函数之外的函数都可以在编译时解析。虚函数需要在运行时解析。

6.3.4　支持面向对象语言的运行时结构

正如类Algol语言需要运行时结构来支持其词法命名空间，面向对象语言也需要运行时结构支持其词法作用域层次和类层次结构。其中一些结构与类Algol语言使用的结构是相同的。例如，方法的控制信息以及局部名字对应的存储，都是存储在AR中。而其他的结构，则用来解决面向对象语言引入的特定问题。例如，对象生命周期不必匹配任何特定方法的某一次调用，因此其持久状态无法存储在某个AR中。因而，每个对象需要自身的对象记录（object record，OR）来保存其状态。类的OR实例化了继承层次结构，它们在转换和执行中发挥了关键的作用。

面向对象语言所需运行时支持的数量，严重依赖于该语言的特性。为解释各种可能性，我们将从针对图6-6中的定义可能生成的结构开始，假定语言具有单继承和开放的类结构。从这个基础案例开始，我们将探讨在封闭的类结构下各种可能的简化和优化。

图6-7给出了使用图6-6中的定义实例化三个对象所形成的运行时结构。SimplePoint对象是Point的实例，而LeftCorner和RightCorner都是ColorPoint的实例。每个对象都有自身的OR，Point和ColorPoint类也同样。为完整起见，图中给出了class类的OR。取决于具体的语言，实现可以避开表示其中一些字段、方法向量和指针。

简单对象如LeftCorner的OR，包含一个指针指向定义了LeftCorner的类、一个指针指向类的方法向量和用于保存x、y、c三个字段的空间。请注意，ColorPoint实例中继承而来的字段的偏移量，与这些字段在基类Point中的偏移量是相同的。ColorPoint类的OR，首先是"逐字"复制了Point的OR，而后在其基础上有所扩展。由此产生的一致性，使得超类方法（如Point.move）可以在子类对象（如LeftCorner）上正确地运行。

类的OR包含一个指向其类class的指针、一个指向class方法向量的指针以及本身的字段superclass和class methods。在图中，绘制的所有方法向量都是完备的，即其中包含了对应类的所有方法，无论是本身定义的还是继承而来的。superclass字段记录了继承层次，在开放的类结构中该字段是必需的。class methods字段指向类实例所使用的方法向量。

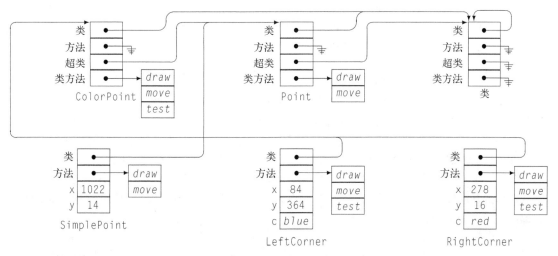

图6-7 ColorPoint例子的运行时结构

为避免图中出现线的缠结而使人迷惑，我们从几个方面简化了方法向量。图中绘制的方法向量是独立的，而非指向共享的类方法向量副本的指针。各个方法向量副本绘制为灰色。class类的methods和class methods字段均为NULL指针。在实际的实现中，这些指针字段可能指向某些方法的集合，进而又使Point和ColorPoint的methods字段变为非NULL指针。

方法调用

编译器如何生成用于调用方法（如draw）的代码？方法总是相对于一个对象（如RightCorner）调用的，即接收器。要使该调用合法，RightCorner在调用处必须是可见的，因此编译器可以发现如何利用符号表查找来找到RightCorner。编译器首先查找方法的词法作用域层次，然后查找类层次结构，最终查找全局作用域。这种查找提供了足够的信息，使得编译器可以输出相应的代码，以获取指向RightCorner的OR的指针。

在编译器输出了代码获取OR指针后，它将定位到OR中偏移量4处的方法向量处。它使用draw的偏移量，即相对于方法向量的偏移量0，以获取指向draw的目标实现的指针。编译器将利用该代码指针进行标准过程调用，当然，这里面有个曲折之处：它将RightCorner的OR指针作为隐含的第一个参数传递给draw。因为编译器定位draw时，是基于RightCorner对象的OR，其中包含了一个指针指向ColorPoint类OR的class methods方法向量，因而上述代码序列可以定位到正确的draw实现。如果调用是SimplePoint.draw，利用同样的过程可以找到Point的方法向量指针并调用Point.draw。

上述例子假定每个类都有一个完整的方法向量。因而，ColorPoint方法向量中对应于move的槽位指向Point.move，而对应于draw的槽位指向ColorPoint.draw。这种方案产生了我们想要的结果，即类x的对象调用的方法实现是在类x内部可见的。另一种方案将只在ColorPoint的class methods方法向量中表示其本身定义的方法，而定位继承而来的方法时，则沿着超类的路径向上跟踪各个超类的OR，其方式类似于词法作用域和AR中使用的访问路径。

对象记录布局

例子中一个微妙的要点是，在超类-子类形成的类层次结构中，实现必须维护OR中名字到偏移量映射的一致性。要使方法（如move）在类实例和子类实例（Point实例和ColorPoint实例）上都能正确运行，那么相关的字段（如x和y）在类实例的OR和子类实例的OR中必须出现在同样的偏移量处。同理，在相关类的方法向量中，同一方法也必须出现在同样的偏移量处。

> "实现"可以是编译器、解释器或JIT。在这些实现下，布局问题是同样的。

如果没有继承，编译器可以为类的字段和方法按任意顺序分配偏移量。它将这些偏移量直接编译到代码中。代码使用接收器的指针（例如this）和偏移量，来定位OR中任意目标字段或方法向量中的任意方法。

在单继承的情况下，OR的布局简单且直接。因为每个类只有一个直接超类，编译器将新增字段追加到超类OR布局的末尾，对原有的OR布局进行扩展。这种方法称为前缀化（prefixing），确保了类层次结构上下各个偏移量的一致性。当对象转换为某个超类时，OR中的字段均处于预期位置。图6-7中的OR遵循了这种方案。

在具有封闭的类结构的语言中，对象记录布局可以在编译时完成，因为所有的超类都是已知的。在具有开放的类结构的语言中，对象记录布局必须在下述两个时间点之间完成：超类结构变为已知，分配OR。如果类结构在编译时是未知的，同时也无法在运行时改变，这些问题可以在链接时或执行开始时解决。如果类结构可以在运行时改变，如Java或Smalltalk，那么运行时环境必须准备好调整对象布局和类层次结构。

❑ 如果类很少改变，调整对象记录布局的开销可以很小。运行时环境，不论是解释器或JIT和解释器，可以在类结构改变时计算对象记录布局并为每个受影响的类建立方法向量。

> 例如，在Java中，类只在类装载器运行的时候改变。因而，类装载器可以触发重建过程。

❑ 如果类经常改变，编译器仍然必须计算对象记录布局并调整它们。但在这种情况下，让实现使用不完全的方法向量并进行查找，就会比每次改变时重建类方法向量更高效（参见下一小节）。

我们来考虑一下最后一个问题：如果语言允许改变已经有实例对象的类的结构，那么会发生什么？向有实例对象的类添加一个字段或方法，必须访问这些对象，为其建立新的OR，并以某种无缝的方法将这些OR关联到运行时环境中。（通常，后一个要求意味着在引用OR时，需要另增加一层间接。）为避免这种复杂性，大多数语言禁止改变已有实例对象的类。

静态分派与动态分派

图6-7所示的运行时结构表示每个方法调用都需要一个或多个load操作，才能定位到方法的实现。在具有封闭的类结构的语言中，编译器可以为大多数调用避免这种开销。例如，在C++中编译器可以在编译时将任何方法确定到对应的具体实现上，除非该方法声明为虚方法。虚方法在本质上意味着，程序员想要针对接收器所属的类来定位方法的实现。

利用虚方法，分派是通过适当的方法向量完成的。编译器输出代码，用于在运行时使用对象的方法向量来定位方法的实现，这个过程称为动态分派（dynamic dispatch）。但是，如果C++编译器可以证明某个虚方法调用有已知且不变的接收器类，那么它可以生成直接调用，有时称为静态分派（static dispatch）。

分派

调用一个方法的过程通常称为分派（dispatch），该术语源自面向对象语言（如Smalltalk）的消息传递模型。

具有开放的类结构的语言必须依赖动态分派。如果类结构可以在运行时改变，那么编译器无法将方法名解析为实现；它必须将该过程推迟到运行时。用于解决该问题的技术，可以是在每次改变类层次结构时重新计算方法向量，也可能是在运行时进行名字解析和类层次结构中的搜索，等等。

- 如果类层次结构很少改变，实现可能只需在每次改变后对受影响的类重建方法向量。在这种方案中，运行时系统必须遍历超类层次结构，来定位方法实现并建立子类的方法向量。
- 如果类层次结构经常改变，实现者可以选择在每个类中只维持不完全的方法向量，即只记录类本身实现的方法。在这种方案中，对超类方法的调用将引发在类层次结构中的运行时搜索，以查找名字相符的第一个方法。

方法缓存

为支持开放的类层次结构，编译器可能需要为每个方法名产生一个检索键值，并维持一个键值到实现的映射，供运行时查找使用。从方法名到检索键值的映射既可以是简单的（使用方法名本身，或对应于该名字的散列索引），也可以比较复杂（使用某种链接时机制，从一个紧凑的整数集中为每个方法名分配一个整数）。但不论是哪种情况，编译器都必须加入可供在运行时查找的表，以便在接收器类最邻近的祖先中定位方法的实现。

为在这种环境下提高方法查找的效率，运行时系统可以实现**方法缓存**（method cache）——用软件模拟大多数处理器中的硬件数据高速缓存。方法缓存只有少量表项，假定是1000项。每个缓存项包含一个键、一个类和一个指向方法实现的指针。动态分派从查找方法缓存开始；如果找到一个符合接收器类和方法键值的项，则返回缓存的方法指针。如果查找失败，分派会从接收器类开始，沿超类的路径向上执行一次完整的查找。它会将找到的结果缓存起来，并返回方法指针。

当然，创建一个新缓存项可能会强制"逐出"其他的缓存项。标准的缓存替换策略，如最近最少使用（least recently used）或循环（round robin），可以选择需要逐出的方法。较大的缓存可以维持更多的信息，但需要更多的内存，查找也会花费更长时间。在类结构改变时，实现可以清空方法缓存，以防止未来的查找出现不正确的结果。

为捕获各次调用之间出现的类型局部性（type locality），一些实现使用了**内联方法缓存**（inline method cache），即位于实际调用位置、只包含单个缓存项的缓存。该缓存根据上一次发生在该位置的调用，存储了接收器的类和方法指针。如果当前接收器类与前一次的接收器类是匹配的，则当前调用将使用缓存的方法指针。对类层次结构的改变必须使该缓存无效，这可以通过改变类的标签完成，也可以通过覆盖每个内联缓存中的类标签完成。如果当前类与缓存的类并不匹配，则进行完全查找，而将查找的结果写入到内联缓存中。

这两种方案都要求语言的运行时库维持方法名的查找表，或者是针对源代码层次上的名字，或者是针对由源代码名字得出的检索键值。每个类都需要在其OR中维护一个小型的词典。运行时名字解析会穿越类层次结构到各个类的字典中查找方法名，其方式类似于5.5.3节描述的符号表束。

面向对象语言的实现试图通过两种通用策略之一来降低动态分派的代价。它们可以运行分析，以证明某个给定的方法调用使用的接收器总是属于同一已知类，这种情况下可以将动态分派替换为静态分派。对于无法确定接收器类的调用以及类可能在运行时改变的情形，实现可以缓存搜索结果以提高性能。在这种方案中，搜索会首先查询方法缓存，而后才搜索类层次结构。如果方法缓存包含了针对接收器类和方法名的映射，调用将使用缓存的方法指针并避免进行查找。

多继承

一些面向对象语言允许多继承，即一个新类可以从几个对象布局不一致的超类进行继承。这种情况提出了一个新的问题：超类方法的编译代码使用的各个偏移量，都是基于该超类的OR布局。当然，不同的直接超类可能为各个字段分配相互冲突的偏移量。为调和这些相互竞争的偏移量，编译器必须采用一种稍微复杂的方案：对来自不同超类的方法，必须使用不同的OR指针。

考虑继承自多个超类β、γ和δ的类α。为设定类α对象的OR布局，实现首先必须为类α的超类β、γ和δ规定一种顺序。它首先针对类β实例设定OR的布局，接下来追加γ类实例的整个OR，然后再追加δ类实例的整个OR。上述三个OR实例中，class指针均指向α类的OR。在上述布局之后，再追加α类本身声明的所有字段。而构建α类实例的方法向量时，只需将α的各个方法指针追加到上述第一个超类实例的方法向量中。

右侧的图给出了类α实例的最终OR布局，我们假定α本身定义了两个字段α_1和α_2，β、γ、δ类各自定义的字段名称类似。α类实例的OR划分为四个逻辑部分：β实例的OR、γ实例的OR、δ实例的OR、α中声明的各个字段。α中声明的方法则附加到第一部分的方法向量中。图中以灰色显示的class指针和methods方法向量，使得超类的方法可以接收到其预期的环境，即对应超类实例的OR布局。

多继承涉及的其余复杂性在于下述事实：在使用图中灰色显示的class指针和methods方法向量调用超类方法时，必须调整类实例对应的OR指针。进行这种调用时，必须根据灰色class指针相对于OR顶部的class指针的偏移量，相应地调整OR指针。用于完成这种调整的最简单的机制是，在方法向量和实际方法之间插入一个trampoline函数（"蹦床"函数）。trampoline会调整OR指针，用原来的参数调用对应的方法，并在返回时逆向调整OR指针。

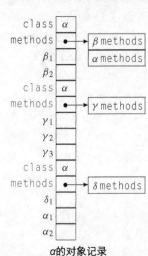

α的对象记录

本节回顾

　　类Algol语言通常使用词法作用域，其中的命名空间是严格嵌套的，名字的新实例将掩盖旧实例。为在局部作用域中保存相关数据，过程需要为每次调用准备对应的活动记录。相比之下，虽然面向对象语言可以为过程局部的名字使用词法作用域，它们还依赖于数据定义的作用域层次，即类定义形成的层次结构。这种双重层次结构的命名空间，导致了名字之间更为复杂的交互和更复杂的实现。

　　两种命名风格都需要运行时结构支持，以反映和实现命名的层次结构。在类Algol语言中，活动记录可以捕获命名空间的结构，为大多数值提供必要的存储，并保持正确执行所必需的状态。

在面向对象语言中，运行代码的活动记录仍然可以捕获命名空间在词法上作用域化的那部分，以及执行的状态；但实现还需要对象记录和类记录的层次结构，以模拟命名空间基于对象的那部分。

复习题

(1) 在C语言中，setjmp和longjmp提供了进行过程间控制转移的一种机制。setjmp创建一个数据结构；在setjmp产生的数据结构上调用longjmp，将使控制转移到紧接setjmp之后的位置继续执行，跳转后的上下文环境就是setjmp执行时的上下文环境。setjmp必须保留哪些信息？当语言的实现在栈分配的AR和堆分配的AR之间切换时，setjmp的实现需要如何改变？

(2) 考虑图6-7中的例子。如果编译器遇到LeftCorner的一个引用及其转换为Point类的实例，那么对转换后的引用调用draw方法时，实际执行的方法实现是哪一个？程序员如何引用draw的其他实现？

6.4 过程之间值的传递

过程概念底层的核心观念是抽象。程序员抽象了对一小组名字（形参）的常见操作，并将这些操作封装到一个过程中。为使用该过程，程序员调用它时，需要将一组值（实参）绑定到形参。被调用者执行时，使用形参的名字来引用通过实参传递进来的值。在程序员需要的情况下，过程可以返回一个结果。

6.4.1 传递参数

参数绑定将调用位置处的实参映射到被调用者的形参。它使得程序员编写过程实现时，无需关注调用过程的上下文信息。它还使得程序员可以从许多不同的上下文环境中调用过程，而不会对每个调用者暴露过程内部操作的细节。因而，对于我们编写抽象、模块化代码的能力而言，参数绑定发挥着关键的作用。

大多数现代程序设计语言使用两种惯例之一将实参映射到形参：传值（call-by-value）绑定和传引用（call-by-reference）绑定。这两种技术在行为上是不同的。通过理解其实现，可以很好地解释二者之间的区别。

1. 传值调用
考虑以下C语言过程和调用它的几个调用位置：

```
int fee(int x, int y) {        c = fee(2,3);
    x = 2 * x;                 a = 2;
    y = x + y;                 b = 3;
    return y;                  c = fee(a,b);
}                              a = 2;
                               b = 3;
                               c = fee(a,a);
```

传值调用

一种约定，调用者对实参求值，并将其值传递给被调用者。

在被调用者中对值参数的修改在调用者中是不可见的。

传名参数绑定

Algol引入了另一种参数绑定机制，**传名**（call by name）。在传名绑定中，引用形参的行为就像是已经用实参替换了其位置（并进行了适当的重命名）。这种简单规则可能导致复杂的行为。考虑Algol 60中以下例子（纯粹为说明问题而编造的代码）：

```
begin comment Simple array example;
   procedure zero(Arr,i,j,u1,u2);
      integer Arr;
      integer i,j,u1,u2;
      begin;
        for i := 1 step 1 until u1 do
          for j := 1 step 1 until u2 do
            Arr := 0;
        end;
   integer array Work[1:100,1:200];
   integer p, q, x, y, z;
   x := 100;
   y := 200;
   zero(Work[p,q],p,q,x,y);
end
```

对zero的调用，将0赋值给数组Work的每个元素。要理解这一点，只需用实参的文本重写zero过程即可。

虽然传名绑定易于定义，它很难实现和理解。一般来说，编译器必须为每个形参生成一个函数，该函数可以对相应的实参求值并返回一个指针。这些函数称为**形实转换程序**（thunk）。生成thunk的工作是复杂的，而每次访问参数时都执行一次thunk，同样代价高昂。最终，这些不利之处压倒了传名参数绑定带来的所有优势。

R程序设计语言是一种统计分析的领域专用工具，实现了传值绑定的一种惰性形式。该实现产生并传递thunk程序，这些thunk在第一次实际引用参数值时调用。第一次调用后，thunk程序（或称promise）便存储了计算结果，供后续引用使用。

使用传值参数传递时（如C语言），调用者将实参的值复制到与相应形参对应的位置上：可以是寄存器，或是被调用者AR中的某个参数槽位。只有一个名字能引用该值，即形参的名字。其值是一个初始条件，在调用时通过对实参求值确定。如果被调用者改变了其值，这一改变仅在被调用者内部可见，调用者是看不到的。

在使用传值参数绑定时，这三个调用将产生以下结果：

传值调用	a		b		返回值
	in	out	in	out	
fee(2,3)	-	-	-	-	7
fee(a,b)	2	2	3	3	7
fee(a,a)	2	2	3	3	6

在使用传值调用时，参数绑定简单且直观。

传值绑定的一种变体是传值兼传结果（call-by-value-result）绑定。在值–结果方案中，在控制从被调用者返回调用者时，会将形参的值反向复制到对应的实参。程序设计语言Ada包含了值–结果参数。值–结果机制也符合FORTRAN 77语言定义的规则。

2. 传引用调用

利用传引用（call-by-reference）参数传递，调用者将对应于实参的指针存储在AR的槽位中。如果实参是变量，则AR中存储的是其地址。如果实参是表达式，调用者首先对表达式求值，将结果存储在自身AR的局部数据区中，然后将指向该结果的指针存储到被调用者AR适当的参数槽位中。常数应该作为表达式处理，以避免被调用者改变常数值。一些语言禁止使用表达式作为传引用形参的实参。

传引用调用

一种约定，编译器将实参的地址传递给被调用者中对应的形参。

如果实参是一个变量（而非表达式），那么改变形参的值会导致实参的值同样发生改变。

6

在被调用者内部，对传引用形参的每次引用都需要一次额外的间接。在两个关键方面，传引用不同于传值。首先，对引用形参的任何重定义都将反映在对应的实参上。其次，任何引用形参都可以绑定到一个变量，在被调用者内部通过另一个名字访问。在发生这种情况时，我们称新的名字为别名（alias），因为它们引用了同一存储位置。别名可能产生违反直觉的行为。

考虑前面的例子，用PL/I重写，其中使用了传引用参数绑定。

```
fee: procedure (x,y)                    c = fee(2,3);
         returns fixed binary;          a = 2;
     declare x, y fixed binary;         b = 3;
     x = 2 * x;                         c = fee(a,b);
     y = x + y;                         a = 2;
     return y;                          b = 3;
     end fee;                           c = fee(a,a);
```

在使用传引用参数绑定时，例子产生的结果不同。第一个调用直接了当。第二个调用重新定义了a和b的值：这些改变对调用者是可见的。第三个调用导致x和y引用了同一内存位置（因而，也是同一个值）。这个别名改变了fee的行为。第一个赋值，使a的值变为4。第二个赋值，使a变为8，而fee也返回8，与之对比，fee(2, 2)将返回6。

传引 用调用	a		b		返回值
	in	out	in	out	
fee(2,3)	-	-	-	-	7
fee(a,b)	2	4	3	7	7
fee(a,a)	2	8	3	3	8

别名

当两个名字引用同一内存位置时，两者互称别名。

在例子中，第三个调用在fee内部的x和y之间建立了别名关系。

3. 参数的存储空间

参数表示的长度会影响到过程调用的代价。标量值（如变量和指针）是存储在寄存器中，或存储在被调用者AR的参数区中。使用传值参数时，将存储参数的实际值；而使用传引用参数时，将存储参数的地址。但不论是哪种情况，每个参数花费的代价都很小。

大型的值，如数组、记录或结构，对传值调用提出了问题。如果语言要求复制大型的值，那么将其复制到被调用者参数区的开销，会显著增加过程调用的代价。（在这种情况下，程序员可能想要模拟传引用，即传递指向对象的指针，而非对象本身。）一些语言允许实现对这样的对象传引用。另一些语言则包含一些规定，程序员能够据此指定对特定的参数传引用是可接受的，例如，C语言中的const属性向编译器保证，具有该属性的参数不会被修改。

6.4.2   返回值

为从函数返回一个值，编译器必须为返回值预留空间。因为根据定义，返回值将在被调用者终止之后使用，它需要的存储空间应该在被调用者AR以外。如果编译器编写者能够确保返回值是定长类型且长度较小，那么它可以将该值存储在调用者的AR或某个指定的寄存器中。

使用传值参数时，链接约定通常指定为第一个参数分配的寄存器来保存返回值。

我们所有的AR绘图中都包含一个用于返回值的槽位。为使用该槽位，调用者需要在自身的AR中为返回值分配空间，然后将指向该空间的一个指针存储到其自身AR的返回值槽位中。而被调用者可以从调用者的返回值槽位加载该指针（使用调用者的ARP指针的副本，它已经被预置在被调用者的AR中）。被调用者可以使用该指针访问调用者AR中为返回值分配的空间。只要调用者和被调用者能就返回值的长度达成一致，这种方案就可以工作。

如果调用者不知道返回值的长度，被调用者可能需要为其分配空间（大概在堆上）。在这种情况下，被调用者分配空间，将返回值存储在其中，并将指向该空间的指针存储在调用者AR中的返回值槽位上。在返回时，调用者可以使用在返回值槽位中找到的指针来访问返回值。而调用者必须释放被调用者分配的空间。

如果返回值本身长度很短，小于等于返回值槽位本身的长度，那么编译器可以消除这种间接性。对于长度小的返回值，被调用者可以将该值直接存储到调用者AR的返回值槽位中。调用者接下来可以直接使用其AR中的这个值。当然，这种改进要求编译器在调用者和被调用者两方以同样的方式处理该值。幸好，过程的类型签名可以确保二者在编译时都有相应的必要信息。

6.4.3　确定可寻址性

作为链接约定的一部分，编译器必须确保每个过程对其需要引用的每个变量都能产生一个地址。在类Algol语言中，过程可以引用全局变量、局部变量和外层词法作用域中声明的任何变量。一般来说，地址计算包括两个部分：在目标值所处的作用域中，找到包含目标值的适当数据区的基地址，找到值在该数据区内部的正确偏移量。获得基地址的问题分成两种情形：具有静态基地址的数据区，和直至运行时才能得知基地址的数据区。

> **数据区**
> 　为特定作用域保存数据的内存区称为该作用域的数据区。
> **基地址**
> 　数据区的开始地址通常称做基地址。

1. 具有静态基地址的变量

在编译器通常的安排下，全局数据区和静态数据区具有静态基地址。为此类变量产生地址的策略很简单：算得该数据区的基地址，置于寄存器中，再加上变量相当于基地址的偏移量。编译器的IR通常会包含地址模型，以表示这种计算：例如，在ILOC中，loadAI表示"寄存器 ＋立即数偏移量"模式，而loadAO表示"寄存器 ＋寄存器"模式。

要生成静态基地址的运行时地址，编译器需要对数据区添加一个符号性的、汇编层次的标号。取决于具体的目标机指令集，该标号可以用于加载立即数的load操作中，也可以用于初始化一个已知的内存位置，在后一种情况下，可以用标准的load操作将其加载到寄存器中。

编译器通过重整[①]对应的名字来为基地址构造标号。通常，名字重整会使用在汇编代码中合法但在源语言中无效的字符，向原来的名字添加一个前缀或后缀（或两者）。例如，重整全局变量名fee可能会产生标号&fee.；标号接下来附加到一个汇编语言的伪操作中，为fee分配空间。为将一个地址加载到寄存器，编译器可以输出loadI &fee. ⇒ r_i这样的操作。后续的操作接下来可以使用r_i来访问fee所在的内存位置。对于汇编器和装载器来说，这个标号变为一个可重定位符号，两者会将其转换为一个运行时虚拟地址。

> **名字重整**
> 　根据源语言名字来构造唯一串的过程称为**名字重整**（name mangling）。
> 　如果&fee.对立即数加载来说太长，编译器可能需要使用多个操作来加载该地址。

全局变量可以逐一设定标号，或按组设定标号。例如，在FORTRAN中，语言将全局变量收集到公用块中。典型的FORTRAN编译器会为每个公用块确定一个标号。它会为各个公用块中的每个变量分配一个偏移量，并生成相对于公用块标号的load/store操作。如果数据区的长度超出了"寄存器 ＋偏移量"操作中的偏移量所能表示的范围，那么可以将数据区分为多个部分，每个部分设定一个标号。

类似地，编译器可以将单个作用域中所有的静态变量合并到一个数据区中。这降低了非预期命名

---

　① mangling，重整，也译为改编、修饰或碾轧。——译者注

冲突的可能性，这样的冲突通常在链接或装载期间发现，可能使程序员颇感困惑。为避免此类冲突，编译器可以根据与相应作用域关联的一个全局可见的名字，来设定标号。这种策略减少了任意时间处于使用中的基地址的数目，也减少了对寄存器的需求。使用过多的寄存器来保存基地址可能会对运行时的整体性能造成不良影响。

2. 具有动态基地址的变量

我们在6.3.2节讲过，过程内部声明的局部变量通常存储在过程的AR中。因而，它们具有动态的基地址。为访问这些值，编译器需要一种机制来找到各个AR的地址。幸运的是，词法作用域规则限制了在代码中任意位置所能访问的AR的集合，该集合只包含当前AR及词法上包含当前过程的其他过程的AR。

当前过程的局部变量

访问当前过程的局部变量很简单。其基地址只是当前AR的地址，存储在ARP中。因而，编译器可以输出代码，将变量对应的偏移量与ARP相加，并将结果作为变量的地址。（该偏移量与变量值的静态坐标中的偏移量是相同的。）在ILOC中上述的编译器可以使用loadAI（从内存加载数据的操作，寻址模式为"地址＋立即数偏移量"）或loadAO（从内存加载数据的操作，寻址模式为"地址＋偏移量"）。大多数处理器为这些常见的操作提供了高效的支持。

有时候，值与ARP之间的偏移量不是常量。该值可能处于寄存器中，在这种情况下不需要load/store操作。如果变量的长度是不可预测的或可变的，编译器会将其存储在为变长对象分配的数据区中（可能在AR末端或堆中）。在这种情况下，编译器可以在AR中为一个指针分配空间，使用该指针指向变量的实际内存位置，并生成一个额外的load操作来访问变量本身。

其他过程的局部变量

为访问某个外层词法作用域的局部变量，编译器必须设法构建一些运行时数据结构，将语法分析器中使用词法上作用域化的符号表产生的静态坐标，映射到运行时地址。

例如，假定词法层次m上的过程fee，引用了fee的词法祖先fie中的变量a，fie位于层次n。语法分析器将该引用转换为一个静态坐标$\langle n, o \rangle$，其中o是a在fie的AR中的偏移量。编译器可以计算fee和fie之间词法层次的数目，即$m - n$。（坐标$\langle m - n, o \rangle$有时称为该引用的静态距离坐标。）

编译器需要一种机制将$\langle n, o \rangle$转换为运行时地址。一般来说，该方案将使用运行时数据结构，来找到最接近的、词法层次为n的过程的AR，并使用相应的ARP作为地址计算的基地址。将偏移量o与基地址相加，即可产生一个运行时地址，对应于静态坐标为$\langle n, o \rangle$的值。这里的复杂性在于，为找到基地址而需要建立并遍历某些运行时数据结构。接下来的两节将考察两种常见的方法：使用存取链（access link）和GD（Global Display）。

3. 存取链

存取链的原理颇为简单。编译器确保各个AR都包含一个指针，称为存取链（access link）或静态链（static link），指向其在词法上紧邻的祖先。从当前过程起，各个存取链形成了一个链表，包括了当前过程在词法上的所有祖先，如图6-8所示。因而，如果有另一个过程的任何局部变量对当前过程是可见的，那么这些局部变量所处的AR必然位于从当前过程开始、由存取链形成的链表中。

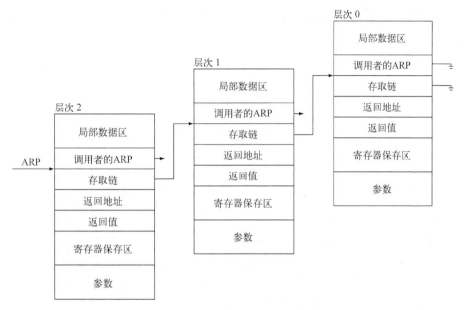

图6-8 使用存取链

为从处于词法层次m的过程中访问一个值$\langle n, o \rangle$，编译器需要输出代码，以遍历存取链形成的链表并找到词法层次为n的ARP。接下来，编译器输出一个load操作，其中使用了词法层次为n的ARP和o。为具体说明这个问题，可以考虑图6-8描述的程序。假定m为2，存取链存储在距ARP偏移量为–4处。下表给出了一组三个不同的静态坐标，与编译器为之生成的ILOC代码相对应。每个ILOC代码序列都将结果置于r_2中。

坐标	代码
$\langle 2,24 \rangle$	loadAI r_{arp},24 $\Rightarrow$ r_2
$\langle 1,12 \rangle$	loadAI r_{arp},–4 $\Rightarrow$ r_1
	loadAI r_1,12 $\Rightarrow$ r_2
$\langle 0,16 \rangle$	loadAI r_{arp},–4 $\Rightarrow$ r_1
	loadAI r_1,–4 $\Rightarrow$ r_1
	loadAI r_1,16 $\Rightarrow$ r_2

因为编译器知道每个引用的静态坐标，它可以计算静态距离$(m - n)$。编译器可以根据这一距离，来确定需要生成多少个跟踪链表所用的load操作，因此编译器能够对每个非局部引用输出正确的代码序列。地址计算的代价正比于静态距离。如果程序呈现的词法嵌套层次很浅，那么访问两个不同层次上的变量时，代价的差别会相当小。

为维护存取链，编译器必须向每个过程调用增加代码，以找到适当的ARP并将其存储到被调用者的AR中作为存取链。对于层次m上的调用者和层次n上的被调用者，会出现三种情形。如果$n = m + 1$，那么被调用者嵌套在调用者内部，被调用者可以使用调用者的ARP作为其存取链。如果$n = m$，被调用者的存取链将等同于调用者的存取链。最后，如果$n < m$，被调用者的存取链是从调用者起、层次为$n-1$的ARP[①]。（如果n为零，则该存取链为NULL）。编译器可以生成一个长度为$m-n+1$的load操作序列，来找到该ARP，并将该指针作为被调用者的存取链。

4. GD

在这种方案中，编译器分配一个单一的全局数组，称为display，来保存各个词法层次上最新激活的过程的ARP。对其他过程的局部变量的所有引用，都可以通过display变为间接引用。为访问位于$\langle n, o \rangle$的一个变量，编译器使用display数组的元素n作为相应的ARP。它使用o作为偏移量并产生适当的load操作，图6-9说明了这种情形。

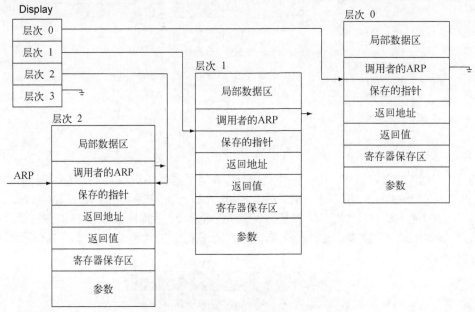

图6-9   使用GD

返回到存取链讨论使用的静态坐标，下表给出了编译器对基于display的实现可能输出的代码。假定当前过程位于词法层次2，标号_disp给出了display的地址。

坐标	代 码
$\langle 2,24 \rangle$	loadAI r_{arp},24 $\Rightarrow r_2$
$\langle 1,12 \rangle$	loadI _disp $\Rightarrow r_1$
	loadAI r_1,4 $\Rightarrow r_1$
	loadAI r_1,12 $\Rightarrow r_2$
$\langle 0,16 \rangle$	loadI _disp $\Rightarrow r_1$
	loadAI r_1,16 $\Rightarrow r_2$

———————————

[①] 原文为存取链，层次x上的存取链指向层次为$x-1$的AR。——译者注

使用display的情况下,非局部访问的代价是固定的。使用存取链的情况下,编译器会生成$m{-}n$次load操作;在使用display时,编译器使用$n \times l$作为display的偏移量,其中l是指针的字节宽度(例子中是4)。局部访问的代价仍然比非局部访问低廉,但利用display,非局部访问的代价变为了常量,不再是变量。

当然,编译器必须在必要处插入维护display的代码。因而,当层次n上的过程p调用层次$n+1$上的某个过程q时,对应于层次n的display数组元素将设定为p的ARP。(在p执行时,该项是不使用的。)要使display的内容维持最新,最简单的方法是:在控制进入p时,由p来更新display中对应于层次n的数组项,而控制从p退出时,恢复该数组项的内容。在控制进入p时,p可以将display中对应于层次n的数组元素,复制到AR中保留的可寻址性槽位,并将其自身的ARP存储到display中对应于层次n的元素处。

对display的许多更新是可以避免的。可以使用过程p存储的ARP的过程,必定是p(直接或间接)调用的某个过程q,其中q嵌套在p的作用域内部。因而,任何过程p,只要不调用其内部嵌套的过程,就不必更新display。这一策略消除了叶过程中对display的所有更新(以及许多其他更新)。

本节回顾

如果过程的根本目的是抽象,那么在过程之间交换值的能力,对过程的实用性很关键。过程之间值的流动有两种不同的机制:使用参数或使用在多个过程中可见的值。在这两种情况下,编译器编写者都必须设定好访问约定和用于支持访问的运行时结构。对于参数绑定,常见的是两种特定的机制:传值和传引用。对于非局部访问,编译器必须输出代码,来计算适当的基地址。这里,两种机制最常用:存取链和display。

在本节阐述的内容中,编译时操作和运行时操作之间的区别最容易混淆,前者如语法分析器查找变量的静态坐标,后者如执行程序时向上跟踪存取链以找到某个外层作用域的ARP。就编译时操作来说,编译器会直接执行相应的操作。就运行时操作而论,编译器将输出代码,在运行时执行对应的操作。

复习题

(1) 早期的FORTRAN实现有某种古怪的bug。如右侧所示的简短程序将输出值16作为其结果。为什么编译器会导致程序产生这样的行为?编译器的正确做法应当如何?(FORTRAN使用传引用参数绑定方式。)

(2) 当引用在外层作用域中声明的变量时,可以使用存取链或GD来确定变量的地址,请对比这两种机制花费的代价。读者将选择何种机制?语言的特性是否会影响到你的选择?

```
subroutine change(n)
  integer n
  n = n * 2
end

program test
  call change(2)
  print *, 2 * 2
end
```

6.5 标准化链接

过程的链接属性是编译器、操作系统、目标机之间的一个契约,对命名、资源分配、可寻址性和保护等职责进行了清楚的划分。过程的链接属性,确保将被编译器转换的用户代码和其他来源的代码(包括系统库应用程序库和其他程序设计语言编写的代码)之间过程的互操作性。通常,所有的编译器在可能的范围内,对给定的目标机和操作系统组合都将使用同样的链接属性。

链接约定将各个过程与具体调用位置处的不同环境隔离开来。假定过程 p 有整数参数 x。对 p 的不同调用,可以将 x 绑定到调用者栈帧中存储的局部变量,也可以是某个全局变量,或是某个静态数组的一个元素,或是某个整数表达式如 $y+2$ 求值的结果。因为链接约定规定了如何对实参求值并存储其值,以及在被调用者中如何访问 x,编译器对被调用者生成代码时,可以忽略不同调用位置处运行时环境之间的差别。只要所有的过程都遵守链接约定,那么具体的细节将严丝合缝,由此产生的值转移,将是符合源语言规格说明的。

链接约定必然是与机器相关的。例如,它隐含地依赖于目标机的相关信息(如可用寄存器的数目)和用于执行调用/返回的机制。

图6-10说明了标准过程链接属性的各个部件是如何组合起来的。每个过程都有一个起始代码序列(prologue sequence)和一个收尾代码序列(epilogue sequence)。而每个调用位置都包含一个调用前代码序列(precall sequence)和一个返回后代码序列(postreturn sequence)。

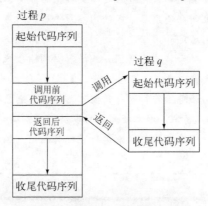

图6-10　标准的过程链接属性

❑ **调用前代码序列**　调用前代码序列开始了构建被调用者环境的处理流程。它对实参求值、确定返回地址、(如有必要)确定为保存返回值而分配的内存空间的地址。如果一个传引用参数当前分配在寄存器中,那么调用前代码序列需要将其存储到调用者的AR中,以便将相应的内存地址传递给被调用者。

AR图中的许多值都可以通过寄存器传递给被调用者。返回地址(即用于保存返回值的内存空间的地址)和调用者的ARP是利用寄存器传值显而易见的候选者。前 k 个实参也可以通过寄存器传递,k 的典型值是4。如果调用有多于 k 个参数,剩余的实参必须存储在被调用者或调用者的AR中。

❑ **返回后代码序列**　返回后代码序列将撤销调用前代码序列执行的各个操作。它必须将基于寄存器的传引用参数和传值兼传结果参数,恢复到对应的寄存器。它还会从寄存器保存区恢复由调用者保存的各个寄存器。它可能需要释放被调用者AR的全部或一部分。

❑ **起始代码序列**　过程的起始代码序列将完成创建被调用者运行时环境的任务。它可能会在被调用者的AR中分配空间，将一部分对调用者通过寄存器传递的值存储到AR中。它必须为局部变量分配空间并根据需要初始化它们。如果被调用者引用了一个特定于过程的静态数据区，它可能还需要将该数据区对应的标号加载到某个寄存器中。

❑ 收尾代码序列　过程的收尾代码序列启动了销毁被调用者环境、恢复调用者环境的处理流程。它可能参与释放被调用者的AR。如果过程返回一个值，收尾代码序列可能会负责将其存储到调用者指定的地址。（另外，针对返回语句生成的代码也可以执行该任务。）最后，它恢复调用者的ARP并跳转到返回地址。

这个框架为建立链接约定提供了一般性的指引。其间涉及的任务中有许多可以在调用者和被调用者之间移动。一般来说，将工作移入到起始代码序列和收尾代码序列中完成，可以产生更紧凑的代码。调用前和返回后代码序列会针对每次调用分别生成，而起始/收尾代码序列对每个过程只生成一次。如果过程被调用的平均次数多于一次，那么起始/收尾代码序列出现的次数，将少于调用前/返回后代码序列。

有关时间的更多问题

在典型的系统中，链接约定是编译器实现者和操作系统实现者在系统开发早期商定的。因而，像寄存器由调用者还是被调用者保存这样的问题，是在设计时决定的。在编译器运行的时候，它必须为每个过程输出起始/收尾代码序列，并为每个调用位置输出调用前/返回后代码序列。这些代码将在运行时执行。因而，编译器不可能知道应该存储到被调用者AR中的返回地址（一般来说，它也不可能知道AR的地址）。但编译器确实包含一种机制，可以在链接时（使用可重定位的汇编语言标号）或运行时（使用相对于程序计数器的某个偏移量）产生返回地址，并将其存储到被调用者AR中的适当位置。

类似地，在使用display为其他过程的局部变量提供可寻址性的系统中，编译器也不可能知道display或AR的运行时地址。尽管如此，它仍然可以输出用于维护display的代码。实现这一点的机制需要两部分信息：当前过程的词法嵌套层次和GD的地址。前者在编译时是已知的，后者可以在链接时使用可重定位的汇编语言标号确定。这样，起始代码序列只需加载对应于当前过程词法层次的display数组项（使用相对于display地址的loadAO操作），并将其存储到AR中（使用相对于ARP的storeAO操作）。最后，它可以将新AR的地址存储到对应于过程词法层次的display槽位中。

---

1. 保存寄存器

在调用代码序列中的某个位置上，调用者预期可以跨调用存在的任何寄存器值，都必须保存到内存中。调用者或被调用者都可以执行实际的保存操作，两种做法各有其优点。如果调用者保存寄存器，可以避免保存调用者不感兴趣的值，这样可能只需保存较少的值。同样，如果由被调用者保存寄存器，可以避免保存它并不使用的寄存器值；这也只需保存较少的值。

调用者保存寄存器
　　指定由调用者保存的寄存器称为调用者保存寄存器。
被调用者保存寄存器
　　指定由被调用者保存的寄存器称为被调用者保存寄存器。

一般来说，编译器可以利用它对被编译过程的认识，来优化保存寄存器的行为。对调用者和被调用者之间任何特定的任务划分，我们都能够构造出程序，使相应的划分方式工作良好或糟糕。大部分现代系统都采用一种折中方式，指定一部分寄存器由调用者保存，另一部分寄存器由被调用者保存。实际看来，这种做法还不错。它支持编译器将"长寿的"值放置到由被调用者保存的寄存器中，这样，仅当被调用者实际上需要使用对应的寄存器时，才会保存寄存器值。它同样支持编译器将"短命的"值放置到由调用者保存的寄存器中，如果调用者对某个寄存器不感兴趣，那么在调用之前就不必保存其值。

2. 分配活动记录

在大多数情况下，调用者和被调用者都需要访问被调用者的AR。遗憾的是，一般来说，调用者无法得知被调用者AR的确切长度（除非编译器和链接器能够协同工作，设法让链接器将适当的值"粘贴"到每个调用位置处）。

如果使用栈上分配的AR，那么可以采用一种折中方法。因为分配操作需要递增栈顶指针，调用者可以这样开始分配被调用者的AR：提升栈顶指针，将值存储到适当的位置。在控制传递到被调用者时，它可以递增栈顶指针为局部数据分配空间，以扩展由调用者部分建立的AR。返回后代码序列可以重置栈顶指针，一步完成所有的释放操作。

如果使用在堆中分配的AR，则不可能渐增式地扩展被调用者的AR。在这种情况下，编译器编写者有两种选择。

(1) 编译器可以通过寄存器传递必须存储在被调用者AR中的值。被调用者的起始代码序列接下来可以分配一个大小适当的AR，并将传递的值存储到其中。在这种方案中，编译器编写者通过将一部分参数值存储在调用者的AR中，来减少需要传递给被调用者的值的数目。访问存放在调用者AR中的参数，需要使用存储在被调用者AR中的调用者ARP的副本。

(2) 编译器编写者可以将AR拆分为多个不同的块，一个块用于保存参数和调用者产生的控制信息，其他的块用于保存被调用者需要使用、但调用者不知道的那部分空间。一般来说，调用者不知道被调用者局部数据区的大小。编译器可以利用重整的标号来存储每个被调用者局部数据区的长度，调用者可以加载该值并使用它。另外，被调用者也可以自行分配本身的局部数据区，并将其基地址保存到寄存器或调用者创建的AR的某个槽位中。

在堆上分配的AR，增加了过程调用的开销。谨慎考虑调用代码序列和分配器的实现可以降低这部分代价。

3. 管理display和存取链

管理非局部访问的两种机制都需要在调用代码序列中进行一些工作。使用display，则起始代码序列会更新对应于过程本身词法层次的display数组项，而收尾代码序列会恢复该数组项。如果过程从不调用更深的嵌套过程，那么可以跳过这个步骤。使用存取链，调用前代码序列必须为被调用者定位一个适当的初始存取链。而这部分工作量，会因调用者和被调用者之间词法层次的差别而相应变动。只要被调用者在编译时是已知的，两种方案都相当高效。如果被调用者是未知的（例如，函数值参数），编译器可能需要输出"特例"代码，以执行适当的步骤。

本节回顾

过程的链接属性将不同的过程联系起来。链接约定是编译器、操作系统和底层硬件之间的社会契约。它支配了过程之间的控制转移、调用者状态的保存、被调用者状态的创建和在二者之间传递值的规则。

借助标准的过程链接属性，我们能够组合根据不同作者编写的过程得到的可执行程序、在不同时间转换的可执行程序、利用不同编译器编译的可执行程序。过程的链接属性使得每个过程都能够安全、正确地运行。同样的链接约定，使得应用程序代码能够执行系统调用和库调用。虽然链接约定的细节因具体系统而有不同，但其基本概念在目标机、操作系统和编译器的大多数组合上，都是类似的。

复习题

(1) 在构建大型程序时，链接约定发挥了什么作用？在构建跨语言程序时呢？在需要为跨语言调用生成代码时，编译器必须知道哪些事实？

(2) 如果编译器在转换过程调用时，知道被调用者本身并不包含任何过程调用，那么在调用代码序列中它可以略去哪些步骤？这种情况下，被调用者是否从不使用AR中的某些字段？

6

6.6 高级主题

编译器必须安排分配空间，以保存6.3节讨论的各个运行时结构。对于某些语言，这些结构的生命周期与栈的后进先出规范匹配不佳。在这类情况下，语言实现需要在运行时堆中分配空间，即为此类对象保留一个内存区，通过运行时支持库的例程管理。编译器还必须为生命周期与控制流无关的其他对象安排存储，如Scheme程序中的许多列表或Java程序中的许多对象。

我们可以为堆设想一个简单的接口，即例程allocate(size)和例程free(address)。allocate例程获取一个整型参数size，返回堆中一块空间的地址，该内存块至少包含size字节。free例程获取堆中一块此前分配的内存空间的地址，并将其返还给空闲空间池。在设计显式管理堆的算法时，关键的问题是allocate和free的速度，以及空闲空间池碎片化的程度。

本节概略描述在运行时堆中分配和释放空间涉及的算法。6.6.1节专注于堆的显式管理所用的技术。其中描述了在各种方案下实现free的方式。6.6.2节考察隐式的释放方式，即避免调用free的技术。

6.6.1 堆的显式管理

大多数语言的实现都包含一个运行时系统，为编译器生成的代码提供支持函数。运行时系统通常规定了对运行时堆的管理。实现堆的实际例程可能是特定于语言的（如Scheme解释器或Java虚拟机），有可能是底层操作系统的一部分（如malloc和free的Posix实现）。

虽然已经提出了许多用于实现allocate和free的常见技术，但大多数实现共享了一些常见的策略和见解。本节探讨了一种简单的策略，即最先适配分配（first-fit allocation），将大多数问题暴露出来，然后说明如何使用像最先适配这样的策略来实现现代的分配器。

1. 最先适配分配

最先适配分配器的目标是在堆中快速分配/释放空间。最先适配对速度的强调要甚于对内存的利用。堆中的每个内存块都一个隐藏字段，标明了其长度。一般来说，长度字段位于allocate返回的地址之前的一个字内，如图6-11a所示。可用于分配的内存块位于一个称为空闲链表（free list）的链表上。除了强制性的长度字段之外，空闲链表上的块还有一些额外的字段，如图6-11b所示。每个空闲块都有一个指针指向空闲链表上的下一个块（最后一个块的指针设置为NULL），而块的最后一个字是一个指针，指向块本身。为初始化堆，分配器创建一个空闲链表，包含一个大的未分配的内存块。

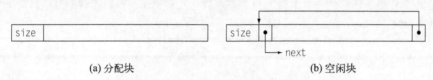

(a) 分配块   (b) 空闲块

图6-11   最先适配分配器中的内存块

调用allocate(k)将导致发生以下事件：allocate例程遍历空闲链表，直至找到一个长度（size字段）大于等于k加上一个字的块。假定allocate找到了一个适当的内存块b_i，它从空闲链表移除b_i。如果b_i的长度大于必需的值，那么可以利用b_i末尾的多余空间创建一个新的空闲块，并将其置于空闲链表上。allocate例程返回一个指针，指向b_i的第二个字。

如果allocate无法找到一个足够大的块，它将试图扩展堆。如果它成功地扩展了堆，将从堆中新分配的部分返回一个长度适当的块。如果扩展堆的操作失败，allocate将报告失败（通常返回一个NULL指针）。

为释放一个块，程序需要用块b_j的地址调用free。在*free*最简单的实现中，只是将b_j添加到空闲链表的头部并返回。这样做将产生一个运行快速的free例程。遗憾的是，采用这种设计的分配器，随着时间的过去，将导致堆中内存块的碎片化（即出现大量长度较小的内存块）。

为克服这种缺陷，分配器可以使用被释放块末尾的指针，来合并相邻的空闲块。free例程可以加载b_j的size字段之前的一个字，这正是内存中紧邻b_j、且位于b_j之前的块的块尾指针。如果该字包含一个有效指针，并指向一个匹配的块的头部（即其地址加上其size字段的值，指向b_j的起始处），那么b_j和其前趋块都是空闲的。这种情况下，free例程可以合并二者：增加前趋块的size字段值，使之涵盖b_j块，并在b_j的尾部存储适当的指针。合并块使得free避免了更新空闲链表。

为使这种方案能够工作，allocate和free必须维护块尾指针。每次free处理一个块时，它必须更新该指针，将其设置为块头部的地址。而分配例程必须使next指针或块尾指针变为无效值，以防free将空闲块和已分配内存合并起来（如果已分配块的上述字段没有被改写，free将无法辨识出已分配块）。

free例程还可以尝试合并b_j与其在内存中的后继b_k。它可以使用b_j的size字段，来定位b_k的起始处。它可以使用b_k的size字段和块尾指针，来判断b_k是否是空闲的。如果b_k是空闲的，那么free可以合并两个块：从空闲链表删除b_k，并将b_j添加到空闲链表，同时适当地更新b_j的size字段和块尾指针。为使更新空闲链表的操作更为高效，空闲链表应该是一个双链表。当然，维护链表所用的指针存储在未分配的块中，因此空间开销不是问题。而更新双链空闲链表所需的额外时间也是极小的。

基于内存池的分配

在编译器自身内部，编译器编写者可能会发现使用专门化的分配器有利可图。编译器具有面向阶段的行为特征。这使其颇为适合基于内存池的分配方案。

利用基于内存池的分配器，程序在活动开始时创建一个内存池。它使用内存池来保存已分配的对象，同一内存池中的对象，其用途是相关的。调用内存池分配对象的接口时，实际分配操作以类似栈的方式完成；分配涉及递增指向内存池"高水位线"（High-Water Mark，简称HWM）的指针，同时返回指向新分配内存块的指针。不需要调用特定的接口来释放各个对象，当包含对象的内存池被释放时，其中的各个对象自然会一同释放。

基于内存池的分配器是传统分配器和垃圾收集分配器之间的折中方案。利用基于内存池的分配器，对allocate的调用可以变得更为轻量级（与现代分配器比较）。这种方案下不需要free调用，程序完成活动后，会一次释放与之相应的整个内存池。

如前文所述，合并方案依赖于下述事实：即空闲块中块尾指针和size字段的关系在已分配内存块中是不存在的。虽然分配器将已分配内存块识别为空闲的可能性非常低，但这是可能发生的。为防范这种小概率事件，实现者可以将块尾指针变为一个恒定的字段，在已分配块和空闲块中均存在。在分配内存时，块尾指针设置为堆以外的一个地址，如0。在释放时，块尾指针设置为块本身的地址。这种附加保证的代价是每个已分配内存块增加一个额外的字段，每次分配增加一次额外的store操作。

人们已经尝试过最先适配分配的许多种变体。他们尝试对allocate的代价、free的代价、一长串分配操作导致的碎片数量、返回比请求长度更大的内存块所浪费空间的数量等方面进行权衡折中。

2. 多内存池分配器

现代分配器派生自最先适配分配，但利用几个有关程序行为的见解进行了简化。在20世纪80年代早期，随着内存数量的增加，如果浪费一些内存空间可以使分配操作更快速，那么这样的做法变得较为合理。同时，对程序行为的研究表明，实际的程序频繁使用少量常见的长度来分配内存，而很少指定较大的长度或不常见的长度来分配内存。

现代分配器分别对几个常见的长度使用独立的内存池。通常，选定的长度都是2的幂，从较小的块长度（如16字节）开始，递增至虚拟内存页的长度（通常是4096或8192字节）。每个内存池只有一种长度的内存块，因此分配操作只需返回对应空闲链表上的第一个块，free只需将块添加到对应空闲链表的头部。对于分配长度大于一页的请求，将使用一个独立的最先适配分配器，基于这种思想的分配器比较快速。对利用堆分配活动记录的做法，这种分配器特别适用。

这种改变同时简化了allocate和free。allocate例程必须检查空闲链表为空的情形，如果空闲链表为空，则向其中添加一个新页。free例程将被释放的内存块插入到与其长度相对应的空闲链表头部。谨慎的实现可以将被释放块的地址与为每个内存池分配的内存段对照，来确定被释放内存块的长度。另一种方案仍然使用一个size字段，且如果分配器将一个内存页的所有内存都分配给单个内存池，那么它会将页中所有内存块的长度存储在页的第一个字中。

3. 协助调试

使用显式的内存分配/释放机制编写的程序很难调试。看起来程序员在判断何时释放堆中分配的对象时颇有困难。如果分配器能够快速区分已分配的对象和空闲的对象，那么在调试过程中堆管理软件可以向程序员提供一些帮助。

例如，为合并相邻的空闲块，分配器需要块尾指针指向其头部。如果已分配内存块将该指针设置为无效值，那么释放内存块的例程可以检查该字段，在程序试图释放空闲块或指定非法块地址（即指针并非指向已分配内存块的起始处）时报告运行时错误。

只需少量额外的开销，堆管理软件即可提供额外的帮助。通过将已分配内存块连接起来，分配器可以为内存分配调试工具创建一个环境。快照工具可以遍历已分配内存块的链表。用分配内存块时的调用位置来标记已分配内存块，以便工具能够暴露内存泄漏问题。对内存块加时间戳则使得工具能够向程序员提供有关内存使用的详细信息。在定位从未释放的内存块时，这种工具可以提供宝贵的帮助。

6.6.2　隐式释放

许多程序设计语言支持对堆上分配对象的隐式释放。在对象不再使用时，语言的实现将自动释放对应的内存。这要求在分配器和编译后代码的实现中稍加谨慎。为进行隐式释放，也叫垃圾收集（garbage collection），编译器和运行时系统必须包含一种机制，以确定一个对象何时不再被关注（即生命周期结束），此外还需要回收和重用此类内存空间的机制。

垃圾收集

> 隐式释放运行时堆中存在的对象。

与垃圾收集相关的工作可以渐增式地进行，即对每个语句逐一执行，也可以将其设计为按需运行的批处理任务，在空闲空间池用尽时执行。引用计数是执行增量式垃圾收集的经典方法。标记–清除（mark-sweep）垃圾收集算法是执行批处理式垃圾收集的经典方法。

1. 引用计数

这种技术向堆上分配的每个对象增加一个计数器。该计数器跟踪引用该对象的活跃指针的数目。在分配器创建对象时，会将其引用计数设置为1。对指针变量的每次赋值都会调整两个引用计数。首先将指针赋值前的值引用计数减1，然后将指针赋值后的值引用计数加1。当一个对象的引用计数降低到0时，则不存在可以访问到该对象的指针，系统可以安全地释放该对象。而释放对象反过来又会丢弃指向其他对象的指针。这又必须将相关对象的引用计数分别减1。因而，丢弃指向抽象语法树的最后一个指针，应该就释放了整个树。在根结点的引用计数降低到0时，根结点本身被释放，其子结点的引用计数分别减1。这应该就释放了根结点的子结点，同时又导致子结点的子结点引用计数减1。这个过程会持续下去，直至整个AST被释放.

已分配对象中指针的存在为引用计数方案带来了问题，描述如下。

(1) 运行中的代码需要一种机制来区分指针和其他数据。它需要在每个对象的头部字段中存储额外的信息，或者需要限制指针的位宽，使之小于一个完整的字，并用节省的比特位来“标记”指针。批处理垃圾收集器面临着同样的问题，也会使用同样的解决方案。

(2) 因单一的引用计数减1导致的工作量，可能会增长到很大。如果外部约束要求释放操作在有限时间内完成，运行时系统可以采用一种更复杂的协议，来限制每次指针赋值释放的对象的数目。通过维持一个必须释放的对象的队列，并限制每次调整引用计数时处理的对象数目，系统可以将释放对象的代价分散到大量操作上。这种做法将释放对象的代价平摊到堆上分配对象的所有赋值操作上，从而限制了每次赋值需要完成的工作量。

(3) 程序可能利用指针形成有环的图。有环的数据结构，其引用计数无法降低到0。在丢弃最后一个外部指针之后，环本身变得无法访问也无法释放。为确保释放所有此类对象，程序员在丢弃指向环的最后一个指针之前，必须打破环。（备选方案是在运行时对指针进行可达性分析（reachability analysis），这将使得引用计数的代价过于高昂。）堆上分配的对象中，有许多类别并不涉及环，如变长串和活动记录。

引用计数方法在每次指针赋值时都涉及额外的代价。可以通过一些方法来限制单次指针赋值操作涉及的工作量。在任何设计完善的方案中，总的代价可以限制为：某个常数因子乘以指针赋值的次数，加上分配的对象数目。引用计数的支持者认为这些开销足够小，而且引用计数系统中的重用模式可以产生良好的程序局部性（program locality）。引用计数的反对者认为实际的程序执行的指针赋值操作多于分配操作，而垃圾收集用更少的总工作量实现了等价的功能。

2. 批处理垃圾收集器

批处理垃圾收集器仅当空闲空间池用尽时才考虑执行释放操作。在分配器无法找到所需空间时，它将调用批处理垃圾收集器。该收集器会暂停程序执行，考察已分配内存的池，以发现未使用的对象，并回收其空间。在收集器终止时，空闲空间池通常是非空的。因而分配器可以完成其原本的任务，将一个新分配的对象返回给调用者。（类似引用计数，也存在渐增式执行垃圾收集的方案，以便将垃圾收集操作的代价平摊到更长的执行期上。）

如果收集器无法释放任何空间，那么它必须从系统中请求分配额外的空间。如果没有额外空间可用，那么分配失败。

逻辑上，批处理垃圾收集器分两个阶段进行处理。第一阶段根据程序变量和编译器生成的临时变量中存储的指针，找到可以借助这些指针到达的对象的集合。收集器保守地假定：任何能够以此方式访问的对象都是活动的，而其余的对象则是死的。第二阶段释放并回收死对象。两种常用的技术分别是标记-清除收集器和复制收集器。两者的不同之处在于垃圾收集第二个阶段（回收）的实现。

3. 标识活动数据

垃圾收集分配器通过使用标记算法来找到活动对象。收集器对堆中的每个对象都需要一个比特，称为标记位（mark bit）。该比特可以存储在对象的头部，与记录指针位置或对象长度的标记信息并存。另外，必要时收集器还可以为堆创建一个"稠密的"位图（即位图中的每位表示一个对象）。第一步清除所有的标记位，并建立一个WorkList，包含所有存储在寄存器中或当前过程及其他挂起过程可访问的变量中的指针。算法的第二阶段将遍历这些指针，并标记从"可见"指针集能够到达的每个对象。

图6-12给出了一个标记算法的整体概述。这是一个简单的不动点计算，它之所以会停止是因为堆是有限的，而标记位又防止了堆中包含的对象多次进入WorkList。在最坏情况下，标记算法的代价正比于程序变量和临时变量中包含的指针数目加上堆的大小。

标记算法可以是精确的或保守的。两者的差别在于算法在while循环的最后一行判断特定的数据值是否为指针的方式。

❏ 在精确的收集器中，编译器和运行时系统了解每个对象的类型和布局。该信息可以记录在对象头部，或可以隐含地从类型系统获知。不管怎样，在标记阶段都只会跟踪真正的指针。

❏ 在保守算法的标记阶段，编译器和运行时系统可能并不确定某些对象的类型和布局。因而，在标记一个对象时，系统会考虑可能为指针的每个字段。如果其值可能是指针，它就被当做指针处理。如果值描述的不是一个对齐到字的地址，都可以排除；同样，超出堆的地址范围的值也可以排除。

```
Clear all marks
Worklist ← { pointer values from activation records & registers }
while (Worklist ≠ Ø)
    remove p from the Worklist
    if (p→object is unmarked)
        mark p→object
        add pointers from p→object to Worklist
```

图6-12　简单的标记算法

保守式垃圾收集器是有限制的。它们无法回收精确收集器能够发现的某些对象。尽管如此，保守式垃圾收集器已经成功地改装到通常不支持垃圾收集的语言的实现中（如C语言）。

在标记算法停止时，任何未标记的对象必定是从程序中不可到达的。因而，收集器的第二个阶段可以将这些对象视为死亡。一些标记为活动的对象可能是死的。但因为收集器无法证明它们是死的，所以使之继续处于活动状态。在第二阶段遍历堆收集垃圾时，可以将对象的标记字段重置为"未标记"状态。这使得收集器在标记阶段开始时可以避免遍历堆（清除标记位）。

4. 标记–清除收集器

标记–清除收集器通过线性遍历堆来回收并重用对象。收集器将每个未标记的对象添加到空闲链表（或空闲链表之一），分配器通过空闲链表来重用回收的对象。在使用单一空闲链表的情况下，最先适配分配器中合并块的技术也可以用到。如果希望进行缩并（compaction），那么既可以在清除阶段以增量方式向下移动活动的对象，也可以在清除阶段之后增加一趟缩并处理。

5. 复制收集器

复制收集器将内存划分为两个池，一个旧内存池和一个新内存池。分配器总是基于旧内存池运行。复制收集器中最简单的类型称为停止–复制（stop and copy）收集器。在分配失败时，停止–复制收集器会将所有活动数据从旧内存池复制到新内存池，并交换新旧内存池的身份标识。复制活动数据的操作，同时也会缩并空闲空间；在垃圾收集完成后，所有空闲空间都处于一个连续的内存块中。垃圾收集可以像标记–清除收集器那样分两趟完成，也可以随着活动数据不断被找到，以增量方式完成。渐增式方案在复制旧内存池中的对象时同时可以标记对象，以免多次复制同一对象。

一类重要的复制收集器是分代收集器（generational collector）。此类收集器利用了以下见解：从一次垃圾收集操作中幸存的对象，更有可能在后续的各次垃圾收集操作中幸存。为利用这个见解，分代收集器会周期性地将其"新"内存池再划分为一个"新"内存池和一个"旧"内存池。用这种方法，连续的各次垃圾收集操作只考察新分配的对象。不同的分代收集方案在多个方面有所不同：声明"新一代"的频繁程度、冻结幸存对象并为之免除下一次垃圾收集操作的具体做法、是否周期性地再度检查较老的各代对象。

6. 各种技术的比较

垃圾收集使得程序员不必操心何时释放内存，也无需跟踪因显式管理分配和释放而导致的内存泄漏问题。各种方案各有优势和弱点。实际上，对于垃圾收集的两种方案来说，在大多数应用程序中隐式释放带来的好处都超过了不利之处。

与批处理式垃圾收集相比，引用计数将释放操作的代价更平均地分布到程序执行的过程中。但是，它增加了涉及堆上分配对象的每个赋值操作的代价，即使程序从不用尽空闲空间，也是如此。相比之下，在分配器用尽空闲空间（因而无法找到所需分配的内存）之前，批处理垃圾收集器并不增加任何代价。但到了用尽空闲空间（因而需要进行垃圾收集）的时候，程序需要一次性付出垃圾收集的全部代价。因而，任何一次内存分配都可能引起垃圾收集操作。

标记–清除收集器会考察整个堆，而复制收集器只考察活动数据。复制收集器实际上会移动每个活动对象，而标记–清除收集器则保持活动对象原地不动。这些代价之间的权衡，会随应用程序的行为和各次内存引用的实际代价而改变。

引用计数实现和保守式的批处理垃圾收集器在识别环状结构时会出现问题，因为它们无法区分来自环内和环外的引用。标记–清除收集器从一组外部的指针开始工作，因此它们可以发现已死亡、不能到达的环状结构。复制收集器虽然也是从同样的一组指针开始工作，但却无法复制环中的对象。

在复制收集器中，内存的缩并是其处理流程的一个自然组成部分。这种收集器或者更新程序所存储的全部指针，或者要求每次访问对象时使用一个间接表。精确的标记–清除收集器也可以缩并内存。该收集器可以将对象从内存的一端移动到另一端的空闲空间中。同样，这种收集器或者重写现存的指针，或者要求使用间接表来访问对象。

一般来说，一个优秀的实现者可以使标记–清除和复制两种垃圾收集方案都能工作得很好，至少可以达到让大多数应用程序接受的程度。如果应用程序无法容忍不可预测的开销，如实时控制器，那么运行时系统必须以增量方式执行垃圾收集，就像是引用计数方案中的均摊方法。这种收集器称为实时收集器。

6.7 小结和展望

要突破汇编语言的窠臼，主要的理由是提供一种更抽象的程序设计模型，并以此来提升程序员的生产率和程序本身的可理解性。程序设计语言支持的每种抽象都需要到目标机指令集的一种转换。本章探讨了通常用于转换其中一些抽象的技术。

过程程序设计在历史上发明于程序设计的早期。最初的过程中，一部分是针对早期计算机编写的调试例程；这些预先编写的例程使得程序员能够理解错误程序的运行时状态。如果没有这样的例程，我们现在想当然的许多任务，如检查变量的值或请求查看调用栈回溯，都要求程序员输入一长串机器语言代码序列，而且不能有错误。

类似Algol 60的语言中词法作用域的引入，影响了语言的设计数十年。大多数现代程序设计语言都继承了Algol在命名和可寻址性方面的一些哲学。为支持词法作用域而开发的技术，如存取链和display，降低了这种抽象的运行时代价。这些技术现在仍然在使用。

面向对象语言拿来类Algol语言的作用域概念，并以面向数据的方法重新应用了作用域的概念。面向对象语言的编译器使用为词法作用域而发明的编译时和运行时结构，来实现特定程序的继承层次所指定的命名规范。

现代语言也提出了一些新的挑战。通过将过程变为"一等"对象，像Scheme这样的语言建立了新的控制流范型。这些要求对传统的实现技术进行变更，例如活动记录的堆分配方式。同样，对隐式释放逐渐增加的接受度，也要求间或以保守方式处理指针。如果编译器能够稍加谨慎，使程序员不用再释放内存，这似乎是个不错的折中。（前辈的经验表明，程序员在释放其分配的内存方面不是那么有效，他们甚至会释放继续被指针引用的对象。）

新的程序设计范型出现后会引入新的抽象，这些需要审慎考虑和实现。通过研究以前的成功技术，理解实际实现涉及的约束和代价，编译器编写者将开发出相应的策略，来减少使用更高层次抽象所致的运行时代价。

本章注释

本章的大部分内容都来自编译器构建社区积累的经验。而学习更多有关各种语言的名字空间结构的知识，最好的途径是查阅语言定义本身。这些文档是编译器编写者的资料库不可或缺的部分。

过程出现在最早的高级语言中，即比汇编语言更抽象的语言。FORTRAN[27]和Algol 60[273]都具有过程机制，已经具备了现代语言中过程的大多数特性。面向对象语言出现在20世纪60年代晚期，先有Simula 67[278]，而后出现了Smalltalk 72[233]。

词法作用域是在Algol 60中引入的，一直持续到今天。早期的Algol编译器引入了本章描述的大部分支持机制，包括活动记录、存取链和参数传递技术。从6.3节到6.5节的大部分内容都已经出现在这些早期系统中[293]。相应的优化也迅速出现了，如将块语句层次作用域的存储合并到所在过程的活动记录中。IBM 370链接约定识别了叶过程和其他过程之间的差别，它们避免了为叶过程分配寄存器保存区。Murtagh采用了一种更完备和系统化的方法来合并活动记录[272]。

关于内存分配方案的经典参考书目是Knuth的*Art of Computer Programming*[231, §2.5]。现代多内存池分配器出现在20世纪80年代早期。引用计数可以追溯到20世纪60年代早期，已经用于许多系统中[95, 125]。Cohen和后来的Wilson，对垃圾收集方面的文献进行了全面综述[92, 350]。保守式垃圾收集器是由Boehm和Weiser引入的[44, 46, 120]。复制收集器因虚拟内存系统[79, 144]而出现；它们在一定程度上很自然地引导了现在广泛应用的分代收集器[247, 337]。Hanson引入了基于内存池的分配[179]。

习题

6.2节

(1) 给出以下C程序的调用树和执行历史：

```
int Sub(int i, int j) {
    return i - j;
}
int Mul(int i, int j) {
    return i * j;
}
int Delta(int a, int b, int c) {
    return Sub(Mul(b,b), Mul(Mul(4,a),c));
```

```
    }
    void main() {
        int a, b, c, delta;
        scanf("%d %d %d", &a, &b, &c);
        delta = Delta(a, b, c);
        if (delta == 0)
          puts("Two equal roots");
        else if (delta > 0)
            puts("Two different roots");
        else
            puts("No root");
    }
```

(2) 给出以下C程序的调用树和执行历史：

```
    void Output(int n, int x) {
        printf("The value of %d! is %s.\n", n, x);
    }
    int Fat(int n) {
        int x;
        if (n > 1)
        x = n * Fat(n - 1);
        else
          x = 1;
        Output(n, x);
        return x;
    }
    void main() {
        Fat(4);
    }
```

6.3节

(3) 考虑以下Pascal程序，其中只给出了过程调用和变量声明：

```
 1    program Main(input, output);
 2      var a, b, c : integer;
 3      procedure P4; forward;
 4      procedure P1;
 5        procedure P2;
 6          begin
 7          end;
 8        var b, d, f : integer;
 9        procedure P3;
10          var a, b : integer;
```

6

```
11              begin
12                P2;
13                end;
14            begin
15              P2;
16              P4;
17              P3;
18              end;
19          var d, e : integer;
20          procedure P4;
21            var a, c, g : integer;
22            procedure P5;
23              var c, d : integer;
24              begin
25                P1;
26                end;
27            var d : integer;
28            begin
29              P1;
30              P5;
31              end;
32          begin
33            P1;
34            P4;
35            end.
```

(a) 构建一个静态坐标表，类似图6-3中的那个。

(b) 构建一个图，给出程序中的嵌套关系。

(c) 构建一个图，给出程序中的调用关系。

(4) 一些程序设计语言允许程序员初始化局部变量时使用函数，但不允许初始化全局变量时使用函数。

(a) 是否有某种实现上的原理，可以解释这种貌似诡异的语言定义？

(b) 如果允许用函数调用的结果初始化全局变量，需要何种机制支持？

(5) 编译器编写者可以用几种方法优化AR的分配。例如，编译器可以：

(a) 为叶过程分配静态的AR；

(b) 合并总是一同被调用的过程的AR（在α被调用时，它总是调用β）；

(c) 使用内存池风格的分配器代替AR的堆分配方式。

对每种方案，都考虑以下问题：

(a) 哪些调用可以受益？在最好情形下呢？在最坏情况下呢？

(b) 对运行时内存空间的利用率影响如何？

(6) 有如下定义的类型Dumbo，请绘制出编译器支持Dumbo类型的对象需要创建的结构：

```
class Elephant {
    private int Length;
    private int Weight;
    static int type;

    public int GetLen();
    public int GetTyp();
}

class Dumbo extends Elephant {
    private int EarSize;
    private boolean Fly;

    public boolean CanFly();
}
```

(7) 在具有开放的类结构的程序设计语言中，需要运行时名字解析/动态分派的方法调用，其数目可能很庞大。如6.3.4节所述的方法缓存，可以通过对查找进行"短路"来降低这些查找的运行时代价。全局方法缓存的一个备选方案是，由实现在每个调用位置处维护一个单项的方法缓存，即一个内联方法缓存，其中记录了最近从该调用位置处分派的方法的地址，及方法所属的类。请开发使用和维护这种内联方法缓存的伪代码。请解释内联方法缓存的初始化，以及为支持内联方法缓存需要对一般的方法查找例程进行的修改。

6.4节

(8) 考虑如图6-13所示，以类Pascal伪代码编写的程序。请分别按传值、传引用、传名和传值兼传结果各种参数绑定规则，来模拟其行为。请给出在每种情况下print语句输出的结果。

```
1   procedure main;
2     var a : array[1...3] of int;
3         i : int;
4     procedure p2(e : int);
5       begin
6         e := e + 3;
7         a[i] := 5;
8         i := 2;
9         e := e + 4;
10        end;
11      begin
12        a := [1, 10, 77];
13        i := 1;
14        p2(a[i]);
15        for i := 1 to 3 do
16          print(a[i]);
17        end.
```

图6-13 习题(8)的程序

(9) 在程序设计语言中，两个不同的变量引用同一对象（内存区）的可能性，一般被认为是不合适的做法。考虑以下Pascal过程，参数按引用传递：

```
procedure mystery(var x, y : integer);
    begin
      x := x + y;
      y := x - y;
      x := x - y;
    end;
```

如果算术操作中不会发生上溢或下溢：

(a) 用两个不同变量a和b调用mystery时，它会产生什么结果？

(b) 如果将一个变量a传递给mystery的两个参数，预期结果如何？在这种情况下，程序的实际结果如何？

6.5节

(10) 考虑如图6-14a所示的Pascal程序，假如实现使用如图6-14b所示的AR。（简单起见，略去了一些字段。）实现在栈上分配了AR，栈向内存页的顶部增长。ARP是指向AR的唯一指针，因此存取链是ARP的前一个值。最后，图6-14c给出了计算的初始AR。对图6-14a中的示例程序，请绘制恰好从函数F1中返回之前的各个AR，请包含AR中的所有项。使用行号作为返回地址，为存取链绘制有向弧线。请标记出局部变量和参数的值以及各个AR对应的过程名。

(11) 假定编译器能够分析代码来断定诸如"从这里起，变量v在本过程中不再使用"或"变量v在过程的第11行再次使用"等事实，且编译器对以下三个过程将所有的局部变量都保存在寄存器中：

```
procedure main
    integer a, b, c
    b = a + c;
    c = f1(a,b);
    call print(c);
    end;
procedure f1(integer x, y)
    integer v;
    v = x * y;
    call print(v);
    call f2(v);
    return -x;
    end;
procedure f2(integer q)
    integer k, r;
    ...
    k = q / r;
    end;
```

(a) 过程f1中的变量x的生命周期将跨越两个过程调用。要想最快速地执行编译后的代码，编译器应该将其放置在调用者保存的寄存器中，还是被调用者保存的寄存器中？请证明你的答案。

(b) 考虑过程main中的变量a和c。同样，这里假定编译器试图最大化编译后代码的速度，那么编译器应该将其放置在调用者保存的寄存器中，还是被调用者保存的寄存器中？请证明你的答案。

```
1    program main(input, output);
2      procedure P1( function g(b: integer): integer);
3        var a: integer;
4        begin
5         a := 3;
6         writeln(g(2))
7         end;
8      procedure P2;
9        var a: integer;
10       function F1(b: integer): integer;
11         begin
12          F1 := a + b
13          end;
14       procedure P3;
15         var a:integer;
16         begin
17          a := 7;
18          P1(F1)
19          end;
20       begin
21         a := 0;
22         P3
23         end;
24     begin
25       P2
26       end.
```

(a) Pascal示例程序

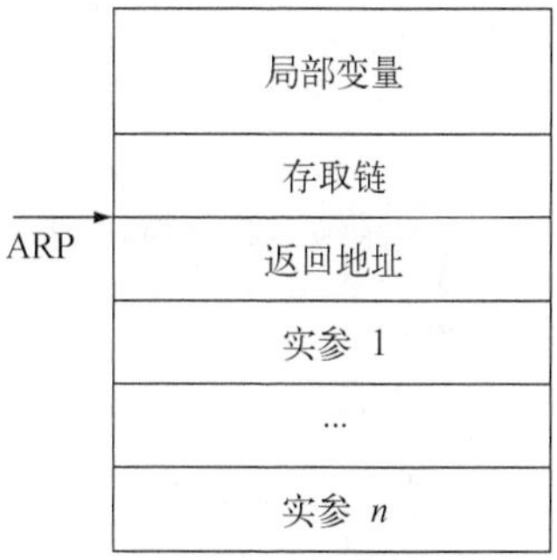

(b) 活动记录结构

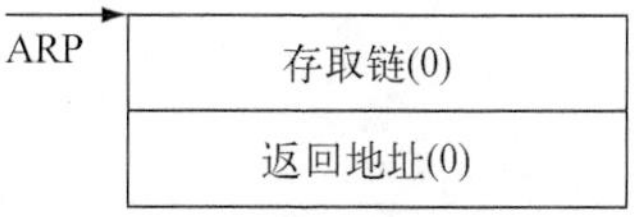

(c) 初始活动记录

图6-14　习题(10)的程序

(12) 考虑以下Pascal程序。假定实现使用的AR与习题(10)布局相同，且初始条件也相同，只是实现使用了GD而非存取链。

```
1    program main(input, output);
2      var x : integer;
3          a : float;
4      procedure p1();
5        var g:character;
6        begin
7          ...
8          end;
```

```
 9      procedure p2();
10        var h:character;
11        procedure p3();
12          var h,i:integer;
13          begin
14            p1();
15            end;
16        begin
17          p3();
18          end;
19      begin
20        p2();
21        end
```

请绘制程序执行到达过程p1中第7行时，运行时栈上的各个AR。

第 7 章

代码形式

本章概述

为转换一个应用程序，编译器必须将每个源语言语句映射为目标机指令构成的操作序列。编译器必须在许多备选方法中作出选择，以实现语言中的每个结构。编译器所作的选择对其最终产生的代码的质量，有着强烈和直接的影响。

本章探讨了编译器可用于实现程序设计语言中各种常见结构的一部分实现策略。

关键词：代码生成；控制结构；表达式求值

7.1 简介

在编译器将应用程序代码转换为可执行形式时，它将面临关于具体细节的大量选择，诸如计算过程的组织和数据的位置。这种决策通常会影响所生成代码的性能。编译器的这些决策，是在转换过程中推导出的信息的指引下作出的。当信息在一趟处理中发现、而在另一趟处理中使用时，编译器必须记录该信息供后续使用。

通常，编译器用程序的IR形式来编码发现的事实：除非把这些事实以某种形式编码保存起来，否则很难再次推导。例如，编译器在生成IR时可以使能够安全地驻留在寄存器中的每个标量变量都存储在虚拟寄存器中。在这种方案中，寄存器分配器的工作则是判断应该将哪个/哪些虚拟寄存器"降级"到内存中。而另一种方案则在生成IR时将标量变量存储在内存中，而后由寄存器分配器来决定将其中一部分"提升"到寄存器中，这里的分析过程就会复杂得多。

用这种方法将知识编码到IR的命名空间中，不仅简化了后续的各趟处理，还提高了编译器的有效性和效率。

1. 概念路线图

源代码结构到目标机操作的转换，是编译过程中的根本操作。编译器必须为源语言中的每种结构产生目标代码。在编译器前端生成IR时，以及在后端针对真实处理器产生汇编代码时，会出现许多同样的问题。当然，在面对目标处理器时，由于有限的资源和处理器的特定特性，面临的问题可能更为困难；但与前端相比，二者需要处理的许多问题在原理上是相同的。

本章专注于实现源语言中各种结构的方法。在很多情况下，实现的具体细节都会影响到编译器在后续各趟处理中分析和改进代码的能力。"代码形式"的概念包含了编译器编写者为在IR和汇编代码中表示计算过程而作出的所有相关决策。细心关注代码形式既可以简化分析和改进代码的任务，也可以提高编译器生成的最终代码的质量。

2. 概述

一般来说，编译器编写者应该专注于代码"塑形"的工作，使得编译器中的各趟处理能够联合起来生成优秀的代码。实际上，编译器在给定处理器上实现大多数源语言结构时，都可以有多种方法。这些不同的方法使用了不同的操作和不同的途径。其中的一些实现比其他的要快；一些实现使用的内存较少；一些实现使用的寄存器较少；一些实现在执行期间消耗的能源更少。我们将这些差别归因于代码形式（code shape）。

代码形式会强烈地影响到编译后代码的行为，以及优化器和后端改进代码的能力。例如，考虑 C 语言编译器如何实现条件变量为单字节字符值的 switch 语句。编译器可以使用级联的一系列 if-then-else 语句来实现 switch 语句。根据这些 if 语句中条件判断的布局不同，语句执行可能产生不同的结果。如果第一个条件判断是针对 0，第二个是针对 1，依次类推；那么这种方法将退化为对 256 个键值的线性查找。如果字符是均匀分布的，那么（对每个字符）这种字符查找平均需要 128 次条件判断和分支操作，就实现 switch...case 语句而言，这无疑是一种昂贵的方法。如果不采用上述方法，而是利用二分查找来执行条件判断，那么平均情况下将需要 8 次条件判断和分支操作，这个数字要合适得多。如果要利用数据空间来换取速度，那么编译器可以构建一个包括 256 个标号的表，将 switch 语句的字符条件变量解释为表的索引，这种情况下只需加载对应的表项并跳转到指定的标号。这种方法中，每个字符的开销是常数量级的。

所有这些都是 switch 语句的合法实现。对特定的 switch 语句来说，判断哪个方法更有意义则取决于许多因素。特别重要的是 case 分支的数目及其相对执行频率，另外，对处理器上分支操作成本构成情况的详细了解也是很重要的。即使编译器无法确定作出最佳选择所需的信息，它终究还是得作出一个选择来。各种可能实现之间的差别，以及编译器的选择，都属于代码形式需要解决的问题。

另举一个例子，考虑简单表达式 $x+y+z$，其中 x、y 和 z 均为整数。图 7-1 给出了实现该表达式的几种方法。在源代码形式中，我们可以认为该操作是一个三元加法，如图中左侧所示。但是，将这个理想化操作映射到一系列二元加法操作时，将暴露出求值顺序的影响。图中右侧的三个版本分别给出了三种可能的求值顺序，均包含了三地址代码和抽象语法树。（我们假定，各个变量都在一个适当命名的寄存器中，且源语言并没有规定该表达式的求值顺序。）因为整数加法同时具有交换性和结合性，所有的求值顺序都是等价的，编译器必须从中选择一个进行实现。

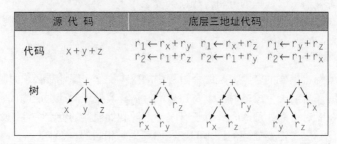

图 7-1　$x+y+z$ 的各种备选代码形式

左结合性将产生第一个二叉树。因为左结合性对应于我们从左到右的阅读风格，所以这个树看起来颇为"自然"。如果我们将 y 替换为字面常数 2，将 z 替换为 3，考虑一下会发生什么。当然，$x+2+3$

等价于x+5。编译器应该检测到2+3这个计算，对其进行求值，并将结果直接合并到代码中。但在左结合形式中，不会出现2+3。另一种求值顺序x+z+y也隐藏了这个可能的计算。而右结合的版本则暴露了优化的机会。但对于每个预期的树而言，如果x、y和z的值是此前由变量或常数赋值而来，那么可供优化的常量表达式就不会暴露出来。

类似switch语句，编译器不能理解表达式所处的上下文，就无法选择最好的代码形式。例如，如果之前计算过表达式x+y的结果，且x和y的值都没有发生改变，那么使用最左侧的形式，编译器可以将第一个操作$r_1 \leftarrow r_x + r_y$替换为对此前计算结果值的引用。通常，最佳求值顺序取决于代码所处的上下文。

本章将探讨实现许多常见的源语言结构过程中出现代码形式问题。本章专注于特定结构应该生成的代码，而在很大程度上忽略选择具体汇编语言指令所需的算法。指令选择、寄存器分配和指令调度的问题，分别在后续各章中处理。

7.2　分配存储位置

作为转换过程的一部分，编译器必须为代码产生的各个值分别分配一个存储位置。编译器必须理解值的类型、长度、可见性和生命周期。编译器必须考虑到内存的运行时布局、源语言对数据区和数据结构布局的约束、目标处理器对数据位置或使用的约束。编译器通过定义和遵循一组约定来解决这些问题。

一个典型的过程（procedure）会计算许多值。其中一些值，如类Algol语言中的变量，在源代码中有明确的名字。其他值具有隐含的名字，如表达式A[i-3, j+2]中的值i-3。

❑ 命名值的生命周期是由源语言规则和代码中的实际用法确定的。例如，在多次调用定义静态变量的过程时，静态变量的值必须是跨调用保持的，而同一过程中的局部变量，其生命周期仅限于具体的某次调用中对其值的第一次定义到最后一次使用。

❑ 相比之下，编译器在处理未命名值（如i-3）方面有更大的自由度。编译器对未命名值的处理方式必须符合程序的语义，但在确定将这些值放置何处、保持多长时间方面，编译器的活动余地非常大。

编译选项也可能影响到值的放置，例如，为与调试器协作而编译的代码，应该保留所有调试器可以引用的名字，通常是有名字的变量。

编译器还必须对各个值分别作出决定，是将其保存在寄存器中还是保存在内存中。一般来说，编译器会采用一个"内存模型"，实际上这是一组规则，用于引导编译器为值选择存储位置。两种常见的策略是内存到内存的模型和寄存器到寄存器的模型。在二者之间的选择对编译器产生的代码有着重大的影响。

在内存到内存的模型下，编译器假定所有值都存于内存中。值按需加载到寄存器，代码在定义值之后会将其写回内存。在内存到内存的模型中，IR通常使用物理寄存器名。编译器确保各个语句中对寄存器的需求不会超出处理器提供的物理寄存器。

物理寄存器
目标ISA中一个命名的寄存器。

在寄存器到寄存器的模型中，编译器假定有足够的寄存器可用于表达计算过程。它为能够加载到寄存器的每个值都创造了一个不同的名字，即所谓的虚拟寄存器（virtual register）。编译后的代码仅在绝对必要时将虚拟寄存器的值写回内存，如将其作为参数或返回值传递时，或寄存器分配器将其溢出时。

虚拟寄存器

　　IR使用的一个符号名，以代替物理寄存器名。

内存模型的选择还会影响到编译器的结构。例如，在内存到内存的模型中，寄存器分配器是用于改进代码的一项优化。而在寄存器到寄存器的内存模型中，寄存器分配器是一个强制性的阶段，用于减少对寄存器的需求，并将虚拟寄存器名映射到物理寄存器名。

7.2.1　设定运行时数据结构的位置

为分配存储，编译器必须理解全系统范围内对内存分配和使用的约定。编译器、操作系统和处理器协作，以确保多个程序能够以交错的方式（时间片）安全地执行。因而，有关程序地址空间布局、操控和管理的许多决策超出了编译器编写者的权责范围。但这些决策对编译器产生的代码有着巨大的影响。因而，编译器编写者必须充分地理解这些问题。

图7-2给出了单个编译后程序所用地址空间的典型布局。该布局将代码和数据的各个定长区域放置在地址空间的低端。代码位于地址空间的底部，与之相邻的区域标记为静态，包含了静态数据区和全局数据区，以及由编译器创建的所有定长数据。这些静态数据区之上的区域用于可能会扩展和收缩的数据区。如果编译器在栈上分配AR，它将需要一个运行时栈。在大多数语言中，编译器都需要一个堆，以便为动态分配的数据结构提供内存。为保证高效地利用内存空间，堆和栈应该置于开放空间的两端，彼此相对增长。在图中，堆向着高地址方向增长，而栈向着低地址方向增长。将上述安排调换一下，同样工作良好。

编译器可能创建额外的静态数据区，以保存常量值、跳转表和调试信息。

图7-2　逻辑地址空间布局

从编译器的视角来看，这种逻辑地址空间就是整幅画面了。但现代计算机系统通常能够以交错的方式"同时"执行许多程序。操作系统将多个逻辑地址空间映射到处理器支持的单一物理地址空间中。图7-3给出了这种更广阔的图景。每个程序被隔离在其自身的逻辑地址空间中，程序本身对此并无所知，就像是运行在由自己独占的一台机器上。

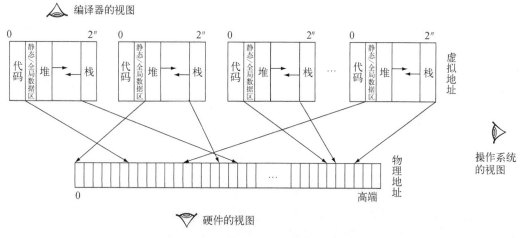

图7-3 地址空间的不同视图

单个逻辑地址空间可以占据物理地址空间中不连续的页。因而，在程序的逻辑地址空间中，地址100 000和200 000在物理内存中未必相距100 000字节。实际上，与逻辑地址100 000关联的物理地址，可能大于与逻辑地址200 000关联的物理地址。从逻辑地址到物理地址的映射是由硬件和操作系统合作维护的。从几乎所有的方面来看，这都超出了编译器的权责范围。

> **页**
> 虚拟地址空间中的内存分配单位。
> 操作系统将虚拟内存页映射到物理页帧。

7

7.2.2 数据区的布局

为方便起见，编译器将具有同样生命周期和可见性的值群集起来存储；编译器为此创建了若干不同的数据区。这些数据区的放置取决于有关值的生命周期和可见性的语言规则。例如，编译器可以将过程局部的自动存储区（automatic storage，指存放局部变量的数据区）放置在过程活动记录内部，这是因为这种变量的生命周期恰好与AR的生命周期相匹配。与此相反，编译器必须将过程局部的静态存储区（static storage，指静态变量的数据区）存放在内存中的"静态"区域，因为这种变量是跨调用存在的。图7-4给出了将变量分配到特定数据区的一组典型的规则。面向对象语言遵循不同的规则，但问题并不会变得更复杂。

将局部变量放置在AR中，访问可以变得更为高效。因为代码已经将ARP加载到一个寄存器，故此可以利用loadAI或loadAO这样的操作，使用相对于ARP的偏移量来访问这些值。对AR的频繁访问，可能会使之保持在数据高速缓存中。编译器将具有静态生命周期或全局可见性的变量放置到位于内存"静态"区域的数据区中。在运行时对这些值的访问需要稍微多一些工作，编译器必须确保获得对应数据区的地址并将其加载到一个寄存器中。

> 为确定静态或全局数据区的地址，编译器通常会加载一个可重定位汇编语言标号。

> if x is declared locally in procedure p, and（如果x声明在过程p局部）
>   its value is <u>not</u> preserved across distinct invocations of p（且其值无需跨多次调用保持）
>   then assign it to procedure-local storage（那么将其分配到过程局部存储中）
>   if its value is preserved across invocations of p（如果其值会跨越对p的多次调用而保持）
>   then assign it to procedure-local static storage（那么将其分配到过程局部的静态存储区中）
> if x is declared as globally visible（如果x的声明是全局可见的）
>   then assign it to global storage（那么将其分配到全局存储区）
> if x is allocated under program control（如果x的分配是受程序控制的）
>   then assign it to the runtime heap（那么将其分配到运行时堆）

图7-4　将名字（变量）分配到各个数据区

缓存的初步知识

　　体系结构设计者试图弥合处理器速度与内存速度之间差距的一种方法是使用高速缓存。高速缓存是一块小而快的内存，放置在处理器和主内存之间。高速缓存划分为一系列的等长的帧。每个帧都有一个地址字段，称为帧的**标记**（tag），其中包含了一个主内存地址。

　　硬件自动将内存位置映射到缓存帧。最简单的映射方法，用于直接映射高速缓存中，用主内存地址对缓存大小取模即算得对应的缓存地址。这将内存划分为一组线性的块，每个块的长度都等于缓存帧的长度。映射到缓存帧的内存块称为行（line）。在任何时间点上，每个缓存帧都包含了来自某个对应内存块的一份数据副本。其标记字段包含了该数据在内存中的地址。

　　在每次访问内存时，硬件会检查一下所请求的数据是否已经加载到对应的缓存帧中。倘若如此，则直接从高速缓存将请求的数据返回给处理器。否则，将从缓存帧中溢出当前的内存块，并将所请求的内存块加载到高速缓存中。

　　一些高速缓存使用更为复杂的映射机制。集合关联高速缓存（set-associative cache）对每个缓存行使用多个帧，通常每行对应两个或四个帧。全关联高速缓存（fully associative cache）可以将任何内存块加载到任何帧。这两种方案都对缓存帧的标记使用了关联搜索（associative search），以确定某个内存块是否已经加载到高速缓存。关联方案使用一种策略来确定溢出哪个块，常见的方案是随机替换（random replacement）和最近最少使用（Least-Recently-Used，LRU）替换。

　　实际上，有效的内存速度是由内存带宽、高速缓存块长、高速缓存速度相对于内存速度的比和内存访问命中高速缓存的百分比共同决定的。从编译器的角度来看，前三个因素是固定的。基于编译器来改进内存性能的工作专注于提高缓存命中（cache hit）相对于缓存失效（cache miss）的比率，即命中率（hit ratio）。

　　一些体系结构提供了相应的指令，允许应用程序向高速缓存提供一些提示，指出特定的内存块何时载入内存（**预取**）和不再需要使用（**刷出**）。

　　存储在堆的值，其生命周期是编译器无法轻易预测的。有两种不同的机制可以将一个值置于堆中。程序员可以从堆中显式分配存储；编译器不应该改变这些决策。在编译器检测到值的生命周期可能超越创建该值的过程时，可以将该值置于堆中。但不论是哪种情况，堆中的值都是通过一个全地址表示的，而非相对于某个基地址的偏移量。

1. 分配偏移量

就局部、静态和全局数据区的情况而论，编译器必须为每个名字分配数据区内部的一个偏移量。目标机器的指令集（ISA）限制了数据项在内存中的放置。通常的约束集可能会规定：32位整数和浮点数从字（32位）边界开始，64位整数和浮点数从双字（64位）边界开始，而字符串数据从半字（16位）边界开始。我们称这些为对齐规则（alignment rule）。

一些处理器提供了实现过程调用的操作指令，而不只是简单的跳转操作。这种支持通常会增加更进一步的对齐约束。例如，ISA可能会规定AR的格式，和每个AR起始地址的对齐要求。DEC VAX计算机有一个精心设计的call指令，它根据编译器产生的特定于调用的位掩码，来保存寄存器和处理器的其他状态。

对每个数据区来说，编译器都必须计算出一个布局，为该数据区中的每个变量分配偏移量。该布局必须遵守ISA的对齐规则。编译器可能需要在某些变量之间插入填充字节，以获得正确的对齐。为最小化浪费的空间，编译器应该将变量排序分组，从对齐规则限制最多的到限制最少的。（例如，双字的对齐比字的对齐限制更多。）接下来，编译器首先为最受限类别的变量分配偏移量，然后为次受限类别的变量分配偏移量，依次类推，直至所有变量都获得偏移量为止。因为对齐规则几乎总是规定2的幂作为边界，上述每个对齐类别的末尾很自然地符合下一个类别的对齐要求。

> 大多数汇编语言都有相应的指令，可以规定数据区开始地址的对齐约束，如双字边界。

2. 相对偏移量和高速缓存性能

高速缓存在现代计算机系统中的广泛应用，对变量在内存中的布局有着微妙的影响。如果代码中使用两个值的位置十分接近，那么编译器可能想确保二者同时加载到高速缓存中。这可以用两种方法完成。在最佳情况下，二者可以共享同一高速缓存块，这确保了二者同时从内存加载到高速缓存。如果二者无法共享同一高速缓存块，编译器会确保二者映射到不同的缓存行。编译器可以通过控制两个变量地址之间的距离实现这一点。

如果我们只考虑两个变量，控制两者之间的距离似乎是可管理的。但如果同时考虑所有的活动变量，那么对高速缓存的最优安排是NP完全的。大多数变量都会与其他许多变量交互，这产生了一个关系网，编译器可能无法同时满足所有的要求。如果我们考虑一个使用了几个大数组的循环，那么安排各个数组合理使用高速缓存并使之彼此互不干涉的问题，就变得更困难了。如果编译器能够发现循环中的各个数组引用之间的关系，那么它就可以在数组之间添加填充字节，以增加各个数组引用命中不同缓存行的可能性，从而使之彼此互不干扰。

就我们在前文所见，程序逻辑地址空间到硬件物理地址空间的映射不一定非得保持特定变量之间的距离。从这个思想得出其逻辑推论，读者应该问：如果有些相对偏移量大于一个虚拟内存页的长度，那么编译器是如何确保与之相关的一些东西的？处理器的高速缓存对标记字段可能使用虚拟地址或物理地址。使用虚拟地址的高速缓存可以保持编译器创建的值之间的距离，使用这种高速缓存，编译器也许能够规划大型内存对象对高速缓存的使用并使之互不干扰。而对于使用物理地址的高速缓存，不同内存页上两个位置之间的距离是通过页映射确定的（除非高速缓存长度≤页长度）。因而，编译器关于内存布局的决策，除非在同一内存页内部，否则几乎不会有任何作用。在这种情况下，编译器应该专注于使同时被引用的对象放置到同一内存页中，如有可能的话，将其放置在同一缓存行中。

7.2.3　将值保持在寄存器中

在寄存器到寄存器的内存模型中,编译器试图将尽可能多的值分配到虚拟寄存器。在这种方法中,编译器需要依赖寄存器分配器,以便将IR中的虚拟寄存器映射到处理器上的物理寄存器,同时将无法保持在物理寄存器中的虚拟寄存器溢出到内存中。如果编译器将一个静态值保持在寄存器中,那么在过程中第一次使用该值之前,必须将其从内存加载到寄存器,在离开过程之前(退出该过程时,或在过程内部调用其他过程时),必须将其写回到内存。

> **溢出**
>
> 在寄存器分配器无法将某个虚拟寄存器分配到物理寄存器时,它将溢出该值:在每次定义该值后将其存储到内存,每次使用该值前将其加载到一个临时寄存器。

在本书中的大部分例子中,我们按照一种简单的方法来为值分配虚拟寄存器。每个值都得到一个其自身的虚拟寄存器,以不同的下标区分。这种规范将一个最大的值集提供给后续的分析和优化阶段。当然,这种做法实际上可能会使用过多的名字。(具体请参见5.4.2节"命名的影响"。)但这种方案有三大优点。首先,它很简单;其次,它可以改进分析和优化的结果;再次,它防止编译器编写者在优化阶段之前将特定于处理器的约束集成到编译器代码中,从而增强了编译器的可移植性。比较强大的寄存器分配器完全能够管理命名空间,并针对应用程序的需要和目标处理器上可用的资源,对命名空间进行恰到好处的调整。

编译器可以保持在寄存器中的值称为无歧义值(unambiguous value);有多个名字的值称为歧义值(ambiguous value)。歧义的出现有几种可能性。存储在基于指针的变量中的值,通常是具有歧义的。传引用形参和名字作用域规则之间的交互可能使形参具有歧义。许多编译器将数组元素值当做是歧义值,因为编译器无法断定两个引用(如A[i, j]和A[m, n])是否曾经指向同一内存位置。一般来说,编译器将歧义值保持在寄存器中的时间,将在另一个歧义值的定义或使用之前结束。

> **无歧义值**
>
> 只能一个名字访问的值是无歧义的。
>
> **歧义值**
>
> 可以用多个名字访问的值是有歧义的。

通过缜密的分析,编译器可以在一些情形中消除歧义。考虑右侧的赋值操作序列,假定a和b都是具有歧义的。如果a和b引用了同一内存位置,那么c的值将为26;否则其值将为m+n+13。如果编译器将a保存在寄存器中,那么当遇到对另一个歧义变量的赋值操作时,必须将a从寄存器溢出,除非编译器能够证明:这两个名字所引用的内存位置集合是不相交的。这种成对进行的比较分析代价昂贵,因此编译器通常将歧义值溢出到内存中,每次使用前用load加载到内存,每次定义其值后用store刷出到内存。

```
a ← m + n;
b ← 13;
c ← a + b;
```

因而,对歧义的分析专注于证明某个给定值是无歧义的。这种分析可能颇为草率,也仅限于局部。例如在C语言中,任何局部变量,只要没有获取过其地址,在声明该变量的过程中都是无歧义的。更复杂的分析需要对每个指针变量建立潜在名字的集合;任何变量,如果对应的集合只有一个元素,都是无歧义的。遗憾的是,这种分析无法解决所有的歧义。因而,编译器必须准备好谨慎、正确地处理歧义值。

语言特性可能影响到编译器分析歧义的能力。例如，标准C语言包括两个关键字，可以直接传递有关歧义的信息。restrict关键字通知编译器某个指针是无歧义的。当一个过程在其中的某个调用位置直接传递一个地址时，通常会使用该关键字。程序员可借助volatile关键字声明某个变量的内容可能在无预先通知的情况下发生任何改变。该关键字主要用于下述情况：硬件设备寄存器、可能由中断服务例程（interrupt service routine）修改的变量、可能由应用程序中其他控制线程修改的变量。

本节回顾

对程序中计算的每个值，编译器都必须确定在何处存储该值：是在内存中还是在寄存器中，不管是哪种情况，都要给出具体的位置。它必须为每个值分配一个位置，该位置必须符合值的生命周期（参见6.3节）和可寻址性（参见6.4.3节）因而，编译器会将值群集到数据区中，同一数据区中的每个值都具有同样的存储类别。

存储分配为编译器提供了一个关键的机会，编译器可借此将信息编码到IR中，供后续各趟处理使用。特别地，歧义值和无歧义值之间的区别很难通过对IR的分析推导出来。但如果编译器为每个无歧义值在其整个生命周期分配了自身的虚拟寄存器，那么编译器的后续各阶段可以使用值的存储位置来确定一个引用是否是具有歧义的。这种知识可以简化后续的优化阶段。

复习题

(1) 概略描述一个算法，为一个C程序的某个文件中的各个静态变量分配偏移量。它如何对这些变量排序？你的算法会遇到何种对齐约束？

(2) 考虑右侧给出的简短C程序片段。其中提及了三个值a、b和*b。哪些值是具有歧义的？哪些是无歧义的？

```
void fee() {
    int a, *b;
    ...
    b = &a;
    ...
}
```

7.3 算术运算符

现代处理器为表达式求值提供了全面支持。典型的RISC机器具有完全的三地址操作，包括算术运算符、移位和布尔运算符。三地址形式使得编译器能够命名任何操作的结果，并将其保留起来供后续重用。它还消除了二地址形式的主要复杂性：破坏性操作。

要为一个简单的表达式如a+b生成代码，编译器首先输出一些代码，确保a和b的值已经加载到寄存器，假定是r_a和r_b。如果a存储在当前AR中的偏移量@a处，那么输出的代码可能是：

```
loadI  @a       ⇒ r₁
loadAO rarp,r₁  ⇒ ra
```

但如果a的值已经在寄存器中，编译器只需使用该寄存器代替r_a。对于b，编译器也会遵循一条同样的决策链。最后，编译器会输出一条执行加法的指令，如：

```
add ra,rb ⇒ rt
```

如果用树型IR来表示该表达式，上述过程能够很好地与后根次序树遍历配合。图7-5a给出了树遍历的代码，这一遍历操作可以为简单表达式生成代码。它依赖于两个例程base和offset来隐藏一部分复杂性。base例程返回一个寄存器的名字，该寄存器包含了标识符所处数据区的基地址；如果需要的话，该例程还会输出代码，将该地址加载到寄存器中。offset例程的功能类似，它也返回一个寄存器的名字，该寄存器包含了标识符在所处数据区中的偏移量（相对于base返回的基地址）。

```
expr(node) {
  int result, t1, t2;
  switch(type(node)) {
    case ×, ÷, +, −:
      t1 ← expr(LeftChild(node));
      t2 ← expr(RightChild(node));
      result ← NextRegister();
      emit(op(node), t1, t2, result);
      break;

    case IDENT:
      t1 ← base(node);
      t2 ← offset(node);
      result ← NextRegister();
      emit(loadAO, t1, t2, result);
      break;

    case NUM:
      result ← NextRegister();
      emit(loadI, val(node), none,
           result);
      break;
  }
  return result;
}
```

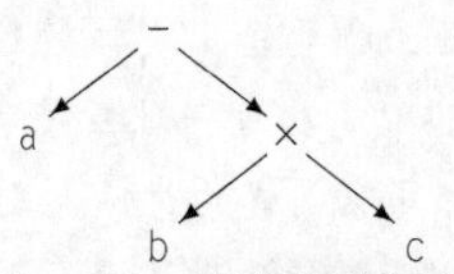

(b) a − b×c的抽象语法树

```
loadI   @a          ⇒ r₁
loadAO  r_arp, r₁   ⇒ r₂
loadI   @b          ⇒ r₃
loadAO  r_arp, r₃   ⇒ r₄
loadI   @c          ⇒ r₅
loadAO  r_arp, r₅   ⇒ r₆
mult    r₄, r₆      ⇒ r₇
sub     r₂, r₇      ⇒ r₈
```

(a) 树遍历代码生成器　　　　　(c) 朴素的代码

图7-5　用于表达式的简单树遍历代码生成器

　　该代码可以处理＋、−、×、÷运算符。从代码生成的视角来看，这些运算符在忽略交换性的情况下是可互换的。对图7-5b所示的AST调用图7-5a给出的expr例程，将产生如图7-5c所示的结果代码。这个例子假定a、b、c均未加载到寄存器中，且每个变量都位于当前AR中。

　　请注意树遍历代码生成器和图4-15所示的特设语法制导转换方案之间的相似性。树遍历使得更多细节变成显式的，如终结符的处理和子树的求值顺序。在语法制导转换方案中，求值的顺序是由语法分析器控制的。这两种方案仍然产生了大体上等价的代码。

7.3.1　减少对寄存器的需求

　　许多问题都会影响到所生成代码的质量。例如，存储位置的选择对代码的质量有着直接影响，即使对这里的简单表达式也是如此。如果a处于全局数据区中，那么将a加载到寄存器中的指令序列可能需要一个额外的loadI来获取数据区的基地址，还需要一个寄存器在短时间内保存该基地址。另外，如果a已经在寄存器中，那么可以省去将其加载到r_2的两条指令，编译器可以在sub指令中直接使用包含a的寄存器的名字。将值保持在寄存器中可以避免内存访问和地址计算。如果a、b、c都已经在寄存器中，那么原本7条指令的序列可以缩减为2条指令。

编码到树遍历代码生成器中的代码形式方面的决策，会影响到对寄存器的需求。图中的朴素代码使用了8个寄存器，外加r_{arp}。它假定在后续编译阶段运行的寄存器分配器能够将所用寄存器的数目减少到最小值。例如，寄存器分配器可以将该代码重写为如图7-6a所示的形式，其中使用的寄存器数目从8个降低到3个，外加r_{arp}。对寄存器的最大使用量，出现在加载c并执行乘法的指令序列中。

使用不同的代码形式还可以进一步减少对寄存器的需求。树遍历代码生成器在计算b×c之前加载了a，这是决定使用从左到右树遍历所导致的。使用从右到左的树遍历，将产生如图7-6b所示的代码。虽然初始代码使用的寄存器数目与从左到右树遍历产生的代码相同，但进行寄存器分配时，该代码实际上使用的寄存器还可以减少一个，如图7-6c所示。

loadI	@a	⇒ r_1	loadI	@c	⇒ r_1	loadI	@c	⇒ r_1
loadAO	r_{arp},r_1	⇒ r_1	loadAO	r_{arp},r_1	⇒ r_2	loadAO	r_{arp},r_1	⇒ r_1
loadI	@b	⇒ r_2	loadI	@b	⇒ r_3	loadI	@b	⇒ r_2
loadAO	r_{arp},r_2	⇒ r_2	loadAO	r_{arp},r_3	⇒ r_4	loadAO	r_{arp},r_2	⇒ r_2
loadI	@c	⇒ r_3	mult	r_2,r_4	⇒ r_5	mult	r_1,r_2	⇒ r_1
loadAO	r_{arp},r_3	⇒ r_3	loadI	@a	⇒ r_6	loadI	@a	⇒ r_2
mult	r_2,r_3	⇒ r_2	loadAO	r_{arp},r_6	⇒ r_7	loadAO	r_{arp},r_2	⇒ r_2
sub	r_1,r_2	⇒ r_2	sub	r_7,r_5	⇒ r_8	sub	r_2,r_1	⇒ r_1
(a) 图7-5中的示例代码经过寄存器分配之后			(b) 首先求值b×c生成的代码			(c) (b)中代码在进行寄存器分配之后		

图7-6 重写a−b×c以减少对寄存器的需求

当然，从右到左求值并不是通用的解决方案。对于表达式a×b+c，从左到右求值所需的寄存器更少。对某些表达式来说，如a+(b+c)×d，无法建立简单的静态规则。对该表达式能够最小化寄存器使用量的求值顺序是a+((b+c)×d)。

为选择一种能够减少寄存器使用量的求值顺序，代码生成器必须不断交换左右子树并计算可能的改进，它实际上需要每个子树寄存器使用量的详细信息。一般说来，在每个结点处，编译器只要首先对寄存器使用量最大的子树求值，就能够最小化寄存器的使用量。考虑编译器生成的代码，它在对第二个子树求值期间，必须保留第一个子树的值；因而，如果首先处理寄存器使用量较少的子树，那么在后来处理寄存器使用量较大的子树时，会增加寄存器的使用量（增加一个寄存器）。这种方法要求对代码的第一趟处理计算寄存器的使用量，接下来的一趟处理输出实际的代码。

这种方法，在分析后继之以变换，既适用于代码生成，也适用于优化[150]。

7.3.2 访问参数值

图7-5中的代码生成器隐含地假定，可以对所有标识符使用单一的访问方法。形参可能需要不同的处理。传递到AR中的传值参数可以像局部变量一样处理。传递到AR中的传引用参数需要一次额外的间接。因而，对传引用参数d，编译器可能生成下列指令

```
loadI  @d        ⇒ r₁
loadAO rarp,r₁   ⇒ r₂
load   r₂        ⇒ r₃
```

以获取d的值。前两个操作将参数值的地址加载到r₂中，最后一个操作将值本身加载到r₃。

生成立即数地址加载指令

细心的读者可能会注意到，图7-5中的代码不会生成ILOC的立即数地址加载指令loadAI。相反，它生成两个指令，先是一个立即数加载指令（loadI），继之以一个地址–偏移量加载指令（loadAO）：

$$loadI\ @a\quad ⇒ r_1 \qquad 而非 \qquad loadAI\ rarp,@a ⇒ r_2$$
$$loadAO\ rarp,r_1 ⇒ r_2$$

本书所有的示例都假定，与单个指令相比，生成这种两个指令的操作序列是更可取的。有三个因素启发我们采用这种做法。

(1) 较长的代码序列针对@a给出了显式名字。如果@a在其他上下文中重用，这个名字也可以重用。

(2) 偏移量@a可能无法装入loadAI的立即数字段。这个决定最好由指令选择器进行。

(3) 两个指令的操作序列使得代码生成器中的功能分解干净清晰，如图7-5所示。

如果合适的话，编译器在优化期间可以将两个指令的操作序列转换为单个指令（例如@a不会重用，或经过计算发现重新加载该值的代价更低）。但更好的做法可能是将该问题推迟到指令选择期间，因而将与机器相关的某个常数长度[①]隔离到编译器中本来就与机器高度相关的部分中。

如果编译器编写者想要在编译过程的早期生成loadAI，有两个简单的方法可行。编译器编写者可以重构图7-5中的树遍历代码生成器，将隐藏在base和offset中的逻辑拉出来，放到处理IDENT的case语句中。另外，编译器编写者可以让emit维护一个小的指令缓冲区，以识别这种特例并输出loadAI。使用一个小的缓冲区，使得这种方法颇为实用（参见11.5节）。

许多链接约定将前几个参数通过寄存器传递。图7-5中的代码本来是无法处理一直存在于寄存器中的值的。但为此所需的必要扩展，也很容易实现。

❏ 传值参数　处理IDENT的case语句必须检查值是否已经加载到寄存器中。倘若如此，它只需将该寄存器的编号赋值给result。否则，它需要使用标准机制从内存加载该值。

❏ 传引用参数　如果参数值的地址已经加载到寄存器，编译器只需将参数值加载到寄存器中。如果地址还处于AR中，则必须先加载地址，而后才能加载参数值。

交换性、结合性和数系

编译器通常可以利用运算符的代数性质。加法和乘法具有交换性和结合性，布尔运算符也是如此。因而，如果编译器看到一个代码片断先计算a+b然后计算b+a，在两个计算之间并无对a或b的赋值操作，那么编译器应该能够识别出两次算得的是同一个值。同样，如果编译器看到表达式a+b+c和d+a+b，它应该识别出a+b是一个公共子表达式。如果按严格的从左到右顺序对两个表达式

[①] 即loadAI的立即数字段的宽度。——译者注

求值，编译器可能无法识别出公共子表达式，因为它在计算第二个表达式时，首先会计算d+a，然后计算(d+a)+b。

编译器应该使用交换性和结合性来改进所生成代码的质量。重排表达式可以暴露出一些额外的机会，可供进行许多种变换。

由于精度的限制，计算机上的浮点数只表示实数的一个子集，因而并没有保持结合性。为此，编译器不应该重排浮点表达式，除非语言定义明确地允许这样做。

考虑以下例子：计算a−b−c。我们可以为a、b和c设置浮点值，使得

$$b, c < a \qquad a - b = a \qquad a - c = a$$

但a−(b+c)≠a。在这种情况下，数值结果取决于求值的顺序。按(a−b)−c的顺序求值得到的结果等于a，而首先计算b+c，并从a中减去该值，得到的结果不同于a。

这个问题源自浮点数的近似性，相对于指数的范围来说，尾数是比较小的。为处理两个浮点数的相加，硬件必须对二者进行规格化；如果二者指数之间的差别大到超出了尾数的精度，那么较小的浮点数将截断为零。编译器无法轻易规避这个问题，因此一般来说，它应该尽可能避免重排浮点计算。

但不论是哪种情况，代码都都能很好地配合树遍历的框架。请注意，编译器将传引用参数的值保持在寄存器中的时间范围不能超出一个赋值操作以外，除非编译器能够证明：在对所述过程的所有调用中，该引用都是无歧义的。

7

如果实参是调用者中的一个局部变量，且从不取其地址，那么对应的（传引用）形参是无歧义的。

7.3.3 表达式中的函数调用

到现在为止，我们假定表达式中的所有操作数都是变量、常数和由其他子表达式产生的临时值。函数调用也会作为表达式的操作数出现。为对函数调用求值，编译器只需生成调用目标函数所需的调用代码序列，同时再输出将返回值转移到寄存器的代码即可（参见7.9节）。链接约定限制了被调用者对调用者的影响。

函数调用的存在，可能会限制编译器改变表达式求值顺序的能力。因为函数可能有副效应，可能会修改表达式中所用变量的值。编译器必须遵守源表达式蕴涵的求值顺序，至少对于调用来说是这样。由于并不了解调用可能造成的副效应，编译器无法跨调用移动引用。编译器必须假定会出现最坏情况，即函数修改并使用了编译器能够访问的每个变量。改进最坏情况假定（例如此处的假定）的愿望，促进了过程间分析领域的大部分工作（参见9.4节）。

7.3.4 其他算术运算符

为处理其他算术运算，我们可以扩展树遍历模型。基本方案保持原样不变：加载操作数到寄存器，执行操作，存储结果到内存。表达式语法规定的运算符优先级确保了正确的求值顺序。一些运算符的实现需要复杂的多操作序列（例如，指数函数和三角函数）。其中涉及的多个操作，既可以内联展开，

也可以调用编译器/操作系统提供的库例程实现。

7.3.5   混合类型表达式

许多程序设计语言都允许的一种复杂特性，是涉及不同类型操作数的运算。（这里，我们主要关注源语言中的基本类型，而非程序员定义的类型。）如4.2节所述，编译器必须识别这种情况，并插入每个运算符的转换表所要求的转换代码。通常，这涉及将一个或两个操作数转换为一种更一般的类型，并在这种更一般的类型上执行运算。而使用其结果值的运算可能还需要将其转换为另一种类型。

一些处理器提供了显式的转换运算符；其他处理器预期编译器会生成复杂、与机器相关的代码。但不论是哪种情况，编译器编写者可能都想要在IR中提供转换运算符。这种运算符封装了转换的所有细节，包括任何可能的控制流在内，并使得编译器能够对其进行统一的优化处理。因而，代码移动（code motion）优化可以将一个不变量转换从循环中拽出，而无需考虑循环内部的控制流。

通常，程序设计语言的定义规定了每个转换的公式。例如，为在FORTRAN 77中将integer转换为complex，编译器首先将integer转换为real。它使用转换的结果数字作为复数的实部，并将虚部设置为real值零。

对于用户定义的类型，编译器没有定义了每种具体情形的转换表。但源语言仍然定义了表达式的语义。编译器的任务是实现这一语义；如果一个转换是非法的，那么编译器应该阻止它。正如读者在第4章所见，许多非法转换可以在编译时检测并阻止。如果不可能进行编译时检查，或编译时检查无效果，那么编译器应该生成进行运行时检查的代码，以测试非法情形。当代码试图进行非法转换时，进行检查的代码应该引发运行时错误。

7.3.6   作为运算符的赋值操作

大多数类Algol的语言用下列简单规则实现赋值：

(1) 对赋值运算符的右侧求值得到一个值；

(2) 对赋值运算符的左侧求值得到一个位置；

(3) 将右侧的值存储到左侧的位置。

因而，在诸如a←b这样的语句中，两个表达式a和b的求值方式是不同的。因为b处于赋值运算符的右侧，对b求值将产生一个值；如果b是一个整型变量，该值是一个整数。因为a在赋值运算符的左侧，对a求值将产生一个位置；如果a是一个整型变量，该值是一个整数的位置。该位置可能是内存地址，也可能是一个寄存器。为区分这些求值模式，我们有时将赋值运算符右侧求值的结果称为右值（rvalue），而将赋值运算符左侧求值的结果称为左值（lvalue）。

右值

求值得到值的表达式是右值。

左值

求值得到一个存储位置的表达式是左值。

在赋值操作中，左值的类型可以不同于右值的类型。取决于语言和具体的类型，这种情况可能需要编译器插入转换代码或输出错误信息。对于转换来说，典型的源语言规则要求编译器根据右值的自然类型对其进行求值，然后将结果值转换为左值的类型。

本节回顾

后根次序树遍历提供了为表达式树建立代码生成器的一种很自然的方法。其基本框架很容易改变以适应各种复杂情形，包括值的多个种类和位置、函数调用、类型转换和新运算符。为进一步改进代码，可能需要对代码进行多趟处理。

一些优化很难集成到树遍历框架中。具体来说，充分利用处理器地址模式（参见第11章）、设定操作的顺序以隐藏特定于处理器的延迟（参见第12章）、寄存器分配（参见第13章），都无法很好地适应树遍历框架。如果编译器使用树遍历生成IR，那么最好保持IR的简单性，并允许后端利用专门的算法来解决这些问题。

复习题

(1) 对于图7-5中树遍历代码生成器使用的两个支持例程base和offset，请概略给出二者的代码。

(2) 如何修改树遍历代码生成器以处理无条件跳转操作，如C语言的goto语句？

7.4　布尔运算符和关系运算符

大多数程序设计语言操作的值集，都不仅仅包含数字。通常，其中也包括布尔运算符和关系运算符的结果，二者产生的都是布尔值。因为大多数程序设计语言的关系运算符都产生布尔值结果，我们将布尔运算符和关系运算符一同处理。布尔表达式和关系表达式的一种常见用法是改变程序的控制流。现代程序设计语言的大部分威力，都源于计算和测试布尔值的能力。

图7-7给出了添加布尔运算符和关系运算符之后的标准表达式语法。进而，编译器编写者必须决定如何表示这些值、如何计算它们。对于算术表达式，这种设计决策很大程度上是由目标体系结构规定的，目标处理器规定了数字格式并提供了执行基本算术运算的指令。幸好处理器体系结构设计者貌似在如何支持算术运算方面达成了广泛的共识。类似地，大多数体系结构也提供了一组丰富的布尔运算。但对关系运算符的支持则因体系结构而异，彼此间变化颇大。编译器编写者必须使用一种求值策略，将语言的需求匹配到可用的指令集。

语法使用符号¬表示否，∧表示与，∨表示或，以避免与ILOC运算符混淆。
类型检查程序必须确保，每个表达式都将运算符应用到适当类型的名字、数字和表达式上。

$$
\begin{array}{llll}
Expr & \rightarrow & Expr \lor AndTerm & \qquad NumExpr \rightarrow NumExpr + Term \\
& | & AndTerm & \qquad\qquad\qquad | \quad NumExpr - Term \\
AndTerm & \rightarrow & AndTerm \land RelExpr & \qquad\qquad\qquad | \quad Term \\
& | & RelExpr & \qquad Term \rightarrow Term \times Value \\
RelExpr & \rightarrow & RelExpr < NumExpr & \qquad\qquad\qquad | \quad Term \div Value \\
& | & RelExpr \leq NumExpr & \qquad\qquad\qquad | \quad Factor \\
& | & RelExpr = NumExpr & \qquad Value \rightarrow \lnot \ Factor \\
& | & RelExpr \neq NumExpr & \qquad\qquad\qquad | \quad Factor \\
& | & RelExpr \geq NumExpr & \qquad Factor \rightarrow (Expr) \\
& | & RelExpr > NumExpr & \qquad\qquad\qquad | \quad num \\
& | & NumExpr & \qquad\qquad\qquad | \quad name
\end{array}
$$

图7-7　将布尔运算和关系运算添加到表达式语法

7.4.1　表示

布尔值有两种传统的表示：数值编码方式和位置编码方式。前者分别为true和false分配具体的数值，并使用目标机的算术和逻辑操作来操纵这两个值。后一种方法将表达式的值编码为可执行代码中的一个位置。它使用比较和条件分支来对表达式求值；不同的控制流路径表示了求值的结果。每种方法都适用于一些例子，但不适用于其他的情况。

1. 数值编码

当程序将布尔运算或关系操作的结果保存到一个变量中时，编译器必须确保该值有一个具体的表示。编译器编写者必须为true和false分配数值，使之能够与硬件操作（如and、or、not）协同工作。通常，使用0表示false，使用1或各比特位全为1的一个字（¬false）来表示true。

例如，如果b、c、d都在寄存器中，编译器可能为表达式b∨c∧¬d产生下列代码：

```
not  r_d        ⇒ r_1
and  r_c,r_1    ⇒ r_2
or   r_b,r_2    ⇒ r_3
```

对于比较操作，如a < b，编译器必须生成代码来比较a和b，并对结果赋以适当的值。如果目标机支持返回布尔值的比较操作，生成的代码就非常简单：

```
cmp_LT  r_a,r_b  ⇒ r_1
```

另外，如果比较操作定义了一个条件码，由分支语句读取来确定跳转目标，那么由此生成的代码会比较长也比较复杂。对于a < b来说，这种比较风格将导致一个较为混乱的实现。

```
      comp   r_a,r_b   ⇒ cc_1
      cbr_LT cc_1      → L_1,L_2
L_1:  loadI  true      ⇒ r_1
      jumpI            → L_3
L_2:  loadI  false     ⇒ r_1
      jumpI            → L_3
L_3:  nop
```

与使用返回布尔值的比较操作相比，用条件码操作实现a < b需要更多的指令。

ILOC包含了实现两种风格的比较和分支操作的语法。普通的IR会从中选择一种，ILOC同时包括这两种，所以它能够用于表示本节的代码。

2. 位置编码

在前一个例子中，标号L_1处的代码对应于值true，而L_2处的代码对应于值false。在上述两个标号处，对应的布尔值都是已知的。有时候，代码不必为表达式的结果产生一个具体的值。相反，编译器可以用代码中的位置（如L_1或L_2）来编码该值。

图7-8a给出了树遍历代码生成器对表达式$a < b \lor c < d \land e < f$可能输出的代码。该代码使用一系列比较和跳转来对3个子表达式（$a < b$、$c < d$和$e < f$）求值。它接下来使用L_9处的布尔运算将3个子表达式求值的结果合并起来。遗憾的是，这样做产生的操作序列中，每条路径都需要11个操作，包括3个分支操作和3个跳转操作。通过隐式表示子表达式值，并生成以"短路"方式求值①的代码，可以消除上述代码的一部分复杂性，如图7-8b所示。代码的这一版本在求值$a < b \lor c < d \land e < f$时使用的操作较少，因为它并不创建表示子表达式的值。

```
        comp     r_a,r_b   ⇒ cc_1     // a < b
        cbr_LT   cc_1      → L_1,L_2
L_1:    loadI    true      ⇒ r_1
        jumpI             → L_3
L_2:    loadI    false     ⇒ r_1
        jumpI             → L_3

L_3:    comp     r_c,r_d   ⇒ cc_2     // c < d
        cbr_LT   cc_2      → L_4,L_5
L_4:    loadI    true      ⇒ r_2
        jumpI             → L_6
L_5:    loadI    false     ⇒ r_2                comp     r_a,r_b   ⇒ cc_1     // a < b
        jumpI             → L_6                 cbr_LT   cc_1      → L_3,L_1

L_6:    comp     r_e,r_f   ⇒ cc_3     // e < f   L_1: comp     r_c,r_d   ⇒ cc_2     // c < d
        cbr_LT   cc_3      → L_7,L_8                 cbr_LT   cc_2      → L_2,L_4
L_7:    loadI    true      ⇒ r_3
        jumpI             → L_9                L_2: comp     r_e,r_f   ⇒ cc_3     // e < f
L_8:    loadI    false     ⇒ r_3                     cbr_LT   cc_3      → L_3,L_4
        jumpI             → L_9
                                             L_3: loadI    true      ⇒ r_5
L_9:    and      r_2,r_3   ⇒ r_4                     jumpI             → L_5
        or       r_1,r_4   ⇒ r_5
                                             L_4: loadI    false     ⇒ r_5
                                                  jumpI             → L_5

                                             L_5: nop
            (a) 朴素编码                              (b) 位置编码，同时采用短路求值
```

图7-8 $a < b \lor c < d \land e < f$的编码

如果一个表达式的结果从不存储，那么使用位置编码进行表示是有意义的。当代码使用表达式的结果来确定控制流时，位置编码通常可以避免非必要的操作。例如，在下述代码片断中

```
if (a < b)
    then statement_1
    else statement_2
```

① 短路求值的定义请参见7.4.2节。——译者注

表达式a < b唯一的用途就是确定执行statement₁还是statement₂。为a < b生成一个显式的值，对达到其目的而言并无用处。

如果在某种机器上，编译器必须用一个比较操作和一个分支操作来产生值，编译器只需将statement₁和statement₂的代码分别放置到朴素代码对结果赋值true和false之处。与使用数值编码相比，使用位置编码会生成更简单、更快速的代码。

```
comp    ra,rb   ⇒ cc1    // a < b
cbr_LT  cc1     → L1,L2

L1:  code for statement1
     jumpI      → L6

L2:  code for statement2
     jumpI      → L6

L6:  nop
```

这里，对a < b求值的代码已经与选择statement₁或statement₂的代码合并起来。该代码将a < b的结果表示为一个位置，即L₁或L₂。

7.4.2 对关系操作的硬件支持

目标机指令集的具体底层细节会强烈地影响到表示关系值时可供选择的方案。具体而言，编译器编写者必须注意对条件码、比较操作、条件复制（conditional move）操作的处理，因为它们对各种表示的相对成本有着重要影响。我们将考虑支持关系表达式的四种方案：直接条件码、条件码外加条件复制操作、布尔值比较和谓词操作。每种方案都是某种实际实现的一个理想化版本。

短路求值

在很多情况下，一个子表达式的值可以确定整个表达式的值。例如，如图7-8a所示的代码，即使已经确定了a < b（在这种情况下整个表达式值为true），仍然会求值c < d∧e < f。类似地，如果同时有a≥b和c≥d成立，那么e < f的值是无关紧要的。图7-8b中的代码利用了这些关系，一旦整个表达式的值变为已知，即输出得到的结果。代码在确定表达式最终值的过程中试图只对最少数量的子表达式进行求值，表达式求值的这种方法称为**短路求值**（short-circuit evaluation）。短路求值依赖于两个布尔恒等式：

$$\forall x, \quad false \land x = false$$
$$\forall x, \quad true \lor x = true$$

为生成短路代码，编译器必须根据这两个恒等式分析表达式，并找到能够确定表达式值的最小条件集。如果表达式中的子句包含代价昂贵的运算符或求值使用了分支操作，就像本节讨论的许多方案那样，那么短路求值可以显著地降低布尔表达式求值的代价。

一些程序设计语言强制要求编译器使用短路求值，如C语言。例如，下述表达式

(x != 0 && y / x > 0.001)

在C语言中的安全性依赖于短路求值。如果x为零，y/x是未定义的。显而易见，程序员意在避免除以零引发的硬件异常。语言定义规定，在该代码中，如果x为零值，那么除法绝不会执行。

图7-9给出两个源代码层次的结构及其在各种方案下的实现。图7-9a给出了一个控制一对赋值语句的if-then-else结构。图7-9b给出了一个布尔值的赋值操作。

源代码	if (x < y) 　　then a ← c + d 　　else a ← e + f	
ILOC 代码	comp　　r_x, r_y ⇒ cc_1 cbr_LT cc_1　　→ L_1, L_2 L_1: add　　r_c, r_d ⇒ r_a 　　jumpI　　　　→ L_{out} L_2: add　　r_e, r_f ⇒ r_a 　　jumpI　　　　→ L_{out} L_{out}: nop 直接条件码	cmp_LT r_x, r_y ⇒ r_1 cbr　　r_1　　→ L_1, L_2 L_1: add　　r_c, r_d ⇒ r_a 　　jumpI　　　　→ L_{out} L_2: add　　r_e, r_f ⇒ r_a 　　jumpI　　　　→ L_{out} L_{out}: nop 布尔值比较
	comp　r_x, r_y　　⇒ cc_1 add　r_c, r_d　　⇒ r_1 add　r_e, r_f　　⇒ r_2 i2i_LT cc_1, r_1, r_2 ⇒ r_a 条件复制	cmp_LT r_x, r_y ⇒ r_1 not　　r_1　　⇒ r_2 (r_1)? add　r_c, r_d ⇒ r_a (r_2)? add　r_e, r_f ⇒ r_a 谓词执行

(a) 使用关系表达式支配控制流

源代码	x ← a < b ∧ c < d	
ILOC 代码	comp　r_a, r_b ⇒ cc_1 cbr_LT cc_1　→ L_1, L_2 L_1: comp　r_c, r_d ⇒ cc_2 　　cbr_LT cc_2　→ L_3, L_2 L_2: loadI false ⇒ r_x 　　jumpI　　→ L_{out} L_3: loadI true ⇒ r_x 　　jumpI　　→ L_{out} L_{out}: nop 直接条件码	comp　　r_a, r_b ⇒ cc_1 i2i_LT cc_1, r_T, r_F ⇒ r_1 comp　　r_c, r_d ⇒ cc_2 i2i_LT cc_2, r_T, r_F ⇒ r_1 and　　r_1, r_2 ⇒ r_x 条件复制
		cmp_LT r_a, r_b　⇒ r_1 cmp_LT r_c, r_d　⇒ r_2 and　r_1, r_2　⇒ r_x 布尔值比较
		cmp_LT r_a, r_b　⇒ r_1 cmp_LT r_c, r_d　⇒ r_2 and　r_1, r_2　⇒ r_x 谓词执行

(b) 使用关系表达式产生值

图7-9　实现布尔运算符和关系运算符

1. 直接条件码

在这种方案中，比较操作会设置一个条件码寄存器。唯一能够解释该条件码的指令是条件分支操作，对6种关系（<、≤、=、≥、>、≠）该操作分别有对应的变体进行处理。对几种类型的操作数可能有这些指令。

作为优化的短路求值

短路求值起因于布尔表达式和关系表达式值的位置编码。在使用条件码记录比较结果和使用条件分支解释条件码的处理器上，短路求值是有意义的。

随着处理器支持类似条件复制、布尔值比较、谓词执行等特性，短路求值的优势可能会渐渐消失。随着分支延迟的增长，短路求值所需条件分支操作的代价也随着增长。当分支操作的代价超过避免求值节省的时间时，短路求值将不再是一种改进。相反，完整的求值可能会更快。

当语言要求短路求值时，如C语言，编译器可能需要进行一些分析，以确定何时用完整求值代替短路求值是安全的。因而，未来的C语言编译器可能包括用于将短路求值替换为完整求值的分析和变换，正如过去的编译器会进行分析和变换以便将完整求值替换为短路求值。

编译器必须使用条件分支操作来解释条件码的值。如果像图7-9a中那样，该结果的唯一用途就是确定控制流，那么编译器用于读取条件码的条件分支操作通常也可以实现源代码层次上的控制流结构。如果该结果用于布尔运算中，或保存在一个变量中，像图7-9b，代码必须将结果转换为布尔值的某种具体表示，正如图7-9b中的两个loadI操作。不管怎样，代码对每个关系运算符都至少有一个条件分支操作。

条件码的优势来自处理器通常会同时实现的另一个特性。通常，在这种处理器上的算术运算会设置条件码以反映其计算结果。如果编译器能够设法让必须执行的算术运算也设置控制分支所需的条件码，那么比较操作是可以忽略的。因而，这种体系结构风格的倡导者认为，这样做可以对程序进行更高效的编码，与将布尔值放置在通用寄存器中的比较器相比，这种代码可以执行更少的指令。

2. 条件复制

这种方案向直接条件码模型增加了一个条件复制指令。在ILOC中，条件复制看起来像是这样：

$$\text{i2i\_LT } cc_i, r_j, r_k \Rightarrow r_m$$

如果条件码cc_i匹配LT，那么那么r_j的值将复制到r_m。否则，r_k的值复制到r_m。条件复制操作通常可以在单周期中执行。它通过使编译器避免分支可以生成更快速的代码。

条件复制保持了使用条件码的主要优点，即当早先的操作已经设置了条件码时，可以避免一个比较操作。如图7-9a所示，它使编译器能够编码简单的条件操作，而不使用分支。这里，编译器冒风险对两个加法表达式进行了求值。它使用条件复制操作进行最终的赋值。只要两个加法都不产生异常，这样做就是安全的。

如果编译器已经将表示true和false的值加载到寄存器，假定r_T对应true而r_F对应false，那么可以使用条件复制将条件码转换为布尔值。图7-9b使用了这种策略。它比较a和b并将布尔值结果放置到r_1。它将c<d对应的布尔值计算到r_2中。最终结果是r_1和r_2的逻辑与。

3. 布尔值比较

这种方案完全避免了条件码。比较运算符将一个布尔值返回到寄存器中。条件分支操作将该结果作为一个参数来确定其行为。

布尔值比较无法用于改进图7-9a中的代码。使用这种方案时，生成的代码等价于直接条件码方案生成的代码。它需要比较、分支和跳转操作来对if-then-else结构求值。

图7-9b说明了这种方案的强大之处。布尔值比较使得代码对关系运算符求值时无需分支操作，也无需将比较结果转换为布尔值。将布尔值和关系值统一表示使这个例子的代码简洁高效。

这个模型的一个弱点在于它需要显式的比较操作。尽管条件码模型有时可以通过设法使早先的算术操作设置适当的条件码而避免比较操作,但布尔值比较模型总是需要一个显式的比较操作。

4. 谓词执行

支持谓词执行的体系结构可以使编译器避免一些条件分支操作。在ILOC中,我们通过在指令之前加一个谓词表达式来编写谓词指令。为向读者提醒谓词的目的,我们将其包含在括号中,并在其后加一个问号。例如,

$$(r_{17})? \text{ add } r_a, r_b \Rightarrow r_c$$

表示加法操作($r_a + r_b$)当且仅当r_{17}包含true时执行。

> **谓词执行**
> 一种体系结构特性,其中一些操作可以获取一个布尔值的操作数,用于判断该操作是否生效。

图7-9a中的例子说明了谓词执行的强大之处。该方案生成的代码简单且精练。它生成了两个谓词r_1和r_2。然后使用它们来控制源代码结构中then和else部分的代码。在图7-9b中,谓词执行方案与布尔值比较方案生成的代码是相同的。

处理器可以使用谓词来避免执行操作,或执行操作并使用谓词来避免将结果赋值给其他值。只要"空转"的操作不引发异常,那么这两种方法之间的差别对我们的讨论来说并不重要。我们的例子给出了产生谓词及其补数所需的操作。为避免额外的计算,处理器可以提供返回两个值的比较操作,即分别返回布尔值及其补数。

> **本节回顾**
> 　　与算术运算符的实现相比,布尔运算符和关系运算符的实现有更多的备选方法。编译器编写者必须在数值编码和位置编码之间作出选择。编译器必须将这些决策映射到目标处理器的ISA提供的操作集合上。
> 　　实际上,编译器会根据上下文选择数值编码或位置编码方案。如果代码实例化了该值,数值编码是必需的。如果该值只用于确定控制流,位置编码通常会产生更好的结果。

> **复习题**
> 　　(1) 如果编译器为false分配了值零,那么对true分配下列各个值的优缺点如何:1、任意非零的数和完全由1组成的一个字?
> 　　(2) 如何修改树遍历代码生成方案,以便为布尔表达式和关系表达式生成位置编码?你能够将短路求值集成到你的方案中吗?

7.5　数组的存储和访问

到现在为止,我们假定存储在内存中的变量只包含标量值。许多程序需要数组或类似的结构。定

位并引用数组元素所需的代码，其复杂程度令人惊讶。本节给出几种在内存中布置数组的方案，并描述每种方案针对数组引用生成的代码。

7.5.1　引用向量元素

最简单形式的数组只有一维，我们称其为向量。向量通常存储在连续内存中，因此第 i 个元素紧接第 $i+1$ 个元素之前。因而，向量 V[3...10] 将产生以下内存布局，其中单元格下方的数字表示其在向量中的索引：

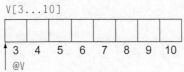

当编译器遇到一个引用如 V[6] 时，它必须使用其中指定的索引以及从 V 的声明获得的事实，来为 V[6] 产生一个偏移量。接下来，可通过偏移量与指向 V 起始处的指针（记作 @V）相加来计算实际地址。

举例来说，假定 V 声明为 V[$low \cdots high$]，其中 low 和 $high$ 是向量（索引）的下界和上界。为转换引用 V[i]，编译器需要指向 V 起始处的指针和元素 i 在 V 内部的偏移量。偏移量是 $(i - low) \times w$，其中 w 是 V 一个元素的长度。因而，如果 low 为 3，i 为 6，w 为 4，偏移量即为 $(6-3) \times 4 = 12$。假定 r_i 包含 i 的值，以下代码片断计算 V[i] 的地址，设置到 r_3 中，并将其值加载到 r_V 中：

```
loadI  @V      ⇒ r@v   // get V's address
subI   r_i,3   ⇒ r_1   // (offset - lower bound)
multI  r_1,4   ⇒ r_2   // x element length (4)
add    r@v,r_2 ⇒ r_3   // address of V[i]
load   r_3     ⇒ r_v   // value of V[i]
```

请注意，一个简单的引用 V[i] 就引入了三个算术操作。编译器可以改进该指令序列。如果 w 是 2 的幂，乘法可以替换为算术移位操作；在实际的程序设计语言中，许多基本类型都有这种性质。而地址和偏移量的加法似乎是不可避免的，或许这也能解释为什么大多数处理器都包括一种基地址/偏移量寻址方式，该寻址方式用于访问基地址 + 偏移量指定的内存位置。在 ILOC 中，我们将其记作 loadAO。

```
loadI   @V      ⇒ r@v   // get V's address
subI    r_i,3   ⇒ r_1   // (offset - lower bound)
lshiftI r_1,2   ⇒ r_2   // x element length (4)
loadAO  r@v,r_2 ⇒ r_v   // value of V[i]
```

使用零作为索引下界，可以消除减法。如果编译器知道 V 的下界，它可以将减法折合到 @V 中。即不使用 @V 作为 V 的基地址，而使用 $V_0 = @V - low \times w$。我们称 @V_0 为 V 的虚零点（false zero）。

> **虚零点**
> 向量 V 的虚零点就是 V[0] 所处的地址。
> 在多维情况下，它是每维索引为 0 时对应的数组元素地址。

使用@V_0并假定i已经加载到r_i中，访问V[i]的代码将变为：

```
loadI    @V₀        ⇒ r@V₀   // adjusted address for V
lshiftI  rᵢ, 2      ⇒ r₁     // x element length (4)
loadAO   r@V₀, r₁   ⇒ rv     // value of V[i]
```

这份代码更短，大概也更快。优秀的汇编语言程序员可能会写出这样的代码。在编译器中，较长的指令序列可能会产生更好的结果，因为它将乘法和加法之类的细节暴露给了优化。而较为底层的改进，如将乘法转换为移位、将add-load指令序列转换为使用loadAO，可以在编译的后续阶段完成。

如果编译器并不了解数组的上下界，它可以在运行时计算数组的虚零点，并而后每次引用该数组时重用这个值。如果某个过程多次引用某个数组的元素，那么可以在过程入口处计算该数组的虚零点。在像C语言之类的编程语言中，采用的是另一种策略：强制使用0作为数组（索引）下界，这确保了@V_0 = @V，并简化了所有数组地址计算。但对编译器中细节的关注可以实现同样的结果，而无需限制程序员对下界的选择。

7.5.2 数组存储布局

访问多维数组的一个元素需要更多的工作。在讨论编译器必须为此生成的代码序列之前，我们必须考虑编译器如何将数组索引映射到正确的内存位置。大多数实现使用下述三种方案之一：行主序（row-major order）、列主序（column-major order）和间接向量（indirection vector）。源语言定义通常会规定使用上述映射中的某一种。

访问数组元素所需的代码取决于数组映射到内存的方式。考虑数组A[1...2,1...4]，概念上，它看起来像是

A	1,1	1,2	1,3	1,4
	2,1	2,2	2,3	2,4

在线性代数中，二维矩阵的行是其第一个维度，而列是其第二个维度。在行主序中，a的元素被映射到连续的内存位置，使得一行中的相邻元素占据相邻的内存位置。这将产生以下布局：

1,1	1,2	1,3	1,4	2,1	2,2	2,3	2,4

以下嵌套循环说明了行主序对内存访问模式的影响：

```
for i ← 1 to 2
   for j ← 1 to 4
      A[i,j] ← A[i,j] + 1
```

在行主序中，上述代码中的赋值语句将顺次遍历各个内存位置，从A[1,1]、A[1,2]、A[1,3]开始，直至A[2,4]。这种顺序访问在大多数内存层次结构下都工作得很好。将i控制的循环移动到j控制的循环内部，产生的访问序列将不断在行之间跳动，从A[1, 1]、A[2, 1]、A[1, 2]，直至A[2,4]。对于像a这样的小数组，这不是问题。对于比高速缓存大的数组来说，缺乏顺序访问可能导致在访问内存层次结构时性能较差。通常，在最右侧的下标（本例中为j）变动最快时，行主序将产生顺序访问。

行主序最明显的备选方案是列主序。它将a的各列分别置于连续的内存位置，产生如下所示的布局：

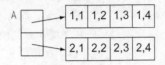

FORTRAN使用列主序。

当最左侧下标变动最快速时，列主序将产生顺序访问。在我们的双重嵌套循环中，如果使用列主序，将i循环置于外层将产生非顺序的访问，而将i循环移动到内层将产生顺序访问。

第三种备选方案，虽然并不十分明显，但已经用于几种语言中。该方案使用间接向量，将所有的多维数组都降阶为向量集合。对于我们的数组a，这样做将产生下述布局：

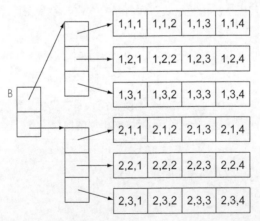

每行都有其自身的连续存储。在一行内部，元素的寻址方式类似向量。为容许对各个行向量的系统化的寻址方式，编译器需要分配一个各元素为指针的向量，并适当地初始化它。类似的方案还可以建立列主序的间接向量。

间接向量看起来简单，但也引入了自身的复杂性。第一，与两种连续存储方案相比，间接向量需要更多的存储空间，如图7-10所示。第二，这种方案要求应用程序在运行时初始化所有间接指针。间接向量方法的一个优点是很容易实现不规则数组（ragged array），即最后一维的长度会有所变动的数组。

图7-10   行主序下B[1…2, 1…3, 1…4]的间接向量表示

上述每种方案都已经用于某种流行的程序设计语言。对于以连续内存区来存储数组的语言，行主序是典型的选择，注意FORTRAN是个特例，该语言使用列主序。BCPL和Java都支持间接向量。

7.5.3   引用数组元素

使用数组的程序通常会引用各个数组元素。类似向量，编译器必须将数组引用转换为一个基地址和一个偏移量，基地址表示数组存储的起始地址，而偏移量表示目标元素相对于起始地址的偏移量。

本节分别讲述按行主序存储为连续内存块的数组和存储为间接向量集合的数组的地址计算方法。列主序的计算遵循了与行主序相同的基本方案，只是维度的次序要反过来。我们把那些方程式留给读者推导。

1. 行主序

在行主序中，地址计算必须找到行的起始地址，然后产生行内部的一个偏移量，就像处理向量一样。扩展我们用于描述向量（索引）范围的符号表示法，我们向 low 和 $high$ 添加下标来规定对应维度的范围。因而，low_1 是第一维的下界，$high_2$ 是第二维的上界。在我们的例子 A[1···2, 1···4] 中，low_1 为1而 $high_2$ 为4。

为访问元素 A[i, j]，编译器必须输出代码计算行 i 的地址并计算元素 j 在该行中的偏移量，后者我们在7.5.1节已经知道是 $(j - low_2) \times w$。每行包含4个元素，此数目通过 $high_2 - low_2 + 1$ 计算，其中 $high_2$ 是编号最高的列而 low_2 是编号最低的列，即 A 的第二维的上下界。为简化阐述过程，我们设 $len_k = high_k - low_k + 1$，即为第 k 维的长度。因为行是连续放置的，相对于 A 的起始地址，行 i 开始于偏移量 $(i - low_1) \times len_2 \times w$ 处。由此推出下述地址计算方式：

$$@A + (i - low_1) \times len_2 \times w + (j - low_2) \times w$$

将 i、j、low_1、$high_2$、low_2 和 w 替换为实际值，我们发现 A[2, 3] 位于偏移量

$$(2 - 1) \times (4 - 1 + 1) \times 4 + (3 - 1) \times 4 = 2$$

上述偏移量是相对于 A[1, 1] 计算的（假定 @A 指向位于偏移量0处的 A[1, 1]）。考察内存中的 A，我们发现 A[1, 1] 的地址加上24，实际上就是 A[2, 3] 的地址。

在向量情形下，如果上下界在编译时是已知的，我们能够简化地址计算。在二维情形下，可应用同样的代数技巧来创建一个虚零点，如下：

$$@A + (i \times len_2 \times w) - (low_1 \times len_2 \times w) + (j \times w) - (low_2 \times w)$$

$$或 @A + (i \times len_2 \times w) + (j \times w) - (low_1 \times len_2 \times w + low_2 \times w)$$

最后一项 $(low_1 \times len_2 \times w + low_2 \times w)$ 是独立于 i 和 j 的，因此可以提出来直接放到基地址中，如下：

$$@A_0 = @A - (low_1 \times len_2 \times w + low_2 \times w) = @A - 20$$

现在，该数组引用只是下述形式

$$@A_0 + i \times len_2 \times w + j \times w$$

最后，我们可以重构一下，将后两项中的 w 提取出来，节省一次非必要的乘法：

$$@A_0 + (i \times len_2 + j) \times w$$

对于 A[2, 3] 的地址，上述表示计算如下：

$$@A_0 + (2 \times 4 + 3) \times 4 = @A_0 + 44$$

因为 @A_0 刚好等于 @A - 20，该计算结果等于 @A - 20 + 44 = @A + 24，与使用数组地址多项式的原始版

本计算得到的地址相同。

如果我们假定i和j已经加载到r_i和r_j，而且len_2是常数，地址计算多项式的这种形式将导致以下代码序列：

```
loadI   @A0       ⇒ r@A0   // adjusted base for A
multI   ri,len2   ⇒ r1     // i × len2
add     r1,rj     ⇒ r2     // + j
multI   r2,4      ⇒ r3     // x element length, 4
loadAO  r@A0,r3   ⇒ ra     // value of A[i,j]
```

在这种形式中，我们已经将计算减少到两个乘法和两个加法（一个在loadAO中）。第二个乘法可以重写为移位。

如果编译器无法得知数组索引范围，它必须在运行时计算虚零点，或者必须使用更复杂的多项式（其中包括减法，用于调整索引下界）。如果某个过程中会多次访问数组的元素，那么前一种方案更有利可图。在过程的入口处计算虚零点，使过程代码能够使用代价较低的地址计算方式。只有当很少访问数组时，更复杂的计算方式才是有意义的。

二维数组地址计算背后的思想可以推广到更高维数组。而对于以列主序存储的数组，也可以用类似的方式推导出地址多项式。我们用来降低地址计算代价的优化，同样适用于这种数组的地址多项式。

2. 间接向量

使用间接向量简化了为访问各个元素而生成的代码。由于最外层的维存储为一组向量，那么最后一步看起来就像是7.5.1节中描述的向量访问方式。对于B[i,j,k]，最后一步根据k、最后一维的下界、B中一个元素的长度，来计算一个偏移量。而预备步骤则通过跟踪间接向量结构中的适当指针，来推算该向量的起始地址。

因而，为访问如图7-10所示数组B中的元素B[i, j, k]，编译器需要使用@B_0、i和一个指针的长度，来找到对应于子数组B[i, *, *]的向量。接下来，它使用该结果、j以及指针的长度，来找到对应于子数组B[i, j, *]的向量。最后，它利用向量地址计算的方法，使用该向量的基地址、k、元素长度w，来找到B[i, j, k]的地址。

如果i、j、k的当前值已经分别加载到寄存器r_i、r_j和r_k，且@B_0为第一维的虚零点，那么B[i, j, k]可以用如下方式引用：

```
loadI   @B0       ⇒ r@B0   // false zero of B
multI   ri,4      ⇒ r1     // assume pointer is 4 bytes
loadAO  r@B0,r1   ⇒ r2     // get @B[i,*,*]

multI   rj,4      ⇒ r3     // pointer is 4 bytes
loadAO  r2,r3     ⇒ r4     // get @B[i,j,*]

multI   rk,4      ⇒ r5     // assume element length is 4
loadAO  r4,r5     ⇒ rb     // value of B[i,j,k]
```

该代码假定，间接结构中的各个指针已经考虑到了非零索引下界并进行了相应的调整。如果并非如此，那么r_j和r_k中的值必须减去对应的下界。本例中的乘法可以替换为移位。

使用间接向量，引用数组元素时，对每个维度需要两个操作。在内存访问比算术操作快的系统上，这种性质保证了间接向量方案比较高效，例如，在1985年之前的大多数计算机系统上都是这样。随着内存访问的代价相对于算术操作的增长，该方案已经失去了速度方面的优势。

在基于高速缓存的机器上，局部性对性能来说是关键因素。在数组增长到比高速缓存大很多时，存储的顺序会影响到局部性。行主序和列主序的存储方案对某些基于数组的操作能产生很好的局部性。而对于利用间接向量实现的数组来说，编译器很难预测其局部性性质并进行相应的优化。

3. 访问值为数组的参数

当数组作为参数传递时，大多数实现都通过传引用的方式进行传递。即使在所有其他参数都使用传值方式的语言中，数组通常也是按引用传递的。我们来考虑按值传递数组需要的机制。调用者需要将每个数组元素的值逐一复制到被调用者的活动记录中。将数组作为引用参数传递可以大大降低每次调用的代价。

如果编译器需要在被调用者中生成数组引用，它需要绑定到对应形参的数组的各维度信息。例如，在FORTRAN中，程序员需要在声明数组时使用常数或其他形参来指定其各个维度。因而，在FORTRAN语言中，程序员有责任把正确寻址参数数组所需的信息传递给被调用者。

其他语言将收集、组织和传递必要信息的任务留给编译器完成。编译器会建立一个描述符，其中包含了指向数组起始处的指针和描述数组每个维度的必要信息。描述符结构本身的长度是已知的，即使数组的长度无法在编译时得知也是如此。因而，编译器可以在被调用过程的AR中为描述符分配空间。在数组对应的参数槽位中传递的值是一个指向描述符的指针，描述符又称为信息矢量（dope vector）。

信息矢量

数组实参的描述符。

信息矢量还可以用于边界在运行时才能确定的数组。

在编译器生成对形参数组的引用时，它必须从信息矢量提取信息。编译器会从信息矢量加载需要的值，并产生与引用局部数组时同样的地址多项式。在策略上，编译器必须决定使用何种形式的地址多项式。在使用"朴素"的地址多项式时，信息矢量包含一个指向数组起始处的指针、各维度的下界、除去一维之外所有其他维度的长度。如果使用基于虚零点的地址多项式，下界信息就不需要了。因为调用者和被调用者可能是独立编译的，编译器必须在所用的策略上保持一致。在大多数情况下，用于建立实际信息矢量的代码可以从具体调用位置处移开，而置于调用者本身的起始代码序列中。对于循环内部进行的调用，这种移动将降低调用的开销。

一个过程可能会从多个调用位置被调用，每次分别传递一个不同的数组。图7-11a中的PL/I过程main包含对过程fee的两个调用。第一个调用传递了数组x，而第二次传递了y。在fee内部，实参（x或y）将绑定到形参A。fee中引用A的代码需要描述实参的一个信息矢量。图7-11b根据地址多项式的虚零点版本，给出了分别对应于两个调用位置的信息矢量。

请注意，访问值为数组的参数或动态长度的数组时，代价要高于访问具有固定上下界的局部数组。在最好情况下，信息矢量也会因为访问相关数据项而引入额外的内存引用。在最坏的情况下，它将导致编译器无法进行需要完全了解数组声明的那类优化。

```
program main;
  begin;
    declare x(1:100,1:10,2:50),
        y(1:10,1:10,15:35) float;
    ...
    call fee(x)
    call fee(y);
  end main;

procedure fee(A)
  declare A(*,*,*) float;
begin;
  declare x float;
    declare i, j, k fixed binary;
    ...
    x = A(i,j,k);
    ...
  end fee;
```

A → @x₀ / 100 / 10 / 49　第一次调用

A → @y₀ / 10 / 10 / 21　第二次调用

(a) 传递整个数组作为参数的代码　　　　(b) 对应于两个调用位置的信息矢量

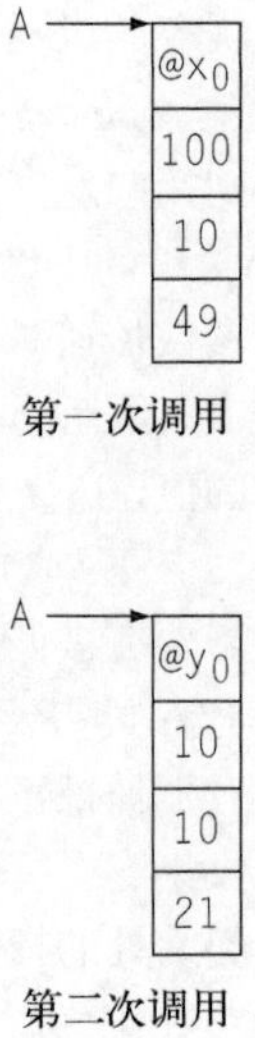

图7-11　信息矢量

7.5.4　范围检查

大多数程序设计语言的定义显式或隐式假定，程序只会引用数组定义范围内的元素。根据定义，越界引用数组元素的程序是非良构的。一些语言（如Java和Ada）要求能够检测和报告越界访问。在其他语言中，编译器已经包含了可选的机制，可以检测和报告越界数组访问。

顾名思义，范围检查最简单的实现就是在每次数组引用之前插入一个条件判断。该条件判断会检验每个索引值是否落入其对应维度的有效范围内。在数组密集型程序中，这种检查的开销可能很大。在这种简单的方案之上，有许多种可能的改进。代价最低的备选方案是在编译器中证明给定的引用不可能产生越界数组访问。

如果编译器打算对值为数组的参数插入范围检查，它可能需要在信息矢量中加入额外的信息。例如，如果编译器使用基于数组虚零点的地址多项式，那么编译器只有各个维度的长度信息，而没有各维度的上下界信息。它可以将偏移量对照数组的全长，进行一个不精确的条件判断。但是，如果要进行精确的条件判断，编译器必须在信息矢量中加入各个维度的上下界，并对照上下界来判断偏移量是否越界。

当编译器为范围检查生成运行时代码时，它需要插入许多份代码副本来报告越界下标。优化编译器通常包含一些技术，可以改进范围检查代码。

检查可以合并，也可以从循环中移出。可以证明检查是冗余的[①]。总之，此类优化可以从根本上降低范围检查的开销。

---

① 在编译期间。——译者注

本节回顾

　　程序设计语言实现会以各种格式存储数组。主要的方案是使用行主序或列主序的连续存储数组，或使用间接向量的不连续存储数组。对于计算给定数组元素的地址，每种格式都有一个不同的公式。可以利用简单的代数方法优化连续数组的地址多项式，以降低其求值代价。

　　作为数组传递的参数需要调用者和被调用者之间的协作。调用者必须创建一个信息矢量，以包含被调用者需要的信息。调用者和被调用者必须就信息矢量格式达成一致。

复习题

　　(1) 对于以列主序格式存储的二维数组A，写出引用A[i, j]的地址多项式。假定A的声明指定了维度$(i_1 : h_1)$和$(i_2 : h_2)$，A的每个元素占用w字节。

　　(2) 给定一个整数数组A[0:99, 0:89, 0:109]，如果要将A表示为一个紧凑的行主序数组，需要多少字的内存？使用间接向量表示A需要多少字？假定指针和整数都需要一个字表示。

7.6　字符串

　　程序设计语言为字符数据提供的操作，不同于为数值数据提供的操作。程序设计语言对字符串的支持程度，可以是C语言的水平，其中大多数的操作都调用库例程；也可以是PL/I的水平，语言把字符串作为一等公民进行支持，提供了对单个字符赋值、指定任意子串、连接字符串以形成新串等机制。为说明字符串实现中出现的问题，本节讨论字符串赋值、字符串连接和字符串长度计算。

　　字符串操作可能是代价比较高的。较陈旧的CISC体系结构，如IBM S/370和DEC VAX，提供了对字符串操作的广泛支持。而现代的RISC机器，则更加依赖于编译器使用一组较简单的操作来实现这些复杂操作。而其中的基本运算，如将多个字节从一个内存位置复制到另一个内存位置，则会出现在许多不同的上下文中。

7.6.1　字符串表示

　　编译器编写者必须为字符串选择一种表示；该表示的细节对字符串操作的代价有着巨大影响。为理解这一点，考虑字符串b的两种常见表示。左侧是C语言实现中的传统表示，它使用一个简单的字符向量，用指定字符（\0）充当结束符，符号♭表示空格。右侧的表示同时存储了字符串的长度（8）和内容。许多语言实现已经使用了这种方法。

零结尾　　　　　　　　　　　　　　　　显式长度字段

　　如果长度字段比零字符（null）结束符更占空间，那么存储长度的做法将或多或少地增加字符串在内存中占用的空间。（我们的例子假定长度字段占4字节，实际上，可能占用得更少。）但存储长度简化了对字符串的几种操作。如果语言允许在分配的定长字符串内部存储变长字符串，那么实现者可能还需要存储字符串的分配长度。编译器可以使用分配长度，对字符串赋值和连接进行运行时范围检查。

7.6.2 字符串赋值

字符串赋值在概念上很简单。在C语言中，从b的第三个字符到a的第二个字符的赋值，可以写作a[1] = b[2];。如果机器具备字符长度的内存操作（cload和cstore），该代码可以转换为如右侧所示的简单代码。（回想一下，a中的第一个字符是a[0]，因为C语言使用零作为所有数组的下界。）

```
loadI     @b     ⇒ r@b
cloadAI   r@b,2  ⇒ r2
loadI     @a     ⇒ r@a
cstoreAI  r2     ⇒ r@a,1
```

但如果底层的硬件并不支持面向字符的内存操作，编译器必须生成更复杂的代码。假定a和b在内存中都从字边界开始，一个字符占用1字节，且一个字占4字节，那么编译器可能输出以下代码：

```
loadI   0x0000FF00  ⇒ rC2   // mask for 2nd char
loadI   0xFF00FFFF  ⇒ rC124 // mask for chars 1, 2, & 4
loadI   @b          ⇒ r@b   // address of b
load    r@b         ⇒ r1    // get 1st word of b

and     r1,rC2      ⇒ r2    // mask away others
lshiftI r2,8        ⇒ r3    // move it over 1 byte

loadI   @a          ⇒ r@a   // address of a
load    r@a         ⇒ r4    // get 1st word of a

and     r4,rC124    ⇒ r5    // mask away 2nd char
or      r3,r5       ⇒ r6    // put in new 2nd char
store   r6          ⇒ r@a   // put it back in a
```

该代码加载包含b[2]的字，提取该字符，通过移位使之到达正确的位置，然后将其"按位或"到包含a[1]的字中，而后将其结果存储回原位。实际上，上述代码加载到r_{C2}和r_{C124}中的掩码，很可能存储在静态初始化的内存部分，或是计算出来的。上述代码序列增加的复杂性，可能也解释了面向字符的load和store操作比较常见的原因。

对于更长的字符串，代码是类似的。PL/I包含了一个字符串赋值运算符。程序员可以写出如a = b这样的语句，其中a和b声明为字符串。假定编译器使用显式存储长度字段的表示，以下简单的循环，可用于在具有面向字节的cload/cstore操作的机器上移动字符：

```
              loadI   @b       ⇒ r@b
              loadAI  r@b,-4   ⇒ r1    // get b's length
              loadI   @a       ⇒ r@a
              loadAI  r@a,-4   ⇒ r2    // get a's length
              cmp_LT  r2,r1    ⇒ r3    // will b fit in a?
              cbr     r3       → Lsov,L1 // raise overflow

         L1:  loadI   0        ⇒ r4    // counter
a = b;        cmp_LT  r4,r1    ⇒ r5    // more to copy?
              cbr     r5       → L2,L3
```

```
L₂:  cloadAO   r@b,r₄   ⇒ r₆       // get char from b
     cstoreAO  r₆       ⇒ r@a,r₄   // put it in a
     addI      r₄,1     ⇒ r₄       // increment offset
     cmp_LT    r₄,r₁    ⇒ r₇       // more to copy?
     cbr       r₇       → L₂,L₃

L₃:  storeAI   r₁       ⇒ r@a,-4   // set length
```

请注意，该代码判断了a和b的长度，以避免向a写入时越界。（在显式包含长度的表示中，这种检查开销很小。）标号L_sov表示在字符串溢出情况下的运行时错误处理程序。

在C语言中，使用零字符表示字符串结束符，同样的赋值操作，可以写做复制字符的循环：

```
                               loadI   @b      ⇒ r@b    // get pointers
                               loadI   @a      ⇒ r@a
                               loadI   NULL    ⇒ r₁     // terminator
                               cload   r@b     ⇒ r₂     // get next char
t₁ = a;                L₁:     cstore  r₂      ⇒ r@a    // store it
t₂ = b;                        addI    r@b,1   ⇒ r@b    // bump pointers
do {                           addI    r@a,1   ⇒ r@a
  *t₁++ = *t₂++;               cload   r@b     ⇒ r₂     // get next char
} while (*t₂ != '\0')          cmp_NE  r₁,r₂   ⇒ r₄
                               cbr     r₄      → L₁,L₂

                       L₂:     nop                      // next statement
```

如果目标机对load/store操作支持自动递增，循环中的两个加法操作可以在cload和cstore操作中进行，这可以使循环体部分减少到只有4个操作。（回想一下，C语言最初是在DEC PDP/11上实现，该机器支持自动算后增量（auto-postincrement）。）没有自动递增特性，编译器使用具有公用偏移量的cloadAO和cstoreAO操作，可以生成更好的代码。该策略在循环内部只使用一个加法操作。

为实现对较长、字对齐字符串的高效处理执行，编译器可能生成使用整字的load/store的代码，最后使用面向字符的循环来处理字符串末尾的剩余的字符。

如果处理器缺少面向字符的内存操作，代码将更为复杂。编译器需要将循环体中的load/store替换掉，替换为前文单字符赋值代码中单字符掩码/移位操作的某种通用形式。结果是一个可工作但比较丑陋的循环，其中需要多得多的指令才能将b复制到a中。

面向字符的循环的优点是简单性和通用性。面向字符的循环可以处理罕见但复杂的情形，如交迭的子串，或具有不同对齐模式的字符串。面向字符的循环的不利之处在于，与在各次迭代中分别移动较大块内存的循环相比，其效率较低。实际上，编译器很可能调用仔细优化过的库例程来实现复杂的情形。

7.6.3 字符串连接

连接不过是一个或多个赋值操作序列的简写。它有两种基本形式：将字符串b追加到字符串a，以及创建一个新字符串，其中包含a，a之后紧接着是b。

前一种情形下，先是一个长度计算，而后是一个赋值操作。编译器需要输出确定字符串a长度的代码。如果空间允许，它接下来进行一个赋值操作，将b赋值到紧接a内容之后的空间中。（如果没有足够的空间可用，该代码将在运行时引发错误。）后一种情形下，需要复制a和b中的各个字符到目标字符串。编译器将连接处理为一对赋值操作，并分别为两次赋值生成代码。

无论在哪种情况下，编译器都应该确保分配足够容纳结果的空间。实际上，编译器或运行时系统必须知道各个字符串的分配长度。如果编译器知道这些长度，它可以在代码生成期间进行检查，从而避免运行时检查。在编译器不知道a和b长度的情况下，它必须生成代码在运行时计算各字符串的长度，并进行适当的条件判断和分支操作。

7.6.4 字符串长度

操控字符串的程序通常需要计算一个字符串的长度。在C语言程序中，标准库中的函数strlen以一个字符串为参数，返回该字符串的长度，并将其表示为一个整数。在PL/I中，内置函数length执行同样的功能。在长度计算方面，此前描述的两种字符串表示将导致根本不同的代价。

(1) 零结尾字符串 长度计算必须从头开始按顺序考察各个字符，直至遇到零字符。其代码类似于C语言中复制字符的循环。它需要的时间正比于字符串的长度。

(2) 显式长度字段 长度计算就是一次内存访问。在ILOC中，只需要用loadI将字符串起始地址加载到寄存器中，而后用loadAI获取该字符串长度。这种表示下，代价是常数且很小。

在这两种表示之间的权衡很简单。零结尾表示可以节省一点空间，但需要更多代码和时间来计算长度。而显式长度字段的表示方法对每个字符串需要额外付出一个字的存储空间，但长度计算只需要常数时间。

字符串优化问题中一个经典的例子是：确定连接两个字符串a和b得到的结果字符串的长度。在具有字符串运算符的语言中，该问题可以写做length(a+b)，其中+表示连接。该表达式有两个显然的实现：构建出连接后的字符串并计算其长度（用C语言表示为：strlen(strcat(a, b))）；或者对a和b的长度求和（用C语言表示为：strlen(a)+strlen(b)）。当然，后一种解决方案是我们想要的。在字符串具有显式长度字段的情况下，该操作可以优化为使用两个load和一个add指令。

本节回顾

原则上，字符串操作类似于向量上的操作。字符串表示的细节、对齐问题引入的复杂性、对效率的要求，都会使编译器生成的代码变得复杂。每次复制一个字符的简单循环易于生成、易于理解，也易于证明正确性。而在每个迭代中复制多个字符的复杂循环可能更为高效；效率的代价是为处理字符串结尾而引入的额外代码。对复杂的情形，许多编译器只需求助于系统提供的字符串复制例程，如Linux提供的strcpy或memmove例程。

复习题

(1) 编写字符串赋值a←b的ILOC代码，使用针对字长度的load/store指令。（在后一个循环中，使用针对字符长度的load/store指令来处理字符串结尾情形。）假定a和b是字对齐的，且不重叠。

(2) 如果a和b是字符对齐的（而不是字对齐的），你的代码需要如何改变？重叠的字符串会引入哪些复杂性？

7.7　结构引用

大多数程序设计语言都提供了一种机制，可以将数据聚合到一个结构中。C语言的结构（struct）是很典型的，它将有名字的各个成员聚集起来，各个成员通常是不同类型的。例如，在C语言中，链表的实现可以使用以下结构来创建整数的链表：

```
struct node {
  int value;
  struct node *next;
};

struct node NILNode = {0, (struct node*) 0};
struct node *NIL = &NILNode;
```

每个node包含一个整数和一个指向另一个结点的指针。最后的声明创建了一个结点实例NILNode和一个指针NIL。代码初始化了NILNode，将其中的值初始化为0，其中的指针初始化为非法值，并将NIL设置为指向NILNode。（程序通常使用指定的NIL指针来标记链表的末尾。）结构和指针的引入，给编译器带来了两个不同的问题：匿名值和结构布局。

7.7.1　理解结构布局

在编译器为结构引用输出代码时，它必须知道结构实例的起始地址以及每个结构成员的长度和偏移量。为维护这些事实，编译器可以建立一个独立的表来保存结构布局的有关信息。这种编译时的表必须包含各个结构成员的文本名字、其在结构内部的偏移量及其源语言数据类型。对于上面的链表示例，编译器可以建立如图7-12所示的表。成员表中的各项需要使用全名（fully qualified name），以避免在几个不同结构中重用同一成员名造成的冲突。

结构布局表

名字	长度	第一个成员
node	8	•
...	...	•

结构成员表

名字	长度	偏移量	类型	结构中的下一个成员
node.value	4	0	int	•
node.next	4	4	struct node *	•
...	...	...	...	...

图7-12　链表示例对应的结构表

有了这一信息，编译器很容易为结构引用生成代码。返回到链表的例子，对于结点指针p1，编译器可以将引用p1->next转换为以下ILOC代码：

```
loadI  4       ⇒ r₁  // offset of next
loadAO rₚ₁,r₁ ⇒ r₂  // value of p1->next
```

在这里，编译器通过跟踪结构表中node对应的表项，找到成员表中node结构各成员对应表项形成的链表，来查找next的偏移量。遍历该链表，编译器即可找到node.next对应的表项，以及node.next的偏移量4。

在对结构进行布局以及为其中各成员分配偏移量的过程中，编译器必须遵守目标体系结构的对齐规则。这可能迫使编译器在结构中留出不使用的空间。在编译器对下图中左侧声明的结构进行布局时，就会面临该问题：

如果编译器不得不按结构成员声明的顺序来进行布局，将如图中右上所示。因为fie和fum必须对齐到双字，编译器必须在fee和foe之后插入填充字节。如果编译器可以在内存中按任意顺序部署结构成员，它可能会使用如图右下所示的布局，该布局不需要填充字节。这是一个语言设计问题：语言定义会规定结构布局是否向用户开放。

7.7.2 结构数组

许多程序设计语言容许用户声明结构数组。如果允许用户获得结构数组中数组元素的地址，那么编译器在内存中对数据进行布局时，结构数组的布局将呈现为多个布局相同、在内存中连续出现的结构实例。如果程序员无法获得结构数组中数组元素的地址，编译器在布局结构数组时，可以将其作为单个结构处理，其中的每个成员变为数组。依赖于外围代码访问数据的方式，这两种策略在具有高速缓存的系统上可能表现出非常不同的性能。

在寻址布局为多个结构实例的结构数组时，编译器使用7.5节描述的数组地址多项式。结构的全长（包括任何必需的填充字节）将变为地址多项式中的数组元素长度（w）。该多项式会产生结构实例的开始地址。为获取结构实例中特定成员的值，该成员的偏移量将加到结构实例的起始地址上。

如果编译器将结构数组布局为成员为数组的结构，它必须使用偏移量表的信息和数组维数来计算成员数组的起始地址。该地址接下来可以作为起点，使用适当的数组地址多项式来进行进一步的地址计算。

7.7.3 联合和运行时标记

许多语言允许程序员创建一种结构，使之具有依赖于数据的多种解释。在C语言中，联合（union）具有这种效果。Pascal语言通过变体记录来实现同样的效果。

联合和变体记录带来了额外的复杂性。对联合成员的引用输出代码时，编译器必须将该引用解析到某个具体的偏移量。因为联合是根据多个结构定义建立的，存在这样的可能性，即成员名称不是唯一的。编译器必须将每个引用解析到运行时对象中一个唯一的偏移量和类型。

该问题有一个语言学上的解决方案。程序设计语言可以强迫程序员使用无歧义的引用。考虑如图7-13所示的C语言声明。

(a) 部分的代码给出了两种结点的声明，一种结点包含一个整数值，而另一种包含一个浮点值。

(b) 部分的代码声明了一个名为one的联合，其中包括n1结构实例inode或n2结构实例fnode作为成员。为引用整数值，程序员需要指定u1.inode.value。为引用浮点值，程序员需要指定u1.fnode.value。使用全名解决了所有歧义。

(c) 部分的代码声明了一个联合two，它具有与one相同的性质。two的声明显示声明了其内部结构。但用于消除引用值时二义性的语言学机制是相同的：程序员需要指定全名。

```
struct n1 {              union one {              union two {
  int kind;                struct n1 inode;         struct {
  int value;               struct n2 fnode;           int kind;
};                       } u1;                        int value;
                                                    } inode;
struct n2 {
  int kind;                                         struct {
  float value;                                        int kind;
};                                                    float value;
                                                    } fnode;
                                                  } u2;

    (a) 基本结构            (b) 结构的联合           (c) 隐式结构的联合
```

图7-13　C语言中的联合声明

作为备选方案，一些系统依赖于运行时鉴别（runtime discrimination）。这种情况下，联合中的每个变体都有一个字段，可以将其与其他变体区分开来，即所谓的"标记"。（例如，在two的声明中，针对inode可以将kind初始化为1，针对fnode可以将kind初始化为2。）那么接下来，编译器可以输出代码来检查标记字段的值，以确保每个对象都得到正确的处理。本质上，编译器输出一个switch...case语句，根据标记的值选择适当的处理。语言可能要求程序员定义标记字段及其值；另外，编译器也可以自动产生和插入标记。在后一种情况下，编译器有强烈的动机进行类型校验，并需要尽可能地移除（不必要的）检查。

7.7.4　指针和匿名值

C语言程序可以用两种方法来创建结构实例。如前文例子中的NilNode所示，C程序可以声明一个结构实例。另外，代码还可以显示分配一个结构实例。若变量fee声明为指向node的指针，分配过程如下：

```
fee = (struct node *) malloc(sizeof(node));
```

访问这个新的node实例的唯一途径是通过指针fee。因而，我们认为这个实例是一个匿名值，由于它没有持久的名字。

因为匿名值的唯一名字是一个指针，编译器无法轻易确定两个指针是否指向同一内存位置。考虑下述代码片断

```
1   p1 = (node *) malloc(sizeof(node));
2   p2 = (node *) malloc(sizeof(node));
3   if (...)
4       then p3 = p1;
5       else p3 = p2;
6   p1->value = ...;
7   p3->value = ...;
8   ...   = p1->value;
```

前两行分别创建了匿名结点。第6行通过p1写对应的结点，而第7行通过p3写对应的结点。因为第3~5行的if-then-else语句，p3可以引用第1行创建的结点，也可以引用第2行创建的结点。最后，第8行引用了p1->value。

指针的使用限制了编译器将值保存在寄存器中的能力。考虑第6~8行中赋值操作的序列，第8行重用了第6行或第7行所赋的值。出于效率的考虑，编译器应该避免将该值存储到内存然后重新加载。然而，编译器无法轻易确定第8行使用的值到底是哪个。对该问题的回答取决于第3行条件表达式的值。

尽管在某些具体实例中（例如，1 > 2）可以提前知道条件表达式的值，但对一般情形来说，其值是不可能提前判定的。除非编译器知道条件表达式的值，否则它必须针对这三个赋值操作输出比较保守的代码。它必须从内存加载第8行使用的值，不管它是否最近曾经将该值加载到某个寄存器。

指针引入的不确定性阻止了编译器将基于指针的引用中使用的值保存在寄存器中。匿名对象使该问题进一步复杂化，因为它们引入了一个无界集合，其中的对象都需要进行跟踪。因而，如果语句涉及基于指针的引用，其效率通常不如在无歧义的局部值上执行的相应计算。

密集使用数组的代码会有类似的效应。除非编译器对数组下标进行深入分析，否则它无法确定两个数组引用是否是重合的。当编译器无法区分两个引用时，如a[i, j, k]和a[i, j, l]，它必须以保守的方式来处理这两个引用。消除数组引用二义性的问题虽然颇具挑战性，但仍然比消除指针引用二义性的问题要简单。

通过分析来消除指针引用和数组引用的二义性，是对程序性能的各种潜在改进的主要来源。对于密集使用指针的程序，编译器可以进行过程间数据流分析，以便其找到每个指针可能指向的对象的集合。对于密集使用数组的程序，编译器可以使用数据相关性分析来了解数组引用的模式。

数据相关性分析已经超出了本书的范围，请读者参见本书后面列出的参考文献[352, 20, 270]。

本节回顾

为实现结构和结构数组，编译器必须为每个结构确定布局，还必须有一个公式来计算任一结构成员的偏移量。在通过声明来规定数据成员相对位置的语言中，结构布局只需要编译器来计算偏移量。如果语言允许编译器确定数据元件的相对位置，那么结构布局的问题将类似于数据区的布局（参见7.2.2节）。针对结构成员的地址计算，实际上只是简单应用了针对标量变量（例如，基地址＋偏移量）和数组元素的方案。

与结构有关的两个特性引入了复杂性。如果语言允许联合或变体结构，那么（程序员）输入的代码必须以无歧义的方式来指定目标（结构）成员。该问题典型的解决方案是使用联合中的结构成员的全名。第二个问题源于运行时分配的结构实例。使用指针来保存动态分配对象的地址引入了二义性，使得将值保存在寄存器中的问题复杂化。

复习题

(1) 在编译器对结构进行布局时，它必须确保结构的每个成员都对齐到适当的地址边界上。编译器可能需要在各个成员之间插入填充字节，以满足对齐约束。请编写一组经验规则，使得程序员能够利用这些规则的指导，来降低编译器插入填充字节的可能性。

(2) 如果编译器具有重新布局结构和数组的自由，它有时能够提高性能。何种程序设计语言特性会限制编译器重新布局的能力？

7.8 控制流结构

一个基本程序块只是一个最大长度的无分支、无谓词代码序列。不影响控制流的任何语句都可以出现在块内部。任何控制流转移都会导致块的结束，有标号语句也是如此，因为它可能是分支操作的目标。在编译器生成代码时，它只需聚集连续的无标号、非控制流操作，即可建立基本程序块。（假定有标号语句不好平白无故地加上标号，即每个有标号语句都是某个分支操作的目标。）基本程序块的表示可能很简单。例如，如果编译器有某种可以保存在简单线性数组中的类汇编表示，那么一个基本程序块可以描述为一个对⟨first, last⟩，其中记录了块开始和结束指令的索引。（如果基本程序块索引按数值次序升序保存，那么单单由各个first值构成的一个数组就足够了。）

为将一组基本程序块关联起来形成一个过程，编译器必须插入代码以实现源程序的控制流操作。为捕获基本程序块之间的关系，许多编译器建立控制流图（CFG，参见5.2.2节和8.6.1节）并将其用于分析、优化和代码生成。在CFG中，结点表示基本程序块，而边表示基本程序块之间可能的控制转移。通常，CFG是一种衍生表示，其中包含的引用分别指向每个基本程序块的更详细的表示。

实现控制流结构的代码位于基本程序块中，位于每个块的末尾处或附近。（在ILOC中，分支操作没有落空的情形，因此每个基本程序块都结束于一个分支或跳转。如果IR的模型包含了延迟槽，那么控制流操作可能不是块中最后一个操作。）虽然已经有许多不同的语法约定用于表达控制流，底层概念数目则相对较少。本节考察现代程序设计语言中出现的许多控制流结构。

7.8.1 条件执行

大部分程序设计语言都提供了if-then-else结构的某种版本。给出下述源代码文本

```
if expr
    then statement₁
    else statement₂
statement₃
```

编译器必须生成代码对*expr*求值并根据*expr*的值选择跳转到$statement_1$或$statement_2$。实现这两个语句的ILOC代码必须结束于到$statement_3$的一个跳转。正如我们在7.4节所见，编译器实现if-then-else结构时有许多选项可用。

7.4节中的讨论专注于控制表达式的求值。其中说明了底层的指令集对处理控制表达式求值和某些情况下被控制语句的策略的影响。

程序员可以将任意大的代码片断放置在then和else部分的内部。这些代码片断的长度会影响到编译器实现if-then-else结构的策略。如果then和else部分的代码很简单，如图7-9所示，那么编译器的主要考虑是将表达式的求值与底层的硬件相匹配。随着then和else部分代码的增长，then和else部分内部高效执行的重要性，开始超过控制表达式执行的代价。

例如，在支持谓词执行的机器上，对then和else部分较大的基本程序块使用谓词会浪费CPU周期。因为处理器必须将每个谓词化的指令发给处理器中的某个功能单元，这使得每个带有false谓词的操作都会增加所谓的机会成本：它会占用一个发射槽（issue slot）。如果then和else部分都有大块的代码，那么，（执行）本不该执行的指令所增加的代价，可能会超过使用条件分支的开销。

图7-14说明了这种权衡。它假定then和else部分都包含10条独立的ILOC操作，且目标机每周期可以发射两个操作。

图7-14a给出了使用谓词可能会生成的代码，其中假定控制表达式的值在r_1中。该代码每周期发射两个指令。每周期执行其中之一。then部分的操作都发射到单元1，而else部分的操作都发射到单元2。该代码避免了所有分支操作。如果每个操作花费一个周期，那么无论采用哪个分支，执行受控制的语句都需要10个周期。

```
单元1              单元2
     comparison ⇒ r1
(r1)   op1      (¬r1)  op11
(r1)   op2      (¬r1)  op12
(r1)   op3      (¬r1)  op13
(r1)   op4      (¬r1)  op14
(r1)   op5      (¬r1)  op15
(r1)   op6      (¬r1)  op16
(r1)   op7      (¬r1)  op17
(r1)   op8      (¬r1)  op18
(r1)   op9      (¬r1)  op19
(r1)   op10     (¬r1)  op20
```

(a) 使用谓词

```
单元1          单元2
   compare & branch
L1: op1        op2
    op3        op4
    op5        op6
    op7        op8
    op9        op10
    jumpI      → L3
L2: op11       op12
    op13       op14
    op15       op16
    op17       op18
    op19       op20
    jumpI      → L3
L3: nop
```

(b) 使用分支

图7-14　谓词与分支

由用户进行的分支预测

现代编译器有个涉及分支预测的趣闻。FORTRAN有一个算术if语句，会根据控制表达式求值结果（负数、零、正数）而采用三个分支之一。一种早期编译器允许用户为每个标号提供一个权重，以反映采用该分支的相对概率。编译器接下来使用这些权重值对各个分支进行排序，以最小化分支操作带来的总预期延迟。

　　在该编译器付诸实用一年之后，故事有了新的发展，一位维护者发现分支权重的使用顺序反了，恰好使得预期延迟最大化，但没人抱怨过。这个故事通常作为一个寓言讲述，描述了就程序员所编写代码的行为而言，程序员本身意见的价值。（当然，如果按正确的顺序使用权重是否会有改进，也没人报告过。）

　　图7-14b给出了使用分支操作可能生成的代码，其中假定转向L₁的控制流对应于then部分，转向L₂的控制流对应于else部分。因为每个部分内部的指令都是独立的，该代码每周期发射两个指令。按照then路径，需要花费5个周期执行采用路径中的操作，外加结束部分跳转操作的代价。如果按照else路径执行，代价也是相同的。

　　谓词化的版本避免了非谓词化版本中需要的初始分支操作（跳转到图中的L₁或L₂），以及结束的跳转操作（跳转到L₃）。分支版本需要承担一个分支和一个跳转操作的开销，但可以执行得更快。其中的每条路径都包含1个条件分支、5个周期的操作和结束的跳转操作（一部分操作可能用来填充跳转的延迟槽）。二者的差别在于有效发射比（effective issue rate）：分支版本发射的指令只有谓词化版本的大约一半。随着then和else部分代码片断变得更大，这项差别也会变大。

　　实现if-then-else时，如果要在分支和谓词之间作出选择，需要谨慎小心，应该考虑如下几个问题。

　　(1) 预期执行频度　如果条件分支的两条路径中，有一条路径的执行频度显著高于另一条，那么加速该路径执行的技术将产生更快速的代码。这种偏向性可以体现为分支预测、投机性地预先执行某些指令或对逻辑进行重排。

　　(2) 代码数量的不均衡　如果条件分支结构中的一条路径包含的指令比另一条多得多，这可能不利于采用谓词执行或谓词化与分支的某种组合。

　　(3)条件分支结构内部的控制流　如果条件分支结构的两条路径都包含复杂的控制流，如if-then-else、循环、switch...case语句或调用，那么谓词执行可能是糟糕的选择。特别地，嵌套的if结构会产生复杂的谓词，并降低已发射指令中有用指令的比重。

　　为作出最佳决策，编译器必须考虑所有这些因素，以及围绕条件分支结构的外围上下文环境。在编译早期，可能很难评估这些因素，例如，优化可能会从很重要的方面改变这些因素。

7.8.2　循环和迭代

　　大多数程序设计语言都包括用于执行迭代的循环结构。第一个FORTRAN编译器引入了do循环以执行迭代。现在，循环有许多形式。在很大程度上，这些形式有一个相似的结构。

　　举例来说，考虑C语言中的for循环。图7-15说明了编译器如何对该代码进行布局。for循环有三个控制表达式：e₁，用于进行初始化；e₂，其求值结果为布尔值，用于控制循环的执行；e₃，在每次迭代结束时执行，可能会更新e₂中使用的值。我们将使用该图作为基本框架，来解释几种循环的实现。

　　如果循环体由单个基本程序块组成，即其中不包含其他控制流，那么根据该框架生成的循环代码会包含一个初始分支操作，另外每次迭代会有一次分支操作。编译器可以用两种方法来隐藏分支操作的延迟。如果体系结构允许编译器预测采用哪个分支，编译器应该预测步骤4的分支为采用分支（开始下一次迭代）。如果体系结构允许编译器将指令移动到分支操作的延迟槽中，编译器应该尝试用循环体中的指令来填充延迟槽。

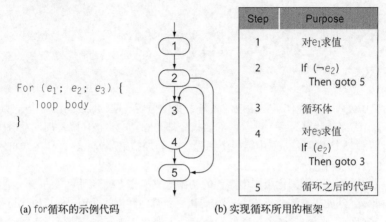

Step	Purpose
1	对e_1求值
2	If ($\neg e_2$) Then goto 5
3	循环体
4	对e_3求值 If (e_2) Then goto 3
5	循环之后的代码

(a) for循环的示例代码   (b) 实现循环所用的框架

图7-15　编译器对for循环生成代码时所用的通用框架

1. for循环

为将一个for循环映射到代码，编译器遵循图7-15中的通用框架。为描述得具体些，考虑以下例子。步骤1和2产生单个基本程序块，如以下代码所示：

```
for (i=1; i<=100; i++) {
    循环体
}
下一个语句
```

```
        loadI   1        ⇒ r_i      // Step 1
        loadI   100      ⇒ r_1      // Step 2
        cmp_GT  r_i,r_1  ⇒ r_2
        cbr     r_2      → L_2,L_1

L_1:    循环体                       // Step 3
        addI    r_i,1    ⇒ r_i      // Step 4
        cmp_LE  r_i,r_1  ⇒ r_3
        cbr     r_3      → L_1,L_2

L_2:    下一个语句                   // Step 5
```

步骤1、2、4中产生的代码颇为简单。如果循环体（步骤3）由单个基本程序块组成或结束于单个基本程序块，那么编译器可以利用循环体来优化步骤4中的更新和判断操作。这可以改进代码，例如，指令调度器可以使用步骤3末尾的操作，来填充步骤4中分支操作的延迟槽。

编译器还可以改变循环的形式，使之只包含一个判断，即步骤2中的判断。在这种形式中，步骤4对e_3求值然后跳转到步骤2。编译器会将循环末尾的cmp_LE, cbr指令序列替换为jumpI。这种形式的循环比使用两个判断的形式少一个操作。但即使对最简单的循环，它也会产生一个包括两个基本程序块的循环，而且它将穿过循环的路径至少延长了一个操作。当代码长度是关键因素时，可能有必要坚持使用这种更紧凑形式的循环。只要循环末尾的跳转是一个直接跳转，硬件可以采取措施来最小化它可能产生的破坏。

图7-15中的规范循环形式也为后续的优化奠定了基础。例如，如果e_1和e_2只包含已知的常数，如例子所示，编译器可以将步骤1中的常数值合并到步骤2的判断中，这样可以消除比较和分支操作（如果控制流将进入循环），或者会消除循环体本身（如果控制流不会进入循环）。在使用单个判断的循环中，

编译器无法做到这一点。相反，编译器会找到两条代码路径通向该判断，一条是从步骤1，另一条是从步骤4。而判断中使用的值r_i，在沿步骤4出发的边上其值是可变的，因此判断的结果是不可预测的。

2. FORTRAN的do循环

在FORTRAN中，迭代循环是do循环。它类似C语言中的for循环，但形式更为受限。

```
                          loadI    1      ⇒ r_j       // j←1
                          loadI    1      ⇒ r_i       // Step 1
   j = 1                  loadI    100    ⇒ r_1       // Step 2
   do 10 i = 1, 100       cmp_GT   r_i,r_1 ⇒ r_2
       循环体             cbr      r_2    → L_2,L_1
       j = j + 2     L_1: 循环体                      // Step 3
10     continue          addI     r_j,2  ⇒ r_j       // j←j+2
                          addI     r_i,1  ⇒ r_i       // Step 4
   下一个语句             cmp_LE   r_i,r_1 ⇒ r_3
                          cbr      r_3    → L_1,L_2
                     L_2: 下一个语句                  // Step 5
```

上述代码中的注释，将各部分ILOC代码映射回到图7-15中的通用框架中。

如同许多其他语言一样，FORTRAN语言的定义也有一些有趣的弯弯绕。其中一个奇特之处就关系到do循环及其下标变量。在执行进入循环之前，循环中迭代的次数是固定的。如果程序改变下标变量的值，这一改变并不会影响到迭代将执行的次数。为确保正确的行为，编译器可能需要生成一个隐藏的归纳变量，称为影子下标变量（shadow index variable），来控制迭代的执行。

3. while循环

while循环也可以利用图7-15中的循环框架实现。不同于C语言的for循环或FORTRAN的do循环，while循环没有初始化部分。因而，其代码更为紧凑。

```
                          cmp_LT  r_x,r_y ⇒ r_1   // Step 2
   while (x < y) {        cbr     r_1    → L_1,L_2
       循环体        L_1: 循环体                   // Step 3
   }                      cmp_LT  r_x,r_y ⇒ r_2   // Step 4
                          cbr     r_2    → L_1,L_2
   下一个语句        L_2: 下一个语句               // Step 5
```

根据图7-15的框架，步骤4中的判断实际上是从步骤2复制而来，这产生了只用一个基本程序块形成一个循环的可能性。在该框架中，对for循环来说很自然的好处也可以体现在while循环中。

4. until循环

对until循环来说，只要控制表达式为false，循环会一直迭代下去。它会在每个迭代之后检查控制表达式。因而，它总是会进入循环，至少会执行一次迭代。这产生了一个特别简单的循环结构，因为它避免了框架中的步骤1和步骤2：

```
   {                L_1: 循环体                   // Step 3
       循环体            cmp_LT  r_x,r_y ⇒ r_2   // Step 4
   } until (x < y)       cbr     r_2    → L_2,L_1
   下一个语句        L_2: 下一个语句               // Step 5
```

C语言没有until循环。其do循环类似于until循环，只是条件表达式的语义刚好反过来。该循环在条件表达式为true时会一直迭代执行下去，而until循环在条件表达式为false时会一直迭代下去。

5. 将迭代表示为尾递归

在类Lisp语言中，迭代通常（由程序员）使用某种风格化的递归形式实现。如果函数执行的最后一个操作是调用，该调用称为尾调用（tail call）。例如，在Scheme中为找到链表的最后一个元素，程序员可以编写以下简单函数：

```
(define (last alon)
  (cond
    ((empty? alon) empty)
    ((empty? (cdr alon)) (car alon))
    (else (last (cdr alon)))))
```

> **尾调用**
>
> 作为某个过程中最后一个操作出现的过程调用称为尾调用。过程自身递归形成的尾调用称为尾递归。

编译器通常会对尾调用进行特殊处理，因为编译器可以对其生成特别高效的调用（参见10.4.1节）。尾递归可用于实现与迭代相同的效果，如以下Scheme代码所示：

```
(define (count alon ct)
  (cond
    ((empty? alon) ct)
    (else (count (cdr alon) (+ ct 1)))))

(define (len alon)
  (count alon 0))
```

对链表调用len将返回该链表的长度。len依赖于count，该函数使用尾调用实现了一个简单的计数器。

6. break语句

有几种语言都实现了break或exit语句的变体。break语句是一种用于退出控制流结构的结构化方法。在循环中，break将控制转移到循环之后的第一个语句。对于嵌套循环，break通常退出最内层循环。一些语言，如Ada和Java，允许在break语句中使用可选的标号，由此break语句可以退出由标号指定的外层控制流结构。在嵌套循环中，带标号的break允许程序一次性退出几层循环。C语言还在switch语句中使用break，以便将控制转移到switch语句之后的语句。

该操作有简单的实现。每个循环和每个switch语句都应该结束于一个标号，该标号指定了紧接其后的语句，break将实现为到该标号的直接跳转。一些语言包括skip或continue语句，可以跳转到循环的下一次迭代。这种语句也可以实现为一个直接跳转，跳转到重新对控制表达式求值并判断其值的代码处。另外，编译器完全可以在skip出现处直接插入一份代码，来执行求值、判断、分支等操作。

7.8.3   case 语句

许多程序设计语言都包含case语句的某种变体。FORTRAN有计算式的goto。Algol-W的现代形式引入了case语句。BCPL和C语言有switch语句，而PL/I有一种通用的结构，可以很好地映射到一组嵌套的if-then-else语句上。正如本章简介部分的提示，case语句的高效实现是比较复杂的。

考虑C语言中switch语句的实现。基本战略很直接：(1) 对控制表达式求值；(2) 分支到所选择的case子句；(3) 执行该case子句的代码。步骤(1) 和步骤(3) 很好理解，从本章其他地方的讨论可知。在C语言中，各个case子句通常结束于一个break语句，用于退出switch语句。

case语句实现中复杂的部分在于，需要选择一种高效的方法，来定位目标case子句。因为目标case子句在运行前是未知的，编译器输出的代码必须使用控制表达式的值来定位对应的case子句。没有哪个单一的方法能够适用于所有case语句。许多编译器提供了几种不同的查找方案，并根据case子句集合的具体细节，从中进行选择。

本节考察三种策略：线性查找、二分查找和计算地址。每种策略分别适用于不同环境。

1. 线性查找

定位适当的case子句的最简单的方法，是将case语句作为一组嵌套的if-then-else语句的规格进行处理。例如，如图7-16a所示的switch语句可以转换为如图7-16b所示的嵌套语句。该转换保持了switch语句的语义，但却使得到达各个case子句的代价依赖于它们在代码中出现的次序。利用线性查找策略，编译器应该试图按照估算的执行频度来排序各个case子句。在case子句的数目较少时，比如说3个或4个，该策略仍然是很高效的。

```
switch (e1) {
  case 0:   block0;
            break;
  case 1:   block1;
            break;
  case 3:   block3;
            break;
  default:  blockd;
            break;
}
```

(a) switch语句

```
t1 ← e1
if (t1 = 0)
   then block0
   else if (t1 = 1)
      then block1
      else if (t1 = 2)
         then block2
         else if (t1 = 3)
            then block3
            else blockd
```

(b) 用线性查找实现的switch语句

图7-16 利用线性查找实现的case语句

2. 直接计算地址

如果case子句的标签形成了一个紧凑的集合，编译器所做的能比二分查找更高效。考虑如图7-17a所示的switch语句。其case标签从0到9，外加一个默认情况。对于该代码，编译器可以构建一个紧凑的向量或跳转表，其中包含了各个case子句的块标号[①]，对该表进行索引即可得到对应case子句的标号[②]。跳转表在图7-17b给出，而用于计算正确的case子句标号的代码则在图7-17c给出。进行查找的代码假定跳转表存储在@Table，且每个标号占用4字节。

跳转表

一个向量，其中各个元素都是控制转移的目标标号，一般根据计算得出的索引访问跳转表，得到目标跳转地址。

---

① 指case子句包含的代码的标号，图中用$block_i$的形式表示，故称为block label。——译者注

② 本段落中的label，有两种含义，有些指控制表达式的值，有些指case子句的地址标号。——译者注

```
switch (e₁) {
    case 0:   block₀
              break;              Label
    case 1:   block₁
              break;              LB₀
    case 2:   block₂             LB₁
              break;             LB₂
    ...                          LB₃       t₁ ← e₁
                                 LB₄       if (0 > t₁ or t₁ > 9)
    case 9:   block₉             LB₅          then jump to LB_d
              break;             LB₆          else
    default:  block_d            LB₇              t₂ ←@Table + t₁ x 4
              break;             LB₈              t₃ ← memory(t₂)
}                                LB₉              jump to t₃

   (a) switch语句           (b) 跳转表        (c) 用于地址计算的代码
```

图7-17   利用直接地址计算实现的case语句

如果case子句使用的标签形成一个稠密的集合，那么该方案生成的代码紧凑而高效。所付出的代价很小，且为常数：一个简短的计算、一次内存访问和一个跳转操作。如果在标签集合中存在少量的"洞"，编译器可以将跳转表中对应的槽位设置为默认情况对应的标号。如果不存在默认情况，那么采用何种操作将取决于语言的定义。例如，在C语言中，代码应该分支到switch语句之后的第一个语句，因此编译器可以将对应的标号设置到跳转表中的各个"洞"中。如果语言认为未命中的情况属于错误，如PL/I，编译器可以用某个特定代码块的标号填充跳转表中的洞，该代码块会抛出适当的运行时错误。

3. 二分查找

随着case子句数目的增长，线性查找的效率会成为一个问题。同样，随着标签集变得不那么稠密紧凑，对于直接地址计算方式来说，跳转表的长度也会变成一个问题。在这种情况下，可以应用高效查找的经典解决方案。如果编译器可以对case标签规定一种顺序，它可以应用二分查找来实现对数级时间代价的查找，而非线性时间代价的查找。

思想很简单，编译器会对case标签（联同对应的case子句分支标号）建立一个紧凑的有序表。代码会利用二分查找来找到与控制表达式匹配的case标签，或者最终发现没有匹配的case标签。最后，代码会跳转到对应的标号，或跳转到默认case子句。

图7-18a给出了示例case语句，用一组不同的标签进行了重写。对于该图，我们假定其中使用的case标签有0、15、23、37、41、50、68、72、83、99，外加一个默认情况。当然，实际使用的case标签可能涵盖一个大得多的范围。对于这样的case语句，编译器可以建立如图7-18b所示的查找表，并生成如图7-18c所示的二分查找代码来定位目标case子句。如果允许像C语言那样的"落空"行为，编译器必须确保对应于各个case子句的代码块在内存中按源代码次序出现。

查找循环的精确形式是可以改变的。例如，图中的代码在早期就能够找到对应标签时，并没有对代码进行短路处理。为找到最佳选择，必须用目标机汇编代码编写几种变体，而后实测检验。

```
switch (e₁) {                                    t₁ ← e₁
    case 0:  block₀
             break;                               down ← 0   // lower bound
    case 15: block₁₅                              up ← 10    // upper bound + 1
             break;
    case 23: block₂₃                              while (down + 1 < up) {
             break;                                   middle ← (up + down) ÷ 2
    ...                                               if (Value [middle] ≤ t₁)
    case 99: block₉₉                                      then down ← middle
             break;                                       else up ← middle
    default: blockₔ                               }
             break;
}                                                 if (Value [down] = t₁)
                                                      then jump to Label[down]
                                                      else jump to LBₔ
```

Value	Label
0	LB₀
15	LB₁₅
23	LB₂₃
37	LB₃₇
41	LB₄₁
50	LB₅₀
68	LB₆₈
72	LB₇₂
83	LB₈₃
99	LB₉₉

(a) switch语句   (b) 查找表   (c) 用于二分查找的代码

图7-18　利用二分查找实现的case语句

在二分查找或直接地址计算中，编译器编写者应该使用如ILOC tbl伪操作（参见A.4.2节）这样的结构，以确保跳转的潜在目标的集合在IR中是可见的。这种提示既可以简化后续的分析，也可以使分析的结果更精确。

本节回顾

程序设计语言包括用于实现控制流的各种特性。对于编译器所接受的源语言中的每种控制流结构，编译器都需要一个框架。有时候，例如循环，一种方法就足够应付各个不同形式的结构。在其他情况下，如case语句，编译器应该根据当前代码的具体性质来选择一种实现策略。

复习题

(1) 对右侧给出的FORTRAN循环编写对应的ILOC代码。回想前文可知，虽然循环修改了i的值，但循环体仍然必须执行100次迭代。

(2) 在实现C语言中的switch语句时，请思考在直接地址计算和二分查找之间的权衡。在何种处境下，编译器应该从直接地址计算切换到二分查找？实际代码的哪些性质在此项决策中发挥了作用？

```
do 10 i = 1, 100
    循环体
    i = i + 2
10  continue
```

7.9 过程调用

基本上，过程调用的实现很简单。如图7-19所示，过程调用由调用者中的调用前代码序列和返回后代码序列、被调用者中的起始代码序列和收尾代码序列组成。单个过程可以包含多个调用位置，各个位置都具有自身的调用前和返回后代码序列。在大多数语言中，一个过程只有一个入口点，因此它只有一个起始代码序列和一个收尾代码序列。（一些语言允许过程有多个入口点，每个入口点都有自身的起始代码序列。）这些代码序列涉及的许多细节都已经在6.5节描述过。本节专注于那些会影响编译器为过程调用生成高效、紧凑和一致代码功能的问题。

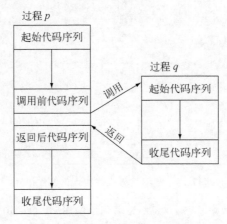

图7-19　一个标准过程的链接

通常，将操作从调用前和返回后代码序列移动到起始代码序列和收尾代码序列中，应该能够减小最终代码的总体大小。如果图7-19中从p对q的调用是整个程序中对q的唯一调用，那么从p中的调用前代码序列移动一个操作到q中的起始代码序列（或从p中的返回后代码序列移动到q中的收尾代码序列），将不会影响到代码长度。但如果其他调用位置也调用了q，且编译器将一个操作从调用者移动到被调用者（在所有调用位置上），那么，将一个操作的多个副本替换为单一副本应该能够从整体上减小代码的大小。随着调用给定过程的调用位置的增多，所节省的代码空间也会随之增长。我们假定大多数过程都会从几个位置调用，否则，程序员和编译器都应该考虑将过程代码内联嵌入到其唯一的调用位置处。

从代码形式的视角来看，在类Algol的语言和面向对象语言中过程调用是相似的。二者之间的主要差别在于用于指定被调用者的技术（参见6.3.4节）。此外，面向对象语言中的一次调用通常会增加一个隐式的实参，即接收器的对象记录[①]。

7.9.1　实参求值

在编译器建立调用前代码序列时，它必须输出对调用实参求值的代码。编译器将各个实参都作为表达式处理。对于传值参数，调用前代码序列会对表达式求值并将其存储在对应于该参数的位置上，可以是寄存器或被调用者的AR中。对于传引用参数，调用前代码序列会对该参数求值，并将该值的地址存储到对应于该参数的位置中。如果按引用参数没有存储位置，那么编译器可能需要分配空间来保存该参数的值，使之能够有一个传递给被调用者的地址。

---

① 术语比较晦涩，其实是指目标方法所在的对象；相关定义见第6章。——译者注

如果源语言规定了对实参求值的顺序，编译器当然必须遵循该顺序。否则，编译器应该使用一种一致的顺序进行求值，由左到右或从右到左。对于可能有副效应的参数来说，求值顺序是很重要的。例如，一个程序使用两个例程push和pop来操纵一个栈，那么采用从左到右和从右到左求值时，代码序列subtract(pop(), pop())将产生不同的结果。

过程通常有几个隐式参数。包括过程的ARP、调用者的ARP、返回地址、以及为确定可寻址性而需要的任何其他信息。面向对象语言会将接收器作为隐式参数传递。这些参数中的一些通过寄存器传递，而其他的通常则位于内存中。许多体系结构具有与以下类似的操作

```
jsr label₁ ⇒ rᵢ
```

该操作将控制转移到$label_1$，同时将jsr指令之后的下一个操作的地址放到r_i中。

作为实参传递的过程可能需要特殊处理。如果p调用q，其中传递过程r作为参数，除了r的起始地址之外，p还必须向q传递更多的信息。特别地，如果编译后代码使用存取链查找非局部变量，那么被调用者需要r的词法层次，只有这样，在而后调用r时才能找到对应于r词法层次的正确存取链。编译器可以构建一个⟨*address, level*⟩ 对，并将该对（或其地址）传递给被调用者，而不是只传递实参所指向过程的地址。在编译器针对过程值参数构建调用前代码序列时，必须插入额外的代码来获取其对应的词法层次，并据此相应地调整存取链。

7.9.2 保存和恢复寄存器

在任何调用约定下，调用者和被调用者中的一方或两方必须保存寄存器值。通常，链接约定使用调用者保存寄存器和被调用者保存寄存器的某种组合。随着内存操作代价的增大和寄存器数目的增加，在调用位置处保存和恢复寄存器的代价也会增加，这是我们需要谨慎处理的地方。

在选择一种策略来保存和恢复寄存器时，编译器编写者必须综合地考虑到效率和代码长度问题。一些处理器特性会影响到这一选择。溢出一部分寄存器的处理器特性可以减小代码长度。这种特性的例子包括SPARC机器上的寄存器窗口、Power上的多字load/store操作和VAX上的高级调用操作。这些特性中的每一个，都向编译器提供了一种紧凑的方法来保存和恢复寄存器集合的某个部分。

虽然较大的寄存器集合会增加代码需要保存和恢复的寄存器数目，一般来说，使用这些额外的寄存器能够提高最终代码的速度。在寄存器较少的情况下，编译器将不得不在代码中到处生成load/store操作；而如果寄存器较多，对寄存器的许多溢出操作可能只会在调用位置发生。（较大的寄存器集合应该可以减少代码中溢出操作的总数。）调用位置处集中的寄存器保存和恢复操作，为编译器更好地处理它们提供了机会（与之相对，如果这些操作散布在整个过程中，相应的处理将会比较困难）。

- ❏ **使用多寄存器内存操作** 在保存和恢复相邻的寄存器时，编译器可以使用多寄存器的内存操作。许多ISA支持双字和四字的load/store操作。使用这些操作可以减小代码长度，还可以提高执行速度。广义的多寄存器内存操作具有同样的效果。

- ❏ **使用库例程** 随着寄存器数目的增长，调用前和返回后代码序列也都会增长。编译器编写者可以将单个内存操作的序列，替换为编译器提供的保存或恢复例程。如果对所有调用实行此策略，可以大大减小代码长度。由于保存和恢复例程只对编译器是已知的，它们可以使用最小的调用序列，使得运行时代价保持在比较低的水准上。

    保存和恢复例程可以有一个参数，指定哪些寄存器必须保存。有必要针对常见情形生成

例程的优化版本，例如保存所有由调用者保存的寄存器或由被调用者保存的寄存器。

❑ **合并责任**　要进一步降低开销，编译器可以合并对调用者保存寄存器和被调用者保存寄存器的处理。在这种方案中，调用者向被调用者传递一个值，指定调用者必须保存哪些寄存器。被调用者将本身必须保存的寄存器添加到该值上，然后调用编译器提供的适当保存例程。收尾代码序列会将被调用者计算出的同一个值传递给恢复例程，使之重新加载必需的寄存器。这种方法限制了保存/恢复寄存器的开销：保存寄存器需要一个调用，恢复寄存器也只需一个调用。该方案将职责（调用者保存与被调用者保存）与调用例程的代价分离开来。

编译器编写者必须仔细关注各种方案对代码长度和运行时速度的影响。代码应该使用最快速的操作进行寄存器保存和恢复。这要求深入了解目标体系结构上的单寄存器和多寄存器操作的代价。使用库例程执行保存和恢复可以节省空间；而对库例程的谨慎实现可以降低调用库例程添加的代价。

本节回顾

针对过程调用生成的代码会在调用者和被调用者之间进行划分，还会在四种链接代码序列之间划分（起始代码序列、收尾代码序列、调用前代码序列、返回后代码序列）。编译器会协调多个位置上的代码以实现链接约定，如第6章所述。语言规则和参数绑定约定会规定实参求值的顺序和风格。全系统范围的约定确定了保存和恢复寄存器的责任。

编译器编写者特别关注过程调用的实现，是因为通用优化技术（参见第8章和第10章）很难找到优化的机会。调用者–被调用者关系的多对一本质，使得分析和变换复杂化，当然，各个协作代码序列分布于多处也进一步提高了复杂性。同样重要的是，对所定义链接约定的微小偏离，也可能导致不同编译器编译生成的代码不兼容。

复习题

(1) 在过程保存寄存器时（无论是被调用者在起始代码序列中保存寄存器，还是调用者在调用前代码序列中保存寄存器），它应该将这些寄存器保存到何处？对某次调用而言，保存的所有寄存器都存储在同一AR中吗？

(2) 在某些情况下，编译器必须建立一个存储位置，来保存传引用参数的值。何种参数没有自身的存储位置？在调用前和返回后代码序列中，需要采用何种操作来正确地处理这种实参？

7.10　小结和展望

编译器编写者面临着诸多比较微妙的任务，其中之一就是选择目标机操作模式来实现各种源语言结构。对几乎任何源语言语句，都可能有多种实现策略。在设计时作出的具体选择，对编译器生成的代码具有强烈影响。

在不打算付诸生产使用的编译器中（所谓的"调试编译器"或"学生编译器"），编译器编写者可能对各种策略选择容易实现的转换，以生成简单、紧凑的代码。在优化编译器中，编译器编写者应该专注于使转换向编译器的后续阶段（底层优化、指令调度、寄存器分配）披露尽可能多的信息。这两种不同的视角会导致for循环的不同形式、命名临时变量的不同规范、（还可能有）表达式求值的不同顺序。

体现这种区别的经典例子是case语句。在调试编译器中，将其实现为一组级联的if-then-else结构就很好。在优化编译器中，由于大量判断和分支操作的低效率，有必要采用更复杂的实现方案。改进case语句的工作必须在生成IR时进行，优化器基本上不会（或很少）将级联的条件语句转换为二分查找或直接跳转表。

本章注释

本章包含的内容大体上可归入两个范畴：为表达式生成代码和处理控制流结构。许多文献已经对表达式求值进行了完善的探讨。而控制流处理方面的讨论就少得多，本章中关于控制流的大部分内容都源自"传说"、经验以及对编译器输出的审慎解读。

Floyd提出了根据表达式树生成代码的第一个多趟算法[150]。他指出，冗余消除和代数重新关联都有可能改进其算法的结果。Sethi和Ullman[311]提出了一个对简单机器模型最优的两趟算法；Proebsting和Fischer扩展了Sethi和Ullman的工作，将小的内存延迟也考虑进来[289]。Aho和Johnson为查找最小代价实现而引入了动态规划[5]。

在科学计算程序中数组计算的主导地位引出了数组寻址表达式和优化相关（如强度削减，10.7.2节）的一些工作。7.5.3节描述的计算沿袭了Scarborough和Kolsky的做法[307]。

Harrison使用字符串操作为例，来促进对内联替换（inline substitution）和特化（specialization）的普遍使用[182]。7.6.4节末尾提到的例子即来自他的论文。

Mueller和Whalley描述了不同循环形式对性能的影响[271]。Bernstein详细讨论了为case语句生成代码时可用的各种方案[40]。调用约定在特定于处理器和操作系统的手册中描述得最详细。

范围检查的优化由来已久。PL/.8编译器会检查每个引用，优化降低了其开销[257]。近来，Gupta等人扩展了这些思想，增加了可以移动到编译时进行的检查的集合[173]。

习题

7.2节

(1) 内存布局会影响分配给变量的地址。假定字符变量没有对齐约束，短整型变量必须对齐到半字（2字节）边界，整型变量必须对齐到字（4字节）边界，长整型变量必须对齐到双字（8字节）边界。考虑以下声明的集合：

```
char a;
long int b;
int c;
short int d;
long int e;
char f;
```

对这些变量绘制一幅内存分布图：

(a) 假定编译器无法重排变量；

(b) 假定编译器可以重排变量以节省空间。

(2) 正如前一问题所述，编译器需要一种算法对数据区内部各个变量的内存位置进行布局。假定该算法接受的输入为变量、变量长度、对齐约束的一个列表，如

$$\langle a,4,4\rangle, \langle b,1,3\rangle, \langle c,8,8\rangle, \langle d,4,4\rangle, \langle e,1,4\rangle, \langle f,8,16\rangle, \langle g,1,1\rangle$$

该算法应该产生的输出是：变量及其在数据区中偏移量的一个列表。该算法的目标是最小化不使用的（或浪费的）空间。

(a) 写出一个算法，对数据区进行布局，以最小化浪费的空间。

(b) 将你的算法应用到上述示例列表，以及你设计用来说明存储布局中可能出现问题的另外两个列表上。

(c) 你的算法复杂度如何？

(3) 对于下述类型的变量，请指出编译器可以在内存中何处为其分配空间。可能的答案包括寄存器、活动记录、（具有不同可见性的）静态数据区和运行时堆。

(a) 过程的局部变量；

(b) 全局变量；

(c) 动态分配的全局变量；

(d) 形参；

(e) 编译器生成的临时变量。

7.3节

(4) 使用7.3节的树遍历代码生成算法，为下述表达式树生成 "朴素" 代码。假定寄存器集合是无限的。

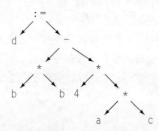

(5) 找到使用ILOC指令集对下列树求值所需寄存器的最小数目。对每个非叶结点，请指明：为实现所需寄存器数目最小，应该先对哪个子结点求值。

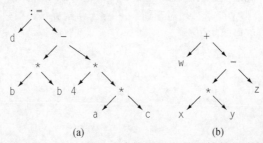

(a)   (b)

(6) 为下列两个算术表达式建立表达式树，请使用标准的运算符优先级和从左到右的求值顺序。

计算使用ILOC指令集对每个表达式求值所需寄存器的最小数目。

(a) $((a+b)+(c+d))+((e+f)+(g+h))$

(b) $a+b+c+d+e+f+g+h$

7.4节

(7) 为下列代码序列生成谓词化ILOC代码（答案中不应该出现分支操作）。

```
if (x < y)
    then z = x * 5;
    else z = y * 5;
w = z + 10;
```

(8) 7.4节提到过，C语言中对下列表达式的短路求值避免了潜在的除零错误：

```
a != 0 && b / a > 0.5
```

如果源语言定义没有对布尔值表达式规定短路求值，编译器是否可以为优化这种表达式而生成短路代码？可能出现什么问题？

7.5节

(9) 对于以行主序存储的字符数组A[10...12,1...3]，计算引用A[i,j]的地址，在生成的代码中至多只能使用4个算术操作。

(10) 信息矢量是什么？对前一问题中的字符数组，给出其对应信息矢量的内容。编译器为什么需要信息矢量？

(11) 在实现C语言编译器时，让编译器对数组引用进行范围检查可能是可取的。假定使用范围检查，且一个C程序中所有的数组引用都已经成功地通过检查，那么在程序访问数组时是否可能发生越界？例如，对声明下界为0、上界为N的数组，是否可能发生对A[-1]的访问？

7.6节

(12) 考虑7.6.2节中的下列字符复制循环：

```
                          loadI   @b     ⇒ r@b    // get pointers
                          loadI   @a     ⇒ r@a
                          loadI   NULL   ⇒ r1     // terminator
do {                  L1: cload   r@b    ⇒ r2     // get next char
  *a++ = *b++;            cstore  r2     ⇒ r@a    // store it
} while (*b!='\0')        addI    r@b,1  ⇒ r@b    // bump pointers
                          addI    r@a,1  ⇒ r@a
                          cmp_NE  r1,r2  ⇒ r4
                          cbr     r4      → L1,L2

                      L2: nop                      // next stmt
```

修改该代码，如果代码访问a时试图越过已分配长度的界限，则通过分支操作跳转到L_{sov}处的错误处理程序。假定a的已分配长度存储为一个无符号四字节整数，位于a起始地址的偏移量-8处。

(13) 任意的字符串赋值都可能产生非对齐情形。

(a) 按照你对编译器输出代码的期望，对任意PL/I风格的字符串赋值操作，编写对应的ILOC代码，如：

```
fee(i:j) = fie(k:l);
```

其中j−i=l−k。该语句将fie中从位置k开始到位置l的字符，复制到字符串fee中从位置i开始到位置j处。

编写的ILOC代码应该包括使用面向字符的内存操作的版本，以及使用面向字的内存操作的版本。可以假定fee和fie在内存中是不重叠的。

(b) 程序员可以创建重叠的字符串。在PL/I中，程序员可以编写下述代码：

```
fee(i:j) = fee(i+1:j+1);
```

或者，编写更接近魔鬼的代码：

```
fee(i+k:j+k) = fee(i:j);
```

这种特性会使编译器为字符串赋值生成的代码发生何种复杂化？

(c) 是否存在某些优化，编译器可以将其应用到各种字符复制循环中以提高运行时性能？这些优化是如何提高性能的？

7.7节

(14) 考虑C语言中的下列类型声明：

```
struct S2 {        union U {          struct S1 {
    int i;             float r;           int a;
    int f;             struct S2;         double b;
};                 };                 union U;
                                      int d;
                                  };
```

为S1建立一个结构成员表。表中需要包括编译器对类型S1的变量的成员生成引用时所需的全部信息，包括每个成员的名字、长度、偏移量和类型。

(15) 考虑C语言中的下列声明：

```
struct record {
    int StudentId;
    int CourseId;
    int Grade;
} grades[1000];
int g, i;
```

如果需要将变量g的值存储到grades第i个元素的Grade成员，给出编译器为此生成的代码，假定：

(a) 数组grades存储为结构数组；

(b) 数组grades存储为多个数组成员构成的结构。

7.8节

(16) 作为程序员，读者可能会对自己生产的代码的效率感兴趣。假定读者最近手工实现了一个词法分析器。该词法分析器的大部分运行时间都花费在一个while循环中，其中包括一个很大的case语句。

(a) 不同的case语句实现技术会如何影响你的词法分析器的效率？

(b) 你如何改变源代码，以便在各种case语句实现策略下提高词法分析器的运行时性能？

(17) 将下列C语言尾递归函数转换为一个循环:

```
List * last(List *l) {
  if (l == NULL)
      return NULL;
  else if (l->next == NULL)
      return l;
  else
      return last(l->next); }
```

7.9节

(18) 假定 x 是一个无歧义的局部整型变量,且在声明 x 的过程中, x 作为传引用实参传递给另一个过程。因为它是局部变量且无歧义,编译器可以尝试在其整个生命周期中将其保持在寄存器中。因为它会作为传引用参数传递给另一个过程,在调用处它必须有内存地址。

(a) 编译器应该在何处存储 x ?

(b) 编译器在调用位置应该如何处理 x ?

(c) 如果 x 作为传值参数传递给另一个过程,你的答案会如何改变?

(19) 链接约定是编译器和编译后代码的任何外部调用者之间的一份契约。它建立了一个已知的接口,可用于调用一个过程并获取其返回的结果(同时保护调用者的运行时环境)。因而,仅当从编译后代码外部无法检测违反链接约定的情况时,编译器才能违反链接约定。

(a) 在何种情况下,编译器可以确定使用改变后的链接是安全的?给出实际程序设计语言中的例子。

(b) 在上述情况下,编译器会改变调用代码序列和链接约定中的哪些部分?

7

第 8 章

优化简介

本章概述

为提高所生成代码的质量，优化编译器需要分析代码并将其重写为一种更高效的形式。本章介绍代码优化涉及的问题和技术，并通过一系列优化实例来阐述关键概念。第9章在本章的内容之上进行了扩展，并对程序分析进行了更深入的探讨。第10章涵盖了优化变换的更广泛内容。

关键词：优化；安全性；可获利性；优化的范围；分析；变换

8.1 简介

编译器的前端将源代码形式的程序转换为某种中间表示（IR）。后端将IR程序转换为某种可以直接在目标机上执行的形式，目标机可以是硬件平台（如常见的微处理器）或虚拟机（如Java中的JVM）。在这两个过程之间，是编译器的中间部分优化器。优化器的任务是转换前端产生的IR程序，以提高后端生成的代码的质量。这里，"提高"可以有多种含义。通常，它意味着使编译后的代码执行得更快速。它也可能意味着使可执行程序在运行时耗费较少的资源或占用较少的内存空间。所有这些目标都属于优化的领域。

本章介绍代码优化的主题，并提供几种不同优化技术的范例，这些技术分别解决不同种类的效率低下问题，分别作用于代码中的不同区域。第9章对用于支持优化的部分程序分析技术进行了更深入的阐述。第10章描述了用于改进代码的其他变换。

1. 概念路线图

代码优化的目标是在编译时发现有关程序运行时行为的信息，并利用该信息来改进编译器生成的代码。改进可能有许多种形式。优化最常见的目标是提高编译后代码的运行速度。但对于某些应用程序来说，编译后代码的长度要比其执行速度更重要。例如，考虑某个将烧录到只读存储器的应用程序，其代码长度会影响整个系统的成本。优化的其他目标包括降低执行的能耗、提高代码对实时事件的响应或降低对内存的总访问量等。

优化器使用许多不同技术来改进代码。"妥善"的优化讨论必定会同时考虑可以改进的低效之处，以及与之相应的针对性技术。对于低效性的各种来源，编译器编写者必须从声称能够提高效率的多种技术中选择适当的技术进行处理。本节其余部分将通过考察两个实例（涉及数组地址计算中的低效之处）来说明优化中出现的部分问题。

在实现变换之前，编译器编写者必须理解何时可以安全地应用这种变换，以及何时能够预期在应用变换后获利。8.2节探讨了安全性和可获利性的问题。8.3节说明了应用优化的不同粒度或范围。本章其余部分用精选的例子来说明代码改进的各种来源以及优化的不同范围。本章没有"高级主题"一节，第9章和第10章起到了相应的作用。

安全性

如果一个变换不会改变程序的运行结果，那么该变换就是安全的。

获利

当在某个位置上应用一种变换可以带来实际的改进时，我们就说这种变换是有利可图的。

2. 概述

优化的机会可能是由许多来源导致的。低效性的主要来源是对源语言抽象的实现。因为从源代码到IR的转换是一个局部过程，进行该转换时未能对外围上下文进行广泛分析，该转换生成的IR通常是为了处理各种源语言结构的最一般情形。在具有上下文知识的情况下，优化器通常可以判断代码是否需要这种完全的一般性。如果不需要，优化器可以用更受限、更高效的方式来重写代码。

优化机会的另一个重要来源在于目标机。编译器必须详细了解目标机影响性能的那些属性。诸如功能单元的数目和能力、内存层次结构中各个层次的延迟和带宽、指令集支持的各种寻址方式、罕见或复杂操作的可用性等问题，都会影响到编译器应该为某个给定应用程序生成代码的种类。

过去，大多数优化编译器都专注于提高编译后代码的运行时速度。但是，代码的改进也可以有其他形式。在一些应用程序中，编译后代码的长度与速度同样重要。这样的例子包括：将烧录到只读存储器的代码，其长度将与系统的成本直接相关；或执行之前需要通过带宽有限的信道进行传输的代码，其长度将对完成时间有直接影响。对这些应用程序进行优化时，应该生成占用更少空间的代码。在其他情况下，用户可能想要针对指定的条件进行优化，如优化寄存器使用、内存使用、能量消耗或对实时事件的响应等。

优化是一个宏大且琐细的主题，相关的研究足以作为一门或多门课程（或书籍）的素材。本章将介绍该主题和一部分关键的优化思想，这些思想将在第11章、第12章和第13章发挥重要作用。接下来的两章将深入探讨对程序的分析和变换。第9章概述了静态分析。它描述了优化编译器必须解决的一部分分析问题，并阐述了已经用于解决这些问题的实用技术。第10章以更系统的方法考察了标量优化（这些优化主要针对单处理器情形）。

8.2 背景

直至20世纪80年代早期，许多编译器编写者仍然将优化看做编译器的一个可选特性，觉得只有在编译器的其他部分完工后才可添加到编译器中。这导致了调试编译器和优化编译器之间的区别。调试编译器强调的是编译的速度，其代价是代码的质量。这种编译器不会显著地重排代码，因此在源代码和可执行代码之间保持了较强的对应关系。这简化了将运行时错误映射到源代码中特定行的任务，也是调试编译器得名的缘由。与此相反，优化编译器专注于改进可执行代码的运行时间，其代价是编译花费的时间。花费更多的时间来编译，通常会生成更好的代码。因为优化器通常会移动各种操作，从源代码到可执行代码的映射变得不那么明显，而调试也相应地变得更困难。

随着RISC处理器进入市场（以及RISC实现技术被应用于CISC体系结构），提高运行时性能的更多负担落在了编译器的头上。为提高性能，处理器架构师转而采用一些需要编译器提供更多支持的特性。

这包括分支指令之后的延迟槽、非阻塞内存操作、流水线使用的增多以及功能单元数目的增加等。这些特性使得处理器性能不仅易受程序布局和结构方面高层问题的影响，而且对指令调度和资源分配等底层细节也比较敏感。随着处理器速度和应用程序性能之间差距的拉大，对优化的需求已经增长到一个非常高的点上：用户期望每个编译器都进行优化。

优化器在编译器中已经变得司空见惯，这进而又改变了前端和后端的运行环境。优化使前端与性能问题进一步隔离开来。在一定程度上，这简化了前端生成IR的任务。同时，优化也改变了后端处理的代码。现代优化器假定后端会处理资源分配问题，因而，优化器通常是针对具有无限寄存器、内存和功能单元的理想机器进行优化。这进而对编译器后端使用的技术施加了更多的压力。

如果编译器要负担起它对运行时性能的应有职责，那么它们就必须包括优化器。我们将会看到，优化工具在编译器后端也发挥了很大作用。为此，在讨论编译器后端使用的技术之前，很重要的一点是介绍优化并探讨它引发的一部分问题。

8.2.1　例子

为了给我们的讨论设定一个中心，我们将从深入考察两个实例开始。第一个例子是一个简单的二维数组地址计算，说明了知识和上下文在编译器生成代码时发挥的作用。第二个例子取自广泛使用的LINPACK数值计算库，是其例程dmxpy中的一个循环嵌套，就转换过程本身和转换后代码对编译器提出的挑战而言，该例子都向我们提供了一些深入的洞察。

1. 改进数组地址计算

考虑编译器前端对数组引用（如FORTRAN中的m(i, j)）可能生成的IR。如果没有关于m、i、j的具体知识或不了解外围上下文，编译器必须生成按列主序寻址二维数组所用的完整表达式。在第7章中，我们已经看到了用于行主序的计算，FORTRAN所用的列主序，计算过程是类似的：

$$@m + (j - low_2(m)) \times (high_1(m) - low_1(m) + 1) \times w + (i - low_1(m)) \times w$$

其中@m是m第一个元素的运行时地址，$low_i(m)$和$high_i(m)$分别是m第i个维度的下界和上界，w是m中一个元素的长度。编译器降低该计算代价的能力，直接取决于它对该代码及其外围上下文的分析。

如果数组m是局部变量，其各维度的下界均为1且上界均已知，那么编译器可以将该计算简化为：

$$@m + (j - 1) \times hw + (i - 1) \times w$$

其中hw是$high_1(m) \times w$。如果该引用出现在一个循环内部，且在循环中j从1变动到k，那么编译器可以利用运算符强度削减（Operator Strength Reduction，简称OSR）将$(j - 1) \times hw$项替换为序列$j'_1, j'_2, j'_3 \cdots, j'_k$，其中$j'_1 = (1 - 1) \times hw = 0$，而$j'_i = j'_{i-1} + hw$。如果i也是一个循环的归纳变量，i从1变动到$l$，那么运算符强度削减可以将$(i - 1) \times w$替换为$i'_1, i'_2, i'_3 \cdots, i'_l$，其中$i'_1 = 0$，而$i'_j = i'_{j-1} + w$。在这些改变之后，地址计算只需计算下式：

$$@m + j' + i'$$

控制j的循环每次将j'递增hw，而控制i的循环每次将i'递增w。如果j循环是外层循环，那么$@m + j'$的计算可以从内层循环移出。此时，内层循环中的地址计算包含一次加法和一次对i'的递增，而外层循环包含一次加法和一次对j'的递增。了解围绕对m(i, j)引用的上下文，使编译器可以显著降低数组寻址的代价。

强度削减

一种变换，将一系列操作重写为某种等价的操作序列（并带来操作强度/代价的下降）。

例如，将序列 $i \cdot c, (i+1) \cdot c, \cdots, (i+k) \cdot c$ 替换为 $i'_1, i'_2, \cdots i'_k$，其中 $i'_j = i_j \cdot c$ 且 $i'_j = i'_{j-1} + c$。参见10.7.2节。

如果 m 是一个过程实参，那么编译器可能无法在编译时获知这些事实。实际上，在对相关过程的不同调用中，m 的上下界是可能改变的。在此情况下，编译器可能无法像上文所示那样简化地址计算。

2. 改进LINPACK中的循环嵌套

作为另一个能够说明上下文作用且更引人注目的例子，我们来考虑如图8-1所示的循环嵌套。该例子取自LINPACK数值计算库，是其中dmxpy例程的FORTRAN版本的核心循环嵌套。该代码将两个循环包装到一个长赋值语句中。图中给出的循环嵌套形成了计算 $y + x \times m$ 的例程的核心，其中 x 和 y 为向量，而 m 为矩阵。我们将从两个不同视角来考虑该代码：第一是代码的作者手工施加的、用以提高性能的变换；第二是编译器在转换该循环嵌套以使之在特定处理器上高效运行时所面临的挑战。

```
      subroutine dmxpy (n1, y, n2, ldm, x, m)
      double precision y(*), x(*), m(ldm,*)
        ...
      jmin = j+16
      do 60 j = jmin, n2, 16
         do 50 i = 1, n1
         y(i) = (((((((((((((( (y(i))
$           + x(j-15)*m(i,j-15)) + x(j-14)*m(i,j-14))
$           + x(j-13)*m(i,j-13)) + x(j-12)*m(i,j-12))
$           + x(j-11)*m(i,j-11)) + x(j-10)*m(i,j-10))
$           + x(j- 9)*m(i,j- 9)) + x(j- 8)*m(i,j- 8))
$           + x(j- 7)*m(i,j- 7)) + x(j- 6)*m(i,j- 6))
$           + x(j- 5)*m(i,j- 5)) + x(j- 4)*m(i,j- 4))
$           + x(j- 3)*m(i,j- 3)) + x(j- 2)*m(i,j- 2))
$           + x(j- 1)*m(i,j- 1)) + x(j) *m(i,j))
50       continue
60    continue
        ...
      end
```

图8-1　LINPACK库中dmxpy例程的片断

在代码的作者对其进行手工变换之前，该循环嵌套执行的计算过程与下述更简单版本是相同的：

```
      do 60 j = 1, n2
        do 50 i = 1, n1
           y(i) = y(i) + x(j) * m(i,j)
50      continue
60 continue
```

为提高性能，其作者将外层的j循环展开了16次。这一重写创建了赋值语句的16个副本，其中的j各有不同的值，从j到j – 15。它还将外层循环中的增量值从1改为16。接下来，代码的作者将这16个赋值合并为一条语句，消除了15次y(i) = y(i) + ...;操作，这消除了15次加法和大多数对y(i)的load/store操作。展开循环消除了一些标量操作。它通常也会改进高速缓存的局部性。

循环展开

这种变换将复制循环中不同迭代的循环体，并调整索引计算使之与循环体匹配。

为处理数组边界不是16的整数倍的情形，dmxpy的完整实现中，在如图8-1所示的循环嵌套之前还有4个版本的循环嵌套。这些"准备循环"会最多处理m中的15列，直至n2-j是16的整数倍为止。第一个循环处理m中的一列，对应于n2为奇数的情形。其他三个循环嵌套分别处理m中的2、4、8列。这确保了最终的循环嵌套（见图8-1）每次能够处理16列。

理想情况下，编译器会自动将原来的循环变换为这种更高效的版本，或某种最适合于给定目标机的形式。但很少有编译器包括了完成该目标所需的所有优化。就dmxpy来说，其作者手工执行了优化，以使多种多样的目标机和编译器能够提供良好的性能。

从编译器角度来看，将如图8-1所示的循环嵌套映射到目标机会有一些难题。该循环嵌套包含33个不同的数组地址表达式：16个是针对m的，16个是针对x的，1个是针对y的（用了两次）。除非编译器可以简化这些地址计算，否则该循环将被整数运算"淹没"。

考虑对x的引用。它们在内层循环执行期间不会改变，内层循环只改变i。优化器可以将对x的地址计算和load操作移出内层循环。如果它可以将x值保持在寄存器中，那么它就可以消除内层循环的很大一部分开销。对于引用如x(j – 12)，地址计算就是@x + (j – 12) × w。为进一步简化，编译器可以将对x的16个引用重构为@x + jw – c_k的形式，其中jw是j · w，而c_k是k · w（0≤k≤15）。在这种形式下，每个load操作都可以使用相同的基地址@x + jw，不同的只有常数偏移量c_k。

为将该形式高效地映射到目标机，需要了解目标机上可用的寻址方式。如果目标机具有等价于ILOC的loadAI操作（寻址使用一个寄存器中的基地址和一个小的常数偏移量）的指令，那么所有对x的访问都可以用单个归纳变量写出。其初始值为@x + jmin × w。j循环的每次迭代将该值递增w。

内层循环中使用的m的16个值在每次迭代中都会改变。因而，内层循环在每次迭代时必须计算m的16个元素的地址并发出相应的load指令。对地址表达式的谨慎重构，外加运算符强度削减，可以降低访问m的开销。@m + j · $high_1$(m) · w的值可以在j循环中计算。（请注意，$high_1$(m)是在dmxpy头部声明的唯一一具体维度。）内层循环将该值加到(i – 1) × w上，即可产生一个基地址。那么，16个load操作可以使用不同的常数c_k · $high_1$(m)，其中c_k为k · w，0≤k≤15。

为实现这种代码形式，编译器必须重构地址表达式、进行运算符强度削减、识别循环中的不变量计算并将其移出内层循环，以及为load操作选择适当的寻址模式。即使进行了这些改进，内层循环仍然必须执行16次load操作、16次浮点乘法、16次浮点加法外加一个store操作。由此形成的基本程序块将给指令调度器带来难题。

如果编译器在上述变换过程中的某些步骤上失败，那么所生成的代码可能比原来的代码还要差很多。例如，如果编译器无法基于两个公共的基地址分别为x和m重构地址表达式，那么代码可能需要维护33个不同的归纳变量：每个归纳变量分别对应于x、m、y的一个不同的地址表达式。如果对寄存器的最终需求迫使寄存器分配器逐出某些变量，那么它必须在循环中插入额外的load和store指令，使得本来可能就已经受限于内存性能的代码雪上加霜。在这种情况下，编译器所产生代码的质量取决于一系列相互协作的变换，这些变换都得成功，才能保证代码具有一定的质量；如果某个变换无法实现其目的，那么整个变换序列所产生代码的质量将低于用户预期。

8.2.2 对优化的考虑

在上一个例子中，程序员之所以应用变换，是因为相信它们将使程序运行得更快。程序员必须确信，这些变换将保持程序的原有语义。（毕竟，如果变换不必保持语义，那何不将整个过程替换为一个nop操作呢？）

每种优化的核心之处都在于两个问题，即安全性和可获利性。编译器必须有一种机制来证明其应用的每个变换都是安全的，也就是说变换将保持程序的原有语义。编译器还要有理由确信应用某种变换是有利可图的（即变换会提高程序的性能）。如果上述两个条件不能同时满足，即应用变换会改变程序的语义或降低其性能，那么编译器就不应该应用这种变换。

1. 安全性

程序员如何知道某种变换是安全的？换言之，程序员凭什么相信变换后的代码可以产生与原始代码相同的结果？通过对循环嵌套的仔细考察可以发现，在连续的迭代之间，可能的交互仅通过y的元素进行。

❏ 计算为y(i)的值在外层循环的下一次迭代之前都不会重用。而内层循环的各次迭代之间是彼此独立的，因为每次迭代分别精确定义了一个值，这个值不会在其他迭代中被引用。因而，内层循环的各次迭代可以按任何顺序执行。（例如，如果我们从n1到1运行内层循环，产生的结果是相同的。）

❏ 通过y进行的交互，其影响是有限的。y的第i个元素会累计内层循环中所有第i次迭代的和。在展开的循环中，可以安全地复制这种累计模式。优化中所进行的分析很大一部分是为了证明变换的安全性。

定义安全性

如果要指出编译器必须满足的一条最重要的准则，那么它就是正确性：编译器所产生代码的语义必须与输入程序相同。在优化器每次应用变换时，其施加的操作必须保持编译器原有转换过程的正确性。

通常，语义（meaning）定义为程序的可观察行为。对于批处理程序，此即该程序停止后的内存状态及其产生的输出。如果程序终止，那么无论编译器使用的是哪种转换方案，在程序停止的前一时刻，所有可见变量的值都应该是相同的。对于交互程序，其行为更为复杂，也更难于描述。

Plotkin形式化了这一概念，称为可观察等价性（observational equivalence）。

对于两个表达式M和N，当且仅当在M和N均为封闭（即没有自由变量）的上下文C中，对C[M]和C[N]求值，二者或者产生相同的结果或者均不停止[286]时，我们称M和N是可观察等价的。

因而，如果两个表达式对可见外部环境的影响是相同的，那么二者就是可观察等价的。

实际上，与Plotkin的定义相比，编译器使用的等价性概念更简单且宽松，即如果在实际的程序上下文中，两个不同表达式e和e'产生相同的结果，那么编译器即可用e'替换e。该标准只处理在程序中实际出现的上下文，而根据上下文来调整代码正是优化的本质。它没有提到计算出错或脱节时应该如何。

实际上，编译器会慎重处理，以免发生脱节的情况：即原来的代码工作正确，而优化后的代码试图除以零或无限循环。而反过来的情形，即原来的代码脱节、而优化后的代码工作正常的情况则很少被提及。

2. 可获利性

程序员为何认为循环展开将提高性能？即为何这种变换是有利可图的？展开循环有几种不同的效果，可以加速代码执行。

- ❑ 循环迭代的总数减少到原来的1/16。这减少了由循环控制带来的开销操作：加法、比较、跳转和分支。如果循环执行得频繁，这种节省会变得非常显著。

  这种效果启发我们采用更大的因子来展开循环，而选择16可能主要是因为有限资源的限制。例如，内层循环中使用的16个x值在内层循环的所有迭代中都是不变的。许多处理器只有32个寄存器可以容纳浮点数。将循环按32（2的下一个幂次）次迭代展开，那么将产生过多的循环不变量值，以至于寄存器集合无法容纳。将其逐出到内存，需要向内层循环添加额外的load和store指令，而这又抵消了循环展开的好处。

- ❑ 数组地址计算包含了很多重复工作。考虑对y(i)的使用。原来的代码每计算一次x和m的乘法就计算一次y(i)的地址，变换后的代码每16次乘法计算一次。展开后的代码在寻址y(i)时，只需花费原来1/16的工作量。对m的16个引用和对（范围较小的）x的16个引用也应该包含一些公共部分，循环只需计算一次，而后重用即可。

- ❑ 变换后的循环访问一次内存能够执行更多的工作，这里的"工作"已经除去了实现数组和循环抽象的开销。原来的循环每进行三次内存操作可以执行两个算术运算，而在展开后的循环中，代码每执行18个内存操作即可执行32个算术运算（假定x值均驻留在寄存器中）。因而，展开后的循环受限于内存的可能性较小。它有足够多的独立算术运算，能够与load操作重叠执行，并能够隐藏load操作的一些延迟。

受限于内存/访存密集型

在一个循环中，如果load/store指令耗费的周期数多于计算指令的耗费，则认为该循环是受限于内存的。为确定一个循环是否受限于内存，需要知道循环本身和目标机的详细信息。

循环展开的其他与机器相关的效果也能够帮助编译器。展开会增加内层循环中代码的数量，这向指令调度器提供了更多隐藏延迟的机会。如果循环末尾的分支指令延迟很长，则较长的循环体使编译器能够填充分支延迟槽中更多的部分。在一些处理器上，不使用的延迟槽必须用nop指令填充，在这种情况下，循环展开可以减少处理器取到的nop指令数目、减少与内存的通信，可能还会减少执行程序所需的能量。

3. 风险

如果意在改进性能的变换提高了编译器为程序生成良好代码的难度，那么这些潜在问题应该被认为是可获利性问题。对dmxpy进行的手工变换向编译器提出了新的挑战，包括以下问题。

- ❑ **对寄存器的需求** 原来的循环只需要少量的寄存器来容纳活动的值。只有x(j)，x、y、m地址计算中的一些部分，还有循环索引变量，这些值占用的寄存器才需要跨越多次迭代，而y(i)和m(i, j)只是暂时占用寄存器。与此相反，变换后的循环有16个x元素需要整个循环都保持在寄存器中，而且m中的16个值和y(i)都需要暂时使用寄存器。

❑ **地址计算的形式** 原来的循环处理 3 个地址，分别对应于y、x和m元素。因为变换后的循环在每次迭代中会引用比原来多很多的不同内存位置，编译器必须谨慎地构造地址计算的形式，以避免重复计算和对寄存器的过多需求。在最坏的情况下，代码可能对x的16个元素、m的16个元素、y的 1 个元素都使用独立的地址计算。

如果编译器构造出适当的地址计算形式，那么可以对m和x分别使用一个指针，而相应的16个元素分别用常数值的偏移量寻址。它可以重写循环，在循环末尾的判断中使用该指针，从而无需增加一个寄存器，又消除了对值的一次更新。规划和优化是造成性能差异的主要原因。

还会出现其他一些机器特有的问题。例如，每次迭代都会涉及17个load操作、1 个store操作、16个乘法运算、16个加法运算以及地址计算和建立循环所需的操作，这些操作都必须小心地进行调度。编译器可能需要在前一个迭代中发出一部分load指令，这样它能够及时安排最初的几个浮点操作执行。

8.2.3 优化的时机

我们已经看到，即使优化一个简单循环的任务也可能涉及复杂的考虑。一般来说，可供优化编译器利用的时机有几种不同的来源。

(1) 减少抽象的开销 像我们在本章开头的数组地址计算中所见，程序设计语言引入的数据结构和类型需要运行时支持。优化器可以通过分析和变换来减少这种开销。

(2) 利用特例 通常，编译器可以利用操作执行时所处上下文的相关知识，来特化该操作。举例来说，一个C++编译器有时能够确定，对某个虚函数的调用总是使用同一个实现。在这种情况下，它可以重新映射该调用，减少每次调用的代价。

(3) 将代码匹配到系统资源 如果程序的资源需求与处理器的能力不符，则编译器可能需要变换该程序，使其需求更加切合可用的资源。对dmxpy应用的变换就具有这种效果，变换成功地减少了每次浮点操作访问内存的次数。

这些都是很广泛的领域，本章的描述自然只能是走马观花。我们在第9章和第10章讨论特定的分析和变换技术时，会补充一些更为详细的例子。

本节回顾

大多数基于编译器的优化的原理是，针对通用代码所处的特定上下文对其进行特化。某些代码变换会因局部性的效应而获利，就像数组地址计算中进行的改进一样。其他的变换需要对代码中更大的范围有广泛的了解，其获利往往来自于代码中更大规模的执行路径上出现的效应。

在考虑优化时，编译器编写者必须关注以下几点。

(1) 安全性，例如，变换没有改变代码的语义吧？

(2) 可获利性，例如，变换将如何改进代码？

(3) 寻找时机，例如，要安全又有利可图地应用给定变换，编译器如何在代码中定位到一些相应的位置？

复习题

(1) 在LINPACK的dmxpy例程的代码片断中，为何程序员选择展开外层循环而非内层循环？如果她选择展开内层循环，你预期结果会有何不同？

(2) 在下面的C语言代码片断中，如果编译器要改进该代码，使之超越简单的面向字节的load/store实现，那么它首先需要发现哪些事实？

```
MemCopy(char *source, char *dest, int length) {
    int i;
    for (i=1; i≤length; i++)
        { *dest++ = *source++; }
}
```

8.3 优化的范围

优化可以在不同粒度或范围上运作。在前一节中，我们考察了对单一数组引用的优化，以及对整个循环嵌套的优化。这些优化的不同范围向优化器提供了不同的优化时机。对数组引用的重新表示改进了这个数组引用的执行性能。而循环的重写则在更大的范围内提高了性能。一般来说，变换和支持变换的分析作用于四种不同的范围之一：局部的、区域性的、全局的或整个程序。

> **优化的范围/作用域**
> 优化所操控的代码区域，即优化的范围/作用域。

1. 局部方法

局部方法作用于单个基本程序块：最长的一个无分支代码序列。在一个ILOC程序中，基本程序块从一个带标号的操作开始，结束于一个分支或跳转操作。在ILOC中，分支或跳转之后的操作必须加标号，否则将成为执行无法到达的“死代码”；而其他类型的符号表示法允许使用“落空”分支，所以分支或跳转之后的操作不必加标号。与包含分支和循环的代码相比，无分支代码的行为更易于分析和理解。

在基本程序块内，有两个重要的性质。第一，语句是顺序执行的。第二，如果任一语句执行，那么整个程序块必定也执行，除非发生运行时异常。与更大的代码范围相比，这两个性质使得编译器能够利用相对简单的分析来证明更强的事实。因而，局部方法有时能够作出在更大范围上无法达到的改进。但是，局部方法只能改进出现在同一基本程序块中的各个操作。

2. 区域性方法

区域性方法的作用范围大于单个基本程序块，而小于一个完整的过程。在右侧的控制流图（CFG）例子中，编译器可能将整个循环 $\{B_0, B_1, B_2, B_3, B_4, B_5, B_6\}$ 作为一个区域考虑。有时候，与考虑整个过程相比，考虑完整过程代码的一个子集，能够进行更敏锐的分析并得到更好的变换结果。例如，在循环嵌套内部，编译器也许能证明一个大量使用的指针是不变量（单值），尽管该指针可能在过程中其他地方修改。这样的知识能够用来进行一些优化，比如将该指针引用的值保持在寄存器中等。

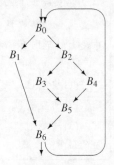

编译器可以用许多不同的方式来选择需要优化的区域。区域可以用某种源代码控制结构（如循环嵌套）定义。编译器可以考察区域中形成扩展基本程序块（Extended Basic Block，EBB）的基本程序块集合。例子CFG包含3个EBB：$\{B_0, B_1, B_2, B_3, B_4\}$、$\{B_5\}$和$\{B_6\}$。虽然两个单程序块的EBB相对于纯粹的局部视图并没有什么优势，但较大的那个EBB是可以提供优化时机的（参见8.5.1节）。最后，编译器可以考虑通过某种图论性质定义的CFG子集，如CFG中的支配关系或强连通分量。

扩展基本程序块

一组基本程序块β_1、β_2、$\cdots$、β_n，其中β_1具有多个CFG前趋结点，而其它每个β_i都只有一个CFG前趋结点，为集合中某个程序块β_j。

支配者

在一个CFG图中，当且仅当从根结点到y的每条路径都包含结点x时，x支配y。

区域性方法有几个强大之处。将变换的范围限制到小于整个过程的一个区域上，使得编译器将工作重点集中在频繁执行的区域上，例如，与围绕循环的代码相比，循环体的执行要频繁得多。编译器可以对不同的区域应用不同的优化策略。最后，对代码中有限区域的关注，通常使编译器可以推导出有关程序行为的更准确信息，而这又进一步暴露了改进和优化的时机。

3. 全局方法

这种方法也称为过程内方法，它使用整个过程作为上下文。全局方法的动机很简单：局部最优的决策，在更大的上下文中可能带来坏的结果。对于分析和变换来说，过程为编译器提供了一个自然的边界。过程是一种抽象，封装和隔离了运行时环境。同时，过程在许多系统中也充当了分离编译的单位。

全局方法通常的工作方法是：建立过程的一个表示（如CFG），分析该表示，然后变换底层的代码。如果CFG有环，则编译器必须首先分析整个过程，然后才能确定在特定基本程序块的入口上哪些事实是成立的。因而，大多数全局变换的分析阶段和变换阶段是分离的。分析阶段收集事实并对其进行推断。变换阶段使用这些事实来确定具体变换的安全性和可获利性。借助于全局视图，这些方法可以发现局部方法和区域性方法都无法发现的优化时机。

过程内和过程间

在编译领域，很少有术语能像全局（global）这个词那样产生如此多的混淆。全局分析和优化作用于整个过程。但在现代语言的含义中，全局往往暗示一个一切尽在其内的范围，正如词法作用域规则的讨论中所说的全局那样。但在分析和优化中，全局意味着与单个过程相关的上下文。

在分析和优化领域对跨越过程边界情形的关注，需要术语来区分全局分析和作用于更大范围的分析。由此引入了术语过程间（interprocedural），来描述从两个过程到一个完整程序范围内的分析。相应地，作者们开始使用术语过程内（intraprocedural）来描述用于单个过程的技术。由于这两个词（在英文中）的拼写和发音非常接近，它们很容易引起混淆，也难于使用。

Perkin-Elmer公司在引入其用于PE 3200机器的"通用"FORTRAN VIIZ优化编译器时，曾试图消除这一混淆。该系统执行了广泛的内联优化，而后对由此生成的代码进行了激进的全局优化。"通用"也没一直通用下去。我们更喜欢全程序（whole program）这个术语，而且会尽可能使用它。它表述出了二者之间的区别，并提醒读者和听众："全局"是不"通用"的。

4. 过程间方法

这些方法有时称为全程序方法，考虑的范围大于单个过程。任何涉及多于一个过程的变换，我们都认为其是过程间变换。正如从局部范围移动到全局范围会揭示新的优化时机一样，从单个过程转移到多个过程也能够暴露新的优化时机。它也提出了新的挑战。例如，参数绑定规则使得用于支持优化的分析大大复杂化。

至少在概念上，过程间分析和优化作用于程序的调用图。有时候，这些技术会分析整个程序；在其他情况下编译器可以只考察源代码的一个子集。过程间优化的两个经典例子是内联替换（inline substitution）和过程间常数传递（interprocedural constant propagation），前者将过程调用原地替换为被调用者过程体的一个副本，后者在整个程序中传播并合并有关常数的信息。

本节回顾

编译器在各种范围内进行分析和变换，从单个基本程序块（局部方法）到整个程序（全程序方法）。一般来说，随着优化的范围加大，优化时机也会增多。但分析较大范围所得的有关代码行为的知识通常不是那么精确。因而，在优化的范围和所生成代码的质量之间，并不存在一个简单的关系。如果在一般情况下，较大的优化范围能够带来较好的代码质量，这在思维上是令人愉悦的。但遗憾的是，这种关系不是必然成立的。

复习题

(1) 基本程序块有以下性质：如果一条指令执行，那么块中的每条指令都会按指定的顺序执行（除非发生异常）。请给出适用于 EBB 中入口块之外其他基本程序块的较弱性质，如右侧给出的控制流图中，EBB $\{B_0, B_1, B_2, B_3, B_4\}$ 中的块 B_2。

(2) 编译器利用全程序优化可以发现何种改进？列举只能通过跨越过程边界考察代码来解决的几种低效性。过程间优化与分别编译各个过程的愿望之间是如何相互作用的？

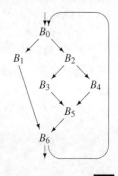

8.4　局部优化

作用于局部范围即单个基本程序块上的优化，是编译器能够使用的最简单的技术之一。基本程序块的简单执行模型，使得为支持优化可以进行相当精确的分析。因而，这些方法非常有效。

本节举例阐述两种局部方法。一个是值编号（value numbering），用于查找基本程序块中的冗余表达式，通过重用此前计算过的值来替换冗余的求值。另一个是树高平衡（tree-height balancing），用于重新组织表达式树，以揭示更多指令层次的并行性。

冗余

如果在通向位置 p 的每条代码路径上，表达式 e 都已经进行过求值，那么表达式 e 在位置 p 处是冗余的。

8.4.1 局部值编号

考虑右侧所示包含4条语句的基本程序块。我们将该块称之为B。一个表达式（如b＋c或a–d），当且仅当它在B中此前已经计算过，且在此之间并无其他运算重新定义组成表达式的各个参数值时，我们称它在B中是冗余的。在B中，第3个运算中出现的b＋c不是冗余的，因为第2个运算重新定义了b。第4个运算中出现的a–d是冗余的，因为在第2和第4个运算之间B没有重新定义a或d。

```
a ← b + c
b ← a - d
c ← b + c
d ← a - d
```
原来的基本程序块

编译器可以重写该基本程序块，使之只计算a–d一次，如右侧所示。a–d的第二次求值被替换为b的一个副本。另一个策略是将后来使用的d替换为b。但这种方法需要进行分析，来确定在d的某次使用之前b是否被重新定义过。实际上更简单的做法是：让优化器先插入一个复制操作，接下来由后续的一趟处理来判断，哪些复制操作实际上是否是必需的，哪些复制操作的源和目标名是可以合并的。

```
a ← b + c
b ← a - d
c ← b + c
d ← b
```
重写后的基本程序块

一般来说，将冗余的求值替换为对先前计算值的引用是有利可图的，即由此生成的代码总是比原来运行得更快速。但这种可获利性是不能保证的。将d←a–d替换为d←b，有可能会扩展b的生命周期并缩短a或d的生命周期。在任何一种情况下，生命周期的延长与缩短都取决于对相应值的最后一次使用所处的位置。根据具体细节情况的不同，各个重写可能会提高对寄存器的需求、减少对寄存器的需求或保持不变。如果将冗余计算替换为引用会导致寄存器分配器逐出基本程序块中的某个值，那么这种重写很可能是无利可图的。

生命周期

一个名字的生命周期是介于其定义位置和各个使用位置之间的代码区域。这里，定义意味着赋值。

实际上，优化器无法一致地预测寄存器分配器的行为，部分原因是因为在代码到达寄存器分配器之前还会进一步变换。因此，用于删除冗余的大多数算法都假定，为避免冗余而进行重写是有利可图的。

在前一个例子中，冗余表达式的文本与先前计算过的表达式是相同的。当然，赋值可能会产生与"前身"文本不同的冗余表达式。考虑右侧给出的基本程序块。b到d的赋值操作使得表达式d×c将产生与b×c相同的值。为识别这种情形，编译器必须跟踪值通过名字发生的流动。依赖于文本相同的技术无法检测这种情况。

```
a ← b × c
d ← b
e ← d × c
```
赋值的效果

程序员可能会说，他们编写的代码不会包含例子中的那种冗余表达式。实际上，冗余消除是可以找到许多优化时机的。从源代码到IR的转换会细化许多细节（如地址计算）并引入冗余表达式。

人们已经开发出了许多用于发现并消除冗余的技术。局部值编号是这些变换中最古老也最强大的技术之一。它可以发现基本程序块内部的冗余，并重写该程序块以避免冗余。它为其他局部优化（如常量合并和使用代数恒等式进行的化简）提供了一套简单且高效的框架。

1. 算法

值编号背后的思想很简单。算法遍历基本程序块，并为程序块计算的每个值分配一个不同的编号。该算法会为值选择编号，使得给定两个表达式e_i和e_j，当且仅当对表达式的所有可能的运算对象，都可以验证e_i和e_j具有相等的值时，二者具有相同的值编号。

图8-2给出了基本的局部值编号（Local Value Numbering，LVN）算法。LVN的输入是一个具有n个二元运算的基本程序块，每个运算形如$T_i \leftarrow L_i - Op_i - R_i$。LVN算法会按顺序考察每个运算。它使用一

个散列表来将名字、常数和表达式映射到不同的值编号。该散列表最初是空的。

为处理第i个运算，LVN在散列表中查找L_i和R_i，获取与二者对应的值编号。如果算法找到对应的表项，LVN将使用该项包含的值编号；否则，算法将创建一个表项并分配一个新的值编号。

给出L_i和R_i的值编号，分别记作$VN(L_i)$和$VN(R_i)$，LVN算法会基于$\langle VN(L_i), Op_i, VN(R_i)\rangle$构造一个散列键，并在表中查找该键。如果存在对应的表项，那么该表达式是冗余的，可以将其替换为对此前计算值的引用；否则，运算i是该程序块中对此表达式的第一次计算，因此LVN会为对应的散列键创建一个散列表项，并为该表项分配一个新的值编号。算法还将散列键的值编号（新的或现存的）分配给对应于T_i的表项。因为LVN使用值编号而非名字来构造表达式的散列键，它实际上可以通过复制和赋值操作来跟踪值的流动，如前面标题为"赋值的效果"的小例子。将LVN扩展到任意元表达式是很简单的。

```
for i ← 0 to n-1, where the block has n operations   "Tᵢ ← Lᵢ Opᵢ Rᵢ"

    1. get the value numbers for Lᵢ and Rᵢ

    2. construct a hash key from Opᵢ and the value numbers for Lᵢ and Rᵢ

    3. if the hash key is already present in the table then
            replace operation i with a copy of the value into Tᵢ and
            associate the value number with Tᵢ
       else
            insert a new value number into the table at the hash key location
            record that new value number for Tᵢ
```

图8-2　对单个基本程序块进行值编号

顺序的重要性

表达式书写的具体顺序对于优化过程分析和变换表达式的能力有着直接影响。考虑以下对$v \leftarrow a \times b \times c$的两种不同编码：

$$t_0 \leftarrow a \times b \qquad\qquad t_0 \leftarrow b \times c$$
$$v \leftarrow t_0 \times c \qquad\qquad v \leftarrow a \times t_0$$

左侧的编码为$a \times b$、$(a \times b) \times c$、v分配了值编号，而右侧的编码为$b \times c$、$a \times (b \times c)$、v分配了值编号。取决于环绕该运算的上下文，其中一种编码可能会更好。例如，如果$b \times c$稍后会出现在该程序块中而$a \times b$不会出现，那么右侧的编码将产生冗余而左侧的不会。

一般来说，利用交换律、结合律和分配律来重排表达式可以改变优化的结果。在常量合并中可以看到类似的效果；如果我们将a替换为3、c替换为5，那么上述两种计算顺序都不会产生常数运算3×5，因为该运算是可以被合并的。

由于重排表达式的方法多到无法处理的地步，编译器通常使用启发式技术来为表达式找到较好的计算顺序。例如，IBM FORTRAN H编译器生成的数组地址计算顺序，通常可以提高其他优化的结果。其他编译器将交换和结合运算的运算对象按照其定义所处的循环嵌套层次排序。因为有如此多可能的答案，所以通常需要对此问题的启发式解决方案进行实验和调优，才能找到适用于特定语言、编译器和代码编写风格的方案。

为了解LVN的工作方式，可以考虑本节开始的例子程序块。右侧的版本以上标的形式给出了LVN分配的值编号。在第一个运算时，维护值编号的散列表为空，b和c分别获得新的值编号0和1。LVN会构造出文本字符串"0＋1"作为表达式a＋b的散列键，在表中进行查找。由于算法找不到对应该键的表项，查找将失败。因此，LVN将为键"0＋1"创建一个新的表项，为其分配值编号2。LVN接下来为a创建一个表项，并将表达式的值编号2分配给它。顺次对每个运算重复此处理过程，将生成如右侧所示的其余值编号。

$$a^2 \leftarrow b^0 + c^1$$
$$b^4 \leftarrow a^2 - d^3$$
$$c^5 \leftarrow b^4 + c^1$$
$$d^4 \leftarrow a^2 - d^3$$

值编号正确地揭示出，b＋c的两次出现分别会产生不同的值，因为二者之间重新定义了b。另一方面，a-d的两次出现将生成同样的值，因为这两个表达式具有相同的输入值编号和运算符。LVN算法会发现这一事实，并通过为b和d分配相同的值编号4将其记录下来。这个知识使LVN能够将第4个运算重写为d←b，如右侧所示。后续的各趟处理可能会消除掉这个复制操作。

$$a \leftarrow b + c$$
$$b \leftarrow a - d$$
$$c \leftarrow b + c$$
$$d \leftarrow b$$

2. 扩展LVN算法

LVN提供了一个自然的框架，可用于进行其他几种局部优化。

❑ **交换运算** 对于可交换的运算来说，如果两个运算只是运算对象出现顺序不同（如a×b和b×a），那么二者应该分配同样的值编号。在LVN为当前运算的右侧表达式构造散列键时，它可以使用某种方便的方案对各个运算对象排序，如按照值编号排序。这个简单的操作将会确保"同一"交换运算的不同变体分配到同一个值编号。

❑ **常量合并** 如果一个运算的所有运算对象都具有已知的常数值，那么LVN可以（在编译时）执行该运算并将结果直接合并到生成的代码中。LVN可以在散列表中存储有关常数的信息，包括其值。在构造散列键之前，算法可以判断运算对象是否为常数，如有可能，可以对运算对象求值。如果LVN发现一个常量表达式，它可以将表达式替换为对相应结果的立即数加载操作。后续的复制合并（copy folding）会清理代码（消除不必要的复制操作）。

❑ **代数恒等式** LVN可以应用代数恒等式来简化代码。例如，x＋0和x应该分配同样的值编号。遗憾的是，LVN需要为每个恒等式增加特例处理代码。这需要一系列的条件判断（每个恒等式一个判断），而过多的条件判断语句很容易导致代码的运行速度降低到让人无法接受的程度。为改善这个问题，LVN应该将这些条件判断组织到特定于运算符的决策树中。因为每个运算符只有少量恒等式，这种方法可以使开销保持在比较低的水平。图8-3给出了可以用这种方法处理的部分恒等式。

$$
\begin{array}{llll}
a + 0 = a & a - 0 = a & a - a = 0 & 2 \times a = a + a \\
a \times 1 = a & a \times 0 = 0 & a \div 1 = a & a \div a = 1, a \neq 0 \\
a^1 = a & a^2 = a \times a & a \gg 0 = a & a \ll 0 = a \\
a \text{ AND } a = a & a \text{ OR } a = a & \text{MAX}(a,a) = a & \text{MIN}(a,a) = a
\end{array}
$$

图8-3 用于值编号的代数恒等式

聪明的实现者将会发现其他恒等式，包括一些特定于数据类型的恒等式。两个相同值的异或操作应该生成适当类型的零值。IEEE浮点格式的数字有自身的特例，这是由于显式表示∞和NaN所致，例如，∞－∞＝NaN，∞－NaN＝NaN，∞÷NaN＝NaN。

NaN

不是数字（Not a Number），一个已定义常数，表示IEEE浮点运算标准中的无效或无意义结果。

图8-4给出了增加这些扩展之后的LVN算法。步骤1和步骤5同样出现在原来的算法中。步骤2对常数值运算进行求值和合并。步骤3利用前文提到的决策树检查代数恒等式。步骤4重排交换运算的运算对象。即使增加了这些扩展，LVN算法平均每个IR运算的代价仍然是非常低的。每个步骤都有一个高效的实现。

3. 命名的作用

变量和值的名称的选择可能会限制值编号算法的有效性。考虑一下将LVN算法用于右侧给出的基本程序块时，将会发生何种情况。同样，上标表示分配给每个名字和值的值编号。

$$a^3 \leftarrow x^1 + y^2$$
$$b^3 \leftarrow x^1 + y^2$$
$$a^4 \leftarrow 17^4$$
$$c^3 \leftarrow x^1 + y^2$$

在第一个运算中，LVN将1分配给x，2分配给y，3分配给x+y和a。在处理第二个运算时，算法发现x+y是冗余的，已经分配了值编号3。因此，它重写b←x+y，将其替换为b←a。第三个运算比较简单，并不冗余。在处理第四个操作时，算法再次发现x+y是冗余的，已经分配了值编号3。但它无法将该运算重写为c←a，因为a的值编号已经不再是3了。

```
for i ← 0 to n-1, where the block has n operations   "Tᵢ ← Lᵢ Opᵢ Rᵢ"

  1.  get the value numbers for Lᵢ and Rᵢ

  2.  if Lᵢ and Rᵢ are both constant then evaluate Lᵢ Opᵢ Rᵢ,
        assign the result to Tᵢ, and mark Tᵢ as constant

  3.  if Lᵢ Opᵢ Rᵢ matches an identity in Figure 8.3, then replace it with
        a copy operation or an assignment

  4.  construct a hash key from Opᵢ and the value numbers for Lᵢ and Rᵢ,
        using the value numbers in ascending order, if Opᵢ commutes

  5.  if the hash key is already present in the table then
        replace operation i with a copy into Tᵢ and
        associate the value number with Tᵢ
      else
        insert a new value number into the table at the hash key location
        record that new value number for Tᵢ
```

图8-4　扩展的局部值编号算法

我们可以用两种不同的方法来解决这个问题。我们可以修改LVN，使之维持一个从值编号到名字的映射。在对某个名字（比如说a）赋值时，算法必须将a从其旧的值编号对应的列表中删除，并将其添加到新的值编号对应的列表中。这样，在进行替换时，算法可以使用当前对应于所述值编号的任何名字。这种方法对各个赋值操作的处理增加了一些代价，且使得基本算法的代码变得杂乱。

另一种方法是，编译器重写代码，为每个赋值操作分配一个新的不同的名字。如右侧所示，为每个名字添加一个下标来保持唯一性就足够了。在加入这些新的名字之后，代码对每个值都有且只有一次定义。因而，不会有值因重新定义而“丢

$$a_0^3 \leftarrow x_0^1 + y_0^2$$
$$b_0^3 \leftarrow x_0^1 + y_0^2$$
$$a_1^4 \leftarrow 17^4$$
$$c_0^3 \leftarrow x_0^1 + y_0^2$$

失"或"被杀死"。如果我们对该基本程序块应用LVN，算法将生成所需要的结果。该算法可以证明第二和第四个操作是冗余的：二者都可以被替换为以a_0为源的复制操作。

但现在编译器必须调和这些带下标的名字与外围程序块中的名字，以保持原来代码的语义。在我们的例子中，原来的名字a应该指的是重写后代码中下标名字a_1的值。聪明的实现会将新的a_1映射到原来的a，b_0映射到原来的b，c_0映射到原来的c，将a_0重命名为一个新的临时名字。该解决方案调和了变换后基本程序块的命名空间与围绕该程序块的上下文，而且没有引入复制操作。

这种命名方案与5.4.2节介绍的、为静态单赋值（SSA）形式创建的命名空间的一个性质比较相似。9.3节探讨了从线性代码到SSA形式的转换，以及对应的反向转换。其中针对命名空间转换而阐述的算法，与处理单个基本程序块的需求相比要更为通用，但该算法当然能够处理单个基本程序块的情形，还会试图最小化必须插入的复制操作的数目。

4. 间接赋值的影响

前面的讨论都假定赋值操作是直接且显然的，如a←b×c。但许多程序包含了间接赋值，其中编译器可能不知道需要修改哪个值或哪个内存位置。这样的例子包括通过指针进行的赋值（如C语言中的*p = 0;），或对结构成员或数组元素进行的赋值（如FORTRAN中的a(i, j) = 0）。间接赋值使得值编号及其他优化复杂化，因为它们导致编译器对值流动的推测出现误差。

运行时异常和优化

一些反常的运行时状况可能引发异常。此类例子包括内存引用越界、未定义的算术运算（如除以零）和不规范操作。（调试器触发断点的一种方法是，将断点处的目标指令替换为一个不规范指令，并捕获由此引发的异常。）一些语言包括了用于处理异常的特性，可以处理预定义的异常和程序员定义的异常。

通常，运行时异常将导致控制转移到异常处理程序。处理程序可能会解决该问题，重新执行触发异常的操作，并将控制返回到原程序块。另外，处理程序也可以将控制转移到其他位置或终止执行。

优化器必须了解哪些操作可能引发异常，且必须考虑到异常对程序执行的影响。因为异常处理程序可能修改变量的值或转移控制，编译器必须保守地处理引发异常的操作。例如，每个可以引发异常的操作都可能强制终止当前基本程序块的执行。这种处理可能严重限制优化器改进代码的能力。

为优化可能引发异常的代码，编译器需要了解异常处理程序的作用并建立相应的模型。为此，编译器需要访问异常处理程序的代码，它还需要一个表示整体执行情况的模型，以了解在执行一个特定的、可能引发异常的操作时，有哪些异常处理程序处于就绪状态。

考虑前一节给出的利用下标命名方案进行的值编号算法。为管理下标，编译器需要维护一个从基本变量名（假定为a）到其当前下标的映射。在进行赋值操作时（如a←b+c），编译器只是对a的当前下标加1。而值表中对应于前一个下标的项保持不变。在进行间接赋值时（如*p←0），编译器可能不知道需要对哪个基本名的下标加1。没有对p可能指向的内存位置的具体知识，编译器必须对该赋值操作可能修改的每个变量的下标都加1，这可能涉及所有变量的集合。类似地，诸如a(i, j) = 0这样的赋值操作，如果i或j的值是未知的，那么编译器在处理时，必须假定该操作改变了a中每个元素的值。

> **提示**　值编号的哈希表必须反映出带下标的名字。 编译器可以使用另一个较小的表来将基本名字映
> 射到下标。

虽然这种做法听起来过于激烈,但它说明了具有歧义的间接赋值对编译器能够推导出的事实集合
的真实影响。编译器可以进行分析来消除指针引用的歧义,即缩小编译器认为指针能够访问的变量集
合的范围。类似地,编译器可以使用各种技术来推断数组中元素访问的模式,同样可以缩减编译器必
须假定在对单个元素赋值时可能被修改的内存位置的集合。

> **歧义引用**
> 如果编译器无法将某个引用“隔离”到一个单一的内存位置,那么该引用是具有歧义的。

8.4.2　树高平衡

正如我们在第7章所见,编译器对一个计算进行编码的具体细节会影响到编译器优化该计算的能
力。许多现代处理器有多个功能单元,因而可以在每个周期中执行多个独立的操作。如果编译器可以
通过对指令流的编排使之包含独立的多个操作,并以适当的特定于机器的方法进行编码,那么应用程
序会运行得更快。

考虑用于处理右侧给出的$a+b+c+d+e+f+g+h$的代码。从左到右的求值过
程将生成如图8-5a所示的左结合树。其他允许的求值方式对应的树包括图8-5b和图
8-5c中给出的那些。每棵不同的树都意味着在执行次序上施加了一些加法规则不需
要的约束。左结合树意味着,在程序执行涉及g或h的加法之前,它必须先求$a+b$
的值。右递归语法将建立对应的右结合树,在这种情况下,$g+h$必须在涉及a或b
的加法之前执行。平衡树施加的约束相对较少,但与实际的运算相比,其中仍然
隐含着一种求值顺序,相当于增加了约束。

$$t_1 \leftarrow a + b$$
$$t_2 \leftarrow t_1 + c$$
$$t_3 \leftarrow t_2 + d$$
$$t_4 \leftarrow t_3 + e$$
$$t_5 \leftarrow t_4 + f$$
$$t_6 \leftarrow t_5 + g$$
$$t_7 \leftarrow t_6 + h$$

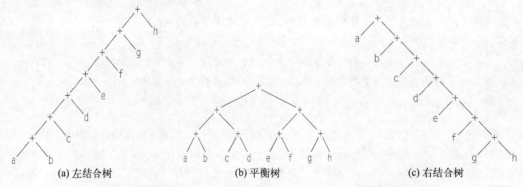

(a) 左结合树　　　　(b) 平衡树　　　　(c) 右结合树

图8-5　对应于表达式$a+b+c+d+e+f+g+h$的可能的树形式

如果处理器每次可以执行多个加法,那么平衡树应该能让编译器为所述计算生成一个较短的调
度。图8-6给出了平衡树和左结合树在具有两个单周期加法器的计算机上可能的调度。平衡树可以用4
个周期执行完成,其中第4个周期有一个单元是空闲的。

平衡树		左结合树	
单元0	单元1	单元0	单元1

	平衡树 单元0	平衡树 单元1	左结合树 单元0	左结合树 单元1
1	$t_1 \leftarrow a+b$	$t_2 \leftarrow c+d$	$t_1 \leftarrow a+b$	—
2	$t_3 \leftarrow e+f$	$t_4 \leftarrow g+h$	$t_2 \leftarrow t_1+c$	—
3	$t_5 \leftarrow t_1+t_2$	$t_6 \leftarrow t_3+t_4$	$t_3 \leftarrow t_2+d$	—
4	$t_7 \leftarrow t_5+t_6$	—	$t_4 \leftarrow t_3+e$	—
5	—	—	$t_5 \leftarrow t_4+f$	—
6	—	—	$t_6 \leftarrow t_5+g$	—
7	—	—	$t_7 \leftarrow t_6+h$	—

图8-6　与$a+b+c+d+e+f+g+h$的不同树形式相对应的调度

相比之下，左结合树需要7个周期，在整个计算过程中第二个加法器都处于空闲状态。左结合树的形式迫使编译器串行执行各个加法运算。而右结合树也会有类似的效果。

这个小例子暗示了一种重要的优化：利用运算的交换律和结合律，来揭示表达式求值中额外的并行性。本节的余下部分将给出一个重写代码的算法，以建立树型近似于平衡树的表达式。这种特定的变化意在向编译器的指令调度器揭示更多的并发操作（或称指令级并行性），从而改进执行时间。

为将这些概念形式化为算法，我们将遵循一种简单的方案。

(1) 该算法将识别程序块中的候选表达式树。候选树中所有的运算符都必须是相同的，且必须是可交换的和可结合的。同样重要的是，标记候选树内部结点的每个名字都必须刚好使用一次。

(2) 对于每个候选树，算法将找到所有的运算对象，为其分配等级，并将所有运算对象输入到一个优先队列，按等级递增的次序排列。接下来，算法根据该队列重建一个近似于平衡二叉树的树。

这种两阶段方案（即先分析而后变换）在优化中是很常见的。

1. 找到候选树

一个基本程序块由一个或多个混合计算组成。在线性代码中，编译器可以将一个基本程序块解释为一幅依赖关系图（参见5.2.2节）。这种图记录了值的流动和对各个操作的执行顺序约束。在右侧所示的短程序块中，代码在计算t_1+t_2或$t_1 \times t_2$之前必须先计算$a \times b$。

一般来说，依赖关系图本身不会形成一棵树。相反，它由多棵交织连接的树组成。平衡算法所需的各个候选表达式树中，每棵树都包含程序块依赖关系图中结点的一个子集。我们的例子程序块太短了，很难出现非平凡的树，但其中有4棵不同的树，每棵树对应于一个运算，如旁边所示。

在算法重排各个运算对象时，规模较大的候选树能够提供更多的重排机会。因此，该算法试图构造最大规模的候选树。概念上，该算法找到的每个候选树都可以看作是一个n元运算符，其中n的值要尽可能大。有几个因素会限制候选树的规模。

(1) 树不可能大过它表示的程序块。其他变换可以增大基本程序块的规模（参见10.6.1节）。

(2) 重写后的代码无法改变程序块的可观察量，即程序块以外使用的任何值都

```
t₁ ← a × b
t₂ ← c - d
y  ← t₁ + t₂
z  ← t₁ × t₂
```
短的基本程序块

依赖关系

图中的树

必须像原来的代码中那样计算，且保留其值。类似地，任何在程序块中使用多次的值都必须保留。在所述例子中，t_1和t_2都具有这种性质。

可观察量

如果一个值在某个代码片断（程序块、循环等）之外是可读取的，那么该值相对于该代码片断是可观察的。

(3) 树反向扩展时不能越过程序块的起始位置。在旁边给出的例子中，a、b、c、d的值都是在程序块开始之前设置的。因而它们是树的叶结点。

在查找树的阶段还需要知道，对程序块中定义的每个名字T_i，何处引用了T_i。算法假定有一个集合$Uses(T_i)$，其中包含了程序块中使用T_i的每一个操作/指令的索引。如果T_i在该程序块之后使用，那么$Uses(T_i)$应该包含两个额外的项，这两项是任意大于程序块中操作数目的整数。这个技巧确保：当且仅当x作为局部临时变量使用时，才有$|Uses(x)| = 1$。我们把Uses集合的构造过程留给读者作为习题（参见问题8.8），该集合的构造依赖于LiveOut集合（参见8.6.1节）。

图8-7和图8-8给出了用于平衡基本程序块的算法。算法的第一阶段如图8-7所示，简单之极。算法的这一阶段将遍历程序块中的各个操作。它会判断每一个操作，看是否一定要将该操作作为其自身所属树的根结点。在找到根结点时，它会将该操作定义的（值的）名字添加到由名字组成的优先队列中，该队列按根结点运算符的优先级排序。

识别根结点的判断包括两部分。假定操作i形如$T_i \leftarrow L_i Op_i R_i$。首先，$Op_i$必须是可交换和可结合的。其次，下列两个条件之一必须成立。

(1) 如果T_i使用多次，那么操作i必须标记为根结点，以确保对所有使用T_i的操作，T_i都是可用的。对T_i的多次使用使之成为一个可观察量。

(2) 如果T_i只在操作j中使用一次，但$Op_i \neq Op_j$，那么操作i必定是一个根结点，因为它不可能是包含Op_j的树的一部分。

对于上述两种情况，第1阶段都将Op_i标记为根结点，并将其加入优先队列。

2. 重构程序块使之具有平衡的形式

算法的第2阶段以候选树根结点的队列作为输入，并根据每个根结点建立一个大体上平衡的树。第2阶段从一个while循环开始，对每一个候选树根结点调用Balance。Balance、Flatten和Rebuild三个函数实现了算法的第2阶段。

对候选树根结点调用Balance函数。该函数与Flatten协作，会创建一个优先队列来容纳当前树的所有操作数。Balance分配一个新队列，然后调用Flatten递归遍历树，为每个操作数指派等级并将其添加到队列中。在候选树进行了"扁平化"处理并为各个操作数设定了等级后，Balance将调用Rebuild（参见图8-8）来重构原来的代码。

Rebuild使用了一个简单的算法来构造新的代码序列。它重复地从树中移除两个等级最低的项。该函数将输出一个操作来合并这两项。它会为结果分配一个等级，然后将结果插回到优先队列中。这个过程会持续下去，直至队列变空为止。

```
// Rebalance a block b of n operations, each of form "T_i ← L_i Op_i R_i"
// Phase 1: build a queue, Roots, of the candidate trees
Roots ← new queue of names

for i ← 0 to n-1
    Rank(T_i) ← -1;
    if Op_i is commutative and associative and
        (|USES(T_i)| > 1 or (|USES(T_i)| = 1 and Op_USES(T_i) ≠ Op_i)) then
            mark T_i as a root
            Enqueue(Roots,T_i,precedence of Op_i)

// Phase 2: remove a tree from Roots and rebalance it
while (Roots is not empty)
    var ← Dequeue(Roots)
    Balance(var)


Balance(root)    // Create balanced tree from its root, T_i in "T_i ← L_i Op_i R_i"

    if Rank(root) ≥ 0
        then return    // have already processed this tree

    q ← new queue of names                    // First, flatten the tree
    Rank(root) ← Flatten(L_i,q) + Flatten(R_i,q)
    Rebuild(q,Op_i)                           //Then, rebuild a balanced tree


Flatten(var,q)    // Flatten computes a rank for var & builds the queue
    if var is a constant                      // Cannot recur further
        then
            Rank(var) ← 0
            Enqueue(q,var,Rank(var))
        else if var∈UEVAR(b)                  // Cannot recur past top of block
            then
                Rank(var) ← 1
                Enqueue(q,var,Rank(var))
            else if var is a root
                then                          // New queue for new root
                    Balance(var)              // Recur to find its rank
                    Enqueue(q,var,Rank(var))
                else                          // var is T_j in j^th op in block
                    Flatten(L_j,q)            // Recur on left operand
                    Flatten(R_j,q)            // Recur on right operand
    return Rank(var)
```

图8-7 树高平衡算法，第一部分

```
Rebuild(q,op)                              // Build a balanced expression

    while (q is not empty)
        NL ← Dequeue(q)                    // Get a left operand
        NR ← Dequeue(q)                    // Get a right operand

        if NL and NR are both constants then   // Fold expression if constant
            NT ← Fold(op,NL,NR)
            if q is empty
               then
                   Emit("root ← NT")
                   Rank(root) = 0;
               else
                   Enqueue(q,NT,0)
                   Rank(NT) = 0;

        else                               // op is not a constant expression
            if q is empty                  // Get a name for result
               then NT ← root
               else NT ← new name
            Emit("NT ← NL op NR")
            Rank(NT) ← Rank(NL) + Rank(NR)    // Compute its rank
            if q is not empty              // More ops in q ⇒ add NT to q
               then Enqueue(q,NT,r)
```

图8-8　树高平衡算法，第二部分

这个方案中，有几个细节比较重要。

(1) 在遍历候选树时，Flatten可能会遇到另一棵树的根结点。此时，它会递归调用Balance而非 Flatten，以便为候选子树的根结点创建一个新的优先队列，并确保编译器在输出引用子树值的代码之前，先对优先级较高的子树输出代码。回想算法第1阶段按优先级递增顺序为Roots队列设定等级的做法，该做法刚好使得这里的求值顺序必定是正确的。

(2) 程序块包含3种引用：常数、在本程序块中先定义后使用的名字和向上展现的名字。Flatten 例程分别处理每种情形。它假定集合UEVar(b)包含了程序块b中所有向上展现的名字。UEVar的计算在 8.6.1节描述，如图8-14a所示。

向上展现的

在程序块b中，如果对名字x的第一次使用引用了在进入b之前计算的一个值，那么x在程序块b中是向上展现的。

(3) 算法的第2阶段以一种谨慎的方法来为操作数设定等级。常数等级为零，这迫使它们移动到队列的前端，这里Fold会对操作数均为常数的运算求值，为结果创建新的名字并集成到树中。叶结点的等级为1。内部结点的等级等于其所在子树所有结点等级之和，即该子树中非常数操作数的数目。这种指派等级的方法将生成一种近似于平衡二叉树的树状结构。

3. 例子

想一想，如果对图8-5中我们原来的例子应用该算法，会发生什么。假定t_7在退出该程序块时仍然是活动的（live），而t_1到t_6则不再活动，而Enqueue会将数据项插入到优先级相等的第一个队列成员之前。在这种情况下，算法的第1阶段只会找到一个根结点t_7，第2阶段对t_7调用Balance。接下来，Balance先调用Flatten，然后调用Rebuild。Flatten建立了以下队列：

$\{\langle h,1\rangle, \langle g,1\rangle, \langle f,1\rangle, \langle e,1\rangle, \langle d,1\rangle, \langle c,1\rangle, \langle b,1\rangle, \langle a,1\rangle\}.$

Rebuild从队列中取出$(h, 1)$和$(g, 1)$，输出"$n_0 \leftarrow h+g$"，将$(n_0, 2)$加入队列。接下来，它从队列取出$(f, 1)$和$(e, 1)$，输出"$n_1 \leftarrow f+e$"，并将$(n_1, 2)$加入队列。然后，它从队列取出$(d, 1)$和$(c, 1)$，输出"$n_2 \leftarrow d+c$"，并将$(n_2, 2)$加入队列。接下来，它将$(b, 1)$和$(a, 1)$取出队列，输出"$n_3 \leftarrow b+a$"，并将$(n_3, 2)$加入队列。

此时，Rebuild已经生成了对所有8个原始值计算部分和的4个操作。队列现在包含4项：$\{(n_3, 2), (n_2, 2), (n_1, 2), (n_0, 2)\}$。下一个迭代从队列取出$(n_3, 2)$和$(n_2, 2)$，输出"$n_4 \leftarrow n_3+n_2$"，并将$(n_4, 4)$加入队列。接下来，它从队列取出$(n_1, 2)$和$(n_0, 2)$，输出"$n_5 \leftarrow n_1+n_0$"，并将$(n_5, 4)$加入队列。最后一个迭代从队列取出$(n_5, 4)$和$(n_4, 4)$，并输出"$t_7 \leftarrow n_5+n_4$"。右侧给出了完整的代码序列，它与如图8-5c所示平衡树是匹配的；结果代码可以像图8-6左边所示调度执行。

$$
\begin{aligned}
n_0 &\leftarrow h+g \\
n_1 &\leftarrow f+e \\
n_2 &\leftarrow d+c \\
n_3 &\leftarrow b+a \\
n_4 &\leftarrow n_3+n_2 \\
n_5 &\leftarrow n_1+n_0 \\
t_7 &\leftarrow n_5+n_4
\end{aligned}
$$

第二个例子，我们来考虑如图8-9a所示的基本程序块。该代码可能是局部值编号算法生成的，常数已经合并，冗余计算已经消除。该程序块包含几个相互交织的计算。图8-9b给出了该程序块中的各个表达式树。请注意，其中通过名字重用了t_3和t_7。最长的计算路径链是以t_6为根结点的树，包括六个运算。

在我们对图8-9中的程序块应用树高平衡算法的第1阶段时，算法会找到5个根结点，如图8-9c中的方框所示。其中标记了t_3和t_7，因为二者都会使用多次。同时也标记了t_6、t_{10}和t_{11}，因为这些值都属于LiveOut(b)集合。在第1阶段结束时，优先队列Roots包含以下数据项：

$\{\langle t_{11},1\rangle, \langle t_7,1\rangle, \langle t_3,1\rangle, \langle t_{10},2\rangle, \langle t_6,2\rangle\}$

(a) 原来的代码   (b) 代码中的各个表达式树   (c) 查找根结点

图8-9 树高平衡算法的例子

假定 + 的优先级为1，× 的优先级为2。

算法的第2阶段会不断地从Roots队列移除一个结点并调用Balance来处理该结点。Balance进而使用Flatten创建操作数的一个优先队列，然后使用Rebuild根据这些操作数建立一个平衡的计算。（请记住：每棵树都只包含一种运算。）

第2阶段从对t_{11}调用Balance开始。回忆图8-9，t_{11}是t_3和t_7的和。Balance对这些结点分别调用Flatten，而这些结点本身又是其他树的根结点。因而，对Flatten(t_3, q)的调用会对t_3调用Balance，而后对t_7的处理也会对t_7调用Balance。

Balance(t_3)使对应的树扁平化，变为队列$\{(4, 0), (13, 0), (b, 1), (a, 1)\}$，并对该队列调用Rebuild。Rebuild从该队列取出$(4, 0)$和$(13, 0)$，合并这两项，将$(17, 0)$加入队列。接下来，它从队列取出$(17, 0)$和$(b, 1)$，输出"$n_0 \leftarrow 17 + b$"，并将$(n_0, 1)$加入队列。在处理t_3子树的最后一次迭代中，Rebuild从队列取出$(n_0, 1)$和$(a, 1)$，并输出"$t_3 \leftarrow n_0 + a$"。它将t_3标记为等级2并返回。

$$n_0 \leftarrow 17 + b$$
$$t_3 \leftarrow n_0 + a$$

对t_7调用Balance会建立一个平凡的队列$\{(e, 1), (f, 1)\}$并输出操作"$t_7 \leftarrow e + f$"。这样，就完成了第2阶段中while循环的第一个迭代。

$$t_7 \leftarrow e + f$$

接下来，第2阶段对根结点为t_{11}的树调用Balance。它调用Flatten，该函数会建立队列$\{(h, 1), (g, 1), (t_7, 2), (t_3, 2)\}$。接下来，Rebuild输出代码"$n_1 \leftarrow h + g$"并将$n_1$标记为等级2后加入队列。然后，它输出代码"$n_2 \leftarrow n_1 + t_7$"，并将$n_2$标记为等级4后加入队列。最后，它输出代码"$t_{11} \leftarrow n_2 + t_3$"，并将$t_{11}$标记为等级6。

$$n_1 \leftarrow h + g$$
$$n_2 \leftarrow n_1 + t_7$$
$$t_{11} \leftarrow n_2 + t_3$$

第2阶段从Roots队列取出的下两个数据项是t_7和t_3，二者都已经被处理过，因而具有非零的等级。因此，Balance遇到二者会立即返回。

第2阶段对Balance的最后一次调用传递了根结点t_6。对于t_6，Flatten会构造出以下队列：$\{(3, 0), (d, 1), (c, 1), (t_3, 2)\}$。Rebuild输出代码"$n_3 \leftarrow 3 + d$"，并将$n_3$标记为等级1后加入队列。接下来，它输出"$n_4 \leftarrow n_3 + c$"，并将$n_4$标记为等级2后加入队列。最后，它输出"$t_6 \leftarrow n_4 + t_3$"，并将$t_6$标记为等级4。

$$n_3 \leftarrow 3 + d$$
$$n_4 \leftarrow n_3 + c$$
$$t_6 \leftarrow n_4 + t_3$$

最终生成的树如图8-10所示。请注意，以t_6为根结点的子树现在的高度是3个操作，而不再是6个。

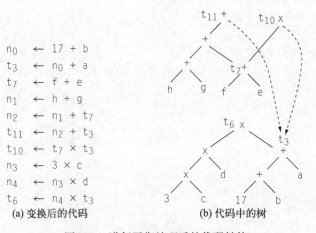

$$n_0 \leftarrow 17 + b$$
$$t_3 \leftarrow n_0 + a$$
$$t_7 \leftarrow f + e$$
$$n_1 \leftarrow h + g$$
$$n_2 \leftarrow n_1 + t_7$$
$$t_{11} \leftarrow n_2 + t_3$$
$$t_{10} \leftarrow t_7 \times t_3$$
$$n_3 \leftarrow 3 \times c$$
$$n_4 \leftarrow n_3 \times d$$
$$t_6 \leftarrow n_4 \times t_3$$

(a) 变换后的代码   (b) 代码中的树

图8-10   进行平衡处理后的代码结构

本节回顾

局部优化作用于单个基本程序块中的代码。这些技术依赖所述基本程序块中的可用信息来重写该程序块。在这一过程中，优化必须维护该程序块与其外围的执行上下文之间的交互。特别地，优化必须保持在该程序块中计算的任一可观察量（在优化前后不发生改变）。

因为局部优化的范围限于单个基本程序块，所以它们可以利用只适用于无分支代码的一些性质。例如，局部值编号依赖于下述事实：程序块中的所有操作，其执行顺序是与从头到尾的直线式执行相一致的。因而，它可以对已执行的上下文建立一个模型，来揭示冗余和常数值的表达式。类似地，树高平衡算法依赖于基本程序块只有一个出口的事实，由此出发算法才能断定程序块中哪些子表达式的值必须保持下去，哪些可以进行重排。

复习题

(1) 概略描述一个算法，用于在ILOC形式表述的过程中找到各个基本程序块。你可能使用何种数据结构来表示基本程序块？

(2) 图8-7和图8-8中给出的树高平衡算法，将最终表达式树中结点 n 的等级设定为该结点以下非常数叶结点的数目。如何修改该算法，使之生成的等级对应于 n 在树中的高度？这会改变该算法生成的代码吗？

8.5　区域优化

低效性不只出现在单个基本程序块中。在一个基本程序块中执行的代码可能为改进另一个程序块中的代码提供了上下文环境。因而，大多数优化都会考察多个基本程序块的上下文。

本节考察两种优化技术，二者均作用于包括多个基本程序块的代码区域，但通常不会延伸到整个过程。从局部优化转移到区域优化，主要的复杂之处在于需要处理控制流的多种可能性。if-then-else 语句有两种路径选择。循环末尾的分支可以跳转回循环起始处开始另一个迭代，也可以跳转到循环之后的代码。

为说明区域优化技术，我们阐述其中两种优化技术。第一种是超局部值编号技术，是将局部值编号算法向更大区域的扩展。第二种是一种曾出现在我们对dmxpy循环嵌套的讨论中的循环优化：循环展开。

8.5.1　超局部值编号

为改进局部值编号算法的结果，编译器可以将其范围从单个基本程序块延伸到一个扩展基本程序块（Extended Basic Block，EBB）。为处理一个EBB，该算法应该对穿越EBB的每条代码路径进行值编号。例如，考虑如图8-11a所示的代码。该代码对应的CFG如图8-11b所示，其中包含了一个非平凡的EBB $(B_0, B_1, B_2, B_3, B_4)$ 和两个平凡的EBB (B_5) 和 (B_6)。我们将由此形成的算法称为超局部值编号（Superlocal Value Numbering，SVN）算法。

在例子代码中较大的EBB中，SVN可以将3条代码路径中的每一条分别作为单个基本程序块处理。

即在进行处理时，算法可以将(B_0, B_1)、(B_0, B_2, B_3)、(B_0, B_2, B_4)都当成是无分支代码。为处理(B_0, B_1)，编译器可以先将LVN算法应用到B_0，然后使用由此生成的散列表将LVN算法应用到B_1。同样的方法可以用来处理(B_0, B_2, B_3)和(B_0, B_2, B_4)，只需按顺序处理EBB中的各个基本程序块，并将LVN算法处理各个基本程序块生成的散列表不断向前传递。这种方案的效果，相当于将一条代码路径当成一个基本程序块处理。例如，算法对(B_0, B_2, B_3)进行优化时，就像是处理如图8-11c所示的代码那样。任何具有多个前趋的基本程序块（如B_5和B_6），必须像在局部值编号算法中那样进行处理，而不能使用来自于任何前趋的上下文信息。

这种方法可以找到严格的局部值编号算法会错过的一些冗余和常数值表达式。

❑ 在(B_0, B_1)中，LVN发现对n_0和r_0的赋值是冗余的。SVN可以发现同样的冗余。

❑ 在(B_0, B_2, B_3)中，LVN发现对n_0的赋值是冗余的。SVN还发现对q_0和s_0的赋值是冗余的。

❑ 在(B_0, B_2, B_4)中，LVN发现对n_0的赋值是冗余的。SVN还发现对q_0和t_0的赋值是冗余的。

❑ 在B_5和B_6中，SVN退化为LVN。

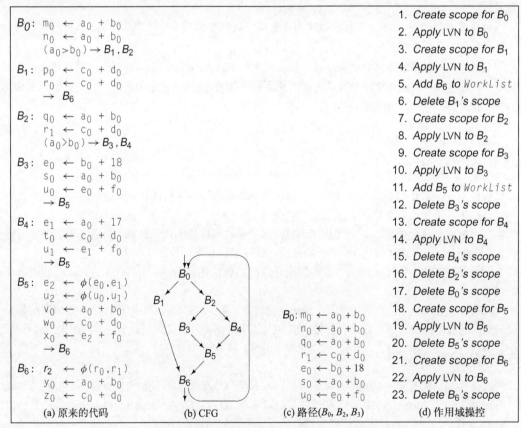

图8-11　超局部值编号算法示例

这种方法的难处在于如何使处理过程高效地进行。显然的方法是将每条路径当作单个基本程序块来处理，例如，可以把(B_0, B_2, B_3)的代码想象成图8-11c中的代码。遗憾的是，对于一个基本程序块来说，这种方法每处理一条包含该程序块的路径，都会分析该程序块一次。在这个例子中，这种方法将分析B_0三次、分析B_2两次。我们不仅希望通过考察更广的上下文而得到更好的优化效果，还想让编译时成本最小化。为此，超局部值编号算法通常利用EBB的树型结构。

为使SVN高效执行，对于以前缀形式出现在穿越EBB的多条路径上的程序块，编译器必须重用分析这种程序块的结果。该算法需要一种方法来撤销处理程序块的影响。在算法处理(B_0, B_2, B_3)之后，它必须重建(B_0, B_2)末尾处的状态，以便重用该状态来处理B_4。

编译器有多种方法可用于达到这种效果，其中包括以下几种。

❑ 它可以记录表在每个程序块边界处的状态，并在必要时恢复该状态。

❑ 它可以消除某个程序块造成的影响：逆向遍历该程序块，对每个操作分别撤消正向遍历的一趟处理所作的工作。

❑ 它可以利用为词法上作用域化的散列表开发的机制来实现值表。在编译器进入一个程序块时，它可以创建一个新的作用域。为撤销该程序块的影响，删除该程序块的作用域即可。

虽然所有这三种方案都可行，但使用作用域化的值表可以产生最简单、最快速的实现，特别是在编译器能够重用前端的（作用域化散列表）实现的情况下（参见5.5.3节）。

图8-12给出了SVN算法的高层概述，其中使用了作用域化的值表。它假定LVN算法已经修订为可以接受两个参数：一个基本程序块和一个作用域化的值表。在处理每个基本程序块b时，算法为b分配一个值表，将其连接到前趋程序块的值表（将前趋块的值表当成是外层作用域），并用这个新的值表和程序块b为参数调用LVN。在LVN返回时，SVN必须决定如何处理b的每个后继程序块。

5.5.3节给出的"表束"实现正好具有SVN所需的性质。SVN轻易估算各个表的规模。删除机制简单且快速。

```
// Start the process
WorkList ← { entry block }
Empty ← new table

while (WorkList is not empty)
    remove b from WorkList
    SVN(b, Empty)


// Superlocal value numbering algorithm
SVN(Block, Table)
    t ← new table for Block
    link Table as the surrounding scope for t
    LVN(Block, t)

    for each successor s of Block do
        if s has only 1 predecessor
            then SVN(s, t)
        else if s has not been processed
            then add s to WorkList

    deallocate t
```

图8-12 超局部值编号算法

对于 b 的后继 s，有两种情况。如果 s 只有一个前趋 b，那么应该利用自 b 积累而来的上下文信息来处理 s。于是，SVN算法利用包含程序块 b 上下文信息的表，递归到 s 上执行。如果 s 具有多个前趋，那么算法对 s 的处理必须从一个空的上下文开始。因而，SVN将 s 增加到 WorkList 中，外层循环以后会找到它，并对 s 和空表调用SVN。

这里还有一个复杂之处。名字的值编号是由与EBB中定义该名字的第一个操作相关联的值表记录的。这会给我们使用作用域机制带来困难。在我们的例子CFG中，如果 B_0、B_3、B_4 中都定义了名字 x，那么其值编号将记录在 B_0 中的作用域化值表中。在SVN处理 B_3 时，它会将 x 来自 B_3 的新的值编号记录到对应于 B_0 的表中。在SVN删除对应于 B_3 的表并创建一个对应于 B_4 的新表时，由 B_3 定义的值编号仍然保留在对应于 B_0 的表中。

为避免这种复杂情况，编译器可以在只定义每个名字一次的表示法上运行SVN算法。在5.4.2节我们看到，静态单赋值形式（SSA）正具有所需的性质，其中的每个名字都只在代码中的一个位置上定义。使用SSA，可以确保SVN算法将对应于某个定义的值编号，记录到包含该定义的程序块对应的表中。在使用SSA的情况下，删除对应于一个程序块的表将撤销该程序块的所有影响，并将值表恢复到从该程序块在CFG中前趋程序块退出时的状态。正如8.4.1节所述，使用SSA还可以使LVN更为高效。

将图8-12中的算法应用到图8-11a中的代码，将产生如图8-11d所示的操作序列。它从 B_0 开始，处理进行到 B_1。在 B_1 结束时，算法访问到 B_6，发现 B_6 具有多个前趋，因而将其添加到 WorkList。接下来，算法回退（到 B_0）并依次处理 B_2、B_3。在 B_3 结束时，算法将 B_5 添加到 WorkList。接下来，算法回退到 B_2 并处理 B_4。此时，控制流返回到while循环，循环将对 WorkList 中的两个"单体"程序块 B_5 和 B_6 调用SVN。

就有效性而言，SVN可以发现和删除LVN无法找到的一些冗余计算。如本节前面所述，该算法利用对前趋程序块中定义的分析，可以发现对 q_0、s_0 和 t_0 的赋值是冗余的。而LVN则受其纯粹的局部作用域所限，无法找到这种冗余。

另一方面，SVN也有其自身的限制。它无法找到 B_5 和 B_6 中的冗余。读者通过目测可以判断这两个程序块中的每个赋值都是冗余的。但因为这些程序块具有多个前趋，SVN无法将上下文信息传递到其中（因而无法找到相应的冗余）。因而，算法将错失这些优化时机。为捕获此类时机，我们需要一种能够考虑更多上下文的算法。

8.5.2 循环展开

循环展开也许是最古老和最著名的循环变换。为展开一个循环，编译器需要复制循环体，并调整控制迭代执行数目的逻辑。要明白这一点，可以考虑8.2节 dmxpy 例子中的循环嵌套。

```
        do 60 j = 1, n2
          do 50 i = 1, n1
            y(i) = y(i) + x(j) * m(i,j)
50        continue
60  continue
```

编译器可以展开内层循环或外层循环。内层循环展开的结果如图8-13a所示。展开外层循环将产生4个内层循环，如果编译器接下来合并这些内层循环体（这种变换称为循环融合），最终将生成类似于图 8-13b 所示的代码。外层循环展开和后续的内层循环融合的组合通常称为展开-轧挤（unroll-and-jam）。

循环融合

将两个循环体合并为一个的处理过程称为融合（fusion）。

如果在融合形成的循环中，变量的每次定义和使用都与原来的循环具有相同的值，那么融合就是安全的。

```
                                              nextra = mod(n2,4)
                                              if (nextra .ge. 1) then
   do 60 j = 1, n2                                do 59 j = 1, nextra
      nextra = mod(n1,4)                             do 49 i = 1, n1
      if (nextra .ge. 1) then                           y(i) = y(i) + x(j) * m(i,j)
         do 49 i = 1, nextra            49             continue
            y(i) = y(i) + x(j) * m(i,j)  59         continue
49          continue
                                              do 60 j = nextra+1, n2, 4
      do 50 i = nextra + 1, n1, 4                 do 50 i = 1, n1
         y(i)   = y(i)   + x(j) * m(i,j)             y(i) = y(i) + x(j)   * m(i,j)
         y(i+1) = y(i+1) + x(j) * m(i+1,j)          y(i) = y(i) + x(j+1) * m(i,j+1)
         y(i+2) = y(i+2) + x(j) * m(i+2,j)          y(i) = y(i) + x(j+2) * m(i,j+2)
         y(i+3) = y(i+3) + x(j) * m(i+3,j)          y(i) = y(i) + x(j+3) * m(i,j+3)
50       continue                        50      continue
60    continue                           60   continue
```

(a) 按4的倍数展开内层循环　　　　　　(b) 按4的倍数展开外层循环，然后融合内层循环

图8-13　展开dmxpy的循环嵌套

在每一种情况下，变换后的代码都需要一个短的起始循环来剥离出足够的迭代，以确保展开后的循环处理的迭代数目是4的整数倍。如果对应的循环边界在编译时都是已知的，那么编译器可以判断起始循环是否是必需的。

对于例子中特定的循环嵌套，这两种不同的策略（内层循环展开和外层循环展开）将产生不同的结果。与原来的代码相比，由内层循环展开产生的代码，执行的判断和分支代码序列将少很多。相比之下，外层循环展开再加上内层循环融合，不仅可以减少判断和分支代码序列的数目，还可以导致对y(i)的重用以及对x和m的顺序访问。增加的重用从根本上改变了循环中算术运算与内存操作的比率（dmxpy的作者在手工优化该代码时，无疑对这种效应是胸有成竹的）。而且正如下文将讨论的，每种方法都还可能产生间接效益。

对m的访问是顺次的，因为FORTRAN按列主序存储数组。

提高和降低的来源

循环展开对编译器为给定循环生成的代码有着直接和间接的影响。循环的最终性能取决于所有直接和间接的影响。

就直接效益而言，展开应该可以减少完成循环所需操作的数目。控制流的改变减少了判断和分支代码序列的总数。展开还可以在循环体内部产生重用，减少内存访问。最后，如果循环包含一个复制操作的有环链，那么展开可以消除这些复制（参见本章复习题5）。

但是，展开的一个危害是它会增大程序的长度，无论是IR形式还是以可执行代码出现的最终形式。IR长度的增大会增加编译时间；可执行代码长度的增加没什么影响，除非针对展开的循环生成的代码撑爆了指令高速缓存，这种情况下，性能的降低可能会远远超出任何直接效益。

编译器还可能为寻求间接效果而展开循环，这也会影响性能。循环展开的关键副效应是增加了循环体内部的操作数目。其他优化可能在几个方面利用这一改变。

- 增加循环体中独立操作的数目，可以生成更好的指令调度。在操作更多的情况下，指令调度器有更高的几率使多个功能单元保持忙碌，并隐藏长耗时操作（如分支和内存访问）的延迟。
- 循环展开可以将连续的内存访问移动到同一迭代中，编译器可以调度这些操作一同执行。这可以提高内存访问的局部性，或利用多字操作进行内存访问（以提高效率）。
- 展开可以暴露跨迭代的冗余，而这在原来的代码中是难于发现的。例如，图8-13中两个版本的代码都能够跨越原来循环的多个迭代来重用地址表达式。在展开后的循环中，局部值编号算法会找到并消除这些冗余。而在原来的代码中，该算法是无法找到这些冗余的。
- 与原来的循环相比，展开后的循环能以不同的方式进行优化。例如，增加一个变量在循环内部出现的次数，可以改变寄存器分配器内部逐出代码选择中使用的权重（参见13.4节）。改变寄存器逐出的模式，可能在根本上影响到为循环生成的最终代码的速度。
- 与原来的循环体相比，展开后的循环体可能会对寄存器有更大的需求。如果对寄存器增加的需求会导致额外的寄存器逐出（存储到内存和从内存重新加载），那么由此导致的内存访问代价可能会超出循环展开带来的潜在效益。

与循环展开的直接影响相比，描述和理解这些间接交互要困难得多。它们可能产生重要的性能提升，也有可能导致性能降低。由于预测此类间接影响十分困难，一些研究人员开始提倡使用自适应方法来选择展开因子（unroll factor）。在这样的系统中，编译器会尝试几个展开因子并测量相应的结果代码的性能。

本节回顾

区域优化专注于大于一个基本程序块、小于整个过程的区域，它能够提高最终代码的性能，而编译时代价仅会少量增加。对于一些变换，支持变换所需的分析和变换对编译后代码的影响，都会受到范围的限制。

在文献和代码优化实践方面，超局部变换都有着丰富的历史。许多局部变换可以很容易且高效地迁移到扩展基本程序块。对指令调度的超局部扩展成为优化编译器的一个主题已经有很多年了（参见12.4节）。

基于循环的优化（如循环展开）可以产生重要的代码改进，这主要是因为许多程序的很大一部分执行时间都花费在循环当中。这一简单的事实使得循环和循环嵌套为优化分析与变换提供了丰富的目标。对循环内部代码的改进对代码性能的影响，要远远超过对所有循环嵌套以外代码的改进。对循环进行优化的区域性方法之所以有意义，是因为不同的循环嵌套可以具有完全不同的性能特征。因而，循环优化成为优化研究的一个焦点已经有数十年时间了。

复习题

(1) 超局部值编号算法通过聪明地利用一个作用域化的散列表,将局部值编号算法推广到扩展基本程序块。考虑在将树高平衡算法推广到超局部作用域过程中可能出现的问题。

(a) 如何处理穿越EBB的单条路径,如旁边给出的控制流图中的(B_0, B_2, B_3)?

(b) 算法在处理(B_0, B_2, B_3)之后试图处理(B_0, B_2, B_4)时会出现何种复杂情况?

(2) 以下代码片断计算三年的往绩平均值(trailing average):

```
TYTA(float *Series; float *TYTAvg; int count) {
    int i;
    float Minus2, Minus1;

    Minus2 = Series++;
    Minus1 = Series++;

    for (i=1; i ≤ count; i++) {
        Current = Series++;
        TYTAvg++ = (Current + Minus1 + Minus2)/3;
        Minus2 = Minus1;
        Minus1 = Current;
    }
}
```

展开该循环对代码性能有什么样的改进?展开因子是如何影响优化效益的?

提示 用展开因子2和3比较可能的改进。

8.6 全局优化

全局优化处理整个过程或方法。因为其作用域包括有环的控制流结构(如循环),全局优化在修改代码之前通常会先进行一个分析阶段。

本节给出全局分析和优化方面的两个例子。第一个例子是利用活动信息查找未初始化变量,严格说来它并不是一种优化。这个例子实际上是使用全局数据流分析技术,来揭示一个过程中有关值的流动的有用信息。我们利用该例子的讨论来介绍活动变量(Live Variable)信息的计算,这一计算在许多优化技术中都会发挥作用,包括树高平衡(8.4.2节)、静态单赋值形式信息的构建(9.3节)和寄存器分配(第13章)。第二个例子是全局代码置放问题,该例子使用从运行编译后代码中收集到的剖析信息,来重新安排可执行代码的布局。

8.6.1 利用活动信息查找未初始化变量

如果过程p在为某个变量v分配一个值之前能够使用v的值,我们就说v在此次使用时是未初始化的。使用未初始化变量,几乎总是表明被编译的过程中存在逻辑错误。如果编译器能够识别出这些情况,它应该通知程序员代码中存在问题。

通过计算有关活动情况的信息,我们可以找到对未初始化变量的潜在使用。当且仅当CFG中存在一条从p到使用v的某个位置之间的路径,且v在该路径中没有被重新定义时,变量v在位置p处是活动的。我们通过计算,将过程中每个基本程序块b对应的活动信息编码到集合LiveOut(b)中,该集合包含在从程序块b退出时所有活动的变量。给定CFG入口结点n_0的LiveOut集合,LiveOut(n_0)中的每个变量都有一次潜在的未初始化使用。

LiveOut集合的计算是一个全局数据流分析的例子,这类技术用于在编译时推导运行时值的流动。数据流分析中的问题通常是一组联立方程的形式,定义在与某个图的结点和边相关的若干集合上。

数据流分析
    一种编译时分析的形式,用于推断运行时值的流动。

1. 定义数据流问题

计算LiveOut集合是全局数据流分析中的一个经典问题。编译器会为过程的CFG中每个结点n计算一个集合LiveOut(n),其中包含了退出对应于n的基本程序块时所有仍然处于活动状态的变量。对于过程的CFG中每个结点n来说,LiveOut(n)是通过一个方程定义的,该方程使用了n在CFG中后继结点的LiveOut集合,还使用了两个集合UEVar(n)和VarKill(n),后两个集合编码了与n对应的基本程序块的一些事实。我们可以使用迭代的不动点方法求解这类方程,该方法类似于我们在前面各章看到的不动点方法(如2.4.3节中的子集构造法)。

定义LiveOut集合的方程如下:

$$\text{LiveOut}(n) = \bigcup_{m \in succ(n)} (\text{UEVar}(m) \cup (\text{LiveOut}(m) \cap \overline{\text{VarKill}(m)}))$$

UEVar(m)包含了m中向上展现的变量,即那些在m中重新定义之前就开始使用的变量。VarKill(m)包含了m中定义的所有变量,而上述方程式中VarKill(m)的上划线表示其逻辑补集,即所有未在m中定义的变量的集合。因为LiveOut(n)是利用n的后继结点来定义的,该方程描述了一个反向数据流问题。

反向数据流问题
    信息沿图的边反向流动的问题。
正向数据流问题
    信息沿图的边流动的问题。

这个方程用一种直观的方法表示了该定义。LiveOut(n)只是CFG中结点n的各个后继程序块m入口处活动的那些变量的并集。该定义只要求一个值在某条路径(而非所有路径)上是活动的。因而,将结点n在CFG中各个后继结点的贡献并起来就形成了LiveOut(n)。n的特定后继结点m对LiveOut(n)的贡献是:

$$\text{UEVar}(m) = \cup(\text{LiveOut}(m) \cap \overline{\text{VarKill}(m)})$$

如果变量v在程序块m入口处是活动的,那么它必定符合以下两个条件之一。一种情况是,m中对v的引用发生在重新定义v之前,在这种情况下$v \in \text{UEVar}(m)$。另一种情况是,v在从程序块m退出时仍然是活动的，并且"毫发无损"地穿过了m，这是因为m没有重新定义v，在这种情况下$v \in \text{LiveOut}(m) \cap \overline{\text{VarKill}(m)}$。用$\cup$合并这两个集合，就给出了程序块$m$对$\text{LiveOut}(n)$的贡献。为计算$\text{LiveOut}(n)$，分析程序需要合并$n$的所有后继结点（记作$succ(n)$）的贡献。

2. 解决这个数据流问题

为对一个过程及其CFG计算各结点的LiveOut集合，编译器可以使用一个三步算法。

(1) 构建CFG 这个步骤在概念上很简单，虽然语言和体系结构特性可能会使问题复杂化（参见5.3.4节）。

(2) 收集初始信息 分析程序在一趟简单的遍历中分别为每个程序块b计算一个UEVar和VarKill集合，如图8-14a所示。

(3) 求解方程式，为每个程序块b生成LiveOut(b)集合 图8-14b给出了一个简单的迭代不动点算法，可以求解方程式。

```
// assume block b has k operations
// of form "x ← y op z"
for each block b
  Init(b)

Init(b)
  UEVar(b) ← Ø
  VarKill(b) ← Ø
  for i ← 1 to k
    if y ∉ VarKill(b)
      then add y to UEVar(b)
    if z ∉ VarKill(b)
      then add z to UEVar(b)
    add x to VarKill(b)
          (a) 收集初始信息
```

```
// assume CFG has N blocks
// numbered 0 to N-1
for i ← 0 to N-1
  LiveOut(i) ← Ø

changed ← true
while (changed)
  changed ← false
  for i ← 0 to N-1
    recompute LiveOut(i)
    if LiveOut(i) changed then
      changed ← true
          (b) 求解方程式
```

图8-14 迭代分析变量活动情况

以下各节将从头到尾探讨一个计算LiveOut集合的例子。9.2节更深入地研究了数据流计算。

收集初始信息

为计算LiveOut集合，分析程序需要每个程序块的UEVar和VarKill集合。一趟处理即可计算出这两个集合。对于每个基本程序块，分析程序将这两个集合都初始化为Ø。接下来，分析程序按从上到下的顺序遍历基本程序块，并适当地更新UEVar和VarKill集合，以反映程序块中每个操作的影响。图8-14a给出了详细的计算过程。

考虑带有一个简单循环的CFG，且循环中包含一个if-then结构，如图8-15a所示。该代码抽象掉了许多细节。图8-15b给出了对应的UEVar和VarKill集合。

求解LiveOut方程式

给定UEVar和VarKill集合，编译器可以应用图8-14b中的算法来对CFG中的每个结点计算LiveOut集合。它将所有的LiveOut集合都初始化为Ø。接下来，编译器为从B_0到B_4的每个基本程序块计算LiveOut

集合。编译器会重复该过程,按顺序为每个结点计算LiveOut集合,直至各个LiveOut集合不再改变为止。

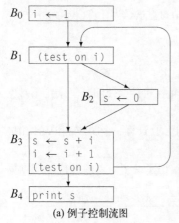

	UEVar	VarKill
B_0	∅	{i}
B_1	{i}	∅
B_2	∅	{s}
B_3	{s,i}	{s,i}
B_4	{s}	∅

	LiveOut(n)				
迭代	B_0	B_1	B_2	B_3	B_4
初始	∅	∅	∅	∅	∅
1	{i}	{s,i}	{s,i}	{s,i}	∅
2	{s,i}	{s,i}	{s,i}	{s,i}	∅
3	{s,i}	{s,i}	{s,i}	{s,i}	∅

(a) 例子控制流图   (b) 初始信息   (c) 方程求解的进展情况

图8-15 LiveOut计算的例子

图8-15c中的表给出了在求解程序的每次迭代时各个LiveOut集合的值。标记为Initial的行给出了各个初始值。第一次迭代计算各个LiveOut集合的初始近似值。因为算法按程序块标号的升序来处理各个程序块,B_0、B_1和B_2的LiveOut集合得到的值完全取决于其在CFG中后继结点的UEVar集合。在算法到达B_3时,由于已经为LiveOut(B_1)计算了一个近似值,因而算法对LiveOut(B_3)计算的值反映了LiveOut(B_1)新值的贡献。LiveOut(B_4)为∅,B_4是CFG中的出口程序块,这是适宜的。

在第二次迭代中,值s添加到LiveOut(B_0),因为s存在于LiveOut(B_1)的近似值中。这一轮迭代没有出现其他改变。第三次迭代不会改变任何LiveOut集合的值,算法的执行到此停止。

算法处理各程序块的顺序会影响到各个中间集合的值。如果算法按标号降序访问各个基本程序块,那么处理的趟数将减少一趟。但各个LiveOut集合的最终值与求值顺序无关。图8-14中的迭代求解程序为LiveOut方程组计算出了一个不动点解。

该算法最终会停止,因为各个LiveOut集合都是有限的,而对一个程序块的LiveOut集合的重新计算只会增加其中的变量名。在方程中消除变量名的唯一方法,是通过与 $\overline{\text{VarKill}}$ 集合的交集运算。因为VarKill集合在该计算期间不会改变,所以对每个LiveOut集合的更新是单调递增的,因而该算法最终必定会停止下来。

3. 查找未初始化的变量

在编译器为过程的CFG中每个结点都计算出了LiveOut集合后,查找对可能未初始化的变量的使用就变得简单了。考虑某个变量v。如果$v \in \text{LiveOut}(n_0)$,其中$n_0$是过程CFG的入口结点,那么通过构建LiveOut(n_0),必定存在一条从n_0到v的某个使用之处的路径,而v在该路径上未被定义。因而,$v \in$ LiveOut(n_0)意味着,对v的某次使用可能会接收到一个未初始化的值。

这种方法将会识别出使用潜在未初始化值的变量。编译器应该识别出这种情形,并将其报告给程序员。但由于几个原因,这种方法可能会得出假警报。

❑ 如果v可以通过另一个名字访问且已经通过该变量名初始化,那么对变量的活动情况分析将无法关联起这种初始化和对应的使用。在将指针设置为指向某个局部变量的地址时就会出现这种情况,如右侧代码片断所示。

```
...
p = &x;
*p = 0;
...
x = x + 1;
```

❑ 如果v在当前过程被调用之前就已存在，那么它此前可能已经用分析程序不可见的某种方式进行过初始化。对于当前作用域中的静态变量或声明在当前作用域以外的变量，可能会出现这种情况。

❑ 进行变量活动情况分析的方程组可能会发现：在从过程的入口点到使用变量v的某个位置之间的路径上，v没有被定义。如果该路径在运行时是不可能出现的，那么虽然实际的执行不会使用到未初始化值，但v仍然将出现在LiveOut(n_0)中。例如，右边的C语言程序总是在使用s之前初始化它，但仍然有$s \in$ LiveOut(n_0)。

```
main() {
  int i, n, s;
  scanf("%d", &n);
  i = 1;
  while (i<=n) {
    if (i==1)
      s = 0;
    s = s + i++;
  }
}
```

如果过程中包含对另一个过程的调用，且v将以某种允许修改的方式传递给后者，那么分析程序必须考虑调用可能带来的副效应。在缺少有关被调用者具体信息的情况下，分析程序必须假定每个可能被修改的变量都被修改了，且每个可能被使用的变量都被使用了。这样的假定是安全的，因为它们表示了最坏情况下的行为。

上面带有while循环的例子说明了数据流分析的固有局限之一：它假定所有穿越CFG的代码路径在运行时都是可能的。这种假定可能是过度保守了，正像这个例子所示的那样。例子的CFG中唯一的路径，从main的入口处开始，绕过了对s的初始化，直接到达了循环中对s的加1操作，从而导致了对未初始化值的使用。但该代码路径在运行时是不可能发生的，因为在循环的第一次迭代时，i值必须为1。而约束LiveOut集合的方程组无法发现该事实。

假定穿越CFG的所有代码路径在运行时都是可行的，这大大减少了数据流分析的代价。但同时，该假定也导致了所计算出的集合在精确性方面的损失。要发现s实际上在for循环的第一个迭代已经被初始化，编译器必须将能够跟踪各个代码路径的分析方法，与某种形式的常量传播和变量活动情况分析结合起来。如果要在广义上解决该问题，则需要在分析期间对部分代码进行符号化求值（symbolic evaluation），这种方法的预期代价要高昂得多。

4. 对活动变量的其他使用

除了查找未初始化变量之外，编译器还会在许多上下文中使用变量活动情况。

❑ 在全局寄存器分配（参见13.4节）中，活动变量的信息发挥了关键作用。除非值是活动的，否则寄存器分配器不必将其保持在寄存器中；当一个值从活动转变为不活动时，分配器可以因其他用途而重用其寄存器。

❑ 活动变量信息也用于改进SSA的构建；对一个值来说，在它不活动的任何程序块中，它都不需要ϕ函数。用这种方法使用变量活动信息，可以显著地减少编译器在构建程序的SSA时必须插入的ϕ函数数目。

❑ 编译器可以使用活动变量信息来发现无用的store操作。如果一个操作将v存储到内存，而v是不活动的，那么该store操作是无用的。这种简单的技术对无歧义的标量变量（即那种只有一个名字的变量）非常有效。

在不同的上下文中，将针对不同的名字集合来计算变量的活动性。我们在讨论LiveOut时，假定了一个变量名构成的隐含域（domain）。在寄存器分配中，编译器将在寄存器名构成的域或寄存器名的连续子域（contiguous subrange）上计算LiveOut集合。

8.6.2 全局代码置放

许多处理器的分支指令代价是不对称的：落空分支（fall-through branch）的代价要小于采纳分支

（taken branch）。每个分支指令有两个后继基本程序块，编译器可以选择哪个程序块位于落空分支路径，哪个程序块位于采纳分支路径。全局代码置放优化隐含地依赖于这一见解：某些分支指令两个分支的行为是不平衡的，即落空分支路径的代价要低于采纳分支路径。

落空分支

对于单地址分支来说，或者分支被采纳，或者执行"落空"到代码序列中的下一个操作继续进行。

考虑旁边给出的CFG。(B_0, B_2)的执行频度比(B_0, B_1)高100倍。在分支指令代价不对称的情况下，编译器应该对(B_0, B_2)使用成本较为低廉的分支。如果(B_0, B_1)和(B_0, B_2)的执行频度大致相等，那么代码块的置放对该代码的性能基本没有影响。

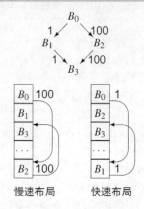

慢速布局　　快速布局

旁边给出了该代码的两种不同布局。"慢速"布局使用落空分支实现(B_0, B_1)，而使用采纳分支实现(B_0, B_2)。"快速"布局的决策刚好反过来。如果落空分支执行得比采纳分支快速，那么"快速"布局使用快速分支的频度高出"慢速"布局100倍。

编译器可以利用分支指令的这种不对称代价。如果编译器知道过程中分支指令两个分支的预期相对执行频度，那么它可以选择一种能够提升运行时性能的代码布局。

为进行全局代码置放优化，编译器需要重排过程中的各个基本程序块，以优化落空分支的使用。编译器在执行此优化时遵循两个原则。首先，编译器应该将可能性最高的执行路径放置到落空分支上。因而，只要有可能，对任何特定基本程序块来说，都应该安排其后继结点中使用最频繁者紧接该程序块。其次，编译器应该将执行得较不频繁的代码移动到过程末尾。总而言之，这些原则能够生成更长的代码序列，其执行过程中不会出现破坏性的分支（如采纳分支）。

我们预期这种执行次序能够带来两种有益的效应。代码应该执行各个落空分支中更大比例的一部分，这可以直接提升性能。这种模式应该使得对指令高速缓存的使用更为高效。

如同全局作用域中的大多数优化一样，代码置放具有独立的分析和变换阶段。分析阶段必须收集数据，来估算各个分支的相对执行频度。变换阶段使用这些估算出的分支执行频度（表示为CFG中各条边的权重），来为频繁执行的代码路径建立一个模型。它接下来对该模型中的各个基本程序块进行排序。

收集剖析数据

如果编译器了解程序各个部分的相对执行频度，那么它可以使用该信息来提升程序的性能。剖析数据能够在诸如全局代码置放（global code placement，8.6.2节）或内联替换（inline substitution，8.7.1节）之类的优化中发挥重要作用。有几种方法可用于收集剖析数据。

❑ **装有测量机制的可执行文件**　在这种方案中，编译器生成代码来统计特定的事件，如进入和退出过程或采纳分支等。在运行时，数据被写出到一个外部文件，由另一个工具离线处理。

❑ **定时器中断**　使用这种方法的工具会按较高的频率定期中断程序的执行。工具会构建一个直方图，统计中断发生时的程序计数器（即指令指针）位置。后处理会根据该直方图生成剖析数据。

□ **性能计数器** 许多处理器提供了某种形式的硬件计数器来记录硬件事件，如总的处理器周期数、缓存失效或采纳分支等。如果有相应的计数器可用，运行时系统可以使用它们来构建高度精确的剖析数据。

该方法将产生略有不同的信息，且代价各有不同。装有测量机制的可执行文件可以测量执行过程的几乎任何性质，而谨慎的工程实践也可以限制这种方法的开销。基于定时器中断的系统具有更低的开销，但只能定位那些频繁执行的语句（而非通向这些语句的代码路径）。硬件计数器精确且高效，但依赖于特定处理器体系结构和实现所提供的具有特异性的方法。

在优化方面，所有这些方法都已经证实是成功的。每种方法都需要编译器和剖析工具在一些问题上进行协作，这些问题诸如数据格式、代码布局和用于将运行时位置映射到程序中名字的方法。

1. 获取剖析数据

对于全局代码置放优化，编译器需要估算CFG中各条边的相对执行频度。它可以从代码的剖析运行（profiling run）获取这些信息：编译整个程序，在剖析工具中对代表性数据运行它，然后让编译器访问生成的剖析数据。编译器可以基于某种程序执行模型来获取该信息，这种模型可以是简单或复杂的，其精确度亦有不同。

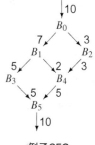

例子CFG

具体地说，编译器需要统计CFG中各条边的执行次数。右侧的CFG说明了为何在代码置放方面边计数要优于块计数。根据执行计数，如CFG图中边的标签所示，我们知道程序块B_0和B_5都执行了10次。而在这个CFG片断中，路径(B_0, B_1, B_3, B_5)执行得远多于任何其他路径。而举例来说，边计数表明，使分支(B_1, B_3)成为落空分支要好于使之成为采纳分支。但根据程序块的执行计数，编译器将推断出程序块B_3和B_4具有同等重要性，它很可能选择不那么重要的边(B_1, B_4)作为落空分支。代码置放算法使用剖析数据，根据执行频度来排序CFG的各条边。因而，精确的边数据对结果的质量具有直接影响。

2. 以链的形式在CFG中构建热路径

为判断应该如何设置代码布局，编译器会构建CFG路径的一个集合，其中包括执行最频繁的那些边，即所谓的热路径（hot path）。每条路径是一条由一个或多个程序块构成的链。其中每条路径都有一个优先级，用于构建最终的代码布局。

编译器可以使用贪婪算法来查找热路径。图8-16给出了一种这样的算法。开始，它为每个程序块创建一条退化的链，其中只包含对应的程序块本身。算法将每个退化链的优先级设置为一个大数，如CFG中边的总数或最大的可用整数。

接下来，该算法遍历CFG中的各条边，逐渐建立与热路径相对应的各条链。它按执行频度的顺序采用各条边，使用得最频繁的边优先。对于边$\langle x, y \rangle$，当且仅当x是其所在链中最后一个结点、y是其所在链中第一个结点时，算法会合并包含x的链和包含y的链。如果二个条件中有一个不为真，则算法会保持包含x的链与包含y的链原样不动。

算法忽略了自环$\langle x, x \rangle$，因为它们不影响置放决策。

```
E ← |edges|
for each block b
    make a degenerate chain, d, for b
    priority(d) ← E
P ← 0
for each CFG edge ⟨x,y⟩, x ≠ y, in decreasing frequency order
    if x is the tail of chain a and y is the head of chain b then
        t ← priority(a)
        append b onto a
        priority(a) ← min(t,priority(b),P++)
```

图8-16 构建热路径

如果算法合并包含x的链和包含y的链，则它必须为新的链分配一个适当的优先级。它将新的优先级设定为x和y所在链优先级的最低值。如果x和y是退化链，仍然是初始的高优先级，则算法会将新链的优先级设置为算法到目前为止已经考虑过的合并操作的数目，记作P。该值会将这个链放置在基于更高频度的边构建而成的链之后，而在哪些基于较低频度的边构建而成的链之前。

该算法在处理完每条边之后停止。它会产生一组链，描述了CFG中的热路径。每个结点都刚好属于一条链。与链之间的边相比，链内部的各条边执行得更为频繁。每条链的优先级数值编码了各条链的一种相对布局次序，能够使实际执行的正向分支（forward branch）数目逼近最大值。

正向分支

分支的目标地址比源地址高称为正向分支。在某些体系结构中，正向分支比反向分支的破坏性小。

为说明算法的运作机制，我们考虑将其应用到前一节中的例子CFG（在表的右侧再次给出），同时考察算法在例子上表现的行为。该算法的处理过程进行如下表所示。

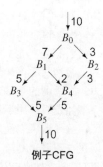

例子CFG

边	链 集 合	P
—	$(B_0)_E$, $(B_1)_E$, $(B_2)_E$, $(B_3)_E$, $(B_4)_E$, $(B_5)_E$	0
(B_0,B_1)	$(B_0,B_1)_0$, $(B_2)_E$, $(B_3)_E$, $(B_4)_E$, $(B_5)_E$	1
(B_3,B_5)	$(B_0,B_1)_0$, $(B_2)_E$, $(B_3,B_5)_1$, $(B_4)_E$	2
(B_4,B_5)	$(B_0,B_1)_0$, $(B_2)_E$, $(B_3,B_5)_1$, $(B_4)_E$	2
(B_1,B_3)	$(B_0,B_1,B_3,B_5)_0$, $(B_2)_E$, $(B_4)_E$	3
(B_0,B_2)	$(B_0,B,B_3,B_5)_0$, $(B_2)_E$, $(B_4)_E$	3
(B_2,B_4)	$(B_0,B_1,B_3,B_5)_0$, $(B_2,B_4)_3$	4
(B_1,B_4)	$(B_0,B_1,B_3,B_5)_0$, $(B_2,B_4)_3$	4

优先级通过链的下标给出，E是CFG中边的数目，如图8-16所示。

以不同的方式打破同等优先级的边之间的相持，可以产生一组不同的链。例如，如果算法在(B_3,B_5)之前考虑(B_4,B_5)，那么它将生成两个链：$(B_0,B_1,B_3)_0$和$(B_2,B_4,B_5)_1$。不同的链集合可能产生不同的代码布局。即使对权重相等的边采用非最优顺序进行处理，布局算法仍然能够产生不错的结果。

3. 进行代码布局

图8-16中算法产生的链集合形成了基本程序块集合之上的一个偏序。为生成代码的可执行映像，

编译器必须将所有基本程序块按一个固定的线性次序放置。图8-17给出了一个算法，可以根据链集合来计算出一个线性布局。其中包含了两个简单的启发规则：

(1) 一个链内部的各个基本程序块按顺序放置，使链中的边能够通过落空分支实现；

(2) 在多个链之间，根据链的优先级选择。

```
t ← chain headed by the CFG entry node
WorkList ← {(t,priority(t))}

while (Worklist ≠ ∅)
    remove a chain c of lowest priority from WorkList
    for each block x in c in chain order
        place x at the end of the executable code

    for each block x in c
        for each edge ⟨x,y⟩ where y is unplaced
            t ← chain containing ⟨x,y⟩
            if (t,priority(t)) ∉ WorkList
                then WorkList ← WorkList ∪ { (t,priority(t))}
```

图8-17 代码布局算法

该算法用对(c,p)表示一个链，其中c是链的名字，p是其优先级。为效率起见，如果我们利用稀疏集实现WorkList(参见附录B.2.3节)，那么可以去掉为避免将一个链放到WorkList上两次而加入的判断。下表给出了该算法针对例子CFG生成的第一个链集合的行为：

步骤	WorkList	代码布局
—	$(B_0, B_1, B_3, B_5)_0$	
1	$(B_2, B_4)_3$	B_0, B_1, B_3, B_5
2	∅	$B_0, B_1, B_3, B_5, B_2, B_4$

第一行给出了初始状态。算法将包含B_0的链放置在WorkList上。while循环的第一个迭代处理了该链上所有基本程序块的安置。随着算法处理那些从已安置完毕的程序块离开的边，它向WorkList添加了另一个链(B_2, B_4)。第二个迭代安置这两个程序块。算法没有向WorkList添加其他链，因此算法将停止。

我们注意到，如果改变打破优先级平局的做法，那么针对该例子生成的链集合会有些改变。在(B_3, B_5)之前采用边(B_4, B_5)，将生成链$(B_0, B_1, B_3)_0$和$(B_2, B_4, B_5)_1$。代码布局算法在根据这些链进行工作时，其表现如下：

步骤	WorkList	代码布局
—	$(B_0, B_1, B_3)_0$	
1	$(B_2, B_4, B_5)_1$	B_0, B_1, B_3
2		$B_0, B_1, B_3, B_2, B_4, B_5$

如果我们假定估算的执行频度是正确的，那么没什么理由倾向于某种布局。

4. 最后一个例子

考虑全局代码置放算法如何处理页边给出的CFG。构建链的算法执行如下：

边	链 集 合	p
—	$(B_0)_E$, $(B_1)_E$, $(B_2)_E$, $(B_3)_E$, $(B_4)_E$	0
(B_3, B_4)	$(B_0)_E$, $(B_1)_E$, $(B_2)_E$, $(B_3, B_4)_0$	1
(B_0, B_3)	$(B_0, B_3, B_4)_0$, $(B_1)_E$, $(B_2)_E$	2
(B_2, B_4)	$(B_0, B_3, B_4)_0$, $(B_1)_E$, $(B_2)_E$	2
(B_0, B_2)	$(B_0, B_3, B_4)_0$, $(B_1)_E$, $(B_2)_E$	2
(B_1, B_3)	$(B_0, B_3, B_4)_0$, $(B_1)_E$, $(B_2)_E$	2
(B_0, B_1)	$(B_0, B_3, B_4)_0$, $(B_1)_E$, $(B_2)_E$	2

最终的例子

在处理该图时，算法停止时，生成了一个多节点链和两个退化链，后两者都保持了初始的高优先级。

布局算法首先安置(B_0, B_3, B_4)。当算法考察从已安置结点发出的边时，它将另外两个程序块所在的退化链添加到 WorkList。下两个迭代会按照任意顺序移除退化的链，并安置对应的程序块。没什么理由偏向于某个特定的次序。

本节回顾

考察整个过程的优化有机会进行在较小作用域不可能执行的优化。因为全局（或过程）作用域包括了环形代码路径（cyclic path）和反向分支（backward branch），全局优化通常需要进行全局分析。因此，这些算法具有所谓的离线风格，它们通常由分析阶段和而后的变换阶段组成。

本节突出强调了两种不同类型的分析：全局数据流分析和运行时对剖析数据的收集。数据流分析是一种编译时技术，该技术在数学上考虑的是沿穿越代码的所有可能路径执行出现的效应。相比之下，剖析数据记录了在代码（对单个输入数据集）的单次运行中实际发生的情况。数据流分析较为保守，因为它考虑了所有可能性。运行时剖析较为激进，因为它假定代码未来的运行将与所剖析的运行共享某些运行时特征。这两种分析在优化中都发挥了重要作用。

复习题

(1) 在某些情况下，编译器需要确认变量在离开程序块的所有路径上都是活动的，而非只是在某条路径上是活动的。重新制定约束 LiveOut 的方程组，使之计算从程序块末尾到 CFG 的退出结点 n_f 之间、在所有路径上均在定义之前使用的变量名的集合。

(2) 为收集精确的边计数剖析数据，编译器可以为目标过程 CFG 中的每条边增加测量机制。聪明的实现可以只测量这些边的一个子集，而推算其余边的计数。设计一种方案，可以无需对每个分支进行测量，且能得出精确的边计数数据。你的方案依赖于哪些原理？

8.7　过程间优化

正如第6章所讨论的，过程调用形成了软件系统中的边界。将一个程序划分为多个过程，对于编译器生成高效代码的能力具有正反两方面的影响。从正面来看，它限制了编译器在任一时刻需要考虑的代码数量。这使得编译时数据结构保持在比较小的尺寸上，同时通过对问题规模的约束又限制了各种编译时算法的代价。

从负面来看，将程序划分为过程限制了编译器理解被调用过程内部行为的能力。举例来说，考虑 fee 中对 fie 的一个调用，其中将变量 x 作为传引用参数传递。即使编译器知道 x 在调用之前值为 15，它也无法在调用之后使用该事实，除非它知道该调用不会改变 x 值。为在调用之后使用 x 的值，编译器必须证明 fie 或其调用的任何过程都不会直接或间接地改变对应于 x 的形参。

由过程调用引入的低效性的第二个主要来源是，对每个调用来说，调用者中必定执行一个调用前代码序列和一个返回后代码序列，同时被调用者中必定要执行一个起始代码序列和一个收尾代码序列。这些代码序列实现的操作是要花费时间的。这些代码序列之间的转移需要（可能是破坏性的）跳转。在一般情形下，这些操作都是为实现源语言中的抽象而引入的开销。但对于任何特定调用来说，编译器也许能对这些代码序列或被调用者进行某种改编，使之适应局部运行时环境并实现更好的性能。

过程调用对于编译时知识和运行时操作的这些影响，会引入过程内优化无法解决的低效性。为减少独立过程引入的低效性，编译器可以使用过程间分析和优化技术，同时对多个过程进行分析和变换。在类 Algol 的语言和面向对象语言中，这些技术具有同等重要性。

> 术语“全程序”显然意味着分析所有代码。当讨论分析程序中的一部分（而非全部）过程时，我们倾向使用术语“过程间”。

在本节中，我们将考察两种不同的过程间优化技术：过程调用的内联替换和为提高代码局部性而进行的过程置放。因为全程序优化要求编译器能够访问被分析和变换的代码，决定进行全程序优化的决策，对编译器结构有一些隐含的要求。因而，最后一小节将探讨在包含过程间分析和优化机制的编译器系统中会出现的结构性问题。

8.7.1 内联替换

正如我们在第6章和第7章所见，编译器为实现过程调用而必须生成的代码涉及很多操作。生成的代码必须分配一个活动记录，对每个实参求值，保存调用者的状态，创建被调用者的环境，将控制从调用者转移到被调用者（以及与之对应的反向转移），以及（如有必要）从被调用者把返回值传递给调用者。在某种意义上，这些运行时活动是使用编程语言的一部分固有开销，它们维护了编程语言本身的抽象，但严格说来对于结果的计算并不是必需的。优化编译器试图减少此类开销的代价。

有时候，编译器可以通过将被调用者过程体的副本替换到调用位置上（并根据具体调用位置进行适当的调整）来提高最终代码的效率。这种变换称为内联替换（inline substitution），它不仅使编译器能够避免大部分过程链接代码，还可以根据调用者的上下文对被调用者过程体的新副本进行调整。因为该变换将代码从一个过程移动到另一个过程中，还会改变程序的调用图，所以我们认为内联替换是一种过程间变换。

内联替换
> 内联替换是一种变换，它将一个调用位置替换为被调用者过程体的一个副本，并重写代码以反映参数的绑定。

类似于许多其他优化，内联替换很自然地划分为两个子问题：实际的变换和用于选择需要内联的调用位置的决策过程。变换本身相对简单，决策过程更为复杂且对性能有直接影响。

1. 变换

为进行内联替换，编译器需要用被调用者过程体重写一个调用位置，同时需要适当修改（过程体副本）以模拟参数绑定的效果。图8-18给出了两个过程fee和fie，二者都调用了另一个过程foe。图8-19描述了将fie中对foe的调用进行内联之后的控制流。编译器已经创建了foe的一个副本并将其移动到fie内部，将fie中的调用前代码序列直接连接到foe副本的起始代码序列，同时用类似的方式，将foe副本的收尾代码序列直接连接到fie中的返回后代码序列。由此生成的代码中，一部分基本程序块是可以合并的，这使我们能够通过后续的优化继续改进代码。

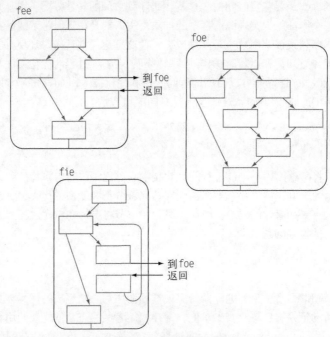

图8-18　内联替换之前

当然，编译器必须使用一种能够表示被内联过程（inlined procedure）的IR。一些源语言结构能够导致结果代码中出现任意且罕见的控制流结构。例如，如果被调用者带有多个过早的返回语句，则会产生一个复杂的控制流图。类似地，FORTRAN交错返回（alternate return）结构允许调用者向被调用者传递标号，然后被调用者可以使控制返回到这些标号中的任何一个。但不论是哪种情况，最终产生的控制流图可能都很难在接近源代码的AST中表示。

在实现时，编译器编写者应该注意局部变量的"增殖"问题。一个简单的实现策略可能会在调用者中为被调用者中的每个局部变量分别创建一个与之对应的新的局部变量。如果编译器内联了几个过程，或在几个调用位置内联了同一被调用者，那么局部命名空间可能会变得相当庞大。虽然命名空间的增长并不是一个正确性问题，但它可能会增加对变换后代码进行编译的代价，有时候也会损害最终代码的性能。通过对这一细节的关注，我们完全可以轻易地避免该问题，只需跨越多个内联的被调用者重用名字即可。

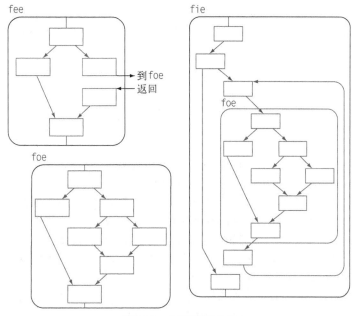

图8-19　内联替换之后

2. 决策过程

　　选择对哪些调用位置进行内联是一个复杂任务。内联一个给定的调用位置可能会提高性能，但遗憾的是，这还可能导致性能下降。为作出明智的选择，编译器必须在一个颇为宽泛的范围内考察调用者被调用者和调用位置的特征。编译器还必须了解其自身的优势和劣势。

　　通过内联，代码性能改进的主要来源是直接消除一部分操作，以及提高其他优化的有效性。在剔除了一部分链接代码序列后会出现前一种效应。例如，可以去掉寄存器保存和恢复代码，而由寄存器分配器作出这方面的决策。来自调用者的知识还可用于证明，被调用者内部的其他代码是死代码或无用代码。而后一种效应则源自为全局优化提供了更多的上下文信息。

　　内联替换导致性能降低的主要来源是对结果代码进行代码优化的有效性降低。内联被调用者会增加代码长度和命名空间规模。这会导致在原来的调用位置附近对寄存器需求的增加。而消除寄存器保存和恢复代码则改变了寄存器分配器"眼中"的问题。实际上，这些效应中的任何一项都可能导致优化有效性的下降。

　　体系结构中的改变，诸如更大的寄存器集合，可能导致过程调用代价增加。这些改变进而又使得内联更具吸引力。

　　在每个调用位置上，编译器必须决定是否内联该调用。使问题进一步复杂化的是，一个调用位置上所作的决策会影响到其他调用位置上的决策。例如，如果 a 调用 b、b 又调用 c，则选定将 c 内联到 b 中不仅会改变可能会内联到 a 中的过程的特征，还会改变底层程序的调用图。此外，内联带来的一些效应（如代码长度的增长）必须从整个程序的角度来考察，编译器编写者可能想要限制代码的总长度。

　　内联替换的决策过程会在每个调用位置根据多条准则来考察，其中包括如下几条。

- **被调用者规模** 如果被调用者的代码长度小于过程链接代码（调用前代码序列、返回后代码序列、起始代码序列和收尾代码序列），那么内联此类被调用者应该会减少代码长度，实际执行的操作数也会减少。这种情况出现的频繁程度令人惊讶。
- **调用者规模** 编译器可能会限制任何过程的总长度，以缓解编译时间的增加和优化有效性的降低。
- **动态调用计数** 对频繁执行的调用位置进行改进，与对很少执行的调用位置进行同等改进相比，能够提供更大的收益。实际上，编译器会使用剖析数据或简单估算，如10倍于循环嵌套深度。
- **常数值实参** 在调用位置处使用具有已知常数值的实参，会产生一种对代码进行改进的潜在可能性：将这些常数合并到被调用者的过程体中。
- **静态调用计数** 编译器通常会跟踪调用同一过程的不同调用位置的数目。只从一个调用位置处被调用的过程可以安全地内联而不会带来代码长度的增长。编译器在进行内联操作的同时应该更新这个度量数据，以检测因内联替换的进行而减少到只余一个调用位置的那些过程。
- **参数计数** 参数的数目可以充当过程链接代价的一种表示，因为编译器必须生成代码以对每个实参求值并存储。
- **过程中的调用** 跟踪过程中调用的数目，这提供了一种很容易的方法来检查调用图中的叶结点，即不包含调用的过程。叶过程通常是良好的内联候选者。
- **循环嵌套深度** 循环中的调用位置比循环以外的调用位置执行得更为频繁。它们还破坏了编译器将循环作为单个单元进行调度的能力（参见12.4节）。
- **占执行时间的比例** 根据剖析数据计算每个过程占执行时间的比例，可以防止编译器内联那些对性能影响不大的例程。

实际上，编译器会预计算部分或全部度量数据，然后应用一条或一组启发式规则来判断需要内联哪些调用位置。图8-20给出了一个典型的启发式规则。该规则依赖于一系列阈值参数，从 t_0 到 t_4。为这些参数选择的特定值会控制启发式规则的大部分行为。例如，t_3 的值无疑应该大于标准的调用前和返回后代码序列的长度。这些参数的最佳设置无疑是特定于程序的。

内联匹配以下准则之一的任何调用位置：

```
Inline any call site that matches one of the following:(内联匹配以下准则之一的任何调用位置：)
(1)  The callee uses more than t0 percent of execution time, and(使用了超过执行时间百分之t0的被调用者，且)
       (a) the callee contains no calls, or(该被调用者不包含对其他过程的调用，或)
       (b) the static call count is one, or(其静态调用计数为1，或)
       (c) the call site has more than t1 constant-valued parameters.(该调用位置有超过t1个常数值参数。)
(2) The call site represents more than t2 percent of all calls, and(该调用位置表示了所有调用中超过百分之t2的调用，且)
       (a) the callee is smaller than t3, or(被调用者的代码长度小于t3，或)
       (b)  inlining the call will produce a procedure smaller than t4(内联该调用将生成一个代码长度小于t4的过程)
```

图8-20   用于内联替换的典型启发式决策规则

8.7.2 过程置放

8.6.2节的全局代码置放技术在单个过程内部重排各个基本程序块。在过程间尺度上存在一个类似的问题：在可执行映像内部重排各个过程。

给定一个程序的调用图，其中标注了每个调用位置测量或估算的执行频度，需要重排各个过程以减小虚拟内存工作集的规模，并限制因调用引起指令高速缓存中冲突的可能性。

原则很简单。如果过程p调用q，我们希望p和q占用相邻的内存位置。

为解决这个问题，我们可以将调用图当作可执行代码中各个过程相对位置上的一组约束来处理。调用图的每条边(p, q)规定了可执行代码中应该存在的一组相邻关系。遗憾的是，编译器无法满足全部这些相邻关系。例如，如果p调用q、r和s，则编译器无法将后三者都放置到与p相邻的位置上。因而，编译器执行过程置放时，倾向于使用一种贪婪近似技术来寻找一种良好的置放方式，而非试图计算最优置放方式。

> 回想一下可知，在程序的调用图中，每个过程都有一个对应的结点表示，而从过程x到y的每一次调用都有一条边(x, y)表示。

过程置放与8.6.2节讨论的全局代码置放问题有一些微妙的不同之处。全局代码置放算法通过确保热路径可以用落空分支实现，来提高代码的性能。因而，图8-16中的链构建算法会忽略任何CFG边，除非该边是从一条链的尾部指向另一条链的头部。与此相反，随着过程置放算法建立过程链，它可以使用位于过程链中部的过程之间的边，因为该算法的目标就是使各个过程彼此接近，从而减小工作集规模并减少对指令高速缓存的干扰。如果p调用q，且从p到q的距离小于指令高速缓存的容量，那么这种置放方式就是成功的。因而，在某种意义上，过程置放算法比程序块布局算法更为自由。

过程置放由两个阶段组成：分析和变换。分析阶段在程序的调用图上运作。算法重复地在调用图中选择两个结点并合并二者。合并的次序由执行频度数据驱动，频度数据是测量或估算而来。合并的次序决定了最终的代码布局。布局阶段比较直接，此时只需按照分析阶段选择的次序重排各个过程的代码即可。

图8-21给出了一个用于过程置放分析阶段的贪婪算法。该算法在程序的调用图上运作，按估算的执行频度次序来考察调用图中的各条边，从而以迭代方式构建一种置放方式。算法在第一步建立调用图，为各条边分配与估算的执行频度相对应的权重，然后将两个结点之间的所有边合并为一条边。作为初始化工作的最后一部分，算法为调用图的边建立一个优先队列，按边的权重排序。

算法的后半部分以迭代方式建立过程置放的一种次序。该算法将调用图中的每个结点关联到过程的一个有序表。这些列表规定了各个有名字过程之间的一种线性序。在该算法停止时，这些列表规定了各个过程上的一个全序，可利用该全序在可执行代码中放置各个过程。

算法使用调用图中各条边的权重来引导这一处理过程。它重复地从优先队列中选择权重最高的边，假定为(x, y)，并合并边的源（source）x和目标（sink）y。接下来，算法必须更新调用图以反映这种变化。

(1) 算法对每条边(y, z)调用ReSource，将(y, z)替换为(x, z)并更新优先队列。如果边(x, z)已经存在，则ReSource将合并二者。

(2) 算法对每条边(z, y)调用ReTarget，将(z, y)替换为(z, x)并更新优先队列。如果边(z, x)已经存在，则ReTarget将合并二者。

为使过程y放置到x之后，算法将list(y)追加到list(x)。最后，算法从调用图中删除y和与之相连的边。

```
// Initialization work
build the call multi-graph G
initialize Q as a priority queue          // Order Q highest to lowest

for each edge (x,y) ∈ G                    // Add weights to the edges
   if (x = y)                              // Self loop is irrelevant
      then delete (x,y) from G
      else weight((x,y)) ← estimated execution frequency for (x,y)

for each node x ∈ G
   list(x) ← { x }                         // Initialize placement lists
   if multiple edges exist from x to y
      then combine them and their weights
   for each edge (x,z) ∈ G                 // Put each edge into Q
      Enqueue(Q,(x,z),weight((x,z)))

// Iterative reduction of the graph
while Q is not empty
   (x,y) ← Dequeue(Q)                      // Take highest priority edge
   for each edge (y,z) ∈ G                 // Move source from y to x
      ReSource((y,z),x)
   for each edge (z,y) ∈ G                 // Move target from y to x
      ReTarget((z,y),x)
   append list(y) to list(x)               // Update the placement list
   delete y and its edges from G           // Clean up G
```

图8-21   过程置放算法

该算法在优先队列为空时停止。在最终形成的图中，每个结点都与原始调用图中的某个连通分量一一对应。如果从表示程序入口点的结点出发可以到达调用图中所有的结点，那么最终的图中将只有一个结点。如果某些过程是不可到达的，因为程序中不存在调用这些过程的代码路径，或者这些路径被具有二义性的调用掩盖，那么最终的图中将包括多个结点。不管是哪种情形，编译器和链接器都可以使用与最终的图中各个结点相关联的列表，来规定各个过程的相对置放次序。

示例

为了解过程置放算法的工作方式，我们考虑图8-22画面0中给出的示例调用图。从P_5到其本身的边显示为灰色，因为只能通过改变边的执行频度来影响该算法。但因为自环的源和目标相同，所以这种边是无法影响置放算法的。

画面0给出了该算法在迭代归约即将开始时的状态。每个结点对应的列表都是平凡的，只包含其自身的名字。优先队列使图中每条边（自环除外）根据执行频度排序。

画面1给出了该算法在while循环完成第一次迭代之后的状态。算法将P_6坍缩（collapse）到P_5，并更新对应于P_5的列表和优先队列。

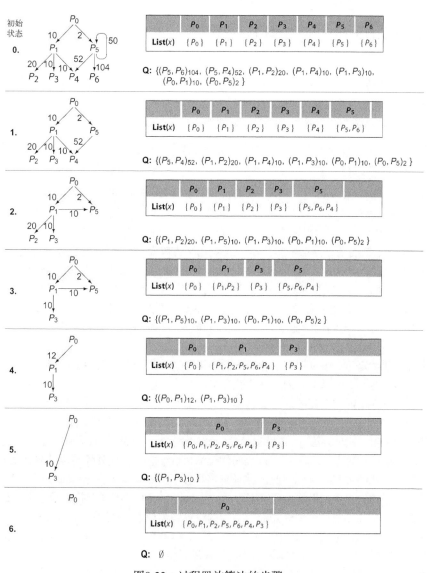

图8-22　过程置放算法的步骤

　　在画面2中，算法已经将P_4坍缩到P_5。它将边(P_1, P_4)的目标重定向到P_5，并改变了优先队列中对应边的名字。此外，它从图中删除了P_4，并更新了对应于P_5的列表。

　　其他迭代以类似的方式进行。画面4给出了算法合并边的场景。此时，算法将P_5坍缩到P_1，并将边(P_0, P_5)的目标重定向到P_1。因为(P_0, P_1)已经存在，算法只是合并了新旧两条边的权重，并相应地更新优先队列：删除(P_0, P_5)，并改变(P_0, P_1)的权重。

　　在各次迭代结束后，调用图已经坍缩到一个结点P_0。虽然这个例子构建的布局从入口结点开始，但这是由各条边的权重所致，而非算法设计如此。

8.7.3   针对过程间优化的编译器组织结构

建立一个跨两个或更多过程进行分析和优化的编译器，这从根本上改变了编译器与其所生成代码之间的关系。对于传统的编译器来说，编译单元可能是单个过程、单个类或单个代码文件，编译生成的结果代码完全取决于对应编译单元的内容。一旦编译器使用关于某个过程的知识来优化另一个过程，则结果代码的正确性同时取决于两个过程的状态。

编译单元

程序在输入到编译器时，通常划分为多个部分，这些部分通常称为编译单元。

考虑内联替换对优化后代码正确性的影响。假定编译器将 fie 内联到 fee 中。任何后续对 fie 的编辑修改都必将导致重新编译 fee：这是因优化决策而导致的依赖性，而非源代码中暴露的任何关系所致。

如果编译器收集并使用过程间信息，则可能会出现类似的问题。例如，fee 可能调用 fie，fie 又调用 foe；假定编译器需要依赖一个事实：对 fie 的调用不会改变全局变量 x 的已知常量值。如果程序员后来编辑 foe 导致该过程修改了 x，这一改变会使此前对 fee 和 fie 的编译无效，因为优化所依赖的事实已经发生了改变。因而，对 foe 的修改可能导致必须重新编译程序中的其他过程。

为解决这种固有的问题，并使得编译器能够访问其需要的所有源代码，人们提出了能够进行全程序或过程间优化的几种不同编译器结构：扩大编译单元、在集成开发环境中嵌入编译器，以及在链接时进行优化。

❑ **扩大编译单元**   对于过程间优化引入的实际问题，最简单的解决方案是扩大编译单元。如果编译器只在一个编译单元内考虑优化和分析，且这些单元具有某种一致的划分方式，那么编译器可以规避前文提到的问题。这样，编译器只能分析并优化同时编译的代码，因而无法在编译单元之间引入依赖性，也不需要访问其他编译单元的源代码或相关事实。IBM 的 PL/I 优化编译器采用了这种方法，只要相关的过程聚集在同一文件中，代码质量就会随之提高。

当然，这种方法也限制了过程间优化的机会。它还促使程序员创建较大的编译单元，并将彼此调用的过程群集到一起。在具有多个程序员的系统中，这些都会引入实际问题。但实际上，这种组织方式仍然是有吸引力的，因为它对我们的编译器行为模型干扰最少。

❑ **集成开发环境**   如果对编译器组织结构的设计将编译器嵌入到一个集成开发环境（Integrated Development Environment，IDE）内部，那么编译器可以通过 IDE 按需访问源代码。在源代码发生改变时，IDE 可以通知编译器，这样编译器能够确定是否需要重新编译。这种模型将源代码和编译后代码的所有权从开发者移交给 IDE。接下来，IDE 和编译器之间的协作确保采取适当的行动来保证一致且正确的优化。

❑ **链接时优化**   编译器编写者可以将过程间优化转移到链接器中，其中可以访问所有静态链接的代码。为获得过程间优化的收益，链接器可能还需要执行后续的全局优化。因为链接时优化的结果只记录在可执行文件中，而该可执行文件将在下一次编译时丢弃，这种策略绕过了重新编译问题。与其他方法相比，这种方法几乎必然会执行更多的分析和优化，但它同时具备简单性和（显然的）正确性。

许多现代系统对共享库采用运行时链接（即动态链接）。运行时链接会限制链接时优化的机会。

本节回顾

跨越过程边界的分析和优化可以揭示代码改进的新机会。这样的例子包括：通过已披露的、跨越一个调用的常量值或冗余值，根据特定的调用位置来调整过程链接代码（调用前代码序列、起始代码序列、收尾代码序列、返回后代码序列）。人们已经提出了许多技术来识别和利用这样的机会，而内联替换是其中最著名且颇具普遍有效性的技术之一。

对应用过程间分析和优化的编译器来说，它必须注意确保其建立的可执行文件是基于整个程序的一个一致视图。使用关于某个过程的事实来修改另一个过程中的代码，可能在"遥远"的过程之间引入微妙的依赖性，编译器必须识别并遵守这样的依赖关系。人们已经提出了几个策略来缓解这种效应，最简单的策略可能是在链接时执行过程间变换。

复习题

(1)假定过程a调用了b和c。如果编译器内联了对b的调用，那么在代码空间/数据空间方面会有哪些节省？如果还内联了c，是否还能够进一步节省数据空间？

(2)在过程置放优化中，如果进入一个过程各条边的估算执行频度均为0，那么算法将如何处理这个过程？算法会将该过程置于何处？对这种过程的处理是否会影响到执行时性能？编译器是否可以将这种过程标记为无用而删除？

8.8 小结和展望

现代编译器中的优化器包含了很多试图提高编译后代码性能的技术。虽然大多数优化技术试图提高运行时速度，但优化的效果也可能有其他度量方式，比如代码长度或运行时能量消耗等。本章给出了若干优化技术，运作于从单个基本程序块到整个程序的各种作用域上。

优化根据手头代码的具体细节来调整通用的转换方案，从而提高性能。优化器中的各种变换试图消除为支持各种源语言抽象（数据结构、控制结构和错误检查等）而引入的开销。这些变换试图识别具有高效实现的特例，并重写代码来节省时间/空间。它们还试图将程序的资源需求与目标处理器上实际可用的资源进行匹配，包括处理器功能单元、内存层次结构中各个层次（寄存器、高速缓存、TLB和内存）的容量和带宽，以及指令级并行性。

在优化器能够应用某种变换之前，它必须确定这种变换对代码的重写是安全的，也就是它能够保持代码的原始语义。通常，这要求优化器对代码进行分析。在本章中，我们看到了用于证明安全性的若干方法，从局部值编号中自底向上构建值表的方法，到检测未初始化变量时对LiveOut集合的计算等。

一旦优化器已经确定它可以安全地应用某种变换，它必须确定这种重写是否能够提高代码的性能。有些技术（如局部值编号）仅仅假定它们使用的重写是有利可图的，其他技术（如内联替换）则需要复杂的决策过程来确定变换何时可能提高代码的性能。

本章对基于编译器的代码优化领域作了基本介绍。其中讲述了优化中出现的许多术语和问题。本章不包含"高级主题"小节，对此感兴趣的读者，可以参阅第9章学习用于支持优化的静态分析技术，还可以阅读第10章学习优化变换方面的知识。

本章注释

代码优化领域具有悠久而详尽的文献。对于更深入的论述，读者应该考虑这方面的一些专门图书[20, 268, 270]。如果代码优化已经发展出一套合乎逻辑且规范的方法，即从局部技术开始，首先扩展到较大的区域，然后是整个过程，最终是整个程序，那么这将在理性上令人颇感愉悦。但实际上，这个领域的发展是以更为偶然的方式发生的。例如，原来的Fortran编译器[27]可进行局部和全局优化，前者是针对表达式树，后者是针对寄存器分配。对区域性优化技术（如循环优化[252]）和全程序优化技术（如内联替换）的兴趣，也都是在文献[16]中很早就提出的。

局部值编号及其在代数化简和常量合并方面的扩展，通常归功于20世纪60年代后期的Balke[16, 87]，尽管Ershov显然在一个早得多的系统上实现了类似的效果[139]。类似地，Floyd提到了局部冗余消除和交换性应用的可能[150]。超局部值编号中到EBB的扩展是颇为自然的，而无疑有许多编译器发明和重新发明了该技术。我们的论述源自Simpson[53]。

树高平衡算法应归于Hunt[200]。该算法使用了受Huffman编码启发的一种等级函数，但很容易改编为基于其他度量方式。用于均衡指令树的经典算法应归于Baer和Bovet[29]。查找和利用指令级并行性的整个问题是与指令调度密切相关的（参见第12章）。

循环展开是最简单的循环嵌套优化。在文献中这种优化有着悠久的历史[16]。8.5节复习题2中，利用展开来消除寄存器到寄存器复制操作的技术应归于Kennedy[214]。展开可能会有微妙和令人惊讶的效应[108]。历史上还有人曾研究过对展开因子的选择[114, 325]。

在编译器开始为值自动分配存储位置之时，变量活动分析背后的思想就已经肇始[242]。Beatty首先在IBM公司的一份内部技术报告[15]中定义了活动分析。Lowry和Medlock在[p.16, 252]中讨论了"忙"变量以及在死代码消除和干扰推断方面对此信息的使用（参见第13章）。到1971年，这种分析就已经表述为一个全局数据流分析问题[13, 213]。在第9章构造静态单赋值形式及第13章关于寄存器分配的讨论中，将再次出现活动分析。

全局和全程序作用域下的代码置放算法均来自Pettis和Hansen[284]。此问题上的后续工作专注于收集更好的剖析数据并提高置放效果[161, 183]。这方面较新的进展包括分支对齐（branch alignment）[66, 357]和代码布局[78, 93, 161]方面的工作。

内联替换已经在文献中讨论了数十年[16]。虽然这种变换颇为简明，但其可获利性一直是许多研究的主题[31, 99, 119, 301]。

过程间分析和优化在文献中也已经讨论了数十年[18, 34, 322]。内联替换在文献中有着悠久的历史[16]。8.7.3节提及的所有场景都已经在实际系统中探讨过[104, 322, 341]。Burke和Torczon深入论述了重新编译分析[64, 335]。关于过程间分析方面的更多参考文献，请参见第9章的注释。

习题

8.4节

(1) 将图8-4中的算法应用到以下程序块：

$$t_1 \leftarrow a + b \qquad\qquad t_1 \leftarrow a \times b$$
$$t_2 \leftarrow t_1 + c \qquad\qquad t_2 \leftarrow t_1 \times 2$$
$$t_3 \leftarrow t_2 + d \qquad\qquad t_3 \leftarrow t_2 \times c$$
$$t_4 \leftarrow b + a \qquad\qquad t_4 \leftarrow 7 + t_3$$
$$t_5 \leftarrow t_3 + e \qquad\qquad t_5 \leftarrow t_4 + d$$
$$t_6 \leftarrow t_4 + f \qquad\qquad t_6 \leftarrow t_5 + 3$$
$$t_7 \leftarrow a + b \qquad\qquad t_7 \leftarrow t_4 + e$$
$$t_8 \leftarrow t_4 - t_7 \qquad\qquad t_8 \leftarrow t_6 + f$$
$$t_9 \leftarrow t_8 * t_6 \qquad\qquad t_9 \leftarrow t_1 + 6$$

程序块 b_0 程序块 b_1

(2) 考虑一个基本程序块 b，如问题1中的 b_0 或 b_1。其中有 n 个操作，编号为 $0 \sim n-1$。

    (a) 对于名字 x，Uses(x) 集合包含了 b 中使用 x 作为操作数的各个操作的下标。编写一个算法，为程序块 b 中用到的每个名字计算 Uses 集合。如果 $x \in$ LiveOut(b)，那么向 Uses(x) 添加两个哑元素（$>n$）。

    (b) 将你的算法应用到问题1中的程序块 b_0 和 b_1。

    (c) 对于程序块 b 中操作 i 对 x 的引用，Def(x, i) 是 b 中另一个定义了在操作 i 时可见的 x 值的操作的下标。编写一个算法，对程序块 b 中对 x 的各处引用计算 Def(x, i)。如果在 i 处 x 是向上展现的，那么 Def(x, i) 应该为 -1。

    (d) 将你的算法应用到问题1中的程序块 b_0 和 b_1。

(3) 将图8-7和图8-8中的树高平衡算法应用到问题(1) 中的两个程序块。使用问题(2) b中计算所得的信息。此外，假定 LiveOut(b_0) 为 $\{t_3, t_9\}$，LiveOut(b_1) 为 $\{t_7, t_8, t_9\}$，而名字 $a \sim f$ 在这两个程序块中是向上展现的。

8.5节

(4) 考虑以下控制流图：

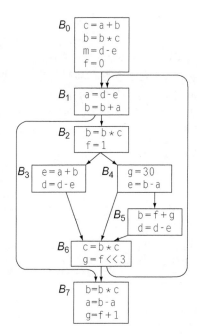

(a) 查找各个扩展基本程序块，并列出其中不同的各条代码路径。

(b) 对各个基本程序块应用局部值编号算法。

(c) 对各个EBB应用超局部值编号算法，请注意该算法在局部值编号算法以外找到的改进。

(5) 考虑以下简单的五点stencil计算：

```
do 20 i = 2, n-1, 1
    t1 = A(i,j-1)
    t2 = A(i,j)
    do 10 j = 2, m-1, 1
        t3 = A(i,j+1)
        A(i,j) = 0.2 × (t1 + t2 + t3 + A(i-1,j) + A(i+1,j))
        t1 = t2
        t2 = t3
10      continue
20 continue
```

循环的每次迭代执行两个复制操作。

(a) 循环展开可以消除这些复制操作。为消除此循环中所有的复制操作，需要设置什么展开因子？

(b) 一般来说，如果一个循环包含多周期的复制操作，那么应该如何计算展开因子，才能消除所有的复制操作？

8.6节

(6) 在某个位置p上，Live(p)是p处活动的变量名集合。LiveOut(b)只是程序块b结束处的Live集合。

(a) 开发一个算法，以程序块b及其LiveOut集合作为输入，产生程序块中每个操作处的Live集合作为输出。

(b) 将你的算法应用到问题(1) 中的程序块b_0和b_1，使用LiveOut(b_0) ={t_3, t_9}和LiveOut(b_1) = {t_7, t_8, t_9}。

(7) 图8-16给出了用于构建CFG中热路径的一种算法。

(a) 设计另一种热路径构造算法，关注如何打破等权重边之间的相持。

(b) 构建两个例子，使得你的算法对例子的输出，能够在本书算法输出的基础上有所改进。使用图8-17中的代码布局算法，处理你的算法和本书算法构建的链。

(8) 考虑以下代码片断。其中给出了一个过程fee，还有两个调用了fee的调用位置。

```
static int A[1000,1000], B[1000];
    ...
x = A[i,j] + y;
call fee(i,j,1000);
    ...
call fee(1,1,0);
    ...
```

```
fee(int row; int col; int ub) {
    int i, sum;

    sum = A[row,col];

    for (i=0; i<ub; i++) {
        sum = sum + B[i];
    }
}
```

(a) 将fee内联到各个调用位置，你预期会有何种优化收益？请估算在内联和后续的优化之后，fee中代码保留下来的比例。

(b) 根据你在问题(8)a的经验，概略描述一个较高层次的算法，用于估算内联某个具体调用位置带来的收益。你的技术应该考虑到调用位置和被调用者。

(9) 在问题(8)中，调用位置的特性及其上下文决定了在什么范围内优化器能够改进被内联的指令。在高层次上概略描述一个过程，用于估算内联某个具体调用位置带来的改进。（在具备这种估算器的情况下，编译器可以内联具有较高估算收益的调用位置，在过程代码长度或总的程序规模到达某个阈值时停止内联。）

(10) 如图8-21所示的过程置放算法，在处理边(p, q)时总是将p放置在q之前。

    (a) 阐述该算法的一种变体，将边的目标置于源之前。

    (b) 构造一个例子，使得这种算法在处理该例子时，能够将两个过程放置得比原来的算法更接近。假定所有过程的代码都具有同样的长度。

8

第 9 章

数据流分析

本章概述

编译器分析被编译程序的IR形式，以识别可以改进代码的机会，并证明可改进代码的变换的安全性和可获利性。数据流分析是用于编译时程序分析的经典技术。它使编译器能够推断程序中的值在运行时的流动。

本章探讨迭代数据流分析，该技术使用一种简单的不动点算法。本章从数据流分析的基础出发，阐述了静态单赋值形式的构造算法，说明了静态单赋值形式的使用，并介绍了过程间分析。

关键词：数据流分析；静态单赋值形式；支配；常量传播

9.1　简介

正如我们在第8章所见，优化是一个分析程序并以能够改进其运行时行为的方式对其进行变换的过程。在编译器能够改进代码之前，它必须确定在程序中何处修改代码可以提高性能，编译器还必须证明在这些位置修改代码是安全的。与编译器前端通常能推导出的信息相比，这两项任务都需要对代码有更深入的理解。为收集定位优化时机所需的信息并证明这些优化是正确的，编译器使用了某种形式的静态分析。

一般来说，静态分析涉及在编译时推断值在运行时的流动。本章探讨编译器用于分析程序以支持优化的那些技术。本章对数据流分析的阐述比第8章更为深入。接下来，9.3节阐述了用于构造和销毁静态单赋值形式的算法。9.4节讨论了全程序分析方面的一些问题。9.5节进一步介绍了关于支配性计算方面的内容，并讨论了图的可归约性。

1. 概念路线图

编译器使用静态分析来确定在何处应用优化变换是安全且有利可图的。在第8章中，我们看到优化可以运作于不同的范围上，从局部作用域到过程间作用域。一般来说，变换至少需要能涵盖其运作范围的分析信息，即局部优化至少需要局部信息，而针对整个过程或全局的优化则需要全局信息。

静态分析通常从控制流分析开始，即分析代码的IR形式，以理解各个操作之间的控制流。控制流分析的结果是控制流图。接下来，编译器详细分析值是如何流经代码的。编译器使用分析得到的信息来寻找改进代码的机会，并证明变换的安全性。优化领域的研究/工程人员已经开发了全局数据流分析方法来回答这些问题。

静态单赋值形式是一种中间表示，它在一种稀疏的数据结构中合并了控制流分析和数据流分析的结果。在分析和变换中都已经证明这种形式是有用的，它已经成为研究编译器和产品编译器中使用的一种标准表示。

2. 概述

第8章通过考察局部方法、区域性方法、全局方法和过程间方法，介绍了程序分析和变换的主题。值编号在算法上很简单，但却实现了复杂的效果；它可以查找冗余表达式，根据代数恒等式和零来简化代码，并传播已知的常数值。与此相反，查找未初始化变量在概念上很简单，但却需要编译器分析整个过程以跟踪变量的定义和使用。

这两个问题之间的差别在于各种方法必须理解的控制流的种类。局部和超局部值编号只处理CFG中形成树的那些子集。为识别未初始化变量，编译器必须对整个CFG进行推断，包括环和汇合点，这两种特殊情况都使分析复杂化。一般来说，如果方法的输入局限于可以表示为树的控制流图，那么该方法是可以在线执行的（即只需接收到部分输入即可开始运行，无需等待全部输入就绪）；如果方法必须处理CFG中的环，则它需要离线执行（必须等待全部输入就绪后才能运行）。在整个分析过程完成后才能开始重写代码。

静态分析或编译时分析是一组技术的集合，编译器使用这些技术来证明某种潜在变换的安全性和可获利性。运作于单个基本程序块上或程序块形成的树上的静态分析通常比较简明。本章专注于全局分析，其中处理的CFG可能包含环和汇合点。其中将会提及过程间分析中的几个问题，处理这些问题的算法运作在程序的调用图或一些相关的图上。为进行过程间分析，编译器必须访问关于程序中其他过程的信息。

> **汇合点**
> 　在一个CFG中，汇合点（join point）是具有多个前趋结点的结点。

在简单的情况下，静态分析可以生成精确的结果，此时编译器能够确切地知道在代码执行时到底将发生什么。如果编译器能够推导出精确信息，那么它可以将表达式或函数的运行时求值操作替换为对（编译时预计算）结果的立即数加载操作。另一方面，如果代码从任何外部来源读取值、涉及（即使很少的）控制流，或者遇到具有歧义的内存引用（指针、数组引用或传引用参数），那么静态分析会变得困难得多，而分析的结果也会变得不那么精确。

本章从考察数据流分析方面的一些经典问题开始。我们专注于使用一个迭代算法来解决这些问题，因为该算法简单、健壮、易于理解。9.3节阐述了一个算法，用于构造一个过程的静态单赋值形式。这个构造算法严重依赖于数据流分析的结果。9.5节探讨了流图（flow-graph）的可归约性，给出了一种计算支配者的更快速的方法，并介绍了过程间数据流分析。

9.2 迭代数据流分析

编译器使用数据流分析（一些用于在编译时推断值在运行时流动的技术）来确定可进行优化的机会，并证明特定变换的安全性。正如我们在8.6.1节讨论活动分析时所见，数据流分析方面的问题呈现为一组联立方程的形式，方程定义在与某个图的结点和边相关联的集合上，而该图表示了被分析的代码。活动分析即表述为过程控制流图上的一个全局数据流问题。

在本节中，我们将比第8章更深入地探讨全局数据流问题的性质及其解答。我们将专注于一种特定的求解技术：迭代不动点算法。该方法同时具备简单性和健壮性的优点。作为第一个例子，我们将考察支配性信息的计算。当我们需要更复杂的例子时，我们将回过头来考虑LiveOut集合。

9.2.1　支配性

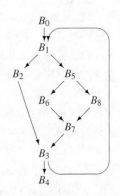

许多优化技术必须推断底层代码及其控制流图（CFG）结构上的性质。编译器用于推断CFG形式和结构的一个关键工具是支配者的概念。我们会看到，支配者在构造静态单赋值形式时发挥了关键作用。虽然计算支配性信息的算法有很多，但用一个十分简单的数据流问题来表述就足够了：对于CFG中的各个结点b_i（表示一个基本程序块），用一个集合$\text{Dom}(b_i)$，该集合包含了支配b_i的所有结点的名字。

为把支配性的概念说得具体些，我们考虑右侧给出的CFG中的结点B_6。（请注意，这个CFG与第8章的例子稍有不同。）从B_0到B_6的每条代码路径都包含了结点B_0、B_1、B_5和B_6，因此$\text{Dom}(B_6)$为$\{B_0, B_1, B_5, B_6\}$。该CFG所有结点对应的Dom集合如下列出：

	B_0	B_1	B_2	B_3	B_4	B_5	B_6	B_7	B_8
Dom(n)	{0}	{0,1}	{0,1,2}	{0,1,3}	{0,1,3,4}	{0,1,5}	{0,1,5,6}	{0,1,5,7}	{0,1,5,8}

支配性

在入口结点为b_0的流图中，当且仅当b_i位于从b_0到b_j的每条路径上时，结点b_i支配结点b_j，写作$b_i \gg b_j$。根据定义，$b_i \gg b_i$。

编译器可以通过解决下列数据流问题来计算这些集合：

$$\text{Dom}(n) = \{n\} \cup \left(\bigcap_{m \in preds(n)} \text{Dom}(m) \right)$$

问题的初始条件如下：$\text{Dom}(n_0)=\{n_0\}$，且$\forall n \neq n_0$，$\text{Dom}(n)=N$，N是CFG中所有结点的集合。这些方程简明地描述了支配性概念的本质所在。任给一个流图（flow graph，即具有单入口和单出口的有向图），上述方程将会正确地计算出各个结点的Dom集合。由于该方程将$\text{Dom}(n)$作为n的各个前趋结点（记作$preds(n_i)$）的一个函数来计算，因而这些方程就形成了一个正向数据流问题。

为使用这些方程，编译器可以像8.6.1节处理活动分析时那样，使用同样的三步处理过程。编译器必须做到：(1)构建一个CFG；(2)收集各个程序块的初始信息；(3)求解方程，生成各个程序块的Dom集合。对于Dom来说，步骤(2)很简单。回想一下，我们知道描述LiveOut集合的方程对每个程序块b使用了两个集合：UEVar(b)和VarKill(b)。由于支配性只处理图的结构，而不涉及各个程序块中代码的行为，因而对一个程序块b_i来说，唯一需要的局部信息就是其名字i。

图9-1给出了支配性方程的一个循环迭代求解程序。该算法按照结点在CFG中名字的顺序依次处理各个结点，即B_0、B_1、B_2等。算法会初始化各个结点的Dom集合，然后反复地重算这些Dom集合，直至集合内容不再发生变化为止。就我们的例子而言，算法生成的Dom集合包含下表中的值。

第一列给出了迭代编号，横线标记的行给出了各个Dom集合的初始值。在第一次迭代中，算法对于从B_0出发只有单一路径可达的结点直接计算出了正确的Dom集合，但对B_3、B_4和B_7算出的Dom集合过大。在第二次迭代中，计算得到的Dom(B_7)集合较小，该集合进而校正了Dom(B_3)，后者又使得Dom(B_4)集合变小。类似地，Dom(B_8)也会校正Dom(B_7)。此时，还需要进行第三次迭代，才能确认算法已经到达了一个不动点。请注意，最终的Dom集合与我们此前给出的表是一致的。

```
n ← |N| - 1
Dom(0) ← {0}
for i ← 1 to n
     Dom(i) ← N

changed ← true
while (changed)
   changed ← false

   for i ← 1 to n
       temp ← {i} ∪ ( ⋂ⱼ∈preds(i) Dom(j) )

       if temp ≠ Dom(i) then
           Dom(i) ← temp
           changed ← true
```

图9-1　支配性问题的迭代求解程序

	Dom(n)								
	B_0	B_1	B_2	B_3	B_4	B_5	B_6	B_7	B_8
—	{0}	N	N	N	N	N	N	N	N
1	{0}	{0,1}	{0,1,2}	{0,1,2,3}	{0,1,2,3,4}	{0,1,5}	{0,1,5,6}	{0,1,5,6,7}	{0,1,5,8}
2	{0}	{0,1}	{0,1,2}	{0,1,3}	{0,1,3,4}	{0,1,5}	{0,1,5,6}	{0,1,5,7}	{0,1,5,8}
3	{0}	{0,1}	{0,1,2}	{0,1,3}	{0,1,3,4}	{0,1,5}	{0,1,5,6}	{0,1,5,7}	{0,1,5,8}

关于这个求解过程，中间会出现三个关键的问题。首先，该算法是否（对任何输入都）会（在有限步内）停止？在各个Dom集合停止改变之前，算法会一直迭代下去，因此算法是否会停止这一点并不十分明显。其次，该算法是否会生成正确的Dom集合？如果我们在优化中使用Dom集合，那么这个问题的答案非常关键。最后，这个求解程序有多快？编译器编写者应该避免过慢的算法。

1. 可停止性

对Dom集合的迭代计算算法最终会停止，因为用于逼近Dom集合的各个集合在计算过程中是单调"递减"的。算法将入口结点n_0的Dom集合初始化为{0}，将所有其他的Dom集合初始化为N（即所有结点的集合）。一个Dom集合包含的结点名不会少于一个，也不会多于$|N|$个。对算法中while循环的缜密推断表明：任给一个Dom集合，假定为Dom(n_i)，在算法从一次迭代到下一次迭代的过程中，该集合的规模不可能发生增长。其规模或者缩减（因为其某个前驱结点的Dom集合发生了缩减），或者保持不变。

只要在某个迭代中while循环处理了所有结点，但没有Dom集合发生改变，那么while循环将停止。由于Dom集合只能变小，且Dom集合的规模是有限数，while循环最终必定会停止。在算法停止时，它已经针对所述Dom计算的特定实例找到了一个不动点。

2. 正确性

回想一下支配者的定义。对于结点n_i和n_j，如果从入口结点n_0到n_j的每条路径都包含n_i，那么结点n_i支配n_j。支配性是CFG中路径的一种性质。

当且仅当对所有$k \in preds(j)$都有$i \in Dom(n_k)$，或者$i=j$时，$Dom(n_j)$包含i。算法在计算$Dom(n_j)$时，将其当作n_j所有前趋结点的Dom集合的交集来计算，外加n_j本身。那么，这种在各条边上进行的局部计算，是如何关联到在穿越CFG的所有路径上定义的支配性性质的呢？

通过迭代算法算出的Dom集合形成了支配性方程的一个不动点解。而迭代数据流分析的理论（超出了本书的范围）向我们保证：这些特定的方程存在一个不动点，且其不动点是唯一的[210]。同时，该定义下涵盖的所有路径的解也是该方程组的一个不动点，称为聚合路径解（meet-over-all-paths solution）。不动点的唯一性确保了迭代算法找到的解就是聚合路径解。

meet运算符
在数据流分析理论中，meet运算符用于在两条路径汇合处合并事实。

3. 效率

特定CFG的Dom方程组不动点解的唯一性，确保了该解与求解程序计算集合的次序无关。因而，编译器编写者可以不受限制地选择能够改进分析程序运行时间的求值次序。

后根次序

在执行迭代算法时，图的逆后序（Reverse PostOrder，RPO）遍历特别有效。后序遍历（postorder traversal）在访问某结点之前，会按照某种一致的次序尽可能多地访问该结点的子结点。（在有环图中，结点的子结点同时也可能是其祖先结点。）RPO遍历刚好相反，在访问结点之前，它会尽可能多地访问该结点的前趋结点。结点的RPO编号即为$|N|+1$减去其后序编号，其中N是图中所有结点的集合。大多数有意思的图都具有多种逆后序编号方式，但从迭代算法的视角来看，它们是等价的。

逆后序

后根次序编号
将图中的各个结点按照其在后序遍历中的访问顺序加标签。

对于一个正向数据流问题（如Dom），迭代算法应该使用在CFG上计算得到的某种RPO顺序。对于一个反向数据流问题（如LiveOut），算法应该使用在反向CFG上计算得到的某种RPO顺序。

反向CFG
将原CFG中的各条边反向。编译器可能需要向原CFG添加一个唯一的出口结点，使得反向CFG具有唯一的入口结点。

为了解顺序的影响，考虑RPO遍历对书中Dom计算例子的影响。对例子CFG的一种RPO编号方式如下：

	B_0	B_1	B_2	B_3	B_4	B_5	B_6	B_7	B_8
RPO(n)	0	1	6	7	8	2	4	5	3

按这个次序访问图的各个结点将产生下列迭代和对应的值：

	Dom(n)								
	B_0	B_1	B_2	B_3	B_4	B_5	B_6	B_7	B_8
—	{0}	N	N	N	N	N	N	N	N
1	{0}	{0,1}	{0,1,2}	{0,1,3}	{0,1,3,4}	{0,1,5}	{0,1,5,6}	{0,1,5,7}	{0,1,5,8}
2	{0}	{0,1}	{0,1,2}	{0,1,3}	{0,1,3,4}	{0,1,5}	{0,1,5,6}	{0,1,5,7}	{0,1,5,8}

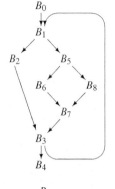

按RPO次序工作时，该算法在第一次迭代时就能对该图计算出精确的Dom集合，并在第二次迭代之后停止。使用RPO次序，该算法处理此图时只需两趟即可停止，而非原本的三趟。我们将会看到，它不是对所有图都能在第一趟计算出精确的Dom集合。

作为第二个例子，我们来考虑旁边给出的CFG。其结构比早先的CFG更为复杂。它有两个环(B_2, B_3)和(B_3, B_4)，都具有多个入口。特别地，(B_2, B_3)有两个入口(B_0, B_1, B_2)和(B_0, B_5, B_3)，而(B_3, B_4)有两个入口(B_0, B_5, B_3)和(B_0, B_5, B_4)。这个性质使得该图更难分析（参见9.5.1节）。

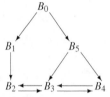

为应用前述迭代算法，我们需要一种逆后序编号。以下是对这个CFG的一种RPO编号方式：

	B_0	B_1	B_2	B_3	B_4	B_5
RPO(n)	0	2	3	4	5	1

利用这种RPO编号，该算法将执行下列各迭代：

	Dom(n)					
	B_0	B_1	B_2	B_3	B_4	B_5
—	{0}	N	N	N	N	N
1	{0}	{0,1}	{0,1,2}	{0,3}	{0,4}	{0,5}
2	{0}	{0,1}	{0,2}	{0,3}	{0,4}	{0,5}
3	{0}	{0,1}	{0,2}	{0,3}	{0,4}	{0,5}

算法对本例需要两个迭代才能计算出正确的Dom集合。最后一个迭代确认计算已经到达不动点。

支配性计算只依赖于图的结构。它会忽略CFG的结点（基本程序块）中代码的行为。因而，可以将它视为一种控制流分析。大多数数据流问题都涉及对代码行为及数据在各个操作之间的流动的推断。作为此类计算的一个例子，我们接下来将再次讨论活动变量的分析。

9.2.2　活动变量分析

在8.6.1节，我们使用了变量活动分析的结果来识别未初始化的变量。编译器会因许多其他目的而使用变量活动信息，如寄存器分配和构造静态单赋值形式的某些变体。我们通过下述方程，将变量活动分析表述为一个全局数据流问题：

$$LiveOut(n) = \bigcup_{m \in succ(n)} (UEVar(m) \bigcup (LiveOut(m) \bigcap \overline{VarKill(m)}))$$

其初始条件是：$\forall n$，使得 $LiveOut(n) = \varnothing$。

数据流方程中集合的命名

在为一些经典问题写数据流方程时，我们重命名了许多包含局部信息的集合。原始论文使用的是更为直观的集合名，但遗憾的是，当跨问题考虑时，这些（直观的）名字彼此会发生冲突。例如，可用表达式（available expression）、活动变量（live variable）、可达定义（reaching definition）和可预测表达式（anticipable expression），这些都使用了杀死集（kill set）的一些观念。但这 4 个问题定义在 3 个不同的域上：表达式（AVAILOUT 和 ANTOUT）、定义点（REACHES）和变量（LIVEOUT）[①]。因而，只使用一个集合名（如 KILL 或 KILLED）将导致跨问题讨论时出现混淆。

我们采用的名字既包含了域，又包含了关于该集合语义的提示。因而，VarKill(n) 包含了程序块 n 中所有被"杀死"的变量的集合，而 ExprKill(n) 则包含了同一程序块中被"杀死"的表达式的集合。类似地，UEVar(n) 是程序块 n 中向上展现的变量的集合，而 UEExpr(n) 集合则包含了 n 中向上展现的所有表达式。虽然这些名字有点别扭，但它们明确地区分了可用表达式问题中使用的杀死集概念（ExprKill）和可达定义问题中使用的杀死集概念（DefKill）。

比较约束 LiveOut 和 Dom 的方程式可以揭示问题之间的差别。LiveOut 是一个反向数据流问题，因为 LiveOut(n) 是作为 n 在 CFG 中各个后继结点入口处已知信息的函数来计算的。Dom 是一个正向数据流问题，因为 Dom(n) 是作为 n 在 CFG 中各个前趋结点出口处已知信息的函数来计算的。LiveOut 寻找的是 CFG 中任何路径上未来可能的使用之处，因而它会使用并集运算符合并来自多条路径的信息。Dom 寻找的是在进入入口结点的所有路径上都存在的前趋结点，因而它使用交集运算符合并来自多条路径的信息。最后，LiveOut 会推断代码中各个操作的效应。为此，它使用特定于程序块的常量集合 UEVar 和 VarKill，这两种集合是从各个程序块的代码推导而来的。与此相反，Dom 只处理 CFG 的结构。于是，其特定于程序块的常量集合只包含程序块的名字。

除去上述差别，用于解决 LiveOut 问题实例和 Dom 问题实例的框架是相同的。编译器必须执行下述步骤。

(1) 进行控制流分析以构建一个 CFG，如图 5-6 所示。

(2) 计算初始集合的值，如图 8-14a 所示。

(3) 应用迭代算法，如图 8-14b 所示。

为了解在解决 LiveOut 问题实例过程中出现的问题，我们考虑图 9-2 中的例子。它向我们在本章各处使用的例子 CFG 添加了内容。图 9-2a 给出了各个基本程序块的代码，图 9-2b 给出了 CFG，图 9-2c 给出了各个程序块的 UEVar 和 VarKill 集合。

图 9-3 给出了迭代求解程序在图 9-2 所示例子上求解的各步进展情况，其中使用的 RPO 次序与我们

---

① AVAILOUT 指可用表达式问题，ANTOUT 指可预测表达式问题，REACHES 指可达定义问题，LIVEOUT 指活动变量问题。——译者注

在Dom计算中使用的相同, 即B_0、B_1、B_5、B_8、B_6、B_7、B_2、B_3、B_4。尽管约束LiveOut的方程比Dom的更为复杂, 但其控制可停止性、正确性和效率的参数却与支配性方程颇为相似。

1. 可停止性

迭代活动变量分析会停止, 因为其中的集合是呈单调递增的。每次算法在CFG中的某个结点处对LiveOut方程求值时, LiveOut集合或者增大, 或者保持不变。该方程无法缩减LiveOut集合的规模。在每次迭代时都会有一个或多个LiveOut集合的规模增大, 除非所有的LiveOut集合都已经保持不变。一旦在某次迭代时各个LiveOut集合的全集保持不变, 那么这些LiveOut集合在后续的迭代中也不会发生改变。算法此时已经到达了一个不动点。

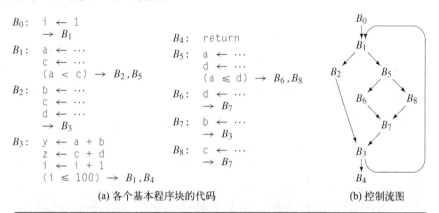

(a) 各个基本程序块的代码   (b) 控制流图

	B_0	B_1	B_2	B_3	B_4	B_5	B_6	B_7	B_8
UEVar	∅	∅	∅	{a,b,c,d,i}	∅	∅	∅	∅	∅
VarKill	{i}	{a,c}	{b,c,d}	{y,z,i}	∅	{a,d}	{d}	{b}	{c}

(c) 初始信息

图9-2　变量活动分析的例子

	LiveOut(n)								
	B_0	B_1	B_2	B_3	B_4	B_5	B_6	B_7	B_8
—	∅	∅	∅	∅	∅	∅	∅	∅	∅
1	∅	∅	{a,b,c,d,i}	∅	∅	∅	∅	{a,b,c,d,i}	∅
2	∅	{a,i}	{a,b,c,d,i}	{i}	∅	∅	{a,c,d,i}	{a,b,d,c,i}	{a,c,d,i}
3	{i}	{a,i}	{a,b,c,d,i}	{i}	∅	{a,c,d,i}	{a,c,d,i}	{a,b,c,d,i}	{a,c,d,i}
4	{i}	{a,c,i}	{a,b,c,d,i}	{i}	∅	{a,c,d,i}	{a,c,d,i}	{a,b,c,d,i}	{a,c,d,i}
5	{i}	{a,c,i}	{a,b,c,d,i}	{i}	∅	{a,c,d,i}	{a,c,d,i}	{a,b,c,d,i}	{a,c,d,i}

图9-3　活动变量分析的迭代求解程序在图9-2例子上的各步进展情况

回想一下, 在Dom问题中, 集合是单调递减的。

因为各个LiveOut集合都是有限的, 所以该算法最终将到达一个不动点。LiveOut集合的规模受限

于变量的数目|V|；LiveOut集合或者等于V，或者是V的一个真子集。在最坏的情况下，LiveOut集合在每次迭代中增加一个元素，这将导致算法在$n \cdot |V|$次迭代之后停止，其中n是CFG中结点的数目。

> 在图9-2的代码中V是{a, b, c, d, i, y, z}。|V| = 7。

迭代算法的可停止性归因于单调性和底层集合的可能值数目有限这两种因素，这一性质通常称为有限递降序列性质（finite descending chain property）。在支配性问题中，Dom集合的规模单调递减，而Dom集合的规模受限于CFG中结点的数目。在这里，单调性和有限规模这两种因素共同保证了可停止性。

2. 正确性

当且仅当迭代活动变量分析能够找到每个程序块末尾处满足活动性定义的所有变量时，它才是正确的。回想一下变量活动性的定义：当且仅当存在一条从p到v的某个使用之处的代码路径时（v在该路径上没有被重新定义），变量v在p处是活动的。可知，活动性是依据CFG中的路径定义的。对于活动变量v来说，必须存在一条从p到v的某个使用处的路径，且该路径不包含对v的定义。我们将这样的一条路径称为v-clear路径。

当且仅当v在程序块n末端处于活动状态时，LiveOut(n)才应该包含v。为建立LiveOut(n)，迭代求解程序需要计算n在CFG中的各个后继结点对LiveOut(n)的贡献。算法会使用并集运算合并这些贡献，因为若变量v在从n出发的任一路径上是活动的，则都有$v \in$ LiveOut(n)。那么，这种在各条边上定义的局部计算是如何关联到在所有路径上定义的活动性的呢？

迭代求解程序计算的各个LiveOut集合实际上是活动性方程的一个不动点解。同样，迭代数据流分析的理论向我们保证：这些特定的方程有唯一的不动点[210]。不动点的唯一性确保了迭代算法计算出的不动点解等同于定义所要求的聚合路径解。

静态分析与动态分析

静态分析的概念与我们的论题颇为切合，那么，动态分析又如何呢？根据定义，静态分析试图在编译时估计运行时将发生什么。在许多情况下，编译器无法断定将发生什么，尽管只要知道一个或几个运行时值答案就会很明显。

例如，考虑以下C语言片断

```
x = y * z + 12;
*p = 0;
q = y * z + 13;
```

其中包含了一个冗余表达式y * z（当且仅当p既不是y的地址也不是z的地址时成立）。在编译时，p的值和y与z的地址可能是未知的。在运行时，这些是已知的，可以进行判断。在运行时判断这些值将使得代码能够避免重算y * z，而编译时分析对回答这个问题无能为力。

然而，判断是否有p == &y或p == &z或二者皆不成立并根据判断结果来执行，其代价很可能超过重算y * z的代价。要让动态分析有意义，必须使之有利可图，即采用动态分析带来的节省必须超出分析本身的代价。在某些情况下是这样，但在大多数情况下这一点不成立。相比之下，静态分析的代价可以通过可执行代码的多次运行平摊，因此一般来说静态分析更具吸引力。

3. 效率

对于反向数据流问题（如LiveOut），求解程序应该在反向CFG上使用RPO遍历，如图9-4所示。前文给出的迭代求值是在CFG上使用RPO遍历。对于例子CFG来说，反向CFG上的一种RPO次序如下：

	B_0	B_1	B_2	B_3	B_4	B_5	B_6	B_7	B_8
RPO(n)	8	7	6	1	0	5	4	2	3

人很容易被误导，因而认为反向CFG上的RPO等价于CFG中的逆先序。反例参见本章末尾习题4。

在反向CFG上按RPO顺序访问各个结点，将产生如图9-5所示的各次迭代。现在，该算法在3次迭代后即停止，而原本在CFG上使用RPO遍历时则需要5次迭代。比较该表与此前的计算，我们可以明白其原因。在第一次迭代中，该算法即可对B_3以外的所有其他结点计算出正确的LiveOut集合。由于从B_3到B_1的反向边的存在，算法还需要第二次迭代来处理B_3。之所以需要第三次迭代，是因为要确认算法已经到达了其不动点。

```
for i ← 0 to |N| - 1
    LiveOut(i) ← ∅
changed ← true
while (changed)
  changed ← false
  for i ← 1 to |N| - 1
    j ← RPO[i]        // Computed on reverse CFG
    LiveOut(j) ← ⋃_{k∈succ(j)} UEVar(k) ∪ ( LiveOut(k) ∩ \overline{VarKill(k)} )
    if LiveOut(j) has changed then
        changed ← true
```

图9-4 LiveOut的循环逆后序求解程序

							LiveOut(n)			
	B_0	B_1	B_2	B_3	B_4	B_5	B_6	B_7	B_8	
—	∅	∅	∅	∅	∅	∅	∅	∅	∅	
1	{i}	{a,c,i}	{a,b,c,d,i}	∅	∅	{a,c,d,i}	{a,c,d,i}	{a,b,c,d,i}	{a,c,d,i}	
2	{i}	{a,c,i}	{a,b,c,d,i}	{i}	∅	{a,c,d,i}	{a,c,d,i}	{a,b,c,d,i}	{a,c,d,i}	
3	{i}	{a,c,i}	{a,b,c,d,i}	{i}	∅	{a,c,d,i}	{a,c,d,i}	{a,b,c,d,i}	{a,c,d,i}	

图9-5 在反向CFG上使用RPO遍历时，变量活动分析算法的各次迭代

9.2.3 数据流分析的局限性

编译器能够从数据流分析所获取的知识是有限制的。有些情况下，限制来自于分析底层的一些假设。在其他情况下，限制起因于被分析语言的特性。为作出理性决断，编译器编写者必须了解数据流

分析的能力和限制。

在对CFG中的结点n计算LiveOut集合时，迭代算法需要使用n在CFG中所有后继结点的LiveOut、UEVar和VarKill集合。这隐含地假定执行可以到达所有这些后继结点；实际上，其中一个或多个结点可能不是可到达的。考虑如图9-6所示的代码片断及其CFG。

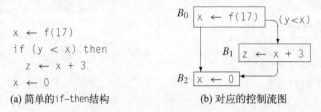

```
x ← f(17)
if (y < x) then
    z ← x + 3
x ← 0
```

(a) 简单的if-then结构　　　　　(b) 对应的控制流图

图9-6　控制流对数据流分析精确度的限制

B_0中对x的赋值是活动的，因为B_1中会用到这个x。B_2中对x的赋值则"杀死"了B_0中设置的x值。如果B_1不能执行，那么在执行过x与y的比较指令后，B_0中x的值将变得不再活动，因而x∉ LiveOut(B_0)。如果编译器可以证明(y<x)这个条件判断的结果总为false，那么控制从来不会转入到程序块B_1中，因而对z的赋值也从不会执行。如果对f的调用没有副效应，那么B_0中的整条语句都是无用的，没有必要执行。由于条件判断的结果是已知的，编译器可以完全删除程序块B_0和B_1。

但是，约束LiveOut的方程会对程序块所有后继结点（而不只是可执行后继结点）的贡献取并集。因而，分析变量活动的程序会如下计算LiveOut(B_0)：

$$\text{UEVar}(B_1) \bigcup (\text{LiveOut}(B_1)) \bigcap \overline{\text{VarKill}((B_1))} \bigcup$$
$$\text{UEVar}(B_2) \bigcup (\text{LiveOut}(B_2)) \bigcap \overline{\text{VarKill}((B_2))}$$

数据流分析假定穿越CFG的所有路径都是可能的。因而，其中计算的信息总括了所有可能的数据流事件，且假定每条代码路径都可能被采用。这种假定限制了所生成信息的精确度；我们说数据流分析输出的信息是精确的，那是"直至符号执行之前"。在这一假定下，x∈LiveOut(B_0)，且B_0和B_1均需要保留下来。

另一种在数据流分析结果中悄然产生不精确性的途径，来自于对数组、指针和过程调用的处理。数组引用，如A[i, j, k]，引用的是A中的一个元素。然而，如果分析无法揭示i、j、k的值，则编译器无法断定正在访问A中的哪个元素。为此，编译器传统上将对数组元素的引用都归为对整个数组A的引用。因而，对A[x, y, z]的一次使用将算作是对A的一次使用，对A[c, d, e]的一次定义将算作是对A的一次定义。

但必须颇为小心，以避免作出结论太强的推断。编译器知道其关于数组的信息是不精确的，因而必须保守地解释该信息。因而，如果分析的目标是确定到何处一个值不再活动（即该值必定已经被"杀死"），那么对A[i, j, k]的定义不足以"杀死"A的值。但如果目标是识别到何处一个值可能无法"幸存"，那么对A[i, j, k]的定义可能会定义A中任何元素的值。

指针向静态分析的结果添加了另一层不精确性。对指针的显式算术运算把事情搞得更糟糕。如果没有一种专门跟踪指针值的分析，那么在代码对一个基于指针的变量进行赋值时，编译器必须将其解释为对该指针可达之每个变量的一个潜在的定义。类型安全性可以限制通过指针的赋值操作所能定义的对象集合，声明为指向对象类型t的指针只能用于修改类型为t的对象。如果没有分析指针值或类型安全性的保证，代码中对基于指针的变量进行赋值操作，会迫使分析程序假定每个变量都已经被修改。实际上，这种效应通常使得编译器在基于指针的赋值操作之外，无法将基于指针的变量值保持在寄存器中。除非编译器能够明确地证明赋值中使用的指针不可能指向对应于寄存器值的内存位置，否则它是无法安全地将该值保持在寄存器中的。

分析指针使用的复杂度较高，这导致许多编译器避免将指针指向的值保持在寄存器中。通常，一些变量可以免受这种"安全"处理，比如没有进行过显式取地址操作的局部变量。另一种方案是进行数据流分析，以消除基于指针的引用的二义性，即减小一个指针在代码中各个位置上可能引用变量的集合。如果程序可以将指针作为参数传递或用作全局变量，那么指针的二义性消除在本质上将变成一种过程间优化。

过程调用是数据流分析不精确性的最后一个来源。为理解当前过程中的数据流，编译器必须知道被调用者可以如何处理与调用者共享的每一个变量。而被调用者进而又可以调用其他过程，后者自身也可能有潜在的副效应。

除非编译器对每个过程调用都计算出精确的综述信息，否则它必须估计各次调用的最坏情形行为。虽然具体的假定因问题而异，但一般规则是，假定被调用者能够使用和修改其可以寻址的每个变量，且传引用参数会导致二义性引用。由于很少有过程呈现这样的行为，该假定通常高估了调用的效应，并在数据流分析结果中进一步引入了不精确性。

9.2.4　其他数据流问题

在一些特定的情况下，编译器使用数据流分析来证明应用变换的安全性。因而，已经有人提出了许多不同的数据流问题，每个都用于驱动一种特定的优化。

1. 可用表达式

为识别冗余表达式，编译器可以计算关于表达式可用性的信息。当且仅当在从某过程的入口点到p处的每条代码路径上e都已经求值，且从求值处到p之间e的任何成分子表达式都没有重新定义时，表达式e在该过程中位置p处是可用的。在这种分析中，对CFG中的每个结点n用一个集合AvailIn(n)来标注，其中包含了过程中在对应于n的程序块入口处可用的所有表达式的名字。为计算AvailIn，编译器如下设置初始信息：

$$\text{AvailIn}(n_0) = \varnothing$$

$$\text{AvailIn}(i) = \{all\ expressions\}, \forall n \neq n_0$$

接下来，它求解下列方程：

$$\text{AvailIn}(n) = \bigcap_{m \in preds(n)} (\text{DEExpr}(m) \cup (\text{AvailIn}(m) \cap \overline{\text{ExprKill}(m)}))$$

这里，DEExpr(n)是n中向下展示的表达式的集合。表达式$e \in$ DEExpr(n)，当且仅当：程序块n对表达式e进行了求值，且在n中对e的最后一次求值的位置到程序块n末尾之间，e的操作数都没有被定义过。ExprKill(n)包含了被程序块n中的定义"杀死"的所有表达式。如果表达式的一个或多个操作数在所述程序块中进行了重新定义，该表达式就被"杀死"了。请注意，上述方程定义了一个正向数据流问题。

表达式e在程序块n入口处是可用的，当且仅当：在CFG中n的每个前趋结点出口处，该表达式都是可用的。按方程的描述，欲使表达式e在某个程序块m出口处是可用的，需满足两个条件之一：e在m中是向下展示的，或者它在m的入口处就是可用的且在m中没有被"杀死"。

AvailIn集合可用于进行全局冗余消除（global redundancy elimination），有时也称为全局公共子表达式消除（global common subexpression elimination）。或许实现这种效果最简单的方法是对每个基本程序块计算AvailIn集合，然后在局部值编号算法（参见8.4.1节）中使用这些集合。编译器在对程序块b进行值编号之前，只需将程序块b的散列表初始化为AvailIn(b)。缓式代码移动（lazy code motion）是一种更强形式的公共子表达式消除，它也利用了表达式的可用性（参见10.3.1节）。

2. 可达定义

有时候，编译器需要知道操作数是在何处定义的。如果在CFG中有多条代码路径通向该操作，那么可能有多个定义提供了该操作数的值。为找到能够到达某个基本程序块的定义的集合，编译器可以计算可达定义。Reaches的域是所述过程中定义的集合。某个变量v的一个定义d能够到达操作i，当且仅当：i读取v的值，且存在一条从d到i的代码路径，该路径没有定义v。

编译器将可达定义作为一个正向数据流问题计算，最终将CFG中的每个结点n用集合Reaches(n)标注。

$$\text{Reaches}(n) = \emptyset, \, \forall n$$

$$\text{Reaches}(n) = \bigcup_{m \in preds(n)} (\text{DEDef}(m) \bigcup (\text{Reaches}(m) \bigcap \overline{\text{DefKill}(m)}))$$

DEDef(m)集合包含了m中所有向下展示的定义：程序块m中的定义，且在m内未被后续指令重新定义。DefKill(m)集合包含了被m中同名定义掩盖的所有定义位置；如果d定义了某个名字v，而m同样包含了一个定义v的操作，那么$d \in$ DefKill(m)。因而$\overline{\text{DefKill}(m)}$包含了$m$中可见的所有定义位置。

DEDef和DefKill都定义在定义位置的集合之上，但计算二者都需要从名字（变量和编译器产生的临时变量的名字）到定义位置的映射。因而，对可达定义问题收集初始信息比处理活动变量问题更为复杂。

3. 可预测表达式

表达式e在程序块b的出口处被认为是可预测的（或非常繁忙），当且仅当：(1)每条离开b的代码路径都对e进行求值并后续使用它；且(2)在b的末尾处对e进行求值，所得结果与沿任一路径回溯到e第一次求值的结果都是相同的。术语"可预测的"得名于第二个条件，该条件意味着：e在b中的一次求值可用于预测其沿所有代码路径的任一后续求值结果。程序块退出时可预测的表达式集合，可以作为CFG上的一个反向数据流问题进行计算。该问题的域是表达式的集合。

$$\text{AntOut}(n_f) = \emptyset$$

$$\text{AntOut}(n) = \{\textit{all expressions}\}, \, \forall n \neq n_f$$

$$\text{AntOut}(n) = \bigcap_{m \in succ(n)} (\text{UEExpr}(m) \bigcup (\text{AntOut}(m) \bigcap \overline{\text{ExprKill}(m)}))$$

这里UEExpr(m)是向上展现的表达式的集合，即那些在被"杀死"之前会在m中用到的表达式。ExprKill(m)是m中定义的表达式的集合，它在可用表达式问题的方程中出现过。

实现数据流框架

许多全局数据流问题的方程显示出了一种惊人的相似性。例如，可用表达式、活动变量、可达定义和可预测表达式诸问题的传播函数均形如：

$$f(x) = c_1 \ op_1 \ (x \ op_2 \ c_2)$$

其中c_1和c_2是由实际代码确定的常量，而op_1和op_2是标准的集合操作（如$\cup$和$\cap$）。问题的描述中显露了这种相似性。相似性也呈现在求解问题的实现中。

编译器编写者可以轻易地抽象掉区别这些问题的细节，而实现一个参数化的分析程序。这个分析程序需要计算c_1和c_2的函数、运算符的实现和对所述问题数据流方向的指示。作为输出，它将产生所需的数据流信息。

这种实现策略促进了代码重用。它隐藏了求解程序的底层细节。同时，它使编译器编写者能够花费工夫对这个实现进行有利可图的优化。例如，使得框架将$f(x) = c_1 \ op_1 \ (x \ op_2 \ c_2)$实现为单一函数的方案，性能很可能超出使用两个函数$f_1(x) = c_1 \ op_1 \ x$和$f_2(x) = x \ op_2 \ c_2$、最终通过$f(x) = f_1(f_2(x))$进行计算的方案。这种方案使所有的客户程序变换[①]都能得益于优化过的集合表示和运算符实现。

可预测性分析的结果会用到代码移动中，目的有二：一是减少执行时间，如用于缓式代码移动；二是减小编译后代码的长度，如用于代码提升（code hoisting）。这两种变换都将在10.3节讨论。

4. 过程间综述问题

在分析单个过程时，编译器必须考虑每个过程调用的影响。在缺少关于特定调用具体信息的情况下，编译器必须作出最坏情况假定，考虑到被调用者的所有可能操作，或其进而调用的任何过程。这些最坏情况假定可能会严重降低全局数据流信息的质量。例如，编译器必须假定被调用者会修改其可以访问的每个变量；这个假定实质上停止了跨越调用位置传播所有全局变量、模块级变量和引用调用参数的相关事实。

为限制这样的影响，编译器可以在每个调用位置上计算综述信息。经典的综述问题会计算调用可能修改的变量的集合，以及可能被用作调用结果的度量集合。编译器接下来可以用计算出的综述集合代替其最坏情况假定。

这个所谓的过程间可能修改（interprocedural may modify）问题的目的在于：将被调用者及其调用的过程可能修改的变量名的集合计算出来，标注到每个对应的调用位置上。可能修改（may modify）是过程间分析领域最简单的问题之一，但它对其他分析（如全局常量传播）生成信息的质量有着重要影响。"可能修改"问题是程序调用图上的一组数据流方程，意在为每个过程标注一个MayMod集合。

$$\text{MayMod}(p) = \text{LocalMod}(p) \cup \left(\bigcup_{e=(p,q)} unbind_e(\text{MayMod}(q)) \right)$$

其中$e = (p, q)$是调用图中从p到q的一条边。函数$unbind_e$将一个变量名集合映射到另一个。对于调用图中的一条边$e = (p, q)$而言，$unbind_e(x)$使用对应于e的具体调用位置处的绑定关系，将x中的每个名字从q的名字空间映射到p的名字空间。最后，$\text{LocalMod}(p)$集合包含了在p本地修改过且在p外部可见的

[①] 指以库的形式实现一般的变换，由优化器作为客户程序调用。——译者注

所有名字。计算该集合时，将p中所有定义过的名字的集合减去只属于p局部作用域的名字即可。

为求解MayMod，编译器可以将所有过程p的MayMod(p)都初始化为LocalMod(p)，然后对方程进行迭代求值，直至到达一个不动点。给出每个过程的MayMod集合，编译器通过计算集合$S = unbind_e$(MayMod(q))，然后将p中那些与S中某些名字互为别名的名字都添加到S中，就可以计算任一具体调用$e = (p, q)$处可能修改的名字的集合。

流非敏感的

  对MayMod的表述忽略了过程内部的控制流，我们称这样的表述为流非敏感的。

编译器还可以计算执行某个过程调用时引用了哪些变量，即所谓的"过程间可能引用"（interprocedural may reference）问题。关于该问题的方程意在用一个集合MayRef(p)标注每个过程，这些方程类似于约束MayMod集合的方程。

本节回顾

  迭代数据流分析的工作机制是：在问题涉及的图中，在每个结点处对与问题相关的数据流方程反复重新求值，这一过程直至由方程定义的集合到达一个不动点为止。许多数据流问题都有一个唯一的不动点，这确保了解的正确性与求值次序无关；而数据流问题通常会有的有限递降序列性质，则保证了求解算法的可停止性与求值次序无关。由于分析程序可以选择任何次序进行求解，它应该选择一种使算法尽快停止的求值次序。对大多数正向数据流问题来说，这样的次序是逆后序；对于大多数反向数据流问题而言，符合要求的次序是反向CFG上的逆后序。这两种顺序分别迫使迭代算法在对结点n求值之前，先对n的尽可能多的前趋结点（对于正向数据流问题）和后继结点（对于反向数据流问题）求值。

  在文献和现代编译器中出现了许多数据流问题。其中的例子包括变量活动分析（用于寄存器分配中）、可用性和可预测性（用于冗余消除和代码移动中）和过程间综述信息（用于对单过程数据流分析的结果进行精化）。下一节描述的静态单赋值形式提供了一个统一的结构，该结构同时包含了数据流信息（如可达定义）和控制流信息（如支配性）。许多现代编译器使用静态单赋值形式作为求解多种不同数据流问题的一种备选方案。

复习题

  (1) 为右侧给出的CFG计算DOM集合，按$\{B_4, B_2, B_1, B_5, B_3, B_0\}$的次序求值。请解释为何这次计算所用迭代次数与9.2.1节的版本不同。

  (2) 在编译器能够计算过程间数据流信息之前，它必须为程序建立一个调用图。正如具有二义性的跳转会使CFG的构造过程复杂化一样，具有歧义的调用同样会使调用图的构造过程复杂化。何种语言特性可能导致具有歧义的调用位置，即编译器无法确定被调用者的调用位置？

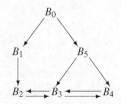

9.3 静态单赋值形式

随着时间的推移，许多不同的数据流问题已经得以阐明。如果每种变换都使用其自身特异性的分析，那么在分析这一趟处理上花费的实现、调试及维护方面的时间和工作可能变得过多。为限制编译器编写者必须实现和编译器必须运行的分析的数目，使用单趟分析来支持多种变换是可取的。

实现此类"通用"分析的一种策略涉及建立程序的一种变体形式，将数据流和控制流均直接编码到IR中。5.4.2节和8.5.1节引入的静态单赋值形式具有这种性质。它可以充当很大一组变换的基础。只要有一种实现能够将代码转换为静态单赋值形式，编译器即可进行许多经典的标量优化。

如图9-7a所示代码片断，请考虑其中对变量x的各处使用。灰线显示了哪些定义可以到达x的每个使用处。图9-7b给出了改写过的同一代码片断，其中已经将x转换为静态单赋值形式。x的各处定义已经用下标重命名，以确保每个定义都有唯一的静态单赋值形式名。为简单起见，我们保留对其他变量的引用原样不动。

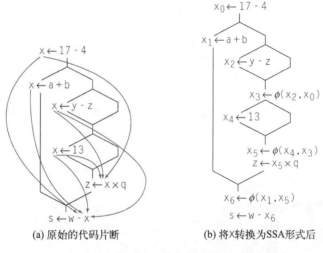

(a) 原始的代码片断   (b) 将x转换为SSA形式后

图9-7　静态单赋值形式：将控制流编码到数据流中

该代码的静态单赋值形式包括了新的赋值（到x_3、x_5和x_6），这些使得x的各个的静态单赋值形式名与x的各处使用（在对s和z的赋值中）协调起来。这些赋值确保了沿CFG中的每条边，x的当前值都分配了一个唯一的名字，名字的分配与控制流沿哪条代码路径转移到该边无关。这些赋值操作的右侧包含了一个特殊函数——ϕ函数，其中合并了来自不同边的值。

ϕ函数的参数是与进入基本程序块的各条边相关联的值的静态单赋值形式名。在控制流进入一个基本程序块时，该程序块中的所有ϕ函数都将并发执行。当前控制流进入基本程序块时经由的CFG边对应的参数即为ϕ函数的值。在记号表示方面，我们从左到右书写各个参数，则对应于进入程序块的各条边从左到右的次序。在印刷纸面上，这一点很容易。但在编译器实现中需要做一些簿记工作。

构造静态单赋值形式的过程会在CFG中每个汇合点之后插入ϕ函数，汇合点即为CFG中多条代码路径汇合之处。在汇合点处，不同的静态单赋值形式名必须调和为一个名字。在整个过程已经转换为静态单赋值形式之后，有两条规则必定成立：(1)过程中的每个定义都创建了一个唯一的名字；(2)每个使用处都引用了一个定义。

为将一个过程转换为静态单赋值形式，编译器必须为每个变量向代码插入适当的 ϕ 函数，且必须用下标重命名变量以符合上述两个规则。这个简单的两步计划就产生了构造静态单赋值形式的基本算法。

9.3.1 构造静态单赋值形式的简单方法

为构造程序的静态单赋值形式，编译器必须向CFG中的汇合点处插入 ϕ 函数，且必须重命名变量和临时值，使之符合支配静态单赋值形式名字空间的规则。该算法概述如下。

(1) 插入 ϕ 函数   在具有多个前趋的每个程序块起始处，为当前过程中定义或使用的每个名字y，插入一个 ϕ 函数，如y← ϕ(y, y)。对于CFG中的每一个前趋块，ϕ 函数都应该有一个参数与之对应。这一规则在需要插入 ϕ 函数之处均插入一个 ϕ 函数。当然它也插入了许多非必要的 ϕ 函数。

此算法可以按任意次序插入 ϕ 函数。ϕ 函数的定义要求位于程序块顶部的所有 ϕ 函数并发执行，即它们同时读取其输入参数，然后同时写出其输出值。这使算法能够避免次序可能引入的许多次要细节。

(2) 重命名   在插入 ϕ 函数之后，编译器可以计算可达定义（参见9.2.4节）。由于插入的 ϕ 函数也是定义，它们确保了对任一使用处都只有一个定义能够到达。接下来，编译器可以重命名每个使用处的变量和临时值，以反映到达该处的定义。

编译器必须对到达每个 ϕ 函数的定义进行归类，使之与到达 ϕ 函数所在程序块的代码路径相对应。虽然在概念上颇为简单，但这项任务是需要一些簿记工作的。

该算法为程序构造出了一个正确的静态单赋值形式。每个变量都刚好定义一次，而每个引用都使用了某个唯一定义的名字。但该算法产生的静态单赋值形式可能具有很多不必要的 ϕ 函数。这些额外的 ϕ 函数可能会带来问题。它们会降低在静态单赋值形式上执行的某些种类分析的精确度。它们会占用空间，使得编译器浪费内存来表示冗余（即形如$x_j \leftarrow \phi(x_i, x_i)$）或不活动的 ϕ 函数。它们同样会增加使用由此产生的静态单赋值形式的任何算法的代价，因为相关的算法必须遍历所有不必要的 ϕ 函数。

我们将此版本的静态单赋值形式称为最大静态单赋值形式（maximal SSA form）。构建具有较少 ϕ 函数的静态单赋值形式需要更多的工作，特别地，编译器必须分析代码来确定不同的值在CFG中何处会聚。这种计算依赖于9.2.1节描述的支配性信息。

接下来的三个小节将详细阐述一种构建半剪枝静态单赋值形式（semipruned SSA form）的算法，这种版本的静态单赋值形式具有较少的 ϕ 函数。9.3.2节说明了如何使用9.2.1节引入的支配性信息来计算支配边界（dominance frontier），以指引 ϕ 函数的插入。9.3.3节给出了一种用于插入 ϕ 函数的算法，9.3.4节说明了如何重写变量名以完成静态单赋值形式的构建，9.3.5节讨论了在将代码转换回可执行形式的过程中可能出现的困难。

9.3.2 支配边界

最大静态单赋值形式的主要问题是它包含了过多的 ϕ 函数。为减少 ϕ 函数的数目，编译器必须更谨慎地判断何处真正需要 ϕ 函数。放置 ϕ 函数的关键在于，理解每个汇合点处究竟哪些变量需要

φ函数。为高效并有效地解决这个问题，编译器可以改变问题的表述方式。对每个程序块i，编译器可以判断对程序块i中某些定义需要插入φ函数的程序块的集合。在这种计算中，支配性发挥了关键作用。

考虑CFG的结点n中的一个定义。该值到达某个结点m时，如果$n \in Dom(m)$，则该值不需要φ函数，因为到达m的每条代码路径都必然经由n。该值无法到达m的唯一可能是有另一个同名定义的干扰，即在n和m之间的某个结点p中，出现了与该值同名的另一个定义。在这种情况下，在n中的定义无需φ函数，而p中的重新定义则需要。

结点n中的定义，仅在CFG中n支配区域以外的汇合点，才需要插入相应的φ函数。更正式地说，结点n中的定义，仅在满足下述两个条件的汇合点才需要插入对应的φ函数：(1) n支配m的一个前趋（$q \in preds(m)$且$n \in Dom(q)$）；(2) n并不严格支配m。（使用严格支配性而非支配性，使得可以在单个基本程序块构成的循环起始处插入一个φ函数。在这种情况下，$n = m$，且$m \notin Dom(n) - \{n\}$。）我们将相对于n具有这种性质的结点m的集合称为n的支配边界，记作DF(n)。

严格支配性

当且仅当$a \in DOM(b) - \{b\}$时，a严格支配b。

非正式地，DF(n)包含：在离开n的每条CFG路径上，从结点n可达但不支配的第一个结点。在我们一直使用的例子的CFG中，B_5支配B_6、B_7和B_8，但并不支配B_3。在每条离开B_5的路径上，B_3都是B_5不支配的第一个结点，因而，DF(B_5) = $\{B_3\}$。

1. 支配者树

在给出计算支配边界的算法之前，我们必须引入一个更进一步的概念，即支配者树（dominator tree）。给出流图中的一个结点n，严格支配n的结点集是$Dom(n) - n$。该集合中与n最接近的结点称为n的直接支配结点，记作IDom(n)。流图的入口结点没有直接支配结点。

支配者树

编码了流图支配性信息的树。

流图的支配者树包含流图中的每个结点。该树的边用一种简单的方法编码了IDom集合。如果m为IDom(n)，那么支配者树中有一条边从m指向n。我们的例子CFG的支配者树在右边给出。请注意，B_6、B_7和B_8都是B_5的子结点，尽管B_7在CFG中并不是B_5的直接后继结点。

支配者树简洁地编码了每个结点的IDom信息及其完整的Dom集合。给出支配者树中的一个结点n，IDom(n)只是其在树中的父结点。Dom(n)中的各个结点，就是从支配者树的根结点到n之间的路径上的那些结点(含根结点和n)。从支配者树，我们可以读取下列集合。

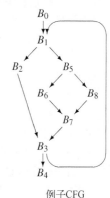

例子CFG

	B_0	B_1	B_2	B_3	B_4	B_5	B_6	B_7	B_8
Dom	{0}	{0,1}	{0,1,2}	{0,1,3}	{0,1,3,4}	{0,1,5}	{0,1,5,6}	{0,1,5,7}	{0,1,5,8}
IDom	—	0	1	1	3	1	5	5	5

这些Dom集合与早先的计算结果是匹配的，"—"表示未定义值。

2. 计算支配边界

为高效地插入 ϕ 函数，我们需要为流图中的每个结点计算支配边界。我们可以将为图中每个结点 n 计算 $DF(n)$ 的任务表述为一个数据流问题。同时使用支配者树和 CFG，我们可以表示出一个简单且直接的算法，如图9-8所示。因为 CFG 中只有汇合点才是支配边界的成员，我们首先识别出图中的所有汇合点。对于一个汇合点 j，我们考察其在 CFG 中的每个前趋结点。

其支配者树

该算法基于三个见解。第一，DF 集合中的结点必定是图中的汇合点。第二，对于一个汇合点 j，j 的每个前趋结点 k 必定有 $j \in DF(k)$，因为如果 j 具有多个前趋结点，则 k 是无法支配 j 的。第三，如果对 j 的某些前趋结点 k，$j \in DF(k)$，那么对每个结点 $l \in Dom(k)$，必定有 $j \in DF(l)$，除非 $l \in Dom(j)$。

```
for all nodes, n, in the CFG
    DF(n) ← Ø

for all nodes, n, in the CFG
    if n has multiple predecessors then
        for each predecessor p of n
            runner ← p
            while runner ≠ IDom(n)
                DF(runner) ← DF(runner) ∪ {n}
                runner ← IDom(runner)
```

图9-8 计算支配边界的算法

该算法遵循这些见解执行。它会定位 CFG 中的各个汇合点 j。接下来，对 j 的每个前趋结点 p，它会从 p 开始沿支配者树向上走，直至找到支配 j 的一个结点。根据前段的第二和第三个见解，在算法对支配者树的遍历中，除了遍历到的最后一个结点（支配 j）之外，对其余每个结点 l 都有 j 属于 $DF(l)$。这里需要少量簿记工作，以确保任何结点 n 都只添加到某个结点的支配边界一次。

要理解这个算法的工作方式，请再次考虑例子 CFG 及其支配者树。分析程序会按某种次序考察各个结点，寻找具有多个前趋结点的结点。假定算法按名字的顺序处理各个结点，那么它将按 B_1、B_3、B_7 的次序找到各个汇合点。

(1) B_1 对于其在 CFG 中的前趋结点 B_0，算法发现 B_0 是 $IDom(B_1)$，因此它不会进入 while 循环。对于其在 CFG 中的前趋结点 B_3，算法将 B_1 添加到 $DF(B_3)$，接下来前进到 B_1。算法将 B_1 添加到 $DF(B_1)$，接下来前进到 B_0，并停止于 B_0。

(2) B_3 对于其在 CFG 中的前趋结点 B_2，算法将 B_3 添加到 $DF(B_2)$，然后前进到 B_1，而 B_1 是 $IDom(B_3)$，故停止。对于其在 CFG 中的前趋结点 B_7，算法将 B_3 添加到 $DF(B_7)$ 并前进到 B_5。然后算法将 B_3 添加到 $DF(B_5)$ 并前进到 B_1，停止于此处。

(3) B_7 对于其在 CFG 中的前趋结点 B_6，算法将 B_7 添加到 $DF(B_6)$，前进到 B_5，B_5 为 $IDom(B_7)$，故停止。对于其在 CFG 中的前趋结点 B_8，算法将 B_7 添加到 $DF(B_8)$ 并前进到 B_5，停止于此处。

累积这些结果，我们得到以下支配边界。

	B_0	B_1	B_2	B_3	B_4	B_5	B_6	B_7	B_8
DF	$\varnothing$	$\{B_1\}$	$\{B_3\}$	$\{B_1\}$	$\varnothing$	$\{B_3\}$	$\{B_7\}$	$\{B_3\}$	$\{B_7\}$

9.3.3 放置 ϕ 函数

朴素的算法会在每个汇合结点起始处为每个变量放置一个 ϕ 函数。有了支配边界之后，编译器可以更精确地判断何处可能需要 ϕ 函数。其基本思想很简单。基本程序块 b 中对 x 的定义，则要求在 DF(b) 集合包含的每个结点起始处都放置一个对应的 ϕ 函数。因为 ϕ 函数是对 x 的一个新的定义，此处插入的 ϕ 函数进而可能导致插入额外的 ϕ 函数。

编译器可以进一步缩小插入的 ϕ 函数集合。只在单个基本程序块中活动的变量，绝不会出现与之相应的活动 ϕ 函数。为应用这一见解，编译器可以计算跨多个程序块的活动变量名的集合，该集合被称为全局名字（global name）集合。它可以对该集合中的名字插入 ϕ 函数，而忽略不在该集合中的名字。（正是这一约束将半剪枝静态单赋值形式与其他各种静态单赋值形式区分开来。）

> "全局"这个词用在此处，意味着我们关注的是跨越整个过程的某些性质。

编译器可以用很小的代价找到全局名字集合。在每个基本程序块中，编译器可以查找具有向上展现用法的名字，即活动变量计算中的 UEVar 集合。任何出现在一个或多个 LiveOut 集合中的名字，都必然出现在某个基本程序块中的 UEVar 集合中。将所有 UEVar 集合取并集，编译器即可得到在一个或多个基本程序块入口处活动的名字的集合，显然此即活动于多个程序块中的名字的集合。

如图9-9a所示的算法衍生自计算 UEVar 的显然算法。该算法构造了单个集合 Globals，而 LiveOut 的计算则必须对每个基本程序块分别计算一个不同的集合。随着算法构建 Globals 集合，它同时也为每个名字构造了一个列表，包含了所有定义该名字的基本程序块。这些程序块列表充当了一个初始化的 WorkList，供插入 ϕ 函数的算法使用。

```
Globals ← ∅
Initialize all the Blocks sets to ∅
for each block b
    VarKill ← ∅
    for each operation i in b, in order
        assume that op_i is "x ← y op z"       for each name x ∈ Globals
        if y ∉ VarKill then                         WorkList ← Blocks(x)
            Globals ← Globals ∪ {y}                 for each block b ∈ WorkList
        if z ∉ VarKill then                             for each block d in DF(b)
            Globals ← Globals ∪ {z}                         if d has no φ-function for x then
        VarKill ← VarKill ∪ {x}                                 insert a φ-function for x in d
        Blocks(x) ← Blocks(x) ∪ {b}                             WorkList ← WorkList ∪ {d}
          (a) 找到全局名字集合                                  (b) 重写代码
```

图9-9　插入 ϕ 函数

插入 ϕ 函数的算法如图9-9b所示。对于每个全局名字 x，算法将 WorkList 初始化为 Blocks(x)。对于

WorkList上的每个基本程序块b, 算法在b的支配边界中每个程序块d的起始处插入φ函数。因为根据定义, 一个基本程序块中的所有φ函数都是并发执行的, 所以算法可以按任何次序在d的起始处插入这些φ函数。在向d添加对应于x的φ函数之后, 算法将d添加到WorkList, 以反映d中对x的新赋值操作。

1. 示例

图9-10概括了我们一直使用的例子。图9-10a给出了代码, 图9-10b显示了CFG, 图9-10c给出了每个基本程序块的支配边界, 图9-10e给出了根据CFG构建的支配者树。

φ函数插入算法中的第一步是找到全局名字集合并为每个名字计算Blocks集合。对于图9-10a中的代码, 全局名字集合是{a, b, c, d, i}。图9-10d给出了Blocks集合。请注意, 算法为y和z创建了Blocks集合, 虽然二者并不在Globals中。将Globals和Blocks的计算分离开来, 可以避免实例化这些额外的集合, 代价是需要增加一趟对代码的处理。

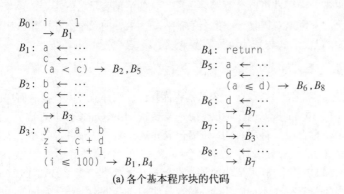

(a) 各个基本程序块的代码

(b) 控制流图

	B_0	B_1	B_2	B_3	B_4	B_5	B_6	B_7	B_8
DF	∅	$\{B_1\}$	$\{B_3\}$	$\{B_1\}$	∅	$\{B_3\}$	$\{B_7\}$	$\{B_3\}$	$\{B_7\}$

(c) CFG中的支配边界

	a	b	c	d	i	y	z
Blocks	{1,5}	{2,7}	{1,2,8}	{2,5,6}	{0,3}	{3}	{3}

(d) 每个名字的Blocks集合

(e) 支配者树

图9-10 用于插入φ函数的例子静态单赋值形式

φ函数重写算法逐个处理各个名字。考虑其对例子中变量a的操作。它会将WorkList初始化为Blocks(a), 其中包含B_1和B_5。B_1中的定义使得算法在DF(B_1) ={B_1}中的各个基本程序块起始处插入一个φ函数。该操作也将B_1加入到WorkList中。接下来, 它从WorkList删除B_5, 并在DF(B_5)={B_3}中的每个基本程序块起始处插入一个φ函数。在程序块B_3处的插入操作也会将B_3置于WorkList上。在算法将B_3从WorkList移除时, 它试图将一个φ函数添加到B_1起始处, 因为$B_1 \in$ DF(B_3)。算法注意到B_1已经有了相应的φ函数, 因此不会执行插入。因而, 对a的处理停止下来, 此时WorkList为空。算法对Globals中的每个名字遵循相同的逻辑, 如此会产生以下插入操作。

	a	b	c	d	i
ϕ 函数	$\{B_1,B_3\}$	$\{B_1,B_3\}$	$\{B_1,B_3,B_7\}$	$\{B_1,B_3,B_7\}$	$\{B_1\}$

由此生成的代码如图9-11所示。

```
B0: i ← 1                    B3: a ← φ(a,a)
    → B1                         b ← φ(b,b)
B1: a ← φ(a,a)                   c ← φ(c,c)            B6: d ← ···
    b ← φ(b,b)                   d ← φ(d,d)                → B7
    c ← φ(c,c)                   y ← a + b            B7: c ← φ(c,c)
    d ← φ(d,d)                   z ← c + d                d ← φ(d,d)
    i ← φ(i,i)                   i ← i + 1                b ← ···
    a ← ···                      (i ≤ 100) → B1,B4        → B3
    c ← ···                  B4: return
    (a < c) → B2,B5          B5: a ← ···              B8: c ← ···
B2: b ← ···                      d ← ···                  → B7
    c ← ···                      (a ≤ d) → B6,B8
    d ← ···
    → B3
```

图9-11　加入了 ϕ 函数、尚未进行重命名的示例代码

　　将算法的处理限于全局名字集合，使其避免了对基本程序块B_1中的x和y插入"死亡"的ϕ函数。（$B_1 \in \mathrm{DF}(B_3)$，B_3包含了对x和y的定义。）但局部名字和全局名字之间的区分不足以避免所有的"死亡"ϕ函数。例如，B_1中b的ϕ函数是不活动的，因为在使用b值之前重新定义了b。为避免插入这些ϕ函数，编译器可以构建LiveOut集合，并在插入ϕ函数之算法的内层循环中增加一个对变量活动性的条件判断。这一改动使得算法可以产生剪枝静态单赋值形式。

不同风格的静态单赋值形式

　　在文献中已经提议了几种不同风格的静态单赋值形式。这些风格的差别在其插入ϕ函数的条件。对于一个给定的程序，这些不同风格的算法可以生成不同的ϕ函数集合。

　　最小静态单赋值形式（minimal SSA）在任何汇合点处插入一个ϕ函数，只要对应于同一原始名字的两个不同定义会合。这将插入符合静态单赋值形式定义、数目最少的ϕ函数。但其中一些ϕ函数可能是死亡的，定义并没有规定值在会合时一定是活动的。

　　剪枝静态单赋值形式（pruned SSA）向ϕ函数插入算法添加一个活动性判断，以避免添加死亡的ϕ函数。构造过程必须计算LiveOut集合，因此构建剪枝静态单赋值形式的代价高于构建最小静态单赋值形式。

　　半剪枝静态单赋值形式（semipruned SSA）是最小静态单赋值形式和剪枝静态单赋值形式之间的一种折中。在插入ϕ函数之前，算法先删除非跨越基本程序块边界活动的任何名字。这可以缩减名字空间并减少ϕ函数的数目，而又没有计算LiveOut集合的开销。这就是图9-9中给出的算法。

　　当然，ϕ函数的数目取决于转换为静态单赋值形式的具体程序。对于一些程序来说，半剪枝静态单赋值形式和剪枝静态单赋值形式减少的ϕ函数数目很可观。缩减静态单赋值形式的规模可以使

编译过程更为快速，因为使用静态单赋值形式的那些趟处理过程可以运作在包含的操作数目较少、ϕ 函数也较少的程序之上。

2. 效率改进

为提高效率，编译器应该避免两种类型的复制。首先，对每个全局名字算法都应该避免将任何基本程序块多次放置到 WorkList 上。它可以维护一个已经处理的基本程序块的清单。由于算法必须对每个全局名字重置该清单，实现应该使用一种稀疏集或类似的结构（参见 B.2.3 节）。

其次，一个给定的基本程序块可能出现在 WorkList 上多个结点的支配边界中。如图 9-11 所示，算法必须查找这样的基本程序块，以寻找此前已存在的 ϕ 函数。为避免这种查找，对指定变量（例如 x）来说，编译器可以维护一个基本程序块的清单，列出已包含针对该变量 ϕ 函数的基本程序块。这需要采用一个稀疏集，针对需要处理的每个全局名字，与 WorkList 一同重新初始化。

9.3.4   重命名

在最大静态单赋值形式的描述中，我们指出重命名变量在概念上很简单。但仍然需要对其中的细节作一些解释。

在最终的静态单赋值形式中，每个全局名字都变为一个基本名，而对该基本名的各个定义则通过添加数字下标来区分。对于对应到源语言变量的名字，比如说 x，算法使用 x 作为基本名。因而，重命名算法遇到的对 x 的第一个定义将被命名为 x_0，第二个将被命名为 x_1。对于编译器产生的临时值，算法必须产生一个不同的基本名。

该算法如图 9-12 所示，对过程的支配者树进行了先根次序遍历，其中对定义和使用都进行了重命名。在每个基本程序块中，算法首先重命名由程序块顶部的 ϕ 函数定义的值，然后按序访问程序块中的各个操作。算法会用当前的静态单赋值形式名重写各个操作数，接下来为操作的结果创建一个新的静态单赋值形式名。算法的后一步使得新名字成为当前的名字。在程序块中所有的操作都已经重写之后，算法将使用当前的静态单赋值形式名重写程序块在 CFG 中各后继结点中的适当 ϕ 函数参数。最后，算法对当前程序块在支配者树中的子结点进行递归处理。当算法从这些递归调用返回时，它会将当前静态单赋值形式名的集合恢复到访问当前程序块之前的状态。

为管理这一处理过程，算法对每个全局名字使用一个计数器和一个栈。全局名字的栈包含了该名字当前静态单赋值形式的下标。在每个定义处，算法通过将目标名字的当前计数器值压栈来产生新的下标，并将计数器加 1。因而，名字 n 栈顶的值总是 n 当前静态单赋值形式名的下标。作为处理程序块的最后一步，算法会将该程序块中产生的所有名字从栈中弹出，以恢复在该程序块的直接支配结点末尾处的当前静态单赋值形式名字集合。处理当前程序块在支配者树中余下的兄弟结点，可能需要这些名字。

栈和计数器服务于不同且分离的目的。当算法中的控制流在支配者树中上下移动时，栈模拟了当前程序块中最新定义的生命周期。而在另一方面，计数器则是单调递增的，以确保各个连续的定义都能分配一个唯一的静态单赋值形式名。

图 9-12 总结了该算法。该算法初始化了栈和计数器，然后对支配者树的根结点（CFG 的入口结点）调用 Rename。Rename 会重写该程序块，并下降到其在支配者树的各个后继结点上递归处理。为完成对该程序块的处理，Rename 会弹出处理该程序块期间压栈的任何名字。函数 NewName 会操纵计数器和栈，

以按需创建新的静态单赋值形式名。

```
for each global name i          Rename(b)
  counter[i] ← 0                  for each φ-function in b, "x ← φ(···)"
  stack[i] ← ∅                      rewrite x as NewName(x)
Rename(n₀)
                                  for each operation "x ← y op z" in b
                                    rewrite y with subscript top(stack[y])
                                    rewrite z with subscript top(stack[z])
                                    rewrite x as NewName(x)

                                  for each successor of b in the CFG
                                    fill in φ-function parameters
NewName(n)
i ← counter[n]                   for each successor s of b in the dominator tree
counter[n] ← counter[n] + 1         Rename(s)
push i onto stack[n]
return "nᵢ"                      for each operation "x ← y op z" in b
                                    and each φ-function "x ← φ(···)"
                                    pop(stack[x])
```

图9-12　插入 φ 函数之后的重命名

还有最后一个细节。在程序块 b 末尾处，Rename 必须重写 b 在 CFG 中的各个后继结点中 φ 函数的参数。编译器必须在这些 φ 函数中为 b 按序分配一个参数槽位。在绘制静态单赋值形式时，我们总是假定从左到右的次序，以便匹配从左到右绘制边的次序。但在内部，编译器可以按任何一致的方式对边和参数槽位编号，以产生所需的结果。这要求构建静态单赋值形式的代码与构建 CFG 的代码之间的协作。（例如，如果 CFG 实现使用边的列表表示离开每个程序块的各条边，那么该列表本身蕴涵的次序就决定了这种映射关系。）

1. 示例

为完成对前述例子的处理，我们将重命名算法应用到图9-11中的代码中。假定 a_0、b_0、c_0 和 d_0 是在进入 B_0 时定义的。图9-13给出了全局名字集合中各个名字的计数器和栈在重命名处理期间各个时间点上的状态。

算法对支配者树进行了一趟先根次序遍历，这对应于按名字的递增次序访问各个结点，从 B_0 到 B_8。各个栈和计数器的初始配置如图9-13a所示。随着算法逐步处理各个程序块，它需要进行下列操作。

❏ **程序块 B_0**　该程序块只包含一个操作。Rename 会将 i 重写为 i_0，将计数器加1，并将 i_0 压入 i 的栈中。接下来，算法将访问 B_0 在 CFG 中的后继结点 B_1，并将与 B_0 对应的 φ 函数参数重写为其当前名字：a_0、b_0、c_0、d_0 和 i_0。接下来，算法递归到 B_0 在支配者树中的子结点 B_1。处理完 B_1 之后，算法将弹出 i 的栈并返回。

❏ **程序块 B_1**　Rename 进入 B_1 时的状态如图9-13b所示。算法会将 φ 函数的目标重写为新的名字：a_1、b_1、c_1、d_1 和 i_1。接下来，算法为 a 和 c 的定义创建新名字，并重写它们。它还会重写比较操作中使用的 a 和 c。B_1 在 CFG 的两个后继结点都没有 φ 函数，因此算法将递归到 B_1 在支配者树中的子结点 B_2、B_3 和 B_5。处理完这些子结点，算法会弹出处理 B_1 期间压栈的数据并返回。

❏ **程序块 B_2**　Rename 进入 B_2 时的状态如图9-13c所示。该程序块没有需要重写的 φ 函数。Rename 重写了 b、c 和 d 的定义，并为其分别创建了一个新的静态单赋值形式名。算法接下来重写 B_2 在 CFG 中后继结点 B_3 中的 φ 函数的参数。图9-13d给出了在弹栈之前的栈和计数器。最后，算法会弹栈并返回。

- 程序块 B_3　Rename 进入 B_3 时的状态如图 9-13e 所示。请注意，此时栈已经恢复到 Rename 进入 B_2 时的状态，但计数器仍然反映出算法曾经在 B_2 内部创建的新名字。在 B_3 中，Rename 会重写 ϕ 函数的目标，并为这些目标分别创建新的静态单赋值形式名。接着，算法重写程序块中的各个赋值操作，将使用替换为当前的静态单赋值形式名，将定义替换为创建的新静态单赋值形式名。（因为 y 和 z 不是全局名字，算法留下二者原封不动。）

	a	b	c	d	i
计数器	1	1	1	1	0
栈	a_0	b_0	c_0	d_0	

(a) 初始条件，在进入 B_0 时

	a	b	c	d	i
计数器	1	1	1	1	1
栈	a_0	b_0	c_0	d_0	i_0

(b) 在进入 B_1 时

	a	b	c	d	i
计数器	3	2	3	2	2
栈	a_0	b_0	c_0	d_0	i_0
	a_1	b_1	c_1	d_1	i_1
	a_2		c_2		

(c) 在进入 B_2 时

	a	b	c	d	i
计数器	3	3	4	3	2
栈	a_0	b_0	c_0	d_0	i_0
	a_1	b_1	c_1	d_1	i_1
	a_2	b_2	c_2	d_2	
			c_3		

(d) 在 B_2 结束处

	a	b	c	d	i
计数器	3	3	4	3	2
栈	a_0	b_0	c_0	d_0	i_0
	a_1	b_1	c_1	d_1	i_1
	a_2		c_2		

(e) 在进入 B_3 时

	a	b	c	d	i
计数器	4	4	5	4	3
栈	a_0	b_0	c_0	d_0	i_0
	a_1	b_1	c_1	d_1	i_1
	a_2	b_3	c_2	d_3	i_2
	a_3		c_4		

(f) 在 B_3 结束处

	a	b	c	d	i
计数器	4	4	5	4	3
栈	a_0	b_0	c_0	d_0	i_0
	a_1	b_1	c_1	d_1	i_1
	a_2		c_2		

(g) 在进入 B_5 时

	a	b	c	d	i
计数器	5	4	5	5	3
栈	a_0	b_0	c_0	d_0	i_0
	a_1	b_1	c_1	d_1	i_1
	a_2		c_2	d_4	
	a_4				

(h) 在进入 B_6 时

	a	b	c	d	i
计数器	5	4	5	6	3
栈	a_0	b_0	c_0	d_0	i_0
	a_1	b_1	c_1	d_1	i_1
	a_2		c_2	d_4	
	a_4				

(i) 在进入 B_7 时

	a	b	c	d	i
计数器	5	5	6	7	32
栈	a_0	b_0	c_0	d_0	i_0
	a_1	b_1	c_1	d_1	i_1
	a_2		c_2	d_4	
	a_4				

(j) 在进入 B_8 时

图 9-13　重命名例子的各个状态

B_3在CFG中有两个后继结点B_1和B_4。在B_1中，算法使用如图9-13f所示的栈和计数器，重写了与来自B_3的边对应的ϕ函数参数。B_4没有ϕ函数。接下来，Rename递归到B_3在支配者树中的子结点B_4。在该调用返回时，Rename将弹栈并返回。

- **程序块B_4** 该程序块只包含一条返回语句。其中没有ϕ函数、定义、使用，而其在CFG或支配者树中也没有后继结点。因而，Rename不执行任何操作，不会改变栈和计数器。

- **程序块B_5** 在处理B_4之后，Rename将弹出B_3期间的压栈数据，返回到B_1末尾处的状态。此时的栈如图9-13g所示，算法将递归到B_1在支配者树中的最后一个子结点B_5。B_5没有ϕ函数。Rename会重写两个赋值语句和条件语句中的表达式，并按需创建新的静态单赋值形式名。B_5在CFG中的两个后继结点都没有ϕ函数。Rename接下来递归到B_5在支配者树中的子结点B_6、B_7和B_8。最后，算法会弹栈并返回。

- **程序块B_6** Rename进入B_6时的状态如图9-13h所示。B_6没有ϕ函数。Rename将重写对d的赋值，产生新的静态单赋值形式名d_5。接着，算法访问B_6在CFG中的后继结点B_7中的ϕ函数。它会将对应于来自B_6的代码路径的ϕ函数参数重写为当前的名字c_2和d_5。由于B_6在支配者树中没有子结点，它将对d弹栈并返回。

- **程序块B_7** Rename进入B_7时的状态如图9-13i所示。算法首先用新的静态单赋值形式名c_5和d_6重命名ϕ函数的目标。接下来，它用新的静态单赋值形式名b_4重写对b的赋值操作。然后，算法用当前静态单赋值形式名的集合，来重写B_7在CFG中后继结点B_3中ϕ函数的参数。由于B_7在支配者树中没有子结点，算法将弹栈并返回。

- **程序块B_8** Rename进入B_8时的状态如图9-13j所示。B_8没有ϕ函数。Rename将用新的静态单赋值形式名c_6重写对c的赋值操作。算法会考察B_8在CFG中的后继结点B_7，并将对应的ϕ函数参数重写为其当前的静态单赋值形式名c_6和d_4。由于B_8在支配者树中没有子结点，算法将弹栈并返回。

图9-14给出了Rename停止之后的示例代码。

```
B0: i0 ← 1
    → B1
B1: a1 ← φ(a0,a3)
    b1 ← φ(b0,b3)
    c1 ← φ(c0,c4)
    d1 ← φ(d0,d3)
    i1 ← φ(i0,i2)
    a2 ← ···
    c2 ← ···
    (a2 < c2) → B2,B5
B2: b2 ← ···
    c3 ← ···
    d2 ← ···
    → B3

B3: a3 ← φ(a2,a4)
    b3 ← φ(b2,b4)
    c4 ← φ(c3,c5)
    d3 ← φ(d2,d6)
    y ← a3 + b3
    z ← c4 + d3
    i2 ← i1 + 1
    (i2 ≤ 100) → B1,B4
B4: return
B5: a4 ← ···
    d4 ← ···
    (a4 ≤ d4) → B6,B8

B6: d5 ← ···
    → B7
B7: c5 ← φ(c2,c6)
    d6 ← φ(d5,d4)
    b4 ← ···
    → B3
B8: c6 ← ···
    → B7
```

图9-14 重命名之后的示例代码

2. 最终改进

对NewName的精巧实现可以减少栈操作花费的时间和空间。此中对栈的主要使用是在从一个基本程序块退出时重置名字空间。如果一个基本程序块重新定义了同一基本名几次，NewName只需维护最新的名字，对于例子中程序块B_1中的a和c就是如此。NewName可能会在单个程序块内部多次重写栈中的同一槽位。

这使得栈的最大长度变得可预测，栈不可能比支配者树的深度更长。这样做降低了整体空间需求，避免了在每次压栈时判断溢出，也减少了压栈和弹栈操作的次数。它需要另一种机制以判断从一个基本程序块退出时对哪些栈进行弹栈操作。NewName可以将一个基本程序块涉及的各个栈的入口串联起来。Rename可以使用这一串联信息来弹出适当的栈。

9.3.5 从静态单赋值形式到其他形式的转换

因为现代处理器没有实现ϕ函数，编译器需要将静态单赋值形式转换回可执行代码。如果依据现存的各个例子，很容易让读者误认为：编译器只需去掉静态单赋值形式名字的下标、恢复基本名并删除ϕ函数，即可完成这样的反向转换。如果编译器只是构建静态单赋值形式然后将其转回可执行代码，这种方法是可行的。但如果代码已经被重排或值已经被重命名过，这种方法可能会产生不正确的代码。

举例来说，我们在8.4.1节看到：使用静态单赋值形式名使局部值编号算法（LVN）能够发现并删除更多的冗余。

执行LVN算法前	执行LVN算法后		执行LVN算法前	执行LVN算法后
$a \leftarrow x + y$	$a \leftarrow x + y$		$a_0 \leftarrow x_0 + y_0$	$a_0 \leftarrow x_0 + y_0$
$b \leftarrow x + y$	$b \leftarrow a$		$b_0 \leftarrow x_0 + y_0$	$b_0 \leftarrow a_0$
$a \leftarrow 17$	$a \leftarrow 17$		$a_1 \leftarrow 17$	$a_1 \leftarrow 17$
$c \leftarrow x + y$	$c \leftarrow x + y$		$c_0 \leftarrow x_0 + y_0$	$c_0 \leftarrow a_0$

原始名字空间   SSA名字空间

左表给出了一个包含4个操作的基本程序块，以及使用代码自身的名字空间时LVN算法产生的结果。右表给出的是同一个例子，但使用了SSA名字空间。因为SSA名字空间给a_0赋予了一个不同于a_1的名字，LVN算法可以将最后一个操作中对$x_0 + y_0$的求值替换为对a_0的引用。

但请注意，只是简单地去掉变量名的下标将产生不正确的代码，因为这将使得c被赋值为17（与原来的语义不同）。更激进的变换，如代码移动和复制折叠（copy folding），它们重写静态单赋值形式的方法可能会引入更多微妙的问题。

为避免这样的问题，编译器可以保持SSA名字空间原样不动，将每个ϕ函数替换为一组复制操作（每个复制操作对应于一条进入当前程序块的边）。对于ϕ函数$x_i \leftarrow \phi(x_j, x_k)$，编译器应该沿传入$x_j$的边插入$x_i \leftarrow x_j$，沿传入$x_k$的边插入$x_i \leftarrow x_k$。

图9-15给出将示例代码中的ϕ函数替换为复制操作之后的情形。B_3中的4个ϕ函数已经被替换为B_2和B_7中各自添加的一组四个的复制操作。类似地，B_7中的两个ϕ函数也使得B_6和B_8中分别添加了两个复制操作。在上述两种情况下，编译器可以将复制操作插入到前趋程序块中。

B_1中的ϕ函数则展现了一种更复杂的情形。编译器可以在其前趋结点B_0中直接插入复制操作，却不能对其前趋结点B_3这样做。因为B_3有多个后继结点，在B_3末尾处对B_1中的ϕ函数插入复制操作，将导致这些操作也会在B_3到B_4的代码路径上执行，而这些操作在这种情况下是不必要的且可能导致不正确的结果。为弥补这种问题，编译器可以拆分边(B_3, B_1)，在B_3和B_1之间插入一个新程序块，将复制操作置于新程序块中。这个新的程序块在图9-15标记为B_9。在插入复制操作之后，示例代码看起来包含了许多多余的复制操作。幸运的是，编译器可以在后续的优化（如复制合并，参见13.4.6节）中删除大部分复制操作（如果不是全部）。

$$
\begin{array}{lll}
B_0\text{:} & i_0 \leftarrow 1 & B_3\text{:} & y \leftarrow a_3 + b_3 \\
& a_1 \leftarrow a_0 & & z \leftarrow c_4 + d_3 \\
& b_1 \leftarrow b_0 & & i_2 \leftarrow i_1 + 1 \\
& c_1 \leftarrow c_0 & & (i_2 \le 100) \rightarrow B_9, B_4 \\
& d_1 \leftarrow d_0 & B_4\text{:} & \text{return} \\
& i_1 \leftarrow i_0 & B_5\text{:} & a_4 \leftarrow \cdots \\
& \rightarrow B_1 & & d_4 \leftarrow \cdots \\
B_1\text{:} & a_2 \leftarrow \cdots & & (a_4 \le d_4) \rightarrow B_6, B_8 \\
& c_2 \leftarrow \cdots & B_6\text{:} & d_5 \leftarrow \cdots \\
& (a_2 < c_2) \rightarrow B_2, B_5 & & c_5 \leftarrow c_2 \\
B_2\text{:} & b_2 \leftarrow \cdots & & d_6 \leftarrow d_5 \\
& c_3 \leftarrow \cdots & & \rightarrow B_7 \\
& d_2 \leftarrow \cdots & B_7\text{:} & b_4 \leftarrow \cdots \\
& a_3 \leftarrow a_2 & & a_3 \leftarrow a_4 \\
& b_3 \leftarrow b_2 & & b_3 \leftarrow b_4 \\
& c_4 \leftarrow c_3 & & c_4 \leftarrow c_5 \\
& d_3 \leftarrow d_2 & & d_3 \leftarrow d_6 \\
& \rightarrow B_3 & & \rightarrow B_3 \\
\end{array}
$$

$$
\begin{array}{ll}
B_8\text{:} & c_6 \leftarrow \cdots \\
& c_5 \leftarrow c_6 \\
& d_6 \leftarrow d_4 \\
& \rightarrow B_7 \\
B_9\text{:} & a_1 \leftarrow a_3 \\
& b_1 \leftarrow b_3 \\
& c_1 \leftarrow c_4 \\
& d_1 \leftarrow d_3 \\
& i_1 \leftarrow i_2 \\
& \rightarrow B_1 \\
\end{array}
$$

图9-15　插入复制操作消除 ϕ 函数之后的示例代码

如果复制操作定义的名字在B_4中是不活动的（不属于B_4的LiveIn集合），那么这些复制操作将是无害的。但如果其定义的名字属于LiveIn集合，编译器的策略必须能够处理。

我们将(B_3, B_1)这样的边称为关键边（critical edge）。当编译器在关键边当中插入程序块时，它就拆分了关键边。一些在静态单赋值形式上执行的变换，假定编译器会在应用变换之前拆分所有的关键边。

关键边

在CFG中，如果边的源结点具有多个后继结点，而边的目标结点具有多个前趋结点，则称这样的边为关键边。

在从静态单赋值形式到其他形式的转换中，编译器可以拆分关键边，为必要的复制操作提供容身之所。而在此转换过程中出现的大部分问题都可以通过这种变换解决。但还可能出现两个更微妙的问题。第一个问题，我们称之为丢失复制（lost-copy）问题，是因激进的程序变换与不可拆分的关键边共同引起的。第二个问题，我们称之为交换（swap）问题，是因某些激进的程序变换与静态单赋值形式的详细定义之间的交互所致。

1. 丢失复制问题

许多基于静态单赋值形式的算法要求拆分关键边。但是，编译器有时候无法或不应该拆分关键边。例如，如果关键边是一个频繁执行循环的控制分支（closing branch）指令，那么添加一个包含一个或多个复制操作和一个跳转操作的程序块，可能对执行速度带来不良影响。类似地，在编译后期添加程序块和控制流边，有可能干扰到区域性调度、寄存器分配和优化（如代码置放）。

丢失复制问题是因复制合并和无法拆分的关键边共同引起的。图9-16给出了一个例子。图9-16a给出了原始代码，这是一个简单循环。在图9-16b中，编译器已经将该循环转换为静态单赋值形式，还折叠起从 i 到 y 的复制，将对 y 的唯一一处使用替换为对 i_1 的引用。图9-16c给出了简单地向 ϕ 函数的前趋程序块插入复制操作而产生的代码。这时，该代码将错误的值赋值给 z_0。原始代码将 i 的倒数第二个值赋值给 z_0，而图9-16c中的代码则将 i 的最后一个值赋值给 z_0。在拆分关键边之后，如图9-16d所示，插入的复制操作导致了正确的行为。但它向循环的每个迭代都添加了一个跳转指令。

不可拆分关键边与复制折叠的共同作用将导致丢失复制问题。复制折叠的处理通过在循环之后的程序块中将 i_1 折叠到对 y 的引用中，从而消除了赋值操作 $y \leftarrow i$。因而，复制折叠扩展了 i_1 的生命周期。接下来，插入复制操作的算法会替换循环体顶部的 ϕ 函数，在该程序块的各个前趋结点末尾分别插入一个复制操作。这会将 $i_1 \leftarrow i_2$ 插入到程序块的末尾，而此时 i_1 仍然是活动的。

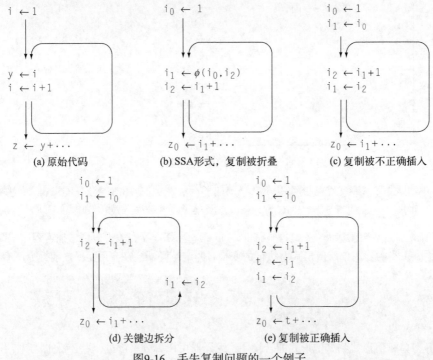

图9-16   丢失复制问题的一个例子

在从静态单赋值形式到其他形式的转换中，编译器通过检查试图插入的各个复制操作的目标名字的活动性，从而可以避免丢失复制问题。在编译器发现复制操作的目标仍然处于活动状态时，它必须将活动值保存在一个临时名字中，并重写对目标名的后续引用，使之指向新的临时名字。这一重写步骤可以通过一个模拟SSA构造算法中重命名步骤的算法完成。图9-16e给出了这种方法生成的代码。

2. 交换问题

交换问题是因 ϕ 函数执行方式的定义而起。在一个程序块执行时，其所有 ϕ 函数将在程序块中任何其他语句之前并发执行。也就是说，所有的 ϕ 函数同时读取其适当的输入参数，然后同时重定义其目标值。

图9-17给出了交换问题的一个简单例子。图a给出了原始代码，其中是一个简单的循环，用于交换 x和y的值。图9-17b给出了转换为SSA形式并进行激进的复制折叠之后的代码。在这种形式下，由于约束 ϕ 函数求值的规则，该代码保持了其原始语义。在循环体执行时，将在定义任何 ϕ 函数目标之前读取 ϕ 函数参数。在第一次迭代时，将在定义 x_1 和 y_1 之前读取 x_0 和 y_0。在后续各次迭代时，循环体会在重新定义 x_1 和 y_1 之前读取它们。图c给出的是同一份代码，但已经使用朴素算法插入了复制操作。因为各个复制操作是顺次而非并发执行的， x_1 和 y_1 将得到同一个值，一个不正确的结果。

初看起来，似乎拆分后向边（这是一个关键边）会有所帮助。但拆分该边只是将同样的两个复制操作按相同的顺序放置到另一个程序块中。这个问题的一个简单的解决方案是采用一个二阶段的复制协议。第一阶段将 ϕ 函数的各个参数复制到其自身对应的临时名字，这实际上模拟了 ϕ 函数原本的行为。第二阶段将这些值复制到 ϕ 函数的目标。

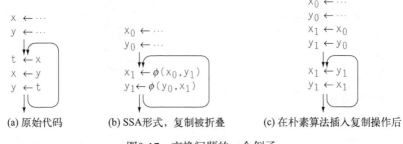

(a) 原始代码   (b) SSA形式，复制被折叠   (c) 在朴素算法插入复制操作后

图9-17　交换问题的一个例子

遗憾的是，这种解决方案将从静态单赋值形式到其他形式转换所需的复制操作数加倍了。在图 9-17a的代码中，将需要4个赋值操作： $s \leftarrow y_1$，$t \leftarrow x_1$，$x_1 \leftarrow s$，$y_1 \leftarrow t$。在循环的每次迭代中，都会执行所有这些赋值操作。为避免这种效率损失，编译器应该试图使插入的复制操作数最小化。

实际上，即使没有复制操作的环，也有可能出现交换问题。只要在同一程序块中，一部分 ϕ 函数的输入变量定义为其他 ϕ 函数的输出变量，就会出问题。在无环情况下，即 ϕ 函数引用同一程序块中其他 ϕ 函数结果的情形，通过对插入的各个复制操作进行谨慎地排序，编译器是可以避免该问题的。

为解决这个问题，一般来说，编译器可以检测 ϕ 函数引用同一程序块中其他 ϕ 函数目标的情形。而对于每个由引用形成的环，编译器必须将一个复制操作插入到某个新的临时变量，以打破环。然后，编译器可以调度复制操作，以尊重 ϕ 函数隐含的依赖性。

> 符合该例子的最简代码将使用一个额外的复制操作，它类似于图9-17a中的代码。

9.3.6　使用静态单赋值形式

编译器使用静态单赋值形式，原因可能是为了改进分析的质量或优化的质量，或者两者兼而有之。为了解在静态单赋值形式上进行的分析与9.2节阐述的经典数据流分析技术之间的不同，我们考虑在静态单赋值形式上进行的全局常量传播（global constant propagation），使用一种名为稀疏简单常量传播（Sparse Simple Constant Propagation，SSCP）的算法。

在SSCP算法中，编译器用一个值标注每个静态单赋值形式名。可能值的集合形成了一个半格（semilattice）。一个半格由一个值集L和一个meet运算符 ∧ 组成。meet运算符必须是幂等、可交换和可结合，它在L的各个元素上规定了如下一种顺序：

$$a \geqslant b \quad 当且仅当 \quad a \wedge b = b,$$
$$a > b \quad 当且仅当 a \geqslant b 且 a \neq b$$

半格有一个底元素（bottom element）⊥，具有下述性质：

$$\forall a \in L, a \wedge \bot = \bot, \quad 且 \quad \forall a \in L, a \geqslant \bot$$

一些半格还有一个顶元素（top element）⊤，具有下列性质：

$$\forall a \in L, a \wedge \top = a \quad 且 \quad \forall a \in L, \top \geqslant a$$

> **半格**
>
> 集合L和一个meet运算符 ∧，使得 $\forall a$、b 和 $c \in L$，
> (1) $a \wedge a = a$,
> (2) $a \wedge b = b \wedge a$，且
> (3) $a \wedge (b \wedge c) = (a \wedge b) \wedge c$
>
> 编译器使用半格来模拟所分析问题的数据域。

在常量传播中，用于对程序中的值进行建模的半格结构，在缩减算法运行时复杂度的工作中发挥了关键作用。对应于单个静态单赋值形式名的半格在旁边给出。其中包括⊤、⊥以及一个由不同常数值组成的无穷集。对于任何两个常量 c_i 和 c_j，有 $c_i \wedge c_j = \bot$。

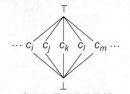

将半格用于常量传播

在SSCP中，算法会将与每个静态单赋值形式名相关的值初始化为⊤，表示算法不知道这个静态单赋值形式名的值。如果算法后来发现静态单赋值形式名 x 具有已知常量值 c_i，则它通过将半格元素 c_i 赋值给 Value(x)，来表示这一知识。如果算法发现 x 值是可变的，它通过值⊥来表示这一点。

SSCP算法如图9-18所示，由一个初始化阶段和一个传播阶段组成。初始化阶段会遍历各个静态单赋值形式名。对于每个静态单赋值形式名 n，这一阶段会考察定义 n 的操作，并根据一组简单的规则来安置 Value(n)。如果 n 是由一个 ϕ 函数定义的，则SSCP将 Value(n) 设置为⊤。如果 n 的值是一个已知常量 c_i，则SSCP将 Value(n) 设置为 c_i。如果 n 的值不可能是已知的，例如，可能是从外部介质读取一个值来定义的，则SSCP将 Value(n) 设置到⊥。最后，如果 n 的值是未知的，则SSCP将 Value(n) 设置为⊤。如果 Value(n) 不是⊤，则算法将 n 添加到 WorkList。

传播阶段比较简单。算法会从 WorkList 删除一个静态单赋值形式名 n。然后会逐一考察使用了 n、同时又定义了某个静态单赋值形式名 m 的每个操作 op。如果 Value(m) 已经是⊥，则无需进一步的求值处理。否则，算法会将 op 对应的操作在操作数的格值（lattice value）上进行解释，以便模拟对 op 操作的求值。如果结果在格中低于 Value(m)，则相应地下调 Value(m) 并将 m 添加到 WorkList。该算法在 WorkList 为空时停止。

```
// Initialization Phase
WorkList ← ∅
for each SSA name n
    initialize Value(n) by rules specified in the text
    if Value(n) ≠ ⊤ then
        WorkList ← WorkList ∪ {n}
// Propagation Phase - Iterate to a fixed point
while (WorkList ≠ ∅)
    remove some n from WorkList          // Pick an arbitrary name
    for each operation op that uses n
        let m be the SSA name that op defines
        if Value(m) ≠ ⊥ then             // Recompute and test for change
            t ← Value(m)
            Value(m) ← result of interpreting op over lattice values
            if Value(m) ≠ t
                then WorkList ← WorkList ∪ {m}
```

图9-18　稀疏简单常量传播算法

在格值上解释操作须谨慎。对于一个 ϕ 函数，结果只是对其所有参数的格值进行meet运算，meet的规则按优先级次序在旁边给出。对于其他种类的操作，编译器必须应用特定于运算符的知识。如果有操作数的格值为⊤，则求值返回⊤。如果操作数值均非⊤，模型应该产生一个适当的值作为结果。

对于IR中每个产生值的操作，SSCP都需要一组规则来模拟其操作数的行为。考虑操作 $a \times b$。如果 $a=4$ 且 $b=17$，则模型应该对 $a \times b$ 产生值68。但如果 $a=\bot$，模型对 b 的任何非零值都应该产生⊥。因为 $a \times 0=0$，此恒等式与 a 值无关，所以 $a \times 0$ 应该产生值0。

$$⊤ \wedge x = x \quad \forall\, x$$
$$\bot \wedge x = \bot \quad \forall\, x$$
$$c_i \wedge c_j = c_i \quad \text{if } c_i = c_j$$
$$c_i \wedge c_j = \bot \quad \text{if } c_i \neq c_j$$

meet运算的规则

● 复杂性

SSCP算法的传播阶段是一个经典的不动点方案。算法可停止性和复杂性的相应观点，都可以根据穿越格(用于表示值)的递降序列的长度得出，如图9-18所示。与任何静态单赋值形式名字关联的Value，都有3个可能的初始值：⊤、⊤或⊥之外的某个常量 c_i、⊥。传播阶段只能调低其值。对于一个给定的静态单赋值形式名，调低值的操作至多会发生两次：从⊤到 c_i 到⊥。SSCP只在静态单赋值形式名的值改变时才会将其添加到WorkList，因此每个静态单赋值形式名在WorkList上至多出现两次。在某个操作的一个操作数被从WorkList移除时，SSCP会对该操作求值。因而，SSCP算法实际执行的求值操作总数，至多是程序中使用值次数的两倍。

● 乐观主义：顶元素的作用

SSCP算法与9.2节中数据流问题的不同之处在于，它将未知值初始化为格元素⊤。在用于常数值的格中，⊤是一个特别的值，表示对相应静态单赋值形式名的值缺乏了解。在常量传播中，这种初始化发挥了关键作用，它使值能够传播到图中的环内，环是因CFG中的循环所致。

因为算法将未知值初始化为⊤而非⊥，它可以将某些值传播到图中的环里，即CFG中的循环。从值⊤而非⊥开始的算法通常称为乐观算法（optimistic algorithm）。这个术语背后的直观洞察在于：初始化为⊤使算法能够将信息传播到一个有环的区域中，同时乐观地假定沿后向边传播的值会回应这次初始传播。而初始化为⊥的算法则称为悲观的，它不允许这样的可能性。

要领会这一点，我们考虑图9-19中的静态单赋值形式片断。如果算法悲观地将x_1和x_2初始化为⊥，则无法将值17传播到循环中。在其对x_1的ϕ函数求值时，计算$17 \wedge \bot$将得到⊥。在x_1被设置为⊥的情况下，x_2也将被设置为⊥，即使i_{12}具有已知值（如0）也是如此。

另一方面，如果算法乐观地将未知值初始化为⊤，则可以将x_0的值传播到循环中。在算法计算x_1的值时，会对$17 \wedge \top$求值并将结果17赋值给x_1。由于x_1的值已经改变，算法将x_1放置到WorkList上。算法接下来对x_2的定义重新求值。如果（举例来说）i_{12}值为0，那么这一次会对x_2赋值17并将x_2添加到WorkList。在算法对ϕ函数重新求值时，会计算$17 \wedge 17$，因而证明x_1为17。

Time	Lattice Values					
Step	Pessimistic			Optimistic		
	x_0	x_1	x_2	x_0	x_1	x_2
0	17	⊥	⊥	17	⊤	⊤
1	17	⊥	⊥	17	17	$17 + i_{12}$

$$x_0 \leftarrow 17$$
$$x_1 \leftarrow \phi(x_0, x_2)$$
$$x_2 \leftarrow x_1 + i_{12}$$

(a) 代码片断   (b) 悲观和乐观分析的结果

图9-19   乐观式常量传播实例

考虑一下，如果i_{12}值为2，又会发生什么。那么，在SSCP求值$x_1 + i_{12}$时，会对x_2赋值19。现在，x_1的值将设置为$17 \wedge 19$，亦即⊥。这个结果进而又会传播回x_2，产生与悲观算法相同的最终结果。

● 静态单赋值形式的值

在SSCP算法中，静态单赋值形式造就了一个简易有效的算法。为领会这一点，考虑一个处理常量传播的经典数据流方法。它会将集合ConstantsIn关联到代码中的每个程序块，定义一个方程将ConstantsIn(b_i)作为b_i前趋结点的ConstantsOut集合的函数来计算，并定义一个过程，用于解释程序块中的代码以便从ConstantsIn(b_i)推导出ConstantsOut(b_i)。相比之下，图9-18中的算法则相对简单。虽然该算法仍然需要特异性的机制来解释代码中的各个操作，但它确实是一个简单的迭代不动点算法，运作在一个特别浅的格上。

在静态单赋值形式中，传播步骤是稀疏的，算法只在使用值的各个操作（和ϕ函数）处对格值表示式求值。同样重要的是，向各个静态单赋值形式名赋值，使得乐观的初始化方式比较自然，而不显做作和繁琐。简而言之，静态单赋值形式造就了处理全局常量传播的一个高效、可理解的稀疏算法。

本节回顾

静态单赋值形式将关于数据流和控制流的信息都编码到一种概念上很简单的中间形式中。为利用静态单赋值形式，编译器必须首先将代码转换为静态单赋值形式。本节专注于构建半剪枝静态单赋值形式所需的算法。这个构造方法是个两步的过程。第一步向代码中不同定义可以会聚的汇合点处插入ϕ函数。出于效率的考虑，该算法严重依赖于支配边界。第二步创建静态单赋值形式名字空间，这一步会系统化地遍历整个过程的代码，在此期间向原始的基本名添加下标，从而建立静态单赋值形式名字空间。

由于现代机器没有直接实现 ϕ 函数，编译器必须将代码从静态单赋值形式转换为其他形式才能执行。对处于静态单赋值形式下的代码执行变换，可能使从静态单赋值形式到其他形式的转换复杂化。9.3.5 节考察了丢失复制问题和交换问题，并介绍了处理这两个问题的方法。最后，9.3.6 节给出了一个在静态单赋值形式上进行全局常量传播的算法。

复习题

(1) 最大静态单赋值形式包含了无用的 ϕ 函数，即定义了非活动值的 ϕ 函数，还包含了冗余的 ϕ 函数，这种 ϕ 函数合并了相同的值（例如 $x_8 \leftarrow \phi(x_7, x_7)$）。半剪枝静态单赋值形式的构造方法是如何处理这些不需要的 ϕ 函数的？

(2) 假定读者所用编译器的目标机实现了 swap r1, r2，这个操作同时执行 $r1 \leftarrow r2$ 和 $r2 \leftarrow r1$。那么，这个 swap 操作对于从静态单赋值形式到其他形式的转换有何影响？

swap 可以实现为三个操作的序列：

$$r_1 \leftarrow r_1 + r_2$$
$$r2 \leftarrow r1 - r_2$$
$$r_1 \leftarrow r_1 - r_2$$

使用 swap 的上述实现，在从静态单赋值形式到其他形式的转换中有何优缺点？

9.4 过程间分析

过程调用引入的低效性有两种起因：一是单过程分析和优化中知识的缺失，是由分析和变换的区域中调用位置的存在引起的；二是为维护过程调用的固有抽象而引入的特定开销。引入过程间分析是为解决前一个问题。我们在 9.2.4 节看到，编译器有一些方式可以计算出囊括某个调用位置所有副效应的集合。本节探讨过程间分析方面的一些更复杂的问题。

9.4.1 构建调用图

编译器在过程间分析方面必须解决的第一个问题是调用图的构建。在最简单的情况下，每个调用位置处调用的过程均由字面常数指定其名称，如 "call foo(x, y, z)"，这种情况下的问题颇为简明。编译器会为程序中的每个过程创建一个调用图结点，并针对每个调用位置向调用图添加一条边。这一过程花费的时间与程序中的过程数目和调用位置数目成正比。实际上，限制因素将是扫描程序以查找调用位置的代价。

源语言特性可以使构建调用图的难度大大增加。即使 FORTRAN 和 C 语言程序也有复杂情况。例如，考虑如图 9-20a 所示的 C 语言小程序。其精确的调用图如图 9-20b 所示。后续各个小节列出了可能使构建调用图过程复杂化的各种语言特性。

```
int compose( int f(), int g()) {
  return f(g);
}

int a( int z() ) {
  return z();
}

int b( int z() ) {
  return z();
}

int c( ) {
  return ...;
}

int d( ) {
  return ...;
}

int main(int argc, char *argv[]) {
  return compose(a,c)
        + compose(b,d);
}
```

(a) 例子C语言程序　　　　　　(c) 近似调用图

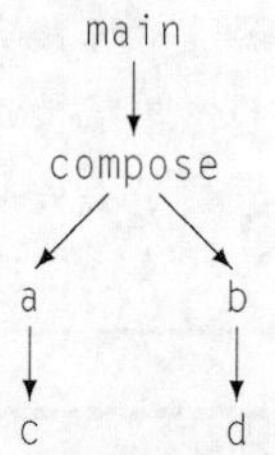

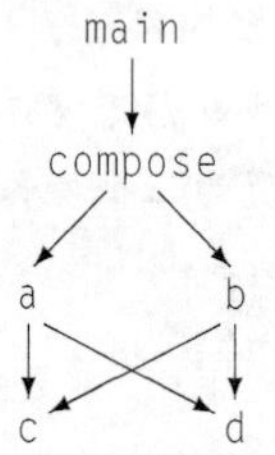

图9-20　构建具有函数值参数的调用图

● 值为过程的变量

如果程序使用值为过程的变量，则编译器必须分析代码，以估计在每个调用过程变量的调用位置上潜在被调用者的集合。编译器可以从由使用显式字面常数的调用开始构建调用图。接下来，它可以跟踪函数值围绕调用图的这个子集的传播，并在需要处添加边。

编译器可以使用全局常量传播的一种简单模拟，来将函数值从过程入口处传递到使用函数值的调用位置，并在其间使用集合并作为meet运算。为提高效率，编译器可以对过程中每个值为参数的变量构建表达式（参见9.4.2节对跳跃函数的讨论）。

在SSCP中，将值为函数的形参初始化为已知的常数值。而具有已知值的实参则揭示了函数（指针）被传递至何处。

正如图9-20a中的代码所示，直接分析可能会高估调用图的边集。该代码调用compose来计算a(c)和b(d)。但是，简单分析将得出的结论是，compose中的形参g可以接收c或d作为实参，因而，程序形成的复合函数可能是a(c)、a(d)、b(c)、b(d)中的任何一个，如图9-20c所示。为构建精确的调用图，编译器必须跟踪沿同一路径共同传递的参数的集合。算法接下来可以单独处理每个集合以推导精确的调用图。另外，算法还可以把每个值迁移的代码路径标记到值上，并使用路径信息来避免向调用图添加不合逻辑的边（如(a, d)或(b, c)）。

● 根据上下文解析的名字

一些语言允许程序员使用根据上下文解析的名字。在具有继承层次结构的面向对象语言中，方法名到具体实现的绑定依赖于接收器对象（receiver）所属的类还有相关继承层次结构的状态。

如果在编译器进行分析时继承层次结构和所有过程都已经固定下来，那么编译器可以使用针对类结构的过程间分析，来缩减任何给定调用位置上可调用的方法的集合。对于调用位置处可调用的每个过程或方法，调用图的构造者都必须相应地添加一条边。

如果语言允许程序在运行时导入可执行代码或新的类定义，则编译器必须构建一个保守的调用图，以反映每个调用位置处所有潜在被调用者的全集。达到该目标的一种方法是，在调用图中构建一个结点表示未知过程，并对其赋予最坏情形的行为，其MayMod和MayRef集合应该是可见名字的全集。

在某些操作系统中用于减少虚拟内存需求的动态链接，也引入了类似的复杂情况。如果编译器无法判断将执行哪些代码，那么它将无法构建一个完整的调用图。

如果分析能够减少可能引用多个过程的调用位置的数目，那么它就能够通过减少不合逻辑的边（对应于运行时不可能存在的调用）的数目来提高调用图的精度。与之同等重要甚至更为重要的是，任何调用位置，只要其调用目标的范围能够缩小到只有一个被调用者，那么它就可以实现为一个简单调用；而调用目标包括多个被调用者的调用位置，则可能需要在运行时查找以便将调用分派到具体实现（参见6.3.3节）。用以支持动态分派的运行时查找比直接调用的代价高昂得多。

● 其他语言问题

在过程内分析中，我们假定控制流图具有单入口和单出口；如果过程具有多个返回语句，则添加一个人造的出口结点。在过程间分析中，语言特性可能导致同一类问题。

例如，Java兼具初始化器（initializer）和终结器（finalizer）。Java虚拟机会在加载并校验某个类之后调用该类的初始化器，并在为对象分配空间之后、返回对象的散列码之前调用对象的初始化器。Thread的start方法、终结器和析构函数同样具有类似的性质，即它们确实会执行，但源程序中没有与之对应的显式调用。

调用图的构建程序必须注意这些过程。初始化器可能被关联到创建对象的位置，而终结器可能被关联到调用图的入口结点。具体的关联则取决于语言定义和正在进行的分析。例如，MayMod分析可能会忽略这些隐式过程，认为它们是不相干的，而过程间常量传播则需要初始化和start方法的信息。

9.4.2　过程间常量传播

过程间常量传播会随着全局变量和参数在调用图上的传播跟踪其已知常数值，这种跟踪会穿越过程体并跨越调用图的边。过程间常量传播的目标在于，发现过程总是接收已知常量值的情形，或发现过程总是返回已知常量值的情形。当分析发现这样的常量时，编译器可以对与该值相关的代码进行专门化处理。

概念上，过程间常量传播由3个子问题组成：发现常量的初始集合，围绕调用图传播已知的常数值，以及对值穿越过程的传输进行建模。

● 发现常量的初始集合

分析程序必须在每个调用位置识别出哪些实参有已知的常数值。有大量技术可用于达到这一目标。最简单的方法是识别用作参数的字面常数值。一种更有效、代价更高的技术是，使用一个全功能的全局常量传播步骤（参见9.3.6节）来识别值为常量的参数。

● **围绕调用图传播已知的常数值**

给定常量的初始集合，分析程序需要跨越调用图的边并穿越过程（从入口点到过程中的每个调用位置）传播常数值。这部分分析类似于9.2节的迭代数据流算法。这个问题可以用迭代算法解决，但与更简单的问题如活动变量或可用表达式相比，其使用的迭代数目将显著增多。

● **对值穿越过程的传输进行建模**

分析程序每次处理调用图结点时，都必须判断在过程入口点处已知的常数值是如何影响过程中各个调用位置处已知的常数值集合的。为此，它需要为每个实参建立一个小模型，名为跳跃函数（jump function）。具有n个参数的调用位置s会有一个跳跃函数向量$\mathcal{J}_s = (\mathcal{J}_s^a, \mathcal{J}_s^b, \mathcal{J}_s^c \cdots, \mathcal{J}_s^n)$，其中$a$是被调用者中的第一个形参，$b$是第二个，依此类推。这些形参是包含$s$的过程$p$的形参，每个跳跃函数$\mathcal{J}_s^x$都依赖于它们的某个子集的值，我们将该集合记作$Support(\mathcal{J}_s)$。

现在，假定$\mathcal{J}_s^x$由一个表达式树组成，该表达式树的叶结点都是调用者的形参或字面常数。我们要求对于任何$y \in Support(\mathcal{J}_s^x)$，如果$Value(y)$为⊤，则$\mathcal{J}_s^x$返回⊤。

● **算法**

图9-21给出了一个简单算法，用于处理跨越调用图的过程间常量传播。它类似于9.3.6节阐述的SSCP算法。

该算法将字段$Value(x)$关联到每个过程p的每一个形参x。（算法假定每个形参都具有唯一的名字或完全限定名。）初始化阶段乐观地将所有Value字段都设置为⊤。接下来，算法遍历程序中每个调用位置s处的每个实参a，将a对应的形参f的Value字段更新为$Value(f) \wedge \mathcal{J}_s^f$，并将$f$添加到WorkList。这一步骤将跳跃函数表示的初始常量集合分解为多个Value字段，并设置WorkList使之包含所有的形参。

第二阶段会重复地从WorkList选择一个形参并传播它。为传播过程p的形参f，分析程序会找到p中在每个调用位置s，以及每一个满足$f \in Support(\mathcal{J}_s^x)$的形参$x$（对应于调用位置$s$的某个实参）。算法对$\mathcal{J}_s^x$求值并将其合并到$Value(x)$。如果这使$Value(x)$发生改变，则算法将$x$添加到WorkList。用于实现WorkList的数据结构应该具有某种性质（如稀疏集），使得只允许x的一个副本出现在WorkList中（参见B.2.3节）。

算法的第二阶段之所以会停止，是因为每个Value至多能取到3个格值：⊤、某个c_i和⊥。变量x只能在计算出其初始Value时或其Value改变时进入WorkList。因此每个变量x至多只能出现在WorkList上3次。因而，改变的总数是有限的，迭代最终会停止。在算法的第二阶段停止之后，会有一个后处理步骤来构建每个过程入口处已知的常量集合。

● **跳跃函数的实现**

跳跃函数的实现可以是简单的静态近似，在分析期间并不改变；也可以是小的参数化模型；还可以是比较复杂的方案，在每次对跳跃函数求值时进行广泛分析。在上述任何一种方案中，有几个原则都是成立的。如果分析程序判断调用位置s处的参数x是一个已知常量c，那么$\mathcal{J}_s^x = c$且有$Support(\mathcal{J}_s^x) = \phi$。如果$y \in Support(\mathcal{J}_s^x)$且$Value(y) = \top$，那么$\mathcal{J}_s^x = \top$。如果分析程序判断$\mathcal{J}_s^x$的值是无法确定的，那么$\mathcal{J}_s^x = \bot$。

例如，$Support(\mathcal{J}_s^x)$包含一个读取自文件的值，因此$\mathcal{J}_s^x = \bot$。

```
// Phase 1: Initializations
Build all jump functions and Support mappings
Worklist ← ∅

for each procedure p in the program
    for each formal parameter f to p
        Value(f) ← ⊤                        // Optimistic initial value
        Worklist ← Worklist ∪ {f}
for each call site s in the program
    for each formal parameter f that receives a value at s
        Value(f) ← Value(f) ∧ 𝒥ₛᶠ            // Initial constants factor in to 𝒥ₛᶠ

// Phase 2: Iterate to a fixed point
while (Worklist ≠ ∅)
    pick parameter f from Worklist          // Pick an arbitrary parameter
    let p be the procedure declaring f

    // Update the Value of each parameter that depends on f
    for each call site s in p and parameter x such that f ∈ Support(𝒥ₛˣ)
        t ← Value(x)
        Value(x) ← Value(x) ∧ 𝒥ₛˣ           // Compute new value
        if (Value(x) < t)
            then Worklist ← Worklist ∪ {x}

// Post-process Val sets to produce CONSTANTS
for each procedure p
    CONSTANTS(p) ← ∅
    for each formal parameter f to p
        if (Value(f) = ⊤)
            then Value(f) ← ⊥
        if (Value(f) ≠ ⊥)
            then CONSTANTS(p) ← CONSTANTS(p) ∪ {⟨f, Value(f)⟩}
```

图9-21　过程间常量传播算法

分析程序可以用许多方法实现 $\mathcal{J}_s^x$。简单的实现可能仅当 x 是包含 s 的过程中一个形参的静态单赋值形式名时，才传播常量。（使用9.2.4节的Reaches信息，也可以得到类似的功能。）较为复杂的方案，可以建立由形参和字面常量的静态单赋值形式名组成的表达式。有效但代价高昂的技术则要求按需运行SSCP算法以更新跳跃函数的值。

● 扩展算法

图9-21给出的算法只沿调用图的边正向传播值为常数的实参。我们可以用一种直截了当的方法扩展该算法，以处理过程中具有全局作用域的返回值和变量。

既然算法可以建立跳跃函数来模拟值从调用者流动到被调用者，那么它也可以构建回跳函数（return jump function）来模拟值从被调用者返回到调用者。回跳函数对于分析初始化值的例程特别重要，无论是FORTRAN中向公用块填写数据，还是Java中为对象或类设置初始值的操作。算法可以用处理普通跳跃函数的同样方式来处置回跳函数。一种重要的复杂情况是，实现必须避免创建回跳函数的环，这种情况会导致脱节（例如，对于出现尾递归的过程）。

为扩展算法使之涵盖更大的一类变量，编译器只需用一种适当的方法简单地扩展跳跃函数向量。扩展变量集合将增加分析的代价，但有两个因素可以减少代价。首先，在构建跳跃函数时，分析程序可以注意到其中许多变量没有一个能够轻易模拟的值；算法可以将这些变量映射到一个返回⊥的通用跳跃函数，从而避免将这些变量置于 WorkList 上。其次，对于可能有常数值的变量来说，格的结构确保了它们至多在 WorkList 上出现两次。因而，算法仍然应该运行得很快。

本节回顾

　　编译器进行过程间分析是为捕获程序中所有过程的行为，并将这些知识施用到各个过程内部的优化中。为进行过程间分析，编译器需要访问程序中的所有代码。典型的过程间问题需要编译器建立一个调用图（或某种类似的东西），并用直接从各个过程推导出的信息来标注调用图，还要围绕该图传播这些信息。

　　分析过程间信息的结果将被直接应用到过程内分析和优化中。例如，MayMod和MayRef集合可用于减轻在全局数据流分析中调用位置的影响，或用于在调用位置之后避免不必要的 ϕ 函数。由过程间常量传播得到的信息可用于初始化全局算法（如SSCP或SCCP）。

复习题

(1) 现代软件的哪些特性会导致过程间分析的复杂化？

(2) 分析程序如何将MayMod信息合并到过程间常量传播中？这样做有何效果？

9.5　高级主题

　　9.2节专注于迭代数据流分析。本书强调迭代方法，因为它简单、健壮且高效。其他用于数据流分析的方法倾向于严重依赖底层图的结构性质。9.5.1节探讨了流图的可归约性，这对于大多数结构性算法来说都是一种关键性质。

　　9.5.2节再次讨论了9.2.1节的迭代支配性算法框架。该框架的简单性使之颇有吸引力，但更专门化、更复杂的算法显著地降低了渐近复杂度。在这一节，我们将引入一组数据结构，使简单的迭代技术在拥有多达数千个结点的流图上可与快速支配者算法相竞争。

9.5.1　结构性数据流算法和可归约性

　　在第8章和第9章，我们着重阐述了迭代算法，因为一般来说，该算法能够处理任何图上的任何结构良好的方程集合。同时，也存在其他的数据流分析算法，其中许多算法首先推导出被分析代码控制流结构的一个简单模型，然后使用该模型来求解方程式。通常，建立该模型的前提是，能够找到对底层流图的一系列变换以降低图的复杂性，这主要是通过以一些缜密定义的方式合并结点或边来实现。除迭代算法之外，这种图归约过程几乎是每个数据流算法的核心所在。

非迭代数据流算法通常通过对流图应用一系列变换来进行工作，每个变换都选择一个子图并将其替换为表示该子图的单个结点。这种方法会创建一系列派生图，每个图都与其在序列中的前趋不同，其不同之处与二者之间施行的具体变换步骤有关。随着分析程序对流图进行转换，它会在各个连续的派生图中为新的表示结点计算数据流集合。这些集合总括了被替换子图的效果。这些变换会将行为良好的流图归约为一个结点。算法接下来倒转整个过程，从最后一个派生图（只有单个结点）出发，返回到原始的流图。随着分析程序将流图扩展回原来的形式，它会为各个结点计算最终的数据流集合。

本质上，归约阶段从整个流图中收集信息并将其合并起来，而扩展阶段则将合并后的集合等效回传到原来流图中的各个结点上。归约阶段能够成功处理的任何流图被认为是可归约的（reducible）。如果图无法被归约为单个结点，则它是不可归约的（irreducible）。

图9-22给出了一对变换，可用于判断可归约性以及建立一个结构性的数据流算法。T_1删除自环（self loop），即从结点发出、指向本身的边。图中给出了将T_1应用到b的结果，记作$T_1(b)$。T_2将只有一个前趋结点a的结点b折叠回a中，该变换会删除边(a, b)，并使a成为所有从b发出的边的源结点。如果经过该变换，从a到某个结点n之间出现了多条边，则合并这些边。图9-22给出了将T_2应用到a和b的结果，记作$T_2(a, b)$。重复应用T_1和T_2能够归约为单个结点的任何图，都被认为是可归约的。为理解其工作机理，我们考虑（一直使用的）例子CFG。图9-23a给出了对该CFG应用的一系列T_1和T_2变换，最终将该控制流图归约为只有单个结点的图。其中首先持续应用T_2变换，直至所有可供变换的机会均用尽为止：$T_2(B_1, B_2)$、$T_2(B_5, B_6)$、$T_2(B_5, B_8)$、$T_2(B_5, B_7)$、$T_2(B_1, B_5)$和$T_2(B_1, B_3)$。接下来，会利用$T_1(B_1)$删除环，继之以$T_2(B_0, B_1)$和$T_2(B_0, B_4)$，归约到此完成。因为最终的图只有单个结点，所以原始的图是可归约的。

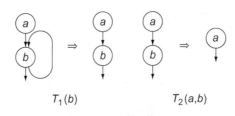

$T_1(b)$ $\qquad$ $T_2(a, b)$

图9-22 变换T_1和T_2

可归约图

如果两个变换T_1和T_2能够将流图归约到单一结点，则该流图是可归约的。如果该过程失败，则流图是不可归约的。

可归约性还有其他的判断方法。例如，如果计算Dom的迭代框架（使用RPO遍历顺序）需要两个以上的迭代才能处理一个图，则该图是不可归约的。

利用其他顺序应用变换也可以归约该图。例如，如果我们从$T_2(B_1, B_5)$开始，将导致出现一个不同的变换序列。T_1和T_2具有有限丘奇-罗瑟性质（finite Church-Rosser property），这确保了变换序列的最终结果与应用变换的顺序无关，且变换序列最终会停止（一定是有限长的）。因而，分析程序能够择

机应用 T_1 和 T_2，即在图中查找能够应用两个变换之一的位置并应用之。

图9-23b说明了将 T_1 和 T_2 应用到具有多入口环（multiple-entry loop）的图上会发生的情况。分析程序先使用 $T_2(B_0, B_1)$，继之以 $T_2(B_0, B_5)$。但到此刻，剩下的结点或结点对已经无法进行 T_1 或 T_2 变换。因而，分析程序无法更进一步归约该图（利用其他顺序应用变换也是不可行的）。该图是不可归约为单个结点的，亦即不可归约的。

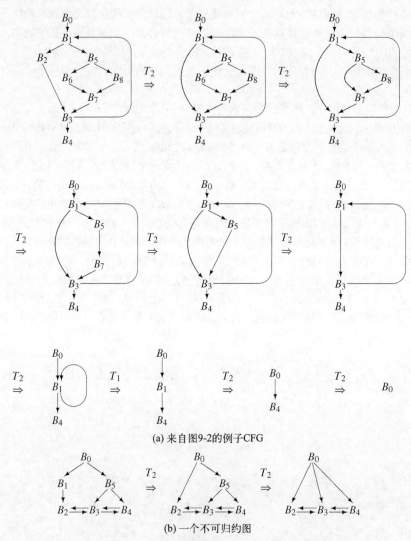

(a) 来自图9-2的例子CFG

(b) 一个不可归约图

图9-23　对示例流图应用归约变换序列

利用 T_1 和 T_2 归约该图的失败是由该图的一种根本性质所致。该图是不可归约的，因为它包含了一个环，且图中包含由不同结点进入该环的多条边。从源语言而论，产生该图的程序中包含一个具有多个入口的循环。在该图中我们可以看到这一点，考虑由 B_2 和 B_3 形成的环。图中从 B_1、B_4 和 B_5 均有边进入该环。类似地，对于B_3和B_4形成的环而言，图中从B_2和B_5均有边进入该环。

不可归约性向基于T_1和T_2之类变换的算法提出了一个严重的问题。如果归约序列无法完成（即生成一个单结点图），那么该方法必须报告失败并通过拆分一个或多个结点来修改流图，或者使用迭代方法在部分归约的图上求解方程组。一般来说，基于对流图进行结构性归约的方法只能处理可归约图。相比之下，迭代算法还可以正确地处理不可归约图。

为将不可归约图转换为可归约图，分析程序可以拆分一个或多个结点。对右侧所示例子流图来说，最简单的拆分是克隆B_2和B_4，分别产生B_2'和B_4'。分析程序接下来可以将边(B_3, B_2)和(B_3, B_4)重定目标，以形成一个复杂的环$\{B_3', B_2', B_4'\}$。新环只有单入口B_3。

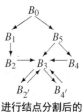

进行结点分割后的
不可归约点

这种变换可以产生一个可归约图，该图仍然执行与原来的图相同的指令序列。原图中从B_2或B_4进入B_3的代码路径，现在作为环$\{B_3', B_2', B_4'\}$的序幕代码执行。在新图中B_2和B_4都具有唯一的前趋结点。B_3具有多个前趋结点，但它是进入环的唯一入口，此时环也是可归约的。因而，通过对结点分割形成了一个可归约图，但代价是克隆两个结点。

民间和已发表的研究一致表明，不可归约图很少出现在全局数据流分析中。20世纪70年代结构化编程的崛起，使得程序员使用任意控制转移（如goto语句）的可能性大大降低。而结构化的循环结构（如do、for、while和until循环）无法产生不可归约图。但从循环中向外的控制转移（如C语言中的break语句）产生的CFG，对于反向的数据流分析是不可归约的。（因为该循环具有多出口，所以反向CFG中的环具有多个入口。）类似地，由于相互递归子程序，不可归约图可能更频繁地出现在过程间分析中。例如，手工编码、递归下降语法分析器的调用图就可能包含不可归约的子图。幸运的是，迭代分析程序可以正确且高效地处理不可归约图。

9.5.2 加速计算支配性的迭代框架算法的执行

计算支配性的迭代框架程序特别简单。虽然大多数数据流问题的方程都涉及几个集合，但约束Dom的方程只涉及对Dom集合成对地计算交集并向这些集合添加单个元素。这些方程的简单性提供了一个机会，允许我们使用一种特别简单的数据结构来提高Dom计算的速度。

迭代Dom框架在各个结点处分别使用一个离散的Dom集合。我们可以减少各个Dom集合所需的空间量，只要注意到Dom集合可以用各个结点的直接支配结点IDom来表示。根据结点的IDom，编译器可以计算所需的所有其他支配性信息。

回忆9.2.1节的例子CFG，右侧再次给出了这一CFG及其支配者树。其IDom集合如下。

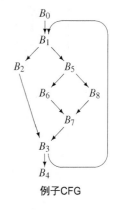

例子CFG

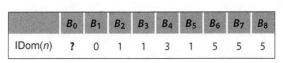

	B_0	B_1	B_2	B_3	B_4	B_5	B_6	B_7	B_8
IDom(n)	?	0	1	1	3	1	5	5	5

请注意，支配者树和各个IDom集合是同构的。IDom(b)不过是b在支配者树中的前趋结点。支配者树的根结点没有前趋结点，相应地，其IDom集合未定义。

编译器可以从图的支配者树中读取到其Dom集合信息。对于结点n，其Dom集合即为从n到支配者树根结点的路径上所有结点的集合，其中包含两个端点。在这个例子中，支配者树中从B_7到B_1的路径包括(B_7, B_5, B_1, B_0)，这与9.2.1节算得的Dom(B_7)是匹配的。

因而，我们可以利用IDom集合作为Dom集合的一个代表，只要我们能够提供高效的方法来初始化Dom集合并对其求交集即可。为处理初始化问题，我们将以稍有不同的方式重新表述迭代算法。为根据IDom集合对与之相应的两个Dom集合求交集，我们使用图9-24底部Intersect过程给出的算法。该算法依赖于以下两个关键事实。

其支配者树

```
for all nodes, b      // initialize the dominators array
    IDoms[b] ← Undefined

IDoms[b₀] ← b₀
Changed ← true
while (Changed)
    Changed ← false
    for all nodes, b, in reverse postorder (except root)
        NewIDom ← first (processed) predecessor of b   // pick one
        for all other predecessors, p, of b
            if IDoms[p] ≠ Undefined   // i.e., Doms[p] already calculated
                then NewIdom ← Intersect(p, NewIdom)
        if IDoms[b] ≠ NewIdom then
            IDoms[b] ← NewIdom
            Changed ← true


Intersect(i, j)
    finger1 ← i
    finger2 ← j
    while (finger1 ≠ finger2)
        while (RPO(finger1) > RPO(finger2))
            finger1 = IDoms[finger1]
        while (RPO(finger2) > RPO(finger1))
            finger2 = IDoms[finger2]
    return finger1
```

图9-24   修改后的迭代支配者算法

(1) 在算法遍历从一个结点到根结点的路径以便重新创建一个Dom集合时，它遍历结点的次序是某种一致次序。如果按遍历次序将两个结点到根结点的路径用其中各个结点的标签表示为串，那么两个结点Dom集合的交集不过是两个串的（最长）公共后缀。

(2) 算法必须能够识别公共后缀。它需要从求交的Dom集合对应的两个结点i和j开始，分别朝根结点的方向向上遍历。如果我们通过RPO编号来指定结点，那么通过简单的比较即可找到最接近的共同祖先，即i和j的IDom。

图9-24中的Intersect算法是经典的"two fnger"算法的一种变体。它使用两个指针来跟踪向上穿越树的路径。在二者一致时，二者均指向表示交集结果的结点。

图9-24顶部给出了一个重新表述的迭代算法，它避免了初始化Dom集合的问题并使用了Intersect算法。该算法将IDom信息维护在数组IDoms中。它将对应于根结点b_0的IDom值初始化为指向其自身。它接下来按逆后序处理各个结点。在计算交集时，它会忽略IDom值尚未计算的那些前趋结点。

> 算法将IDOM(b_0)设置为b_0，以简化算法的其余部分。

为领会该算法的运行方式，可以考虑图9-25a中的图。图9-25b给出了该图的一个RPO顺序，该顺序说明了由不可归约性所致的问题。使用该顺序，算法无法在第一次迭代中正确计算B_3和B_4的IDom。算法需要用两次迭代才能校正这些IDom值，还需要一个迭代确认各个IDom值已经停止变化（到达不动点）。

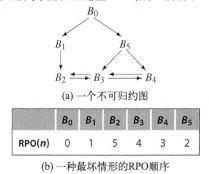

(a) 一个不可归约图

	B_0	B_1	B_2	B_3	B_4	B_5
RPO(n)	0	1	5	4	3	2

(b) 一种最坏情形的RPO顺序

	IDom(n)					
	B_0	B_1	B_2	B_3	B_4	B_5
—	0	?	?	?	?	?
1	0	0	0	5	5	0
2	0	0	0	0	5	0
3	0	0	0	0	0	0
4	0	0	0	0	0	0

(c) IDom计算的进展

图9-25 具有更复杂形状的图

这个改进的算法运行得很快速。其内存占用很小。在任何可归约图上，该算法将在两趟停止：第一趟计算出正确的IDom集合，而第二趟确认没有发生变化。而不可归约图需要超过两趟。实际上，该算法提供了可归约性的一种快速判断能力，即如果有任何IDom值在第二趟发生改变，图肯定是不可归约的。

9.6 小结和展望

大多数优化会根据编译后代码中存在的具体上下文来调整针对通用情形生成的代码。编译器调整代码的能力，通常会因对程序运行时的行为范围缺乏了解而受到限制。

数据流分析使编译器能够在编译时模拟程序的运行时行为，并从相应的模型中汲取重要的具体知识。研究已经提出了许多数据流问题，本章阐述了其中几个问题。许多此类问题都有一些特定的性质，利用这些性质能够进行高效的分析。特别地，可以在迭代框架下表达的问题都能够使用简单的迭代求解程序高效求解。

静态单赋值形式是一种将数据流信息和控制依赖关系信息同时编码到程序名字空间中的中间形式。利用静态单赋值形式通常能够简化分析和变换。许多现代变换都依赖于代码的静态单赋值形式。

本章注释

第一个数据流分析的荣誉通常归于20世纪60年代早期贝尔实验室的Vyssotsky[338]。更早期的工作则见于原始的FORTRAN编译器中，包括了控制流图的构建和在CFG上执行的某种马尔可夫风格的分析（用于估算执行频度）[26]。这个分析程序由Lois Haibt构建，可以认为是一个数据流分析程序。

迭代数据流分析在文献中有着悠久的历史。在这个主题上，对后续发展具有高度影响力的论文包括Kildall在1973年发表的论文[223]、Hecht和Ullman的工作[186]，以及Kam和Ullman的两篇论文[210, 211]。本章的论述沿袭了Kam的工作。

本章专注于迭代数据流分析。此外，研究者还提出了用于解决数据流问题的许多其他算法[218]。感兴趣的读者应该探索一下结构性技术，包括区间分析[17,18,62]；T_1–T_2分析[336,185]、Graham-Wegman算法[168,169]、平衡树及路径压缩算法[330,331]、图语法（graph grammar）[219]，以及变量划分（partitioned-variable）技术[359]。

支配性问题在文献中也有着悠久的历史。Prosser在1959年引入了支配性的概念，但没有给出计算支配者的算法[290]。Lowry和Medlock描述了其编译器中使用的算法[252]。该算法至少要花费$O(N^2)$时间，其中N是过程中语句的数目。几位作者基于从CFG中移除结点的想法开发了更快速的算法[8,3,291]。Tarjan基于深度优先搜索和并集查找（union find）提出了一种复杂度$O(N\lg N + E)$的算法[329]。Lengauer和Tarjan改进了这一时间界[244]，又对其他算法的时间界进行了改进[180,23,61]。本章中关于支配者问题的数据流表述取自Allen[12,17]。用于支配性问题迭代解法的快速数据结构应归于Harvey[100]。图9-8中的算法来自Ferrante、Ottenstein和Warren[145]。

静态单赋值形式的构造算法基于Cytron等人的重要工作[110]。该论文又基于以下工作：Shapiro和Saint[313]，Reif[295,332]，Ferrante，Ottenstein和Warren[145]。9.3.3节中的算法构建了半剪枝静态单赋值形式[49]。重命名算法的细节和用于重建可执行代码的算法是由Briggs等人描述的[50]。优化方面的文献在很久以前就已经发现了关键边引入的复杂情况[304,133,128,130,225]，它们也出现在从静态单赋值形式到可执行代码的转换中，倒也不应该令人惊讶。稀疏简单常量传播算法（即SSCP），应归于Reif和Lewis[296]。Wegman和Zadeck重新表述了SSCP，使之使用静态单赋值形式[346,347]。

IBM的PL/I优化编译器是进行过程间数据流分析最早的系统之一[322]。副效应分析方面也有大量文献涌现[34,32,102,103]。过程间常量传播算法来自于Torczon的学位论文和后续的论文[68,172,263]，Cytron和Wegman还分别提出了解决该问题的其他方法[111,347]。Burke和Torczon[64]表述了一种分析，可用于判断一个大程序中的哪些模块必须重新编译，以响应程序过程间信息的改动。指针分析在本质上属于过程间分析，描述该问题的文献正不断增加[348,197,77,238,80,123,138,351,312,190,113,191]。Ayers、Gottlieb和Schooler描述了一个实际系统，能够对整个程序的一个子集进行分析和优化[25]。

习题

9.2节

(1) 图9-2中用于活动变量分析的算法将各个程序块的LiveOut集合初始化为∅。还有其他可能的初始化方式吗？这些方式是否会改变分析结果？请证明你的答案。

(2) 在活动变量分析中，编译器应该如何处理包含过程调用的程序块？这种程序块的UEVar集合应该包含什么？其VarKill集合应该包含什么？

(3) 在可用表达式的计算中，相关集合初始化如下：

$$AvailIn(n_0)=\emptyset$$

$$AvailIn(n_0)=\{所有表达式\}, \ \forall n \neq n_0$$

构造一个小的示例程序，说明为何后一种初始化是必要的。如果将AvailIn集合都初始化为$\emptyset$，那么算法处理你的例子时会发生何种情况？

(4) 对于下列每个控制流图。

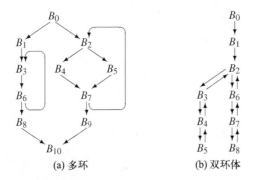

(a) 多环　　　(b) 双环体

　(a) 为CFG和反向CFG分别计算逆后序编号。

　(b) 计算CFG中的逆先序。

　(c) CFG上的逆先序与反向CFG中的后序是否等价？

9.3节

(5) 考虑下面的3个控制流图。

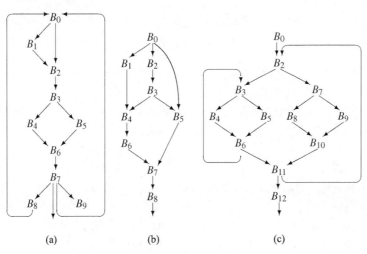

(a)　　　　　　(b)　　　　　　(c)

(a) 分别为CFG a、b、c计算支配者树。

(b) 为CFG a中的结点3和5、CFG b中的结点4和5、CFG c中的结点3和11计算支配边界。

(6) 将图9-26给出的代码转换为静态单赋值形式。只需要给出插入 ϕ 函数和重命名之后的最终代码。

(7) 考虑因程序块 b 中的赋值操作x←…而需要插入 ϕ 函数的所有程序块的集合。图9-9中的算法在 DF(b)中的每个程序块中插入一个 ϕ 函数。DF(b)中的每个程序块都要添加到WorkList，进而，对这些程序块的处理可能又会导致将其DF集合中的结点添加到WorkList。该算法使用一个核对清单以避免将一个程序块多次添加到WorkList。将上述所有这些程序块的集合称为DF$^+$(b)。我们可以将DF$^+$(b)定义为下列序列的极限

$$
\begin{aligned}
\mathrm{DF}_1(b) &= \mathrm{DF}(b) \\
\mathrm{DF}_2(b) &= \mathrm{DF}_1(b) \cup_{x \in \mathrm{DF}_1(b)} \mathrm{DF}_1(x) \\
\mathrm{DF}_3(b) &= \mathrm{DF}_2(b) \cup_{x \in \mathrm{DF}_2(b)} \mathrm{DF}_2(x) \\
&\cdots \\
\mathrm{DF}_i(b) &= \mathrm{DF}_{i-1}(b) \cup_{x \in \mathrm{DF}_{i-1}(b)} \mathrm{DF}_{i-1}(x)
\end{aligned}
$$

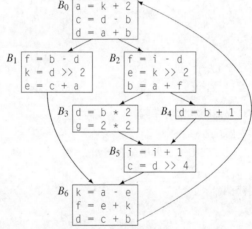

图9-26   问题(6)的CFG

使用这种扩展集合DF$^+$(b)可以得出用于插入 ϕ 函数的一种更简单的算法。

(a) 开发一个算法，用于计算DF$^+$(b)。

(b) 开发一个算法，利用这种DF$^+$集合插入 ϕ 函数。

(c) 比较你的算法的总体代价（包括计算DF$^+$集合的代价）与9.3.3节给出的插入 ϕ 函数的算法的代价。

(8) 最大静态单赋值形式的构造简单且直观。但与半剪枝算法相比，它可能会插入多出很多的 ϕ 函数。特别地，它既会插入冗余的 ϕ 函数（xi←ϕ(xj, xj)），又会插入死亡的 ϕ 函数（结果永远不会用到）。

(a) 提出一种方法，用于检测并删除最大静态单赋值形式构造法插入的多余 ϕ 函数。

(b) 你的方法是否可以将 ϕ 函数集合缩减到半剪枝构造法的水准？

(c) 比较你的方法与半剪枝构造法的渐近复杂度。

(9) 支配性信息和静态单赋值形式使我们能够改进8.5.1节的超局部值编号算法（SVN）。假定代码已经是静态单赋值形式。

(a) 对于CFG中每个具有多个前趋结点的结点，SVN都从一个空的散列表开始。对于这样的程序块b_i，是否能够利用支配性信息选择一个程序块，该程序块中的事实将一直保持到b_i的入口？

(b) 该算法依赖于静态单赋值形式的何种性质？

(c) 假定代码已经是静态单赋值形式，且有支配性信息可用，那么使用这种基于支配者的值编号算法会付出哪些额外的代价？

9.4节

(10) 对于下列每个控制流图，请说明其是否可归约。

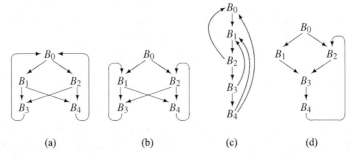

$$\text{(a)} \qquad \text{(b)} \qquad \text{(c)} \qquad \text{(d)}$$

(11) 请证明可归约图的下列定义等价于使用变换T_1和T_2的定义：“图G是可归约的，当且仅当对G中的每个环，都存在一个结点n支配环中的每个结点”。

(12) 使用T_1和T_2给出一系列归约变换，以归约下图。

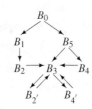

第 10 章

标量优化

10

本章概述

优化编译器通过应用重写代码的变换来改进其所生成代码的质量。基于第8章对优化的简介和第9章静态分析方面的内容，本章专注于单个控制线程下代码的优化，即所谓的标量优化。本章引入了很多与机器无关的变换，可用于解决编译后代码中的各种低效性。

关键词：优化；变换；与机器相关的；与机器无关的；冗余；死代码；常量传播

10.1 简介

优化器分析并变换代码，意在改进其性能。编译器使用诸如数据流分析（参见第9章）这样的静态分析，来发现变换的时机并证明其安全性。这种分析是变换的前奏，但除非编译器真的重写代码，否则一切均不会改变。

代码优化的历史，其悠久有如编译器的历史。第一个FORTRAN编译器就包含了缜密的优化机制，意在提供能够与手工编码的汇编代码相匹敌的性能。自从20世纪50年代后期的第一个优化编译器出现以来，优化方面的文献就一直在不断增长，现在已经有数千篇描述分析和变换的论文了。

决定使用哪些变换并选择应用变换的顺序，仍然是编译器编写者面临的最令人生畏的决策之一。本章专注于标量优化（scalar optimization），即沿单个控制线程优化代码。本章将识别编译后代码中低效性的5种关键来源，然后阐述一组有助于消除这些低效性的优化。本章围绕这5种效应组织，我们预期选择优化方式的编译器编写者可能会采用同样的组织方式。

标量优化

专注于单个控制线程的代码改进技术。

1. 概念路线图

基于编译器的优化需要分析代码以决定其性质，并使用分析的结果将代码重写为一种更高效或更有效的形式。这种改进可以用许多方法度量，包括运行时间减少、代码长度变短、执行期间处理器能耗变低。每个编译器都能对某些输入程序集生成高效的代码。而良好的优化器应该能够使大得多的输入程序集得到类似的性能。优化器应该是健壮的，即输入的小改动不应该导致性能出现较大变动。

优化器通过两个主要机制实现这些目标。它会消除由编程语言的抽象引入的不必要开销，还会将结果程序的需求与目标机上可用的软硬件资源相匹配。在广义上，变换可以分为与机器无关的和与机器相关的两类。例如，将冗余计算替换为对此前计算值的重用，通常会比重算该值更快速，因而冗余消除被认为是与机器无关的。与之相反，利用向量处理器上的"分散–聚集"硬件实现字符串复制操作，显然是与机器相关的。通过调用手工优化的系统例程bcopy来重写复制操作，可能具有更广泛的适用性。

与机器无关的

能够在大多数目标机上改进代码的变换被认为是与机器无关的（machine independent）。

与机器相关的

依赖于目标处理器相关知识的变换被认为是与机器相关的（machine dependent）。

2. 概述

大多数优化器都被构建为一系列处理趟，如右侧所示。每趟以IR形式的代码作为其输入，都生成IR代码的一个重写后的版本作为其输出。这种结构将实现划分为若干小片段，从而避免了大型单块程序引起的部分复杂性。这允许独立地构建并测试各个处理趟，简化了开发、测试和维护。这样建立的方法颇为自然，使编译器能够提供不同的优化级别，每个级别规定了一组需要运行的处理趟。"趟"结构使编译器编写者能够多次运行某些趟（如果需要的话）。实际上，某些趟只应该运行一次，而其他趟可能需要在优化过程中的不同时机多次运行。

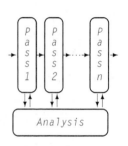

优化序列

对特定变换及应用这些变换的次序的选择，对优化器的有效性有重大影响。各种变换可能具有重叠效应（如局部值编号与超局部值编号），且各具不同的低效性，这使得优化面临的问题更为困难。

同样困难的是，具有不同效果的变换可能发生相互作用。给定的变换可能为其他变换创造时机。同样，给定的变换也可能隐藏或消除应用其他变换的时机。

经典的优化编译器提供了几种优化级别（如–0，–01，–02，…），这向最终用户提供了一种方法，使之能够尝试不同的优化变换序列。研究人员则专注于能够针对特定应用程序代码推导出定制变换序列的技术，即选择一组变换和应用这些变换的顺序。10.7.3节更深入地讨论了这个问题。

在优化器的设计中，变换的选择和变换顺序的确定，对于优化器的整体有效性具有非常关键的作用。变换的选择决定了优化器能够发现IR程序中的哪些低效性，以及优化器如何重写代码以消除这些低效性。编译器应用变换的顺序则决定了各趟处理之间的交互方式。

例如，在适当的上下文中（$r_2 > 0$且$r_5 = 4$），优化器可以将mult r_2, $r_5 \Rightarrow r_{17}$替换为lshiftI r_2, $2 \Rightarrow r_{17}$。这一改变将一个多周期整数乘法替换为一个单周期移位操作，并减少了对寄存器的需求。在大多数情况下，这一重写是有利可图的。但如果下一趟依赖于操作的交换性来重排表达式，那么将乘法替换为移位就预先关闭了一个优化的时机（乘法是可交换的，移位不是）。如果变换使得后续的某些趟处理变得不那么有效，那么它可能会损害代码的整体质量。延迟将乘法替换为移位可以避免这个问题，用于证明这一重写的安全性和可获利性的上下文，很可能在经过后续的各趟处理后继续保持下来。

优化器设计和构造方面的第一个障碍是概念上的。优化文献描述了数百种用于改进IR程序的不同算法。编译器编写者必须从这些变换中选择一个子集来实现并应用到代码上。虽然阅读原始论文有助于进行实现，但这无法为决策过程提供什么洞察力，因为大多数论文都主张采用他们的变换。

编译器编写者需要领会其编译器转换的应用程序中会出现哪些低效性，以及这些低效性对应用程序有何影响。给定一组需要解决的具体缺陷，编译器编写者接下来可以选择处理这些缺陷的具体变换。实际上，许多变换都能够解决多种低效性，因此缜密的选择可以减少所需的趟数。因为大多数优化器都是建立在有限资源之上的，编译器编写者可以根据变换对最终代码的影响，按优先次序列出各个变换。

在概念路线图中提到，变换分为两个大类：与机器无关的变换和与机器相关的变换。在前文的各章中，与机器无关的变换的例子有局部值编号、内联替换和常量传播。与机器相关的变换通常属于代码生成的领域，相关的例子包括窥孔优化（peephole optimization，参见11.5节）、指令调度和寄存器分配。其他与机器相关的变换属于优化器的领域，相关的例子包括树高平衡、全局代码置放和过程置放。一些变换无法分类，比如，循环展开既可以解决与机器无关的问题（如循环开销），又可以解决与机器相关的问题（如指令调度）。

> 两个类别之间的区别可能并不清晰。如果变换有意地忽略与目标机相关的考虑（如其对寄存器分配的影响），那么我们将其称为与机器无关的。

第8章和第9章已经介绍了若干变换，但主要是为说明这两章中的具体观点。接下来的3章专注于代码生成，这是与机器相关的活动。在这3章阐述的许多技术（如窥孔优化、指令调度和寄存器分配）都是与机器相关的变换。本章将阐述多种变换，其中大部分都是与机器无关的。对这些变换的阐述将围绕它们对最终代码的效果展开。我们将关注以下5种具体效果。

- ❏ 消除无用和不可达代码　编译器可以发现无用或不可达的操作。在大多数情况下，消除这些操作将产生更快速、更短的代码。
- ❏ 移动代码　编译器可以将操作移动到更适当的位置上，使之用更少的时间执行，但却能产生同样的效果。在大多数情况下，代码移动可以减少运行时间。而在某些情况下，它还会缩短代码长度。
- ❏ 计算的特化　编译器可以使用围绕一个操作的上下文来特化该操作，如前文将乘法重写为移位的例子。特化可以减小通用代码序列的代价。
- ❏ 消除冗余计算　编译器可以证明某个值已经计算过，因而可以重用早先的值。在很多情况下，重用的代价小于重新计算。局部值编号可以捕获这种效应。
- ❏ 为其他变换制造时机　编译器可以用特定方式重写代码，为其他变换揭示新的时机。例如，内联替换可以为许多其他优化创造时机。

作为软件工程的优化

拥有一个独立的优化器可以简化编译器的设计和实现。优化器简化了前端，前端可以生成通用的代码而忽略特例。优化器也简化了后端，后端可以专注于将程序的IR版本映射到目标机。如果没有优化器，前端和后端都必须牵涉到发现改进代码的时机并应用改进上。

在基于趟结构的优化器中，每趟都包含一个变换以及支持该变换所需的分析。原则上，优化器执行的每个任务都可以只实现一次。这提供了一种单点控制机制，使得编译器编写者只需实现复杂函数一次，无需多次实现。例如，从IR删除一个操作可能是比较复杂的。如果被删除操作使得某个基本程序块变为空（不计程序块末端的分支或跳转），那么变换也应该删除该程序块本身，并将程序块的前趋结点和后继结点适当地连接起来。将这种功能维持在单个位置[①]上简化了实现、理解和维护。

从软件工程的视角来看，趟结构具有清晰的关注点分离机制是有意义的。这使得每趟都关注于单个任务。这种做法提供了一种清晰的关注点分离机制：值编号算法可以忽略寄存器不足的压力，而寄存器分配器无需担心公共子表达式问题。这还使编译器编写者能够独立、彻底地测试各趟，也简化了错误隔离机制。

这一组分类涵盖了编译器能够达到的大多数与机器无关的效应。实际上，许多变换可以提供多于一类的效果。例如，局部值编号可以消除冗余计算，并用已知的常数值特化计算，还可以使用代数恒等式来识别并消除某些种类的无用计算。

10.2　消除无用和不可达代码

有时候，程序包含的一些计算不具有外部可见的效应。如果编译器能够确定给定操作不会影响程序的结果，那么它完全可以消除该操作。大多数程序员都不会有意编写这种代码。但是，这种代码在大多数程序中作为编译器中优化的直接结果出现，通常是因宏展开或编译器前端的"朴素"转换所致。

有两种不同的效应可以使操作成为代码消除的候选对象。操作可能是无用的，意即其结果没有外部可见的效应。另外，操作可能是不可达的，意即它不可能执行。如果一个操作属于上述两类之一，那么它就可被移除。术语"死代码"通常可用于指代无用代码或不可达代码，但我们使用该术语来指无用代码。

无用的

对给定操作来说，如果没有其他操作使用其结果，或使用其结果的所有指令本身都是死代码，那么这个操作是无用的（useless）。

不可达的

对于给定操作来说，如果没有有效的控制流路径包含该操作，则其是不可达的（unreachable）。

删除无用或不可达代码可以缩减代码的IR形式，这会导致可执行程序更小、编译更快、（通常）执行也更快。同时，它还可以增强编译器改进代码的能力。例如，不可达代码的效果可能呈现在静态分析的结果中，从而阻碍应用某些变换。在这种情况下，消除不可达程序块可以改变分析结果，从而能够进一步应用变换（参见10.7.1节的SCCP）。

某些形式的冗余消除也会删除无用代码。例如，局部值编号算法会应用代数恒等式来简化代码。

---

① 即实现在某个模块中，其他需要该功能的模块调用该模块即可。——译者注

这样的例子包括x + 0⇒x，y × 1⇒y和max(z, z)⇒z。对这些例子的每个简化都会消除一个无用操作，即根据定义，在删除后不会对程序的外部可见行为造成影响的操作。

因为本节中的算法会修改程序的控制流图（CFG），我们将审慎地区分术语分支（ILOC指令cbr）和跳转（ILOC指令jump）。密切关注这种区别将有助于读者领会相关的算法。

10.2.1 消除无用代码

用于消除无用代码的经典算法，其运作方式类似于标记—清除垃圾收集器（参见6.6.2节），只是输入的数据是IR代码而已。类似于标记—清除收集器，这些算法会在代码上处理两趟。第一趟清除所有的标记字段，并将"关键"操作均标记为"有用的"。如果一个操作会设置过程的返回值，是输入输出语句，或者会影响从当前过程外部可访问的某个内存位置中的值，则我们称该操作是关键的。关键操作的例子包括过程的起始代码序列和收尾代码序列，以及调用位置处的调用前代码序列和返回后代码序列。接下来，算法将跟踪"有用"操作的操作数，回溯到其定义位置，将相应的操作标记为"有用"。在简单的Worklist迭代模式下，这个过程会一直持续下去，直至无法将更多操作标记为有用为止。第二趟将遍历代码并删除任何没有标记为有用的操作。

> 一个操作可能用几种方法设置一个返回值，包括对传引用参数或全局变量赋值，通过具有歧义的指针赋值，或通过return语句传递一个返回值。

图10-1具体说明了这种思想。我们将该算法称为Dead，其假定输入代码为静态单赋值形式的。静态单赋值形式简化了该算法的处理过程，因为每个使用都指向一个定义。Dead由两趟组成。第一趟称为Mark，负责发现有用操作的集合。第二趟称为Sweep，负责删除无用操作。Mark依赖于反向支配边界，该数据可以从静态单赋值形式构造过程使用的支配边界推导出来（参见9.3.2节）。

对分支或跳转指令以外操作的处理颇为简单。标记阶段确定操作是否有用，清除阶段删除没有标记为有用的操作。

对控制流操作的处理较为复杂。每个跳转指令都被认为是有用的。仅当确有某个有用操作的执行依赖于分支指令时，相应的分支指令才被认为是有用的。随着标记阶段发现有用的操作，算法也会将适当的分支指令标记为有用。为将被标记的操作映射到受该操作影响而变为"有用"的分支指令，算法依赖于控制依赖性（control dependence）的概念。

控制依赖性的定义依赖于后向支配性（postdominance）。在CFG中，如果从i到CFG出口结点的每条路径都经过j，则结点j后向支配结点i。使用后向支配性，我们可以如下定义控制依赖性：在一个CFG中，结点j在控制上依赖于结点i，当且仅当以下条件成立。

(1) 存在一条从i到j的非空路径，使得j后向支配路径上i之后的每个结点。一旦执行从该代码路径开始，那么要到达CFG的出口，控制流必定要经过j（根据后向支配性的定义）。

(2) j并不严格后向支配i。有另一条离开i的边，控制流可能由某条路径流向另一个不在i到j的路径上的结点。必定有一条从该边开始的路径通向CFG的出口结点，且不经过j。

后向支配性

在CFG中，j后向支配i，当且仅当：从i到出口结点的每条代码路径都经过j。

参见9.2.1节支配性的定义。

换言之，有两条或更多条边离开程序块i。有一条或多条边通向j，也有一条或多条边并不通向j。因而，在程序块i结束处的分支指令处所作的决策将会确定是否执行j。如果j中的一个操作是有用的，那么结束i的分支指令也是有用的。

```
Mark( )
  WorkList ← ∅
  for each operation i
      clear i's mark
      if i is critical then
         mark i
         WorkList ← WorkList ∪ {i}
  while (WorkList ≠ ∅)
      remove i from WorkList
         (assume i is x ← y op z)
      if def(y) is not marked then
         mark def(y)
         WorkList ← WorkList ∪ {def(y)}
      if def(z) is not marked then
         mark def(z)
         WorkList ← WorkList ∪ {def(z)}
      for each block b ∈ RDF(block(i))
         let j be the branch that ends b
         if j is unmarked then
            mark j
            WorkList ← WorkList ∪ {j}
            (a) Mark例程
```

```
Sweep( )
  for each operation i
      if i is unmarked then
         if i is a branch then
            rewrite i with a jump
               to i's nearest marked
               postdominator
         if i is not a jump then
            delete i
            (b) Sweep例程
```

图10-1　消除无用代码

控制依赖性的概念，可以通过j的反向支配边界（Reverse Dominance Frontier，记作RDF(j)）精确捕获。反向支配边界只是在反向CFG上计算的支配边界。在Mark将程序块b中的一个操作标记为有用时，它会访问b的反向支配边界中的每个程序块，并将其结束处的分支指令标记为有用的。算法在标记这些分支指令时，会将其添加到WorkList。当WorkList为空时，算法将停止。

Sweep会将任何未标记的分支指令替换为一个跳转指令，跳转到该程序块的第一个包含有用指令的后向支配者。如果分支指令未被标记，那么从其后继结点一直到其直接的后向支配者结点，都不包含有用操作。（否则，如果其中有某些操作被标记，那么该分支指令也将被标记。）如果其直接后向支配者不包含被标记的操作，也有同样的论点成立。为找到最接近的有用后向支配者，该算法可以向上遍历后向支配者树，直至找到包含有用操作的程序块。因为根据定义，出口程序块是有用的，所以该查找必定会停止。

在Dead运行之后，代码将不包含无用计算。其中仍然可能包含空程序块，这可以通过下一个算法删除。

10.2.2　消除无用控制流

优化可能会改变程序的IR形式,使之包含无用的控制流。如果编译器包括可能产生无用控制流(作为一种副效应)的优化,那么其中也应该包括一趟对应的处理,即通过消除无用控制流来简化CFG。本节阐述一个用来处理该任务的简单算法Clean。

Clean直接运行在过程的CFG上。它使用4个变换,如右侧所示。它们按以下顺序应用。

(1) 合并冗余分支指令　如果Clean发现一个程序块以分支指令结束,但该分支指令的两个目标是同一个程序块,则将其替换为到目标程序块的跳转指令。之所以会出现这种情况,是因为其他简化所致。例如,B_i可能有两个后继结点,而每个后继结点结束时都跳转到B_j。如果另一个变换将这两个后继程序块清空,接下来移除两个空程序块(稍后讨论),即可产生右侧给出的初始CFG图。

(2) 删除空程序块　如果Clean发现一个程序块只包含一条跳转指令,则可以将该程序块合并到其后继结点。当有其他趟从程序块B_i中删除了所有操作时,就会出现这种情况。考虑右侧给出的两个CFG图中左侧的那个。由于B_i只有一个后继结点B_j,变换将进入B_i的边重定目标到B_j,并将B_i从B_j的前趋结点集合中删除。这简化了流图。也应该能够加速代码的执行。在原来的图中,穿越B_i的代码路径需要两个控制流操作才能到达B_j。在变换后的图中,相应的代码路径只需一个操作即可到达B_j。

(3) 合并程序块　如果Clean发现一个程序块B_i结束于到B_j的跳转指令,且B_j只有一个前趋结点,那么就可以合并这两个程序块,如右侧所示。这种情况可能因几种原因引起。可能有另一个变换消除了进入B_j的其他边,当然B_i和B_j也可能是合并冗余分支指令(刚才讲过)的结果。但不论是哪种情况,这两个程序块都可以合并为一个程序块。这样就消除了B_i末尾的跳转指令。

(4) 提升分支指令　如果Clean发现程序块B_i结束于到空程序块B_j的跳转指令,且B_j以分支指令结束,那么Clean可以将B_i程序块末尾的跳转指令替换为B_j中分支指令的副本。实际上,这相当于将分支指令提升到B_i中,如右侧所示。当有其他趟处理删除了B_j中的其他操作,使得B_j中的跳转指令直接到跳转到一个分支指令时,就会出现这种情况。变换后的代码只用一个分支指令就达到了同样的效果。这向CFG中添加了一条边。请注意,B_i不可能是空的,否则负责消除空程序块的趟已经删除了它。类似地,B_i不可能是B_j的唯一前趋结点,否则Clean就已经合并了这两个程序块。(在提升之后,B_j仍然至少有一个前趋结点。)

实现这些变换需要进行一些簿记工作。上述变换所作的某些修改颇为简单。为在用ILOC和CFG表示的程序中合并冗余分支指令,Clean将程序块末尾的分支指令改写为跳转指令,并调整程序块的后继结点和前趋结点列表。其他修改则较为困难。合并两个基本程序块涉及为合并后的程序块分配空间,将各个操作复制到新程序块中,调整新程序块(及其在CFG中的相邻结点)的前趋结点和后继结点列表,并丢弃原来的两个程序块。

Clean以一种系统化的方式来应用这4个变换。它按后根次序遍历流图,因此B_i的后继结点会在B_i之前被简化,除非其后继结点在后根次序编号下位于某条后向边上。在这种情况下,Clean将先访问

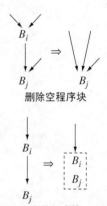

合并冗余分支指令

删除空程序块

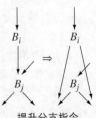

合并程序块

提升分支指令

前趋结点，而后访问后继结点。在有环图中这是不可避免的。在前趋结点之前简化后继结点可以减少实现必须移动某些边的次数。

> 许多编译器和汇编器都包含了一趟特设处理，用来删除目标为跳转指令或分支指令的跳转指令。Clean用一种系统化的方法实现了同样的效果。

在某些情况下，可能需要应用多种变换。对各种情况的缜密分析形成了如图10-2所示的变换顺序，这与本节阐述这些变换的顺序相对应。算法使用了一系列if语句而非一个if-then-else语句，来使它访问一次程序块即可应用多个变换。

```
Clean( )
  while the CFG keeps changing
    compute postorder
    OnePass( )

OnePass( )
  for each block i, in postorder

    if i ends in a conditional branch then
        if both targets are identical then
          replace the branch with a jump          /* case 1 */

    if i ends in a jump to j then
        if i is empty then
          replace transfers to i with transfers to j    /* case 2 */

        if j has only one predecessor then
          combine i and j                         /* case 3 */

        if j is empty and ends in a conditional branch then
          overwrite i's jump with a copy of j's branch   /* case 4 */
```

图10-2　Clean算法

如果该CFG包含后向边，那么Clean的一趟处理可能创造出额外的优化时机，即沿后向边未处理的后继结点。这进而又可能创造出其他的优化时机。为此，Clean会不断重复应用变换序列，直至CFG停止变化为止。在对OnePass的各次调用之前，Clean都必须计算一个新的后根次序编号，因为每趟处理都会改变底层的流图。图10-2给出了Clean的伪代码。

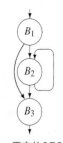

原来的CFG

Clean本身不能消除空循环。考虑右侧给出的CFG。假定程序块B_2为空。Clean的各个变换均无法消除B_2，因为B_2结束处的分支指令不是冗余的。B_2并非结束于跳转指令，因此Clean无法将其与B_3合并。其前趋结点结束于分支指令而非跳转指令，因此Clean既不能将B_2合并到B_1，也无法将其分支指令合并到B_1中。

但通过Clean和Dead之间的协作可以消除这个空循环。Dead使用控制依赖性来标记有用的分支指令。如果B_1和B_3包含有用的操作，而B_2没有有用操作，那么Dead中的Mark处理趟将判断B_2结束处的分支指令不是有用的，因为$B_2 \notin \text{RDF}(B_3)$。由于该分支指令是无用的，计算分支条件的代码也是无用的。

因而，Dead可以消除B_2中所有的操作，并将其结束处的分支指令转换为一个跳转指令，跳转到其最接近且有用的后向支配者B_3。这消除了原来的循环，并产生了右侧名为"Dead处理之后"的CFG。

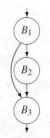

在这种形式下，Clean会将B_2合并到B_1中，从而产生了右侧名为"删除B_2"的CFG。该操作也使得B_1末尾处的分支指令变成冗余的。Clean会将其重写为跳转指令，从而产生了右侧标记为"合并分支指令"的CFG。此时，如果B_1是B_3的唯一剩余前趋结点，则Clean会将这两个程序块合并为一个程序块。

与向Clean添加一个处理空循环的变换相比，这种协作更简单且更有效。这种变换可以识别出从B_i到其自身的分支指令，且对于空的B_i，变换可以将该分支重写为跳转指令，跳转到分支指令的另一个目标。问题在于确定何时B_i是真正空的。如果B_i不包含分支指令之外的操作，那么计算分支条件的代码必定位于循环以外。因而，仅当这个自循环永不执行时，此变换才是安全的。而推断自循环执行的次数需要有关运行时值比较结果的知识，这项任务通常超出了编译器的能力。如果程序块包含操作，但其中只有控制分支指令的操作，那么变换需要利用模式匹配来识别这种情况。但不论是哪种情况，新的变换都会比Clean中原有的4个更复杂。而依赖Dead和Clean的组合，则以更简单、更模块化的方式实现了合适的结果。

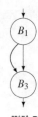

删除B_2

10.2.3　消除不可达代码

有时候CFG中包含了不可达的代码。编译器应该找到不可达程序块并删除它们。程序块可能因两个不同的原因而变为不可达代码：可能没有穿越CFG的代码路径到达该程序块，或者到达该程序块的代码路径是不可能执行的，比如受控于一个条件判断的代码，如果条件表达式的值总是false，则该代码是不可能执行的。

前一种情形易于处理。编译器可以在CFG上执行一种简单的标记-清除风格的可达性分析。首先，它在每个程序块上初始化一个标记，值为"不可达"。接下来，它从CFG的入口结点开始，将每个可以到达的CFG结点标记为"可达"。如果所有分支和跳转指令都是无歧义的，那么所有未标记为可达的程序块都可以删除。如果存在有歧义的分支或跳转指令，则编译器必须保留这种分支或跳转指令可能到达的那些程序块。这种分析简单且代价不高。可以在因其他目的而遍历CFG期间完成此种分析，也可以在CFG构造期间完成。

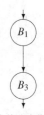

合并分支指令

如果源语言允许对代码指针或标号进行算术运算，则编译器必须保留所有程序块。否则，保留下来的程序块集合可以仅限于那些标号被引用到的程序块。

第二种情况处理起来要困难些。它要求编译器推断控制分支指令的表达式的值。10.7.1节阐述了一个算法，它可以找到一些因所在代码路径不可能执行而不可达的程序块。

本节回顾

代码变换通常会产生无用或不可达代码。为准确地判断哪些操作是死亡的，还需要进行全局分析。许多变换只是将疑似死亡操作留在代码的IR形式中，依赖于独立的专门变换(如Dead和Clean)来清除这些操作。因而，大多数优化编译器都包含一组用于删除死代码的变换。通常，这些趟会在变换序列中运行若干次。

　　本章阐述的3种变换在消除无用和不可达代码方面执行得颇为彻底。但底层的分析却可能会限制这些变换证明代码确实已经死亡的能力。使用基于指针的值会妨碍编译器判断某个值是不使用的。在执行总是采用同一代码路径、但编译器却无法发现这一情况的地方，也会出现条件分支。10.8节给出了一个能够部分解决该问题的算法。

复习题

　　(1) 有经验的程序员往往会怀疑消除无用代码的必要性。他们貌似很确信自己不会写出无用或不可达的代码。那么，第8章中的哪些变换可能会产生无用代码？

> **提示**　请写下访问A[i, j]的代码，其中数组A的维度为A[1:N, 1:M]。

　　(2) 编译器或链接器如何检测并消除不可达的过程？使用你陈述的技术会有何种收益？

10.3　代码移动

　　将一个计算移动到相比原来位置执行得不那么频繁的位置上，应该可以减少运行程序执行的总操作数。本节阐述的第一个变换缓式代码移动，就使用了代码移动来加速执行。因为相对于包围循环的代码来说，循环本身倾向于执行多得多的次数，所以此领域的大部分工作都专注于将不变的表达式从循环中移出。缓式代码移动就会移出循环中不变的代码。它推广了最初在可用表达式数据流问题中阐明的概念，使之包含沿某些（而非全部）代码路径的冗余操作。该变换插入代码以使这些操作在所有代码路径上都变成冗余的，并删除这些新的冗余表达式。

　　但某些编译器根据其他条件进行优化。如果编译器关注可执行代码的长度，那么它可能为减少某个特定操作的副本数目而执行代码移动。本节阐述的第二种变换是代码提升，它利用代码移动来减少指令的重复。该变换试图发现下述情形：插入某个操作使得其他几个同样的操作变为冗余，且不改变程序计算的值。

10.3.1　缓式代码移动

　　缓式代码移动（Lazy Code Motion，LCM）使用数据流分析来发现代码移动的候选操作以及放置这些操作的适当目标位置。该算法运行在程序的IR形式及其CFG上，而非在静态单赋值形式上。它使用3组不同的数据流方程，并从其结果推导出额外的集合。算法为CFG中的每条边都生成了一个表达式集合，其中包含了沿该边应求值的所有表达式，并为CFG中的每个结点都生成了一个表达式集合，其中的表达式在对应程序块中的向上展现求值应该删除。使用一个简单的重写策略即可解释这些集合并修改代码。

　　LCM将代码移动与冗余和部分冗余计算的消除结合起来。冗余的概念是在8.4.1节局部值编号和超局部值编号的上下文中引入的。对于计算c和位置p，如果c只存在于到达p的部分（而非全部）代码路径上，且在c的各个求值位置与p之间，组成c的各个操作数均未改变，那么称计算c在位置p处是部分冗余的（partially redundant）。图10-3说明了使表达式部分冗余的两种方式。在图10-3a中，a←b×c存在于通向汇合点的一条路径上，但在另一条路径上不存在。为使第二个计算成为冗余的，LCM向另一条代码路径插入了对a←b×c的求值，如图10-3b所示。在图10-3c中，沿循环的后向边a←b×c是冗余的，但在进入循环的边上却并非如此。在循环之前插入一个对a←b×c的求值，使得该表达式在循环内部变为冗余的，如图10-3d所示。通过使循环中不变的计算成为冗余的并消除之，LCM将其从循环移出，这种优化在独立进行时被称为循环不变量代码移动（loop-invariant code motion）。

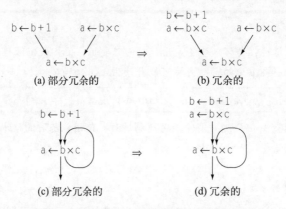

图10-3　将部分冗余的计算转换为冗余计算

冗余
如果在能够到达位置p的每条路径上表达式e都已经进行过求值，那么表达式e在位置p处是冗余的。
部分冗余
如果表达式e在到达位置p的部分（而非全部）代码路径上是冗余的，则表达式e在位置p处是部分冗余的。

LCM底层的基本思想是在9.2.4节引入的。LCM同时计算了可用表达式和可预测表达式。接下来，LCM使用这些分析的结果，用集合Earliest(i,j)来标注CFG中的每条边$\langle i,j\rangle$，这个集合包含了以该边为最早合法置放位置（earliest legal placement）的所有表达式。LCM接下来求解第三个数据流问题，以发现延迟置放（later placement）情况，即将表达式求值延迟至最早置放位置之后、但仍然具有同样效果的情形。延迟置放是颇为理想的情况，因为它们可以缩短由插入的求值定义的值的生命周期。最终，LCM计算其最终产物，集合Insert和Delete，这两个集合用于指引其代码重写步骤。

在这里，最早意味着CFG中最接近入口结点的位置。

代码形式
LCM依赖于有关代码形式的几个隐含的假定。文本相同的表达式总是定义同样的名字。因而，r_i+r_j的每个实例总是赋值给同一个目标r_k。于是，算法可以使用r_k代表r_i+r_j。这种命名方案简化了重写步骤，优化器只需将r_i+r_j的冗余求值替换为r_k的一个副本，而无需产生一个新的临时名字，并在此前的每次求值之后将复制操作插入到该临时名字中。

请注意，这些规则符合5.4.2节描述的寄存器命名规则。

LCM移动的是表达式求值，而非赋值操作。命名规范需要第二个规则来约束程序变量，因为它们可以接受不同表达式的值。因而，程序变量是通过寄存器的到寄存器的复制操作设置的。在变量和表达式之间划分名字空间的一个简单方法是，要求变量的下标小于任一表达式，且在复制之外的任何操作中，已定义寄存器的下标必须大于操作参数的下标。因而，在$r_i + r_j \Rightarrow r_k$中，$i<k$且$j<k$。图10-4中的例子就具有这种性质。

这些命名规则使编译器能够轻易地把变量与表达式分开，从而缩减了在数据流方程中操作的集合的定义域。在图10-4中，变量是r_2、r_4和r_8，每个都是通过一个复制操作定义的。所有其他名字r_1、r_3、r_5、r_6、r_7、r_{20}和r_{21}，都表示表达式。下表给出了例子中各个程序块的局部信息。

	B_1	B_2	B_3
DEExpr	$\{r_1, r_3, r_5\}$	$\{r_7, r_{20}, r_{21}\}$	$\emptyset$
UEExpr	$\{r_1, r_3\}$	$\{r_6, r_{20}, r_{21}\}$	$\emptyset$
ExprKill	$\{r_5, r_6, r_7\}$	$\{r_5, r_6, r_7\}$	$\emptyset$

DEExpr(b)是程序块b中向下展示表达式的集合，UEExpr(b)是b中向上展现表达式的集合，而ExprKill(b)是被b中某些操作杀死的表达式的集合。为简单起见，我们假定B_3的这些集合都是空集。

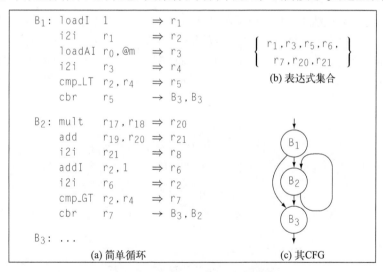

图10-4　缓式代码移动的例子

可用表达式

LCM中的第一步将计算可用表达式，使用的方式类似于9.2.4节中定义的方式。LCM需要程序块末尾处的可用性信息，因此它计算AvailOut而非AvailIn。对于表达式e和程序块b来说，如果在从n_0到b的每条代码路径上，e都已经求值且其参数在求值后均未重新定义过，则表达式e在程序块b的出口处是可用的。

LCM将如下计算AvailOut：

$$\text{Avail Out}(n_0) = \emptyset$$
$$\text{Avail Out}(n) = \{\text{所有表达式}\},\ \forall n \neq n_0$$

然后算法会重复地对下列方程求值，直至到达不动点为止：

$$\text{AntOut}(n) = \bigcap_{m \in preds(n)} (\text{UEExpr}(m) \bigcup (\text{AvailOut}(m) \bigcap \overline{\text{ExprKill}(m)}))$$

对于图10-4中的例子，该过程将产生下列集合：

	B_1	B_2	B_3
AvailOut	$\{r_1, r_3, r_5\}$	$\{r_1, r_3, r_7, r_{20}, r_{21}\}$	...

LCM使用AvailOut集合来帮助判断表达式在CFG中可能的放置位置。如果表达式$e \in \text{AvailOut}(b)$，则编译器可以将e的一个求值放置在程序块b末尾，并获取从n_0到b的任一控制流路径上最近一次求值产生的结果。

如果$e \notin \text{AvailOut}(b)$，那么从$e$最近一次求值以来它的某个子表达式已经修改过，因而程序块b末尾处对e的求值很可能生成一个不同的值。就此而论，借助AvailOut集合，编译器可以判断它能够将表达式e的求值在CFG中（忽略对e的使用）向前移动多远。

可预测表达式

为捕获可用于判断表达式反向移动的信息，LCM需要计算可预测性。回忆9.2.4节的内容，一个表达式在位置p处是可预测的，当且仅当在离开p的每条代码路径上都会计算该表达式，且各条路径上的计算将产生相同的值。由于LCM在每个程序块的开始和结束处都需要有关可预测表达式的信息，因而我们重构了可预测表达式的方程，引入了集合AntIn(n)，以表示在对应于CFG中结点n的程序块入口处可预测表达式的集合。LCM如下初始化AntOut集合：

$$\text{AntOut}(n_f) = \emptyset$$
$$\text{AntOut}(n) = \{\text{所有表达式}\},\ \forall n \neq n_f$$

接下来，算法重复地为每个程序块计算AntIn和AntOut集合，直至该过程达到一个不动点为止。

$$\text{AntIn}(m) = \text{UEExpr}(m) \bigcup (\text{AntOut}(m) \bigcap \overline{\text{ExprKill}(m)})$$
$$\text{AntOut}(n) = \bigcap_{m \in succ(n)} \text{AntIn}(m),\ n \neq n_f$$

对于这个例子，此过程会生成下列集合：

	B_1	B_2	B_3
AntIn	$\{r_1, r_3\}$	$\{r_{20}, r_{21}\}$	$\emptyset$
AntOut	$\emptyset$	$\emptyset$	$\emptyset$

AntOut提供了将一个求值提升到当前程序块开始或结束处的安全性方面的信息。如果$x \in \text{AntOut}(b)$，那么编译器可以将x的一个求值放置在b的末尾，这有两点保证。首先，b末尾处的求值结果，将与x沿过程中任一执行路径的下一次求值结果相同。其次，沿离开程序块b的任一执行路径，在重定义x的任一参数之前，程序会对x进行求值。

最早置放

如果给出了可用性和可预测性的解，对于每个表达式，编译器都可以判断在程序中最早于何处可以对该表达式进行求值。为简化各个方程，LCM假定它会将求值放置在CFG的某条边上，而非某个特定程序块的起始或结束处。计算出一条边供放置表达式的求值操作之用，使得编译器可以推迟具体的放置决策：到底是将求值操作放置在边的源结点末尾处、边的目标结点的起始处，还是在边的中间插入一个新的程序块来放置表达式的求值操作。（参见9.3.5节中对关键边的讨论。）

对于CFG中一条边$\langle i, j \rangle$和表达式e来说，e属于Earliest(i, j)，当且仅当：编译器可以合法地将e移动到$\langle i, j \rangle$，且无法将其移动到CFG中更早的边上。Earliest方程为处理该条件，将其编码为三个条件的交集：

$$\text{Earliest}(i, j) = \text{AntIn}(j) \bigcap \overline{\text{AvailOut}(i)} \bigcap (\text{ExprKill}(i) \bigcap \overline{\text{AntOut}(i)})$$

这些条件如下定义了e的一个最早置放：

(1) $e \in \text{AntIn}(j)$意味着编译器可以安全地将e移动到j的起始处。可预测性方程确保：e在j的起始处，将与其在离开j的任一代码路径上产生相同的值，且这些代码路径都对e进行了求值。

(2) $e \notin \text{AvailOut}(i)$说明，此前对$e$的求值计算结果在$i$的出口处均不可用。如果$e \in \text{AvailOut}(i)$，那么在边$(i, j)$插入$e$将是冗余的。

(3) 第三个条件包含两种情况。如果$e \in \text{ExprKill}(i)$，则编译器无法穿过程序块i移动e，因为有一个定义在i中。如果$e \notin \text{AntOut}(i)$，则由于对某些边$\langle i, k \rangle$，$e \notin \text{AntIn}(k)$，编译器无法将$e$移动到$i$中。如果二者之一成立，那么在CFG中不能将$e$移动到比$\langle i, j \rangle$更早的位置上。

CFG的入口结点n_0带来了一个特例。LCM无法将表达式移动到早于n_0的位置上，因此对任何k，LCM都会忽略掉Earliest(n_0, k)中的第三个条件。对于我们一直使用的例子，其Earliest集合如下：

	$\langle B_1, B_2 \rangle$	$\langle B_1, B_3 \rangle$	$\langle B_2, B_2 \rangle$	$\langle B_2, B_3 \rangle$
Earliest	$\{r_{20}, r_{21}\}$	$\varnothing$	$\varnothing$	$\varnothing$

延迟置放

LCM中最后一个数据流问题用于判断何时一个最早置放能被推迟到CFG中稍后的一个位置，而仍然能够实现相同的效果。

延迟分析表述为CFG上的一个前向数据流问题，其目标在于为每个结点n关联一个集合LaterIn(n)，为每条边$\langle i, j \rangle$关联一个集合Later(i, j)。LCM 初始化LaterIn集合如下：

$$\text{LaterOut}(n_0) = \varnothing$$

$$\text{LaterOut}(n) = \{\text{所有表达式}\}, \forall n \neq n_0$$

接下来，算法对每个程序块重复计算LaterIn和Later集合。在到达不动点时，计算停止。

$$\text{LaterIn}(j) = \bigcap_{i \in pred(j)} \text{Later}(i, j), j \neq n_0$$

$$\text{Later}(i, j) = \text{Earliest}(i, j) \bigcup (\text{LaterIn}(i) \bigcap \overline{\text{UEExpr}(i)}), i \in pred(j)$$

类似可用性和可预测性问题，这些方程也具有唯一的不动点解。

表达式$e \in$ LaterIn(k)，当且仅当：到达k的每条代码路径都包含一条边$\langle p, q \rangle$使得$e \in$ Earliest(p, q)，且从q到k的路径既未重定义e的操作数，也不包含e的最早置放能够预期的对e的求值。Later方程中的Earliest条件确保了Later(i, j)包含Earliest(i, j)。在e能够从i向前（沿控制流方向）移动（即$e \in$ LaterIn(i)），且e置放在i入口处却无法预期到i中对e的使用（$e \notin$ UEExpr(i)）的情况下，Later方程的其余部分会将e置于Later(i, j)中。

给定Later和LaterIn集合，$e \in$ LaterIn(i)意味着编译器能够将e的求值穿过i向前移动而不会损失任何利益，即表达式e在程序块i中的求值（如果有的话）是无法通过早期求值来预测的，而$e \in$ Later(i, j)意味着编译器能够将e在i中的求值移动到j中。

对于我们使用的例子，这些方程将产生下列集合：

	B_1	B_2	B_3
LaterIn	$\varnothing$	$\varnothing$	$\varnothing$

	$\langle B_1, B_2 \rangle$	$\langle B_1, B_3 \rangle$	$\langle B_2, B_2 \rangle$	$\langle B_2, B_3 \rangle$
Later	$\{r_{20}, r_{21}\}$	$\varnothing$	$\varnothing$	$\varnothing$

重写代码

执行LCM算法的最后一步是利用从数据流计算推导出的知识重写代码。为驱动重写过程，LCM会计算两个额外的集合Insert和Delete。

Insert集合对每条边规定了LCM应该在该边插入的计算。

$$\text{Insert}(i, j) = \text{Later}(i, j) \bigcap \overline{\text{LaterIn}(i)}$$

如果i只有一个后继结点，则LCM可以将计算插入到i的末尾。如果j只有一个前趋结点，则算法可以将计算插入到j的入口处。如果上述两个条件均不成立，那么边$\langle i, j \rangle$是一条关键边，而且编译器应该在该边中间插入一个程序块来拆分该边，并将Insert(i, j)中表达式的求值放入该程序块。

Delete集合对每个程序块规定了LCM应该从该程序块删除的计算。

$$\text{Delete}(i) = \text{UEExpr}(i) \bigcap \overline{\text{LaterIn}(i)}, \quad i \neq n_0$$

当然，Delete(n_0)为空，因为n_0之前没有其他程序块。如果$e \in$ Delete(i)，那么在所有的插入已经进行之后，e在i中的第一次计算将变为冗余的。而e在i中的后续各次求值中，凡是具有向上展现使用的都是可以删除的，这里向上展现使用是指某个操作数并不是在i的起始位置与该次求值之间定义的。因为e的所有求值均定义了同一个名字，所以编译器无需重写对被删除求值的后续引用。这些引用仍然指向LCM已经证明了的能够产生同样结果的早期求值。

对于我们的例子来说，Insert和Delete集合都比较简单。

	$\langle B_1, B_2 \rangle$	$\langle B_1, B_3 \rangle$	$\langle B_2, B_2 \rangle$	$\langle B_2, B_3 \rangle$
Insert	$\{r_{20}, r_{21}\}$	$\varnothing$	$\varnothing$	$\varnothing$

	B_1	B_2	B_3
Delete	$\varnothing$	$\{r_{20}, r_{21}\}$	$\varnothing$

编译器解释Insert和Delete集合并重写代码的结果，如图10-5所示。LCM从B_2删除了定义r_{20}和r_{21}的表达式，并将其插入到从B_1到B_2的边上。

因为B_1具有两个后继结点而B_2具有两个前趋结点，所以$\langle B_1, B_2 \rangle$是一条关键边。因而，LCM拆分该边，创建一个新程序块B_{2a}，以容纳插入的对r_{20}和r_{21}的计算。拆分$\langle B_1, B_2 \rangle$向代码增加了一条额外的

jump指令。而代码生成方面的后续工作，几乎肯定会将B_{2a}中的这条jump指令实现为一个落空分支，从而消除与之相关的代价。

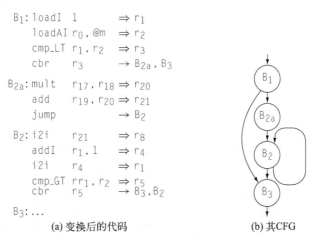

$$
\begin{array}{lll}
B_1: \text{loadI} & 1 & \Rightarrow r_1 \\
& \text{loadAI} \; r_0, @m & \Rightarrow r_2 \\
& \text{cmp\_LT} \; r_1, r_2 & \Rightarrow r_3 \\
& \text{cbr} \quad r_3 & \rightarrow B_{2a}, B_3 \\[4pt]
B_{2a}: \text{mult} \quad r_{17}, r_{18} & \Rightarrow r_{20} \\
& \text{add} \quad r_{19}, r_{20} & \Rightarrow r_{21} \\
& \text{jump} & \rightarrow B_2 \\[4pt]
B_2: \text{i2i} \quad r_{21} & \Rightarrow r_8 \\
& \text{addI} \quad r_1, 1 & \Rightarrow r_4 \\
& \text{i2i} \quad r_4 & \Rightarrow r_1 \\
& \text{cmp\_GT} \; rr_1, r_2 & \Rightarrow r_5 \\
& \text{cbr} \quad r_5 & \rightarrow B_3, B_2 \\[4pt]
B_3: \ldots
\end{array}
$$

(a) 变换后的代码　　　　(b) 其CFG

图10-5　经过缓式代码移动之后的例子

请注意，LCM保留B_2中定义r_8的复制操作不动。LCM移动的是表达式求值，而非赋值操作。（回想一下可知，r_8是变量而非表达式。）如果该复制操作是不必要的，那么后续的复制合并（可能实现在寄存器分配器中，或作为独立的一趟实现）应该会发现该事实并删除这个复制操作。

合并

　　优化器中的一趟处理，用于判断何时可以安全地删除寄存器到寄存器的复制操作并合并复制操作的源/目标名。

10.3.2　代码提升

代码移动技术还可以用于减少编译后代码的长度。名为代码提升（code hoisting）的变换提供了达到该目标的一种直接方法。它以一种特别简单的方式使用了可预测性分析的结果。

如果对某个程序块b，表达式$e \in \text{AntOut}(b)$，这意味着e沿离开b的每条代码路径都进行了求值，且e在b末尾处的求值使得离开b的各条路径上的第一次求值变为冗余。（约束AntOut的方程，确保了在b的末尾处和沿离开b的每条路径上的下一次对e的求值位置之间，e的各个操作数均未重新定义。）为减小代码长度，编译器可以在b的末尾插入对e的一个求值，并将离开b的各条路径上对e的第一次求值替换为对此前计算值的引用。这种变换的效果是，将对e的求值操作的多个副本替换为一个副本，从而减少了编译后代码中操作的总数。

为直接替换这些表达式，编译器需要定位它们。当然，编译器可以插入对e的求值，然后求解另一个数据流问题，证明在b的末尾到e的某次求值之间没有重新定义e的任何操作数。另外，编译器还可以遍历离开b的每条代码路径，通过考察代码路径上各个程序块的UEExpr集合，来找到定义e的第一个程序块。这两种方法看起来都比较复杂。

一种更简单的方法是，编译器访问每个程序块b，然后在b的末尾处对每一个表达式$e \in \text{AntOut}(b)$

414 第 10 章 标量优化

插入一个对e的求值。如果编译器使用了一种统一的命名规范，正如LCM的讨论表明的那样，那么每个求值都将定义对应的适当名字。而对LCM或超局部值编号算法的后续应用，将会删除新的冗余表达式。

本节回顾

编译器因两大原因而进行代码移动。将一个操作移动到（与原来位置相比）执行次数较少的位置上，应该可以减少代码的执行时间。而将一个操作移动到能够用单个操作实例涵盖CFG中多条代码路径的位置上，应该可以缩减代码长度。本节对上述两种情况分别阐述了一个例子。

LCM是数据流驱动全局优化的一个经典例子。它识别冗余和部分冗余的表达式，为这些表达式计算最佳位置并移动它们。根据定义，循环不变量表达式是冗余或部分冗余的，LCM可以将一大类循环不变量表达式移出循环。代码提升采用了一种简单得多的方法，它找到从某个位置p离开的所有代码路径上的冗余操作，并将各条路径上的所有冗余副本替换为p处的一个操作实例。因而，代码提升通常用于缩减代码长度。

复习题

(1) 代码提升能够发现下述情况：某个表达式e在离开位置p的每条代码路径上均存在，且这些代码路径上出现的对e的求值都可以安全地替换为p处对e的一个求值操作。请表述与之对称和等价的优化代码下沉，该优化用于发现何时多个表达式的求值可以安全地向前移动，即从p之前的位置移动到p。

代码下沉（code sinking）的常见实现称为交叉跳转（cross jumping）。

(2)考虑一下，如果在链接器工作期间（此时已经可以得到整个应用程序的代码）应用代码下沉变换，那么会发生什么情况？它对过程链接代码有何影响？

10.4 特化

在大多数编译器中，IR程序的形式决定于前端，这是在对代码的任何详细分析之前发生的。当然，前端产生的IR代码是通用的，可以工作在运行程序可能遇到的任何上下文中。但通过分析，编译器通常可以学习到足够的知识，足以缩小代码必须处理的那些上下文环境的范围。这为编译器创造了机会，使之能够利用代码执行时所处上下文的相关知识，来特化代码中的操作序列。

用于执行特化的主要技术在本书其他章节阐述。9.3.6节和10.8节描述的常量传播，可以分析过程以发现总是具有同一个值的变量/临时值，编译器接下来可以将这种值直接合并到计算中。9.4.2节引入的过程间常量传播在全程序范围应用了同样的思想。10.4节阐述的运算符强度削减，将推断出来的高成本计算序列替换为更快速操作组成的等价序列。而将在11.5节介绍的窥孔优化，则对短的指令序列采用模式匹配手段来发现局部改进。8.4.1节和8.5.1节讲解的值编号算法，通过应用代数恒等式和局部常量合并系统地简化了代码的IR形式。这里的每一种技术都实现了一种形式的特化。

优化编译器依赖于这些通用的技术来改进代码。此外，大多数优化编译器还都包含针对源语言性质或编译器编写者预期会遇到的应用程序而具体设计的特化技术。本节其余部分将阐述3种针对过程调用时出现的特定低效性的技术：尾调用优化、叶调用优化和参数提升。

10.4.1　尾调用优化

如果一个调用是过程的最后一个操作，我们就称该调用为尾调用（tail call）。编译器可以针对上下文而特化尾调用，从而消除过程链接代码的大部分开销。为领会改进代码的时机是如何出现的，考虑当o调用p、p又调用q时会发生什么。在q返回时，它将执行其自身的收尾代码序列并跳转回p的返回后代码序列。此时，执行在p中持续进行，直至p返回为止，这时p将执行自身的收尾代码序列并跳转到o的返回后代码序列。

如果p中对q的调用是尾调用，那么在调用q之后的返回后代码序列和p本身的收尾代码序列之间，不存在有用计算。因而，任何用于保留和恢复p的状态的代码，只要超出了从p返回到o的所需，就都是无用的。如6.5节所述的标准链接代码，其大部分工作用于保存状态，这在尾调用的上下文中是无用的。

在p中对q的调用位置处，最小的调用前代码序列必须对从p传递给q的实参求值，并根据需要调整存取链或display数组。它完全没有必要保存任何由调用者保存的寄存器，因为它们不可能是活动的。它也不必分配一个新的AR，因为q可以使用p的AR。它决不能改动返回到o所需的上下文，即o传递到p的返回地址和调用者的ARP，以及p保存到AR中的由被调用者保存的寄存器。（这一上下文的存在，将使得q中的收尾代码序列直接将控制返回到o）。最终，p中的调用前代码序列必须跳转到q的一个裁剪过的起始代码序列。

这种方案中，q必须执行一个定制的起始代码序列，以便与p中的最小调用前代码序列匹配。它只保存p的状态中对返回到o有用的那部分。q中的起始代码序列并不保存由被调用者保存的寄存器，这是出于两个原因。其一，p在相应寄存器中的值不再是活动的。其二，p留在AR的寄存器保存区中的那些值是返回到o所需的。因而，q中的起始代码序列应该初始化q需要的局部变量和值，接下来它应该分支到q的实际代码执行。

在对p中的调用前代码序列和q中的起始代码序列进行上述修改后，尾调用避免了保存和恢复p的状态并消除了该调用的大部分开销。当然，一旦p中的调用前代码序列已经被用这种方法裁剪过，那么p中的返回后代码序列和p的收尾代码序列将变为不可达代码。标准技术如Dead和Clean不能发现此事实，因为它们假定在过程间到标号的跳转是可执行的。随着优化器对调用的调整，它可以消除这种死亡的代码序列。

优化器只需稍加小心，就可以将q经过裁剪的起始代码序列安排到其更通用的起始代码序列尾部。在这种方案中，与从其他例程对q的正常调用相比，从p到q的尾调用只需跳转到起始代码序列中稍远的位置。

如果尾调用是一个自递归调用（即p和q是同一个过程），那么尾调用优化可以产生特别高效的代码。在尾递归中，整个调用前代码序列都退化为参数求值和一个返回例程顶部的分支指令。最终跳出递归的返回只需要一条分支指令，而非为每次递归调用都使用一条分支指令。结果产生的代码在效率上可以与传统的循环相匹敌。

10

10.4.2   叶调用优化

过程调用涉及的一部分开销，产生于为被调用者可能进行的调用预先作好准备的需求。不进行调用的过程称为叶过程，这种过程为特化创造了时机。编译器很容易识别这种时机，只要判断出过程没有调用其他过程即可。

在转换叶过程期间，编译器可以避免插入用于筹备进一步调用的指令。比如，过程起始代码序列可能会将寄存器中的返回地址保存到AR中的一个槽位里。除非过程自身进行另一次调用，否则该操作是不必要的。如果因其他用途而需要保存返回地址的寄存器，那么寄存器分配器可以溢出该值。类似地，如果实现使用display数组为非局部变量提供可寻址性（如6.4.3节所述），那么叶过程可以避免在起始代码序列中更新display数组。

> 存储返回地址的另一个原因是，允许调试器或性能监测器展开调用栈。在使用此类工具时，编译器应该不改动保存返回地址的操作。

在叶过程中，寄存器分配器应该设法优先使用由调用者保存的寄存器，而后才轮到由被调用者保存的寄存器。如果能够做到不影响被调用者保存的寄存器，即可避免起始代码序列和收尾代码序列中的保存和恢复代码。在小的叶过程中，编译器也许能避免使用由被调用者保存的寄存器。如果编译器能够同时访问调用者和被调用者的代码，那么它可以做得更好；对于对寄存器需求量较少的叶过程，如果其使用量小于由调用者保存的寄存器总数，那么调用者也可以避免一部分寄存器保存和恢复代码。

此外，编译器还可以避免为叶过程分配活动记录的运行时开销。在使用堆分配AR的实现中，分配AR的代价可能会比较高。在只有单个控制线程的应用程序中，编译器可以静态分配任一叶过程的AR。具有更激进分配策略的编译器，可能会分配一个足够大的静态AR供任一叶过程使用，并让所有的叶过程共享这一AR。

如果编译器能够同时访问到叶过程及其调用者的代码，则它可以在（叶过程的）每个调用者的AR中为叶过程的AR分配空间。这种方案将AR分配的代价均摊到至少两个调用上，即对调用者的调用和对叶过程的调用。如果调用者多次调用叶过程，那么这样所带来的节省将以乘法效应倍增。

10.4.3   参数提升

具有歧义的内存引用会妨碍编译器将值保持在寄存器中。有时候，编译器可以通过特例分析或对指针值/数组下标值的详细分析，来证明某个歧义值只有一个对应的内存位置。在这种情况下，编译器可以重写代码，将该值移动到一个标量局部变量中，而寄存器分配器可以将新的局部变量维持在寄存器中。此类变换通常被称为提升（promotion）。提升数组引用或基于指针的引用所用的分析，则超出了本书的范围。不过，一个较简单的案例就可以很好地说明这种变换。

提升
一类将歧义值移动到局部标量名中以将其暴露给寄存器分配的变换。

考虑为一个具有歧义的传引用参数生成的代码。这种参数可能因许多原因出现。代码可能用两个不同的参数槽位传递同一个实参，或将一个全局变量作为实参传递。除非编译器进行过程间分析来排除这些可能性，否则它必须将所有引用参数都视为可能具有歧义的引用。因而，每次使用这种参数时，都要求发出一条load指令，而每次定义其值时，都要求发出一条store指令。

如果编译器能够证明与该形参对应的实参在被调用者中必定是无歧义的，那么它可将该参数的值提升到一个局部标量值中，使被调用者能够将其保持在寄存器中。如果被调用者并不修改该实参，则提升后的参数可以直接传值。如果被调用者修改该实参且其结果在调用者中是活动的，那么编译器必须使用传值兼传结果语义来传递提升后的参数（参见6.4.1节）。

为对某个过程*p*应用这种变换，优化器必须识别所有可以调用*p*的调用位置。它或者证明该变换对所有这些调用位置都是适用的，或者创建*p*的一个副本来处理提升后的值（参见10.6.2节）。在使用传引用绑定的语言中，参数提升是最有吸引力的。

本节回顾

特化包含许多有效的技术，可以针对所处的具体上下文来修改通用计算。其他章节也阐述了强大的全局和区域性特化技术，如常量传播、窥孔优化和运算符强度削减。

本节专注于编译器可以应用到过程调用相关代码的优化。尾调用优化是一种有价值的工具，它可以将尾递归转换为一种在效率上能够匹敌传统循环迭代的形式，它也可以应用到非递归的尾调用。叶过程提供了改进代码的特殊时机，因为被调用者可以省去标准过程链接代码序列的主要部分。参数提升是一类重要变换的一个例子，此类变换专注于消除与歧义引用有关的低效性。

复习题

(1) 许多编译器都包含运算符强度削减的一种简单形式，其中将具有一个常量值操作数的操作替换为更高效但不那么通用的操作。这方面的经典例子是将正数与整数的乘法替换为一系列移位和加法。如何将这种变换合并到局部值编号算法中？

(2) 内联替换可能成为本节所述过程调用优化的一种备选方案。如何在本节所述的各种情况下应用内联替换？编译器如何选择更有利可图的方案？

10.5 冗余消除

对于代码位置*p*和计算*x*+*y*来说，如果沿到达*p*的每条代码路径，*x*+*y*都已经进行过求值，且在求值后*x*和*y*均未修改过，那么*x*+*y*在位置*p*处是冗余的。冗余计算通常是因转换或优化所致。

我们已经阐述了用于冗余消除的3种有效技术：局部值编号（LVN，8.4.1节）、超局部值编号（SVN，8.5.1节）和缓式代码移动（LCM，10.3.1节）。这些算法涵盖的跨度从简单和快速（LVN）到复杂和全面（LCM）。虽然所有这3种方法在涵盖的范围上有所不同，但它们之间的主要区别在于用来确定两个值相等的方法。10.5.1节将详细探讨该问题。10.5.2节将介绍另一个版本的值编号算法，一种基于支配者的技术。

10.5.1 值相同与名字相同

LVN引入了一种简单的机制来证明两个表达式具有相同的值。LVN依赖于两个原则。它为每个值分配一个唯一的标识号（即其值编号）。它假定：如果两个表达式运算符相同，且其操作数均具有相同的值编号，那么两个表达式将产生相同的值。这些简单规则使LVN能够发现一大类冗余操作——任何产生现存值编号的操作都是冗余的。

利用这些规则，LVN可以证明$2+a$与$a+2$具有相同的值，或在a和b具有相同值编号的情况下，$2+a$与$2+b$也具有相同的值。编译器不能证明$a+a$和$2\times a$具有相同的值，因为两个表达式的运算符不同。类似地，它也不可能证明$a+0$和a具有相同的值。因而，我们可以用代数恒等式来扩展LVN，这些恒等式能够处理定义明确但不为原来的规则涵盖的情况。图8-3中的表给出了LVN能够处理的恒等式范围。

与之相对，LCM依赖于名字来证明两个值具有相同的数值。如果LCM看到表达式$a+b$和$a+c$，它会假定二者具有不同的值，因为b和c具有不同的名字。该算法依赖于词法上的比较，即要求名字相同。底层的数据流分析不能直接包容值相同的概念，数据流问题运行在一个预定义的名字空间中，并在CFG上传播有关这些名字的事实。LVN使用的那种特设比较不适合于数据流处理的框架。

正如10.6.4节所述，一种改进LCM有效性的方式是，在应用LCM之前将值的相等关系编码到代码的名字空间中。LCM可以识别LVN和SVN均不能发现的冗余。特别地，它可以发现穿越CFG中汇合点的路径上的冗余，包括那些沿循环控制（loop-closing）分支路径流动的值，而且它还可以发现部分冗余。而另一方面，LVN和SVN都可以发现值的冗余和简化，这些是LCM无法找到的。因而，将值的相等关系编码到名字空间中，使编译器能够同时利用这两种方法的优势。

10.5.2　基于支配者的值编号算法

第8章阐述了局部值编号算法（LVN）及其推广到扩展基本程序块（EBB）的情形——超局部值编号（SVN）。虽然SVN能够比LVN发现更多的冗余，但它仍然会错失某些时机，因为它被限制在EBB中。回想一下可知，SVN算法沿穿越EBB的每条代码路径来传播信息。比如，在右侧给出的CFG片断中，SVN将处理路径(B_0, B_1, B_2)和(B_0, B_1, B_3)。因而，它能够在前缀路径(B_0, B_1)形成的上下文中同时对B_2和B_3进行优化。因为B_4形成了其自身的退化EBB，SVN在优化B_4时无法利用此前的上下文。

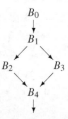

从算法角度来看，SVN在开始处理每个程序块时都有一个表，其中包含了该程序块的EBB路径上所有前趋结点的处理结果。程序块B_4没有前趋结点，因此处理该程序块时没有此前的上下文信息可用。为改进这种情况，我们必须回答一个问题：B_4能够依赖哪个状态？B_4无法依赖在B_2或B_3中计算的值，因为二者均未能出现在到达B_4的全部路径上。与此相反，B_4可以依赖B_0和B_1中计算的值，因为二者出现在能够到达B_4的每一条路径上。因而，我们可以利用关于B_0和B_1中计算的信息来扩展针对B_4的值编号算法。但我们必须考虑到B_0和B_1到B_4之间的程序块（B_2或B_3）中赋值造成的影响。

考虑出现在B_1末尾并再次出现在B_4起始处的表达式$x+y$。如果B_2和B_3均未重定义x或y，那么B_4中对$x+y$的求值是冗余的，优化器可以重用在B_1中计算的值。在另一方面，如果（B_2或B_3中）有任何一个程序块重定义了x或y，那么B_4中对$x+y$的求值将得到与B_1中求值不同的结果，因而该求值不是冗余的。

幸而，静态单赋值形式名字空间恰好包含了这一区别。在静态单赋值形式中，在某个程序块B_i中使用的名字只能以两种方式之一进入B_i。该名字或者是由B_i入口处的某个ϕ函数定义的，或者是在某个支配B_i的程序块中定义的。因而，B_2或B_3中对x的赋值将为x创建一个新名字，并迫使在B_4起始处为x插入一个ϕ函数。这个ϕ函数为x创建了一个新的静态单赋值形式名，而相关的重命名过程修改了在

后续 $x+y$ 计算中使用的静态单赋值形式名。这样，有关 B_2 或 B_3 中是否存在一个"半途插入"的赋值这一信息，就被静态单赋值形式直接编码到表达式使用的名字当中。我们的算法可以依靠静态单赋值形式名来避免该问题。

在将 SVN 算法推广到更大的区域之前，我们必须回答的另一个主要问题是，给定一个程序块（如 B_4），如何利用该算法可以使用的信息，定位到程序块最近的前趋结点？在 9.2.1 节和 9.3.2 节详细讨论过的支配性信息正好具有这种效果。$\text{Dom}(B_4)=\{B_0, B_1, B_4\}$。$B_4$ 的直接支配结点定义为 $(\text{Dom}(B_4)-B_4)$ 集合的各个结点中最接近 B_4 的结点，这里为 B_1，即从入口结点 B_0 到 B_4 的所有路径上都存在的"最后一个"结点。

基于支配者的值编号技术（Dominator-based Value Numbering Technique，DVNT）建立在 SVN 背后的思想之上。它使用一个作用域化的散列表来保存值编号。DVNT 会为每个程序块打开一个新的作用域，并在不再需要它时丢弃它。DVNT 实际上使用静态单赋值形式名作为值编号，因而表达式 $a_i \times b_j$ 的值编号就是 $a_i \times b_j$ 第一次求值时定义的静态单赋值形式名。（即如果其第一次求值发生在 $t_k \leftarrow a_i \times b_j$，那么 $a_i \times b_j$ 的值编号即为 t_k。）

```
procedure DVNT(B)
   allocate a new scope for B
   for each φ-function of the form ''n ← φ(...)'' in B
      if p is meaningless or redundant then
         VN[n] ← the value number for p
         remove p
      else
         VN[n] ← n
         Add p to the hash table

   for each assignment a of the form ''x ← y op z'' in B
      overwrite y with VN[y]
      overwrite z with VN[z]

      let expr ← ''y op z''
      if expr can be simplified to expr' then
         replace a with ''x ← expr'
         expr ← expr'

      if expr has a value number v in the hash table then
         VN[x] ← v
         remove statement a
      else
         VN[x] ← x
         add expr to the hash table with value number x

   for each successor s of B
      adjust the φ-function inputs in s

   for each child c of B in the dominator tree
      DVNT(c)

   deallocate the scope for B
```

图10-6 基于支配者的值编号技术（DVNT）

图10-6给出了这个算法。算法的形式是一个递归过程，优化器在处理代码中过程的入口程序块时调用它。算法会同时跟踪过程的CFG（通过支配者树表示）和值在静态单赋值形式下的流动。对每个程序块B而言，DVNT采用三步处理：首先处理B中的φ函数（如果有的话），其次对赋值进行值编号，最后将相关信息传播到B的后继结点并对B在支配者树中的子结点进行递归处理。

处理B中的φ函数

DVNT必须为每个φ函数p分配一个值编号。如果p是无意义的（即其所有参数都具有相同的值编号），那么DVNT会将其值编号设置为其中一个参数的值编号并删除p。如果p是冗余的（即它与B中另一个φ函数产生同样的值编号），那么DVNT会为二者分配相同的值编号并删除p。

否则，相应的φ函数将计算一个新值。此时有两种情况。一种情况是，p的参数都有值编号，但这些参数的特定组合此前没有在该程序块中见到过；另一种情况是，p的参数中有一个或多个没有值编号。后一种情况是因CFG中的后向边所致。

处理B中的赋值

DVNT会遍历B中的各个赋值，并以类似于LVN和SVN的方式处理它们。其中有一个微妙之处是因使用静态单赋值形式名作为值编号所致。在算法遇到语句x ← y op z时，它完全可以将y替换为VN[y]，因为VN[y]中的名字包含了与y相同的值。

> 回忆静态单赋值形式的构造法可知，未初始化的名字是不允许的。

将信息传播到B的后继结点

一旦DVNT处理了B中所有的φ函数和赋值，它会访问B在CFG中的每个后继结点s，并更新流经边 (B, s) 的值对应的φ函数参数。算法通过修改参数的静态单赋值形式名来记录φ函数参数当前的值编号。（注意这个步骤与静态单赋值形式构造算法的重命名阶段中对应步骤的相似性。）接下来，算法对B在支配者树中的子结点进行递归处理。最后，它会释放对B使用的散列表作用域。

这种递归模式使得DVNT遵循了支配者树上的一种先根次序遍历，这确保了在访问某个程序块之前，与之相应的适当的表已经构建完成。这种顺序可能产生一种违反直觉的遍历；对于右侧的CFG，该算法可能在B_2和B_3之前访问B_4。因为算法可以在B_4使用的唯一事实是其在处理B_0和B_1时发现的那些，以至于B_2、B_3和B_4的相对顺序不仅是未指定的，也是不相关的。

本节回顾

冗余消除的前提是，重用一个值比重算更快。基于该假定，这些方法会识别尽可能多的冗余计算并消除重复的计算。这些变换使用的两种主要的等价性观念分别是值相同和名字相同。这两种对相等关系的不同判断会产生不同的结果。

值编号和LCM都能消除冗余计算。LCM可以消除冗余和部分冗余的表达式求值，但它不会消除赋值操作。值编号算法不能识别部分冗余，但它可以消除赋值操作。有些编译器使用一种基于值的技术（如DVNT）来发现冗余，然后将相关信息编码到名字空间中供基于名字的变换（如LCM）使用。实际上，这种方法结合了以上两种思想的优势。

10.6 为其他变换制造时机

　　通常，优化器有一些（辅助性）处理趟，其主要意图是为其他变换创造或暴露时机。在某些情况下，这种变换会改变代码的形式，使之更容易优化。在其他情况下，此类变换可能在代码中产生一种满足特定条件的位置，保证另一种变换的安全性。通过直接产生必要的代码形式，这些"使能型"（enabling）变换降低了优化器对输入代码形式的敏感度。

　　本书其他部分描述了几种使能变换。循环展开（8.5.2节）和内联替换（8.7.1节）的收益大部分来自于为其他优化创造上下文环境。（对二者分别分析，变换本身确实消除了一些开销，但更大的效果来自于此后应用的其他优化。）树高平衡算法（8.4.2节）并不消除任一操作，但其产生的代码形式可以使指令调度产生更好的结果。本节阐述了4种使能变换：超级块复制（superblock cloning）、过程复制（procedure cloning）、循环外提（loop unswitching）和重命名。

10.6.1 超级块复制

　　通常，优化器变换代码的能力受到代码中特定于路径的信息的限制。设想在右侧给出的CFG上使用SVN算法。程序块B_3和B_7具有多个前趋结点的事实，可能会限制优化器改进这些程序块中代码的能力。比如，如果程序块B_6对x赋值7，而程序块B_8对x赋值13，那么B_7中使用的x看起来将接收到值⊥，即使沿通向B_7的每条代码路径该值都是已知且可预测的。

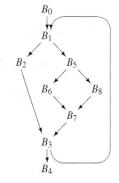

　　在这种情形下，编译器可以复制程序块以产生更适合变换的代码。在这种情况下，编译器可以创建B_7的两个副本B_{7a}和B_{7b}，并将B_7的输入边重定向为〈B_6, B_{7a}〉和〈B_8, B_{7b}〉。经过这一改变，优化器可以将x的值7传送到B_{7a}中，将x的值13传送到B_{7b}中。

　　另一项额外的收益是，由于B_{7a}和B_{7b}都具有唯一的前趋结点，编译器实际上可以将这些相关的程序块合并，由B_6和B_{7a}产生一个程序块，由B_8和B_{7b}产生另一个程序块。这种变换可以消除B_6和B_8程序块结束处的跳转指令，还使优化和指令调度中的进一步改进成为可能。

　　此类复制涉及的一个问题是，编译器应该在何时停止复制？一种名为超级块复制的复制技术广泛用于为循环内部的指令调度产生额外的上下文环境。在超级块复制中，优化器从循环入口开始，并复制每条代码路径，直至遇到反向分支（即循环控制分支指令）。

10

反向分支

对于CFG的某种深度优先遍历，如果某条CFG边的目标深度优先编号小于源，则称其为反向分支（backward branch）。

将这一技术应用到例子CFG中，将产生右侧给出的修改过的CFG。B_1 是循环入口。循环体中的每个结点都具有一个唯一的前趋结点。如果编译器应用一种超局部优化（基于扩展基本程序块的一种优化），那么它发现的每条路径都只包含循环体的一次迭代。（为发现更长的路径，优化器将需要展开循环，使得超级块复制包含多次迭代。）

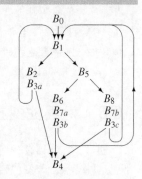

超级块复制可以从3个主要方面来改进优化的结果。

(1) 它可以产生更长的程序块　更长的程序块使局部优化能够处理更多的上下文。就值编号算法而论，超局部和支配者版本与局部版本具有相同的强度。但对一些技术而言，情况并非如此。比如，对于指令调度来说，超局部和支配者版本要弱于局部方法。在这种情况下，先复制，继之以局部优化，可以产生更好的代码。

(2) 它消除了分支　合并两个程序块将消除二者之间的一个分支指令。执行分支指令需要时间。它们也会干扰处理器中一部分对性能很关键的机制，如取指令和许多流水线功能。通过删除指令并使得硬件机制更有效地预测代码的行为，最终，消除分支的净效果是缩短执行时间。

(3) 它在代码中产生了一些可供进一步优化的位置　复制在消除控制流汇合点时，也在程序中产生了一些新的位置，编译器可以在这些位置上推导出关于运行时上下文的更精确知识。变换后的代码可以提供一些特化和冗余消除的时机，而这些在原来的代码中是不存在的。

当然，复制也有其自身的代价。它产生了各个操作的多份副本，这导致代码变得更大。由于避免了一些程序块末尾的跳转，更大的代码可能运行得更快速。但如果代码长度的增长导致了一些额外的指令高速缓存失效，代码也可能运行得更慢。在用户更关心代码长度而非运行时速度的应用程序中，超级块复制可能会起相反作用。

10.6.2　过程复制

8.7.1节描述的内联替换，其效果类似于超级块复制。对于p中对q的调用，该变换会创建q的一个独立副本并将其合并到p中对应的调用位置处。内联替换也会带来与超级块复制相同的效果，包括针对特定上下文的特化、消除一些控制流操作和代码长度增长。

在某些情况下，编译器通过复制过程可以实现内联替换的部分好处，且代码增长较少。该思想类似于超级块复制中的程序块复制。编译器可以产生被调用者的多个副本，将一部分调用分配到复制的各个实例上。

通过缜密地将调用分配到各个副本，每个调用都有了一个类似的上下文环境，优化可以在该环境中进行。比如，考虑右侧给出的简单调用图。假定P_3是一个库例程，其行为十分依赖于某个输入参数。如果参数值为1，编译器可以生成能够高效访问内存的代码，而对于其他值，编译器将生成大得多也慢得多的代码。更进一步，假定P_0和P_1都向P_3传递参数值1，而P_2向其传递参数值17。

原来的调用图

在调用图上进行常量传播不会带来帮助，因为对该参数计算出的格值为$1 \wedge 1 \wedge 17 = \perp$。只采用常量传播，编译器仍然必须为$P_3$生成完全通用的代码。过程复制可以创造出使参数值总是为1的代码位置，如右侧图中的P_{3a}所示。在原来的调用图中阻止了优化的调用(P_2, P_3)，现在重新分配到P_{3b}。编译器现在可以为P_{3a}生成优化代码，而对P_{3b}生成通用代码。

复制P_3之后

10.6.3　循环外提

循环外提将循环中不变的控制流提升到循环之外。如果if-then-else结构中的谓词是循环不变量，那么编译器可以重写循环，将if-then-else抽取到循环之外，并在新的if-then-else的两个分支中分别生成原循环的一个裁剪过的副本。图10-7针对一个短循环给出了这个变换。

```
                                       if (x > y) then
    do i = 1 to n                          do i = 1 to n
        if (x > y)                             a(i) = b(i) * x
            then a(i) = b(i) * x       else
            else a(i) = b(i) * y           do i = 1 to n
                                               a(i) = b(i) * y
    (a) 原来的循环                        (b) 循环外提后的版本
```

图10-7　外提一个短循环

外提是一种使能变换，它使编译器能够以本来难以实现的方式来调整循环体。外提之后，剩余的循环包含较少的控制流。循环体中执行的分支指令数目较少，用于支持分支指令的其他操作也变少。这将导致更好的指令调度、更好的寄存器分配和更快速的执行。如果原来的循环在if-then-else内部包含循环不变量代码，那么LCM不可以将其移出循环。在外提之后，LCM很容易发现并删除这样的冗余。

外提还有一个简单直接的效果，可以改进程序：它将支配循环中不变的条件判断的分支逻辑从循环移出。将控制流移出循环很困难。基于数据流分析的技术（如LCM）在移动此类结构方面颇有困难，因为这种变换会修改分析本身所依赖的CFG。基于值编号的技术可以识别出控制if-then-else结构的谓词具有相同值的情况，但通常无法将该结构从循环移除。

10.6.4　重命名

大多数标量变换都会重写或重排代码中的各个操作。本书中已经多处提到，名字的选择会隐藏或揭示改进代码的时机。比如在LVN中，将程序块中的名字转换为静态单赋值形式名字空间，可以揭示一些本来很难捕获的重用时机。

对于许多变换来说，缜密地构造"正确的"名字空间可以暴露出额外的时机，这或者是通过使分析能够"见到"更多的事实来完成，或者是通过避免因存储重用引起的一部分副效应而做到的。以LCM为例。因为该优化依赖于数据流分析来识别优化时机，其分析依赖于词法等同（lexical identity）的概念，即只有相同的操作在操作数同名的情况下才能归为冗余操作。因而，LCM无法发现$x+x$和$2 \cdot x$具有相同值，也无法发现在$x=y$时$x+x$和$x+y$具有相同值。

为改进LCM的结果，编译器在应用LCM之前，可以将值相等的相关事实编码到名字空间中。编译器会首先使用一种基于值的冗余消除技术（如DVNT），然后重写名字空间使得相等值具有同样的名字。通过将值相等的有关知识编码到词法等同的表示方式中，编译器可以向LCM暴露更多的冗余性并使其更有效。

同样，对指令调度来说名字也很重要。在调度器中，名字包含了数据依赖关系，这种依赖关系会约束调度后代码中各种操作的放置。当名字的重用反映了值的实际流动时，这一重用提供了正确性所需的关键信息。如果名字的重用只是因为此前一趟处理压缩了名字空间，那么这种重用可能会不必要地限制调度。例如，寄存器分配器会将不同值置于同一物理寄存器中，以提高寄存器使用率。如果编译器在指令调度之前进行寄存器分配，那么分配器可能会向调度器强加一些原始代码不需要的形式上的约束。

> 由命名引入的约束假象通常称为假共享（false sharing）。

重命名是一个微妙的问题。各种变换可能得益于具有不同性质的名字空间。长久以来，编译器编写者已经认识到移动和重写操作可以改进程序。同样，他们也应该认识到重命名能够提高优化器的有效性。正如静态单赋值形式已经表明的那样，编译器不必为由程序员或编译器前端引入的名字空间所限制。重命名为未来的工作提供了丰富的基础。

本节回顾

如我们在第7章所见，过程的IR代码的形式会影响到编译器能够为其生成的代码。本节讨论的技术通过改变代码形式来为其他优化创造时机。它们使用复制、选择性重写和重命名，在代码中创造了一些容易被特定变换改进的位置。

在程序块或过程层次上的复制，是通过消除存在于控制流汇合点上的有害效应而实现其效果的。随着该变换在CFG或调用图中删除边，复制还创造了合并代码的时机。循环外提专门移动控制结构代码，但其主要收益是产生了更简单、不包含有条件控制流的循环。后一种收益可以改进从LCM到指令调度等各种变换的结果。重命名是一种具有广泛应用的强大思想；将值相同的有关知识编码到词法等同表示形式的特例，就已经在几种著名的编译器中证明了其实效性。

复习题

(1) 超级块复制为其他优化创造了新时机。考虑树高平衡。超级块复制对此能有多大帮助？你是否能设想一种在超级块复制之后进行的变换，使其能够为树高平衡暴露更多的优化时机？对于SVN来说，在复制之后应用SVN的结果，与直接对原始代码运行LCM的结果相比如何？

(2) 过程复制所针对的低效性正是内联替换的一部分目标。在一个编译器中，是否有同时应用这两种变换的余地？这二者各自的潜在收益和风险如何？编译器如何在二者之间作出选择？

静态单赋值形式图

在一些算法中，将代码的静态单赋值形式视作图可以简化对算法的讨论或实现。用于强度削减的算法就把代码的静态单赋值形式解释为图。

在静态单赋值形式中，每个名字具有唯一的定义，因此每个名字都指定了代码中一个计算其值的特定操作。对一个名字的每次使用都发生在某个具体的操作中，因此可以将这种使用解释为从使用处到定义处的一条链。因而，一个将名字映射到定义该名字的操作的简单查找表，就建立了从每个使用处到对应定义处的一条链。将一个定义映射到使用该定义的操作会稍微复杂些。但是，在静态单赋值形式构造算法的重命名阶段，可以轻易地构建起这个映射。

我们绘制静态单赋值形式图时，边从使用处指向其对应的定义处。这表明了静态单赋值形式名字蕴涵的关系。编译器需要沿图中的边双向移动。强度削减主要是从使用处移动到定义处。SCCP算法从定义处将值传输到使用处。编译器编写者可以轻易地添加所需的数据结构，从而能够进行双向遍历。

10.7 高级主题

本章中选择的大多数例子都是用来说明编译器可用于加速可执行代码的某种特定效应。有时候，同时进行两项优化可以产生以任意组合顺序分别独立应用二者时所无法达到的结果。10.7.1节给出了一个这样的例子：联合应用常量传播与不可达代码消除。10.7.2节给出了另一个更复杂的特化方面的例子：运算符强度削减与线性函数判断替代（linear function test replacement）。我们阐述的算法OSR比此前的算法更简单，因为它依赖于静态单赋值形式的性质。最后，10.7.3节讨论了一些在选择应用优化变换的特定顺序时出现的问题。

10.7.1 合并优化

有时候，在一种统一的框架下重新表述两种不同的优化并对其联合求解，可以产生以任一组合方式分别运行两种优化所无法得到的效果。举例来说，考虑9.3.6节描述的稀疏简单常量传播（SSCP）算法。它为程序的静态单赋值形式中每个操作的结果分配一个格值。在该算法停止时，它已经为每个定义标记了一个格值：⊤、⊥或某个具体的常量。仅当定义依赖于一个未初始化变量或位于不可达程序块中时，定义的格值才会为⊤。

SSCP会为条件分支指令使用的操作数分配一个格值。如果该值为⊥，那么分支的两个目标均是可达的。如果其值既非⊥也非⊤，那么该操作数必定具有一个已知值，因而编译器可以重写该分支指令，将其替换为到两个目标之一的跳转指令，从而简化了CFG。因为这样做从CFG中删除了一条边，这可能使得原本是分支目标的程序块变为不可达代码。常量传播可以忽略不可达程序块的任何效果。但SSCP没有相应的机制来利用这一知识。

我们可以推广SSCP算法，使之能够利用这些见解。由此得到的算法称为稀疏条件常量传播（Sparse Conditional Constant Propagation，SCCP），出现在图10-8、图10-9和图10-10中。

在概念上，SCCP的运作方式简单明了。它会初始化数据结构。然后算法会遍历两个图：CFG和静态单赋值形式图。算法会在CFG上传播可达性信息，在静态单赋值形式图上传播值信息。在值信息到达不动点时，算法将停止。因为常量传播所用的格非常扁平（shallow），所以算法停止得非常迅速。将这两种信息联合起来，SCCP可以发现编译器通过任何SSCP和不可达代码消除的组合所无法发现的不可达代码和常数值。

10

```
CFGWorkList ← { edges leaving n0 }
SSAWorkList ← ∅

for each edge e in the CFG
    mark e as unexecuted

for each def and each use, x, in the procedure
        Value(x) ← ⊤

while (CFGWorkList ≠ ∅ or SSAWorkList ≠ ∅)

    if CFGWorkList ≠ ∅ then
        remove an edge e = (m,n) from CFGWorkList
        if e is marked as unexecuted then
            mark e as executed

            EvaluateAllPhisInBlock((m,n))

            if no other edge entering n is marked as executed then
                if n is an assignment
                    EvaluateAssign(n)
                    let o be n's CFG successor
                    add (n,o) to CFGWorkList

                else EvaluateConditional(n)


    if SSAWorkList ≠ ∅ then
        remove an edge e = (s,d) from SSAWorkList
        c ← CFG node that uses d
        if any edge entering c is marked as executed then
            if d is a φ function argument
            then EvaluatePhi((s,d))
            else if c is an assignment then
                EvaluateAssign(c)
            else EvaluateConditional(c)
```

图10-8　稀疏条件常量传播

为简化SCCP的解释，我们假定CFG中的每个程序块只表示一条语句，外加一些可选的 φ 函数。只有一个前趋结点的CFG结点会包含一条赋值语句或者一个条件分支语句。具有多个前趋结点的CFG结点会包含一组 φ 函数，其后是一条赋值或条件分支语句。

在细节上，SCCP比SSCP或不可达代码消除复杂得多。使用两个图引入了额外的簿记工作。使值的流动依赖于可达性也为算法增加了额外的工作。这些因素联合作用的结果是一种强大但复杂的算法。

该算法以如下方式进行。它将每个Value字段初始化为⊤并将每条CFG边都标记为"未执行"。算法初始化两个WorkList，一个用于CFG边，另一个用于静态单赋值形式图的边。CFG WorkList初始化为离开过程入口结点n_0的各条边。静态单赋值形式图的WorkList初始化为空集。

在初始化阶段之后，算法重复地从两个WorkList之一中选择一条边并处理该边。对于CFG边(m, n)，SCCP算法会判断该边是否已标记为已执行。如果(m, n)是这样标记的，则SCCP不会对(m, n)采取进一步的操作。如果(m, n)标记为未执行，则SCCP会将其标记为已执行并对程序块n起始处的所有 φ 函数求值。接下来，SCCP判断此前是否已经沿另一条边进入过程序块n。如果没有，那么SCCP会对n中的赋值操作或条件分支操作进行求值。这一处理过程可能会向两个WorkList添加边。

在此讨论中，当且仅当进入程序块的某条CFG边被标记为可执行时，程序块才是可达的。

```
EvaluateAssign(m) /* m is a CFG node */
    for each value y used by the expression in m
        let (x,y) be the SSA edge that supplies y
        Value(y) ← Value(x)

    let d be the name of the value produced by m
    if Value(d) ≠ ⊥ then
        v ← evaluation of m over lattice values
        if v ≠ Value(d) then
            Value(d) ← v
            for every SSA edge (d,u)
                add (d,u) to SSAWorklist


EvaluateConditional(m) /* m is a CFG node */
    let (s,d) be the SSA edge referenced in m

    if Value(d) ≠ ⊥ then

        if Value(d) ≠ Value(s) then
            Value(d) ← Value(s)
            if Value(d) = ⊥ then
                for each CFG edge (m,n)
                    add (m,n) to CFGWorklist
            else
                let (m,n) be the CFG edge that
                    matches Value(d)
                add (m,n) to CFGWorklist
```

图10-9　对赋值操作和条件表达式求值

对于静态单赋值形式图的一条边，算法首先检查其目标程序块是不是可达的。如果该程序块可达，SCCP 会根据使用静态单赋值形式名的操作的种类，来调用 EvaluatePhi、EvaluateAssign 或 EvaluateConditional 中的一个。当 SCCP 必须在值格上对赋值或条件表达式求值时，它遵循SSCP算法所用的同一方案，这已经在9.3.6节讨论过。每次某个定义的格值改变时，所有使用该名字的操作都将添加到静态单赋值形式图的WorkList上。

由于SCCP只向它已经证明为可执行的程序块传播值，它会避免处理不可达的程序块。因为每个传播值的步骤都受到条件判断的保护（针对进入程序块的边的可执行标志），所以来自不可达程序块的值不会流出这些程序块本身。这样，来自不可达程序块的值对设置其他程序块中的格值没有作用。

在传播步骤之后，还需要最后一趟处理来替换操作数Value标记不等于⊥的各个操作。算法可以特化这些操作中的很大一部分。对于条件表达式具有已知结果的分支指令来说，算法还应该将其重写为适当的跳转指令。后续各趟变换可以消除不可达代码（参见10.2节）。在传播完成之前，算法是无法重写代码的。

10

```
EvaluatePhi((s,d)) /* (s,d) is an SSA graph edge */
    let p be the φ function that uses d
    EvaluateOperands(p)
    EvaluateResult(p)

EvaluateAllPhisInBlock((m,n)) /* (m,n) is a CFG edge */
    for each φ function p in block n
        EvaluateOperands(p)

    for each φ function p in block n
        Evaluate Result(p)

EvaluateOperands(phi)
    let x be the name defined by φ function phi
    if Value(x) ≠ ⊥ then
        for each parameter p of φ function phi
            let c be the CFG edge corresponding to p
            let (x,y) be the SSA edge ending in p
            if c is marked as executed
                then Value(y) ← Value(x)

EvaluateResult(phi)
    let x be the name defined by φ function phi
    if Value(x) ≠ ⊥ then
        v ← evaluation of phi over lattice values

        if Value(x) ≠ v then
            Value(x) ← v
            for each SSA graph edge (x,y)
                add (x,y) to SSAWorkList
```

图10-10   对 φ 函数求值

1. 对操作求值和重写中的微妙之处

在模拟各个操作时会出现一些微妙的问题。例如，如果算法遇到一个乘法运算，其操作数为⊤ 和 ⊥，它可能断定该操作结果为⊥。但这样做是不成熟的。后续的分析可能将⊤ 降低到常量0，这样，该乘法将生成值0。如果SCCP使用规则⊤ × ⊥→⊥，则它可能引入非单调行为，即在确定乘法结果的值时，可能遵循序列⊤ 、⊥、0，而这将导致SCCP的运行时间增加。同样重要的是，这可能不正确地驱使设置其他值为⊥，从而导致SCCP错过改进代码的时机。

为解决此问题，SCCP应该使用如下3个规则来处理涉及⊥的乘法：⊤ × ⊥→⊤ ，对于 $\alpha \neq$ ⊤ 和 $\alpha \neq 0$ 有 $\alpha \times$ ⊥→⊥，0 × ⊥→0。对于任何操作，如果通过其中一个参数即可完全判断结果，那么它也会有类似的规则。其他的例子有移位操作指定的位偏移量超过字长，与零的逻辑与操作，以及与全1值（各个二进制位均为1）的逻辑或操作。

一些重写可能会带来无法预料的结果。例如，对非负值s，将4×s替换为移位操作，实际上是将一个可交换操作替换为一个非交换操作。如果编译器后来试图利用交换性重排表达式，那么这项过早发生的重写实际上关闭了一个优化窗口。各种变换之间的这种相互作用对代码质量具有显著的影响。为选择编译器将 $4 \times s$ 转换为移位操作的时机，编译器编写者必须考虑应用各种优化变换的顺序。

2. 有效性

SCCP可以发现SSCP算法无法发现的常量。类似地，它可以发现10.2节中各种算法的组合均无法发现的不可达代码。其威力来自于可达性分析与格值传播方法的合并。因为利用格值足以判断分支指令采用的代码路径，该算法还可以删除一些CFG边。算法还可以忽略静态单赋值形式图中因不可达操作而出现的边（将这些操作的结果初始化为⊤），因为如果对应的程序块变为可达代码，那么这些操作将被相应地求值。SCCP的威力主要来源于常量传播和可达性两种分析之间的相互作用。

如果可达性不影响最终的格值，那么通过常量传播（并将条件表达式为常量值的分支指令重写为跳转）并继之以不可达代码消除，可以达到与SCCP同样的效果。如果常量传播在可达性分析中没有发挥作用，那么通过另一种顺序能够达到同样的效果：先是不可达代码消除，继之以常量传播。SCCP之所以能够超越原有变换的两种简单组合发现其他的简化方式，正是因为原有的两种优化之间的相互依赖关系。

10.7.2 强度削减

运算符强度削减是一种将重复出现的一系列"高价"（"强"）操作替换为一系列"廉价"（"弱"）操作的变换，其中这两个指令序列能够计算同样的值。这方面的经典例子是将基于循环索引的整数乘法替换为等价的加法。这个特例通常因循环中对数组和结构地址的常见扩展而出现。图10-11a给出了对下列循环可能生成的ILOC代码：

```
            sum ← 0
            for i ← 1 to 100
               sum ← sum + a(i)
```

```
       loadI   0          ⇒ r_{s_0}
       loadI   1          ⇒ r_{i_0}                loadI   0          ⇒ r_{s_0}
       loadI   100        ⇒ r_{100}               loadI   @a         ⇒ r_{t_6}
   l_1: phi    r_{i_0},r_{i_2}  ⇒ r_{i_1}              addI    r_{t_6},396   ⇒ r_{lim}
       phi     r_{s_0},r_{s_2}  ⇒ r_{i_1}          l_1: phi    r_{t_6},r_{t_8}  ⇒ r_{t_7}
       subI    r_{i_1},1   ⇒ r_1                  phi     r_{s_0},r_{s_2}  ⇒ r_{s_1}
       multI   r_1,4       ⇒ r_2                  load    r_{t_7}       ⇒ r_4
       addI    r_2,@a      ⇒ r_3                  add     r_{s_1},r_4   ⇒ r_{s_2}
       load    r_3         ⇒ r_4                  addI    r_{t_7},4     ⇒ r_{t_8}
       add     r_{s_1},r_4 ⇒ r_{s_2}              cmp_LE  r_{t_8},r_{lim} ⇒ r_5
       addI    r_{i_1},1   ⇒ r_{s_2}              cbr     r_5          → l_1,l_2
       cmp_LE  r_{i_2},r_{100} ⇒ r_5          l_2: ...
       cbr     r_5         → l_1,l_2
   l_2: ...
           (a) 原来的代码                              (b) 强度削减后的代码
```

图10-11 强度削减的例子

该代码以半剪枝静态单赋值形式给出，纯粹的局部值（r_2、r_2、r_3和r_4）既没有下标也没有ϕ函数。请注意对a(i)的引用是如何扩展为这4个操作的：计算$(i-1) \times 4 - @a$的subI、multI和addI指令，以及定义r_4的load指令。

在循环的每个迭代中，这个操作序列都从头开始，将a(i)的地址作为循环索引变量i的函数来计算。考虑r_{i_1}、r_1、r_2和r_3在循环的各次迭代中的值形成的序列。

$$r_{i_1}: \{\, 1, 2, 3, \dots, 100 \,\}$$
$$r_1: \{\, 0, 1, 2, \dots, 99 \,\}$$
$$r_2: \{\, 0, 4, 8, \dots, 396 \,\}$$
$$r_3: \{\, @a, @a+4, @a+8, \dots, @a+396 \,\}$$

r_1、r_2和r_3的值完全是为计算load操作的地址而存在。如果程序每次都利用r_3的前一个值来计算其当前值，那么它完全可以从代码中删除定义r_1和r_2的操作。当然，那样的话，在循环之前需要初始化r_3，在每次迭代中需要更新r_3。这将使r_3变为一个非局部名字，这样在l_1和l_2中它都需要一个ϕ函数。

图10-11b给出了在进行强度削减、线性函数判断替代、死代码消除之后的代码。该代码将此前在r_3中的那些值直接计算到r_{t_7}中，并在load操作中使用r_{t_7}。而循环结束条件判断，在原来的代码中使用r_1，现在已经改为使用r_{t_8}了。这使得r_1、r_2、r_3、r_{i_0}、r_{i_1}、r_{i_2}的计算都变为死代码。在生成最终代码时，这些计算都已经被删除。现在，忽略ϕ函数的话，循环只包含5个操作，而原来的代码包含8个。（在从静态单赋值形式转换回可执行代码时，ϕ函数将变为复制操作，而寄存器分配器通常能够删除这些复制操作。）

如果multI操作的代价比addI操作更高，那么这种改变带来的节省将更大。历史上，正是乘法的高成本成就了强度削减。但即使乘法和加法具有相等的代价，循环的强度削减形式可能仍然是更可取的，因为它创造了更好的代码形式供后续的变换和代码生成使用。特别地，如果目标机具有自动增量寻址模式，那么循环中的addI操作可以合并到内存操作中。而原本使用乘法时，根本不存在这个选项。

本节其余部分将阐述一种用于强度削减的简单算法，我们称之为OSR，然后讲述线性函数判断替代的一种方案，它将循环结束的条件判断从一些本应变为死代码的变量附近移开。OSR运行在代码的静态单赋值形式上，它将这种形式当作图处理。图10-12给出了我们的示例代码及其静态单赋值形式图。

背景

强度削减会考察操作（比如一个乘法操作）所处的上下文环境，其中操作在循环内部执行，且其操作数分别是：(1)一个在循环中不改变的值，称为区域常量（region constant）；(2)一个随循环的各次迭代发生系统化改变的值，称为归纳变量（induction variable）。算法在发现这种情况时，会创建一个新的归纳变量，以一种更高效的方式来计算出一个与原来乘法结果等价的序列。对乘法运算操作数形式的约束，确保了新的归纳变量可以利用加法而非乘法来计算。

区域常量

在给定循环内部不发生改变的值是该循环的区域常量。

归纳变量

在循环的每次迭代中按某个常量递增或递降的值是归纳变量。

我们将可以用这种方法削弱的操作称为候选操作（candidate operation）。为简化对OSR算法的陈述，我们只考虑具有右侧给出的5种形式之一的候选操作，其中c是一个区域常量而i是一个归纳变量。发现并削弱候选操作的关键是能够高效地识别区域常量和归纳变量。当且仅当一个操作具有这些形式之一且符合对操作数的约束时，我们说它是候选操作。

```
x ← c × i
x ← i × c
x ← c + i
x ← i + c
x ← i - c
```
候选操作

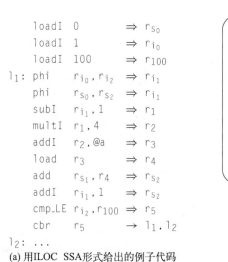

```
              loadI  0       ⇒ r_{s_0}
              loadI  1       ⇒ r_{i_0}
              loadI  100     ⇒ r_{100}
        l_1:  phi    r_{i_0},r_{i_2} ⇒ r_{i_1}
              phi    r_{s_0},r_{s_2} ⇒ r_{i_1}
              subI   r_{i_1},1  ⇒ r_1
              multI  r_1,4    ⇒ r_2
              addI   r_2,@a   ⇒ r_3
              load   r_3      ⇒ r_4
              add    r_{s_1},r_4 ⇒ r_{s_2}
              addI   r_{i_1},1  ⇒ r_{s_2}
              cmp_LE r_{i_2},r_{100} ⇒ r_5
              cbr    r_5      → l_1,l_2
        l_2:  ...
```

(a) 用ILOC SSA形式给出的例子代码

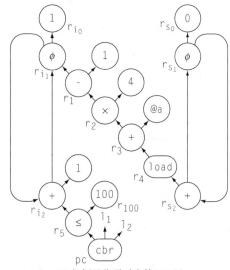

(b) 与例子代码对应的SSA图

图10-12　将ILOC代码中的SSA关联到SSA图

区域常量可以是一个字面常数（如10），也可以是一个循环不变量（即一个在循环内部不修改的值）。利用静态单赋值形式下的代码，编译器通过检查操作参数唯一的定义位置，即可判断其是不是循环不变量：其定义必须支配定义归纳变量的循环的入口程序块。OSR可以在常数时间内同时检查这两个条件。在强度削减之前执行LCM和常量传播可能会揭示更多的区域常量。

直观看来，归纳变量是值在循环中形成一个算术级数的变量。就此算法的目的而言，我们可以使用一个更为特殊也更具限制的定义：归纳变量是SSA图的一个强连通分量（Strongly Connected Component，SCC），其中更新归纳变量的每个操作均属以下情况之一：(1) 一个归纳变量加上一个区域常量；(2) 一个归纳变量减去一个区域常量；(3) 一个 ϕ 函数；(4) 源自另一个归纳变量、从寄存器到寄存器的复制操作。虽然与传统的定义相比，该定义的一般性差得多，但它也足够使OSR算法发现并削弱候选操作。为识别归纳变量，OSR会查找SSA图中的SCC并遍历SCC中的各个操作，以判断每个操作是否是上述4种类型之一。

由于OSR在SSA图中定义归纳变量，而相对于CFG中的一个循环来定义区域常量，因而在确定一个值相对于包含某个特定归纳变量的循环是不是常量时，使用何种条件判断就变得比较复杂。考虑形如 $x \leftarrow i \times c$ 的操作o，其中i是归纳变量。要使o成为强度削减的候选操作，那么相对于i发生改变的最外层循环，c必须是一个区域常量。为判断c是否具有这种性质，OSR必须将i在SSA图中的SCC关联到CFG中的一个循环。

10

OSR会找到在定义i的SCC中逆后序编号最低的SSA图结点。算法会将该结点视为SCC的头，并将该事实记录在SCC中每个结点的header字段中。（SSA图中不是归纳变量一部分的任何结点，其header字段均设置为NULL。）在SSA形式中，归纳变量的头实际上是该变量发生变化的最外层循环起始处的 ϕ 函数。对操作x←i×c（其中i是归纳变量）来说，如果包含c的定义的CFG程序块支配i的头所在CFG程序块，那么c是相应的一个区域常量。该条件确保了，在i发生改变的最外层循环中，c是不变的。为执行这一条件判断，SSA的构造法必须生成一个映射，将每个SSA结点映射到其发源的CFG程序块。

header字段在判断操作是否能进行强度削减上发挥了关键作用。在OSR遇到形如x←y×z的操作时，算法通过跟踪SSA图中通向y的定义的边并检查定义结点的header字段，即可判断y是不是归纳变量。header字段为NULL，表明y不是归纳变量。如果定义y和z的结点header字段均为NULL，那么该操作是无法进行强度削减的。

如果y或z中有一个的定义结点具有非NULL的header字段，那么OSR算法会使用该header字段判断另一个操作数是不是区域常量。假定y的header字段不是NULL。为找到y发生改变的最外层循环的入口序块，OSR需要以y的header为索引键，来查询SSA到CFG的映射。如果z的定义所在的CFG程序块支配y的header对应的CFG程序块，那么z相对于归纳变量y是一个区域常量。

算法

为进行强度削减，OSR必须考察每个操作并判断其操作数是否一个为归纳变量而另一个为区域常量。如果操作满足这些条件，OSR可以削弱该操作：创建一个新的归纳变量来计算所需的值，并将原来的操作替换为一个源自新归纳变量的寄存器到寄存器复制操作。（OSR应该避免创建重复的归纳变量。）

根据之前的讨论，我们知道，OSR可以通过在SSA图中查找SCC来识别归纳变量。算法通过考察值的定义可以发现区域常量。如果该定义源自一个立即数操作，或其CFG程序块支配归纳变量header字段对应的CFG程序块，那么该值是一个区域常量。关键是将这些思想揉合起来，形成一个高效的算法。

OSR使用Tarjan的强连通区域查找程序来驱动整个处理过程。如图10-13所示，OSR以一个SSA图作为其输入参数，并重复地对其应用强连通区域查找程序DFS。（当DFS访问完G中的每个结点时，这一过程会停止。）

DFS执行对SSA图的深度优先搜索。它为每个结点分配一个编号，对应于它访问该结点的顺序。它将每个结点都压入一个栈中，并将该结点标记为从其子结点可达到结点上的深度优先编号的最低值。当算法完成对结点n子结点的处理返回时，如果从n可达的编号最低的结点具有n的编号，那么n即为一个SCC的头。DFS会从栈中弹出各个结点，直至到达n为止。所有这些结点都是该SCC的成员。

DFS会从栈中按照一种能够简化OSR其余部分处理的顺序来删除SCC。在一个SCC从栈中弹出并传递给Process时，DFS已经访问了其在SSA图中的所有子结点。如果我们解释SSA图时，令其边从使用处指向定义处，如图10-12中的SSA图所示，那么仅当候选操作的操作数已经传递给Process之后，才会遇到候选操作。在Process遇到一个可进行强度削减的候选操作时，其操作数已经被归类。因而，Process可以考察各个操作，从中识别候选操作，并调用Replace在深度优先搜索期间将其重写为强度削减后的形式。

```
OSR(G)                                    Process(N)
 nextNum ← 0                               if N has only one member n
                                            then if n is a candidate operation
 while there is an unvisited n ∈ G               then Replace(n,iv,rc)
   DFS(n)                                         else n.Header ← null
                                            else ClassifyIV(N)
DFS(n)
 n.Num ← nextNum++
 n.Visited ← true                         ClassifyIV(N)
 n.Low ← n.Num                             IsIV ← true
 push(n)                                   for each node n ∈ N
                                            if n is not a valid update for
 for each operand o of n                        an induction variable
   if o.Visited = false then                  then IsIV ← false
     DFS(o)
     n.Low ← min(n.Low,o.Low)             if IsIV then
   if o.Num < n.Num and                     header ← n ∈ N with the
    o is on the stack                              lowest RPO number
     then n.Low ← min(n.Low,o.Num)          for each node n ∈ N
                                             n.Header ← header
 if n.Low = n.Num then
   SCC ← ∅                                 else
   until x = n do                            for each node n ∈ N
     x ← pop( )                              if n is a candidate operation
     SCC ← SCC ∪ { x }                         then Replace(n,iv,rc)
   Process(SCC)                                 else n.Header ← null
```

图10-13　运算符强度削减算法

DFS会将每个SCC传递给Process。如果SCC由单个结点n组成，且n已经具备候选操作的形式（如右侧图所示），那么Process会将n及其归纳变量iv和区域常量rc传递给Replace。Replace会重写代码，相关细节在下一节描述。如果SCC包含多个结点，那么Process会将SCC传递给ClassifyIV以判断它是不是归纳变量。

```
x ← c × i
x ← i × c
x ← c + i
x ← i + c
x ← i - c
```
候选操作

> 在Process识别出n是一个候选操作时，它会发现归纳变量iv和区域常量rc。

ClassifyIV会考察SCC中的每个结点，并针对归纳变量的有效更新集合来检查结点。如果所有的更新都是有效的，则SCC就是一个归纳变量，Process会将各个结点的header字段设置为SCC中逆后序编号最低的结点。如果SCC不是归纳变量，则ClassifyIV会再次访问SCC中的每个结点并判断其是不是候选操作，或者是将其传递给Replace，或者是将其header设置为NULL，以表明这不是一个归纳变量。

重写代码

OSR其余的部分实现重写步骤。Process和ClassifyIV都调用Replace来进行重写。图10-14给出了Replace及其支持函数Reduce和Apply的代码。

10

```
Replace(n, iv, rc)                      Apply(op, o1, o2)
  result ← Reduce(n.op, iv, rc)           result ← Lookup(op, o1, o2)
  replace n with a copy from result       if result is "not found" then
  n.header ← iv.header                       if o1 is an induction variable
                                                 and o2 is a region constant
Reduce(op,iv,rc)                              then result ← Reduce(op, o1, o2)
  result ← Lookup(op, iv, rc)              else if o2 is an induction variable
  if result is "not found" then                  and o1 is a region constant
    result ← NewName( )                       then result ← Reduce(op, o2, o1)
    Insert(op, iv, rc,result)             else
                                            result ← NewName( )
    newDef ← Clone(iv, result)              Insert(op, o1, o2,result)
    newDef.header ← iv.header             Find block b dominated by the
    for each operand o of newDef            definitions of o1 and o2
      if o.header = iv.header
        then rewrite o with             Create "op o1, o2 ⇒ result"
              Reduce(op, o, rc)            at the end of b and set its
                                            header to null
      else if op is × or
            newDef.op is φ              return result
        then replace o with
              Apply(op, o, rc)

  return result
```

图10-14   重写步骤的算法

Replace有3个参数：SSA图结点n、归纳变量iv和区域常量rc。后两个是n的操作数。Replace调用Reduce来重写由n表示的操作。接下来，它会将n替换为源自由Replace所生成结果的一个复制操作。它还会设置n的**header**字段，而后返回。

Reduce和Apply负责大部分工作。它们使用一个散列表来避免插入重复的操作。由于OSR处理的是静态单赋值形式名，因此一个全局散列表就足够了。可以在OSR中第一次调用DFS之前初始化散列表。Insert会向散列表添加新数据项，而Lookup则查询该表。

Reduce的规划很简单。其输入为一个操作码及其两个操作数，算法或者创建一个新的归纳变量来代替原来的计算，或者返回此前为同一操作码和操作数组合而创建的归纳变量的名字。它会查询散列表以避免重复工作。如果预期的归纳变量并不在散列表中，那么它会按一个两步过程创建归纳变量。它首先调用Clone来复制iv的定义，iv为需要削弱的操作中的归纳变量。接下来，算法对这个新定义的操作数进行递归处理。

这些操作数分为两类。如果操作数定义在SCC内部，则是iv的一部分，因此Reduce会递归到该操作数进行处理。这样，围绕着原来的归纳变量iv所属的SCC不断进行复制，从而形成了新的归纳变量。而定义在SCC以外的操作数或者是iv的初始值，或者是iv每次递增的步长。初始值必须是SCC以外的一个 ϕ 函数参数，Reduce将对每个这样的参数调用Apply。如果候选操作不是乘法，那么Reduce可以留下归纳变量的递增操作不变。而对于乘法，Reduce必须计算一个新的递增步长，即原来的递增步长与区域常量rc的乘积。它会调用Apply来生成这一计算。

Apply的输入是一个操作码和两个操作数，它会定位代码中一个适当的位置，并插入对应的操作。

它会返回该操作结果的新的静态单赋值形式名。其中有少量细节需要进一步的解释。如果这个新操作自身又是一个候选操作，则Apply会调用Reduce来处理它。否则，Apply会得到一个新名字，向代码插入操作，并返回结果。(如果o1和o2都是常量，Apply可以对该操作求值，并插入一个立即数加载操作。)它会使用支配性信息为新的操作定位一个适当的程序块。直观看来，新操作必须插入到由定义其操作数的程序块所支配的某个程序块中。如果有一个操作数是常量，那么Apply可以在定义另一个操作数的程序块中复制该常量。否则，两个操作数的定义所在程序块都必须支配候选操作所在程序块，且定义两个操作数的程序块中也必定有一个支配另一个。Apply可以紧接后一个定义插入新操作。

返回到例子

考虑当OSR遇到图10-12中的例子时会发生什么。假定算法从标记为r_{s_2}的结点开始处理，且先访问左子结点，后访问右子结点。算法将会沿定义r_4、r_3、r_2、r_1和r_{i_1}的各个操作形成的链向下递归处理。在r_{i_1}处，算法先递归到r_{i_2}处理，然后递归到r_{i_1}处理。算法会找到两个包含了字面常数1的单结点SCC。二者均非候选操作，因此Process将其标记为非归纳变量，将其header字段设置为NULL。

DFS发现的第一个非平凡的SCC包含r_{i_1}和r_{i_2}。所有的操作都是对一个归纳变量的有效更新，所以ClassifyIV将每个结点都标记为归纳变量：将其header字段设置为指向SCC中深度优先编号最低的结点，即r_{i_1}的结点。

现在，DFS返回到r_1的结点。其左子结点是一个归纳变量，右子结点是一个区域常量，因此它调用Reduce来创建一个归纳变量。在这种情况下，r_1为$r_{i_1}-1$，因而归纳变量的初始值等于原归纳变量的初始值减1，或是0。递增步长与原来相同。图10-15给出了Reduce和Apply创建的SCC，在"r_1"标签下。最后，r_1的定义被替换为一个复制操作$r_1 \leftarrow r_{t_1}$。这个复制操作被标记为归纳变量。

接下来，DFS将发现由标记为r_2的结点组成的SCC。Process发现这是一个后续操作，因为其左操作数(现在定义r_1的复制操作)是一个归纳变量，而其右操作数是一个区域常量。Process会调用Replace创建一个归纳变量，其值为$r_1 \times 4$。Reduce和Apply复制r_1的归纳变量，调整递增步长(涉及的是一个乘法)，并添加一个到r_2的复制操作。

DFS接下来将r_3的结点传递给Process。这将创建另一个归纳变量，其初始值为@a，最终其值将复制到r_3。

Process会处理load操作，而后是计算和值的SCC。它发现这些操作均非候选操作。

最后，OSR对cbr相关的未访问结点调用DFS。DFS将访问比较操作、此前标记的归纳变量以及常量100。没有进一步可削弱的操作存在。

图10-15中的SSA图给出了这一过程创建的所有归纳变量。标记为"r_1"和"r_2"的归纳变量是死代码。对应于i的归纳变量将成为死代码，只是循环结束处的条件判断仍然使用它。为消除这一归纳变量，编译器可以应用线性函数判断替代，将该条件判断转移到归纳变量r_3进行。

线性函数判断替代

强度削减通常可以消除一个归纳变量的所有使用，但循环结束处的条件判断除外。在这种情况下，编译器也许能重写循环结束处的条件判断来使用循环中发现的另一个归纳变量。如果编译器能够删除这最后的一处引用，它就可以将原来的归纳变量作为死代码删除。这一变换称为线性函数判断替代(Linear-Function Test Replacement，LFTR)。

为执行LFTR，编译器必须：(1)定位依赖于在其他方面不需要的归纳变量的比较操作；(2)定位一个适当的新归纳变量供比较操作使用; (3)为重写后的条件判断计算正确的区域常量; (4)重写代码。使LFTR与OSR协作可以简化所有这些任务，从而产生快速、有效的变换。

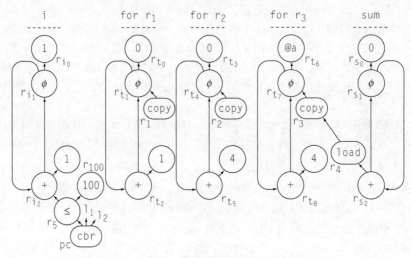

图10-15   为该例子而变换过的SSA图

LFTR搜寻的目标操作会针对区域常量比较归纳变量的值。OSR会考察程序中的每个操作，以判断它是不是强度削减的候选操作。OSR可以轻易且经济地构建涉及归纳变量的所有比较操作的列表。在OSR完成其工作之后，LFTR应该再次访问这些比较操作中的每一个。如果一个比较操作的归纳变量参数已经被OSR执行过强度削减，则LFTR应该将这个比较的目标重定位到新的归纳变量。

为便于进行这一处理过程，Reduce可以将其用于推导每个新归纳变量的算术关系记录下来。算法可以从原来的归纳变量中的每个结点，向强度削减后新归纳变量中的每个对应结点，分别插入一条特殊的LFTR边，并用创建新归纳变量的候选操作的操作码和区域常量来标注它。图10-16给出的SSA图中将这些额外的边标记为黑色。该例子中所作各个强度削减的序列形成了一连串带标签的边。从原来的归纳变量开始，我们发现了标签-1、×4和+@a。

当LFTR找到一个应该被替换的比较操作时，算法可以跟踪从比较操作的归纳变量参数发出的边，从而找到由一连串强度削减操作形成的最终归纳变量。原来的比较操作，应该改为使用这个归纳变量与一个适当的新区域常量。

各条LFTR边上的标签描述了推导新的区域常量时必须应用到原来的区域常量上的变换。在例子中，各条LFTR边形成的"尾迹"从 r_{i_2} 指向 r_{t_8}，由此生成了值$(100-1) \times 4 + @a$，此即变换后的条件判断需要使用的值。图10-16给出了其中涉及的各条边和重写后的条件判断。

LFTR的这个版本简单、高效且有效。它依赖于与OSR算法的密切协作来识别可能需要重定目标的比较操作，并依赖OSR记录它对原归纳变量所作的强度削减变换。LFTR使用这两种数据结构，即可找到需要重定目标的比较操作，并找到将比较操作的（归纳变量）参数重新定位到何处，还可以找到对比较操作的（区域）常量参数所需应用的必要变换。

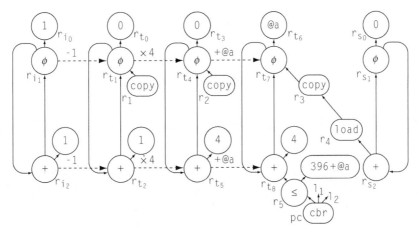

图10-16 应用LFTR之后的例子

10.7.3 选择一种优化序列

优化器对任何给定代码的有效性都取决于它对该代码应用的优化序列，即所用的特定变换以及应用这些变换的顺序。传统的优化编译器已经向用户提供了几种可供选择的序列（例如，-0，-01，-02，…）。这些序列提供了编译时间和编译器试图执行的优化量之间的权衡。但优化工作增加并不保证真能带来性能提高。

优化序列

一组指定了应用顺序的优化。

任何给定变换的有效性都取决于几种因素，由此导致了优化序列问题的出现。

(1) 该变换针对的时机在代码中出现了吗？如果没有，那么变换是无法改进代码的。

(2) 此前的某个变换是否隐藏或掩盖了当前变换所需的时机？例如，LVN中对代数恒等式的优化可以将$2 \times a$转换到一个移位操作，该优化将一个可交换操作替换为一个更快速的非交换操作。此后，任何需要交换性以实现其改进的变换，可能都会因此前应用的LVN而损失某些优化时机。

(3) 是否有其他变换已经消除了当前变换所针对的低效性？不同变换的效果可能是彼此重叠且各具特异性的，例如，LVN实现了全局常量传播的部分效果，而循环展开则实现了类似于超级块复制的效果。编译器编写者可能需要加入两个变换，以实现二者不重叠的那部分效果。

变换之间的相互作用使得难于预测应用任何单一变换或变换序列带来的改进。

一些研究编译器试图发现良好的优化序列。其采用的方法在粒度和技术方面各有不同。各种不同的系统可能会寻找程序块层次、源文件层次和全程序层次上的优化序列。这些系统大多数已经使用了优化序列空间上的某种搜索技术。

潜在优化序列的空间很大。例如，如果编译器从15种变换组成的变换池中选择一个长度为10的变换序列，则可能产生10^{15}种可能的序列，编译器很难全方位地探索如此巨大的变换序列空间。因而，编译器在搜索好的变换序列时，将采用启发式技术对搜索空间的较小部分进行抽样。通常，这些技术

10

分为3类：(1) 改编遗传算法，使之充当某种形式的智能搜索；(2) 随机化搜索算法；(3) 统计机器学习技术。所有这三种方法都显现了前景。

尽管受到搜索空间规模巨大的限制，调优良好的搜索算法还是可以通过对搜索空间的100～200次探测找到良好的优化序列。虽然这一数字还不实用，但更进一步的改进很有可能将探测的数目降低到实用水准。

> 在这里，好的优化序列是指生成的结果在最好的5%结果以内的序列。

这些技术的一种有趣应用是推导编译器的命令行标志（如-O2）所用的优化序列。编译器编写者可以整体考虑一组颇具代表性的应用程序，从而发现良好的通用优化序列，然后将这些序列用作编译器的默认优化序列。一种更激进的方法（已经用于几种系统）是，推导少量良好的优化序列分别用于不同的应用程序集，在实际编译时，可以让编译器分别尝试这些序列并采用最优结果。

10.8　小结和展望

优化编译器的设计和实现是一项复杂任务。本章已经介绍了用于思考各种变换的一个概念框架，即根据效果进行分类。这种分类法中的每个类别都通过几个例子表示，无论是在本章中，还是在书中其他地方。

对编译器编写者提出的挑战是，挑选一组能够良好协作以产生良好代码的变换，这里，"良好"代码意味着满足用户需求的代码。编译器中实现的各种特定变换在很大程度上决定了编译器能够对哪些种类的程序生成良好代码。

本章注释

虽然本章阐述的各种算法相对比较现代，但其中许多基本思想在20世纪六七十年代就为大家所熟知。死代码消除、代码移动、强度削减和冗余消除这些变换，在Allen[11]和Cocke and Schwartz[91]中均全部描述过。若干综述论文概述了不同时间点上本领域的最新进展[16, 28, 30, 316]。Morgan[268]和Muchnick[270]这两本书都讨论了优化编译器的设计、结构和实现。Wolfe[352]和Allen and Kennedy[20]专注于基于相关性的分析和变换。

Dead实现了一种标记—清除风格的死代码消除，这是由Kennedy[215, 217]引入的。它很容易使人想起Schorr-Waite标记算法[309]。Dead是由Cytron等人的工作[110, 7.1节]具体改编而来。Clean是1992年由Rob Shillner开发实现的[254]。

LCM改进了Morel和Renvoise的用于处理部分冗余消除的经典算法[267]。该论文启发了许多后来的改进，本书后面列出了几个例子[81, 130, 133, 321]。Knoop、Rüthing和Steffen的LCM[225]改进了代码置放，10.3节的表述采用了来自Drechsler和Stadel[134]的方程。Bodik、Gupta和Soffa将这种方法与复制结合，以发现和删除所有的冗余代码[43]。DVNT算法应归于Briggs[53]。它已经在若干编译器中实现过。

代码提升出现在Allen-Cocke一览表（Allen-Cocke catalogue）中，被描述为一种用于减小代码规模的技术[16]。使用可预测性的表述出现在若干文献中，包括Fischer和LeBlanc[147]。代码下沉或交叉跳转（cross-jumping）是由Wulf等人描述的[356]。

窥孔优化和尾递归消除都可以追溯到20世纪60年代早期。窥孔优化首先是由McKeeman描述的[260]。尾递归消除还要古老些，据说，麦卡锡（McCarthy）在1963年的一次演讲中在黑板上描述了该变换。Steele的学位论文[323]是尾递归消除方面的经典参考。

超级块复制是由Hwu等人引入的[201]。循环优化（如外提和展开）早已被广泛地研究过[20, 28]，Kennedy使用循环展开来避免循环末尾的复制操作[214]。

Cytron、Lowrey和Zadeck给出了循环外提的一种有趣的备选方案[111]。就内存优化对性能的影响，McKinley等人给出了颇为实用的深刻见解[94, 261]。

（像SCCP中那样）合并不同的优化，通常可以得到分别应用原来的优化所无法得到的改进。值编号合并了冗余消除、常量传播、代数恒等式化简等变换[53]。LCM合并了冗余/部分冗余消除与代码移动[225]。Click and Cooper[86]合并了Alpern的划分算法[21]与SCCP[347]。许多作者已经合并了寄存器分配和指令调度[48, 163, 269, 276, 277, 285, 308]。

SCCP算法应归于Wegman和Zadeck[346, 347]。他们的工作阐明了乐观与悲观算法之间的区别。Click从构建集合的视角讨论了同一问题[84]。

运算符强度削减有着丰富的历史。一类强度削减算法来自于Allen、Cocke和Kennedy的工作[19, 88, 90, 216, 256]。OSR算法就属于这一类[107]。另一类算法源自将数据流方法运用到优化上，例如LCM。这一类技术有若干出处[127, 129, 131, 178, 209, 220, 226]。10.7.2节所述版本的OSR算法只能削弱乘法。Allen等人给出了对许多其他运算符的削减序列[19]，推广OSR以处理这些情形是颇为简单的。强度削减的一种较弱的形式会将整数乘法重写为更快速的操作[243]。

习题

10.1节

(1) 优化器的主要功能之一是消除在从源语言到IR的转换期间编译器引入的开销。

 (a) 给出你预期优化器能够改进的4个低效性的例子，以及导致低效性的对应源语言结构。

 (b) 给出你预期优化器无法发现的低效性的4个例子，即使这些低效性实际上是可以改进的。解释优化器在改进这些低效性时出现困难的原因。

10.2节

(2) 图10-1给出了Dead的算法。标记趟是一个经典的不动点计算。

 (a) 请解释为何该计算会停止。

 (b) 它发现的不动点是否是唯一的吗？请证明你的答案。

 (c) 为该算法推导一个紧凑的时间界限。

(3) 考虑10.2节中的Clean算法。它会删除无用控制流并简化CFG。

 (a) 该算法为何会停止？

 (b) 为该算法给出整体时间界限。

10.3节

(4) LCM使用数据流分析来发现冗余并执行代码移动。因而，它依赖于词法观念上的相等性来发现冗余，即仅当数据流分析将两个表达式映射到同一内部名字时，二者才是冗余的。与之相对，值编号算法根据值计算相等性。

 (a) 给出一个冗余表达式的例子，LCM能够发现该冗余，而基于值的算法（假定是值编号算法的全局版本）无法发现。

(b) 给出一个冗余表达式的例子，LCM无法发现该冗余，但基于值的算法可以发现。

(5) 冗余消除对编译器生成的代码具有各种影响。

(a) LCM是如何影响被变换代码对寄存器的需求的？请证明你的答案。

(b) LCM是如何影响编译器为一个过程所生成代码的长度的？（可以假定对寄存器的需求不变。）

(c) 代码提升是如何影响被变换代码对寄存器的需求的？请证明你的答案。

(d) 代码提升是如何影响编译器为一个过程所生成代码的长度的？（使用与b中同样的假定。）

10.4节

(6) 运算符强度削减的一种简单形式，是将一个"昂贵"操作的单个实例替换为若干"廉价"操作的序列。例如，一些整数乘法运算可以替换为移位和加法的操作序列。

(a) 要使编译器安全地将整数操作 $x \leftarrow y \times z$ 替换为单个移位操作，必须满足什么条件？

(b) 概述一个算法，在常量并非2的幂次时，将一个已知常量与一个无符号整数的乘法替换为移位和加法操作的序列。

(7) 尾调用优化和内联替换都试图降低由过程链接代码引起的开销。

(a) 编译器能否内联尾调用？会出现什么障碍？如何才能绕过这些障碍？

(b) 将由你修改过的内联方案生成的代码与由尾调用优化生成的代码进行比较。

10.5节

(8) 编译器可以用许多不同的方式发现并删除冗余计算。其中包括DVNT和LCM。

(a) 给出两个冗余代码的例子，DVNT可以消除，而LCM无法发现。

(b) 给出一个冗余代码的例子，LCM可以发现，而DVNT无法发现。

10.6节

(9) 开发一种算法来重命名过程中的值，将值相等的信息编码到变量名中。

(10) 超级块复制可能导致代码显著增长。

(a) 编译器如何减轻超级块复制导致的代码增长，同时尽可能保持其带来的收益？

(b) 如果优化器允许跨越循环控制分支指令继续进行超级块复制，可能出现什么问题？将你的方法与循环展开进行比较。

提示 回想第8章的程序块置放算法。

第 11 章

指令选择

11

本章概述

编译器前端和优化器都运行在代码的IR形式上。IR形式的代码必须针对目标处理器的指令集重写，才能在目标处理器上执行。将IR操作映射到目标机操作的过程称为指令选择（instruction selection）。

本章介绍指令选择的两种不同方法。第一种使用树模式匹配算法的技术。第二种基于经典的后期变换，即窥孔优化。二者在实际编译器中都有广泛应用。

关键词：指令选择；树模式匹配；窥孔优化

11.1 简介

为将一个程序从中间表示（如抽象语法树或底层的线性代码）转换为可执行形式，编译器必须将每个IR结构映射到目标处理器指令集中一个对应且等价的结构。取决于IR和目标机ISA中抽象的相对层次，这一转换可能涉及细化IR程序中被隐藏的细节，也可能涉及将多个IR操作合并为一个机器指令。编译器所作的特定选择将影响到编译后代码的总体效率。

指令选择的复杂性源自常见的ISA为（即使是简单的）操作提供的大量备选实现方案。在20世纪70年代，DEC PDP-11的指令集小且紧凑，因而诸如Bliss-11这样的好编译器完全可以通过手工编码的一趟简单处理进行指令选择。随着处理器ISA的扩张，对每个程序可能编码的数目增长到难以管理的地步。这种"爆发"导致出现了指令选择的系统化方法，如本章阐述的那些方法。

1. 概念路线图

指令选择将编译器的IR映射到目标ISA，这实际上是一个模式匹配问题。在其最简单的形式下，编译器可以为每个IR操作提供一个目标ISA操作序列。由此形成的指令选择器提供了一个类似模板展开的处理过程，最终会生成正确的代码。遗憾的是，这种代码对目标机资源的利用比较糟糕。更好的方法会对每个IR操作考虑许多可能的候选代码序列，并从中选择预期代价最低的代码序列。

本章阐述指令选择的两种方法：一种基于树模式匹配，另一种基于窥孔优化。前一种方法依赖于对编译器IR和目标机ISA的一种高层次的树表示法。后一种方法将编译器的IR转换为一种底层线性IR，并对后者进行系统化地改进，然后将其映射到目标机ISA。每种方法都能产生高质量的代码，与局部上下文颇为适应。每种方法都已经集成到某些工具中，这些工具以目标机描述为输入，产生一个可工作的指令选择器。

2. 概述

针对代码生成的系统化方法使为编译器重定目标变得容易。此类工作的目的是，使得将编译器移植到新处理器或新系统所需的工作量最小化。理想情况下，前端和优化器应该只需要最小限度的改变，而大部分后端也可以重用。这种策略良好地利用了在构建、调试和维护编译器通用部件方面的投资。

而处理各种不同目标机的职责大部分都落在指令选择器头上。典型的编译器会对所有目标机、（在可能的情况下）对所有源语言都使用一种通用的IR，它会根据一组适用于大多数（如果不是全部的话）目标机的假定来优化代码的中间形式。最终，编译器会使用后端来处理代码生成的相关问题，编译器编写者会试图（从编译器的其他部分）抽取出目标机相关的细节并将其隔离到后端中。

> 实际上，一种新语言通常需要在IR中增加一些新操作。 但其目标是扩展原来的IR，而非重新发明它。

虽然调度器和寄存器分配器需要目标机相关的信息，但良好的设计可以将这一知识隔离到对目标机及其ISA的具体描述中。这种描述可能包括寄存器集合大小，处理器功能单元的数目、能力和操作延迟，内存对齐约束以及过程调用约定等。接下来，用于指令调度和寄存器分配的算法被这些系统特性参数化，并被跨越不同的ISA和系统而重用。

因此，编译器是否可重定目标的关键在于指令选择器的实现。一个可重定目标的指令选择器由一个模式匹配引擎与一组表组成，表中包含了从IR映射到目标ISA所需的知识。指令选择器的输入是编译器的IR代码，生成的是目标机汇编代码。在这样的一个系统中，编译器编写者会建立对目标机的一个描述，并运行后端生成器（有时也称为代码生成器）。后端生成器进而使用目标机规格描述，来推导出模式匹配程序所需的各个表。类似于语法分析器生成器，后端生成器在编译器开发期间离线运行。因而，我们用于创建表的算法，比编译器中通常采用的算法花费更多时间也没有问题。

虽然我们的目的是将所有机器相关代码隔离在指令选择器、调度器和寄存器分配器中，但现实几乎总是与这种理想情况有些差距。一些与机器相关的细节不可避免地蔓延到了编译器更"早"的一些部分中。例如，对活动记录的对齐约束在不同目标机之间可能是不同的，不同目标机可能将语义相同/相近的值存储在活动记录中的不同偏移量处。如果编译器打算充分利用诸如谓词化执行、分支延迟槽和多字内存操作之类的（机器相关）特性，那么它必须在更靠前的部分中显式表示这些特性。当然，将目标机相关的细节推入到指令选择部分，那么在将编译器移植到新的目标处理器时，还是可以减少对编译器其他部分的修改。

本章考察了自动构建指令选择器的两种方法。11.3节再次探讨了第7章提到的简单的树遍历方案，并借助该主题详细介绍了指令选择的复杂性。接下来的两节阐述了应用模式匹配技术将IR操作序列变换为汇编指令序列的不同方法。第一种技术基于树模式匹配算法将11.4节论述。第二种技术基于窥孔优化的思想，将在11.5节给出。这两种方法都是基于"描述"的。编译器编写者需要写出目标机ISA的一份描述，然后利用工具构建一个供编译时使用的指令选择器。这两种方法都已经被成功地用于可移植编译器中。

选择、调度与分配

后端的3种主要过程分别是指令选择、指令调度和寄存器分配。所有这3种过程都对所生成代码的质量有直接影响，三者彼此也会发生相互作用。

指令选择直接改变了指令调度的处理过程。指令选择既规定了一个操作需要的时间，也规定了它可以在何种处理器功能单元上执行。调度也可能影响指令选择。如果代码生成器可以在两个汇编操作中任选一个来实现某个IR操作，而两个汇编操作使用了不同的资源，那么代码生成器可能需要理解最终的指令调度才能确保作出最好的选择。

指令选择在几个方面与寄存器分配发生交互。如果目标处理器有一个均一的寄存器集合，那么指令选择器可以假定寄存器供应是无限的，并依赖寄存器分配器来插入load/store指令（从而将无限的虚拟寄存器集合匹配到有限的物理寄存器集合）。另一方面，如果目标机的规则限制了寄存器的使用，那么指令选择器必须密切注意特定的物理寄存器。这可能使指令选择复杂化，并预先确定了部分或全部分配决策。在这种情况下，代码生成器可能在指令选择期间利用一个协程来执行局部寄存器分配。

尽可能使选择、调度与分配保持分离状态，可以简化其中每个处理过程的实现和调试。但因为每个处理过程都可能限制其他过程，编译器编写者必须注意避免添加不必要的约束。

11.2 代码生成

要为IR形式下的程序生成可执行代码，编译器后端必须解决3个问题。后端必须将IR操作转换为目标处理器ISA中的操作，这个处理过程称为指令选择（instruction selection），这也是本章的主题。它必须为这些操作选择一种执行顺序，这一处理过程称为指令调度（instruction scheduling），这是第12章的主题。它还必须决定，在最终代码中的每个位置上，哪些值应该位于寄存器中，哪些值应该位于内存中，这一处理过程称为寄存器分配（register allocation），这是第13章的主题。大多数编译器分别处理这三个过程。这三个不同但相关的处理过程通常一同被置于术语"代码生成"的条目下，尽管指令选择器的首要职责是生成目标机指令。

这三个问题中，每一个问题本身都是计算上的难题。虽然我们尚不清楚如何定义最优的指令选择，但是，为一个具有控制流的CFG生成最快速的代码序列，将涉及数目巨大的备选方案。在大多数实际的执行模型下，为一个基本程序块进行指令调度是NP完全的，将视角移动到代码中的更大区域，也并不能简化该问题。寄存器分配在其一般形式下，对于具有控制流的过程也是NP完全的。大多数编译器会分别处理这三个问题。

IR程序中所暴露细节的层次是很重要的。如果IR的抽象层次高于目标ISA，则需要由指令选择器来提供额外的细节。（在编译晚期以机械方式生成此种细节，可能会导致类似于模板展开的代码，其专门化的程度较低。）而抽象层次低于目标ISA的IR，则使指令选择器能够据此调整其选择。几乎不进行优化的编译器，可以直接从前端生成的IR来生成代码。

指令选择的复杂性起因于常见的处理器都对同一计算提供了许多不同的方法。现在暂且不考虑指令调度和寄存器分配的问题，我们将在下两章再来探讨这两个问题。如果每个IR操作在目标机上只有一种实现，那么编译器只需将每个IR操作重写为等价的机器操作序列即可。但在大多数情况下，目标机都提供了多种方法实现每一个IR结构。

例如，考虑从一个通用寄存器r_i向另一个通用寄存器r_j复制一个值的IR结构。假定目标处理器使用ILOC作为其本机指令集。我们将会看到，即使ILOC（这样简单的IR）也有足够的复杂度，并能够暴露代码生成的许多问题。对$r_i \rightarrow r_j$的一种显然的实现是使用i2i $r_i \Rightarrow r_j$，这种寄存器到寄存器的复制通常是处理器提供的代价最低的操作之一。不过，还有很多其他实现，例如，可能的实现方式就包括了以下操作：

$$\text{addI } r_i,0 \Rightarrow r_j \quad \text{subI } r_i,0 \Rightarrow r_j \quad \text{multI } r_i,1 \Rightarrow r_j$$
$$\text{divI } r_i,1 \Rightarrow r_j \quad \text{lshiftI } r_i,0 \Rightarrow r_j \quad \text{rshiftI } r_i,0 \Rightarrow r_j$$
$$\text{and } r_i,r_i \Rightarrow r_j \quad \text{orI } r_i,0 \Rightarrow r_j \quad \text{xorI } r_i,0 \Rightarrow r_j$$

其实还有更多可能的实现。如果处理器维护了一个值总是0的寄存器，则使用另一组操作也是可行的，如add、sub、lshift、rshift、or和xor等指令。而实现该语义的两操作序列的可能更多，其中包括一个store指令后接一个load指令。

程序员可以迅速地评估大多数（如果不是全部）备选操作序列的代价。使用i2i简单、快速且显然。但一个自动化的处理过程可能需要考虑所有的可能性并作出适当的选择。特定ISA以多种方式达到同一效果的能力，将会增加指令选择的复杂度。对于ILOC来说，这个ISA对每个特定的语义效果只提供了少量简单的底层操作。即便如此，它也支持无数方法来实现从寄存器到寄存器的复制。

真正的处理器比ILOC更为复杂。它们可能包括更高层次的操作和寻址模式，这是代码生成器应该考虑的。虽然这些特性使娴熟的程序员或精工制作的编译器能够创建更高效的程序，它们也增加了指令选择器所面临选择的数目，即它们使潜在实现的空间变得更大。

每个备选指令序列都有自身的代价。大多数现代计算机都实现了简单操作如i2i、add和lshift，因此它们能够在单周期内执行。一些操作（如整数乘法和除法）可能会花费更长时间。而内存操作的速度则取决于许多因素，包括计算机内存系统的当前详细状态。

在某些情况下，一个操作的实际代价可能取决于上下文环境。例如，如果处理器有几个功能单元，使用复制以外的操作在一个利用率不足的功能单元上执行寄存器到寄存器的复制，可能是更好的选择。如果所选的功能单元是空闲的，那么这个操作在实际上是"免费的"。将操作移动到利用率不足的功能单元上，实际上可能会加速整个计算。如果代码生成器必须将复制操作重写为只能在利用率不足的功能单元上执行的某个特定操作，那么这是一个指令选择问题。如果同一个操作能够在任何功能单元上运行，那么这是一个指令调度问题。

在大多数情况下，编译器编写者想要后端生成运行快速的代码。但有可能有其他的度量方式。例如，如果最终的代码将运行在靠电池供电的设备上，那么编译器可能会考虑每个操作的典型能耗。（不同操作可能消耗不同的能量。）在试图针对能耗进行优化的编译器中所说的成本，可能与针对执行速度进行优化的编译器所指的成本有根本性的不同。处理器能耗严重地依赖于底层硬件的细节，因而在处理器的不同实现之间很可能发生变换。类似地，如果代码长度是关键因素，那么编译器编写者可能会完全基于代码序列长度来指派成本。另外，对于实现同一语义效果的多种代码序列中，编译器编写者可能会从中去除掉多指令序列而只留下单指令序列。

> 由于较短的代码序列只需从内存获取较少的字节，减少代码长度同时也会降低能耗。

使情况进一步复杂化的是，有些ISA对特定操作增加了附加约束。整数乘法可能需要从寄存器集合的某个子集获得操作数。浮点运算可能需要从偶数编号的寄存器获取操作数。内存操作可能只能在处理器的某个功能单元上执行。浮点单元可能包括这样一个操作，它计算$(r_i \times r_j) + r_k$的速度比直接使用单个乘法和加法操作更快。多字的load和store操作可能需要连续的寄存器。内存系统可能只有在双字或四字load指令时才能提供最佳的带宽和延迟，而单字load则无法做到。诸如此类的约束限制了指令选择。同时，它们也增强了找到这样一种解决方案的重要性：在输入程序中的各个位置均能使用最佳的操作。

在IR和目标ISA的抽象层次差别颇大时，或二者底层的计算模型不同时，指令选择在弥合差距方面将能够发挥关键作用。指令选择能够在何种程度上将IR程序中的计算高效地映射到目标机，通常决定了编译器所生成代码的效率。例如，考虑从类ILOC的IR生成代码的3个场景。

(1) 简单的标量RISC机器　从IR到汇编代码的映射是直截了当的。代码生成器对每个IR操作只需要考虑一两个汇编语言代码序列。

(2) CISC处理器　为有效利用CISC指令集，编译器可能需要将几个IR操作汇聚为一个目标机操作。

(3) 堆栈机　代码生成器必须将寄存器到寄存器计算风格的ILOC代码，转换为基于栈、使用隐式名字的计算风格，在某些情况下，可能会生成破坏性操作。

> 从单地址代码转向三地址代码也必然伴有类似问题。

随着IR和目标ISA之间抽象差距的增大，对用于构建后端（代码生成器）的工具的需求也随之增长。

虽然指令选择在代码质量方面发挥了重要作用，编译器编写者必须谨记指令选择器需要探索的搜索空间的巨大规模。我们将会看到，即使规模适度的指令集也可以生成包含数以亿计种状态的搜索空间。显然，编译器无法彻底探索这种空间。我们描述的技术将以一种"严守纪律"的方式来探索备选代码序列空间，它们或者限制搜索的范围，或者预计算足够的信息，以使对状态空间的深入搜索比较高效。

11.3　扩展简单的树遍历方案

为使讨论具体些，我们考虑为赋值语句（如$a \leftarrow b - 2 \times c$）生成代码时可能出现的问题。该赋值语句可以表示为一个抽象语法树（AST）（如左侧所示），或表示为四元组组成的一个表（如下图右侧所示）。

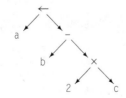

运算	自变量1	自变量2	结果
×	2	c	t
−	b	t	a

指令选择必须从IR表示（如上述二者）生成汇编语言程序。为方便讨论起见，假定指令选择必须生成如图11-1所示ILOC子集中的操作。

在第7章中，我们知道一种简单的树遍历例程能够从表达式的AST生成代码。图7-5中的代码可以处理应用到变量和数字的二元运算符$+$、$-$、$\times$、$\div$。它能够为表达式生成"朴素"的代码，主要用来说明一种能够生成底层线性IR或简单RISC汇编代码的方法。

11

简单的树遍历方法对特定AST结点类型的每个实例都生成同样的代码。虽然这样做生成了正确的代码，但它未能利用时机针对具体的环境和上下文来调整代码。如果编译器会在指令选择之后执行重要的优化，那这可能不是问题。但如果没有后续的优化，最终的代码很可能包含一些明显的低效之处。

例如，考虑简单的树遍历例程处理变量和数字的方法。相应的代码是：

```
case IDENT:                         case NUM:
    t1 ← base(node);                    result ← NextRegister();
    t2 ← offset(node);                  emit (loadI, val(node),
    result ← NextRegister();                none, result);
    emit (loadAO, t1, t2, result);  break;
    break;
```

对于变量，该代码依赖于两个例程base和offset来获取基地址和偏移量，然后将返回值载入寄存器。该代码接下来输出一个loadAO操作，该指令会将基地址和偏移量相加产生一个有效地址，并取回内存中该地址处的数据。因为AST并不区分变量的存储类别，base和offset大概是查询符号表来得到其所需的额外信息的。

代码布局

在编译器开始输出代码之前，它有机会安排基本程序块在内存中的布局。如果IR的每个分支指令都有两个显式的分支目标（就像ILOC那样），那么编译器可以选择程序块的任一逻辑后继结点，使之在内存布局中紧随该程序块。如果分支指令只有一个显式分支目标，那么重排各个基本程序块可能需要重写分支指令，即交换采纳分支和落空分支。

体系结构方面的两个考虑可以指引这一决策。在某些处理器上，采纳分支比"落空"到下一条指令花费的时间更多。在具有高速缓存的机器上，可能一同执行的程序块应该放置到接近的位置上。这两种考虑，导致了代码布局方面的同一项策略。如果程序块a结束处的分支指令的目标为b或c，那么编译器应该将实际采用频度更高的目标程序块在内存中紧接a放置。

当然，如果一个程序块在控制流图中有多个前趋结点，那么这些前趋结点中只有一个能够在内存中刚好位于所述程序块之前。其他的前趋结点则需要一个分支或跳转指令才能到达所述程序块（参见8.6.2节）。

算术操作			内存操作		
add	r_1, r_2	$\Rightarrow r_3$	store	r_1	$\Rightarrow r_2$
addI	r_1, c_2	$\Rightarrow r_3$	storeAO	r_1	$\Rightarrow r_2, r_3$
sub	r_1, r_2	$\Rightarrow r_3$	storeAI	r_1	$\Rightarrow r_2, c_3$
subI	r_1, c_2	$\Rightarrow r_3$	loadI	c_1	$\Rightarrow r_3$
rsubI	r_2, c_1	$\Rightarrow r_3$	load	r_1	$\Rightarrow r_3$
mult	r_1, r_2	$\Rightarrow r_3$	loadAO	r_1, r_2	$\Rightarrow r_3$
multI	r_1, c_2	$\Rightarrow r_3$	loadAI	r_1, c_2	$\Rightarrow r_3$

图11-1　ILOC子集

要推广此方案，使之能够处理一组更为实际的情况（包括具有不同表示长度的多种变量、传值和传引用参数、整个生命周期都驻留在寄存器中的变量等)，需要编写显式代码来核对所有这些情况(对每个引用处都需要核对)。这将使处理IDENT的case语句代码长度大增(速度大降)。这一点就使手工编码树遍历方案的简单性大打折扣。

树遍历方案中处理数字的代码同样颇为"朴素"。该代码假定数字在每种情况下都应该已经载入一个寄存器，且val能够从符号表检索该数字的值。如果使用该数字的操作(数字在树中的父结点)在目标机上有一种立即形式(immediate form)，且数字常量的值能够载入到立即字段(immediate field)中，那么编译器应该使用立即形式，因为其使用的寄存器少一个。如果立即数操作不支持数字的类型，那么编译器必须安排将该值存储在内存中，并生成一个适当的内存引用操作来将该值加载到寄存器中。这进而可能为进一步的改进创造时机，诸如将常量保持在寄存器中。

考虑如图11-2所示的3个乘法操作。符号表注释显示在树中叶结点下面。对于标识符来说，注释包括名字、表示基地址的标号(或是表示当前活动记录的ARP)和相对于基地址的偏移量。每棵树下面分别是两个代码序列：有简单树遍历求值程序生成的代码，和我们希望编译器生成的代码。在处理第一种情况e×f时，树遍历方案的低效性在于，它并不生成loadAI操作。在处理IDENT的case语句中使用更复杂的代码可以解决这个问题。

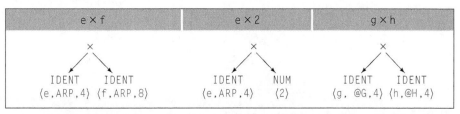

图11-2　各种乘法操作

而第二种情况e×2就更为困难了。代码生成器可以用一个multI操作实现乘法。但代码生成器必须从超出局部上下文的视角观察，才能发现这一事实。为将该功能集成到树遍历方案中，处理×的case语句需要识别求值结果为常量的子树。另外，处理NUM结点的代码可能需要判断其父结点是否能够用立即数操作实现。总之，对这一情形的有效处理需要得到非局部的上下文知识，而这破坏了简单的树遍历范型。

第三种情况g×h有另一个非局部的问题。×的两个子树都引用了相对于自身基地址偏移量为4处的变量。两个引用的基地址不同。原来的树遍历方案会为每个常量生成一个显式loadI操作：@G、4、@H、4。正如前面提到的那样，修订过的一个版本使用loadAI，但其或者会对@G和@H分别生成loadI操作，或者对4生成两个loadI操作。（当然，到这里，@G和@H两个值的位宽开始起作用了。但如果二者位宽太大，那么编译器必须使用4作为loadAI操作的立即操作数。）

这第三个例子的基本问题在于，最终代码事实上包含了一个公共子表达式，而这一事实在AST中是隐藏的。为发现这个冗余并适当地处理它，代码生成器需要的是这样的实现代码：能够显式检查子树的基地址和偏移量值，并对所有情况都能生成适当的代码序列。以这种方式处理单个情况颇显笨拙。而处理所有可能出现的类似情况，增加的代码编写工作量将达到不可接受的地步。

捕获此类冗余的更好方法是，在IR中暴露冗余细节并让优化器消除它们。对于例子中的赋值a←b−2×c，前端可能生成如图11-3所示的底层树。这个树有几种新结点。Val结点表示已知驻留在寄存器中的一个值，如r_{arp}中的ARP。

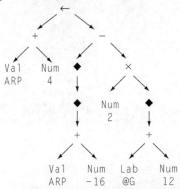

图11-3　a←b−2×c的底层AST

最优代码生成

　　用于选择指令的树遍历方案，每次遇到特定种类的AST结点时都会生成同样的代码序列。更实际的方案会（针对同一结点类型）考虑多种候选模式，并使用成本模型从中选择。这自然地引出了这样一个问题：编译器能够作出最优选择吗？

　　如果每个操作都有相关的成本，且我们忽略指令调度和寄存器分配的效应，那么最优指令选择是可能的。11.4节描述的树模式匹配代码生成器能够生成局部最优的代码序列，即每个子树都通过一个最小代价的代码序列计算。

　　用单一的成本数值来描述运行时行为的难度，很容易使人怀疑这样一种主张是否具有真正的重要性。执行顺序、有限硬件资源和内存层次结构中上下文相关行为的影响，都使得判断任何具体代码序列实际成本的问题复杂化。

实际上，大多数现代编译器在指令选择期间会基本上忽略指令调度和寄存器分配，并假定与各种重写规则相关的代价都是精确的。给出这些假定，编译器会寻找局部最优的代码序列，即能够最小化一个完整子树的预估代价的代码序列。编译器接下来在指令选择生成的代码之上，执行一趟或多趟指令调度和寄存器分配。

Lab结点表示一个可重定位符号，通常是一个汇编层次的标号，用于代码或数据。一个◆结点表示一层间接，其子结点是一个地址，该◆结点获取存储在对应地址的值。这些新的结点类型要求编译器编写者规定更多的匹配规则。而作为回报，将能够优化额外的细节，如g×h中对4的重复引用。

相对于目标指令集ILOC来说，这一版本的树实际上是在更低的抽象层次上暴露了相关细节。例如，考察这个树可以发现，a是一个局部变量，存储在相对于ARP的偏移量4处，b是一个传引用参数（请注意两个◆结点），而c存储在相对于标号@G的偏移量12处。此外，loadAI和storeAI操作中隐含的加法，在这个树中是显式给出的：作为◆结点的子树或←结点的左子结点。

在AST中暴露更多的细节应该能产生更好的代码。增加代码生成器考虑的备选目标机指令数目，也应该能产生更好的代码。但这些因素的共同作用导致了这样一种情况，即代码生成器可以发现许多不同方法来实现一个给定的子树。简单树遍历方案对每个AST结点类型有一种方案。为有效利用目标机指令集，代码生成器应该按实际情况考虑尽可能多的可能性。

这种增加的复杂性，并非起因于一种特定的方法学或具体的匹配算法；相反，它反映了实际的底层问题的一个基本特征：任何给定的机器都可能提供多种方法来实现一个IR结构。在代码生成器考虑给定子树的多种可能匹配时，它需要一种方法从中作出选择。如果编译器编写者可以将一个成本关联到每个模式，那么匹配方案可以用一种最小化成本的方式来选择候选模式。如果成本真实地反映了性能，那么这种成本驱动的指令选择应该能够产生良好的代码。

编译器编写者需要工具帮助管理对真实机器进行代码生成的复杂性。编译器编写者并不需要编写代码显式遍历IR并判断每种操作的可应用性，实际上他应该规定一些相关的规则，而由工具来生成相关的代码，将规则与代码的IR形式进行匹配。针对为现代机器指令集进行代码生成的复杂性，接下来的两节将探讨管理这种复杂性的两种不同方法。11.4节探讨树模式匹配技术的使用。这种系统将复杂性折合到构建匹配程序的过程中，正如同词法分析器将其选择合并到DFA转移表中那样。11.5节考察窥孔优化在指令选择上的应用。基于窥孔的系统将进行选择的复杂性转移到一种用于底层简化的统一方案中，而后通过模式匹配发现适当的指令。为使匹配的代价保持在较低的水准上，这种系统会将其操作范围限于较短的代码片断，一般每次处理两三个操作。

本节回顾

如果编译器要充分利用目标机的复杂性，它必须在IR中暴露这些复杂性并在指令选择期间考虑它们。许多编译器在选择指令之前，会将其IR扩展为一种详细的底层形式。这种详细的IR可以是结构性的，类似我们的底层AST；它们也可以是线性的，正如我们将会在11.5节看到的那样。但不论是哪种情况，指令选择器都必须将代码IR形式的细节匹配到目标机上的指令序列。本节说明了我们可以扩展一个特设的树遍历求值程序来执行该任务，它也揭示了这种指令选择器必须处理的一部分问题。接下来的两节给出了处理该问题的更通用的方法。

复习题

(1)对于表达式g×h，为生成图11-2最右侧一栏给出的代码，指令选择器必须区分各种常量的位宽。例如，我们想要的代码假定@G和@H可以载入到loadAI操作的立即字段。IR如何表示这些常量的位宽？树遍历算法如何考虑这些位宽？

(2)许多编译器在编译早期使用具有高层抽象的IR，接下来在后端切换到一种更详细的IR。那么，在编译早期不暴露底层细节是出于何种考虑呢？

11.4 通过树模式匹配进行指令选择

编译器编写者可以利用树模式匹配工具来处理指令选择的复杂性。为将代码生成转换为树模式匹配，程序的IR形式和目标机的指令集都必须表示为树。我们已经看到，编译器可以使用底层AST作为被编译代码的一个精细模型。它可以使用类似的树来表示目标处理器上可用的操作。例如，ILOC的加法操作可以通过像右侧给出的操作树来模拟。通过系统化地将操作树匹配到AST的子树，编译器可以发现子树的所有可能的实现。

为利用树模式，我们需要一种更方便的表示法来描述它们。使用前缀表示法，我们可以将add的操作树写为 $+(r_i, r_j)$，addI的操作树写作 $+(r_i, c_j)$。当然，$+(c_i, r_j)$ 是 $+(r_i, c_j)$ 在交换律作用下的变体。操作树的叶结点包含了有关操作数存储类型的信息。例如，在 $+(r_i, c_j)$ 中，符号r表示寄存器中的一个操作数，而符号c表示已知的常量操作数。添加下标是为确保唯一性，正如我们在属性语法规则中所做的那样。如果我们将图11-3中的AST重写为前缀形式，它将变为：

$$\leftarrow (+(Val_1, Num_1),$$
$$-(\blacklozenge(\blacklozenge(+(Val_2, Num_2))),$$
$$\times(Num_3, \blacklozenge(+(Lab_1, Num_4)))))$$

虽然绘制的树更为直观，但线性的前缀形式包含了同样的信息。

给定一个AST和一组操作树，目标是将操作树平铺（tiling）到AST上，从而将AST映射到操作。平铺是一组⟨ast-node, op-tree⟩对，其中ast-node是AST中的一个结点，而op-tree是一个操作树。平铺中的一个⟨ast-node, op-tree⟩对表明：op-tree表示的目标机指令可以实现ast-node结点。当然，对ast-node实现的选择取决于其子树的实现。平铺将对ast-node的每个子树指定一个"连接"到op-tree的实现。

当一个平铺实现了AST中的每个操作，且每个平铺元素都与其邻元素相连接，那么平铺就实现了AST。对于平铺元素⟨ast-node, op-tree⟩，如果ast-node被平铺中的另一个操作树op-tree的一个叶结点涵盖，或者ast-node是AST的根结点，那么称该平铺元素与其邻元素相连。当两个操作树重叠时（在ast-node处），二者公共结点的存储类别必须是一致的。例如，如果二者都假定公共值位于寄存器中，那么两个操作树的代码序列是兼容的。如果一个假定值位于内存中，另一个假定其值位于寄存器中，那么两个操作数的代码序列是不兼容的，因为它们无法正确地将该值从较低的树传输到较高的树。

给定一种实现AST的平铺，编译器可以通过自底向上遍历轻易地生成汇编代码。因而，这种方法实用性的关键在于，是否有算法能够快速地为AST找到良好的平铺。已经出现了几种将树模式针对底层AST进行匹配的高效技术。所有这些系统都将成本关联到操作树，并试图生成代价最小的平铺。它们的不同之处在于用来进行匹配的技术及其成本模型的通用性，匹配技术可能有树匹配、文本匹配和自底向上的重写系统，而成本可以是静态的固定成本，有可能是在匹配过程期间数值发生改变的成本。

11.4.1 重写规则

编译器编写者将操作树和AST子树之间的关系编码为一组重写规则。规则集合包含一个或多个规则，用于处理AST中的各种结点。重写规则由树状文法中的一个产生式、一个代码模板和一个相关成本组成。图11-4给出了一组重写规则，在用ILOC操作平铺我们的底层AST时使用。

		产 生 式		成本		代 码 模 板		
1	Goal	$\rightarrow$	Assign	0				
2	Assign	$\rightarrow$	$\leftarrow$ (Reg_1, Reg_2)	1	store	r_2	$\Rightarrow$	r_1
3	Assign	$\rightarrow$	$\leftarrow$ (+ (Reg_1, Reg_2), Reg_3)	1	storeAO	r_3	$\Rightarrow$	r_1, r_2
4	Assign	$\rightarrow$	$\leftarrow$ (+ (Reg_1, Num_2), Reg_3)	1	storeAI	r_3	$\Rightarrow$	r_1, n_2
5	Assign	$\rightarrow$	$\leftarrow$ (+ (Num_1, Reg_2), Reg_3)	1	storeAI	r_3	$\Rightarrow$	r_2, n_1
6	Reg	$\rightarrow$	Lab_1	1	loadI	l_1	$\Rightarrow$	r_{new}
7	Reg	$\rightarrow$	Val_1	0				
8	Reg	$\rightarrow$	Num_1	1	loadI	n_1	$\Rightarrow$	r_{new}
9	Reg	$\rightarrow$	◆ (Reg_1)	1	load	r_1	$\Rightarrow$	r_{new}
10	Reg	$\rightarrow$	◆ (+ (Reg_1, Reg_2))	1	loadAO	r_1, r_2	$\Rightarrow$	r_{new}
11	Reg	$\rightarrow$	◆ (+ (Reg_1, Num_2))	1	loadAI	r_1, n_2	$\Rightarrow$	r_{new}
12	Reg	$\rightarrow$	◆ (+ (Num_1, Reg_2))	1	loadAI	r_2, n_1	$\Rightarrow$	r_{new}
13	Reg	$\rightarrow$	◆ (+ (Reg_1, Lab_2))	1	loadAI	r_1, l_2	$\Rightarrow$	r_{new}
14	Reg	$\rightarrow$	◆ (+ (Lab_1, Reg_2))	1	loadAI	r_2, l_1	$\Rightarrow$	r_{new}
15	Reg	$\rightarrow$	+ (Reg_1, Reg_2)	1	add	r_1, r_2	$\Rightarrow$	r_{new}
16	Reg	$\rightarrow$	+ (Reg_1, Num_2)	1	addI	r_1, n_2	$\Rightarrow$	r_{new}
17	Reg	$\rightarrow$	+ (Num_1, Reg_2)	1	addI	r_2, n_1	$\Rightarrow$	r_{new}
18	Reg	$\rightarrow$	+ (Reg_1, Lab_2)	1	addI	r_1, l_2	$\Rightarrow$	r_{new}
19	Reg	$\rightarrow$	+ (Lab_1, Reg_2)	1	addI	r_2, l_1	$\Rightarrow$	r_{new}
20	Reg	$\rightarrow$	- (Reg_1, Reg_2)	1	sub	r_1, r_2	$\Rightarrow$	r_{new}
21	Reg	$\rightarrow$	- (Reg_1, Num_2)	1	subI	r_1, n_2	$\Rightarrow$	r_{new}
22	Reg	$\rightarrow$	- (Num_1, Reg_2)	1	rsubI	r_2, n_1	$\Rightarrow$	r_{new}
23	Reg	$\rightarrow$	× (Reg_1, Reg_2)	1	mult	r_1, r_2	$\Rightarrow$	r_{new}
24	Reg	$\rightarrow$	× (Reg_1, Num_2)	1	multI	r_1, n_2	$\Rightarrow$	r_{new}
25	Reg	$\rightarrow$	× (Num_1, Reg_2)	1	multI	r_2, n_1	$\Rightarrow$	r_{new}

图11-4 利用ILOC平铺底层抽象语法树的重写规则

考虑规则16，它对应于旁边绘制的树。（其结果在+结点处隐含地设置为Reg类型。）该规则描述

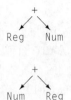

了一个树，它计算位于Reg中的一个值和位于Num中的一个立即值的和。表的左侧给出了规则的树模式，Reg→+(Reg₁, Num₂)。居中一列列出了对应的产生式规则的成本1。右侧一列给出了实现该规则的一个ILOC操作，即addI r_1, n_2 ⇒r_{new}。树模式中的操作数Reg₁和Num₂对应于代码模板中的操作数r_1和n_2。编译器必须重写代码模板中的字段r_{new}，替换为分配来保存加法结果的寄存器的名字。在连接到该子树的另一个子树中，这个寄存器名进而将变为一个叶结点。请注意，规则16在交换律作用下有一个变体，规则17。而匹配诸如右侧绘制的子树是需要显式规则的。

图11-4中的规则形成了一个树形文法，类似于我们用于规定编程语言语法的那种文法。每个重写规则或产生式的左侧是一个非终结符。在规则16中，这个非终结符是Reg。Reg表示该树形文法可能产生的一组子树，在这种情况下应使用规则6 ~ 规则25。规则的右侧是一种线性化的树模式。在规则16中，该模式是+(Reg₁, Num₂)，表示Reg和Num这两个值的加法。

图11-4中的规则可能使用Reg作为规则集合中的终结符或非终结符。这个事实反映了例子中的一种简写。一组完整的规则会包含一组将Reg重写为一个具体寄存器名的产生式，如Reg→r_0、Reg→r_1、…、Reg→r_k。

文法中的非终结符考虑到了抽象的可能性。它们用来连接文法中的各条规则。其中也编码了有关对应值在运行时以何种形式存储在何处的有关知识。例如，Reg表示子树生成的存储在寄存器中的一个值，而Val表示已经存储在寄存器中的一个值。Val可以是全局值，如ARP。它可以是在另一个不相交子树中执行的计算结果，即一个公共子表达式。

与一个产生式相关的成本，向代码生成器提供了对运行时执行模板中代码所需代价的现实估算。对于规则16，代价1反映了该树可能用单个操作实现，在单周期执行完成。代码生成器利用成本因素从可能的备选方案中选择。一些匹配技术所用成本的形式仅限于数值。而其他技术则允许成本在匹配期间改变，以反映先前的选择对当前备选方案成本的影响。

树模式可以用简单树遍历代码生成器无法做到的方式来捕获某些上下文环境。规则10 ~ 规则14中的每个都能匹配两个运算符（◆和＋）。这些规则表明了可以使用ILOC运算符loadAO和loadAI的具体条件。任何能够匹配这五个规则之一的子树，都可以用其余规则的组合实现。匹配规则10的子树，还可以用规则15和规则9组合平铺：用规则15生成一个地址，用规则9从该地址加载值。这种灵活性使得这一组重写规则具有歧义。这种歧义反映了目标机有几种方法实现这一特定子树的事实。因为树遍历代码生成器每次匹配一个运算符，它无法直接产生这些ILOC操作。

为将这些规则应用到树上，我们需要寻找一组重写步骤的序列，将树归约为一个符号。对于表示一个完整程序的AST，最终的这个符号应该是目标符号。对于内部结点，最终的符号通常表示对以表达式为根的子树求值的结果。该符号还必须规定这个值存储在何处，通常是在寄存器中、某个内存位置或是一个已知的常量值。

图11-5对图11-3中的引用变量c的子树给出了一个重写序列。（回想一下，c位于相对于标号@G的偏移量12处。）右图给出了原来的子树。剩余的图给出了对这个子树的一个归约序列。序列中的第一个匹配识别出左叶结点（Lab结点）匹配规则6。这使得我们能够将其重写为Reg。重写后的树现在可以匹配规则11的右侧◆(＋(Reg₁, Num₂))，因此我们可以将以◆为根的整个子树重写为Reg。这一重写序列记作⟨6, 11⟩，它将整个子树归约为一个Reg。

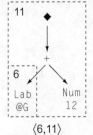

⟨6,11⟩

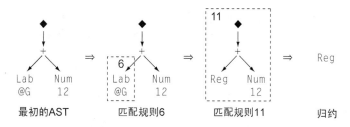

图11-5 简单的树重写序列

为综述这一重写序列，我们使用旁边给出的绘图。虚线框给出了与子树匹配的具体产生式右侧，而对应的规则编号记录在虚线框左上角。绘图下方列出的规则编号表示按顺序应用的各条规则。重写序列将虚线框住的子树替换为最终规则的左侧符号。

请注意，非终结符如何确保操作树能够在重叠位置适当地连接起来。规则6将一个Lab重写为一个Reg。规则11中的左叶结点是一个Reg。将模式视作语法中的规则，这将操作树之间的边界上出现的所有需要考虑的事项，折合到对非终结符加标签的处理过程中。

对于这一平凡的子树，相关的规则也会产生许多重写序列，这反映了底层语法的二义性。图11-6给出了这些重写序列中的8个。我们的方案中，除了规则1和规则7以外，所有规则的成本均为1。因为各个重写序列均未使用规则1和规则7，所以其成本等于对应的序列长度。根据序列的成本，这些重写序列分为3类。这些序列中的前两个是⟨6, 11⟩ 和⟨8, 14⟩，其成本均为2。接下来4个序列是⟨6, 8, 10⟩、⟨8, 6, 10⟩、⟨6, 16, 9⟩和⟨8, 19, 9⟩，其成本均为3。最后的两个序列是⟨6, 8, 15, 9⟩和⟨8, 6, 15, 9⟩，其成本均为4。

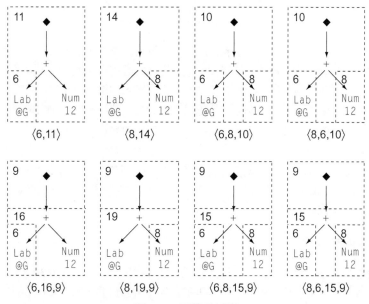

图11-6 可能的匹配

为生成汇编代码，指令选择器需要使用与每个规则相关联的代码模板。一个规则的代码模板由一系列汇编代码操作组成，实现了由该产生式生成的子树。例如，规则15将树模式＋(Reg₁, Reg₂)映射到代码模板add r₁, r₂⇒r_new。指令选择器将r₁和r₂分别替换为包含对应子树结果的寄存器名。它会为r_new分配一个新的虚拟寄存器名字。对AST的一个平铺规定了代码生成器应该使用哪些规则。代码生成器使用与规则相关的模板，在自底向上的遍历中生成汇编代码。它会按需提供名字以便将存储位置联系到一起，并输出与树遍历对应的实例化操作。

指令选择器应该选择一种能够生成最低成本汇编代码序列的平铺。图11-7给出了与每个可能的平铺对应的代码。原本任意的寄存器名已经进行了适当的替换。〈6, 11〉和〈8, 14〉这两个重写序列的成本都是最低的，为2。它们产生了不同但等价的代码序列。因为它们具有相同的成本，所以指令选择器可以自由地从中作出选择。不出所料，其他的系列代价要高一些。

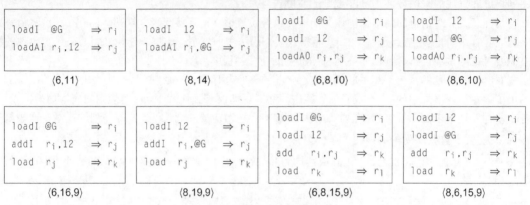

图11-7　匹配的代码序列

如果loadAI只能接受有限范围内的参数，那么重写系列〈8, 14〉可能不可行，因为最终代替@G的地址可能位宽过大，无法置于该操作的立即字段中。为处理此类约束，编译器编写者可以向重写语法引入有界常量的概念。对此可以采用一个新的终结符，它只能表示给定范围内的整数，如对于位宽12的字段，范围是0≤i<4096。有了这一区别，而代码也可以检查整数的每个实例对其进行分类，代码生成器可以避免重写序列〈8, 14〉，除非@G落入loadAI立即操作数的允许范围内。

成本模型可以驱动代码生成器使之选择一个性能较好的序列。例如，可以注意到序列〈6, 8, 10〉使用了两个loadI操作，其后是一个loadAO。代码生成器倾向采用较低成本的重写序列，这些序列中都避免了一个loadI操作且发出的指令数较少。类似地，成本模型避免了使用显式加法的4个重写序列，而倾向于在寻址硬件中隐式执行加法的序列。

11.4.2　找到平铺方案

为将这些思想应用到代码生成中，我们需要一个能够构造出良好平铺方案的算法，所谓良好，是指这种平铺能够生成高效的代码。给出一组编码了运算符树并将之关联到AST结构的规则，代码生成器应该能够为具体的AST找到一个高效的平铺方案。有几种用于构造这种平铺的技术。它们在概念上颇为类似，但细节上有所不同。

为简化算法，我们对重写规则的形成作两个假定。第一，每个操作至多有两个操作数。推广这个算法使之能够处理一般情形是很简单的，但相关细节却会使此处的解释复杂化。第二，一个规则的右侧至多包含一个操作。这一约束简化了匹配算法，且无损于通用性。通过一个简单、机械的过程，能够将不受限制的情形变换为这种较简单的情形。对于产生式 $\alpha \rightarrow op_1(\beta, op_2(\gamma, \delta))$，将其重写为 $\alpha \rightarrow op_1(\beta, \alpha')$ 和 $\alpha' \rightarrow op_2(\gamma, \delta)$，其中 α' 是一个新符号，只存在于这两个规则中。由此导致原始语法规模出现的增长是线性的。

为描述得具体些，考虑规则11，$Reg \rightarrow \blacklozenge(+(Reg_1, Num_2))$。变换将其重写为 $Reg \rightarrow \blacklozenge(R11P2)$ 和 $R11P2 \rightarrow +(Reg_1, Num_2)$，其中R11P2是一个新符号。请注意，用于R11P2的新规则与用于addI的规则16是重复的。由此该变换向语法增加了另一个二义性。但独立地跟踪和匹配这两个规则，使得模式匹配程序能够分别考虑每个规则的代价。代替规则11的两个规则成本应该为1，这也是原来规则的成本。（二者中的每个规则可以有分数成本，或其中之一成本为零。）这反映了下述事实：用规则16重写产生了一个addI操作，而用于R11P2的规则又将这个加法操作合并到loadAI操作的地址生成部分。这种两个规则组合来降低成本的做法，将指引模式匹配程序尽可能生成loadAI代码序列，即通过特化代码来利用AI寻址模式下提供的这种"廉价"加法。

平铺的目标是，用一组（编译器能够用于实现相应结点的）模式来标注AST中的每个结点。因为规则的编号直接对应于产生式右侧的模式，代码生成器可以使用它们作为对应模式的简写形式。编译器能够在后根次序遍历树的过程中，为每个结点计算出规则编号组成的序列，即模式。图11-8概述了一个算法Tile，为AST中根结点为n的子树找到平铺方案。它用集合Label(n)来标注每个AST结点n，其中包含了可在以n为根结点的子树处平铺的所有规则的编号。算法会按后根次序遍历AST来计算各个Label集合，以确保在标注结点之前先标注其子结点。

```
Tile(n)
  Label(n) ← ∅
  if n is a binary node then
    Tile(left(n))
    Tile(right(n))
    for each rule r that matches n's operation
      if left(r) ∈ Label(left(n)) and right(r) ∈ Label(right(n))
        then Label(n) ← Label(n) ∪ {r}
  else if n is a unary node then
    Tile(left(n))
    for each rule r that matches n's operation
      if left(r) ∈ Label(left(n))
        then Label(n) ← Label(n) ∪ {r}
  else /* n is a leaf */
    Label(n) ← {all rules that match the operation in n}
```

图11-8 为平铺AST而计算各个Label集合

每条规则指定了一个运算符和至多两个子结点。因而，对于规则r，left(r)和right(r)具有清楚的语义。

考虑二叉结点处理中的内循环。为计算Label(n)，算法考察能够实现n指定的操作的每个规则r。算法在使用函数left和right时，既可用于访问AST中结点的左右子结点，也可用于访问树模式（或规则）的右侧）。因为Tile已经标注了n的子结点，所以它能够使用一个简单的成员资格判断来比较r的子结点与n的子结点。如果left(r)∈Label(left(n))，那么Tile已经发现：如果使用r实现n，那么能够以兼容r的方式为n的左子树生成代码。类似的观点同样适用于r和n的右子树。如果两个子树都匹配，那么r属于Label(n)。

根据该算法构建的树模式匹配代码生成器，大部分时间将花费在两个for循环中，二者分别为二元运算符和一元运算符计算匹配规则。为加速这种代码生成器，编译器编写者可以预计算所有可能的匹配并将结果存储在一个三维表中，通过操作（算法中的n）及其左右子结点的Label集合索引。如果我们将每个for循环替换为一个简单的查表，那么这个算法的代价与树遍历相比将是线性相关的。

这种方案中的表可能会增长到比较大的程度。例如，用于二元运算符的查找表规模为|操作树集合|×|Label集合之幂集|²。一元运算符的表只有二维，规模为|操作树集合|×|Label集合之幂集|。Label集合的大小是有限的。如果R是规则数目，那么|Label(n)|≤R，而不同Label集合的数目不会超过2^R个。

对于具有200个操作的目标机和1024个不同Label集合（R=10）的语法，结果表将包含超过200 000 000项条目。因为语法规则的结构排除了许多可能性，所以为此构建的表是稀疏的，其中的数据可以被高效编码。实际上，找到方法来高效地构建这些表并编码数据，是在使树模式匹配成为一种实用的代码生成工具方面的一项关键进展。

查找低成本的匹配

图11-8中的算法可以找到模式集合中所有可能的匹配。实际上，我们想要代码生成器找到最低成本的匹配。虽然可以从所有匹配的集合来导出最低成本匹配，但还有更高效的方法来计算这种匹配。

在概念上，代码生成器能够在对AST的一趟自底向上处理中为每个子树找到最低成本匹配。自底向上遍历能够计算每个备选匹配的成本，即与结点匹配的规则的成本加上相关的子树匹配的成本。原则上，算法能够找到图11-8中的那些匹配，并保留其中最低成本的那部分（而非全部）。实际上，这一过程会稍微复杂些。

成本函数本质上依赖于目标处理器，这个函数是无法从语法自动推导出来的。相反，其中必然编码了目标机的性质，并能够反映汇编程序中各个操作之间存在的相互作用，特别是值从一个操作到另一个操作的流动。

编译后程序中的一个值可能有不同的形式，存在于不同的位置。例如，一个值可以存在于某个内存位置或一个寄存器中；另外，它也可以是一个常量，位宽足够小，能够放入部分或全部立即数操作中。（立即操作数位于指令流中。）在各种形式和位置当中作出的选择对指令选择器有重要影响，因为这会改变能够使用值的目标机指令的集合。

在指令选择器为一个特定子树构造匹配集合时，它必须了解对子树的各个操作数求值的相应代价。如果这些操作数可以是不同的存储类别（如寄存器、内存位置或立即常量），那么代码生成器必须知道将每个操作数对每种存储类别求值的代价。因而，它必须跟踪能够生成每种存储类别值的最低成本重写序列。代码生成器随着通过自底向上遍历计算成本，能够很容易为每种存储类别确定最低成本匹配。这使得这一处理过程将多花费少许空间与时间，但增加量受限于一个因子（存储类别的数目），该因子完全取决于目标机，与重写规则数目无关。

缜密的实现能够在对AST进行平铺处理的同时，累积这些成本方面的数据。如果在每个匹配处，代码生成器都保留最低成本匹配，它将生成一个局部最优的平铺方案。也就是说，给定规则集合和成本函数，在每个结点处，不会有更好的备选方案存在。这种自底向上累积成本数据的做法，实现了查找最小成本平铺方案的动态规划解决方案。

如果我们要求成本是固定的，那么成本计算可以合并到构建模式匹配程序的过程中。这种策略将计算从编译时移动到构建模式匹配程序的算法中，而且几乎总是可以生成一个更快速的代码生成器。如果我们允许成本可变，并考虑到匹配所处的上下文环境，那么成本计算和比较必须在编译时进行。虽然这种方案可能会降低代码生成器的速度，但它在成本函数方面具有更好的灵活性和精确性。

11.4.3　工具

正如我们所见，面向树的自底向上代码生成方法可以产生高效的指令选择器。编译器编写者有几种方法，可以根据这些原则实现代码生成器。

(1) 编译器编写者可以手工编码一个匹配程序（类似于Tile），在对树进行平铺时显式检查匹配规则。缜密的实现可以限制对每个结点必须检查的规则集。这可以避免较大的稀疏表，能够产生一个紧凑的代码生成器。

(2) 因为问题是有限的，编译器编写者可以将其编码为有限自动机（即一个树匹配自动机），并获得DFA执行代价较低的好处。在该方案中，查找表编码了自动机的转移函数，隐式包含了所有必需的状态信息。人们已经使用这种方法构建了几种不同系统，这些通常称为自底向上重写系统（Bottom-Up Rewrite System，BURS）。

(3) 规则的形式类似于语法，这启发我们使用语法分析技术。语法分析算法必须推广，以处理机器描述所致的高度歧义的语法，并选择代价最低的语法分析实现。

(4) 通过将树线性化为一个前缀字符串，该问题可以转换为字符串匹配问题。那么，编译器可以使用字符串模式匹配算法，来查找可能的匹配。

后三种方法中，每种都有对应的工具可用于实现。编译器编写者生成目标机指令集的一份描述，代码生成工具[①]根据该描述创建可执行代码。

各种自动工具在细节上有所不同。按输出的每条指令计算的代价因具体技术而不同。一些技术快些，一些技术慢些，但没有哪种技术慢到能够严重影响所生成编译器的速度的。不同的方法允许使用不同的成本模型。一些系统限制编译器编写者为每个规则指定固定成本，而作为回报，这些系统将在表生成期间执行部分或全部动态规划计算。其他系统允许更通用的成本模型，成本可以在匹配过程期间改变，这些系统必须在后端代码生成期间执行动态规划计算。但一般来说，所有这些方法产生的代码生成器都是高效且有效的。

> **本节回顾**
>
> 通过树模式匹配进行指令选择依赖于下述简单事实：对于程序中的操作和目标机ISA中的操作来说，树都是一种自然的表示。编译器编写者开发树模式的一个库，将编译器IR中的结构映射到目标ISA中的操作。每个模式包括一个小的IR树、一个代码模板和一个成本。指令选择器会为树查

---

① 此处指一般的代码生成，而非编译器后端的别称。——译者注

找一种最低成本的平铺方案。在对目标树的后根次序遍历中，它会根据（为每个结点）所选平铺元素（即模式/规则）的模板来生成代码。

已经有几种技术被用于实现平铺这一趟处理。这些技术包括手工编码的匹配程序（如图11-8给出的代码），运行在二义性语法上、基于语法分析器的匹配程序，运行在树的线性化形式上、基于快速字符串匹配算法的线性匹配程序，以及基于自动机的匹配程序。所有这些技术都在一个或多个系统中工作良好。由此产生的指令选择器运行快速，且能生成高质量代码。

复习题

(1) 对于使用树型IR的编译器来说，树模式匹配似乎很自然。那么树中的共享（即用有向非循环图代替树）对算法有何影响？如何将其应用到线性IR上？

(2) 一些基于树模式匹配的系统要求与模式相关联的成本是固定的，而其他系统则允许动态的成本，即成本在实际考虑结点与模式的匹配时计算。编译器如何使用动态成本呢？

11.5 通过窥孔优化进行指令选择

指令选择的核心是匹配不同抽象层次上的操作，另一种可进行这种匹配的方法基于为后期优化而开发的一种技术，称为窥孔优化。为避免将复杂性编码到代码生成器中，这种方法将在底层IR上执行的系统化的局部优化，与将IR匹配到目标机指令的一种简单方案结合起来。本节将介绍窥孔优化，探讨其作为一种机制在指令选择中的应用，并描述为自动化窥孔优化器的构建而开发的相关技术。

11.5.1 窥孔优化

窥孔优化的基本前提很简单，即编译器通过考察相邻操作构成的短序列，可以高效地发现局部改进。在最初提议时，窥孔优化器在编译的所有其他步骤之后运行。其输入和输出均为汇编代码。这种优化器在代码上移动时，有一个滑动窗口或称"窥孔"。在每一步，它会考察窗口中的各个操作，寻找可以改进的特定模式。在它识别出一个模式时，它将用更好的指令序列重写该模式。有限的模式集合与有限的关注区域的组合，使得这种方法的处理颇为快速。

有一个经典例子模式是对同一内存地址先发出一条store指令，然后发出一条load指令。这里的load可以替换为一个复制操作。

$$
\begin{array}{llll}
\text{storeAI } r_1 & \Rightarrow r_{arp},8 & & \text{storeAI } r_1 \Rightarrow r_{arp},8 \\
\text{loadAI } r_{arp},8 & \Rightarrow r_{15} & \Rightarrow & \text{i2i} \qquad r_1 \Rightarrow r_{15}
\end{array}
$$

如果窥孔优化器识别出这次重写使得store指令成为死代码（即对于store存储到内存中的值，该值唯一的使用之处即为随后的load指令），那么它还可以消除store指令。但一般来说，识别成为死代码的store指令要求进行全局分析，而这超出了窥孔优化器的范围。其他可通过窥孔优化改进的模式包含简单的代数恒等式，如

$$
\begin{array}{ll}
\text{addI } r_2, 0 \Rightarrow r_7 \\
\text{mult } r_4, r_7 \Rightarrow r_{10}
\end{array}
\quad\Rightarrow\quad
\text{mult } r_4, r_2 \Rightarrow r_{10}
$$

以及分支指令的目标本身也是一个分支指令的情况，如

$$
\begin{array}{ll}
\text{jumpI} \rightarrow l_{10} \\
l_{10}: \text{jumpI} \rightarrow l_{11}
\end{array}
\quad\Rightarrow\quad
\begin{array}{ll}
\text{jumpI} \rightarrow l_{11} \\
l_{10}: \text{jumpI} \rightarrow l_{11}
\end{array}
$$

如果这里删除跳转到l_{10}的上一条分支指令，那么从l_{10}处开始的基本程序块将变为不可达代码，可以被删除。遗憾的是，要证明l_{10}处的操作是不可达代码，所需的分析通常超出了窥孔优化期间可用信息的范围（参见10.2.2节）。

在四元组上应用树模式匹配吗

用于描述指令选择技术的术语（树模式匹配和窥孔优化）包含了对适用IR种类的隐式假定。BURS理论处理在树上进行的重写操作。这产生了这样一种印象，即基于BURS的代码生成器要求输入树形IR。类似地，最初提出时窥孔优化器被作为最后一趟汇编到汇编的改进处理。移动指令窗口的思想强烈暗示：基于窥孔的代码生成器需要一种底层的线性IR。

两种技术通过一定的修改可以适用于大部分IR。编译器可以将一种底层的线性IR（如ILOC）解释为树。每个操作变为一个树结点，而对操作数的重用则隐含了边的设置。类似地，如果编译器为每个结点指派一个名字，那么通过后根次序树遍历，它可以将树解释为线性形式。聪明的实现者可以改编本章阐述的方法，使之适用于多种实际IR。

早期的窥孔优化器使用有限的一组手工编码模式。它们使用穷举搜索来匹配模式但却运行得很快，这是因为模式数目很少而窗口也很小，通常只有两三个操作。

窥孔优化已经大有进展，不再只能匹配少量模式。而日益复杂的ISA也引发了更系统化的处理方法。现代的窥孔优化器会将其处理过程划分为3个不同的任务：展开、简化和匹配。它将早期系统中模式驱动的优化替换为对符号解释（symbolic interpretation）和简化的系统化应用。

在结构上，这看起来像是编译器。展开程序识别IR形式的输入代码并构建一种内部表示。简化程序在这种IR上执行一些重写操作。匹配程序将这种IR转换为目标机代码，通常是汇编代码（ASM）。如果输入输出语言是相同的，该系统即为窥孔优化器。如果输入输出语言是不同的，同样的算法可以进行指令选择，我们在11.5.2节会了解到这一点。

展开程序重写输入IR，将操作逐个转换为一系列底层IR（Lower-Level IR，LLIR）操作，表示原来的IR操作的所有直接影响（至少是影响程序行为的所有因素）。如果$\text{add } r_i, r_j \Rightarrow r_k$操作会设置条件码，那么其LLIR表示必须包含将$r_i + r_j$赋值到$r_k$的操作，以及将条件码设置为适当值的操作。通常，展开程序的结构比较简单。各个操作可以逐一扩展，而无需考虑上下文。这个处理过程可以对每个IR操作分别使用一个模板，并在重写时用适当的实际值替换模板中的寄存器名、常量和标号。

简化程序会对LLIR进行一趟处理，通过一个小滑动窗口考察LLIR中的各个操作，并试图以系统化的方式改进这些操作。简化处理的基本机制是前向替换、代数化简（例如$x + 0 \Rightarrow x$）、对常量值表达

式求值（例如 $2+17 \Rightarrow 19$）以及删除无用效应（如创建未使用的条件码）。因而，简化程序会在LLIR上对窗口中的操作进行有限的局部优化。这将LLIR暴露的所有细节（地址运算、分支目标等）都提供给一个统一的局部优化层进行处理。

在最后一步，匹配程序对着模式库比较简化过的LLIR，寻找能够以最佳方式捕获LLIR中所有效应的模式。最终的代码序列可以产生LLIR代码系列之外的一些效应，例如，可以创建一个新的无用的条件码值。但保证正确性所需的那些效应是必须保留的。这一过程无法删除活动值，无论该值是存储在内存中、寄存器中还是位于某个隐式设置的位置（如条件码）。

图11-9说明了这种方法如何处理11.3节的例子。从该图左上角开始，是对应于图11-3中底层AST的四元组表示。（回想一下，该AST计算了 $a \leftarrow b - 2 \times c$，a存储在局部AR中偏移量4处，b存储为一个传引用参数，其指针存储在相对于ARP偏移量−16处，而c存储在相对于标号@G偏移量12处。）展开程序会创建如图中右上方所示的LLIR。简化程序会化简该代码，产生右下角所示的LLIR代码。根据这一LLIR片断，匹配程序将构建左下角所示的ILOC代码。

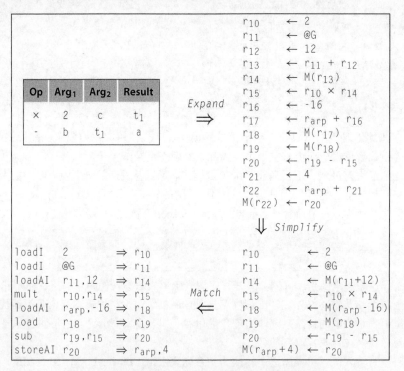

图11-9　将展开、简化和匹配处理过程应用到例子上

理解这一处理过程的关键在于简化程序。图11-10给出了在窥孔优化器处理例子的底层IR时，其滑动窗口中连续出现的多个指令序列。假定窗口可以容纳3个操作。系列1给出的窗口包含前三个操作。没有可能进行的简化。优化器向前滚动，使第一个操作（定义 r_{10}）退出窗口，将定义 r_{13} 的操作载入窗口。在这一窗口中，优化器可以向前替换 r_{13} 定义中的 r_{12}。因为这使得 r_{12} 的定义成为死代码，优化器将丢弃 r_{12} 的定义，并将另一个操作载入窗口底部，此为序列3。接下来，优化器将 r_{13} 合并到定义 r_{14} 的内

存引用中，产生了序列4。

在序列4上，没有可能进行的简化，因此优化器向前滚动，使r_{11}的定义退出窗口。它同样无法简化序列5，因此继续向前滚动，使r_{14}的定义也退出窗口。它可以简化序列6，将-16向前替换到定义r_{17}的加法中。这一处理产生了序列7。优化器用这样的方式继续处理，在可能的情况下简化代码，一直前进到处理完成。在到达序列13时，处理过程将停止，因为该序列无法进一步简化，而又没有额外的代码可以载入到窗口。

返回图11-9，比较简化过的代码与原来的代码。简化过的代码包括在窗口向前滚动时退出窗口的代码，以及简化过程停止时窗口中余下的代码。在简化之后，整个计算需要8个操作，而不是原来的14个。它使用7个寄存器（除了r_{arp}之外），而不是原来的13个。

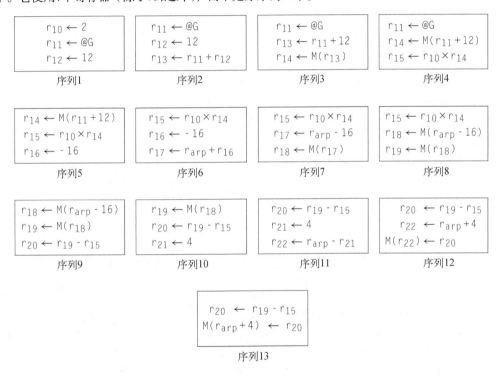

图11-10 简化程序产生的序列

有几个设计问题会影响窥孔优化器改进代码的能力。检测死亡值的能力在简化过程中发挥了关键作用。控制流操作的处理将决定在基本程序块边界上会发生什么。窥孔窗口的大小会限制优化器合并相关操作的能力。例如，大些的窗口会使简化程序将常量2合并到乘法操作中。接下来的3个小节将探讨这些问题。

1. 识别死亡值

在简化程序面临一个需要处理的序列时（如右侧所示的例子），它可以用2代替第二个操作中的r_{12}。但它无法删除第一个操作，除非它知道r_{12}在第二个操作中的使用之后不再处于活动状态，即该值已经死亡。因而，识别何时值不再活动的能力在简化程序

$$r_{12} \leftarrow 2$$
$$r_{14} \leftarrow r_{12} + r_{12}$$

的处理中发挥了关键作用。

编译器可以计算每个程序块的LiveOut集合，接下来通过一趟对程序块的反向处理，跟踪每个操作处哪些值是活动的。另外，还可以利用半剪枝静态单赋值形式隐含的知识，可以识别出在多个程序块中活动的名字，可以认为这样的名字在每个程序块出口处都是活动的。这种备选策略避免了变量活动分析的代价，它可以正确地识别出只属于其定义程序块的"严格"局部值。实际上，展开程序引入的效应是严格局部的，因此代价较低的方法可以产生良好的结果。

给定LiveOut集合或全局名字集合，展开程序能够标记出LLIR中各个"最后一次使用"处。有两个见解使得这成为可能。第一，展开程序可以自底向上处理一个程序块，展开实际上是一个简单的模板驱动的处理过程。第二，随着展开程序自底向上遍历程序块，展开程序可以构建出每个操作处活动的变量集合LiveNow。

最后一次使用

　　对某个名字的一次引用，在此次引用后，该名字表示的值不再处于活动状态。

LiveNow的计算很简单。展开程序将LiveNow的初始值设置为程序块的LiveOut集合。（没有LiveOut集合时，可以将LiveNow设置为包含所有的全局名字。）现在，随着展开程序处理操作$r_i \leftarrow r_j$ op r_k，算法将r_j和r_k添加到LiveNow，并从中删除r_i。该算法在每一步都产生一个LiveNow集合，这个集合就像是在程序块底部开始处理时使用的初始信息一样精确。

在使用条件码控制条件分支的机器上，许多操作会设置条件码的值。在常见的程序块中，这些条件码中有许多值是死亡的。展开程序必须插入对条件码的显式赋值操作。简化程序必须领会到条件码的值何时是死亡的，因为对条件码的非必要赋值可能会妨碍匹配程序生成某些指令序列。

例如，考虑计算$r_i \times r_j + r_k$。如果×和＋都设置条件码，那么这个二操作序列可能产生下列LLIR：

$$r_{t1} \leftarrow r_i \times r_j$$
$$cc \leftarrow f_\times(r_i, r_j)$$

$$r_{t2} \leftarrow r_{t1} + r_k$$
$$cc \leftarrow f_+(r_{t1}, r_k)$$

对cc的第一个赋值是死代码。如果简化程序删除该赋值，则它可以将剩余的操作合并为一个乘加操作，当然前提是目标机有这样的指令。但如果它无法删除$cc \leftarrow f_\times(r_i, r_j)$，匹配程序将无法使用乘加指令，因为该指令无法设置条件码两次。

2. 控制流操作

控制流操作的存在将使简化程序复杂化。处理此类指令最容易的方式是在遇到分支、跳转或带标号指令时清空简化程序的窗口。这防止了简化程序将效应移动到它们本不存在的代码路径上。

通过考察围绕分支的上下文环境，简化程序可以实现更好的结果，但这会向处理过程引入几个特例。如果输入语言中的分支指令具有单一目标和落空路径，那么简化程序应该跟踪并消除死亡的标号。如果它删除一个标号的最后一次使用，且此标号之前的程序块具有一个落空出口，那么可以删除该标号，合并两个程序块，并跨越旧的程序块边界进行简化。如果输入语言中的分支指令具有两个目标，或之前的程序块结束于跳转指令，那么死亡的标号意味着一个不可达程序块，该程序块可以完全删除。不论是哪种情况，简化程序都应该跟踪每个标号被使用的次数，并删除不再被引用的标号。（展开程序可以统计标号引用的次数，这使简化程序可以使用一种简单的引用计数方案来跟踪剩余引用的数目。)

一种更激进的方法可以考虑分支指令两个目标处的操作。一些简化可能会跨越分支指令进行，将紧接分支指令之前各个操作的效果与分支指令目标处操作的效果合并考虑。但简化程序必须考虑到能到达带标号操作的所有代码路径。

谓词操作要求考虑同样事项中的一部分。在运行时，谓词值决定了实际上执行哪些操作。实际上，谓词规定了穿越一个简单CFG的一条路径，虽然这条路径没有显式的标号或分支指令。简化程序必须识别出这些效应，并以像处理带标号操作那样谨慎的方式进行处理。

3. 物理窗口与逻辑窗口

到目前为止，我们的讨论专注于包含底层IR中相邻操作的一个窗口。这一概念具有良好的物理直观，并使得概念颇为具体。但底层IR中的相邻操作未必操纵的是同样的值。实际上，随着目标机提供更多的指令级并行性，编译器的前端和优化器必须生成具有更多独立计算或交错计算的IR程序，以使目标机处理器的各个功能单元保持忙碌状态。在这种情况下，窥孔优化器很少能找到改进代码的时机。

为改进这一情况，窥孔优化器可以使用逻辑窗口而非物理窗口。在使用逻辑窗口的情况下，窥孔优化器可以考虑通过代码内部值的流动而联系起来的各个操作，即综合考虑定义并使用同一个值的各个操作。这创造了合并及简化相关操作的时机，即使这些操作在代码中并不相邻。

在展开期间，优化器可以将每个定义连接到其值在程序块中的下一次使用。简化程序使用这些关联来填充其窗口。在简化程序到达操作*i*时，它会为*i*构建一个窗口，并将与*i*的结果有关联的操作载入窗口。（因为简化在很大程度上依赖于前向替换，所以除非下一个物理操作使用*i*的结果，否则没什么理由去考虑它。）使用程序块内部的逻辑窗口，可以使简化程序更为有效，既可以减少所需的编译时间，也可以减少简化之后剩余的操作数目。在我们的例子中，逻辑窗口可以使简化程序将常量2合并到乘法中。

将该思想推广到更大的作用域会增加一些复杂情况。编译器可能会试图简化逻辑上相邻、但物理上距离过远而无法同时载入窥孔窗口的若干操作，这可能发生在同一程序块内部，也可能发生在不同程序块之间。这要求进行全局分析，以确定每个定义能够到达的使用处（即9.2.4节的可达定义）。另外，简化程序必须意识到单个定义可以到达多个使用处，以及单个使用可以引用由几个不同定义计算出的结果。因而，简化程序无法简单地将定义操作与一个使用操作合并，而留下其余操作不管。它必须将考虑的范围限制到简单情况（如单个定义和单一使用，或单个定义的多次使用），或者进行一些缜密的分析以确定某种组合是否既安全又有利可图。这些复杂情况的存在，暗示我们应该在局部或超局部上下文内应用逻辑窗口。将逻辑窗口移出扩展基本程序块，将向简化程序增加一些显著的复杂情况。

11

11.5.2 窥孔变换程序

如前一节所述，更系统化的窥孔优化器的出现，使得有必要为目标机汇编语言创建更完备的模式集。因为窥孔优化的三步过程会将所有操作转换为LLIR，并试图简化所有的LLIR代码序列，所以匹配程序需要有能力将任意的LLIR代码序列转换为目标机的汇编代码。因而，与早期的部分系统相比，这些现代的窥孔系统具有大得多的模式库。随着计算机从16位指令发展到32位指令，不同汇编操作数目的爆发性增长使得通过手工生成模式颇有问题。为处理这种激增，大多数现代窥孔系统包含了一种工具，能够根据对目标机指令集的描述自动生成匹配程序。

RISC、CISC和指令选择

RISC体系结构的早期支持者认为，RISC将编译器变得更简单。早期的RISC机器（如IBM 801）与同时代的CISC机器（如DEC的VAX-11）相比，具有少得多的寻址模式。它们以寄存器到寄存器的操作为主要特色，而具有与数据操作分离的load和store指令在寄存器和内存之间移动数据。相比之下，VAX-11同时包含了寄存器和内存操作数，许多操作支持二地址和三地址形式。

RISC机器确实简化了指令选择。它们为实现给定操作提供的方法较少。它们对寄存器使用的限制较少。但其load-store体系结构增加了寄存器分配的重要性。

相比之下，CISC机器中的很多操作可以将更复杂的功能封装到单个操作中。为有效利用这些操作，针对CISC体系结构的指令选择器必须在更大的代码片断之上识别更大型的模式。这增加了系统化指令选择的重要性。本章描述的自动化技术对CISC机器来说更为重要，但也同样适用于RISC机器。

生成描述处理器指令集所需大型模式库的工具的出现，使得窥孔优化成为了指令选择的一种有竞争力的技术。还有最后一个曲折能够进一步简化整个图景。如果编译器在优化时已经使用LLIR，那么编译器并不需要一个显式的展开程序。类似地，如果编译器优化了LLIR，则简化程序就不必关注已死亡的效应。它完全可以假定，优化器将会利用针对死代码消除的更通用的技术来删除这些死代码。

这种方案还减少了为编译器重定目标所需的工作量。为改变目标处理器，编译器编写者必须做到：(1) 向模式生成程序提供一份适当的机器描述，使之能够生成一个新的指令选择器；(2) 改变编译早期阶段生成的LLIR序列，使之适合新的ISA；(3) 修改指令调度器和寄存器分配器，以反映新ISA的特征。虽然这些描述包含了大量工作，但用于描述、操纵和改进LLIR代码序列的相关基础设施将保持不变。换句话说，针对完全不同的机器生成的LLIR代码序列必定能够捕获目标机的差别，但这些代码序列所属的基础语言是不变的。这使编译器编写者能够建立一组跨越许多体系结构使用的工具，且通过针对目标ISA生成适当的底层IR并向窥孔优化器提供一个适当的模式集，可产生一个特定于机器的编译器。

这种方案的另一个优点在于简化程序。这种有所削减的窥孔变换程序仍然包含一个简化程序。对代码的系统化简化即使是在一个有限窗口中进行，相对于使用手工编码的一趟处理遍历IR并将其重写为汇编语言而言，也能提供重要的优势。通过前向替换、对简单代数恒等式的应用和常量合并，可以生成更短、更高效的LLIR代码序列。这些简化进而又允许针对目标机生成更好的代码。

几个重要的编译器系统已经使用了这种方法，其中最著名的可能是GNU编译器系统（GNU Compiler System，GCC）。对于一些优化和代码生成，GCC使用一种名为寄存器传送语言（Register-Transfer Language，RTL）的底层IR。后端使用一种窥孔方案将RTL转换为目标计算机的汇编代码。简化程序是使用系统化的符号解释实现的。窥孔优化器中的匹配步骤实际上将RTL代码解释为树，并使用一种根据目标机描述建立的简单树模式匹配程序。其他系统（如Davidson的VPO）根据机器描述构造了一种语法，并生成一个小的语法分析器对线性形式的RTL进行处理以执行匹配步骤。

本节回顾

窥孔优化的技术已经被改编来执行指令选择。经典的基于窥孔的指令选择器包括：一个基于模板的展开程序，负责将编译器的IR转换为一种更详细的形式，其抽象层次低于目标ISA的抽象层次；一个简化程序，在三四个操作的范围内进行前向替换、代数化简、常量传播和死代码消除；一个匹配程序，将优化过的底层IR映射到目标ISA。

这种方法的优势在于简化程序，它能够消除从编译器IR展开到底层IR时引入的互操作方面的低效性。这些时机涉及局部值，它们在转换前期是无法发现的。由此产生的改进会是令人惊讶的。最终的匹配阶段颇为简单，所用的技术从手工编码的匹配程序到LR()语法分析器。

复习题

(1) 简要描述一种具体的算法，供应用前向替换、代数化简和局部常量传播的简化程序使用。你的算法复杂度如何？窥孔窗口的大小是如何影响该算法处理程序块的代价的？

(2) 图11-10给出的例子说明了基于窥孔的指令选择器的一个弱点。将2赋值给r_{10}的指令与使用r_{10}的指令距离过远，使得简化程序很难合并常量并简化乘法（简化为multI或add）。使用何种技术可以将这一时机暴露给简化程序？

11.6 高级主题

基于BURS和基于窥孔的指令选择器都是针对编译时效率设计的。但二者都受限于编译器编写者提供的模式所包含的知识。为找到最好的指令序列，编译器编写者可以考虑使用搜索技术。这个思想很简单。指令的组合有时候具有令人惊讶的效应。因为其结果是出乎意外的，编译器编写者很少能预见到这种组合，因而也不会包含在为目标机生成的规格说明中。

在文献中已经出现了两种不同方法，它们均利用穷举搜索来改进指令选择。第一种方法涉及一个基于窥孔的系统，它可以在编译代码时发现和优化新的模式。第二种涉及一个对可能指令空间的暴力搜索（brute-force search）。

11.6.1 学习窥孔模式

实现或使用窥孔优化器中出现的主要问题是，规定目标机指令集所花费的时间与结果优化器/指令选择器的速度和质量之间的权衡。如果有完备的模式集合，通过使用高效的模式匹配技术，可以使简化和匹配处理的代价都保持在最低限度。当然，必须得有人来生成所有这些模式。另一方面，在简化或匹配期间解释规则的系统，平均每个LLIR操作的开销会更大。但这种系统利用小得多的规则集合就能够运作起来。这使得这种系统易于创建。但最终的简化程序和匹配程序运行得更慢。

要生成快速的模式匹配窥孔优化器所需的显式模式表，一种有效的方式将窥孔优化器与带有符号简化程序（symbolic simplifier）的优化器成对配置。在这种方案中，符号简化程序将记录它简化的所有模式。每次简化一对操作时，它都会记录初始操作和简化过的操作。接下来，它可以将结果模式记录在查找表中，从而生成一个快速的模式匹配优化器。

> 简化程序必须将提议的模式针对机器描述进行核对，以确保所提议的简化是广泛可用的。

通过在由样本应用程序构成的训练集上运行符号简化程序，优化器可以发现其所需的大部分模式。接着，编译器可以使用此过程中累积生成的查找表，作为快速模式匹配优化器的基础。这使得编译器编写者在编译器设计期间多花费一些计算机时间，从而加速编译器在交付后的例行使用。这大大减少了必须指定的那些模式引发的复杂性。

增加两种优化器之间的相互作用，可以进一步提高代码质量。在编译时，快速模式匹配程序会遇到在表中无法找到匹配模式的一些LLIR对。当出现这种情况时，它可以调用符号简化程序来查找可能的改进，仅对并无现存模式的LLIR对才需要进行搜索。

为使这种方法更实用，符号简化程序应该记录成功和失败的情形。这使它能够拒绝处理此前见过的LLIR对，不用承担符号解释的开销。在其成功改进一对操作之后，它应该将新模式添加到优化器的模式表，这样在以后遇到同样的指令实例时可以通过更高效的机制处理。

这种用于生成模式的学习方法有几个优点。它只处理此前未见过的LLIR对，而且弥补了用训练集覆盖目标机指令集时出现的漏洞。它提供了更昂贵系统的彻底性，而仍然保持了模式导向系统的大部分速度优势。

不过在使用这种方法时，编译器编写者必须确定符号优化器应该在何时更新模式表，以及如何适应这些更新。允许任意一次编译重写所有用户的模式表似乎并不明智，这肯定会出现同步和安全问题。编译器编写者可以选择定期更新，即以分离方式存储新发现的模式，使之以日常维护的方式添加到模式表中。

11.6.2　生成指令序列

这个学习方法有一种内在的偏爱：它假定底层的模式应该能够指导查找等价指令序列的搜索。一些编译器采取穷举方法来处理同一个基本问题。它们并不试图从底层模型合成所需的指令序列，而是采用一种先生成后测试的方法。

思想很简单。编译器或编译器编写者识别出应该改进的一个比较短的汇编语言指令序列。编译器接下来生成所有成本为1的汇编语言序列，并将原来指令序列的各个参量代入生成的序列。它会一一测试各个序列，判断其是否与目标指令序列具有同样的效果。在编译器排查完给定成本的所有序列时，它会将成本参量加1，然后继续同样的过程。这个过程会一直持续下去，直至：(1) 编译器发现了一个等价的代码序列，或(2) 已经达到了原来的目标指令序列的成本值，或(3) 达到了一个外部规定的对成本或编译时间的限制。

虽然这种方法本来代价高昂，但用于判断等价性的机制，对于测试每个候选序列所需的时间有着巨大影响。显然，我们需要一种形式化方法，使用底层模型来描述指令在机器上执行的效应，这样才能筛选出微小的不匹配，但如果能够更快速地判断等价性，将可以捕获出现最频繁、数量最多的那部分不匹配。如果编译器只是生成并执行候选序列，它可以将其结果与目标序列得到的结果比较。针对少量精选的输入应用这种简单的方法，应该能够通过一个最低成本的测试来删除大部分不适用的候选序列。

显然，如果要付诸日常使用或处理较大的代码片断，这种方法的代价过于高昂。但在一些情况下，它是值得考虑的。如果应用程序编写者或编译器能够识别出一小段性能关键的代码，那么通过搜索得到的一个出色的代码序列，其收获完全可以抵消穷举搜索的成本。例如，在一些嵌入式应用中，性能关键代码由单个内循环组成。对小的代码片断使用穷举搜索来改进代码的执行速度或空间占用，完全是值得的。

类似地，穷举搜索已被应用于将编译器重定目标到新体系结构的整个过程的一部分。这种应用使用穷举搜索针对编译器通常生成的IR序列找到特别高效的实现。因为只需在移植编译器时付出代价，所以通过将此代价平摊到预期使用新编译器进行的许多次编译上，编译器编写者可以为使用搜索提供正当理由。

11.7　小结和展望

指令选择的核心是一个模式匹配问题。指令选择的困难程度取决于编译器IR的抽象层次、目标机的复杂性以及对编译器生成代码质量的要求。在某些情况下，一个简单的树遍历方法可以生成符合要求的结果。但对于更困难的问题实例，通过树模式匹配或窥孔优化而进行的系统化搜索能够得到更好的结果。而手工创建一个能实现同样结果的树遍历代码生成器，就得花费多得多的工作。虽然这两种方法在几乎所有的细节上都是不同的，但二者拥有一个共同的愿景，即对于任何给定的IR程序，在无数种可能的代码序列中，使用模式匹配发现一个良好的代码序列。

树模式匹配程序通过在每个决策点采用最低成本的选择来发现最低成本的平铺方案。而由此得到的代码实现了IR程序规定的计算。窥孔变换程序会系统化地简化IR程序，并将剩余的操作针对一组目标机模式进行匹配。因为缺乏显式的成本模型，我们无法对其最优性作出论断。它们会为一个与原始IR程序具有相同效果的计算生成代码，而非逐字逐句实现原始的IR程序。因为这两种方法之间的微妙区别，我们无法直接比较对二者质量的断言。实际上，每种方法都获得过极好的结果。

真实的编译器已经向我们展示了这些技术的实际收益。LCC和GCC都运行在许多平台上。前者使用树模式匹配，后者使用窥孔变换程序。而两个系统对自动工具的使用，使得它们易于理解、易于重定目标，并最终在领域中被广为接受。

同样重要的是，读者应该认识到，这两类自动模式匹配程序都能够应用到编译领域的其他问题上。窥孔优化起源于为改进编译器生成的最终代码而开发的一种技术。同样，编译器可以应用树模式匹配来识别并重写AST中的计算。BURS技术提供了一种特别高效的方式来识别并改进简单模式，包括通过值编号识别的代数恒等式。

本章注释

大多数早期编译器都使用了手工编码的特设技术来执行指令选择[26]。如果目标机指令集足够小，或编译器团队足够大，这种方法是可行的。例如，Bliss-11编译器能够为PDP-11机器生成优秀的代码，因为PDP-11的指令集颇为有限[356]。早期的计算机和小型计算机指令集很小，使得研究人员和编译器编写者忽略了现代机器上出现的一部分问题。

例如，Sethi和Ullman[311]以及后来的Aho和Johnson[5]，都考虑了为表达式树生成最优代码的问题。

Aho、Johnson和Ullman还将其思想推广到表达式DAG[6]。基于该工作的编译器对控制结构使用特设方法，而对表达式树使用聪明的算法。

在20世纪70年代后期，体系结构方面两种不同的倾向将指令选择的问题带到了编译器研究的最前沿。从16位到32位体系结构的发展促成了操作数目和寻址模式数目的激增，编译器必须考虑这些问题。即使编译器只需探索各种可能性中很大的一部分，也需要一种更形式化的强大方法。与此同时，初期的UNIX操作系统开始出现在多种平台上。这激发了对C语言编译器的自然需求，也增强了对可重定目标编译器的兴趣[206]。轻易为指令选择器重定目标的能力，在确定将编译器移植到新体系结构的难易程度方面发挥了关键作用。这两种倾向触发了指令选择研究方面的一股飓风，从20世纪70年代末开始，一直持续到90年代[71, 71, 132, 160, 166, 287, 288]。

对词法分析和语法分析的成功自动化，使得由规格说明驱动的指令选择成为了一个有吸引力的想法。Glanville和Graham将指令选择的模式匹配方法映射到表驱动的语法分析上[160, 165, 167]。Ganapathi和Fischer用属性语法来解决这个问题[156]。

树模式匹配代码生成器发展自表驱动代码生成[9, 42, 167, 184, 240]和树模式匹配[76, 192]方面的早期工作。Pelegri Llopart形式化了BURS理论中的许多此类概念[281]。后来的作者基于他的工作建立了各种实现、变体实现和表生成算法[152, 153, 288]。Twig系统合并了树模式匹配和动态规划[2, 334]。

第一个窥孔优化器似乎是McKeeman的系统[260]。Bagwell[30]、Wulf等[356]和Lamb[237]描述了早期的窥孔系统。11.5.1节描述的由展开、简化和匹配形成的周期来自Davidson的工作[115, 118]。Kessler还曾从事直接从目标体系结构底层描述推导出窥孔优化器的工作[222]。Fraser和Wendt改编了窥孔优化使之适合执行代码生成任务[154, 155]。11.6.1节中的机器学习方法是Davidson和Fraser描述的[116]。

Massalin提议了11.6.2节描述的穷举方法[258]。它被Granlund和Kenner以一种受限的方式应用到GCC中[170]。

习题

11.2节

(1) 图7-2给出的树遍历代码生成器对每个数字使用了一个`loadI`指令。重写该树遍历代码生成器，使之使用`addI`、`subI`、`rsubI`、`multI`、`divI`和`rdivI`。解释你的代码生成器所需的额外例程或数据结构。

11.3节

(2) 使用图11-5给出的规则，为图11-4所示的AST生成两种平铺方案。

(3) 为下列表达式建立一个底层AST，将图11-4中的树用作模型：

    (a) `y ← a × b + c × d`

    (b) `w ← a × b × c - 7`

    使用图11-5给出的规则来平铺这些树并生成ILOC代码。

(4) 树模式匹配假定其输入是树。

    (a) 如何拓展这些思想来处理DAG，其中一个结点可以有多个父结点？

    (b) 控制流操作如何融入此范型？

(5) 在任何用于代码生成的树遍历方案中，编译器必须为子树选择一种求值顺序。即在某个二叉

结点 *n* 处，是先对左子树求值还是先对右子树求值？

(a) 顺序的选择是否会影响求值整个子树所需寄存器的数目？

(b) 如何将该选择集成到自底向上的树模式匹配方案中？

11.4节

(6) 真正的窥孔优化器必须处理控制流操作，包含条件分支、跳转和有标号语句。

(a) 在窥孔优化器将一个条件分支载入优化窗口时，它应该做什么？

(b) 遇到跳转指令时，情况会有不同吗？

(c) 对于带标号的操作，应如何处理？

(d) 优化器能够采取什么措施来改进这种情况？

(7) 写下在窥孔变换程序中执行简化和匹配功能的具体算法。

(a) 你的每种算法的渐近复杂度如何？

(b) 更长的输入程序、更大的窗口、更大的模式集合（同时适用于简化和匹配），会如何影响变换程序的运行时间？

(8) 窥孔变换程序在为代码选择具体实现的同时会简化代码。假定窥孔变换程序在指令调度或寄存器分配之前运行，且变换程序能够使用无限的虚拟寄存器名字集合。

(a) 窥孔变换程序能够改变程序对寄存器的需求吗？

(b) 在应用窥孔变换程序之后，可供调度器利用的重排代码时机是否会发生变化？

第 12 章

指令调度

12

本章概述

一组操作的执行时间严重依赖于其执行顺序。指令调度试图重排一个过程中的各个操作，以改进其运行时间。本质上，指令调度试图在每个周期执行尽可能多的操作。

本章介绍编译器中用于指令调度的主导技术：贪婪表调度（greedy list scheduling）。接下来阐述几种将表调度应用到更大范围（大于单个基本程序块）的方法。

关键词：指令调度；表调度；跟踪调度；软件流水线

12.1 简介

在许多处理器上，指令序列中各个操作的执行顺序，对指令序列的总体执行时间有着重要的影响。不同操作花费的时间不同。在典型的市售微处理器上，整数加法和减法需要的时间少于整数除法，类似地，浮点除法花费的时间长于浮点加法或减法。乘法花费的时间通常在对应类型的加法和除法操作之间。完成一个从内存加载数据的指令所花费的时间，取决于load指令发出时所述数据在内存层次结构中所处的位置。

对程序块或过程中的操作进行排序以有效利用处理器资源的任务称为指令调度（instruction scheduling）。调度器的输入是由目标机汇编语言操作组成的一个部分有序的列表，其输出是同一列表的一个有序版本。调度器假定其输入代码已经优化过，它并不试图重复优化器的工作。相反，它会将各条指令组装到可用的处理器周期和功能单元发射槽中，使代码尽可能快速地运行。

1. 概念路线图

处理器遇到各个操作的顺序会直接影响到编译后代码的执行速度。因而，大多数编译器都包括一个指令调度器，对最终的处理器指令进行重排以提高性能。调度器的选择会受到数据流、指令延迟、目标处理器能力等方面的约束。如果调度器想要为编译后代码生成正确且高效的调度，它必须考虑所有这些因素。

指令调度的主导技术是一种贪婪启发式算法，称为表调度。表调度器运行在无分支代码上，使用各种优先级排序（priority ranking）方案来指引其选择。编译器编写者已经发明了若干框架，用于在代码中大于基本程序块的区域上调度指令。这些区域和循环调度器只是创造条件，使编译器能够将表调度应用到一个更长的操作序列上。

2. 概述

在大多数现代处理器上，指令出现的顺序会影响到代码执行的速度。处理器会重叠执行各个操作，并在有限（且数目较少）功能单元的前提下尽快发射连续的各条指令。理论上，这种策略能够良好地使用硬件资源，并通过重叠执行连续的操作减少执行时间。如果处理器在操作数就绪之前发射了相应的操作，就会出现困难情况。

处理器设计上用两种方法之一来处理这种情况。处理器可以拖延（stall）"早产的"操作，直至其操作数可用为止。在处理器会拖延早产操作的机器上，调度器重排操作以期使发生拖延的次数最小化。另外，处理器还可以执行早产的操作，尽管是用不正确的操作数。这种方法的正确性依赖于调度器，需要在一个值的定义位置与各次使用位置之间保持足够的距离。如果有用操作的数量不足以"覆盖"与某个操作相关的延迟，那么调度器必须插入nop指令来填充缺口。

停顿/拖延
  硬件互锁（hardware interlock）所致的延迟，防止在定义一个值的操作执行完成前读取该值。
  互锁是检测过早发射指令的机制，它产生了实际的延迟。
静态调度的
  依赖于编译器插入NOP来保证正确性的处理器是一个静态调度处理器。
动态调度的
  提供互锁机制以保证正确性的处理器是一个动态调度处理器。

市售微处理器通常包含具有不同延迟的各种指令。典型的延迟值，对于整数加法或减法是1个周期，对于整数乘法或浮点加减法是3个周期，对于浮点乘法是5个周期，对于浮点除法是12～18个周期，对于整数除法是20～40周期。使情况进一步复杂化的是，某些操作的延迟值是可变的。load的延迟取决于目标值在内存层次结构中所处的位置，因而该指令的延迟可能是几个周期（比如1～5个，值位于最接近处理器的高速缓存中），也可能是数十到数百个周期（如果值位于内存中）。算术操作也可以具有可变延迟。例如，如果浮点乘法和除法单元发现实际的操作数使处理过程的某些阶段变得不必要，那么浮点单元将尽早退出处理。

更复杂的情况是，许多市售处理器能够在每个周期发起执行多个操作。所谓的超标量（superscalar）处理器利用了指令级并行性，即可以并行运行而不会带来冲突的独立操作。在超标量环境下，调度器的工作是使尽可能多的功能单元保持忙碌状态。因为指令分发硬件的前瞻量是有限的，所以调度器可能既需要注意每个操作是在哪个周期发射的，还需要关注每个周期内部各个操作的相对顺序。

超标量
  可在单周期中向多个不同功能单元发射不同操作的处理器被认为是超标量处理器。
指令级并行性（ILP）
  （指令流中）存在可以并发执行的独立操作。

例如，考虑一个简单的处理器，它具有一个整数功能单元和一个浮点功能单元。编译器想要调度一个循环，其中包含100个整数操作和100个浮点操作。如果编译器对指令排序，使前75个操作都是整数操作，那么在此期间浮点单元将处于空闲状态，直至处理器最终遇到浮点操作为止。如果所有操作都是独立的（这是一个不现实的假定），那么最佳顺序可能是交错向两个单元发射指令。

12

非正式地说，指令调度是编译器重排编译后代码中各个操作、以图减少运行时间的处理过程。概念上，指令调度器看来像是这样：

指令调度器的输入是一个部分有序的指令列表，它会构建这些指令的一个有序列表输出。调度器假定各条指令形成的集合是固定的，它并不试图重写代码（除了添加nop指令以保持代码的正确执行）。调度器假定各个值到寄存器的分配是固定的，虽然它可能会重命名寄存器，但它并不改变寄存器分配决策。

测量运行时性能

指令调度的主要目标是改进编译器所生成代码的运行时间。关于性能的讨论会使用许多不同的量度方式，以下是最常见的两种方式。

每秒指令数   这种度量通常用于给计算机做广告和比较系统性能，它指的是在1秒内执行的指令数。这可以通过每秒发的指令数或每秒收回的指令数来测量。

完成一项固定任务所需的时间   这种度量使用一个或多个行为已知的程序，并比较不同平台上完成这些固定任务所需的时间。这种方法又称为**基准测试**（benchmarking），提供了针对特定工作负荷包含软硬件在内的总体系统性能信息。

如果要评估编译器后端生成代码的质量，单一度量包含的信息是不够的。例如，如果按每秒指令数测量，那么将无关（却独立的）指令留在代码中的编译器，是否应得到较高评价？而简单的时间度量，对于给定程序能够达到何种性能，并未提供任何信息。因而，它能测量出一个编译器比另一个好，但无法度量出二者所生成代码之间的差距，也不能给出给定代码在目标机上的最优性能。

编译器编写者可能想要测量的数字包括：在执行过的指令中，所产生结果被其他指令实际使用的指令占多大百分比；以及实际耗费的处理器周期中，拖延和互锁所占用周期的百分比。前者使我们能够洞察谓词化执行的某些特征，而后者则直接测量了调度质量的某些方面。

指令调度器有3个主要目标。第一，它必须保持输入代码的语义。第二，它应该通过避免拖延或nop指令来最小化执行时间。第三，它应该尽可能避免延长值的生命周期，至少不能因此导致额外的寄存器溢出。当然，调度器本身的运行应该是高效的。

许多处理器可以在每个周期发射多个操作。虽然相关的机制可能在跨越不同体系结构时发生变化，但对调度器提出的潜在挑战是相同的：有效利用硬件资源。在超长指令字（Very Long Instruction Word，VLIW）处理器上，处理器每周期为每个功能单元发射一个操作，所有这些都聚集在一个固定格式的指令中。（调度器需要将nop打包到对应于空闲功能单元的槽位中。）而打包的 VLIW 机器则通过可变长指令避免了许多这种nop指令。

超标量处理器会察看指令流中的一个小窗口，挑选可以在可用单元上执行的操作，并将其分派到相应的功能单元。动态调度处理器会考虑操作数的可用性，而静态调度处理器只考虑功能单元的可用性。乱序超标量处理器（out-of-order superscalar processor）使用一个大得多的窗口来扫描可执行的操作，该窗口可能包含一百条甚至更多指令。

硬件分发机制的多样性模糊了操作（operation）与指令（instruction）之间的区别。在VLIW和打包的 VLIW机器上，一个指令包含多个操作。在超标量机器上，我们通常称一个操作为一个指令，并将这种机器描述为每个周期发射多条指令。在整本书中，我们使用术语"操作"来描述单个操作码及其操作数。我们使用术语"指令"时，仅指同一周期发射的一个或多个操作的集合体。

为尊重传统，我们仍然将这种问题称为指令调度，尽管本该更精确地称为操作调度。在VLIW或打包的 VLIW体系结构上，调度器将多个操作打包为指令，在一个给定周期中执行。在超标量体系结构上，无论是顺序执行还是乱序执行，调度器都需要重排操作，使得处理器能够在每个周期发射尽可能多的操作。

本章考察指令调度以及编译器用于执行调度的工具和技术。12.2节详细介绍了该问题。12.3节介绍了用于指令调度的标准框架：表调度算法。12.4节阐述了编译器用来扩展表调度应用范围的几种技术。12.5节阐述了用于循环调度的一种方法。

12.2 指令调度问题

考虑图12-1给出的小的例子代码，其中复制了1.3节使用过的一个例子。标记为"起始周期"的列给出了每个操作开始执行的周期。假定该处理器只有一个功能单元，load和store需要花费3个周期，乘法花费两个周期，所有其他操作都能够在单个周期完成。在这些假定下，原来的代码（见图12-1a）要花费22个周期。

起始周期	操作		
1	loadAI	r_{arp},@a	$\Rightarrow r_1$
4	add	r_1, r_1	$\Rightarrow r_1$
5	loadAI	r_{arp},@b	$\Rightarrow r_2$
8	mult	r_1, r_2	$\Rightarrow r_1$
10	loadAI	r_{arp},@c	$\Rightarrow r_2$
13	mult	r_1, r_2	$\Rightarrow r_1$
15	loadAI	r_{arp},@d	$\Rightarrow r_2$
18	mult	r_1, r_2	$\Rightarrow r_1$
20	storeAI	r_1	$\Rightarrow r_{arp}$,@a

(a) 原来的代码

起始周期	操作		
1	loadAI	r_{arp},@a	$\Rightarrow r_1$
2	loadAI	r_{arp},@b	$\Rightarrow r_2$
3	loadAI	r_{arp},@c	$\Rightarrow r_3$
4	add	r_1, r_1	$\Rightarrow r_1$
5	mult	r_1, r_2	$\Rightarrow r_1$
6	loadAI	r_{arp},@d	$\Rightarrow r_2$
7	mult	r_1, r_3	$\Rightarrow r_1$
9	mult	r_1, r_2	$\Rightarrow r_1$
11	storeAI	r_1	$\Rightarrow r_{arp}$,@a

(b) 调度后的代码

图12-1 引用自第1章的示例程序块

而调度后的代码（见图12-1b）能够在少得多的周期内执行完成。该代码将长延迟的操作与引用其结果的操作隔离开来。这种分离使得不依赖其结果的操作能够与长延迟操作并发执行。调度后的代码在前三个周期发射load操作，其结果分别在4、5、6周期就绪。这种调度需要一个额外的寄存器r_3来保存第3个并发执行的load操作的结果，但它使得处理器在等待从内存加载第一个算术运算操作数的同时执行一些有用的工作。这种操作之间的重叠执行，实际上隐藏了内存操作的延迟。程序块各处也应用的同一思想隐藏了mult操作的延迟。这种重排将运行时间减少到13个周期，改进达41%。

12

到目前为止，我们看到的所有例子都隐含地假定，所处理的目标机每个周期发射一个操作。几乎所有的市售处理器都有多个功能单元，可以在每个周期发射几个操作。我们将针对单发射（single-issue）机器介绍表调度算法，并指出如何推广这个基本算法以处理多操作指令。

指令调度问题定义在基本程序块的依赖关系图 $\mathcal{D}$ 之上。$\mathcal{D}$ 有时候也称为前趋图（precedence graph）。$\mathcal{D}$ 中的边表示程序块中值的流动。另外，其中的每个结点有两个属性，分别是操作类型和延迟。对于结点 n，对应于 n 的操作必须在由其操作类型指定的功能单元上执行，而该操作需要 $delay(n)$ 个周期完成。图12-2b给出了我们的例子代码的依赖关系图。我们已经用具体数字替换了@a、@b、@c和@d，以避免与标识各个操作的标号混淆[①]。

> **依赖关系图**
>
> 对于程序块 b，其依赖关系图 $\mathcal{D} = (N, E)$，b 中的每个操作在 $\mathcal{D}$ 中对应于一个结点。对于两个结点 n_1 和 n_2，如果 n_2 使用了 n_1 的结果，那么 $\mathcal{D}$ 中有一条边连接了 n_1 和 n_2。

在 $\mathcal{D}$ 中没有前趋结点的那些结点（如例子中的 a、c、e 和 g）称为该图的叶结点。由于叶结点不依赖于任何其他操作，它们可以尽早调度执行。$\mathcal{D}$ 中没有后继结点的结点（如例子中的 i）称为该图的根结点。在某种意义上，根结点是图中最受限制的结点，因为直至其所有祖先都已经执行之后，它们才能执行。如果使用这种术语，那么看来我们绘制的 $\mathcal{D}$ 是颠倒的，至少对于本书前文使用的树、AST和DAG来说是这样。但将叶结点放置在图的顶部，能够在图的布局与调度后代码的最终布局之间建立一种大致的对应关系。叶结点位于树的顶部，因为它可以在调度早期执行。根结点位于树的底部，因为它必须在其每个祖先之后执行。

> $\mathcal{D}$ 不是树。它是由多个DAG形成的森林。因而，结点可以有多个父结点，而 $\mathcal{D}$ 也可以有多个根结点。

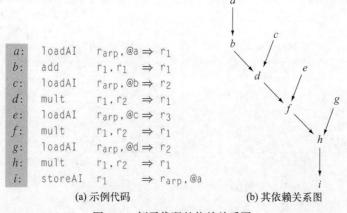

```
a:    loadAI    r_arp,@a ⇒ r₁
b:    add       r₁,r₁    ⇒ r₁
c:    loadAI    r_arp,@b ⇒ r₂
d:    mult      r₁,r₂    ⇒ r₁
e:    loadAI    r_arp,@c ⇒ r₃
f:    mult      r₁,r₂    ⇒ r₁
g:    loadAI    r_arp,@d ⇒ r₂
h:    mult      r₁,r₂    ⇒ r₁
i:    storeAI   r₁       ⇒ r_arp,@a
```

(a) 示例代码　　　　　　　　　　(b) 其依赖关系图

图12-2　例子代码的依赖关系图

给出一个代码片断的依赖关系图 $\mathcal{D}$，调度 S 将每个结点 n（$n \in N$）映射到一个非负整数，表示对应操作应该于哪一个周期发射，这里假定第一个操作在周期1发射。这里为指令提供了一个清晰简洁的定义，即第 i 条指令是操作集合 $\{n|S(n)=i\}$。调度必须满足3个约束。

[①] 事实上并没有替换。——译者注

(1) 对于每个$n \in N$，都有$S(n) \geqslant 1$。这个约束禁止在执行开始之前发射操作。违反该约束的调度是非良构的。为一致性起见，调度还必须至少有一个操作n'满足$S(n')=1$。

(2) 如果$(n_1, n_2) \in E$，那么$S(n_1) + delay(n_1) \leqslant S(n_2)$。这个约束保证正确性。在一个操作的操作数都已经定义完毕之前，该操作是无法发射的。违反该规则的调度将改变代码中数据的流动，且在静态调度的机器上很可能产生不正确的结果。

(3) 每个指令包含的各个类型t的操作的数目，不能超过目标机在单个周期的发射能力。这个约束保证了可行性，违反该约束的调度可能会包含一些目标机没有能力发射的指令。（在常见的VLIW机器上，调度器必须用nop填充指令中未使用的槽位。）

编译器只应当产生满足所有3个约束的调度。

给出一个良构、正确、可行的调度，该调度的长度只是最后一个操作完成的周期编号，假定第一个指令在周期1发射。调度长度可以如下计算：

$$L(S) = \max_{n \in N} \; (S(n) + delay(n)).$$

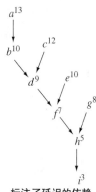

标注了延迟的依赖
关系图

如果我们假定$delay$能够捕获所有的运行延迟，调度S应该在$L(S)$时间内执行完成。随调度长度的概念而来的是时间最优调度（time-optimal schedule）的概念。如果对包含同一组操作的所有其他调度S_j，都有$L(S_i) \leqslant L(S_j)$，那么调度S_i是时间最优的。

依赖关系图能够捕获调度的重要性质。沿穿越该图的路径计算总延迟，能够暴露有关该程序块的额外细节。对我们例子中的依赖关系图$\mathcal{D}$标注累积延迟的有关信息，将得到右侧给出的图。从一个结点到计算结束处的路径长度被作为结点的上标给出。其值清楚地说明了路径$abdfhi$是最长的，它是决定这个例子总体执行时间的关键路径。

关键路径
　　依赖关系图中延迟最长的路径。

那么，编译器应该如何调度这一计算呢？仅当操作的操作数就绪时，它才能被调度到一个指令中（准备发射）。由于a、c、e、g在图中没有前趋结点，它们是调度的初始候选者。a位于关键路径上的事实，强烈暗示我们将其调度到第一条指令中。在a已经调度后，$\mathcal{D}$中余下的最长路径是$cdefhi$，这表明c应该作为第二条指令调度。在调度首先发射ac的情况下，在余下的最长路径中，b和e对应的路径是等长的。但是b需要a的结果，而这在第四个周期之前是不可用的。这使得先调度e后调度b成为一个较好的选择。以这种方式继续下去，将产生调度$acebdgfhi$。这与图12-1b给出的调度是匹配的。

但编译器无法按提议的顺序简单地重排指令。回想一下，可知c和e都定义了r_2，而d使用了c存储在r_2中的值。调度器无法将e移到d之前，除非它重命名e的结果，以避免与c对r_2的定义冲突。这一约束并不是因数据流动而致，数据流依赖关系是通过$\mathcal{D}$中的边模拟的。相反，它会制止将改变数据流的赋值操作。这种约束通常称为反相关（antidependence）。我们将e和d之间的反相关记作$e \rightarrow d$。

反相关
　　如果操作x位于操作y之前，且y定义了一个x中使用的值，那么称操作x反相关于操作y。调换其执行次序，将导致x计算出一个不同的值。

12

对调度的限制

调度器无法利用指令顺序解决所有问题。考虑下列计算a^{16}的代码。

起始 周期	操 作			
1	loadAI	r_{arp},@a	$\Rightarrow$	r_1
4	mult	r_1,r_1	$\Rightarrow$	r_1
6	mult	r_1,r_1	$\Rightarrow$	r_1
8	mult	r_1,r_1	$\Rightarrow$	r_1
10	mult	r_1,r_1	$\Rightarrow$	r_1
12	storeAI	r_1	$\Rightarrow$	r_{arp},@x

每个mult操作需要两个周期。左下方给出的各次乘法之间的依赖关系链，妨碍了调度器改进这一代码。（如果有其他彼此之间无相关性的操作可用，则调度器可以将其置于乘法之间。）

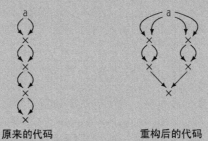

原来的代码　　　　　　　　重构后的代码

这是在编译中必须尽早解决的代码形式问题之一。如果优化器将原代码重构为$(a^2)^2 \cdot (a^2)^2$，如上右图所示，那么调度器可以将一部分乘法重叠起来，并能够实现更短的调度。如果处理器每个周期只能发射一条乘法指令，重构后的调度可以节省一个周期。如果处理器每个周期可以发射两个乘法指令，重构将节省两个周期。

调度器至少可以用两种方法来生成正确的代码。它可以发现输入代码中存在的反相关并在最终的调度中遵守这种关系，或重命名值来避免反相关。例子包含了4个反相关，即$e{\to}c$、$e{\to}d$、$g{\to}e$、$g{\to}f$。所有这些都涉及重定义r_2。（基于r_1的约束也是存在的，但r_1上的每个反相关都与某个数据流依赖关系重复。）

遵守反相关将改变编译器能够生成的调度的集合。例如，它不能将e移动到c或d之前。这迫使它生成像$acbdefghi$这样的调度，该调度需要18个周期。虽然这一调度相对于未调度过的代码（$abcdefghi$）有18%的改进，但与通过重命名产生的$acebdgfhi$（见图12-1b）所能达到的41%改进之间，前者并无竞争力。

另外，调度器可以系统化地重命名程序块中的值，以便在调度代码之前消除反相关。这一方法将调度器从反相关规定的约束中释放出来，但如果调度过的代码需要寄存器溢出处理，那么这种方法也产生了潜在的问题。重命名不会改变活动变量的数目，它只是改变其名字，并帮助调度器以避免违反反相关。但增加代码执行的重叠程度可能会增加对寄存器的需求，并迫使寄存器分配器逐出更多的值，这将增加长延迟操作并迫使进行另一轮调度。

最简单的重命名方案在每个值生成时为其分配一个新名字。在当前的例子中，该方案将产生下列代码。代码的这一版本具有同样的定义和使用模式。

```
a:   loadAI   r_arp,@a  ⇒ r_1
b:   add      r_1,r_1   ⇒ r_2
c:   loadAI   r_arp,@b  ⇒ r_3
d:   mult     r_2,r_3   ⇒ r_4
e:   loadAI   r_arp,@c  ⇒ r_5
f:   mult     r_4,r_5   ⇒ r_6
g:   loadAI   r_arp,@d  ⇒ r_7
h:   mult     r_6,r_7   ⇒ r_8
i:   storeAI  r_8       ⇒ r_arp,@a
```

不过代码中对依赖关系的表述是没有歧义的。它不包含反相关，因此不可能出现命名约束。

12.2.1 度量调度质量的其他方式

调度还可以用时间之外的其他值度量。同一程序块的两个调度 S_i 和 S_j 对寄存器的需求可能是不同的，即 S_j 中活动值的最大数目可能小于 S_i 中的最大数目。如果处理器要求调度器为空闲的功能单元插入 nop 指令，那么 S_i 包含的操作可能少于 S_j，因而执行时需要取的指令也较少。这不完全依赖于调度长度。例如，在具有可变周期 nop 指令的处理器上，将多个 nop 操作串在一起会产生较少的操作，且实际发射的指令数可能也会变少。最后，S_i 在目标系统上的执行能耗可能低于 S_i，因为它从来不使用某个功能单元，取的指令数目较少，或者在处理器的取指逻辑和译码逻辑之间传输的比特数较少。

指令调度与寄存器分配之间的相互作用

操作之间的反相关会限制调度器重排操作的能力。调度器可以通过重命名避免反相关，但重命名要求编译器在调度之后进行寄存器分配。这个例子仅仅是指令调度和寄存器分配之间的相互作用之一。

调度器的核心功能是重排各个操作。由于大部分操作既使用值又定义值，改变两个操作 x 和 y 的相对顺序可能会改变值的生命周期。将 y 从 x 之下移动到 x 之上，会延长 y 定义的值的生命周期。如果在操作 x 中，其操作数之一属于最后一次使用，那么将 x 移动到 y 之下将延长该值的生命周期。对称地，如果在操作 y 中，其操作数之一属于最后一次使用，那么将 y 移动到 x 之上将缩短该值的生命周期。

重排 x 和 y 的净效果将取决于 x 和 y 及其外围代码的细节。如果其中对值的使用均非最后一次使用，那么交换两个操作不会影响对寄存器的需求。（每个操作定义一个寄存器，交换二者将改变特定寄存器的生命周期，但不会改变对寄存器的总需求量。）

同样，寄存器分配可能改变指令调度问题。寄存器分配器的核心功能是重命名引用，并在对寄存器的需求超过实际寄存器集合时插入内存操作。这两个功能都会影响到调度器生成快速代码的能力。在分配器将一个较大的虚拟寄存器名字空间映射到目标机寄存器的名字空间时，将引入限制调度器的反相关。类似地，当分配器插入寄存器溢出代码时，它向代码增加了操作，这些操作本身也必须被调度到指令中。

在数学上，我们知道对这两个问题联合求解，产生的解决方案将是相继运行调度器和分配器（或反过来）所无法获得的。但这两个问题都具有足够的复杂度，因而大多数实际的编译器都分别处理二者。

12

12.2.2   是什么使调度这样难

调度的根本操作是，根据各个操作开始执行的周期，将各个操作分组。对于每个操作，调度器必须选择一个周期。对于每个周期，调度器必须选择一组操作。为平衡这两种视角，调度器必须确保，每个操作仅当其操作数可用时才能发射。

在调度器将操作 i 放置在周期 c 中时，这一决策将影响到任何依赖于 i 结果的操作（在 $\mathcal{D}$ 中从 i 可达的任何操作）的最早置放。如果在周期 c 中可以合法地执行多个操作，那么调度器的选择可能会改变对许多操作（直接或间接依赖于每个可能置于 c 中的操作）的最早置放。

除了最简单的体系结构以外，所有其他体系结构上的局部指令调度都是 NP 完全的。实际上，编译器会使用贪婪启发式算法对调度问题生成近似解。几乎编译器中使用的所有调度算法都是基于一类启发式技术，称为表调度（list scheduling）。下一节将详细描述表调度。后续各节将说明如何将该范型推广到更大的范围。

本节回顾

局部指令调度器必须为每个操作指定一个执行周期。（这些周期从基本程序块入口开始编号。）在这一过程中，调度器必须确保调度中的任一周期包含的操作都没有超出硬件发射指令的能力。在静态调度处理器上，调度器必须确保每个操作都仅在其操作数就绪后发射，这要求调度器向调度中插入 nop 指令。在动态调度处理器上，调度器应该使执行导致的预期拖延数量最小化。

指令调度的关键数据结构是所处理程序块的依赖关系图。它表示了程序块中数据的流动。很容易用逐个操作的延迟信息标注该图。标注后的依赖关系图揭示了程序块中有关约束和关键路径的重要信息。

复习题

(1) 调度器需要目标处理器的哪些参数？请读者列出自己计算机中处理器的相关参数。

(2) 众所周知，指令调度与寄存器分配之间存在相互作用。指令调度与指令选择如何相互作用？我们是否能够对指令选择作一些修改，以简化指令调度？

12.3   局部表调度

表调度是一个贪婪启发式方法，用以调度基本程序块中的各个操作。20 世纪 70 年代晚期以来，它已经成为指令调度的主要范型，这主要是因为它能够发现合理的调度，且很容易修改以适应计算机体系结构的改变。但表调度是一种方法，而非一个具体的算法。在其实现方式上、对待调度指令进行优先级排序方面，都存在大量的变化。本节探索表调度的基本框架及其思想的若干变体。

12.3.1   算法

经典表调度运行在一个基本程序块上。将考虑的范围限制到无分支代码序列，使得我们可以忽略可能使调度复杂化的那些情况。例如，在调度器考虑多个程序块时，一个操作数可能取决于此前在不同程序块中的定义，这在操作数何时就绪的问题上产生了不确定性。而跨越程序块边界的代码移动则产生了另一组复杂情况。在这种优化中，可能将操作移动到其此前并不存在的某条路径上，还可以在必要时从某条路径上删除操作。将我们考虑的范围限制在单个程序块的情形，可以避免这些复杂情况。而12.4节探讨了跨程序块的调度。

为将表调度应用到程序块，调度器遵循一个包含四个步骤的计划。

(1) 重命名以避免反相关 为减少调度器受到的约束，编译器需要重命名值。每个定义都将分配一个唯一的名字。这一步骤不是严格必需的。但它使调度器能够发现原本被反相关掩盖的某些调度，也简化了调度器的实现。

(2) 建立依赖关系图 $\mathcal{D}$ 为建立依赖关系图，调度器需要自底向上遍历程序块。对于每个操作，它都构造一个结点来表示新建的值。调度器会从此结点出发，在该结点与使用其值的每个结点之间添加边。每条边都会被标注上当前操作的延迟。(如果调度器不进行重命名，$\mathcal{D}$还必须表示反相关。)

(3) 为每个操作指定优先级 在每个步骤从可用操作的集合中选择时，调度器使用这些优先级作为指引。表调度器中已经使用过许多优先级方案。调度器可以为每个结点计算几种不同的得分，使用其中之一作为主要排序机制，当有结点得分相同时使用其他记分来打破平局。一种经典的优先级方案是使用从当前结点到$\mathcal{D}$的根结点之间、以延迟为权重计算长度时最长路径的长度。其他的优先级方案在12.3.4节描述。

(4) 重复选择一个操作并调度它 为调度操作，算法从程序块的第一个周期开始，在每个周期均选择尽可能多的操作发射。接下来，算法将周期计数器加1，更新已就绪可执行的操作的集合，并调度下一个周期。算法将重复这一过程，直至每个操作都已经调度完成。对数据结构精巧的使用使得这一过程十分高效。

重命名和$\mathcal{D}$的构建是比较简单的。常见的优先级计算会遍历依赖关系图$\mathcal{D}$并在其上计算一些量度。算法的核心和理解它的关键在于最后一步——调度算法。图12-3给出了这一步骤的基本框架，其中假定目标处理器只有一个功能单元。

```
Cycle ← 1
Ready ← leaves of D
Active ← Ø
while (Ready ∪ Active ≠ Ø)
    for each op ∈ Active
        if S(op) + delay(op) < Cycle then
            remove op from Active
            for each successor s of op in D
                if s is ready
                    then add s to Ready
    if Ready ≠ Ø then
        remove an op from Ready
        S(op) ← Cycle
        add op to Active
    Cycle ← Cycle + 1
```

图12-3 表调度算法

调度算法抽象地模拟了被调度程序块的执行。算法会忽略值和操作的细节，而专注于$\mathcal{D}$中各条边所规定的时序约束。为跟踪时间，算法在变量Cycle中维护了一个模拟时钟。它将Cycle初始化为1，并在穿越程序块处理时不断对其加1。

算法使用两个列表来跟踪操作。Ready列表包含了当前周期可执行的所有操作。如果一个操作位于Ready之中，那么其所有操作数都已经计算完成。最初，Ready包含了$\mathcal{D}$中的所有叶结点，因为它们并不依赖于程序块中的其他操作。Active列表包含了在更早的周期中发射但尚未完成的所有操作。每次调度器对Cycle加1时，它会从Active中删除Cycle之前已经完成的任何操作op。算法接下来核对op在$\mathcal{D}$中的每个后继结点，以确定相应结点是否能够移入Ready列表中，即是否其所有操作数都已经就绪。

表调度算法遵循一种简单的规范。在每个时间步上，算法会考虑前一周期完成的所有操作，调度当前周期已经就绪的操作，并对Cycle加1。当模拟时钟表明每个操作都已经完成时，这个过程就会停止。如果通过delay指定的所有延迟时间都是精确的，且$\mathcal{D}$的叶结点的所有操作数在第一个周期都是可用的，那么这种模拟运行时间应该与实际执行时间是匹配的。还可以有一个简单的后处理趟，来重排各个操作并插入必要的nop指令。

算法还必须遵守最后一个约束。对程序块结束处分支或跳转指令的调度，必须使程序计数器在程序块执行结束之前不发生（突然）变化。因此，如果i是程序块末尾的分支指令，它不可能早于周期$L(S)+1-delay(i)$调度执行。因而，单周期分支操作必须在程序块的最后一个周期调度执行，而双周期分支指令必须不早于程序块的最后第二个周期调度执行。

该算法生成的调度的质量，主要取决于从Ready队列挑选操作的机制。考虑最简单的场景，其中Ready列表在每次迭代中至多包含一项。在这种受限情形下，算法必定能生成最优调度。第一个周期只可能执行一个操作。（$\mathcal{D}$中必须至少有一个叶结点，而我们的限制确保了其中刚好有一个叶结点。）在后续的每个周期，算法没得选择：或者是Ready包含一个操作，算法调度其执行；或者是Ready为空，算法无法调度任何操作来在该周期发射执行。当在某些周期Ready列表包含多个操作时，会出现困难。

当算法必须在几个就绪操作中进行选择时，所作的选择就变得很关键。算法应该选用具有最高优先级得分的操作。在平分的情况下，应该使用一个或多个其他条件来打破平局（参见12.3.4节）。如果采用此前建议的度量方式（度量的结果，即为从当前结点到$\mathcal{D}$中根结点、按延迟为权重计算长度时最长路径的长度），那么在构造调度时，将总是选择当前周期关键路径上的结点。在调度优先级的影响可预测的范围内，这种方案在寻找最长路径时应该能够提供较为平衡的结果。

```
for each load operation, l, in the block
    delay(l) ← 1
for each operation i in D
    let Di be the nodes and edges in D independent of i
    for each connected component C of Di do
        find the maximal number of loads, N, on any path through C
        for each load operation l in C
            delay(l) ← delay(l) + delay(i) / N
```

图12-4 计算load操作的延迟

12.3.2 调度具有可变延迟的操作

内存操作通常具有不确定和可变的延迟。在具有多级高速缓存的机器上，load操作实际延迟的变动范围颇大：可能是0个周期，也可能是数百甚至于数千周期。如果调度器假定延迟为最坏情形，那么会冒处理器长时间空闲的风险。如果假定延迟为最佳情形，那么可能因缓存失效而导致处理器执行发生停顿。实际上，编译器根据可用于"覆盖"load操作延迟的指令级并行性的数量，分别为每个load单独计算相应的延迟，这样做可以得到良好的结果。这种方法称为平衡调度（balanced scheduling），它根据包围load操作的代码来调度load操作，而非根据将执行load操作的硬件。这种方法将局部可用的并行性散布到程序块中的各个load处。这种策略通过为每个load操作调度尽可能多的额外延迟，从而减轻了缓存失效的影响。而在没有缓存失效的情况下，它不会使执行减速。

图12-4给出了对于一个程序块中各个load操作延迟的计算。算法将每个load的延迟都初始化为1。接下来，算法考虑程序块的依赖关系图 $\mathcal{D}$ 中的每个操作 i。算法会发现 $\mathcal{D}$ 中与 i 无关的各个计算，称为 $\mathcal{D}_i$。概念上，该任务是 $\mathcal{D}$ 上的一个可达性问题。通过从 $\mathcal{D}$ 中删除 i 的每个直接/间接的前趋/后继结点，以及与这些结点相关联的边，我们即可计算出 $\mathcal{D}_i$。

算法接下来将查找 $\mathcal{D}_i$ 的连通分量。对于每个分量 C，算法会查找穿越 C 的任一路径上load操作的最大数目 N。在 C 中最多有 N 个load操作可共享操作 i 的延迟，因此算法将 $delay(i)/N$ 加到 C 中每个load的延迟上。对于一个给定的load操作 l，上述做法将各个独立操作 i 的延迟中 l 所占的份额累加起来，其中独立操作 i 可用于覆盖 l 延迟。使用该值作为 $delay(l)$ 可以产生一个调度，将各个独立操作富余的延迟平均分配给程序块中的所有load操作。

12.3.3 扩展算法

表调度算法包含了几个实际上不一定成立的假定。该算法假定每个周期只能发射一个操作，而大多数处理器可以在每个周期发射多个操作。为处理这种情况，我们必须扩展算法中的while循环，使之在每个周期为每个功能单元分别寻找一个可发射的操作。最初的扩展很简明：编译器编写者可以添加一个遍历各个功能单元的循环。

当一些操作可以在多个功能单元执行而且其他操作不可以时，就会出现相应的复杂情况。编译器编写者可能需要选择一种遍历功能单元的顺序，以便先调度限制较多的功能单元，而后调度限制较少的单元。在寄存器集合被分区的处理器上，调度器可能需要将一个操作放置在其操作数驻留的分区中，或者将其调度到分区间传输设施处于空闲状态的周期中。

在程序块边界处，调度器需要考虑下述事实：在前趋块中计算的一些操作数在当前块的第一个周期可能是不可用的。如果编译器在CFG上按逆后序对各个程序块调用表调度器，那么编译器可以确保：调度器能够知道在当前程序块入口处需要等待多少个周期，才能等到操作数沿CFG中的前向边进入当前程序块。（这种解决方案无助于处理循环控制分支指令；对于循环调度的讨论，请参见12.5节。）

12.3.4 在表调度算法中打破平局

指令调度的复杂性，使得编译器编写者使用相对廉价的启发式技术即表调度算法的变体，而非试图求出问题的最优解。实际上，表调度能够产生良好的结果，它通常可以建立最优或接近最优的调度。

但类似于许多贪婪算法，其行为是不健壮的：输入的很小改变可能导致解的巨大变化。

用于打破平局的方法学对由表调度所产生调度的质量有着巨大影响。当两个或更多项具有同样的优先级时，调度器应该根据另一种优先级排序打破平局。良好的调度器对每个操作可能设置有两三个用于打破平局的优先级，调度器会按照某种一致的次序应用这些优先级。除了早先描述的以延迟为权重计算的路径长度之外，调度器还可以使用下列优先级。

- □ 结点的优先级是其在 $\mathcal{D}$ 中直接后继结点的数目。这种度量方式促使调度器寻找穿越图的许多不同路径，与宽度优先方法较为接近。它倾向于在 Ready 队列上保留更多的操作。
- □ 结点的优先级是其在 $\mathcal{D}$ 中后代结点的总数。这种度量放大了前一种优先级的效应。为许多其他结点计算关键值的结点会尽早调度。
- □ 结点的优先级等于其 *delay*。这种度量方式会尽早调度长延迟操作。在程序块中，调度器会优先调度这些操作执行，此时将余下更多的操作可用于"覆盖"其延迟。
- □ 结点的优先级等于其操作数中最后一次被使用者的数目。作为打破平局的措施，这种度量会将最后一次使用移动到接近其定义处的位置，这可以减少对寄存器的需求。

遗憾的是，这些优先级方案没有哪一个能够在总体调度质量上占绝对优势。每个方案都在一些例子上表现不错，而在其他例子上表现较差。因而，就使用哪些优先级或以什么顺序应用优先级，并没有什么一致意见。

12.3.5　前向表调度与后向表调度

如图 12-3 所示，表调度算法运行在依赖关系图上，从叶结点到根结点进行处理，从程序块中第一个周期到最后一个周期来建立调度。对该算法的另一种表述按相反的方向运行在依赖关系图上，即从根结点到叶结点来进行调度。第一个被调度的操作最后一个发射，而最后一个被调度的操作第一个发射。算法的这个版本称为后向（backward）表调度，原版本称为前向（forward）表调度。

表调度并不是编译中代价高昂的一个部分。因而，一些编译器会用启发式规则的不同组合运行调度器若干次，并保留质量最好的调度。（调度器可以重用大部分准备工作：重命名、建立依赖关系图和计算一部分优先级。）在这样的方案中，编译器应该考虑同时使用前向调度和后向调度。

实际上，前向调度和后向调度中没有哪一个始终比另一个好。前向和后向表调度之间的差别在于调度器考虑各个操作的顺序。如果调度的质量极度依赖于对某一小组操作的缜密排序，那么这两个方向上的调度策略可能会产生显著不同的结果。如果关键操作存在于叶结点附近，那么前向调度似乎更可能将这些操作共同考虑，而后向调度则必须穿越程序块的其余部分才能到达这些操作。对称地，如果关键操作存在于根结点附近，那么后向调度可能会综合考察它们，而前向调度则必须按照在程序块另一端所作决策规定的顺序，在遍历整个程序块后才能看到这些操作。

为更具体地说明后一点，我们考虑图 12-5 给出的例子。它给出了在 spec 95 基准程序 go 中找到的一个基本程序块的依赖关系图。编译器添加了程序块末端分支指令对 store 操作的依赖关系，以确保在下一个程序块开始执行之前，本程序块中发出的内存操作已经完成。（违反这一假定，可能导致后续的 load 操作产生不正确的值。）依赖关系图中结点的上标给出了从该结点到程序块末端的延迟，下标区分了类似的操作。这个例子假定，各个操作的延迟如依赖关系图下面的表所示。

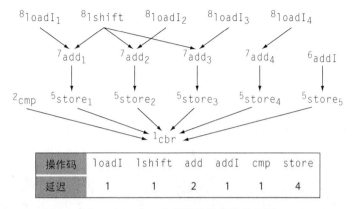

图12-5　go中一个程序块的依赖关系图

本例说明了前向和后向表调度之间的差别。我们是在对表调度的一项研究中注意到这一点的。当时，编译器的目标是一个ILOC机器，该机器具有两个整数功能单元和一个执行内存操作的单元。5个store操作花费了该程序块的大部分执行时间。试图最小化执行时间的调度必须尽快开始执行store指令。

前向表调度，使用从当前结点到程序块末尾的延迟作为优先级，按优先次序执行各个操作（比较操作除外）。它首先调度优先级为8的5个操作，接下来是4个优先级为7的操作，最后是优先级为6的操作。接下来，着手处理优先级为5的操作，并将cmp与store一同处理，因为cmp是一个叶结点。如果按从左到右的顺序随意地打破平局情况，那么这将产生图12-6a所示的调度。请注意，5个内存操作store是从周期5开始的，这样产生的调度会在周期13发射分支指令。

	整数	整数	内存
1	loadI$_1$	lshift	—
2	loadI$_2$	loadI$_3$	—
3	loadI$_4$	add$_1$	—
4	add$_2$	add$_3$	—
5	add$_4$	addI	store$_1$
6	cmp	—	store$_2$
7	—	—	store$_3$
8	—	—	store$_4$
9	—	—	store$_5$
10	—	—	—
11	—	—	—
12	—	—	—
13	cbr	—	—

(a) 前向调度

	整数	整数	内存
1	loadI$_4$	—	—
2	addI	lshift	—
3	add$_4$	loadI$_3$	—
4	add$_3$	loadI$_2$	store$_5$
5	add$_2$	loadI$_1$	store$_4$
6	add$_1$	—	store$_3$
7	—	—	store$_2$
8	—	—	store$_1$
9	—	—	—
10	—	—	—
11	cmp	—	—
12	cbr	—	—

(b) 后向调度

图12-6　对go中程序块的两种调度

在后向表调度时使用同样的优先级，编译器首先会将分支指令置于程序块的最后一个槽位中。cmp

在其前一个周期，这是由 *delay*(cmp) 决定的。下一个被调度的操作是 store₁ (按照从左到右打破平局的规则)。它在 cbr 指令发射之前的4个周期分配到内存访问单元的发射槽中，这是由 *delay*(store) 决定的。调度器顺次用其他 store 操作填充内存访问单元中更靠前的槽位。随着各个整数操作变为就绪状态，调度器也会开始填充整数操作。第一个是 add₁，在 store₁ 前两个周期。当算法停止时，它产生的调度如图12-6b所示。

后向调度比前向调度少花费一个周期。它将 addI 放置在程序块中更靠前的位置上，使得 store₅ 能够在周期4发射，这比前向调度中第一个内存操作 store₁ 早一个周期。通过按不同的顺序考虑该问题，虽然使用了同样的优先级和打破平局的措施，但后向算法找到了一个不同的结果。

乱序执行又如何

一些处理器包含了对乱序 (Out Of Order，OOO) 执行指令的硬件支持。我们称此类处理器为**动态调度处理器** (dynamically scheduled machine)。这个特性并不是新的，例如，它曾经出现在 IBM360/91 计算机上。为支持乱序执行，动态调度处理器需要在指令流中前瞻以寻找能够提前执行的操作 (与静态调度处理器相比)。为做到这一点，动态调度处理器需要在运行时建立和维护一部分依赖关系图。它使用这部分依赖关系图来发现每个指令何时可以执行，并在最早的"合法"时机发射每条指令。

何时乱序处理器能够相对于静态调度作出改进？如果运行时环境好于调度器所作的假定，那么乱序硬件发射一个操作的时机可能早于静态调度。这可能发生在程序块边界处 (如果操作数变为可用的时间早于最坏情形假定)。也可能发生在可变延迟操作的情形。因为乱序处理器知道实际运行时地址，它还可以消除一些 load-store 依赖关系，这是调度器做不到的。

乱序执行并不会消除指令调度的必要性。因为前瞻窗口是有限的，拙劣的调度很难通过乱序执行改进。例如，容纳50条指令的前瞻窗口，不可能将100条整数指令后接100条浮点指令变为〈整数指令，浮点指令〉对的形式交错执行。但它可以将较短的指令序列交错执行，比如说长度为30的情况。乱序执行可以通过改进良好但非最优的调度来帮助编译器。

一种相关的处理器特性是动态寄存器重命名。与 ISA 允许编译器引用的寄存器相比，这种方案向处理器提供了更多的物理寄存器。处理器可以通过使用额外的物理寄存器 (对编译器是隐藏的) 来打破发生在其前瞻窗口内部的反相关，以实现通过反相关连接起来的两个引用。

为什么会这样呢？在调度中，前向调度器必须将优先级为8的操作放置在优先级为7的操作之前。尽管 addI 操作是叶结点，其较低的优先级也使得前向调度器推迟发射该操作。等到调度器用完优先级为8的操作，其他优先级为7的操作又将变为可用。相比之下，后向调度器会将 addI 放置在3个优先级为8的操作之前，这个结果是前向调度器不可能考虑的。

12.3.6 提高表调度的效率

为从 Ready 列表中选择一个操作，按照到目前为止的描述，需要对 Ready 进行线性扫描。这使得创建和维护 Ready 的代价接近 $O(n^2)$。将列表替换为优先队列可以将操纵 Ready 的代价降低到 $O(n\log_2 n)$，而实现的难度仅有稍许增加。

　　类似的方法可以降低操纵Active列表的代价。在调度器向Active添加一个操作时，它可以为其指定一个优先级，优先级值等于操作完成的周期编号。寻找最小优先级的优先队列会将当前周期完成的所有操作推向最前端，实现的代价相对于简单的列表实现仅有少许增加。

　　在Active的实现中，进一步的改进也是可能的。调度器可以维护一组独立的列表，每个列表对应于一个周期，包含了将在该周期完成的各个操作。覆盖所有操作延迟所需的列表数目是$MaxLatency = \max_{n \in \mathcal{D}} delay(n)$。当编译器在Cycle周期调度操作$n$时，它将$n$添加到WorkList[(Cycle + delay(n)) mod $MaxLatency$]。在需要更新Ready队列时，所有需要考虑的操作（实际上是考虑其后继结点）都在WorkList[Cycle mod $MaxLatency$]中。这种方案会使用少量额外的空间，而各个WorkList上操作数目的和等于Active列表上操作的数目。各个WorkList在空间上会有少量开销。在向WorkList插入时每次会使用稍多一点时间，来计算应该使用哪个WorkList。作为回报，这避免了搜索Active的n^2级代价，而代之以对较小的WorkList的线性遍历。

本节回顾

　　多年以来，表调度已经成为编译器用于调度操作的主要范式。它会为每个操作计算应该在哪一个周期发射它。该算法相当高效，其复杂性与代码的底层依赖关系图直接相关。这种贪婪启发式方法，在其前向和后向形式下，都能对单个程序块产生极佳的结果。

　　在CFG中较大区域上执行调度的算法，会使用表调度来排序各个操作。其优势和弱点也同样带入了其他区域。因而，对局部表调度的任何改进也都有可能改进区域性调度算法。

复习题

　　(1) 本题要求你实现一个表调度器，用于将为你的笔记本电脑产生代码的编译器中。你将使用何种度量机制作为Ready列表的主要优先级，如何打破优先级平局？说出你这样选择的理由。

　　(2) 不同优先级度量方式将使调度器按不同顺序考虑各个操作。你可以应用随机化来实现类似的效应吗？

12.4　区域性调度

　　与值编号算法类似，从单个基本程序块移动到较大范围也可以改进编译器所生成代码的质量。对于指令调度而言，对于大于一个基本程序块、小于整个过程的区域，人们已经提议了许多不同的调度方法。几乎所有这些方法都使用基本的表调度算法作为重排指令的引擎。它们利用一种基础设施将基本算法封装起来，使之能够考虑更长（如多个程序块）的代码序列。在本节中，我们将考察通过改变编译器应用表调度的上下文环境来提高调度质量的3种思想。

12

12.4.1 调度扩展基本程序块

回忆8.3节的内容，扩展基本程序块（EBB）包含一组程序块$B_1, B_2, \cdots, B_n$，其中B_1具有多个前趋结点，而其他每个程序块B_i都刚好只有一个前趋结点（EBB中的某个程序块B_j）。编译器可以通过对CFG的一趟简单处理识别EBB。考虑旁边给出的简单代码片断。其中有一个大EBB——$\{B_1, B_2, B_3, B_4\}$和两个一般的EBB——$\{B_5\}$和$\{B_6\}$。大的EBB有两条路径$\langle B_1, B_2, B_4 \rangle$和$\langle B_1, B_3 \rangle$，二者以$B_1$为公共前缀。

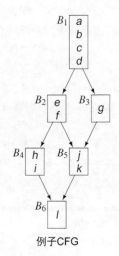

例子CFG

为使表调度获得更大的上下文环境，编译器可以将EBB中的路径如$\langle B_1, B_2, B_4 \rangle$作为单个基本程序块处理，只要编译器妥善考虑了共享的路径前缀以及过早退出的情况，前者如$\langle B_1, B_2, B_4 \rangle$和$\langle B_1, B_3 \rangle$的公共前缀$B_1$，后者如$B_1 \rightarrow B_3$和$B_2 \rightarrow B_5$。（在8.5.1节的超局部值编号算法中，我们见过同样的概念。）这种方法使编译器能够将其卓有成效的调度引擎——表调度应用到更长的操作序列中。其效果是增加可以共同调度的代码的比例，这应该会改进执行时间。

为了解共享前缀和过早退出是如何使表调度复杂化的，我们考虑旁边例子中的路径$\langle B_1, B_2, B_4 \rangle$中代码移动的可能性。这种代码移动可能需要调度器插入补偿代码（compensation code）以维护正确性。

补偿代码

插入到程序块B_i中，用以抵消不包含B_i的代码路径上跨程序块的代码移动所带来副作用的代码。

- 编译器可以将一个操作向前移动，即移动到路径上稍后的位置。例如，编译器可以将操作c从B_1移动到B_2。虽然这个决策可能会加速沿路径$\langle B_1, B_2, B_4 \rangle$的执行，但它会改变沿路径$\langle B_1, B_3 \rangle$执行的计算。将$c$向前移出$B_1$，意味着路径$\langle B_1, B_3 \rangle$不再执行$c$。除非在从$B_3$发出的所有路径上$c$都是死代码，否则调度器必须纠正这种情况。为修正该问题，调度器必须将c的一个副本插入到B_3中。如果在$\langle B_1, B_2, B_4 \rangle$路径上，将$c$移动到$d$之后是合法的，那么在$\langle B_1, B_3 \rangle$路径上将$c$移动到$d$之后也必定是合法的，因为能够阻止该移动的依赖关系完全包含在B_1中。c的新副本并不会延长沿路径$\langle B_1, B_3 \rangle$的执行，但它确实会增加代码片断的总长度。
- 编译器可以向后移动一个操作，即移动到路径上靠前的位置。例如，它可以将f从B_2移动到B_1。虽然这一决策可以加速沿路径$\langle B_1, B_2, B_4 \rangle$的执行，但其向路径$\langle B_1, B_3 \rangle$插入了一个计算$f$。这一做法有两个后果。首先，它延长了$\langle B_1, B_3 \rangle$的执行。其次，它可能为$\langle B_1, B_3 \rangle$路径产生不正确的代码。
- 如果f具有副作用，会改变沿任何从B_3发出的路径上产生的值，那么调度器必须重写代码以便在B_3中抵消副作用。在某些情况下，重命名可以解决该问题；在其他情况下，调度器必须插入一个或多个补偿操作到B_3中。这些操作会进一步降低沿路径$\langle B_1, B_3 \rangle$的执行速度。

如果f杀死了B_3中使用的某个值，重命名f的结果可以避免这个问题。如果该值在B_4之后仍然是活动的，则调度器可能需要在B_4之后将其复制回原来的名字。

补偿代码的问题也说明了调度器应该按何种顺序考虑EBB中的各条路径。因为第一个调度的路径几乎不需要补偿代码，调度器应该按可能执行频度的顺序来选择路径。它可以使用剖析数据或估算，正如同8.6.2节中的全局代码置放算法那样。

调度器可以采取措施减轻补偿代码的影响。它可以使用变量活动信息来避免前向移动带来的一部分补偿代码。如果被移动操作的结果在路径外程序块的入口处是不活动的，那么无需为该程序块添加补偿代码。通过简单地禁止跨越程序块边界的后向移动，即可完全避免后向移动所需的所有补偿代码。虽然这种约束限制了调度器改进代码的能力，但它避免了延长其他路径，而仍然向调度器提供了一些改进代码的时机。

EBB调度的机制很简单。为调度一条EBB路径，调度器在区域上执行重命名（如有必要）。接下来，它对整条路径建立单一的依赖关系图，忽略任何过早退出的情况。它会计算选择就绪操作和打破平局所需的优先级度量。最后，调度器会应用表调度，类似于单个程序块的处理。每次调度器将一个操作指派到调度中一个具体周期的具体指令中时，它会插入任何必要的补偿代码。

在这种方案中，编译器会调度每个程序块一次。在我们的例子中，调度器可能首先处理路径$\langle B_1, B_2, B_4\rangle$，然后是$\langle B_1, B_3\rangle$。因为$B_1$的调度已经固定，此时将使用$B_1$调度的知识来作为处理$B_3$的初始条件，但不会改变$B_1$的调度。最后，调度器对平凡的EBB即$B_5$和$B_6$进行调度。

12.4.2 跟踪调度

跟踪调度扩展了路径调度的基本概念，使之超越了EBB中路径的范围。跟踪调度不再专注于EBB，而是试图构造穿越CFG的最大长度无环路径，并将表调度算法应用到这些路径（或踪迹）上。因为跟踪调度与EBB调度有同样的补偿代码问题，所以编译器选择路径时，应该确保先调度"热"路径（即执行最频繁的那些路径），而后再考虑较"冷"的路径。

> **踪迹**
> 穿越CFG的一条无环的路径，该路径是利用剖析信息选择的。

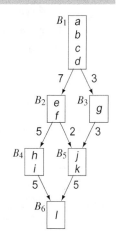

为建立供调度的踪迹，编译器需要访问CFG中各条边的剖析信息。右侧的图表给出了我们的例子中各条边的执行计数。为建立一条踪迹，调度器可以使用一种简单的贪婪方法。开始建立一条踪迹时，先选择CFG中执行最频繁的边。在我们的例子中，调度器将首先选择边$\langle B_1, B_2\rangle$，建立初始踪迹$\langle B_1, B_2\rangle$。接下来，调度器会考察进入踪迹第一个结点的边或离开踪迹最后一个结点的边，并选择执行计数最高的边。在例子中，调度器会选择$\langle B_2, B_4\rangle$（放弃$\langle B_2, B_5\rangle$），形成踪迹$\langle B_1, B_2, B_4\rangle$。由于$B_4$只有一个后继结点$B_6$，调度器将选择$\langle B_4, B_6\rangle$作为下一条边并产生踪迹$\langle B_1, B_2, B_4, B_6\rangle$。

当算法用尽可能的边（像本例中这样），或遇到循环控制分支指令，构造踪迹的过程将停止。后一个条件防止调度器构造最终导致将操作移出循环的踪迹。其中隐含的假定是，早期优化已经进行了循环不变量代码移动（例如，10.3.1节中的缓式代码移动），调度器遇到循环控制分支指令时不应该再考虑插入补偿代码。

12

给定一条踪迹，调度器可以将表调度算法应用到整个踪迹，正如同EBB调度将该算法应用到穿越EBB的路径那样。任给一个踪迹，可能有插入补偿代码的额外时机。该踪迹可能有中间的入口点，即踪迹中部具有多个前趋结点的程序块。

❑ 对操作i实施跨越中间入口点的前向代码移动，可能会将i添加到踪迹外的代码路径上。如果i重定义了一个活动范围跨越中间入口点程序块的值，那么可能需要进行一些必要的重命名或重新计算。其他的方法，或者是跨越中间入口点程序块来禁止向前移动操作，或者利用复制（cloning）以避免这种情况（参见12.4.3节）。

❑ 对操作i实施跨越中间入口点的后向代码移动，可能需要将i添加到踪迹外的代码路径上。这种情况比较简单，因为i已经存在于踪迹外的代码路径上（虽然在执行时序上较为靠后）。因为调度器必须校正由踪迹上的后向代码移动引入的命名问题，所以踪迹外路径上的补偿代码可以只定义同一个名字。

为调度整个过程，跟踪调度器需要构造一个踪迹并调度它。接下来，调度器将踪迹中的程序块从考虑范围内移除，并选择下一个执行最频繁的跟踪进行调度。在调度这个踪迹时，要求必须遵守此前调度的代码所规定的任何约束。这个处理过程会一直持续下去：选择一个踪迹，调度，将其从考虑范围内移除，直至所有程序块都已经调度完毕为止。

EBB调度可以认为是跟踪调度的一种退化情形，这种情况下禁止了踪迹的中间入口点。

12.4.3   通过复制构建适当的上下文环境

在我们一直使用的例子中，CFG中的汇合点限制了EBB调度或跟踪调度可用的时机。为改进调度结果，编译器可以通过复制程序块，创造出更长且没有汇合点的路径。超级块复制刚好有这种效果（参见10.6.1节）。对于EBB调度，它会增加EBB的大小以及穿越EBB的一部分路径的长度。对于跟踪调度，它避免了踪迹中的中间入口点所致的复杂情况。但不论是哪种情况，复制还都消除了EBB中的一部分分支和跳转指令。

旁边的图给出了在我们一直使用的例子中实施程序块复制所能产生的CFG。程序块B_5已经被复制，为从B_2和B_3发出的路径分别创建了一个程序块实例。类似地，B_6被复制了两次，为进入该程序块的每条路径分别创建了一个唯一的实例。总而言之，这些做法消除了CFG中所有的汇合点。

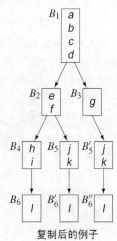

在复制之后，整个CFG图形成了一个EBB。如果编译器判断$\langle B_1, B_2, B_4, B_6 \rangle$是"热"路径，它将首先调度$\langle B_1, B_2, B_4, B_6 \rangle$。接下来，还有两条其他路径可供调度。它可以调度$\langle B_5, B_6' \rangle$，并使用已调度过的$\langle B_1, B_2 \rangle$作为前缀。它也可以调度$\langle B_3, B_5', B_6'' \rangle$，并使用已调度过的$B_1$作为前缀。在实施过复制的CFG中，后两种选择不会彼此干扰。

将此结果与简单的EBB调度器比较。后者根据B_1来调度B_3，而调度B_5和B_6时无法利用此前的上下文。因为B_5和B_6具有多个前趋结点，从各个前趋结点进入这两个程序块时的上下文环境是不一致的，在这种情况下，EBB调度器不可能比局部调度做得更好。为向调度器提供额外的上下文信息而复制这些程序块，代价是多出语句j和k的一个副本以及语句l的两个副本。

复制后的例子

实际上，编译器通过合并符合条件的程序块对（通过一条边连接，源程序块没有其他后继结点，且目标程序块没有其他前趋结点；例如B_4和B_6）可以简化CFG。合并这样的程序块对可以消除其中第一个程序块末尾处的跳转。

而值得考虑复制的第二种情况出现在尾递归程序中。回想一下7.8.2节和10.4.1节的内容，如果一个过程的最后一个操作是自我递归调用，那么该过程是尾递归的。当编译器检测到一个尾调用时，它可以将该调用转换为一个到过程入口点的跳转。从调度器的观点来看，复制可以改进这种情况。

优化尾调用后
的尾递归例程

右侧所示的第一幅图给出了一个尾递归例程的抽象CFG图，图中已经优化过尾调用。可以沿两条路径进入程序块B_1：从过程入口发出的路径和从B_2发出的路径。这迫使调度器对B_1的前趋结点使用最坏情况假定。通过如右侧下图所示复制B_1，编译器可以使控制流只沿一条边进入B_1'，这可以改进区域性调度的结果。为进一步简化该情况，编译器可以将B_1'合并到B_2的末端，从而建立一个只包含单个程序块的循环体。由此产生的循环可以视情况利用局部调度器或循环调度器进行调度。

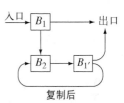

复制后

本节回顾

区域性调度技术使用各种方法来构造较长的无分支代码片断，以供表调度算法处理。这些方法产生的代码的质量在某种程度上决定于底层调度器的质量。区域性调度的基础设施只是向表调度器提供了更多的上下文信息和更多的操作，以便向该调度器提供更多的自由度和更多的调度时机。

本节考察的所有这三种技术都必须处理补偿代码问题。虽然补偿代码向算法引入了复杂情况，还可能向一些路径引入延迟，但经验表明，区域性调度的收益将超出为复杂情况付出的代价。

复习题

(1) 在EBB调度中，编译器调度一些程序块时，必须根据其已经调度过的前缀进行相应的处理。朴素的实现可能会重新分析已调度过的程序块，并重建其依赖关系图。在编译器中可以使用哪些数据结构来避免这种额外工作？

(2) 跟踪调度和复制技术都试图改进EBB调度的结果。比较这两种方法。你预期二者的结果会有何不同？

12.5 高级主题

自从第一个FORTRAN编译器出现以来，编译程序优化就一直专注于改进循环中的代码。原因很简单：与循环外的代码相比，循环内的代码执行得更加频繁。这一见解导致了旨在减少循环总运行时间的专门化调度技术的开发。这方面使用得最广泛的技术被称为软件流水线（soft pipelining），因为它建立的调度模仿了硬件流水线的行为。

12

12.5.1   软件流水线的策略

专门化的循环调度技术可以产生能改进局部调度、EBB 调度和跟踪调度结果的调度，这是因为一个简单的原因：它们可以考虑值围绕整个循环的流动，包含循环控制分支指令在内。仅当默认调度器不能为循环生成紧凑而高效的代码时，专门化的循环调度技术才有意义。如果循环体在调度之后不包含停顿、互锁或 nop，那么循环调度器也不可能改进其性能。类似地，如果循环体足够长，使得循环控制部分的效应只占运行时间的一小部分，那么专门化的循环调度器也不可能带来显著的改进。

但仍然有许多较小、计算密集的循环能够受益于循环调度。通常，相对于这些循环的关键路径长度来说，循环中包含的操作过少，很难使底层硬件保持忙碌状态。而软件流水线化的循环可以将循环中连续的各个迭代重叠执行；在一个给定周期中，循环调度可以发射来自两三个不同迭代的操作。这种流水线化的循环包含一个定长的核，以及处理循环初始化和结束的起始代码和收尾代码。其综合效应类似于硬件流水线，即可以并发处理不同的操作。

循环核

软件流水线化循环的核心部分。核以交错方式执行了循环的大部分迭代。

要使流水线化的循环正确执行，代码必须首先执行一段填补流水线的起始代码。如果核执行来自原来循环 3 个迭代的操作，那么核的每次迭代会处理原来循环每次活动迭代的大致 1/3。为开始执行，起始代码必须执行足够多的工作来准备迭代 1 的最后 1/3、迭代 2 的第二次 1/3 和迭代 3 的第一个 1/3。在循环核完成之后，需要执行对应的收尾代码来完成最后一次迭代，即清空流水线。在例子中，需要执行倒数第二次迭代的最后 2/3 和最后一次迭代的最后 1/3。起始代码和收尾代码部分会增加代码长度。虽然具体增加的长度是循环本身以及核并发执行的迭代数目的函数，但起始代码和收尾代码使循环所需的代码数量加倍也并非罕见。

为把这些思想阐述得具体些，可以考虑以下用 C 语言编写的循环：

```
for (i=1; i < 200; i++)
    z[i] = x[i] * y[i];
```

图 12-7 给出了编译器可能为该循环生成的代码（优化之后）。在本例中，已经应用了运算符强度削减和线性函数判断替代（参见 10.4 节），因此 x、y、z 的地址表达式都利用 addI 操作进行更新，而循环结束判断也利用 x 的偏移量重写，从而消除了为 i 维护一个值的必要性。

图 12-7 中的代码已经针对具有单个功能单元的机器调度过，其中假定 load/store 需要花费 3 个周期，乘法花费 2 个周期，所有其他操作均花费 1 个周期。第 1 列给出了周期计数，这些计数已针对循环中的第一个操作（标号 L_1 处）进行了规格化。

循环前代码为每个数组初始化了一个指针（$r_{@x}$、$r_{@y}$ 和 $r_{@z}$）。它为 $r_{@x}$ 的范围计算了一个上界，保存在 r_{ub} 中；循环结束处的条件判断就使用了 r_{ub}。循环体加载 x 和 y，执行乘法，将结果存储到 z。在长延迟操作发射之后，调度器用其他操作填充了所有的发射槽。在 load 的延迟期间，目前的调度会更新 $r_{@x}$ 和 $r_{@y}$。在乘法的延迟期间，调度会执行比较操作。它向 store 之后的发射槽里填充了对 $r_{@z}$ 的更新和分支指令。对于只有一个功能单元的机器来说，这产生了一个紧凑的调度。

考虑一下，如果我们在具有两个功能单元、延迟相同的超标量处理器上运行同一份代码，会发生什么。假定 load/store 必须在功能单元 0 上执行，而如果在操作数就绪之前发射操作会导致功能单元停顿，且处理器不能向停顿的单元发射操作。图12-8给出了循环的第一次迭代的执行轨迹。周期3的mult会停顿，因为r_x和r_y均未就绪。它在周期4停顿以等待r_y，在周期5再次开始执行，在周期6末尾生成r_z。这迫使storeAO一直停顿到周期7的开始处。假定硬件可以判断$r_{@z}$包含的地址与$r_{@x}$和$r_{@y}$不同，那么处理器可以在周期7发射第二次迭代中的第一个loadAO操作。反之，处理器将一直停顿，直至store操作完成。

周期		功能单元0			注　释
−4		loadI	@x	$\Rightarrow$ $r_{@x}$	Set up the loop
−3		loadI	@y	$\Rightarrow$ $r_{@y}$	with initial loads
−2		loadI	@z	$\Rightarrow$ $r_{@z}$	
−1		addI	$r_{@x}$,792	$\Rightarrow$ r_{ub}	
1	L_1:	loadAO	r_{arp},$r_{@x}$	$\Rightarrow$ r_x	Get x[i] & y[i]
2		loadAO	r_{arp},$r_{@y}$	$\Rightarrow$ r_y	
3		addI	$r_{@x}$,4	$\Rightarrow$ $r_{@x}$	Bump the pointers
4		addI	$r_{@y}$,4	$\Rightarrow$ $r_{@y}$	in shadow of loads
5		mult	r_x,r_y	$\Rightarrow$ r_z	The actual work
6		cmp_LT	$r_{@x}$,r_{ub}	$\Rightarrow$ r_{cc}	Shadow of mult
7		storeAO	r_z	$\Rightarrow$ r_{arp},$r_{@z}$	Save the result
8		addI	$r_{@z}$,4	$\Rightarrow$ $r_{@z}$	Bump z's pointer
9		cbr	r_{cc}	$\rightarrow$ L_1,L_2	Loop-closing branch
	L_2:	...			

图12-7　针对单个功能单元调度的例子循环代码

周期		功能单元0			功能单元1		
−2		loadI	@x	$\Rightarrow$ $r_{@x}$	loadI @y		$\Rightarrow$ $r_{@y}$
−1		loadI	@z	$\Rightarrow$ $r_{@z}$	addI $r_{@x}$,792		$\Rightarrow$ r_{ub}
1	L_1:	loadAO	r_{arp},$r_{@x}$	$\Rightarrow$ r_x	*no operation issued*		
2		loadAO	r_{arp},$r_{@y}$	$\Rightarrow$ r_y	addI $r_{@x}$,4		$\Rightarrow$ $r_{@x}$
3		addI	$r_{@y}$,4	$\Rightarrow$ $r_{@y}$	mult r_x,r_y		$\Rightarrow$ r_z
4		cmp_LT	$r_{@x}$,r_{ub}	$\Rightarrow$ r_{cc}	*stall on* r_y		
5		storeAO	r_z	$\Rightarrow$ r_{arp},$r_{@z}$	addI $r_{@z}$,4		$\Rightarrow$ $r_{@z}$
6		*stall on* r_z			cbr r_{cc}		$\rightarrow$ L_1,L_2
7		*...start of next iteration ...*					

图12-8　在两单元超标量处理器上的执行轨迹[①]

使用两个功能单元可以改进执行时间。它将循环前的执行时间缩短一半，到2个周期。它将两次连续迭代之前的时间缩短了1/3，到6个周期。关键路径执行的速度基本上达到了我们的预期，乘法在r_y就绪之前发射，会被处理器尽快执行。而一旦r_z就绪，就会执行store。一些发射槽被浪费了（周期

12

---

① 该图给出了执行轨迹，而非调度过的代码。

6中的单元0，周期1和4中的单元1)。

重排线性代码可以改变执行调度。例如，将对$r_{@x}$的更新移动到$r_{@y}$的load操作之前，使得处理器能够在同一周期发射对$r_{@x}$和$r_{@y}$的更新和以这些寄存器为偏移量的load操作。这使得一部分操作能够在调度中较早发射，但并没有做什么来加速关键路径。最终结果是相同的，都是一个花费6个周期的循环。使代码流水线化可以减少每个迭代所需的时间，如图12-9所示。在本例中，流水线化可以将每个迭代所需的周期数从6个降低到5个。下一小节将阐述能够生成该调度的算法。

周期	功能单元0			功能单元1		
−2		loadI	@x	⇒ $r_{@x}$	loadI	@y	⇒ $r_{@y}$
−1		loadI	@z	⇒ $r_{@z}$	addI	$r_{@x}$,788	⇒ r_{ub}
1	L_1:	loadAO	r_{arp},$r_{@x}$	⇒ r_x	addI	$r_{@x}$,4	⇒ $r_{@x}$
2		loadAO	r_{arp},$r_{@y}$	⇒ r_y	addI	$r_{@y}$,4	⇒ $r_{@y}$
3		cmp_LT	$r_{@x}$,r_{ub}	⇒ r_{cc}	nop		
4		storeAO	r_z	⇒ r_{arp},$r_{@z}$	addI	$r_{@z}$,4	⇒ $r_{@z}$
5		cbr	r_{cc}	→ L_1,L_2	mult	r_x,r_y	⇒ r_z
+1	L_2:	nop			nop		
+2		storeAO	r_z	⇒ r_{arp},$r_{@z}$	nop		
+3		...			...		

图12-9　软件流水线化后的例子循环代码

12.5.2　用于实现软件流水线的算法

为产生软件流水线化的循环，调度器需要遵循一个简单的计划。首先，它需要估算核中耗费的周期数，称为启动间隔（initiation interval）。其次，它会试图调度核。如果处理过程失败，它会将核的大小加1并重试。(这个过程必定会停止，因为在核的长度超过非流水线化循环的长度之前，调度就能够成功。) 最后，调度器生成与调度过的核相匹配的起始代码和收尾代码。

1. 估算核的大小

作为对核大小的初始估算，循环调度器可以计算循环核消耗周期数的下界。

❑ 根据一个简单的见解，编译器即可估算核消耗处理器周期的最小值：循环体中的每个操作都必须被发射。调度器可以如下计算发射所有操作所需的周期数目：

$$RC = max_u(\lceil I_u/N_u \rceil)$$

其中u取遍所有功能单元类型，而I_u是循环中u类型操作的数目，N_u是u类型功能单元的数目。我们将RC称作资源约束（resource constraint）。

❑ 编译器可以根据另一个简单的见解来估算核执行时所消耗周期的最小数目：启动间隔必须足够长，才能使每个递归（recurrence）都能够完成。它可以根据递归长度，来如下计算一个下界：

$$DC = max_r(\lceil d_r/k_r \rceil)$$

其中r取遍循环体中的所有递归，d_r是围绕递归r的累计延迟，k_r是r跨越的迭代的数目。我们称

*DC*为依赖关系约束（dependence constraint）。

调度器可以使用$ii=max(RC, DC)$作为其最初的启动间隔。在我们的例子循环中，所有计算都是同一类型的。因为循环体包含了针对两个功能单元的9个操作，所以资源约束为$\lceil 9/2 \rceil=5$。但loadAO和storeAO操作只能在单元0上执行，所以我们还必须计算$\lceil 3/1 \rceil=3$作为单元0的约束。因为5>3，所以$RC=5$。根据图12-10b中的依赖关系图，几个递归发生在$r_{@x}$、$r_{@y}$和$r_{@z}$。所有三个递归的延迟均为1且跨越单个迭代，所以$DC=1$。取RC和DC中较大值，算法得到ii的初始值为5。

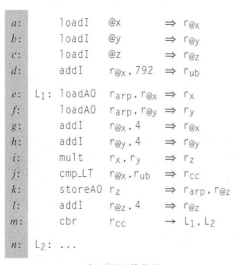

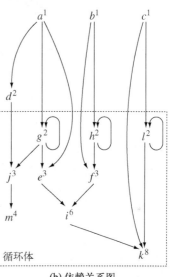

(a) 例子循环的代码   (b) 依赖关系图

图12-10　图12-7中例子循环的依赖关系图

2. 调度核

为调度核，编译器将表调度应用到具有ii个槽位的定长调度上。对调度时钟（图12-3中的Cycle）的更新还需要增加模ii的操作。循环调度引入了一种无分支代码（程序块、EBB或踪迹）中不可能出现的复杂情况：依赖关系图中的环。

调度器必须认识到：循环体间依赖关系（如(g, e)）并不限制循环的第一次迭代。（循环体间依赖关系在图12-10b中以灰色绘制。）在第一次迭代中，只有操作*e*和*f*完全取决于循环之前计算的值。

循环体间依赖关系还揭示了反相关。在例子中，一个反相关从 e 指向 g，在 load 操作使用 $r_{@x}$ 之前，代码不能更新它。还有两个类似的反相关，分别从 f 指向 h，从 k 指向 l。如果我们假定一个操作在其发射周期开始时读取其操作数，而在操作完成周期的结束时开始写出其结果，那么反相关上的延迟为 0。因而在反相关的源处调度相应的操作，是满足反相关带来的约束的。在下面的例子中，我们会看到这种行为。

将循环的依赖关系图进行模调度，而其目标是一个五周期、两功能单元的调度，将产生如图 12-11 所示的核调度。在周期 1，初始 Ready 列表为 (e, f)，调度器使用某种打破平局的机制选择发射 e，将 e 调度到单元 0 执行。对 e 的调度满足了其与 g 之间的反相关。由于从循环内部进入 g 的唯一依赖关系是循环体间依赖关系，g 现在已经就绪，可以在周期 1 调度到单元 1 执行。

周期	功能单元0				功能单元1			
1	L_1:	loadAO	$r_{arp}, r_{@x}$	$\Rightarrow r_x$	addI	$r_{@x}, 4$	$\Rightarrow r_{@x}$
2		loadAO	$r_{arp}, r_{@y}$	$\Rightarrow r_y$	addI	$r_{@y}, 4$	$\Rightarrow r_{@y}$
3		cmp_LT	$r_{@x}, r_{ub}$	$\Rightarrow r_{cc}$	nop		
4		storeAO	r_z	$\Rightarrow r_{arp}, r_{@z}$	addI	$r_{@z}, 4$	$\Rightarrow r_{@z}$
5		cbr	r_{cc}	$\rightarrow L_1, L_2$	mult	r_x, r_y	$\Rightarrow r_z$

图 12-11　用于流水线化循环的核调度

将周期计数器推进到 2，Ready 列表包含 f 和 j。调度器选择 f，在打破平局时优先选择了具有较长延迟的操作。它将 f 调度到单元 0。这个做法满足了从 f 到 h 的反相关，调度器立即将 h 在周期 2 放置到单元 1 上。

在周期 3 中，Ready 列表只包含 j。调度器将其放置在单元 0 上。在周期 4，从 j 到 m 的依赖关系已经满足，但另一个附加约束要求将程序块末尾的分支指令保持在程序块末端，这导致了延迟一个周期发射该指令。

在周期 4 中，Ready 列表为空。当周期计数器前进到周期 5 时，m 和 i 都是就绪的。调度器将其分别放置到单元 0 和 1 执行。

当计数器增长到超过周期 5 时，将回绕到周期 1。Ready 列表为空，但 Active 列表不为空，因此调度器继续增加周期计数器。在周期 2，操作 i 已经完成，操作 k 变为就绪。操作 k 是个 store 指令，必须在单元 0 上执行。单元 0 在周期 2 和 3 都处于繁忙状态，因此调度器持续增加周期计数器，以寻找可以放置操作 k 的发射槽。最终，在周期 4，调度器发现一个可用于操作 k 的发射槽。

当无法为某个操作找到发射槽时，核调度将会失败。 如果是这样，算法将对 ii 加 1 并再次尝试。

在周期 4 调度操作 k，满足了从 k 到 l 的反相关。调度器立即在周期 4 将操作 l 调度到单元 1 上执行。调度器接下来增加计数器，直至这两个操作离开 Active 列表。因为二者在依赖关系图上都没有子结点，Ready 和 Active 列表均变为空，算法就此停止。

3. 生成起始代码和收尾代码

理论上，生成起始代码和收尾代码很简单。在两种情况下，关键的一个洞见是，编译器可以使用依赖关系图作为生成此二者的指引。

为生成起始代码，编译器从循环中每个向上展现的使用开始，并像后向调度那样循依赖关系图进行处理。对于每个向上展现的使用，它必须生成一串操作来产生必要的值，并正确地调度它们以掩盖其延迟。为生成收尾代码，编译器从循环中每个向下展示使用开始，并像前向调度那样循依赖关系图进行处理。

例子循环的起始代码和收尾代码特别简单，因为相对于循环中的延迟来说启动间隔是比较大的。章末习题9给出了同一代码的另一版本，其中具有更紧凑的循环体，因而需要更复杂的起始代码和收尾代码。

12.6　小结和展望

为在现代处理器上获得不错的性能，编译器必须审慎调度代码中的各个操作。几乎所有的现代编译器都使用某种形式的表调度。通过改变优先级方案、用于打破平局的规则、甚至是调度的方向，该算法实际上很容易改编或参数化。表调度比较健壮，能够对各种代码产生良好结果。实际上，它经常可以找到时间最优的调度。

运行在较大区域上的表调度变体（至少部分）解决了现代处理器复杂性增长带来的问题。本质上，用于调度EBB和循环的技术是对流水线数目增加（这是编译器必须考虑的）和单条流水线延迟增长的回应。由于机器变得更复杂，调度器需要更多的上下文知识，才能发现足够的指令级并行性以使机器处于繁忙状态。软件流水线提供了一种方法，可用于增加每周期发射的操作数并减少执行一个循环的总时间。跟踪调度是为VLIW体系结构而开发的，对这种体系结构，编译器需要使许多功能单元处于忙碌状态。

本章注释

调度问题出现在许多领域，从建筑、工业生产、服务交付（service delivery）到为航天飞机加装载荷等。关于调度已经形成了很丰富的文献，其中包括对该问题的许多专门化变体的论述。自从20世纪60年代以来，指令调度就已经被作为一个独立的问题进行研究。

对简单情形，存在保证最优调度的算法。例如，在只有一个功能单元、各个操作延迟相等的机器上，Sethi-Ullman标记算法能够为一个表达式树产生最优调度[311]。可以改编该算法，使之为表达式DAG生成良好的代码。Fischer和Proebsting基于标记算法推出了一个算法，能够对具有较小内存延迟的系统生成最优或接近最优的结果[289]。遗憾的是，当延迟增加或功能单元数目增长时，该算法会遇到麻烦。

指令调度方面的大部分文献讨论的都是本章所述表调度算法的变体。Landskov等人的论述[239]经常被引作表调度方面的权威研究，但该算法至少可以追溯到1961年的Heller[187]。其他基于表调度的论文包括Bernstein和Rodeh[39]、Gibbons和Muchnick[159]、Hennessy和Gross[188]。Krishnamurthy等人的文章从高层次综述了流水线处理器方面的文献[234, 320]。Kerns、Lo和Eggers开发了平衡调度[221, 249]，利用这种方法来改编表调度使之适应不确定的内存延迟。Schielke的RBF算法探讨了随机化和重复（repetition）的使用，作为多层优先级方案的替代品[308]。

许多作者已经描述过区域性调度算法。第一个自动化的区域调度技术是Fisher的跟踪调度算法[148, 149]。它已经用于几个商业系统[137, 251]和很多研究系统[318]中。Hwu等人提出了超级块调度作为另一种区域调度方案[201]。在循环内部，该技术会复制程序块以避免汇合点，其运作方式类似于12.4.3节阐述的那样。Click基于全局值图（global value graph）提出了一种全局调度算法[85]。有几位作者已经提出了利用特定硬件特性的技术[303, 318]。使用复制来改进调度的其他方法包含Ebcioğlu和Nakatani[136]

及Gupta和Soffa[174]。Sweany和Beaty提出根据支配性信息来选择路径[327]，还有人从多个方面考察了这种方法[105, 199, 326]。

软件流水线已经被广泛地探讨过。Rau和Glaeser在1981年引入了这种思想[294]。Lam开发了本书阐述的软件流水线方案[236]，其论文包含一个层次性的方案，用以处理循环内部的控制流。与Lam同时，Aiken和Nicolau也开发了一个类似的方法，称为完美流水线（perfect pipelining）[10]。

图12-5中后向调度对比前向调度的例子，是由Philip Schielke带给我们的[308]。他从SPEC 95基准程序go中摘引了这个例子。它简明地描述了一种效应，这种效应已经使得许多编译器编写者同时将前向和后向调度器包含在其编译器后端中。

习题

12.2节

(1) 开发一种算法来建立一个基本程序块的依赖关系图。假定该程序块以ILOC编写，且任何定义在程序块之外的值在程序块开始执行前均已就绪。

(2) 如果一个依赖关系图的主要用途是指令调度，那么对目标机上实际延迟的准确模拟是很关键的。

    (a) 依赖关系图应该如何模拟由具有歧义的内存引用所致的不确定性？

    (b) 在一些流水线处理器上，读后写（write-after-read）延迟可能小于写后读（read-after-write）延迟。例如，代码序列

$$[\text{ add } r_{10},r_{12} \Rightarrow r_2 \mid \text{sub } r_{13},r_{11} \Rightarrow r_{10}]$$

    会在将sub的结果写入r_{10}之前，先读取到r_{10}的值供add使用。对于这样的体系结构，编译器如何在依赖关系图中表示反相关？

    (c) 一些处理器会绕过内存访问以减少写后读延迟。在这种机器上，代码序列

```
storeAI r21      ⇒ rarp,16
loadAI  rarp,16 ⇒ r12
```

    会将store的值（在代码序列起始处，位于r_{21}中）直接转送给load的结果（r_{12}）。依赖关系图如何反映这种硬件层次的"弯路"特性？

12.3节

(3) 扩展图12-3中的局部表调度算法，使之能够处理多个功能单元。假定所有功能单元都具有相同的能力。

(4) 对于任何调度算法来说，一个关键方面是设置初始优先级的机制，并在当同一周期有几个相同优先级的操作就绪时打破平局的机制。可供选择的打破平局机制有：

    (a) 相对于立即操作数，优先选择具有寄存器操作数的操作；

    (b) 选择操作数最近被定义过的操作；

    (c) 从Ready列表中随机选择；

    (d) 相对于计算操作，优先选择load操作。

      对于每种打破平局机制，请提出一种理由，即猜测为何有人建议使用此种机制。你会优先使用哪一种？其次呢？请证明你的回答（或提供相应的理由）。

(5) 一些操作（如寄存器到寄存器的复制）可以在几乎任何功能单元上执行（尽管操作码不同）。调度器可否利用这些代用品？对基本的表调度框架提出修改，使之能够为基本操作（如复制）使用这些"同义词"。

(6) 大多数现代微处理器对部分或全部分支操作都具有延迟槽。在单延迟槽的情况下，在处理器执行分支指令的同时，紧接分支指令的操作将一同执行，因而，调度分支指令的理想槽位是基本程序块的第二个到最后一个周期。（大多数处理器都有某个版本的分支指令不执行延迟槽，从而编译器可以避免在未填充的延迟槽中生成nop指令。）

(a) 你将如何改编表调度算法，以提升其"填充"延迟槽的能力？

(b) 概述将在指令调度之后对延迟槽进行填充的一趟处理。

(c) 对于无法填满有用操作的分支延迟槽，提出一种创造性的用途。

12.4节

(7) 操作在代码中出现的顺序决定了各个值在何时产生、何时被最后一次使用。总而言之，这些效应决定了值的生命周期。

(a) 调度器如何减少对寄存器的需求？提出一种具体的打破平局的启发式逻辑，要求能够用于表调度器。

(b) 面向寄存器的打破平局机制与调度器能力之间的何种相互作用，能够促使生成短的调度？

(8) 软件流水线将循环中的各个迭代"重叠"执行，以产生类似于硬件流水线的效果。

(a) 软件流水线对寄存器需求有何影响？

(b) 调度器如何使用谓词化执行来减轻软件流水线导致的代码长度增长？

12.5节

(9) 图12-7中的例子代码将产生一个五周期的软件流水线核，因为其中包含了9个操作。如果编译器选择一种不同的方案为x、y、z生成地址，还可以进一步减少循环体中操作的数目。[1]

周期		功能单元0			注　释
−5		addI	r_{arp},@x	⇒ $r_{@x}$	Set up the loop
−4		addI	r_{arp},@y	⇒ $r_{@y}$	with initial loads
−3		addI	r_{arp},@z	⇒ $r_{@z}$	
−2		loadI	0	⇒ r_{ctr}	
−1		loadI	792	⇒ r_{ub}	
1	L_1:	loadAO	r_{ctr},$r_{@x}$	⇒ r_x	Get x[i] & y[i]
2		loadAO	r_{ctr},$r_{@y}$	⇒ r_y	
3		mult	r_x,r_y	⇒ r_z	The actual work
4		cmp_LT	r_{ctr},r_{ub}	⇒ r_{cc}	Shadow of mult
5		storeAO	r_z	⇒ r_{ctr},$r_{@z}$	Save the result
6		addI	r_{ctr},4	⇒ $r_{@z}$	Bump the offset counter
7		cbr	r_{cc}	→ L_1,L_2	Loop-closing branch
	L_2:	...			

12

----

[1] 下图给出了调度后的代码。

这种方案使用的寄存器比原始版本多出一个r_{ctr}。因而，视上下文而定，这个版本可能需要处理寄存器逐出的代码，而原来的版本不需要。

(a) 计算循环的这个版本的RC和DC。

(b) 生成软件流水线化的循环体。

(c) 为你的流水线化循环体生成起始代码和收尾代码。

第13章 寄存器分配 13

本章概述

编译器生成的代码必须有效利用目标处理器的有限资源。处理器的最受限资源之一是硬件寄存器的集合。因而，大多数编译器都包含一趟处理，来分配硬件寄存器并将其指派给程序中的值。

本章专注于借助图着色来实现的全局寄存器分配和指派。文中描述了在较小范围内出现的问题，以此作为启发全局分配器的一种方法。

关键词：寄存器分配；寄存器逐出；复制合并；图着色分配器

13.1 简介

寄存器是内存层次结构中最快速的位置。通常，它们是大多数操作能够直接访问的唯一内存位置。寄存器与处理器功能单元的邻近，使得对寄存器的良好利用成为运行时性能的一个关键因素。在编译器中，有效利用目标机寄存器集合的职责由寄存器分配器负担。

在程序中的每个位置上，寄存器分配器会确定哪些值将位于寄存器中，哪个寄存器将容纳哪些值。如果分配器无法将某个值在其整个生命周期均保持在寄存器中，那么在其生命周期的部分或全部时间，该值必须存储到内存中。分配器可能会将一个值逐出到内存，因为代码包含的活动值数目超出了目标机寄存器集合的容量。另外，在一个值各次使用之间的间歇，它可能被保存到内存中，因为分配器无法证明它能够安全地驻留在寄存器里。

1. 概念路线图

概念上，寄存器分配器的输入是一个可能会使用任意数目寄存器的程序。其输出是一个等价的程序，但已经针对目标机的有限寄存器集合进行了相应的修改。

分配器可能需要插入load和store指令以在寄存器和内存之间移动值。寄存器分配的目标是，有效利用目标机的寄存器集合，并使得代码必须执行的load和store指令数目最小化。

在创建能够快速执行的可执行代码方面，寄存器分配发挥了直接的作用，其原因很简单：寄存器访问比内存访问更快速。但是，寄存器分配底层的算法问题很困难，在其一般形式下很难得到最优解。良好的寄存器分配器会针对困难问题尽快地计算一个有效的近似解。

13

2. 概述

为简化编译器靠近前端的部分，大多数编译器所用IR的名字空间都没有绑定到目标处理器的地址空间或寄存器集合。为将IR代码转换为目标机汇编代码，IR中使用的名字必须映射到目标机ISA使用的名字空间中。IR程序中存储在内存中的值，必须首先转换为静态坐标，进而利用如6.4.3节描述的技术映射到运行时地址。IR中存储在虚拟寄存器中的值必须映射到处理器物理寄存器。

如果IR利用内存到内存的存储模型来模拟计算，那么寄存器分配器需要将绑定到内存的值在使用频繁处"提升"到寄存器中。在这种模型下，寄存器分配是一种通过消除内存操作来提高程序性能的优化。

在另一方面，如果IR利用寄存器到寄存器的存储模型来模拟代码中的计算，那么寄存器分配器必须对代码中的每个位置作出判断：哪些虚拟寄存器应该驻留在物理寄存器中，哪些可以移入内存。它会构建一个映射，从IR中虚拟寄存器映射到物理寄存器和内存位置的某种组合，并重写代码以体现该映射。在这种模型下，寄存器分配需要产生正确的目标机程序，它会向代码插入load和store操作，并试图将其放置在对性能影响最小的地方。

一般来说，寄存器分配器试图最小化其添加到代码中的load和store操作的影响，这些添加的load和store指令又被称为逐出代码（spill code）。具体的影响包括执行逐出代码所需的时间、逐出代码占用的代码空间和被逐出的值占用的数据空间。好的寄存器分配器会尽量将所有这三种影响最小化。

逐出代码

寄存器分配器插入的load和store指令是逐出代码。

下一节将回顾一部分背景问题，寄存器分配器所处的环境正是这些问题所产生的。后续各节将探讨局部和全局作用域下的寄存器分配和指派算法。

13.2   背景问题

寄存器分配器的输入代码是几乎完全编译过的代码，这种代码已经进行过词法分析、语法分析、校验、分析、优化、重写为目标机代码，可能也已经调度过。分配器必须通过重命名值并插入在寄存器和内存之间移动值的操作，将该代码适配到目标机的寄存器集合。许多在编译器较早阶段所作的决策都会影响到分配器的任务，当然，目标机指令集的性质也会有影响。本节探讨在塑造寄存器分配器角色的过程中发挥作用的几个因素。

13.2.1   内存与寄存器

编译器编写者对内存模型的选择就已经规定了分配器必须解决的寄存器分配问题的许多细节（参见5.4.3节）。在寄存器到寄存器的模型下，编译器的早期阶段直接将其歧义内存引用的相关知识编码到IR形式中，而将无歧义值置于虚拟寄存器中。因而，存储在内存中的值被假定具有歧义（参见7.2节），于是分配器继续将其保留在内存中。

在内存到内存的模型下，分配器没有这种代码形式上的提示可用，因为IR程序将所有值都保存在内存中。在这种模型下，分配器必须决定哪些值可以安全地保持在寄存器中，即哪些值是无歧义的。接下来，它必须判断将其保持在寄存器中是否有利可图。在这种模型下，与等价的寄存器到寄存器代码相比，分配器的输入代码通常使用较少的寄存器并执行更多的内存操作。为获得良好性能，分配器必须将尽可能多基于内存的值提升到寄存器中。

因而，对内存模型的选择在根本上决定了分配器的任务。在这两种场景下，分配器的目标都是减少最终代码在寄存器和内存之间来回移动值所执行的 load 和 store 操作的数目。在寄存器到寄存器的模型下，寄存器分配是生成"合法"代码的处理过程中一个必要的部分，它保证了最终的代码能够适应目标机的寄存器集合。分配器会插入 load 和 store 操作将某些基于寄存器的值移动到内存中，这大体上是在对寄存器的需求超过目标机供给的代码区域中。分配器试图最小化其插入的 load 和 store 操作的影响。

相比之下，如果编译器使用内存到内存的模型，那么可以将寄存器分配作为一种优化来执行。代码在寄存器分配之前就是"合法"的，寄存器分配只是通过将某些基于内存的值提升到寄存器中，并删除用于访问这些值的 load 和 store 操作来提高性能而已。分配器试图删除尽可能多的 load 和 store 操作，因为这可以显著提高最终代码的性能。

因而，缺乏知识（知识指编译器分析中已知的一些限制）可能使编译器无法将变量分配到寄存器中。当单个代码序列从不同代码路径继承了不同的环境时，有可能出现这种情况。对编译器知识的限制，使得（编译器编写者）倾向于采用寄存器到寄存器的模型。寄存器到寄存器的模型提供了一种机制，使得编译器的其他部分能够将有关二义性和唯一性的知识编码进来。这种知识可能来自于分析，可能来自于对转换复杂结构的理解，还有可能在语法分析器中根据源代码文本推导而出。

13.2.2 分配与指派

在现代编译器中，寄存器分配器解决两个不同问题：寄存器分配（register allocation）和寄存器指派（register assignment），这两个问题在过去有时候是分别处理的。二者有关联，但却是不同的。

(1) 分配　寄存器分配将一个无限的名字空间映射到目标机的寄存器集合上。在寄存器到寄存器的模型中，寄存器分配将虚拟寄存器映射到一组新的名字（该组名字模拟了物理寄存器集合），并逐出无法载入寄存器集合的值。它在内存到内存的模型中，它会将内存位置的某个子集映射到一组名字（该组名字模拟了物理寄存器集合）。分配保证了代码在每个指令处与目标机的寄存器集合都是匹配的。

(2) 指派　寄存器指派将一个已分配的名字集合映射到目标机的物理寄存器。寄存器指派假定分配已经执行完，所以代码与由目标机提供的物理寄存器集合是能够适配的。因而，在所生成代码中的每个指令处，指定驻留在寄存器中的值数目均不超过 k，其中 k 是物理寄存器的数目。指派生成可执行代码所需的实际寄存器名字。

寄存器分配是个难题。在一般表述下，该问题是 NP 完全的。对于单个基本程序块，且数据值只有一种长度，如果每个值在其生命周期末尾都必须存储到内存且存储这些值的代价是相同的，那么可以在多项式时间内完成最优寄存器分配。除此以外，几乎任何一点复杂度的增加都会使该问题成为 NP 完全的。例如，增加第二种长度的数据项（如包含双精度浮点数的寄存器对），问题就会成为 NP 完全的。另外，增加具有非均匀访问代价的内存模型，或增加差异——有的值（如常数）在生命周期末尾不必存储到内存，都会使问题成为 NP 完全的。将寄存器分配的范围扩展到包含控制流和多个程序块，也会使问题变为 NP 完全的。实际上，在对任何实际系统的编译中，都会出现这些问题中的一个或多个。在很多情况下，所有这些问题都会出现。

13

在很多情况下，寄存器指派可以在多项式时间内解决。假定某机器只有一种寄存器。给出一个基本程序块的可行寄存器分配方案，即每个指令处对物理寄存器的需求都不会超过物理寄存器的数目，那么利用一种类似于区间图着色的方法，可以在线性时间内产生一个指派方案。而将范围扩展到整个过程之后，该问题也可以在多项式时间内解决，即如果在每条指令处对物理寄存器的需求都不超过物理寄存器的数目，那么编译器可以在多项式时间内构建一个指派方案。

> **区间图**
>
> 区间图（interval graph）表示多个区间在实数轴上的重叠。当且仅当结点 i 和 j 具有非空交集时其中每个结点对应于一个区间，图中存在边 (i, j)。

分配与指派之间的区别是微妙而重要的。在寻求提高寄存器分配器性能的过程中，编译器编写者必须理解弱点是在于分配还是指派，并把工作投入到算法中与之对应的适当部分。

13.2.3   寄存器类别

大多数处理器提供的物理寄存器并不会形成一个同质可互换资源的池。大多数处理器对不同种类的值提供了不同类别的寄存器。

例如，大部分现代计算机兼具通用寄存器和浮点寄存器。前一种容纳整数值和内存地址，而后者包含浮点值。这种二分法并不是新东西，很早的IBM 360机器就有16个通用寄存器和4个浮点寄存器。现代处理器可能增加了更多的寄存器类别。

例如，PowerPC对条件码使用一个单独的寄存器类别，而Intel IA-64对谓词寄存器和分支目标寄存器也增加了额外的寄存器类别。编译器必须将每个值放置到适当类别的寄存器中。

如果两个寄存器类别之间的相互作用是有限的，那么编译器可以分别为二者分配寄存器。在大多数处理器上，通用寄存器和浮点寄存器不用来保存同类值。因而，编译器分配浮点寄存器时可以独立于通用寄存器。编译器使用通用寄存器来逐出浮点寄存器的事实，意味着它应该首先分配浮点寄存器。用这种方法将寄存器分配分成若干小问题，可以减小数据结构的长度，使得编译执行得更快。

> 浮点寄存器中的值具有不同的源语言类型，因此它们与存储在通用寄存器中的值是不相交的。

在另一方面，如果不同寄存器类别是重叠的，那么编译器必须一同分配它们。将同一寄存器用于单/双精度浮点数的惯例，迫使分配器将二者作为一个分配问题处理，而无论是双精度值使用两个单精度寄存器还是单精度值使用半个双精度寄存器。在允许不同长度值存储在通用寄存器中的体系结构上，也会出现类似的问题。例如，从Intel x86派生而来的ISA允许一些32位寄存器保存一个32位值、两个16位值或四个8位值。分配器必须对可能的用法和各种用法之间的冲突进行建模。

13.3   局部寄存器分配和指派

为介绍寄存器分配，我们考虑为单个基本程序块生成良好的寄存器分配方案时会出现的问题，借用优化术语（参见8.3节），这种情况亦可称为局部分配（local allocation）。局部分配器运行在单个基本程序块上。

为简化讨论，我们假定所处理的基本程序块就是整个程序。它自行从内存加载所需的值，并将生成的值存储到内存。输入程序块使用单一类别的通用寄存器，该技术很容易推广到处理多个不相交的寄存器类别。目标机提供的寄存器集合包含k个物理寄存器。

关于哪些值可以在寄存器中"合法"驻留（非平凡长度的）一段时间，代码形式中编码了这方面的信息。代码将可以合法驻留在寄存器中的值都保存在寄存器中。IR代码不限量地提供虚拟寄存器供编码这种信息之用，因而，输入程序块可以引用多于k个虚拟寄存器。

输入程序块包含一系列三地址操作$o_1, o_2, o_3, \cdots, o_N$。每个操作$o_i$都具有$op_i\ vr_{i_1}, vr_{i_2} \Rightarrow vr_{i_3}$的形式。从高层视角来看，局部寄存器分配的目标是产生一个等价的基本程序块，源程序块中对虚拟寄存器的每个引用都被替换为目标程序块中对具体物理寄存器的引用。如果所用虚拟寄存器的数目大于k，分配器可能需要插入load和store指令，使代码能够能够适配到k个物理寄存器。对该性质的另一种陈述是：输出代码在程序块中的任何位置上都不能有超过k个值驻留在寄存器中。

> 我们使用vr_i来表示一个虚拟寄存器，使用r_i表示一个物理寄存器。

本节探讨局部寄存器分配的两种方法。第一种方法统计程序块中引用一个值的次数，并使用这种"频数"来决定哪些值驻留在寄存器中。因为它依赖于外部推导的信息（频数）来确定为虚拟寄存器分配物理寄存器的优先次序，我们认为这是一种自顶向下方法。第二种方法依赖于对代码的详细底层知识来作出决定。它会遍历程序块并在每个操作处决定是否需要进行（寄存器）逐出。因为它综合了许多底层事实来驱动其决策过程，我们认为这是一种自底向上方法。

13.3.1　自顶向下的局部寄存器分配

自顶向下的局部分配器的工作机制基于一种简单的原则：使用得最多的值应该驻留在寄存器中。为实现这种启发式逻辑，该分配器会统计每个虚拟寄存器在程序块中出现的次数。接下来，它会按频数递减次序为虚拟寄存器分配物理寄存器。

如果虚拟寄存器的数目多于物理寄存器，那么分配器必须保留足够多的物理寄存器，以便在需要时加载、使用、并存储本来没有保存在寄存器中的值。它需要（保留）寄存器的精确数目取决于处理器。典型的RISC机器可能需要二至四个寄存器。我们将这个特定于机器的数目称为$\mathcal{F}$。

> $\mathcal{F}$
> 对于任何给定的ISA，$\mathcal{F}$是为驻留在内存中的值生成代码所需寄存器的数目。我们把$\mathcal{F}$读作"feasible"。

如果程序块使用的虚拟寄存器数目少于k个，则分配过程将是平凡的，编译器可以简单地为每个vr指定其自身对应的物理寄存器。在这种情况下，分配器并不需要保留$\mathcal{F}$个物理寄存器供逐出代码使用。如果程序块使用的虚拟寄存器多于k个，那么编译器将应用以下简单算法。

(1) 为每个虚拟寄存器计算一个优先级　在一趟对程序块中各个操作的线性遍历当中，分配器会记录每个虚拟寄存器出现的次数。这种频数即为虚拟寄存器的优先级。

(2) 将虚拟寄存器按优先级次序排序　优先级的量值在2到块长之间变动，所以最好的排序算法，其执行代价将取决于块长。

13

(3) 按优先级次序指派寄存器 为前$k-F$个虚拟寄存器指派物理寄存器。

(4) 重写代码 在一趟对代码的线性遍历中,分配器将重写代码。它会将虚拟寄存器名字替换为物理寄存器名字。任何对没有分配物理寄存器的虚拟寄存器名字的引用,都将被替换为一段短的代码序列,使用某个保留的寄存器执行适当的load和store操作。

自顶向下的局部寄存器分配将使用得最为频繁的虚拟寄存器保留在物理寄存器中。其主要弱点在于其分配方法:它在整个基本程序块中,都将某个物理寄存器专门用于某个虚拟寄存器。因而,如果有某个值在程序块的前半段大量使用,而在后半段根本不使用,那么与其对应的物理寄存器在程序块的后半段实际上浪费了。下一节将给出一种解决该问题的技术。这种技术采用了一个有着本质不同的方法进行分配:自底向上增量进行的方法。

13.3.2 自底向上的局部寄存器分配

自底向上的局部分配器背后的关键思想是:按逐个操作的方式来仔细考察值定义和使用的细节。自底向上的局部分配器开始时,所有寄存器都是空闲的。对于每个操作,分配器需要确保在其执行之前操作数已经在寄存器中。它还必须为操作的结果分配一个寄存器。图13-1给出了它的基本算法以及它使用的3个支持例程。

```
/* the bottom-up local allocator */        Ensure(vr,class)
for each operation, i, in order from 1       if (vr is already in class)
  to N where i has the form                    then result ← vr's physical register
      op vr_{i_1} vr_{i_2} ⇒ vr_{i_3}        else
  r_x ← Ensure(vr_{i_1}, class(vr_{i_1}))      result ← Allocate(vr,class)
  r_y ← Ensure(vr_{i_2}, class(vr_{i_2}))      emit code to move vr into result
  if vr_{i_1} is not needed after i          return result
    then Free(r_x, class(r_x))
                                           Allocate(vr,class)
  if vr_{i_2} is not needed after i          if (class.StackTop ≥ 0)
    then Free(r_y, class(r_y))                then i ← pop(class)
                                             else
  r_z ← Allocate(vr_{i_3}, class(vr_{i_3}))   i ← j that maximizes class.Next[j]
  rewrite i as op_i r_x, r_y ⇒ r_z            store contents of j
  if vr_{i_1} is needed after i             class.Name[i] ← vr
    then class.Next[r_x] ← Dist(vr_{i_1})   class.Next[i] ← -1
                                           class.Free[i] ← false
  if vr_{i_2} is needed after i             return i
    then class.Next[r_y] ← Dist(vr_{i_2})
  class.Next[r_z] ← Dist(vr_{i_3})
```

图13-1 自底向上的局部寄存器分配器

自底向上的分配器会遍历程序块中的各个操作,并按需进行分配决策。但这里还是有一些微妙之处的。通过按顺序考虑vr_{i_1}和vr_{i_2},分配器避免了对具有重复操作数的操作使用两个物理寄存器,如add $r_y, r_y \Rightarrow r_z$。类似地,试图在分配r_z之前释放r_x和r_y,如果这里确实释放了一个物理寄存器,那么在为操作的结果分配寄存器时就可以避免将某个物理寄存器的内容逐出到内存。该算法中的大部分复杂情况出现在例程Ensure、Allocate和Free中。

Ensure例程在概念上很简单。其输入为两个参数：包含了所需值的虚拟寄存器vr，以及适当寄存器类别的表示class。如果vr已经占用了一个物理寄存器，则Ensure的工作到此完成。否则，它会为vr分配一个物理寄存器，并输出将vr的值移动到该物理寄存器所需的代码。不论是哪种情况，该例程都会返回对应的物理寄存器。

Allocate和Free揭示了分配问题的细节。为理解这两个例程，我们需要某个寄存器类别的一种具体表示，如右侧的C语言代码所示。一个类别有Size个物理寄存器，每个都由以下三部分共同表示：一个虚拟寄存器名字（Name）、一个表示到其下一次使用处距离的整数（Next）和一个表示该物理寄存器当前是否处于使用中的标志（Free）。为初始化Class结构，编译器将每个寄存器设置为一种未分配的状态（假定，Class.Name为无效名称，Class.Next为∞，Class.Free为true），并将每个寄存器都推入到该类别的栈中。

```
struct Class {
  int Size;
  int Name[Size];
  int Next[Size];
  int Free[Size];
  int Stack[Size];
  int StackTop;
}
```

在这种细节层次上，Allocate和Free都很简明。每个寄存器类别都有一个由空闲物理寄存器组成的栈。Allocate从class的空闲列表返回一个物理寄存器（如果有的话）。否则，它会从class存储的值中选择一个距离下一次使用处最远的值，将其逐出，并将对应的物理寄存器重新分配给vr。Allocate会将Next字段设置为-1，以确保在处理当前操作的寄存器分配时，不会选择该寄存器用于另一个操作数。在处理完当前操作之后，分配器会重置该字段。Free只需要将被释放的寄存器推入栈中，并将其字段重置为初始值。函数Dist(vr)返回当前程序块中引用vr的下一个操作的索引。编译器可以在对该程序块的一趟反向遍历中预计算这一信息。

自底向上的局部分配器以一种直观的方式运作。它假定物理寄存器最初都是空的，并将其到放置到空闲列表上。它基于空闲列表来满足对寄存器的需求，直至列表用尽为止。此后，分配器通过将某个值逐出到内存并重用该值的寄存器，来满足对寄存器的需求。它总是逐出下一次使用处距离当前操作最远的值。直观上，分配器选择逐出的寄存器，原本会是当前操作之后持续未被引用时间最长的寄存器。在某种意义上，在付出逐出寄存器的成本之后，分配器会最大化为此而获取的利益。

实际上，该算法能够产生极佳的局部寄存器分配方案。甚至，有几位作者认为它能够产生最优分配方案。但一些会导致该算法生成次优分配方案的复杂情况。在分配过程中的任何一个位置，在逐出寄存器时，可能寄存器中的一部分值需要存储到内存，而其他的值则不需要。例如，如果寄存器包含一个已知常量值，那么store指令将是多余的，因为分配器无需内存中的副本即可在未来重新产生该值。类似地，由内存加载的值不必存储到内存。不必存储到内存的值是干净的（clean），而需要通过store指令存储到内存的值是脏的（dirty）。

为产生最优的局部寄存器分配方案，分配器必须考虑逐出干净值和逐出脏值之间代价的差别。例如，考虑在具有两个寄存器的机器上进行寄存器分配，其中值x_1和x_2已经在寄存器中。假定x_1是干净的，x_2是脏的。如果程序块中其余部分引用各个值的次序是x_3 x_1 x_2，那么分配器必须逐出x_1或x_2。因为x_2的下一次使用处距离当前操作更远，自底向上的局部算法将逐出它，产生如下图左侧所示的内存操作序列。如果反过来，分配器逐出x_1，将产生下图右侧所示较短的内存操作序列。

```
                  store x₂
                  load  x₃                 load  x₃    （重写x₁）
                  load  x₂                 load  x₁
                  逐出脏值                        逐出干净值
```

这个场景暗示分配器应该优先逐出干净值，而非脏值。但答案并非如此简单。

考虑另一种引用次序 $x_3 x_1 x_3 x_1 x_2$，初始条件相同。如果一贯地逐出干净值，将产生下图左侧所示4个内存操作的序列。与此相反，如果一贯地逐出脏值，将产生下图右侧的代码序列，它具有较少的内存操作。

```
                  load x₃
                  load x₁                   store x₂
                  load x₃                   load  x₃
                  load x₁                   load  x₂
                  逐出干净值                       逐出脏值
```

干净值和脏值的同时存在，使得最优局部寄存器分配成为一个NP难（NP-hard）问题。当然，自底向上的局部分配器实际上仍然能够产生良好的局部寄存器分配方案。而这种分配方案一般优于自顶向下算法产生的方案。

> 在局部寄存器分配中，"最优"意味着分配方案具有最少的逐出次数。

13.3.3 超越单个程序块

我们已经看到如何为单个程序块建立良好的分配器。由顶向下处理，我们得到的是频数分配器。由自底向上处理，我们得到的分配器将基于到下一次使用处之间的距离作出决策。但局部寄存器分配方案并不能捕获跨越多个程序块对值的重用。因为这样的重用通常会例行出现，所以我们需要分配器能够将运作范围扩展到跨越多个程序块。

遗憾的是，从单个程序块转向处理多个程序块会增加许多复杂情况。例如，我们的局部分配器隐含地假定：值并不在程序块之间流动。将寄存器分配器的运作转移到一个更大的范围上，主要的原因是要考虑值在程序块之间的流动，并产生能够高效处理此类流动的分配方案。分配器必须正确地处理在此前的程序块中计算的值，且必须保留供后续程序块使用的值。为达到这一目的，与局部分配器相比，新的分配器需要一种更精巧复杂的方式来处理"值"。

1. 活动性和活动范围

区域和全局分配器在将值指派到寄存器时，试图协调各个值跨越多个程序块的使用。在此前对自顶向下寄存器分配器和更早对静态单赋值形式（参见9.3节）的讨论中，我们都看到编译器有时候可以计算一个能够更好地服务于某个给定算法的目的的新名字空间。区域和全局分配器依赖于这一见解，它们会计算一个名字空间，以反映每个值定义和使用的实际模式。这种分配器并不将变量或值分配到寄存器，而是计算一种利用活动范围（live range）定义的名字空间。

> **活动范围**
> 由彼此相关的定义和使用形成的一个闭集，它充当寄存器分配的基本名字空间。

单个活动范围由一组定义和使用组成，这些定义和使用是彼此相关的，因为其值会共同流动。也就是说，一个活动范围包含一组定义和一组使用。这种组合在下述意义上是自包含的：任给其中一个使用，能够到达该使用处的所有定义也都包含在同一个活动范围中。类似地，对于活动范围中的每个定义，能够引用该定义结果的每个使用也都在同一个活动范围中。

活动范围的这个术语隐含地依赖于活动性（liveness，参见8.6.1节）的概念。回想一下可知，对于变量v和位置p，如果v已经在从过程入口点到p之间的一条代码路径上定义，且从p到v的某个使用处之间存在一条没有重定义v的代码路径，那么v在p处就是活动的。在v活动的任何位置，其值必须保持下来，因为后续的执行可能使用v。记住，v既可以是源程序变量，又可以是编译器生成的临时值。

活动范围的集合不同于变量的集合和值的集合。代码中计算的每个值都是某个活动范围的一部分，即使它在原始的源代码中没有名字。因而，地址计算产生的中间结果是某个活动范围的一部分，程序员命名的变量、数组元素和用作分支目标而加载的地址也都是如此。单个源语言变量可能形成多个活动范围。处理活动范围的分配器，可以将不同的活动范围放置在不同的寄存器中。因而，在程序执行过程中的不同位置上，一个源语言变量可能驻留在不同的寄存器中。

为把这些思想讲述得具体些，我们首先考虑在单个基本程序块中查找活动范围的问题。图13-2重复了我们最初在图1-3遇到的ILOC代码，只是多了一个定义r_{arp}的初始操作。右侧的表给出了程序块中不同的活动范围。在无分支代码中，我们可以将活动范围表示为一个区间。请注意，每个操作，只要它定义了一个值，就开始了一个活动范围。考虑r_{arp}，它是在操作1中定义的。其他每个对r_{arp}的引用都是一个使用。因而，该程序块对r_{arp}只使用了一个值，且该值在区间[1, 11]上是活动的。

> 在无分支代码中，我们可以将一个活动范围表示为一个区间$[i, j]$，其中操作i定义了该值，而操作j是对该值的最后一次使用。
>
> 对于跨越多个程序块的活动范围，我们需要一种更复杂的表示法。

与之相对，r_a有几个活动范围。操作2定义了它，操作7使用了操作2定义的值。操作7、8、9、10每个都为r_a定义了一个新值；对于每个操作来说，其后一个操作会使用由它定义的值。因而，原始代码中名为r_a的值，对应于5个不同的活动范围[2, 7]、[7, 8]、[8, 9]、[9, 10]和[10, 11]。寄存器分配器无需将这些不同的活动范围保存在同一物理寄存器中。相反，它可以将程序块中的每个活动范围视为一个独立的值，来分配和指派寄存器。

					寄存器	区间
1	loadI	...	$\Rightarrow r_{arp}$	1	r_{arp}	[1,11]
2	loadAI	r_{arp},@a	$\Rightarrow r_a$	2	r_a	[2,7]
3	loadI	2	$\Rightarrow r_2$	3	r_a	[7,8]
4	loadAI	r_{arp},@b	$\Rightarrow r_b$	4	r_a	[8,9]
5	loadAI	r_{arp},@c	$\Rightarrow r_c$	5	r_a	[9,10]
6	loadAI	r_{arp},@d	$\Rightarrow r_x$	6	r_a	[10,11]
7	mult	r_a, r_2	$\Rightarrow r_a$	7	r_2	[3,7]
8	mult	r_a, r_b	$\Rightarrow r_a$	8	r_b	[4,8]
9	mult	r_a, r_c	$\Rightarrow r_a$	9	r_c	[5,9]
10	mult	r_a, r_d	$\Rightarrow r_a$	10	r_d	[6,10]
11	storeAI	r_a	$\Rightarrow r_{arp}$,@a			

图13-2　一个基本程序块中的活动范围

13

为在更大的区域中查找活动范围，分配器必须明了何时一个值在其定义程序块结束后仍然处于活动状态。8.6.1节计算的LiveOut集合正好编码了这一知识。在代码中的任何位置，只有活动的值才需要寄存器。因而，LiveOut集合在寄存器分配中发挥了关键作用。

2. 程序块边界处的复杂情况

使用局部寄存器分配方案的编译器可以计算每个程序块的LiveOut集合，将该知识作为一个必要的序曲提供给局部分配器，向后者提供值在程序块入口/出口处的状态信息。LiveOut集合使得分配器能够正确地处理程序块末尾条件。LiveOut(b)中的任何值，在其于b中的最后一个定义之后，都必须存储到为其在内存中分配的位置，以确保后续程序块有正确的值可用。与此相反，不在LiveOut(b)中的值，在其于b中最后一次使用之后即可丢弃，无需存储到内存。

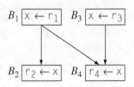

虽然LiveOut信息使得局部分配器能够产生正确的代码，但这种代码将包含一些不必要的load和store指令，这些指令的唯一目的是将值跨越程序块边界连接起来。考虑右侧给出的例子。局部分配器在每个程序块将变量x分别指派到不同的寄存器：在B_1中是r_1，在B_2中是r_2，在B_3中是r_3，在B_4中是r_4。如果要在程序块局部解决这些相互冲突的指派，唯一的机制是在B_1和B_3末尾将x存储到内存，在B_2和B_4起始处从内存加载x，如右侧图所示。这种解决方案通过内存来传递x的值，以便在B_2和B_4中将其移动到被指派的寄存器。

沿控制流边(B_1, B_2)和(B_3, B_4)，编译器可以将store-load对替换为适当位置上的寄存器到寄存器复制操作：对于(B_1, B_2)放到B_2的起始处，对于(B_3, B_4)放到B_3的结束处。但对于边(B_1, B_4)来说，没有合适的位置供编译器放置复制操作，因为这是一条关键边，如9.3.5节所述。将复制放置在B_1末尾，那么对于B_2将产生一个不正确的寄存器指派，而将其放置在B_4起始处，将导致边(B_3, B_4)在执行时产生不正确的结果。

一般来说，局部分配器不可能使用复制操作来连接程序块之间值的流动。它在处理B_1时不可能知道在后续的程序块中所作的寄存器分配和指派决策。因而它必须采取通过内存传递值的方式。即使分配器在处理B_1时知道B_2和B_4中的寄存器指派情况，它仍然不可能解决(B_1, B_4)的问题，除非改变控制流图。另外，分配器确实可以通过协调跨越所有程序块的寄存器指派过程来避免这些问题。但那样的话，分配器本身就不再是局部分配器。

寄存器分配也会出现类似的效应。如果B_2中没有引用x，那会怎么样？即使我们能够在整个过程中对寄存器指派进行全局协调，以确保x在使用时总是位于某个特定的寄存器中（假定是r_2），那么分配器将需要在B_2末尾插入对x的一个load操作，以避免使B_4在程序块起始处加载x。当然，如果B_2还有其他后继结点，它们可能不引用x，因而可能预期r_2中是另一个值。

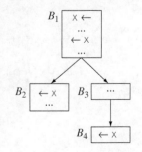

在我们试图将局部寄存器分配范式扩展到超越单个程序块时，会出现另一个更微妙也更成问题的问题。考虑右侧给出例子中的程序块B_1上执行自底向上的局部寄存器分配时会出现的情况。如果在B_1中使用x之后，分配器还需要一个寄存器，那么它必须计算到x下一次使用处之间的距离。在单个程序块中，如果下一次引用是唯一的，则到当前操作之间的距离也是唯一确定的。在具有多个后继程序块时，距离将取决于运行时采用的路径是(B_1, B_2)还是(B_1, B_3, B_4)。因而，"下一次引用"在这里不是良定义的。即使在寄存器分配之前，对x的所有后续使用处到当前操作都是等距离的，但程序块中的局部寄存器逐出可能会增加一个或多个路径上计算的距离。因为自底向上的局部寄存器分配方法底层的基本度量是多值的，所以在这种情况下，算法的效果变得更难于理解和证明。

在程序块边界处的效应可能是比较复杂的。它们无法通过局部分配器解决，因为相关的现象完全超出了局部分配器的能力范围。所有这些问题都暗示我们，需要一种不同的方法，才能超越局部寄存器分配，到达区域或全局寄存器分配的领域。甚至，成功的全局分配算法可能与局部分配算法并无多少相似性。

本节回顾

局部寄存器分配考察的是单个基本程序块。这种有限的上下文简化了所需进行的分析以及算法本身。本节阐述了用于局部寄存器分配的自顶向下和自底向上算法。自顶向下算法按程序块中对值的引用数量，对各个值进行优先级排序。它会最先将具有最高优先级的值指派到寄存器。它会保留一个小的寄存器集合，用以处理没有分配到寄存器的值。自底向上分配器会正向遍历程序块，按遇到值的次序将各个值指派到寄存器。当它需要一个额外的寄存器时，会逐出下一次使用处距离当前操作最远的值。

本节给出的自顶向下和自底向上分配器，在处理单个值的方式上是不同的。自顶向下算法将一个寄存器分配给某个值时，在整个程序块中都不会改变这一分配。而在自底向上算法将一个寄存器分配给某个值时，它先是保留该寄存器，但在遇到对这个寄存器的更迫切需求之后，则会逐出其中的值，改变对这个寄存器的分配。自底向上算法将单个寄存器用于多个值的能力，使得它能够比自顶向下算法产生更好的分配方案。当我们试图将这两种算法应用到更大的范围时，二者的分配范式开始不再适用。

复习题

(1) 对于本节阐述的两种分配器，请分别回答以下问题：分配器中的哪个步骤具有最差的渐近复杂度？编译器编写者如何限制该步骤对编译时间的影响？

(2) 自顶向下分配器按照虚拟寄存器名字来累计频数，并按虚拟寄存器名字执行寄存器分配。概略描述一种算法，通过重命名虚拟寄存器来改进自顶向下算法的结果。

13.4 全局寄存器分配和指派

寄存器分配试图最小化必须插入的那些逐出代码带来的影响。这种影响可能以（至少）三种形式出现：逐出代码的执行时间、逐出操作占用的代码空间以及逐出值占用的数据空间。大多数分配器专注于第一种效应，即最小化逐出代码的执行时间。

对于最小化逐出代码执行时间的问题，全局寄存器分配器无法保证最优解。同一代码的两种不同分配方案之间的差别在于：分配器插入的 load 操作、store 操作、复制操作的数目，以及这些操作在代码中的位置。这些操作的数目会影响到代码占用的空间和执行时间。操作的位置也会有影响，因为不同程序块执行的次数不同，且在两次运行之间，程序块的执行频度也会有变化。

在两个基本方面，全局寄存器分配不同于局部寄存器分配。

13

(1) 全局活动范围的结构比局部活动范围更为复杂。局部活动范围是无分支代码中的一个区间。全局活动范围是定义和使用的一个网络，是通过对两种关系取闭包而得到的。对于活动范围LR_i中的一个使用u来说，LR_i必须包含能够到达u的每个定义d。类似地，对于LR_i中的每个定义d，LR_i必须包含d能够到达的每个使用u。

全局分配器会创建一个新的名字空间，使得每个活动范围在其中都有一个不同的名字。寄存器分配接下来将活动范围名字映射到物理寄存器或者内存位置。

(2) 在全局活动范围LR_i内部，不同引用的执行次数可能是不同的。在局部活动范围中，在所述程序块的每次执行期间，所有引用都执行一次（除非发生异常）。因而，局部逐出的代价是均匀的。在全局分配器中，逐出的代价将取决于逐出代码出现的位置。因而，在全局情形下，选择一个值逐出的问题变得比局部情形复杂得多。

全局分配器会为每个引用标注一个估算的执行频度，这是根据静态分析或剖析数据推导而来的。寄存器分配接下来使用这些附注来指引有关分配和逐出的决策。

任何全局分配器都必须解决这两个问题。这两个问题的中的每一个，都使得全局寄存器分配的复杂度大大超过局部寄存器分配。

全局分配器会对寄存器分配和指派都作出决策。它们会针对每个活动范围决定其是否应驻留在寄存器中。它们会针对每个已分配寄存器的活动范围判断其是否能够与其他活动范围共享寄存器。它们会为每个已分配寄存器的活动范围选择一个具体的物理寄存器。

图 着 色

许多全局寄存器分配器使用图着色作为一种范式，来模拟底层的分配问题。对于任意的图G，G的一种着色会对G中的每个结点指派一种颜色，使得任何一对相邻结点均为不同颜色。使用k种颜色的着色方案称为k着色（k-coloring），对于给定的图来说，最小的k值称作该图的色数（chromatic number）。考虑下列图。

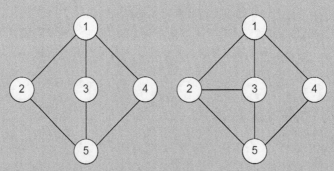

左图可以用两种颜色着色。例如，我们可以将蓝色指派给结点1和5，将红色指派到结点2、3和4。如右图所示，在添加边$(2,3)$之后，图是可以三着色的，但不再是可以二着色的。（蓝色指派给结点1和5，红色指派给结点2和4，黄色指派给结点3。）

对于一个给定图，查找其色数的问题是NP完全的。类似地，对于某个确定的k来说，判断一个图是否可以k着色的问题，也是NP完全的。使用图着色为范式来分配资源的算法，实际上是使用近似方法查找适合于可用资源集的着色方案。

为作出这些决策，许多编译器使用类似于图着色的方法进行寄存器分配。图着色分配器会建立一个图，称为冲突图（interference graph），以模拟各个活动范围之间的冲突。分配器试图为该图构造一个k着色方案，其中k是分配器可用物理寄存器的数目。（一些物理寄存器，如ARP，可能是专用于其他目的的。）冲突图的k着色方案，可以直接转换为活动范围到物理寄存器的指派方案。如果编译器无法为该图直接构造一个k着色方案，可以修改所处理的代码，将某些值逐出到内存后再次尝试。因为逐出会简化冲突图，所以这个处理过程是保证会停止的。

> **冲突图**
>
> 结点表示活动范围，边(i, j)表明LR_i和LR_j无法共享同一个寄存器的图。

不同的着色分配器以不同的方法处理逐出（或分配）。我们将考察使用高层信息作出分配决策的自顶向下分配器，以及使用底层信息作出分配决策的自底向上分配器。但在考察这两种方法之前，我们将探讨分配器共有的一部分子问题：发现活动范围、估算逐出代价和建立冲突图。

13.4.1 找到全局活动范围

为构造活动范围，编译器必须发现不同定义和使用之间存在的关系。分配器必须推导一个名字空间，将能够到达一个使用的所有定义和一个定义能够到达的所有使用聚合为一个名字。这启发我们采用这样一种方法：编译器为每个定义指派一个不同的名字，将能够到达同一个使用处的名字合并起来。将代码转换为静态单赋值形式，会简化活动范围的构造，因而，我们假定分配器运行在静态单赋值形式之上。

代码的静态单赋值形式为活动范围的构造提供了一个自然起点。回想一下，在静态单赋值形式中，每个名字定义一次，而每个使用引用一个定义。而插入的ϕ函数调和了这两条规则，并记录了控制流图中不同代码路径上的不同定义到达同一个引用处的事实。如果一个操作引用了ϕ函数定义的名字，实际上会使用ϕ函数的一个参数的值，具体是哪个参数则取决于控制流是如何到达ϕ函数的。所有这些定义应该驻留在同一寄存器中，因而属于同一活动范围。ϕ函数使得编译器能够高效地建立活动范围。

为根据静态单赋值形式建立活动范围，分配器使用不相交集（disjoint-set）的合并查找（union-find）算法，对代码进行一趟处理即可。分配器将每个静态单赋值形式名字或定义视为算法中的一个集合。它会考察程序中的每个ϕ函数，对ϕ函数的每个参数相关联的集合与表示其结果的集合取并集。在处理过所有的ϕ函数之后，形成的各个集合表示代码中的活动范围。此时，分配器可以重写代码以使用活动范围名字，或创建并维护静态单赋值形式名字和活动范围名字之间的一个映射。

> 编译器可以将全局活动范围表示为一个或多个静态单赋值形式名的集合。

图13-3a给出了半剪枝静态单赋值形式下的一个代码片断，其中涉及源代码变量a、b、c、d。为找到活动范围，分配器会为每个静态单赋值形式名字指派一个包含其名字的集合。它会将ϕ函数中使用的名字相关联的集合取并集，即$\{d_0\} \cup \{d_1\} \cup \{d_2\}$。这最终形成了4个活动范围：$LR_a$为$\{a_0\}$、$LR_b$为$\{b_0\}$、$LR_c$为$\{c_0\}$、$LR_d$为$\{d_0, d_1, d_2\}$。图13-3b给出了使用活动范围名字重写后的代码。

13

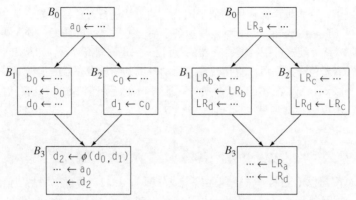

(a) 剪枝静态单赋值形式下的代码片断　　(b) 利用活动范围重写后的代码

图13-3　找到活动范围

在9.3.5节中，我们知道，应用到静态单赋值形式上的变换可能向这种重写过程引入复杂情况。如果分配器建立静态单赋值形式，使用它来找到活动范围，并在不进行其他变换的情况下重写代码，那么只需用活动范围名字替换名字。另一方面，如果分配器使用的是已经变换过的静态单赋值形式，那么重写过程必须处理9.3.5节描述的复杂情况。因为大多数编译器都在指令选择（还可能有指令调度）之后进行寄存器分配，分配器处理的代码可能不是静态单赋值形式。这迫使分配器为代码建立静态单赋值形式，以确保重写过程比较简明。

13.4.2　估算全局逐出代价

为作出合理的逐出决策，全局分配器需要估算逐出每个值的代价。逐出的代价有3个部分：地址计算、内存操作和估算的执行频度。

编译器编写者可以选择在内存中何处保存逐出的值。通常，这些值驻留在当前活动记录（AR）中指定的寄存器保存区中，以最小化地址计算的代价（见图6-4）。在AR中存储逐出的值，使得分配器能够生成相对于r_{arp}的操作（如loadAI或storeAI）来处理逐出。这种操作通常可以避免使用额外的寄存器来计算逐出值的内存地址。

一般来说，内存操作的代价是不可避免的。对于每个逐出的值，编译器必须在每次定义之后生成一个store操作，在每次使用之前生成一个load操作。随着内存延迟增加，这些逐出操作的代价也会增长。如果目标处理器具有快速暂时存储器（fast scratchpad memory），那么编译器通过将值逐出到暂时存储器（scratch-pad memory）可以降低逐出操作的代价。更糟的是，分配器会向对寄存器的需求较高的区域插入逐出操作。在这些区域中，缺少空闲寄存器可能会限制调度器掩盖内存延迟的能力。因而，编译器编写者必须希望逐出位置驻留在高速缓存中。（自相矛盾的是，内存位置仅当被频繁访问时才会驻留在高速缓存中，而这暗示我们代码执行了过多的逐出操作。）

暂时存储器

专用的、不占用高速缓存的本机内存，有时候称作暂时存储器。

暂时存储器是某些嵌入式处理器的一种特性。

1. 统计执行频度

为统计控制流图中各个基本程序块的不同执行频度，编译器应该对每个程序块标注一个估算的执行计数。编译器可以根据剖析数据或启发式逻辑来推导这些估算值。许多编译器简单地假定每个循环执行10次。这种假定向循环内部的load指派权重10，而向双重嵌套循环内部的load指派权重100，依此类推。不可预测的if-then-else语句会使估算的频度减半。实际上，这种估算确保了逐出会偏向于外层循环（而非内层循环）中的值。

为估算逐出单个引用的代价，分配器将地址计算的代价与内存操作的代价相加，然后将和值乘以该引用的估算执行频度。对于每个活动范围，分配器会将各个引用的代价求和。这需要一趟遍历代码中所有程序块的处理。分配器可以预计算所有活动范围的这种代价，或等到必须逐出至少一个值时才进行计算。

2. 负的逐出代价

如果活动范围包含一个load和一个store，没有其他使用，且load和store引用同一地址，那么该活动范围具有负的逐出代价。（这种活动范围可能因意在改进代码的变换所致。例如，如果使用被优化掉，而store是过程调用而非定义新值所致。）有时候，逐出一个活动范围可以消除比逐出操作代价更高的复制操作，这样的活动范围也具有负的逐出代价。任何具有负的逐出代价的活动范围都应该被逐出，因为这样做可以降低对寄存器的需求并从代码中删除指令。

3. 无限的逐出代价

一些活动范围是如此之短，以至于逐出它们毫无用处。考虑右侧给出的很短的活动范围。如果分配器试图逐出vr_i，它需要在定义之后插入一个store指令，在使用之前插入一个load指令，这创建了两个新的活动范围。而这些新的活动范围使用的寄存器数目都不少于原来的活动范围，因此这里的逐出没有产生收益。分配器应该为原来的活动范围指派一个值为无限大的逐出代价，确保分配器不会试图逐出它。一般来说，如果某个活动范围的定义和使用之间没有其他活动范围结束，那么该活动范围应该具有无限大的逐出代价。这一条件保证了寄存器的可用性在定义和使用之间不会变化。

```
vr_i      ← ···
Mem[vr_j] ← vr_i
```
具有无限逐出代价的活动范围

13.4.3　冲突和冲突图

全局寄存器分配器必须模拟的基本效应，是各个值对处理器寄存器集合中空间的竞争。考虑两个不同的活动范围LR_i和LR_j。如果LR_i和LR_j在程序中的某个操作期间都是活动的，那么二者无法驻留在同一个寄存器中。（一般来说，一个物理寄存器每次只能容纳一个值。）我们说LR_i和LR_j是冲突的。

> **冲突**
>
> 对于两个活动范围LR_i和LR_j来说，如果其中一个在另一个的定义处是活动的且二者值不同，那么称LR_i和LR_j冲突。

为模拟分配问题，编译器可以建立一个冲突图$I=(N, E)$，其中N中的结点表示各个活动范围，而E中的边表示活动范围之间的冲突。因而，当且仅当对应的活动范围LR_i和LR_j冲突时，无向边$(n_i, n_j) \in I$存在。图13-4给出了图13-3b中的代码及其冲突图。正如该图所示，LR_a与其他每个活动范围都冲突。而其他活动范围彼此并不冲突。

13

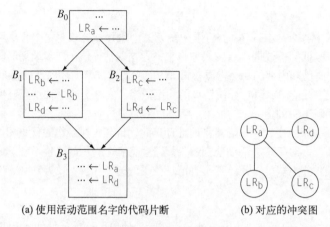

(a) 使用活动范围名字的代码片断　　　　(b) 对应的冲突图

图13-4　活动范围与冲突

如果编译器可以用k种或更少的颜色着色I，那么它可以将颜色直接映射到物理寄存器，以产生一个合法的寄存器分配方案。在例子中，LR_a的颜色不能与LR_b、LR_c或LR_d中任一结点的颜色相同，因为它与其中每一个都有冲突。但其他三个活动范围都可以共享一种颜色，因为它们彼此并不冲突。因而，该冲突图是可以二着色的，该代码可以重写为只使用两个寄存器。

考虑一下，如果编译器的另一个阶段重排B_1末尾处的两个操作，那么会发生什么呢？这一变化使得LR_b在LR_d的定义处也是活动的。分配器必须将边(LR_b, LR_d)添加到E，这使得不可能只用两种颜色着色该图。

（该图小到足以通过枚举证明这一点。）为处理该图，分配器有两种方案：使用3个寄存器；或者如果目标机只有两个寄存器，在B_1中LR_d的定义之前逐出LR_b或LR_a之一。当然，分配器还可以重排这两个操作并消除LR_b和LR_d之间的冲突。寄存器分配器通常不会重排操作。相反，分配器假定操作的顺序是固定的，将排序问题留给指令调度器解决（参见第12章）。

1. 建立冲突图

在分配器建立了全局活动范围，并用基本程序块的LiveOut集合标注了代码中的各个基本程序块后，它可以通过一趟对各个程序块的简单线性遍历构建冲突图。图13-5给出了基本算法。随着算法自底向上遍历程序块，分配器会计算LiveNow，即当前操作处活动值的集合。（我们在11.5.1节见过LiveNow。）在程序块中最后一个操作处，LiveOut和LiveNow必定是相同的。随着算法反向遍历程序块中各个操作，它会向图添加适当的冲突边，并更新LiveNow集合以反映操作的影响。

算法实现了前文给出的冲突定义：对于活动范围LR_i和LR_j，仅当其中一个在另一个的定义处活动时，二者才会冲突。这一定义使得编译器可以在每个操作处，通过在操作的目标LR_c与该操作之后仍处于活动状态的各个活动范围之间，分别添加一个冲突边来建立冲突图。

复制操作需要特殊处理。复制$LR_i \Rightarrow LR_j$并不会导致LR_i和LR_j之间的冲突，因为这使得两个活动范围具有相同的值，因此可以占用同一寄存器。因而，该操作不应该导致向E添加边(LR_i, LR_j)。如果后续的上下文导致了这两个活动范围之间的冲突，那么应该由相应的操作来创建对应的边。同样地，ϕ函数并不导致其任何参数与其结果之间的冲突。以这种方式处理复制操作和ϕ函数，所创建的冲突图正好可以捕获LR_i和LR_j能够占用同一寄存器的情况。

```
for each LR_i
    create a node n_i ∈ N
for each basic block b
    LiveNow ← LiveOut(b)
    for each operation op_n, op_{n-1}, op_{n-2}, ...op_1 in b
        with form op_i LR_a, LR_b ⇒ LR_c
        for each LR_i ∈ LiveNow
            add (LR_c, LR_i) to E
        remove LR_c from LiveNow
        add LR_a and LR_b to LiveNow
```

图13-5　构建冲突图

为提高分配器的效率，编译器应该同时建立一个下三角比特矩阵（lower-diagonal bit matrix）和一组邻接表（adjacency list）来表示E。比特矩阵使得可以在常量时间内判断冲突，而邻接表允许高效遍历结点的邻居。这种双重表示的策略比单一表示占用更多的空间，但能够减少分配时间。正如13.2.3节所述，分配器可以为不相交的寄存器类别建立独立的图，这可以减小图的最大规模。

2. 建立分配器

为基于图着色范式建立全局分配器，编译器编写者需要两种额外的机制。第一，分配器需要一种高效的技术以找到k着色方案。遗憾的是，对特定图判断k着色是否存在的问题是NP完全的。因而，使用快速近似法的寄存器分配器是不能保证找到一种k着色方案的。第二，分配器需要一种策略来处理下述情况：对某个特定的活动范围没有颜色可用。大多数着色分配器通过重写代码以改变分配问题本身来处理这种情况。分配器可以选择一个或多个活动范围进行修改。它会逐出选定的活动范围，或者拆分之。逐出将选定的活动范围转化为较小活动范围的集合，对原来的活动范围中的每个定义或使用都产生一个较小的活动范围。而拆分则将选定的活动范围划分为较小（但非平凡）的部分。不论是哪种情况，转换后的代码执行的计算都与原来代码相同，只是冲突图不同。如果改变是有效的，新的冲突图应该是可以k着色的。如果不是这样，分配器必须逐出或拆分更多的活动范围。

> **活动范围拆分**
> 　　如果分配器无法将一个活动范围保持在寄存器中，那么它可以将活动范围分解为若干部分，这些部分通过复制操作或load和store操作连接。新的较小的活动范围可能可以保存到寄存器中。

13.4.4　自顶向下着色

自顶向下的图着色全局寄存器分配器，会利用底层信息为各个活动范围指派颜色，而利用高层信息来选择对活动范围着色的顺序。为确定某个具体活动范围LR_i的着色，分配器需要将已经指派给LR_i邻居的颜色记录在冲突图I中。如果邻居颜色的集合是不完全的，即一个或多个颜色没有使用，那么分配器可以为LR_i指派一个未使用的颜色。如果邻居颜色的集合是完全的，那么LR_i没有颜色可用，分配器必须使用其处理未能着色活动范围的策略。

自顶向下的分配器试图按某个优先级函数确定的顺序来为各个活动范围着色。基于优先级的自顶向下分配器会为每个结点指定一个优先级，即为将对应的活动范围保持在寄存器中而节省的运行时间估计值。这些估计值类似于13.4.2节描述的逐出代价。自顶向下的全局分配器为最重要的值（即通过这些优先级识别出的那些值）使用寄存器。

分配器按优先级顺序考虑各个活动范围，并试图为每个活动范围指定一种颜色。如果对于某个活动范围没有颜色可用，分配器可以调用逐出或拆分机制来处理未能着色的活动范围。为改进这个过程，分配器可以将活动范围划分为两个集合：受限的活动范围和不受限的活动范围。如果一个活动范围具有k个或更多邻居，则其是受限的，即其在冲突图I中的度大于等于k。受限的活动范围会按照优先级顺序首先着色。在所有受限的活动范围都已经处理过之后，将按任意顺序对不受限的活动范围着色。因为不受限的活动范围邻居少于k个，分配器总是可以为其找到一种颜色。无论如何对其邻居指派颜色，都不会用尽k种颜色。

> 我们将"LR_i度数"记作LR_i°。当且仅当$LR_i^\circ \geq k$时，LR_i是受限的。

通过首先处理受限的活动范围，分配器避免了一些潜在的逐出。另一种工作机制是按照直接的优先级次序进行处理，会使分配器将所有可用的颜色优先指派给LR_i的那些不受限但具有较高优先级的邻居。这种方法可能会迫使LR_i处于未着色状态，即使确实有一种着色方案，能够在对LR_i的不受限邻居结点着色的同时，为LR_i留下一种颜色。

1. 处理逐出

在自顶向下的分配器遇到无法着色的活动范围时，它必须逐出或拆分一些活动范围以改变问题本身。因为对于所有此前已着色的活动范围来说，其优先级均高于未着色的活动范围，所以逐出未着色而非此前已着色的活动范围是有意义的。分配器可以考虑对此前已着色的某个活动范围重新着色，但它必须注意避免使处理走向完全通用版本的回溯机制（其代价过于高昂）。

为逐出LR_i，分配器需要在LR_i的每个定义之后插入一个store，在LR_i的每个使用之前插入一个load。如果内存操作需要寄存器，则分配器可以保留足够的寄存器来处理它们。（例如，在使用逐出值之前加载该值时需要用一个寄存器容纳它。）为此所需寄存器的数目是目标机指令集体系结构的一个函数。保留这些寄存器将简化逐出的处理。

另一种为逐出代码保留寄存器的方法，是在每个定义和使用处寻找空闲的颜色。如果没有可用的颜色，分配器必须追溯既往、逐出一个已经着色的活动范围。在这种方案中，分配器将插入逐出代码，从而删除原来的活动范围并创建一个新且短的活动范围s。这种方法需要重新计算逐出位置邻居中的冲突，并记录指派给s的邻居的颜色。如果该过程没有为s找到一种可用的颜色，那么分配器将逐出s的邻居中优先级最低者。

当然，这种方案有可能会递归逐出此前着色的活动范围。这种特性使得大多数人在实现自顶向下基于优先级的分配器时，会为逐出操作而预留寄存器。当然，这其中又有一个悖论：为逐出操作而预留寄存器，这种做法由于实际上降低了物理寄存器集合的容量k，本身就会导致逐出。

2. 拆分活动范围

逐出会改变着色问题。未着色的活动范围被分解为一系列很小的活动范围，每个"小"活动范围都对应于原活动范围中的一个定义或使用。另一种改变问题的方式是，将一个未着色的活动范围拆分为新的活动范围，即包含几个引用的子范围。如果与原来的活动范围相比，新拆分出的活动范围与其余活动范围的冲突较少，那么可能有可行的着色方案。例如，一部分新的活动范围可能是不受限的。拆分活动范围可以避免在每个引用处逐出原来的活动范围。利用适当的拆分位置，完全可以将分配器必须逐出的那部分活动范围隔离开来。

第一个自顶向下基于优先级的着色分配器是Chow建立的，其将未着色的活动范围分解为单程序块内的活动范围，并统计分解形成的每个活动范围相关的冲突，接着合并相邻程序块中的活动范围（如果合并后的活动范围仍然是不受限的）。它会为拆分后活动范围可跨越程序块的数目随意设置一个上限。该分配器会在每个拆分处的活动范围起始位置插入一个load操作，在活动范围的末端插入一个store操作。在这样一番处理后，该分配器将逐出仍然未能着色的（拆分形成的）活动范围。

13.4.5　自底向上着色

与自顶向下的全局分配器相比，自底向上的图着色寄存器分配器使用了许多与前者相同的机制。这种分配器会发现活动范围、建立冲突图、试图对图着色，并在必要时生成逐出代码。自顶向下和自底向上分配器之间的主要区别在于，二者用于对活动范围排序以确定着色顺序的机制不同。自顶向下的分配器使用高层信息来选择一种着色顺序，而自底向上的分配器则根据有关冲突图的详细结构性知识来计算一种顺序。这种分配器会在活动范围的集合上构造一种线性顺序，并按该顺序来一一考虑各个活动范围并指派颜色。

为排序各个活动范围，自底向上的图着色分配器依赖于下述事实：无论如何，不受限的活动范围总是可以轻易进行着色。它在指派颜色时遵循一种顺序，使得每个结点都具有少于k个已着色的结点。该算法按下述代码所述来为冲突图$I = (N, E)$计算着色顺序：

```
initialize stack to empty
while (N ≠ ∅)
    if ∃ n ∈ N with n° < k
        then node ← n
        else node ← n picked from N
    remove node and its edges from I
    push node onto stack
```

分配器重复地从图中删除一个结点并将其置于栈上。它使用两种不同机制来选择下一个要删除的结点。（代码中if语句的）第一个子句从图中选择一个不受限的结点，并删除它。因为这种结点是不受限的，所以删除这种结点的顺序是无关紧要的。删除不受限的结点将降低其每个邻居的度，并可能使之成为不受限的结点。第二个子句仅在剩余的每个结点均受限时调用，它使用某种外部条件从图中选择一个结点。通过这个子句删除的任何结点都具有多于k个邻居，因而在指派阶段可能无法获得着色。当图变为空时，循环结束。此时，栈包含了所有结点（按删除结点的顺序）。

为着色该图，分配器需要按栈显示的顺序重建冲突图，即与分配器从图中删除各个结点的顺序刚好相反。分配器将重复地从栈中弹出一个结点n，将n及相关的边插回冲突图I，并为n选择一种颜色。具体算法如下：

```
while (stack ≠ ∅)
    node ← pop(stack)
    insert node and its edges into I
    color node
```

为了给结点n选择颜色，分配器记录了n在冲突图"当前近似版本"中各个邻居的颜色，并为n指

13

派一种未使用的着色。为选择一种特定的颜色，分配器可以每次按某种一致次序进行搜索，或按某种循环方式指派颜色。（在我们的经验中，用于选择颜色的机制几乎没有实际的影响。）如果n没有颜色可用，则不对其着色。

在栈为空时，冲突图I已经重建完成。如果每个结点都有一种颜色，则分配器将宣告成功并重写代码，将活动范围名字替换为物理寄存器。如果有结点仍然未着色，那么分配器或者逐出对应的活动范围，或者将其拆分为较小的部分。此时，经典的自底向上分配器会重写代码以体现所作的逐出和拆分，并重复整个过程：找到活动范围、建立冲突图I并着色。这个过程会一直重复下去，直至I中的每个结点都完成着色。通常，分配器将在几个迭代之内停止。当然，自底向上的分配器可以保留供逐出代码使用的寄存器，正如自顶向下的分配器所做的那样。这种策略使得它可以在单趟处理之后停止。

可行性的由来

自底向上的分配器按从图中删除结点的反序，将每个结点插回图中。如果归约算法通过第一个子句从I中删除显示LR_i的结点（因为它在消除时是不受限的），那么在算法将LR_i重新插入图中时，它也是不受限的。因而，在分配器插入LR_i时，必定有可用于LR_i的颜色。结点n无法着色的唯一一种可能性是，其在从I中删除时是经由第二个子句（所谓的逐出度量）。这样的结点在插入图中时，将有k个或更多邻居。但n仍然可能有颜色可用。假定在分配器将n插入I时，$n° > k$。其邻居不可能都具有不同的颜色，因为最多只有k种颜色。如果其邻居结点恰好有k种颜色，那么分配器无法找到用于n的颜色。相反，如果其邻居使用的颜色少于k种，那么分配器可以找到用于n的颜色。

归约算法决定了结点着色的顺序。这个顺序很关键，因为它决定了（对某些结点来说）是否有可用的颜色。对于从图中删除时处于不受限状态的结点来说，这一顺序并不重要（相对于其余结点而言）。对于已经压栈的结点来说，这一顺序可能是重要的。毕竟，当前的结点可能是在一些早期结点删除后，才变为不受限的。对于利用else子句从图中删除的结点来说，这一顺序是至关重要的。仅当图中剩余的每个结点均处于受限状态时，才会执行该子句。因而，剩余的结点形成了I中一个或多个高度关联的子图。

else子句用于选择一个结点的启发式逻辑，通常称为逐出度量（spill metric）。原来的自底向上图着色分配器（由Chaitin等人建立）使用了一种简单的逐出度量。它会选择一个能够最小化$cost/degree$的结点，其中$cost$是估算的逐出代价，而$degree$是结点在冲突图"当前版本"中的度。这种度量方式均衡考虑了逐出代价与度数会减少的结点数目。

其他逐出度量也已经有人尝试过。这其中包含：$cost/degree^2$，该度量强调了对邻居结点的影响；直接使用$cost$，强调运行速度；以及逐出代码中操作的数目，这着眼于减小代码长度。前两种度量方式$cost/degree$和$cost/degree^2$，试图均衡代价和影响；而后两者，即$cost$和逐出操作数目，目的在于根据特定准则进行优化。实际上，没有哪种启发式逻辑能够优于所有其他逻辑。由于实际的着色过程相对于冲突图I的构建过程来说是比较快的，分配器可以尝试几种着色方案，分别使用不同的逐出度量，并保留最好的结果。

13.4.6   合并副本以减小度数

编译器编写者可以使用冲突图来判断，何时两个通过复制操作连接起来的活动范围可以合并。考虑操作i2i $LR_i \Rightarrow LR_j$。如果LR_i和LR_j并不冲突，则该操作可以删去，所有指向LR_j的引用都可以重写为使用LR_i。合并这种活动范围具有几个有益的效果。它消除了复制操作，使得代码变小，且很可能变得更快。这种做法还减小了与LR_i和LR_j同时发生冲突的任何LR_k的度数。它缩减了活动范围集合的规模，使得I和许多与I有关的数据结构变小。（Briggs在他的学位论文中给出了一些例子，其中合并最多能够将活动范围消除三分之一。）由于这种效应有助于进行寄存器分配，编译器通常在全局分配器中的着色阶段之前进行合并。

图13-6给出了一个例子。原来的代码出现在图a中，代码右侧用竖线标明了各个相关值（LR_a、LR_b和LR_c）活动的区域。虽然LR_a与LR_b和LR_c都重叠，但它与二者皆无冲突，因为复制操作的源和目标是不会冲突的。因为LR_b在LR_c的定义处是活动的，二者确实有冲突。两个复制操作都是合并的候选对象。

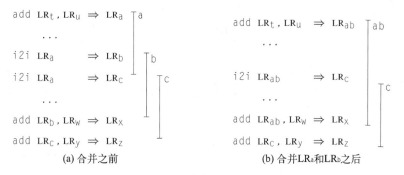

图13-6　合并活动范围

图13-6b给出了合并LR_a和LR_b产生LR_{ab}后的结果代码。因为LR_c是通过源自LR_{ab}的一个复制操作定义的，二者并不冲突。合并LR_a和LR_b形成LR_{ab}，这降低了LR_c的度数。一般来说，合并两个活动范围不可能增加二者任何邻居结点的度数。这可能降低其度数或使之原封不动，但不可能增加其度数。

为进行合并，分配器需要遍历各个程序块并一一考察程序块中的各个复制操作。考虑复制操作$i2i$ $LR_i \Rightarrow LR_j$。如果LR_i和LR_j并不冲突，即$(LR_i, LR_j) \notin E$，则分配器将合并它们、删除复制操作并更新冲突图I以反映发生的合并。分配器可以保守地更新I：对端点为LR_j的所有边，均将LR_j改为LR_i，实际上就是把LR_i用作LR_{ij}。这种更新并不精确，但它使得分配器可以继续合并。实际上，分配器会合并冲突图I允许的每个活动范围，接下来重写代码、重建I，然后再次尝试。这个过程通常在几轮合并之后停止。

这个例子说明了这种对I进行的保守更新所固有的不精确性。该更新要留下LR_{ab}和LR_c之间的冲突，但实际上这一冲突是不存在的。从转换过的代码重建I将产生精确的冲突图，LR_{ab}和LR_c之间不再存在边，这使得分配器能够合并LR_{ab}和LR_c。

由于两个活动范围的合并可能会防碍后续对其他活动范围的合并，因而合并的顺序很重要。理论上，编译器应该首先合并执行最频繁的复制操作。因而，在寻找复制操作时，分配器可以按复制操作所在程序块循环嵌套深度的顺序，来合并复制操作。为实现这一点，分配器可以按嵌套层次从深到浅的次序考虑各个基本程序块。

实际上，为第一轮合并建立冲突图的代价支配了图着色分配器的总代价。对建立冲突图—合并复制操作循环的后续各趟处理的冲突图较小，因而运行得更快。为减小合并的代价，编译器可以为收缩过的冲突图建立一个子集，其中只包含一个复制操作涉及的活动范围。这一见解将来自半剪枝静态单赋值形式的洞见应用到冲突图构造上：只包含（对所进行的处理）有用的名字。

13.4.7　比较自顶向下和自底向上全局分配器

自顶向下和自底向上着色分配器都具有相同的基本结构，如图13-7所示。它们会找到活动范围，建立冲突图，合并活动范围，在代码合并后的版本上计算逐出代价，最后试图进行着色。建立冲突图—合并复制操作的过程会一直持续下去，直至无法找到其他时机为止。在进行着色之后，会出现两种情形之一。如果已经为每个活动范围指派了一种颜色，那么将使用物理寄存器名字重写代码，分配过程将停止。如果某些活动范围未能着色，那么分配器将插入逐出代码。

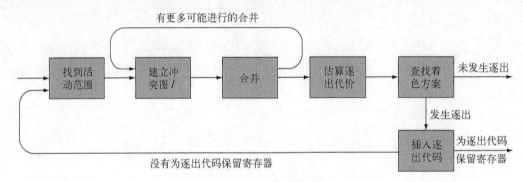

图13-7　着色分配器的结构

如果分配器保留了一些寄存器用于逐出代码，那么它将在逐出代码中使用这些寄存器，对于已着色的值将使用其对应的物理寄存器名字，寄存器分配的过程将停止。否则，分配器必须"发明"一些新的虚拟寄存器名字在逐出代码中使用，并插入必要的load和store指令以完成逐出。这轻微地改变了着色问题，因此需要对变换过的代码重复进行整个寄存器分配过程。当每个活动范围都指派了某种颜色，分配器可以将颜色映射到真实的寄存器并将代码重写为最终形式。

当然，自顶向下分配器也可以采用自底向上的分配器中使用的逐出-重复哲学。这将消除为逐出代码保留寄存器的必要性。类似地，自底向上的分配器也可以为逐出代码保留几个寄存器，从而消除重复整个寄存器分配过程的必要性。逐出-重复在进行寄存器分配时使用了额外的编译时间，但回报是使用的逐出代码可能比较少。为逐出代码保留寄存器产生的分配方案可能包含较多的逐出代码，但产生分配方案所需的编译时间较少。

自顶向下分配器使用优先级来排序所有受限的结点。它以任意顺序对不受限的结点着色，因为着色顺序不能改变这种结点必定可着色的事实。自底向上分配器会构造一种顺序，使得大多数结点能够在冲突图的某种版本中以不受限的状态进行着色。自顶向下分配器分类为不受限结点的每个结点都可以通过自底向上分配器着色，因为在原始冲突图I中和从I删除结点和边派生的每个图中，这些结点都是不受限的。自底向上分配器也会将自顶向下分配器视为受限的某些结点归类为不受限的。这些结点也可以在自顶向下分配器中进行着色。如果不实现这两种算法并实际运行它们，就没有什么明确的方法可用于比较二者在这些结点上的性能。

真正难于着色的结点，是自底向上分配器利用其逐出度量从冲突图中删除的那些结点。仅当剩余的每个结点均为受限结点时，才会调用逐出度量。这些结点形成了I的一个强关联的子图。在自顶向下分配器中，这些结点将按照其优先级决定的顺序进行着色。在自底向上分配器中，逐出度量使用同样的优先级，利用被每个选择降低了度数的其他结点数目作为分母进行缓冲。因而，自顶向下分配器会逐出选择逐出低优先级的受限结点，而自底向上分配器会逐出在删除所有不受限的结点之后仍然受限的结点。从后一个集合中，自底向上算法会选择能够最小化逐出度量的结点。

线性扫描分配

线性扫描分配器从这样的假定出发：它们可以将全局活动范围表示为一个简单区间$[i, j]$，正如我们在局部寄存器分配中所做的那样。这种表示会高估活动范围的范围，以确保能够包括该活动范围处于活动状态的最早和最新的操作。这种高估保证了最终形成的冲突图是一个区间图。

区间图比全局寄存器分配中出现的一般图简单得多，例如，单个程序块的冲突图总是一个区间图。从复杂度角度来看，区间图向分配器提供了一些优势。虽然判定任意图是否可k着色的问题是NP完全的，但区间图上的同样问题在线性时间内是可解的。

与精确的冲突图相比，建立区间表示的代价不那么昂贵。区间图本身支持的寄存器分配算法（如自底向上的局部算法）比全局分配器简单。由于寄存器的分配和指派都可以在对代码的一趟线性遍历中进行，这种方法又称**线性扫描分配**（linear scan allocation）。

线性扫描分配器避免了建立复杂的精确全局冲突图（这是图着色全局分配器中代价最昂贵的步骤），也不需要选择逐出候选者的$O(N^2)$循环。因而，它们使用的编译时间比全局图着色分配器少得多。在某些应用中，如JIT（Just-In-Time）编译器，在寄存器分配速度和逐出代码增加之间的权衡，使得这种线性扫描分配器颇具吸引力。

线性扫描分配具有我们在全局分配器中所见的所有微妙之处。例如，可使用自顶向下局部算法在线性扫描分配器中对某个活动范围的各个出现之处进行逐出处理，而使用自底向上局部算法在刚好需要逐出该活动范围之处进行逐出处理。不精确的冲突概念意味着这种分配器必须使用其他机制合并复制操作。

13.4.8　将机器的约束条件编码到冲突图中

寄存器分配必须处理目标机及其调用约定的特异性质。这其中出现的一部分约束实际上可以编码在着色过程中。

1. 多寄存器值

考虑一下这样的一个目标机和一个程序：目标机需要两个对齐的相邻寄存器来表示每个双精度浮点值，而程序中包含两个单精度活动范围LR_a和LR_b，以及一个双精度活动范围LR_c。

如果冲突为(LR_a, LR_c)和(LR_b, LR_c)，13.4.3节描述的技术将产生右侧给出的图。3个寄存器r_0、r_1和r_2，其中有一对(r_0, r_1)是对齐的，对这个图来说足够了。LR_a和LR_b可以共享r_2，而寄存器对(r_0, r_1)用于LR_c。遗憾的是，这个图没有充分地表现出对寄存器分配问题的实际约束。

13

给定 $k=3$，自底向上着色分配器可以按任意顺序指派颜色，因为没有结点的度数大于 k。如果分配器考虑 LR_c，第一次它将成功，因为 (r_0, r_1) 可用于容纳 LR_c。但如果首先对 LR_a 或 LR_b 着色，分配器可能使用了 r_0 或 r_1，这导致无法将对齐的寄存器对用于 LR_c。

为强制实行想要的顺序，分配器可以插入两条边，来表示与需要两个寄存器的值之间的冲突。这将产生右侧给出的图。对于这个图和 $k=3$ 的硬件限制，自底向上分配器首先必须删除 LR_a 或 LR_b，因为 LR_c 的度数为4。这确保了有两个寄存器可用于 LR_c。

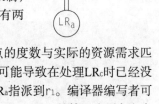

双重边产生了一种正确的分配方案，因为这样做将与 LR_c 冲突的结点的度数与实际的资源需求匹配起来。它并不保证有一对相邻的寄存器可用于 LR_c。糟糕的寄存器指派可能导致在处理 LR_c 时已经没有一对寄存器可用。例如，按着色顺序 LR_a、LR_c、LR_b，分配器可能将 LR_a 指派到 r_1。编译器编写者可以改变着色顺序使之有利于 LR_c：首先在不受限的结点（图归约算法中 if-then-else 的第一个子句）中选择单寄存器值。分配器可以采用的另一种方法是，如果在试图为 LR_c 指派颜色时没有适当的寄存器对可用，那么在 LR_c 的各个邻居结点中进行有限的重新着色。

2. 特定的寄存器安排

寄存器分配器还必须处理好对活动范围的特定安排。这些约束有几种起因。链接约定规定了通过寄存器传递的值的安排，这可能包含 ARP、部分或全部实参、返回值。某些操作可能要求其操作数位于特定的寄存器中，例如，Intel x86 机器上的短整数无符号乘法总是将其结果写入到 ax 寄存器。

对于过程链接中指派的寄存器引起的复杂情况，可以考虑的一个例子是 PowerPC 处理器上通常的链接约定。按照惯例，函数的返回值在 r_3 中。假定被编译的代码有一个函数调用，该代码将返回值表示为 vr_i。分配器通过添加从 vr_i 到 r_3 之外每个物理寄存器的边[1]，来强制将 vr_i 指派到 r_3，对冲突图的这种修改保证对应于 r_3 的颜色是唯一可用于 vr_i 的颜色。但这种解决方案可能对冲突图施加过度的约束。

为了解该问题，假定被编译的代码有两个函数调用，代码将返回值分别表示为 vr_i 和 vr_j。如果 vr_i 的活动周期跨越另一个调用，那么最终代码不可能将 vr_i 和 vr_j 同时保存在 r_3 中。将两个虚拟寄存器都限制为映射到 r_3，将迫使其中一个或两者都逐出。

这个问题的解决方案是依靠代码形式。编译器可以在每个调用处为返回值创建一个短的活动范围，假定其在第一个调用处使用 vr_1，在第二个调用处使用 vr_2。分配器可以限制 vr_1 和 vr_2 都映射到 r_3。编译器可以添加复制操作 $vr_1 \Rightarrow vr_i$ 和 $vr_2 \Rightarrow vr_j$。这种方法产生了正确的代码，解除了 vr_i 和 vr_j 与 r_3 的耦合。当然，分配器必须限制合并机制，以避免合并具有相互冲突的物理寄存器约束的活动范围；实际上，编译器可能会避免合并与物理寄存器有显式冲突的任何活动范围。

考虑 ISA 能够规定的物理寄存器约束，一个例子是 Intel x86 处理器上的单地址整数乘法操作。它使用 ax 寄存器作为第二个隐式参数和结果寄存器。考虑将右侧给出的 IR 代码序列映射到 x86 代码。编译器可能会限制 vr_2、vr_1 和 vr_5，使之映射到 ax 寄存器。在这种情况下，编译产生的代码序列可能类似于右侧给出的伪汇编代码，当然其中的各个虚拟寄存器名字 vr_i 应该替换为实际运行时位置。

```
vr_1 ← vr_2 × vr_3
vr_5 ← vr_1 × vr_4

mov ax,vr_2
imul vr_3
imul vr_4
```

只要映到 ax 的活动范围比较短，这种策略都可以产生高质量的代码。同样，对于此类活动范围的合并操作必须谨慎：如果有任何活动范围与其他需要 ax 的操作重叠，那么必须限制前者与后者的合并。

---

① 此处，冲突图的定义已经发生了变化。——译者注

> **本节回顾**
>
> 全局寄存器分配器考虑的是较长也较复杂的活动范围，此类活动范围是因包含多个程序块的控制流图产生的。因此，全局寄存器分配也比局部寄存器分配更困难。大多数全局分配器以类似于图着色的方式工作。分配器首先建立一个图来表示活动范围之间的冲突，然后试图找到该图的一个k着色方案，其中k是分配器可用寄存器的数目。
>
> 不同图着色分配器在各个方面会有所差异：对活动范围定义的精确性、度量冲突的精确性、用于查找k着色方案的算法以及用于选择值进行逐出或拆分的技术等。一般来说，这些分配器可以产生合理的寄存器分配方案，其中逐出代码的数量是可接受的。而可进行改进的主要时机看起来出现在逐出选择、逐出代码安置和活动范围拆分等方面。

复习题

(1) 与13.4.3节阐述的冲突相比，原始的自顶向下、优先级驱动的寄存器分配器使用的冲突概念有所不同。如果LR_i和LR_j在同一基本程序块中都处于活动状态，则该分配器向冲突图添加边(LR_i, LR_j)。该定义对分配器有何影响？对寄存器合并呢？

(2)自底向上全局分配器在选择将逐出的值时，会查找最小化某种比率的值，如$spill\ cost/degree$。在算法运行时，有时候必须选择几个活动范围逐出，才能使其他活动范围成为不受限的。请解释这种情形是如何发生的。你是否能想出一种逐出度量来避免这个问题？

13.5　高级主题

因为寄存器分配期间的失策代价颇高，用于寄存器分配的算法受到大量关注。基本图着色分配技术的许多变体已经发表。13.5.1节描述了其中几个方法。13.5.2节概略描述了另一种有前景的方法：在全局分配器中使用静态单赋值形式名字作为活动范围。

13.5.1　图着色寄存器分配方法的变体

图着色寄存器分配方法的两种基本风格的许多变体已经在文献中出现。本节描述其中几个改进。其中一些是针对寄存器分配的代价进行改进。而其他的则意在提高分配的质量。

1. 不精确的冲突图

Chow的自顶向下、基于优先级的分配器使用了一种不精确的冲突概念：如果活动范围LR_i和LR_j在同一基本程序块均处于活动状态，则二者是冲突的。这使得建立冲突图的速度更快。但冲突图不精确的性质会导致高估一些结点的度数，并防碍分配器使用冲突图作为进行合并的根据。（在不精确的冲突图中，通过复制操作衔接的两个活动范围相冲突，因为二者在同一程序块中是活动的。）分配器还包含了一个预处理趟，对仅在单个程序块中活动的值进行局部寄存器分配。

13

2. 将冲突图分解为若干部分

如果冲突图可以分割成不连通的各个部分，那么这些不相交的部分可以独立地着色。因为比特矩阵的规模是 $O(N^2)$，将其分解为独立的各个部分可以节省空间与时间。拆分冲突图的一种方法是分别考虑不相交的寄存器类别，正如浮点寄存器和整数寄存器那样。另一种用于处理较大过程的更复杂的方案，是查找其中的团分割（clique separator），即某种连通子图，移除后能够将冲突图划分为几个不相交的部分。对于足够大的图，使用散列表而不是比特矩阵可能会同时改进速度和空间占用。

3. 保守合并

在分配器合并两个活动范围 LR_i 和 LR_j 时，新的活动范围 LR_{ij} 受到的限制可能比 LR_i 和 LR_j 更强。如果 LR_i 和 LR_j 具有不同的邻居，那么 $LR°_{ij} > \max(LR°_i, LR°_j)$。如果 $LR°_{ij} < k$，那么创建 LR_{ij} 绝对是有益的。但如果 $LR°_i < k$ 且 $LR°_j < k$，但 $LR°_{ij} \geq k$，那么合并 LR_i 和 LR_j 可能使得 l 更难于着色（如果不进行逐出）。为避免这个问题，编译器编写者可以使用一种受限形式的合并，称为保守合并（conservative coalescing）。在这种方案中，分配器仅当 LR_{ij} 的邻居中度数"较大"（指邻居结点本身具有 k 个或更多邻居结点）的结点少于 k 个时，才合并 LR_i 和 LR_j。这种限制确保了合并 LR_i 和 LR_j 不会使 l 更难于着色。

保守合并
一种合并形式，仅当 LR_{ij} 能够着色时才合并 LR_i 和 LR_j。

如果分配器使用保守合并，还可能应用另一种改进。在分配器的处理进行到剩余每个活动范围均为受限状态时，基本算法将选择一个逐出候选者。另一种方法是在此时再次应用合并。由于结果活动范围的度数问题而在此前未能合并的活动范围，在经过约化的图中很可能可以合并。此时的合并可以减小与复制操作的源和目标同时冲突的结点的度数。这种风格的重复合并可以删除额外的复制操作，并减小结点的度数。它可能会创建一个或多个不受限的结点，使着色可以继续进行。如果重复合并没有创建任何不受限的结点，则可以照旧进行逐出。

有偏着色（biased coloring）是另一种合并副本且不使图更难于着色的方法。在这种方法中，分配器试图为通过复制操作连接的活动范围指派同一种颜色。在为 LR_i 选择颜色时，它首先尝试与 LR_j 通过复制操作连接的那些活动范围已经指派的颜色。如果可以为二者指派同一种颜色，分配器将删除复制操作。通过缜密的实现，这几乎不会增加颜色选择过程的处理代价。

4. 逐出部分活动范围

如前文所述，全局寄存器分配的两种方法都会逐出整个活动范围。如果活动范围的大部分区域对对寄存器的需求较低，而在一小部分区域需求较高，那么这种逐出方法将导致过度逐出。更复杂的逐出技术试图查找逐出活动范围能够带来回报的区域，即在真正需要寄存器的区域中通过逐出产生一个空闲寄存器。自顶向下分配器中描述的活动范围拆分方案，通过分别考虑被逐出活动范围中的每个程序块，实现了这种效果。而自底向上的分配器通过只在出现冲突的区域中进行逐出，也可以实现类似的效果。一种被称为冲突区域逐出的技术会识别对寄存器需求较高的区域中发生冲突的一组活动范围，并将逐出限制在该区域中。分配器可以针对冲突区域估算几种逐出策略的代价，并将其与标准的"处处逐出"方法相比较。通过使各种候选策略基于估算代价进行竞争，分配器可以改进整个分配方案。

5. 活动范围拆分

将活动范围分解为部分，能够改进基于图着色的寄存器分配的结果。理论上，拆分具有两种不同效应。如果拆分出的活动范围比原来的活动范围度数较低，那么它们可能更容易着色，甚至可能变为不受限结点。如果拆分出的活动范围中有一部分具有较高的度数，因而被逐出，那么拆分可能会防止逐出同一活动范围中具有较低度数的其他部分。最终的实际效应是，拆分将在活动范围被分解的位置上引入逐出代码。通过对拆分位置的缜密选择，可以控制一些逐出代码的安置，例如将其安置在循环外部而非内部。

有许多拆分方法已经尝试过。13.4.4节描述了一种方法，它将一个活动范围按程序块分解（如果这样做没有改变分配器指派颜色的能力），再将子范围合并。有几种利用控制流图的性质来选择拆分位置的方法也已经在研究实践中尝试过。Briggs说明了许多方法并不具有一致的表现[45]，但有两种特定技术是有前景的。一种方法称为零代价拆分（zero-cost splitting），它利用指令调度中的nop来拆分活动范围并改进寄存器分配和指令调度。另一种技术称为被动拆分（passive splitting），它使用有向冲突图来判断拆分位置应该位于何处，并根据估算的代价在拆分和逐出之间作出选择。

6. 再次物化

对于一些值，重新计算的代价低于逐出。例如，小的整数常数应该利用立即数加载重新创建，而非利用load指令从内存加载。分配器可以识别这样的值并再次物化（rematerialization）它们，而不是逐出。

修改自底向上的图着色分配器使之采用再次物化的方法，需要几个小的改变。分配器必须识别并标记可以再次物化的静态单赋值形式名。例如，对于任何操作来说，如果其参数总是可用的，那么它就是一个候选者。分配器可以使用第9章描述的常量传播算法，在代码上传播这种再次物化标记。在形成活动范围时，分配器只应当合并再次物化标记相同的静态单赋值形式名。

编译器编写者在进行逐出代价估算时必须正确地处理再次物化标记，因此这些值具有精确的逐出代价。插入逐出代码的处理过程还必须考察这种标记，并为可再次物化的值生成适当的轻量级逐出代码。最终，分配器应该使用保守合并，以避免过早地合并再次物化标记不同的活动范围。

7. 歧义值

在大量使用歧义值的代码中，无论这些值是来自源语言指针、数组引用还是所属类在编译时无法判断的对象引用，编译器能否将这些值保持在寄存器中都是一个严重的性能问题。为改进对歧义值的寄存器分配，有几个系统包含了相应的变换，这些变换重写代码将"无歧义值"保存在标量局部变量中，尽管这些"无歧义值"的"自然"产地很可能是数组元素或某个基于指针的结构。标量替换（scalar replacement）利用数组下标分析来识别对数组元素值的重用，并引入标量临时变量来容纳重用的值。寄存器提升利用对指针值的数据流分析来判断，基于指针的值在何种情况下可以在循环嵌套中一直安全地保持在寄存器中，并据此重写代码将该值保存到一个新引入的临时变量中。这两种变换都将分析的结果编码到代码形式中，使得寄存器分配器能够轻易发现这些值可以保存在寄存器中。这些变换可能增加对寄存器的需求。实际上，提升过多的值可以产生逐出代码，其代价甚至会超过变换本来想要避免的内存操作的代价。理想情况下，这些技术应该集成到分配器中，分配器利用对寄存器需求的实际估算来判断需要提升多少个值。

13.5.2 静态单赋值形式上的全局寄存器分配

全局寄存器分配的复杂度体现在许多方面。在图着色表述方式下，其复杂性呈现为下述事实：判断一个一般图是否存在 k 着色方案的问题是NP完全的。对于受限类别的图，着色问题具有多项式时间解。例如，针对一个基本程序块生成的区间图可以在线性时间（正比于图的规模）内着色。为利用这一事实，线性扫描分配器利用能够产生区间图的简单区间来逼近全局活动范围。

如果编译器根据静态单赋值形式名而不是活动范围建立冲突图，那么结果图是弦图（chordal graph）。弦图的 k 着色问题可以在 $\mathbf{O}(|V|+|E|)$ 时间内解决。这一见解激发了对代码静态单赋值形式上全局寄存器分配的研究兴趣。

> **弦图**
>
> 　一种图，其中每个多于3个结点的环都有一条弦（chord），弦即连接环中不相邻两个结点的边。

基于静态单赋值形式展开工作简化了寄存器分配器的一部分。分配器可以为其冲突图计算一种最佳着色方案，而不是依靠启发式方法进行着色。最佳着色可能比启发式着色使用更少的寄存器。

如果图需要多于 k 种颜色，那么分配器仍然必须逐出一个或多个值。虽然静态单赋值形式没有降低选择逐出目标的复杂度，但也能提供一些好处。全局活动范围倾向于比静态单赋值形式名具有更长的生命周期，静态单赋值形式名可通过代码中适当位置（如循环头部和循环之后的程序块）处的 ϕ 函数进行分解。这种分解使得分配器有机会在较小的区域（相对于处理全局活动范围时）上逐出值。

遗憾的是，基于静态单赋值形式的寄存器分配输出的代码是静态单赋值形式。必须由分配器或一趟后处理将代码由静态单赋值形式转换为其他形式，这其中的所有复杂情况都已经在9.3.5节讨论过。这种转换可能会增加对寄存器的需求。（如果该转换必须打破并发复制形成的环，它还需要一个额外的寄存器来完成这一工作。）基于静态单赋值形式的分配器必须准备好处理这种情形。

同样重要的是，这种转换会向代码插入复制操作，其中一些复制操作可能是非必要的。如果复制操作实现的数据流与 ϕ 函数相对应，那么分配器无法合并掉这种复制操作，这样做将破坏弦图的性质。因而，基于静态单赋值形式的分配器可能得使用某种不基于冲突图的合并算法。有几种很强的这种算法存在。

如果比较基于静态单赋值形式的分配器和基于传统全局活动范围的分配器，很难对照评估二者彼此的优点。基于静态单赋值形式的分配器有可能比传统分配器得到更好的着色方案，但却是在一个不同的图上。两种分配器都必须解决逐出目标选择和逐出代码安置的问题，这两个问题可能比实际的着色方案对性能贡献更大。两种分配器使用了不同的技术来处理复制合并。类似于寄存器分配器，实际的底层实现细节将是造就不同之处的真正关键。

13.6　小结和展望

由于寄存器分配是现代编译器的重要部分，它在文献中受到大量关注。对于局部和全局寄存器分配都存在很强的技术。因为许多底层问题是NP难的，解决方案容易受到微小决策的影响，例如如何在相同优先级的选择之间打破平局。

寄存器分配方面的进展来自于在该问题上发挥了"智力杠杆"作用的范式。因而，图着色分配器所以流行，与其说是因为寄存器分配问题等价于图着色，毋宁说是因为着色问题捕获了全局寄存器分配问题的一些关键方面。事实上，对着色分配器的许多改进均着眼于着色范式未能精确反映底层问题之处，如采用更好的代价模型和拆分活动范围的改进方法。实际上，这些改进使得范式更贴合真实问题。

本章注释

寄存器分配可以追溯到最早的编译器。Backus称Best在20世纪50年代中期发明了自底向上局部寄存器分配算法，这是在开发原始的FORTRAN编译器期间[26, 27]。多年以来，Best的算法已经在许多上下文环境中被重新发现和重新使用[36, 117, 181, 246]。其最著名的体现是Belady的离线页面替换算法（offline page-replacement algorithm）[36]。而干净值和脏值混合引起的复杂情况是由Horwitz[196]和Kennedy[214]描述的。Liberatore等人提议在脏值之前逐出干净值，以此作为一种实用的折中[246]。13.3.2节中的最后两个例子（506页）是Ken Kennedy提出的。

图着色和存储分配问题之间的联系是Lavrov[242]在多年以前提出的，Alpha项目使用着色方法将数据打包到内存中[140, 141]。在文献中出现的第一个完全的图着色分配器，是由Chaitin和他的同事为IBM的PL.8编译器建立的[73, 74, 75]。Schwartz描述了Ershov和Cocke提出的早期算法[310]，这些算法专注于减少颜色的数目并忽略逐出。

自顶向下图着色方法是从Chow开始的[81, 82, 83]。他的实现基于一种内存到内存的模型，使用了不精确的冲突图，并进行了如13.4.4节所述的活动范围拆分。该实现使用了一趟独立的优化来合并复制操作[81]。几种杰出的编译器中都使用了Chow的算法。Larus为SPUR LISP建立了一种自顶向下、基于优先级的分配器，该分配器使用了精确的冲突图，运行在寄存器到寄存器的模型上[241]。13.4.4节阐述的自顶向下寄存器分配方案大体上遵循了Larus的方法。

13.4.5节阐述的自底向上分配器则遵循了Chaitin的方法，并合并了Briggs对该方法的修改[51, 52, 56]。Chaitin的贡献包含对冲突的基本定义以及建立冲突图的算法、合并复制操作的算法和处理逐出的算法。Briggs阐述了一种用于构造活动范围的基于静态单赋值形式的算法、一种改进的启发式着色逻辑和几种用于拆分活动范围的方法[51]。自底向上着色领域中，其他重要的改进包括用于处理逐出的更好方法[37, 38]、简单值的再次物化[55]、更强的合并方法[158, 280]，以及用于拆分活动范围的方法[98, 106, 235]。Gupta、Soffa和Steele提议用团分割缩减冲突图的规模[175]，而Harvey提议通过寄存器类别划分冲突图[101]。

Chaitin、Nickerson和Briggs都讨论了向冲突图添加边，以模拟对寄存器指派的特殊约束[54, 75, 275]。Smith等人阐述了处理寄存器类别的一种清晰的方法[319]。标量替换[67, 70]和寄存器提升[250, 253, 306]都会重写代码，以增加分配器可以保存在寄存器中的值。

关于代码静态单赋值形式上的冲突图是弦图的见解，是由几位作者分别独立给出的[58, 177, 283]。Hack和Bouchez都在原始的见解基础上，增加了对基于静态单赋值形式的全局寄存器分配的深入处理[47, 176]。

习题

13.3节

(1) 考虑下列ILOC基本程序块。假定r_{arp}和r_i在程序块入口处都是活动的。

    (a) 给出使用自顶向下局部算法在该程序块上分配寄存器的结果。假定目标机具有4个寄存器。

    (b) 给出使用自底向上局部算法在该程序块上分配寄存器的结果。假定目标机具有4个寄存器。

13

```
loadAI    rarp,12   ⇒  ra
loadAI    rarp,16   ⇒  rb
add       ri,ra     ⇒  rc
sub       rb,ri     ⇒  rd
mult      rc,rd     ⇒  re
multI     rb,2      ⇒  rf
add       re,rf     ⇒  rg
storeAI   rg        ⇒  rarp,8
jmp                 →  L003
```

(2) 自顶向下局部分配器对值的处理有点"朴素"。它会在整个基本程序块中将一个值分配到某个寄存器。

　　(a) 该方法的改进版本可以计算程序块内部的活动范围,并在值的活动范围内为其分配寄存器。需要进行何种必要的修改才能完成这种功能?

　　(b) 进一步的改进可以在无法用单个寄存器容纳活动范围时拆分活动范围。概略描述下列目标所需的数据结构和算法修改: (1) 在寄存器不可用时,围绕一个指令(或指令中的某个范围)分解活动范围; (2) 对分解活动范围得到的各个子范围重新设定优先级。

　　(c) 有了这些改进,利用频数技术应该能生成更好的分配方案。将进行了上述改进的自顶向下局部算法与自底向上局部算法比较,你预期有何结果? 请证明你的答案。

(3) 考虑以下控制流图。

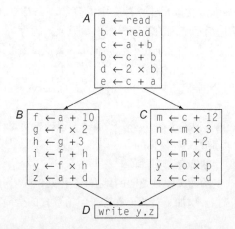

假定read从外部介质返回一个值,而write将一个值传输到外部介质。

　　(a) 计算各个程序块的LiveIn和LiveOut集合。

　　(b) 对程序块A、B、C应用自底向上的局部寄存器分配算法。假定该计算有3个寄存器可用。如果程序块b定义了一个名字n且$n \in \text{LiveOut}(b)$,则分配器必须将n存储回内存中,使得后续的程序块能够使用该值。类似地,如果程序块b在其局部对n的任何定义之前就使用了名字n,它必须从内存加载n的值。给出结果代码,包括所有的load和store指令。

　　(c) 提出一种方案,使得LiveOut(A)中的一部分值能够保持在寄存器中,而不必在后续程序块起始处进行load操作。

13.4节

(4) 考虑下列冲突图:

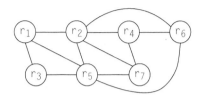

假定目标机只有3个寄存器。

(a) 对该图应用自底向上的全局着色算法。哪些虚拟寄存器将被逐出？哪些将被着色？

(b) 对逐出结点的不同选择会有影响吗？

(c) 较早期的着色分配器会逐出任何选中的受限活动范围。这些早期分配器不会应用如图13-8
所示的算法，它们使用了下述算法：

```
initialize stack to empty
while (N ≠ ∅)
    if ∃ n∈N with n° < k then
        remove n and its edges from I
        push n onto stack
    else
        pick a node n from N
        mark n to be spilled
```

如果该算法将任何结点标记为待逐出，那么分配器将插入逐出代码并在修改过的程序上重复
寄存器分配过程。如果没有结点被标记为待逐出，它将像自底向上的全局分配器那样继续指
派颜色。当读者将该算法应用到例子中的冲突图时，会发生什么？用于选择逐出结点的机制
是否会改变寄存器分配的结果？

(5) 在寄存器分配之后，对代码的缜密分析可能会发现，在代码中的某些部分存在未使用的寄存
器。在自底向上的图着色全局分配器中，出现这种情况是因逐出活动范围的方式中存在一些
细节性的缺陷。

(a) 解释这种情况是如何出现的。

(b) 编译器如何发现这种情况是否出现，出现在何处？

(c) 如果要使用这些未用到的寄存器，需要做哪些工作？请针对全局寄存器分配框架的内部和
外部可能的改动分别阐述。

(6) 当图着色分配器发现某个特定活动范围LRi没有颜色可用时，它会逐出或拆分该活动范围。另
一种备选方案是，它可以对LRi的一个或多个邻居结点重新着色。考虑$(LR_j, LR_i) \in I$且(LR_i, LR_k)
$\in I$，但$(LR_j, LR_k) \notin I$的情况。如果LR_j和LR_k已经着色，且颜色不同，分配器也许能够将其中一
个结点重新着色为另一个结点的颜色，释放出一种颜色用于LR_i。

(a) 概略描述一种算法，查找是否存在一种可用于LR_i的合法且能带来回报的重新着色方案。

(b) 你的技术对寄存器分配器的渐近复杂度有何影响？

(c) 如果分配器无法将LR$_k$重新着色为LR$_j$的同一种颜色，因为LR$_k$的某个邻居结点已经使用该颜色，那么，分配器是否应该考虑对LR$_k$的邻居结点进行递归式的重新着色？说明理由。

(7) 对自底向上全局分配器的描述提议，为被逐出活动范围中的每个定义和使用插入逐出代码。自顶向下的全局分配器首先将活动范围分解为程序块大小的部分，然后合并这些部分（前提是结果结点是不受限的），最终为剩余的各个部分分别指派颜色。

(a) 如果一个程序块有一个或多个空闲寄存器，那么在该程序块中多次逐出一个活动范围完全是浪费。对自底向上全局分配器中的逐出机制提出一种改进方案，以避免该问题。

(b) 如果一个给定的程序块有过多重叠的活动范围，那么拆分一个被逐出的活动范围对解决该程序块中的问题并无裨益。提出一种机制（非局部寄存器分配），在对寄存器的需求较高的程序块中，改进自顶向下全局分配器的行为。

(8) 考虑自底向上全局分配器中的逐出。在分配器必须逐出值时，它选择能够最小化比率 *spill cost/degree* 的值。

对于只具有一个长程序块的过程或循环嵌套内部只有一个长程序块的情况，活动范围的逐出代价近似等于其频数。因而，在长程序块的开头和末尾大量使用、但在中间部分并未引用的活动范围，将在整个程序块中占用一个寄存器。

你可以如何修改自底向上的分配器，使之在处理长程序块时的逐出行为更接近于自底向上局部算法的行为（而非自顶向下局部算法）。

附录 A

ILOC

本章概述

ILOC是用于一种简单抽象机器的汇编代码。它最初设计为供优化编译器使用的一种底层线性IR。我们在全书各处使用ILOC作为一种范例IR。在讨论代码生成的各章中，我们还将其用做一种简化的目标机语言。本附录充当ILOC的参考指南。

关键词：中间表示；三地址代码；ILOC

A.1 简介

ILOC是用于一种简单的抽象RISC机器的线性汇编代码。本书中使用的ILOC是一种简化版本，这种中间表示的版本用于莱斯大学的巨型标量编译器项目（Massively Scalar Compiler Project）中。例如，这里给出的ILOC假定只有一种通用数据类型，即没有指定具体位宽的整数；而在编译器项目中，该IR支持多种数据类型。

ILOC抽象机具有数量无限的寄存器。它具有三地址、寄存器到寄存器的操作，具有load/store操作，还具有比较和分支操作。它只支持少量几种简单的寻址模式：直接寻址、地址＋偏移量、地址＋立即数偏移量、立即数。源操作数在操作发射周期的开始读取。结果操作数在操作完成周期的末尾定义。

不同于指令集，此抽象机器的细节并未规定。大多数例子假定这是一种简单的机器，只有一个功能单元，按ILOC操作出现的顺序执行这些操作。在使用其他模型时，我们会明确指出。

一个ILOC程序由指令的一个顺序列表组成。每个指令之前都可以加一个标号。标号只是一个文本字符串，它通过冒号与指令本身分开。按照惯例，我们对标号的形式作如下限制：$[a{-}z]([a{-}z]|[0{-}9]|{-})^*$。如果某个指令需要多个标号，我们在其之前插入一条nop指令，将额外的标号放置在nop上。为更形式化地定义一个ILOC程序，给出如下表示：

$$
\begin{array}{lll}
\textit{IlocProgram} & \rightarrow & \textit{InstructionList} \\
\textit{InstructionList} & \rightarrow & \textit{Instruction} \\
& | & \texttt{label}: \textit{Instruction} \\
& | & \textit{Instruction InstructionList}
\end{array}
$$

每个指令包含一个或多个操作。单操作指令占一行，而多操作指令可能跨越几行。为将操作分组到一个指令中，我们用方括号包围组成指令的各个操作，并用分号隔开指令中的各个操作。更形式化的表示如下：

$$\begin{aligned}
\textit{Instruction} \quad &\rightarrow \quad \textit{Operation} \\
&\mid \quad [\ \textit{OperationList} \ ] \\
\textit{OperationList} \quad &\rightarrow \quad \textit{Operation} \\
&\mid \quad \textit{Operation} \ ; \ \textit{OperationList}
\end{aligned}$$

一个ILOC操作对应于一个机器层次上的指令，可以在单周期中发射到单个功能单元。它具有一个操作码、一系列由逗号分隔的源操作数、一系列由逗号分隔的目标操作数。源操作数和目标操作数通过符号⇒隔开，读作"into"。

$$\begin{aligned}
\textit{Operation} \quad &\rightarrow \quad \textit{NormalOp} \\
&\mid \quad \textit{ControlFlowOp} \\
\textit{NormalOp} \quad &\rightarrow \quad \textit{Opcode OperandList} \Rightarrow \textit{OperandList} \\
\textit{OperandList} \quad &\rightarrow \quad \textit{Operand} \\
&\mid \quad \textit{Operand} \ , \ \textit{OperandList} \\
\textit{Operand} \quad &\rightarrow \quad \texttt{register} \\
&\mid \quad \texttt{num} \\
&\mid \quad \texttt{label}
\end{aligned}$$

非终结符*Opcode*可以是任何ILOC操作，cbr、jump和jumpI除外。遗憾的是，正如真实的汇编语言那样，操作码与其操作数形式之间的关系不那么系统。为各个操作码规定操作数形式最容易的方法是通过表格。本附录后文中的各个表，给出了本书使用的每个ILOC操作码的操作数数目及其类型。

操作数可能是下列三种类型：register、num和label。每个操作数的类型是通过操作码和该操作数在操作中的位置决定的。在范例中，我们对寄存器使用了数字名称（r_{10}）和符号名称（r_i）。数字（对应于操作数类型num）是简单的整数，如有必要可以是有符号的。而标号总是以I开头，明确地标记出其类型。但这只是一个约定，而非规则。ILOC模拟器和工具应该将形如上文所述的任何字符串视为一个潜在的标号。

大多数操作都具有单个目标操作数；一部分store操作具有多个目标操作数，分支操作也是如此。例如，storeAI具有单个源操作数和两个目标操作数。源操作数必须是寄存器，而目标操作数必须是一个寄存器和一个立即数常量。因而，下述ILOC操作

$$\texttt{storeAI} \ r_i \ \Rightarrow \ r_j, 4$$

首先将4加到r_j的内容上计算一个地址，然后将r_i中的值存储到该地址规定的内存位置。换言之，即：

$$\text{Memory}(r_j + 4) \leftarrow \text{Contents}(r_i)$$

控制流操作的语法稍有不同。因为这种操作并未定义其目标操作数，我们在书写时采用了单箭头→，而非双箭头⇒。

$$\begin{aligned}
\textit{ControlFlowOp} \quad &\rightarrow \quad \texttt{cbr} \quad \texttt{register} \quad \rightarrow \quad \texttt{label,label} \\
&\mid \quad \texttt{jumpI} \qquad\qquad\quad \rightarrow \quad \texttt{label} \\
&\mid \quad \texttt{jump} \qquad\qquad\quad\ \rightarrow \quad \texttt{register}
\end{aligned}$$

第一个操作cbr实现了条件分支。其他两个操作是无条件控制转移，称为跳转。

A.2　命名规则

书中的示例ILOC代码使用了一组简单的命名规则。

(1) 变量的内存偏移量表示为变量名加前缀@字符。

(2) 用户可以假定寄存器数量是无限的,它们用简单的整数或符号名引用,前者如r_{1776},后者如r_i。

(3) 寄存器r_{arp}是保留的,用做指向当前活动记录的指针。因而,操作

$$loadAI\ r_{arp},@x \Rightarrow r_1$$

加载变量x的内容到r_1中,x存储在相对于ARP偏移量@x处。

ILOC中的注释以//开头,一直持续到该行末尾。我们假定这些注释将被词法分析器剥离,因此它们可以出现在指令中的任何位置,而不会在语法中提及。

A.3 各个操作

书中范例使用了有限的一组ILOC操作。本附录末尾各个表给出了本书使用过的所有ILOC操作,包括第7章中讨论各种分支结构的影响时提到的备选分支语法。

A.3.1 算术

为表示算术操作,ILOC具有三地址、寄存器到寄存器的操作。

操作码	源操作数	目标操作数	语　义
add	r_1, r_2	r_3	$r_1 + r_2 \Rightarrow r_3$
sub	r_1, r_2	r_3	$r_1 - r_2 \Rightarrow r_3$
mult	r_1, r_2	r_3	$r_1 \times r_2 \Rightarrow r_3$
div	r_1, r_2	r_3	$r_1 \div r_2 \Rightarrow r_3$
addI	r_1, c_2	r_3	$r_1 + c_2 \Rightarrow r_3$
subI	r_1, c_2	r_3	$r_1 - c_2 \Rightarrow r_3$
rsubI	r_1, c_2	r_3	$c_2 - r_1 \Rightarrow r_3$
multI	r_1, c_2	r_3	$r_1 \times c_2 \Rightarrow r_3$
divI	r_1, c_2	r_3	$r_1 \div c_2 \Rightarrow r_3$
rdivI	r_1, c_2	r_3	$c_2 \div r_1 \Rightarrow r_3$

所有这些操作都从寄存器或常量读取其源操作数,并将其结果写回寄存器。任何寄存器都可以充当源或目标操作数。

前4个操作是标准的寄存器到寄存器操作。接下来的6个操作规定了一个立即操作数。而非交换的操作sub和div则有两种立即形式,使得立即操作数可以出现在运算符的两侧。对于表示某些优化的结果、更简明地书写范例以及记录那些明显可以减少对寄存器需求的方法,立即形式都是有用的。

请注意,基于ILOC的真实处理器将需要多种数据类型。这将导致类型化的操作码,也叫多态操作码。我们比较喜欢类型化操作码形成的族:整数加法、浮点加法等。ILOC起源的研究型编译器对整数、单精度浮点数、双精度浮点数、复数和指针数据具有不同的算术操作(对字符数据没有)。

A.3.2 移位

ILOC支持一组算术移位操作,包括向左移位/向右移位,寄存器和立即形式都是支持的。

操作码	源操作数	目标操作数	语　义
lshift	r_1, r_2	r_3	$r_1 \ll r_2 \Rightarrow r_3$
lshiftI	r_1, c_2	r_3	$r_1 \ll c_2 \Rightarrow r_3$
rshift	r_1, r_2	r_3	$r_1 \gg r_2 \Rightarrow r_3$
rshiftI	r_1, c_2	r_3	$r_1 \gg c_2 \Rightarrow r_3$

A.3.3　内存操作

为在内存和寄存器之间移动值，ILOC支持一整套load/store操作。load和cload操作从内存向寄存器移动数据项。

操作码	源操作数	目标操作数	语　义
load	r_1	r_2	MEMORY $(r_1) \Rightarrow r_2$
loadAI	r_1, c_2	r_3	MEMORY $(r_1 + c_2) \Rightarrow r_3$
loadAO	r_1, r_2	r_3	MEMORY $(r_1 + r_2) \Rightarrow r_3$
cload	r_1	r_2	character load
cloadAI	r_1, c_2	r_3	character loadAI
cloadAO	r_1, r_2	r_3	character loadAO

这些操作支持的寻址模式不同。load和cload形式假定全地址都在单个寄存器操作数中。loadAI和cloadAI形式在执行加载之前，需要将一个立即数加到寄存器以形成地址。我们将其称为地址-立即数操作。loadAO和cloadAO形式在执行加载之前，会将两个寄存器的内容相加计算一个有效地址。我们将其称为地址-偏移量操作。

ILOC支持的最后一种加载是简单的加载立即数操作。该操作从指令流中获取一个整数并将其放置一个寄存器中。

操作码	源操作数	目标操作数	语　义
loadI	c_1	r_2	$c_1 \Rightarrow r_2$

完备的类ILOC IR，应该对支持的每种数据类型都提供一个加载立即数操作。

store操作是与load操作相匹配的。在ILOC的简单寄存器形式、地址-立即数形式和地址-偏移量形式下，都支持存储数值和字符。

操作码	源操作数	目标操作数	语　义
store	r_1	r_2	$r_1 \Rightarrow$ MEMORY (r_2)
storeAI	r_1	r_2, c_3	$r_1 \Rightarrow$ MEMORY $(r_2 + c_3)$
storeAO	r_1	r_2, r_3	$r_1 \Rightarrow$ MEMORY $(r_2 + r_3)$
cstore	r_1	r_2	character store
cstoreAI	r_1	r_2, c_3	character storeAI
cstoreAO	r_1	r_2, r_3	character storeAO

没有存储立即数的操作。

A.3.4　寄存器到寄存器的复制操作

为在寄存器之间不经由内存移动值，ILOC包含了一组寄存器到寄存器的复制操作。

操作码	源操作数	目标操作数	语　　义
i2i	r_1	r_2	$r_1 \Rightarrow r_2$ for integers
c2c	r_1	r_2	$r_1 \Rightarrow r_2$ for characters
c2i	r_1	r_2	convert character to integer
i2c	r_1	r_2	convert integer to character

前两个操作i2i和c2c将一个值从一个寄存器复制到另一个，不进行转换。前者用于整数值，后者用于字符。后两个操作进行字符和整数之间的转换，将一个字符替换为其在ASCII字符集中的序数位置，或将一个整数替换为对应的ASCII字符。

A.4　控制流操作

一般来说，ILOC比较运算符获取两个输入值并返回一个布尔值。如果指定的关系在其操作数之间成立，那么比较操作将目标寄存器设置为值true，否则目标寄存器为false值。

操作码	源操作数	目标操作数	语　　　　义	
cmp_LT	r_1, r_2	r_3	$true \Rightarrow r_3$	if $r_1 < r_2$
			$false \Rightarrow r_3$	otherwise
cmp_LE	r_1, r_2	r_3	$true \Rightarrow r_3$	if $r_1 \leq r_2$
			$false \Rightarrow r_3$	otherwise
cmp_EQ	r_1, r_2	r_3	$true \Rightarrow r_3$	if $r_1 = r_2$
			$false \Rightarrow r_3$	otherwise
cmp_GE	r_1, r_2	r_3	$true \Rightarrow r_3$	if $r_1 \geq r_2$
			$false \Rightarrow r_3$	otherwise
cmp_GT	r_1, r_2	r_3	$true \Rightarrow r_3$	if $r_1 > r_2$
			$false \Rightarrow r_3$	otherwise
cmp_NE	r_1, r_2	r_3	$true \Rightarrow r_3$	if $r_1 \neq r_2$
			$false \Rightarrow r_3$	otherwise
cbr	r_1	l_2, l_3	$l_2 \rightarrow PC$	if $r_1 = true$
			$l_3 \rightarrow PC$	otherwise

条件分支操作cbr，以一个布尔值为参数，根据参数值将控制流转移到两个目标标号之一。如果参数布尔值为true，则选择第一个标号；如果布尔值为false则选择第二个标号。因为这两个分支目标并不是由该指令"定义"的，所以我们对语法进行了轻微的改变。分支语法中不再使用双箭头⇒，而

是使用单箭头→。

ILOC中的所有分支指令都具有两个标号。这种方法消除了一个分支指令后接一个跳转指令的做法，使得代码更为简洁。它也消除了"落空"路径，显式落空路径的使用消除了可能的位置依赖关系，简化了控制流图的构建。

A.4.1 备选比较和分支语法

为针对使用条件码的处理器讨论代码形式，我们必须引入备选比较和分支语法。条件码方案简化了比较操作，将复杂性推入条件分支操作中。

操作码	源操作数	目标操作数	语 义	
comp	r_1, r_2	cc_3	sets cc_3	
cbr_LT	cc_1	l_2, l_3	$l_2 \rightarrow$ PC	if $cc_3 =$ LT
			$l_3 \rightarrow$ PC	otherwise
cbr_LE	cc_1	l_2, l_3	$l_2 \rightarrow$ PC	if $cc_3 =$ LE
			$l_3 \rightarrow$ PC	otherwise
cbr_EQ	cc_1	l_2, l_3	$l_2 \rightarrow$ PC	if $cc_3 =$ EQ
			$l_3 \rightarrow$ PC	otherwise
cbr_GE	cc_1	l_2, l_3	$l_2 \rightarrow$ PC	if $cc_3 =$ GE
			$l_3 \rightarrow$ PC	otherwise
cbr_GT	cc_1	l_2, l_3	$l_2 \rightarrow$ PC	if $cc_3 =$ GT
			$l_3 \rightarrow$ PC	otherwise
cbr_NE	cc_1	l_2, l_3	$l_2 \rightarrow$ PC	if $cc_3 =$ NE
			$l_3 \rightarrow$ PC	otherwise

这里，比较运算符comp获取两个值，并适当地设置条件码。我们总是将comp的目标操作数写作cc_i，将其指定为一个条件码寄存器。对应的条件分支有六个变体，每个分别对应于一种比较的结果。

A.4.2 跳转

ILOC包含两种形式的跳转操作。几乎所有范例中使用的形式都是立即跳转，将控制流转移到一个通过字面常数指定的标号。第二种形式是所谓的跳转到寄存器操作，有一个寄存器操作数。该操作将寄存器的内容解释为一个运行时地址，将控制流转移到该地址。

操作码	源操作数	目标操作数	语 义
jumpI	—	l_1	$l_1 \rightarrow$ PC
jump	—	r_1	$r_1 \rightarrow$ PC

跳转到寄存器的形式是一种具有歧义的控制流转移。在生成这种代码后，编译器可能无法推断该跳转操作的正确目标标号集合。为此，编译器应该尽可能避免使用跳转到寄存器的操作。

有时候，避免跳转到寄存器需要绕的弯子太复杂，那么跳转到寄存器将变得颇有吸引力，尽管这会带来问题。例如，FORTRAN包含一种跳转到一个标号变量的结构，利用立即数分支指令实现该结构需要类似于case语句的逻辑：一系列立即数分支指令，以及将标号变量的运行时值针对潜在标号集合进行匹配的代码。在这种环境下，编译器可能应该使用跳转到寄存器操作。

为减少跳转到寄存器带来的信息损失，ILOC包含一个伪操作，使得编译器能够记录下跳转到寄存器操作的可能标号集合。tbl操作有两个参数，一个寄存器和一个立即数标号。

操作码	源操作数	目标操作数	语　　义
tbl	r_1, l_2	—	r_1 might hold l_2

tbl操作只能出现在jump之后。编译器将一组tbl解释为寄存器可能引用的所有标号。因而，下列代码序列断言，跳转的目标操作数是L01、L03、L05或L08。

```
jump              →r_i
tbl    r_i, L01
tbl    r_i, L03
tbl    r_i, L05
tbl    r_i, L08
```

A.5　表示静态单赋值形式

在编译器从程序的IR版本构建其静态单赋值形式表示时，它需要一种方法来表示 ϕ 函数。在ILOC中，编写 ϕ 函数的自然方法是作为一个ILOC操作来处理。因而，我们有时候将用下述ILOC代码

$$\text{phi } r_i, r_j, r_k \Rightarrow r_m$$

表示 ϕ 函数 $r_m \leftarrow \phi(r_i, r_j, r_k)$。因为静态单赋值形式的性质，phi操作可以有任意数目的源操作数。它总是定义单个目标操作数。

ILOC操作码汇总			
操作码	源操作数	目标操作数	语　　义
nop	*none*	*none*	作为占位符使用
add	r_1, r_2	r_3	$r_1 + r_2 \Rightarrow r_3$
sub	r_1, r_2	r_3	$r_1 - r_2 \Rightarrow r_3$
mult	r_1, r_2	r_3	$r_1 \times r_2 \Rightarrow r_3$
div	r_1, r_2	r_3	$r_1 \div r_2 \Rightarrow r_3$
addI	r_1, c_2	r_3	$r_1 + c_2 \Rightarrow r_3$
subI	r_1, c_2	r_3	$r_1 - c_2 \Rightarrow r_3$
rsubI	r_1, c_2	r_3	$c_2 - r_1 \Rightarrow r_3$
multI	r_1, c_2	r_3	$r_1 \times c_2 \Rightarrow r_3$
divI	r_1, c_2	r_3	$r_1 \div c_2 \Rightarrow r_3$
rdivI	r_1, c_2	r_3	$c_2 \div r_1 \Rightarrow r_3$
lshift	r_1, r_2	r_3	$r_1 \ll r_2 \Rightarrow r_3$
lshiftI	r_1, c_2	r_3	$r_1 \ll c_2 \Rightarrow r_3$
rshift	r_1, r_2	r_3	$r_1 \gg r_2 \Rightarrow r_3$
rshiftI	r_1, c_2	r_3	$r_1 \gg c_2 \Rightarrow r_3$
and	r_1, r_2	r_3	$r_1 \wedge r_2 \Rightarrow r_3$
andI	r_1, c_2	r_3	$r_1 \wedge c_2 \Rightarrow r_3$
or	r_1, r_2	r_3	$r_1 \vee r_2 \Rightarrow r_3$
orI	r_1, c_2	r_3	$r_1 \vee c_2 \Rightarrow r_3$
xor	r_1, r_2	r_3	$r_1 \ xor \ r_2 \Rightarrow r_3$
xorI	r_1, c_2	r_3	$r_1 \ xor \ c_2 \Rightarrow r_3$
loadI	c_1	r_2	$c_1 \Rightarrow r_2$
load	r_1	r_2	MEMORY $(r_1) \Rightarrow r_2$
loadAI	r_1, c_2	r_3	MEMORY $(r_1 + c_2) \Rightarrow r_3$
loadAO	r_1, r_2	r_3	MEMORY $(r_1 + r_2) \Rightarrow r_3$
cload	r_1	r_2	character load
cloadAI	r_1, c_2	r_3	character loadAI
cloadAO	r_1, r_2	r_3	character loadAO
store	r_1	r_2	$r_1 \Rightarrow$ MEMORY (r_2)
storeAI	r_1	r_2, c_3	$r_1 \Rightarrow$ MEMORY $(r_2 + c_3)$
storeAO	r_1	r_2, r_3	$r_1 \Rightarrow$ MEMORY $(r_2 + r_3)$
cstore	r_1	r_2	character store
cstoreAI	r_1	r_2, c_3	character storeAI
cstoreAO	r_1	r_2, r_3	character storeAO
i2i	r_1	r_2	$r_1 \Rightarrow r_2$ for integers
c2c	r_1	r_2	$r_1 \Rightarrow r_2$ for characters
c2i	r_1	r_2	convert character to integer
i2c	r_1	r_2	convert integer to character

ILOC控制流操作				
操作码	源操作数	目标操作数	语 义	
jump	—	r_1	$r_1 \rightarrow$ PC	
jumpI	—	l_1	$l_1 \rightarrow$ PC	
cbr	r_1	l_2, l_3	$l_2 \rightarrow$ PC	if $r_1 =$ true
			$l_3 \rightarrow$ PC	otherwise
tbl	r_1, l_2	—	r_1 might hold l_2	
cmp_LT	r_1, r_2	r_3	true $\Rightarrow r_3$	if $r_1 < r_2$
			false $\Rightarrow r_3$	otherwise
cmp_LE	r_1, r_2	r_3	true $\Rightarrow r_3$	if $r_1 \leq r_2$
			false $\Rightarrow r_3$	otherwise
cmp_EQ	r_1, r_2	r_3	true $\Rightarrow r_3$	if $r_1 = r_2$
			false $\Rightarrow r_3$	otherwise
cmp_GE	r_1, r_2	r_3	true $\Rightarrow r_3$	if $r_1 \geq r_2$
			false $\Rightarrow r_3$	otherwise
cmp_GT	r_1, r_2	r_3	true $\Rightarrow r_3$	if $r_1 > r_2$
			false $\Rightarrow r_3$	otherwise
cmp_NE	r_1, r_2	r_3	true $\Rightarrow r_3$	if $r_1 \neq r_2$
			false $\Rightarrow r_3$	otherwise
comp	r_1, r_2	cc_3	sets cc_3	
cbr_LT	cc_1	l_2, l_3	$l_2 \rightarrow$ PC	if $cc_3 =$ LT
			$l_3 \rightarrow$ PC	otherwise
cbr_LE	cc_1	l_2, l_3	$l_2 \rightarrow$ PC	if $cc_3 =$ LE
			$l_3 \rightarrow$ PC	otherwise
cbr_EQ	cc_1	l_2, l_3	$l_2 \rightarrow$ PC	if $cc_3 =$ EQ
			$l_3 \rightarrow$ PC	otherwise
cbr_GE	cc_1	l_2, l_3	$l_2 \rightarrow$ PC	if $cc_3 =$ GE
			$l_3 \rightarrow$ PC	otherwise
cbr_GT	cc_1	l_2, l_3	$l_2 \rightarrow$ PC	if $cc_3 =$ GT
			$l_3 \rightarrow$ PC	otherwise
cbr_NE	cc_1	l_2, l_3	$l_2 \rightarrow$ PC	if $cc_3 =$ NE
			$l_3 \rightarrow$ PC	otherwise

数据结构

本章概述

编译器执行的次数非常多，编译器编写者必须关注编译器中每趟处理的效率。渐近复杂度和预期复杂度都很重要。本附录给出了编译器中不同阶段解决问题的算法和数据结构的背景材料。

关键词：集合表示；中间表示；散列表；词法上作用域化的符号表

B.1 简介

打造一个成功的编译器要求关注许多细节。本附录探讨了编译器设计和实现中出现的一部分算法问题。在大多数情况下，在正文中讲述这些细节将分散相关讨论的主题，故而我们将这些细节收集到本附录中。

这则附录重点介绍支持编译的基础设施。基础设施的设计和实现中会出现许多工程问题，编译器编写者解决这些问题的方式，对所建立的编译器的速度和可扩展性/可维护性都有着巨大的影响。例如，其中出现的一个问题是，在编译器读取完输入之前无法得知输入的长度。因而，前端的设计必须能够优雅地扩展其数据结构的规模，以容纳较大的输入文件。但这样做的一个推论是，编译器在调用前端之后的各趟处理时应该知道大部分内部数据结构的近似规模。在生成了一个具有10 000个名字的IR程序之后，编译器在开始其第二趟处理时，符号表规模不应设置为1024个名字。任何包含IR的文件，都应该从一个规格说明开始，给出主要数据结构的大致规模。

类似地，编译器中较为靠后的各趟处理可以假定输入的IR程序是由该编译器生成的。虽然它们应该进行一套完整的错误检测工作，但实现者不必像前端那样花费大量时间解释错误并试图改正。一种常见的策略是建立一个验证趟，对IR程序进行彻底的检查；对于调试可以插入这一趟处理，而在不调试编译器时，则依靠不那么强力的错误检测和报告机制。但编译器编写者应该记住，在整个过程中，检查各趟之间产生的代码的工作还得他们自己去做。投入精力使IR的外部形式更为可读，通常会使人受益良多。

B.2 表示集合

编译中许多不同的问题在表述时都采用了涉及集合的术语。它们出现在书中许多位置，包括子集构造法（第2章）、LR(1)项规范族的构造（第3章）、数据流分析（第8章和第9章）、以及WorkList列表调度中的就绪队列（第12章）。在每种上下文中，编译器编写者都必须选择一种适当的集合表示。在很多情况下，算法的效率取决于对集合表示的缜密选择。（例如，支配性计算的IDoms数据结构用一个紧凑的数组表示了所有的支配者集合，以及直接支配结点。）

构建编译器和其他种类的系统软件（如操作系统）之间的一个根本差别是，编译中的许多问题可以离线求解。例如，13.3.2节用于寄存器分配的自底向上的局部算法，是在20世纪50年代中期为原始的FORTRAN编译器提出的。其更广为人知的叫法是Belady离线页面替换最小算法，长期以来该算法已经成为判断在线页面替换算法有效性的一个标准。在操作系统中，该算法仅具有学术价值，因为它是一个离线算法。操作系统不可能知道将来需要哪些页面，因而它无法使用离线算法。另外，离线算法对编译器实用是因为编译器在作出决策之前可以"看穿"整个程序块。

编译的离线性质使得编译器编写者能够使用一大类集合表示。人们已经探讨过许多种集合表示。特别地，离线计算通常使我们可以将集合S的成员限制到一个固定规模的全集$U(S \subseteq U)$。这进而使我们能够使用比在线情形更高效的集合表示，在线情况下，只能动态地发现全集U的规模。

常见的集合操作包括member、insert、delete、clear、select、cardinality、forall、copy、compare、union、intersect、difference和complement。特定应用通常仅使用这些操作的一个小的子集。各个集合操作的代价取决于所选的特定表示。在为特定应用选择高效表示方法时，重要的是考虑各种类型操作使用的频度。需要考虑的其他因素包括集合表示的内存需求和S相对于U的预期稀疏程度。

本节其余部分主要讨论编译器采用的三种高效集合表示：有序链表、位向量和稀疏集合。

B.2.1　将集合表示为有序链表

在各个集合的规模都比较小时，有时候使用简单的链表表示是有意义的。对于一个集合S，这种表示包括一个链表和指向链表中第一个元素的指针。链表中的每个结点包含S中某个元素的一个表示以及指向链表中下一个元素的指针。链表中最后一个结点的指针设置为某个标准值，表示链表已经结束。使用链表表示，集合的实现可以在元素上规定一种顺序，建立一个有序列表。例如，对应于集合$S = \{i, j, k\}$，其中$i < j < k$的有序链表可能如下所示：

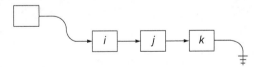

这些元素按升序保存。S表示的规模正比于S中元素的数目，而非U的规模。如果$|S|$比$|U|$小得多，那么只表示S中存在的元素所节省的空间远超过每个元素中增加一个指针的代价。

链表表示特别灵活。因为链表中没有什么会依赖于U的规模或S的规模，这种表示可用在编译器正在查找U或/和S的情况下，例如图着色寄存器分配器查找活动范围时。

图B-1中的表给出了使用这种表示时常见集合操作的渐近复杂度。

有序链表上大多数常见的集合操作复杂度为$O(|S|)$，因为必须遍历链表来执行操作。如果释放链表不需要遍历链表以释放各个元素对应的结点，如一些垃圾收集系统或基于内存池的系统，clear将花费固定的时间。

在全集未知时这种思想的一个变体仍然行得通，当然集合可能增长到相当大，如冲突图构造过程

（参见第13章）。每个结点包含固定数目（大于1）的集合元素能够显著减少空间与时间方面的开销。如果每个结点包含k个元素，建立n个元素的集合需要$\lceil n/k \rceil$次内存分配和$\lceil n/k \rceil + 1$个指针，而采用单元素结点的集合将需要n次分配和$n + 1$个指针。这种方案保留了链表表示易于扩展的优点，而降低了空间开销。插入和删除比每个结点单个元素的情形需要移动更多的数据，但其渐近复杂度仍然是$O(|S|)$。

操　　作	有序链表	位向量	稀疏集
member	$O(|S|)$	$O(1)$	$O(1)$
insert	$O(|S|)$	$O(1)$	$O(1)$
delete	$O(|S|)$	$O(1)$	$O(1)$
clear	$O(1)$	$O(|U|)$	$O(1)$
select	$O(1)$	$O(|U|)$	$O(1)$
cardinality	$O(|S|)$	$O(|U|)$	$O(1)$
forall	$O(|S|)$	$O(|U|)$	$O(|S|)$
copy	$O(|S|)$	$O(|U|)$	$O(|S|)$
compare	$O(|S|)$	$O(|U|)$	$O(|S|)$
union	$O(|S|)$	$O(|U|)$	$O(|S|)$
intersect	$O(|S|)$	$O(|U|)$	$O(|S|)$
difference	$O(|S|)$	$O(|U|)$	$O(|S|)$
complement	—	$O(|U|)$	$O(|U|)$

图B-1　集合操作的渐近时间复杂度

假定使用单链表，将额外空间保留在链表的前端而非末尾可以简化插入和删除。

快速支配性计算中使用的IDoms数组（参见9.5.2节），是将集合的链表表示巧妙地应用到一种非常特殊的情况的示例。特别地，编译器知道全集的规模和集合的数目。编译器还知道，使用有序集合，IDoms的一个特殊性质是：如果$e \in S_1$且$e \in S_2$，那么S_1中e之后的每个元素都属于S_2。因而，从e开始的各个元素可以共享。通过使用数组表示，可以用元素的名字作为指针。这使得可以用包含n个元素的单个数组，将n个稀疏集合表示为有序链表。这还产生了可用于这些集合的快速集合交运算符。

B.2.2　将集合表示为位向量

编译器编写者通常使用位向量来表示集合，特别是数据流分析中使用的那些集合（参见8.6.1节和9.2节）。对于有限的全集U，集合$S \subseteq U$可以用长度为$|U|$的一个位向量表示，称为S的特征向量（characteristic vector）。对于每个$i \in U$，$0 \le i < |U|$；如果$i \in S$，那么特征向量的第i个元素等于1。否则，第i个元素为0。例如，集合$S \subseteq U$，其中$S = \{i, j, k\}$，且$i < j < k$，则集合S的特征向量如下：

0		$i-1$	i	$i+1$		$j-1$	j	$j+1$		$k-1$	k	$k+1$		$|U|-1$
0	⋯	0	1	0	⋯	0	1	0	⋯	0	1	0	⋯	0

位向量表示总是会分配足够的空间，可以表示U中所有的元素；因而，这种表示仅能用于U事先已知的应用中，即所谓的离线应用。

图B-1中的表列出了这种表示下常见集合操作的渐近复杂度。尽管许多操作的复杂度为$O(|U|)$，但如果U比较小，这些操作仍然是高效的。因为在位向量表示下，内存中的单个字（word）即可容纳许多元素，所以这种表示相对于每个集合元素需要一个字的其他表示，可以获得常量因子改进。举例来说，如果字长32比特位，容量为32或更少元素的全集都可以用单个字表示。

这种表示的紧凑性也促进了操作速度的提高。对于用单个字表示的集合，许多集合操作都变为单一的机器指令；例如，并集变为按位或操作，而交集变为按位与操作。即使集合需要用多个字表示，执行许多集合操作所需机器指令的数目，（相对于其他表示）也缩减了一个常量因子（机器字长）。

B.2.3　表示稀疏集合

对于一个固定的全集U和一个集合$S \subseteq U$，如果$|S|$远远小于$|U|$，则S是一个稀疏集。编译中遇到的一部分集合是稀疏的。例如，寄存器分配中使用的LiveOut集合通常是稀疏的。编译器编写者通常使用位向量表示这样的集合，因为位向量在时间和空间上效率较高。但如果集合是足够稀疏的，还有可能采用时间上更高效的表示，特别是在大多数操作可以在$O(1)$或$O(|S|)$时间内完成的情况下。与此相反，位向量集合完成这些操作需要$O(1)$或$O(|U|)$时间。如果$|S|$与$|U|$之间相差的倍数超过字长，那么位向量可能不是那么高效的选择。

一种具有上述性质的稀疏集合表示，使用两个长度为$|U|$的向量和一个标量来表示集合。一个向量sparse包含了集合的一个稀疏表示；而另一个向量dense包含了集合的稠密表示。标量next指定了dense中插入集合下一个新元素的索引位置。当然，next也指定了集合的势。

在创建稀疏集时两个向量都不需要初始化，集合成员资格判断在访问每个元素时确认其有效性。clear操作完全将next设置为零，即其初始值。为向S添加一个新元素$i \in U$，代码需要：(1) 将i存储到dense中的next位置上；(2) 将next的值存储到sparse中的第i个位置上；(3) 将next加1，使之指向dense中可以插入新元素的下一个位置。

如果我们从空的稀疏集S开始，按j、i、k的顺序添加元素，其中$i<j<k$，添加三个元素之后的集合看起来像这样：

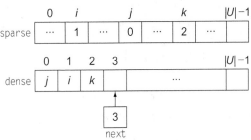

请注意，稀疏集合表示需要足够空间表示U中所有的元素。因而，它仅能用于离线情形，即编译器事先知道U的规模。

因为sparse和dense中元素i对应的有效数组项必定是相互引用的，成员资格可以通过下列条件判断进行测定：

$$0 \leqslant sparse\,[i] < next \text{ 和 } dense\,[sparse\,[i]]=i$$

图B-1中的表列出了常见集合操作的渐近复杂度。因为这种方案同时包含了集合的稀疏和稠密表

示，它同时具有二者的一部分优势。集合的各个元素通过sparse可以O(1)时间内访问，而必须遍历集合的集合操作利用dense可以获得$O(|S|)$复杂度。

当在位向量和稀疏集表示之间作出选择时，空间与时间复杂度都应该考虑到。稀疏集表示需要两个长度为|U|的向量和一个标量。与此相反，位向量表示只需要一个长度为|U|的位向量。如图B-1所示，稀疏集表示在渐近时间复杂度方面优于位向量表示。但因为位向量集合操作可能有高效的实现，在S并不稀疏的情况下，位向量表示更为可取。当在两种表示之间作出选择时，重要的是考虑到被表示集合的稀疏程度和各种集合操作被使用的相对频率。

B.3   实现中间表示

在选择一种特定风格的IR之后，编译器编写者必须决定如何实现它。初看起来，选择似乎是显然的。使用指针和堆上分配的数据结构很容易将DAG表示为结点和边。四元组很自然地表示为一个$4 \times k$的数组。但类似于集合，选择最好的实现也需要对编译器使用数据结构的方式有更深入的理解。

B.3.1   图中间表示

正如第5章讨论的那样，编译器会使用各种图IR。根据编译器的需要调整图的实现，可以提高编译器在时间和空间方面的效率。本节描述树和图方面的一些问题。

1. 表示树

在大多数语言中，树的自然表示是通过指针衔接起来的一组结点。通常的实现会随着编译器构建树的进展而按需分配结点。树可能包含几种不同长度的结点，例如，结点的子结点数目不同，一部分数据字段不同，等等。另外，在构建树时可以只分配一种结点，在分配时按结点的最大可能长度分配内存。

表示树的另一种方法是将其作为结点结构的一个数组。在这种表示中，指针替换为整数索引，基于指针的引用则变为标准的数组和结构引用。这种实现强制我们只使用一种结点（长度足以表示所有可能结点类型），但其他方面则类似于基于指针的实现。

这两种方案都有其自身的优势和弱点。

- 指针方案可以处理任意大的AST。而数组方案则需要代码在AST增长到超过最初分配的规模时对数组进行扩展。
- 指针方案需要对每个结点进行一次分配，而数组方案分配每个结点时只需要对计数器加1（除非必须扩展整个数组）。一些技术，如基于内存池的分配（参见6.6节），可以降低内存分配和释放的代价。
- 指针方案具有访问局部性，这完全取决于内存分配器在运行时的行为。数组技术则使用连续的内存位置。在特定系统上，可能只有一种是合乎需要的。
- 指针方案更难于优化，因为对指针密集的代码进行静态分析得到的结果相对质量较差。与此相反，许多针对密集的线性代数代码开发的优化都可以应用到数组方案上。在对编译器本身进行编译时，这种优化可能为数组方案产生比指针方案更快速的代码。
- 指针方案可能比数组实现更难于调试。程序员觉得数组索引比内存地址更直观。

❑ 如果AST必须写出到外部介质，指针系统需要一种方法对指针进行编码。推测起来，这可能需要循指针遍历各个结点。数组系统可以使用相对于数组起始处的偏移量，因此无需转换。在许多系统上，这可以通过块I/O操作完成。

还有许多其他权衡，每种相关因素都必须在具体上下文中进行评估。

2. 将树映射为二叉树

抽象语法树的一种直接了当的实现，可能需要支持具有多种不同数目子结点的结点。例如，一个常见的for循环头

```
for i = 1 to n by 2
```

可能对应于AST中具有5个子结点的结点，如图B-2a所示。标记为body的结点表示对应于for循环体的子树。

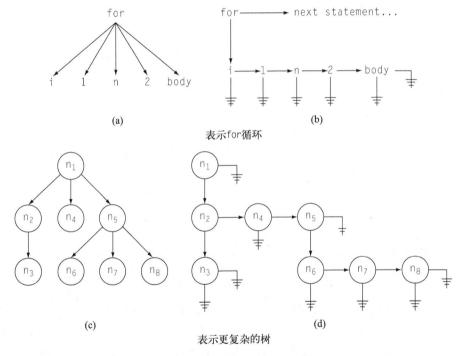

图B-2　将任意树映射到二叉树

对于某些结构，固定数目的子结点是不可行的。为表示过程调用，AST必须根据参数数目来分配（子）结点，或者使用包含一个参数列表的单个子结点。前一种方法会导致遍历AST的所有代码复杂化；变长结点必须包含数字，指明其有多少个子结点，遍历代码必须能够读取这些数字并据此改变其行为。后一种方法使AST的实现不再严格符合源代码，而使用一种很好理解的结构（即链表）来表示不便使用固定数目（子）结点之处。

为简化实现，编译器编写者可以进一步促成这种形式与语义的分离。任何树都可以映射到一个二叉树，在这种树中每个结点正好具有两个子结点。在这种映射下，左子结点指针用于指定结点在原树中的最左子结点，而右子结点指针用于指定结点在原树中的右侧兄弟结点。图B-2b给出了5个子结点

的for结点映射成二叉树的情形。因为每个结点都有两个子结点，这个树的每个叶结点都有NULL指针。该图的for结点还有一个兄弟结点指针；在图B-2a中，该指针应该出现在for结点的父结点中。图B-2c和图B-2d中给出了一个更复杂的例子。

使用二叉树会向树中引入额外的NULL指针，这两个例子已经说明了这一点。作为回报，二叉树在几个方面简化了实现。完全可以用基于内存池的内存分配器或定制的内存分配器，来进行二叉树的内存分配。编译器编写者还可以将该树实现为结构数组。处理二叉树的代码多少还是比处理一般树的代码简单些。

3. 表示任意图

编译器必须表示的几个结构是任意图，而非树。其中的例子包括控制流图和数据前趋图[①]。一种简单的实现可以使用堆上分配的结点，用指针表示边。图B-3的左图给出了一个简单的CFG。显然，它需要三个结点。困难出现在边的表示上：每个结点需要多少个输入和输出边？每个结点可以维护输出边的一个列表，这样做产生的实现，看起来就像是右图给出的那样。

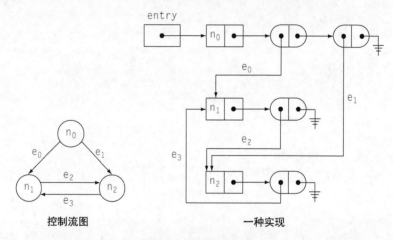

图B-3　示例控制流图

在该图表中，矩形表示结点，椭圆形表示边。采用这种表示很容易沿边的方向遍历图。但它并没有提供对任何结点的随机访问功能；为弥补这个缺陷，我们可以添加结点指针组成的一个数组，通过结点的整数名字索引。有了这一微小的补充（图中未给出），该图很适合求解正向数据流问题。它提供了一种查找结点所有后继结点的快速方法。

遗憾的是，编译器通常还需要沿边的反向遍历CFG。例如，这会出现在反向数据流问题中，其中算法需要快速找到前趋结点。为使这种图结构适应反向遍历，我们需要向每个结点添加另一个指针，创建第二个边集合结构来表示结点的前趋结点。这种方法当然可以工作，但相关的数据结构变得很复杂，难于绘制、实现和调试。

类似于树，另一种方法将图表示为一对表，一个表示结点，另一个表示边。结点表有两个字段：一个是指向后继结点的第一条边，一个是指向前趋结点的第一条边。边表有四个字段：前两个分别是

---

① 数据前趋图即依赖关系图，参见12.2.节。——译者注

该边的源结点和目标结点，后两个分别是源结点的下一个后继结点和目标结点的下一个前趋结点。使用这种方案，我们的示例CFG将对应于如图B-4给出的表。这种表示提供了基于名字（假定是小的整数）对后继结点、前趋结点和各个结点/边的快速访问。

对于遍历图并查找前趋结点和后继结点，表格表示法工作得很好。如果应用充分利用在图上进行的其他操作，那么还可能找到更好的表示方法。例如，图着色寄存器分配器的主要操作是判断边在冲突图中的存在性以及遍历结点的邻居结点。为支持这些操作，大多数实现使用两种不同的图表示（参见13.4.3节）。为回答成员资格问题，即边(i, j)是否在图中，这些实现使用了比特矩阵。因为冲突图是无向的，下三角比特矩阵就足够了，节省了完整比特矩阵所需的大约一半空间。为快速遍历一个结点的邻居结点，实现使用了一组邻接向量。

因为冲突图大且稀疏，邻接向量占用的空间可能成为一个问题。一些实现使用两趟处理建立图，第一趟计算各个邻接向量的长度，第二趟建立向量本身，每个向量均设定为最小必需长度。其他实现使用B.2.1节中集合链表表示的一种变体，用一趟处理建立图，对邻接向量使用无序链表，链表的每个结点有多条边。

结 点 表		
名字	后继结点	前趋结点
n_0	e_0	—
n_1	e_2	e_0
n_2	e_3	e_1

边 表				
名字	源结点	目标结点	下一个后继结点	下一个前趋结点
e_0	n_0	n_1	e_1	e_3
e_1	n_0	n_2	—	e_2
e_2	n_1	n_2	—	—
e_3	n_2	n_1	—	—

图B-4 CFG的表格表示法

B.3.2 线性中间形式

线性中间形式（如ILOC）在概念上具备吸引力，部分原因在于在于它们有一种简单直观的实现：结构数组。例如，ILOC程序可以直接映射到FORTRAN风格的数组，n个ILOC操作映射成一个$(n \times 4)$个元素的整数数组。操作码决定了如何解释各个操作数。当然，任何设计决策都有优点和缺点，想要使用线性IR的编译器编写者应该考虑不同于简单数组的表示方法。

1. Fortran风格的数组

使用一个整数数组容纳IR，确保了对各个操作码和操作数的快速访问，以及访问和内存分配的低开销。操作IR的各趟处理应该运行得很快，因为可以使用为改进密集的线性代数程序开发的标准分析和变换技术来优化所有的数组访问。对代码的一趟线性处理具有可预测的内存访问局部性，因为连续的各个操作占用连续的内存位置，它们不可能导致高速缓存冲突。如果编译器必须将IR写出到外部介质（例如，在各趟处理之间），它可以使用高效的块I/O操作。

但数组实现也有不利之处。如果编译器需要向代码中插入一个操作，它必须为新操作创建空间。类似地，删除操作应该紧缩代码。任何类型的代码移动都会遇到这个问题的某些版本。朴素的实现需要移动各个操作才能创建新的空间；采用这种方法的编译器可能会在数组中留下空槽（在分支和跳转之后），以减少所需进行移动的次数。

另一种策略是使用detour运算符，将对IR的任何遍历导向一个"线外"（out-of-line）代码段。这种方法使得编译器将控制流通过线外代码段贯穿起来，因此插入操作可以这样做：用detour覆盖一个现存操作，将插入的代码和被覆盖的操作置于数组末端，在新代码之后添加一个detour返回到第一个detour之后的操作。该策略的最后一部分是隔些时间对插入的各个detour进行线性化，例如，在各趟处理末尾，或detour总数超过某个阈值的任何时候。

数组实现的另一种复杂情况，则源自对偶然出现的操作的需求，如接受可变操作数的 ϕ 函数。在ILOC的起源编译器中，过程调用被表示为单一的复杂操作。调用操作分别有一个操作数对应每个形参，对返回值也有一个操作数对应（如果有返回值），还有两个操作数，分别是调用可能修改的值的列表和调用可能使用的值的列表。这个操作无法装入 $n \times 4$ 元素数组的模子中，除非将操作数解释为指针，分别指向参数列表、将被修改变量的列表和将使用变量的列表。

2. 结构链表

数组实现的备选方案是使用结构链表。在这种方案中，每个操作都对应一个独立的结构，以及一个指向下一个操作的指针。因为结构可以逐一分配，程序的表示很容易扩展到任意长度。因为顺序是由衔接各个操作的指针规定的，所以可通过直接的指针赋值来插入或删除操作，无需移动或复制各个操作。变长操作（如此前描述的调用操作）可使用变体结构处理；实际上，短的操作如loadI和jump也可以使用另一种变体结构以节省少量的空间。

当然，使用逐一分配的结构会增加内存分配的开销，数组实现只需要一次初始分配，而链表方案也需要对每个IR操作进行一次分配。链表指针也增加了所需的空间。编译器中所有各趟操作IR的处理都必定包含许多基于指针的引用，因而处理这些趟的代码可能比使用简单数组实现的代码慢。这是因为与数组密集型代码相比，基于指针的代码通常更难以分析和优化。最后，如果编译器在各趟之间将IR写出到外部介质，它必须在写出IR时遍历链表，并在读取IR时重构链表。这降低了I/O速率。

通过内存池或在数组内部实现结构链表，在某种程度上可以改善这些不利之处。利用基于内存池的内存分配器，内存分配的代价在通常情况下可以降低到仅需一次条件判断和一次加法。内存池还能产生与简单数组实现大致相同的局部性。

在第一趟以外的其他各趟处理中，编译器对IR的规模应该有相当精确的认识。因而，它可以分配一个内存池，能够容纳IR，另有一些空闲空间可供数据结构增长所需，以避免必须扩展内存池所致的更高昂的代价。

将链表实现在数组中可以达到同样的目标，其额外好处是所有指针都变为整数索引。经验表明这会简化调试，还使用块I/O读取IR变得可行。

B.4 实现散列表

散列表实现中有两个核心问题，一是确保散列函数能够产生均匀分布的整数（对于所有可能使用的表规模），二是以高效的方式处理碰撞。发现良好的散列函数很困难。幸好，散列付诸使用已有很长时间，文献中描述了许多良好的散列函数。

本节接下来描述实现散列表的过程中可能出现的设计问题。B.4.1节描述了两个散列函数，二者在实用中都能产生良好的结果。接下来的两节阐述了解决碰撞的两种最常用的策略。B.4.2节描述了开放散列法（open hashing，有时又称为桶散列，bucket hashing），而B.4.3节阐述了一种备用方案，称为开放地址法（open addressing）或重新散列（rehashing）。B.4.4节讨论了散列表的存储管理问题，而B.4.5节说明了如何将词法作用域机制合并到这些方案中。最后一节处理编译器开发环境中出现的一个实际问题，即对散列表定义的频繁改动。

B.4.1　选择散列函数

优质散列函数的重要性再怎么强调也不过分。如果散列函数产生的索引值分布颇为糟糕，那么将直接增加向散列表插入数据项以及而后查找数据项的平均代价。幸运的是，文献已经记录了许多优质的散列函数，包含Knuth描述的乘法散列函数（multiplicative hash function）和Cormen等人描述的通用散列函数（universal hash function）。

1. 乘法散列函数

乘法散列函数简单到令人迷惑的程度。程序员选择一个常量C，并将其用于下述公式：

$$h(key) = \lfloor TableSize \cdot ((C \cdot key) \bmod 1) \rfloor$$

其中C是常量，*key*是用作散列表键的整数，*TableSize*显然是散列表当前的容量。Knuth建议C使用以下值：

$$0.6180339887 \approx \frac{\sqrt{5}-1}{2}$$

组织符号表

在设计符号表时，编译器编写者的第一项决策关注的是表的组织及其搜索算法。类似于许多其他应用，编译器编写者也有几种选择可用。

线性链表

线性链表可以扩展到任意长度。其搜索算法是一个小而紧凑的循环。遗憾的是，该搜索算法平均每次查找需要$O(n)$次探查，其中*n*是表中符号的数目。这一项不利之处几乎总是会超过实现和扩展的简单性带来的好处。为合理使用线性链表，编译器编写者需要强有力的证据，证明被编译的过程只有很少的名字，在面向对象语言中这是有可能的。

二分查找

为保留线性链表易于扩展的优点同时又能改进搜索时间，编译器编写者可以使用平衡二叉树。理想情况下，针对平衡树的每次查找应该不超过$O(\log_2 n)$次探查，这相对于线性链表是一个可观的改进。有许多算法可以对查找树进行平衡处理。（使用针对有序表的二分查找也可以实现类似的效果，但这使数据项的插入和表的扩展变得更困难。）

散列表

散列表可以将访问代价降至最低。实现直接根据名字计算表索引。只要计算产生的索引分布比较良好，平均访问代价应该是O(1)。但最坏情况下可能退化到线性查找。编译器编写者可以采取措施减少最坏情形发生的可能性，但病态情况仍然可能出现。许多散列表实现具有廉价的扩展方案。

多重集鉴别

为避免最坏情形行为，编译器编写者可以使用一种离线技术，称为**多重集鉴别**。它为每个标识符创建一个不同的索引，代价是需要对源代码文本增加一趟额外的处理。这种技术避免了散列中总是存在的病态行为。（更多细节请参见5.5.2节。）

在这些组织方案中，最常见的选择似乎是散列表。相比线性链表或二叉树，它提供了更好的编译时行为，且已经广泛研究和讲授过其实现技术。

该函数的作用是计算C·*key*，利用mod函数获取其小数部分，并将结果乘以表的容量。

2. 通用散列函数

为实现通用散列函数（universal hash function），程序员需要设计一个函数族，可以通过一小组常量对函数族进行参数化。在执行时，会随机地选择一组常量值，或者使用随机数作为常量，或者通过随机索引在一组此前测试过的常量中选择。（使用散列函数的程序，在单次执行期间，会使用同一组常量；但各次执行之间，常量会发生变化。）通过在程序每次执行时改变散列函数，通用散列函数在程序每次运行时会产生不同分布。在编译器中，如果输入程序在某次特定编译中会产生病态行为，它不太可能在后续编译中产生同样的行为。为实现乘法散列函数的通用版本，编译器编写者可以在编译开始时随机生成C的适当值。

B.4.2 开放散列法

开放散列法又称桶散列，它假定散列函数*h*会产生碰撞。它依赖于*h*将输入键的集合划分为固定数目的一组集合，也称为桶。每个桶包含记录形成的一个线性链表，每个名字对应一个记录。LookUp(*n*)遍历*h*(*n*)索引的桶中存储的线性链表来查找*n*。因而，LookUp需要对*h*(*n*)求值一次，并遍历一个线性链表。*h*(*n*)的求值应该是快速的，链表遍历花费的时间正比于链表长度。对于容量*S*、名字数目为*N*的表，每次查找的代价应该大约是O(*N*/*S*)[①]。只要*h*能够将名字均匀地散布到各个散列桶中，且名字数目相对于桶数目的比值较小，那么该代价将逼近我们的目标：每次访问代价为O(1)。

图B-5给出了用这种方案实现的一个小的散列表。它假定*h*(a)=*h*(d)=3，这形成了一个碰撞。因而，a和d占用了表中同一个槽位。链表结构将二者衔接起来，出于效率考虑，Insert应该插入到链表前端。

开放散列法具有几个优点。它对每个插入的名字在某个链表中创建了一个新结点，因而它可以处理任意多的名字，而不会用光空间。单个桶中过多的数据项并不会影响访问其他桶的代价。因为对桶集合的具体表示通常是一个指针数组，增加桶数目的开销是较小的，每增加一个桶只需增加一个指针。（这确保了无需太多代价即可将*N*/*S*保持在比较小的值上，每个名字的代价是常量。）选择2的幂作为*S*

---

① 这里的容量是指桶数目，而非数据项数目。——译者注

值，可以减小实现h时不可避免的mod操作的代价。

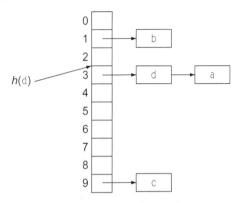

图B-5　开放散列法建立的散列表

开放散列法的主要缺点与其优点直接相关，两个缺点都是可管理的。

(1)开放散列法可能涉及较密集的内存分配。每次插入数据项都需要分配一个新记录。当实现在具有重量级内存分配机制的系统上时，代价可能很大。使用较为轻量级的机制，如基于内存池的分配（参见6.6节），可以减轻该问题的影响。

(2)如果有某些特定的桶变得过大，LookUp将退化为线性查找。使用行为合理的散列函数，仅当N比S大很多时才会出现这种情况。实现应该检测这个问题，并适当地扩大散列桶的数组。通常，这涉及分配一个新的散列桶数组，然后将旧的散列表中每个数据项都重新插入到新表中。

实现良好的开放散列式散列表在时间和空间上都能够提供高效访问，且开销较低。

为改进在单个桶中进行线性查找的行为，编译器可以动态地重排链表。Rivest等人[302, 317]描述了两种有效的策略：每次查找时将目标结点在链表中向上移动一个位置，或在每次查找时将目标结点移动到链表前端。也可以使用更复杂的方案来组织每个散列桶。但编译器编写者在投入大量工作处理此问题之前，应该评估遍历散列桶损失的时间总量。

拙劣散列函数带来的危险

散列函数的选择对散列表插入/查找的代价具有决定性的影响，这正是所谓事半功倍之处。

许多年前，我们目睹一个学生为字符串实现了下述散列函数：(1)将键值分解为4字节大小的块；(2)对所有块取异或；(3)使用结果数字e对散列表容量取模，得到索引。该函数相对快速。它有一个直接而高效的实现。对于散列表的某些容量值，它将产生均匀分布。

当这位学生将此散列函数实现集成到一个对FORTRAN程序执行源代码到源代码转换的系统中时，几种无关的情况相互作用，导致了算法上的灾难。首先，实现语言用空格在右侧填补字符串，以对齐4字节边界；其次，该学生选择的初始表容量为2048；最后，FORTRAN程序员使用了很多单字符和二字符变量名，如i、j、k、x、y和z。

所有的短变量名能够装入单个字，从而避开了异或带来的"散射"作用。另外，用e mod 2048屏蔽了e中除低11位之外的所有其他比特位。这样，所有的短变量名都会产生同一索引值，即两个空格符的低11位[①]。对此进行的散列查找立即退化为线性查找。虽然这个散列函数远非理想，但简单地将表容量改为2047将消除最显著的负面效应。

B.4.3　开放地址法

开放地址法，也称为重新散列，当名字位于$h(n)$处的正常槽位已经被占用时，将为该名字计算另一个备选索引。在这种方案中，LookUp(n)会计算$h(n)$并检查对应槽位。如果该槽位为空，LookUp失败。如果LookUp在该槽位发现n，则查找成功。如果找到不同于n的另一个名字，它将使用另一个函数$g(n)$来计算一个增量值，继续搜索。这将导致Lookup探查表中索引值$(h(n)+g(n))$mod S处的数据项，接下来是索引$(h(n)+2×g(n))$mod S处的数据项，接下来是$(h(n)+3×g(n))$ mod S，依次类推，直至找到n或发现一个空槽，或第二次返回到$h(n)$。（表中各数据项的编号从0到$S-1$，这确保了mod S能够返回一个有效的表索引。）如果LookUp找到一个空槽，或第二次返回到$h(n)$，则查找失败。

图B-6给出了用这种方案实现的一个小的散列表。它使用了与图B-5相同的数据。照旧，$h(a)=h(d)=3$，而$h(b)=1$且$h(c)=9$。在插入d时，将与a产生碰撞。辅助散列函数$g(d)$返回2，因此Insert在表中索引5处放置d。实际上，开放地址法会像开放散列法那样建立数据项的链表。但在开放地址法中，链表直接存储在散列表中，表中的一个位置可以充当多个链表的起点，每个链表使用的增量（由g产生）不同。

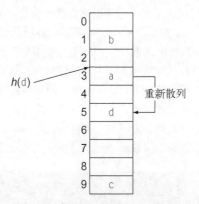

图B-6　开放地址法建立的散列表

这种方案在空间与速度之间进行了微妙的权衡。因为每个键都存储在表中，S必定大于N。如果h和g产生的发布比较良好，使得碰撞不常见，那么重新散列形成的链表会较短，访问代价会保持在比较低的水准上。因为可以经济地重新计算g，所以这种方案不必存储形成重新散列链表的指针，这节省了N个指针。这种节省的空间可以使表变得较大，更大的表可以通过降低碰撞频率来改善性能。开放地址法的主要优点很简单：通过较短的重新散列链表来降低访问代价。

开放地址法有两个主要缺点，二者都出现在N逼近S，表变得比较满时。

(1) 因为重新散列链表是通过被索引的散列表本身串联起来的，所以n和m之间的碰撞可能干扰到

---

① 显然，这个特定系统采用的字节序是大端序big-endian。——译者注

后续插入的某个名字p。如果$h(n) = h(m)$，且$(h(m) + g(m)) \bmod S = h(p)$，那么先插入$n$，然后插入$m$，将会用掉$p$在表中对应的槽位。当这种方案表现良好时，该问题的影响较小。随着N趋近S，问题变得越来越显著。

(2) 因为S必定大于等于N，如果N增长到太大的程度，表必须得扩展。（类似地，当某些链表变得过长时，该实现也可能需要扩展S。）这里，散列表的扩展是出于正确性的考虑；而对于开放散列法而言，扩展是个性能问题。

一些实现对g使用一个常值函数。这简化了实现，并降低了计算辅助索引的代价。但是，这样做对h的每个值都会产生单一的重新散列链表，而且每当辅助索引遇到一个已经占用的表槽位时，都会形成合并重新散列链表的效应。这两个劣势超出了对第二个散列函数求值的较低代价带来的好处。一种更合理的选择是使用两个具有不同常量的乘法散列函数，（如有可能）在程序启动时从一个常数表中随机选择常量。

表容量S在开放地址法中发挥了重要作用。LookUp 必须能够识别何时到达的槽位是已经访问过的；否则，它无法在失败时停止下来。为使这一机制能够高效运作，实现应该确保它最终会返回到$h(n)$。如果S是一个素数，那么对于任意选择的$g(n)$值$0 < g(n) < S$，都会产生一系列探查索引p_0、p_1、p_2、…、p_S，该序列具有性质$p_0 = p_S = h(n)$，而对于任意i，$0 < i < S$，都有$p_i \neq h(n)$[1]。即 LookUp 返回到$h(n)$之前，会检查表中的每个槽位。由于实现可能需要扩展散列表，它应该包含一些大小适当的素数组成的表供选用。一小组素数应该就足够了，这是对程序长度和编译器可用内存的实际限制所致。

B.4.4　存储符号记录

开放散列法和开放地址法都不能直接解决如何为每个散列表项相关的信息分配内存空间的问题。对于开放散列法，简单的解决方法是在实现链表的结点中直接分配记录。对于开放地址法则需要避免指针，而将索引表中的每个数据项变成一个符号记录。这两种方法都有各自的缺点。我们通过使用一个单独分配的栈来保存记录，可以达到更好的结果。

图B-7描述了这一实现。在开放散列法的实现中，链表本身可以实现在栈上。这降低了分配各个记录的代价，特别是在内存分配是重量级操作的情况下。在开放地址法的实现中，重新散列链表仍然隐含在索引集合中，仍然保持了其肇始思想中对空间的节省。

实际记录存储在栈中时会形成一个稠密的表，这更适于对外部介质的I/O操作。对于重量级的内存分配操作，这种方案将一次大型内存分配的代价平摊到许多记录上。对于垃圾收集器，这种做法减少了必须标记并收集的对象数目。但不论是哪种情况，稠密的表都确保能够更高效地遍历表中的符号，编译器使用遍历操作来执行一些任务（如分配存储位置）。

最后的一个优点是，这种方案大大简化了扩展散列表[2]的任务。为扩展散列表，编译器需要丢弃旧的散列表，分配一个更大的散列表，将所有记录（从栈底到栈顶）重新插入到新表中。这消除了在内存中同时存在旧表和新表（虽然只是临时行为）的必要性。一般来说，与在开放散列法中跟踪指针来遍历链表相比，遍历稠密表所需工作较少。这避免了遍历对表中空槽位的处理，而在开放地址法扩

---

① 原文中的序列下标为1到S，这是个错误，序列长度应该是$S+1$。——译者注

② 原文为index set，可以理解为以已使用的索引形成的隐式集合，也可以理解为散列表本身，译文采用后者。

——译者注

展散列表以使重新散列链表保持较短长度时，遍历可能需要处理空槽位。

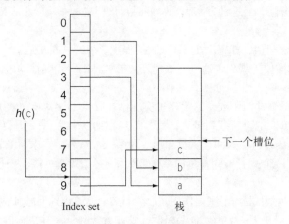

图B-7   在栈上分配记录

编译器不必将整个栈作为单一对象来分配内存。相反，栈可以实现为一连串结点，每个结点容纳k个记录（对某个合理的k值）。在结点变满时，实现会分配一个新结点，将其添加到栈链表的末尾，并继续。这使得编译器编写者能够在细粒度上控制内存分配代价和可能浪费的空间之间的权衡。

B.4.5   增加嵌套的词法作用域

5.5.3节描述了创建符号表以处理嵌套的词法作用域时出现的问题。它描述了一种简单的实现，会创建一束符号表，每个表对应于一个作用域层次。虽然这种实现在概念上很简洁，但它将作用域化的开销推到了LookUp中，而不是由InitializeScope、FinalizeScope和Insert承担。因为编译器调用LookUp的次数比调用其他例程多得多，因此值得考虑其他的实现。

再次考虑图5-10中的代码。它将产生以下操作：

$$\uparrow\ \langle w,0\rangle\ \langle x,0\rangle\ \langle example,0\rangle\ \uparrow\ \langle a,1\rangle\ \langle b,1\rangle\ \langle c,1\rangle$$

$$\uparrow\ \langle b,2\rangle\ \langle z,2\rangle\ \downarrow\ \uparrow\ \langle a,2\rangle\ \langle x,2\rangle\ \uparrow\ \langle c,3\rangle,\ \langle x,3\rangle\ \downarrow\ \downarrow\ \downarrow\ \downarrow$$

其中↑表示调用InitializeScope，↓表示调用FinalizeScope，而〈name, n〉表示调用Insert将name添加到层次n。

1. 向开放散列法增加词法作用域

考虑一下，如果在使用开放散列法的散列表中，我们在对应每个名字的记录中简单地增加一个词法层次字段，并将每个新名字插入到所在链表头部，那么会发生什么？Insert可以比较名字和词法层次来检查重复情况。LookUp将返回对于给定名字发现的第一个记录。InitializeScope则简单地将计数器加1，使之对应于当前词法层次。这种方案将复杂性推给了FinalizeScope，它不仅需要将当前词法层次减1，而且必须删除将释放的作用域向符号表插入的任何名字对应的记录。

如果开放散列法实现中链表的各个结点是逐一分配的，如图B-5所示，那么FinalizeScope必须查找对应于当前被丢弃作用域的所有记录，并将其从各自对应的链表中删除。如果它们此后在编译器中并不使用，*FinalizeScope*必须释放它们；否则*FinalizeScope*必须将其衔接到一起，以保持其存在。图B-8给出了这种方法在图5-10中赋值语句处将产生的表。

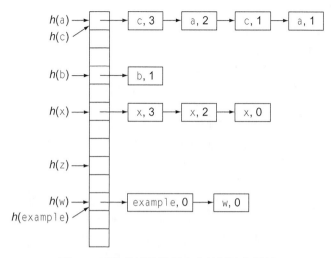

图B-8 开放散列法散列表中的词法作用域

对于栈上分配的记录，FinalizeScope可以从栈顶向下遍历，直至到达作用域层次小于当前被丢弃层次的记录为止。对于每个记录，它会更新散列表项，将其设置为记录中指向链表中下一个结点的指针[1]。如果记录将被丢弃，FinalizeScope会重设指向下一个可用槽位的指针（使之指向栈顶将被丢弃的记录）；否则，这些记录仍然保留在栈上。图B-9给出了我们的例子在赋值语句处的符号表。

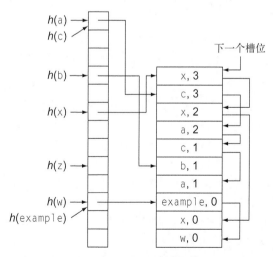

图B-9 在采用开放散列法、在栈上分配记录的散列表中，实现词法作用域

---

① 请参考图B-9。——译者注

稍加谨慎，即可将链表的动态重排添加到此方案中。因为FinalizeScope利用的是栈的顺序而非链表顺序，它仍然可以在栈顶找到所有当前作用域层次中的名字。对于重排过的链表，编译器或者需要遍历链表来移除每个需要删除的名字记录，或者需要对链表采用双链以便使删除更快速。

2. 向开放地址法增加词法作用域

对于采用开放地址法的散列表，情况要稍微复杂些。表中的槽位是一种关键资源，在所有槽位都被填满时，必须扩展散列表才能进一步插入数据项。从使用重新散列链表的散列表中进行删除是困难的，实现无法轻易判断被删除的记录是否落在某个重新散列链表的中间。因而，将槽位标记为空将打断任何经过该位置的链表（不影响结束于此位置的链表）。这导致了不能为散列表中一个名字的每个变体保存不同的记录。相反，编译器应该将表中的每个名字只关联一个记录；为名字的较旧变体建立一个链表，包含被取代的那些记录。图B-10针对我们的例子说明了这种情况。

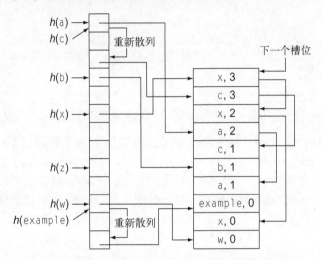

图B-10   对采用开放地址法的散列表实现词法作用域

这种方案将大部分复杂性推给Insert和FinalizeScope。Insert在栈顶创建一个新记录。如果它在散列表中找到同一名字的较旧声明，则将该引用替换为对新记录的引用，并将旧记录与新记录衔接起来。FinalizeScope会遍历栈顶的各项，正如开放散列法中那样。为删除具有较旧变体的一个记录，算法只需将散列表中指针重定位到较旧的记录上。为删除一个名字的最后一个变体，必须插入一个引用，指向一个专门指定的记录，用于标记删除的引用。LookUp必须将删除的引用识别为占用当前链表中的一个槽位。Insert必须知道，它可以用任何新插入的符号替换一个删除的引用。

本质上，这种方案对于碰撞和重新声明将产生不同的链表。碰撞通过散列表中的索引贯穿形成链表。而重新声明则是通过栈中的记录贯穿而形成链表的。这应该可以轻微降低LookUp的代价，因为它对任何单一的名字都避免了检查多个记录。

考虑开放散列法中的一个桶，其中包含x的7个声明和y在层次0的一个声明。LookUp在找到y之前会遇到对应于x的所有7个记录。而对于开放地址法方案，LookUp会遇到对应于x的一个记录和y的一个记录。

B.5 灵活的符号表设计

大多数编译器使用符号表作为核心存储库，保存源代码/IR/生成的代码中出现的各个名字相关的信息。在编译器开发期间，符号表中的字段集合似乎倾向于单调增长。添加字段是为支持新的处理趟，或在各趟直接传递信息。当一个字段变得没有必要时，它可能会从符号表定义中删除，也可能不会。随着各个字段的添加，符号表的规模会膨胀，而且编译器中直接访问符号表的任何部分都必须重新编译。

我们在实现 $\mathcal{R}''$ 和 Para Scope 程序设计环境时都遇到了这个问题。这些系统的试验特性导致了符号表字段的增删更为常见。为解决该问题，我们为符号表实现了一种更复杂但也更灵活的结构，即所谓的二维散列表。这几乎消除了对符号表定义及其实现的所有修改。

二维表如图B-11所示，使用了两个不同的散列索引表。第一个沿绘图的左边给出，对应于图B-7中的稀疏索引表。实现使用该表来散列符号名字。第二个沿绘图顶端给出，是一个用于字段名的散列表。程序员通过字段的文本名字和符号的名字引用各个字段；该实现散列符号名字获得一个索引，散列字段名选择一个数据向量。而所需的属性则存储在符号在向量中对应的索引之下。它表现得仿佛每个字段都有其自身的散列表，其实现如图B-7所示。

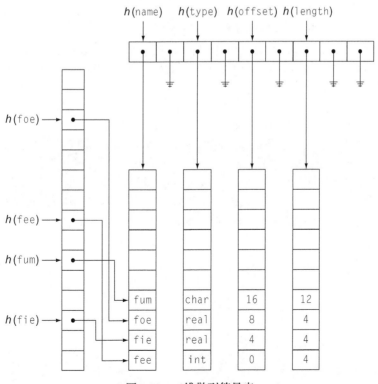

图B-11 二维散列符号表

虽然这看似复杂，但代价并不高。每次表访问都需要两个散列计算，而非一个。对于一个给定字段，在有值存储到其对应的数据向量之前是不必分配存储的，这避免了未使用字段的空间开销。这种符号表使得各个开发者能够创建和删除符号表字段，而不会干扰到其他程序员。

对于设置字段初始值（按名称）、删除字段（按名称）和报告字段使用的统计信息，我们的实现都提供了相应的入口点。这种方案使得各个程序员能够以一种负责且独立的方法来管理其自己的符号表，而不会与其他程序员和代码发生冲突。

最后一个问题是，相对于具体的符号表而言，该实现应该是抽象的。即它总是应该以一个表实例作为参数。这使得编译器能够在很多情况下重用实现，例如第8章中的超局部值编号算法或基于支配者的值编号算法。

附录注释

编译器中许多算法会操作集合、映射、表和图。对这些数据结构的底层实现会直接影响到这些算法所需的时间和空间，最终会影响到编译器本身的可用性[57]。算法和数据结构教科书会讲到很多本附录汇总的问题[231, 4, 195, 109, 41]。

我们的研究编译器几乎使用了本附录描述的所有数据结构。从几个领域中数据结构的增长，我们已经看到了相关的性能问题。

- ❑ 正如5.2.1节所述，抽象语法树可能增长到不合理的规模。将任意树映射到二叉树的技术简化了实现，而且似乎将开销保持在较低的水准上[231]。

- ❑ 图的表格表示法使用了后继结点和前趋结点的链表，已经被改造过多次。它对于处理CFG工作得特别好，在这种情况下编译器需要遍历后继结点和前趋结点。1980年我们首次将该数据结构用于PFC系统中。

- ❑ 数据流分析中的集合可能增长到占用数百兆字节。因为在这一尺度上内存分配和释放会成为性能问题，我们通常使用Hanson的基于内存池的分配器[179]。

- ❑ 冲突图的规模和稀疏程度是另一个值得缜密考虑的领域。我们使用有序链表的变体，在每个结点容纳多个集合元素，这使得建立冲突图的代价较低，同时空间开销仍然可以控制[101]。

符号表在编译器存储和访问信息的方法中发挥核心作用。对于符号表的组织，研究人员一直非常关注。重新组织链表[302, 317]、平衡查找树[109, 41]和散列[231, vol.3]，都对符号表的高效访问发挥了作用。Knuth[231, vol.3]和Cormen[109]都详细描述了乘法散列函数。

参 考 文 献

[1] P.S. Abrams, An APL Machine, PhD thesis, Stanford University, Stanford, CA, 1970. Technical Report SLAC-R-114, Stanford Linear Accelerator Center, Stanford University, February 1970.

[2] A.V. Aho, M. Ganapathi, S.W.K. Tjiang, Code generation using tree matching and dynamic programming, ACM Trans. Program. Lang. Syst. 11 (4) (1989) 491–516.

[3] A.V. Aho, J.E. Hopcroft, J.D. Ullman, On finding lowest common ancestors in trees, in: Conference Record of the Fifth Annual ACM Symposium on Theory of Computing (STOC), ACM, New York, 1973, pp. 253–265.

[4] A.V. Aho, J.E. Hopcroft, J.D. Ullman, The Design and Analysis of Computer Algorithms, Addison-Wesley, Reading, MA, 1974.

[5] A.V. Aho, S.C. Johnson, Optimal code generation for expression trees, J. ACM 23 (3) (1976) 488–501.

[6] A.V. Aho, S.C. Johnson, J.D. Ullman, Code generation for expressions with common subexpressions, in: Conference Record of the Third ACM Symposium on Principles of Programming Languages, Atlanta, GA, ACM, New York, 1976, pp. 19–31.

[7] A.V. Aho, R. Sethi, J.D. Ullman, Compilers: Principles, Techniques, and Tools, Addison-Wesley, Reading, MA, 1986.

[8] A.V. Aho, J.D. Ullman, The Theory of Parsing, Translation, and Compiling, Prentice-Hall, Englewood Cliffs, NJ, 1973.

[9] P. Aigrain, S.L. Graham, R.R. Henry, M.K. McKusick, E. Pelegri-Llopart, Experience with a Graham-Glanville style code generator, SIGPLAN Not. 19 (6) (1984) 13–24. Proceedings of the ACM SIGPLAN '84 Symposium on Compiler Construction.

[10] A. Aiken, A. Nicolau, Optimal loop parallelization, SIGPLAN Not. 23 (7) (1988) 308–317. Proceedings of the ACM SIGPLAN '88 Conference on Programming Language Design and Implementation.

[11] F.E. Allen, Program optimization, in: M. Halpern, C. Shaw (Eds.), Annual Review in Automatic Programming, vol. 5, Pergamon Press, Oxford, England, 1969, pp. 239–307.

[12] F.E. Allen, Control flow analysis, SIGPLAN Not. 5 (7) (1970) 1–19. Proceedings of a Symposium on Compiler Optimization.

[13] F.E. Allen, A basis for program optimization, in: Proceedings of Information Processing 71, North-Holland Publishing Company, Amsterdam, 1971, pp. 385–390.

[14] F.E. Allen, The history of language processor technology in IBM, IBM J. Res. Dev. 25 (5) (1981) 535–548.

[15] F.E. Allen, Private communication, Dr. Allen noted that Beatty described live analysis in a document titled 'Optimization Methods for Highly Parallel, Multiregister Machines' dated September 1968, April 2009.

[16] F.E. Allen, J. Cocke, A catalogue of optimizing transformations, in: R. Rustin (Ed.), Design and Optimization of Compilers, Prentice-Hall, Englewood Cliffs, NJ, 1972, pp. 1–30.

[17] F.E. Allen, J. Cocke, Graph-Theoretic Constructs for Program Flow Analysis, Technical Report RC 3923 (17789), IBM Thomas J. Watson Research Center, Yorktown Heights, NY, 1972.

[18] F.E. Allen, J. Cocke, A program data flow analysis procedure, Commun. ACM 19 (3) (1976) 137–147.

[19] F.E. Allen, J. Cocke, K. Kennedy, Reduction of operator strength, in: S.S. Muchnick, N.D. Jones (Eds.), Program Flow Analysis: Theory and Applications, Prentice-Hall, Englewood Cliffs, NJ, 1981, pp. 79–101.

[20] J.R. Allen, K. Kennedy, Optimizing Compilers for Modern Architectures, Morgan Kaufmann, San Francisco, CA, 2001.

[21] B. Alpern, F.B. Schneider, Verifying temporal properties without temporal logic, ACM Trans. Program. Lang. Syst. 11 (1) (1989) 147–167.

[22] B. Alpern, M.N. Wegman, F.K. Zadeck, Detecting equality of variables in programs, in: Proceedings of the Fifteenth Annual ACM Symposium on Principles of Programming Languages, San Diego, CA, ACM, New York, 1988, pp. 1–11.

[23] S. Alstrup, D. Harel, P.W. Lauridsen, M. Thorup, Dominators in linear time, SIAM J. Comput. 28 (6) (1999) 2117–2132.

[24] M.A. Auslander, M.E. Hopkins, An overview of the PL.8 compiler, SIGPLAN Not. 17 (6) (1982) 22–31. Proceedings of the ACM SIGPLAN '82 Symposium on Compiler Construction.

[25] A. Ayers, R. Gottlieb, R. Schooler, Aggressive inlining, SIGPLAN Not. 32 (5) (1997) 134–145. Proceedings of the ACM SIGPLAN '97 Conference on Programming Language Design and Implementation.

[26] J.W. Backus, The history of FORTRAN I, II, and III, in: R.L. Wexelblat (Ed.), History of Programming Languages, Academic Press, New York, 1981, pp. 25–45.

[27] J.W. Backus, R.J. Beeber, S. Best, R. Goldberg, L.M. Haibt, H.L. Herrick, et al., The FORTRAN automatic coding system, in: Proceedings of the Western Joint Computer Conference, Institute of Radio Engineers, New York, 1957, pp. 188–198.

[28] D.F. Bacon, S.L. Graham, O.J. Sharp, Compiler transformations for highperformance computing, ACM Comput. Surv. 26 (4) (1994) 345–420.

[29] J.-L. Baer, D.P. Bovet, Compilation of arithmetic expressions for parallel computation, in: Proceedings of 1968 IFIP Congress, North-Holland Publishing Company, Amsterdam, 1969, pp. 340–346.

[30] J.T. Bagwell Jr., Local optimizations, SIGPLAN Not. 5 (7) (1970) 52–66. Proceedings of a Symposium on Compiler Optimization.

[31] J.E. Ball, Predicting the effects of optimization on a procedure body, in: SIGPLAN '79: Proceedings of the 1979 SIGPLAN Symposium on Compiler Construction, ACM, New York, 1979, pp. 214–220,

[32] J. Banning, An efficient way to find side effects of procedure calls and aliases of variables, in: Conference Record of the Sixth Annual ACM Symposium on Principles of Programming Languages, San Antonio, TX, ACM, New York, 1979, pp. 29–41.

[33] W.A. Barrett, J.D. Couch, Compiler Construction: Theory and Practice, Science Research Associates, Inc., Chicago, IL, 1979.

[34] J.M. Barth, An interprocedural data flow analysis algorithm, in: Conference Record of the Fourth ACM Symposium on Principles of Programming Languages, Los Angeles, CA, ACM, New York, 1977, pp. 119–131.

[35] A.M. Bauer, H.J. Saal, Does APL really need run-time checking? Softw. Pract. Experience 4 (2) (1974) 129–138.

[36] L.A. Belady, A study of replacement algorithms for a virtual storage computer, IBM Syst. J. 5 (2) (1966) 78–101.

[37] P. Bergner, P. Dahl, D. Engebretsen, M.T. O'Keefe, Spill code minimization via interference region spilling, SIGPLAN Not. 32 (5) (1997) 287–295. Proceedings of the ACM SIGPLAN '97 Conference on Programming Language Design and Implementation.

[38] D. Bernstein, D.Q. Goldin, M.C. Golumbic, H. Krawczyk, Y. Mansour, I. Nahshon, et al., Spill code minimization techniques for optimizing compilers, SIGPLAN Not. 24 (7) (1989) 258–263. Proceedings of the ACM SIGPLAN '89 Conference on Programming Language Design and Implementation.

[39] D. Bernstein, M. Rodeh, Global instruction scheduling for superscalar machines, SIGPLAN Not. 26 (6) (1991) 241–255. Proceedings of the ACM SIGPLAN '91 Conference on Programming Language Design and Implementation.

[40] R.L. Bernstein, Producing good code for the case statement, Softw. Pract. Experience 15 (10) (1985) 1021–1024.

[41] A. Binstock, J. Rex, Practical Algorithms for Programmers, Addison-Wesley, Reading, MA, 1995.

[42] P.L. Bird, An implementation of a code generator specification language for table driven code generators, SIGPLAN Not. 17 (6) (1982) 44–55. Proceedings of the ACM SIGPLAN '82 Symposium on Compiler Construction.

[43] R. Bodík, R. Gupta, M.L. Soffa, Complete removal of redundant expressions, SIGPLAN Not. 33 (5) (1998) 1–14. Proceedings of the ACM SIGPLAN '98 Conference on Programming Language Design and Implementation.

[44] H.-J. Boehm, Space efficient conservative garbage collection, SIGPLAN Not. 28 (6) (1993) 197–206. Proceedings of the ACM SIGPLAN '93 Conference on Programming Language Design and Implementation.

[45] H.-J. Boehm, A. Demers, Implementing Russell, SIGPLAN Not. 21 (7) (1986) 186–195. Proceedings of the ACM SIGPLAN '86 Symposium on Compiler Construction.

[46] H.-J. Boehm, M. Weiser, Garbage collection in an uncooperative environment, Softw. Pract. Experience 18 (9) (1988) 807–820.

[47] F. Bouchez, A Study of Spilling and Coalescing in Register Allocation As Two Separate Phases, PhD thesis, École Normale Supérieure de Lyon, Lyon, France, 2009.

[48] D.G. Bradlee, S.J. Eggers, R.R. Henry, Integrating register allocation and instruction scheduling for RISCs, SIGPLAN Not. 26 (4) (1991) 122–131. Proceedings of the Fourth International Conference on Architectural Support for Programming Languages and Operating Systems (ASPLOS-IV).

[49] P. Briggs, Register Allocation via Graph Coloring, PhD thesis, Department of Computer Science, Rice University, Houston, TX, 1992. Technical Report TR92-183, Computer Science Department, Rice University, 1992.

[50] P. Briggs, K.D. Cooper, T.J. Harvey, L.T. Simpson, Practical improvements to the construction and destruction of static single assignment form, Softw. Pract. Experience 28 (8) (1998) 859–881.

[51] P. Briggs, K.D. Cooper, K. Kennedy, L. Torczon, Coloring heuristics for register allocation, SIGPLAN Not. 24 (7) (1989) 275–284. Proceedings of the ACM SIGPLAN '89 Conference on Programming Language Design and Implementation.

[52] P. Briggs, K.D. Cooper, K. Kennedy, L. Torczon, Digital computer register allocation and code spilling using interference graph coloring, United States Patent 5, 249, 295, March 1993.

[53] P. Briggs, K.D. Cooper, L.T. Simpson, Value numbering, Softw. Pract. Experience 27 (6) (1997) 701–724.

[54] P. Briggs, K.D. Cooper, L. Torczon, Coloring register pairs, ACM Lett. Program. Lang. Syst. 1 (1) (1992) 3–13.

[55] P. Briggs, K.D. Cooper, L. Torczon, Rematerialization, SIGPLAN Not. 27 (7) (1992) 311–321. Proceedings of the ACM SIGPLAN '92 Conference on Programming Language Design and Implementation.

[56] P. Briggs, K.D. Cooper, L. Torczon, Improvements to graph coloring register allocation, ACM Trans. Program. Lang. Syst. 16 (3) (1994) 428–455.

[57] P. Briggs, L. Torczon, An efficient representation for sparse sets, ACM Lett. Program. Lang. Syst. 2 (1–4) (1993) 59–69.

[58] P. Brisk, F. Dabiri, J. Macbeth, M. Sarrafzadeh, Polynomial time graph coloring register allocation, in: 14th International Workshop on Logic and Synthesis, Lake Arrowhead, CA, 2005, pp. 447–454.

[59] K. Brouwer, W. Gellerich, E. Ploedereder, Myths and facts about the efficient implementation of finite automata and lexical analysis, in: Proceedings of the International Conference on Compiler Construction CC'1998, vol. 1883 of LNCS, Springer-Verlag, Berlin, Heidelberg, 1998, pp. 1–15.

[60] J.A. Brzozowski, Canonical regular expressions and minimal state graphs for definite events, in: Mathematical Theory of Automata, vol. 12 of MRI Symposia Series, Polytechnic Press, Polytechnic Institute of Brooklyn, New York, 1962, pp. 529–561.

[61] A.L. Buchsbaum, H. Kaplan, A. Rogers, J.R. Westbrook, Linear-time pointermachine algorithms for least common ancestors, MST verification, and dominators, in: Proceedings of the Thirtieth Annual ACM Symposium on Theory of Computing (STOC), Dallas, TX, ACM, New York, 1998, pp. 279–288.

[62] M. Burke, An interval-based approach to exhaustive and incremental interprocedural data-flow analysis, ACM Trans. Program. Lang. Syst. 12 (3) (1990) 341–395.

[63] M. Burke, J.-D. Choi, S. Fink, D. Grove, M. Hind, V. Sarkar, et al., The Jalapeño dynamic optimizing compiler for Java™, in: Proceedings of the ACM 1999 Conference on Java Grande, San Francisco, CA, ACM, New York, 1999, pp. 129–141.

[64] M. Burke, L. Torczon, Interprocedural optimization: eliminating unnecessary recompilation, ACM Trans. Program. Lang. Syst. 15 (3) (1993) 367–399.

[65] J. Cai, R. Paige, Using multiset discrimination to solve language processing problems without hashing, Theor. Comput. Sci. 145 (1–2) (1995) 189–228.

[66] B. Calder, D. Grunwald, Reducing branch costs via branch alignment, SIGPLAN Not. 29 (11) (1994) 242–251. Proceedings of the Sixth International Conference on Architectural Support for Programming Languages and Operating Systems (ASPLOS-VI).

[67] D. Callahan, S. Carr, K. Kennedy, Improving register allocation for subscripted variables, SIGPLAN Not. 25 (6) (1990) 53–65. Proceedings of the ACM SIGPLAN '90 Conference on Programming Language Design and Implementation.

[68] D. Callahan, K.D. Cooper, K. Kennedy, L. Torczon, Interprocedural constant propagation, SIGPLAN Not. 21 (7) (1986) 152–161. Proceedings of the ACM SIGPLAN '86 Symposium on Compiler Construction.

[69] L. Cardelli, Type systems, in: A.B. Tucker Jr. (Ed.), The Computer Science and Engineering Handbook, CRC Press, Boca Raton, FL, 1996, pp. 2208–2236.

[70] S. Carr, K. Kennedy, Scalar replacement in the presence of conditional control flow, Softw. Pract. Experience 24 (1) (1994) 51–77.

[71] R.G.G. Cattell, Automatic derivation of code generators from machine descriptions, ACM Trans. Program. Lang. Syst. 2 (2) (1980) 173–190.

[72] R.G.G. Cattell, J.M. Newcomer, B.W. Leverett, Code generation in a machineindependent compiler, SIGPLAN Not. 14 (8) (1979) 65–75. Proceedings of the ACM SIGPLAN '79 Symposium on Compiler Construction.

[73] G.J. Chaitin, Register allocation and spilling via graph coloring, SIGPLAN Not. 17 (6) (1982) 98–105. Proceedings of the ACM SIGPLAN '82 Symposium on Compiler Construction.

[74] G.J. Chaitin, Register allocation and spilling via graph coloring, United States Patent 4, 571, 678, February 1986.

[75] G.J. Chaitin, M.A. Auslander, A.K. Chandra, J. Cocke, M.E. Hopkins, P.W. Markstein, Register allocation via coloring, Comput. Lang. 6 (1) (1981) 47–57.

[76] D.R. Chase, An improvement to bottom-up tree pattern matching, in: Proceedings of the Fourteenth Annual ACM Symposium on Principles of Programming Languages, Munich, Germany, ACM, New York, 1987, pp. 168–177,

[77] D.R. Chase, M. Wegman, F.K. Zadeck, Analysis of pointers and structures, SIGPLAN Not. 25 (6) (1990) 296–310. Proceedings of the ACM SIGPLAN '90 Conference on Programming Language Design and Implementation.

[78] J.B. Chen, B.D.D. Leupen, Improving instruction locality with just-in-time code layout, in: Proceedings of the First USENIX Windows NT Workshop, Seattle, WA, The USENIX Association, Berkeley, CA, 1997, pp. 25–32.

[79] C.J. Cheney, A nonrecursive list compacting algorithm, Commun. ACM 13 (11) (1970) 677–678.

[80] J.-D. Choi, M. Burke, P.R. Carini, Efficient flow-sensitive interprocedural computation of pointer-induced aliases and side effects, in: Proceedings of the Twentieth Annual ACM SIGPLAN-SIGACT Symposium on Principles of Programming Languages, Charleston, SC, ACM, New York, 1993, pp. 232–245.

[81] F.C. Chow, A Portable Machine-Independent Global Optimizer—Design and Measurements, PhD thesis, Department of Electrical Engineering, Stanford University, Stanford, CA, 1983. Technical Report CSL-TR-83-254, Computer Systems Laboratory, Stanford University, December 1983.

[82] F.C. Chow, J.L. Hennessy, Register allocation by priority-based coloring, SIGPLAN Not. 19 (6) (1984) 222–232. Proceedings of the ACM SIGPLAN '84 Symposium on Compiler Construction.

[83] F.C. Chow, J.L. Hennessy, The priority-based coloring approach to register allocation, ACM Trans. Program. Lang. Syst. 12 (4) (1990) 501–536.

[84] C. Click, Combining Analyses, Combining Optimizations, PhD thesis, Department of Computer Science, Rice University, Houston, TX, 1995. Technical Report TR95-252, Computer Science Department, Rice University, 1995.

[85] C. Click, Global code motion/global value numbering, SIGPLAN Not. 30 (6) (1995) 246–257. Proceedings of the ACM SIGPLAN '95 Conference on Programming Language Design and Implementation.

[86] C. Click, K.D. Cooper, Combining analyses, combining optimizations, ACM Trans. Program. Lang. Syst. 17 (2) (1995) 181–196.

[87] J. Cocke, Global common subexpression elimination, SIGPLAN Not. 5 (7) (1970) 20–24. Proceedings of a Symposium on Compiler Optimization.

[88] J. Cocke, K. Kennedy, An algorithm for reduction of operator strength, Commun. ACM 20 (11) (1977) 850–856.

[89] J. Cocke, P.W. Markstein, Measurement of program improvement algorithms, in: S.H. Lavington (Ed.), Proceedings of IFIP Congress 80, Information Processing 80, North Holland, Amsterdam, Netherlands, 1980, pp. 221–228.

[90] J. Cocke, P.W. Markstein, Strength reduction for division and modulo with application to accessing a multilevel store, IBM J. Res. Dev. 24 (6) (1980) 692–694.

[91] J. Cocke, J.T. Schwartz, Programming Languages and Their Compilers: Preliminary Notes, Technical Report, Courant Institute of Mathematical Sciences, New York University, New York, 1970.

[92] J. Cohen, Garbage collection of linked structures, ACM Comput. Surv. 13 (3) (1981) 341–367.

[93] R. Cohn, P.G. Lowney, Hot cold optimization of large Windows/NT applications, in: Proceedings of the Twenty-Ninth IEEE/ACM Annual International Symposium on Microarchitecture (MICRO-29), Paris, France, ACM, New York, 1996, pp. 80–89.

[94] S. Coleman, K.S. McKinley, Tile size selection using cache organization and data layout, SIGPLAN Not. 30 (6) (1995) 279–290. Proceedings of the ACM SIGPLAN '95 Conference on Programming Language Design and Implementation.

[95] G.E. Collins, A method for overlapping and erasure of lists, Commun. ACM 3 (12) (1960) 655–657.

[96] M.E. Conway, Design of a separable transition diagram compiler, Commun. ACM 6 (7) (1963) 396–408.

[97] R.W. Conway, T.R. Wilcox, Design and implementation of a diagnostic compiler for PL/I, Commun. ACM 16 (3) (1973) 169–179.

[98] K.D. Cooper, J. Eckhardt, Improved passive splitting, in: Proceedings of the 2005 International Conference on Programming Languages and Compilers, Computer Science Research, Education, and Applications (CSREA) Press, Athens, Georgia, 2005, pp. 1155–1122.

[99] K.D. Cooper, M.W. Hall, L. Torczon, An experiment with inline substitution, Softw. Pract. Experience 21 (6) (1991) 581–601.

[100] K.D. Cooper, T.J. Harvey, K. Kennedy, A Simple, Fast Dominance Algorithm, Technical Report TR06-38870, Rice University Computer Science Department, Houston, TX, 2006.

[101] K.D. Cooper, T.J. Harvey, L. Torczon, How to build an interference graph, Softw. Pract. Experience 28 (4) (1998) 425–444.

[102] K.D. Cooper, K. Kennedy, Interprocedural side-effect analysis in linear time, SIGPLAN Not. 23 (7) (1988) 57–66. Proceedings of the ACM SIGPLAN '88 Conference on Programming Language Design and Implementation.

[103] K.D. Cooper, K. Kennedy, Fast interprocedural alias analysis, in: Proceedings of the Sixteenth Annual ACM Symposium on Principles of Programming Languages, Austin, TX, ACM, New York, 1989, pp. 49–59.

[104] K.D. Cooper, K. Kennedy, L. Torczon, The impact of interprocedural analysis and optimization in the Rn programming environment, ACM Trans. Program. Lang. Syst. 8 (4) (1986) 491–523.

[105] K.D. Cooper, P.J. Schielke, Non-local instruction scheduling with limited code growth, in: F. Mueller, A. Bestavros (Eds.), Proceedings of the 1998 ACM SIGPLAN Workshop on Languages, Compilers, and Tools for Embedded Systems (LCTES), Lecture Notes in Computer Science 1474, Springer-Verlag, Heidelberg, Germany, 1998, pp. 193–207.

[106] K.D. Cooper, L.T. Simpson, Live range splitting in a graph coloring register allocator, in: Proceedings of the Seventh International Compiler Construction Conference (CC '98), Lecture Notes in Computer Science 1383, Springer-Verlag, Heidelberg, Germany, 1998, pp. 174–187.

[107] K.D. Cooper, L.T. Simpson, C.A. Vick, Operator strength reduction, ACM Trans. Program. Lang. Syst. 23 (5) (2001) 603–625.

[108] K.D. Cooper, T. Waterman, Understanding energy consumption on the C62x, in: Proceedings of the 2002 Workshop on Compilers and Operating Systems for Low Power, Charlottesville, VA, 2002, pp. 4-1-4-8.

[109] T.H. Cormen, C.E. Leiserson, R.L. Rivest, Introduction to Algorithms, MIT Press, Cambridge, MA, 1992.

[110] R. Cytron, J. Ferrante, B.K. Rosen, M.N. Wegman, F.K. Zadeck, Efficiently computing static single assignment form and the control dependence graph, ACM Trans. Program. Lang. Syst. 13 (4) (1991) 451–490.

[111] R. Cytron, A. Lowry, F.K. Zadeck, Code motion of control structures in highlevel languages, in: Conference Record of the Thirteenth Annual ACM Symposium on Principles of Programming Languages, St. Petersburg Beach, FL, ACM, New York, 1986, pp. 70–85.

[112] J. Daciuk, Comparison of construction algorithms for minimal, acyclic, deterministic finite-state automata from sets of strings, in: Seventh International Conference on Implementation and Application of Automata, CIAA 2002, vol. 2068 of LNCS, Springer-Verlag, Berlin, Heidelberg, 2003, pp. 255–261.

[113] M. Das, Unification-based pointer analysis with directional assignments, SIGPLAN Not. 35 (5) (2000) 35–46. Proceedings of the ACM SIGPLAN '00 Conference on Programming Language Design and Implementation.

[114] J. Davidson, S. Jinturkar, Aggressive loop unrolling in a retargetable optimizing compiler, in: Proceedings of the 6th International Conference on Compiler Construction (CC '96), LinkRoping, Sweden, April 24–26, Springer-Verlag, London, 1996, pp. 59–73.

[115] J.W. Davidson, C.W. Fraser, The design and application of a retargetable peephole optimizer, ACM Trans. Program. Lang. Syst. 2 (2) (1980) 191–202.

[116] J.W. Davidson, C.W. Fraser, Automatic generation of peephole optimizations, SIGPLAN Not. 19 (6) (1984) 111–116. Proceedings of the ACM SIGPLAN '84 Symposium on Compiler Construction.

[117] J.W. Davidson, C.W. Fraser, Register allocation and exhaustive peephole optimization, Softw. Pract. Experience 14 (9) (1984) 857–865.

[118] J.W. Davidson, C.W. Fraser, Automatic inference and fast interpretation of peephole optimization rules, Softw. Pract. Experience 17 (11) (1987) 801–812.

[119] J.W. Davidson, A.M. Holler, A study of a C function inliner, Softw. Pract. Experience 18 (8) (1988) 775–790.

[120] A.J. Demers, M.Weiser, B. Hayes, H. Boehm, D. Bobrow, S. Shenker, Combining generational and conservative garbage collection: framework and implementations, in: Proceedings of the Seventeenth Annual ACM Symposium on Principles of Programming Languages, San Francisco, CA, ACM, New York, 1990, pp. 261–269.

[121] F. DeRemer, Simple LR(k) grammars, Commun. ACM 14 (7) (1971) 453–460.

[122] F. DeRemer, T.J. Pennello, Efficient computation of LALR(1) look-ahead sets, SIGPLAN Not. 14 (8) (1979) 176–187. Proceedings of the ACM SIGPLAN '79 Symposium on Compiler Construction.

[123] A. Deutsch, Interprocedural May-Alias analysis for pointers: beyond k-limiting, SIGPLAN Not. 29 (6) (1994) 230–241. Proceedings of the ACM SIGPLAN '94 Conference on Programming Language Design and Implementation.

[124] L.P. Deutsch, An Interactive Program Verifier, PhD thesis, Computer Science Department, University of California, Berkeley, CA, 1973. Technical Report CSL-73-1, Xerox Palo Alto Research, May 1973.

[125] L.P. Deutsch, D.G. Bobrow, An efficient, incremental, automatic, garbage collector, Commun. ACM 19 (9) (1976) 522–526.

[126] L.P. Deutsch, A.M. Schiffman, Efficient implementation of the Smalltalk-80 system, in: Conference Record of the Eleventh Annual ACM Symposium on Principles of Programming Languages, Salt Lake City, UT, ACM, New York, 1984, pp. 297–302.

[127] D.M. Dhamdhere, On algorithms for operator strength reduction, Commun. ACM 22 (5) (1979) 311–312.

[128] D.M. Dhamdhere, A fast algorithm for code movement optimisation, SIGPLAN Not. 23 (10) (1988) 172–180.

[129] D.M. Dhamdhere, A new algorithm for composite hoisting and strength reduction, Int. J. Comput. Math. 27 (1) (1989) 1–14.

[130] D.M. Dhamdhere, Practical adaptation of the global optimization algorithm of Morel and Renvoise, ACM Trans. Program. Lang. Syst. 13 (2) (1991) 291–294.

[131] D.M. Dhamdhere, J.R. Isaac, A composite algorithm for strength reduction and code movement optimization, Int. J. Comput. Inf. Sci. 9 (3) (1980) 243–273.

[132] M.K. Donegan, R.E. Noonan, S. Feyock, A code generator generator language, SIGPLAN Not. 14 (8) (1979) 58–64. Proceedings of the ACM SIGPLAN '79 Symposium on Compiler Construction.

[133] K.-H. Drechsler, M.P. Stadel, A solution to a problem with Morel and Renvoise's "Global optimization by suppression of partial redundancies, " ACM Trans. Program. Lang. Syst. 10 (4) (1988) 635–640.

[134] K.-H. Drechsler, M.P. Stadel, A variation of Knoop, Rüthing, and Steffen's "lazy code motion, " SIGPLAN Not. 28 (5) (1993) 29–38.

[135] J. Earley, An efficient context-free parsing algorithm, Commun. ACM 13 (2) (1970) 94–102.

[136] K. EbcioMglu, T. Nakatani, A new compilation technique for parallelizing loops with unpredictable branches on a VLIW architecture, in: Selected Papers of the Second Workshop on Languages and Compilers for Parallel Computing (LCPC '89), Pitman Publishing, London, 1990, pp. 213–229.

[137] J.R. Ellis, Bulldog: A Compiler for VLIW Architectures, The MIT Press, Cambridge, MA, 1986.

[138] M. Emami, R. Ghiya, L.J. Hendren, Context-sensitive interprocedural pointsto analysis in the presence of function pointers, SIGPLAN Not. 29 (6) (1994) 242–256. Proceedings of the ACM SIGPLAN '94 Conference on Programming Language Design and Implementation.

[139] A.P. Ershov, On programming of arithmetic expressions, Commun. ACM 1 (8) (1958) 3–6. The figures appear in volume 1, number 9, page 16.

[140] A.P. Ershov, Reduction of the problem of memory allocation in programming to the problem of coloring the vertices of graphs, Sov. Math. 3 (1962) 163–165. Originally published in Doklady Akademii Nauk S.S.S.R. 142 (4) (1962).

[141] A.P. Ershov, Alpha: an automatic programming system of high efficiency, J. ACM 13 (1) (1966) 17–24.

[142] R. Farrow, Linguist-86: yet another translator writing system based on attribute grammars, SIGPLAN Not. 17 (6) (1982) 160–171. Proceedings of the ACM SIGPLAN '82 Symposium on Compiler Construction.

[143] R. Farrow, Automatic generation of fixed-point-finding evaluators for circular, but well-defined, attribute grammars, SIGPLAN Not. 21 (7) (1986) 85–98. Proceedings of the ACM SIGPLAN '86 Symposium on Compiler Construction.

[144] R.R. Fenichel, J.C. Yochelson, A LISP garbage-collector for virtual-memory computer systems, Commun. ACM 12 (11) (1969) 611–612.

[145] J. Ferrante, K.J. Ottenstein, J.D. Warren, The program dependence graph and its use in optimization, ACM Trans. Program. Lang. Syst. 9 (3) (1987) 319–349.

[146] C.N. Fischer, R.J. LeBlanc Jr., The implementation of run-time diagnostics in Pascal, IEEE Trans. Software Eng. SE-6 (4) (1980) 313–319.

[147] C.N. Fischer, R.J. LeBlanc Jr., Crafting a Compiler with C, Benjamin/Cummings, Redwood City, CA, 1991.

[148] J.A. Fisher, Trace scheduling: a technique for global microcode compaction, IEEE Trans. Comput. C-30 (7) (1981) 478–490.

[149] J.A. Fisher, J.R. Ellis, J.C. Ruttenberg, A. Nicolau, Parallel processing: a smart compiler and a dumb machine, SIGPLAN Not. 19 (6) (1984) 37–47. Proceedings of the ACM SIGPLAN '84 Symposium on Compiler Construction.

[150] R.W. Floyd, An algorithm for coding efficient arithmetic expressions, Commun. ACM 4 (1) (1961) 42–51.

[151] J.M. Foster, A syntax improving program, Comput. J. 11 (1) (1968) 31–34.

[152] C.W. Fraser, D.R. Hanson, T.A. Proebsting, Engineering a simple, efficient code generator generator, ACM Lett. Program. Lang. Syst. 1 (3) (1992) 213–226.

[153] C.W. Fraser, R.R. Henry, Hard-coding bottom-up code generation tables to save time and space, Softw. Pract. Experience 21 (1) (1991) 1–12.

[154] C.W. Fraser, A.L. Wendt, Integrating code generation and optimization, SIGPLAN Not. 21 (7) (1986) 242–248. Proceedings of the ACM SIGPLAN '86 Symposium on Compiler Construction.

[155] C.W. Fraser, A.L. Wendt, Automatic generation of fast optimizing code generators, SIGPLAN Not. 23 (7) (1988) 79–84. Proceedings of the ACM SIGPLAN '88 Conference on Programming Language Design and Implementation.

[156] M. Ganapathi, C.N. Fischer, Description-driven code generation using attribute grammars, in: Conference Record of the Ninth Annual ACM Symposium on Principles of Programming Languages, Albuquerque, NM, ACM, New York, 1982, pp. 108–119.

[157] H. Ganzinger, R. Giegerich, U. Mˇoncke, R. Wilhelm, A truly generative semantics-directed compiler generator, SIGPLAN Not. 17 (6) (1982) 172–184. Proceedings of the ACM SIGPLAN '82 Symposium on Compiler Construction.

[158] L. George, A.W. Appel, Iterated register coalescing, in: Proceedings of the Twenty-Third ACM SIGPLAN-SIGACT Symposium on Principles of Programming Languages, St. Petersburg Beach, FL, ACM, New York, 1996, pp. 208–218.

[159] P.B. Gibbons, S.S. Muchnick, Efficient instruction scheduling for a pipelined architecture, SIGPLAN Not. 21 (7) (1986) 11–16. Proceedings of the ACM SIGPLAN '86 Symposium on Compiler Construction.

[160] R.S. Glanville, S.L. Graham, A new method for compiler code generation, in: Conference Record of the Fifth Annual ACM Symposium on Principles of Programming Languages, Tucson, AZ, ACM, New York, 1978, pp. 231–240.

[161] N. Gloy, M.D. Smith, Procedure placement using temporal-ordering information, ACM Trans. Program. Lang. Syst. 21 (5) (1999) 977–1027.

[162] A. Goldberg, D. Robson, Smalltalk-80: The Language and Its Implementation, Addison-Wesley, Reading, MA, 1983.

[163] J.R. Goodman, W.-C. Hsu, Code scheduling and register allocation in large basic blocks, in: Proceedings of the Second International Conference on Supercomputing, ACM, New York, 1988, pp. 442–452.

[164] E. Goto, Monocopy and Associative Operations in Extended Lisp, Technical Report 74-03, University of Tokyo, Tokyo, Japan, 1974.

[165] S.L. Graham, Table-driven code generation, IEEE Comput. 13 (8) (1980) 25–34.

[166] S.L. Graham, M.A. Harrison, W.L. Ruzzo, An improved context-free recognizer, ACM Trans. Program. Lang. Syst. 2 (3) (1980) 415–462.

[167] S.L. Graham, R.R. Henry, R.A. Schulman, An experiment in table driven code generation, SIGPLAN Not. 17 (6) (1982) 32–43. Proceedings of the ACM SIGPLAN '82 Symposium on Compiler Construction.

[168] S.L. Graham, M. Wegman, A fast and usually linear algorithm for global flow analysis, in: Conference Record of the Second ACM Symposium on Principles of Programming Languages, Palo Alto, CA, ACM, New York, 1975, pp. 22–34.

[169] S.L. Graham, M. Wegman, A fast and usually linear algorithm for global flow analysis, J. ACM 23 (1) (1976) 172–202.

[170] T. Granlund, R. Kenner, Eliminating branches using a superoptimizer and the GNU C compiler, SIGPLAN Not. 27 (7) (1992) 341–352. Proceedings of the ACM SIGPLAN '92 Conference on Programming Language Design and Implementation.

[171] D. Gries, Compiler Construction for Digital Computers, John Wiley & Sons, New York, 1971.

[172] D. Grove, L. Torczon, Interprocedural constant propagation: a study of jump function implementations, in: Proceedings of the ACM SIGPLAN 93 Conference on Programming Language Design and Implementation (pldi), ACM, New York, 1993, pp. 90–99. Also published as SIGPLAN Not. 28 (6) (1993).

[173] R. Gupta, Optimizing array bound checks using flow analysis, ACM Lett. Program. Lang. Syst. (LOPLAS) 2 (1993) 135–150.

[174] R. Gupta, M.L. Soffa, Region scheduling: an approach for detecting and redistributing parallelism, IEEE Trans. Software Eng. SE-16 (4) (1990) 421–431.

[175] R. Gupta, M.L. Soffa, T. Steele, Register allocation via clique separators, SIGPLAN Not. 24 (7) (1989) 264–274. Proceedings of the ACM SIGPLAN '89 Conference on Programming Language Design and Implementation.

[176] S. Hack, Register Allocation for Programs in SSA Form, PhD thesis, Universit¨at Karlsruhe, Karlsruhe, Germany, 2007.

[177] S. Hack, G. Goos, Optimal register allocation for SSA-form programs in polynomial time, Inf. Process. Lett. 98 (4) (2006) 150–155.

[178] M. Hailperin, Cost-optimal code motion, ACM Trans. Program. Lang. Syst. 20 (6) (1998) 1297–1322.

[179] D.R. Hanson, Fast allocation and deallocation of memory based on object lifetimes, Softw. Pract. Experience 20 (1) (1990) 5–12.

[180] D. Harel, A linear time algorithm for finding dominators in flow graphs and related problems, in: Proceedings of the Seventeenth Annual ACM Symposium on Theory of Computing (STOC), ACM, New York, 1985, pp. 185–194.

[181] W.H. Harrison, A Class of Register Allocation Algorithms, Technical Report RC- 5342, IBM Thomas J. Watson Research Center, Yorktown Heights, NY, 1975.

[182] W.H. Harrison, A new strategy for code generation: the general purpose optimizing compiler, IEEE Trans. Software Eng. SE-5 (4) (1979) 367–373.

[183] A.H. Hashemi, D.R. Kaeli, B. Calder, Efficient procedure mapping using cache line coloring, in: Proceedings of the ACM SIGPLAN 1997 Conference on Programming Language Design and Implementation, ACM, New York, 1997, pp. 171–182. Also appeared as SIGPLAN Not. 32 (5).

[184] P.J. Hatcher, T.W. Christopher, High-quality code generation via bottom-up tree pattern matching, in: Conference Record of the Thirteenth Annual ACM Symposium on Principles of Programming Languages, St. Petersburg Beach, FL, ACM, New York, 1986, pp. 119–130.

[185] M.S. Hecht, J.D. Ullman, Characterizations of reducible flow graphs, J. ACM 21 (3) (1974) 367–375.

[186] M.S. Hecht, J.D. Ullman, A simple algorithm for global data flow analysis problems, SIAM J. Comput. 4 (4) (1975) 519–532.

[187] J. Heller, Sequencing aspects of multiprogramming, J. ACM 8 (3) (1961) 426–439.

[188] J.L. Hennessy, T. Gross, Postpass code optimization of pipeline constraints, ACM Trans. Program. Lang. Syst. 5 (3) (1983) 422–448.

[189] V.P. Heuring, The automatic generation of fast lexical analysers, Softw. Pract. Experience 16 (9) (1986) 801–808.

[190] M. Hind, M. Burke, P. Carini, J.-D. Choi, Interprocedural pointer alias analysis, ACM Trans. Program. Lang. Syst. 21 (4) (1999) 848–894.

[191] M. Hind, A. Pioli, Which pointer analysis should I use? ACM SIGSOFT Software Eng. Notes 25 (5) (2000) 113–123. In Proceedings of the International Symposium on Software Testing and Analysis.

[192] C.M. Hoffmann, M.J. O'Donnell, Pattern matching in trees, J. ACM 29 (1) (1982) 68–95.

[193] J.E. Hopcroft, An n logn algorithm for minimizing states in a finite automaton, in: Z. Kohavi, A. Paz (Eds.), Theory of Machines and Computations: Proceedings, Academic Press, New York, 1971, pp. 189–196.

[194] J.E. Hopcroft, J.D. Ullman, Introduction to Automata Theory, Languages, and Computation, Addison-Wesley, Reading, MA, 1979.

[195] E. Horowitz, S. Sahni, Fundamentals of Computer Algorithms, Computer Science Press, Inc., Potomac, MD, 1978.

[196] L.P. Horwitz, R.M. Karp, R.E. Miller, S. Winograd, Index register allocation, J. ACM 13 (1) (1966) 43–61.

[197] S. Horwitz, P. Pfeiffer, T. Reps, Dependence analysis for pointer variables, SIGPLAN Not. 24 (7) (1989) 28–40. Proceedings of the ACM SIGPLAN '89 Conference on Programming Language Design and Implementation.

[198] S. Horwitz, T. Teitelbaum, Generating editing environments based on relations and attributes, ACM Trans. Program. Lang. Syst. 8 (4) (1986) 577–608.

[199] B.L. Huber, Path-Selection Heuristics for Dominator-Path Scheduling, Master's thesis, Computer Science Department, Michigan Technological University, Houghton, MI, 1995.

[200] W. Hunt, B. Maher, K. Coons, D. Burger, K.S. McKinley, Optimal Huffman tree-height reduction for instruction level parallelism, unpublished manuscript, provided by authors, 2006.

[201] W.-M.W. Hwu, S.A. Mahlke, W.Y. Chen, P.P. Chang, N.J. Warter, R.A. Bringmann, et al., The superblock: an effective technique for VLIW and superscalar compilation, J. Supercomputing—Special Issue on Instruction Level Parallelism 7 (1–2) (1993) 229–248.

[202] E.T. Irons, A syntax directed compiler for Algol 60, Commun. ACM 4 (1) (1961) 51–55.

[203] M. Jazayeri, K.G. Walter, Alternating semantic evaluator, in: Proceedings of the 1975 Annual Conference of the ACM, ACM, New York, 1975, pp. 230–234.

[204] M.S. Johnson, T.C. Miller, Effectiveness of a machine-level, global optimizer, SIGPLAN Not. 21 (7) (1986) 99–108. Proceedings of the ACM SIGPLAN '86 Symposium on Compiler Construction.

[205] S.C. Johnson, Yacc: Yet Another Compiler-Compiler, Technical Report 32 (Computing Science), AT&T Bell Laboratories, Murray Hill, NJ, 1975.

[206] S.C. Johnson, A tour through the portable C compiler, in: Unix Programmer's Manual, seventh ed., vol. 2b, AT&T Bell Laboratories, Murray Hill, NJ, 1979.

[207] W.L. Johnson, J.H. Porter, S.I. Ackley, D.T. Ross, Automatic generation of efficient lexical processors using finite state techniques, Commun. ACM 11 (12) (1968) 805–813.

[208] D.W. Jones, How (not) to code a finite state machine, ACM SIGPLAN Not. 23 (8) (1988) 19–22.

[209] S.M. Joshi, D.M. Dhamdhere, A composite hoisting-strength reduction transformation for global program optimization, Int. J. Comput. Math. 11 (1) (1982) 21–44 (part I); 11 (2) 111–126 (part II).

[210] J.B. Kam, J.D. Ullman, Global data flow analysis and iterative algorithms, J. ACM 23 (1) (1976) 158–171.

[211] J.B. Kam, J.D. Ullman, Monotone data flow analysis frameworks, Acta Informatica 7 (1977) 305–317.

[212] T. Kasami, An efficient recognition and syntax analysis algorithm for contextfree languages, Scientific Report AFCRL-65-758, Air Force Cambridge Research Laboratory, Bedford, MA, 1965.

[213] K. Kennedy, A global flow analysis algorithm, Int. J. Comput. Math. Sect. A 3 (1971) 5–15.

[214] K. Kennedy, Global Flow Analysis and Register Allocation for Simple Code Structures, PhD thesis, Courant Institute of Mathematical Sciences, New York University, New York, 1971.

[215] K. Kennedy, Global dead computation elimination, SETL Newsletter 111, Courant Institute of Mathematical Sciences, New York University, New York, 1973.

[216] K. Kennedy, Reduction in strength using hashed temporaries, SETL Newsletter 102, Courant Institute of Mathematical Sciences, New York University, New York, 1973.

[217] K. Kennedy, Use-definition chains with applications, Comput. Lang. 3 (3) (1978) 163–179.

[218] K. Kennedy, A survey of data flow analysis techniques, in: N.D. Jones, S.S. Muchnik (Eds.), Program Flow Analysis: Theory and Applications, Prentice-Hall, Englewood Cliffs, NJ, 1981, pp. 5–54.

[219] K. Kennedy, L. Zucconi, Applications of graph grammar for program control flow analysis, in: Conference Record of the Fourth ACM Symposium on Principles of Programming Languages, Los Angeles, CA, ACM, New York, 1977, pp. 72–85.

[220] R. Kennedy, F.C. Chow, P. Dahl, S.-M. Liu, R. Lo, M. Streich, Strength reduction via SSAPRE, in: Proceedings of the Seventh International Conference on Compiler Construction (CC '98), Lecture Notes in Computer Science 1383, Springer-Verlag, Heidelberg, Germany, 1998, pp. 144–158.

[221] D.R. Kerns, S.J. Eggers, Balanced scheduling: instruction scheduling when memory latency is uncertain, SIGPLAN Not. 28 (6) (1993) 278–289. Proceedings of the ACM SIGPLAN '93 Conference on Programming Language Design and Implementation.

[222] R.R. Kessler, Peep: an architectural description driven peephole optimizer, SIGPLAN Not. 19 (6) (1984) 106–110. Proceedings of the ACM SIGPLAN '84 Symposium on Compiler Construction.

[223] G.A. Kildall, A unified approach to global program optimization, in: Conference Record of the ACM Symposium on Principles of Programming Languages, Boston, MA, ACM, New York, 1973, pp. 194–206.

[224] S.C. Kleene, Representation of events in nerve nets and finite automata, in: C.E. Shannon, J. McCarthy (Eds.), Automata Studies, Annals of Mathematics Studies, vol. 34, Princeton University Press, Princeton, NJ, 1956, pp. 3–41.

[225] J. Knoop, O. R¨uthing, B. Steffen, Lazy code motion, SIGPLAN Not. 27 (7) (1992) 224–234. Proceedings of the ACM SIGPLAN '92 Conference on Programming Language Design and Implementation.

[226] J. Knoop, O. R¨uthing, B. Steffen, Lazy strength reduction, Int. J. Program. Lang. 1 (1) (1993) 71–91.

[227] D.E. Knuth, A history of writing compilers, Comput. Autom. 11 (12) (1962) 8–18. Reprinted in Compiler Techniques, B.W. Pollack (Ed.), Auerbach, Princeton, NJ, 1972, pp. 38–56.

[228] D.E. Knuth, On the translation of languages from left to right, Inf. Control 8 (6) (1965) 607–639.

[229] D.E. Knuth, Semantics of context-free languages, Math. Syst. Theory 2 (2) (1968) 127–145.

[230] D.E. Knuth, Semantics of context-free languages: correction, Math. Syst. Theory 5 (1) (1971) 95–96.

[231] D.E. Knuth, The Art of Computer Programming, Addison-Wesley, Reading, MA, 1973.

[232] D.C. Kozen, Automata and Computability, Springer-Verlag, New York, 1997.

[233] G. Krasner (Eds.), Smalltalk-80: Bits of History, Words of Advice. Addison- Wesley, Reading, MA, 1983.

[234] S.M. Krishnamurthy, A brief survey of papers on scheduling for pipelined processors, SIGPLAN Not. 25 (7) (1990) 97–106.

[235] S.M. Kurlander, C.N. Fischer, Zero-cost range splitting, SIGPLAN Not. 29 (6) (1994) 257–265. Proceedings of the ACM SIGPLAN '94 Conference on Programming Language Design and Implementation.

[236] M. Lam, Software pipelining: an effective scheduling technique for VLIW machines, SIGPLAN Not. 23 (7) (1988) 318–328. Proceedings of the ACM SIGPLAN '88 Conference on Programming Language Design and Implementation.

[237] D.A. Lamb, Construction of a peephole optimizer, Softw. Pract. Experience 11 (6) (1981) 639–647.

[238] W. Landi, B.G. Ryder, Pointer-induced aliasing: a problem taxonomy, in: Proceedings of the Eighteenth Annual ACM Symposium on Principles of Programming Languages, Orlando, FL, ACM, New York, 1991, pp. 93–103.

[239] D. Landskov, S. Davidson, B. Shriver, P.W. Mallett, Local microcode compaction techniques, ACM Comput. Surv. 12 (3) (1980) 261–294.

[240] R. Landwehr, H.-S. Jansohn, G. Goos, Experience with an automatic code generator generator, SIGPLAN Not. 17 (6) (1982) 56–66. Proceedings of the ACM SIGPLAN '82 Symposium on Compiler Construction.

[241] J.R. Larus, P.N. Hilfinger, Register allocation in the SPUR Lisp compiler, SIGPLAN Not. 21 (7) (1986) 255–263. Proceedings of the ACM SIGPLAN '86 Symposium on Compiler Construction.

[242] S.S. Lavrov, Store economy in closed operator schemes, J. Comput. Math. Math. Phys. 1 (4) (1961) 687–701. English translation in U.S.S.R. Computational Mathematics and Mathematical Physics 3 (1962) 810–828.

[243] V. Lefévre, Multiplication By an Integer Constant, Technical Report 4192, INRIA, Lorraine, France, 2001.

[244]   T. Lengauer, R.E. Tarjan, A fast algorithm for finding dominators in a flowgraph, ACM Trans. Program. Lang. Syst. 1 (1) (1979) 121–141.

[245]   P.M. Lewis, R.E. Stearns, Syntax-directed transduction, J. ACM 15 (3) (1968) 465–488.

[246]   V. Liberatore, M. Farach-Colton, U. Kremer, Evaluation of algorithms for local register allocation, in: Proceedings of the Eighth International Conference on Compiler Construction (CC '99), Lecture Notes in Computer Science 1575, Springer-Verlag, Heidelberg, Germany, 1999, pp. 137–152.

[247]   H. Lieberman, C. Hewitt, A real-time garbage collector based on the lifetimes of objects, Commun. ACM 26 (6) (1983) 419–429.

[248]   B. Liskov, R.R. Atkinson, T. Bloom, J.E.B. Moss, C. Schaffert, R. Scheifler, et al., CLU Reference Manual, Lecture Notes in Computer Science 114, Springer-Verlag, Heidelberg, Germany, 1981.

[249]   J.L. Lo, S.J. Eggers, Improving balanced scheduling with compiler optimizations that increase instruction-level parallelism, SIGPLAN Not. 30 (6) (1995) 151–162. Proceedings of the ACM SIGPLAN '95 Conference on Programming Language Design and Implementation.

[250]   R. Lo, F. Chow, R. Kennedy, S.-M. Liu, P. Tu, Register promotion by sparse partial redundancy elimination of loads and stores, SIGPLAN Not. 33 (5) (1998) 26–37. Proceedings of the ACM SIGPLAN '98 Conference on Programming Language Design and Implementation.

[251]   P.G. Lowney, S.M. Freudenberger, T.J. Karzes, W.D. Lichtenstein, R.P. Nix, J.S. O'Donnell, et al., The multiflow trace scheduling compiler, J. Supercomputing— Special Issue 7 (1–2) (1993) 51–142.

[252]   E.S. Lowry, C.W. Medlock, Object code optimization, Commun. ACM 12 (1) (1969) 13–22.

[253]   J. Lu, K.D. Cooper, Register promotion in C programs, SIGPLAN Not. 32 (5) (1997) 308–319. Proceedings of the ACM SIGPLAN '97 Conference on Programming Language Design and Implementation.

[254]   J. Lu, R. Shillner, Clean: removing useless control flow, unpublished manuscript, Department of Computer Science, Rice University, Houston, TX, 1994.

[255]   P. Lucas, The structure of formula-translators, ALGOL Bull. (Suppl. 16) (1961) 1–27. [Die strukturanalyse von formel¨ubersetzern, Elektronische Rechenanlagen 3 (4) (1961) 159–167.]

[256]   P.W. Markstein, V. Markstein, F.K. Zadeck, Reassociation and strength reduction. Unpublished book chapter.

[257]   V. Markstein, J. Cocke, P. Markstein, Optimization of range checking, in: Proceedings of the 1982 SIGPLAN Symposium on Compiler Construction, ACM, New York, 1982, pp. 114–119. Also published as SIGPLAN Not. 17 (6) (1982).

[258]   H. Massalin, Superoptimizer: a look at the smallest program, SIGPLAN Not. 22 (10) (1987) 122–126. Proceedings of the Second International Conference on Architectural Support for Programming Languages and Operating Systems (ASPLOS-II).

[259]   J. McCarthy, Lisp: notes on its past and future, in: Proceedings of the 1980 ACM Conference on Lisp and Functional Programming, Stanford University, Stanford, CA, 1980, pp. v–viii.

[260]   W.M. McKeeman, Peephole optimization, Commun. ACM 8 (7) (1965) 443–444.

[261]   K.S. McKinley, S. Carr, C.-W. Tseng, Improving data locality with loop transformations, ACM Trans. Program. Lang. Syst. 18 (4) (1996) 424–453.

[262]   R. McNaughton, H. Yamada, Regular expressions and state graphs for automata, IRE Trans. Electron. Comput. EC-9 (1) (1960) 39–47.

[263]   R. Metzger, S. Stroud, Interprocedural constant propagation: an empirical study, ACM Lett. Program. Lang. Syst. (loplas) 2 (1–4) (1993) 213–232.

[264]   T.C. Miller, Tentative Compilation: A Design for an APL Compiler, PhD thesis, Yale University, New Haven, CT, 1978. See also the paper of the same title in the Proceedings of the International Conference on APL: Part 1, New York, 1979, pp. 88–95.

[265]   R. Milner, M. Tofte, R. Harper, D. MacQueen, The Definition of Standard ML— Revised, MIT Press, Cambridge, MA, 1997.

[266]   J.S. Moore, The Interlisp Virtual Machine Specification, Technical Report CSL 76-5, Xerox Palo Alto Research Center, Palo Alto, CA, 1976.

[267] E. Morel, C. Renvoise, Global optimization by suppression of partial redundancies, Commun. ACM 22 (2) (1979) 96–103.

[268] R. Morgan, Building an Optimizing Compiler, Digital Press (an imprint of Butterworth–Heineman), Boston, MA, 1998.

[269] R. Motwani, K.V. Palem, V. Sarkar, S. Reyen, Combining Register Allocation and Instruction Scheduling, Technical Report 698, Courant Institute of Mathematical Sciences, New York University, New York, 1995.

[270] S.S. Muchnick, Advanced Compiler Design & Implementation, Morgan Kaufmann, San Francisco, CA, 1997.

[271] F. Mueller, D.B. Whalley, Avoiding unconditional jumps by code replication, SIGPLAN Not. 27 (7) (1992) 322–330. Proceedings of the ACM SIGPLAN '92 Conference on Programming Language Design and Implementation.

[272] T.P. Murtagh, An improved storage management scheme for block structured languages, ACM Trans. Program. Lang. Syst. 13 (3) (1991) 372–398.

[273] P. Naur (Ed.), J.W. Backus, F.L. Bauer, J. Green, C. Katz, J. McCarthy, et al., Revised report on the algorithmic language Algol 60, Commun. ACM 6 (1) (1963) 1–17.

[274] E.K. Ngassam, B.W. Watson, D.G. Kourie, Hardcoding finite state automata processing, in: Proceedings of SAICSIT 2003 Annual Conference of the South African Insitute of Computer Scientists and Information Technologists, Republic of South Africa, 2003, pp. 111–121.

[275] B.R. Nickerson, Graph coloring register allocation for processors with multiregister operands, SIGPLAN Not. 25 (6) (1990) 40–52. Proceedings of the ACM SIGPLAN '90 Conference on Programming Language Design and Implementation.

[276] C. Norris, L.L. Pollock, A scheduler-sensitive global register allocator, in: Proceedings of Supercomputing '93, Portland, OR, ACM, New York, 1993, pp. 804–813.

[277] C. Norris, L.L. Pollock, An experimental study of several cooperative register allocation and instruction scheduling strategies, in: Proceedings of the Twenty- Eighth Annual International Symposium on Microarchitecture (MICRO-28), Ann Arbor, MI, IEEE Computer Society Press, Los Alamitos, CA, 1995, pp. 169–179.

[278] K. Nygaard, O.-J. Dahl, The development of the SIMULA languages, SIGPLAN Not. 13 (8) (1978) 245–272. Proceedings of the First ACM SIGPLAN Conference on the History of Programming Languages.

[279] M. Paleczny, C.A. Vick, C. Click, The Java HotSpot™ Server Compiler, in: Proceedings of the First Java™ Virtual Machine Research and Technology Symposium (JVM '01), Monterey, CA, The USENIX Association, Berkeley, CA, 2001, pp. 1–12.

[280] J. Park, S.-M. Moon, Optimistic register coalescing, in: Proceedings of the 1998 International Conference on Parallel Architecture and Compilation Techniques (PACT), IEEE Computer Society, Washington, DC, 1998, pp. 196–204.

[281] E. Pelegrí-Llopart, S.L. Graham, Optimal code generation for expression trees: an application of BURS theory, in: Proceedings of the Fifteenth Annual ACM Symposium on Principles of Programming Languages, San Diego, CA, ACM, New York, 1988, pp. 294–308.

[282] T.J. Pennello, Very fast LR parsing, SIGPLAN Not. 21 (7) (1986) 145–151. Proceedings of the ACM SIGPLAN '86 Symposium on Compiler Construction.

[283] F.M.Q. Pereira, J. Palsberg, Register allocation via coloring of chordal graphs, in: Proceedings of the Asian Symposium on Programming Languages and Systems (APLAS '05), Springer-Verlag, Berlin, Heidelberg, 2005, pp. 315–329.

[284] K. Pettis, R.C. Hansen, Profile guided code positioning, SIGPLAN Not. 25 (6) (1990) 16–27. Proceedings of the ACM SIGPLAN '90 Conference on Programming Language Design and Implementation.

[285] S.S. Pinter, Register allocation with instruction scheduling: a new approach, SIGPLAN Not. 28 (6) (1993) 248–257. Proceedings of the ACM SIGPLAN '93 Conference on Programming Language Design and Implementation.

[286] G.D. Plotkin, Call-by-name, call-by-value and the λ-calculus, Theor. Comput. Sci. 1 (2) (1975) 125–159.

[287] T.A. Proebsting, Simple and efficient BURS table generation, SIGPLAN Not. 27 (7) (1992) 331–340. Proceedings of the ACM SIGPLAN '92 Conference on Programming Language Design and Implementation.

[288] T.A. Proebsting, Optimizing an ANSI C interpreter with superoperators, in: Proceedings of the Twenty-Second ACM SIGPLAN-SIGACT Symposium on Principles of Programming Languages, San Francisco, CA, ACM, New York, 1995, pp. 322–332.

[289] T.A. Proebsting, C.N. Fischer, Linear-time, optimal code scheduling for delayedload architectures, SIGPLAN Not. 26 (6) (1991) 256–267. Proceedings of the ACM SIGPLAN '91 Conference on Programming Language Design and Implementation.

[290] R.T. Prosser, Applications of boolean matrices to the analysis of flow diagrams, in: Proceedings of the Eastern Joint Computer Conference, Institute of Radio Engineers, New York, 1959, pp. 133–138.

[291] P.W. Purdom Jr., E.F. Moore, Immediate predominators in a directed graph [H], Commun. ACM 15 (8) (1972) 777–778.

[292] M.O. Rabin, D. Scott, Finite automata and their decision problems, IBM J. Res. Dev. 3 (2) (1959) 114–125.

[293] B. Randell, L.J. Russell, Algol 60 Implementation: The Translation and Use of Algol 60 Programs on a Computer, Academic Press, London, 1964.

[294] B.R. Rau, C.D. Glaeser, Some scheduling techniques and an easily schedulable horizontal architecture for high performance scientific computing, in: Proceedings of the Fourteenth Annual Workshop on Microprogramming (MICRO-14), Chatham, MA, IEEE Press, Piscataway, NJ, 1981, pp. 183–198,

[295] J.H. Reif, Symbolic programming analysis in almost linear time, in: Conference Record of the Fifth Annual ACM Symposium on Principles of Programming Languages, Tucson, AZ, ACM, New York, 1978, pp. 76–83.

[296] J.H. Reif, H.R. Lewis, Symbolic evaluation and the global value graph, in: Conference Record of the Fourth ACM Symposium on Principles of Programming Languages, Los Angeles, CA, ACM, New York, 1977, pp. 104–118.

[297] T. Reps, Optimal-time incremental semantic analysis for syntax-directed editors, in: Conference Record of the Ninth Annual ACM Symposium on Principles of Programming Languages, Albuquerque, NM, ACM, New York, 1982, pp. 169–176.

[298] T. Reps, B. Alpern, Interactive proof checking, in: Conference Record of the Eleventh Annual ACM Symposium on Principles of Programming Languages, Salt Lake City, UT, ACM, New York, 1984, pp. 36–45.

[299] T. Reps, T. Teitelbaum, The Synthesizer Generator: A System for Constructing Language-Based Editors, Springer-Verlag, New York, 1988.

[300] M. Richards, The portability of the BCPL compiler, Softw. Pract. Experience 1 (2) (1971) 135–146.

[301] S. Richardson, M. Ganapathi, Interprocedural analysis versus procedure integration, Inf. Process. Lett. 32 (3) (1989) 137–142.

[302] R. Rivest, On self-organizing sequential search heuristics, Commun. ACM 19 (2) (1976) 63–67.

[303] A. Rogers, K. Li, Software support for speculative loads, SIGPLAN Not. 27 (9) (1992) 38–50. Proceedings of the Fifth International Conference on Architectural Support for Programming Languages and Operating Systems (ASPLOS-V).

[304] B.K. Rosen, M.N. Wegman, F.K. Zadeck, Global value numbers and redundant computations, in: Proceedings of the Fifteenth Annual ACM Symposium on Principles of Programming Languages, San Diego, CA, ACM, New York, 1988, pp. 12–27.

[305] D.J. Rosenkrantz, R.E. Stearns, Properties of deterministic top-down grammars, Inf. Control 17 (3) (1970) 226–256.

[306] A.V.S. Sastry, R.D.C. Ju, A new algorithm for scalar register promotion based on SSA form, SIGPLAN Not. 33 (5) (1998) 15–25. Proceedings of the ACM SIGPLAN '98 Conference on Programming Language Design and Implementation.

[307] R.G. Scarborough, H.G. Kolsky, Improved optimization of FORTRAN object programs, IBM J. Res. Dev. 24 (6) (1980) 660–676.

[308] P.J. Schielke, Stochastic Instruction Scheduling, PhD thesis, Department of Computer Science, Rice University, Houston, TX, 2000. Technical Report TR00-370, Computer Science Department, Rice University, 2000.

[309] H. Schorr, W.M. Waite, An efficient machine-independent procedure for garbage collection in various list structures, Commun. ACM 10 (8) (1967) 501–506.

[310] J.T. Schwartz, On Programming: An Interim Report on the SETL Project, Installment II: The SETL Language and Examples of Its Use, Technical Report, Courant Institute of Mathematical Sciences, New York University, New York, 1973.

[311] R. Sethi, J.D. Ullman, The generation of optimal code for arithmetic expressions, J. ACM 17 (4) (1970) 715–728.

[312] M. Shapiro, S. Horwitz, Fast and accurate flow-insensitive points-to analysis, in: Proceedings of the Twenty-Fourth ACM SIGPLAN-SIGACT Symposium on Principles of Programming Languages, Paris, France, ACM, New York, 1997, pp. 1–14.

[313] R.M. Shapiro, H. Saint, The Representation of Algorithms, Technical Report CA-7002-1432, Massachusetts Computer Associates, Wakefield, MA, 1970.

[314] P.B. Sheridan, The arithmetic translator-compiler of the IBM FORTRAN automatic coding system, Commun. ACM 2 (2) (1959) 9–21.

[315] M. Sipser, Introduction to the Theory of Computation, PWS Publishing Co., Boston, MA, 1996.

[316] R.L. Sites, D.R. Perkins, Universal P-code Definition, Version 0.2, Technical Report 78-CS-C29, Department of Applied Physics and Information Sciences, University of California at San Diego, San Diego, CA, 1979.

[317] D.D. Sleator, R.E. Tarjan, Amortized efficiency of list update and paging rules, Commun. ACM 28 (2) (1985) 202–208.

[318] M.D. Smith, M. Horowitz, M.S. Lam, Efficient superscalar performance through boosting, SIGPLAN Not. 27 (9) (1992) 248–259. Proceedings of the Fifth International Conference on Architectural Support for Programming Languages and Operating Systems (ASPLOS-V).

[319] M.D. Smith, N. Ramsey, G. Holloway, A generalized algorithm for graph-coloring register allocation, in: Proceedings of the ACM SIGPLAN 2004 Conference on Programming Language Design and Implementation, ACM, New York, 2004, pp. 277–288. Also appeared as SIGPLAN Not. 39 (6).

[320] M. Smotherman, S.M. Krishnamurthy, P.S. Aravind, D. Hunnicutt, Efficient DAG construction and heuristic calculation for instruction scheduling, in: Proceedings of the Twenty-Fourth Annual IEEE/ACM International Symposium on Microarchitecture (MICRO-24), Albuquerque, NM, ACM, New York, 1991, pp. 93–102.

[321] A. Sorkin, Some comments on "A solution to a problem with Morel and Renvoise's 'Global optimization by suppression of partial redundancies, ' " ACM Trans. Program. Lang. Syst. 11 (4) (1989) 666–668.

[322] T.C. Spillman, Exposing side-effects in a PL/1 optimizing compiler, in: C.V. Freiman, J.E. Griffith, J.L. Rosenfeld (Eds.), Proceedings of IFIP Congress '71, Information Processing 71, North-Holland, Amsterdam, Netherlands, 1972, pp. 376–381.

[323] G.L. Steele Jr., Rabbit: A Compiler for Scheme, Technical Report AI-TR-474, MIT Artificial Intelligence Laboratory, Massachusetts Institute of Technology, Cambridge, MA, 1978.

[324] G.L. Steele Jr., R.P. Gabriel, History of Programming Languages—II, "The Evolution of LISP, " ACM Press, New York, 1996, pp. 233–330.

[325] M. Stephenson, S. Amarasinghe, Predicting unroll factors using supervised classification, in: CGO '05: Proceedings of the International Symposium on Code Generation and Optimization, IEEE Computer Society, Washington, DC, 2005, pp. 123–134.

[326] P.H. Sweany, S.J. Beaty, Post-compaction register assignment in a retargetable compiler, in: Proceedings of the Twenty-Third Annual International Symposium and Workshop on Microprogramming and Microarchitecture (MICRO-23), Orlando, FL, IEEE Computer Society Press, Los Alamitos, CA, 1990, pp. 107–116.

[327] P.H. Sweany, S.J. Beaty, Dominator-path scheduling: a global scheduling method, ACM SIGMICRO Newsl. 23 (1–2) (1992) 260–263. Proceedings of the Twenty- Fifth Annual International Symposium on Microarchitecture (MICRO-25).

[328] D. Tabakov, M.Y. Vardi, Experimental evaluation of classical automat constructions, in: Proceedings of the 12th International Conference on Logic for Programming, Artificial Intelligence, and Reasoning (LPAR '05), Lecture Notes in Compuer Science 3835, Springer-Verlag, Berlin, Heidelberg, 2005, pp. 371–386.

[329] R.E. Tarjan, Testing flow graph reducibility, J. Comput. Syst. Sci. 9 (3) (1974) 355–365.

[330] R.E. Tarjan, Fast algorithms for solving path problems, J. ACM 28 (3) (1981) 594–614.

[331] R.E. Tarjan, A unified approach to path problems, J. ACM 28 (3) (1981) 577–593.

[332] R.E. Tarjan, J.H. Reif, Symbolic program analysis in almost-linear time, SIAM J. Comput. 11 (1) (1982) 81–93.

[333] K. Thompson, Programming techniques: regular expression search algorithm, Commun. ACM 11 (6) (1968) 419–422.

[334] S.W.K. Tjiang, Twig Reference Manual, Technical Report CSTR 120, Computing Sciences, AT&T Bell Laboratories, Murray Hill, NJ, 1986.

[335] L. Torczon, Compilation Dependences in an Ambitious Optimizing Compiler, PhD thesis, Department of Computer Science, Rice University, Houston, TX, 1985.

[336] J.D. Ullman, Fast algorithms for the elimination of common subexpressions, Acta Informatica 2 (3) (1973) 191–213.

[337] D. Ungar, Generation scavenging: a non-disruptive high performance storage reclamation algorithm, ACM SIGSOFT Software Eng. Notes 9 (3) (1984) 157–167. Proceedings of the First ACM SIGSOFT/SIGPLAN Software Engineering Symposium on Practical Software Development Environments.

[338] V. Vyssotsky, P. Wegner, A Graph Theoretical FORTRAN Source Language Analyzer, Manuscript, AT&T Bell Laboratories, Murray Hill, NJ, 1963.

[339] W. Waite, G. Goos, Compiler Construction, Springer-Verlag, New York, 1984.

[340] W.M. Waite. The cost of lexical analysis, Softw. Pract. Experience 16 (5) (1986) 473–488.

[341] D.W. Wall, Global register allocation at link time, in: Proceedings of the 1986 ACM SIGPLAN Symposium on Compiler Construction, ACM, New York, 1986, pp. 264–275.

[342] S.K.Warren, The Coroutine Model of Attribute Grammar Evaluation, PhD thesis, Department of Mathematical Sciences, Rice University, Houston, TX, 1976.

[343] B. Watson, A fast new semi-incremental algorithm for the construction of minimal acyclic DFAs, in: Third International Workshop on Implementing Automata, WIA '98, vol. 1660 of LNCS, Springer-Verlag, Berlin, Heidelberg, 1999, pp. 121–132.

[344] B.W. Watson, A taxonomy of deterministic finite automata minimization algorithms, Computing Science Report 93/44, Eindhoven University of Technology, Department of Mathematics and Computing Science, Eindhoven, The Netherlands, 1993.

[345] B.W. Watson, A fast and simple algorithm for constructing minimal acyclic deterministic finite automata, J. Univers. Comput. Sci. 8 (2) (2002) 363–367.

[346] M.N. Wegman, F.K. Zadeck, Constant propagation with conditional branches, in: Conference Record of the Twelfth Annual ACM Symposium on Principles of Programming Languages, New Orleans, LA, ACM, New York, 1985, pp. 291–299.

[347] M.N. Wegman, F.K. Zadeck, Constant propagation with conditional branches, ACM Trans. Program. Lang. Syst. 13 (2) (1991) 181–210.

[348] W.E. Weihl, Interprocedural data flow analysis in the presence of pointers, procedure variables, and label variables, in: Conference Record of the Seventh Annual ACM Symposium on Principles of Programming Languages, Las Vegas, NV, ACM, New York, 1980, pp. 83–94.

[349] C. Wiedmann, Steps toward an APL compiler, ACM SIGAPL APL Quote Quad 9 (4) (1979) 321–328. Proceedings of the International Conference on APL.

[350] P.R. Wilson, Uniprocessor garbage collection techniques, in: Proceedings of the International Workshop on Memory Management, Lecture Notes in Computer Science 637, Springer-Verlag, Heidelberg, Germany, 1992, pp. 1–42.

[351] R.P. Wilson, M.S. Lam, Efficient context-sensitive pointer analysis for C programs, SIGPLAN Not. 30 (6) (1995) 1–12. Proceedings of the ACM SIGPLAN '95 Conference on Programming Language Design and Implementation.

[352] M.Wolfe, High Performance Compilers for Parallel Computing, AddisonWesley, Redwood City, CA, 1996.

[353] D. Wood, The theory of left-factored languages, part 1, Comput. J. 12 (4) (1969) 349–356.

[354] D. Wood, The theory of left-factored languages, part 2, Comput. J. 13 (1) (1970) 55–62.

[355] D. Wood, A further note on top-down deterministic languages, Comput. J. 14 (4) (1971) 396–403.

[356] W.Wulf, R.K. Johnsson, C.B.Weinstock, S.O. Hobbs, C.M. Geschke, The Design of an Optimizing Compiler, Programming Languages Series, Elsevier, New York, 1975.

[357] C. Young, D.S. Johnson, D.R. Karger, M.D. Smith, Near-optimal intraprocedural branch alignment, SIGPLAN Not. 32 (5) (1997) 183–193. Proceedings of the ACM SIGPLAN '97 Conference on Programming Language Design and Implementation.

[358] D.H. Younger, Recognition and parsing of context-free languages in time n^3, Inf. Control 10 (2) (1967) 189–208.

[359] F.K. Zadeck, Incremental data flow analysis in a structured program editor, SIGPLAN Not. 19 (6) (1984) 132–143. Proceedings of the ACM SIGPLAN '84 Symposium on Compiler Construction.

索　引

版 权 声 明

欢迎加入

图灵社区 iTuring.cn

——最前沿的IT类电子书发售平台

电子出版的时代已经来临。在许多出版界同行还在犹豫彷徨的时候，图灵社区已经采取实际行动拥抱这个出版业巨变。作为国内第一家发售电子图书的IT类出版商，图灵社区目前为读者提供两种DRM-free的阅读体验：在线阅读和PDF。

相比纸质书，电子书具有许多明显的优势。它不仅发布快，更新容易，而且尽可能采用了彩色图片（即使有的书纸质版是黑白印刷的）。读者还可以方便地进行搜索、剪贴、复制和打印。

图灵社区进一步把传统出版流程与电子书出版业务紧密结合，目前已实现作译者网上交稿、编辑网上审稿、按章发布的电子出版模式。这种新的出版模式，我们称之为"敏捷出版"，它可以让读者以较快的速度了解到国外最新技术图书的内容，弥补以往翻译版技术书"出版即过时"的缺憾。同时，敏捷出版使得作、译、编、读的交流更为方便，可以提前消灭书稿中的错误，最大程度地保证图书出版的质量。

优惠提示：现在购买电子书，读者将获赠书款20%的社区银子，可用于兑换纸质样书。

——最方便的开放出版平台

图灵社区向读者开放在线写作功能，协助你实现自出版和开源出版的梦想。利用"合集"功能，你就能联合二三好友共同创作一部技术参考书，以免费或收费的形式提供给读者。（收费形式须经过图灵社区立项评审。）这极大地降低了出版的门槛。只要你有写作的意愿，图灵社区就能帮助你实现这个梦想。成熟的书稿，有机会入选出版计划，同时出版纸质书。

图灵社区引进出版的外文图书，都将在立项后马上在社区公布。如果你有意翻译哪本图书，欢迎你来社区申请。只要你通过试译的考验，即可签约成为图灵的译者。当然，要想成功地完成一本书的翻译工作，是需要有坚强的毅力的。

——最直接的读者交流平台

在图灵社区，你可以十分方便地写作文章、提交勘误、发表评论，以各种方式与作译者、编辑人员和其他读者进行交流互动。提交勘误还能够获赠社区银子。

你可以积极参与社区经常开展的访谈、乐译、评选等多种活动，赢取积分和银子，积累个人声望。

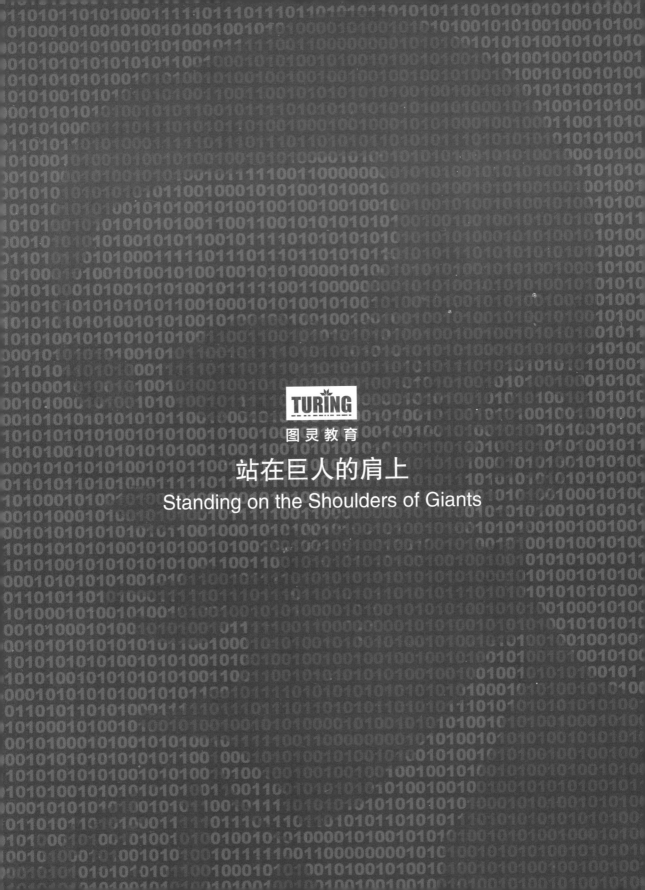

TURING

图灵教育

站在巨人的肩上

Standing on the Shoulders of Giants

图灵教育

站在巨人的肩上
Standing on the Shoulders of Giants